Die elliptischen Funktionen und ihre Anwendungen

T0224582

Robert Fricke

Die elliptischen Funktionen und ihre Anwendungen

Zweiter Teil
Die algebraischen Ausführungen

1. Auflage 1922. Nachdruck 2011.

Springer

Geheimer Hofrat Prof. Dr. Robert Fricke (1861–1930)
Technische Hochschule Braunschweig
Braunschweig
Deutschland

Ursprünglich erschienen bei B.G. Teubner-Verlag

ISBN 978-3-642-19560-0 e-ISBN 978-3-642-19561-7
DOI 10.1007/978-3-642-19561-7
Springer Heidelberg Dordrecht London New York

Die Deutsche Nationalbibliothek verzeichnet diese Publikation in der Deutschen Nationalbibliografie; detaillierte bibliografische Daten sind im Internet über http://dnb.d-nb.de abrufbar.

Mathematics Subject Classification (2010): Primary 33E05, Secondary 11E16, 11E41, 11F03, 11F06, 11F11, 11F12, 11F27, 11F32, 11R04, 11R09, 11R11, 11R18, 11R32, 20-01.

1. Auflage 1922
© Springer-Verlag Berlin Heidelberg 2012 (Nachdruck)
Dieses Werk ist urheberrechtlich geschützt. Die dadurch begründeten Rechte, insbesondere die der Übersetzung, des Nachdrucks, des Vortrags, der Entnahme von Abbildungen und Tabellen, der Funksendung, der Mikroverfilmung oder der Vervielfältigung auf anderen Wegen und der Speicherung in Datenverarbeitungsanlagen, bleiben, auch bei nur auszugsweiser Verwertung, vorbehalten. Eine Vervielfältigung dieses Werkes oder von Teilen dieses Werkes ist auch im Einzelfall nur in den Grenzen der gesetzlichen Bestimmungen des Urheberrechtsgesetzes der Bundesrepublik Deutschland vom 9. September 1965 in der jeweils geltenden Fassung zulässig. Sie ist grundsätzlich vergütungspflichtig. Zuwiderhandlungen unterliegen den Strafbestimmungen des Urheberrechtsgesetzes.
Die Wiedergabe von Gebrauchsnamen, Handelsnamen, Warenbezeichnungen usw. in diesem Werk berechtigt auch ohne besondere Kennzeichnung nicht zu der Annahme, dass solche Namen im Sinne der Warenzeichen- und Markenschutz-Gesetzgebung als frei zu betrachten wären und daher von jedermann benutzt werden dürften.

Einbandentwurf: WMXDesign GmbH, Heidelberg

Gedruckt auf säurefreiem Papier

Springer ist Teil der Fachverlagsgruppe Springer Science+Business Media (www.springer.com)

Vorwort der Herausgeber von Teil III

Dieser Nachdruck des zweiten Teils des Klassikers *Die elliptischen Funktionen und ihre Anwendungen* von Robert Fricke (1861–1930) erscheint zusammen mit einem Nachdruck des ersten Teils und einer Erstveröffentlichung des dritten Teils aus dem Nachlass des Autors. In den Nachdruck des ersten Teils haben wir auch Frickes Vorwort zur zweiten unveränderten Auflage des ersten Teils aus dem Jahre 1930 aufgenommen. Der dritte Teil ist Anwendungen der elliptischen Funktionen gewidmet. Schon 1930, kurz nach Frickes Tod, sollte auch der dritte Teil publiziert werden, aber im Schatten der Weltwirtschaftskrise wurde dieses Projekt nicht realisiert.

Wir freuen uns, dass es mit den heutigen technischen Mitteln möglich ist, den dritten Teil der Öffentlichkeit vorzulegen zusammen mit Nachdrucken der ersten beiden Teile, auf die im dritten häufig verwiesen wird. Auf diese Weise wollen wir das Frickesche Werk in sinnvoller Form zum Abschluss bringen.

Den Mitarbeiterinnen und Mitarbeitern des Springer-Verlags danken wir für die gute Zusammenarbeit.

Braunschweig,
Münster und Düsseldorf,
den 15. Mai 2011

Clemens Adelmann,
Jürgen Elstrodt und Elena Klimenko

Robert Fricke

DIE ELLIPTISCHEN FUNKTIONEN UND IHRE ANWENDUNGEN

VON

DR. ROBERT FRICKE
PROFESSOR AN DER TECHNISCHEN HOCHSCHULE IN BRAUNSCHWEIG

ZWEITER TEIL

DIE ALGEBRAISCHEN AUSFÜHRUNGEN

MIT 40 IN DEN TEXT GEDRUCKTEN FIGUREN

LEIPZIG UND BERLIN
VERLAG UND DRUCK VON B. G. TEUBNER
1922

SCHUTZFORMEL FÜR DIE VEREINIGTEN STAATEN VON AMERIKA:
COPYRIGHT 1922 BY B. G. TEUBNER IN LEIPZIG

ALLE RECHTE, EINSCHLIESSLICH DES ÜBERSETZUNGSRECHTS, VORBEHALTEN

DEM ANDENKEN

RICHARD DEDEKIND'S

GEWIDMET

Vorwort.

Der vorliegende zweite Teil meines Buches „Die elliptischen Funktionen und ihre Anwendungen“ behandelt die algebraischen Ausführungen, er umfaßt also die Theoreme der Addition, Multiplikation und Division der elliptischen Funktionen, sowie die Transformationstheorie derselben. Das Interesse für diese Gegenstände ist während der langen Zeit der Entwicklung der Theorie der elliptischen Funktionen lebendig geblieben. Am 23. Dezember 1751 wurden Euler die Arbeiten Fagnano's zur Begutachtung vorgelegt und regten ihn zur Entdeckung der Additionstheoreme an, so daß Jacobi den genannten Tag als den Geburtstag der elliptischen Funktionen bezeichnete. Die Entdeckungen Abel's und die Schöpfung der Theorie der Modulfunktionen durch Klein sind wichtigste Marksteine der reichen Entwicklung, die noch bis in die jüngste Zeit hinein zu neuen Erkenntnissen führte. In letzterer Hinsicht scheint mir die Auffindung des „Klassenpolygons“ nicht unwichtig. Es handelt sich hierbei um ein beziehungsreiches Gebilde, das die früh bemerkte Beziehung der elliptischen Funktionen zur Theorie der ganzzahligen binären quadratischen Formen in klarster Weise darlegt und sich als ein wertvolles Mittel zur Behandlung der Transformationstheorie erwies.

Es bleibt mir übrig, der verehrten Verlagsbuchhandlung für die tatkräftige Förderung des Druckes meinen verbindlichen Dank auszusprechen und der Hoffnung Ausdruck zu geben, daß auch der letzte Teil, der die arithmetischen, geometrischen und mechanischen Anwendungen behandeln soll, in nicht zu ferner Zeit folgen möchte.

Bad Harzburg, den 15. September 1921.

Robert Fricke.

Inhaltsverzeichnis.

Einleitung.

Zusammenstellung von Sätzen aus der Algebra und Zahlentheorie.

Seite

Drittes Kapitel.

Die Divisionssätze der elliptischen Funktionen.

Viertes Kapitel.

Die Teilwerte der elliptischen Funktionen.

Zweiter Abschnitt.

Die Transformationstheorie der elliptischen Funktionen.

Erstes Kapitel.

Die Transformation n^{ten} Grades und die allgemeinen Transformationsgleichungen.

Zweites Kapitel.

Systeme ganzer elliptischer Funktionen dritter Art n^{ter} Stufe.

Drittes Kapitel.

Die speziellen Transformationsgleichungen erster Stufe.

Viertes Kapitel.

Aufstellung der Transformationsgleichungen erster Stufe für niedere Grade n.

Fünftes Kapitel.

Die Gruppen der speziellen Transformationsgleichungen und die drei Resolventen der Grade 5, 7 und 11.

Sechstes Kapitel.

Die speziellen Transformationsgleichungen höherer Stufen.

Einleitung.

Zusammenstellung von Sätzen aus der Algebra und Zahlentheorie.

Die Behandlung der Divisionssätze der elliptischen Funktionen und der Transformationstheorie dieser Funktionen setzt eine etwas tiefere Kenntnis der Algebra und Zahlentheorie voraus. In einer in fünf Teile zerlegten Einleitung werden zunächst die zur Verwendung kommenden Sätze aus den beiden genannten Gebieten entwickelt.

I. Endliche Gruppen.[1]

§ 1. Begriff einer Gruppe endlicher Ordnung.

In I, 126 ff.[2]) betrachteten wir ein System von m linearen Substitutionen einer komplexen Variablen z, von dem wir aussagten, es bilde „eine Gruppe G_m endlicher Ordnung m". Dabei war m eine endliche Anzahl, die Substitutionen waren symbolisch durch $S_0, S_1, \ldots, S_{m-1}$ bezeichnet, und es bedeutete insbesondere die erste unter ihnen, S_0, die „identische Substitution", die auch symbolisch durch 1 bezeichnet wurde.

Ein erstes Kennzeichen des Begriffs einer Gruppe bestand darin, daß die aufeinanderfolgenden Anwendungen zweier Substitutionen S_a und S_b der Gruppe G_m eine gleichfalls in der G_m enthaltene Substitution lieferten. Genauer gesprochen: Wenn $z' = S_a(z)$ und $z'' = S_b(z')$ zwei unserer Substitutionen sind, so sollte auch $z'' = S_b(S_a(z))$ eine der Gruppe angehörende Substitution sein. Die in dieser Art aus S_a und S_b „zusammengesetzte" Substitution bezeichneten wir symbolisch als „Produkt" $S_b \cdot S_a$ von S_a und S_b. Die Reihenfolge, in der die Substitutionen auf die Variable auszuüben sind, entspricht der von rechts nach links im Produkte $S_b \cdot S_a$ gelesenen Faktorenfolge. Das Produkt $S_a \cdot S_b$ erwies sich im allgemeinen

---

1) Von ausführlichen neueren Darstellungen sei genannt H. Weber, „Lehrbuch der Algebra", 2. Aufl. (Braunschweig 1898 u. 1899), Bd. 2, S. 1 ff. und Bd. 1, S. 513 ff. Eine Zusammenstellung der Sätze findet man bei A. Loewy im Kap. III des „Pascalschen Repertoriums", 2. Aufl. (Leipzig 1910), erste Hälfte, S. 168 ff.

2) Diese Angabe bedeutet „Seite 126 ff. in Band I des vorliegenden Werkes".

R. Fricke, *Die elliptischen Funktionen und ihre Anwendungen, Zweiter Teil*,
DOI 10.1007/978-3-642-19561-7_1, © Springer-Verlag Berlin Heidelberg 2012

als von $S_b \cdot S_a$ verschieden, d. h. für unsere symbolischen Produkte gilt das „kommutative Grundgesetz“ der gewöhnlichen Multiplikation nicht. Dagegen gilt für dreigliedrige symbolische Produkte unserer Substitutionen das „assoziative Gesetz“, wie in I, 127 näher ausgeführt ist.

Die nähere Beschaffenheit der einzelnen Gruppen gründet sich auf das Gesetz, nach dem sich die Zusammensetzung irgend zweier Substitutionen der Gruppe G_m zu einer dritten gleichfalls in G_m enthaltenen Substitution vollzieht. Dieses Gesetz ist für unsere Substitutionen S durch die Gleichung (2) in I, 127 zum Ausdruck gebracht.

Es tritt uns nun die Idee einer ganz entsprechenden Gruppenbildung nicht nur bei linearen Substitutionen, sondern weiterhin bei vielen verschiedenen Gelegenheiten entgegen. Wir wollen daher hier gleich bei Aufstellung der allgemeinen Sätze über endliche Gruppen die Begriffe von der besonderen Einkleidung befreien, welche bei den Gruppen linearer Substitutionen vorliegen.

Es sei demnach jetzt irgendein System von m gleichartigen Operationen oder m gleichartigen analytischen Ausdrücken oder m sonstwie gleichartig erklärten mathematischen Gebilden vorgelegt, die wir sogleich wieder durch $S_0, S_1, S_2, \ldots, S_{m-1}$ bezeichnen wollen und die m „Elemente“ nennen, um einen von der besonderen Einkleidung unabhängigen Namen für dieselben zu besitzen. Es soll ferner ein Gesetz der Zusammensetzung irgend zweier Elemente S_a, S_b zu einem symbolisch als Produkt zu schreibenden, eindeutig bestimmten Ergebnis $S_b \cdot S_a$ bekannt sein. Wir stellen dann unter der Voraussetzung, daß m eine *endliche* Anzahl ist, folgende Erklärung auf: *Die m Elemente $S_0, S_1, \ldots, S_{m-1}$ bilden eine „Gruppe“ G_m der endlichen „Ordnung“ m, wenn folgende drei Bedingungen zutreffen:*

1. *Das Ergebnis der Zusammensetzung $S_b \cdot S_a$ irgend zweier Elemente S_a, S_b ist stets wieder eines der Elemente S.*

2. *Für die nach* 1. *herstellbaren dreigliedrigen symbolischen Produkte gilt das assoziative Gesetz:*

$$S_c \cdot (S_b \cdot S_a) = (S_c \cdot S_b) \cdot S_a. \tag{1}$$

3. *Ist $S_b \neq S_c$, d. h. sind S_b und S_c irgend zwei verschiedene Elemente, und ist S_a irgendein Element, so soll auch $S_b \cdot S_a \neq S_c \cdot S_a$ und $S_a \cdot S_b \neq S_a \cdot S_c$ gelten.*

Ist S_a irgendeines der m Elemente, so sind die m Elemente $S_0 \cdot S_a$, $S_1 \cdot S_a$, $S_2 \cdot S_a, \ldots, S_{m-1} \cdot S_a$ alle voneinander verschieden, und da sie alle in G_m enthalten sind, so stellen sie *alle* m Elemente der Gruppe in irgendeiner Reihenfolge dar. Dasselbe gilt von den m Produkten $S_a \cdot S_0$, $S_a \cdot S_1$, $S_a \cdot S_2, \ldots, S_a \cdot S_{m-1}$. Wir folgern hieraus, daß, wenn S_a und S_d willkürlich gewählt sind, stets ein und nur ein Element S_b in G_m enthalten ist, das die Gleichung $S_b \cdot S_a = S_d$ befriedigt; ebenso gibt es in G_m ein und nur ein Element S_c, das die Gleichung erfüllt $S_a \cdot S_c = S_d$.

Insbesondere gibt es für ein vorgelegtes S_a ein und nur ein etwa durch $S_{(a)}$ zu bezeichnendes Element, das die Gleichung $S_{(a)} \cdot S_a = S_a$ befriedigt und gleichfalls ein und nur ein Element $S'_{(a)}$, für das $S_a \cdot S'_{(a)} = S_a$ gilt. Aus diesen beiden Gleichungen ergeben sich für irgendwelche S_b, S_c die folgenden:

$$S_{(a)} \cdot (S_a \cdot S_c) = S_a \cdot S_c. \qquad (S_b \cdot S_a) \cdot S'_{(a)} = S_b \cdot S_a.$$

Da nun durch geeignete Auswahl von S_c und S_b die Elemente $S_a \cdot S_c$ und $S_b \cdot S_a$ mit einem beliebigen Elemente S_e von G_m gleich werden, so gilt für jedes S_e:

$$S_{(a)} \cdot S_e = S_e, \qquad S_e \cdot S'_{(a)} = S_e,$$

woraus wir die Folgerungen $S_{(e)} = S_{(a)}$, $S'_{(e)} = S'_{(a)}$ ziehen. Die Elemente $S_{(0)}, S_{(1)}, S_{(2)}, \ldots, S_{(m-1)}$ sind also einander gleich, ebenso die Elemente $S'_{(0)}, S'_{(1)}, S'_{(2)}, \ldots, S'_{(m-1)}$. Es gibt also ein und nur ein Element S in G_m, welches für alle S_a die Gleichung $S \cdot S_a = S_a$ befriedigt, und ebenso ein und nur ein S', das $S_a \cdot S' = S_a$ erfüllt. Setzt man in die beiden letzten Gleichungen $S_a = S$ ein, so folgt $S \cdot S = S$ und $S \cdot S' = S$, so daß aus $S \cdot S = S \cdot S'$ nach dem Grundsatze 3. endlich $S' = S$ erkannt wird. Das eine so gefundene Element S spielt in den symbolischen Produkten die Rolle der *Einheit*; es wird demnach das *„Einheitselement"* genannt und auch symbolisch durch 1 bezeichnet. Wir wollen es hinfort an die erste Stelle setzen und also $S_0 = 1$ nehmen: *In der Gruppe G_m gibt es ein und nur ein „Einheitselement" $S_0 = 1$, das die Eigenschaft besitzt, mit irgendeinem S_a die Ergebnisse $S_0 \cdot S_a = S_a$ und $S_a \cdot S_0 = S_a$ zu liefern.*

Weiter gibt es für irgendein Element S_a aus G_m zwei symbolisch durch $S''_{(a)}$ und $S'''_{(a)}$ zu bezeichnende Elemente, die die Gleichungen:

$$S''_{(a)} \cdot S_a = S_0 = 1, \qquad S_a \cdot S'''_{(a)} = S_0 = 1 \tag{2}$$

befriedigen. Aus $1 = S''_{(a)} \cdot S_a$ folgt unter Anwendung des assoziativen Gesetzes mit Rücksicht auf die zweite Gleichung (2):

$$S'''_{(a)} = 1 \cdot S'''_{(a)} = S''_{(a)} \cdot (S_a \cdot S'''_{(a)}) = S''_{(a)} \cdot 1 = S''_{(a)},$$

so daß die beiden Elemente $S''_{(a)}$ und $S'''_{(a)}$ einander gleich sind. Wir führen für sie auch das Symbol S_a^{-1} ein und nennen dies Element S_a^{-1} das zu S_a *„inverse"* Element: *Zu jedem Elemente S_a gibt es in G_m ein eindeutig bestimmtes „inverses" Element S_a^{-1}, das mit S_a zusammengesetzt, die Gleichungen $S_a^{-1} \cdot S_a = 1$ und $S_a \cdot S_a^{-1} = 1$ befriedigt; zu S_a^{-1} ist umgekehrt S_a invers.*

Das kommutative Gesetz für die symbolischen Produkte gehörte nicht zu den Grundgesetzen, durch die wir den Begriff einer endlichen Gruppe erklärten. Es braucht demnach keineswegs immer $S_b \cdot S_a$ gleich $S_a \cdot S_b$ zu sein. Besteht indessen für zwei besondere Elemente S_a und S

die Gleichung $S_a \cdot S_b = S_b \cdot S_a$, so heißen diese Elemente *„vertauschbar"* oder *„kommutativ"*. Besteht für je zwei Elemente S_a und S_b von G_m die Regel $S_a \cdot S_b = S_b \cdot S_a$, so wird G_m eine *„kommutative"* oder *„Abelsche Gruppe"* genannt.

§ 2. Begriff der Untergruppe.

Eine Gruppe G_μ, deren sämtliche Elemente in G_m enthalten sind, heißt eine *„Untergruppe"* von G_m. Das Einheitselement $S_0 = 1$ bildet für sich eine Untergruppe G_1, und die Gesamtgruppe G_m ist der Erklärung entsprechend auch zu ihren Untergruppen zu rechnen.

Wir bezeichnen die Elemente einer Untergruppe G_μ durch die Symbole $T_0 = S_0 = 1,\ T_1,\ T_2, \ldots, T_{\mu-1}$. Bedeutet U irgendein Element von G_m, so bezeichnen wir das System der μ verschiedenen Elemente:

$$(1) \qquad T_0 \cdot U = U, \quad T_1 \cdot U, \quad T_2 \cdot U, \ldots, T_{\mu-1} \cdot U$$

symbolisch durch $G_\mu \cdot U$ und nennen es eine *„Nebengruppe"* von G_μ. Die Nebengruppe $G_\mu \cdot U$ bleibt, abgesehen von der Anordnung ihrer Elemente, unverändert, wenn wir U durch irgendein Element $U' = T_\alpha \cdot U$ von $G_\mu \cdot U$ ersetzen. Dies folgt aus der Tatsache, daß die Produkte $T_0 \cdot T_\alpha$, $T_1 \cdot T_\alpha$, $T_2 \cdot T_\alpha, \ldots, T_{\mu-1} \cdot T_\alpha$ wieder die G_μ bilden. Zwei Nebengruppen $G_\mu \cdot U_1$ und $G_\mu \cdot U_2$ sind entweder gleich, $G_\mu \cdot U_1 = G_\mu \cdot U_2$, d. h. sie bestehen abgesehen von der Anordnung aus den gleichen Elementen, oder sie haben kein Element gemein. Haben sie nämlich ein gemeinsames Element $T_\alpha \cdot U_1 = T_\beta \cdot U_2$, so ist $U_2 = (T_\beta^{-1} T_\alpha) \cdot U_1$; also ist U_2 in $G_\mu \cdot U_1$ enthalten, so daß $G_\mu \cdot U_2 = G_\mu \cdot U_1$ folgt. Zu den Nebengruppen gehört auch G_μ selbst; denn wir erhalten die G_μ im Systeme (1) wieder, sooft U ein Element von G_μ ist. Alle von G_μ verschiedenen Nebengruppen sind keine Gruppen, da keine von ihnen das Einheitselement enthält.

Haben wir s verschiedene Nebengruppen $G_\mu,\ G_\mu \cdot U_1,\ G_\mu \cdot U_2, \ldots, G_\mu \cdot U_{s-1}$ bereits gebildet, so sind in den $s\mu$ verschiedenen Elementen derselben entweder bereits alle m Elemente von G_m erschöpft, oder es gibt noch ein weiteres Element U_s in G_m und damit zugleich μ weitere Elemente, die eine neue Nebengruppe $G_\mu \cdot U_s$ bilden. Da m endlich ist, so wird bei Fortsetzung dieses Prozesses die G_m durch t Nebengruppen erschöpft, wo die Anzahl t aus der Gleichung $t \cdot \mu = m$ zu berechnen ist: *Die Ordnung μ der Untergruppe G_μ erweist sich als ein Teiler von m; der Quotient $t = \frac{m}{\mu}$ heißt der „Index" der Untergruppe G_μ.* Es gilt der Satz: *Die Gesamtgruppe G_m läßt sich der Untergruppe G_μ entsprechend in t Nebengruppen zerlegen:*

$$(2) \qquad G_m = G_\mu + G_\mu \cdot U_1 + G_\mu \cdot U_2 + \cdots + G_\mu \cdot U_{t-1},$$

wo 1, U_1, U_2, ..., U_{t-1} *geeignet gewählte Elemente von* G_m *sind.* Durch die Pluszeichen in (2) soll zum Ausdruck kommen, daß wir G_m durch Zusammenfügung der Elemente aller t Nebengruppen erhalten. Aus den vorausgehenden Betrachtungen folgt noch: *Die t Nebengruppen der* G_μ *sind, abgesehen von ihrer Anordnung, eindeutig bestimmt, d. h. unabhängig von der besonderen Auswahl der U.*

Man kann die Bildung der Nebengruppen auch in der Art vollziehen, daß man an Stelle von (1):

$$(3) \qquad V \cdot T_0 = V, \quad V \cdot T_1, \quad V \cdot T_2, \ldots, V \cdot T_{\mu-1}$$

als eine Nebengruppe $V \cdot G_\mu$ erklärt, unter V irgendein Element aus G_m verstanden. Alle weiteren Schlüsse gestalten sich dann wie oben, und wir gelangen zu einer Zerlegung:

$$(4) \qquad G_m = G_\mu + V_1 \cdot G_\mu + V_2 \cdot G_\mu + \cdots + V_{t-1} \cdot G_\mu$$

von G_m. Eine spezielle Zerlegung dieser Art können wir aus (2) in der folgenden Gestalt ableiten:

$$(5) \qquad G_m = G_\mu + U_1^{-1} \cdot G_\mu + U_2^{-1} \cdot G_\mu + \cdots + U_{t-1}^{-1} \cdot G_\mu.$$

Da nämlich G_μ mit dem einzelnen Elemente T_α stets auch das inverse T_α^{-1} enthält und zu $T_\alpha \cdot U_\beta$ offenbar $U_\beta^{-1} \cdot T_\alpha^{-1}$ invers ist, so besteht $U_\beta^{-1} \cdot G_\mu$ aus allen zu den Elementen von $G_\mu \cdot U_\beta$ inversen Elementen und mag demnach die zu $G_\mu \cdot U_\beta$ inverse Nebengruppe heißen. Nun geht jede Gruppe in sich selbst über, wenn man jedes ihrer Elemente durch sein inverses ersetzt. Es ist demnach auf der rechten Seite von (5) jedes Element von G_m vertreten und jedes nur einmal, so daß wir durch die in (5) rechts stehende Summe tatsächlich die ganze G_m erschöpfen. Wir folgern noch den Satz: *Irgend zwei Zerlegungen* (2) *und* (4) *stehen in der Beziehung, daß bei der einen Zerlegung, abgesehen von der Anordnung, die inversen Nebengruppen der anderen Zerlegung als Summenglieder auftreten.*

Zu einer einfachsten Art von Untergruppen führt folgende Überlegung: Mittelst eines beliebigen Elementes S von G_m bilden wir die Reihe der gleichfalls in G_m enthaltenen Elemente:

$$(6) \qquad S, \quad S \cdot S = S^2, \quad S \cdot S \cdot S = S^3, \quad \ldots,$$

die wir abgekürzt als Potenzen von S schreiben. In dieser zunächst nicht abbrechenden Reihe können höchstens m verschiedene Elemente auftreten, so daß unter den Potenzen (6) notwendig solche auftreten, die gleich sind, d. h. die das gleiche Element von G_m darstellen. Es mag z. B. $S^n = S^{n+\nu}$ sein, wo $\nu > 0$ ist, während die $S^{n+1}, S^{n+2}, \ldots, S^{n+\nu-1}$ noch alle von S^n verschieden sein sollen. Dann gilt:

$$S^n \cdot S^\nu = S^n, \qquad S^n \cdot S^{\nu'} \neq S^n, \qquad 0 < \nu' < \nu,$$

woraus hervorgeht, daß S^{ν} die niederste unter den Potenzen (6) ist, die das Einheitselement darstellt, $S^{\nu} = S_0 = 1$. Es ergibt sich weiter, daß keine zwei unter den Potenzen:

(7) $$S, S^2, S^3, \ldots, S^{\nu-1}, S^{\nu} = S_0 = 1$$

einander gleich sind (da man sonst durch Wiederholung der Überlegung eine Gleichung $S^{\nu'} = 1$ mit $0 < \nu' < \nu$ fände), sowie daß S und $S^{\nu-1}$ zu einander invers sind, desgleichen S^2 und $S^{\nu-2}$, S^3 und $S^{\nu-3}$ usw. Verstehen wir unter S^0 das Einheitselement und bezeichnen allgemein das zu S^n inverse Element durch S^{-n}, so sind in der unendlichen Reihe:

(8) $$\ldots, S^{-3}, S^{-2}, S^{-1}, S^0 = 1, S, S^2, S^3, \ldots$$

zwei Elemente stets und nur dann einander gleich, wenn ihre Exponenten mod ν kongruent sind. Die Reihe (8) enthält demnach nur ν verschiedene Elemente, als welche wir die Elemente (7) wählen können; bei Fortsetzung der Reihe (8) nach rechts und links hin tritt beständig periodische Wiederholung derselben Elemente in der gleichen Anordnung ein. Man sagt, S habe die *„Periode ν"* oder sei *„von der Periode ν"*. Die ν Elemente (7), d. h. die verschiedenen Potenzen von S, bilden für sich eine Untergruppe G_{ν}, die eine *„zyklische"* Gruppe genannt wird; S heißt das *„erzeugende Element"* dieser G_{ν}, insofern die gesamten Elemente der G_{ν} durch wiederholte Zusammensetzung von S mit sich selbst erzeugt werden können.

§ 3. Gleichberechtigte und ausgezeichnete Untergruppen.

Sind T und U beliebige Elemente aus G_m, so ist auch $T' = U \cdot T \cdot U^{-1}$ in G_m enthalten. Man sagt, das Element $T' = U \cdot T \cdot U^{-1}$ entstehe aus T durch *„Transformation"* mit U oder T gehe in T' durch Transformation mit U über. Da umgekehrt $T = U^{-1} \cdot T' \cdot U$ ist, so geht T' in T durch Transformation mit dem zu U inversen Elemente U^{-1} über. Das Einheitselement geht bei jeder Transformation nur in sich selbst über. Sind T_a und T_b verschieden, so sind auch:

(1) $$T'_a = U \cdot T_a \cdot U^{-1}, \qquad T'_b = U \cdot T_b \cdot U^{-1}$$

verschieden. Sind T_a und T_b irgend zwei Elemente, die durch Transformation mit U in T'_a und T'_b übergehen, so wird $T_b \cdot T_a$ durch U in $T'_b \cdot T'_a$ transformiert. Es gilt nämlich zufolge des Assoziationsgesetzes:

(2) $$T'_b \cdot T'_a = (U \cdot T_b \cdot U^{-1}) \cdot (U \cdot T_a \cdot U^{-1}) = U \cdot (T_b \cdot T_a) \cdot U^{-1}.$$

Bilden die $T_0 = 1, T_1, T_2, \ldots, T_{\mu-1}$ eine Untergruppe G_{μ} von G_m, so bezeichnen wir mit $U \cdot G_{\mu} \cdot U^{-1}$ das System der μ durch U transformierten Elemente $T'_{\alpha} = U \cdot T_{\alpha} \cdot U^{-1}$. Diese μ Elemente T'_{α} sind alle voneinander verschieden, und man erkennt aus den eben ausgesprochenen Sätzen leicht, *daß das System $U \cdot G_{\mu} \cdot U^{-1}$ alle Kennzeichen einer Gruppe*

$G'_\mu = U \cdot G_\mu \cdot U^{-1}$ *der Ordnung* μ *hat.* Wir sagen, diese Gruppe G'_μ gehe aus G_μ durch Transformation mit U hervor; umgekehrt ist natürlich wieder $G_\mu = U^{-1} \cdot G'_\mu \cdot U$. Zwei Untergruppen dieser Art G_μ, G'_μ, die durch Elemente von G_m ineinander transformierbar sind, heißen *„innerhalb der Gruppe G_m gleichberechtigt"* oder kurz *„gleichberechtigt"*.

Die Elemente der beiden Gruppen G_μ und G'_μ sind umkehrbar eindeutig aufeinander bezogen, indem allgemein dem Elemente T_α von G_μ das Element $T'_\alpha = U \cdot T_\alpha \cdot U^{-1}$ von G'_μ zugewiesen ist. Diese Beziehung ist eine solche, daß, wenn $T_\beta \cdot T_\alpha = T_\gamma$ ist, zufolge (2) stets auch für die zugeordneten Elemente T'_α, T'_β und T'_γ die Gleichung $T'_\beta \cdot T'_\alpha = T'_\gamma$ gilt. Die Regel, nach der sich je zwei Elemente von G_μ wieder zu einem Elemente dieser Gruppe zusammensetzen, liefert also beim Übergang zur G'_μ gerade genau die Regel für die gleichberechtigte Gruppe. Zwei Gruppen gleicher Ordnung, deren Elemente in der hiermit dargelegten Art umkehrbar eindeutig einander zugeordnet sind, heißen allgemein *„isomorph"*. Da die wesentlichen Eigenschaften einer Gruppe aus dem Gesetze hervorgehen, nach dem sich je zwei Elemente zu einem dritten zusammensetzen, so stimmen zwei isomorphe Gruppen in ihren wesentlichen Eigenschaften überein. Wir notieren den Satz: *Zwei innerhalb der G_m gleichberechtigte Untergruppen sind isomorph.*

Sind die Elemente $T'_\alpha = U \cdot T_\alpha \cdot U^{-1}$ der mit G_μ gleichberechtigten G'_μ, abgesehen von der Reihenfolge, den T_α gleich, so ist G'_μ wieder die Gruppe G_μ. Wir bringen dies durch die Gleichungen:

$$(3) \qquad U \cdot G_\mu \cdot U^{-1} = G_\mu, \qquad U \cdot G_\mu = G_\mu \cdot U$$

zum Ausdruck und sagen, die Gruppe G_μ sei mit dem Elemente U „vertauschbar". Offenbar ist G_μ mit jedem ihrer eigenen Elemente vertauschbar. Allgemein besteht der Satz: *Alle in G_m enthaltenen Elemente U, mit denen G_μ vertauschbar ist, bilden eine Gruppe $G_{\mu \cdot \tau}$, in der G_μ als Untergruppe enthalten ist.* Aus:

$$U_1 \cdot G_\mu \cdot U_1^{-1} = G_\mu, \qquad U_2 \cdot G_\mu \cdot U_2^{-1} = G_\mu$$

folgt nämlich auf Grund des assoziativen Gesetzes, das man leicht auf die hier vorliegenden symbolischen Produkte überträgt:

$$(U_2 \cdot U_1) \cdot G_\mu \cdot (U_2 \cdot U_1)^{-1} = U_2 \cdot (U_1 \cdot G_\mu \cdot U_1^{-1}) \cdot U_2^{-1} = U_2 \cdot G_\mu \cdot U_2^{-1} = G_\mu.$$

Die Ordnung der Gruppe aller Elemente U, mit denen G_m vertauschbar ist, muß aber ein Vielfaches $\mu\tau$ von μ sein, da G_μ in jener Gruppe als Untergruppe enthalten ist.

Der Index dieser Gruppe $G_{\mu\tau}$ als Untergruppe der G_m ist $\frac{t}{\tau}$. Die $G_{\mu\tau}$ liefere als Zerlegung von G_m in Nebengruppen:

$$G_m = G_{\mu\tau} + V_1 \cdot G_{\mu\tau} + V_2 \cdot G_{\mu\tau} + \cdots + V_{\frac{t}{\tau}-1} \cdot G_{\mu\tau}.$$

Alle Elemente der einzelnen Nebengruppe $V_a \cdot G_{\mu\tau}$ liefern dann, zur Transformation von G_μ verwendet, ein und dieselbe transformierte Gruppe $G_\mu^{(a)} = V_a \cdot G_\mu \cdot V_a^{-1}$. Zwei verschiedene Nebengruppen liefern indessen verschiedene transformierte Gruppen. Wäre nämlich:

$$V_b \cdot G_\mu \cdot V_b^{-1} = V_a \cdot G_\mu \cdot V_a^{-1},$$

so wäre G_μ mit $V_a^{-1} \cdot V_b$ vertauschbar, und also würde $V_a^{-1} \cdot V_b$ ein Element U von $G_{\mu\tau}$ sein, woraus die nicht zutreffende Gleichung $V_b = V_a \cdot U$ folgen würde. Es ergibt sich also der Satz: *Die Untergruppe G_μ ist durch die gesamten Elemente von G_m im ganzen in $\frac{t}{\tau}$ verschiedene gleichberechtigte und also isomorphe Untergruppen transformierbar.* Wir nennen sie ein *„System von $\frac{t}{\tau}$ gleichberechtigten Untergruppen“*.

Ist insbesondere $\tau = t$, d. h. ist G_μ mit allen Elementen von G_m vertauschbar, so ist G_μ nur mit sich selbst gleichberechtigt und heißt dann eine *„ausgezeichnete Untergruppe“* von G_m. Die nur aus $S_0 = 1$ bestehende Untergruppe G_1 ist eine ausgezeichnete, desgleichen die aus allen Elementen bestehende G_m. Gibt es außer diesen beiden keine weiteren ausgezeichneten Untergruppen in G_m, so heißt die Gruppe G_m *„einfach“*; andernfalls nennt man sie *„zusammengesetzt“*.

Sind $G_\lambda, G_\mu, G_\nu, \ldots$ irgendwelche Untergruppen von G_m, so nennt man das System aller Elemente, deren einzelnes in jeder dieser Gruppen enthalten ist, den *„Durchschnitt“* der Gruppen $G_\lambda, G_\mu, G_\nu, \ldots$ und bezeichnet denselben durch $D(G_\lambda, G_\mu, G_\nu, \ldots)$. *Dieser Durchschnitt $D(G_\lambda, G_\mu, G_\nu, \ldots)$ bildet wieder eine Gruppe, die als Untergruppe in jeder der Gruppen $G_\lambda, G_\mu, G_\nu, \ldots$ enthalten ist.* Gehören nämlich die Elemente S_a und S_b dem Durchschnitt D an, so sind sie in jeder Gruppe $G_\lambda, G_\mu, G_\nu, \ldots$ enthalten; also ist auch $S_b \cdot S_a$ in jeder Gruppe und damit im Durchschnitt enthalten. Gehen die Gruppen $G_\lambda, G_\mu, G_\nu, \ldots$ durch Transformation mit irgendeinem Elemente U von G_m in $G'_\lambda, G'_\mu, G'_\nu, \ldots$ über, so geht der Durchschnitt $D(G_\lambda, G_\mu, G_\nu, \ldots)$ bei Transformation mit U in denjenigen der Gruppen $G'_\lambda, G'_\mu, G'_\nu, \ldots$ über. Ein System gleichberechtigter Untergruppen $G_\mu, G'_\mu, G''_\mu, \ldots$ geht bei einer solchen Transformation, abgesehen von der Anordnung der Gruppen, stets in sich selbst über. Hieraus folgt: *Der Durchschnitt $D(G_\mu, G'_\mu, G''_\mu, \ldots)$ eines Systems gleichberechtigter Untergruppen ist eine ausgezeichnete Untergruppe von G_m.*

§ 4. Sätze über ausgezeichnete Untergruppen.

Ist die Untergruppe G_μ des Index t und der Elemente $T_0 = 1, T_1, T_2, \ldots, T_{\mu-1}$ ausgezeichnet, so gilt für jedes Element U_a von G_m die Gleichung $G_\mu \cdot U_a = U_a \cdot G_\mu$, so daß die beiden Arten (2) und (4) S. 4ff.

der Zerlegung von G_m in Nebengruppen im Falle einer ausgezeichneten G_μ nicht verschieden sind. Nach S. 5 haben wir also jetzt nur *ein* System von Nebengruppen, dem mit der einzelnen Nebengruppe immer auch die ihr „inverse" Nebengruppe angehört.

Wir nehmen nun an, daß das Element $U_b \cdot U_a$ in der zu U_c gehörenden Nebengruppe enthalten und also in der Gestalt $U_b \cdot U_a = T \cdot U_c$ darstellbar ist, wo T eines der Elemente von G_μ ist. Dann werden sich irgend zwei Elemente $T_\alpha \cdot U_a$ und $T_\beta \cdot U_b$ der beiden Nebengruppen $G_\mu \cdot U_a$ und $G_\mu \cdot U_b$ stets wieder zu einem Elemente der zu U_c gehörenden Nebengruppe zusammensetzen, wie mit Rücksicht auf $U_b \cdot T_\alpha = T_\gamma \cdot U_b$ aus

$$(1) \qquad (T_\beta \cdot U_b) \cdot (T_\alpha \cdot U_a) = (T_\beta \cdot T_\gamma) \cdot (U_b \cdot U_a) = (T_\beta \cdot T_\gamma \cdot T) \cdot U_c$$

folgt. Wir bringen diese Tatsache durch die Gleichung zum Ausdruck:

$$(2) \qquad (G_\mu \cdot U_b) \cdot (G_\mu \cdot U_a) = G_\mu \cdot U_c,$$

in die wir die den verschiedenen Kombinationen T_α, T_β entsprechenden Gleichungen (1) zusammengefaßt denken.

Die Gleichung (2) veranlaßt uns, die t zu einer ausgezeichneten Untergruppe des Index t gehörenden Nebengruppen G_μ, $G_\mu \cdot U_1, \ldots, G_\mu \cdot U_{t-1}$ selbst wieder als „Elemente" aufzufassen, was nach dem allgemeinen Begriffe eines Elementes (S. 2) statthaft ist. Als solche neuen Elemente bezeichnen wir die Nebengruppen kurz durch $\overline{U}_0 = G_\mu$, $\overline{U}_1 = G_\mu \cdot U_1$, $\overline{U}_2 = G_\mu \cdot U_2, \ldots, \overline{U}_{t-1} = G_\mu \cdot U_{t-1}$. Dann ist leicht zu zeigen, daß die $\overline{U}_a$ selbst wieder eine „Gruppe" der Ordnung t bilden, die wir durch $\overline{G}_t$ bezeichnen. Irgend zwei Elemente $\overline{U}_a$ und $\overline{U}_b$ geben nämlich zufolge (2) bei Zusammensetzung das Element $\overline{U}_b \cdot \overline{U}_a = \overline{U}_c$, das wieder zu den t Elementen $\overline{U}$ gehört. Da ein symbolisches Produkt $\overline{U}_b \cdot \overline{U}_a$, wie bemerkt, die Bedeutung einer zusammenfassenden Bezeichnung für eine Anzahl symbolischer Produkte von Elementen der G_m hat, so überträgt sich das assoziative Gesetz auf die neuen Produkte. Sind endlich $\overline{U}_b$ und $\overline{U}_c$ irgend zwei verschiedene Elemente, ist also $\overline{U}_b \neq \overline{U}_c$, so ist auch $U_b \neq U_c$, und dann gehören auch $U_a \cdot U_b$ und $U_a \cdot U_c$ nicht der gleichen Nebengruppe an, da aus $U_a \cdot U_b = T \cdot U_d$, $U_a \cdot U_c = T' \cdot U_d$ sofort auf zwei Gleichungen:

$$U_b = T'' \cdot (U_a^{-1} \cdot U_d), \qquad U_c = T''' \cdot (U_a^{-1} \cdot U_d)$$

geschlossen würde, aus denen hervorginge, daß U_b und U_c entgegen der Annahme in der gleichen Nebengruppe enthalten wären. Aus $\overline{U}_b \neq \overline{U}_c$ folgt also $\overline{U}_a \cdot \overline{U}_b \neq \overline{U}_a \cdot \overline{U}_c$, und ebenso beweist man, daß auch $\overline{U}_b \cdot \overline{U}_a \neq \overline{U}_c \cdot \overline{U}_a$ zutrifft. Damit ist der Satz gewonnen: *Die eindeutig bestimmten Nebengruppen $\overline{U}_0 = 1$, $\overline{U}_1, \overline{U}_2, \ldots, \overline{U}_{t-1}$ einer ausgezeichneten Untergruppe G_u des Index t bilden, aufs neue als Elemente aufgefaßt, eine Gruppe $\overline{G}_t$*

der Ordnung $t = \frac{m}{\mu}$, *die man die „Quotientengruppe" von* G_m *und* G_μ *nennt und durch* G_m/G_μ *bezeichnet.*

Die Gruppen G_m und $\overline{G}_t$ sind 1-μ-deutig aufeinander bezogen, indem dem einzelnen Elemente $S = T \cdot U_a$ von G_m das Element $\overline{U}_a$ von $\overline{G}_t$ entspricht, dem einzelnen Elemente $\overline{U}_a$ von $\overline{G}_t$ aber die μ Elemente $U_a, T_1 \cdot U_a$ $T_2 \cdot U_a, \ldots, T_{\mu-1} \cdot U_a$ zugeordnet sind. Dabei entspricht, indem den Elementen $T_\alpha \cdot U_a$ und $T_\beta \cdot U_b$ von G_m die Elemente $\overline{U}_a$ und $\overline{U}_b$ von $\overline{G}_t$ zugehören, zufolge (1) dem aus $T_\alpha \cdot U_a$ und $T_\beta \cdot U_b$ zusammengesetzten Elemente $(T_\beta \cdot U_b) \cdot (T_\alpha \cdot U_a)$ stets auch wieder das aus $\overline{U}_a$ und $\overline{U}_b$ zusammengesetzte Element $\overline{U}_b \cdot \overline{U}_a = \overline{U}_c$. Die Beziehung zwischen G_m und $\overline{G}_t$ ist also eine Verallgemeinerung des oben (S. 7) zwischen Gruppen gleicher Ordnung erklärten „Isomorphismus" (der hier für $\mu = 1$ vorliegen würde); wir nennen die Gruppen G_m und $\overline{G}_t$ einander *„1-μ-deutig homomorph"*.

Es mögen nun die Elemente $W_0 = 1, W_1, W_2, \ldots, W_{\lambda-1}$ von G_m eine Untergruppe G_λ bilden. Diesen Elementen W mögen im ganzen s verschiedene Elemente $\overline{V}_0 = 1, \overline{V}_1, \ldots, \overline{V}_{s-1}$ von $\overline{G}_t$ entsprechen. Sind den beiden Elementen $\overline{V}_\alpha$ und $\overline{V}_\beta$ (vielleicht außer anderen) die Elemente W_a und W_b der G_λ zugeordnet, so entspricht dem Elemente $W_b \cdot W_a$ eindeutig das Element $\overline{V}_\beta \cdot \overline{V}_\alpha$. Da nun $W_b \cdot W_a$ in G_λ enthalten ist, so findet sich $\overline{V}_\beta \cdot \overline{V}_\alpha$ unter den Elementen $\overline{V}_0, \overline{V}_1, \ldots, \overline{V}_{s-1}$: *Jeder Untergruppe* G_λ *von* G_m *entspricht eindeutig eine Untergruppe* $\overline{G}_s$ *von* $\overline{G}_t$. Um zu prüfen, ob im Falle einer ausgezeichneten Untergruppe G_λ vielleicht auch $\overline{G}_s$ ausgezeichnet ist, bilden wir mit irgendeinem Elemente $\overline{U}$ von $\overline{G}_t$ das Element $\overline{U} \cdot \overline{V}_\alpha \cdot \overline{U}^{-1}$. Ist S ein $\overline{U}$ entsprechendes Element, so ist $S \cdot W_a \cdot S^{-1}$ ein dem Elemente $\overline{U} \cdot \overline{V}_a \cdot \overline{U}^{-1}$ zugeordnetes Element. Nun findet sich $S \cdot W_a \cdot S^{-1}$ in der ausgezeichneten G_λ, und also ist $\overline{U} \cdot \overline{V}_\alpha \cdot \overline{U}^{-1}$ in $\overline{G}_s$ enthalten: *Einer ausgezeichneten Untergruppe* G_λ *von* G_m *entspricht wieder eine ausgezeichnete Untergruppe* $\overline{G}_s$ *von* $\overline{G}_t$.

Alle in G_λ und G_μ gemeinsam enthaltenen Elemente bilden den Durchschnitt $D(G_\lambda, G_\mu)$ der beliebigen Untergruppe G_λ und unserer ausgezeichneten G_μ. Ist G_λ auch an der Nebengruppe $G_\mu \cdot U_a$ beteiligt, so sei V_a ein in G_λ und $G_\mu \cdot U_a$ zugleich enthaltenes Element. Wir können die Nebengruppe dann auch in der Gestalt $G_\mu \cdot V_a$ schreiben, da nach S. 4 zur Bildung der einzelnen Nebengruppe das Element U_a durch irgendein in der Nebengruppe enthaltenes Element ersetzt werden kann. Mit $D(G_\lambda, G_\mu)$ und V_a enthält G_λ sogleich alle durch das symbolische Produkt $D(G_\lambda, G_\mu) \cdot V_a$ zu bezeichnenden Elemente, die aus denen von $D(G_\lambda, G_\mu)$ und V_a zusammengesetzt sind. Hiermit sind aber auch die in G_λ und $G_\mu \cdot V_a$ zugleich enthaltenen Elemente erschöpft. Soll nämlich neben V_a auch $T \cdot V_a$ in G_λ enthalten sein, so ist auch $(T \cdot V_a) \cdot V_a^{-1} = T$

in G_λ und also im Durchschnitt $D(G_\lambda, G_\mu)$ enthalten, so daß sich $T \cdot V_a$ in der Tat in $D(G_\lambda, G_\mu) \cdot V_a$ findet. Nun ist aber G_λ im ganzen an s Nebengruppen von G_μ beteiligt. Bezeichnen wir diese Nebengruppen durch G_μ, $G_\mu \cdot V_1, \ldots, G_\mu \cdot V_{s-1}$[1]), so ergibt sich der Satz: *Die Ordnung s der einer beliebigen Untergruppe G_λ entsprechenden Untergruppe $\overline{G}_s$ von $\overline{G}_t$ ist gleich dem Index, den die Gruppe $D(G_\lambda, G_\mu)$ als Untergruppe der G_λ besitzt, da sich die G_λ ihrer Untergruppe $D(G_\lambda, G_\mu)$ entsprechend in die s Nebengruppen:*

$$(3) \qquad G_\lambda = D(G_\lambda, G_\mu) + D(G_\lambda, G_\mu) V_1 + D(G_\lambda, G_\mu) V_2 + \cdots \\ \cdots + D(G_\lambda, G_\mu) V_{s-1}$$

spaltet; die $\overline{G}_s$ selbst besteht aus den Elementen $1, \overline{V}_1, \overline{V}_2, \ldots, \overline{V}_{s-1}$.

Umgekehrt können der einzelnen Untergruppe $\overline{G}_s$ von $\overline{G}_t$, bestehend aus den Elementen $1, \overline{V}_1, \overline{V}_2, \ldots, \overline{V}_{s-1}$, mehrere Untergruppen G_λ von G_m zugeordnet sein. Unter ihnen findet sich eine eindeutig bestimmte, die alle übrigen in sich enthält, und die wir deshalb als die „größte" der $\overline{G}_s$ entsprechende Untergruppe von G_m bezeichnen. Sie hat die Ordnung μs, enthält G_μ in sich und ist durch die Zerlegung in Nebengruppen charakterisiert:

$$(4) \qquad G_{\mu s} = G_\mu + G_\mu \cdot V_1 + G_\mu \cdot V_2 + \cdots G_\mu \cdot V_{s-1},$$

wo $V_1, V_2, \ldots, V_{s-1}$ irgend $(s-1)$ den $\overline{V}_1, \overline{V}_2, \ldots, \overline{V}_{s-1}$ entsprechende Elemente sind. Daß alle von den Nebengruppen in (4) rechts gelieferten Elemente wieder eine Gruppe bilden, folgt mit Rücksicht auf die Gruppeneigenschaft von $\overline{G}_s$ leicht aus einer dem Ansatze (1) entsprechenden Gleichung. Ist $\overline{G}_s$ ausgezeichnet, so erweist sich auch $G_{\mu s}$ als eine ausgezeichnete Untergruppe. Ist nämlich $T_\alpha \cdot V_a$ irgendein Element aus $G_{\mu s}$ und S ein beliebiges Element von G_m, so ist:

$$S \cdot (T_\alpha \cdot V_a) \cdot S^{-1} = (S \cdot T_\alpha \cdot S^{-1}) \cdot (S \cdot V_a \cdot S^{-1}).$$

In der ersten Klammer rechts steht, da G_μ ausgezeichnet ist, ein T_β aus G_μ. Entspricht dem S das Element $\overline{U}$ von $\overline{G}_t$, so entspricht dem Produkte $S \cdot V_a \cdot S^{-1}$ das Element $\overline{U} \cdot \overline{V}_a \cdot \overline{U}^{-1} = \overline{V}_b$, das sich in der ausgezeichneten $\overline{G}_s$ findet. Diesem entsprechen aber die in $G_\mu \cdot V_b$ zusammengefaßten Elemente, unter denen sich demnach $S \cdot V_a \cdot S^{-1}$ findet. Es gilt also:

$$S \cdot V_a \cdot S^{-1} = T_\gamma \cdot V_b, \qquad S \cdot (T_\alpha \cdot V_a) \cdot S^{-1} = (T_\beta \cdot T_\gamma) \cdot V_b,$$

und das in der zweiten Gleichung rechts stehende Element findet sich in $G_{\mu s}$: *Einer beliebigen Untergruppe $\overline{G}_s$ von $\overline{G}_t$ entspricht als „größte"*

1) Es ist natürlich keineswegs gemeint, daß dies gerade die an erster Stelle unserer ursprünglichen Anordnung (2) S. 4 stehenden Nebengruppen G_μ, $G_\mu \cdot U_1$, $\ldots$, $G_\mu \cdot U_{s-1}$ sein sollen.

Untergruppe von G_m die durch (4) gegebene $G_{\mu s}$ der Ordnung μs, die eine ausgezeichnete Untergruppe der G_m ist, falls $\overline{G}_s$ eine solche von $\overline{G}_t$ ist.

§ 5. Kompositionsreihe einer Gruppe G_m.

Eine ausgezeichnete Untergruppe G_μ einer Ordnung $\mu < m$ heißt eine *„größte ausgezeichnete Untergruppe"* von G_m, wenn außer G_m und G_μ keine ausgezeichnete Untergruppe existiert, die G_μ enthält und in G_m enthalten ist. Es besteht der Satz: *G_μ ist stets und nur dann eine größte ausgezeichnete Untergruppe von G_m, wenn die Quotientengruppe $G_m/G_\mu = \overline{G}_t$ einfach ist.* Einer ausgezeichneten Untergruppe $G_{\mu s}$ mit $1 < s < t$, die G_μ enthält, gehört nämlich eine ausgezeichnete Untergruppe $\overline{G}_s$ von $\overline{G}_t$ zu, wie umgekehrt jeder ausgezeichneten $\overline{G}_s$ mit $1 < s < t$, die in $\overline{G}_t$ enthalten ist, als „größte" zugehörige Untergruppe von G_m eine G_μ enthaltende ausgezeichnete $G_{\mu s}$ entspricht.

Es sei weiterhin G_μ eine größte ausgezeichnete Untergruppe und $\overline{G}$ die zugehörige Quotientengruppe G_m/G_μ. Einer von G_μ verschiedenen ausgezeichneten Untergruppe G_λ entspricht in $\overline{G}_t$ eine ausgezeichnete $\overline{G}_s$, die, da $\overline{G}_t$ einfach ist, entweder die $\overline{G}_1$ oder die $\overline{G}_t$ selbst ist. Im ersten Falle ist G_λ in G_μ enthalten. Soll also auch G_λ eine größte ausgezeichnete Untergruppe von G_m sein, so muß ihr die $\overline{G}_t$ entsprechen, die Gleichung (3) S. 11 hat demnach die Gestalt:

$$(1) \quad G_\lambda = D(G_\lambda, G_\mu) + D(G_\lambda, G_\mu) \cdot V_1 + \cdots + D(G_\lambda, G_\mu) \cdot V_{t-1},$$

d. h. sie ist rechts t-gliedrig. Wir wählen hier die V so, daß V_a stets der Nebengruppe $G_\mu \cdot U_a$ angehört.

Nun liefert der Durchschnitt $D(G_\lambda, G_\mu)$ zweier ausgezeichneter G_λ, G_μ eine gleichfalls ausgezeichnete Untergruppe, da die Transformation irgendeines Elementes von $D(G_\lambda, G_\mu)$ durch ein beliebiges S stets wieder ein in G_λ und G_μ und also in $D(G_\lambda, G_\mu)$ enthaltenes Element ergibt. Zur Bildung der Quotientengruppe $G'_t = G_\lambda/D(G_\lambda, G_\mu)$ betrachten wir die t in (1) rechts stehenden Nebengruppen aufs neue als Elemente:

$$(2) \quad D(G_\lambda, G_\mu) = \overline{V}_0 = 1, \quad D(G_\lambda, G_\mu) \cdot V_1 = \overline{V}_1, \quad \ldots, \quad D(G_\lambda, G_\mu) \cdot V_{t-1} = \overline{V}_{t-1}.$$

Indem wir die Elemente $\overline{U}_a$ und $\overline{V}_a$ einander entsprechen lassen, werden die beiden Gruppen $\overline{G}_t$ und $\overline{G}'_t$ einander „isomorph", da ja aus $\overline{U}_b \cdot \overline{U}_a = \overline{U}_c$ stets wieder $\overline{V}_b \cdot \overline{V}_a = \overline{V}_c$ folgt. Also ist auch $\overline{G}'_t$ einfach, und $D(G_\lambda, G_\mu)$ erweist sich als „größte" ausgezeichnete Untergruppe von G_λ. Da man diese Betrachtung auch in der Art ausführen kann, daß man G_λ an Stelle von G_μ voranstellt und G_μ folgen läßt, so gilt der Satz: *Sind G_λ und G_μ zwei verschiedene größte ausgezeichnete Untergruppen von G_m, so ist der Durchschnitt $D(G_\lambda, G_\mu)$ eine größte ausgezeichnete Untergruppe sowohl* *von G_λ als von G_μ; die Quotientengruppen G_m/G_μ und $G_\lambda/D(G_\lambda, G_\mu)$ sind isomorph, und dasselbe gilt von den Quotientengruppen G_m/G_λ und $G_\mu/D(G_\lambda, G_\mu)$.*

Wir denken jetzt eine Reihe von Untergruppen $G_m, G_{\mu_1}, G_{\mu_2}, G_{\mu_3}, \ldots$ in der Art gewählt, daß jede eine größte ausgezeichnete Untergruppe in der voraufgehenden ist. Da hierbei $m > \mu_1 > \mu_2 > \cdots$ gilt, so gelangt man nach einer endlichen Anzahl n von Schritten zur G_1 und gewinnt die sich schließende Reihe:

(3) $$G_m, G_{\mu_1}, G_{\mu_2}, G_{\mu_3}, \ldots, G_{\mu_n} = G_1,$$

in der die vorletzte Gruppe einfach ist. Die n zugehörigen Indizes:

(4) $$\frac{m}{\mu_1} = t_1, \quad \frac{\mu_1}{\mu_2} = t_2, \quad \frac{\mu_2}{\mu_3} = t_3, \quad \ldots, \quad \frac{\mu_{n-1}}{\mu_n} = \mu_{n-1} = t_n$$

iefern als Produkt die Ordnung $m = t_1 \cdot t_2 \cdot t_3 \cdots t_n$ der Gesamtgruppe. Die zugehörigen Quotientengruppen bezeichnen wir durch:

(5) $$G_m/G_{\mu_1} = \overline{G}_{t_1}, \qquad G_{\mu_1}/G_{\mu_2} = \overline{G}_{t_2}, \quad \ldots$$

Die Reihe (3) heißt eine „*Reihe der Zusammensetzung*" oder eine „*Kompositionsreihe*" der Gruppe G_m, die Reihe (4) heißt die zugehörige „*Indexreihe*".

Neben (3) liege nun auch in:

(6) $$G_m, G_{\lambda_1}, G_{\lambda_2}, G_{\lambda_3}, \ldots, G_1$$

eine Kompositionsreihe von G_m vor mit der zugehörigen Indexreihe:

(7) $$\frac{m}{\lambda_1} = s_1, \quad \frac{\lambda_1}{\lambda_2} = s_2, \quad \frac{\lambda_2}{\lambda_3} = s_3, \quad \ldots$$

und den Quotientengruppen.

(8) $$G_m/G_{\lambda_1} = \overline{G}_{s_1}, \quad G_{\lambda_1}/G_{\lambda_2} = \overline{G}_{s_2}, \quad G_{\lambda_2}/G_{\lambda_3} = \overline{G}_{s_3}, \quad \ldots$$

Dann gilt folgender Satz: *Die Kompositionsreihen* (3) *und* (6) *unserer G_m haben stets gleiche Gliederanzahl $(n+1)$, die n Indizes* (4) *sind, abgesehen von der Anordnung, den n Indizes* (7) *gleich, und es lassen sich die Quotientengruppen* (5) *und* (8) *zu Paaren, $\overline{G}_{t_\alpha}$* und *$\overline{G}_{s_\beta}$, so einander zuordnen, daß $\overline{G}_{t_\alpha}$ und $\overline{G}_{s_\beta}$ isomorph sind.*

Diesen Satz kann man durch vollständige Induktion beweisen. Ist m eine Primzahl, so gibt es nur die eine Kompositionsreihe G_m, G_1, und dann ist der Satz selbstverständlich. Wir zerlegen nun bei beliebiger Ordnung m die Zahl m in ihre Primfaktoren und zählen deren Anzahl ab. Wir nehmen den Satz als bereits bewiesen an für alle Ordnungen m', deren Primfaktorenanzahl mindestens um eine Einheit geringer ist als die von m. Dann läßt sich zeigen, daß der Satz auch noch für m gilt.

Es ist nämlich der Durchschnitt $D(G_{\lambda_1}, G_{\mu_1}) = G_{\nu_1}$ eine größte ausgezeichnete Untergruppe sowohl in G_{μ_1} als G_{λ_1}. Irgendeine Kompositionsreihe $G_{\nu_1}, G_{\nu_2}, \ldots, G_1$ von G_{ν_1} liefert demnach in:

$$G_m, G_{\mu_1}, G_{\nu_1}, G_{\nu_2}, \ldots, G_1 \quad \text{und} \quad G_m, G_{\lambda_1}, G_{\nu_1}, G_{\nu_2}, \ldots, G_1$$

zwei Kompositionsreihen für G_m, wobei (nach dem vorausgesandten Satze) die Gruppen G_m/G_{μ_1} und G_{λ_1}/G_{ν_1} isomorph sind und ebenso die Gruppen G_m/G_{λ_1} und G_{μ_1}/G_{ν_1}. Nun sind:

$$G_{\mu_1}, G_{\mu_2}, \ldots, 1 \quad \text{und} \quad G_{\mu_1}, G_{\nu_1}, G_{\nu_2}, \ldots, 1$$

Kompositionsreihen für G_{μ_1}. Da μ_1 mindestens einen Primfaktor weniger hat als m, so haben diese beiden Reihen der Annahme gemäß gleiche Gliederanzahlen, und es gilt für die Systeme der Quotientengruppen $G_{\mu_1}/G_{\mu_2}, G_{\mu_2}/G_{\mu_3}, \ldots$ und $G_{\mu_1}/G_{\nu_1}, G_{\nu_1}/G_{\nu_2}, \ldots$ die im Satze behauptete Zusammenordnung zu Paaren. Insbesondere findet sich im ersten Systeme eine zu G_{μ_1}/G_{ν_1} und also zu G_m/G_{λ_1} isomorphe Gruppe, während die übrigen $(n-2)$ Gruppen des Systems $G_{\mu_1}/G_{\mu_2}, G_{\mu_2}/G_{\mu_3}, \ldots$ in irgendeiner Anordnung den Quotientengruppen $G_{\nu_1}/G_{\nu_2}, G_{\nu_2}/G_{\nu_3}, \ldots$ als isomorph zugewiesen sind. In derselben Art findet man im Systeme $G_{\lambda_1}/G_{\lambda_2}, G_{\lambda_2}/G_{\lambda_3}, \ldots$ eine mit G_m/G_{μ_1} isomorphe Gruppe, während jede der übrigen im Systeme $G_{\nu_1}/G_{\nu_2}, G_{\nu_2}/G_{\nu_3}, \ldots$ und damit im Systeme $G_{\mu_1}/G_{\mu_2}, G_{\mu_2}/G_{\mu_3}, \ldots$, jedoch unter Ausschluß der bereits der Gruppe G_m/G_{λ_1} zugeordneten, ihre isomorphe findet. Damit ist der aufgestellte Satz bewiesen.

§ 6. Sätze über Abelsche Gruppen.

Eine Gruppe G_m sollte als eine kommutative oder Abelsche bezeichnet werden, wenn jedes ihrer Elemente mit jedem anderen vertauschbar ist. Die Elemente einer solchen Gruppe seien $S_0 = 1, S_1, S_2, \ldots, S_{m-1}$, und die Periode von S_a werde durch ν_a bezeichnet, so daß $\nu_0 = 1, \nu_1 > 1, \nu_2 > 1, \ldots$ gilt.

Man bilde die Produkte:

$$(1) \qquad S_1^{h_1} \cdot S_2^{h_2} \cdot S_2^{h_3} \cdots S_{m-1}^{h_{m-1}}, \qquad 0 \leqq h_a < \nu_a,$$

die sich auf alle $\nu_1 \cdot \nu_2 \cdots \nu_{m-1}$ Kombinationen ganzzahliger Exponenten h beziehen, welche den in (1) rechts angegebenen Ungleichungen genügen. Im Systeme der Produkte (1) kommt jedes Element von G_m zur Darstellung, nämlich das Einheitselement z. B. dann, wenn alle h gleich 0 gesetzt werden, und das von S_0 verschiedene Element S_a, wenn z. B. der Exponent $h_a = 1$, alle übrigen h aber $= 0$ gesetzt werden. Das Einheitselement möge nun im ganzen e Male unter den Produkten (1) auftreten, d. h. es möge im ganzen e verschiedene Kombinationen der Exponenten h geben, für welche das Produkt (1) gleich $S_0 = 1$ wird. Wir belegen diese Kombinationen mit der besonderen Bezeichnung $\eta_1, \eta_2, \eta_3, \ldots, \eta_{m-1}$ und haben dann:

$$(2) \qquad S_1^{\eta_1} \cdot S_2^{\eta_2} \cdot S_3^{\eta_3} \cdots S_{m-1}^{\eta_{m-1}} = 1.$$

Ist S ein beliebiges Element von G_m mit einer ersten Darstellung:

(3) $$S = S_1^{h_1} \cdot S_2^{h_2} \cdot S_3^{h_3} \cdots S_{m-1}^{h_{m-1}},$$

so ergeben sich sofort e verschiedene Darstellungen von S in der Gestalt:

(4) $$S = S_1^{h_1 + \eta_1} \cdot S_2^{h_2 + \eta_2} \cdots S_{m-1}^{h_{m-1} + \eta_{m-1}}$$

aus der Vertauschbarkeit der Elemente, wobei wir jeden Exponenten $(h_a + \eta_a)$ mod ν_a nötigenfalls auf seinen kleinsten nicht-negativen Rest reduziert denken. Ist andrerseits:

$$S = S_1^{h'_1} \cdot S_2^{h'_2} \cdot S_3^{h'_3} \cdots S_{m-1}^{h'_{m-1}}$$

irgendeine Darstellung des fraglichen Elementes S, so ergibt sich wieder aus der Vertauschbarkeit der Elemente in:

$$S \cdot S^{-1} = S_1^{h'_1 - h_1} \cdot S_2^{h'_2 - h_2} \cdot S_3^{h'_3 - h_3} \cdots S_{m-1}^{h'_{m-1} - h_{m-1}} = 1$$

(nötigenfalls nach Reduktion der Exponenten) eine Darstellung (2) des Einheitselementes. Hieraus folgt, daß wir in den e verschiedenen Darstellungen (4) von S bereits alle von den Produkten (1) gelieferten Darstellungen von S vor uns haben: *Jedes Element von G_m wird vom System der $\nu_1 \cdot \nu_2 \cdots \nu_{m-1}$ Produkte gerade so oft geliefert wie jedes andere, nämlich e Male, so daß die Gleichung gilt:*

(5) $$\nu_1 \cdot \nu_2 \cdot \nu_3 \cdots \nu_{m-1} = e \cdot m.$$

Irgendein Primfaktor p von m[1]) geht zufolge (5) in mindestens einer der Zahlen ν, etwa in ν_a, auf. Dann ist $S_a^{\frac{\nu_a}{p}}$ ein Element der Periode p. *Ist p irgendein Primfaktor der Ordnung m der Abelschen Gruppe G_m, so gibt es in G_m sicher ein Element S der Periode p und damit eine zyklische Untergruppe G_p der Ordnung p.* Es seien $S_a, S_b, S_c, \ldots$ Elemente aus G_m von den Perioden $\nu_a, \nu_b, \nu_c, \ldots$, und es sei ν das kleinste gemeinschaftliche Vielfache von $\nu_a, \nu_b, \nu_c, \ldots$ Dann gilt für das aus $S_a, S_b, S_c, \ldots$ zusammengesetzte Element S:

$$S^\nu = (S_a \cdot S_b \cdot S_c \ldots)^\nu = S_a^\nu \cdot S_b^\nu \cdot S_c^\nu \ldots = 1.$$

Also ist nach S. 5ff. die Periode von S ein Teiler von ν: *Die Periode des aus den Elementen $S_a, S_b, S_c, \ldots$ zusammengesetzten Elementes $S = S_a \cdot S_b \cdot S_c \ldots$ ist ein Teiler des kleinsten gemeinsamen Vielfachen der Perioden $\nu_a, \nu_b, \nu_c, \ldots$ der zusammensetzenden Elemente.*

Die Ordnung m der Abelschen Gruppe sei als Produkt $k \cdot l$ zweier teilerfremder Zahlen k, l darstellbar. In G_m mögen k', durch $U_0 = 1$, $U_1, U_2, \ldots, U_{k'-1}$ zu bezeichnende Elemente auftreten, deren Perioden in k aufgehen. Da nach dem eben bewiesenen Satze die Periode von $U_a \cdot U_b$ gleichfalls in k aufgeht, so gehört $U_a \cdot U_b$ zu den k' Elementen U.

1) Falls nichts weiter gesagt ist, gilt p als von 1 verschieden.

Die k' Elemente U bilden hiernach eine Gruppe $G_{k'}$, die natürlich wieder eine Abelsche ist. Ebenso gelangen wir zu einer Abelschen Gruppe $G_{l'}$ aller l' in G_m enthaltenen Elemente $V_0 = 1, V_1, V_2, \ldots, V_{l'-1}$, deren Perioden in l aufgehen. Da keine Periode $\nu > 1$ in k und l zugleich aufgeht, so haben die Gruppen $G_{k'}$ und $G_{l'}$ nur das Einheitselement gemein. Die Ordnung k' der $G_{k'}$ ist teilerfremd gegen l, und entsprechend ist l' teilerfremd gegen k. Hätten nämlich k' und l einen Primfaktor p gemein, so gäbe es in $G_{k'}$ ein U der Periode p, die in l aufgeht und also teilerfremd gegen k ist. Dies würde der Erklärung der Elemente U widersprechen.

Die $k' \cdot l'$ Produkte $U_a \cdot V_b$ stellen lauter verschiedene Elemente von G_m dar. Soll nämlich $U_a \cdot V_b = U_c \cdot V_d$ sein, so folgt:

$$U_c^{-1} \cdot U_a = V_d \cdot V_b^{-1} = 1; \tag{6}$$

denn $U_c^{-1} \cdot U_a$ ist in $G_{k'}$ und $V_d \cdot V_b^{-1}$ in $G_{l'}$ enthalten, beide Gruppen haben aber nur das Einheitselement gemein. Aus (6) aber ergibt sich sofort $U_a = U_c$, $V_b = V_d$. Man kann weiter zeigen, daß jedes Element S von G_m als ein Produkt $U_a \cdot V_b$ darstellbar ist. Da nämlich k und l teilerfremd sind, so lassen sich nach I, 281 zwei ganze (positive oder negative) Zahlen $\varkappa$, λ angeben, die die Gleichung $k\varkappa + l\lambda = 1$ befriedigen. Wir setzen dann:

$$S = S^{k\varkappa + l\lambda} = S^{l\lambda} \cdot S^{k\varkappa} \tag{7}$$

und folgern aus den beiden Gleichungen:

$$(S^{l\lambda})^k = S^{m \cdot \lambda} = 1, \quad (S^{k\varkappa})^l = S^{m \cdot \varkappa} = 1,$$

daß $S^{l\lambda}$ ein U_a und $S^{k\varkappa}$ ein V_b ist. In (7) liegt also die Darstellung $S = U_a \cdot V_b$ vor.

Die $k' \cdot l'$ Produkte $U_a \cdot V_b$ bilden selbst wieder eine Gruppe der Ordnung $k' \cdot l'$, die wir $G_{k' \cdot l'}$ nennen und symbolisch als Produkt $G_{k'} \cdot G_{l'}$ bezeichnen können. Nach der eben beendeten Überlegung ist diese $G_{k' \cdot l'}$ mit der Gesamtgruppe G_m identisch. Es gilt also:

$$k' \cdot l' = m = k \cdot l,$$

und da wir bereits wissen, daß k' teilerfremd gegen l und l' teilerfremd gegen k ist, so folgt $k' = k$, $l' = l$. *Gestattet die Ordnung m einer Abelschen Gruppe G_m die Zerlegung $m = k \cdot l$ in zwei teilerfremde Faktoren k, l, so gibt es in G_m genau k eine G_k bildende Elemente U, deren Perioden k teilen, und genau l eine G_l bildende Elemente V, deren Perioden in l aufgehen; die Gesamtgruppe G_m aber ist in der Gestalt $G_k \cdot G_l$ der Gruppe aller Elemente $U_a \cdot V_b$ darstellbar.*

Da jedes Element einer in G_m enthaltenen Untergruppe G_μ mit einem beliebigen Elemente S von G_m vertauschbar ist, so ist auch G_μ mit S vertauschbar: *Jede Untergruppe G_μ einer Abelschen Gruppe G_m ist*

„ausgezeichnet" und übrigens selbst wieder eine Abelsche Gruppe. Zur Aufstellung der Quotientengruppe G_m/G_μ führte die Gleichung (2) S. 9. Da im Falle unserer Abelscnen Gruppe aus jener Gleichung wegen der Vertauschbarkeit der Elemente

$$(G_\mu \cdot U_a) \cdot (G_\mu \cdot U_b) = G_\mu \cdot U_c$$

folgt, so gilt weiter der Satz: *Die zu einer (ausgezeichneten) Untergruppe G_μ einer Abelschen Gruppe G_m gehörende Quotientengruppe $G_m/G_\mu = \overline{G}$, ist gleichfalls eine Abelsche Gruppe.*

Ist p^σ eine höchste in m aufgehende Primzahlpotenz, so setzen wir $m = p^\sigma \cdot l$ und finden in G_m eine Untergruppe der Ordnung p^σ. Daran schließt sich der Satz: *In einer Abelschen Gruppe, deren Ordnung die Primzahlpotenz p^σ ist, gibt es stets eine Untergruppe der Ordnung $p^{\sigma-1}$.* Der Beweis wird durch vollständige Induktion geführt. Daß in einer Abelschen G_{p^2} stets eine Untergruppe G_p nachweisbar ist, steht bereits fest. Wir nehmen an, daß der Satz für die Ordnungen $p^2, p^3, \ldots, p^{\sigma-1}$ richtig ist, und können dann leicht zeigen, daß er auch für die Ordnung p^σ gilt. Die Abelsche G_{p^σ} enthält nämlich eine (ausgezeichnete) G_p. Die zugehörige Abelsche Gruppe G_{p^σ}/G_p enthält der Annahme nach eine Untergruppe $\overline{G}_{p^{\sigma-2}}$, da jene Quotientengruppe die Ordnung $p^{\sigma-1}$ hat. Nach S. 11ff. entspricht dieser $\overline{G}_{p^{\sigma-2}}$ in der G_{p^σ} eine Untergruppe der Ordnung $p \cdot p^{\sigma-2} = p^{\sigma-1}$, womit der Beweis des Satzes beendet ist.

Wir halten an der Zerlegung $m = p^\sigma \cdot l$ fest und multiplizieren nach S. 16 die eben nachgewiesene $G_{p^{\sigma-1}}$ mit der G_l. Es entsteht eine Gruppe der Ordnung $p^{\sigma-1} \cdot l = \frac{m}{p}$. *In jeder Abelschen Gruppe der Ordnung m, die durch die Primzahl p teilbar ist, gibt es eine Untergruppe der Ordnung $\frac{m}{p}$, die in G_m ausgezeichnet enthalten ist; die zugehörige Quotientengruppe $\overline{G}_p$ ist als Gruppe von Primzahlordnung „zyklisch" und „einfach".* Selbstverständlich ist die Untergruppe der Ordnung $\frac{m}{p}$ eine „größte" ausgezeichnete Untergruppe.

Durch wiederholte Anwendung dieses Ergebnisses folgt der Hauptsatz: *Jede Indexreihe einer Abelschen Gruppe G_m besteht aus den gesamten Primfaktoren von m, wobei jeder Primfaktor so oft als Reihenglied auftritt, wie er in m enthalten ist; jede Quotientengruppe ist als Gruppe von Primzahlordnung zyklisch.*

§ 7. Permutationsgruppen.

Es seien n gleichartige Dinge vorgelegt, die wir numerieren und mit ihren Nummern $1, 2, 3, \ldots, n$ als Namen belegen. Eine erste Anordnung der Dinge ist durch $1, 2, 3, \ldots, n$ gegeben, irgendeine der $n!$

Anordnungen sei durch $a_1, a_2, a_3, \ldots, a_n$ bezeichnet, so daß die a_k die Zahlen $1, 2, 3, \ldots, n$ in der neuen Anordnung bedeuten. Unter der Operation S_a verstehen wir den gleichzeitigen Ersatz des Dinges 1 durch a_1, 2 durch a_2 usw., allgemein k durch a_k. Wir nennen diese Operation S_a eine *„Permutation"* der n Dinge, so daß es den $n!$ Anordnungen $a_1, a_2, \ldots, a_n$ entsprechend $n!$ verschiedene Permutationen der n Dinge gibt.

Die Permutation S_a kann man symbolisch durch:

(1) $$S_a = \begin{pmatrix} 1, & 2, & 3, & \ldots, & n \\ a_1, & a_2, & a_3, & \ldots, & a_n \end{pmatrix}$$

bezeichnen, wobei also dasjenige Ding a_k, durch welches k ersetzt werden soll, genau unter k steht. Die in der oberen Zeile gewählte Anordnung ist unwesentlich; man kann S_a z. B. auch durch:

$$S_a = \begin{pmatrix} 3, & 5, & 1, & \ldots, & n-3 \\ a_3, & a_5, & a_1, & \ldots, & a_{n-3} \end{pmatrix}$$

bezeichnen, wenn nur in der ersten Zeile jedes der n Dinge und jedes nur einmal untergebracht ist und unter k allemal a_k steht. Wir haben also im ganzen $n!$ Schreibweisen für die einzelne Permutation zur Hand. Als abgekürzte Bezeichnung für S_a benutzen wir $S_a = (k, a_k)$.

Die Permutation $S_0 = (k, k)$, bei der also jedes Ding durch sich selbst ersetzt wird, heißt die *„identische Permutation"* und wird unten als Element der zu erklärenden Gruppen auch durch 1 bezeichnet, da sie das „Einheitselement" dieser Gruppen liefern wird. Die Permutation (a_k, k), bei der also umgekehrt a_1 durch 1, a_2 durch 2 usw. ersetzt wird, heißt zur Permutation S_a *„invers"* und wird durch S_a^{-1} bezeichnet.

Üben wir auf die n Dinge zuerst die Permutation $S_a = (k, a_k)$, sodann die Permutation $S_b = (k, b_k) = (a_k, b_{a_k})$ aus, so ist das Ergebnis wieder eine Permutation, nämlich offenbar (k, b_{a_k}), die wir symbolisch durch das Produkt $S_b \cdot S_a$ bezeichnen:

(2) $$S_b \cdot S_a = (k, b_{a_k}) = \begin{pmatrix} 1, & 2, & \ldots, & n \\ b_{a_1}, & b_{a_2}, & \ldots, & b_{a_n} \end{pmatrix}.$$

Man kann auch sofort solche Produkte mit drei oder noch mehr Faktoren bilden, die stets wieder Permutationen darstellen, und findet, daß für diese Produkte das assoziative Gesetz gilt. Ist nämlich $S_c = (k, c_k) = (b_{a_k}, c_{b_{a_k}})$ eine dritte Permutation, so gewinnt man als Permutation $S_c \cdot (S_b \cdot S_a)$:

(3) $$S_c \cdot (S_b \cdot S_a) = (k, c_{b_{a_k}}).$$

Andrerseits gilt: $\qquad S_c \cdot S_b = (k, c_{b_k}) = (a_k, c_{b_{a_k}})$,

so daß $(S_c \cdot S_b) \cdot S_a$ zu der schon in (3) gewonnenen Permutation zurückführt. Sind die beiden Permutationen $S_b = (a_k, b_{a_k})$ und $S_c = (a_k, c_{a_k})$ verschieden, so sind stets auch $S_b \cdot S_a = (k, b_{a_k})$ und $S_c \cdot S_a = (k, c_{a_k})$ verschieden, und ebenso erweist sich $S_a \cdot S_b \neq S_a \cdot S_c$ als zutreffend. Es besteht hiernach der Satz: *Alle n! Permutationen von n Dingen bilden, als „Elemente" aufgefaßt, eine Gruppe $G_{n!}$ der Ordnung n!, die wir als eine Permutationsgruppe bezeichnen.*

Wir bestimmen weiter, *daß die Benennung „Permutationsgruppe" auch auf alle in der $G_{n!}$ enthaltenen Untergruppen übertragen werden soll.* Ihnen gegenüber wird die Gesamtgruppe $G_{n!}$ als die *„symmetrische Permutationsgruppe"* oder kurz die *„symmetrische Gruppe"* bezeichnet. Die Anzahl n der Dinge, die den Permutationen unterworfen werden, heißt der *„Grad"* der fraglichen Gruppen.

Außer der symmetrischen Gruppe betrachten wir zunächst nur die „zyklischen" Permutationsgruppen. Die Bestimmung der Periode einer einzelnen Permutation S und damit der Ordnung der aus ihr zu erzeugenden zyklischen Permutationsgruppe geschieht durch folgende Betrachtung. Irgendeines der n Dinge α_1 möge bei Ausübung von S in α_2 übergehen, α_2 aber in α_3, α_3 in α_4 usw. Die zu S inverse Permutation S^{-1} führt dann α_2 in α_1 über, α_3 in α_2, α_4 in α_3 usw. Man verfolge nun die Reihe $\alpha_1, \alpha_2, \alpha_3, \ldots$, bis man zu einem Dinge $\alpha_{\tau+1}$ gelangt, das schon einmal aufgetreten ist. Dann sind die τ Dinge $\alpha_1, \alpha_2, \alpha_3, \ldots, \alpha_\tau$ verschieden, und $\alpha_{\tau+1}$ ist notwendig gleich α_1. Wäre nämlich $\alpha_{\tau+1} = \alpha_k$ mit $k > 1$, so würden auch die durch S^{-1} aus $\alpha_{\tau+1}$ und α_k hervorgehenden Dinge α_τ und α_{k-1} gleich sein, und also wären die $\alpha_1, \alpha_2, \alpha_3, \ldots, \alpha_\tau$ nicht alle voneinander verschieden. Die Dinge $\alpha_1, \alpha_2, \alpha_3, \ldots, \alpha_\tau$ werden, wie man sagt, durch S „im Zyklus permutiert"; man nennt auch die Zusammenstellung $\alpha_1, \alpha_2, \alpha_3, \ldots, \alpha_\tau$ einen *„τ-gliedrigen Zyklus"* der Permutation S.

Ist insbesondere $\tau = n$, so ist S gegeben durch:

$$S = \begin{pmatrix} \alpha_1, & \alpha_2, & \alpha_3, & \ldots, & \alpha_n \\ \alpha_2, & \alpha_3, & \alpha_4, & \ldots, & \alpha_1 \end{pmatrix}. \tag{4}$$

Diese Permutation S, die bei der in der ersten Zeile stehenden Anordnung jedes Ding durch das folgende, das letzte aber durch das erste ersetzt, heißt insbesondere eine *„zyklische Permutation"*; offenbar erzeugt sie eine *zyklische Permutationsgruppe G_n der Ordnung n.* Ist indessen $\tau < n$, so erschöpfen die $\alpha_1, \alpha_2, \ldots, \alpha_\tau$ noch nicht alle n Dinge. Es mögen dann die τ' Dinge $\alpha'_1, \alpha'_2, \ldots, \alpha'_{\tau'}$ einen zweiten τ'-gliedrigen Zyklus von S bilden, sowie vorkommenden Falles die $\alpha''_1, \alpha''_2, \ldots, \alpha''_{\tau''}$ einen τ''-gliedrigen Zyklus usw. Man hat nun:

$$S = \begin{pmatrix} \alpha_1, & \alpha_2, & \ldots, & \alpha_\tau, & \alpha'_1, & \alpha'_2, & \ldots, & \alpha'_{\tau'}, & \ldots \\ \alpha_2, & \alpha_3, & \ldots, & \alpha_1, & \alpha'_2, & \alpha'_3, & \ldots, & \alpha'_1, & \ldots \end{pmatrix} \tag{5}$$

und findet auf diese Weise S in eine Anzahl von Zyklen aufgelöst. Es ist einleuchtend, *daß die Periode ν von S und damit die Ordnung ν der aus S zu erzeugenden zyklischen Gruppe das kleinste gemeinschaftliche Vielfache von $\tau, \tau', \tau'', \ldots$ ist.*

Die Bedeutung der Permutationsgruppen für die allgemeine Theorie der endlichen Gruppe wird durch folgenden Satz gekennzeichnet: *Jede endliche Gruppe G_m der Ordnung m ist als Permutationsgruppe, z. B. als eine solche m^{ten} Grades darstellbar.* Man fasse nämlich die m „Elemente" $S_0, S_1, S_2, \ldots, S_{m-1}$ in dieser Reihenfolge als m Dinge, wie wir sie bisher durch $1, 2, 3, \ldots, m$ bezeichneten, auf. Dem Elemente S_a der G_m möge dann die Permutation:

$$\begin{pmatrix} S_0, & S_1, & S_2, & \ldots, & S_{m-1} \\ S_a \cdot S_0, & S_a \cdot S_1, & S_a \cdot S_2, & \ldots, & S_a \cdot S_{m-1} \end{pmatrix}$$

der m „Dinge" S zugeordnet sein. Alle m so zu gewinnenden Permutationen bilden dann die „Einkleidung" unserer G_m als einer Permutationsgruppe m^{ten} Grades.

§ 8. Transitivität und Primitivität der Permutationsgruppen.

Es sei jetzt G_m eine beliebige unserer Permutationsgruppen n^{ten} Grades. Zwei Dinge α_1 und α_2 heißen *„durch G_m verbunden"*, wenn es eine Permutation S in G_m gibt, die α_1 durch α_2 ersetzt; die gleichfalls in G_m enthaltene Permutation S^{-1} ersetzt dann natürlich α_2 durch α_1. Sind zwei Dinge durch G_m mit einem dritten verbunden, so sind sie auch untereinander durch G_m verbunden. Sind demnach $\alpha_1, \alpha_2, \ldots, \alpha_\tau$ die gesamten mit α_1 durch G_m verbundenen Dinge, so ist jedes dieser τ Dinge mit jedem unter ihnen, aber mit keinem weiteren Dinge durch G_m verbunden.

Ist $\tau = n$, d. h. ist jedes der n Dinge mit jedem anderen durch G_m verbunden, so heißt die Gruppe G_m *„transitiv"*. Ist $\tau < n$, so können wir ein zweites System $\alpha'_1, \alpha'_2, \ldots, \alpha'_{\tau'}$ miteinander durch G_m verbundener Dinge aufstellen, sowie vorkommenden Falles ein drittes usw. Zwei aus verschiedenen Systemen entnommene Dinge sind dann nicht durch G_m verbunden. Die Gruppe G_m heißt jetzt *„intransitiv"*, und die verschiedenen Systeme verbundener Dinge nennt man die *„Systeme der Intransitivität"* von G_m. Die aus (4) S. 19 zu erzeugende zyklische G_n ist offenbar transitiv; dagegen erzeugt die Permutation (5) S. 19, die in mehr als einen Zyklus verfällt, eine intransitive zyklische G_ν, bei der die verschiedenen Zyklen die Systeme der Intransitivität liefern.

Der Begriff der Transitivität kann in folgender Art weiterentwickelt werden. Die Gruppe G_m heißt *„k-fach transitiv"*, wenn es bei willkürlicher Auswahl der k Dinge $\alpha_1, \alpha_2, \ldots, \alpha_k$ in G_m stets eine Permutation:

$$\begin{pmatrix} 1, & 2, & 3, & \ldots, & k, & \ldots \\ \alpha_1, & \alpha_2, & \alpha_3, & \ldots, & \alpha_k, & \ldots \end{pmatrix}$$

gibt, die also die k Dinge $1, 2, \ldots, k$ bzw. in die k willkürlich gewählten Dinge $\alpha_1, \alpha_2, \ldots, \alpha_k$ überführt. Es gibt dann sicher in G_m auch eine

Permutation, die k willkürlich gewählte Dinge $\alpha_1, \alpha_2, \ldots, \alpha_k$ bzw. in k gleichfalls willkürlich gewählte $\beta_1, \beta_2, \ldots, \beta_k$ überführt. Genauer wollen wir die G_m immer dann k-fach transitiv nennen, wenn sie nicht auch noch $(k+1)$-fach oder $(k+2)$-fach usw. transitiv ist.

Eine weitere Einteilung der *transitiven* Gruppen in zwei Arten geschieht nach folgendem Grundsatze. Es mögen die n Dinge in eine Anzahl von Systemen, die wir symbolisch durch $A, A', A'', \ldots$ bezeichnen

$$(1) \qquad \begin{cases} (A), & a_1, a_2, \ldots, a_\sigma, \\ (A'), & a'_1, a'_2, \ldots, a'_{\sigma'}, \\ \cdot & \cdot \quad \cdot \quad \cdot \quad \cdot \quad \cdot \quad \cdot \; , \end{cases}$$

in der Art zerlegbar sein, daß diese Zerlegung gegenüber *jeder* Permutation von G_m invariant ist. Die letzte Aussage soll folgenden Sinn haben. Es sollen, wenn die Anordnung (1) der n Dinge durch eine beliebige Permutation von G_m in die Anordnung:

$$\begin{array}{ll} (B), & b_1, b_2, \ldots, b_\sigma, \\ (B'), & b'_1, b'_2, \ldots, b'_{\sigma'}, \\ \cdot & \cdot \quad \cdot \quad \cdot \quad \cdot \quad \cdot \quad \cdot \; , \end{array}$$

übergeht, die Systeme $B, B', \ldots$, als ganze betrachtet (d. h. abgesehen von irgendeiner Umordnung der Dinge im einzelnen Systeme), wieder nur die Systeme $A, A', \ldots$ in irgendeiner Anordnung darstellen.

Da G_m transitiv sein sollte, so gibt es in G_m eine Permutation, die das Anfangsglied $a_1^{(i)}$ einer beliebigen unter den Reihen $A^{(i)}$ in b_1 überführt. Dann geht der Annahme zufolge das System $A^{(i)}$ der $\sigma^{(i)}$ Dinge $a_1^{(i)}, a_2^{(i)}, \ldots$ in das System B der σ Dinge $b_1, b_2, \ldots, b_\sigma$ über. Wir ziehen hieraus die Folgerung: *Die Anzahlen $\sigma, \sigma', \sigma'', \ldots$ der Dinge in den einzelnen Systemen* (1) *sind einander gleich $\sigma = \sigma' = \sigma'' = \cdots$, so daß σ ein Teiler des Gruppengrades n ist.*

Zwei solche Einteilungen der n Dinge können wir für jede G_m angeben, nämlich die für $\sigma = n$ und für $\sigma = 1$. *Existieren keine weiteren Anordnungen* (1), *so heißt die transitive Gruppe G_m „primitiv"; gibt es indessen eine Anordnung* (1) *mit $1 < \sigma < n$, so wird G_m „imprimitiv" genannt, die $\frac{n}{\sigma}$ Systeme $A, A', A'', \ldots$ werden als „Systeme der Imprimitivität" bezeichnet.*

Es liege nun eine imprimitive Gruppe G_m vor. Zur Abkürzung schreiben wir $\frac{n}{\sigma} = t$, so daß t ein von 1 und n verschiedener Teiler von n ist. Da G_m transitiv ist, so findet sich in G_m eine Permutation T, die a_1 in ein beliebiges Ding des ersten Systems A überführt. Diese Permutation transformiert dann das ganze System A in sich, was wir durch $T(A) = A$ andeuten. Man sammle nun alle Permutationen $T_0 = 1$,

$T_1, T_2, \ldots, T_{\mu-1}$ von G_m, welche A in sich überführen. Da mit T_α und T_β auch $T_\beta \cdot T_\alpha$ das System A in sich transformiert, *so bilden die* $T_0 = 1, T_1, T_2, \ldots, T_{\mu-1}$ *eine in* G_m *enthaltene Untergruppe* G_μ, *die offenbar intransitiv ist und* A *zu einem ersten Systeme der Intransitivität hat.*

Da die G_m transitiv ist, so erhält sie weiter eine Permutation V_i, die A in ein beliebiges System $A^{(i)}$ überführt, was durch $V_i(A) = A^{(i)}$ angedeutet werde. Ist aber S irgendeine Permutation der Gruppe G_m, für die gleichfalls $S(A) = A^{(i)}$ zutrifft, so folgt $V_i^{-1} \cdot S(A) = V_i^{-1}(A^{(i)}) = A$, so daß $V_i^{-1} \cdot S = T$ eine Permutation der G_μ ist. Da andrerseits alle Permutationen $V_i \cdot T$ das System A in $A^{(i)}$ transformieren, so ergibt sich der Satz: *Die Nebengruppe* $V_i \cdot G_\mu$ *besteht aus den gesamten Permutationen der* G_m, *die* A *in* $A^{(i)}$ *überführen, was wir durch* $V_i \cdot G_\mu(A) = A^{(i)}$ *andeuten.* Nun führt jede Permutation S von G_m das System A in eines der Systeme $A, A', \ldots, A^{(t-1)}$ über. Alle t Nebengruppen $G_\mu, V_1 \cdot G_\mu, V_2 \cdot G_\mu, \ldots, V_{t-1} \cdot G_\mu$ erschöpfen demnach die ganze G_m: *In der Gleichung:*

$$G_m = G_\mu + V_1 \cdot G_\mu + V_2 \cdot G_\mu + \cdots + V_{t-1} \cdot G_\mu \tag{2}$$

haben wir die der Untergruppe G_μ *entsprechende Zerlegung von* G_m *in Nebengruppen vor uns; es gilt demnach:*

$$\mu \cdot t = \mu \cdot \frac{n}{\sigma} = m, \quad \mu = \frac{\sigma m}{n}, \tag{3}$$

so daß σm *ein Vielfaches von* n *ist.*

Ist T eine beliebige Permutation von G_μ, so gilt $V_i \cdot T \cdot V_i^{-1}(A^{(i)}) = A^{(i)}$. Andrerseits zeigt man leicht, daß jede Permutation S von G_m, die $A^{(i)}$ in sich überführt, in die Gestalt $S = V_i \cdot T \cdot V_i^{-1}$ gesetzt werden kann. Nun haben wir in:

$$G_\mu, \quad G'_\mu = V_1 \cdot G_\mu \cdot V_1^{-1}, \quad G''_\mu = V_2 \cdot G_\mu \cdot V_2^{-1}, \ldots, \quad G_\mu^{(t-1)} = V_{t-1} \cdot G_\mu \cdot V_{t-1}^{-1}$$

die gesamten mit G_μ innerhalb G_m gleichberechtigten Untergruppen, die natürlich keineswegs alle verschieden zu sein brauchen, und die im Falle einer ausgezeichneten G_μ sogar alle gleich sind. Es ergibt sich der Satz: *Die* t *mit* G_μ *gleichberechtigten Untergruppen* $G_\mu, G'_\mu, \ldots, G_\mu^{(t-1)}$ *sind den* t *Systemen* $A, A', \ldots, A^{(t-1)}$ *zugeordnet, indem die einzelne dieser Untergruppen alle Permutationen der* G_m *umfaßt, die das zugehörige System in sich transformieren.* Insbesondere ergibt sich die Folgerung: *Der Durchschnitt* $G_\lambda = D(G_\mu, G'_\mu, G''_\mu, \ldots, G_\mu^{(t-1)})$ *liefert eine in der* G_m *ausgezeichnete intransitive Untergruppe, die aus allen Permutationen besteht, welche jedes System* (1) *in sich überführen.* Es kann hierbei natürlich der Fall vorliegen, daß G_λ die Untergruppe G_1 ist.

Umgekehrt gilt folgender Satz: *Gibt es in einer transitiven Gruppe* G_m *eine intransitive ausgezeichnete Untergruppe* G_λ *einer Ordnung* $\lambda > 1$, *so ist* G_m *imprimitiv, und die Systeme der Intransitivität von* G_λ *liefern für* G_m *Systeme der Imprimitivität.* Die Systeme der Intransitivität von G_λ, für welche wir die Bezeichnungen (1) heranziehen, sind eindeutig bestimmt, und insbesondere steht ihre Anzahl fest. Eine beliebige Permutation S aus G_m führe die Systeme $A, A', A'', \ldots$ in die oben durch $B, B', B'', \ldots$ bezeichneten Systeme über, deren Anzahl also gleich derjenigen der $A, A', A'', \ldots$ ist. Dann gelten die Gleichungen:

$$G_\lambda(A^{(i)}) = A^{(i)}, \quad S \cdot G_\lambda(A^{(i)}) = S(A^{(i)}) = B^{(i)}, \quad A^{(i)} = S^{-1}(B^{(i)}),$$

aus denen $S \cdot G_\lambda \cdot S^{-1}(B^{(i)}) = B^{(i)}$ hervorgeht. Da nun G_λ eine ausgezeichnete Untergruppe ist, so folgt $S \cdot G_\lambda \cdot S^{-1} = G_\lambda$ und also $G_\lambda(B^{(i)}) = B^{(i)}$. Das einzelne $B^{(i)}$ stellt also wieder ein System durch G_λ verbundener Dinge vor oder mehrere solche Systeme. Die letztere Möglichkeit ist aber ausgeschlossen, da sonst aus den gesamten $B, B', B'', \ldots$ Systeme der Intransitivität für G_λ in einer Anzahl hervorgehen würden, die größer als die Anzahl der $A, A', A'', \ldots$ wäre. Also sind die $B, B', B'' \ldots$ wieder die Systeme der Intransitivität von G_λ und als solche mit den Systemen $A, A', A'', \ldots$, von der Anordnung abgesehen, gleich. Die Zerlegung $A, A', A'' \ldots$ aller n Dinge besitzt somit gegenüber jeder Permutation von G_m den oben bezeichneten Charakter der Invarianz. Da die Anzahl der Systeme > 1 (die Ordnung λ ist > 1) sowie $< n$ (G_λ ist intransitiv) ist, so ist der Satz bewiesen.

Als eine unmittelbare Folge notieren wir noch: *Jede in einer primitiven Gruppe* G_m *enthaltene ausgezeichnete Untergruppe ist transitiv.*

II. Algebraische Gleichungen.[1)]

§ 1. Symmetrische Funktionen.

Unter $g(z_1, z_2, \ldots, z_n)$ verstehen wir eine rationale ganze Funktion der n unabhängigen Veränderlichen $z_1, z_2, \ldots, z_n$, die wir in der Gestalt:

$$(1) \qquad g(z_1, z_2, \ldots, z_n) = \sum A_{\lambda_1, \lambda_2, \ldots, \lambda_n} z_1^{\lambda_1} z_2^{\lambda_2} \ldots z_n^{\lambda_n}$$

mit von den z unabhängigen Koeffizienten A geben. Die Gruppe $G_{n!}$ sei die „symmetrische" Gruppe aller $n!$ Permutationen der $z_1, z_2, \ldots, z_n$. Eine einzelne Permutation $S_a = (z_k, z_{a_k})$ der $G_{n!}$ wird die Funktion (1) entweder in eine neue Funktion überführen oder in sich transformieren. Der letztere Fall charakterisiert sich dadurch, daß $g(z_{a_1}, z_{a_2}, \ldots, z_{a_n})$ durch Umrechnung auf die Gestalt $g(z_1, z_2, \ldots, z_n)$ zurückgebracht werden kann und also mit $g(z_1, z_2, \ldots, z_n)$ bei unabhängig variablen

1) Neben den S. 1 genannten Werken vgl. man noch E. Landau „Einführung in die elementare und analytische Theorie der algebraischen Zahlen und der Ideale", Teil I (Leipzig 1918).

$z_1, z_2, \ldots, z_n$ „identisch" ist. Falls jede der beiden Permutationen S_a und S_b die Funktion (1) in sich transformieren, so geschieht dasselbe durch $S_b \cdot S_a$. Die gesamten Permutationen, welche $g(z_1, z_2, \ldots, z_n)$ in sich transformieren, bilden eine in der $G_{n!}$ enthaltene Untergruppe, die G_μ heiße und deren Index $t = \frac{n!}{\mu}$ ist.

Alle μ Permutationen der einzelnen zu G_μ gehörenden Nebengruppe $V_i \cdot G_\mu$ transformieren $g(z_1, z_2, \ldots, z_n)$ in eine und dieselbe Funktion. Zwei aus verschiedenen Nebengruppen entnommene Permutationen V_a und V_b ergeben indessen stets verschiedene Funktionen, da andernfalls $V_b^{-1} \cdot V_a$ die Funktion (1) in sich transformieren würde und also der G_μ angehören müßte. Die t Funktionen, in welche $g(z_1, z_2, \ldots, z_n)$ durch die t Permutationen $V_0 = 1, V_1, V_2, \ldots, V_{t-1}$ übergeführt wird, heißen einander *„konjugiert"*, und $g(z_1, z_2, \ldots, z_n)$ wird als eine *„t-wertige"* Funktion bezeichnet. Gegenüber irgendeiner Permutation der $G_{n!}$ erfahren die t konjugierten Funktionen selbst eine Permutation.

Eine einwertige Funktion, die also durch alle Permutationen der „symmetrischen" Gruppe $G_{n!}$ in sich transformiert wird, heißt eine *„symmetrische Funktion"*. Ein Beispiel einer solchen Funktion ist:

$$g = z_1 + z_2 + z_3 + \cdots + z_n.$$

Als Beispiel einer n-wertigen Funktion nennen wir $g = z_1$. Sie bleibt bei den Permutationen derjenigen $G_{(n-1)!}$ unverändert, welche nur die Argumente $z_2, z_3, \ldots, z_n$ auf alle Arten umstellt; die zugehörigen n konjugierten Funktionen sind $z_1, z_2, \ldots, z_n$. Als Beispiel einer $n!$-wertigen Funktion nennen wir endlich etwa:

$$g(z_1, z_2, \ldots, z_n) = z_1 + 2z_2 + 3z_3 + \cdots + nz_n; \tag{2}$$

sie wird nur durch die identische Permutation in sich transformiert.

Die Funktion $z_1 \cdot z_2 \cdot z_3 \cdots z_k$ bleibt bei den $k! \cdot (n-k)!$ Permutationen unverändert, welche die $z_1, z_2, \ldots, z_k$ und ebenso die $z_{k+1}, z_{k+2}, \ldots, z_n$ nur unter sich permutieren. Die Wertigkeit t dieser Funktion ist also, da sie durch alle übrigen Permutationen geändert wird:

$$t = \frac{n!}{k! \cdot (n-k)!} = \binom{n}{k}.$$

Die Summe der $\binom{n}{k}$ zugehörigen konjugierten Funktionen ist symmetrisch und wird als *die k^{te} symmetrische Grundfunktion* σ_k bezeichnet. Den Zahlen $k = 1, 2, \ldots, n$ entsprechend gewinnen wir im ganzen *n symmetrische Grundfunktionen:*

$$\left\{\begin{array}{l} \sigma_1 = z_1 + z_2 + z_3 + \cdots + z_n, \\ \sigma_2 = z_1 z_2 + z_1 z_3 + \cdots + z_{n-1} z_n, \\ \cdot \quad \cdot \quad \cdot \quad \cdot \quad \cdot \quad \cdot \quad \cdot \quad \cdot \quad \cdot \quad \cdot \\ \sigma_n = z_1 \cdot z_2 \cdot z_3 \cdots z_n. \end{array}\right. \tag{3}$$

Bildet man mit irgendeinem nicht-verschwindenden Faktor a_0 und einer Unbekannten z die Gleichung n^{ten} Grades:

$$a_0(z-z_1)(z-z_2)(z-z_3)\ldots(z-z_n)=0,$$

deren n „Wurzeln" z die $z_1, z_2, z_3, \ldots, z_n$ sind, und kleidet man diese Gleichung nach Ausmultiplikation der Klammern in die Gestalt:

$$a_0 z^n + a_1 z^{n-1} + a_2 z^{n-2} + \cdots + a_n = 0,$$

so ist bekanntlich die Beziehung der n Grundfunktionen (3) zu den Gleichungskoeffizienten gegeben durch:

$$(4) \qquad \sigma_1 = -\frac{a_1}{a_0},\quad \sigma_2 = \frac{a_2}{a_0},\quad \sigma_3 = -\frac{a_3}{a_0},\quad \ldots,\quad \sigma_n = (-1)^n \frac{a_n}{a_0}.$$

Der Hauptsatz der Theorie der symmetrischen Funktionen lautet *Jede ganze symmetrische Funktion* (1) *kann umgerechnet werden in die Gestalt einer rationalen ganzen Funktion:*

$$(5) \qquad g(z_1, z_2, \ldots, z_n) = \sum B_{\mu_1, \mu_2, \ldots, \mu_n}\, \sigma_1^{\mu_1} \cdot \sigma_2^{\mu_2} \cdots \sigma_n^{\mu_n}$$

der n symmetrischen Grundfunktionen (3); *dabei sind die Koeffizienten B lineare homogene, mit „ganzzahligen" Koeffizienten versehene Ausdrücke in den ursprünglichen Koeffizienten A der Funktion g, der Grad der in* (5) *rechtsstehenden Funktion in den σ aber ist gleich dem größten im Ausdrucke* (1) *von g auftretenden Exponenten λ.*[1])

Nennen wir eine Funktion (1) mit ausschließlich ganzzahligen Koeffizienten kurz eine „ganzzahlige" Funktion, so folgt insbesondere der Satz: *Eine ganze ganzzahlige symmetrische Funktion* (1) *läßt sich in eine ganze ganzzahlige Funktion der symmetrischen Grundfunktionen umrechnen, deren Grad in den σ gleich dem höchsten in* (1) *rechts auftretenden Exponenten λ ist.*

Die bekanntesten Beispiele liefern die *„Potenzsummen"* der $z_1, z_2, \ldots, z_n$. Die ν^{te} Potenzsumme bezeichnen wir durch:

$$(6) \qquad s_\nu = z_1^\nu + z_2^\nu + z_3^\nu + \cdots + z_n^\nu.$$

Die Darstellung der niedersten Potenzsummen als ganzer ganzzahliger Funktionen der σ ist:

$$(7) \qquad \begin{cases} s_1 = \sigma_1, \qquad s_2 = \sigma_1^2 - 2\sigma_2, \\ s_3 = \sigma_1^3 - 3\sigma_1\sigma_2 + 3\sigma_3, \\ s_4 = \sigma_1^4 - 4\sigma_1^2\sigma_2 + 4\sigma_1\sigma_3 + 2\sigma_2^2 - 4\sigma_4, \\ \ldots\ldots\ldots\ldots\ldots\ldots \end{cases}$$

---

1) Dieser Satz ist sehr bekannt, aber nicht ganz kurz beweisbar. Man findet den Nachweis in allen ausführlicheren Lehrbüchern der Algebra, z. B. bei Weber, a. a. O., Bd. 1, S. 160ff.

Wir erinnern ferner noch an das „*Differenzenprodukt*“ der z:

$$(8)\qquad (z_1 - z_2)(z_1 - z_3)\cdots(z_1 - z_n)(z_2 - z_3)\cdots(z_{n-1} - z_n),$$

dessen Quadrat eine ganze ganzzahlige symmetrische Funktion der z und also eine ganze ganzzahlige Funktion der σ ist. Für die oben aufgestellte algebraische Gleichung n^{ten} Grades, deren Wurzeln die $z_1, z_2, \ldots, z_n$ sind, ist dieses Quadrat die „*Diskriminante*“, deren Verschwinden das Auftreten einer mindestens zweifachen Wurzel jener Gleichung anzeigt. Das Differenzenprodukt (8) selbst, d. h. die Quadratwurzel der Diskriminante, ist eine *zweiwertige* Funktion der $z_1, z_2, \ldots, z_n$; sie wird durch alle „geraden“ Permutationen in sich transformiert und erleidet gegenüber allen „ungeraden“ Permutationen Zeichenwechsel. Die zur Funktion (8) gehörende Untergruppe ist die sogenannte „*alternierende*“ Gruppe aller „geraden“ Permutationen, die die Ordnung $\frac{1}{2}n!$ hat und ausgezeichnet ist.[1])

§ 2. Tschirnhausentransformation.

Eine erste Anwendung der entwickelten Sätze können wir bei Gelegenheit der nach Tschirnhausen benannten Transformation einer algebraischen Gleichung machen. Eine Gleichung n^{ten} Grades sei durch:

$$(1)\qquad z^n + a_1 z^{n-1} + a_2 z^{n-2} + \cdots + a_n = 0$$

gegeben, ihre Wurzeln seien $z_1, z_2, z_3, \ldots, z_n$. Es soll nun die Gleichung (1) für z auf eine Gleichung für eine neue Unbekannte w umgerechnet werden, die mit z durch die Beziehung:

$$(2)\qquad w = c_0 + c_1 z + c_2 z^2 + \cdots + c_{n-1} z^{n-1}$$

zusammenhängt, unter den c gegebene Konstante verstanden.

Um diese Transformation zu vollziehen, berechnen wir die n Werte:

$$(3)\qquad w_k = c_0 + c_1 z_k + c_2 z_k^2 + \cdots + c_{n-1} z_k^{n-1}, \qquad k = 1, 2, \ldots, n,$$

die den n Wurzeln z_k der Gleichung (1) entsprechen. Die Gleichung n^{ten} Grades für w:

$$(w - w_1)(w - w_2)(w - w_3)\cdots(w - w_n) = 0,$$

welche die n Wurzeln (3) hat, möge entwickelt so lauten:

$$(4)\qquad w^n + b_1 w^{n-1} + b_2 w^{n-2} + \cdots + b_n = 0;$$

sie heißt eine „*Tschirnhausenresolvente*“ der Gleichung (1), und die durch (2) gegebene Transformation wird als eine „*Tschirnhausentransformation*“ der Gleichung (1) bezeichnet.

Der einzelne Koeffizient b_i ist eine ganze homogene Funktion i^{ten} Grades der $w_1, w_2, \ldots, w_n$, die zugleich in diesen Größen symmetrisch ist. Tragen wir für die w_k die Ausdrücke (3) ein, so wird b_i eine ganze

---

1) S. das Nähere bei Weber, a. a. O. Bd. I, S. 537 ff.

symmetrische Funktion der $z_1, z_2, \ldots, z_n$, deren Koeffizienten ganze ganzzahlige homogene Ausdrücke i^{ten} Grades der $c_0, c_1, \ldots, c_{n-1}$ sind. Da nun die symmetrischen Grundfunktionen der $z_1, z_2, \ldots, z_n$, von den Vorzeichen abgesehen, einfach die Koeffizienten $a_1, a_2, \ldots, a_n$ der Gleichung (1) sind, so folgt aus dem Hauptsatze von S. 25 das Ergebnis: *Die Koeffizienten b_i der Tschirnhausenresolvente* (4) *sind rationale ganze Funktionen der ursprünglichen Koeffizienten $a_1, a_2, \ldots, a_n$ mit Koeffizienten, die ganze ganzzahlige homogene Ausdrücke i^{ten} Grades der $c_0, c_1, c_2, \ldots, c_{n-1}$ sind.*

§ 3. Hilfssatz über ganze Funktionen.

Es seien n unabhängige Variable $z_1, z_2, z_3, \ldots, z_n$ und m rationale ganze Funktionen der z:

$$(1) \qquad g_1(z_1, z_2, \ldots, z_n),\ g_2(z_1, z_2, \ldots, z_n),\ \ldots,\ g_m(z_1, z_2, \ldots, z_n)$$

gegeben, unter m und n beliebige positive ganze Zahlen verstanden. Wir ordnen jede der Funktionen so, daß in ihr die Glieder, die in ihren variablen Bestandteilen $z_1^{\nu_1} \cdot z_2^{\nu_2} \cdots z_n^{\nu_n}$ übereinstimmen, zusammengefaßt sind. Die einzelne Funktion verschwindet „identisch", wenn in der so geordneten Gestalt jeder Koeffizient gleich 0 ist. Wir nehmen an, daß keine der Funktionen (1) identisch verschwindet, daß also in jeder mindestens ein Glied mit einem von 0 verschiedenen Koeffizienten auftritt. Dann gilt folgender, bald zur Verwendung kommender Satz: *Sind m nicht identisch verschwindende ganze rationale Funktionen von n Variablen vorgelegt, so kann man auf unendlich viele Arten für die $z_1, z_2, \ldots, z_n$ ganze Zahlen eintragen, für welche keine der Funktionen verschwindet und also ihr Produkt von 0 verschieden ist.*

Der Beweis kann leicht durch vollständige Induktion geführt werden. Ist zunächst $n = 1$, so haben wir m nicht identisch verschwindende ganze Funktionen $g_k(z_1)$ einer Variablen. Für die einzelne gibt es nur eine beschränkte Anzahl von Werten z_1, die $g_k(z_1) = 0$ befriedigen. Meiden wir also die endlich vielen Werte z_1, für die mindestens eine der Funktionen $g_k(z_1)$ verschwindet, so bleiben in der Tat noch unendlich viele ganze Zahlen z_1, für die keine der Funktionen verschwindet. Unser Satz ist also für $n = 1$ richtig.

Wir nehmen nun an, der Satz gelte auch noch für mehrere Variable, und zwar jedenfalls bis zum Falle von $(n - 1)$ Variablen. Dann können wir leicht zeigen, daß er auch noch im nächstfolgenden Falle von n Variablen richtig ist, womit der allgemeine Beweis des Satzes beendet sein wird. Ordnen wir nämlich die Funktionen (1) nach Potenzen der letzten Variablen z_n, so werden die Koeffizienten dieser Potenzen offenbar ganze Funktionen der $(n - 1)$ Variablen $z_1, z_2, \ldots, z_{n-1}$. Dabei können in der einzelnen Funktion g_k diese „Koeffizienten" nicht alle identisch verschwinden, da sonst $g_k(z_1, z_2, \ldots, z_n)$ selbst identisch verschwinden würde. Der Annahme gemäß können wir dann auf unendlich viele Arten für die $z_1, z_2, \ldots, z_{n-1}$ solche ganze Zahlen eintragen, daß *alle* nicht identisch verschwindenden unter jenen „Koeffizienten" von 0 verschiedene Werte annehmen. Wir haben dann mit einem System nicht identisch verschwindender ganzer Funktionen der einzigen Variablen z_n zu tun und können nach dem für $n = 1$ bereits bewiesenen Satze auf unendlich viele Arten für z_n eine gleichfalls ganze Zahl so eintragen, daß keine dieser Funktionen verschwindet. Damit ist der Beweis unseres Satzes allgemein geführt.

§ 4. Funktionen in Zahlkörpern.

Neben den Begriff der Gruppe tritt in der Theorie der algebraischen Gleichungen als nicht minder wichtig der von Dedekind[1]) eingeführte Begriff des *„Körpers"*. Ein System konstanter Zahlen heißt ein *„Zahlkörper"* oder kurz ein *„Körper"* $\mathfrak{K}$[2]), wenn mit irgendzwei Zahlen a, b des Systems stets auch $(a + b)$, $(a - b)$, $a \cdot b$ und, sofern b von 0 verschieden ist, auch $a : b$ im System enthalten ist. Das Ergebnis irgendwelcher rationaler Rechnungen, angewandt auf Zahlen von $\mathfrak{K}$, ist also, wenn nur die Division durch 0 stets vermieden wird, immer wieder in $\mathfrak{K}$ enthalten. Die Zahlen von $\mathfrak{K}$ mögen irgendwelche reelle oder komplexe endliche Konstante sein; der zunächst mögliche Fall, daß $\mathfrak{K}$ nur aus der Zahl 0 besteht, soll übrigens ausgeschlossen sein.

Nach der letzten Bemerkung enthält $\mathfrak{K}$ sicher eine von 0 verschiedene Zahl a, dann aber auch $a : a = 1$ und damit sogleich alle rationalen Zahlen. Die gesamten rationalen Zahlen bilden offenbar für sich einen Körper, der der *„rationale Körper"* genannt wird und durch $\mathfrak{R}$ bezeichnet werden möge. Der rationale Körper $\mathfrak{R}$ ist, wie wir sahen, in jedem Zahlkörper $\mathfrak{K}$ enthalten. Ein weiteres Beispiel eines Körpers liefert das System aller Zahlen $(a + ib)$ mit rationalen a, b; wir nennen ferner den Körper aller reellen Zahlen sowie den alle übrigen Körper umfassenden Körper aller reellen und komplexen Zahlen.

Es sei jetzt irgendein Zahlkörper $\mathfrak{K}$ vorgelegt. Eine rationale ganze Funktion einer Variablen z:

$$(1) \qquad f(z) = a_0 z^n + a_1 z^{n-1} + a_2 z^{n-2} + \cdots + a_n$$

heiße *„eine Funktion im Körper $\mathfrak{K}$"* oder kurz eine *„Funktion in $\mathfrak{K}$"*, falls

---

1) Siehe die Angaben am Anfang des vierten Teiles der vorliegenden Einleitung sowie über den Begriff des „Funktionenkörpers" die Ausführungen in I, 81.

2) Mit gewissen Eigenschaften ausgestattete Systeme unendlich vieler Zahlen oder Systeme unendlich vieler Funktionen werden weiterhin vielfach auftreten. Zur Bezeichnung solcher Systeme benutzen wir stets die Frakturschrift.

die Koeffizienten $a_0, a_1, a_2, \ldots, a_n$ Zahlen aus $\mathfrak{K}$ sind. Damit der „Grad" n in (1) wirklich vorliegt, gelte der Koeffizient a_0 des höchsten Gliedes stets als von 0 verschieden. Jede von 0 verschiedene Zahl aus $\mathfrak{K}$ gilt hiernach als eine „Funktion nullten Grades in $\mathfrak{K}$"; die Zahl 0 steht für sich als „identisch verschwindende Funktion in $\mathfrak{K}$".

Das Produkt zweier Funktionen in $\mathfrak{K}$ ist offenbar wieder eine Funktion in $\mathfrak{K}$, deren Grad gleich der Summe der Grade der Faktoren ist. Läßt sich andrerseits $f(z)$ als Produkt $f(z) = \chi_1(z) \cdot \chi_2(z)$ zweier Funktionen in $\mathfrak{K}$ darstellen, so heißt jede der Funktionen $\chi_1(z)$, $\chi_2(z)$ ein „*Teiler*" der Funktion $f(z)$. Es ist einleuchtend, daß $f(z)$ jede Funktion nullten Grades in $\mathfrak{K}$ zum Teiler hat, und daß auch jedes Produkt von $f(z)$ und einer Funktion nullten Grades Teiler von $f(z)$ ist.

Es seien $f(z)$ und $g(z)$ zwei festgewählte Funktionen in $\mathfrak{K}$, deren Grade n und $m > 0$ seien.[1]) Man bilde alle Ausdrücke:

$$f(z)\psi(z) + g(z)\varphi(z), \tag{2}$$

unter $\varphi(z)$ und $\psi(z)$ irgendwelche Funktionen in $\mathfrak{K}$ verstanden. Es entsteht so ein System unendlich vieler Funktionen in $\mathfrak{K}$, das wir durch $\mathfrak{F}$ bezeichnen, und das folgende Eigenschaften besitzt:

1. *Die Summe und die Differenz zweier Funktionen aus $\mathfrak{F}$ liefern stets wieder Funktionen aus $\mathfrak{F}$;*

2. *Das Produkt einer Funktion aus $\mathfrak{F}$ und einer Funktion in $\mathfrak{K}$ ist stets wieder eine Funktion aus $\mathfrak{F}$.*

Das System $\mathfrak{F}$ enthält die mit 0 identische Funktion in $\mathfrak{K}$, die wir z. B. erhalten, wenn wir $\varphi(z)$ mit $f(z)$ und $\psi(z)$ mit $-g(z)$ identisch wählen. Auch die Funktionen $f(z)$ und $g(z)$ selbst kommen in $\mathfrak{F}$ vor. Wir sehen von der mit 0 identischen Funktion ab und ordnen die übrigen Funktionen von $\mathfrak{F}$ nach ihren Graden. Es sei ν der hierbei auftretende „Minimalgrad", der dann jedenfalls weder $> m$ noch $> n$ ist. Eine in $\mathfrak{F}$ auftretende Funktion des Minimalgrades ν sei $\chi(z)$, die wir nötigenfalls nach Division durch den Koeffizienten des höchsten Gliedes in die Gestalt setzen:

$$\chi(z) = z^\nu + c_1 z^{\nu-1} + c_2 z^{\nu-2} + \cdots + c_\nu. \tag{3}$$

Dann gilt der Satz: *Die Funktion $\chi(z)$ ist durch $f(z)$ und $g(z)$ eindeutig bestimmt.* Ist nämlich $\chi'(z) = z^\nu + c_1' z^{\nu-1} + \cdots$ irgendeine in $\mathfrak{F}$ enthaltene Funktion des Minimalgrades ν mit dem höchsten Koeffizienten 1, so ist $\chi'(z) - \chi(z)$ eine in $\mathfrak{F}$ enthaltene Funktion eines Grades $< \nu$, die demnach mit 0 identisch ist. Also ist $\chi'(z)$ mit $\chi(z)$ identisch.

---

1) In dem Falle, daß mindestens eine der Funktionen $f(z)$, $g(z)$ dem nullten Grade angehört, gestalten sich die folgenden Entwicklungen elementar.

Da $\nu \leqq n$ ist, so können wir $f(z)$ durch $\chi(z)$ teilen und ein Ergebnis der Gestalt:

$$(4) \qquad f(z) = q(z)\chi(z) + r(z)$$

aufstellen, wo $q(z)$, der Quotient, und $r(z)$, der Rest der Division, Funktionen in $\mathfrak{K}$ sind und der Grad von $r(z)$ kleiner als ν ist. Ziehen wir die Darstellung:

$$(5) \qquad \chi(z) = f(z)\psi(z) + g(z)\varphi(z)$$

der Funktion χ als einer solchen des Systems $\mathfrak{F}$ heran, so folgt aus (4) und (5):

$$r(z) = f(z)(1 - q(z)\psi(z)) - g(z)q(z)\varphi(z).$$

Die Funktion $r(z)$ ist hiernach gleichfalls in $\mathfrak{F}$ enthalten; sie ist also als einem Grade $< \nu$ angehörig mit 0 identisch, so daß $f(z)$ durch $\chi(z)$ ohne Rest teilbar ist. Da man dieselbe Betrachtung auf $g(z)$ anwenden kann, so ist $\chi(z)$ ein gemeinsamer Teiler von $f(z)$ und $g(z)$. Aus (5) folgt weiter, daß jeder gemeinsame Teiler von $f(z)$ und $g(z)$ ein Teiler von $\chi(z)$ ist; die Funktion $\chi(z)$ heißt demnach der *„größte gemeinsame Teiler"* von $f(z)$ und $g(z)$: *Die durch $f(z)$ und $g(z)$ eindeutig bestimmte Funktion* (3) *des in $\mathfrak{F}$ auftretenden Minimalgrades ν ist der größte gemeinschaftliche Teiler von $f(z)$ und $g(z)$.*

Ist der Minimalgrad $\nu = 1$ und also $\chi(z)$ mit 1 identisch, so heißen die beiden Funktionen $f(z)$ und $g(z)$ *„teilerfremd"*. Es folgt: *Sind $f(z)$ und $g(z)$ zwei teilerfremde Funktionen in $\mathfrak{K}$, so kann man $\varphi(z)$ und $\psi(z)$ als Funktionen in $\mathfrak{K}$ so wählen, daß die Gleichung:*

$$(6) \qquad f(z)\psi(z) + g(z)\varphi(z) = 1$$

identisch besteht; umgekehrt folgt aus dem Bestehen einer Gleichung (6), *daß $f(z)$ und $g(z)$ teilerfremd sind.*

Eine weitere wichtige Folgerung ist: *Sind $f(z)$, $g(z)$ und $h(z)$ Funktionen in $\mathfrak{K}$, von denen die beiden ersten teilerfremd sind, und ist $g(z) \cdot h(z)$ durch $f(z)$ teilbar, so ist $f(z)$ ein Teiler von $h(z)$.* Für teilerfremde $f(z)$, $g(z)$ folgt nämlich aus (6):

$$(7) \qquad h(z) = f(z) \cdot \psi(z)h(z) + g(z)h(z) \cdot \varphi(z),$$

und da die beiden Glieder rechter Hand den Teiler $f(z)$ haben, so hat auch $h(z)$ diesen Teiler.

Mit $\varphi(z)$ und $\psi(z)$ genügen auch die beiden Funktionen:

$$(8) \qquad \varphi_1(z) = \varphi(z) + \omega(z)f(z), \qquad \psi_1(z) = \psi(z) - \omega(z)g(z)$$

der identischen Gleichung (6), wobei $\omega(z)$ eine beliebige Funktion in $\mathfrak{K}$ ist. Man kann über $\omega(z)$ so verfügen, daß $\varphi_1(z)$ einen Grad $< n$ erhält. Aus der identischen Gleichung:

$$f(z)\psi_1(z) = 1 - g(z)\varphi_1(z)$$

folgt dann, daß $\psi_1(z)$ einen Grad $< m$ hat. Ist aber weiter $\varphi_1'(z)$ und $\psi_1'(z)$ irgendein Funktionenpaar mit Graden $< n$ bzw. $< m$, das die Gleichung (6) befriedigt, so folgt als identische Gleichung:

$$f(z)(\psi_1'(z) - \psi_1(z)) = g(z)(\varphi_1(z) - \varphi_1'(z)).$$

Da $f(z)$ und $g(z)$ teilerfremd sind, so muß nach dem letzten Satze $f(z)$ ein Teiler von $(\varphi_1(z) - \varphi_1'(z))$ sein, so daß die letztere Funktion, da sie den Grad n von $f(z)$ nicht erreicht, mit 0 identisch ist. Es sind also $\varphi_1(z)$ und $\varphi_1'(z)$ identisch, und ebenso folgert man die Identität von $\psi_1(z)$ und $\psi_1'(z)$. *Sind $f(z)$ und $g(z)$ teilerfremd, so gibt es ein und nur ein Paar, die identische Gleichung* (6) *befriedigender Funktionen $\varphi(z)$, $\psi(z)$, deren Grade bzw. $< n$ und $< m$ sind.*

Sind $f(z)$ und $g(z)$ wieder teilerfremd und sind $\varphi(z)$ und $\psi(z)$ zunächst zwei beliebige die Gleichung (6) erfüllende Funktionen, so folgt durch Multiplikation mit irgendeiner Funktion $h(z)$ die Gleichung (7). Schreiben wir in ihr für $h(z)\varphi(z)$ und $h(z)\psi(z)$ gleich selbst wieder $\varphi(z)$ und $\psi(z)$, so folgt:

$$h(z) = f(z)\psi(z) + g(z)\varphi(z). \tag{9}$$

Hieran schließe man die oben mit den Gleichungen (8) begonnene Betrachtung, die jetzt zu folgendem Ergebnisse führt: *Sind $f(z)$ und $g(z)$ teilerfremd, so kann man jede Funktion $h(z)$ in $\mathfrak{K}$ in der Gestalt* (9) *mit zwei Funktionen $\varphi(z)$ und $\psi(z)$ in $\mathfrak{K}$ darstellen, und zwar kann man die Funktionen $\varphi(z)$ und $\psi(z)$ in einer und nur einer Art so wählen, daß der Grad von $\varphi(z)$ kleiner als der Grad n von $f(z)$ ist.*

Die Funktion $f(z)$ heißt *„in $\mathfrak{K}$ reduzibel"*, falls sie eine Funktion $\chi(z)$ in $\mathfrak{K}$ von einem Grade, der > 0 und $< n$ ist, zum Teiler hat; besitzt sie keinen solchen Teiler, so heißt sie *„in $\mathfrak{K}$ irreduzibel"*. Der Zusatz „in $\mathfrak{K}$" wird hierbei, wenn er sich von selbst versteht, gewöhnlich fortgelassen. *Eine reduzibele Funktion $f(z)$ ist in das Produkt $f(z) = \chi(z) \cdot \chi_1(z)$ zweier Funktionen in $\mathfrak{K}$ spaltbar, deren Grade zwischen 0 und n liegen.* Sie hat nämlich einen Teiler $\chi(z)$, worauf wir vermittelst der Division von $f(z)$ durch $\chi(z)$ einen Quotienten $\chi_1(z)$ erhalten, der die Bedingungen des Satzes erfüllt.

Ist $\mathfrak{K}$ der Körper aller reellen Zahlen, so ist jede Funktion $f(z)$ eines Grades $n > 2$ reduzibel; sie ist nämlich in $\mathfrak{K}$ in Faktoren ersten oder zweiten Grades spaltbar. Ist $\mathfrak{K}$ der Körper aller Zahlen, so ist jede Funktion $f(z)$ eines Grades $n > 1$ reduzibel, nämlich in Faktoren ersten Grades zerlegbar. Diese Angaben folgen aus dem Fundamentaltheorem der Algebra.

Es besteht der Satz: *Ist von den beiden Funktionen $f(z)$ und $g(z)$ in $\mathfrak{K}$ die erste irreduzibel, so sind $f(z)$ und $g(z)$ entweder teilerfremd oder $g(z)$ hat den Teiler $f(z)$.* Sind sie nämlich nicht teilerfremd, so haben sie einen größten gemeinsamen Teiler $\chi(z)$ eines Grades > 0, der als Teiler der irreduzibelen Funktion $f(z)$, abgesehen von einem konstanten Faktor, nur $f(z)$ selbst sein kann. Einfache Folgerungen des letzten Satzes sind: *Zwei irreduzibele Funktionen $f(z)$ und $g(z)$ sind entweder teilerfremd oder bis auf einen konstanten Faktor, der eine Zahl aus $\mathfrak{K}$ ist, identisch.* Sind sie nämlich nicht teilerfremd, so ist jede Funktion ein Teiler der anderen. *Eine irreduzibele Funktion $f(z)$ ist stets teilerfremd zu ihrer Ableitung $f'(z)$.* Es kann nämlich $f'(z)$ als Funktion $(n-1)^{\text{ten}}$ Grades in $\mathfrak{K}$ nicht durch $f(z)$ teilbar sein.

Endlich besteht der Satz: *Eine reduzibele Funktion $f(z)$ ist nur auf eine Art als Produkt irreduzibeler Funktionen darstellbar, abgesehen davon, daß jede irreduzibele Funktion noch um eine Zahl aus $\mathfrak{K}$ als Faktor abgeändert werden mag.* Haben wir nämlich für $f(z)$ die beiden Zerlegungen:

$$f_1(z)\cdot f_2(z)\cdots f_\mu(z) \quad \text{und} \quad g_1(z)\cdot g_2(z)\cdots g_\nu(z)$$

in irreduzibele Faktoren, so ist $g_1(z)$ Teiler des Produktes von $f_1(z)$ und $f_2(z)\cdot f_3(z)\cdots f_\mu(z)$. Da $f_1(z)$ und $g_1(z)$ irreduzibel sind, so sind diese Funktionen entweder (bis auf einen konstanten Faktor) identisch oder teilerfremd. Im letzteren Falle ist $g_1(z)$ Teiler von $f_2(z)\cdot f_3(z)\cdots f_\mu(z)$. Indem man alsdann dieselbe Schlußweise für $g_1(z)$ und das Produkt $f_2(z)\cdot(f_3(z)\cdots f_\mu(z))$ wiederholt und in derselben Weise fortfährt, ergibt sich, daß $g_1(z)$ notwendig unter den Faktoren $f_1(z), f_2(z), \ldots, f_\mu(z)$ auftritt. Die Fortsetzung des Beweises ist einleuchtend.

§ 5. Algebraische Zahlen in bezug auf einen Körper $\mathfrak{K}$.

Durch Nullsetzen einer Funktion $f(z)$ in $\mathfrak{K}$ entsteht eine „*Gleichung im Körper* $\mathfrak{K}$" oder kurz eine „*Gleichung in* $\mathfrak{K}$" $f(z) = 0$, die „*in* $\mathfrak{K}$ *reduzibel*" oder „*irreduzibel*" heißt, je nachdem die Funktion $f(z)$ reduzibel oder irreduzibel ist. Der Zusatz „in $\mathfrak{K}$" wird auch hier gewöhnlich fortgelassen. Zwei Gleichungen $f(z) = 0$ und $g(z) = 0$ in $\mathfrak{K}$ haben keine gemeinsame Lösung, falls $f(z)$ und $g(z)$ teilerfremd sind. Haben diese Funktionen aber einen größten gemeinsamen Faktor $\chi(z)$ eines Grades $\nu > 0$, so ist jede gemeinsame Wurzel der Gleichungen $f(z) = 0$ und $g(z) = 0$ eine Wurzel der Gleichung $\chi(z) = 0$ und umgekehrt. Diese Angaben folgen leicht aus den Formeln (5)ff. von § 4.

Die Sätze aus dem letzten Teile des vorigen Paragraphen ergeben nun unmittelbar einige wichtige Folgerungen: *Eine irreduzibele Gleichung $f(z) = 0$ hat nie eine mehrfache Wurzel.* Hätte nämlich $f(z) = 0$ eine mehrfache Wurzel, so würde diese auch der Gleichung $f'(z) = 0$ genügen, während doch $f(z)$ und $f'(z)$ teilerfremd sind. *Ist von den beiden Gleichungen $f(z) = 0$ und $g(z) = 0$ die erste irreduzibel, so wird die zweite entweder durch keine oder durch alle Wurzeln der ersten befriedigt.* Es sind nämlich $f(z)$ und $g(z)$ entweder teilerfremd oder $g(z)$ hat den Teiler $f(z)$. Als besonderer Fall ergibt sich hieraus: *Zwei irreduzibele Gleichungen in $\mathfrak{K}$ haben entweder keine gemeinsame Wurzel, oder ihre linken Seiten sind, abgesehen von einem konstanten Faktor, identisch.*

Wir stellen nun folgende Erklärung auf: Eine Zahl θ heißt *„algebraisch in bezug auf den Körper $\mathfrak{K}$"*, wenn sie die Lösung einer Gleichung in $\mathfrak{K}$ ist. Ist diese Gleichung reduzibel, so hat ihre linke Seite mindestens einen irreduzibelen Faktor, der für θ verschwindet. Dieser Faktor sei vom n^{ten} Grade und liefere für θ die irreduzibele Gleichung:

$$f(z) = z^n + a_1 z^{n-1} + a_2 z^{n-2} + \cdots + a_n = 0 \tag{1}$$

mit dem Koeffizienten 1 im höchsten Gliede. Mit Rücksicht auf den letzten Satz folgt: *Jede in bezug auf $\mathfrak{K}$ algebraische Zahl θ genügt einer eindeutig bestimmten irreduzibelen Gleichung* (1) *in* $\mathfrak{K}$. Ist $n = 1$, so ist θ in $\mathfrak{K}$ enthalten. Ist $n > 1$, so bezeichnen wir die n Wurzeln von (1) durch $\theta, \theta', \theta'', \ldots, \theta^{(n-1)}$; sie liefern n verschiedene in bezug auf $\mathfrak{K}$ algebraische Zahlen, die einander *„konjugiert"* genannt werden, und von denen keine in $\mathfrak{K}$ enthalten ist.

Unter der *„Adjunktion"* von θ zum Körper $\mathfrak{K}$ versteht man den Zusatz von θ sowie aller durch rationale Rechnungen aus θ und Zahlen von $\mathfrak{K}$ berechenbarer Zahlen zum Körper $\mathfrak{K}$; natürlich bleibt wieder die Division durch 0 ausgeschlossen. Die Adjunktion führt zu einem durch $(\mathfrak{K}, \theta)$ zu bezeichnenden Zahlkörper, der $\mathfrak{K}$ in sich enthält. Ist θ in $\mathfrak{K}$ enthalten, d. h. ist $n = 1$, so ist natürlich der Körper $(\mathfrak{K}, \theta)$ kein anderer als $\mathfrak{K}$ selbst. Ist indessen $n > 1$, so tritt eine Erweiterung von $\mathfrak{K}$ ein; dieser Fall wird uns demnach vornehmlich interessieren.

Jede Zahl ζ des erweiterten Körpers $(\mathfrak{K}, \theta)$ ist in der Gestalt:

$$\zeta = \frac{h(\theta)}{g(\theta)} \tag{2}$$

darstellbar, wo $h(z)$ und $g(z)$ Funktionen in $\mathfrak{K}$ sind, von denen die letztere für $z = \theta$ nicht verschwindet. Da hiernach $f(z)$ und $g(z)$ teilerfremd sind, so ist $h(z)$ nach einem Satze von S. 31 in der Gestalt:

$$h(z) = f(z)\psi(z) + g(z)\varphi(z) \tag{3}$$

darstellbar. Dabei sind die Funktionen $\varphi(z)$ und $\psi(z)$ eindeutig bestimmt, wenn wir fordern, daß $\varphi(z)$ einen Grad $< n$ hat und damit die Gestalt besitzt:

$$\varphi(z) = c_0 + c_1 z + c_2 z^2 + \cdots + c_{n-1} z^{n-1}. \tag{4}$$

Tragen wir nun in (3) insbesondere $z = \theta$ ein, so wird $f(\theta) = 0$, und wir finden:

$$\zeta = \frac{h(\theta)}{g(\theta)} = \varphi(\theta).$$

Wir sind damit zu dem Satze gelangt: *Jede Zahl* ζ *des erweiterten Körpers* $(\mathfrak{K}, \theta)$ *ist auf eine und nur eine Art in der Gestalt:*

$$\zeta = c_0 + c_1\theta + c_2\theta^2 + \cdots + c_{n-1}\theta^{n-1} \tag{5}$$

darstellbar (unter $c_0, c_1, \ldots, c_{n-1}$ *Zahlen aus* $\mathfrak{K}$ *verstanden), und umgekehrt ist jeder Ausdruck* (5) *eine Zahl von* $(\mathfrak{K}, \theta)$. Es bleibt hierbei nur noch zu zeigen, daß die einzelne Zahl ζ nur auf eine Art in der Gestalt (5) darstellbar ist. Gäbe es nämlich noch eine zweite solche Darstellung $\zeta = c_0' + c_1'\theta + \cdots$, so wäre:

$$(c_{n-1}' - c_{n-1})\theta^{n-1} + \cdots + (c_2' - c_2)\theta^2 + (c_1' - c_1)\theta + (c_0' - c_0) = 0.$$

Die Gleichung $(c_{n-1}' - c_{n-1})z^{n-1} + \cdots + (c_1' - c_1)z + (c_0' - c_0) = 0$ hat demnach die Wurzel θ, so daß die linksstehende Funktion den Teiler n^{ten} Grades $f(z)$ hat und also notwendig die identisch verschwindende Funktion ist. Daraus folgt die Behauptung.

Es besteht folgender Satz: *Ist* θ *algebraisch in bezug auf* $\mathfrak{K}$ *und* θ_1 *algebraisch in bezug auf* $(\mathfrak{K}, \theta)$, *so ist* θ_1 *auch algebraisch in bezug auf* $\mathfrak{K}$. Die Zahl θ_1 genügt einer Gleichung:

$$g(z, \theta) = z^l + d_1(\theta)z^{l-1} + d_2(\theta)z^{l-2} + \cdots + d_l(\theta) = 0,$$

deren Koeffizienten als Zahlen von $(\mathfrak{K}, \theta)$ die Gestalt (5) haben. Man bilde das Produkt:

$$h(z) = g(z, \theta) \cdot g(z, \theta') \cdot g(z, \theta'') \cdots g(z, \theta^{(n-1)}), \tag{6}$$

dessen Faktoren man gewinnt, indem man in $g(z, \theta)$ für θ der Reihe nach die n konjugierten Zahlen $\theta, \theta', \theta'', \ldots, \theta^{(n-1)}$, d. h. die n Wurzeln der irreduzibelen Gleichung (1) einträgt. In Abhängigkeit von $\theta, \theta', \theta'', \ldots, \theta^{(n-1)}$ ist $h(z)$ eine symmetrische Funktion, deren „Koeffizienten" zufolge der Bauart der d „Funktionen in $\mathfrak{K}$" sind. Nach dem Hauptsatze von S. 25 läßt sich diese symmetrische Funktion in eine rationale ganze Funktion der Koeffizienten $a_1, a_2, \ldots, a_n$ von (1) umrechnen, wobei die Koeffizienten dieser Funktion der a ganzzahlige lineare homogene Verbindungen der eben genannten Funktionen in $\mathfrak{K}$ sind. Also ist $h(z)$ selbst eine Funktion in $\mathfrak{K}$ und $h(z) = 0$ eine Gleichung in $\mathfrak{K}$, deren Lösung θ_1 ist.

§ 6. Gleichzeitige Adjunktion mehrerer algebraischer Zahlen.

Es seien θ_1 und θ_2 zwei verschiedene in bezug auf $\mathfrak{K}$ algebraische Zahlen, die den beiden irreduzibelen Gleichungen $f_1(z) = 0$ und $f_2(z) = 0$ der Grade n_1 und n_2 mit den höchsten Koeffizienten 1 genügen. Da die Koeffizienten von $f_2(z)$ in $\mathfrak{K}$ und also in $(\mathfrak{K}, \theta_1)$ enthalten sind, so ist θ_2 auch in bezug auf $(\mathfrak{K}, \theta_1)$ algebraisch. Ist θ_2 in $(\mathfrak{K}, \theta_1)$ enthalten, so ergibt die Adjunktion von θ_2 zu $(\mathfrak{K}, \theta_1)$ keine Erweiterung dieses Körpers. Ist aber θ_2 nicht in $(\mathfrak{K}, \theta_1)$ enthalten, so liefert die Adjunktion von θ_2 zu

$(\mathfrak{K}, \theta_1)$ einen durch $(\mathfrak{K}, \theta_1, \theta_2)$ zu bezeichnenden erweiterten Körper, dessen sämtliche Zahlen durch θ_2 und Zahlen $C_0, C_1, C_2, \ldots$ aus $(\mathfrak{K}, \theta_1)$ in der Gestalt:

$$(1) \qquad C_0 + C_1\theta_2 + C_2\theta_2^2 + \cdots + C_{n_2-1}\theta_2^{n_2-1}$$

darstellbar sind.[1]) Trägt man für die C ihre Darstellungen (5) S. 34 ein, so nehmen die Zahlen von $(\mathfrak{K}, \theta_1, \theta_2)$ die Gestalt an:

$$(2) \qquad \sum_{\lambda,\mu} c_{\lambda\mu}\theta_1^\lambda\theta_2^\mu, \qquad \lambda = 0, 1, \ldots, n_1 - 1, \quad \mu = 0, 1, \ldots, n_2 - 1,$$

wo die $c_{\lambda\mu}$ Zahlen aus $\mathfrak{K}$ sind. Umgekehrt ist jeder Ausdruck (2) eine Zahl aus $(\mathfrak{K}, \theta_1, \theta_2)$. Offenbar gelangt man zu demselben Körper, wenn man zu $\mathfrak{K}$ zunächst θ_2 und dann θ_1 adjungiert; man kann auch sagen, es entstehe $(\mathfrak{K}, \theta_1, \theta_2)$ durch gleichzeitige Adjunktion von θ_1 und θ_2.

Diese Betrachtung ist leicht zu verallgemeinern. Sind sogleich θ_1, $\theta_2, \ldots, \theta_m$ irgend m verschiedene in bezug auf $\mathfrak{K}$ algebraische Zahlen, die den irreduzibelen Gleichungen $f_1(z) = 0$, $f_2(z) = 0, \ldots, f_m(z) = 0$ von den Graden $n_1, n_2, \ldots, n_m$ und mit den höchsten Koeffizienten 1 genügen, so entsteht durch gleichzeitige Adjunktion aller m Zahlen ein durch $(\mathfrak{K}, \theta_1, \theta_2, \ldots, \theta_m)$ zu bezeichnender Körper, dessen Zahlen Θ in der Gestalt:

$$(3) \qquad \Theta = \sum_{\lambda,\mu,\nu,\ldots} c_{\lambda\mu\nu\ldots}\theta_1^\lambda\theta_2^\mu\theta_3^\nu\ldots, \quad \lambda = 0, 1, \ldots, n_1 - 1, \quad \mu = 0, 1, \ldots, n_2 - 1, \ldots$$

mit Koeffizienten c aus $\mathfrak{K}$ darstellbar sind. Zugleich liefert jeder Ausdruck (3) eine Zahl aus $(\mathfrak{K}, \theta_1, \theta_2, \ldots, \theta_m)$. *Die angenommene Verschiedenheit der $\theta_1, \theta_2, \ldots, \theta_m$ schließt nicht aus, daß zwei oder mehrere dieser Größen oder vielleicht sogar alle der gleichen irreduzibelen Gleichung genügen und also konjugiert sind.* Es ist ja nur die Verschiedenheit der θ, aber nicht diejenige der irreduzibelen Gleichungen $f_1(z) = 0$, $f_2(z) = 0$, $\ldots$, $f_m(z) = 0$ gefordert.

Es besteht nun der grundlegende Satz: *Der durch Adjunktion einer beliebigen Anzahl in bezug auf $\mathfrak{K}$ algebraischer Zahlen $\theta_1, \theta_2, \ldots, \theta_m$ entstehende Körper $(\mathfrak{K}, \theta_1, \theta_2, \ldots, \theta_m)$ ist auch herstellbar durch Adjunktion einer einzigen in bezug auf $\mathfrak{K}$ algebraischen Zahl η, die man in der Gestalt:*

$$(4) \qquad \eta = \gamma_1\theta_1 + \gamma_2\theta_2 + \cdots + \gamma_m\theta_m$$

mit rationalen ganzen Zahlen γ wählen kann.

---

1) Diese Darstellung ist übrigens nur dann eindeutig für die einzelne Zahl von $(\mathfrak{K}, \theta_1, \theta_2)$ bestimmt, wenn $f_2(z)$ auch im Körper $(\mathfrak{K}, \theta_1)$ irreduzibel ist. Trifft dies nicht zu, so genügt θ_2 einer in $(\mathfrak{K}, \theta_1)$ irreduzibelen Gleichung eines Grades $n_2' < n_2$, und wir haben dann für die einzelne Zahl von $(\mathfrak{K}, \theta_1, \theta_2)$ eine Darstellung (1) jedoch nur vom Grade $(n_2' - 1)$ in θ_2, die dann eindeutig ist. Durch diesen Umstand wird die folgende Schlußreihe nicht berührt.

Zum Beweise erklären wir η zunächst als lineare homogene Funktion von m unabhängigen Variablen $z_1, z_2, \ldots, z_m$:

(5) $$\eta = z_1\theta_1 + z_2\theta_2 + z_3\theta_3 + \cdots + z_m\theta_m.$$

Die Zahl θ_1 ist eine unter n_1 voneinander verschiedenen konjugierten Zahlen $\theta_1, \theta_1', \ldots, \theta_1^{(n_1-1)}$. Ebenso haben wir n_2 voneinander verschiedene konjugierte Zahlen $\theta_2, \theta_2', \ldots, \theta_2^{(n_2-1)}$ usw. Greift man je eine Zahl aus dem einzelnen der m Systeme konjugierter Zahlen heraus, so lassen sich auf diese Weise $N = n_1 \cdot n_2 \cdot n_3 \cdots n_m$ Kombinationen bilden, von denen keine zwei in der vorliegenden Anordnung dasselbe Zahlensystem darstellen. Man ersetze nun in (5) die $\theta_1, \theta_2, \ldots, \theta_m$ nach und nach durch alle N Kombinationen und gewinnt auf diese Weise N lineare Funktionen $\eta, \eta', \eta'', \ldots, \eta^{(N-1)}$, von denen keine zwei identisch sind. Es stellen demnach die $\frac{1}{2}N(N-1)$ Differenzen:

(6) $$\eta - \eta', \ \eta - \eta'', \ \ldots, \ \eta - \eta^{(N-1)}, \ \eta' - \eta'', \ \ldots, \ \eta^{(N-2)} - \eta^{(N-1)}$$

ebenso viele lineare Funktionen der $z_1, z_2, \ldots, z_m$ dar, von denen keine einzige identisch verschwindet.

Diese Funktionen genügen den Voraussetzungen des Satzes von S. 27. Nach jenem Satze können wir jetzt den Argumenten $z_1, z_2, \ldots, z_m$ der $\frac{1}{2}N(N-1)$ Funktionen solche ganzzahlige Werte $\gamma_1, \gamma_2, \ldots, \gamma_m$ erteilen, für welche keine der Funktionen (6) verschwindet. Für diese ganzzahligen Argumente γ nehmen also die n linearen Funktionen $\eta, \eta', \ldots, \eta^{(N-1)}$ durchgängig voneinander verschiedene Werte an. Wir nennen diese Werte gleich selbst wieder $\eta, \eta', \ldots, \eta^{(N-1)}$; der erste der Werte soll die in (4) in Ansatz gebrachte Zahl sein.

Wir bilden nun mit den N Zahlen $\eta, \eta', \ldots, \eta^{(N-1)}$ und einer Variablen Z die Funktion N^{ten} Grades:

(7) $$F(Z) = (Z-\eta)(Z-\eta')(Z-\eta'')\cdots(Z-\eta^{(N-1)}),$$

die entwickelt die Gestalt habe:

(8) $$F(Z) = Z^N + A_1 Z^{N-1} + A_2 Z^{N-2} + \cdots + A_N.$$

Die Koeffizienten $A_1, A_2, \ldots, A_N$ sind (abgesehen vom Vorzeichen) die symmetrischen Grundfunktionen der $\eta, \eta', \ldots, \eta^{(N-1)}$. Stellen wir die $\eta, \eta', \ldots, \eta^{(N-1)}$ durch die θ dar, so werden die $A_1, A_2, \ldots, A_N$ zu ganzen ganzzahligen Funktionen der Lösungen der m Gleichungen $f_1(z) = 0$, $f_2(z) = 0, \ldots, f_m(z) = 0$, und zwar sind sie symmetrisch in den Wurzeln jeder einzelnen dieser Gleichungen. Wir rechnen nun die A zunächst als symmetrische Funktionen der n_1 Wurzeln von $f_1(z) = 0$ in rationale ganze Funktionen der Koeffizienten dieser Gleichung um, wobei nach dem Hauptsatze von S. 25 als „Koeffizienten" ganze ganzzahlige Funktionen der Wurzeln von $f_2(z) = 0, \ldots, f_m(z) = 0$ auftreten, die wieder in den Wurzeln jeder dieser Gleichungen symmetrisch sind. Durch Wiederholung dieses Verfahrens finden wir für die A schließlich ganze ganzzahlige Ausdrücke in den Koeffizienten aller Gleichungen $f_1(z) = 0, f_2(z) = 0, \ldots, f_m(z) = 0$. *Es ist also* $F(Z) = 0$ *eine Gleichung in* $\mathfrak{K}$, *so daß* η *als Lösung dieser Gleichung eine in bezug auf* $\mathfrak{K}$ *algebraische Zahl ist; zugleich gilt für die Ableitung* $F'(Z)$ *die Ungleichung* $F'(\eta) \neq 0$, *da die Gleichung* $F(Z) = 0$ *nur einfache Wurzeln hat.*

Es sei nun irgendeine Zahl Θ des Körpers $(\mathfrak{K}, \theta_1, \theta_2, \ldots, \theta_m)$ gewählt. Indem wir in der Darstellung (3) dieser Zahl die $\theta_1, \theta_2, \ldots, \theta_m$ durch alle N Kombinationen der Wurzeln von $f_1(z) = 0, f_2(z) = 0, \ldots, f_m(z) = 0$ ersetzen, mögen wir die den $\eta, \eta', \ldots, \eta^{(N-1)}$ zugeordneten Zahlen $\Theta, \Theta', \ldots, \Theta^{(N-1)}$ erhalten. Dann haben wir in:

$$(9)\qquad \frac{F(Z)}{Z-\eta}\cdot\Theta + \frac{F(Z)}{Z-\eta'}\cdot\Theta' + \cdots + \frac{F(Z)}{Z-\eta^{(N-1)}}\cdot\Theta^{(N-1)} = H(Z)$$

eine ganze Funktion $(N-1)^{\text{ten}}$ Grades von Z:

$$H(Z) = B_1 Z^{N-1} + B_2 Z^{N-2} + \cdots + B_N,$$

und zwar sind die $B_1, B_2, \ldots, B_N$ ganze symmetrische Funktionen der Wurzeln jeder der m Gleichungen $f_1(z) = 0, \ldots, f_m(z) = 0$ mit Koeffizienten, die dem Körper $\mathfrak{K}$ angehören. Auf Grund des Hauptsatzes von S. 25 folgern wir hieraus wie oben, daß $H(Z)$ eine „Funktion in $\mathfrak{K}$“ ist.

Für $Z = \eta$ ergibt sich aus der Gleichung (9):

$$(10)\qquad \Theta = \frac{H(\eta)}{F'(\eta)},$$

und da $F'(\eta) \neq 0$ ist, so gehört Θ zufolge (10) dem Körper $(\mathfrak{K}, \eta)$ an. Da andrerseits wegen (4) die Zahl η in $(\mathfrak{K}, \theta_1, \theta_2, \ldots, \theta_m)$ enthalten ist, so findet sich in diesem Körper überhaupt jede Zahl aus $(\mathfrak{K}, \eta)$. Jede Zahl des einen der beiden Körper $(\mathfrak{K}, \eta)$ und $(\mathfrak{K}, \theta_1, \theta_2, \ldots, \theta_m)$ ist demnach im anderen enthalten, so daß beide Körper, insofern sie das gleiche Zahlensystem darstellen, einander gleich zu nennen sind. Der aufgestellte Satz ist damit bewiesen.

Aus dem letzten Satze von § 5 (S. 34) ergibt sich noch eine Erweiterung des eben bewiesenen Satzes. Wir nehmen jetzt die Adjunktionen in der Art hintereinander vor, daß θ_2 algebraisch in bezug auf $(\mathfrak{K}, \theta_1)$ ist, ebenso θ_3 in bezug auf $(\mathfrak{K}, \theta_1, \theta_2)$ usw. Dann ist nach dem Schlußsatze von § 5 zunächst θ_2 auch in bezug auf $\mathfrak{K}$ algebraisch; ebenso ist, da wir $(\mathfrak{K}, \theta_1, \theta_2)$ als einen Körper $(\mathfrak{K}, \eta_1)$ darstellen können, nach jenem Satze auch θ_3 algebraisch in bezug auf $\mathfrak{K}$, und man folgert in derselben Weise weiter, daß überhaupt alle $\theta_1, \theta_2, \ldots, \theta_m$ in bezug auf $\mathfrak{K}$ algebraisch sind. *Auch der durch diese Art der Adjunktion entstehende Körper* $(\mathfrak{K}, \theta_1, \theta_2, \ldots, \theta_m)$ *ist als ein Körper* $(\mathfrak{K}, \eta)$ *mittelst einer einzigen Adjunktion herstellbar.*

§ 7. Konjugierte Körper. Primitive und imprimitive Zahlen.

Die in bezug auf $\mathfrak{K}$ algebraische Zahl θ genüge der irreduzibelen Gleichung n^{ten} Grades (1) S. 33. Dem Grade n dieser Gleichung entsprechend heißt der durch Adjunktion von θ zu $\mathfrak{K}$ entstehende Körper $(\mathfrak{K}, \theta)$ ein *algebraischer Körper n^{ten} Grades in bezug auf* $\mathfrak{K}$. Ist $n = 1$, so ist θ in $\mathfrak{K}$ enthalten, und die beiden Körper $(\mathfrak{K}, \theta)$ und $\mathfrak{K}$ sind gleich, d. h. sie stellen das gleiche Zahlensystem dar, was wir durch $(\mathfrak{K}, \theta) = \mathfrak{K}$ zum Ausdruck bringen. Ist $n > 1$, so ist θ nicht in $\mathfrak{K}$ enthalten, und also enthält $(\mathfrak{K}, \theta)$ den Körper $\mathfrak{K}$, ohne durch ihn erschöpft zu werden. Enthält allgemein ein Körper $\mathfrak{K}'$ einen Körper $\mathfrak{K}$ in sich, ohne durch ihn erschöpft zu werden, so bringen wir dies Sachverhältnis durch $\mathfrak{K}' > \mathfrak{K}$ oder $\mathfrak{K} < \mathfrak{K}'$ zum Ausdruck. In unserem Falle $n > 1$ gilt also $(\mathfrak{K}, \theta) > \mathfrak{K}$.

Die n durchweg verschiedenen Lösungen der Gleichung $f(z) = 0$ wurden als n „konjugierte" in bezug auf $\mathfrak{K}$ algebraische Zahlen bezeichnet (S. 33). Statt der bisherigen Bezeichnung ist es fortan zweckmäßiger, diese n konjugierten Zahlen durch untere Indizes zu unterscheiden und sie durch $\theta_1 = \theta$, θ_2, θ_3, ..., θ_n zu bezeichnen. Ihnen entsprechen n in bezug auf $\mathfrak{K}$ algebraische Körper n^{ten} Grades $(\mathfrak{K}, \theta_1) = (\mathfrak{K}, \theta)$, $(\mathfrak{K}, \theta_2)$, ... $(\mathfrak{K}, \theta_n)$, die n *„konjugierte" Körper* heißen. Die Zahlen dieser n Körper entsprechen einander umkehrbar eindeutig, indem wir einer Zahl:

$$\zeta = c_0 + c_1\theta + c_2\theta^2 + \cdots + c_{n-1}\theta^{n-1} \tag{1}$$

von $(\mathfrak{K}, \theta)$ im Körper $(\mathfrak{K}, \theta_i)$ die Zahl:

$$\zeta_i = c_0 + c_1\theta_i + c_2\theta_i^2 + \cdots + c_{n-1}\theta_i^{n-1} \tag{2}$$

mit den gleichen Koeffizienten c zuordnen. Je n solche Zahlen $\zeta_1 = \zeta$, ζ_2, ζ_3, ..., ζ_n sollen wieder *„konjugiert"* heißen.

Wir setzen nun die Gleichung n^{ten} Grades an, die ein solches System von n konjugierten Zahlen zu Wurzeln hat; sie lautet:

$$g(w) = (w - \zeta_1)(w - \zeta_2) \cdots (w - \zeta_n) = 0 \tag{3}$$

oder in ausgerechneter Gestalt:

$$g(w) = w^n + b_1 w^{n-1} + b_2 w^{n-2} + \cdots + b_n = 0. \tag{4}$$

Nach dem Hauptsatze von S. 25 sind die b_1, b_2, ..., b_n Zahlen in $\mathfrak{K}$, also $g(w) = 0$ eine „Gleichung in $\mathfrak{K}$". Mit Benutzung der Entwicklungen in § 2, S. 26, finden wir als Ergebnis: *Je n konjugierte Zahlen $\zeta_1 = \zeta$, ζ_2, ..., ζ_n unserer n Körper sind die Wurzeln einer Gleichung n^{ten} Grades* (4) *in $\mathfrak{K}$, die eine Tschirnhausenresolvente der Gleichung $f(z) = 0$ ist; umgekehrt liefert jede Tschirnhausentransformation* (2), *S.* 26, *mit Koeffizienten c aus $\mathfrak{K}$ eine Resolvente $g(w) = 0$ von $f(z) = 0$, deren Wurzeln n konjugierte Zahlen unserer Körper sind.*

Die Zerlegung der Funktion $g(w)$ in ihre in $\mathfrak{K}$ irreduzibelen Faktoren sei:

(5) $$g(w) = h_1(w) \cdot h_2(w) \cdots h_\mu(w);$$

der Bestimmtheit halber seien die höchsten Koeffizienten der Faktoren alle gleich 1 genommen. Ein beliebiger dieser Faktoren liefert eine Gleichung $h(w) = 0$ in $\mathfrak{K}$, die durch mindestens ein ζ_i befriedigt wird. Dann wird das zugehörige θ_i der Gleichung in $\mathfrak{K}$:

(6) $$h(c_0 + c_1 z + c_2 z^2 + \cdots + c_{n-1} z^{n-1}) = 0$$

genügen. Da $f(z) = 0$ irreduzibel ist, so wird nach S. 32 die Gleichung (6) mit θ_i sogleich alle n konjugierten Zahlen $\theta_1, \theta_2, \ldots, \theta_n$ zu Wurzeln haben. Daraus folgt umgekehrt, daß $h(w) = 0$ durch alle Zahlen $\zeta_1, \zeta_2, \ldots, \zeta_n$ befriedigt wird. Andere Wurzeln kann die Gleichung $h(w) = 0$ nicht besitzen, da sie ein Bestandteil der Gleichung $g(w) = 0$ ist. Da $h(w)$ irreduzibel ist, so hat die Gleichung $h(w) = 0$ nur einfache Wurzeln. Da diese Überlegung für jeden Faktor $h(w)$ gilt, so ergibt sich: *Die linke Seite $g(w)$ der Tschirnhausenresolvente* (4) *ist die μ^{te} Potenz einer irreduzibelen Funktion $h(w)$ vom Grade ν, wo $\mu \cdot \nu = n$ gilt; die n konjugierten Zahlen $\zeta_1, \zeta_2, \ldots, \zeta_n$ sind zu je μ einander gleich und liefern ν verschiedene Zahlen, die die Wurzeln der irreduzibelen Gleichung $h(w) = 0$ sind.*

Wir wollen nun die beiden Fälle, daß $\mu = 1$ oder $\mu > 1$ ist, unterscheiden und stellen folgende Erklärung auf: Eine Zahl ζ des Körpers $(\mathfrak{K}, \theta)$ heißt *„primitiv"* oder *„imprimitiv"*, je nachdem die n konjugierten Zahlen $\zeta_1 = \zeta, \zeta_2, \ldots, \zeta_n$ alle verschieden sind oder nicht. Dann besteht der Satz: *In einem Körper $(\mathfrak{K}, \theta)$ eines Grades $n > 1$ gibt es sicher unendlich viele primitive Zahlen.*[1]) Verstehen wir nämlich für den Augenblick unter ζ die Funktion:

$$\zeta = z_0 + z_1\theta + z_2\theta^2 + \cdots + z_{n-1}\theta^{n-1}$$

der n unabhängigen Variablen $z_0, z_1, \ldots, z_{n-1}$ und entsprechend unter ζ_i die Funktion:
$$\zeta_i = z_0 + z_1\theta_i + z_2\theta_i^2 + \cdots + z_{n-1}\theta_i^{n-1},$$

so sind keine zwei dieser Funktionen $\zeta_1 = \zeta, \zeta_2, \ldots, \zeta_n$ identisch, da z. B. ihre Koeffizienten von z_1 durchweg verschieden sind. Von den $\frac{1}{2}n(n-1)$ Funktionen $(\zeta_1 - \zeta_2), (\zeta_1 - \zeta_3), \ldots, (\zeta_1 - \zeta_n), (\zeta_2 - \zeta_3), \ldots, (\zeta_{n-1} - \zeta_n)$ verschwindet also keine identisch. Durch Wiederholung der Überlegung von S. 27 findet man demnach, daß man die $z_0, z_1, \ldots, z_{n-1}$ auf unendlich viele Arten als rationale ganze Zahlen so wählen kann, daß n konjugierte, durchweg verschiedene Zahlen $\zeta_1, \zeta_2, \ldots, \zeta_n$ unserer n Zahlkörper gewonnen werden.

---

1) Für $n = 1$ würde die Unterscheidung primitiver und imprimitiver Zahlen ihre Bedeutung verlieren.

Es sei jetzt $\zeta = \zeta_1$ primitiv und also $g'(\zeta) \neq 0$. Ferner sei $\eta = \eta_1$ irgendeine Zahl aus $(\mathfrak{K}, \theta)$ und $\eta_1, \eta_2, \ldots, \eta_n$ die zugehörigen n konjugierten Zahlen. Wir bilden den Ansatz:

$$(7)\qquad \frac{g(w)}{w-\zeta_1}\eta_1 + \frac{g(w)}{w-\zeta_2}\eta_2 + \cdots + \frac{g(w)}{w-\zeta_n}\eta_n = H(w)$$

und erkennen genau wie S. 37 auf Grund des Hauptsatzes von S. 25 in $H(w)$ eine Funktion $(n-1)^{\text{ten}}$ Grades in $\mathfrak{K}$. Setzen wir $w = \zeta_1 = \zeta$ in (7) ein, so folgt:

$$(8)\qquad \eta = \frac{H(\zeta)}{g'(\zeta)},$$

so daß jede Zahl η aus $(\mathfrak{K}, \theta)$ im Körper $(\mathfrak{K}, \zeta)$ enthalten ist. Da umgekehrt ζ in $(\mathfrak{K}, \theta)$ enthalten ist, so gilt $(\mathfrak{K}, \zeta) = (\mathfrak{K}, \theta)$. *Durch Adjunktion irgendeiner primitiven Zahl ζ von $(\mathfrak{K}, \theta)$ zum Körper $\mathfrak{K}$ ergibt sich stets der gesamte Körper $(\mathfrak{K}, \theta)$ wieder.* Ist hingegen ζ imprimitiv, so ist $(\mathfrak{K}, \zeta)$ ein Körper eines Grades $\nu < n$, dessen sämtliche Zahlen irreduzibelen Gleichungen mit Graden $\leqq \nu$ genügen. In diesem Körper kann also keine primitive Zahl von $(\mathfrak{K}, \theta)$ enthalten sein: *Für eine imprimitive Zahl ζ von $(\mathfrak{K}, \theta)$ gilt $(\mathfrak{K}, \zeta) < (\mathfrak{K}, \theta)$, d. h. $(\mathfrak{K}, \zeta)$ ist in $(\mathfrak{K}, \theta)$ enthalten, erschöpft aber den Körper $(\mathfrak{K}, \theta)$ noch nicht.*

Der Körper $(\mathfrak{K}, \theta)$ möge selbst *„primitiv"* oder *„imprimitiv"* heißen, je nachdem seine sämtlichen Zahlen (außer denen, die den Körper $\mathfrak{K}$ bilden) primitiv sind oder neben primitiven auch imprimitive vorkommen. Ist ζ eine noch nicht in $\mathfrak{K}$ enthaltene imprimitive Zahl von $(\mathfrak{K}, \theta)$, so genügt der Körper $\mathfrak{K}' = (\mathfrak{K}, \zeta)$ der Bedingung $\mathfrak{K} < \mathfrak{K}' < (\mathfrak{K}, \theta)$. Dieser Satz ist umkehrbar: *Jeder die Bedingung $\mathfrak{K} < \mathfrak{K}' < (\mathfrak{K}, \theta)$ erfüllende Körper $\mathfrak{K}'$, der also $\mathfrak{K}$ enthält und in $(\mathfrak{K}, \theta)$ enthalten ist, ohne mit einem dieser Körper gleich zu sein, ist ein Körper $(\mathfrak{K}, \zeta)$, der aus $\mathfrak{K}$ durch Adjunktion einer imprimitiven Zahl ζ von $(\mathfrak{K}, \theta)$ gewinnbar ist.* Die Existenz eines solchen Körpers $\mathfrak{K}'$ ist also charakteristisch für einen imprimitiven Körper $(\mathfrak{K}, \theta)$.

Zum Beweise verstehen wir unter ζ_1 eine nicht in $\mathfrak{K}$ enthaltene Zahl von $\mathfrak{K}'$. Dann gilt $(\mathfrak{K}, \zeta_1) \leqq \mathfrak{K}'$, und ζ_1 ist eine imprimitive Zahl von $(\mathfrak{K}, \theta)$, so daß der Grad ν_1 von $(\mathfrak{K}, \zeta_1)$ die Ungleichung $\nu_1 < n$ befriedigt. Ist $(\mathfrak{K}, \zeta_1) = \mathfrak{K}'$, so ist der Satz bewiesen. Ist $(\mathfrak{K}, \zeta_1) < \mathfrak{K}'$, so sei ζ_2' eine nicht in $(\mathfrak{K}, \zeta_1)$ enthaltene Zahl von $\mathfrak{K}'$. Nach S. 35ff. können wir dann eine gleichfalls in $\mathfrak{K}'$ enthaltene Zahl ζ_2 so wählen, daß $(\mathfrak{K}, \zeta_1, \zeta_2') = (\mathfrak{K}, \zeta_2)$ wird. Der Körper $(\mathfrak{K}, \zeta_2)$ befriedigt die Bedingung $(\mathfrak{K}, \zeta_2) \leqq \mathfrak{K}'$, und sein Grad ν_2 liegt im Intervall $\nu_1 < \nu_2 < n$. Ist auch jetzt noch nicht $(\mathfrak{K}, \zeta_2) = \mathfrak{K}'$, so können wir in derselben Art einen Körper $(\mathfrak{K}, \zeta_3)$ bilden, für den $(\mathfrak{K}, \zeta_3) \leqq \mathfrak{K}'$ gilt, und dessen Grad ν_3 im Intervalle $\nu_2 < \nu_3 < n$ liegt. Dieser Prozeß führt nach endlich vielen Schritten zum Ziele, d. h. zu einem Körper $(\mathfrak{K}, \zeta_i)$, der gleich $\mathfrak{K}'$ ist; denn die Grade ν sind ganze positive Zahlen, von denen jede größer als die vorhergehende ist, und die alle $< n$ sind.

Einige bemerkenswerte Folgerungen sind noch: *Ein Körper* $(\mathfrak{K}, \theta)$ *vom Primzahlgrade* n *ist stets primitiv.* Der Grad ν der irreduzibelen Gleichung für eine imprimitive Zahl aus $(\mathfrak{K}, \theta)$ ist nämlich ein von n selbst verschiedener Teiler von n; im Falle einer Primzahl n haben wir also nur $\nu = 1$. *Ein die Bedingung:*

(9) $$\mathfrak{K} < \mathfrak{K}' \leqq (\mathfrak{K}, \theta)$$

erfüllender Körper $\mathfrak{K}'$ *ist, falls er vom* n^{ten} *Grade ist, notwendig gleich* $(\mathfrak{K}, \theta)$. Wie soeben stellen wir nämlich $\mathfrak{K}'$ als einen Körper $(\mathfrak{K}, \zeta)$ dar und haben in ζ wegen des Grades n von $\mathfrak{K}' = (\mathfrak{K}, \zeta)$ eine primitive Zahl von $(\mathfrak{K}, \theta)$.

§ 8. Galoissche Körper und Galoissche Resolventen.[1])

Wie bisher seien $(\mathfrak{K}, \theta) = (\mathfrak{K}, \theta_1), (\mathfrak{K}, \theta_2), \ldots, (\mathfrak{K}, \theta_n)$ konjugierte in bezug auf $\mathfrak{K}$ algebraische Körper n^{ten} Grades. Soll θ_i in $(\mathfrak{K}, \theta)$ enthalten sein, so ist hierfür hinreichend und notwendig das Bestehen einer Gleichung:

(1) $$\theta_i = c_{i0} + c_{i1}\theta + c_{i2}\theta^2 + \cdots + c_{i,n-1}\theta^{n-1},$$

wo die c hier und weiterhin stets Zahlen aus $\mathfrak{K}$ sind. Es ist dann $(\mathfrak{K}, \theta_i) \leqq (\mathfrak{K}, \theta)$ und also nach dem Schlußsatze von § 7 genauer $(\mathfrak{K}, \theta_i) = (\mathfrak{K}, \theta)$, so daß aus (1) umgekehrt auch die Gültigkeit einer entsprechenden Darstellung von θ in θ_i entspringt.

Hieran schließt sich folgende Erklärung: *Der Körper* n^{ten} *Grades* $(\mathfrak{K}, \theta)$ *heißt ein „Galoisscher Körper" oder „Normalkörper", falls er mit seinen sämtlichen konjugierten Körpern gleich ist.* Ein notwendiges und hinreichendes Kennzeichen für einen Normalkörper ist also, daß sich *alle* mit $\theta = \theta_1$ konjugierten Zahlen θ_i in der Gestalt (1) durch θ darstellen lassen. Es wird sich dann in entsprechender Gestalt überhaupt jedes θ_i in jedem θ_k darstellen lassen. Einleuchtend ist der Satz: *Ein Galoisscher Körper enthält mit irgendeiner Zahl* ζ *stets alle mit* ζ *konjugierten Zahlen in sich.*

Ein den Körper $(\mathfrak{K}, \theta)$ umfassender Galoisscher Körper wird neben $\theta = \theta_1$ auch die konjugierten Zahlen $\theta_2, \theta_3, \ldots, \theta_n$ und damit den Körper $(\mathfrak{K}, \theta_1, \theta_2, \ldots, \theta_n)$ enthalten. Es gilt aber der Satz: *Der Körper* $(\mathfrak{K}, \theta_1, \theta_2, \ldots, \theta_n)$ *ist selbst ein Galoisscher Körper und ist demnach als*

---

1) Die folgenden Entwicklungen geben die Grundzüge der Galoisschen Gleichungstheorie in der neueren auf den Körperbegriff aufgebauten Gestalt. Galois' Werke sind im Zusammenhang von Liouville im Bd. 11 des Journ. de math. (1846) veröffentlicht, eine deutsche Ausgabe ist von Maser veranstaltet (Berlin, 1889).

der „kleinste" den gegebenen Körper $(\mathfrak{K}, \theta)$ *enthaltende Galoissche Körper zu bezeichnen.* Nach S. 35 können wir nämlich den Körper $(\mathfrak{K}, \theta_1, \theta_2, \ldots, \theta_n)$ auch als einen Körper $(\mathfrak{K}, \eta)$ durch Adjunktion einer einzigen Zahl:

$$\eta = \gamma_1\theta_1 + \gamma_2\theta_2 + \cdots + \gamma_n\theta_n \tag{2}$$

mit rationalen ganzen Koeffizienten γ herstellen. Die Zahl η genügt einer Gleichung in $\mathfrak{K}$ vom Grade $N = n^n$, deren sämtliche Wurzeln in der Gestalt:

$$\gamma_1\theta_i + \gamma_2\theta_k + \cdots + \gamma_n\theta_l \tag{3}$$

enthalten sind.[1]) Wir nennen jetzt den irreduzibelen Bestandteil dieser Gleichung, welcher η als Wurzel hat, $F(Z) = 0$ und bezeichnen den Grad dieser in $\mathfrak{K}$ irreduzibelen Gleichung durch m. Da alle Wurzeln dieser Gleichung die Gestalt (3) haben, so sind sie in $(\mathfrak{K}, \theta_1, \theta_2, \ldots, \theta_n)$ enthalten, d. h. alle mit η konjugierten Zahlen gehören wieder dem Körper $(\mathfrak{K}, \eta)$ an, so daß $(\mathfrak{K}, \eta) = (\mathfrak{K}, \theta_1, \theta_2, \ldots, \theta_n)$ tatsächlich ein Normalkörper ist.

Es mag noch bemerkt werden, daß sich die eben gewonnenen Ergebnisse von der Voraussetzung der Irreduzibilität der Gleichung $f(z) = 0$ frei machen lassen. Den Vorbedingungen der Entwicklung von S. 35 ff. entsprechend haben wir nur zu fordern, *daß die* n *Wurzeln* $\theta_1, \theta_2, \ldots, \theta_n$ *der Gleichung* $f(z) = 0$ *durchweg verschieden sind.* Wir gewinnen zufolge jener Entwicklungen auch dann in $(\mathfrak{K}, \theta_1, \theta_2, \ldots, \theta_n) = (\mathfrak{K}, \eta)$ einen Galoisschen Körper, nur ist er nicht mehr notwendig der „kleinste", den Körper $(\mathfrak{K}, \theta)$ umfassende Galoissche Körper. Doch werden wir weiterhin immer nur beiläufig auf den Fall einer reduzibelen Gleichung $f(z) = 0$ eingehen.

Bezeichnen wir jetzt allgemein die Zahlen des Galoisschen Körpers $(\mathfrak{K}, \theta_1, \theta_2, \ldots, \theta_n)$ durch η, so ist jede von ihnen in der Gestalt:

$$\eta = R(\theta_1, \theta_2, \ldots, \theta_n) \tag{4}$$

als rationale Funktion der $\theta_1, \theta_2, \ldots, \theta_n$ mit Koeffizienten aus $\mathfrak{K}$ darstellbar. Jede ***primitive*** Zahl (4) des Galoisschen Körpers genügt einer ***irreduzibelen*** Gleichung in $\mathfrak{K}$ vom Grade m:

$$F(Z) = 0, \tag{5}$$

die man als eine *„Galoissche Resolvente"* der Gleichung $f(z) = 0$ bezeichnet, mag die letztere Gleichung irreduzibel oder reduzibel sein. Betrachtet man den Körper $(\mathfrak{K}, \eta)$ ohne Beziehung auf $(\mathfrak{K}, \theta)$ und die Gleichung $f(z) = 0$ als einen durch Adjunktion von η zu $\mathfrak{K}$ entstehenden „Normalkörper", so erscheint es zweckmäßiger, die Gleichung (5) als eine *„Nor-*

---

1) Zur Vorbereitung der hier vorliegenden Überlegung wurde bereits S. 35 darauf aufmerksam gemacht, daß nur die damals $\theta_1, \theta_2, \ldots, \theta_m$ genannten Zahlen verschieden sein sollten, daß dagegen die Gleichungen $f_1(z) = 0$, $f_2(z) = 0$, $\ldots$, $f_m(z) = 0$ (wie es hier zutrifft) alle einander gleich sein dürfen.

malgleichung" zu bezeichnen. Aus den Entwicklungen am Anfang des Paragraphen ergibt sich der Satz: *Eine irreduzibele Gleichung m^{ten} Grades in $\mathfrak{K}$ ist dadurch als eine Normalgleichung charakterisiert, daß jede ihrer Lösungen η_i in einer beliebigen unter ihnen η_k in der Gestalt darstellbar ist:*

$$(6) \qquad \eta_i = c_{i0}^{(k)} + c_{i1}^{(k)}\eta_k + c_{i2}^{(k)}\eta_k^2 + \cdots + c_{i,m-1}^{(k)}\eta_k^{m-1}.$$

Da alle Zahlen $\eta_2, \eta_3, \ldots, \eta_m$ in $(\mathfrak{K}, \eta_1)$ enthalten sind und also der Körper $(\mathfrak{K}, \eta_1, \eta_2, \ldots, \eta_m) = (\mathfrak{K}, \eta_1)$ ist, so kann man auch sagen, *eine Normalgleichung sei dadurch charakterisiert, daß sie ihre eigene Galoissche Resolvente ist.*

Die Bedeutung der Galoisschen Resolvente geht aus folgenden Angaben hervor. In der Theorie der algebraischen Gleichungen bezeichnet man, falls irgendein Zahlkörper vorgelegt ist, die Zahlen desselben als *„rational bekannte"* Größen. Ist eine Gleichung $f(z) = 0$ zu lösen, so sind mit ihr die Koeffizienten von $f(z)$ gegeben. Als vorgelegt gilt also ein Körper, der jedenfalls alle Koeffizienten von $f(z)$ enthält. Um für den Augenblick mit einem bestimmten Körper zu tun zu haben, denken wir etwa $\mathfrak{K}$ als Körper aller Zahlen, die sich aus den Gleichungskoeffizienten rational mit rationalen Zahlenkoeffizienten berechnen lassen. Ist die Gleichung $f(z) = 0$ irreduzibel, und ist ihr Grad $n > 1$, so gehören die Wurzeln der Gleichung noch nicht zu den „rational bekannten" Größen. Aber es gilt der Satz: *Hat man eine „einzige" Wurzel η einer Galoisschen Resolvente* (5) *von $f(z) = 0$ gewonnen und damit die Erweiterung des Körpers $\mathfrak{K}$ durch Adjunktion von η zum Körper $(\mathfrak{K}, \eta)$ vollzogen, so sind nicht nur alle übrigen Wurzeln der Galoisschen Resolvente, sondern auch alle Wurzeln der Gleichung $f(z) = 0$ selbst „rational bekannt".*

§ 9. Die Transformationen eines Galoisschen Körpers in sich.

Wie soeben bedeute η eine fest gewählte primitive Zahl des Galoisschen Körpers, die der irreduzibelen Normalgleichung $F(Z) = 0$ vom Grade m genügt. Beliebige Zahlen aus $(\mathfrak{K}, \eta)$ mögen durch ζ bezeichnet werden; jede von ihnen ist eindeutig in der Gestalt darstellbar:

$$(1) \qquad \zeta = c_0 + c_1\eta + c_2\eta^2 + \cdots + c_{m-1}\eta^{m-1}.$$

Die mit ζ konjugierten Zahlen unterscheiden wir wieder durch die Bezeichnungen $\zeta_1 = \zeta, \zeta_2, \zeta_3, \ldots, \zeta_m$. Ist ζ primitiv, so sind diese m Zahlen alle verschieden; andrenfalls werden sie zu je μ einander gleich und stellen ν verschiedene Zahlen $\zeta_1 = \zeta, \zeta_2, \ldots, \zeta_\nu$ dar, wo μ ein von 1 verschiedener Teiler von m und $\mu \cdot \nu = m$ ist. Bezeichnen wir allgemein ein System konjugierter Zahlen durch $\zeta_1, \zeta_2, \ldots, \zeta_\nu$, so können wir den Fall primitiver Zahlen für $\nu = m$ hier mit einbegreifen.

Im Ausdruck (1) aller Zahlen von $(\mathfrak{K}, \eta)$ ersetzen wir jetzt η durch irgendeine konjugierte Zahl η_α. Hierbei geht jede Zahl ζ von $(\mathfrak{K}, \eta)$ in eine bestimmte mit ihr konjugierte Zahl über, und zwar zwei verschiedene Zahlen stets wieder in zwei verschiedene. Ist nämlich $\zeta' = c_0' + c_1'\eta + \cdots + c_{m-1}'\eta^{m-1}$ von der in (1) dargestellten Zahl ζ verschieden, so gelten nicht gleichzeitig alle m Gleichungen $c_0' = c_0$, $c_1' = c_1, \ldots, c_{m-1}' = c_{m-1}$. Dann sind aber notwendig auch die beiden Zahlen:

$$c_0 + c_1\eta_\alpha + c_2\eta_\alpha^2 + \cdots + c_{m-1}\eta_\alpha^{m-1}, \quad c_0' + c_1'\eta_\alpha + c_2'\eta_\alpha^2 + \cdots + c_{m-1}'\eta_\alpha^{m-1}$$

verschieden, da aus ihrer Gleichheit eine nicht identische Gleichung in $\mathfrak{K}$ für η_α von einem Grade $< m$ hervorgehen würde, was der Irreduzibilität von $F(Z) = 0$ widerspricht. Es folgt: *Beim Ersatz von η durch irgendeine der m konjugierten Zahlen η_α erfahren je ν konjugierte Zahlen $\zeta_1, \zeta_2, \ldots, \zeta_\nu$ des Galoisschen Körpers $(\mathfrak{K}, \eta)$ eine bestimmte Permutation.* Wir bezeichnen diese Permutation (damit $S_0 = 1$ die identische Permutation wird) durch $S_{\alpha-1}$ und erhalten (da die mit ζ konjugierten Zahlen alle in $(\mathfrak{K}, \eta)$ enthalten sind), indem wir der Reihe nach $\eta_\alpha = \eta_1, \eta_2, \ldots, \eta_m$ setzen, *im ganzen m Transformationen des Galoisschen Körpers $(\mathfrak{K}, \eta)$ in sich*, die wir gleich selbst wieder $S_0, S_1, \ldots, S_{m-1}$ nennen, und von denen $S_0 = 1$ die *„identische"* Transformation ist, bei der jede Zahl von $(\mathfrak{K}, \eta)$ sich selbst entspricht.

Diese Transformationen haben eine wichtige aus der Irreduzibilität von $F(Z) = 0$ folgende Eigenschaft. Es seien durch das Symbol R bei der folgenden Überlegung stets rationale Funktionen bezeichnet, *deren Koeffizienten in $\mathfrak{K}$ enthalten sind.* Es seien zunächst $R_1(z)$ und $R_2(z)$ solche Funktionen einer Variablen, und es mögen die Zerlegungen der $R_1(z), R_2(z)$ in Quotienten je zweier ganzer Funktionen gegeben sein durch:

$$R_1(z) = \frac{h_1(z)}{g_1(z)}, \quad R_2(z) = \frac{h_2(z)}{g_2(z)}.$$

Dann besteht der Satz: *Haben die Funktionen $R_1(z)$, $R_2(z)$ für $z = \eta = \eta_1$ gleiche endliche Werte, $R_1(\eta) = R_2(\eta)$, so haben sie für jede der m konjugierten Zahlen η_α gleiche endliche Werte, $R_1(\eta_\alpha) = R_2(\eta_\alpha)$.* Der Voraussetzung nach gelten nämlich die drei Bedingungen:

$$g_1(\eta) \neq 0, \quad g_2(\eta) \neq 0, \quad g_1(\eta)h_2(\eta) - g_2(\eta)h_1(\eta) = 0,$$

wo linker Hand „drei Funktionen in $\mathfrak{K}$" stehen. Nach einem S. 32 aufgestellten Satze folgt sofort für jedes η_α:

$$g_1(\eta_\alpha) \neq 0, \quad g_2(\eta_\alpha) \neq 0, \quad g_1(\eta_\alpha)h_2(\eta_\alpha) - g_2(\eta_\alpha)h_1(\eta_\alpha) = 0,$$

woraus die Richtigkeit des Satzes hervorgeht.

Es handelt sich hierbei um einen Spezialfall des folgenden grundlegenden Satzes: *Besteht zwischen irgendwelchen Zahlen $\zeta, \zeta', \zeta'', \ldots$ und $\bar{\zeta}, \bar{\zeta}', \bar{\zeta}'', \ldots$ aus $(\mathfrak{K}, \eta)$ eine Gleichung:*

$$R_1(\zeta, \zeta', \zeta'', \ldots) = R_2(\bar{\zeta}, \bar{\zeta}', \bar{\zeta}'', \ldots), \tag{2}$$

wo rechts und links rationale Ausdrücke endlicher Werte mit Koeffizienten des Körpers $\mathfrak{K}$ *stehen, so sind auch die beiden Zahlen* $R_1(\zeta_\alpha, \zeta'_\alpha, \ldots)$ *und* $R_2(\bar{\zeta}_\alpha, \bar{\zeta}'_\alpha, \ldots)$ *endlich und einander gleich:*

$$(3) \qquad R_1(\zeta_\alpha, \zeta'_\alpha, \zeta''_\alpha, \ldots) = R_2(\bar{\zeta}_\alpha, \bar{\zeta}'_\alpha, \bar{\zeta}''_\alpha, \ldots),$$

wenn wir unter $\zeta_\alpha, \zeta'_\alpha, \zeta''_\alpha, \ldots$ *und* $\bar{\zeta}_\alpha, \bar{\zeta}'_\alpha, \bar{\zeta}''_\alpha, \ldots$ *die aus den Argumenten in* (2) *durch die Transformation* $S_{\alpha-1}$ *hervorgehenden Zahlen verstehen.* Der Beweis folgt sofort aus dem voraufgehenden Satze, wenn wir in (2) rechts und links für die Argumente ihre Ausdrücke (1) in η eintragen.

Die Transformation $S_{\alpha-1}$ mag nun als Permutation der η die folgende sein:

$$(4) \qquad S_{\alpha-1} = \begin{pmatrix} \eta_1, & \eta_2, & \ldots, & \eta_m \\ \eta_{\alpha_1}, & \eta_{\alpha_2}, & \ldots, & \eta_{\alpha_m} \end{pmatrix}$$

und also η_k in η_{α_k} überführen. Dann gilt der Satz: *Die Transformation* $S_{\alpha-1}$ *des Galoisschen Körpers in sich kann auch dadurch vollzogen werden, daß man alle Zahlen dieses Körpers durch* η_k *darstellt und in diesen Darstellungen* η_k *durch* η_{α_k} *ersetzt.* Hat nämlich die beliebige Zahl ζ des Körpers in η_k die Darstellung:

$$(5) \qquad \zeta = c'_0 + c'_1 \eta_k + c'_2 \eta_k^2 + \cdots + c'_{m-1} \eta_k^{m-1},$$

und geht ζ durch die Transformation $S_{\alpha-1}$ in ζ_α über, so folgt aus (5) nach dem soeben bewiesenen Satze die Gleichung:

$$\zeta_\alpha = c'_0 + c'_1 \eta_{\alpha_k} + c'_2 \eta_{\alpha_k}^2 + \cdots + c'_{m-1} \eta_{\alpha_k}^{m-1}.$$

Daraus geht die Behauptung unmittelbar hervor.

Aus dem letzten Satze folgt die Möglichkeit der Zusammensetzung je zweier Transformationen des Körpers in sich. Üben wir zunächst die Transformation $S_{\alpha-1}$ aus, die η in η_α überführt, und hierauf die Transformation $S_{\beta-1}$, die vermittelst des Ersatzes von η durch η_β oder also vermittelst des Ersatzes von η_α durch η_{β_α} erzielt werden kann, so gelangen wir zu einer durch $S_{\beta-1} \cdot S_{\alpha-1}$ zu bezeichnenden Transformation, die unmittelbar vermöge des Ersatzes von η durch η_{β_α} erzielbar ist, also unserem System der m Transformationen wieder angehört und für die η die Permutation liefert:

$$S_{\beta-1} \cdot S_{\alpha-1} = \begin{pmatrix} \eta_1, & \eta_2, & \ldots, & \eta_m \\ \eta_{\beta_{\alpha_1}}, & \eta_{\beta_{\alpha_2}}, & \ldots, & \eta_{\beta_{\alpha_m}} \end{pmatrix}.$$

Das System der m Transformationen $S_0, S_1, \ldots, S_{m-1}$ erfüllt hiernach die erste Gruppenbedingung von S. 2. Aber auch die beiden anderen Gruppeneigenschaften liegen vor; man zeigt dies wie S. 18, indem man die S als Permutationen der $\eta_1, \eta_2, \ldots \eta_m$ schreibt und beachtet, daß die einzelne Permutation die zugehörige Transformation des ganzen Körpers in sich eindeutig festlegt:

Die m Transformationen eines Galoisschen Körpers m^{ten} Grades in sich bilden eine Gruppe G_m der m^{ten} Ordnung, die sich für die $\eta_1, \eta_2, \ldots, \eta_m$ sowie überhaupt für jedes System konjugierter primitiver Zahlen als eine Permutationsgruppe G_m des m^{ten} Grades darstellt.

Unter den m Permutationen der η gibt es eine und nur eine, die η_1 in die beliebig vorgeschriebene konjugierte Zahl η_α überführt, nämlich die Permutation $S_{\alpha-1}$. Sie führt dann η_2 in eine bestimmte Zahl η_{α_2}, nicht mehr in eine frei wählbare unter den konjugierten Zahlen über. Nach der S. 20 eingeführten Bezeichnung ist somit *die Gruppe G_m als Permutationsgruppe m^{ten} Grades für $\eta_1, \eta_2, \ldots, \eta_m$ oder irgendein System von m primitiven konjugierten Zahlen „einfach transitiv“.*

§ 10. Die Galoissche Gruppe einer Gleichung $f(z) = 0$.

Wir kehren jetzt zur Gleichung n^{ten} Grades $f(z) = 0$ zurück, die wir einstweilen als *irreduzibel* vorraussetzen, und aus deren Wurzeln wir in der Gestalt $(\mathfrak{K}, \theta_1, \theta_2, \ldots, \theta_n) = (\mathfrak{K}, \eta)$ den Galoisschen Körper herstellten. Ist $\theta = \theta_1$ eine primitive Zahl dieses Körpers, so ist $n = m$, und wir haben in $f(z) = 0$ eine „Normalgleichung“. Ist $n < m$, so ist θ imprimitiv und also n ein vom ganzen verschiedener Teiler der Zahl m. Im ersten Falle liefert die G_m, eingekleidet in die Gestalt einer Permutationsgruppe der $n = m$ Wurzeln $\theta_1, \theta_2, \ldots$ eine einfach transitive Gruppe G_m des Grades m, wie in § 9 am Schlusse gesagt wurde. Im zweiten Falle zeigen wir zunächst, daß die m Transformationen des Galoisschen Körpers in sich m *verschiedene* Permutationen der $\theta_1, \theta_2, \ldots, \theta_n$ liefern. Sollen nämlich S_α und S_β die gleiche Permutation der θ bewirken, so liefert $S_\beta^{-1} \cdot S_\alpha$ die identische Permutation der θ und damit die Transformation, bei der jede Zahl des Körpers $(\mathfrak{K}, \theta_1, \theta_2, \ldots, \theta_n) = (\mathfrak{K}, \eta)$ sich selbst zugeordnet ist. Also ist $S_\beta^{-1} \cdot S_\alpha = S_0 = 1$ und $S_\beta = S_\alpha$.

In jedem Falle (mag $n = m$ oder $n < m$ sein) stellen wir folgende Erklärung auf: *Die von den Transformationen des Galoisschen Körpers $(\mathfrak{K}, \theta_1, \theta_2, \ldots, \theta_n) = (\mathfrak{K}, \eta)$ in sich gelieferten m Permutationen der $\theta_1, \theta_2, \ldots, \theta_n$ ergeben eine besondere Einkleidung der Gruppe G_m als einer Permutationsgruppe m^{ter} Ordnung n^{ten} Grades, die man als die „Galoissche Gruppe“ der Gleichung $f(z) = 0$ bezeichnet.* Sie liefert den im Mittelpunkte der Galoisschen Theorie der Gleichungen stehenden Begriff. Für die Normalgleichung $F(Z) = 0$ des vorigen Paragraphen ist die Galoissche Gruppe die daselbst betrachtete einfach transitive Permutationsgruppe m^{ten} Grades der $\eta_1, \eta_2, \ldots, \eta_m$.

Die Eigenschaften der Galoisschen Gruppe ergeben sich leicht aus den Entwicklungen des vorigen Paragraphen. Wir notieren zunächst, *daß die Galoissche Gruppe einer irreduzibelen Gleichung $f(z) = 0$ stets* *transitiv ist.* Eine beliebig vorgeschriebene Wurzel θ_α gewinnen wir nämlich aus θ_1 durch die Transformation S_α des Körpers $(\mathfrak{K}, \eta)$ in sich.

Von grundsätzlicher Bedeutung sind die folgenden Ausführungen: Unter $R(\theta_1, \theta_2, \ldots, \theta_n)$ verstehen wir wieder einen rationalen Ausdruck mit Koeffizienten aus $\mathfrak{K}$. Hat der Ausdruck $R(\theta_1, \theta_2, \ldots, \theta_n)$ als Wert eine bereits in $\mathfrak{K}$ enthaltene Zahl c, so sagen wir, es bestehe für die $\theta_1, \theta_2, \ldots, \theta_n$ die „rationale Gleichung in $\mathfrak{K}$“:

$$(1) \qquad R(\theta_1, \theta_2, \ldots, \theta_n) = c.$$

Da jede Zahl c von $\mathfrak{K}$ bei den Transformationen S_α nur sich selbst zugeordnet ist, so folgt nach dem Satze von S. 44ff. aus (1):

$$(2) \qquad R(\theta_{\alpha_1}, \theta_{\alpha_2}, \ldots, \theta_{\alpha_n}) = c,$$

wenn θ_k durch S_α in θ_{α_k} übergeführt wird. Damit haben wir den Satz: *Jede rationale Gleichung in $\mathfrak{K}$, die für die $\theta_1, \theta_2, \ldots, \theta_n$ zutrifft, bleibt richtig, falls man in ihr die $\theta_1, \theta_2, \ldots, \theta_n$ einer beliebigen Permutation der Galoisschen Gruppe unterwirft.* Umgekehrt gilt der Satz: *Ein rationaler Ausdruck $R(\theta_1, \theta_2, \ldots, \theta_n)$ mit endlichem Werte, der sich gegenüber den Permutationen der Galoisschen Gruppe G_m nicht ändert, stellt eine Zahl aus $\mathfrak{K}$ dar.* Die Zahlen aus $\mathfrak{K}$ sind nämlich die einzigen Zahlen des Körpers $(\mathfrak{K}, \eta)$, die nur sich selbst konjugiert sind. Sehen wir nur erst den Körper $\mathfrak{K}$ als gegeben und also dessen Zahlen als „rational bekannt“ an, so können wir auch sagen: *Ein rationaler Ausdruck $R(\theta_1, \theta_2, \ldots, \theta_n)$ der Wurzeln von $f(z) = 0$, der sich gegenüber den Permutationen der Galoisschen Gruppe G_m nicht ändert, ist „rational bekannt“.*

Der erste dieser drei Sätze ist in folgender Art umkehrbar: *Eine Permutation der $\theta_1, \theta_2, \ldots, \theta_n$, die „jede“ zwischen den $\theta_1, \theta_2, \ldots, \theta_n$ gültige rationale Gleichung in $\mathfrak{K}$ in eine gleichfalls richtige solche Gleichung überführt, gehört der Galoisschen Gruppe G_m an, so daß diese G_m auch als Gruppe aller Permutationen der Wurzeln von $f(z) = 0$ erklärt werden kann, bei denen „alle“ für die $\theta_1, \theta_2, \ldots, \theta_n$ bestehenden rationalen Gleichungen* (1) *wieder in richtige Gleichungen übergehen.* Wir können nämlich mittelst rationaler ganzer Zahlen γ eine Zahl:

$$(3) \qquad \eta = \gamma_1\theta_1 + \gamma_2\theta_2 + \cdots + \gamma_n\theta_n$$

so wählen, daß die $n!$ Zahlen $\eta_1 = \eta, \eta_2, \eta_3, \ldots$, die aus (3) durch alle $n!$ Permutationen der $\theta_1, \theta_2, \ldots, \theta_n$ hervorgehen, durchweg verschieden sind. Man beweist dies durch Wiederholung einer S. 36 ausgeführten Überlegung. In der Reihe $\eta_1, \eta_2, \ldots$ mögen die m in $(\mathfrak{K}, \eta)$ mit $\eta = \eta_1$ konjugierten Zahlen an erster Stelle stehen; sie gehen aus (3) durch die Permutationen der Galoisschen Gruppe G_m hervor, während der Rest $\eta_{m+1}, \eta_{m+2}, \ldots, \eta_{n!}$ von den nicht in G_m enthaltenen $(n! - m)$ Permutationen herrührt.[1]) Ist nun $F(Z) = 0$ die zur Zahl (3) gehörende Galoissche Resolvente m^{ten} Grades, so gilt:

$$(4) \qquad F(\eta_1) = 0, \quad F(\eta_2) = 0, \ldots, \quad F(\eta_m) = 0,$$

während andrerseits:

$$(5) \qquad F(\eta_{m+1}) \neq 0, \quad F(\eta_{m+2}) \neq 0, \ldots, \quad F(\eta_{n!}) \neq 0$$

zutrifft. Die Wurzeln von $F(Z) = 0$ sind nämlich die m konjugierten Zahlen $\eta_1, \eta_2, \ldots, \eta_m$, von denen die $\eta_{m+1}, \ldots, \eta_{n!}$ durchweg verschieden sind. Denken wir nun $F(\eta) \doteq 0$ durch Einsetzung des Ausdrucks (3) für η als eine für die $\theta_1, \theta_2, \ldots, \theta_n$ gültige rationale Gleichung in $\mathfrak{K}$ geschrieben, und soll eine auf die θ auszuübende Permutation diese Gleichung wieder in eine richtige Gleichung überführen, so kann es sich zufolge (4) und (5) nur um eine der m ersten Permutationen handeln, also um eine Permution der G_m, die η in eine der Zahlen $\eta_1, \eta_2, \ldots, \eta_m$ überführt. Damit ist der Satz bewiesen.

Die Übertragung der gewonnenen Ergebnisse auf *reduzibele* Gleichungen $f(z) = 0$ ist leicht. Auch im Falle einer reduzibelen Gleichung n^{ten} Grades $f(z) = 0$ mit *n verschiedenen* Wurzeln $\theta_1, \theta_2, \ldots, \theta_n$ hatten wir oben (S. 42) einen Galoisschen Körper $(\mathfrak{K}, \theta_1, \theta_2, \ldots, \theta_n) = (\mathfrak{K}, \eta)$ hergestellt. Die m Transformationen dieses Körpers in sich liefern wieder m Permutationen der $\theta_1, \theta_2, \ldots, \theta_n$, die man wie vorhin (S. 46) als durchweg verschieden erkennt. *Diese m Permutationen liefern uns die „Galoissche Gruppe“ G_m der reduzibelen Gleichung $f(z) = 0$.* Zerfällt $f(z)$ in die irreduzibelen Faktoren $f_1(z), f_2(z), \ldots, f_\lambda(z)$ der Grade $n_1, n_2, \ldots, n_\lambda$, so sind die Wurzeln des einzelnen Faktors nur unter sich konjugiert und werden demnach durch die G_m auch nur unter sich permutiert: *Die Galoissche Gruppe der reduzibelen Gleichung $f(z) = 0$ ist also „intransitiv“, und die Systeme der $n_1, n_2, \ldots, n_\lambda$ Wurzeln der irreduzibelen Bestandteile von $f(z) = 0$ liefern die „Systeme der Intransitivität“.* Die Gruppenordnung m ist ein Multiplum jedes der Grade $n_1, n_2, \ldots, n_\lambda$, ist aber keineswegs mehr notwendig ein Multiplum von n selbst. Die wesentlichen Eigenschaften der Galoisschen Gruppe, die auf der Irreduzibilität der Galoisschen Resolventen $F(Z) = 0$ beruhen, bleiben auch bei reduzibelen Gleichungen $f(z) = 0$ bestehen.

Es sei wieder $f(z) = 0$ eine irreduzibele Gleichung n^{ten} Grades mit den Wurzeln $\theta_1, \theta_2, \ldots, \theta_n$. Ist der Körper $(\mathfrak{K}, \theta) = (\mathfrak{K}, \theta_1)$ (und damit natürlich jeder der konjugierten Körper $(\mathfrak{K}, \theta_i)$) im Sinne von S. 40 imprimitiv, so nennen wir auch die Gleichung $f(z) = 0$ *„imprimitiv“*. Es liege dieser Fall vor, und es sei insbesondere $\zeta = R(\theta)$ eine imprimitive

1) Wir dürfen $m < n!$ annehmen, da für $m = n!$ der zu beweisende Satz selbstverständlich ist.

Zahl aus $(\mathfrak{K}, \theta)$. Dann sind die n mit ζ konjugierten Zahlen zu je μ einander gleich und stellen nur ν verschiedene Zahlen $\zeta_1, \zeta_2, \ldots, \zeta_\nu$ dar; dabei ist μ ein von 1 und n verschiedener Teiler der Zahl n. Wir ordnen nun die n Zahlen θ so in ν Zeilen zu je μ Zahlen an:

$$(6) \qquad \begin{cases} \theta_1, & \theta_2, & \ldots, \theta_\mu, \\ \theta_{\mu+1}, & \theta_{\mu+2}, & \ldots, \theta_{2\mu}, \\ \theta_{2\mu+1}, & \theta_{2\mu+2}, & \ldots, \theta_{3\mu}, \\ \cdot\ \cdot\ \cdot & \cdot\ \cdot\ \cdot & \cdot\ \cdot\ \cdot \end{cases}$$

daß die θ der i^{ten} Zeile, als Argumente in R eingesetzt, übereinstimmend die Zahl ζ_i liefern. Für zwei Argumente θ_α und θ_β gilt alsdann:

$$(7) \qquad R(\theta_\alpha) = R(\theta_\beta) \quad \text{oder} \quad R(\theta_\alpha) \neq R(\theta_\beta),$$

je nachdem die θ_α, θ_β in der gleichen Zeile (6) oder in verschiedenen Zeilen stehen. Bei Ausübung einer Permutation der Galoisschen Gruppe G_m geht nun aus einer Gleichung (7) stets wieder eine Gleichung, aus einer Ungleichung (7) stets wieder eine Ungleichung hervor. Die Zeilenanordnung (6) der n Zahlen $\theta_1, \theta_2, \ldots, \theta_n$ besitzt demnach gegenüber der Gruppe G_m die S. 21 bei der Erklärung der Imprimitivität einer Permutationsgruppe näher dargelegte Invarianz. Es folgt somit: *Die Galoissche Gruppe der imprimitiven Gleichung $f(z) = 0$ ist eine „imprimitive Gruppe", und die Zeilen (6) liefern die „Systeme der Imprimitivität".*[1])

§ 11. Untergruppen der Galoisschen Gruppe und zugehörige Zahlen.

Wir gehen auf die ursprüngliche Erklärung der Galoisschen Gruppe G_m als Gruppe der m Transformationen des Galoisschen Körpers $(\mathfrak{K}, \eta)$ in sich zurück. Aus diesem Körper greifen wir eine beliebige Zahl ζ heraus, die in der Gestalt $\zeta = R(\eta)$ darstellbar ist, wo man $R(\eta)$ als rationale ganze Funktion $(m-1)^{\text{ten}}$ Grades von η mit Koeffizienten aus $\mathfrak{K}$ schreiben kann. Die mit ζ konjugierten Zahlen sind zu je μ einander gleich, wo μ ein Teiler von m ist, zunächst unter Einschluß von $\mu = m$ und $\mu = 1$; für $\mu = m$ ist ζ eine schon in $\mathfrak{K}$ enthaltene Zahl, für $\mu = 1$ haben wir in ζ eine primitive Zahl des Körpers $(\mathfrak{K}, \eta)$.

Unter den Transformationen der G_m, die nach S. 44 die mit ζ konjugierten Zahlen $\zeta_1 = \zeta, \zeta_2, \ldots, \zeta_\nu$ untereinander permutieren, kommen im ganzen μ vor, die die Zahl ζ in sich selbst überführen. Diese μ Transformationen bilden eine in der G_m enthaltene Untergruppe G_μ, deren Index $\frac{m}{\mu} = t$ die bisher durch ν bezeichnete Anzahl ist. Wir nennen die G_μ *„die zur Zahl ζ gehörende Untergruppe G_μ"* und umgekehrt ζ *„eine zur Untergruppe G_μ gehörende Zahl"*. Zu einer Zahl von $\mathfrak{K}$ gehört dann die

1) Weiteres über imprimitive Gleichungen findet man bei Weber, a. a. O., Bd. 1, S. 524 ff.

Gesamtgruppe G_m, zu einer primitiven Zahl des Körpers $(\mathfrak{K}, \eta)$ die Untergruppe G_1. Zerlegen wir die G_m entsprechend der G_μ in die Nebengruppen G_μ, $V_1 \cdot G_\mu$, $V_2 \cdot G_\mu$, ..., $V_{t-1} \cdot G_\mu$, so führen die Transformationen der einzelnen Nebengruppe $V_{i-1} \cdot G_\mu$ die Zahl ζ in eine und dieselbe konjugierte Zahl ζ_i über; allen t Nebengruppen entsprechen auf diese Weise die t $(= \nu)$ verschiedenen konjugierten Zahlen $\zeta_1 = \zeta$, ζ_2, ζ_3, ..., ζ_t. Zur Zahl ζ_i ihrerseits gehört die mit G_μ gleichberechtigte Untergruppe $V_{i-1} \cdot G_\mu \cdot V_{i-1}^{-1}$: *Zu den t verschiedenen mit ζ konjugierten Zahlen des Körpers $(\mathfrak{K}, \eta)$ gehören die t mit G_μ gleichberechtigten Untergruppen G_μ, $V_1 \cdot G_\mu \cdot V_1^{-1}$, $V_2 \cdot G_\mu \cdot V_2^{-1}$, ..., die natürlich keineswegs alle verschieden zu sein brauchen.*

Es besteht nun folgender grundlegende Satz: *Zu jeder Untergruppe G_μ von G_m gibt es unendlich viele zugehörige Zahlen im Körper $(\mathfrak{K}, \eta)$; ist ζ irgendeine dieser Zahlen, so ist jede andere sowie überhaupt jede Zahl, die zu einer G_μ in sich enthaltenden Untergruppe gehört, im Körper $(\mathfrak{K}, \zeta)$ enthalten und also rational in ζ mit Koeffizienten aus $\mathfrak{K}$ darstellbar.*

Da der Satz für $\mu = 1$ und $\mu = m$ selbstverständlich ist, so setzen wir $1 < \mu < m$ voraus. Wir bezeichnen die mit η konjugierten Zahlen so, daß $\eta = \eta_1$ durch die Transformationen der G_μ in die in der ersten Zeile (1) stehenden Zahlen $\eta_1, \eta_2, \ldots, \eta_\mu$ übergeht, während diese ganze Zeile durch die Transformation V_i in die Zeile $\eta_{i\mu+1}, \eta_{i\mu+2}, \ldots, \eta_{(i+1)\mu}$ übergeführt wird:

$$(1) \qquad \begin{cases} \eta_1, & \eta_2, & \ldots, & \eta_\mu, \\ \eta_{\mu+1}, & \eta_{\mu+2}, & \ldots, & \eta_{2\mu}, \\ \eta_{2\mu+1}, & \eta_{2\mu+2}, & \ldots, & \eta_{3\mu}, \\ \ldots & \ldots & \ldots & \ldots \end{cases}$$

Wir bilden nun die μ symmetrischen Grundfunktionen $\sigma_1^{(i)}, \sigma_2^{(i)}, \ldots, \sigma_\mu^{(i)}$ der in der Zeile $\eta_{i\mu+1}, \eta_{i\mu+2}, \ldots$ stehenden η und gewinnen so t neue Zahlenreihen:

$$(2) \qquad \begin{cases} \sigma_1, & \sigma_2, & \ldots, & \sigma_\mu, \\ \sigma_1', & \sigma_2', & \ldots, & \sigma_\mu', \\ \sigma_1'', & \sigma_2'', & \ldots, & \sigma_\mu'', \\ \ldots & \ldots & \ldots & \ldots, \end{cases}$$

von denen keine zwei einander gleich sind; es würden ja sonst die η der beiden entsprechenden Zeilen (1) von der Anordnung abgesehen übereinstimmen. Nach einer wiederholt ausgeübten Schlußweise können wir somit (und zwar auf unendlich viele Arten) μ rationale ganze Zahlen γ so wählen, daß die t Zahlen von $(\mathfrak{K}, \eta)$:

$$(3) \qquad \gamma_1\sigma_1 + \gamma_2\sigma_2 + \cdots + \gamma_\mu\sigma_\mu, \quad \gamma_1\sigma_1' + \gamma_2\sigma_2' + \cdots + \gamma_\mu\sigma_\mu', \ \cdots$$

durchweg voneinander verschieden sind. Die erste dieser Zahlen gehört zur G_μ, die übrigen gehen aus ihr durch die Transformationen $V_1, V_2, \ldots$ hervor und sind also die mit der ersten konjugierten Zahlen. Wir haben demnach in der Tat in:

$$\zeta = \gamma_1 \sigma_1 + \gamma_2 \sigma_2 + \cdots + \gamma_\mu \sigma_\mu \tag{4}$$

eine zur Gruppe G_μ gehörende Zahl konstruiert.

Aus den mit $\zeta = \zeta_1$ konjugierten Zahlen bilden wir mittelst einer Variablen w die Funktion $g(w) = (w - \zeta_1)(w - \zeta_2) \ldots (w - \zeta_t)$ vom Grade t, die ausgerechnet eine irreduzibele Funktion in $\mathfrak{K}$ ergibt. Es sei alsdann ζ' irgendeine Zahl aus $(\mathfrak{K}, \eta)$, die durch die Transformationen der G_μ in sich selbst übergeführt wird, die also entweder auch zur G_μ oder zu einer G_μ umfassenden Untergruppe gehört. Durch $1, V_1, V_2, \ldots, V_{t-1}$ werde $\zeta' = \zeta'_1$ in die Zahlen $\zeta'_1, \zeta'_2, \ldots, \zeta'_t$ übergeführt, die nicht alle voneinander verschieden zu sein brauchen. Es ist nun, wie man durch Division von $g(w)$ durch $(w - \zeta_1)$ feststellt:

$$\frac{g(w)}{w - \zeta} \cdot \zeta' = \frac{g(w)}{w - \zeta_1} \cdot \zeta'_1 \tag{5}$$

eine Funktion $(t-1)^{\text{ten}}$ Grades von w, deren Koeffizienten Zahlen aus $(\mathfrak{K}, \eta)$ sind, die alle durch die Transformationen der G_μ in sich übergeführt werden. Durch $1, V_1, V_2, \ldots, V_{t-1}$ geht die Funktion (5) in die t „konjugierten Funktionen" über:

$$\frac{g(w)}{w - \zeta_1} \cdot \zeta'_1, \quad \frac{g(w)}{w - \zeta_2} \cdot \zeta'_2, \ldots, \quad \frac{g(w)}{w - \zeta_t} \cdot \zeta'_t, \tag{6}$$

die sich bei Ausübung irgendwelcher Transformationen der G_m untereinander permutieren. Die Summe der Funktionen (6) bleibt demnach bei allen Transformationen der G_m unverändert und erweist sich also als eine „Funktion in $\mathfrak{K}$":

$$\frac{g(w)}{w - \zeta_1} \cdot \zeta'_1 + \frac{g(w)}{w - \zeta_2} \cdot \zeta'_2 + \cdots + \frac{g(w)}{w - \zeta_t} \cdot \zeta'_t = h(w). \tag{7}$$

Wie üblich gewinnen wir hieraus für $w = \zeta_1 = \zeta$:

$$\zeta' = \frac{h(\zeta)}{g'(\zeta)}, \tag{8}$$

so daß ζ' tatsächlich dem Körper $(\mathfrak{K}, \zeta)$ angehört.

Kehren wir zu unserer ursprünglichen Gleichung n^{ten} Grades $f(z) = 0$ zurück, so ist der betrachtete Galoissche Körper in der Gestalt $(\mathfrak{K}, \theta_1, \theta_2, \ldots, \theta_n)$ zu erklären, und die G_m wird die als Galoissche Gruppe der Gleichung $f(z) = 0$ erklärte Permutationsgruppe. Man nennt in der Theorie der Gleichungen eine Zahl aus $(\mathfrak{K}, \theta_1, \theta_2, \ldots, \theta_n)$, d. h. eine Zahl, die durch einen rationalen Ausdruck:

$$\zeta = R(\theta_1, \theta_2, \ldots, \theta_n) \tag{9}$$

mit Koeffizienten aus $\mathfrak{K}$ gegeben ist, eine *„natürliche Irrationalität"* der

Gleichung $f(z) = 0$. Demgegenüber heißt eine beim Auflösungsprozeß der Gleichung etwa zu benutzende Zahl, die dem Körper $(\mathfrak{K}, \theta_1, \theta_2, \ldots \theta_n)$ nicht angehört, eine „*akzessorische Irrationalität*“ der Gleichung $f(z) = 0$. Wir übertragen die Bezeichung der „Zugehörigkeit“ von den Transformationsgruppen G_μ und Zahlen ζ auf die Untergruppen der Galoisschen Gruppe und die natürlichen Irrationalitäten der Gleichung. Den eben bewiesenen Satz können wir dann auch in folgende Gestalt kleiden: *Zu jeder Untergruppe G_μ der Galoisschen Gruppe G_m unserer Gleichung $f(z) = 0$ gibt es unendlich viele zugehörige natürliche Irrationalitäten; in einer unter ihnen ist jede andere, sowie jede natürliche Irrationalität, die zu einer die G_μ umfassenden Untergruppe gehört, rational mit Koeffizienten aus $\mathfrak{K}$ darstellbar.*

§ 12. Die rationalen Resolventen einer Gleichung $f(z) = 0$.

Irgendeine Zahl $\zeta = R(\theta_1, \theta_2, \ldots, \theta_n)$ des Galoisschen Körpers $(\mathfrak{K}, \theta_1, \theta_2, \ldots, \theta_n)$ genügt einer irreduzibelen Gleichung in $\mathfrak{K}$:

$$g(w) = 0 \tag{1}$$

des Grades t, die wir als eine „*rationale Resolvente*“ der Gleichung $f(z) = 0$ bezeichnen. Die t Wurzeln der Resolvente $\zeta_1 = \zeta, \zeta_2, \ldots, \zeta_t$ sind Zahlen des genannten Galoisschen Körpers, die zu den gleichberechtigten Untergruppen G_μ, $V_1 \cdot G_\mu \cdot V_1^{-1} = G'_\mu$, $\ldots$, $V_{t-1} \cdot G_\mu \cdot V_{t-1}^{-1} = G_\mu^{(t-1)}$ der Ordnung μ gehören mögen. Das Produkt der Gruppenordnung μ und des Grades t der Resolvente ist gleich m. Die im Extremfalle $t = m$, $\mu = 1$ für primitive Zahlen ζ des Galoisschen Körpers eintretenden Resolventen sind natürlich die Galoisschen Resolventen der gegebenen Gleichung $f(z) = 0$.

Die t gleichberechtigten Untergruppen $G_\mu, G'_\mu, \ldots, G_\mu^{(t-1)}$ brauchen keineswegs alle voneinander verschieden zu sein, können sogar alle einander gleich sein, nämlich wenn G_μ eine ausgezeichnete Untergruppe ist. Jedenfalls ist der Durchschnitt:

$$G_l = D(G_\mu, G'_\mu, G''_\mu, \ldots, G_\mu^{(t-1)}) \tag{2}$$

eine *ausgezeichnete* Untergruppe, deren Ordnung wir l nennen. Diese G_l setzt sich zusammen aus allen Transformationen der Gesamtgruppe G_m, die jede einzelne der t Zahlen $\zeta_1, \zeta_2, \ldots, \zeta_t$ in sich überführen. Den Index der Untergruppe G_l bezeichnen wir durch $\frac{m}{l} = \overline{m}$, die Zerlegung der G_m in Nebengruppen entsprechend der G_l sei durch:

$$G_m = G_l + U_1 \cdot G_l + U_2 \cdot G_l + \cdots + U_{\overline{m}-1} \cdot G_l \tag{3}$$

gegeben. Alle Transformationen der einzelnen Nebengruppe $U_i \cdot G_l$ ergeben die gleiche, etwa durch T_i zu bezeichnende Permutation der

$\zeta_1, \zeta_2, \ldots, \zeta_t$, wobei $T_0 = 1$ die identische Permutation ist. Es ergibt sich der Satz: *Gegenüber allen m Transformationen der G_m erfahren die t Wurzeln $\zeta_1, \zeta_2, \ldots, \zeta_t$ der rationalen Resolvente* (1) *im ganzen $\overline{m}$ Permutationen $T_0 = 1, T_1, \ldots, T_{\overline{m}-1}$, die eine mit der „Quotientengruppe" G_m/G_l isomorphe und also wie diese auf die G_m 1-l-deutig homomorph bezogene Gruppe $G_{\overline{m}}$ bilden.* Wir bezeichnen diese Permutationsgruppe $G_{\overline{m}}$ gleich selbst als Quotientengruppe G_m/G_l von G_m und G_l.

Ist $l = 1$ und also $\overline{m} = m$, so erhalten wir in der Permutationsgruppe $G_{\overline{m}}$ eine neue Darstellung unserer G_m und erkennen in dieser Permutationsgruppe einfach die „Galoissche Gruppe" der Resolvente (1).

Besonders wichtig aber ist nun der Fall, daß $l > 1$ ist. Wir bilden wie oben bei der Gleichung $f(z) = 0$ jetzt für die Resolvente (1) den Galoisschen Körper:

$$\overline{\mathfrak{K}} = (\mathfrak{K}, \zeta_1, \zeta_2, \ldots, \zeta_t), \tag{4}$$

den wir mittelst irgendeiner zur G_l gehörenden Zahl $\overline{\eta}$ auch in der Gestalt $\overline{\mathfrak{K}} = (\mathfrak{K}, \overline{\eta})$ darstellen können. *Diese Zahl $\overline{\eta}$ genügt dann einer in $\mathfrak{K}$ irreduzibelen „Normalgleichung":*

$$\overline{F}(W) = 0 \tag{5}$$

vom Grade $\overline{m} = \frac{m}{l}$, welche eine „Galoissche Resolvente" der Gleichung (1) *ist; die Gruppe $G_{\overline{m}}$ der Transformationen des Körpers $\overline{\mathfrak{K}}$ in sich liefert in der Gestalt der Permutationsgruppe G_m/G_l der $T_0 = T_1, T_2, \ldots, T_{\overline{m}-1}$ die „Galoissche Gruppe" der Gleichung* (1).

Nicht minder wichtig sind die Folgerungen für die ursprüngliche Galoissche Resolvente $F(Z) = 0$. Die Gruppe G_l ist als Permutationsgruppe der m Wurzeln von $F(Z) = 0$ intransitiv und besitzt $\overline{m}$ Systeme der Intransitivität zu je l Wurzeln. Ein beliebiges dieser Systeme sei $\eta_1, \eta_2, \ldots, \eta_l$. Die symmetrischen Grundfunktionen dieser l Zahlen η gehören zur G_l und sind also im Körper $\overline{\mathfrak{K}} = (\mathfrak{K}, \overline{\eta})$ enthalten (S. 50). Die $\eta_1, \eta_2, \ldots, \eta_l$ sind also die Wurzeln einer Gleichung $H(Z) = 0$ in $\overline{\mathfrak{K}}$ vom Grade l. Wir können leicht zeigen, daß diese Gleichung in $\overline{\mathfrak{K}}$ irreduzibel ist. Sollte sie es nicht sein, so bezeichnen wir mit $h(Z) = 0$ den irreduzibelen Bestandteil, dem η_1 genügt. Ersetzen wir die in den Koeffizienten von $h(Z)$ auftretende Zahl $\overline{\eta}$ durch ihren rationalen ganzen Ausdruck in η_1 [1]), so entsteht aus $h(\eta_1) = 0$ eine für η_1 gültige „Gleichung in $\mathfrak{K}$". Diese Gleichung bleibt demnach bei allen m Transformationen der G_m richtig, und also insbesondere bei allen l Transformationen der G_l. Die letzteren aber lassen $\overline{\eta}$ unverändert und führen η_1 in $\eta_1, \eta_2, \ldots, \eta$ über. Man beachte noch, daß die Transformationen der einzelnen zu G_l

1) η_1 ist eine primitive Zahl des Körpers $(\mathfrak{K}, \eta)$.

gehörenden Nebengruppe die Zahl $\bar{\eta}$ in eine ihrer konjugierten Zahlen überführt, das System $\eta_1, \eta_2, \ldots, \eta_l$ aber in eines der $\bar{m}$ Systeme der Intransitivität von G_l. Wir haben damit den Satz gewonnen: *In dem nach Adjunktion von $\bar{\eta}$ zu $\mathfrak{K}$ entstehenden Körper $\bar{\mathfrak{K}} = (\mathfrak{K}, \bar{\eta})$ ist die ursprüngliche Galoissche Resolvente $F(Z) = 0$ reduzibel und zerfällt in $\bar{m}$ irreduzibele Gleichungen in $\bar{\mathfrak{K}}$ vom Grade l, deren einzelne $H(Z) = 0$ je eines der $\bar{m}$ genannten Systeme der Intransitivität zu Wurzeln hat; aus einer Gleichung $H(Z) = 0$ gehen die übrigen hervor, wenn man die in den Koeffizienten von $H(Z)$ auftretende Zahl $\bar{\eta}$ durch ihre konjugierten Zahlen ersetzt.*

Bilden wir für die einzelne in $\bar{\mathfrak{K}}$ irreduzibele Gleichung l^{ten} Grades $H(Z) = 0$ den Galoisschen Körper $(\bar{\mathfrak{K}}, \eta_1, \eta_2, \ldots, \eta_l)$, so ist dieser natürlich unser bisheriger Körper $(\mathfrak{K}, \eta)$ und kann auch als Körper $(\bar{\mathfrak{K}}, \eta_1)$ geschrieben werden. Nach S. 44ff. werden die l Transformationen dieses Körpers in sich dadurch gewonnen, daß wir η_1 der Reihe nach durch $\eta_1, \eta_2, \ldots, \eta_l$ ersetzen. Wir gelangen dabei zu den l Permutationen der $\eta_1, \eta_2, \ldots, \eta_l$, die von der G_l für dieses System der Intransitivität geliefert werden. In dieser Gestalt einer Permutationsgruppe l^{ten} Grades ist dann die G_l wieder einfach transitiv: *Die einzelne in $\bar{\mathfrak{K}}$ irreduzibele Gleichung l^{ten} Grades $H(Z) = 0$ ist eine „Normalgleichung", deren Galoissche Gruppe die als Permutationsgruppe l^{ten} Grades der $\eta_1, \eta_2, \ldots, \eta_l$ geschriebene Gruppe G_l ist.*

Wegen der grundlegenden Wichtigkeit fassen wir die gewonnenen Ergebnisse nochmals zusammen: *Ist G_l eine ausgezeichnete Untergruppe der ursprünglichen Galoisschen Gruppe G_m, so genügt eine zur G_l gehörende natürliche Irrationalität $\bar{\eta}$ von $f(z) = 0$ einer in $\mathfrak{K}$ irreduzibelen Gleichung*

(5) *des Grades $\bar{m} = \frac{m}{l}$, deren Galoissche Gruppe die Quotientengruppe G_m/G_l ist; nach Adjunktion von $\bar{\eta}$ zu $\mathfrak{K}$ wird die ursprüngliche Galoissche Resolvente $F(Z) = 0$ im Körper $\bar{\mathfrak{K}} = (\mathfrak{K}, \bar{\eta})$ reduzibel und liefert nach Zerlegung $\bar{m}$ in $\bar{\mathfrak{K}}$ irreduzibele, innerhalb $(\mathfrak{K}, \eta)$ „konjugierte" Gleichungen l^{ten} Grades $H(Z) = 0$, die wieder „Normalgleichungen" sind, und für deren einzelne G_l die Galoissche Gruppe ist.*

§ 13. Auflösung einer algebraischen Gleichung $f(z) = 0$.

Am Schlusse von § 8, S. 43, wurde die Bedeutung der Galoisschen Resolvente $F(Z) = 0$ für die algebraische Gleichung n^{ten} Grades $f(z) = 0$ dargelegt. Wir nehmen diese Gleichung in einem vorgelegten Körper $\mathfrak{K}$ als irreduzibel an.[1]) Das Problem, die Gleichung vollständig zu lösen, d. h. alle Wurzeln anzugeben oder doch auf Grund „rationaler" Rechnungen

1) Andernfalls würden wir mit dem einzelnen irreduzibelen Bestandteile von $f(z) = 0$ arbeiten.

finden zu können, erfordert alsdann die Gewinnung des Körpers $(\mathfrak{K}, \eta)$, in dem in der Tat alle Wurzeln $\theta_1, \theta_2, \ldots, \theta_n$ von $f(z) = 0$ „rational bekannt“ sind.

Die in § 12 aufgestellten Sätze im Verein mit den Entwicklungen von S. 12ff. über die „Kompositionsreihe“ einer Gruppe G_m zeigen, wie die Lösung dieses Problems zu vollziehen ist: *Wir gewinnen durch Auflösung einer Kette von „Normalgleichungen“ je mit „einfachen“ Galoisschen Gruppen die Erweiterung von $\mathfrak{K}$ zum Körper $(\mathfrak{K}, \eta)$, in dem $f(z) = 0$, wie auch die Galoissche Resolvente $F(Z) = 0$, in lauter „lineare“ Gleichungen reduzibel sind.*

Die Galoissche Gruppe G_m unserer Gleichung besitze nämlich als eine Kompositionsreihe die Gruppen:

(1) $$G_m, G_{m_1}, G_{m_2}, \ldots, G_1$$

und als zugehörige Indexreihe:

(2) $$\frac{m}{m_1} = t_1, \quad \frac{m_1}{m_2} = t_2, \quad \frac{m_2}{m_3} = t_3, \ldots,$$

wobei das Produkt der Indizes $t_1 \cdot t_2 \cdot t_3 \cdots = m$ ist. Die zugehörigen Quotientengruppen:

(3) $$G_m/G_{m_1} = G_{t_1}, \quad G_{m_1}/G_{m_2} = G_{t_2}, \ldots$$

sind einfach, d. h. keine der Gruppen G_t enthält (von G_t und G_1 abgesehen) eine ausgezeichnete Untergruppe. Da die Berechnung *einer* Wurzel η von $F(Z) = 0$ unser Ziel ist, so gehen wir nach dem Schlußsatze von § 12 so vor: Wir nehmen für die daselbst G_l genannte Gruppe die „größte“ ausgezeichnete Untergruppe G_{m_1}. Die zugehörige Gleichung (5) S. 53 möge jetzt durch $f_1(w) = 0$ bezeichnet werden; sie hat den Grad t_1 und ist eine „Normalgleichung“ mit „einfacher“ Galoisscher Gruppe G_{t_1}. Es genügt, *eine* beliebige Wurzel η_1 dieser Normalgleichung zu berechnen, deren Adjunktion zu $\mathfrak{K}$ den Körper $\mathfrak{K}_1 = (\mathfrak{K}, \eta_1)$ liefere. In $\mathfrak{K}_1$ ist nun $F(Z) = 0$ reduzibel, und zwar in t_1 irreduzibele Gleichungen $m_1{}^{\text{ten}}$ Grades zerfällbar. Eine beliebige unter ihnen sei $F_1(Z) = 0$; sie ist wieder eine Normalgleichung und hat G_{m_1} zur Galoisschen Gruppe. Nun wiederholen wir den gleichen Prozeß, indem wir in G_{m_1} die größte ausgezeichnete Untergruppe G_{m_2} aufgreifen usw. Nach einer endlichen Anzahl solcher Schritte gelangen wir bis zur G_1 und damit zur Kenntnis der gesuchten Wurzel η: *Die Lösung der Gleichung $f(z) = 0$ wird geleistet, indem man für die endliche Kette von Normalgleichungen:*

(4) $$f_1(w) = 0, \quad f_2(w) = 0, \quad f_3(w) = 0, \ldots$$

mit den die Bedingung $t_1 \cdot t_2 \cdot t_3 \cdots = m$ erfüllenden Graden $t_1, t_2, t_3, \ldots$ je eine Wurzel $\eta_1, \eta_2, \ldots$ berechnet[1]*); die einzelne Normalgleichung $f_\nu(w) = 0$*

1) Beiläufig bemerken wir, daß die Berechnung einer Wurzel der einzelnen

ist irreduzibel im Körper $\mathfrak{K}_{\nu-1} = (\mathfrak{K}, \eta_1, \eta_2, \ldots, \eta_{\nu-1})$ *und hat die einfache Galoissche Gruppe* G_{t_ν}. *Hat man die letzte Gruppe* G_1 *der Reihe* (1) *erreicht, so liegt für die gesuchte Wurzel* η *eine „lineare" Gleichung vor, d. h.* η *ist bekannt.* Der Satz von S. 13 über die Kompositionsreihen einer Gruppe G_m aber liefert uns noch das Ergebnis: *Irgendeine andere Kompositionsreihe der Galoisschen Gruppe* G_m *unserer Gleichung* $f(z) = 0$ *liefert eine Kette von Normalgleichungen, die in der Anzahl sowie (abgesehen von der Reihenfolge) in den Graden und den Galoisschen Gruppen mit den Gleichungen* (4) *übereinstimmen.* Dabei gelten zwei isomorphe Gruppen als gleich. Hiermit sind die im Mittelpunkte der Galoisschen Gleichungstheorie stehenden Sätze gewonnen.[1])

§ 14. Beispiel der Kreisteilungsgleichungen.[2])

Ein einfaches Beispiel zur Erläuterung der Galoisschen Theorie liefern die *Kreisteilungsgleichungen.* Diejenige für den n^{ten} Teilungsgrad lautet zunächst $z^n = 1$, ihre Lösungen sind die n Wurzeln n^{ten} Grades der Einheit:

$$(1)\qquad \varepsilon_1 = e^{\frac{2i\pi}{n}},\quad \varepsilon_2 = e^{\frac{4i\pi}{n}},\quad \varepsilon_3 = e^{\frac{6i\pi}{n}},\ \ldots,\ \varepsilon_{n-1} = e^{\frac{2(n-1)i\pi}{n}},\quad \varepsilon_n = 1,$$

die als die aufeinanderfolgenden Potenzen $\varepsilon, \varepsilon^2, \ldots, \varepsilon^{n-1}, \varepsilon^n = 1$ der ersten unter ihnen $\varepsilon = \varepsilon_1$ darstellbar sind. Zugrunde zu legen ist der *rationale Körper* $\mathfrak{R}$. Der bei der Auflösung der Gleichung zu erreichende Galoissche Körper $(\mathfrak{R}, \varepsilon_1, \varepsilon_2, \ldots, \varepsilon_n)$ ist auch bereits als Körper $(\mathfrak{R}, \varepsilon)$ darstellbar und heißt der *„Kreisteilungskörper"* für den n^{ten} Teilungsgrad.

Unter den n Wurzeln $\varepsilon_k = \varepsilon^k$ sind primitive Zahlen von $(\mathfrak{R}, \varepsilon)$ alle und nur die, bei denen k teilerfremd gegen n ist. Ist die Zerlegung von n in Primfaktoren durch $n = p_1^{\nu_1} \cdot p_2^{\nu_2} \ldots$ gegeben, so hat man bekanntlich:

$$(2)\qquad \varphi(n) = n\left(1 - \frac{1}{p_1}\right)\left(1 - \frac{1}{p_2}\right)\cdots$$

mod n inkongruente, gegen n teilerfremde Zahlen k, so daß im ganzen $\varphi(n)$ unter den Einheitswurzeln (1) primitive Zahlen von $(\mathfrak{R}, \varepsilon)$ sind.

Hilfsgleichung $f_\nu(w) = 0$ auch ersetzt werden kann durch die vollständige Auflösung irgendeiner rationalen Resolvente, die die Normalgleichung $f_\nu(w) = 0$ zur Galoisschen Resolvente hat.

1) Die im Lösungsprozeß der Gleichung vollzogenen Adjunktionen beziehen sich ausschließlich auf „natürliche Irrationalitäten" von $f(z) = 0$. Die Heranziehung irgendwelcher „akzessorischer Irrationalitäten" vermag den Prozeß nicht zu vereinfachen, insofern auch dann unter den zu lösenden Hilfsgleichungen sich immer wieder solche der Gruppen $G_{t_1}, G_{t_2}, \ldots$ einstellen. Man vgl. hierüber Weber, a. a. O., Bd. 1, S. 555ff. sowie Loewy, a. a. O., S. 303.

2) Wegen genauerer Begründung der in den nächsten vier Paragraphen gegebenen Ausführungen ist wieder auf Weber, a. a. O., Bd. 1, S. 452ff. und 564ff. zu verweisen.

Sie heißen die *„primitiven n^{ten} Einheitswurzeln“* und genügen einer in $\mathfrak{R}$ irreduzibelen Gleichung φ^{ten} Grades:

$$z^{\varphi} + a_1 z^{\varphi-1} + a_2 z^{\varphi-2} + \cdots + a_{\varphi} = 0, \tag{3}$$

welche die *„irreduzibele Kreisteilungsgleichung“* für den n^{ten} Teilungsgrad heißt.[1])

Da jede der $\varphi(n)$ Lösungen von (3) rational in einer unter ihnen $\varepsilon = \varepsilon_1$ darstellbar ist, so haben wir in der irreduzibelen Gleichung (3) nach S. 41 ff. eine „Normalgleichung“ und in $(\mathfrak{R}, \varepsilon)$ einen „Galoisschen Körper“ des Grades $\varphi(n)$. Die Transformationen S und S' des Galoisschen Körpers $(\mathfrak{R}, \varepsilon)$ in sich mögen ε in ε^{α} bzw. ε^{β} überführen. Dann wird sowohl durch $S \cdot S'$ als auch durch $S' \cdot S$ die Wurzel ε^k in $\varepsilon^{\alpha\beta\cdot k}$ übergeführt. Es gilt demgemäß $S \cdot S' = S' \cdot S$, so daß wir den Satz gewinnen: *Die irreduzibele Kreisteilungsgleichung* (3) *ist eine „Normalgleichung“, deren Galoissche Gruppe $G_{\varphi(n)}$ eine „kommutative“ oder „Abelsche Gruppe“ ist.*

Nach dem Hauptsatze von S. 17 über die Kompositions- und Indexreihen Abelscher Gruppen haben wir nun die Gruppenordnung $\varphi(n)$ in ihre Primfaktoren zu zerlegen:

$$\varphi(n) = q_1 \cdot q_2 \cdot q_3 \cdots, \tag{4}$$

wobei jede mehrfach vorkommende Primzahl q entsprechend oft hintereinander als Faktor zu setzen ist. Die Reihe der Primzahlen $q_1, q_2, q_3, \ldots$ liefert dann eine Indexreihe der Gruppe $G_{\varphi(n)}$. *Die Lösung der irreduzibelen Kreisteilungsgleichung* (3) *für den n^{ten} Teilungsgrad erfordert demnach die Lösung einer Kette von normalen Hilfsgleichungen, deren Grade die Primzahlen $q_1, q_2, q_3, \ldots$ sind, und deren Galoissche Gruppen als Gruppen der Primzahlordnungen $q_1, q_2, q_3, \ldots$ durchweg zyklisch sind.* Auf Gleichungen mit zyklischen Gruppen kommen wir im nächsten Paragraphen zurück. Vorerst seien noch folgende Bemerkungen über die Kreisteilungsgleichungen angeschlossen.

Bekanntlich ist die wirkliche Durchführung der Lösung der Kreisteilungsgleichungen bereits lange vor Galois durch Gauß entwickelt. Ist $n = n_1 \cdot n_2$ das Produkt zweier teilerfremder Zahlen n_1, n_2, so gilt:

$$\left(\mathfrak{R}, e^{\frac{2i\pi}{n}}\right) = \left(\mathfrak{R}, e^{\frac{2i\pi}{n_1}}, e^{\frac{2i\pi}{n_2}}\right), \tag{5}$$

d. h. wir erhalten den Kreisteilungskörper für den n^{ten} Teilungsgrad durch gleichzeitige Adjunktion von $e^{\frac{2i\pi}{n_1}}$ und $e^{\frac{2i\pi}{n_2}}$. Es bestehen nämlich erstens die Gleichungen:

$$e^{\frac{2i\pi}{n_1}} = e^{n_2 \cdot \frac{2i\pi}{n}}, \quad e^{\frac{2i\pi}{n_2}} = e^{n_1 \cdot \frac{2i\pi}{n}},$$

---

1) Über die Beweise der Irreduzibilität der Gleichung (3) im rationalen Körper sehe man auch die geschichtlichen Angaben bei Loewy, a. a. O., S. 314.

sowie zweitens, wenn α und β zwei die Bedingung $\alpha n_2 - \beta n_1 = 1$ erfüllende rationale ganze Zahlen sind, die Darstellung:

$$e^{\frac{2i\pi}{n}} = e^{\alpha \cdot \frac{2i\pi}{n_1}} \cdot e^{-\beta \cdot \frac{2i\pi}{n_2}},$$

woraus die Gleichung (5) hervorgeht. Die Auflösung der Gleichung (3) für den Teilungsgrad n kann demnach in der Weise vollzogen werden, daß man gesondert voneinander die irreduzibelen Kreisteilungsgleichungen für die Teilungsgrade n_1 und n_2 löst. Die wirkliche Durchführung der Auflösung darf man demnach auf den Fall beschränken, daß der Teilungsgrad n eine Primzahlpotenz $n = p^\nu$ ist. Hier gilt:

$$\varphi(p^\nu) = p^{\nu-1}(p-1) = q_1 \cdot q_2 \cdots p^{\nu-1},$$

wo $q_1 \cdot q_2 \cdots$ die Primfaktorenzerlegung von $(p-1)$ ist. Wir haben also Normalgleichungen der Grade $q_1, q_2, \ldots$ und $(\nu - 1)$ Normalgleichungen p^{ten} Grades zu lösen. Die Gleichungen der Grade $q_1, q_2, \ldots$ dienen zur Berechnung der Einheitswurzeln p^{ten} Grades. Die weiteren $(\nu - 1)$ Gleichung p^{ten} Grades sind dann einfach die $(\nu - 1)$ „reinen" Gleichungen:

$$(6) \qquad z^p = e^{\frac{2i\pi}{p}}, \quad z^p = e^{\frac{2i\pi}{p^2}}, \ldots, z^p = e^{\frac{2i\pi}{p^{\nu-1}}}$$

wobei mittelst der Lösung jeder Gleichung die rechte Seite der nächsten Gleichung gewonnen wird. Hier handelt es sich also um Gleichungen, die durch „Wurzelziehungen" (Einteilungen von Winkeln in p gleiche Teile) lösbar sind. Gauß sagt (in Art. 336 der „Disquisitiones arithmeticae") von diesen Gleichungen, daß sie sich in keiner Weise auf Gleichungen niederen Grades zurückführen lassen.[1])

Demgegenüber bezieht sich der Hauptinhalt der Gaußschen Theorie auf die Lösung der irreduzibelen Kreisteilungsgleichung:

$$(7) \qquad z^{p-1} + z^{p-2} + \cdots + z + 1 = 0$$

für die Primzahl $n = p$. Der erste Teil der Theorie führt zu der Kette der Gleichungen, welche in der späteren allgemeinen Galoisschen Theorie den Hilfsgleichungen (4) S. 55 entsprechen. Daran reiht sich sodann die wirkliche Auflösung der Hilfsgleichungen, die auf „reine" Gleichungen zurückgeführt werden und demnach wieder durch „Wurzelziehungen" lösbar sind.

§ 15. Zyklische Gleichungen.

Nicht nur für die Kreisteilungsgleichungen, sondern auch für die gleich zu besprechende allgemeinere Klasse der „Abelschen Gleichungen"

---

1) Wir kommen auf Gleichungen dieser Art im nächsten Paragraphen zurück.

sind die Gleichungen mit zyklischer Gruppe von grundlegender Bedeutung. Wir stellen folgende Erklärung auf: *Eine in einem Körper $\mathfrak{K}$ irreduzibele Gleichung n^{ten} Grades $f(z) = 0$, deren Galoissche Gruppe zyklisch ist, soll selbst eine „zyklische“ Gleichung genannt werden.* Die Galoissche Gruppe soll sich also aus einer einzigen Permutation S erzeugen lassen. Zerlegen wir diese Permutation S nach S. 19 in ihre Zyklen, so kann nur *ein* Zyklus vorliegen, der alle n Wurzeln der Gleichung verbindet, da andernfalls die Gruppe intransitiv sein würde. Wir ordnen die Wurzeln, die wir übrigens hier zweckmäßig durch $\theta_0, \theta_1, \theta_2, \ldots, \theta_{n-1}$ bezeichnen, in der Art an, daß:

$$(1) \qquad S = \begin{pmatrix} \theta_0, & \theta_1, & \theta_2, & \ldots, & \theta_{n-1} \\ \theta_1, & \theta_2, & \theta_3, & \ldots, & \theta_0 \end{pmatrix}$$

wird. Wir erhalten damit den Satz: *Die Galoissche Gruppe einer irreduzibelen zyklischen Gleichung n^{ten} Grades ist eine Gruppe G_n von der n^{ten} Ordnung, so daß jede zyklische Gleichung $f(z) = 0$ eine Normalgleichung ist.*

Für den vorliegenden Zweck ist es ausreichend, den Grad n der zyklischen Gleichung gleich einer Primzahl p zu nehmen, wodurch die Schlußweise wesentlich erleichtert wird. Wir bemerken dann zunächst, *daß die primitive p^{te} Einheitswurzel $\varepsilon = e^{\frac{2i\pi}{p}}$ entweder in $\mathfrak{K}$ enthalten ist oder eine akzessorische Irrationalität von $f(z) = 0$ darstellt.* Im Galoisschen Körper $(\mathfrak{K}, \theta)$ vom Primzahlgrade p sind nämlich, abgesehen von den Zahlen des Körpers $\mathfrak{K}$, nur primitive Zahlen enthalten (vgl. S. 41), die als solche irreduzibelen Gleichungen p^{ten} Grades genügen; ε aber genügt einer Gleichung $(p-1)^{\text{ten}}$ Grades in $\mathfrak{K}$. *Ist ε nicht in $\mathfrak{K}$ enthalten, so bleibt die Gleichung $f(z) = 0$ auch im Körper $(\mathfrak{K}, \varepsilon)$ irreduzibel.* Jede Zerlegung $f(z) = \varphi(z) \cdot \psi(z)$ mit zwei Faktoren $\varphi(z)$, $\psi(z)$ von Graden $< n$ und den höchsten Koeffizienten 1 liefert Funktionen $\varphi(z)$, $\psi(z)$, deren Koeffizienten im Körper p^{ten} Grades $(\mathfrak{K}, \theta)$, aber noch nicht alle in $\mathfrak{K}$ enthalten sind. Jeder solche noch nicht in $\mathfrak{K}$ enthaltene Koeffizient kann aber als „primitive“ Zahl des Körpers $(\mathfrak{K}, \theta)$ nicht im Körper $(p-1)^{\text{ten}}$ Grades $(\mathfrak{K}, \varepsilon)$ enthalten sein.

Entsprechend unseren ursprünglichen Festsetzungen hat der Körper $\mathfrak{K}$ nur den Bedingungen zu genügen, daß die Koeffizienten von $f(z) = 0$ in ihm enthalten sind. Diese Forderung befriedigt mit $\mathfrak{K}$ auch der Körper $(\mathfrak{K}, \varepsilon)$. *Sollte demnach die Einheitswurzel ε nicht ohnehin schon in $\mathfrak{K}$ auftreten, so wollen wir sie adjungieren* und fortan den gleich selbst wieder durch $\mathfrak{K}$ zu bezeichnenden Körper $(\mathfrak{K}, \varepsilon)$ der Untersuchung zugrunde legen. Auf dieser Grundlage können wir die Lösung der zyklischen Gleichung in folgender Art durchführen. Wir bilden, unter α eine der Zahlen $0, 1, 2, \ldots, p-1$ verstanden, den Ausdruck:

$$(2) \qquad \zeta_\alpha = \theta_0 + \varepsilon^{-\alpha}\theta_1 + \varepsilon^{-2\alpha}\theta_2 + \cdots + \varepsilon^{-(p-1)\alpha}\theta_{p-1},$$

der eine *„Lagrangesche Resolvente“*[1]) heißt und (nach Adjunktion von ε) zu den natürlichen Irrationalitäten der Gleichung $f(z) = 0$ gehört. Bei Ausübung der erzeugenden Permutation (1) der Galoisschen Gruppe G_p wird ζ_α übergeführt in $\varepsilon^\alpha \zeta_\alpha$. Durch wiederholte Ausübung von S findet man als die p mit ζ_α konjugierten Zahlen:

$$\zeta_\alpha,\ \varepsilon^\alpha \zeta_\alpha,\ \varepsilon^{2\alpha}\zeta_\alpha,\ \varepsilon^{3\alpha}\zeta_\alpha,\ \ldots,\ \varepsilon^{(p-1)\alpha}\zeta_\alpha. \tag{3}$$

Die p Zahlen $1, \varepsilon^\mu, \varepsilon^{2\mu}, \ldots, \varepsilon^{(p-1)\mu}$ sind für $\mu = 0$ alle gleich 1, für eine der Zahlen $\mu = 1, 2, 3, \ldots, p-1$ stellen sie die p Wurzeln p^{ten} Grades der Einheit in irgendeiner Reihenfolge dar und geben dann die Summe 0. Die für $\alpha = 0, 1, 2, \ldots, p-1$ zu bildenden Gleichungen (2) lassen sich daraufhin in folgender Art nach $\theta_0, \theta_1, \ldots, \theta_{p-1}$ auflösen:

$$\theta_\beta = \frac{1}{p}\sum_{\alpha=0}^{p-1} \varepsilon^{\alpha\beta}\zeta_\alpha, \qquad \beta = 0, 1, 2, \ldots, p-1. \tag{4}$$

Die Zahl ζ_0 ist bereits in $\mathfrak{K}$ enthalten. Würde dasselbe von allen Zahlen ζ gelten, so würden zufolge (4) auch die θ_β in $\mathfrak{K}$ enthalten sein, während doch keine einzige Wurzel der irreduzibelen Gleichung $f(z) = 0$ eines Grades $p > 1$ in $\mathfrak{K}$ vorkommt. Also gibt es unter den Zahlen (2) mindestens eine primitive und eben deshalb von 0 verschiedene Zahl des Körpers $(\mathfrak{K}, \theta)$. Die p^{te} Potenz jeder Zahl ζ_α ist zufolge (3) nur mit sich selbst konjugiert und stellt dieserhalb eine Zahl c_α aus $\mathfrak{K}$ dar: *Jede der p Zahlen ζ_α genügt einer „reinen“ Gleichung in $\mathfrak{K}$:*

$$w^p = c_\alpha \tag{5}$$

vom Grade p, und es findet sich unter diesen Gleichungen mindestens eine, die in $\mathfrak{K}$ irreduzibel ist, und für die $c_\alpha \neq 0$ ist.

Nennen wir eine beliebige unter den Wurzeln dieser reinen Gleichung $\zeta = \sqrt[p]{c_\alpha}$, so gilt $(\mathfrak{K}, \theta) = (\mathfrak{K}, \zeta)$, und es ist jede Wurzel θ_β unserer zyklischen Gleichung in der Gestalt:

$$\theta_\beta = c_{\beta,0} + c_{\beta,1}\zeta + c_{\beta,2}\zeta^2 + \cdots + c_{\beta,p-1}\zeta^{p-1} \tag{6}$$

mit Koeffizienten c aus $\mathfrak{K}$ darstellbar. Wir haben also den Satz gewonnen: *Eine zyklische Gleichung des Primzahlgrades p ist nötigenfalls nach Adjunktion der Einheitswurzel p^{ten} Grades ε mittelst einer einzigen Wurzelziehung p^{ten} Grades lösbar.*

Dieser Satz begründet die am Schlusse des vorigen Paragraphen über die Kreisteilungsgleichungen gemachten Angaben näher. Die zur Berechnung der Einheitswurzeln p^{ten} Grades zu lösenden Hilfsgleichungen sind zyklische Gleichungen der Grade $q_1, q_2, \ldots$. Jede dieser Gleichungen

---

1) Hier bedeutet also der Ausdruck „Resolvente“ nicht eine Gleichung für eine natürliche Irrationalität, sondern eine besonders gewählte Irrationalität dieser Art selbst.

ist durch eine einzige Wurzel q^{ten} Grades lösbar, wobei freilich der vorstehenden Theorie zufolge eine q^{te} Einheitswurzel zu adjungieren ist. Schon hieraus folgt ohne näheres Eingehen auf die Gaußsche Theorie durch den Schluß der vollständigen Induktion, *daß die Kreisteilungsgleichungen und mit ihnen jedenfalls auch alle zyklischen Gleichungen von Primzahlgraden allein durch Wurzelziehungen (und rationale Rechnungen) lösbar sind.*

§ 16. Abelsche Gleichungen.

Eine in einem Körper $\mathfrak{K}$ irreduzibele Gleichung n^{ten} Grades, deren Wurzeln wir etwa wieder $\theta = \theta_0, \theta_1, \theta_2, \ldots, \theta_{n-1}$ nennen, heißt eine „*Abelsche Gleichung*“, wenn ihre Galoissche Gruppe eine kommutative oder Abelsche ist. Da die Gruppe transitiv ist, so können wir n Permutationen $S_0 = 1, S_1, \ldots, S_{n-1}$ aus ihr entnehmen, von denen S_k die Wurzel θ_0 in θ_k überführt. *Diese n Permutationen bilden bereits die ganze Galoissche Gruppe der Gleichung.* Es sei nämlich G_μ die Untergruppe aller Permutationen, die θ_0 in sich überführen. Dann bilden diejenigen Permutationen, die eine beliebige Wurzel θ_k in sich überführen, die mit G_μ gleichberechtigte Untergruppe $S_k \cdot G_\mu \cdot S_k^{-1}$. Da aber jede Untergruppe einer Abelschen Gruppe ausgezeichnet ist, so ist $S_k \cdot G_\mu \cdot S_k^{-1} = G_\mu$, d. h. die Permutationen der G_μ führen *jede* Wurzel der Gleichung in sich über, so daß $G_\mu = G_1$ nur aus der identischen Permutation $S_0 = 1$ besteht. Führt neben S_k auch S_k' die Wurzel θ_0 in θ_k über, so transformiert $S_k^{-1} \cdot S_k'$ die Wurzel θ_0 in sich, so daß $S_k^{-1} \cdot S_k' = 1$ und also $S_k' = S_k$ gilt. Es gibt also eine und nur eine Permutation in der Gruppe, die θ_0 in eine beliebig vorgeschriebene Wurzel θ_k überführt. Damit ist der Satz bewiesen: *Die Galoissche Gruppe einer Abelschen Gleichung n^{ten} Grades ist eine einfach transitive Gruppe G_n der Ordnung n; eine Abelsche Gleichung ist also stets eine Normalgleichung, und der zugehörige Galoissche Körper ist der durch $(\mathfrak{K}, \theta)$ gegebene Körper n^{ten} Grades.*

Jede Wurzel θ_k der Abelschen Gleichung ist in einer ersten unter ihnen θ in der Gestalt:

$$(1) \qquad \theta_k = c_{k,0} + c_{k,1}\theta + c_{k,2}\theta^2 + \cdots + c_{k,n-1}\theta^{n-1}$$

mit Koeffizienten c aus $\mathfrak{K}$ darstellbar. Die in (1) rechts stehende Funktion, die durch R_k bezeichnet werden möge, liefert die Wurzel θ_k, in welche θ bei der Permutation S_k übergeht. Üben wir zuerst S_k und dann S_l aus, so gehe θ in $\theta_m = R_k(R_l(\theta))$ über. Da nun $S_k \cdot S_l = S_l \cdot S_k$ ist, so folgt: *Je zwei der bei unserer Abelschen Gleichung auftretenden rationalen ganzen Funktionen R befriedigen die Bedingung:*

$$(2) \qquad R_k(R_l(\theta)) = R_l(R_k(\theta)).$$

Bei der Zusammensetzung zweier Funktionen R hat man die zunächst auftretenden Potenzen von θ mit Exponenten $\geq n$ mittelst der Gleichung $f(\theta) = 0$ auf solche mit Exponenten $< n$ zu reduzieren. In (2) rechts und links erscheinen dann nach Ausführung dieser Reduktionen identische Funktionen $(n-1)^{\text{ten}}$ Grades von θ.

Umgekehrt gilt der Satz: *Eine in $\mathfrak{K}$ irreduzibele Gleichung n^{ten} Grades $f(z) = 0$ ist eine Abelsche Gleichung, wenn jede ihrer Wurzeln θ_k in einer ersten unter ihnen θ rational in der Gestalt* (1) *darstellbar ist, und wenn diese rationalen Funktionen R die Bedingung* (2) *erfüllen.* Der Galoissche Körper $(\mathfrak{K}, \theta, \theta_1, \ldots, \theta_{n-1})$ ist dann nämlich als Körper $(\mathfrak{K}, \theta)$ darstellbar und also vom Grade n, so daß $f(z) = 0$ eine Normalgleichung ist. Die Galoissche Gruppe G_n der Ordnung n ist aber zufolge (2) kommutativ.

Nach S. 17 wird die Indexreihe der kommutativen Gruppe G_n von den die Zahl n zusammensetzenden Primfaktoren $t_1, t_2, t_3, \ldots$ geliefert. Die Gruppen $G_{t_1}, G_{t_2}, \ldots$ der Hilfsgleichungen sind demnach als Gruppen von Primzahlordnung durchweg zyklisch, so daß die Hilfsgleichungen selbst ohne Ausnahme zyklische Gleichungen von Primzahlgraden sind, deren Auflösung in § 15 behandelt ist. Eine Gleichung, deren vollständige Auflösung ausschließlich durch rationale Rechnungen und Wurzelziehungen, also durch „Operationen der Algebra" vollzogen werden kann, wird als eine *„algebraisch lösbare Gleichung"* bezeichnet. Nach S. 60ff. sind die zyklischen Gleichungen von Primzahlgraden solche Gleichungen. Die vorstehende Betrachtung hat uns also zu dem Satze geführt: *Die Abelschen Gleichungen, zu denen insbesondere die Kreisteilungsgleichungen und alle zyklischen Gleichungen gehören, sind algebraisch lösbar.*

§ 17. Algebraisch lösbare Gleichungen.

Um die Gesamtheit aller algebraisch lösbaren Gleichungen zu überblicken, gehen wir noch etwas weiter, als es in § 15 geschah, auf die algebraische Bedeutung der Ausziehung einer Wurzel n^{ten} Grades ein. Ist die Primfaktorenzerlegung von n durch $n = p_1 \cdot p_2 \cdot p_3 \cdots$ gegeben, so kommt das Ausziehen einer Wurzel n^{ten} Grades auf eine Kette von Wurzelziehungen der Primzahlgrade $p_1, p_2, p_3, \ldots$ hinaus. Für die einzelne dieser Wurzelziehungen, d. h. für die Lösung einer „reinen" Gleichung:

$$z^p = c \tag{1}$$

des Primzahlgrades p gilt nun der folgende Satz: *Die Gleichung (1) ist in einem die Zahl c enthaltenden Körper $\mathfrak{K}$ entweder irreduzibel oder c ist die p^{te} Potenz einer Zahl c_0 aus $\mathfrak{K}$.*

Soll es nämlich eine Zerlegung:

$$z^p - c = \varphi(z) \cdot \psi(z) \tag{2}$$

von $(z^p - c)$ in zwei Funktionen $\varphi(z)$ und $\psi(z)$ in $\mathfrak{K}$ von niederem als

p^{ten} Grade geben, so sei m der Grad von $\varphi(z)$. Die m Wurzeln von $\varphi(z)=0$ gehören zu denen der Gleichung (1) und haben also alle die Gestalt $\varepsilon^\lambda \sqrt[p]{c}$, wo $\sqrt[p]{c}$ eine unter ihnen ist, ε eine primitive p^{te} Einheitswurzel bedeutet und λ ganzzahlig ist. Das Produkt der m Wurzeln der Gleichung $\varphi(z)=0$ ist als Absolutglied der Funktion $\varphi(z)$ eine in $\mathfrak{K}$ enthaltene Zahl a. Wir haben also:

$$\varepsilon^\mu (\sqrt[p]{c})^m = a,$$

wo auch μ eine ganze Zahl ist, und finden durch Erheben der letzten Gleichung zur p^{ten} Potenz:

$$c^m = a^p. \tag{3}$$

Da nun m teilerfremd gegen p ist, so kann man zwei ganze Zahlen α und β angeben, die die Gleichung $\alpha m + \beta p = 1$ befriedigen. Mit Benutzung von (3) ergibt sich hieraus:

$$c = c^{\alpha m} \cdot c^{\beta p} = a^{\alpha p} \cdot c^{\beta p} = (a^\alpha \cdot c^\beta)^p,$$

so daß c in der Tat als p^{te} Potenz einer Zahl aus $\mathfrak{K}$ dargestellt ist.

Ist nun die Gleichung (1) reduzibel und also $c = c_0^p$, so sind die Wurzeln dieser Gleichung $c_0, \varepsilon c_0, \varepsilon^2 c_0, \ldots, \varepsilon^{p-1} c_0$, *so daß die Auflösung der Gleichung einfach auf die der Kreisteilungsgleichung für den p^{ten} Teilungsgrad zurückkommt.*

Im Falle der Irreduzibilität sei $\theta = \sqrt[p]{c}$ eine beliebige unter den Wurzeln der Gleichung (1), die dann noch nicht in $\mathfrak{K}$ enthalten ist. Da sich die gesamten Wurzeln dann in der Gestalt:

$$\theta_0 = \theta,\ \theta_1 = \varepsilon\theta,\ \theta_2 = \varepsilon^2\theta,\ \ldots,\ \theta_{p-1} = \varepsilon^{p-1}\theta \tag{4}$$

ansetzen lassen, so ist ε sicher im Galoisschen Körper $(\mathfrak{K}, \theta, \theta_1, \ldots, \theta_{p-1})$ enthalten. Sollte ε noch nicht in $\mathfrak{K}$ enthalten sein, so wird doch gleichwohl die Gleichung (1) auch noch im Körper $(\mathfrak{K}, \varepsilon)$ irreduzibel sein. Wäre sie nämlich reduzibel, so fänden wir wie oben, daß c die p^{te} Potenz einer Zahl aus $(\mathfrak{K}, \varepsilon)$ sein müßte, und also wären alle Wurzeln der in $\mathfrak{K}$ irreduzibelen Gleichung p^{ten} Grades (1) im Körper $(\mathfrak{K}, \varepsilon)$ vom $(p-1)^{\text{ten}}$ Grade enthalten, was unmöglich ist.

Wir adjungieren nun ε nötigenfalls und bezeichnen den Körper $(\mathfrak{K}, \varepsilon)$ gleich selbst wieder durch $\mathfrak{K}$. Aus (4) erkennen wir in der Gleichung (1) etzt nach den Sätzen von S. 61ff. sofort eine „Abelsche Gleichung", und zwar ist sie offenbar „zyklisch", *so daß die Wurzelziehung p^{ten} Grades jetzt auf die Lösung einer zyklischen Gleichung des Primzahlgrades p hinauskommt.*

Da auch die Kreisteilungsgleichungen ihrerseits auf zyklische Gleichungen von Primzahlgraden zurückgeführt werden, so bedeutet überhaupt jede Radizierung im Sinne der Gleichungstheorie die *Lösung einer Kette zyklischer Gleichungen von Primzahlgraden.* Hiernach können wir sofort beantworten, wann irgendeine in einem Körper $\mathfrak{K}$ irreduzibele Gleichung $f(z) = 0$ algebraisch lösbar ist. Die bei der fortgesetzten Reduktion der Galoisschen Gruppe G_m bis zur G_1 hin nach und nach zu lösenden Hilfsgleichungen haben lauter einfache Galoissche Gruppen. Sollen diese Gleichungen alle algebraisch lösbar sein, so müssen sie ohne Ausnahme zyklische Gruppen von Primzahlordnung zu Galoisschen Gruppen haben. Ist dieses aber der Fall, so sind sie auch sicher algebraisch lösbar. Da jede Gruppe von Primzahlordnung zyklisch ist, so ergibt sich der Satz: *Eine in einem Körper $\mathfrak{K}$ irreduzibele Gleichung ist stets und nur dann algebraisch lösbar, wenn die Indexreihe der zugehörigen Galoisschen Gruppe aus lauter Primzahlen besteht.*

III. Algebraische Funktionen.

§ 1. Funktionen und Gleichungen in Funktionenkörpern.

Die Entwicklungen des zweiten Teiles übertragen wir jetzt auf solche Gleichungen mit variablen Koeffizienten, wie sie in der Theorie der algebraischen Funktionen (vgl. I, 76 ff.) auftreten. Wesentliche Änderungen sind dabei, daß erstens an Stelle von Zahlkörpern hier *„Funktionenkörper“* treten, deren Begriff bereits in I, 81 aufgestellt wurde, und daß zweitens an die Stelle der Gleichheit zweier Zahlen jetzt die Identität zweier Funktionen tritt. Im übrigen gestalten sich die Entwicklungen durchaus nach dem Vorbilde derjenigen im Teile II, so daß es der Kürze halber vielfach gestattet sein wird, auf die obigen Darlegungen Bezug zu nehmen.

Die Funktionenkörper, mit denen wir zu arbeiten haben, sind in folgender Art zu erklären. Wir legen zunächst einen bestimmten Zahlkörper $\mathfrak{K}$ zugrunde, verstehen unter x eine komplexe Variable und unter $R_1(x)$, $R_2(x)$, ... rationale Funktionen von x mit Koeffizienten aus $\mathfrak{K}$. Weiter sei y eine algebraische Funktion von x, gegeben durch eine im Sinne von I, 79 irreduzibele Gleichung l^{ten} Grades in y:

$$(1) \qquad y^l + R_1(x)y^{l-1} + R_2(x)y^{l-2} + \cdots + R_l(x) = 0\,.$$

Dieser algebraischen Funktion y gehört eine gewisse zusammenhängende l-blättrige Riemannsche Fläche F_l über der x-Ebene zu. Die gesamten algebraischen Funktionen dieser Fläche sind nach I, 80 rational in x und y darstellbar, und umgekehrt ist jede rationale Funktion von x und y mit nicht identisch verschwindendem Nenner eine algebraische Funktion der Fläche. Wir greifen unter diesen Funktionen diejenigen heraus, *welche als rationale Ausdrücke $R(x, y)$ in x und y mit Koeffizienten aus $\mathfrak{K}$ darstellbar sind.*[1]) Es ist einleuchtend, daß die herausgegriffenen Funk-

1) Unter (5) S. 68 wird eine eindeutig bestimmte Normaldarstellung für die einzelne dieser Funktionen $R(x, y)$ angegeben werden.

tionen $R(x, y)$ in ihrer Gesamtheit einen „*Funktionenkörper*" bilden; wir bezeichnen diesen Körper durch $\mathfrak{K}_x$ und legen ihn den nachfolgenden Entwicklungen zugrunde. Ist insbesondere $l = 1$, so handelt es sich einfach um den Körper $\mathfrak{K}_x$ aller rationalen Funktionen von x mit Koeffizienten aus $\mathfrak{K}$. Dieser letztere Körper, der durch Adjunktion der Variablen x zum Körper $\mathfrak{K}$ entsteht, kann entsprechend auch durch $(\mathfrak{K}, x)$ bezeichnet werden.

Es seien nun $a_0(x), a_1(x), \ldots, a_n(x)$ oder kurz $a_0, a_1, \ldots, a_n$ irgend $(n+1)$ Funktionen aus $\mathfrak{K}_x$, von denen die erste nicht identisch verschwinden soll. Vermittelst einer komplexen Variablen z bilden wir dann den Ausdruck:

$$f(z) = a_0 z^n + a_1 z^{n-1} + a_2 z^{n-2} + \cdots + a_n, \tag{2}$$

den wir als eine „*Funktion n^{ten} Grades im Körper $\mathfrak{K}_x$*" bezeichnen, und aus dem wir durch Nullsetzen eine „*Gleichung n^{ten} Grades in $\mathfrak{K}_x$*" gewinnen. Die Funktionen nullten Grades in $\mathfrak{K}_x$ sind dann einfach die den Körper $\mathfrak{K}_x$ bildenden Funktionen, abgesehen von der identisch verschwindenden Funktion, die wieder für sich steht. Für funktionentheoretische Schlüsse ist die Tatsache wichtig, *daß jede Lösung einer Gleichung $f(z) = 0$ in $\mathfrak{K}_x$ eine algebraische Funktion der ursprünglichen Variablen x liefert.* Durch Elimination von y aus $f(z) = 0$ und der Gleichung (1) erhalten wir nämlich eine algebraische Relation zwischen z und x.

Es lassen sich nun zunächst die Entwicklungen von S. 29ff. auf die hier vorliegenden Funktionen $f(z)$ übertragen. Kann $f(z)$ als das Produkt $\chi_1(z) \cdot \chi_2(z)$ zweier Funktionen $\chi_1(z)$, $\chi_2(z)$ in $\mathfrak{K}_x$ dargestellt werden, so heißt jede dieser beiden Funktionen ein „*Teiler*" von $f(z)$. Einleuchtend ist dann wieder, daß jede nicht identisch verschwindende Funktion aus $\mathfrak{K}_x$ (d. h. jede Funktion nullten Grades in $\mathfrak{K}_x$) ein Teiler von $f(z)$ ist und ebenso jedes Produkt von $f(z)$ mit einer solchen Funktion aus $\mathfrak{K}_x$.

Aus zwei fest gegebenen Funktionen $f(z)$ und $g(z)$ in $\mathfrak{K}_x$, deren Grade n und $m > 0$ seien, bilden wir mittelst beliebiger Funktionen $\varphi(z)$, $\psi(z)$ in $\mathfrak{K}_x$ die Gesamtheit $\mathfrak{F}$ aller Funktionen:

$$f(z)\psi(z) + g(z)\varphi(z). \tag{3}$$

Aus der Körpereigenschaft der Koeffizienten unserer Funktionen geht dann wieder hervor, *daß das System $\mathfrak{F}$ die S. 29 unter* 1. *und* 2. *genannten Eigenschaften besitzt, wobei $\mathfrak{K}_x$ an Stelle von $\mathfrak{K}$ tritt.* Hieran schließt sich die Überlegung von S. 29ff., die zum „*größten gemeinsamen Teiler*" der beiden Funktionen $f(z)$ und $g(z)$:

$$\chi(z) = z^\nu + c_1 z^{\nu-1} + c_2 z^{\nu-2} + \cdots + c_\nu \tag{4}$$

hinführt. Dieser größte gemeinsame Teiler ist eine durch $f(z)$ und $g(z)$ eindeutig bestimmte Funktion in $\mathfrak{K}_x$, deren Grad $\nu \geqq 0$ ist und jedenfalls keinen der Grade n, m übertrifft. Die Funktion $\chi(z)$ gehört dem Systeme $\mathfrak{F}$ an, ist also darstellbar in der Gestalt:

(5) $$\chi(z) = f(z)\psi(z) + g(z)\varphi(z).$$

Ist der Grad $\nu = 0$ und also $\chi(z)$ mit 1 identisch, so heißen die Funktionen $f(z)$, $g(z)$ „*teilerfremd*": *Für zwei teilerfremde* $f(z)$, $g(z)$ *kann man zwei Funktionen* $\varphi(z)$, $\psi(z)$ *in* K_x *so bestimmen, daß die Gleichung:*

(6) $$f(z)\psi(z) + g(z)\varphi(z) = 1$$

identisch besteht. Auch umgekehrt ist unmittelbar einleuchtend, *daß die Funktionen* $f(z)$ *und* $g(z)$ *durch die Existenz einer identischen Gleichung* (6) *als teilerfremd charakterisiert sind.* Hätten nämlich $f(z)$ und $g(z)$ einen gemeinsamen Teiler eines Grades $\nu > 0$, so würde in (6) links das Produkt einer Funktion des Grades $\nu > 0$ mit einer Funktion in $\mathfrak{K}_x$ stehen, die wegen (6) nicht mit 0 identisch sein kann. Also würde in (6) links eine Funktion mindestens vom Grade $\nu > 0$ stehen, die nicht mit der Funktion nullten Grades 1 identisch ist.

Hieran schließen sich genau wieder die Überlegungen von S. 30 ff. Wir dürfen sogleich folgende Sätze notieren: *Sind* $f(z)$, $g(z)$ *und* $h(z)$ *Funktionen in* $\mathfrak{K}_x$, *von denen die beiden ersten teilerfremd sind, und ist* $g(z) \cdot h(z)$ *durch* $f(z)$ *teilbar, so ist* $f(z)$ *ein Teiler von* $h(z)$. Auf die Gleichung (6) bezieht sich der Satz: *Sind* $f(z)$ *und* $g(z)$ *teilerfremd, so gibt es ein und nur ein Paar, die Gleichung (6) identisch befriedigender Funktionen* $\varphi(z)$, $\psi(z)$, *deren Grade bzw.* $< n$ *und* $< m$ *sind.* Für eine beliebige Funktion $h(z)$ in $\mathfrak{K}_x$ gilt endlich der Satz: *Sind* $f(z)$ *und* $g(z)$ *teilerfremd, so kann man jede Funktion* $h(z)$ *in* $\mathfrak{K}_x$ *in der Gestalt:*

(7) $$h(z) = f(z)\psi(z) + g(z)\varphi(z)$$

mit zwei Funktionen $\varphi(z)$ *und* $\psi(z)$ *in* $\mathfrak{K}_x$ *darstellen, und zwar kann man die Funktionen* $\varphi(z)$ *und* $\psi(z)$ *in einer und nur einer Art so wählen, daß der Grad von* $\varphi(z)$ *kleiner als der Grad* n *von* $f(z)$ *ist.*

Die Funktion $f(z)$ heißt „*in* $\mathfrak{K}_x$ *reduzibel*", falls sie eine Funktion $\chi(z)$ in $\mathfrak{K}_x$ eines Grades, der > 0 und $< n$ ist, zum Teiler hat; existiert ein solcher Teiler nicht, so heißt $f(z)$ „*in* $\mathfrak{K}_x$ *irreduzibel*".[1]) Hieran schließen sich wie S. 31 ff. die folgenden Sätze:

Ist von den beiden Funktionen $f(z)$ *und* $g(z)$ *in* $\mathfrak{K}_x$ *die erste irreduzibel, so sind* $f(z)$ *und* $g(z)$ *entweder teilerfremd oder* $g(z)$ *hat* $f(z)$ *zum Teiler.*

Zwei irreduzibele Funktionen $f(z)$ *und* $g(z)$ *sind entweder teilerfremd oder bis auf einen Faktor, der eine Funktion aus* $\mathfrak{K}_x$ *ist, identisch.*

---

1) Der Zusatz „in $\mathfrak{K}_x$" wird wieder, falls er selbstverständlich ist, gewöhnlich fortgelassen.

Eine irreduzibele Funktion $f(z)$ ist stets teilerfremd zur Funktion $f'(z)$, die man durch partielle Differentiation nach z aus ihr erzielt.

Jede Funktion $f(z)$ in $\mathfrak{K}_x$ ist nur auf eine Art als Produkt irreduzibeler Funktionen darstellbar, abgesehen davon, daß jede irreduzibele Funktion noch um eine nicht identisch verschwindende Funktion aus $\mathfrak{K}_x$ als Faktor geändert werden kann.

§ 2. Algebraische Funktionen in bezug auf einen Körper $\mathfrak{K}_x$.

Die Gleichung n^{ten} Grades $f(z) = 0$ in $\mathfrak{K}_x$, die wir durch Nullsetzen einer Funktion n^{ten} Grades in $\mathfrak{K}_x$ gewinnen, heißt „*in $\mathfrak{K}_x$ reduzibel*" oder „*irreduzibel*", je nachdem $f(z)$ reduzibel oder irreduzibel ist. Eine Lösung oder Wurzel $z = \theta(x)$ der Gleichung $f(z) = 0$ ist nach S. 65 eine „algebraische Funktion" von x; genauer ist sie als eine mehrdeutige Funktion der Stelle der Riemannschen Fläche $\mathbf{F}_l$ zu denken und werde als eine „*in bezug auf den Körper $\mathfrak{K}_x$ algebraische Funktion*" bezeichnet. Ist $f(z) = 0$ reduzibel, so muß für $z = \theta(x)$ mindestens einer der irreduzibelen Faktoren von $f(z)$ identisch verschwinden, so daß jede in bezug auf $\mathfrak{K}_x$ algebraische Funktion sicher mindestens einer irreduzibelen Gleichung in $\mathfrak{K}_x$ genügt.

Es gilt nun zunächst der Satz: *Haben die beiden Gleichungen $f(z) = 0$ und $g(z) = 0$, von denen die erste irreduzibel ist, eine gemeinsame Wurzel $z = \theta(x)$, so ist $f(z)$ ein Teiler von $g(z)$.* Wäre dies nämlich nicht der Fall, so müßten, da $f(z)$ irreduzibel ist, $f(z)$ und $g(z)$ teilerfremd sein Also gäbe es zwei Funktionen $\varphi(z)$ und $\psi(z)$ in $\mathfrak{K}_x$, die mit $f(z)$ und $g(z)$ die Relation (6) S. 56 identisch befriedigen. Wählen wir aber irgendeine Stelle x_0 auf $\mathbf{F}_l$, für welche alle Koeffizienten unserer Funktionen endliche Werte haben, so ist sicher:

$$f(\theta(x_0))\psi(\theta(x_0)) + g(\theta(x_0))\varphi(\theta(x_0)) = 0,$$

da $\varphi(\theta(x_0))$, $\psi(\theta(x_0))$ nicht unendlich sind und $f(\theta(x_0))$, $g(\theta(x_0))$ verschwinden. Dies widerspricht aber der identischen Relation (6) S. 66, so daß der Satz richtig ist.

Als einfache Folgerungen ergeben sich die Sätze: *Zwei irreduzibele Gleichungen in $\mathfrak{K}_x$ haben entweder keine gemeinsame Wurzel oder ihre linken Seiten sind, abgesehen von einem Faktor, der eine Funktion in $\mathfrak{K}_x$ ist, identisch. Eine in bezug auf den Körper $\mathfrak{K}_x$ algebraische Funktion $z = \theta(x)$ genügt im wesentlichen nur einer einzigen irreduzibelen Gleichung in $\mathfrak{K}_x$.* Der Ausdruck „im wesentlichen" bezieht sich darauf, daß die linke Seite der Gleichung noch mit einer Funktion aus $\mathfrak{K}_x$ als Faktor versehen werden kann. Weiter besteht der Satz: *Ist $z = \theta(x)$ eine Wurzel der irreduzibelen Gleichung $f(z) = 0$, so kann $f'(\theta(x))$ nicht identisch verschwinden.*

Ist n der Grad der irreduzibelen Gleichung für $z = \theta(x)$, so nennen wir $\theta(x)$ eine in bezug auf $\mathfrak{K}_x$ algebraische Funktion *„vom n^{ten} Grade"*. Für $n = 1$ haben wir in $\theta(x)$ natürlich eine Funktion aus $\mathfrak{K}_x$. Ist $n > 1$, so gehört $\theta(x)$ dem Körper $\mathfrak{K}_x$ nicht an, so daß wir durch *Adjunktion* von $\theta = \theta(x)$ zu $\mathfrak{K}_x$ einen durch $(\mathfrak{K}_x, \theta)$ zu bezeichnenden erweiterten Funktionenkörper erhalten. Dieser Körper besteht aus allen in der Gestalt:

$$(1) \qquad \zeta(x) = \frac{h(\theta(x))}{g(\theta(x))} \quad \text{oder kurz} \quad \zeta = \frac{h(\theta)}{g(\theta)}$$

darstellbaren Funktionen, wo $g(x)$ und $h(x)$ Funktionen in $\mathfrak{K}_x$ sind, von denen die erste für $\theta(x)$ nicht identisch verschwinden und also $f(z)$ nicht als Faktor haben darf. Da hiernach $f(z)$ und $g(z)$ teilerfremd sind, so können wir nach (7) S. 66 die im Zähler von ζ stehende Funktion $h(z)$ in der Gestalt:

$$(2) \qquad h(z) = f(z)\psi(z) + g(z)\varphi(z)$$

darstellen, wo $\varphi(z)$ und $\psi(z)$ Funktionen in $\mathfrak{K}_x$ sind und der Grad von $\varphi(z)$ kleiner als n ist. Schreiben wir demnach:

$$(3) \qquad \varphi(z) = c_0 + c_1 z + c_2 z^2 + \cdots + c_{n-1} z^{n-1},$$

so ergibt sich durch Eintragen von $\theta(x)$ für z in (2) und (3) der Satz: *Jede Funktion $\zeta = \zeta(x)$ des erweiterten Körpers $(\mathfrak{K}_x, \theta)$ ist in der Gestalt:*

$$(4) \qquad \zeta = c_0 + c_1\theta + c_2\theta^2 + \cdots + c_{n-1}\theta^{n-1}$$

darstellbar, wo die c Funktionen aus $\mathfrak{K}_x$ sind; zugleich ist diese Darstellung für die einzelne Funktion $\zeta(x)$ eindeutig bestimmt. Der letzte Teil des Satzes folgt genau wie S. 34 aus der Irreduzibilität von $f(z)$.

Man kann diesen Satz auch auf die Gleichung (1) S. 64 und damit auf die Darstellung der algebraischen Funktionen $R(x, y)$ des Körpers $\mathfrak{K}_x$ anwenden. Jene Gleichung ist irreduzibel im Körper $(\mathfrak{K}, x)$ der rationalen Funktionen von x mit Koeffizienten aus $\mathfrak{K}$.[1] Für die Funktionen $R(x,y)$ des Körpers $\mathfrak{K}_x$ ergibt sich demnach je eine eindeutig bestimmte Darstellung:

$$(5) \qquad R(x, y) = c_0' + c_1' y + c_2' y^2 + \cdots + c_{l-1}' y^{l-1},$$

wo die c' dem Körper $(\mathfrak{K}, x)$ angehören und also rationale Funktionen von x mit Koeffizienten aus $\mathfrak{K}$ sind.

§ 3. Gleichzeitige Adjunktion mehrerer algebraischer Funktionen.

Von grundsätzlicher Bedeutung ist auch hier die Tatsache, *daß man die gleichzeitige Adjunktion einer beliebigen Anzahl algebraischer Funktionen $\theta_1(x), \theta_2(x), \ldots, \theta_m(x)$ zu $\mathfrak{K}_x$ durch die Adjunktion einer einzigen Funktion $\eta(x)$ ersetzen kann.* Der Beweis dieses Satzes kann wieder durch die

1) Sie ist nach I, 79 sogar irreduzibel im Körper aller rationalen Funktionen von x mit beliebigen konstanten Koeffizienten.

Überlegungen von S. 35ff. geführt werden, nur sind ein paar Änderungen dadurch bedingt, daß wir hier mit Funktionen und nicht mit Zahlen zu tun haben.

Wir gehen schrittweise vor, bezeichnen zunächst die Funktion $\theta_1(x)$ kurz durch $\theta(x)$ und stellen nach (4) und (5) § 2 die Funktionen ζ des Körpers $(\mathfrak{K}_x, \theta)$ in der Gestalt:

$$(1) \quad \zeta = \sum_{\lambda, \nu} c_{\lambda\nu} y^{\lambda} \theta^{\nu}, \qquad \lambda = 0, 1, \ldots, l-1, \quad \nu = 0, 1, \ldots, n-1$$

dar, wo die $c_{\lambda\nu}$ Funktionen des soeben mit $(\mathfrak{K}, x)$ bezeichneten Körpers der rationalen Funktionen von x mit Koeffizienten aus $\mathfrak{K}$ sind. Die Funktion $\theta(x)$ war zunächst eine mehrdeutige Funktion auf der Riemannschen Fläche F_l. Sie ist aber auch direkt in bezug auf $(\mathfrak{K}, x)$ algebraisch und möge als solche der in $(\mathfrak{K}, x)$ irreduzibelen Gleichung:

$$(2) \qquad \theta^m + R_1'(x)\theta^{m-1} + R_2'(x)\theta^{m-2} + \cdots + R_m'(x) = 0$$

genügen, die wir der Gleichung (1) S. 64 für y anreihen.

Wir setzen nun:

$$(3) \qquad y_1(x) = \alpha y(x) + \beta\theta(x) \quad \text{oder kurz} \quad y_1 = \alpha y + \beta\theta,$$

wo α, β als rationale ganze Zahlen in folgender Art bestimmt werden sollen: Da keine zwei Lösungen $y(x), y'(x), \ldots, y^{(l-1)}(x)$ der Gleichung (1) S. 64 identisch sind und ebenfalls keine zwei Lösungen $\theta(x), \theta'(x), \ldots, \theta^{(m-1)}(x)$ von (2), so können wir ein Argument x_0 so wählen, daß die l Zahlen $y(x_0), y'(x_0), \ldots$ durchweg verschieden sind und ebenso die m Zahlen $\theta(x_0), \theta'(x_0), \ldots$. Wir bilden die $l \cdot m$ Kombinationen:

$$(4) \quad \alpha y^{(\lambda)}(x) + \beta\theta^{(\mu)}(x), \qquad \lambda = 0, 1, \ldots, l-1, \quad \mu = 0, 1, \ldots, m-1$$

und erhalten auf diese Weise $l \cdot m$ Funktionen, die wir in irgendeiner Reihenfolge $y_1, y_1', y_1'', \ldots, y_1^{(lm-1)}$ nennen. Wegen der Verschiedenheit der Zahlen $y^{(\lambda)}(x_0)$ und derjenigen der $\theta^{(\mu)}(x_0)$ können wir nach einer oben wiederholt ausgeübten Überlegung die α, β als rationale ganze Zahlen so bestimmen, daß die *$l \cdot m$ Zahlen* $y_1(x_0), y_1'(x_0), \ldots, y_1^{(lm-1)}(x_0)$ durchweg verschieden sind. Daraus folgt dann, daß von den *lm Funktionen* (4) keine zwei identisch sein können.

Hieran schließt sich nun die Wiederholung der Überlegung, die wir oben (S. 36) mit der Gleichung (7) begonnen hatten. Wir finden, daß die lm Funktionen $y_1, y_1', \ldots, y_1^{(lm-1)}$ die Wurzeln einer Gleichung $F(z) = 0$ im Körper $(\mathfrak{K}, x)$ vom Grade lm sind. Diese Gleichung braucht in $(\mathfrak{K}, x)$ nicht irreduzibel zu sein; aber es verschwindet wegen der Verschiedenheit der $y_1, y_1', \ldots$ sicher $F'(y_1)$ nicht identisch, was für die weitere Überlegung ausreichend ist. Durch Übertragung der an (9) S. 37 angeschlossenen Überlegung finden wir, daß der Körper $(\mathfrak{K}_x, \theta) = (\mathfrak{K}, x, y, \theta)$ auch als Körper $(\mathfrak{K}, x, y_1)$, der durch $\mathfrak{K}_x^{(1)}$ bezeichnet werde, durch Adjunktion der einzigen Funktion y_1 zu $(\mathfrak{K}, x)$ an der Stelle der beiden y, θ gewinnbar ist.

Wir setzen jetzt genauer $\theta_1(x)$ für die Funktion $\theta(x)$ ein und halten an der Bezeichnung $(\mathfrak{K}_x, \theta_1) = \mathfrak{K}_x^{(1)}$ fest. Wesentlich ist, daß der so erhaltene Körper $\mathfrak{K}_x^{(1)}$ wieder ein Körper derselben Art wie $\mathfrak{K}_x$ ist. Die Funktionen des Körpers $(\mathfrak{K}_x^{(1)}, \theta_2) = (\mathfrak{K}_x, \theta_1, \theta_2)$ lassen sich demnach in der Gestalt:

$$(5)\quad \sum_{\nu=0}^{n_2-1} c_\nu^{(1)} \theta_2^\nu = \sum_{\lambda,\mu} c_{\lambda\mu} \theta_1^\lambda \theta_2^\mu, \qquad \lambda = 0, 1, \ldots, n_1 - 1, \quad \mu = 0, 1, \ldots, n_2 - 1$$

darstellen, wo die $c_\nu^{(1)}$ Funktionen aus $\mathfrak{K}_x^{(1)}$ und die $c_{\lambda\mu}$ solche aus $\mathfrak{K}_x$ sind, und n_1, n_2 die Grade von $\theta_1(x)$, $\theta_2(x)$ bedeuten. Die Darstellungen (4) sind freilich nicht mehr notwendig eindeutig bestimmt[1]); doch wird dadurch die weitere Schlußweise nicht beeinflußt. Der Körper $(\mathfrak{K}_x^{(1)}, \theta_2)$ kann dann wieder als ein Körper $\mathfrak{K}_x^{(2)}$ von der Art des Körpers $\mathfrak{K}_x$ durch Adjunktion einer einzigen Funktion y_2 zu $(\mathfrak{K}, x)$ gewonnen werden.

Um das Ergebnis möglichst dem Satze von S. 35 anzupassen, entnehmen wir aus der vorstehenden Betrachtung die Tatsache, daß die bei den weiteren Adjunktionen eintretenden Körper $(\mathfrak{K}_x, \theta_1, \theta_2, \theta_3), \ldots$ stets wieder als Körper $\mathfrak{K}_x^{(3)}, \ldots$ von der Art des Körpers $\mathfrak{K}_x$ bei der Fortsetzung der Betrachtung zugrunde gelegt werden können. Wir gelangen so für die Funktionen des Körpers $(\mathfrak{K}_x, \theta_1, \theta_2, \ldots, \theta_m)$ zu Darstellungen der Gestalt:

$$(6)\quad \sum_{\lambda,\mu,\nu,\ldots} c_{\lambda\mu\nu\ldots} \theta_1^\lambda \theta_2^\mu \theta_3^\nu \ldots, \qquad \lambda = 0, 1, \ldots, n_1 - 1, \quad \mu = 0, 1, \ldots, n_2 - 1, \ldots,$$

die für die einzelnen Funktionen natürlich wieder nicht notwendig eindeutig bestimmt sind. Die Zahlen $n_1, n_2, \ldots$ sind die Grade der irreduzibelen Gleichungen $f_1(z) = 0, f_2(z) = 0, \ldots$, denen die Funktionen $\theta_1(x)$, $\theta_2(x), \ldots$ genügen. Diese Gleichungen brauchen natürlich, wenn wir auch die m Funktionen $\theta_1(x), \theta_2(x), \ldots$ als durchweg verschieden voraussetzen, keineswegs alle voneinander verschieden zu sein.

Die Überlegungen von S. 36 ff. zum Beweise des am Anfang des Paragraphen aufgestellten Satzes wiederholen sich nun genau wie dort, wobei nur der Schluß auf die Verschiedenheit der $N = n_1 \cdot n_2 \ldots n_m$ Funktionen $\eta(x), \eta'(x), \ldots, \eta^{(N-1)}(x)$ einer funktionentheoretischen Betrachtung bedarf, bei der man von einer geeigneten speziellen Stelle der Riemannschen Fläche $\mathbf{F}_l$ auszugehen hat. Wir gelangen zu dem Ergebnis: *Der durch Adjunktion von m in bezug auf $\mathfrak{K}_x$ algebraischen Funktionen $\theta_1(x)$, $\theta_2(x), \ldots, \theta_m(x)$ zu $\mathfrak{K}_x$ zu gewinnende Funktionenkörper $(\mathfrak{K}_x, \theta_1, \theta_2, \ldots, \theta_m)$*

1) Die für θ_2 vorgelegte in $\mathfrak{K}_x$ irreduzibele Gleichung des Grades n_2 kann nämlich im Körper $\mathfrak{K}_x^{(1)}$ reduzibel sein.

kann auch durch Adjunktion einer einzigen in bezug auf $\mathfrak{K}_x$ algebraischen Funktion $\eta(x)$, die in der Gestalt:

$$\eta(x) = \gamma_1\theta_1(x) + \gamma_2\theta_2(x) + \cdots + \gamma_m\theta_m(x) \tag{7}$$

mittelst rationaler ganzer Zahlen γ darstellbar ist, zu $\mathfrak{K}_x$ gewonnen werden.

§ 4. Konjugierte Körper. Primitive und imprimitive Funktionen.

In den folgenden vier Paragraphen übertragen wir die Entwicklungen von S. 38ff. auf unsere jetzt vorliegenden Gleichungen mit variablen Koeffizienten. Die Beweise gestalten sich wie oben: sie dürfen demnach zumeist übergangen werden.

Es sei wieder $f(z) = 0$ eine irreduzibele Gleichung in $\mathfrak{K}_x$ vom n^{ten} Grade, deren n Lösungen wir jetzt durch $\theta(x) = \theta_1(x), \theta_2(x), \ldots, \theta_n(x)$ bezeichnen. Die $\theta = \theta_1, \theta_2, \ldots, \theta_n$ heißen n *„konjugierte"* in bezug auf $\mathfrak{K}_x$ algebraische Funktionen, und entsprechend werden die n Funktionenkörper $(\mathfrak{K}_x, \theta) = (\mathfrak{K}_x, \theta_1), (\mathfrak{K}_x, \theta_2), \ldots, (\mathfrak{K}_x, \theta_n)$ als n *„konjugierte"* in bezug auf $\mathfrak{K}_x$ algebraische Körper n^{ten} Grades bezeichnet. Irgendeine Funktion $\zeta = \zeta(x)$ des Körpers $(\mathfrak{K}_x, \theta)$ ist nach (4) S. 68 in der Gestalt:

$$\zeta = c_0 + c_1\theta + c_2\theta^2 + \cdots + c_{n-1}\theta^{n-1} \tag{1}$$

darstellbar, unter $c_0, c_1, \ldots, c_{n-1}$ Funktionen aus $\mathfrak{K}_x$ verstanden. Ersetzen wir in (1) rechts $\theta = \theta_1$ durch $\theta_2, \theta_3, \ldots, \theta_n$, so erhalten wir die mit $\zeta = \zeta_1(x)$ „konjugierten Funktionen" $\zeta_2(x), \zeta_3(x), \ldots, \zeta_n(x)$. Wie S. 38 beweist man, daß $\zeta(x) = \zeta_1(x), \zeta_2(x), \ldots, \zeta_n(x)$ die Wurzeln einer Gleichung n^{ten} Grades in $\mathfrak{K}_x$:

$$g(w) = w^n + b_1 w^{n-1} + b_2 w^{n-2} + \cdots + b_n = 0 \tag{2}$$

sind, die aus der Gleichung $f(z) = 0$ als *„Tschirnhausenresolvente"* mittelst der Transformation gewonnen wird:

$$w = c_0 + c_1 z + c_2 z^2 + \cdots + c_{n-1} z^{n-1}. \tag{3}$$

Die Frage der Reduzibilität der Gleichung (2) führt zu der Überlegung von S. 39 zurück. Wir haben den Satz: *Die linke Seite $g(w)$ der Tschirnhausenresolvente (2) ist die μ^{te} Potenz einer irreduzibelen Funktion ν^{ten} Grades in $\mathfrak{K}_x$, wobei $\mu \cdot \nu = n$ zutrifft; die n konjugierten Funktionen $\zeta_1, \zeta_2, \ldots, \zeta_n$ sind zu je μ einander gleich und liefern ν verschiedene Funktionen.* Ist $\mu = 1$, so ist die Gleichung (2) irreduzibel, und die n konjugierten Funktionen $\zeta_1, \zeta_2, \ldots, \zeta_n$, die in diesem Falle durchweg verschieden sind, heißen *„primitive"* Funktionen des Körpers $(\mathfrak{K}_x, \theta)$. Für $m > 1$ werden die ζ *„imprimitive"* Funktionen des fraglichen Körpers genannt.

Es gilt der Satz: *In jedem in bezug auf $\mathfrak{K}_x$ algebraischen Körper n^{ten} Grades $(\mathfrak{K}_x, \theta)$ gibt es unendlich viele primitive Funktionen.* Man kann nämlich bereits auf unendlich viele Arten ein System rationaler ganzer Zahlen $\gamma_0, \gamma_1, \gamma_2, \ldots, \gamma_{n-1}$ so wählen, daß die n mit

$$(4) \qquad \zeta = \gamma_0 + \gamma_1\theta + \gamma_2\theta^2 + \cdots + \gamma_{n-1}\theta^{n-1}$$

konjugierten Funktionen durchweg verschieden sind. Hierzu ist hinreichend, daß die n mit (4) konjugierten Funktionen an irgendeiner speziellen Stelle x_0 der Riemannschen Fläche F_l durchweg verschiedene numerische Werte annehmen. Dies aber ist durch unendlich viele Auswahlen von Zahlen γ erreichbar, wenn nur, was keine Schwierigkeit hat, die Stelle x_0 etwa so gewählt ist, daß die Zahlen $\theta_1(x_0), \theta_2(x_0), \ldots, \theta_n(x_0)$ durchweg verschieden sind.

Genau wie S. 40 gestaltet sich der Beweis des Satzes: *Durch Adjunktion irgendeiner „primitiven" Funktion ζ von $(\mathfrak{K}_x, \theta)$ zum Körper $\mathfrak{K}_x$ ergibt sich stets der gesamte Körper $(\mathfrak{K}_x, \theta)$ wieder, während für eine „imprimitive" Funktion ζ der Körper $(\mathfrak{K}_x, \zeta)$ den Körper $(\mathfrak{K}_x, \theta)$ noch nicht erschöpft.*

§ 5. Galoissche Körper und Galoissche Resolventen.

Entsprechend den Entwicklungen von S. 41 haben wir nun folgende Erklärung aufzustellen: *Der Funktionenkörper $(\mathfrak{K}_x, \theta)$ heißt ein „Galoisscher" Körper oder „Normalkörper", falls er mit seinen sämtlichen konjugierten Körpern gleich ist.* Notwendig und hinreichend hierfür ist, daß jede der Funktionen $\theta_2(x), \theta_3(x), \ldots, \theta_n(x)$ im Körper $(\mathfrak{K}_x, \theta_1) = (\mathfrak{K}_x, \theta)$ enthalten ist, d. h. daß $(n-1)$ Gleichungen gelten:

$$(1) \quad \theta_k = c_{k0} + c_{k1}\theta + c_{k2}\theta^2 + \cdots + c_{k,n-1}\theta^{n-1}, \qquad k = 2, 3, \ldots, n,$$

wo die c Funktionen aus $\mathfrak{K}_x$ sind. Es ist dann in entsprechender Weise jede Funktion $\theta_k(x)$ in jeder $\theta_i(x)$ darstellbar. Einleuchtend ist, daß ein Normalkörper mit jeder seiner Funktionen $\zeta(x)$ alle ihr konjugierten Funktionen $\zeta_1(x) = \zeta(x), \zeta_2(x), \ldots, \zeta_n(x)$ enthält.

Wie oben besteht auch hier der Satz: *Ist $(\mathfrak{K}_x, \theta)$ ein beliebiger in bezug auf $\mathfrak{K}_x$ algebraischer Körper n^{ten} Grades, und sind $\theta_1(x) = \theta(x)$, $\theta_2(x), \ldots, \theta_n(x)$ die mit $\theta(x)$ konjugierten Funktionen, so ist der Körper $(\mathfrak{K}_x, \theta_1, \theta_2, \ldots, \theta_n)$ der „kleinste" Galoissche oder Normalkörper, der $(\mathfrak{K}_x, \theta)$ in sich enthält.* Der Beweis wird durch Wiederholung der Betrachtung von S. 42 geführt.

Ist $(\mathfrak{K}_x, \theta_1, \theta_2, \ldots, \theta_n)$ in bezug auf $\mathfrak{K}_x$ ein algebraischer Körper m^{ten} Grades, so genügt irgendeine primitive Funktion $\eta(x)$ dieses Körpers einer irreduzibelen Gleichung m^{ten} Grades in $\mathfrak{K}_x$:

$$(2) \qquad F(Z) = 0,$$

die wir als *eine „Galoissche Resolvente" der Gleichung $f(z) = 0$* bezeichnen oder auch, für sich betrachtet, eine *„Normalgleichung"* nennen. Eine Normalgleichung ist durch die Eigenschaft charakterisiert, *daß sie in* $\mathfrak{K}_x$ *irreduzibel ist, und daß jede ihrer Lösungen* $\eta_i(x)$ *in einer beliebigen unter ihnen* $\eta_k(x)$ *in der Gestalt:*

$$\eta_i = c_{i0}^{(k)} + c_{i1}^{(k)}\eta_k + c_{i2}^{(k)}\eta_k^2 + \cdots + c_{i,n-1}^{(k)}\eta_k^{n-1} \tag{3}$$

mit Funktionen c aus $\mathfrak{K}_x$ *darstellbar ist.* Eine Normalgleichung ist stets selbst eine ihrer Galoisschen Resolventen.

§ 6. Galoissche Gruppe einer Gleichung $f(z) = 0$.

Wie eben bedeute $\eta(x)$ eine bestimmt gewählte primitive Funktion des Galoisschen Körpers $(\mathfrak{K}_x, \theta_1, \theta_2, \ldots, \theta_n)$, die der irreduzibelen Gleichung (2) § 5 genüge. Wir gewinnen dann alle Funktionen des Körpers $(\mathfrak{K}_x, \theta_1, \theta_2, \ldots, \theta_n) = (\mathfrak{K}_x, \eta)$ in der Gestalt:

$$\zeta = c_0 + c_1\eta + c_2\eta^2 + \cdots + c_{m-1}\eta^{m-1} \tag{1}$$

und zwar jede Funktion nur einmal, wenn wir hier für die $c_0, c_1, \ldots, c_{m-1}$ alle möglichen Systeme von Funktionen aus $\mathfrak{K}_x$ eintragen. Statt η können wir aber auch jede mit $\eta(x)$ konjugierte Funktion $\eta_k(x)$ benutzen, d. h. wir gewinnen auch durch den Ansatz:

$$\zeta_k = c_0 + c_1\eta_k + c_2\eta_k^2 + \cdots + c_{m-1}\eta_k^{m-1} \tag{2}$$

jede Funktion von $(\mathfrak{K}_x, \eta)$ und jede nur einmal.

Ersetzen wir nun η durch η_k, so geht entsprechend ζ in ζ_k über, und wir erhalten einen umkehrbar eindeutigen Ersatz jeder Funktion aus $(\mathfrak{K}_x, \eta)$ durch eine bestimmte mit ihr konjugierte Funktion aus $(\mathfrak{K}_x, \eta)$. Wir nennen diesen Ersatz wie oben eine „*Transformation des Galoisschen Körpers in sich*". Nehmen wir der Reihe nach η_k gleich $\eta_1, \eta_2, \ldots, \eta_m$, so erhalten wir m verschiedene Transformationen des Galoisschen Körpers in sich, die wir symbolisch durch $S_0 = 1, S_1, S_2, \ldots, S_{m-1}$ bezeichnen; sie haben für jedes System von konjugierten Funktionen *m Permutationen* zur Folge, die wir gleichfalls durch die Symbole S_k bezeichnen.

Für das System dieser m Transformationen gelten nun wieder alle Ausführungen von S. 44ff. mit denjenigen Abänderungen der Begründungen, welche auf dem Umstande beruhen, daß wir hier mit Funktionenkörpern zu tun haben. Es besteht insbesondere der Satz: *Wenn die m Permutationen auch nicht für jedes System konjugierter imprimitiver Funktionen von* $(\mathfrak{K}_x, \eta)$ *durchgängig verschieden sind, so sind sie doch sicher durchgängig verschieden für die n Lösungen* $\theta_1(x), \theta_2(x), \ldots, \theta_n(x)$ *der ursprünglich vorgelegten irreduzibelen Gleichung* $f(z) = 0$.

Die Gruppeneigenschaft der m Transformationen folgt wie S. 45: *Die m Transformationen* $S_0 = 1, S_1, S_2, \ldots, S_{m-1}$ *des Galoisschen Körpers* $(\mathfrak{K}_x, \eta)$ *in sich bilden eine endliche Gruppe* G_m *der Ordnung m, die in ihrer Gestalt als Permutationsgruppe der m konjugierten Funktionen* η *die*

„Galoissche Gruppe" der Normalgleichung $F(Z) = 0$ *heißt, in ihrer Gestalt als Permutationsgruppe der* θ *aber „die Galoissche Gruppe" der Gleichung* $f(z) = 0$. Die Galoissche Gruppe G_m der *irreduzibelen* Gleichung $f(z) = 0$ ist *transitiv*. Die Galoissche Gruppe einer Normalgleichung m^{ten} Grades ist eine G_m der Ordnung m und des Grades m, die *einfach* transitiv ist.

Die Eigenschaften der G_m, die auf der Irreduzibilität der Gleichungen beruhen, gestalten sich gleichfalls wie oben. Es seien:

$$(3) \qquad R_1(z) = \frac{h_1(z)}{g_1(z)}, \qquad R_2(z) = \frac{h_2(z)}{g_2(z)}$$

Quotienten von „Funktionen in $\mathfrak{K}_x$", deren Nenner nicht durch $F(z)$ teilbar seien. Dann sind $g_1(\eta_k(x))$ und $g_2(\eta_k(x))$ für jedes $\eta_k(x)$ Funktionen aus $(\mathfrak{K}_x, \eta)$, die nicht identisch verschwinden. Damit die beiden in $(\mathfrak{K}_x, \eta)$ enthaltenen Funktionen $R_1(\eta(x))$ und $R_2(\eta(x))$ identisch sind, ist hinreichend und notwendig, daß die Gleichung:

$$(4) \qquad h_1(z)g_2(z) - h_2(z)g_1(z) = 0$$

die Lösung $z = \eta(x)$ hat. Nach S. 67 hat sie dann aber jede Funktion $\eta_k(x)$ als Lösung, *so daß die Gleichung* $R_1(\eta_k(x)) = R_2(\eta_k(x))$ *für jedes* $\eta_k(x)$ *identisch besteht, sobald sie für eine der* m *Funktionen* $\eta(x)$ *zutrifft.*

Die Übertragung dieses Satzes auf die Galoissche Gruppe der Gleichung $f(z) = 0$ ergibt wie oben (S. 47) den Satz: *Jede rationale „Gleichung in* $\mathfrak{K}_x$*", die für die Funktionen* $\theta_1(x), \theta_2(x), \ldots, \theta_n(x)$ *identisch besteht, bleibt eine identisch gültige Gleichung, falls man die* $\theta_1, \theta_2, \ldots, \theta_n$ *irgendeiner Permutation der Galoisschen Gruppe unterwirft.* Berücksichtigt man noch, daß eine Funktion des Körpers $(\mathfrak{K}_x, \theta_1, \theta_2, \ldots, \theta_n)$ durch die Permutation der G_m in ihre „konjugierten" Funktionen übergeführt wird, so folgt der Satz: *Ein rationaler Ausdruck* $R(\theta_1, \theta_2, \ldots, \theta_n)$ *mit Koeffizienten aus* $\mathfrak{K}_x$*, der bei allen Permutationen der* G_m *mit sich selbst als Funktion auf der Fläche* F_l *identisch bleibt, ist eine Funktion aus* $\mathfrak{K}_x$.

Als Umkehrung des vorletzten Satzes haben wir noch den folgenden Satz zu nennen: *Eine Permutation der* $\theta_1, \theta_2, \ldots, \theta_n$*, die „jede" zwischen diesen Funktionen identisch gültige „Gleichung in* $\mathfrak{K}_x$*" wieder in eine ebensolche Gleichung überführt, gehört der Galoisschen Gruppe* G_m *an; diese* G_m *kann demnach als Gruppe aller Permutationen der* θ *erklärt werden, bei denen „alle" zwischen den* $\theta_1(x), \theta_2(x), \ldots, \theta_n(x)$ *identisch bestehenden Gleichungen in* $\mathfrak{K}_x$ *wieder in solche übergehen.* Man führt den Beweis genau wie S. 47ff. mit einer besonders gewählten Funktion $\eta(x)$ der Gestalt (3) S. 47. Die Auswahl der ganzzahligen Koeffizienten γ kann wieder so getroffen werden, daß von den $n!$ Funktionen, die bei allen $n!$ Permutationen der θ aus η hervorgehen, keine zwei identisch sind.

§ 7. Auflösung einer algebraischen Gleichung $f(z) = 0$.

Es sei G_μ irgendeine Untergruppe der Galoisschen Gruppe G_m unserer irreduzibelen Gleichung $f(z) = 0$. Eine Funktion $\zeta(x)$ des Galoisschen Körpers $(\mathfrak{K}_x, \theta_1, \theta_2, \ldots, \theta_n)$, die bei den Permutationen der G_μ und nur bei diesen in sich übergeführt wird, nennen wir *„eine zur G_μ gehörende Funktion“* und sagen auch umgekehrt, *die Gruppe G_μ gehöre zu $\zeta(x)$*. Es besteht der Satz: *Zu irgendeiner Untergruppe G_μ von G_m gibt es unendlich viele zugehörige Funktionen; ist $\zeta(x)$ eine unter ihnen, so ist jede Funktion des Galoisschen Körpers, die durch die Permutationen der G_μ in sich übergeführt wird, im Körper $(\mathfrak{K}_x, \zeta)$ enthalten.* Der Beweis überträgt sich von S. 50ff. ohne weiteres, wenn nur überall an Stelle des Wortes „Zahl“ das Wort „Funktion“ gesetzt wird und die „Identität“ der Funktionen an Stelle der „Gleichheit“ der Zahlen tritt.

Irgendeine Funktion $\zeta(x)$ des Galoisschen Körpers nennen wir auch hier eine *„natürliche Irrationalität“* der Gleichung $f(z) = 0$. Die Gleichung in $\mathfrak{K}_x$, der ζ genügt, heißt wie oben eine *„rationale Resolvente“* der gegebenen Gleichung $f(z) = 0$. Die Entwicklungen von S. 52ff. übertragen sich auf die vorliegenden Verhältnisse mit den eben genannten formalen Abänderungen, wobei insbesondere alle gruppentheoretischen Überlegungen unberührt bleiben. Als Hauptsatz gilt der folgende: *Ist G_l eine ausgezeichnete Untergruppe der Galoisschen Gruppe G_m, so genügt eine zur G_l gehörende Funktion $\bar{\eta}$ einer in $\mathfrak{K}_x$ irreduzibelen Gleichung des Grades $\bar{m} = \frac{m}{l}$, deren Galoissche Gruppe die Quotientengruppe G_m/G_l ist; nach Adjunktion von $\bar{\eta}$ zu $\mathfrak{K}_x$ wird die Galoissche Resolvente $F(Z) = 0$ im Körper $\bar{\mathfrak{K}}_x = (\mathfrak{K}_x, \bar{\eta})$ reduzibel und liefert nach Zerlegung $\bar{m}$ in $\bar{\mathfrak{K}}_x$ irreduzibele Gleichungen l^{ten} Grades, die wieder Normalgleichungen sind, und für deren einzelne G_l die Galoissche Gruppe ist.*

Der Prozeß der *„vollständigen Auflösung“* der Gleichung $f(z) = 0$ oder, was auf dasselbe hinausläuft, die *Berechnung „einer“ Lösung der Galoisschen Resolvente $F(Z) = 0$* gestaltet sich nun genau so wie für die Gleichungen des vorigen Teiles. *Wir haben eine Kette von Hilfsgleichungen, die „Normalgleichungen“ mit „einfacher Galoisscher Gruppe“ sind, zu lösen und erreichen nach der einzelnen Lösung eine Erniedrigung der Ordnung der jeweils vorliegenden Galoisschen Gruppe unter entsprechender Zerfällung der bis dahin erreichten Galoisschen Resolvente.* Insbesondere sind wieder die Kennzeichen für die *„algebraische Lösbarkeit“* der Gleichung $f(z) = 0$ nach der oben (S. 64) angegebenen Regel aus der Struktur der Galoisschen Gruppe G_m zu entnehmen.

§ 8. Monodromiegruppe einer Gleichung $f(z) = 0$.

Die bei der Lösung einer Gleichung $f(z) = 0$ nach und nach zu adjungierenden natürlichen Irrationalitäten sind Funktionen des Körpers $(\mathfrak{K}_x, \theta_1, \theta_2, \ldots, \theta_n)$. Es ist nicht ausgeschlossen, daß hierbei auch Funktionen auftreten, die bereits in x und der ursprünglich vorgelegten algebraischen Funktion y von x *rational* sind. Solche zu adjungierende Funktionen werden dann freilich nicht schon im Körper $\mathfrak{K}_x$ enthalten sein, d. h. im rationalen Ausdruck $R(x, y)$ dieser Funktionen müssen unter den Koeffizienten „Zahlen" auftreten, die noch nicht im Zahlkörper $\mathfrak{K}$ enthalten sind. Wir nennen diese Zahlen *„numerische Irrationalitäten"*, die für die Gleichung $f(z) = 0$ „natürlich" sind. Indem wir sie zu $\mathfrak{K}$ und $\mathfrak{K}_x$ adjungieren, erhalten wir einen Zahlkörper $\mathfrak{K}'$ und einen Funktionenkörper $\mathfrak{K}'_x$, welchem letzteren die zu adjungierenden Funktionen $R(x, y)$ angehören.

Es entsteht nun die Frage, *wie weit wir durch Adjunktion „numerischer" Irrationalitäten die Auflösung der Gleichung $f(z) = 0$ zu treiben vermögen.* Hierauf antwortet die folgende Betrachtung:

Um die Lösungen $\eta_1(x), \eta_2(x), \ldots, \eta_m(x)$ der Galoisschen Resolvente $F(Z) = 0$ eindeutig zu erklären, wählen wir auf der Riemannschen Fläche F_l eine Stelle x_0, in deren Umgebung keine dieser Funktionen verzweigt ist, und beziehen die Funktionen $\eta(x)$ vorerst nur auf diese Umgebung. Setzen wir jetzt von x_0 aus eine dieser Funktionen $\eta(x)$ längs eines auf die F_l geschlossenen Weges fort, so erhalten wir nach Rückkehr zum Ausgangspunkte x_0 der F_l wieder eine Lösung von $F(Z) = 0$, also eine der m Funktionen $\eta(x)$. Auch liefern zwei verschiedene Funktionen $\eta(x)$ bei dieser Fortsetzung über einen geschlossenen Weg der Fläche am Schlusse notwendig wieder zwei verschiedene $\eta(x)$. *Einem geschlossenen Wege auf der F_l gehört demnach eine bestimmte Permutation T der m Lösungen der Galoisschen Resolvente $F(Z) = 0$ zu.*

Es sei irgendeine zwischen den $\eta_1(x), \eta_2(x), \ldots, \eta_m(x)$ identisch bestehende rationale Gleichung:

$$(1) \qquad R(\eta_1(x), \eta_2(x), \ldots, \eta_m(x)) = 0$$

vorgelegt, deren Koeffizienten rational in x und y mit irgendwelchen numerischen Konstanten (keineswegs nur mit Zahlen aus $\mathfrak{K}$) aufgebaut sind. Bei analytischer Fortsetzung über die Fläche F_l hin bleibt die Gleichung (1) gültig; sie geht demnach wieder in eine identisch bestehende Gleichung über, falls wir die η der Permutation T unterwerfen. Da dies insbesondere auch für „jede" Relation (1) gilt, deren Koeffizienten Funktionen aus $\mathfrak{K}_x$ sind, so folgt nach S. 74: *Alle durch geschlossene Umläufe auf der Fläche F_l herstellbaren Permutationen T der $\eta_1, \eta_2, \ldots, \eta_m$ sind in der Galoisschen Gruppe G_m enthalten.*

Zwei geschlossene Umläufe, die wir hintereinander ausüben, lassen sich zu einem dritten Umlaufe zusammensetzen. Also folgt der Satz: *Die gesamten durch geschlossene Umläufe herstellbaren Permutationen* $T_0, T_1, T_2, \ldots, T_{\mu-1}$ *bilden eine Gruppe* G_μ, *die in der Galoisschen Gruppe* G_m *enthalten ist und als „Monodromiegruppe" der Gleichung* $F(Z) = 0$ *bezeichnet wird.* In ihrer Gestalt als Permutationsgruppe n^{ten} Grades der $\theta_1, \theta_2, \ldots, \theta_n$ nennen wir die G_μ *die „Monodromiegruppe" der Gleichung* $f(z) = 0$. Es ist einleuchtend, daß wir diese Gestalt der G_μ unmittelbar gewinnen, wenn wir alle Permutationen $T_0 = 1, T_1, T_2, \ldots, T_{\mu-1}$ der Funktionen $\theta_1(x), \theta_2(x), \ldots, \theta_n(x)$ bei geschlossenen Umläufen auf der F_l sammeln.

Es ist möglich, daß die Monodromiegruppe G_μ mit der Gesamtgruppe G_m gleich ist. Liegt dieser Fall nicht vor, so gilt folgende Überlegung: Die Monodromiegruppe G_μ ist als Permutationsgruppe der η für $\mu < m$ intransitiv. Da das einzelne η durch die μ Permutationen der G_μ in μ verschiedene η übergeführt wird, so erhalten wir $t = \frac{m}{\mu}$ Systeme der Intransitivität, die wir durch:

$$\eta_{k\mu+1}, \eta_{k\mu+2}, \ldots, \eta_{k\mu+\mu}, \qquad k = 0, 1, 2, \ldots, t-1 \tag{2}$$

bezeichnen. Die η jedes dieser t Systeme werden bei den Umläufen auf der F_l nur unter sich permutiert. Die symmetrischen Grundfunktionen der η des einzelnen Systemes (2) sind demnach algebraische Funktionen der F_l und als solche rational in x und y. Es folgt der Satz: *Die* $\eta(x)$ *eines jeden der t Systeme* (2) *sind die Lösungen einer Gleichung* μ^{ten} *Grades:*

$$H_k(Z) = 0, \qquad k = 0, 1, 2, \ldots, t-1, \tag{3}$$

deren Koeffizienten rationale Funktionen von x und y sind. Da $F(Z) = 0$ im Körper $\mathfrak{K}_x$ irreduzibel ist, *so treten in diesen rationalen Funktionen von x und y Zahlenkoeffizienten auf, die als „numerische Irrationalitäten" für die Gleichung* $f(z) = 0$ *„natürlich" sind.* Es besteht weiter der Satz: *Jede der t Gleichungen* (3) *ist in dem Sinne irreduzibel, daß* $H_k(Z)$ *nicht in Faktoren von niederem als* μ^{ten} *Grade zerfällbar ist, die gleichfalls in x und y rationale Koeffizienten hätten.* Jeder solche Faktor würde nämlich, wie die an (1) angeschlossene Überlegung zeigt, durch *alle* η seines Systems (2) befriedigt.

Diese Ergebnisse legen die Bedeutung der Monodromiegruppe G_μ dar: *Durch Adjunktion „numerischer Irrationalitäten" ist die Zerfällung der Galoisschen Resolvente in die t Gleichungen* (3) *erreichbar; jede weitere Zerfällung erfordert die Adjunktion von „Funktionen".* Durch Adjunktion jener numerischen Irrationalitäten werde der Körper $\mathfrak{K}$ auf $\mathfrak{K}'$ und entsprechend $\mathfrak{K}_x$ auf $\mathfrak{K}'_x$ erweitert. *Jede der t Gleichungen* (3) *ist eine „Gleichung in $\mathfrak{K}'_x$", die in diesem Körper, sowie überhaupt in jedem Körper $\mathfrak{K}''_x$, der durch weitere Adjunktionen von „Zahlen" herstellbar ist, irreduzibel ist;*

dabei ist die Gleichung (3) *wieder eine „Normalgleichung", deren Galoissche Gruppe die aus den* μ *Lösungen der Gleichung aufgebaute* G_μ *ist.*

Über die Berechnung der numerischen Irrationalitäten kann hier nur erst folgendes gesagt werden: Entsprechend dem ersten Satze von § 7 haben wir zunächst eine zur G_μ gehörende „Funktion" $\zeta(x)$ zu bilden, die einer Gleichung t^{ten} Grades in $\mathfrak{K}_x$ genügt:

$$\zeta^t + c_1\zeta^{t-1} + c_2\zeta^{t-2} + \cdots + c_{t-1} = 0. \tag{4}$$

Im Körper $(\mathfrak{K}_x, \zeta)$ sind dann die sämtlichen Koeffizienten der t Gleichungen (3) enthalten. Die Gleichung (4) ist durch eine „rationale Funktion" von x und y lösbar; nichtrationale Operationen bei der Auflösung von (4) beziehen sich also nur auf die Berechnung von „Zahlen". Indessen muß es späteren besonderen Fällen vorbehalten bleiben, an Stelle der Gleichung (4) für eine „Funktion" eine solche für eine „Zahl" zu setzen.

IV. Algebraische Zahlen.[1]

§ 1. Algebraische und ganze algebraische Zahlen.

An die Entwicklungen von S. 32ff. schließen wir für den einfachsten Fall, daß der damalige Körper $\mathfrak{K}$ der *rationale* Zahlkörper $\mathfrak{R}$ ist, folgende Erklärung an: *Unter einer „algebraischen Zahl" schlechthin versteht man eine Zahl, die in bezug auf den rationalen Körper* $\mathfrak{R}$ *algebraisch ist.* Eine algebraische Zahl θ genügt also einer Gleichung:

$$f(z) = z^n + a_1 z^{n-1} + a_2 z^{n-2} + \cdots + a_n = 0 \tag{1}$$

mit *rationalen* Zahlenkoeffizienten a, und jede Wurzel einer solchen Gleichung, mag sie reduzibel oder irreduzibel in $\mathfrak{R}$ sein, ist eine algebraische Zahl. Da wir die Irreduzibilität der Gleichung (1) einstweilen nicht fordern, so lassen sich für eine einzelne Zahl θ unendlich viele Gleichungen angeben, deren Wurzel sie ist.

Insbesondere gilt die Erklärung: *Eine algebraische Zahl heißt speziell eine „ganze algebraische Zahl"* η, *wenn sich mindestens eine in* $\mathfrak{R}$ *reduzibele oder irreduzibele Gleichung* (1) *mit rationalen „ganzen" Koeffizienten* a *angeben läßt, deren Wurzel* η *ist.*

Es besteht der Satz: *Sind* η *und* η' *ganze algebraische Zahlen, so*

---

1) Es kommen in diesem Teile einige späterhin unentbehrliche Hauptsätze der „Idealtheorie" Dedekind's zur Behandlung; s. das Supplement XI zu Dirichlet's „Vorlesungen über Zahlentheorie", 3te Aufl. (Braunschweig, 1879), S. 434 ff., 4te Aufl. (Braunschweig, 1894), S. 434 ff. S. auch den ersten Teil des S. 23 genannten Werkes von Landau. Beim Hauptsatze der Idealtheorie (S. 97) folgt die vorliegende Darstellung der besonders kurzen von A. Hurwitz herrührenden Beweismethode; s. dessen Note „Über die Theorie der Ideale", Göttinger Nachrichten von 1894.

sind auch ihre Summe $(\eta + \eta')$, *ihre Differenz* $(\eta - \eta')$ *und ihr Produkt* $\eta \cdot \eta'$ *ganze algebraische Zahlen.* Für η bestehe die Gleichung (1) mit den Wurzeln $\eta_1 = \eta, \eta_2, \ldots, \eta_n$, für η' eine entsprechende Gleichung des Grades n' mit den Wurzeln $\eta_1' = \eta', \eta_2', \ldots, \eta_{n'}'$. Man bilde die $n \cdot n'$ Summen $(\eta_i + \eta_k')$ je einer Wurzel der ersten und einer der zweiten Gleichung. Die symmetrischen Grundfunktionen dieser $n \cdot n'$ Summen sind nach dem Hauptsatze der Theorie der symmetrischen Funktionen (S. 25) ganze ganzzahlige Funktionen der Koeffizienten $a_1, a_2, \ldots$ und $a_1', a_2', \ldots$ jener beiden Gleichungen, sind also selbst rationale ganze Zahlen. Also genügt $(\eta + \eta')$ einer Gleichung:

$$z^{nn'} + b_1 z^{n \cdot n' - 1} + \cdots + b_{nn'} = 0$$

mit rationalen ganzen b und ist somit eine *ganze* algebraische Zahl. Da offenbar mit η' auch $-\eta'$ eine ganze algebraische Zahl ist, so gilt unser Satz auch für die Differenz $(\eta - \eta')$. Endlich wird für das Produkt $\eta \cdot \eta'$ der Beweis gerade so wie für die Summe $(\eta + \eta')$ geführt. Durch wiederholte Bildung von Summen, Differenzen und Produkten folgt: *Jede rationale ganze, ganzzahlige Funktion von ganzen algebraischen Zahlen ist wieder eine ganze algebraische Zahl.*

Der Hauptsatz über symmetrische Funktionen gestattet uns auch noch folgenden Satz zu beweisen: *Jede Wurzel* η *einer Gleichung* (1), *deren Koeffizienten* $a_1, a_2, \ldots, a_n$ *ganze algebraische Zahlen sind, ist selbst eine ganze algebraische Zahl.* Der einzelne Koeffizient a_k genügt jetzt selbst einer Gleichung:

$$y^{m_k} + b_{k1} y^{m_k - 1} + b_{k2} y^{m_k - 2} + \cdots + b_{k, m_k} = 0 \tag{2}$$

mit rationalen ganzen b, deren sämtliche Wurzeln $a_k, a_k', \ldots, a_k^{(m_k - 1)}$ seien. Wir bilden die $m_1 \cdot m_2 \cdots m_n$ Funktionen:

$$z^n + a_1^{(i_1)} z^{n-1} + a_2^{(i_2)} z^{n-2} + \cdots + a_n^{(i_n)} \tag{3}$$

für alle $m_1 \cdot m_2 \cdots m_n$ Kombinationen der Zahlen $a_k^{(i)}$. Die erste dieser Funktionen ist die linke Seite der für η vorgelegten Gleichung. Das Produkt aller dieser Funktionen gibt, gleich 0 gesetzt, eine Gleichung für η, deren Koeffizienten ganze ganzzahlige Funktionen der b und also selbst rationale ganze Zahlen sind. Also ist η eine *ganze* algebraische Zahl.

Irgendeine algebraische Zahl θ genüge der Gleichung (1), deren Koeffizienten $a_1, a_2, \ldots, a_n$ rationale Brüche sind. Ihr Hauptnenner sei die rationale ganze positive Zahl a, so daß $a \cdot a_1, a \cdot a_2, \ldots, a \cdot a_n$ rationale *ganze* Zahlen sind. Das Produkt $a \cdot \theta = \eta$ genügt der Gleichung:

$$\eta^n + a a_1 \eta^{n-1} + a^2 a_2 \eta^{n-2} + \cdots + a^n a_n = 0,$$

deren Koeffizienten durchweg rationale *ganze* Zahlen sind. Es folgt hieraus der Satz: *Jede algebraische Zahl* θ *liefert durch Multiplikation mit* *einer geeignet gewählten rationalen ganzen positiven Zahl a als Produkt $a\theta = \eta$ eine „ganze“ algebraische Zahl.*

Unter einer „ganzen Zahl“ verstehen wir im vorliegenden Teile stets eine ganze „algebraische“ Zahl. Die ganzen „rationalen“ Zahlen, die zu den ganzen algebraischen Zahlen gehören, mögen immer durch den Zusatz „rational“ gekennzeichnet werden.

§ 2. Ein algebraischer Hilfssatz.

Ist eine ganze algebraische Zahl η als Produkt $\eta = \eta' \cdot \eta''$ zweier ganzer algebraischer Zahlen η', η'' darstellbar, so heißt jeder Faktor, z. B. η', ein „*Teiler*“ von η oder η heißt durch η' „teilbar“ oder man sagt, η' „gehe in η auf“. Die Gesetze der Teilbarkeit der ganzen algebraischen Zahlen werden den wichtigsten Gegenstand unserer Untersuchungen ausmachen. Um den hierbei auftretenden Hauptsatz besonders kurz beweisen zu können, soll zunächst ein Hilfssatz aufgestellt werden.

Mit irgendwelchen ganzen (algebraischen) Zahlen $a_0, a_1, \ldots, a_\mu$ und $b_0, b_1, \ldots, b_\nu$, von denen a_0 und b_0 von 0 verschieden seien, bilde man die Funktionen:

(1) $\varphi(z) = a_0 z^\mu + a_1 z^{\mu-1} + \cdots + a_\mu, \quad \psi(z) = b_0 z^\nu + b_1 z^{\nu-1} + \cdots + b_\nu,$

deren Produkt:

(2) $\varphi(z) \cdot \psi(z) = f(z) = c_0 z^n + c_1 z^{n-1} + c_2 z^{n-2} + \cdots + c_n$

vom Grade $n = \mu + \nu$ ist und wieder ganzzahlige Koeffizienten hat. Dann gilt der Satz: *Sind alle Zahlen $c_0, c_1, \ldots, c_n$ durch die ganze Zahl η teilbar, so hat auch jedes der $(\mu+1)(\nu+1)$ ganzzahligen Produkte $a_i \cdot b_k$, zu bilden für $i = 0, 1, \ldots, \mu$ und $k = 0, 1, \ldots, \nu$, den Teiler η.*

Einen sehr kurzen Beweis dieses Satzes hat Hurwitz[1]) geliefert. Es wird zunächst bewiesen, daß die $(\nu + 1)$ Produkte $a_0 b_0, a_0 b_1, a_0 b_2, \ldots, a_0 b_\nu$ durch η teilbar sind. Für $a_0 b_0 = c_0$ folgt dies bereits aus der Voraussetzung; für die übrigen Produkte gilt folgende Betrachtung: Die Gleichung:

$$a_0 \psi(z) = c_0 z^\nu + a_0 b_1 z^{\nu-1} + a_0 b_2 z^{\nu-2} + \cdots + a_0 b_\nu = 0$$

hat ν Wurzeln $z_1, z_2, \ldots, z_\nu$, die zu den n Wurzeln von $f(z) = 0$ gehören. Der Quotient:

(3) $$(-1)^k \frac{a_0 b_k}{c_0} = \sigma_k(z_1, z_2, \ldots, z_\nu)$$

iefert die k^{te} symmetrische Grundfunktion der $z_1, z_2, \ldots, z_\nu$. Als Funktion der n Wurzeln $z_1, z_2, \ldots, z_n$ der Gleichung $f(z) = 0$ ist eine beliebige der ν Funktionen σ_k, die wir kurz σ nennen, noch nicht symmetrisch, bleibt vielmehr nur erst bei denjenigen $\nu!(n-\nu)!$ Permutationen unverändert, welche die $z_1, z_2, \ldots, z_\nu$ unter sich vertauschen und ebenso die

1) In der S. 78 genannten Note.

$z_{\nu+1}, z_{\nu+2}, \ldots, z_n$. Somit ist σ im Sinne von S. 24 eine t-wertige ganze ganzzahlige Funktion der Wurzeln von $f(z) = 0$, wo

$$t = \frac{n!}{\nu!\,(n-\nu)!} = \binom{n}{\nu}$$

ist. Als t-wertige Funktion genügt σ einer Gleichung t^{ten} Grades:

$$(4) \qquad \sigma^t + d_1\sigma^{t-1} + d_2\sigma^{t-2} + \cdots + d_t = 0,$$

wo die $-d_1, d_2, -d_3, d_4, \ldots$ die symmetrischen Grundfunktionen der t verschiedenen Ausdrücke sind, die aus $\sigma(z_1, z_2, \ldots, z_\nu)$ bei allen $n!$ Permutationen der $z_1, z_2, \ldots, z_n$ hervorgehen. Nach dem Hauptsatze von S. 25 sind die d als ganze ganzzahlige symmetrische Funktionen der $z_1, z_2, \ldots, z_n$ rationale ganze ganzzahlige Funktionen der symmetrischen Grundfunktionen der $z_1, z_2, \ldots, z_n$ und damit der $\frac{c_1}{c_0}, \frac{c_2}{c_0}, \ldots, \frac{c_n}{c_0}$, und zwar ist der Grad von d_1 als Funktion der $\frac{c_1}{c_0}, \frac{c_2}{c_0}, \ldots, \frac{c_n}{c_0}$ gleich 1, der von d_2 gleich 2, der von d_3 gleich 3 usw.

Man multipliziere die Gleichung (4) mit c_0^t und schreibe $c_0\sigma = \tau$ oder ausführlich:

$$c_0\sigma_k = \tau_k = (-1)^k a_0 b_k.$$

Die Produkte $c_0 d_1 = e_1, c_0^2 d_2 = e_2, \ldots, c_0^t d_t = e_t$ sind alsdann ganze homogene Funktionen ersten, zweiten, ..., t^{ten} Grades von $c_0, c_1, \ldots, c_n$, die als solche der Voraussetzung zufolge bzw. durch $\eta, \eta^2, \ldots, \eta^t$ teilbar sind. Die mit c_0^t multiplizierte Gleichung (4) aber hat die Gestalt:

$$\tau^t + e_1\tau^{t-1} + e_2\tau^{t-2} + \cdots + e_t = 0$$

und liefert, durch η^t geteilt:

$$\left(\frac{\tau}{\eta}\right)^t + \frac{e_1}{\eta}\left(\frac{\tau}{\eta}\right)^{t-1} + \frac{e_2}{\eta^2}\left(\frac{\tau}{\eta}\right)^{t-2} + \cdots + \frac{e_t}{\eta^t} = 0.$$

Somit befriedigt $\frac{\tau}{\eta}$ eine Gleichung mit ganzzahligen Koeffizienten und ist demnach zufolge des vorletzten Satzes in § 1 selbst eine ganze Zahl. Also sind in der Tat alle $(\nu+1)$ Produkte $a_0 b_0, a_0 b_1, a_0 b_2, \ldots, a_0 b_\nu$ durch η teilbar.

Nachdem bewiesen ist, daß alle Produkte $a_0 b_0, a_0 b_1, \ldots, a_0 b_\nu$ durch η teilbar sind, stellen wir weiter fest, daß auch das Produkt von:

$$(5) \qquad \varphi(z) - a_0 z^\mu = a_1 z^{\mu-1} + a_2 z^{\mu-2} + \cdots + a_\mu$$

und $\psi(z)$, nämlich die Funktion:

$$(\varphi(z) - a_0 z^\mu)\cdot\psi(z) = f(z) - z^\mu(a_0 b_0 z^\nu + a_0 b_1 z^{\nu-1} + \cdots + a_0 b_\nu)$$

lauter durch η teilbare Koeffizienten hat. Ist $a_1 \neq 0$, so finden wir durch Wiederholung der vorstehenden Überlegung, daß auch alle Produkte $a_1 b_0, a_1 b_1, a_1 b_2, \ldots, a_1 b_\nu$ durch η teilbar sind. Im Falle $a_1 = 0$ ist dies selbstverständlich. In gleicher Weise fortfahrend erkennen wir die Richtigkeit des aufgestellten Satzes.

§ 3. Folgerungen betreffs rationaler ganzer Zahlen.

Es gilt der Satz: *Eine ganze algebraische Zahl η, die dem rationalen Körper $\mathfrak{R}$ angehört, ist eine rationale „ganze" Zahl.* Als eine in $\mathfrak{R}$ enthaltene Zahl kann $\eta = \frac{q}{r}$ gesetzt werden, wo q und r zwei teilerfremde rationale ganze Zahlen sind. Als ganze (algebraische) Zahl genügt η einer Gleichung (1) S. 78 mit rationalen ganzen $a_1, a_2, \ldots, a_n$. Also folgt, wenn wir $\eta = \frac{q}{r}$ für z in jene Gleichung eintragen und mit r^n multiplizieren:

$$q^n = -r(a_1 q^{n-1} + a_2 q^{n-2} r + a_3 q^{n-3} r^2 + \cdots + a_n r^{n-1}).$$

Hiernach ist q^n und also q durch *jeden* Primfaktor von r teilbar. Da aber q und r teilerfremd sind, so hat r keinen Primfaktor, der größer als 1 wäre, d. h. es ist $r = 1$ und also η rational und *ganz.*

Wir ziehen nun einige Folgerungen aus dem Satze des § 2 für den Fall, daß die Koeffizienten $a_0, a_1, \ldots, a_\mu$ und $b_0, b_1, \ldots, b_\nu$ der Funktionen $\varphi(z)$ und $\psi(z)$ *rationale* ganze Zahlen sind. Eine ganze Funktion mit rationalen ganzen Koeffizienten soll „*ursprünglich*" heißen, wenn diese Koeffizienten keine rationale ganze Zahl, die > 1 ist, als Teiler gemeinsam haben. Dann besteht der Satz: *Das Produkt zweier ursprünglicher Funktionen $\varphi(z)$ und $\psi(z)$ ist stets wieder eine ursprüngliche Funktion $f(z)$.* Wäre dies nicht der Fall, so gäbe es mindestens eine Primzahl $p > 1$, die in allen Koeffizienten c von $f(z)$ und also in allen $(\mu + 1)(\nu + 1)$ Produkten $a_i b_k$ aufgeht. Da $\varphi(z)$ ursprünglich ist, so gibt es mindestens eine Zahl a_i, die nicht durch p teilbar ist, und ebenso können wir ein gegen p primes b_k angeben. Also ist $a_i b_k$ nicht durch p teilbar, so daß die Annahme einer nicht ursprünglichen Funktion $f(z)$ unhaltbar ist.

Es gelte ferner die Annahme, daß die Funktion:

$$(1) \qquad f(z) = z^n + c_1 z^{n-1} + c_2 z^{n-2} + \cdots + c_n$$

mit rationalen „ganzen" Koeffizienten c im Körper $\mathfrak{R}$ reduzibel sei und in das Produkt der beiden Funktionen:

$$(2) \qquad \varphi(z) = z^\mu + a_1 z^{\mu-1} + \cdots + a_\mu, \quad \psi(z) = z^\nu + b_1 z^{\nu-1} + \cdots + b^\nu$$

mit „rationalen" Koeffizienten a, b zerfalle. Die rationalen Brüche a mögen den Hauptnenner a_0 haben, so daß $a_0, a'_1 = a_0 a_1, a'_2 = a_0 a_2, \ldots, a'_\mu = a_0 a_\mu$ rationale ganze Zahlen ohne einen allen gemeinsamen Teiler > 1 sind; ebenso mag b_0 der Hauptnenner der rationalen Brüche b sein, so daß auch $b_0, b'_1 = b_0 b_1, \ldots, b'_\nu = b_0 b_\nu$ rationale ganze Zahlen ohne einen allen gemeinsamen Teiler sind. Es stehen also auf der linken Seite der Gleichung:

$$(a_0 z^\mu + a'_1 z^{\mu-1} + \cdots + a'_\mu)(b_0 z^\nu + b'_1 z^{\nu-1} + \cdots + b'_\nu) = a_0 b_0 f(z)$$

zwei ursprüngliche Funktionen, und also ist nach dem eben bewiesenen

Satze auch $a_0 b_0 f(z)$ ursprünglich. Hieraus ergibt sich $a_0 b_0 = 1$, $a_0 = 1$, $b_0 = 1$, so daß der Satz gilt: *Ist die Funktion* (1) *mit rationalen ganzen Koeffizienten c im rationalen Körper* $\mathfrak{R}$ *reduzibel und zwar zerfällbar in das Produkt der beiden Funktionen* (2) *mit rationalen Koeffizienten a, b, so sind diese Koeffizienten a, b notwendig „ganze" rationale Zahlen.*

§ 4. Algebraische Zahlkörper.

Aus den Sätzen von S. 33ff. entnimmt man unmittelbar die folgenden Ergebnisse: Eine algebraische Zahl θ genügt einer eindeutig bestimmten, *im rationalen Körper* $\mathfrak{R}$ *irreduzibelen*[1]) Gleichung:

(1) $$f(z) = z^n + a_1 z^{n-1} + a_2 z^{n-2} + \cdots + a_n = 0$$

mit rationalen Koeffizienten, deren sämtliche Wurzeln $\theta_1 = \theta, \theta_2, \ldots, \theta_n$ verschieden sind und n *„konjugierte"* algebraische Zahlen heißen. Die Adjunktion von θ zu $\mathfrak{R}$ liefert einen in bezug auf $\mathfrak{R}$ algebraischen Körper $\mathfrak{K} = (\mathfrak{R}, \theta)$, der weiterhin kurz als ein *„algebraischer Körper n^{ten} Grades"* bezeichnet wird. Die n Körper $(\mathfrak{R}, \theta_1) = (\mathfrak{R}, \theta), (\mathfrak{R}, \theta_2), \ldots, (\mathfrak{R}, \theta_n)$ heißen *„konjugiert"* und sollen kurz $\mathfrak{K}_1 = \mathfrak{K}, \mathfrak{K}_2, \ldots, \mathfrak{K}_n$ genannt werden. Diese Körper brauchen nicht alle voneinander verschieden zu sein. Sind sie insbesondere alle einander gleich, so heißt $\mathfrak{K}$ ein *„Galoisscher Körper"* oder *„Normalkörper"*.

Jede Zahl ζ des Körpers $\mathfrak{K}$ ist auf eine und nur eine Art in der Gestalt:

(2) $$\zeta = c_0 + c_1\theta + c_2\theta^2 + \cdots + c_{n-1}\theta^{n-1}$$

mit rationalen c darstellbar; sie genügt der durch die Tschirnhausentransformation: $w = c_0 + c_1 z + c_2 z^2 + \cdots + c_{n-1} z^{n-1}$ aus (1) hervorgehenden Gleichung n^{ten} Grades und ist deshalb wieder eine *algebraische* Zahl. Umgekehrt ist jede mit rationalen c dargestellte Zahl (2) in $\mathfrak{K}$ enthalten. Die n mit ζ *„konjugierten"* Zahlen:

(3) $$\zeta_i = c_0 + c_1\theta_i + c_2\theta_i^2 + \cdots + c_{n-1}\theta_i^{n-1}, \quad i = 1, 2, \ldots, n$$

sind zu je μ einander gleich und stellen ν verschiedene Zahlen dar, wobei $\mu \cdot \nu = n$ ist. Gilt $\mu = 1$, so heißt ζ eine *„primitive"* Zahl des Körpers $\mathfrak{K}$, für $\mu > 1$ wird sie *„imprimitiv"* genannt.

Hieran schließen sich einige weitere Entwicklungen über die Darstellung von Zahlen aus $\mathfrak{K}$. Irgend n Zahlen $\zeta, \zeta', \ldots, \zeta^{(n-1)}$ aus $\mathfrak{K}$ heißen *„linear-abhängig"*, falls ein System *nicht durchgängig verschwindender rationaler* Zahlen $b, b', \ldots, b^{(n-1)}$ angebbar ist, für das:

(4) $$b\zeta + b'\zeta' + \cdots + b^{(n-1)}\zeta^{(n-1)} = 0$$

gilt; existiert ein solches Zahlensystem b nicht, so heißen die $\zeta, \zeta', \ldots, \zeta^{(n-1)}$

1) Der Zusatz „im rationalen Körper $\mathfrak{R}$" bleibt gewöhnlich fort, da sich die Irreduzibilität hier stets auf $\mathfrak{R}$ bezieht.

„linear-unabhängig". Zufolge der Irreduzibilität von (1) sind jedenfalls die Zahlen $1, \theta, \theta^2, \ldots, \theta^{n-1}$ linear-unabhängig. Für die n Zahlen $\zeta^{(0)} = \zeta, \zeta', \ldots \zeta^{(n-1)}$ mögen als Darstellungen (2) gelten:

(5) $$\zeta^{(k)} = c_0^{(k)} + c_1^{(k)}\theta + c_2^{(k)}\theta^2 + \cdots + c_{n-1}^{(k)}\theta^{n-1}, \qquad k = 0, 1, \ldots, n-1.$$

Damit die Zahlen $\zeta, \zeta', \ldots, \zeta^{(n-1)}$ linear-abhängig sind, ist dann hinreichend und notwendig, daß n nicht durchgängig verschwindende rationale Zahlen b existieren, die den Gleichungen:

$$bc_i + b'c_i' + \cdots + b^{(n-1)}c_i^{(n-1)} = 0, \qquad i = 0, 1, \ldots, (n-1)$$

genügen. Nach bekannten Sätzen der Determinantentheorie folgt: *Irgend n durch* (5) *gegebene Zahlen $\zeta, \zeta', \ldots, \zeta^{(n-1)}$ des Körpers $\mathfrak{K}$ sind linear-unabhängig oder nicht, je nachdem die Determinante $|c_i^{(k)}|$ der n^2 Koeffizienten c in* (5) *von* 0 *verschieden ist oder verschwindet.*

Es seien $\zeta_1^{(k)} = \zeta^{(k)}, \zeta_2^{(k)}, \ldots, \zeta_n^{(k)}$ die mit $\zeta^{(k)}$ konjugierten Zahlen. Dann gilt folgende Erklärung: Das Quadrat der n-reihigen Determinante:

(6) $$\begin{vmatrix} \zeta_1, & \zeta_1', & \ldots, & \zeta_1^{(n-1)} \\ \zeta_2, & \zeta_2', & \ldots, & \zeta_2^{(n-1)} \\ \cdot & \cdot & \cdot & \cdot \\ \zeta_n, & \zeta_n', & \ldots, & \zeta_n^{(n-1)} \end{vmatrix} = |\zeta_i^{(k)}|$$

heißt die *„Diskriminante"* der n Zahlen $\zeta, \zeta', \ldots, \zeta^{(n-1)}$ und wird durch $D(\zeta, \zeta', \ldots, \zeta^{(n-1)})$ bezeichnet. Insbesondere ist die Diskriminante $D(1, \theta, \ldots, \theta^{n-1})$ der n Zahlen $1, \theta, \ldots, \theta^{n-1}$ zugleich die Diskriminante der irreduzibelen Gleichung (1) in $\mathfrak{R}$ (S. 26); diese Diskriminante ist *eine von* 0 *verschiedene rationale Zahl.* Schreibt man alle mit (5) konjugierten Gleichungen auf, so ergibt das Multiplikationsgesetz der Determinanten:

(7) $$D(\zeta, \zeta', \ldots, \zeta^{(n-1)}) = |c_i^{(k)}|^2 \cdot D(1, \theta, \theta^2, \ldots, \theta^{n-1}).$$

Hieraus folgt mit Rücksicht auf den letzten Satz: *Die Diskriminante $D(\zeta, \zeta', \ldots, \zeta^{(n-1)})$ der n Zahlen $\zeta, \zeta', \ldots, \zeta^{(n-1)}$ verschwindet oder hat einen von* 0 *verschiedenen rationalen Zahlwert, der mit $D(1, \theta, \theta^2, \ldots, \theta^{n-1})$ im Vorzeichen übereinstimmt, je nachdem die $\zeta, \zeta', \ldots, \zeta^{(n-1)}$ linear-abhängig sind oder nicht.*

Ist $|c_i^{(k)}| \neq 0$, so lassen sich die n Gleichungen (5) nach $1, \theta, \ldots, \theta^{n-1}$ lösen. Es ergeben sich so Darstellungen der $1, \theta, \theta^2, \ldots, \theta^{n-1}$ und damit *Darstellung aller Zahlen von $\mathfrak{K}$ in der Gestalt:*

(8) $$c\zeta + c'\zeta' + c''\zeta'' + \cdots + c^{(n-1)}\zeta^{(n-1)}$$

durch die n linear-unabhängigen Zahlen $\zeta, \zeta', \ldots, \zeta^{(n-1)}$ mittels rationaler $c, c', \ldots$. Auch diese Darstellung ist für die einzelne Zahl von $\mathfrak{K}$ eindeutig bestimmt, wie aus der linearen Unabhängigkeit der $\zeta, \zeta', \ldots$ folgt. Umgekehrt liefert natürlich jeder mit rationalen c gebildete Ausdruck (8) eine Zahl aus $\mathfrak{K}$.

Es mögen sich noch folgende Erklärungen hier anschließen: Sind $\zeta_1 = \zeta, \zeta_2, \ldots, \zeta_n$ die n mit ζ konjugierten Zahlen, so versteht man unter der „*Spur*" $S(\zeta)$ von ζ die Summe und unter der „*Norm*" $N(\zeta)$ von ζ das Produkt jener konjugierten Zahlen:

$$(9) \qquad S(\zeta) = \zeta_1 + \zeta_2 + \cdots + \zeta_n, \quad N(\zeta) = \zeta_1 \cdot \zeta_2 \cdots \zeta_n.$$

$S(\zeta)$ und $N(\zeta)$ sind *rationale* Zahlen, die an bekannten Stellen als Koeffizienten in der Gleichung n^{ten} Grades für ζ auftreten. Konjugierte Zahlen haben natürlich gleiche Spuren sowie auch gleiche Normen. Bildet man das Quadrat der Determinante (6) nach dem Multiplikationsgesetze der Determinanten, so gelangt man zu folgender Darstellung der Diskriminante der Zahlen $\zeta, \zeta', \ldots, \zeta^{(n-1)}$ durch Spuren:

$$(10) \quad D(\zeta, \zeta', \ldots, \zeta^{(n-1)}) = \begin{vmatrix} S(\zeta\zeta), & S(\zeta\zeta'), \ldots, & S(\zeta\zeta^{(n-1)}) \\ S(\zeta'\zeta), & S(\zeta'\zeta'), \ldots, & S(\zeta'\zeta^{(n-1)}) \\ \cdot\ \cdot\ \cdot & \cdot\ \cdot\ \cdot & \cdot\ \cdot\ \cdot \\ S(\zeta^{(n-1)}\zeta), & S(\zeta^{(n-1)}\zeta'), \ldots, & S(\zeta^{(n-1)}\zeta^{(n-1)}) \end{vmatrix}.$$

§ 5. Die ganzen Zahlen des Körpers $\mathfrak{K}$.

Die in $\mathfrak{K} = (\mathfrak{R}, \theta)$ enthaltenen ganzen Zahlen sollen allgemein η genannt werden, das System aller dieser ganzen Zahlen werde $\mathfrak{e}$ genannt. Es gilt der Satz: *Sind η und η' irgend zwei Zahlen aus $\mathfrak{e}$, so sind auch ihre Summe $(\eta + \eta')$, ihre Differenz $(\eta - \eta')$ und ihr Produkt $(\eta \cdot \eta')$ in $\mathfrak{e}$ enthalten.* Es sind nämlich $(\eta \pm \eta')$ und $\eta \cdot \eta'$ nach S. 79 wieder ganze Zahlen, und andrerseits gehören $(\eta \pm \eta')$ und $\eta \cdot \eta'$ dem Körper $\mathfrak{K}$ an und sind demnach im System $\mathfrak{e}$ enthalten. Allgemein gilt der Satz: *Jede rationale ganze Funktion von Zahlen aus $\mathfrak{e}$ mit rationalen ganzen Koeffizienten ist wieder eine Zahl aus $\mathfrak{e}$.* Für die Spuren und Normalen bestehen die Regeln:

$$(1) \qquad S(\eta \pm \eta') = S(\eta) \pm S(\eta'), \quad N(\eta \cdot \eta') = N(\eta) \cdot N(\eta').$$

Sind nämlich zu η und η' im Körper $\mathfrak{K}_i$ die Zahlen η_i und η'_i konjugiert, so ist zu $(\eta \pm \eta')$ die Zahl $(\eta_i \pm \eta'_i)$ und zu $\eta \cdot \eta'$ die Zahl $\eta_i \cdot \eta'_i$ konjugiert, woraus die Regeln (1) leicht folgen.

Eine Zahl aus $\mathfrak{e}$, deren Norm gleich ± 1 ist, heißt eine „*Einheit*" des Körpers $\mathfrak{K}$ oder des Systems $\mathfrak{e}$ und möge speziell durch ε bezeichnet werden. Genügt ε der irreduzibelen Gleichung:

$$(2) \qquad z^\nu + a_1 z^{\nu-1} + \cdots + a_{\nu-1} z \pm 1 = 0$$

mit rationalen ganzen Koeffizienten, so genügt die gleichfalls in $\mathfrak{K}$ enthaltene Zahl ε^{-1} der Gleichung:

$$z^\nu \pm (a_{\nu-1} z^{\nu-1} + \cdots + a_1 z + 1) = 0,$$

stellt also gleichfalls eine *ganze* Zahl dar. Ist andrerseits mit der von 0 verschiedenen Zahl η aus $\mathfrak{e}$ auch η^{-1} eine ganze Zahl und also wieder in $\mathfrak{e}$ enthalten, so genügt η einer irreduzibelen Gleichung mit dem Absolutgliede ± 1. Es gilt also der Satz: *Eine von 0 verschiedene Zahl η aus $\mathfrak{e}$ ist stets und nur dann eine Einheit ε, wenn auch η^{-1} eine ganze Zahl ist.* Jede mit einer Einheit konjugierte Zahl ist natürlich wieder eine Einheit ihres Körpers. Ist η eine beliebige Zahl aus $\mathfrak{e}$ und ε eine Einheit, so heißt $\varepsilon \cdot \eta$ eine mit η *„assoziierte Zahl"*. Zwei assoziierte Zahlen haben, abgesehen vom Vorzeichen, gleiche Normen.

Nach S. 80 liefert jede Zahl ζ aus $\mathfrak{K}$, mit einer geeignet gewählten von 0 verschiedenen rationalen ganzen Zahl a multipliziert, eine *ganze* Zahl $\eta = a \cdot \zeta$. Es mögen auf diese Weise aus den n Zahlen $\zeta_1, \zeta_2, \ldots, \zeta_n$[1]) von $\mathfrak{K}$ die n Zahlen $\eta_1 = a_1\zeta_1$, $\eta_2 = a_2\zeta_2, \ldots, \eta_n = a_n\zeta_n$ von $\mathfrak{e}$ gewonnen werden. Sind die ζ linear-unabhängig, so gilt dasselbe offenbar von den n ganzen Zahlen $\eta_1, \eta_2, \ldots, \eta_n$. Wir können somit stets n linear-unabhängige *ganze* Zahlen $\eta_1, \eta_2, \ldots, \eta_n$ zugrunde legen, in denen jede Zahl ζ von $\mathfrak{K}$ auf eine und nur eine Art in der Gestalt:

$$\zeta = c_1\eta_1 + c_2\eta_2 + \cdots + c_n\eta_n \tag{3}$$

mittels rationaler Koeffizienten c darstellbar ist (vgl. S. 84).

Die Diskriminante $D(\eta_1, \eta_2, \ldots, \eta_n)$ irgendeines Systems linear-unabhängiger ganzer Zahlen $\eta_1, \eta_2, \ldots, \eta_n$ aus $\mathfrak{e}$ ist nach S. 84 eine *ganze* Zahl, sowie nach dem an (7) S. 84 angeschlossenen Satze eine rationale, von 0 verschiedene und mit $D(1, \theta, \ldots, \theta^{n-1})$ im Vorzeichen übereinstimmende Zahl. Also folgt: *Die Diskriminanten aller Systeme linear-unabhängiger Zahlen $\eta_1, \eta_2, \ldots, \eta_n$ aus $\mathfrak{e}$ sind von 0 verschiedene, rationale ganze Zahlen, die alle das gleiche Vorzeichen haben.*

Unter allen von 0 verschiedenen rationalen ganzen Zahlen, die als Diskriminanten bei den Systemen linear-unabhängiger Zahlen $\eta_1, \eta_2, \ldots, \eta_n$ aus $\mathfrak{e}$ auftreten, gibt es eine absolut kleinste. Diese absolut kleinste Zahl D heißt die *„Grundzahl"* oder *„Diskriminante"* des Körpers $\mathfrak{K}$; ein System, dessen Diskriminante jenen Minimalwert hat, wird eine *„Basis"* des Zahlsystems $\mathfrak{e}$ genannt. Es besteht der Satz: *Bilden die Zahlen $\eta_1, \eta_2, \ldots, \eta_n$ eine Basis von $\mathfrak{e}$, so ist nicht nur jede Zahl:*

$$\eta = e_1\eta_1 + e_2\eta_2 + \cdots + e_n\eta_n \tag{4}$$

mit rationalen ganzen e in $\mathfrak{e}$ enthalten, sondern umgekehrt ist auch „jede" Zahl aus $\mathfrak{e}$ auf eine und nur eine Art in der Gestalt (4) *mittels rationaler „ganzer" e darstellbar.* Zu beweisen ist hier nur noch, daß keine ganze

1) Bisher bezeichneten wir mit $\zeta_1, \zeta_2, \ldots, \zeta_n$ ein System von n konjugierten Zahlen. Da solche Systeme weiterhin nur noch selten zu betrachten sind, so benutzen wir die bequeme Schreibweise der unteren Indizes zur Unterscheidung irgendwelcher Zahlen aus $\mathfrak{K}$.

Zahl in der Gestalt:
$$\eta = c_1\eta_1 + c_2\eta_2 + \cdots + c_n\eta_n$$
mittels rationaler, aber nicht durchweg ganzer c darstellbar ist. Sollte aber eine ganze Zahl η mit solcher Darstellung vorkommen, so stellen wir die c als Quotienten kleinster ganzer Zahlen dar und nennen ihren Hauptnenner h. Dann sind:
$$hc_1 = e_1, \quad hc_2 = e_2, \quad hc_n = e_n$$
n rationale ganze Zahlen, deren größter, allen gemeinsamer Teiler prim gegen h ist. Irgendein Primfaktor $p > 1$ von h geht demnach nicht in allen diesen e auf und möge etwa teilerfremd gegen e_1 sein. Schreiben wir $h = ap$, so ist auch:
$$a\eta = \frac{e_1\eta_1 + e_2\eta_2 + \cdots + e_n\eta_n}{p}$$
eine ganze Zahl. Da e_1 und p teilerfremd sind, so kann man eine rationale ganze Zahl b entsprechend der Kongruenz $be_1 \equiv 1 \pmod p$ wählen und hat dann auch in:
$$\eta_1' = ab\eta - \frac{be_1 - 1}{p}\eta_1 = \frac{1}{p}\eta_1 + ab(c_2\eta_2 + \cdots + c_n\eta_n)$$
eine ganze Zahl. Für die Diskriminante des Systems $\eta_1', \eta_2, \ldots, \eta_n$ ergibt sich nun leicht:
$$D(\eta_1', \eta_2, \ldots, \eta_n) = \frac{1}{p^2} D(\eta_1, \eta_2, \ldots, \eta_n),$$
so daß wir in $D(\eta_1, \eta_2, \ldots, \eta_n)$ noch nicht die minimale Diskriminante erreicht haben würden. Damit ist der Satz aber bewiesen.

Irgendein System von n Zahlen $\eta_1', \eta_2', \ldots, \eta_n'$ aus $\mathfrak{e}$ besitze in der Basis $\eta_1, \eta_2, \ldots, \eta_n$ die Darstellung:

(5) $$\eta_i' = e_{i1}\eta_1 + e_{i2}\eta_2 + \cdots + e_{in}\eta_n, \qquad i = 1, 2, \ldots, n.$$

Wie S. 84 folgt aus dem Multiplikationsgesetze der Determinanten:

(6) $$D(\eta_1', \eta_2', \ldots, \eta_n') = |e_{ik}|^2 \cdot D(\eta_1, \eta_2, \ldots, \eta_n).$$

Hieraus folgt der Satz: *Die Zahlen $\eta_1', \eta_2', \ldots, \eta_n'$ bilden stets und nur dann gleichfalls eine Basis von $\mathfrak{e}$, wenn die Determinante der n^2 ganzzahligen Koeffizienten in* (5) *gleich* ± 1 *ist.* Weiter liest man aus (6) das Ergebnis ab: *Ist die rationale ganze Zahl $D(\eta_1', \eta_2', \ldots, \eta_n')$ durch kein Quadrat (außer 1) teilbar, so bilden die $\eta_1', \eta_2', \ldots, \eta_n'$ eine Basis, und $D(\eta_1', \ldots, \eta_n')$ ist die Grundzahl des Körpers.*

§ 6. Teilbarkeit der Zahlen η im Systeme $\mathfrak{e}$.

Eine Zahl η des Systems $\mathfrak{e}$ heißt durch die gleichfalls in $\mathfrak{e}$ enthaltene Zahl η' *„teilbar"* oder η' ist ein *„Teiler"* von η oder *„geht in η auf"*, falls es eine Zahl η'' in $\mathfrak{e}$ gibt, die mit η und η' die Gleichung $\eta = \eta' \cdot \eta''$ befriedigt. Natürlich ist dann auch η'' ein Teiler von η. Es ist einleuchtend, daß η durch jede Einheit ε des Körpers $\mathfrak{K}$ und durch jede mit η assoziierte Zahl $\varepsilon\eta$ teilbar ist.

Im rationalen Körper sind die Gesetze der Teilbarkeit sehr einfach. Die einzigen Einheiten von $\mathfrak{R}$ sind $+1$ und -1. Eine von 0 und ± 1 verschiedene rationale ganze Zahl p, die als Teiler nur die vier Zahlen ± 1 und $\pm p$ hat, heißt eine „*Primzahl*“. Es besteht der Satz: *Jede von 0 verschiedene rationale ganze Zahl a ist als Produkt einer der Einheiten* ± 1 *und einer Anzahl positiver Primzahlen darstellbar, und zwar sind diese Primzahlen (natürlich abgesehen von ihrer Reihenfolge) durch a eindeutig bestimmt.* Der Satz von der eindeutigen Bestimmtheit dieser „Primfaktorenzerlegung“ ist die Grundlage vieler arithmetischer Überlegungen und gehört zu den wichtigsten Grundsätzen der Zahlentheorie.

Bei der Ausdehnung der Gesetze der Teilbarkeit auf die ganzen Zahlen η eines algebraischen Körpers $\mathfrak{K}$ stellte sich nun die Tatsache ein, *daß der eben für den rationalen Körper $\mathfrak{R}$ ausgesprochene Satz keineswegs allgemein auf algebraische Körper $\mathfrak{K}$ verallgemeinert werden konnte, indem bereits Körper zweiten Grades nachweisbar waren, in denen er nicht mehr gilt.*

Als Beispiel betrachten wir den durch die irreduzibele Gleichung $z^2 + 5 = 0$ gegebenen Körper zweiten Grades $\mathfrak{K} = (\mathfrak{R}, i\sqrt{5})$. Derselbe ist ein Normalkörper, dem $i\sqrt{5}$ als ganze Zahl angehört und dessen sämtliche Zahlen in der Gestalt $(c_0 + c_1 i\sqrt{5})$ mit rationalen c darstellbar sind. Da:

$$D(1, i\sqrt{5}) = \begin{vmatrix} 1, & +i\sqrt{5} \\ 1, & -i\sqrt{5} \end{vmatrix}^2 = -20$$

nur den quadratischen Teiler 4 hat, so sind sicher alle ganzen Zahlen von $\mathfrak{K}$ mittelst rationaler ganzer e in der Gestalt $\frac{1}{2}(e_0 + e_1 i\sqrt{5})$ darstellbar. Nun ist aber:

$$N\left(\frac{e_0 + e_1 i\sqrt{5}}{2}\right) = \frac{e_0^2 + 5e_1^2}{4}$$

nur dann eine ganze Zahl, wenn e_0 und e_1 gerade Zahlen sind. Also bilden die beiden Zahlen $1, i\sqrt{5}$ eine Basis von $\mathfrak{e}$, und die Grundzahl von $\mathfrak{K}$ ist -20. Aus $N(e_0 + e_1 i\sqrt{5}) = e_0^2 + 5e_1^2$ liest man sofort weiter ab, daß ± 1 die einzigen Einheiten von $\mathfrak{K}$ sind.

Die Zahl 21 ist nun in das Produkt $3 \cdot 7$ spaltbar. Keiner der Faktoren 3 und 7 ist in $\mathfrak{e}$ weiter zerlegbar. Wäre nämlich z. B. die Zahl 3 als Produkt $\eta_1 \cdot \eta_2$ zweier von ± 1 verschiedener ganzer Zahlen von $\mathfrak{K}$ darstellbar, so wäre nach (1) S. 85:

$$N(\eta_1) \cdot N(\eta_2) = N(3) = 9\,,$$

und also würde, da $N(\eta_1)$ und $N(\eta_2)$ rational, ganz und von ± 1 verschieden sind, $N(\eta_1) = N(\eta_2) = \pm 3$ zu treffen. Ist also $\eta_1 = e_0 + e_1 i\sqrt{5}$, so würde $e_0^2 + 5e_1^2 = \pm 3$ folgen, eine Gleichung, die durch rationale ganze e_0, e_1 nicht zu befriedigen ist. Die Zahl 3 ist also im vorliegenden Systeme $\mathfrak{e}$ unzerlegbar, und man zeigt in derselben Art, daß auch 7 unzerlegbar ist. Neben der Zerlegung $21 = 3 \cdot 7$ der Zahl 21 besteht aber noch eine zweite Zerlegung:

$$21 = (1 + 2i\sqrt{5})(1 - 2i\sqrt{5})$$

von 21 in das Produkt zweier in $\mathfrak{K}$ enthaltener ganzer Zahlen. Diese Faktoren sind gleichfalls unzerlegbar. Wäre nämlich etwa $1 + 2i\sqrt{5} = \eta_1 \cdot \eta_2$, wo wieder η_1, η_2 keine Einheiten sind, so würde:

$$N(\eta_1) \cdot N(\eta_2) = N(1 + 2i\sqrt{5}) = 21$$

folgen, und also wäre für einen der beiden Faktoren $N(\eta) = \pm 3$, was wir bereits als unmöglich erkannten. Die Zahl 21 ist hiernach in zwei wesentlich verschiedenen Arten als Produkt unzerlegbarer ganzer Zahlen unseres Körpers $(\mathfrak{R}, i\sqrt{5})$ darstellbar.

Es ist ein naheliegender Gedanke, durch eine Erweiterung des Gebietes $\mathfrak{e}$ unserer ganzen Zahlen den Satz von der „Eindeutigkeit" der Zerlegung jeder ganzen Zahl des erweiterten Gebietes in unzerlegbare Faktoren zu retten. In unserem Falle müßte etwa eine Zerlegung von 21 in *vier* unzerlegbare Faktoren $\mathfrak{p}_1, \mathfrak{p}_2, \mathfrak{p}_3, \mathfrak{p}_4$ stattfinden, und es müßte:

(1) $3 = \mathfrak{p}_1 \cdot \mathfrak{p}_2, \quad 7 = \mathfrak{p}_3 \cdot \mathfrak{p}_4 \quad \text{und} \quad 1 + 2i\sqrt{5} = \mathfrak{p}_1 \cdot \mathfrak{p}_3, \quad 1 - 2i\sqrt{5} = \mathfrak{p}_2 \cdot \mathfrak{p}_4$

gelten. Die Durchführung dieses Gedankens in einer für *alle* algebraischen Körper $\mathfrak{K}$ gültigen Gestalt ist von R. Dedekind in seiner „Idealtheorie" geleistet. Die wichtigsten Grundlagen dieser Theorie sind nun zu entwickeln.

§ 7. Begriff und Darstellung eines Ideals.

Der Grundgedanke der Dedekindschen Theorie ist der, daß die Begriffe und Gesetze der Teilbarkeit nicht auf einzelne Zahlen angewandt werden, sondern auf gewisse Systeme unendlich vieler ganzer Zahlen aus $\mathfrak{e}$, die Dedekind *„Ideale"* nennt. Es mögen zunächst die elementaren Vorstellungen und Überlegungen, die die Teilbarkeit der rationalen ganzen Zahlen betreffen, in die Sprache der Idealtheorie übersetzt werden. Es sei demnach zunächst $\mathfrak{e}$ das System aller ganzen Zahlen des rationalen Körpers $\mathfrak{R}$.

Ist α eine von 0 verschiedene Zahl aus $\mathfrak{e}$, und durchläuft η alle Zahlen von $\mathfrak{e}$, so heißt das System $\eta\alpha$ aller durch α teilbaren Zahlen von $\mathfrak{e}$ ein in $\mathfrak{e}$ enthaltenes *„Ideal"*. Als Bezeichnung für ein solches Ideal benutzen wir wieder die Frakturschrift $\mathfrak{a}$ und schreiben auch, wenn wir ausdrücken wollen, daß $\mathfrak{a}$ aus allen Vielfachen von α besteht, $\mathfrak{a} = [\alpha]$, so daß auch $[\alpha]$ ein Symbol für das System der unendlich vielen Zahlen $\eta\alpha$ ist. Die charakteristischen Eigenschaften eines solchen Ideals sind die folgenden:

1. *Die Summe und die Differenz zweier Zahlen aus* $\mathfrak{a}$ *sind wieder in* $\mathfrak{a}$ *enthalten.*

2. *Das Produkt irgendeiner Zahl* η *aus* $\mathfrak{e}$ *und einer Zahl aus* $\mathfrak{a}$ *ist wieder in* $\mathfrak{a}$ *enthalten.*

3. *Das Ideal* $\mathfrak{a}$ *soll nicht nur aus der einzigen Zahl* 0 *bestehen.*[1])

Es ist leicht zu zeigen, daß diese drei Eigenschaften im System $\mathfrak{e}$ der rationalen ganzen Zahlen stets ein Zahlsystem $\eta\alpha$ obiger Art festlegen. Versteht man also jetzt unter einem Ideale $\mathfrak{a}$ in jenem Systeme $\mathfrak{e}$ irgendein in $\mathfrak{e}$ enthaltenes Zahlsystem, das die drei genannten Eigenschaften hat, so ist zu beweisen, daß $\mathfrak{a}$ stets aus den gesamten durch eine nicht-verschwindende ganze Zahl α teilbaren Zahlen von $\mathfrak{e}$ besteht. Ist nämlich α eine absolut kleinste von 0 verschiedene Zahl in $\mathfrak{a}$, die zufolge 3. existiert, so enthält $\mathfrak{a}$ sicher alle Zahlen $\eta\alpha$ wegen der Eigenschaft 2. Weitere Zahlen können aber in $\mathfrak{a}$ nicht auftreten, da sonst zufolge 1. sofort eine absolut zwischen 0 und $|\alpha|$ gelegene Zahl in $\mathfrak{a}$ nachweisbar wäre. Man beachte übrigens gleich noch, daß die Gesamtheit $\mathfrak{e}$ aller rationalen ganzen Zahlen offenbar selbst ein Ideal darstellt, das wir auch durch [1] bezeichnen können.

Da zu jeder Zahl α aus $\mathfrak{e}$ eindeutig ein Ideal $\mathfrak{a} = [\alpha]$ gehört und umgekehrt zu jedem Ideal $\mathfrak{a}$ eindeutig ein Paar „assoziierter" Zahlen $\pm\alpha$ aus $\mathfrak{e}$ (die sich in Rücksicht auf Teilbarkeit im wesentlichen gleich verhalten), so erscheint es möglich, die Zahlen durch ihre zugehörigen Ideale zu ersetzen und die Regeln der Teilbarkeit in die Sprache der Ideale zu übertragen.

Als *„Produkt"* zweier Ideale $\mathfrak{a} = [\alpha]$ und $\mathfrak{b} = [\beta]$ bezeichnen wir das Ideal $\mathfrak{c} = \mathfrak{a} \cdot \mathfrak{b} = [\alpha \cdot \beta]$. Dann ist offenbar $\mathfrak{b} \cdot \mathfrak{a} = \mathfrak{a} \cdot \mathfrak{b}$, und wir finden, wenn eines der Ideale $\mathfrak{a}, \mathfrak{b}$, etwa $\mathfrak{b} = \mathfrak{e} = [1]$ ist, $\mathfrak{a} \cdot \mathfrak{e} = \mathfrak{e} \cdot \mathfrak{a} = \mathfrak{a}$, so daß $\mathfrak{e}$ als *„Einheitsideal"* bezeichnet werden kann. Ist $\mathfrak{c} = \mathfrak{a} \cdot \mathfrak{b}$, so heißt jedes der Ideale $\mathfrak{a}, \mathfrak{b}$ ein *„Teiler"* von $\mathfrak{c}$, oder man sagt, $\mathfrak{c}$ sei durch $\mathfrak{a}$ und $\mathfrak{b}$ *„teilbar"*, oder $\mathfrak{a}$ und $\mathfrak{b}$ *„gehen in* $\mathfrak{c}$ *auf"*; umgekehrt ist $\mathfrak{c}$ ein *„Vielfaches"* von $\mathfrak{a}$ und auch von $\mathfrak{b}$. *Das Ideal* $\mathfrak{a}$ *ist stets und nur dann ein Teiler von* $\mathfrak{c}$, *wenn jede Zahl von* $\mathfrak{c}$ *in* $\mathfrak{a}$ *enthalten ist.*[2]) Setzen wir nämlich $\mathfrak{c} = [\gamma]$, so ist γ in $\mathfrak{a}$ enthalten, also $\gamma = \beta \cdot \alpha$, wo β eine Zahl aus $\mathfrak{e}$ ist.

Sind α und β zwei von 0 verschiedene Zahlen aus $\mathfrak{e}$, so bilden alle Zahlen $(\eta_1\alpha + \eta_2\beta)$ mit irgendwelchen Paaren η_1, η_2 aus $\mathfrak{e}$ wieder ein Ideal. Wir bezeichnen dieses Ideal durch $\mathfrak{d} = [\alpha, \beta]$. Offenbar sind sowohl die Zahlen von $\mathfrak{a}$ als auch die von $\mathfrak{b}$ in $\mathfrak{d}$ enthalten, so daß $\mathfrak{d}$ ein gemeinsamer Teiler von $\mathfrak{a}$ und $\mathfrak{b}$ ist. Da jeder gemeinsame Teiler von $\mathfrak{a}$ und $\mathfrak{b}$ die

1) Das aus der Zahl 0 allein bestehende „System" würde die Eigenschaften 1. und 2. besitzen. Durch die Forderung 3. ist dieses „System" ausgeschlossen.

2) Der *„Teiler"* $\mathfrak{a}$ ist hier also ein „umfassenderes" Zahlsystem als das *„Vielfache"* $\mathfrak{c}$, sofern nicht etwa $\mathfrak{c} = \mathfrak{a} \cdot \mathfrak{e}$ vorliegen sollte.

Zahlen $\eta_1\alpha$ und $\eta_2\beta$ und also die von $\mathfrak{d}$ in sich enthält, so heißt $\mathfrak{d}=[\alpha,\beta]$ der *„größte gemeinsame Teiler“* von $\mathfrak{a}$ und $\mathfrak{b}$. Dies ist mit dem elementaren Begriffe des größten gemeinsamen Teilers zweier rationaler ganzer Zahlen in Übereinstimmung. Ist nämlich $\mathfrak{d}=[\alpha,\beta]=[\delta]$, wo δ positiv gewählt sein mag, so ist δ die kleinste positive, mit rationalen ganzen η_1, η_2 in der Gestalt $\delta=\eta_1\alpha+\eta_2\beta$ darstellbare Zahl. Diese ist aber in der Tat der größte gemeinsame Teiler von α und β (vgl. S. 30).

Wir kehren nun zu einem beliebigen Körper n^{ten} Grades $\mathfrak{K}$ zurück, dessen ganze Zahlen das System $\mathfrak{e}$ bilden. Irgendein System von Zahlen aus $\mathfrak{e}$ bildet ein *„Ideal“* $\mathfrak{a}$ des Körpers $\mathfrak{K}$, wenn das System die drei oben genannten Eigenschaften 1., 2. und 3. besitzt. Wir stellen im Anschluß an diese Erklärung sogleich fest: *Zwei Ideale* $\mathfrak{a}$ *und* $\mathfrak{b}$ *von* $\mathfrak{K}$ *heißen einander gleich,* $\mathfrak{a}=\mathfrak{b}$, *wenn jede Zahl des einen Ideals auch im anderen enthalten ist.* Auf Grund des folgenden Satzes kann man Ideale des Körpers $\mathfrak{K}$ herstellen: *Sind* $\alpha_1, \alpha_2, \ldots, \alpha_\lambda$ *irgendwelche* λ *festgewählte, nicht durchweg verschwindende Zahlen aus* $\mathfrak{e}$, *so liefern die gesamten Zahlen:*

$$(1)\qquad \eta_1\alpha_1+\eta_2\alpha_2+\cdots+\eta_\lambda\alpha_\lambda,$$

zu bilden für alle möglichen Systeme von λ *Zahlen* $\eta_1, \eta_2, \ldots, \eta_\lambda$ *aus* $\mathfrak{e}$, *ein Ideal* $\mathfrak{a}$, *das wir durch:*

$$(2)\qquad \mathfrak{a}=[\alpha_1, \alpha_2, \ldots, \alpha_\lambda]$$

bezeichnen. Man zeigt nämlich am Systeme (1) sofort die drei charakteristischen Eigenschaften eines Ideals. Hierbei ist übrigens keineswegs behauptet, daß die einzelne Zahl aus $\mathfrak{a}$ nur auf eine Weise in der Gestalt (1) darstellbar sei.

Auch umgekehrt gilt der Satz: *Jedes Ideal* $\mathfrak{a}$ *von* $\mathfrak{K}$ *ist mittelst einer „endlichen“ Anzahl seiner Zahlen* $\alpha_1, \alpha_2, \ldots, \alpha_\lambda$ *in der Gestalt* $[\alpha_1, \alpha_2, \ldots, \alpha_\lambda]$ *als System aller Zahlen* (1) *darstellbar.* Zu einer weiterhin besonders wichtigen Art einer solchen Darstellung irgendeines vorgelegten Ideals $\mathfrak{a}$ führt folgende Überlegung: Es gibt sicher in $\mathfrak{a}$ Systeme von n linear-unabhängigen Zahlen $\alpha_1, \alpha_2, \ldots, \alpha_n$. Ist nämlich α eine von 0 verschiedene Zahl aus $\mathfrak{a}$, und bilden $\eta_1, \eta_2, \ldots, \eta_n$ eine Basis von $\mathfrak{e}$, so bilden z. B. die n Zahlen $\alpha_1=\eta_1\alpha, \alpha_2=\eta_2\alpha, \ldots, \alpha_n=\eta_n\alpha$ ein System linear-unabhängiger Zahlen von $\mathfrak{a}$. Für jedes solche System ist $D(\alpha_1, \alpha_2, \ldots, \alpha_n)$ eine von 0 verschiedene rationale ganze Zahl. Wie S. 86 nennen wir ein System linear-unabhängiger Zahlen $\alpha_1, \alpha_2, \ldots, \alpha_n$ aus $\mathfrak{a}$ *eine „Basis“ des Ideals* $\mathfrak{a}$, falls die von 0 verschiedene rationale ganze Zahl $D(\alpha_1, \alpha_2, \ldots, \alpha_n)$, absolut genommen, einen möglichst kleinen Wert hat. Dann gilt der Satz: *Jede Zahl:*

$$(3)\qquad \alpha=e_1\alpha_1+e_2\alpha_2+\cdots+e_n\alpha_n$$

mit rationalen ganzen e *ist in* $\mathfrak{a}$ *enthalten, und jede Zahl* α *von* $\mathfrak{a}$ *ist auf eine und nur eine Art in der Gestalt* (3) *mittelst rationaler ganzer Zahlen*

$\mathfrak{e}$ durch die Basis $\alpha_1, \alpha_2, \ldots, \alpha_n$ darstellbar. Der Beweis wird durch Wiederholung der Überlegung von S. 87 geführt, wobei an die Stelle der damaligen Zahlen $\eta_1, \eta_2, \ldots, \eta_n$ die Zahlen $\alpha_1, \alpha_2, \ldots, \alpha_n$ treten und das System $\mathfrak{e}$ durch $\mathfrak{a}$ zu ersetzen ist. Hiernach ist $\mathfrak{a}$ sicher z. B. in den n Zahlen einer Basis $\alpha_1, \alpha_2, \ldots, \alpha_n$ als Ideal $[\alpha_1, \alpha_2, \ldots, \alpha_n]$ darstellbar, womit der letzte Satz bewiesen ist.

Während später der Gebrauch einer Basis von $\mathfrak{a}$ wichtig wird, ist es einstweilen zweckmäßiger, die Anzahl λ der Zahlen α in (2) unbestimmt zu lassen und als „Koeffizienten“ nicht nur rationale ganze Zahlen, sondern wie in (1) beliebige ganze Zahlen η aus $\mathfrak{e}$ zuzulassen. Sollen alle Zahlen eines zweiten Ideals $\mathfrak{b} = [\beta_1, \beta_2, \ldots, \beta_\mu]$ in $\mathfrak{a}$ enthalten sein, so ist hierfür das Bestehen der μ Gleichungen:

$$(4) \qquad \beta_i = \eta_{i1}\alpha_1 + \eta_{i2}\alpha_2 + \cdots + \eta_{i\lambda}\alpha_\lambda, \qquad i = 1, 2, \ldots, \mu$$

erforderlich und hinreichend, wo natürlich die η Zahlen aus $\mathfrak{e}$ sind. Bestehen außerdem λ Gleichungen:

$$(5) \qquad \alpha_k = \eta'_{k1}\beta_1 + \eta'_{k2}\beta_2 + \cdots + \eta'_{k\mu}\beta_\mu, \qquad k = 1, 2, \ldots, \lambda$$

wieder mit Zahlen η' aus $\mathfrak{e}$, so sind auch alle Zahlen von $\mathfrak{a}$ in $\mathfrak{b}$ enthalten, d. h. wir haben $\mathfrak{a} = \mathfrak{b}$.

Ein Ideal $\mathfrak{a} = [\alpha]$, das also aus allen durch die von 0 verschiedene ganze Zahl α teilbaren Zahlen aus $\mathfrak{e}$ besteht, heißt ein *„Hauptideal“*. Sollen die beiden Hauptideale $\mathfrak{a} = [\alpha]$ und $\mathfrak{b} = [\beta]$ einander gleich sein, so müssen zwei Gleichungen $\beta = \eta\alpha$ und $\alpha = \eta'\beta$ mit Zahlen η und η' aus $\mathfrak{e}$ gelten. Aus ihnen folgt $\eta \cdot \eta' = 1$, so daß die Zahlen η und η' Einheiten sein müssen, $\eta = \varepsilon$ und $\eta' = \varepsilon' = \varepsilon^{-1}$. Aus $\beta = \varepsilon\alpha$ folgt auch sofort $\alpha = \varepsilon'\beta$, so daß der Satz gilt: *Die beiden Hauptideale $\mathfrak{a} = [\alpha]$ und $\mathfrak{b} = [\beta]$ sind stets und nur dann einander gleich, wenn α und β assoziierte Zahlen sind.* Insbesondere folgt: *Jedes aus einer Einheit ε hergestellte Hauptideal $[\varepsilon]$ ist gleich $\mathfrak{e}$.*

Die „Hauptideale“ sind es, die den Zahlen von $\mathfrak{e}$, genauer den Systemen assoziierter Zahlen von $\mathfrak{e}$ zugeordnet sind. Soll der Begriff des Ideals allgemein die S. 88 ff. besprochene Schwierigkeit heben, so müßte die zu vollziehende „Erweiterung“ des Gebietes $\mathfrak{e}$ der ganzen Zahlen von $\mathfrak{K}$ darin bestehen, daß wir, nachdem die Systeme der assoziierten Zahlen durch ihre Hauptideale ersetzt sind, die gesamten übrigen Ideale von $\mathfrak{K}$, sofern solche vorhanden sind, als selbständige Elemente, gewissermaßen als neue ganze Zahlen, den bisherigen hinzuzufügen. In dem so erweiterten Gebiete müßten dann die Gesetze der Teilbarkeit wieder denselben einfachen Charakter annehmen wie im rationalen Körper. Daß dies in der Tat der Fall ist, wird der in § 9, S. 97 aufzustellende Hauptsatz der Idealtheorie zeigen.

§ 8. Multiplikation der Ideale.

Die Multiplikation zweier Ideale ist so zu erklären, daß insbesondere die Multiplikation zweier Hauptideale auf diejenige zweier ganzer Zahlen hinausläuft. Dies leistet folgende Festsetzung: *Das Produkt* $\mathfrak{c} = \mathfrak{a} \cdot \mathfrak{b}$ *der beiden Ideale* $\mathfrak{a} = [\alpha_1, \alpha_2, \ldots, \alpha_\lambda]$ *und* $\mathfrak{b} = [\beta_1, \beta_2, \ldots, \beta_\mu]$ *ist das Ideal:*

$$(1) \qquad \mathfrak{c} = [\alpha_1\beta_1, \alpha_1\beta_2, \ldots, \alpha_1\beta_\mu, \alpha_2\beta_1, \ldots, \alpha_\lambda\beta_\mu].$$

Dem Produkte gehört jede Zahl an, die durch Multiplikation einer Zahl α aus $\mathfrak{a}$ und einer Zahl β aus $\mathfrak{b}$ entsteht, und damit auch jede Summe solcher Produkte:

$$(2) \qquad \alpha\beta + \alpha'\beta' + \alpha''\beta'' + \cdots + \alpha^{(\nu)}\beta^{(\nu)}.$$

Umgekehrt ist jede Zahl des Ideals (1) in der Gestalt (2) darstellbar z. B. als eine Summe:

$$\alpha_1\beta' + \alpha_2\beta'' + \cdots + \alpha_\lambda\beta^{(\lambda)},$$

wo $\alpha_1, \alpha_2, \ldots, \alpha_\lambda$ die zur Darstellung des Ideals $\mathfrak{a} = [\alpha_1, \alpha_2, \ldots, \alpha_\lambda]$ ausgewählten Zahlen sind und $\beta', \beta'', \ldots, \beta^{(\lambda)}$ Zahlen des Ideals $\mathfrak{b}$ bedeuten. Man kann das Produkt $\mathfrak{a} \cdot \mathfrak{b}$ geradezu als das ein Ideal bildende System aller Zahlen (2) erklären. Hieraus erkennt man, *daß das Produkt* $\mathfrak{a} \cdot \mathfrak{b}$ *durch die Faktoren* $\mathfrak{a}$ *und* $\mathfrak{b}$ *eindeutig bestimmt ist,* d. h. daß $\mathfrak{a} \cdot \mathfrak{b}$ nicht etwa abhängig ist von der besonderen Auswahl der beiden Zahlensysteme $\alpha_1, \alpha_2, \ldots, \alpha_\lambda$ und $\beta_1, \beta_2, \ldots, \beta_\mu$, die der Erklärung (1) zugrunde liegen.

Aus (1) folgt der Satz: *Für die Multiplikation der Ideale gelten die Gesetze* $\mathfrak{a} \cdot \mathfrak{b} = \mathfrak{b} \cdot \mathfrak{a}$ *und* $(\mathfrak{a} \cdot \mathfrak{b}) \cdot \mathfrak{c} = \mathfrak{a} \cdot (\mathfrak{b} \cdot \mathfrak{c})$. Für das assoziative Gesetz wolle man sich das Produkt dreier Ideale entsprechend dem Ansatze (1) anschreiben. Die Gesetze bestehen für die Ideale dann einfach deshalb, weil sie für die Zahlen gelten.

Von grundsätzlicher Bedeutung ist nun der folgende Satz: *Ist* $\mathfrak{a} = [\alpha_0, \alpha_1, \alpha_2, \ldots, \alpha_\mu]$ *ein beliebiges Ideal des Körpers* $\mathfrak{K}$, *so kann man ein zweites Ideal* $\mathfrak{b}$ *von* $\mathfrak{K}$ *so angeben, daß das Produkt von* $\mathfrak{a}$ *und* $\mathfrak{b}$ *ein Hauptideal* $\mathfrak{a} \cdot \mathfrak{b} = [a]$ *mit rationaler ganzer positiver Zahl* a *wird.* Um dies zu zeigen, bilden wir mit einer Variablen z die ganze Funktion μ^{ten} Grades:

$$(3) \qquad \varphi(z) = \alpha_0 z^\mu + \alpha_1 z^{\mu-1} + \cdots + \alpha_\mu$$

und stellen die $(n-1)$ mit $\varphi(z)$ „konjugierten“ Funktionen her:

$$(4) \qquad \begin{cases} \alpha_0' z^\mu + \alpha_1' z^{\mu-1} + \cdots + \alpha_\mu', \\ \alpha_0'' z^\mu + \alpha_1'' z^{\mu-1} + \cdots + \alpha_\mu'', \\ \ldots\ldots\ldots\ldots\ldots, \end{cases}$$

unter $\alpha_k, \alpha_k', \alpha_k'', \ldots, \alpha_k^{(n-1)}$ die n mit α_k konjugierten Zahlen verstanden. Das Produkt der $(n-1)$ Funktionen (4) bezeichnen wir durch:

$$(5) \qquad \psi(z) = \beta_0 z^\nu + \beta_1 z^{\nu-1} + \cdots + \beta_\nu;$$

der Grad ν von $\psi(z)$ ist $\mu(n-1)$, die Koeffizienten β sind ganze Zahlen. Durch Multiplikation der Funktionen $\varphi(z)$ und $\psi(z)$ entstehe die Funktion μn^{ten} Grades:

$$(6)\qquad \varphi(z)\psi(z)=f(z)=\gamma_0 z^{\mu n}+\gamma_1 z^{\mu n-1}+\cdots+\gamma_{\mu n}.$$

Da $f(z)$ das Produkt der n konjugierten Funktionen (3) und (4) ist, so sind die $\gamma_0, \gamma_1, \ldots, \gamma_{\mu n}$ rational[1]) und stellen also nach einem Satze von S. 82 *rationale ganze* Zahlen dar. Da ferner $\psi(z)$ der Quotient von $f(z)$ und $\varphi(z)$ ist, so gehören die Koeffizienten β dem Körper $\mathfrak{K}$ an und sind als *ganze* Zahlen in $\mathfrak{e}$ enthalten. Aus dem Hilfssatze von § 2, S. 80 folgt nun leicht, daß das Ideal $\mathfrak{b}=[\beta_0, \beta_1, \beta_2, \ldots, \beta_\nu]$ dem zu beweisenden Satze genügt. Haben nämlich die $\gamma_0, \gamma_1, \ldots, \gamma_{\mu n}$ die rationale ganze positive Zahl a als größten gemeinsamen Teiler, so ist nach jenem Hilfssatze a ein Teiler jedes Produktes $\alpha_i\beta_k$. Demnach ist jede Zahl des Ideals $\mathfrak{c}=\mathfrak{a}\cdot\mathfrak{b}$ durch a teilbar und also in der Gestalt ηa darstellbar. Andrerseits gehören dem Ideale $\mathfrak{c}=\mathfrak{a}\cdot\mathfrak{b}$ alle Zahlen $\gamma_0, \gamma_1, \ldots, \gamma_{\mu n}$ und damit die Zahl:

$$(7)\qquad e_0\gamma_0+e_1\gamma_1+e_2\gamma_2+\cdots+e_{\mu n}\gamma_{\mu n}$$

mit irgendwelchen rationalen ganzen e an. Man kann aber die e so wählen, daß die Zahl (7) gleich dem größten gemeinsamen Teiler a aller γ wird.[2]) Hiernach ist auch a in $\mathfrak{c}$ enthalten. Es ist also nicht nur jede Zahl von $\mathfrak{c}$ in der Gestalt ηa darstellbar, sondern jedes Produkt ηa mit beliebigem Faktor η aus $\mathfrak{e}$ ist in $\mathfrak{c}$ enthalten, d. h. es gilt $\mathfrak{c}=\mathfrak{a}\cdot\mathfrak{b}=[a]$ womit unser Satz bewiesen ist.

Aus dem eben bewiesenen Satze kann man leicht auf den folgenden schließen: *Sind die Produkte* $\mathfrak{a}\cdot\mathfrak{a}'$ *und* $\mathfrak{a}\cdot\mathfrak{a}''$ *eines Ideals* $\mathfrak{a}$ *mit den beiden Idealen* $\mathfrak{a}'=[\alpha_1', \alpha_2', \ldots, \alpha_\lambda']$ und $\mathfrak{a}''=[\alpha_1'', \alpha_2'', \ldots, \alpha_\mu'']$ *einander gleich, so sind auch* $\mathfrak{a}'$ *und* $\mathfrak{a}''$ *gleich, d. h. aus* $\mathfrak{a}\cdot\mathfrak{a}'=\mathfrak{a}\cdot\mathfrak{a}''$ *folgt* $\mathfrak{a}'=\mathfrak{a}''$. Ist nämlich $\mathfrak{b}$ ein Ideal, das in $\mathfrak{b}\cdot\mathfrak{a}$ ein Hauptideal $[a]$ mit rationaler ganzer positiver Zahl a liefert, so folgt durch Multiplikation von $\mathfrak{a}\cdot\mathfrak{a}'=\mathfrak{a}\cdot\mathfrak{a}''$ mit $\mathfrak{b}$ zufolge der Gültigkeit des assoziativen Gesetzes $[a]\cdot\mathfrak{a}'=[a]\cdot\mathfrak{a}''$. Diese Gleichung besagt, daß jede Zahl $(\eta_1' a\alpha_1'+\eta_2' a\alpha_2'+\cdots+\eta_\lambda' a\alpha_\lambda')$ des Ideals $[a]\cdot\mathfrak{a}'$ auch als eine Zahl $(\eta_1'' a\alpha_1''+\eta_2'' a\alpha_2''+\cdots+\eta_\mu'' a\alpha_\mu'')$ von $[a]\cdot\mathfrak{a}''$

1) Um den Hauptsatz über symmetrische Funktionen bequem anwenden zu können, stelle man die $\alpha_0, \alpha_1, \ldots$ als Zahlen von $\mathfrak{K}$ in der Gestalt (2) S. 83 dar und ordne geradezu die Funktion $\varphi(z)$ nach Potenzen von θ an. Für die Funktionen (4) ergeben sich dann die entsprechenden Ausdrücke in den mit θ konjugierten Zahlen $\theta', \theta'', \ldots$.

2) Daß man bei zwei rationalen ganzen Zahlen γ_0, γ_1 die gleichfalls rationalen ganzen Zahlen e_0, e_1 so wählen kann, daß $(e_0\gamma_0+e_1\gamma_1)$ der größte gemeinsame Teiler von γ_0 und γ_1 wird, ist ein bekannter Elementarsatz der Zahlentheorie (S. 90ff.). Hieraus folgt die Behauptung des Textes leicht durch vollständige Induktion.

darstellbar sei und umgekehrt. Teilen wir durch α, so folgt, daß jede Zahl $(\eta_1'\alpha_1 + \eta_2'\alpha_2' + \cdots + \eta_\lambda'\alpha_\lambda')$ auch als eine Zahl $(\eta_1''\alpha_1'' + \eta_2''\alpha_2'' + \cdots + \eta_\mu''\alpha_\mu'')$ darstellbar ist und umgekehrt. Dies aber heißt, daß $\mathfrak{a}' = \mathfrak{a}''$ ist.

§ 9. Faktorenzerlegung eines Ideals.

Um einen bei der Faktorenzerlegung eines Ideals zu benutzenden Hilfssatz zu beweisen, schicken wir folgende Erklärung voraus: Zwei Zahlen η und η' aus $\mathfrak{e}$, deren Differenz durch die ganze Zahl α aus $\mathfrak{e}$ teilbar ist, sollen modulo α kongruent heißen:

$$\eta' \equiv \eta \qquad (\text{mod } \alpha).$$

Alle mod α kongruenten Zahlen von $\mathfrak{e}$ fassen wir in eine *„Zahlklasse"* zusammen. Es gilt der Satz: *Ist a rational, ganz und positiv, so gibt es* mod a *im ganzen a^n inkongruente Zahlklassen in* $\mathfrak{e}$. Stellen wir nämlich die Zahlen η von $\mathfrak{e}$ in einer Basis $\eta_1, \eta_2, \ldots, \eta_n$ dar:

$$\eta = e_1\eta_1 + e_2\eta_2 + \cdots + e_n\eta_n, \tag{1}$$

so ist die Zahl (1) mit der Zahl $\eta' = e_1'\eta_1 + e_2'\eta_2 + \cdots + e_n'\eta_n$ stets und nur dann mod a kongruent, wenn $e_k \equiv e_k'$ (mod a) für $k = 1, 2, \ldots, n$ gilt. Man erhält demnach ein volles System mod a inkongruenter Zahlen η, wenn man die n Koeffizienten e_k in (1) auf alle a^n Arten entsprechend den Bedingungen $0 \leqq e_k < a$ auswählt.

Hieraus ergibt sich der unten anzuwendende Satz: *Es gibt in $\mathfrak{K}$ nur eine beschränkte Anzahl von Idealen, die eine vorgeschriebene rationale ganze positive Zahl a enthalten.* Ein solches Ideal enthält nämlich mit einer Zahl η sogleich die ganze Klasse der mod a mit η kongruenten Zahlen, setzt sich also aus einer gewissen Anzahl der a^n mod a inkongruenten Zahlklassen zusammen. Aus einer endlichen Anzahl a^n von Klassen können wir aber nur eine endliche Anzahl von Kombinationen herstellen, woraus der Satz hervorgeht.

Es gelte nun folgende Erklärung: Ein Ideal $\mathfrak{c}$ hat ein Ideal $\mathfrak{a}$ als *„Teiler"* oder ist *„durch $\mathfrak{a}$ teilbar"* oder $\mathfrak{a}$ *„geht in $\mathfrak{c}$ auf"*, falls es ein Ideal $\mathfrak{a}'$ gibt, das mit $\mathfrak{a}$ multipliziert $\mathfrak{c}$ liefert, $\mathfrak{a} \cdot \mathfrak{a}' = \mathfrak{c}$. Aus $\mathfrak{a} \cdot \mathfrak{e} = \mathfrak{a}$ folgt, daß jedes Ideal $\mathfrak{a}$ sowohl das Einheitsideal $\mathfrak{e}$ als sich selbst zum Teiler hat. Sollte es Ideale $\mathfrak{a}$ in $\mathfrak{K}$ geben, die außer $\mathfrak{e}$ und $\mathfrak{a}$ keinen Teiler haben, so werden wir solche Ideale als *„Primideale"* bezeichnen. An die Erklärung des Teilers schließt sich der Satz: *Ist $\mathfrak{a}$ ein Teiler von $\mathfrak{c}$, so gibt es auch nur ein Ideal $\mathfrak{a}'$, das mit $\mathfrak{a}$ multipliziert $\mathfrak{c}$ als Produkt liefert.* Wäre nämlich neben $\mathfrak{a} \cdot \mathfrak{a}' = \mathfrak{c}$ auch $\mathfrak{a} \cdot \mathfrak{a}'' = \mathfrak{c}$, so wäre $\mathfrak{a} \cdot \mathfrak{a}' = \mathfrak{a} \cdot \mathfrak{a}''$ und also nach dem letzten Satze des vorigen Paragraphen $\mathfrak{a}' = \mathfrak{a}''$.

In den nächstfolgenden Sätzen wird man Verallgemeinerungen der S. 90ff. für den rationalen Körper aufgestellten Sätze erkennen. *Das Ideal*

$\mathfrak{a}$ *ist stets und nur dann ein Teiler von* $\mathfrak{c}$, *wenn jede Zahl von* $\mathfrak{c}$ *in* $\mathfrak{a}$ *enthalten ist.* Daß jede Zahl von $\mathfrak{c} = \mathfrak{a} \cdot \mathfrak{a}'$ in $\mathfrak{a}$ enthalten ist, folgt aus der Erklärung (1) S. 93 des Produktes zweier Ideale. Ist andrerseits $\mathfrak{c}$ irgendein Ideal, dessen sämtliche Zahlen in $\mathfrak{a}$ enthalten sind, und ist $\mathfrak{b}$ ein Ideal, das mit $\mathfrak{a}$ multipliziert wie oben als Produkt ein Hauptideal $\mathfrak{a} \cdot \mathfrak{b} = [a]$ liefert, so ist auch jede Zahl des Ideals $\mathfrak{c} \cdot \mathfrak{b} = \mathfrak{b} \cdot \mathfrak{c}$ durch a teilbar. Es gibt demnach für $\mathfrak{b} \cdot \mathfrak{c}$ eine Darstellung:

$$\mathfrak{b} \cdot \mathfrak{c} = [a\alpha_1', a\alpha_2', \ldots, a\alpha_\nu'],$$

wo die $\alpha_1', \alpha_2', \ldots, \alpha_\nu'$ ganze Zahlen sind. Setzen wir $[\alpha_1', \alpha_2', \ldots, \alpha_\nu'] = \mathfrak{a}'$, so wird $\mathfrak{b} \cdot \mathfrak{c} = [a] \cdot \mathfrak{a}' = \mathfrak{b} \cdot \mathfrak{a} \cdot \mathfrak{a}'$, woraus $\mathfrak{c} = \mathfrak{a} \cdot \mathfrak{a}'$ und also der zu beweisende Satz folgt.

Ein Ideal, das in jedem der beiden Ideale $\mathfrak{a}$ und $\mathfrak{a}'$ aufgeht, und das jeden gemeinsamen Teiler von $\mathfrak{a}$ und $\mathfrak{a}'$ selbst zum Teiler hat, heißt ein *„größter gemeinsamer Teiler"* von $\mathfrak{a}$ und $\mathfrak{a}'$. Es gilt der Satz: *Je zwei Ideale* $\mathfrak{a}$ *und* $\mathfrak{a}'$ *des Körpers* $\mathfrak{K}$ *haben einen eindeutig bestimmten größten gemeinsamen Teiler* $\mathfrak{d}$; *ist* $\mathfrak{a} = [\alpha_1, \alpha_2, \ldots, \alpha_\lambda]$ *und* $\mathfrak{a}' = [\alpha_1', \alpha_2', \ldots, \alpha_\mu']$, *so ist dieser Teiler* $\mathfrak{d}$:

$$\mathfrak{d} = [\alpha_1, \alpha_2, \ldots, \alpha_\lambda, \alpha_1', \alpha_2', \ldots, \alpha_\mu']. \tag{2}$$

Jede Zahl von $\mathfrak{a}$ ist nämlich in diesem $\mathfrak{d}$ enthalten, ebenso jede von $\mathfrak{a}'$; also ist $\mathfrak{d}$ ein gemeinsamer Teiler von $\mathfrak{a}$ und $\mathfrak{a}'$. Ist aber $\mathfrak{d}'$ irgendein gemeinsamer Teiler von $\mathfrak{a}$ und $\mathfrak{a}'$, so sind alle Zahlen $\alpha_1, \alpha_2, \ldots, \alpha_\lambda, \alpha_1', \alpha_2', \ldots, \alpha_\mu'$ in $\mathfrak{d}'$ enthalten. Also sind auch alle Zahlen von $\mathfrak{d}$ in $\mathfrak{d}'$ enthalten, d. h. es ist $\mathfrak{d}'$ Teiler von $\mathfrak{d}$. Hieran schließt sich die Erklärung: *Ist der größte gemeinsame Teiler von* $\mathfrak{a}$ *und* $\mathfrak{a}'$ *das Einheitsideal* $\mathfrak{e}$, *so heißen* $\mathfrak{a}$ *und* $\mathfrak{a}'$ *„teilerfremd".*

Aus den bisherigen Sätzen ergeben sich einige einfache Folgerungen: *Gilt für zwei Ideale* $\mathfrak{a}$ *und* $\mathfrak{a}'$ *die Gleichung* $\mathfrak{a} \cdot \mathfrak{a}' = \mathfrak{e}$, *so ist* $\mathfrak{a} = \mathfrak{a}' = \mathfrak{e}$. Es ist nämlich jede Zahl von $\mathfrak{e}$ sowohl im Teiler $\mathfrak{a}$ als im Teiler $\mathfrak{a}'$ enthalten. *Irgendein vorgelegtes Ideal* $\mathfrak{a}$ *hat nur endlich viele Teiler.* Ist wie oben $\mathfrak{a} \cdot \mathfrak{b} = [a]$, so ist jede Zahl von $[a]$, also auch a selbst in $\mathfrak{a}$ und damit auch in jedem Teiler von $\mathfrak{a}$ enthalten. Es gibt aber nach S. 95 nur endlich viele Ideale, die die Zahl a enthalten. *Ist* $\mathfrak{a} \cdot \mathfrak{a}' = \mathfrak{c}$, *und ist* $\mathfrak{a}'$ *nicht das Einheitsideal* $\mathfrak{e}$, *so hat* $\mathfrak{a}$ *weniger Teiler als* $\mathfrak{c}$. Jeder Teiler von $\mathfrak{a}$ ist nämlich ein Teiler von $\mathfrak{c}$. Aber nicht jeder Teiler von $\mathfrak{c}$ ist ein solcher von $\mathfrak{a}$. Es geht z. B. $\mathfrak{c}$ selbst wohl in $\mathfrak{c}$, aber nicht in $\mathfrak{a}$ auf. Wäre nämlich $\mathfrak{a} = \mathfrak{c} \cdot \mathfrak{a}''$, so würde durch Multiplikation mit $\mathfrak{a}'$:

$$\mathfrak{c}\mathfrak{a}'' \cdot \mathfrak{a}' = \mathfrak{a} \cdot \mathfrak{a}' = \mathfrak{c} = \mathfrak{c} \cdot \mathfrak{e}$$

und also $\mathfrak{a}' \cdot \mathfrak{a}'' = \mathfrak{e}$, $\mathfrak{a}' = \mathfrak{e}$ entgegen der Annahme folgen.

Das Ideal $\mathfrak{e}$ ist nur durch sich selbst teilbar und hat demnach den Charakter eines Primideals. Indes verstehen wir weiterhin unter einem „Primideal" ein von $\mathfrak{e}$ verschiedenes Ideal $\mathfrak{p}$, welches nur $\mathfrak{e}$ und $\mathfrak{p}$ selbst zu Teilern hat. Es gilt dann der Satz: *Jedes von $\mathfrak{e}$ verschiedene Ideal $\mathfrak{a}$ ist durch mindestens ein Primideal teilbar.* Es hat nämlich $\mathfrak{a}$ sicher mindestens einen von $\mathfrak{e}$ verschiedenen Teiler, nämlich $\mathfrak{a}$ selbst, und andrerseits auch nur eine endliche Anzahl solcher Teiler. Unter diesen von $\mathfrak{e}$ verschiedenen Teilern des Ideals $\mathfrak{a}$ können wir einen aussuchen, der seinerseits nicht mehr Teiler hat als irgendein anderer von ihnen. Jeder Teiler hat nämlich selbst nicht mehr Teiler als $\mathfrak{a}$; unter den Teileranzahlen gibt es also eine kleinste. Den ausgesuchten Teiler nennen wir $\mathfrak{b}$ und erkennen leicht, daß er ein Primideal darstellt. Gäbe es nämlich eine Zerlegung $\mathfrak{b} = \mathfrak{c} \cdot \mathfrak{c}'$, wo keines der Ideale $\mathfrak{c}$ gleich $\mathfrak{e}$ wäre, so wären auch $\mathfrak{c}$ und $\mathfrak{c}'$ Teiler von $\mathfrak{a}$, die nach dem letzten Satze entgegen der Annahme über $\mathfrak{b}$ weniger Teiler als $\mathfrak{b}$ hätten.

Jetzt ist auch der folgende Satz beweisbar: *Geht ein Primideal $\mathfrak{p}$ in dem Produkte $\mathfrak{a} = \mathfrak{a}' \cdot \mathfrak{a}''$ der beiden Ideale $\mathfrak{a}'$ und $\mathfrak{a}''$ auf, so ist mindestens einer der Faktoren $\mathfrak{a}'$, $\mathfrak{a}''$ durch $\mathfrak{p}$ teilbar.* Wir nehmen an, daß $\mathfrak{p}$ nicht in $\mathfrak{a}''$ aufgeht, und haben zu zeigen, daß $\mathfrak{p}$ Teiler von $\mathfrak{a}'$ ist. Der Annahme entsprechend sind $\mathfrak{a}'' = [\alpha_1'', \alpha_2'', \ldots, \alpha_\lambda'']$ und $\mathfrak{p} = [\pi_1, \pi_2, \ldots, \pi_\mu]$ teilerfremd:

$$[\alpha_1'', \alpha_2'', \ldots, \alpha_\lambda'', \pi_1, \pi_2, \ldots, \pi_\mu] = \mathfrak{e}.$$

Da die Zahl 1 in $\mathfrak{e}$ enthalten ist, so gibt es eine Darstellung:

$$1 = \eta_1'' \alpha_1'' + \eta_2'' \alpha_2'' + \cdots + \eta_\lambda'' \alpha_\lambda'' + \eta_1 \pi_1 + \cdots + \eta_\mu \pi_\mu$$

dieser Zahl. Ist nun α' eine beliebige Zahl aus $\mathfrak{a}'$, so folgt durch Multiplikation der letzten Gleichung mit α':

$$\alpha' = \alpha'(\eta_1'' \alpha_1'' + \eta_2'' \alpha_2'' + \cdots + \eta_\lambda'' \alpha_\lambda'') + \alpha' \eta_1 \pi_1 + \cdots + \alpha' \eta_\mu \pi_\mu .$$

Das erste Glied rechts, als Produkt einer Zahl α' aus $\mathfrak{a}'$ und einer Zahl $(\eta_1'' \alpha_1'' + \cdots)$ aus $\mathfrak{a}''$, ist in $\mathfrak{a}' \cdot \mathfrak{a}'' = \mathfrak{a}$ und also auch im Teiler $\mathfrak{p}$ von $\mathfrak{a}$ enthalten. Da auch die Zahl $(\alpha' \eta_1 \pi_1 + \cdots)$ in $\mathfrak{p}$ enthalten ist, so gilt dasselbe von α', also von jeder beliebigen Zahl aus $\mathfrak{a}'$. Also ist $\mathfrak{p}$ Teiler von $\mathfrak{a}'$.

In allen diesen Sätzen erkennt man die Übertragungen bekannter Elementarsätze über die Teilbarkeit der rationalen ganzen Zahlen auf die Ideale des Körpers $\mathfrak{K}$. Der Hauptsatz der Idealtheorie ist endlich der folgende: *Jedes von $\mathfrak{e}$ verschiedene Ideal $\mathfrak{a}$ von $\mathfrak{K}$ ist als Produkt von Primidealen darstellbar:*

$$\mathfrak{a} = \mathfrak{p}_1 \cdot \mathfrak{p}_2 \cdot \mathfrak{p}_3 \cdots \mathfrak{p}_l, \tag{3}$$

und zwar im wesentlichen, d. h. abgesehen von der Anordnung der Faktoren nur auf eine einzige Art, wobei wir übrigens in (3) *rechts etwa gleiche Primideale auch in Primidealpotenzen zusammenfassen können.* Ist $\mathfrak{a}$ nicht selbst Primideal, in welchem Falle die Gleichung (3) für $l = 1$ gilt, so sei $\mathfrak{p}_1$ ein erstes in $\mathfrak{a}$ aufgehendes Primideal, das nach dem vorletzten Satze existiert. Wir setzen $\mathfrak{a} = \mathfrak{p}_1 \cdot \mathfrak{a}'$ und haben in $\mathfrak{a}'$ ein Ideal, das weniger

Teiler hat als $\mathfrak{a}$. Ist $\mathfrak{a}'$ noch nicht Primideal, so setzen wir $\mathfrak{a}' = \mathfrak{p}_2 \cdot \mathfrak{a}''$, wo die Teileranzahl von $\mathfrak{a}''$ wieder geringer ist als die von $\mathfrak{a}'$. Da die Teileranzahl von $\mathfrak{a}$ endlich war, so kommt dieser Prozeß zum Abschluß und liefert eine Darstellung (3) von $\mathfrak{a}$. Gibt es noch eine zweite solche Darstellung:

$$(4) \qquad \mathfrak{a} = \mathfrak{p}_1' \cdot \mathfrak{p}_2' \cdot \mathfrak{p}_3' \cdots \mathfrak{p}_m',$$

so gelten folgende Schlüsse. Es sei etwa $l \leq m$. Das Ideal $\mathfrak{p}_1$ geht im Produkte $\mathfrak{p}_1' \cdot (\mathfrak{p}_2' \cdot \mathfrak{p}_3' \cdots \mathfrak{p}_m')$ auf; also ist entweder $\mathfrak{p}_1 = \mathfrak{p}_1'$, oder $\mathfrak{p}_1$ geht in $\mathfrak{p}_2' \cdot \mathfrak{p}_3' \cdots \mathfrak{p}_m'$ auf. Durch Fortsetzung dieses Verfahrens findet man, daß $\mathfrak{p}_1$ unter den in (4) rechts stehenden Idealen auftritt. Wir können demnach, nötigenfalls nach Umordnung der Ideale in (4) rechts, $\mathfrak{p}_1' = \mathfrak{p}_1$ setzen. Dann folgt nach einem Satze von S. 94:

$$\mathfrak{p}_2 \cdot \mathfrak{p}_3 \cdots \mathfrak{p}_l = \mathfrak{p}_2' \cdot \mathfrak{p}_3' \cdots \mathfrak{p}_m'.$$

Auf dieselbe Art ergibt sich $\mathfrak{p}_2' = \mathfrak{p}_2$, $\mathfrak{p}_3' = \mathfrak{p}_3, \ldots, \mathfrak{p}_{l-1}' = \mathfrak{p}_{l-1}$, worauf die Gleichung übrig bleibt:

$$\mathfrak{p}_l = \mathfrak{p}_l' \cdot \mathfrak{p}_{l+1}' \cdots \mathfrak{p}_m'.$$

Diese Gleichung lehrt, daß $l = m$ sein muß, und daß $\mathfrak{p}_l' = \mathfrak{p}_l$ zutrifft. Damit ist der Satz bewiesen.

In dem S. 88ff. betrachteten quadratischen Körper der Grundzahl -20 konnten wir das Hauptideal $[21]$ als Produkt sowohl von $[3]$ und $[7]$ als auch als Produkt von $[1 + 2i\sqrt{5}]$ und $[1 - 2i\sqrt{5}]$ darstellen, was den Zerlegungen $21 = 3 \cdot 7$ und $21 = (1 + 2i\sqrt{5})(1 - 2i\sqrt{5})$ entspricht. Die Hauptideale $[3]$, $[7]$, $[1 \pm 2i\sqrt{5}]$ sind nun noch keine Primideale. Die Zerlegung von $[21]$ in Primideale enthält *vier* Faktoren, nämlich:

$$\mathfrak{p}_1 = [3, 1 + 2i\sqrt{5}], \quad \mathfrak{p}_2 = [3, 1 - 2i\sqrt{5}],$$
$$\mathfrak{p}_3 = [7, 1 + 2i\sqrt{5}], \quad \mathfrak{p}_4 = [7, 1 - 2i\sqrt{5}],$$

in denen man auf Grund späterer Sätze leicht Primideale erkennt, und die übrigens die größten gemeinschaftlichen Teiler von $[3]$ und $[1 + 2i\sqrt{5}]$, von $[3]$ und $[1 - 2i\sqrt{5}]$ usw. sind. Bildet man nach (1) S. 93 das Produkt $\mathfrak{p}_1 \cdot \mathfrak{p}_2$, so ist:

$$(5) \qquad \mathfrak{p}_1 \cdot \mathfrak{p}_2 = [9, 3 + 6i \cdot \sqrt{5}, \quad 3 - 6i \cdot \sqrt{5}, 21].$$

Das Ideal $\mathfrak{p}_1 \cdot \mathfrak{p}_2$ enthält auch die Zahl $21 - 2 \cdot 9 = 3$ und also alle Zahlen von $[3]$. Da andrerseits alle vier Zahlen in (5) rechts in $[3]$ enthalten sind, so sind auch alle Zahlen von $\mathfrak{p}_1 \cdot \mathfrak{p}_2$ in $[3]$ enthalten, d. h. man hat die erste der vier Gleichungen:

$$\mathfrak{p}_1 \cdot \mathfrak{p}_2 = [3], \quad \mathfrak{p}_1 \cdot \mathfrak{p}_3 = [1 + 2i\sqrt{5}], \quad \mathfrak{p}_3 \cdot \mathfrak{p}_4 = [7], \quad \mathfrak{p}_2 \cdot \mathfrak{p}_4 = [1 - 2i\sqrt{5}],$$

deren drei übrige entsprechend zu zeigen sind. Aus der *eindeutig* bestimmten Zerlegung $[21] = \mathfrak{p}_1 \cdot \mathfrak{p}_2 \cdot \mathfrak{p}_3 \cdot \mathfrak{p}_4$ kommen wir demnach bei den beiden Anordnungen:

$$[21] = (\mathfrak{p}_1 \cdot \mathfrak{p}_2) \cdot (\mathfrak{p}_3 \cdot \mathfrak{p}_4) = [3] \cdot [7],$$
$$[21] = (\mathfrak{p}_1 \cdot \mathfrak{p}_3) \cdot (\mathfrak{p}_2 \cdot \mathfrak{p}_4) = [1 + 2i\sqrt{5}] \cdot [1 - 2i\sqrt{5}]$$

zu den *beiden* Zerlegungen von [21] in Produkte von *Hauptidealen* zurück. Die Erweiterung auf alle Ideale des vorliegenden Körpers $\mathfrak{K}$ stellt die Eindeutigkeit der Primidealzerlegung wieder her.

§ 10. Die Basen eines Ideals $\mathfrak{a}$.

Eine „Basis" eines Ideals $\mathfrak{a}$ wurde von irgendeinem Systeme linear-unabhängiger Zahlen $\alpha_1, \alpha_2, \ldots, \alpha_n$ aus $\mathfrak{a}$ gebildet, deren Diskriminante $D(\alpha_1, \alpha_2, \ldots, \alpha_n)$ die absolut kleinste von 0 verschiedene Zahl ist, die als Diskriminante von n Zahlen aus $\mathfrak{a}$ auftritt (S. 91). In der Basis $\alpha_1, \alpha_2, \ldots, \alpha_n$ ist jede Zahl α von $\mathfrak{a}$ auf eine und nur eine Art in der Gestalt:

(1) $$\alpha = e_1\alpha_1 + e_2\alpha_2 + \cdots + e_n\alpha_n$$

mit rationalen ganzen e darstellbar, und umgekehrt ist jeder Ausdruck (1) eine Zahl von $\mathfrak{a}$. Dieser Satz ist für eine Basis charakteristisch, *d. h. ein System linear-unabhängiger Zahlen* $\alpha'_1, \alpha'_2, \ldots, \alpha'_n$ von $\mathfrak{a}$, *in dem jede Zahl des Ideals in der Gestalt* $e'_1\alpha'_1 + e'_2\alpha'_2 + \cdots + e'_n\alpha'_n$ *mittels rationaler ganzer* e' *darstellbar ist, liefert immer eine Basis von* $\mathfrak{a}$. Es sind nämlich sowohl die $\alpha'_1, \alpha'_2, \ldots, \alpha'_n$ in den $\alpha_1, \alpha_2, \ldots, \alpha_n$ linear homogen mit rationalen ganzen Koeffizienten darstellbar wie auch umgekehrt die $\alpha_1, \alpha_2, \ldots, \alpha_n$ in den $\alpha'_1, \alpha'_2, \ldots, \alpha'_n$. Hieraus folgt (bei Benutzung des Multiplikationsgesetzes der Determinanten), daß jede der beiden rationalen ganzen Zahlen $D(\alpha_1, \alpha_2, \ldots, \alpha_n)$ und $D(\alpha'_1, \alpha'_2, \ldots, \alpha'_n)$ in der anderen aufgeht, so daß sie als Zahlen von gleichem Vorzeichen einander gleich sind. Also ist auch $\alpha'_1, \alpha'_2, \ldots, \alpha'_n$ eine Basis.

Die Darstellungen der eben betrachteten Zahlen $\alpha'_1, \alpha'_2, \ldots, \alpha'_n$ in der ersten Basis seien:

(2) $$\alpha'_i = e_{i1}\alpha_1 + e_{i2}\alpha_2 + \cdots + e_{in}\alpha_n, \qquad i = 1, 2, \ldots, n$$

Aus der Gleichheit der beiden Diskriminanten folgt dann der Satz: *In einer ersten Basis* $\alpha_1, \alpha_2, \ldots, \alpha_n$ *von* $\mathfrak{a}$ *ist jede andere Basis* $\alpha'_1, \alpha'_2, \ldots, \alpha'_n$ *dieses Ideals in der Gestalt* (2) *mit rationalen ganzen Koeffizienten* e_{ik} *der Determinante* ± 1 *darstellbar, und jedes so gewonnene Zahlsystem* $\alpha'_1, \alpha'_2, \ldots, \alpha'_n$ *ist auch offenbar wieder eine Basis von* $\mathfrak{a}$.

Es seien nun die Zahlen $\alpha_1, \alpha_2, \ldots, \alpha_n$ einer Basis von $\mathfrak{a}$ in einer Basis $\eta_1, \eta_2, \ldots, \eta_n$ von $\mathfrak{e}$ in der Gestalt:

(3) $$\alpha_i = h_{i1}\eta_1 + h_{i2}\eta_2 + \cdots + h_{in}\eta_n, \qquad i = 1, 2, \ldots, n$$

mit rationalen ganzen h dargestellt. Dann gilt nach (7) S. 84:

(4) $$D(\alpha_1, \alpha_2, \ldots, \alpha_n) = |h_{ik}|^2 D(\eta_1, \eta_2, \ldots, \eta_n),$$

wo $|h_{ik}|$ die n-reihige Determinante der Koeffizienten h ist. Der absolute Wert dieser Determinante hat für das Ideal $\mathfrak{a}$ eine wichtige Bedeutung, welche im nächsten Paragraphen zur Besprechung gelangt. Zur Vorbereitung wählen wir hier zunächst eine besonders gebaute Basis für $\mathfrak{a}$ aus. Es besteht nämlich folgender Satz: *Man kann eine Basis von* $\mathfrak{a}$ *stets durch* n *Zahlen der Gestalt:*

$$(5)\qquad \begin{cases} \alpha_1 = h_{11}\eta_1, \\ \alpha_2 = h_{21}\eta_1 + h_{22}\eta_2, \\ \alpha_3 = h_{31}\eta_1 + h_{32}\eta_2 + h_{33}\eta_3, \\ \cdot\;\cdot\;\cdot\;\cdot\;\cdot\;\cdot\;\cdot\;\cdot\;\cdot\;\cdot\;\cdot \\ \alpha_n = h_{n1}\eta_1 + h_{n2}\eta_2 + \cdots + h_{nn}\eta_n \end{cases}$$

mit positiven $h_{11}, h_{22}, \ldots, h_{nn}$ *aufbauen.*

Um dies einzusehen, betrachten wir alle in $\mathfrak{a}$ enthaltenen Zahlen:

$$(6)\qquad \alpha = e_1\eta_1 + e_2\eta_2 + \cdots + e_\nu\eta_\nu$$

mit $e_\nu \neq 0$, wo ν eine der Zahlen $1, 2, \ldots, n$ ist. Solche Zahlen kommen sicher für jedes ν in $\mathfrak{a}$ vor; denn es gibt in $\mathfrak{a}$ von 0 verschiedene rationale ganze Zahlen e_ν, also z. B. auch Zahlen $e_\nu\eta_\nu$. Die Gesamtheit der in $\mathfrak{a}$ enthaltenen Zahlen (6) heiße $\mathfrak{A}_\nu$. Da mit α auch $-\alpha$ in $\mathfrak{a}$ enthalten ist, so kommen auch Zahlen (6) mit $e_\nu > 0$ in $\mathfrak{A}_\nu$ vor. Die kleinste positive Zahl e_ν, die vorkommt, heiße $h_{\nu\nu}$, eine Zahl aus $\mathfrak{A}_\nu$, bei der sie auftritt, sei:

$$(7)\qquad \alpha_\nu = h_{\nu 1}\eta_1 + h_{\nu 2}\eta_2 + \cdots + h_{\nu\nu}\eta_\nu.$$

Wir können nun zunächst leicht zeigen, daß alle in $\mathfrak{A}_\nu$ auftretenden e_ν Vielfache von $h_{\nu\nu}$ sind. Gäbe es nämlich eine Zahl (6), bei der e_ν nicht durch $h_{\nu\nu}$ teilbar ist, so könnten wir von ihr durch wiederholten Zusatz oder Abzug von α_ν zu einer Zahl (6) mit $0 < e_\nu < h_{\nu\nu}$ gelangen, d. h. $h_{\nu\nu}$ wäre der Annahme entgegen nicht die kleinste positive Zahl e_ν. Ist nun für irgendeine Zahl α aus $\mathfrak{A}_\nu$ der letzte Koeffizient $e_\nu = e'_\nu \cdot h_{\nu\nu}$, wo also e'_ν rational und ganz ist, so ist offenbar $(\alpha - e'_\nu\alpha_\nu)$ eine Zahl, die bereits einem der Systeme $\mathfrak{A}_{\nu-1}, \mathfrak{A}_{\nu-2}, \ldots$ angehört. Nun bilden alle Systeme $\mathfrak{A}_n, \mathfrak{A}_{n-1}, \ldots, \mathfrak{A}_2, \mathfrak{A}_1$ zusammen mit der Zahl 0 das ganze Ideal $\mathfrak{a}$. Durch wiederholte Anwendung der eben durchgeführten Überlegung finden wir, daß jede Zahl α aus $\mathfrak{a}$ in der Gestalt:

$$(8)\qquad \alpha = e'_1\alpha_1 + e'_2\alpha_2 + \cdots + e'_n\alpha_n$$

darstellbar ist. Dabei bildet die Zahl 0 keine Ausnahme, da sie in (8) für $e'_1 = 0, e'_2 = 0, \ldots, e'_n = 0$ gewonnen wird. Nehmen wir noch hinzu, daß offenbar:

$$(9)\qquad D(\alpha_1, \alpha_2, \ldots, \alpha_n) = (h_{11}\cdot h_{22}\cdots h_{nn})^2 \cdot D(\eta_1, \eta_2, \cdots, \eta_\nu) \neq 0$$

gilt, so erkennen wir in $\alpha_1, \alpha_2, \ldots, \alpha_n$ eine Basis von $\mathfrak{a}$.

§ 11. Norm eines Ideals.

Wir gehen jetzt auf die Gleichung (4) § 10 und die in ihr als Spezialfall enthaltene Gleichung (9) daselbst zurück und stellen folgende Erklärung auf: *Unabhängig von der ausgewählten Basis* $\alpha_1, \alpha_2, \ldots, \alpha_n$ *des Ideals* $\mathfrak{a}$ *ist die positiv genommene Wurzel:*

$$(1) \qquad \sqrt{\frac{D(\alpha_1, \alpha_2, \ldots, \alpha_n)}{D(\eta_1, \eta_2, \ldots, \eta_n)}}$$

eine eindeutig bestimmte, dem Ideal $\mathfrak{a}$ *eigentümliche rationale ganze positive Zahl, die die „Norm" des Ideals* $\mathfrak{a}$ *genannt und durch* $N(\mathfrak{a})$ *bezeichnet wird.* Die Norm $N(\mathfrak{a})$ ist also der absolute Betrag der Determinante der n^2 Koeffizienten h_{ik} in (3) § 10; insbesondere folgt für die in (5) § 10 vorliegenden Zahlen h:

$$(2) \qquad N(\mathfrak{a}) = h_{11} \cdot h_{22} \cdot h_{33} \cdots h_{nn}.$$

Für ein Hauptideal $[\alpha]$ gilt der Satz: *Die Norm* $N([\alpha])$ *eines Hauptideals* $[\alpha]$ *ist gleich dem absoluten Betrage der Norm* $N(\alpha)$ *der ganzen Zahl* α. Für $[\alpha]$ haben wir nämlich eine Basis in $\alpha_1 = \alpha\eta_1, \alpha_2 = \alpha\eta_2, \ldots, \alpha_n = \alpha\eta_n$. Sind $\alpha, \alpha', \alpha'', \ldots, \alpha^{(n-1)}$ die mit α konjugierten Zahlen, so liefert die zur Berechnung von $D(\alpha_1, \alpha_2, \ldots, \alpha_n)$ anzusetzende n-reihige Determinante:

$$D(\alpha_1, \alpha_2, \ldots, \alpha_n) = (\alpha \cdot \alpha' \ldots \alpha^{(n-1)})^2 D(\eta_1, \eta_2, \ldots, \eta_n),$$

so daß sich aus (1) und der Erklärung der Norm (S. 85) der Satz ergibt.

Um die Bedeutung der Zahl $N(\mathfrak{a})$ darzulegen, erweitern wir den Begriff der Kongruenz zweier Zahlen in folgender Art: *Zwei Zahlen* β, γ *aus* $\mathfrak{e}$ *sollen* mod $\mathfrak{a}$ *kongruent heißen:*

$$(3) \qquad \beta \equiv \gamma \quad \text{oder} \quad \gamma \equiv \beta \pmod{\mathfrak{a}},$$

wenn $(\beta - \gamma)$ *und damit auch* $(\gamma - \beta)$ *in* $\mathfrak{a}$ *enthalten ist.* Für ein Hauptideal $\mathfrak{a} = [\alpha]$ ist die Kongruenz (3) gleichbedeutend mit $\beta \equiv \gamma \pmod{\alpha}$. Die Elementarregeln für das Rechnen mit Kongruenzen in bezug auf Zahlen als Moduln übertragen sich auf die Kongruenzen (3). Ist $\beta \equiv \gamma \pmod{\mathfrak{a}}$ und $\gamma \equiv \delta \pmod{\mathfrak{a}}$, so ist auch $\beta \equiv \delta \pmod{\mathfrak{a}}$; denn mit $(\beta - \gamma)$ und $(\gamma - \delta)$ ist auch $(\beta - \gamma) + (\gamma - \delta) = \beta - \delta$ in $\mathfrak{a}$ enthalten. Besteht neben (3) die Kongruenz $\beta' \equiv \gamma' \pmod{\mathfrak{a}}$, so gilt auch $(\beta \pm \beta') \equiv (\gamma \pm \gamma') \pmod{\mathfrak{a}}$. Ebenso folgt aus (3) sofort $\eta\beta \equiv \eta\gamma \pmod{\mathfrak{a}}$, da mit $(\beta - \gamma)$ auch $\eta(\beta - \gamma)$ in $\mathfrak{a}$ enthalten ist; etwas allgemeiner folgt aus (3) und $\beta' \equiv \gamma' \pmod{\mathfrak{a}}$ auch $\beta\beta' \equiv \gamma\gamma' \pmod{\mathfrak{a}}$.

Alle mod $\mathfrak{a}$ kongruenten Zahlen von $\mathfrak{e}$ vereinigen wir in eine *„Zahlklasse"* modulo $\mathfrak{a}$. Es besteht dann der Satz: *Das System* $\mathfrak{e}$ *der ganzen Zahlen von* $\mathfrak{K}$ *zerfällt* mod $\mathfrak{a}$ *in* $N(\mathfrak{a})$ *Klassen, als deren „Repräsentanten"* *wir die* $N(\mathfrak{a}) = h_{11} \cdot h_{22} \cdots h_{nn}$ *Zahlen:*

(4) $e_1\eta_1 + e_2\eta_2 + \cdots + e_n\eta_n, \quad 0 \leqq e_1 < h_{11}, \; 0 \leqq e_2 < h_{22}, \cdots, 0 \leqq e_n < h_{nn}$

wählen können, unter $h_{11}, h_{22}, \ldots, h_{nn}$ *die* n *in* (5) *S. 100 auftretenden Zahlen verstanden.* Erstlich sind nämlich die $N(\mathfrak{a})$ Zahlen (4) durchweg inkongruent mod $\mathfrak{a}$. Die Differenz zweier verschiedenen unter ihnen hat nämlich die Gestalt:

$$(5) \qquad d_1\eta_1 + d_2\eta_2 + \cdots + d_n\eta_n$$

mit rationalen ganzen, nicht durchweg verschwindenden d, die die Bedingungen $0 \leqq |d_i| < h_{ii}$ erfüllen. Es kann demnach die sicher von 0 verschiedene Zahl (5) keinem der oben (S. 100) durch $\mathfrak{A}_n, \mathfrak{A}_{n-1}, \ldots, \mathfrak{A}_1$ bezeichneten Zahlsysteme angehören und ist demnach auch nicht in $\mathfrak{a}$ enthalten. Andrerseits kann, wenn wir für $\mathfrak{a}$ die Basis (5) (S. 100) benutzen, jede Zahl η aus $\mathfrak{e}$ auf eine Zahl des Systems (4) reduziert werden, indem wir von η nach und nach die Produkte $e'_n\alpha_n, \; e'_{n-1}\alpha_{n-1}, \ldots, e'_1\alpha_1$ mit geeignet gewählten rationalen ganzen e' abziehen. Also ist jede Zahl aus $\mathfrak{e}$ mit einer Zahl (4) mod $\mathfrak{a}$ kongruent.

Ein Repräsentantensystem der $N(\mathfrak{a})$ verschiedenen Zahlklassen mod $\mathfrak{a}$ sei von den Zahlen $\varrho_1, \varrho_2, \ldots, \varrho_N$ geliefert. Dann sind auch die N Zahlen $\varrho_1 + 1, \varrho_2 + 1, \ldots, \varrho_N + 1$, die alle in $\mathfrak{e}$ enthalten sind, mod $\mathfrak{a}$ durchweg inkongruent, bilden also gleichfalls ein Repräsentantensystem mod $\mathfrak{a}$. Hieraus folgt:

$$(\varrho_1 + 1) + (\varrho_2 + 1) + \cdots + (\varrho_N + 1) \equiv \varrho_1 + \varrho_2 + \cdots + \varrho_N \pmod{\mathfrak{a}}$$

und damit $N(\mathfrak{a}) \equiv 0 \pmod{\mathfrak{a}}$: *Im Ideal* $\mathfrak{a}$ *ist die rationale ganze positive Zahl* $N(\mathfrak{a})$ *enthalten.* Da nach S. 95 eine gegebene rationale ganze Zahl nur in endlich vielen Idealen auftritt, so folgt weiter der Satz: *Es gibt nur endlich viele Ideale mit gegebenem Werte der Norm.*

Ferner besteht der wichtige Satz: *Ist* $\mathfrak{a}$ *ein beliebiges Ideal und* $\mathfrak{p}$ *ein Primideal des Körpers* $\mathfrak{K}$, *so gilt für* $N(\mathfrak{a} \cdot \mathfrak{p})$ *die Regel:*

$$(6) \qquad N(\mathfrak{a} \cdot \mathfrak{p}) = N(\mathfrak{a}) \cdot N(\mathfrak{p}).$$

Der etwas umständliche Beweis läßt sich so gliedern:

Alle Zahlen von $\mathfrak{a} \cdot \mathfrak{p}$ sind in $\mathfrak{a}$ enthalten, aber nicht umgekehrt alle Zahlen von $\mathfrak{a}$ in $\mathfrak{a} \cdot \mathfrak{p}$, da sonst $\mathfrak{p} = \mathfrak{e}$ wäre. Wir können demnach aus $\mathfrak{a}$ eine Zahl α entnehmen, die nicht in $\mathfrak{a} \cdot \mathfrak{p}$ enthalten ist und deshalb auch sicher von 0 verschieden ist. Da $\mathfrak{a}$ ein Teiler von $[\alpha]$ ist, so gibt es ein Ideal $\mathfrak{b}$, das die Gleichung $\mathfrak{a} \cdot \mathfrak{b} = [\alpha]$ befriedigt. Dieses Ideal $\mathfrak{b}$ ist sicher zu $\mathfrak{p}$ teilerfremd. Es müßte nämlich andernfalls durch $\mathfrak{p}$ teilbar sein; dann aber wäre $\mathfrak{a} \cdot \mathfrak{b} = [\alpha]$ durch $\mathfrak{a} \cdot \mathfrak{p}$ teilbar, und also wäre α entgegen der getroffenen Auswahl dieser Zahl in $\mathfrak{a} \cdot \mathfrak{p}$ enthalten.

Zur Abkürzung schreiben wir $N(\mathfrak{a}) = l$ und $N(\mathfrak{p}) = m$ und verstehen unter $\varrho_1, \varrho_2, \ldots, \varrho_l$ und $\pi_1, \pi_2, \ldots, \pi_m$ Repräsentantensysteme mod $\mathfrak{a}$ und mod $\mathfrak{p}$. Wir können dann zeigen, daß die $l \cdot m$ Zahlen:

$$(7) \qquad \varrho_\lambda + \alpha\pi_\mu, \quad \lambda = 1, 2, \ldots, l, \quad \mu = 1, 2, \ldots, m$$

ein Repräsentantensystem mod $\mathfrak{a}\cdot\mathfrak{p}$ bilden, womit die Regel (6) bewiesen sein würde.

Erstlich können keine zwei verschiedene Zahlen (7) mod $\mathfrak{a}\cdot\mathfrak{p}$ kongruent sein. Aus $\varrho_{\lambda'} + \alpha\pi_{\mu'} \equiv \varrho_\lambda + \alpha\pi_\mu$ (mod $\mathfrak{a}\mathfrak{p}$) folgt nämlich, da jede Zahl von $\mathfrak{a}\cdot\mathfrak{p}$ auch in $\mathfrak{a}$ enthalten ist, die Kongruenz $\varrho_{\lambda'} + \alpha\pi_{\mu'} \equiv \varrho_\lambda + \alpha\pi_\mu$ (mod $\mathfrak{a}$) und also, da α in $\mathfrak{a}$ enthalten ist, $\varrho_{\lambda'} \equiv \varrho_\lambda$ (mod $\mathfrak{a}$). Somit ist, $\varrho_{\lambda'} = \varrho_\lambda$ und also $\alpha\pi_{\mu'} \equiv \alpha\pi_\mu$ (mod $\mathfrak{a}\cdot\mathfrak{p}$), d. h. es ist $\alpha(\pi_{\mu'} - \pi_\mu)$ in $\mathfrak{a}\cdot\mathfrak{p}$ enthalten. Es ist demnach $\mathfrak{a}\cdot\mathfrak{p}$ ein Teiler des Hauptideals:

$$[\alpha(\pi_{\mu'} - \pi_\mu)] = [\alpha]\cdot[\pi_{\mu'} - \pi_\mu] = \mathfrak{a}\mathfrak{b}\cdot[\pi_{\mu'} - \pi_\mu],$$

und also geht $\mathfrak{p}$ im Ideal $\mathfrak{b}\cdot[\pi_{\mu'} - \pi_\mu]$ auf. Da aber $\mathfrak{p}$ kein Teiler von $\mathfrak{b}$ ist, so ist $[\pi_{\mu'} - \pi_\mu]$ durch $\mathfrak{p}$ teilbar, woraus $\pi_{\mu'} \equiv \pi_\mu$ (mod $\mathfrak{p}$) und also $\pi_{\mu'} = \pi_\mu$ folgt. Also sind die $l\cdot m$ Zahlen (7) mod $\mathfrak{a}\cdot\mathfrak{p}$ durchweg inkongruent.

Wir haben endlich zu zeigen, daß jede Zahl η aus $\mathfrak{e}$ mod $\mathfrak{a}\cdot\mathfrak{p}$ mit einer Zahl (7) kongruent ist. Gehört η mod $\mathfrak{a}$ in die durch ϱ_λ repräsentierte Klasse, so gilt $\eta = \varrho_\lambda + \alpha'$, unter α' eine Zahl aus $\mathfrak{a}$ verstanden. Da $\mathfrak{b}$ und $\mathfrak{p}$ teilerfremd sind, so ist $\mathfrak{a}$ der größte gemeinsame Teiler von $\mathfrak{a}\cdot\mathfrak{b} = [\alpha]$ und $\mathfrak{a}\cdot\mathfrak{p}$. Also läßt sich nach S. 96 die in $\mathfrak{a}$ enthaltene Zahl α' als Summe $\alpha' = \eta'\alpha + \alpha''$ einer Zahl $\eta'\alpha$ aus $[\alpha]$ und einer Zahl α'' aus $\mathfrak{a}\cdot\mathfrak{p}$ darstellen. Gehört η' mod $\mathfrak{p}$ zur Klasse des Repräsentanten π_μ, so ist $\eta' = \pi_\mu + \pi$, wo π in $\mathfrak{p}$ enthalten ist. Es folgt also:

$$\alpha' = \alpha\pi_\mu + \alpha\pi + \alpha'', \qquad \eta = \varrho_\lambda + \alpha\pi_\mu + (\alpha\pi + \alpha'').$$

Da nun α in $\mathfrak{a}$ und π in $\mathfrak{p}$ enthalten ist, so ist $\alpha\pi$ in $\mathfrak{a}\cdot\mathfrak{p}$ enthalten; und da dasselbe von α'' gilt, so folgt $\eta \equiv \varrho_\lambda + \alpha\pi_\mu$ (mod $\mathfrak{a}\mathfrak{p}$), womit unsere Behauptung eingelöst und also der Satz (6) bewiesen ist.

Die Regel (6) ist als Spezialfall im folgenden Satze enthalten: *Die Norm des Produktes $\mathfrak{a}\cdot\mathfrak{b}$ zweier Ideale $\mathfrak{a}$, $\mathfrak{b}$ ist gleich dem Produkte der Normen der Faktoren:*

$$(8) \qquad N(\mathfrak{a}\cdot\mathfrak{b}) = N(\mathfrak{a})\cdot N(\mathfrak{b}).$$

Für $\mathfrak{b} = \mathfrak{e}$ ist der Satz (8) selbstverständlich, da $\mathfrak{a}\cdot\mathfrak{e} = \mathfrak{a}$ und $N(\mathfrak{e}) = 1$ gilt. Für ein Primideal $\mathfrak{b} = \mathfrak{p}$ ist (8) soeben bewiesen. Der allgemeine Beweis kann durch vollständige Induktion geführt werden. Der Satz sei richtig, falls $\mathfrak{b}$ in weniger als ν Primideale zerfällt. Dann zeigt man leicht, daß er auch noch gilt, wenn $\mathfrak{b}$ ein Produkt von ν Primidealen ist. Man setze nämlich $\mathfrak{b} = \mathfrak{p}\cdot\mathfrak{c}$, wo $\mathfrak{c}$ ein Produkt von $(\nu - 1)$ Primidealen ist, und beweist leicht folgende Kette von Gleichungen:

$$N(\mathfrak{a}\cdot\mathfrak{b}) = N(\mathfrak{a}\cdot(\mathfrak{p}\cdot\mathfrak{c})) = N((\mathfrak{a}\cdot\mathfrak{p})\cdot\mathfrak{c}) = N(\mathfrak{a}\cdot\mathfrak{p})\cdot N(\mathfrak{c})$$
$$= N(\mathfrak{a})\cdot N(\mathfrak{c})\cdot N(\mathfrak{p}) = N(\mathfrak{a})\cdot N(\mathfrak{p}\mathfrak{c}) = N(\mathfrak{a})\cdot N(\mathfrak{b}).$$

§ 12. Äquivalenz der Ideale.

Der Erklärung der Äquivalenz zweier Ideale schicken wir folgenden Hilfssatz voraus: *Liefern die beiden Ideale* $\mathfrak{a}_1$ *und* $\mathfrak{a}_2$, *mit einem und demselben Ideale* $\mathfrak{b}$ *multipliziert, als Produkte zwei Hauptideale:*

(1) $$\mathfrak{a}_1\cdot\mathfrak{b} = [\alpha_1], \quad \mathfrak{a}_2\cdot\mathfrak{b} = [\alpha_2],$$

und ist auch das Produkt von $\mathfrak{a}_1$ *mit dem Ideale* $\mathfrak{c}$ *ein Hauptideal* $\mathfrak{a}_1\cdot\mathfrak{c} = [\alpha_1']$, *so ist stets auch das Produkt* $\mathfrak{a}_2\cdot\mathfrak{c}$ *ein Hauptideal.* Es gilt nämlich:

$$[\alpha_1'\cdot\alpha_2] = [\alpha_1']\cdot[\alpha_2] = (\mathfrak{a}_1\cdot\mathfrak{c})\cdot(\mathfrak{a}_2\cdot\mathfrak{b}) = (\mathfrak{a}_1\cdot\mathfrak{b})\cdot(\mathfrak{a}_2\cdot\mathfrak{c})$$

und also, wenn wir $\mathfrak{a}_1\cdot\mathfrak{b} = [\alpha_1]$ setzen:

$$(\mathfrak{a}_2\cdot\mathfrak{c})\cdot[\alpha_1] = [\alpha_1'\cdot\alpha_2].$$

Alle Zahlen des rechts stehenden Ideals, also auch $\alpha_1'\cdot\alpha_2$, haben somit den Teiler α_1, so daß wir schreiben können:

$$(\mathfrak{a}_2\cdot\mathfrak{c})\cdot[\alpha_1] = \left[\frac{\alpha_1'\cdot\alpha_2}{\alpha_1}\cdot\alpha_1\right] = \left[\frac{\alpha_1'\cdot\alpha_2}{\alpha_1}\right]\cdot[\alpha_1].$$

Das Ideal $\mathfrak{a}_2\cdot\mathfrak{c}$ ist also gleich $\left[\frac{\alpha_1'\cdot\alpha_2}{\alpha_1}\right]$, d. h. es ist ein Hauptideal.

Hieran schließt sich folgende Erklärung: *Zwei Ideale* $\mathfrak{a}_1$ *und* $\mathfrak{a}_2$ *aus* $\mathfrak{K}$ *heißen einander äquivalent, wenn es ein Ideal* $\mathfrak{b}$ *in* $\mathfrak{K}$ *gibt, das, mit* $\mathfrak{a}_1$ *und* $\mathfrak{a}_2$ *multipliziert, in den Produkten* $\mathfrak{a}_1\cdot\mathfrak{b}$ *und* $\mathfrak{a}_2\cdot\mathfrak{b}$ *Hauptideale liefert.* Als Zeichen der Äquivalenz möge dienen $\mathfrak{a}_1 \sim \mathfrak{a}_2$. Der vorausgeschickte Hilfssatz ergibt die Folgerung: *Gilt* $\mathfrak{a}_1 \sim \mathfrak{a}_2$ *und* $\mathfrak{a}_1 \sim \mathfrak{a}_3$, *so gilt auch* $\mathfrak{a}_2 \sim \mathfrak{a}_3$, *d. h. sind zwei Ideale einem dritten äquivalent, so sind sie auch untereinander äquivalent.* Sind nämlich $\mathfrak{a}_1\cdot\mathfrak{b}$ und $\mathfrak{a}_2\cdot\mathfrak{b}$ Hauptideale, und gilt dasselbe von $\mathfrak{a}_1\cdot\mathfrak{c}$ und $\mathfrak{a}_3\cdot\mathfrak{c}$, so ist nach dem Hilfssatze auch $\mathfrak{a}_2\cdot\mathfrak{c}$ ein Hauptideal, so daß $\mathfrak{a}_2 \sim \mathfrak{a}_3$ gilt.

Aus dem für zwei äquivalente Ideale $\mathfrak{a}_1$ und $\mathfrak{a}_2$ charakteristischen Gleichungen (1) folgt:

(2) $$\mathfrak{a}_1\cdot[\alpha_2] = \mathfrak{a}_2\cdot[\alpha_1].$$

Besteht andrerseits für zwei Ideale $\mathfrak{a}_1$, $\mathfrak{a}_2$ und zwei Zahlen α_1 und α_2 aus $\mathfrak{e}$ die Gleichung (2), so folgt durch Multiplikation mit einem Ideale $\mathfrak{b}$:

$$\mathfrak{a}_1\cdot\mathfrak{b}\cdot[\alpha_2] = \mathfrak{a}_2\cdot\mathfrak{b}\cdot[\alpha_1].$$

Nun können wir nach S. 93 das Ideal $\mathfrak{b}$ so wählen, daß $\mathfrak{a}_1\cdot\mathfrak{b} = [\alpha]$ ein Hauptideal wird. Dann gilt $\mathfrak{a}_2\cdot\mathfrak{b}\cdot[\alpha_1] = [\alpha\cdot\alpha_2]$, woraus wir wie im Anfang des Paragraphen folgern, daß auch $\mathfrak{a}_2\cdot\mathfrak{b}$ ein Hauptideal ist. Somit kann man auch sagen: *Zwei Ideale* $\mathfrak{a}_1$ *und* $\mathfrak{a}_2$ *sind stets und nur dann äquivalent, wenn es zwei von* 0 *verschiedene Zahlen* α_1, α_2 *in* $\mathfrak{e}$ *gibt, die mit* $\mathfrak{a}_1$ *und* $\mathfrak{a}_2$ *die Gleichung* (2) *erfüllen.* Wir notieren als unmittelbare Folgerung noch den Satz: *Gilt* $\mathfrak{a}_1 \sim \mathfrak{a}_2$, *so gewinnt man die Zahlen von* $\mathfrak{a}_2$ *aus denen von* $\mathfrak{a}_1$, *indem man die letzteren sämtlich mit einer gewissen Zahl* $\frac{\alpha_2}{\alpha_1}$ *aus* $\mathfrak{K}$ *multipliziert.*

§ 13. Die Idealklassen des Körpers $\mathfrak{K}$.

Alle mit einem einzelnen Ideale $\mathfrak{a}$ äquivalenten Ideale vereinigen wir in eine *„Klasse" von Idealen* oder *„Idealklasse"*, die wir durch $\mathfrak{A}$ bezeichnen. Dann sind je zwei Ideale der Klasse $\mathfrak{A}$ miteinander äquivalent, und irgend zwei Ideale verschiedener Klassen nennen wir „inäquivalent". Jedes Ideal $\mathfrak{a}$ von $\mathfrak{K}$ gehört einer bestimmten Klasse an, da $\mathfrak{a}$, mit einem geeigneten Ideale $\mathfrak{b}$ multipliziert, ein Hauptideal liefert. Als *„Repräsentanten"* der einzelnen Klasse können wir ein beliebiges Ideal derselben wählen. Es gilt der Satz: *Die gesamten Hauptideale von* $\mathfrak{K}$ *bilden eine Klasse für sich, die die „Hauptklasse" heißt und durch* $\mathfrak{E}$ *bezeichnet werden mag.* Jedes Hauptideal $\mathfrak{a}$ ergibt nämlich, mit $\mathfrak{e}$ multipliziert, ein Hauptideal, nämlich $\mathfrak{a}$ selbst, und soll umgekehrt $\mathfrak{a} \cdot \mathfrak{e}$ ein Hauptideal sein, so muß $\mathfrak{a}$ selbst ein solches sein.

Es besteht der grundlegende Satz: *Die gesamten Ideale des Körpers* $\mathfrak{K}$ *ordnen sich in „endlich viele" Idealklassen an.*

Dem Beweise müssen wir einen Hilfssatz vorausschicken, zu dem die folgende Betrachtung hinführt: Es sei $\eta_1, \eta_2, \ldots, \eta_n$ eine Basis von $\mathfrak{e}$, und es seien $\eta_i, \eta_i', \eta_i'', \ldots, \eta_i^{(n-1)}$ die mit η_i konjugierten Zahlen, $\eta_i^{(k)}$ eine beliebige unter ihnen. Die Summe der n absoluten Beträge $|\eta_1^{(k)}|, |\eta_2^{(k)}|, \ldots, |\eta_n^{(k)}|$ hat einen reellen positiven Wert, ebenso das Produkt aller n Summen:

$$(1) \qquad \prod_{k=0}^{n-1} (|\eta_1^{(k)}| + |\eta_2^{(k)}| + \cdots + |\eta_n^{(k)}|) = M.$$

Dieser reelle positive Wert M ist mit der Auswahl der Basis fest bestimmt. Jede Zahl η von $\mathfrak{e}$ ist nun in der Gestalt:

$$(2) \qquad \eta = e_1\eta_1 + e_2\eta_2 + \cdots + e_n\eta_n$$

mittels rationaler ganzer e darstellbar. Wir lassen jetzt nur noch diejenigen Zahlen (2) zu, bei denen die absoluten Beträge $|e_i|$ eine rationale ganze positive Zahl g, deren Auswahl wir vorbehalten, nicht übersteigen, $|e_i| \leqq g$. Dann gilt, falls $\eta, \eta', \eta'', \ldots, \eta^{(n-1)}$ die mit η konjugierten Zahlen sind:

$$|\eta^{(k)}| \leqq g(|\eta_1^{(k)}| + |\eta_2^{(k)}| + \cdots + |\eta_n^{(k)}|).$$

Mit Rücksicht auf (1) folgt hieraus:

$$(3) \qquad |N(\eta)| \leqq Mg^n.$$

Es sei jetzt $\mathfrak{b}$ irgendein Ideal von $\mathfrak{K}$. Da $N(\mathfrak{b})$ eine rationale ganze positive Zahl ist, so können wir die ganze Zahl g so wählen, daß:

$$g^n \leqq N(\mathfrak{b}) < (g+1)^n \tag{4}$$

zutrifft. Wir bilden nun die $(g+1)^n$ verschiedenen ganzen Zahlen (2), die allen Kombinationen rationaler ganzer Zahlen e mit den Bedingungen $0 \leqq e_i \leqq g$ entsprechen. Da es mod $\mathfrak{b}$ nur $N(\mathfrak{b})$ inkongruente ganze Zahlen in $\mathfrak{e}$ gibt, so sind unter jenen $(g+1)^n$ Zahlen η wegen (4) mindestens zwei mod $\mathfrak{b}$ kongruente Zahlen nachweisbar, deren Differenz β eine von 0 verschiedene Zahl (2) mit $|e_i| \leqq g$ ist, die sicher in $\mathfrak{b}$ enthalten ist. Also ist zufolge (3) der absolute Betrag $|N(\beta)| \leqq Mg^n$, und da $g^n \leqq N(\mathfrak{b})$ ist, so folgt der Satz: *In jedem Ideal $\mathfrak{b}$ von $\mathfrak{K}$ ist eine von 0 verschiedene Zahl β nachweisbar, für deren Norm die Ungleichung gilt:*

$$|N(\beta)| \leqq M \cdot N(\mathfrak{b}). \tag{5}$$

Es sei nun $\mathfrak{A}$ irgendeine Idealklasse des Körpers $\mathfrak{K}$ und $\mathfrak{b}$ ein Ideal, das, mit den Idealen $\mathfrak{a}$ von $\mathfrak{A}$ multipliziert, Hauptideale $\mathfrak{a} \cdot \mathfrak{b}$ liefert. Wir wählen aus $\mathfrak{b}$ eine der Bedingung (5) entsprechende Zahl β und können dann, da das Hauptideal $[\beta]$ den Teiler $\mathfrak{b}$ hat, $[\beta] = \mathfrak{a} \cdot \mathfrak{b}$ setzen, wo $\mathfrak{a}$ der Klasse $\mathfrak{A}$ angehört. Nach S. 101ff. folgt:

$$|N(\beta)| = N(\mathfrak{a}) \cdot N(\mathfrak{b}) \leqq M \cdot N(\mathfrak{b}),$$

und also gilt $N(\mathfrak{a}) \leqq M$, *so daß in jeder Klasse $\mathfrak{A}$ ein Ideal $\mathfrak{a}$ nachweisbar ist, dessen Norm nicht größer als der reelle positive Wert M ist.* Insbesondere können wir als Repräsentanten der Klasse $\mathfrak{A}$ ein solches Ideal $\mathfrak{a}$ wählen.

Nun gibt es nur endlich viele rationale ganze positive Zahlen, die $\leqq M$ sind. Zu jeder dieser Zahlen, als Norm $N(\mathfrak{a})$ aufgefaßt, gibt es nach S. 102 nur endlich viele Ideale $\mathfrak{a}$. Wir können also für jede Klasse $\mathfrak{A}$ des Körpers $\mathfrak{K}$ einen Repräsentanten $\mathfrak{a}$ aus einer begrenzten Anzahl von Idealen wählen. Also haben wir in der Tat auch nur eine begrenzte Anzahl von Idealklassen in $\mathfrak{K}$.

Aus dem Satze am Anfang des vorigen Paragraphen folgt weiter: *Ist $\mathfrak{a} \cdot \mathfrak{b}$ ein Hauptideal, so ergibt irgendein Ideal $\mathfrak{a}'$ der Klasse $\mathfrak{A}$ von $\mathfrak{a}$ mit irgendeinem Ideale $\mathfrak{b}'$ der Klasse $\mathfrak{B}$ von $\mathfrak{b}$ als Produkt $\mathfrak{a}' \cdot \mathfrak{b}'$ wieder ein Hauptideal.* Man kann demnach von einer Multiplikation der beiden Klassen $\mathfrak{A}$ und $\mathfrak{B}$ sprechen und den vorstehenden Satz durch die Gleichung $\mathfrak{A} \cdot \mathfrak{B} = \mathfrak{E}$ oder auch $\mathfrak{B} \cdot \mathfrak{A} = \mathfrak{E}$ zum Ausdruck bringen. Jede der beiden Klassen $\mathfrak{A}$, $\mathfrak{B}$ heißt zur andern „*invers*"; auch mag $\mathfrak{B}$ durch $\mathfrak{A}^{-1}$ und entsprechend $\mathfrak{A}$ durch $\mathfrak{B}^{-1}$ bezeichnet werden.

Gilt $\mathfrak{a} \sim \mathfrak{a}'$, und ist $\mathfrak{c}$ irgendein Ideal, so gilt auch $\mathfrak{a} \cdot \mathfrak{c} \sim \mathfrak{a}' \cdot \mathfrak{c}$. Sind nämlich $\mathfrak{a} \cdot \mathfrak{b}$ und $\mathfrak{a}' \cdot \mathfrak{b}$ Hauptideale, und gehört das Ideal $\mathfrak{d}$ der zur

Klasse $\mathfrak{C}$ von $\mathfrak{c}$ inversen Klasse an, so sind die beiden Ideale:

$$(\mathfrak{a}\cdot\mathfrak{c})\cdot(\mathfrak{b}\cdot\mathfrak{d}) = (\mathfrak{a}\cdot\mathfrak{b}).(\mathfrak{c}\cdot\mathfrak{d}), \quad (\mathfrak{a}'\cdot\mathfrak{c})\cdot(\mathfrak{b}\cdot\mathfrak{d}) = (\mathfrak{a}'\cdot\mathfrak{b})\cdot(\mathfrak{c}\cdot\mathfrak{d})$$

Hauptideale, da rechts beide Male Produkte von Hauptidealen stehen. Also ist in der Tat $\mathfrak{a}\cdot\mathfrak{c}\sim\mathfrak{a}'\cdot\mathfrak{c}$. Weiter folgt durch zweimalige Anwendung dieses Satzes: Gilt $\mathfrak{a}\sim\mathfrak{a}'$ und $\mathfrak{b}\sim\mathfrak{b}'$, so gilt auch $\mathfrak{a}\cdot\mathfrak{b}\sim\mathfrak{a}'\cdot\mathfrak{b}'$.

Hieraus ergibt sich die Möglichkeit, allgemein die Idealklassen miteinander zu multiplizieren: *Sind $\mathfrak{A}$ und $\mathfrak{B}$ irgendzwei Idealklassen, so ergeben zwei Ideale $\mathfrak{a}$ und $\mathfrak{b}$ aus $\mathfrak{A}$ und $\mathfrak{B}$ als Produkt $\mathfrak{a}\cdot\mathfrak{b}=\mathfrak{c}$ stets ein Ideal einer durch $\mathfrak{A}$ und $\mathfrak{B}$ bestimmten dritten Klasse $\mathfrak{C}$, die wir symbolisch als Produkt $\mathfrak{A}\cdot\mathfrak{B}=\mathfrak{C}$ von $\mathfrak{A}$ und $\mathfrak{B}$ schreiben.* Für Produkte dieser Art gelten das kommutative und das assoziative Gesetz, $\mathfrak{A}\cdot\mathfrak{B}=\mathfrak{B}\cdot\mathfrak{A}$ und $(\mathfrak{A}\cdot\mathfrak{B})\cdot\mathfrak{C}=\mathfrak{A}\cdot(\mathfrak{B}\cdot\mathfrak{C})$, da diese Gesetze für die Multiplikation der der Ideale gelten. Produkte gleicher Faktoren können wir natürlich als Potenzen schreiben.

Wir bezeichnen jetzt mit h die endliche Anzahl aller Idealklassen des Körpers $\mathfrak{K}$, diese Klassen selbst aber mit $\mathfrak{A}_0, \mathfrak{A}_1, \mathfrak{A}_2, \ldots, \mathfrak{A}_{h-1}$, wobei $\mathfrak{A}_0$ die oben mit $\mathfrak{E}$ bezeichnete „Hauptklasse" sei. Dann können wir die $\mathfrak{A}_0, \mathfrak{A}_1, \ldots, \mathfrak{A}_{h-1}$ im Sinne von S. 2 als die Elemente einer Gruppe G_h auffassen, wobei das Gesetz der Zusammensetzung zweier Elemente $\mathfrak{A}_i$, $\mathfrak{A}_k$ zu einem dritten $\mathfrak{A}_l$ durch die Multiplikation der Idealklassen gegeben ist, $\mathfrak{A}_i\cdot\mathfrak{A}_k=\mathfrak{A}_l$. Man erkennt sofort, daß dieses Gesetz den drei Gruppenbedingungen von S. 2 gehorcht, und zwar der zweiten Bedingung, da das assoziative Gesetz für die Produkte der Idealklassen gilt, der dritten Bedingung, wie man leicht aus dem Umstande folgert, daß mit der einzelnen Klasse $\mathfrak{A}_i$ immer auch die inverse Klasse $\mathfrak{A}_i^{-1}$ dem Systeme $\mathfrak{A}_0, \mathfrak{A}_1, \ldots, \mathfrak{A}_{h-1}$ angehört. Da überdies $\mathfrak{A}_i\cdot\mathfrak{A}_k=\mathfrak{A}_k\cdot\mathfrak{A}_i$ gilt, so haben wir den Satz: *Die h Idealklassen des Körpers $\mathfrak{K}$ bilden gegenüber Multiplikation eine kommutative oder Abelsche Gruppe G_h der Ordnung h, in der die Hauptklasse $\mathfrak{A}_0=\mathfrak{E}$ das „Einheitselement" darstellt.*

Es sei ν die „Periode" irgendeines Elementes $\mathfrak{A}$ der Gruppe G_h, d. h. es sei ν die kleinste rationale ganze positive Zahl, für die $\mathfrak{A}^\nu=\mathfrak{A}_0=\mathfrak{E}$ ist. Dann bilden die Elemente $\mathfrak{A}, \mathfrak{A}^2, \ldots, \mathfrak{A}^{\nu-1}, \mathfrak{A}^\nu=\mathfrak{A}_0$ eine zyklische Untergruppe G_ν der G_h, und also ist ν ein Teiler von h. Insbesondere gilt stets $\mathfrak{A}^h=\mathfrak{A}_0$; wir können auch sagen: *Die h^{te} Potenz jedes Ideals $\mathfrak{a}$ aus $\mathfrak{K}$ ist ein Hauptideal.*

§ 14. Zerfällung der rationalen Primzahlen in Primideale.

In jedem Ideale $\mathfrak{a}$ gibt es von 0 verschiedene rationale ganze positive Zahlen, z. B. die Zahl $N(\mathfrak{a})$. Ist a die kleinste rationale ganze positive Zahl von $\mathfrak{a}$, so sind $0, \pm a, \pm 2a, \pm 3a, \ldots$ alle in $\mathfrak{a}$ auftretenden rationalen ganzen Zahlen. Gäbe es nämlich in $\mathfrak{a}$ noch eine weitere rationale ganze Zahl, so würde auch noch eine zwischen 0 und a liegende Zahl auftreten. Da $N(\mathfrak{a})$ in $\mathfrak{a}$ enthalten ist, so folgt: *Die Zahl $N(\mathfrak{a})$ ist durch die kleinste in $\mathfrak{a}$ vorkommende rationale ganze positive Zahl a teilbar.* Da ferner $\mathfrak{a}$ im Hauptideal $[a]$ aufgeht, so kann man $[a]$ als Produkt $[a] = \mathfrak{a} \cdot \mathfrak{b}$ darstellen, woraus:

$$N([a]) = a^n = N(\mathfrak{a}) \cdot N(\mathfrak{b})$$

folgt: *Die Norm $N(\mathfrak{a})$ ist eine in a^n aufgehende rationale ganze positive Zahl, unter a die kleinste rationale ganze positive Zahl von $\mathfrak{a}$ verstanden.*

Ist $\mathfrak{a}$ ein Primideal $\mathfrak{p}$, so ist die Zahl a notwendig eine rationale Primzahl p. Man beachte zunächst, daß $a = 1$ nur für das Ideal $\mathfrak{e}$ zutrifft; denn in diesem Falle ist $N(\mathfrak{a}) = 1$, also $\mathfrak{a} = \mathfrak{e}$. Wäre nun für $\mathfrak{a} = \mathfrak{p}$ die Zahl $a = a_1 \cdot a_2$, wo a_1 und a_2 zwei rationale ganze Zahlen > 1 sind, so würde $\mathfrak{p}$ in $[a] = [a_1] \cdot [a_2]$ und also mindestens in einem Faktor $[a_1]$ oder $[a_2]$ aufgehen, so daß a nicht die kleinste rationale ganze positive Zahl von $\mathfrak{p}$ wäre. Da $N(\mathfrak{p})$ in p^n aufgeht und übrigens $N(\mathfrak{p}) > 1$ ist (sonst wäre $\mathfrak{p} = \mathfrak{e}$), so folgt: *Die kleinste rationale ganze positive Zahl, die in einem Primideale $\mathfrak{p}$ auftritt, ist eine rationale Primzahl p; für die Norm eines Primideals $\mathfrak{p}$ gilt:*

$$N(\mathfrak{p}) = p^\lambda, \tag{1}$$

wo der Exponent λ eine Zahl der Reihe 1, 2, ..., n *ist und als der „Grad“ des Primideals $\mathfrak{p}$ bezeichnet wird.*

Die Primfaktorenzerlegung des Hauptideals $[p]$ sei:

$$[p] = \mathfrak{p}_1 \cdot \mathfrak{p}_2 \cdots \mathfrak{p}_l. \tag{2}$$

Nach (8) S. 103 folgt hieraus:

$$N([p]) = p^n = N(\mathfrak{p}_1) \cdot N(\mathfrak{p}_2) \cdots N(\mathfrak{p}_l). \tag{3}$$

Es ist demnach jeder der rechts stehenden Faktoren eine Potenz von p (mit einem Exponenten > 0), so daß der Satz gilt: *Ist p eine rationale Primzahl, so zerfällt das Hauptideal $[p]$ in l Primideale $\mathfrak{p}_1, \mathfrak{p}_2, \ldots, \mathfrak{p}_l$, wo l eine der Zahlen* 1, 2, ..., n *ist; jedes dieser Primideale hat p als kleinste rationale ganze positive Zahl, und die Summe ihrer Grade $\lambda_1, \lambda_2, \ldots, \lambda_l$ ist gleich n.*

Die tieferen Entwicklungen, die sich an die Zerlegung (2) des Hauptideals $[p]$ anschließen, gehören zu den schwierigsten und interessantesten Teilen der Dedekindschen Idealtheorie.[1]) Ein ziemlich leicht beweisbarer Satz, den wir nicht entbehren können, ist der folgende: *Geht p nicht in der Grundzahl D des Körpers $\mathfrak{K}$ auf, so sind die Primideale $\mathfrak{p}_1, \mathfrak{p}_2, \ldots, \mathfrak{p}_l$, in welche $[p]$ zerfällt, alle voneinander verschieden.*

---

1) Vgl. Dedekind, „Über die Diskriminanten endlicher Körper“, Göttinger Abhandl., Bd. 19 (1882).

Dem Beweise dieses Satzes schicken wir zwei Hilfssätze voraus: *Sind $\beta_1, \beta_2, \ldots, \beta_n$ Zahlen aus $\mathfrak{e}$, und ist:*

$$(4) \qquad \alpha = b_1\beta_1 + b_2\beta_2 + \cdots + b_n\beta_n,$$

wo die b rationale Zahlen mit dem Hauptnenner h sind, eine „ganze" Zahl, so ist die Diskriminante $D(\beta_1, \beta_2, \ldots, \beta_n)$ der β durch das Quadrat h^2 des Hauptnenners h teilbar. Sind die β linear-abhängig, so ist ihre Diskriminante 0, und dann ist der Satz richtig. Sind die β linear-unabhängig, so mögen sie in einer Basis $\eta_1, \eta_2, \ldots, \eta_n$ die Darstellungen besitzen:

$$\beta_i = e_{i1}\eta_1 + e_{i2}\eta_2 + \cdots + e_{in}\eta_n, \qquad i = 1, 2, \ldots, n.$$

Die Determinante $d = |\, e_{ik} \,|$ der n^2 ganzen Zahlen e_{ik} ist jetzt von 0 verschieden, und die $\eta_1, \eta_2, \ldots, \eta_n$ sowie damit jede Zahl η von $\mathfrak{e}$ stellen sich durch die β je auf eine und nur eine Art in der Gestalt dar:

$$(5) \qquad \eta = c_1\beta_1 + c_2\beta_2 + \cdots + c_n\beta_n,$$

wo die rationalen c, insoweit sie Brüche sind, einen in d aufgehenden Hauptnenner haben. Da:

$$D(\beta_1, \beta_2, \ldots, \beta_n) = d^2 \cdot D$$

ist, wo rechts die Grundzahl D von $\mathfrak{K}$, also eine rationale ganze Zahl steht, so ist $D(\beta_1, \beta_2, \ldots, \beta_n)$ durch d^2 teilbar. Nun ist das in (4) dargestellte α eine Zahl aus $\mathfrak{e}$; der Hauptnenner h der $b_1, b_2, \ldots, b_n$ geht also in d und das Quadrat h^2 demnach in d^2 und damit in der Diskriminante $D(\beta_1, \beta_2, \ldots, \beta_n)$ auf. Damit ist der erste Hilfssatz bewiesen.

Zwei ganze algebraische Zahlen (mögen sie in $\mathfrak{K}$ enthalten sein oder nicht) sollen mod p kongruent heißen, falls ihre durch die rationale Primzahl p geteilte Differenz eine ganze algebraische Zahl liefert. Da die Binomialkoeffizienten $\binom{p}{1}, \binom{p}{2}, \ldots, \binom{p}{p-1}$ durch p teilbar sind, so gilt für irgendzwei ganze algebraische Zahlen α, α':

$$(\alpha + \alpha')^p \equiv \alpha^p + \alpha'^p \pmod{p},$$

woraus man leicht für irgendeine Anzahl ganzer Zahlen $\alpha, \alpha', \ldots, \alpha^{(\nu-1)}$ folgert:

$$(6) \qquad (\alpha + \alpha' + \cdots + \alpha^{(\nu-1)})^p \equiv \alpha^p + \alpha'^p + \cdots + (\alpha^{(\nu-1)})^p \pmod{p}.$$

Ist α eine Zahl aus $\mathfrak{e}$, und sind $\alpha, \alpha', \ldots, \alpha^{(n-1)}$ die mit α konjugierten Zahlen, so folgt aus (6) für die Spur $S(\alpha) = \alpha + \alpha' + \cdots + \alpha^{(n-1)}$:

$$(S(\alpha))^p \equiv \alpha^p + \alpha'^p + \cdots + (\alpha^{(n-1)})^p = S(\alpha^p) \pmod{p}.$$

Nach dem Fermatschen Satze gilt aber für die ganze rationale Zahl $S(\alpha)$ die Kongruenz $(S(\alpha))^p \equiv S(\alpha) \pmod{p}$. Wir finden demnach als für jede Zahl α aus $\mathfrak{e}$ gültig:

$$(7) \qquad S(\alpha) \equiv S(\alpha^p) \pmod{p}.$$

Sind $\alpha_1, \alpha_2, \ldots, \alpha_n$ irgend n Zahlen aus $\mathfrak{e}$, so können wir ihre Diskriminante $D(\alpha_1, \alpha_2, \ldots, \alpha_n)$ nach der Regel (10) S. 85 durch die Spuren der Produkte der α zu zweien darstellen. Bilden wir entsprechend die Diskriminante $D(\alpha_1^p, \alpha_2^p, \ldots, \alpha_n^p)$, so folgt aus der Kongruenz (7) als zweiter Hilfssatz: *Für irgend n Zahlen $\alpha_1, \alpha_2, \ldots, \alpha_n$ aus $\mathfrak{e}$ gilt, unter p eine rationale Primzahl verstanden, die Kongruenz:*

$$(8) \qquad D(\alpha_1, \alpha_2, \ldots, \alpha_n) \equiv D(\alpha_1^p, \alpha_2^p, \ldots, \alpha_n^p) \pmod{p}.$$

Zum Beweise des Satzes über die Primideale $\mathfrak{p}_1, \mathfrak{p}_2, \ldots, \mathfrak{p}_l$ von $[p]$ nehmen wir an, $[p]$ sei durch mindestens ein Primidealquadrat $\mathfrak{p}^2$ teilbar, und haben dann zu zeigen, daß p in der Grundzahl D des Körpers $\mathfrak{K}$ aufgeht. Wir schreiben $[p] = \mathfrak{a} \cdot \mathfrak{p}^2$ und haben in $\mathfrak{a} \cdot \mathfrak{p}$ ein nicht durch $[p]$ teilbares Ideal. Folglich gibt es in $\mathfrak{a} \cdot \mathfrak{p}$ eine nicht durch p teilbare Zahl η. Da aber $(\mathfrak{a} \cdot \mathfrak{p})^2 = \mathfrak{a} \cdot [p]$ durch $[p]$ teilbar ist, so ist η^2 und also auch η^p durch p teilbar.

Ist die Darstellung von η in der Basis von $\mathfrak{e}$:

$$\eta = e_1\eta_1 + e_2\eta_2 + \cdots + e_n\eta_n,$$

so sind die e rationale ganze Zahlen, die nicht alle durch p teilbar sind. Durch Erheben zur p^{ten} Potenz folgt mit Rücksicht auf (6) und den Fermatschen Satz $e_k^p \equiv e_k \pmod{p}$:

$$\eta^p \equiv e_1\eta_1^p + e_2\eta_2^p + \cdots + e_n\eta_n^p \qquad \pmod{p}.$$

Da η^p durch p teilbar ist, so gilt:

$$e_1\eta_1^p + e_2\eta_2^p + \cdots + e_n\eta_n^p \equiv 0 \qquad \pmod{p},$$

so daß wir in: $$\alpha = \frac{e_1}{p}\eta_1^p + \frac{e_2}{p}\eta_2^p + \cdots + \frac{e_n}{p}\eta_n^p$$

eine „ganze“ Zahl gewonnen haben, während rechts mindestens ein Bruch des Nenners p als Koeffizient auftritt. Nach dem ersten Hilfssatze ist also $D(\eta_1^p, \eta_2^p, \ldots, \eta_n^p)$ durch p^2 teilbar, worauf die Kongruenz (8) lehrt, daß $D(\eta_1, \eta_2, \ldots, \eta_n)$, d. h. die Grundzahl D des Körpers $\mathfrak{K}$ durch p teilbar ist.

Hiermit ist bewiesen, daß in der Zerlegung (2) von $[p]$ lauter verschiedene Primideale auftreten, falls die rationale Primzahl p nicht in der Grundzahl D von $\mathfrak{K}$ aufgeht. Über die Zerlegung der in D aufgehenden rationalen Primzahlen, der sogenannten „kritischen“ Primzahlen des Körpers $\mathfrak{K}$, sei auf die S. 108 genannte Arbeit von *Dedekind* verwiesen.

§ 15. Sätze über Galoissche Zahlkörper.

Unter $\mathfrak{K}$ verstehen wir den bisher betrachteten Körper n^{ten} Grades und unter $\mathfrak{K}'$ einen seiner konjugierten Körper. Einer ganzen Zahl η aus $\mathfrak{K}$ entspricht als konjugiert wieder eine ganze Zahl η' aus $\mathfrak{K}'$, so daß dem „Ideale“ $\mathfrak{e}$ von $\mathfrak{K}$ das Ideal $\mathfrak{e}'$ von $\mathfrak{K}'$ zugeordnet ist. Allgemeiner entspricht einem Ideale $\mathfrak{a}$ von $\mathfrak{K}$ stets wieder ein Ideal $\mathfrak{a}'$ von $\mathfrak{K}'$. Sind nämlich α_1 und α_2 zwei Zahlen aus $\mathfrak{a}$, die die gleichfalls in $\mathfrak{a}$ enthaltene Summe $\alpha_1 + \alpha_2 = \alpha_3$ liefern, so besteht nach S. 71ff. auch zwischen den konjugierten Zahlen die Gleichung $\alpha_1' + \alpha_2' = \alpha_3'$, und ebenso überträgt sich die Gleichung $\eta \cdot \alpha_1 = \alpha_4$ auf die für $\mathfrak{a}'$ gültige Gleichung $\eta' \cdot \alpha_1' = \alpha_4'$ zwischen den konjugierten Zahlen. Sind die Zahlen eines Ideals $\mathfrak{b}$ in $\mathfrak{a}$ enthalten, so sind auch die Zahlen des zu $\mathfrak{b}$ konjugierten Ideals $\mathfrak{b}'$ in $\mathfrak{a}'$ enthalten. Man folgert hieraus leicht, daß sich die Ideale von $\mathfrak{K}'$ in bezug auf Teilbarkeit genau so verhalten, wie die ihnen konjugierten Ideale von $\mathfrak{K}$. Insbesondere entspricht einem Primideale $\mathfrak{p}$ von $\mathfrak{K}$ stets wieder ein Primideal $\mathfrak{p}'$ von $\mathfrak{K}'$. Zwei nach einem Ideale kongruente ganze Zahlen des einen Körpers liefern als konjugiert zwei Zahlen, die bezüglich des konjugierten Ideals kongruent sind, so daß sich die Klasseneinteilung aller Zahlen von $\mathfrak{e}$ bezüglich eines Ideals $\mathfrak{a}$ auf eine Klasseneinteilung aller Zahlen von $\mathfrak{e}'$ mod $\mathfrak{a}'$ überträgt. Hieraus folgt der Satz: *Konjugierte Ideale* $\mathfrak{a}$ *und* $\mathfrak{a}'$ *der beiden Körper* $\mathfrak{K}$ *und* $\mathfrak{K}'$ *haben stets gleiche Normen, d. h. es gilt* $N(\mathfrak{a}) = N(\mathfrak{a}')$.

Es sei jetzt $\mathfrak{K}$ insbesondere ein „Galoisscher Körper", der mit seinen sämtlichen konjugierten Körpern gleich ist. Nach S. 44ff. gestattet der Galoissche Körper $\mathfrak{K}$ vom n^{ten} Grade n Transformationen $S_0, S_1, \ldots, S_{n-1}$ in sich, die eine Gruppe G_n bilden, und bei denen je n konjugierte Zahlen untereinander permutiert werden. Jetzt sind die mit einem einzelnen Ideale $\mathfrak{a}$ konjugierten Ideale $\mathfrak{a}, \mathfrak{a}', \mathfrak{a}'', \ldots, \mathfrak{a}^{(n-1)}$ alle in $\mathfrak{K}$ enthalten. Eine erste Folgerung knüpfen wir an die nun vorliegende Möglichkeit, diese n Ideale nach S. 93 miteinander zu multiplizieren. Hierbei ergibt sich der Satz: *In einem Galoisschen Körper* $\mathfrak{K}$ *liefert die gemeinsame Norm* $N(\mathfrak{a})$ *von* n *konjugierten Idealen* $\mathfrak{a}, \mathfrak{a}', \ldots, \mathfrak{a}^{(n-1)}$ *ein Hauptideal* $[N(\mathfrak{a})]$, *das gleich dem Produkte der* n *konjugierten Ideale ist:*

$$\mathfrak{a} \cdot \mathfrak{a}' \cdot \mathfrak{a}'' \cdots \mathfrak{a}^{(n-1)} = [N(\mathfrak{a})] \tag{1}$$

Dieser Satz ist für Hauptideale $\mathfrak{a} = [\alpha]$, $\mathfrak{a}' = [\alpha']$, $\ldots$, $\mathfrak{a}^{(n-1)} = [\alpha^{(n-1)}]$ einleuchtend; denn nach der Erklärung der Multiplikation der Ideale ist:

$$[\alpha] \cdot [\alpha'] \cdots [\alpha^{(n-1)}] = [\alpha \cdot \alpha' \cdots \alpha^{(n-1)}] = [N(\mathfrak{a})].$$

Für ein beliebiges Ideal $\mathfrak{a}$ gilt nach S. 107 die Gleichung $\mathfrak{a}^h = [\alpha]$, wo h die Anzahl der Idealklassen ist und α eine Zahl aus $\mathfrak{e}$ bedeutet. Da die Gleichung (1) für Hauptideale schon bewiesen ist, so folgt:

$$(\mathfrak{a} \cdot \mathfrak{a}' \cdots \mathfrak{a}^{(n-1)})^h = \mathfrak{a}^h \cdot \mathfrak{a}'^h \cdots (\mathfrak{a}^{(n-1)})^h = [N(\mathfrak{a}^h)] = [N(\mathfrak{a})^h] = [N(\mathfrak{a})]^h.$$

Sind aber die h^{ten} Potenzen zweier Ideale gleich, so sind diese selbst gleich, wie aus der eindeutigen Zerlegung der Ideale in Primideale folgt. Also gilt die Gleichung (1) allgemein.

Die n konjugierten Ideale $\mathfrak{a}, \mathfrak{a}', \ldots, \mathfrak{a}^{(n-1)}$ brauchen keineswegs alle voneinander verschieden zu sein. Sind im ganzen μ unter jenen Idealen mit $\mathfrak{a}$ gleich, so gibt es μ unter den n Transformationen $S_0, S_1, \ldots, S_{n-1}$ der G_n, die $\mathfrak{a}$ in sich überführen. Diese Transformationen bilden für sich eine Untergruppe G_μ der G_n von der Ordnung μ, die wir als die *„zum Ideal $\mathfrak{a}$ gehörige Untergruppe"* bezeichnen. Den $\nu = \frac{n}{\mu}$ Nebengruppen entsprechend bilden dann die $\mathfrak{a}, \mathfrak{a}', \ldots, \mathfrak{a}^{(n-1)}$ im ganzen ν verschiedene Systeme von je μ einander gleichen Idealen. Sind alle n Ideale $\mathfrak{a}, \mathfrak{a}', \ldots, \mathfrak{a}^{(n-1)}$ verschieden, so gilt $\mu = 1$; ist $\mathfrak{a} = [a]$ ein Hauptideal mit rationaler ganzer Zahl a, so gilt $\mu = n$.

Die in (2) S. 108 angesetzte Zerlegung eines Hauptideals $[p]$ mit rationaler Primzahl p läßt sich in einem Galoisschen Körper in folgender Art weiter entwickeln: Ist $\mathfrak{p}_1$ ein in $[p]$ aufgehendes Primideal λ^{ten} Grades, so war $N(\mathfrak{p}_1) = p^\lambda$, und λ war eine der Zahlen $1, 2, \ldots, n$. Zu $\mathfrak{p}_1$ gehört eine Untergruppe G_μ der G_n vom Index $\nu = \frac{n}{\mu}\cdot$ Wir haben dann ν verschiedene mit $\mathfrak{p}_1$ konjugierte Primideale $\mathfrak{p}_1, \mathfrak{p}_2, \ldots, \mathfrak{p}_\nu$, und der Satz (1) ergibt die Gleichung:

$$(2)\qquad (\mathfrak{p}_1 \cdot \mathfrak{p}_2 \cdots \mathfrak{p}_\nu)^\mu = [p]^\lambda.$$

Ist demnach $\mathfrak{p}_1^\varkappa$ die höchste in $[p]$ aufgehende Potenz von $\mathfrak{p}_1$, so ist $\varkappa\lambda = \mu$ und also $\varkappa\lambda\nu = n$. Zugleich ergibt sich: *Das Hauptideal $[p]$ mit einer rationalen Primzahl p zerfällt im Galoisschen Körper $\mathfrak{K}$ in das Produkt:*

$$(3)\qquad [p] = \mathfrak{p}_1^\varkappa \cdot \mathfrak{p}_2^\varkappa \cdots \mathfrak{p}_\nu^\varkappa$$

von ν konjugierten Primidealpotenzen gleicher Exponenten $\varkappa$. Dabei ist die Anzahl ν ein Teiler von n, der Exponent $\varkappa$ ein Teiler von $\frac{n}{\nu}$; es ist ferner $\lambda = \frac{n}{\varkappa\nu}$ der gemeinsame Grad der Primideale $\mathfrak{p}_1, \mathfrak{p}_2, \ldots, \mathfrak{p}_\nu$, und endlich ist $\mu = \varkappa\lambda$ die Ordnung der zum einzelnen Primideale gehörenden Gruppe. Dies gilt, mag p eine kritische Primzahl des Körpers sein oder nicht. Für nichtkritische Primzahlen p ist nach S. 108ff. stets $\varkappa = 1$. Hier also gilt der Satz: *Ist die rationale Primzahl p kein Teiler der Grundzahl D des Körpers, so zerfällt $[p]$ in das Produkt von ν verschiedenen Primidealen:*

$$(4)\qquad [p] = \mathfrak{p}_1 \cdot \mathfrak{p}_2 \cdots \mathfrak{p}_\nu$$

des Grades $\mu = \frac{n}{\nu}$, der mit der Ordnung der zum einzelnen Primideale gehörenden Gruppe G_μ gleich ist.

§ 16. Beispiel der quadratischen Körper.

Ein Körper zweiten Grades oder quadratischer Körper $\mathfrak{K}$ wird nach S. 83 durch eine Gleichung zweiten Grades mit rationalen ganzen Koeffizienten $a_0 z^2 + a_1 z + a_2 = 0$ bestimmt, die im rationalen Körper irreduzibel ist, d. h. deren Diskriminante $(a_1^2 - 4a_0a_2)$ nicht das Quadrat einer rationalen ganzen Zahl ist. Sondern wir das größte in dieser Diskriminante als Teiler enthaltene Quadrat einer rationalen ganzen Zahl ab, so bleibe die rationale ganze Zahl d übrig, die dann durch kein Quadrat (außer 1) teilbar ist. Der Körper $\mathfrak{K}$ setzt sich zusammen aus allen Zahlen:

$$(1) \qquad \zeta = c_0 + c_1\sqrt{d},$$

unter c_0 und c_1 irgendwelche rationale Zahlen verstanden. Da mit ζ stets auch die konjugierte Zahl $\zeta' = c_0 - c_1\sqrt{d}$ in $\mathfrak{K}$ enthalten ist, *so ist jeder quadratische Körper ein Galoisscher Körper.*

Es ist zunächst festzustellen, welche unter den Zahlen (1) ganz sind. Ist $\zeta = c_0 + c_1\sqrt{d}$ und also auch $\zeta' = c_0 - c_1\sqrt{d}$ ganz, so gilt dasselbe von $\zeta + \zeta' = 2c_0$ und $(\zeta - \zeta')^2 = (2c_1)^2 d$. Es sind also $2c_0 = e_0$ und, da d durch kein Quadrat teilbar ist, auch $2c_1 = e_1$ rationale ganze Zahlen, so daß die ganzen Zahlen von $\mathfrak{K}$ jedenfalls in der Gestalt:

$$(2) \qquad \zeta = \frac{e_0 + e_1\sqrt{d}}{2}$$

mit rationalen ganzen e enthalten sind. Da die Zahl (2) der Gleichung

$$\zeta^2 - e_0\zeta + \frac{e_0^2 - de_1^2}{4} = 0$$

genügt, so ist dafür, daß sie ganzzahlig ist, die Bedingung:

$$(3) \qquad e_0^2 \equiv de_1^2 \pmod 4$$

hinreichend und notwendig. Nun ist d modulo 4 mit einer der Zahlen 1, 2, 3 kongruent. Für $d \equiv 2$ oder 3 (mod 4) folgt $e_0 \equiv e_1 \equiv 0$ (mod 2) aus (3), womit diese Kongruenz erfüllt ist; für $d \equiv 1$ (mod 4) ist bereits das Bestehen der Kongruenz $e_0 \equiv e_1$ (mod 2) hinreichend. Indem wir im letzten Falle der Zahl (2) die Gestalt verleihen:

$$\zeta = \frac{e_0 - e_1}{2} + e_1\frac{1 + \sqrt{d}}{2},$$

finden wir für $d \equiv 1$ (mod 4) *in* 1, $\frac{1+\sqrt{d}}{2}$ *eine Basis für das System* $\mathfrak{e}$ *aller ganzen Zahlen von* $\mathfrak{K}$, *für* $d \equiv 2$ *oder* 3 (mod 4) *aber in* 1, $\sqrt{d}$. Die Grundzahl D von $\mathfrak{K}$ ist entsprechend gleich d bzw. $4d$. Für die Basis können wir in den beiden eben unterschiedenen Fällen einen gemeinsamen Ausdruck in der Grundzahl D finden. Setzen wir:

$$(4) \qquad \frac{D + \sqrt{D}}{2} = \theta,$$

so gilt der Satz: *Die Grundzahl des quadratischen Körpers* $\mathfrak{K}$ *ist* $D = d$, *falls* $d \equiv 1$ (mod 4) *ist, und* $D = 4d$, *falls* $d \equiv 2$ *oder* 3 (mod 4) *gilt; eine Basis für das System* $\mathfrak{e}$ *der ganzen Zahlen von* $\mathfrak{K}$ *ist in allen Fällen durch* 1, θ *gegeben, unter* θ *die ganze Zahl* (4) *verstanden.*

Ist p eine rationale Primzahl, so ist das Hauptideal $[p]$ im Körper $\mathfrak{K}$ entweder ein Primideal zweiten Grades oder das Produkt zweier Primideale ersten Grades, die konjugiert sind und nur dann einander gleich sein können, wenn p in D aufgeht. Wir nehmen den Fall $[p] = \mathfrak{p} \cdot \mathfrak{p}'$ an, ohne die Möglichkeit $\mathfrak{p} = \mathfrak{p}'$ auszuschließen. Da $\mathfrak{p}$ ein Primideal ersten Grades ist, so gilt $N(\mathfrak{p}) = p$, so daß es mod $\mathfrak{p}$ im ganzen p inkongruente Zahlklassen in $\mathfrak{e}$ gibt. Als Repräsentanten dieser p Klassen können wir die Zahlen $0, 1, 2, \ldots, p-1$ wählen, da p die kleinste rationale ganze positive Zahl in $\mathfrak{p}$ ist und also die Zahlen $0, 1, \ldots, p-1$ mod $\mathfrak{p}$ durchweg inkongruent sind. Die in (4) erklärte ganze Zahl θ gehöre in die durch die rationale ganze Zahl b repräsentierte Klasse mod $\mathfrak{p}$, so daß $\theta - b \equiv 0 \pmod{\mathfrak{p}}$ gilt. Setzen wir zur Abkürzung $\theta - b = \eta$ und $D - 2b = a$, so gilt:

$$\eta = \frac{a + \sqrt{D}}{2} \equiv 0 \qquad (\text{mod } \mathfrak{p}).$$

Die zu η konjugierte Zahl η' ist demnach im konjugierten Ideale $\mathfrak{p}'$ enthalten:

$$\eta' = \frac{a - \sqrt{D}}{2} \equiv 0 \qquad (\text{mod } \mathfrak{p}'),$$

und also gehört das Produkt $\eta \cdot \eta'$ dem Hauptideale $\mathfrak{p} \cdot \mathfrak{p}' = [p]$ an:

$$(5) \qquad \eta \cdot \eta' = \frac{a^2 - D}{4} \equiv 0 \pmod{p}, \qquad D \equiv a^2 \pmod{4p}.$$

Die letzte Kongruenz liefert den Satz: *Ist das Hauptideal $[p]$ mit rationaler Primzahl p in das Produkt $\mathfrak{p} \cdot \mathfrak{p}'$ zweier Primideale ersten Grades spaltbar, so ist die Grundzahl D des Körpers quadratischer Rest von $4p$.*

Dieser Satz ist umkehrbar. Ist nämlich D quadratischer Rest von $4p$, so gibt es eine die zweite Kongruenz (5) befriedigende rationale ganze Zahl a. Da diese Zahl a auch $a \equiv D \pmod 2$ befriedigt, so sind:

$$(6) \qquad \frac{a \pm \sqrt{D}}{2} = \frac{a \mp D}{2} \pm \theta$$

zwei ganze Zahlen, deren Produkt zufolge (5) durch p teilbar ist. Da aber keine dieser beiden Zahlen einzeln durch p teilbar ist[1]), so kann $[p]$ kein Primideal sein. Es besteht also der Satz: *Ist D quadratischer Rest von $4p$, so zerfällt das Hauptideal $[p]$ in das Produkt zweier Primideale $\mathfrak{p}$, $\mathfrak{p}'$ ersten Grades.*

Wir haben endlich noch festzustellen, ob im Falle einer in D aufgehenden rationalen Primzahl p etwa $\mathfrak{p}' = \mathfrak{p}$ zutrifft. Die Grundzahl D ist zufolge ihrer Erklärung aus d entweder $\equiv 0$ oder $\equiv 1 \pmod 4$. Ist p eine ungerade Primzahl, so kann die zweite Kongruenz (5) durch $a = 0$

1) Aus dem Umstande, daß $1, \theta$ eine Basis von $\mathfrak{e}$ ist, folgt leicht, daß die durch p teilbaren Zahlen $(e_0 + e_1 \theta)$ von $\mathfrak{e}$ durch p teilbare e_0, e_1 haben.

oder $a = p$ befriedigt werden, je nachdem $D \equiv 0$ oder $\equiv 1 \pmod 4$ ist. Ist aber $p = 2$ und also D (als durch p teilbar) $\equiv 0 \pmod 4$, so genügt der zweiten Kongruenz (5) die Zahl $a = 0$ oder $a = 2$, je nachdem $D \equiv 0$ oder $\equiv 4 \pmod 8$ gilt. *Geht p in der Grundzahl D auf, so ist D quadratischer Rest von $4p$, und die zweite Kongruenz (5) wird mittelst einer durch p teilbaren Zahl a befriedigt.* Wir zerlegen nun $[p]$ in das Produkt $\mathfrak{p} \cdot \mathfrak{p}'$ der beiden Primideale $\mathfrak{p}$ und $\mathfrak{p}'$ und beachten, daß das Produkt der beiden ganzen Zahlen $\eta, \eta' = \frac{a \pm \sqrt{D}}{2}$ durch p teilbar ist. Es geht also $\mathfrak{p} \cdot \mathfrak{p}'$ in $[\eta] \cdot [\eta']$ auf, so daß $\mathfrak{p}$ in einem der Faktoren $[\eta]$, $[\eta']$, etwa in $[\eta]$, aufgeht. Dann aber geht $\mathfrak{p}'$ in $[\eta']$ auf, d. h. η' ist in $\mathfrak{p}'$ enthalten. Da auch a (als durch p teilbar) in $\mathfrak{p}'$ enthalten ist, so findet sich in $\mathfrak{p}'$ auch $\eta = a - \eta'$, so daß η in $\mathfrak{p}$ und in $\mathfrak{p}'$ enthalten ist. Wären nun $\mathfrak{p}$ und $\mathfrak{p}'$ verschieden, so würde $[\eta]$, als durch $\mathfrak{p}$ und $\mathfrak{p}'$ teilbar, auch durch $\mathfrak{p} \cdot \mathfrak{p}' = [p]$ teilbar sein, d. h. η hätte den Teiler p, was indessen nicht der Fall ist.[1]) Also sind $\mathfrak{p}$ und $\mathfrak{p}'$ einander gleich.

Unter Zusammenfassung der Ergebnisse haben wir folgenden Satz: *Ist p eine rationale Primzahl, so ist das Hauptideal $[p]$ das Quadrat eines Primideals ersten Grades, falls p in D aufgeht; dagegen ist $[p]$ für eine nicht-kritische rationale Primzahl p das Produkt zweier verschiedener konjugierter Primideale ersten Grades oder ein Primideal zweiten Grades, je nachdem die Grundzahl D quadratischer Rest oder Nichtrest von $4p$ ist.*

Auf Grund dieses Satzes bestätigen sich die Angaben von S. 98ff. über die Primidealzerlegung von [3] und [7] in dem damals betrachteten quadratischen Körper $\mathfrak{K}$ der Grundzahl $D = -20$.

§ 17. Gegen ein Ideal $\mathfrak{a}$ teilerfremde Zahlklassen.

Der soeben für quadratische Körper ausgesprochene Satz ist bei einer Untersuchung zu verwenden, die sich zunächst auf einen beliebigen Körper $\mathfrak{K}$ vom n^{ten} Grade bezieht. Von einer ganzen Zahl η dieses Körpers sagt man, sie habe mit einem Ideal $\mathfrak{a}$ desselben den größten gemeinsamen Teiler $\mathfrak{d}$, wenn $[\eta]$ und $\mathfrak{a}$ das Ideal $\mathfrak{d}$ als größten gemeinsamen Teiler haben. Ist $\mathfrak{d} = \mathfrak{e}$, so heißt η zu $\mathfrak{a}$ teilerfremd. Gilt $\eta' \equiv \eta \pmod{\mathfrak{a}}$, so haben auch η' und $\mathfrak{a}$ den größten gemeinsamen Teiler $\mathfrak{d}$. Da nämlich η sowie alle Zahlen von $\mathfrak{a}$ in $\mathfrak{d}$ enthalten sind, und da andrerseits $(\eta' - \eta)$ dem Ideal $\mathfrak{a}$ und also auch $\mathfrak{d}$ angehört, so ist auch $\eta' = \eta + (\eta' - \eta)$ in $\mathfrak{d}$ enthalten, so daß $\mathfrak{d}$ ein Teiler von $[\eta']$ ist. Nennen wir nun $\mathfrak{d}'$ den größten gemeinsamen Teiler von η' und $\mathfrak{a}$, so ist $\mathfrak{d}$ Teiler von $\mathfrak{d}'$. Kehren wir diese Betrachtung um, indem wir an η' und $\mathfrak{d}'$ statt an η und $\mathfrak{d}$ anknüpfen, so findet sich in derselben Weise, daß $\mathfrak{d}'$ Teiler von $\mathfrak{d}$ ist. Also

1) S. die vorige Note.

ist $\mathfrak{d}' = \mathfrak{d}$: *Alle Zahlen der einzelnen der* $N(\mathfrak{a})$ mod $\mathfrak{a}$ *inkongruenten Zahlklassen von* $\mathfrak{e}$ *haben mit* $\mathfrak{a}$ *einen und denselben größten gemeinsamen Teiler.*

Es soll nun festgestellt werden, wie viele unter den $N(\mathfrak{a})$ mod $\mathfrak{a}$ inkongruenten Zahlklassen teilerfremd gegen $\mathfrak{a}$ sind. Die Anzahl dieser Klassen bezeichnen wir durch das Symbol $\psi(\mathfrak{a})$ im Anschluß an das bekannte Symbol $\varphi(m)$ der rationalen Zahlentheorie, das für eine rationale ganze positive Zahl m die Anzahl der mod m inkongruenten und zu m teilerfremden Zahlklassen darstellt.

Das Symbol $\psi(\mathfrak{a})$ hat die folgende Eigenschaft: *Sind* $\mathfrak{a}$ *und* $\mathfrak{b}$ *teilerfremde Ideale, so gilt* $\psi(\mathfrak{a}\cdot\mathfrak{b}) = \psi(\mathfrak{a})\cdot\psi(\mathfrak{b})$. Da nämlich der größte gemeinsame Teiler von $\mathfrak{a}$ und $\mathfrak{b}$ gleich $\mathfrak{e}$ ist, so gibt es (vgl. S. 96) eine Zahl α in $\mathfrak{a}$ und eine Zahl β in $\mathfrak{b}$, deren Summe $\alpha + \beta = 1$ ist. Hieraus folgt $\alpha \equiv 1 \pmod{\mathfrak{b}}$ und $\beta \equiv 1 \pmod{\mathfrak{a}}$; die in $\mathfrak{a}$ enthaltene Zahl α ist also teilerfremd gegen $\mathfrak{b}$, und die in $\mathfrak{b}$ enthaltene Zahl β ist teilerfremd gegen $\mathfrak{a}$. Es mögen nun die Zahlen $r_1, r_2, \ldots$ ein Repräsentantensystem der $N(\mathfrak{a})$ mod $\mathfrak{a}$ inkongruenten Klassen bilden und die $s_1, s_2, \ldots$ ein solches für die $N(\mathfrak{b})$ mod $\mathfrak{b}$ inkongruenten Klassen. Wir haben dann in:

$$(1) \qquad t_{i,k} = r_i\beta + s_k\alpha$$

ein System von $N(\mathfrak{a})\cdot N(\mathfrak{b}) = N(\mathfrak{a}\cdot\mathfrak{b})$ Zahlen, das ein Repräsentantensystem der $N(\mathfrak{a}\cdot\mathfrak{b})$ mod $\mathfrak{a}\cdot\mathfrak{b}$ inkongruenten Klassen bildet. Es ist nämlich leicht zu zeigen, daß keine zwei verschiedenen Zahlen (1) mod $\mathfrak{a}\cdot\mathfrak{b}$ kongruent sind. Soll aber:

$$(2) \qquad r'\beta + s'\alpha \equiv r\beta + s\alpha \qquad (\mathrm{mod}\ \mathfrak{a}\cdot\mathfrak{b})$$

gelten, so folgt, da $\alpha \equiv 0 \pmod{\mathfrak{a}}$ ist:

$$(r' - r)\beta \equiv 0 \qquad (\mathrm{mod}\ \mathfrak{a}).$$

Da nun β teilerfremd gegen $\mathfrak{a}$ ist, so ist $[r' - r]$ teilbar durch $\mathfrak{a}$, woraus $r' \equiv r \pmod{\mathfrak{a}}$ und also $r' = r$ folgt. In derselben Weise folgt $s' = s$, so daß die Behauptung über die Zahlen (1) zutrifft. Soll jetzt die Zahl (1) teilerfremd zu $\mathfrak{a}\cdot\mathfrak{b}$ sein, so ist hierzu notwendig und hinreichend, daß r_i teilerfremd zu $\mathfrak{a}$ und s_k teilerfremd zu $\mathfrak{b}$ ist. Da nämlich $\alpha \equiv 0 \pmod{\mathfrak{a}}$ gilt und β teilerfremd zu $\mathfrak{a}$ ist, so ist der größte gemeinsame Teiler von $r_i\beta$ und also von t_{ik} und dem Ideale $\mathfrak{a}$ derjenige von r_i und $\mathfrak{a}$. Wir erhalten also alle gegen $\mathfrak{a}\cdot\mathfrak{b}$ teilerfremden Repräsentanten (1), wenn wir r_i auf die $\psi(\mathfrak{a})$ gegen $\mathfrak{a}$ teilerfremden Repräsentanten r und s_k auf die $\psi(\mathfrak{b})$ gegen $\mathfrak{b}$ teilerfremden Repräsentanten s beschränken. Damit ist die Regel $\psi(\mathfrak{a}\cdot\mathfrak{b}) = \psi(\mathfrak{a})\cdot\psi(\mathfrak{b})$ bewiesen.

Die Primidealzerlegung von $\mathfrak{a}$ sei (unter Zusammenfassung gleicher Faktoren zu Potenzen):

$$(3) \qquad \mathfrak{a} = \mathfrak{p}_1^{\nu_1}\cdot\mathfrak{p}_2^{\nu_2}\cdot\mathfrak{p}_3^{\nu_3}\cdots.$$

Aus der eben bewiesenen Regel folgt dann:

$$(4) \qquad \psi(\mathfrak{a}) = \psi(\mathfrak{p}_1^{\nu_1}) \cdot \psi(\mathfrak{p}_2^{\nu_2}) \cdot \psi(\mathfrak{p}_3^{\nu_3}) \cdots,$$

so daß nur noch die Anzahl $\psi(\mathfrak{p}^\nu)$ für eine Primidealpotenz $\mathfrak{p}^\nu$ zu bestimmen ist. Zu diesem Zwecke zerlegen wir $\mathfrak{e}$ in die $N(\mathfrak{p})$ mod $\mathfrak{p}$ inkongruenten Klassen, die wir durch die Zahlen $\varrho_1, \varrho_2, \ldots$ repräsentieren. Wir zerlegen sodann erneut alle durch $\mathfrak{p}$ teilbaren Zahlen[1]), die eine der eben abgetrennten Klassen bilden, bezüglich des Moduls $\mathfrak{p}^\nu$ in Klassen, deren Anzahl wir durch das Symbol $(\mathfrak{p}, \nu)$ bezeichnen, und die wir durch σ_1, $\sigma_2, \ldots$ repräsentieren. Bildet man nun die $(\mathfrak{p}, \nu) \cdot N(\mathfrak{p})$ Summen $(\varrho_i + \sigma_k)$, so zeigt sich, daß keine zwei verschiedene von diesen Summen mod $\mathfrak{p}^\nu$ kongruent sind, daß aber jede Zahl η aus $\mathfrak{e}$ mit einer der Summen mod $\mathfrak{p}^\nu$ kongruent ist, woraus sich die Regel ergibt:

$$(5) \qquad N(\mathfrak{p}^\nu) = (\mathfrak{p}, \nu) \cdot N(\mathfrak{p}).$$

Aus $\varrho' + \sigma' \equiv \varrho + \sigma \pmod{\mathfrak{p}^\nu}$ folgt nämlich $\varrho' \equiv \varrho \pmod{\mathfrak{p}}$ und damit $\varrho' = \varrho$ sowie $\sigma' \equiv \sigma \pmod{\mathfrak{p}^\nu}$. Diese letzte Kongruenz ergibt dann sofort auch $\sigma' = \sigma$. Andrerseits ist irgendeine ganze Zahl η mod $\mathfrak{p}$ mit einem bestimmten ϱ kongruent, und weiter ist die durch $\mathfrak{p}$ teilbare Zahl $(\eta - \varrho)$ mod $\mathfrak{p}^\nu$ mit einem bestimmten σ kongruent, woraus $\eta \equiv \varrho + \sigma \pmod{\mathfrak{p}^\nu}$ folgt. Damit ist die Regel (5) sichergestellt.

Da nun $N(\mathfrak{p}^\nu) = (N(\mathfrak{p}))^\nu$ ist, so folgt $(\mathfrak{p}, \nu) = (N(\mathfrak{p}))^{\nu-1}$. Alle $N(\mathfrak{p}^\nu)$ mod $\mathfrak{p}^\nu$ inkongruenten Klassen setzen sich nun aus den $\psi(\mathfrak{p}^\nu)$ gegen $\mathfrak{p}^\nu$ teilerfremden und den $(\mathfrak{p}, \nu)$ Klassen der durch $\mathfrak{p}$ teilbaren Zahlen zusammen. Also ist:

$$N(\mathfrak{p}^\nu) = \psi(\mathfrak{p}^\nu) + (\mathfrak{p}, \nu) = \psi(\mathfrak{p}^\nu) + N(\mathfrak{p}^{\nu-1}),$$

$$\psi(\mathfrak{p}^\nu) = N(\mathfrak{p}^\nu) - N(\mathfrak{p}^{\nu-1}) = N(\mathfrak{p}^\nu)\left(1 - \frac{1}{N(\mathfrak{p})}\right).$$

Bei Rückgang auf die Gleichung (4) ergibt sich damit der Satz: *Die Anzahl* $\psi(\mathfrak{a})$ *der* mod $\mathfrak{a}$ *inkongruenten und gegen* $\mathfrak{a}$ *teilerfremden Zahlklassen von* $\mathfrak{e}$ *ist gegeben durch:*

$$(6) \qquad \psi(\mathfrak{a}) = N(\mathfrak{a}) \prod_i \left(1 - \frac{1}{N(\mathfrak{p}_i)}\right),$$

wo sich das Produkt auf alle unterschiedenen in $\mathfrak{a}$ *aufgehenden Primideale bezieht.*

Die Formel (6) soll jetzt für einen quadratischen Körper $\mathfrak{K}$ und ein in $\mathfrak{K}$ enthaltenes Hauptideal $\mathfrak{a} = [a]$ mit rationaler ganzer positiver Zahl a spezialisiert werden. Die rationalen Primfaktoren von a, die etwa kritische Primzahlen des Körpers $\mathfrak{K}$ sind und also in der Grundzahl D des

1) Es darf als selbstverständlich gelten, daß eine Zahl η durch ein Ideal teilbar heißt, wenn $[\eta]$ durch dieses Ideal teilbar ist, d. h. also wenn η im Ideal enthalten ist.

Körpers aufgehen, sollen durch p_0 bezeichnet werden; die übrigen rationalen Primfaktoren von a mögen p_1 oder p_2 heißen, je nachdem D quadratischer Rest oder Nichtrest von $4p$ ist. Zur Unterscheidung dieser drei Fälle bedient man sich einer Verallgemeinerung des Legendre-Jacobischen Zeichens. Man versteht für eine rationale Primzahl p unter dem Symbole (D, p) die Zahlen 0, $+1$ oder -1, je nachdem p eine Zahl p_0 p_1 oder p_2 ist:

$$(7) \qquad (D, p_0) = 0, \qquad (D, p_1) = +1, \qquad (D, p_2) = -1.$$

Nach S. 115 ist nun im quadratischen Körper $\mathfrak{K}$ das Hauptideal $[p_0]$ das Quadrat eines Primideals $\mathfrak{p}_0$ ersten Grades, während ein Hauptideal $[p_1]$ das Produkt zweier verschiedenen konjugierten Primideale $\mathfrak{p}_1$, $\mathfrak{p}_1'$ ersten Grades ist und ein Hauptideal $[p_2]$ selbst ein Primideal zweiten Grades darstellt. Für die Normen gelten also die Regeln:

$$N(\mathfrak{p}_0) = p_0, \qquad N(\mathfrak{p}_1) = N(\mathfrak{p}_1') = p_1, \qquad N([p_2]) = p_2^2.$$

Da $N([a]) = a^2$ ist, so nimmt die Regel (6) hier die Gestalt an:

$$(8) \qquad \psi([a]) = a^2 \prod\left(1 - \frac{1}{p_0}\right) \cdot \prod\left(1 - \frac{1}{p_1}\right)^2 \cdot \prod\left(1 - \frac{1}{p_2^2}\right),$$

wo sich die Produkte auf die verschiedenen rationalen Primzahlen der einzelnen der drei Arten, die in a enthalten sind, beziehen.

Die Gleichung (8) kann mittelst des schon oben erwähnten Zeichens $\varphi(a)$ aus der rationalen Zahlentheorie vereinfacht werden. Bekanntlich ist:

$$(9) \qquad \varphi(a) = a \prod\left(1 - \frac{1}{p}\right),$$

wo sich das Produkt auf alle verschiedenen in a aufgehenden rationalen Primzahlen bezieht. Da wir die Gleichung (9) auch:

$$\varphi(a) = a \prod\left(1 - \frac{1}{p_0}\right) \cdot \prod\left(1 - \frac{1}{p_1}\right) \cdot \prod\left(1 - \frac{1}{p_2}\right)$$

schreiben können, so kann die Gleichung (8) in die Gestalt:

$$\psi([a]) = \varphi(a) \cdot a \cdot \prod\left(1 - \frac{1}{p_1}\right) \cdot \prod\left(1 + \frac{1}{p_2}\right)$$

gesetzt werden. Ziehen wir also das in (7) erklärte Zeichen heran, so ergibt sich der Satz: *Ist a eine rationale ganze positive Zahl, so sind von den* $N([a]) = a^2$ mod $[a]$ *inkongruenten Zahlklassen, in die das System* $\mathfrak{e}$ *der ganzen Zahlen des quadratischen Körpers* $\mathfrak{K}$ *zerfällt, im ganzen:*

$$(10) \qquad \psi([a]) = \varphi(a) \cdot a \prod\left(1 - \frac{(D, p)}{p}\right)$$

Klassen gegen a teilerfremd, wo sich das Produkt auf alle verschiedenen, in a aufgehenden rationalen Primzahlen bezieht.

§18. Satz über die zu einem gegebenen Ideale teilerfremden Ideale.

Es seien $\mathfrak{a}$ und $\mathfrak{c}$ irgend zwei Ideale des Körpers $\mathfrak{K}$. Alle in $\mathfrak{a}$ und $\mathfrak{c}$ zugleich enthaltenen Zahlen, zu denen jedenfalls alle Zahlen des Ideals $\mathfrak{a}\cdot\mathfrak{c}$ gehören, bilden offenbar wieder ein Ideal $\mathfrak{m}$, das als das *„kleinste gemeinschaftliche Vielfache"* oder *„Multiplum"* von $\mathfrak{a}$ und $\mathfrak{c}$ bezeichnet wird. Die Benennung rechtfertigt sich dadurch, daß $\mathfrak{m}$ als Teiler in jedem gemeinschaftlichen Vielfachen von $\mathfrak{a}$ und $\mathfrak{c}$ enthalten ist. Sind für $\mathfrak{a}$ und $\mathfrak{c}$ die Primidealzerlegungen bekannt, so kann man diejenige von $\mathfrak{m}$ genau in derselben Art herstellen, wie man für zwei in ihre Primfaktoren zerlegte rationale ganze Zahlen a und c die Primfaktorenzerlegung ihres kleinsten gemeinsamen Multiplums m gewinnt.

Der Begriff des kleinsten gemeinschaftlichen Vielfachen zweier Ideale $\mathfrak{a}$ und $\mathfrak{c}$ kommt beim Beweise des folgenden Satzes zur Geltung[1]): *Ist ein Ideal $\mathfrak{a}$ durch keines der endlich vielen Ideale $\mathfrak{c}_1, \mathfrak{c}_2, \ldots, \mathfrak{c}_\nu$ teilbar, so ist in $\mathfrak{a}$ eine Zahl α nachweisbar, die in keinem der ν Ideale $\mathfrak{c}$ enthalten ist.*[2]) Ist $\nu = 1$, so ist der Satz richtig, da $\mathfrak{c}$ ein Teiler von $\mathfrak{a}$ wäre, falls alle Zahlen von $\mathfrak{a}$ in $\mathfrak{c}$ enthalten wären. Der allgemeine Beweis des Satzes kann weiter durch vollständige Induktion geführt werden. Wir nehmen an, der Satz sei richtig, falls die Anzahl der Ideale $\mathfrak{c}$ kleiner als ν ist, und beweisen, daß er dann auch noch für die Anzahl ν gilt.

Das kleinste gemeinschaftliche Vielfache von $\mathfrak{a}$ und $\mathfrak{c}_i$ sei $\mathfrak{m}_i = \mathfrak{a}\cdot\mathfrak{b}_i$, wo $\mathfrak{b}_i$ ein bestimmtes von $\mathfrak{e}$ verschiedenes Ideal ist.[3]) Ist die Zahl α von $\mathfrak{a}$ nicht in $\mathfrak{m}_i$ enthalten, so ist sie auch nicht in $\mathfrak{c}_i$ enthalten, da $\mathfrak{m}_i$ aus allen $\mathfrak{a}$ und $\mathfrak{c}_i$ gemeinsamen Zahlen besteht. Es genügt demnach in $\mathfrak{a}$ eine Zahl α nachzuweisen, die in keinem der Ideale $\mathfrak{m}_1, \mathfrak{m}_2, \ldots, \mathfrak{m}_\nu$ enthalten ist. Es mögen sich nun erstlich unter den Idealen $\mathfrak{b}_1, \mathfrak{b}_2, \ldots, \mathfrak{b}_\nu$ zwei finden, die nicht teilerfremd sind. Wir stellen sie an den Schluß der Reihe und nennen $\mathfrak{b}'_{\nu-1}$ den größten gemeinsamen Teiler von $\mathfrak{b}_{\nu-1}$ und $\mathfrak{b}_\nu$, der dann also von $\mathfrak{e}$ verschieden sein wird. In $\mathfrak{m}_1 = \mathfrak{a}\cdot\mathfrak{b}_1, \ldots, \mathfrak{m}_{\nu-2} = \mathfrak{a}\cdot\mathfrak{b}_{\nu-2}, \mathfrak{m}'_{\nu-1} = \mathfrak{a}\mathfrak{b}'_{\nu-1}$ haben wir dann $(\nu - 1)$ Ideale, von denen keines in $\mathfrak{a}$ aufgeht. Der Annahme zufolge gibt es demnach in $\mathfrak{a}$ eine Zahl α, die in keinem der Ideale $\mathfrak{m}_1, \mathfrak{m}_2, \ldots, \mathfrak{m}_{\nu-2}, \mathfrak{m}'_{\nu-1}$ enthalten ist. Da aber $\mathfrak{m}'_{\nu-1}$ sowohl $\mathfrak{m}_{\nu-1}$ als $\mathfrak{m}_\nu$ teilt, so ist α auch nicht in $\mathfrak{m}_{\nu-1}$ und $\mathfrak{m}_\nu$ enthalten, so daß in diesem Falle unser Satz bewiesen ist.

Es braucht jetzt nur noch die Möglichkeit betrachtet zu werden, daß je zwei unter den ν Idealen $\mathfrak{b}_1, \mathfrak{b}_2, \ldots, \mathfrak{b}_\nu$ teilerfremd sind. Dann ist

---

1) S. hierzu Dedekind in Dirichlets „Vorlesungen über Zahlentheorie" (4. Aufl.), S. 558 ff.

2) Ist $\mathfrak{a} = [\alpha]$ ein Hauptideal, so ist der Satz einleuchtend, da in diesem Falle α der Voraussetzung nach in keinem der Ideale $\mathfrak{c}$ enthalten ist.

3) Wäre $\mathfrak{b}_i = \mathfrak{e}$, so wäre $\mathfrak{a}\,(= \mathfrak{m}_i)$ durch $\mathfrak{c}_i$ teilbar, entgegen der Voraussetzung.

unser Satz aber leicht direkt beweisbar. Ist nämlich $\mathfrak{b}'_i$ das Produkt der Ideale $\mathfrak{b}$, abgesehen von $\mathfrak{b}_i$, so ist $\mathfrak{b}'_i$ nicht durch das von $\mathfrak{e}$ verschiedene Ideal $\mathfrak{b}_i$ teilbar, und also ist auch $\mathfrak{a} \cdot \mathfrak{b}'_i$ nicht teilbar durch $\mathfrak{a} \cdot \mathfrak{b}_i$. Es gibt demnach in $\mathfrak{a} \cdot \mathfrak{b}'_i$ eine Zahl α_i, die nicht in $\mathfrak{a} \cdot \mathfrak{b}_i$ enthalten ist. Die ν so zu erklärenden Zahlen $\alpha_1, \alpha_2, \ldots, \alpha_\nu$ sind aber alle in $\mathfrak{a}$ enthalten, und dasselbe gilt also von ihrer Summe:

$$\alpha = \alpha_1 + \alpha_2 + \cdots + \alpha_\nu.$$

Für diese Zahl α von $\mathfrak{a}$ aber finden wir $\alpha \equiv \alpha_i \pmod{\mathfrak{a} \cdot \mathfrak{b}_i}$, da alle α_k mit $k \neq i$ zufolge der Erklärung von $\mathfrak{b}'_k$ in dem Ideale $\mathfrak{a} \cdot \mathfrak{b}_i$ enthalten sind.[1]) Die Zahl α_i ist indessen nicht in $\mathfrak{a} \cdot \mathfrak{b}_i$ enthalten, und also gehört auch α dem Ideale $\mathfrak{m}_i = \mathfrak{a} \cdot \mathfrak{b}_i$ nicht an. Hiermit ist unser Satz vollständig bewiesen.

Aus dem aufgestellten Satze ziehen wir nun eine Folgerung, die später grundsätzliche Bedeutung erlangt. Zunächst ist folgender Satz zu nennen: *Sind $\mathfrak{a}$ und $\mathfrak{b}$ irgend zwei Ideale des Körpers $\mathfrak{K}$, so kann man eine von 0 verschiedene Zahl α aus $\mathfrak{a}$ so auswählen, daß die beiden Ideale $\mathfrak{a} \cdot \mathfrak{b}$ und $[\alpha]$ das Ideal $\mathfrak{a}$ selbst als größten gemeinschaftlichen Teiler haben.* Wir verstehen nämlich unter $\mathfrak{c}_1, \mathfrak{c}_2, \ldots, \mathfrak{c}_\nu$ alle endlich vielen Teiler von $\mathfrak{a} \cdot \mathfrak{b}$, die zugleich $\mathfrak{a}$ als Teiler enthalten, *aber von $\mathfrak{a}$ selbst verschieden sind.* Dann geht keines der Ideale $\mathfrak{c}$ in $\mathfrak{a}$ auf, und wir können also aus $\mathfrak{a}$ eine Zahl α wählen, die in keinem der Ideale $\mathfrak{c}$ enthalten ist. Der größte gemeinschaftliche Teiler von $\mathfrak{a} \cdot \mathfrak{b}$ und $[\alpha]$ hat das Ideal $\mathfrak{a}$, das sowohl in $\mathfrak{a} \cdot \mathfrak{b}$ als in $[\alpha]$ aufgeht, zum Teiler und geht seinerseits in $\mathfrak{a} \cdot \mathfrak{b}$ auf. Dieser größte gemeinschaftliche Teiler muß also entweder eines der Ideale $\mathfrak{c}$ sein oder stellt das Ideal $\mathfrak{a}$ vor. Hiervon bleibt aber nur die zweite Möglichkeit, da α in keinem der Ideale $\mathfrak{c}$ enthalten ist. Der ausgesprochene Satz ist also richtig.

Durch Vermittlung dieses Satzes gelangen wir nun zu dem schon genannten, für später wichtigen Ergebnisse. Das Hauptideal $[\alpha]$ als durch $\mathfrak{a}$ teilbar, kann als Produkt $[\alpha] = \mathfrak{a} \cdot \mathfrak{a}'$ dargestellt werden. Aus der Tatsache, daß $\mathfrak{a} \cdot \mathfrak{a}'$ und $\mathfrak{a} \cdot \mathfrak{b}$ den größten gemeinschaftlichen Teiler $\mathfrak{a}$ haben, folgt, daß $\mathfrak{a}'$ und $\mathfrak{b}$ teilerfremd sind. *Man kann also aus dem Ideale $\mathfrak{a}$ ein Hauptideal stets durch Multiplikation mit einem solchen Ideale $\mathfrak{a}'$ herstellen, das teilerfremd gegen ein beliebiges Ideal $\mathfrak{b}$ ist.* In der zur Idealklasse von $\mathfrak{a}$ inversen Klasse gibt es demnach stets ein Ideal $\mathfrak{a}'$, das teilerfremd zu $\mathfrak{b}$ ist. Bei der freien Wahl der Ideale $\mathfrak{a}$ und $\mathfrak{b}$ sind wir damit zu dem aufzustellenden Hauptsatze gelangt: *In jeder Idealklasse des Körpers $\mathfrak{K}$ gibt es Ideale, die zu einem beliebig vorgeschriebenen Ideale $\mathfrak{b}$ des Körpers teilerfremd sind.*

---

1) α_k ist in $\mathfrak{a} \cdot \mathfrak{b}'_k$ und also im Teiler $\mathfrak{a} \cdot \mathfrak{b}_i$ von $\mathfrak{a} \cdot \mathfrak{b}'_k$ enthalten.

V. Quadratische Körper und Formen negativer Diskriminante.[1])

§ 1. Zweige und Zweigideale im quadratischen Körper $\mathfrak{K}$.

In einer nahen Beziehung zur Theorie der elliptischen Funktionen stehen die quadratischen Körper *negativer* Grundzahl oder Diskriminante $\mathbf{D}$.[2]) Über diese Körper $\mathfrak{K}$ sind demnach noch etwas weitergehende Untersuchungen anzustellen. Nach S. 113 ist die Diskriminante $\mathbf{D} = d$ oder $= 4d$, je nachdem die von quadratischen Teilern freie, rationale ganze negative Zahl $d \equiv 1 \pmod 4$ ist oder einer der Zahlen 2, 3 mod 4 kongruent ist. Das System $\mathfrak{e}$ der ganzen Zahlen von $\mathfrak{K}$ stellen wir hinfort in der Basis 1, Θ dar, wo:

$$(1) \qquad \Theta = \frac{-1+\sqrt{\mathbf{D}}}{2} = \frac{-1+i\sqrt{|\mathbf{D}|}}{2} \quad \text{oder} \quad \Theta = \frac{\sqrt{\mathbf{D}}}{2} = \frac{i\sqrt{|\mathbf{D}|}}{2}$$

ist, je nachdem $\mathbf{D} = d$ oder $= 4d$ gilt. Offenbar gilt der Satz: *Die Diskriminante* $\mathbf{D}$ *ist durch kein ungerades Quadrat teilbar; es ist entweder* $\mathbf{D} \equiv 1$ *oder* $\equiv 0 \pmod 4$, *und in letzterem Falle gilt genauer* $\mathbf{D} \equiv 8$ *oder* $\equiv 12 \pmod{16}$.

Für eine Einheit $\varepsilon = e_0 + e_1\Theta$ von $\mathfrak{K}$ gilt, wenn ε' und Θ' die zu ε und Θ konjugierten Zahlen sind:

$$\varepsilon \cdot \varepsilon' = (e_0 + e_1\Theta)(e_0 + e_1\Theta') = e_0^2 + e_1^2\Theta\Theta' + e_0e_1(\Theta + \Theta') = 1.$$

Durch Eintragung der Ausdrücke (1) von Θ und der entsprechenden Ausdrücke von Θ' zeigt man leicht den Satz: *Der Körper der Diskriminante* $\mathbf{D} = -3$ *hat die sechs Einheiten* $\varepsilon = \pm 1, \pm \varrho, \pm \varrho^2$, *unter* ϱ *die dritte Einheitswurzel* $\varrho = \frac{-1+i\sqrt{3}}{2}$ *verstanden, derjenige der Diskriminante* $\mathbf{D} = -4$ *hat die vier Einheiten* $\varepsilon = \pm 1, \pm i$, *alle übrigen haben nur die beiden Einheiten* $\varepsilon = \pm 1$.

---

1) Den folgenden Entwicklungen liegt vornehmlich die Schrift Dedekinds „Über die Anzahl der Idealklassen in den verschiedenen Ordnungen eines endlichen Körpers" (Braunschweig 1877) zugrunde. Die Theorie der quadratischen Formen im geometrischen Gewande und die Beziehungen dieser Theorie zu den elliptischen Funktionen behandelte Klein in seinen (autographierten) Vorlesungen „Ausgewählte Kapitel der Zahlentheorie I und II" (Göttingen 1896 und 1897).

2) Wir bevorzugen fortan die Benennung „Diskriminante" für $\mathbf{D}$, da diese in der Theorie der quadratischen Formen die übliche ist. Übrigens werden die Diskriminanten $\mathbf{D}$ der Körper $\mathfrak{K}$ weiterhin durch Fettdruck hervorgehoben, damit wir die Bezeichnung D in anderem Sinne verwenden können.

Wir sondern jetzt aus dem Systeme $\mathfrak{e}$ aller ganzen Zahlen $(e_0 + e_1 \Theta)$ von $\mathfrak{K}$ das System $\mathfrak{e}_n$ aller Zahlen aus, bei denen e_1 durch eine vorgeschriebene rationale ganze positive Zahl n teilbar ist. Dieses Zahlsystem $\mathfrak{e}_n$, bestehend aus allen in der Gestalt $(e_0 + e_1 n \Theta)$ wieder mit rationalen ganzen e darstellbaren Zahlen von $\mathfrak{K}$, bezeichnen wir als einen *„Zweig"* von $\mathfrak{e}$ und nennen n den *„Grad"* des Zweiges, sprechen auch kurz vom *„n^{ten} Zweige"* $\mathfrak{e}_n$ des Systems $\mathfrak{e}$.

Es gilt der Satz: *Die Summe, die Differenz und das Produkt zweier Zahlen des Zweiges $\mathfrak{e}_n$ liefern stets wieder Zahlen dieses Zweiges.*[1])

Für $n = 1$ erhalten wir als „ersten Zweig" das System $\mathfrak{e}$ selbst; dieses System, dem alle übrigen Zweige angehören, soll demnach auch als *„Stamm"* bezeichnet werden.

Die negative Zahl $D = n^2 \mathbf{D}$ heiße die *„Zweigdiskriminante"*, $\mathbf{D}$ selbst wird demgegenüber *„Stammdiskriminante"* genannt.[2]) Ordnen wir die Stammdiskriminanten den Zweigdiskriminanten (nämlich für $n = 1$) unter, *so läßt sich jede rationale ganze negative Zahl D, die $\equiv 1$ oder* $0 \pmod 4$ *ist, als eine Zweigdiskriminante auffassen.* Ist nämlich erstens $D \equiv 1 \pmod 4$, so verstehe man unter n^2 das größte in D aufgehende (ungerade) Quadrat und setze $D = n^2 \mathbf{D} = n^2 d$. Dann ist d eine von quadratischen Teilern freie Zahl, die $\equiv 1 \pmod 4$ ist. Gilt aber $D \equiv 0 \pmod 4$, so sei n_0^2 das größte in D aufgehende ungerade Quadrat und 4^ν die größte in D aufgehende Potenz von 4. Dann ist $4^{-\nu} \cdot n_0^{-2} \cdot D$ ganzzahlig und $\equiv 1$, 2 oder 3 (mod 4). Im ersten Falle setzen wir:

$$n = 2^\nu \cdot n_0, \qquad D = n^2 \mathbf{D} = n^2 \cdot d,$$

wo auch $d \equiv 1 \pmod 4$ und von quadratischen Teilern frei ist. Im zweiten und dritten Falle schreiben wir:

$$n = 2^{\nu - 1} \cdot n_0, \qquad D = n^2 \mathbf{D} = n^2 \cdot 4d,$$

wo d wieder quadratfrei und $\equiv 2$ oder $\equiv 3 \pmod 4$ ist.

Eine „Basis" für $\mathfrak{e}_n$ haben wir in den Zahlen 1, $n\Theta$, insofern $\mathfrak{e}_n$ gerade von allen Zahlen $(e_0 + e_1 \cdot n\Theta)$ mit irgendwelchen ganzzahligen e gebildet wird. Besseren Anschluß an die oben für $\mathfrak{e}$ gebrauchte Basis gewinnen wir, wenn wir statt $n\Theta$ die auf folgende Art zu erklärende Zahl θ heranziehen:

---

1) Dedekind bezeichnet ein Zahlsystem dieser Art als eine „Ordnung" und nennt n den „Führer" der Ordnung; Hilbert bedient sich der Bezeichnung „Ring" oder „Zahlring".

2) Der Name „Stammdiskriminante" ist von Weber eingeführt, der Bezeichnung „Zweigdiskriminante" bedient sich Klein in seinen oben genannten Vorlesungen.

$$(2) \qquad \left\{\begin{aligned} &\theta = n\Theta = \frac{\sqrt{D}}{2} && \text{für } D \equiv 0,\ \mathsf{D} \equiv 0 \\ &\theta = \frac{n}{2} + n\Theta = \frac{\sqrt{D}}{2} && \text{für } D \equiv 0,\ \mathsf{D} \equiv 1 \\ &\theta = \frac{n-1}{2} + n\Theta = \frac{-1+\sqrt{D}}{2} && \text{für } D \equiv 1,\ \mathsf{D} \equiv 1 \end{aligned}\right\} \pmod 4.$$

Wir haben dann in allen Fällen (auch unter Einschluß von $n = 1$) den Satz: *Eine Basis von $\mathfrak{e}_n$ wird durch die Zahlen* 1, θ *geliefert, wo:*

$$(3) \qquad \theta = \frac{-1+\sqrt{D}}{2} = \frac{-1+i\sqrt{|D|}}{2} \quad \textit{oder} \quad \theta = \frac{\sqrt{D}}{2} = i\frac{\sqrt{|D|}}{2}$$

ist, je nachdem $D \equiv 1$ *oder* $\equiv 0 \pmod 4$ *gilt.*

Die folgenden Entwicklungen beziehen sich auf Ideale $\mathfrak{a}$, die teilerfremd gegen das zum Grade n des Zweiges $\mathfrak{e}_n$ gehörende Hauptideal $[n]$ sind. Alle Zahlen, die zugleich in $\mathfrak{a}$ und $\mathfrak{e}_n$ enthalten sind, bilden ein durch $\mathfrak{a}_n$ zu bezeichnendes System, das wir als den „n^{ten} *Zweig des Ideals* $\mathfrak{a}$“ bezeichnen. Dieser Zweig $\mathfrak{a}_n$ enthält jedenfalls unendlich viele Zahlen, z. B. alle Zahlen des kleinsten gemeinschaftlichen Vielfachen von $\mathfrak{a}$ und $[n]$. Zwei Zahlen des n^{ten} Zweiges $\mathfrak{a}_n$ geben, addiert oder subtrahiert, stets wieder Zahlen von $\mathfrak{a}_n$; denn die Summe und die Differenz sind wieder sowohl in $\mathfrak{a}$ als in $\mathfrak{e}_n$ enthalten. Ferner ist das Produkt einer beliebigen Zahl aus $\mathfrak{e}_n$ und einer solchen aus $\mathfrak{a}_n$ stets wieder in $\mathfrak{a}_n$ enthalten, da dieses Produkt eben auch wieder in $\mathfrak{a}$ und $\mathfrak{e}_n$ zugleich enthalten ist.

Eine dritte Eigenschaft von $\mathfrak{a}_n$ folgt aus dem Umstande, daß $\mathfrak{a}$ teilerfremd gegen $[n]$ ist. Der größte gemeinsame Teiler von $\mathfrak{a}$ und $[n]$ ist also $\mathfrak{e}$, so daß sich nach S. 96 jede Zahl von $\mathfrak{e}$ als Summe einer Zahl α aus $\mathfrak{a}$ und einer Zahl $n\eta$ aus $[n]$ darstellen läßt. Ist insbesondere für irgendeine Zahl η_n aus $\mathfrak{e}_n$ diese Darstellung $\eta_n = \alpha + n\eta$, so gehört $\alpha = \eta_n - n\eta$ offenbar dem Zweige $\mathfrak{e}_n$ und also auch dem Zweige $\mathfrak{a}_n$ des Ideals $\mathfrak{a}$ an und mag demnach genauer durch α_n bezeichnet werden. Die Gleichung $\eta_n = \alpha_n + n\eta$ zeigt, *daß jede Zahl des Zweiges $\mathfrak{e}_n$ als Summe einer Zahl aus $\mathfrak{a}_n$ und einer solchen aus $[n]$ darstellbar ist*, eine Tatsache, die wir kurz durch die Aussage kennzeichnen, $\mathfrak{a}_n$ *sei „teilerfremd“ zu* $[n]$.

Als „Produkt“ $\mathfrak{e} \cdot \mathfrak{a}_n$ von $\mathfrak{e}$ und $\mathfrak{a}_n$ erklären wir das System aller Zahlen, die als Produkte einer Zahl von $\mathfrak{e}$ und einer von $\mathfrak{a}_n$ oder als Summen solcher Produkte darstellbar sind (vgl. die Erklärung des Produktes zweier Ideale S. 93). Dann gilt der Satz: *Das Produkt $\mathfrak{e} \cdot \mathfrak{a}_n$ von $\mathfrak{e}$ und dem n^{ten} Zweige des gegen $[n]$ teilerfremden Ideals $\mathfrak{a}$ stellt wieder dieses Ideal $\mathfrak{a}$ selbst dar.* Zunächst überzeuge man sich, daß das Produkt $\mathfrak{e} \cdot \mathfrak{a}_n$ die drei Grundeigenschaften eines Ideals hat (S. 90). Alle Zahlen des Ideals $\mathfrak{e} \cdot \mathfrak{a}_n$ sind in $\mathfrak{a}$ enthalten, so daß $\mathfrak{a}$ ein Teiler von $\mathfrak{e} \cdot \mathfrak{a}_n$ ist. Da ferner $\mathfrak{a}_n$ teilerfremd gegen $[n]$ ist, so besitzt die Zahl 1, die in $\mathfrak{e}_n$ enthalten ist, eine Darstellung:

$$1 = \alpha_n + n\eta. \tag{4}$$

Ist jetzt α eine beliebige Zahl aus $\mathfrak{a}$, so folgt aus (4) die Gleichung $\alpha = \alpha\alpha_n + n\eta\alpha$. Das erste Glied dieser Summe $\alpha \cdot \alpha_n$ gehört dem Ideale $\mathfrak{e} \cdot \mathfrak{a}_n$ an. Die Zahl $n\eta\alpha$ ist in $\mathfrak{e}_n$ sowie als Produkt $(n\eta) \cdot \alpha$ in $\mathfrak{a}$, also in $\mathfrak{a}_n$ und damit auch in $\mathfrak{e} \cdot \mathfrak{a}_n$ enthalten. Demnach ist auch die Summe α der Zahlen $\alpha \cdot \alpha_n$ und $n\eta\alpha$ und also jede Zahl α von $\mathfrak{a}$ im Ideal $\mathfrak{e} \cdot \mathfrak{a}_n$ enthalten. Somit ist $\mathfrak{e} \cdot \mathfrak{a}_n$ ein Teiler von $\mathfrak{a}$. Da hiernach jedes der Ideale $\mathfrak{a}$ und $\mathfrak{e} \cdot \mathfrak{a}_n$ ein Teiler des anderen ist, so gilt in der Tat $\mathfrak{e} \cdot \mathfrak{a}_n = \mathfrak{a}$.

Die Zweige $\mathfrak{a}_n$ der zu $[n]$ teilerfremden Ideale spielen im Zweige $\mathfrak{e}_n$ offenbar dieselbe Rolle wie die Ideale $\mathfrak{a}$ selbst im Stamme $\mathfrak{e}$. Wir bezeichnen die $\mathfrak{a}_n$ dieserhalb auch kurz als „*Zweigideale*", genauer als „die zum Grade n gehörenden Zweigideale" und nennen ihnen gegenüber die $\mathfrak{a}$ selbst „*Stammideale*". Es ist sogar möglich, die Zweigideale unabhängig von den Stammidealen in folgender Art zu erklären: *Ein System $\mathfrak{a}_n$ von Zahlen des n^{ten} Zweiges $\mathfrak{e}_n$ soll ein „Zweigideal" heißen, wenn es folgende Eigenschaften besitzt:*

1. *Die Summen und die Differenzen zweier Zahlen von $\mathfrak{a}_n$ sind wieder in $\mathfrak{a}_n$ enthalten.*

2. *Das Produkt einer Zahl von $\mathfrak{e}_n$ und einer von $\mathfrak{a}_n$ ist wieder in $\mathfrak{a}_n$ enthalten.*

3. *Das System $\mathfrak{a}_n$ ist gegen $[n]$ teilerfremd, d. h. jede Zahl von $\mathfrak{e}_n$ ist als Summe einer Zahl aus $\mathfrak{a}_n$ und einer solchen aus $[n]$ darstellbar.*

Die Eigenschaft 3. hat natürlich nur für $n > 1$ Bedeutung. Sie ersetzt zugleich die bei einem Stammideale $\mathfrak{a}$ geforderte Bedingung 3 (S. 90), daß $\mathfrak{a}$ nicht aus der Zahl 0 allein bestehen solle. Da nämlich für $n > 1$ das Hauptideal $[n]$ den Zweig $\mathfrak{e}_n$ nicht erschöpft, kommen sicher in $\mathfrak{a}_n$ von 0 verschiedene Zahlen vor.

Daß die n^{ten} Zweige $\mathfrak{a}_n$ der gegen $[n]$ teilerfremden Stammideale $\mathfrak{a}$ die drei Eigenschaften 1. bis 3. besitzen, wurde bereits gezeigt. Daß diese n^{ten} Zweige aber auch alle den Bedingungen 1. bis 3. genügenden Zweigideale erschöpfen, geht aus folgendem Satze hervor: *Ist $\mathfrak{a}_n$ ein der independenten Erklärung entsprechendes Zweigideal, so ist das wie oben zu erklärende Produkt $\mathfrak{e} \cdot \mathfrak{a}_n = \mathfrak{a}$ ein gegen $[n]$ teilerfremdes Stammideal, und $\mathfrak{a}_n$ ist der n^{te} Zweig von $\mathfrak{a}$.* Zunächst ist wieder einleuchtend, daß das Zahlsystem $\mathfrak{e} \cdot \mathfrak{a}_n$, das sich zusammensetzt aus allen Produkten einer Zahl aus $\mathfrak{e}$ und einer solchen aus $\mathfrak{a}_n$, sowie aus allen Summen solcher Produkte, ein Stammideal $\mathfrak{a} = \mathfrak{e} \cdot \mathfrak{a}_n$ bildet. Zufolge der Eigenschaft 3. von $\mathfrak{a}_n$ gibt es eine Darstellung (4) der Zahl 1, unter α_n eine Zahl des Zweigideals $\mathfrak{a}_n$ verstanden. Ist η' eine beliebige Zahl aus $\mathfrak{e}$, so folgt aus (4):

$$\eta' = \eta'\alpha_n + n\eta\eta',$$

so daß jede Zahl η' als Summe einer in $\mathfrak{e} \cdot \mathfrak{a}_n = \mathfrak{a}$ enthaltenen Zahl $\eta' \alpha_n$ und einer Zahl $n\eta\eta'$ des Hauptideals $[n]$ darstellbar ist. Also ist das Stammideal $\mathfrak{a} = \mathfrak{e} \cdot \mathfrak{a}_n$ teilerfremd zu $[n]$. Ist endlich $\mathfrak{a}_n'$ der n^{te} Zweig von $\mathfrak{a} = \mathfrak{e} \cdot \mathfrak{a}_n$, so haben wir noch die Gleichheit von $\mathfrak{a}_n'$ mit $\mathfrak{a}_n$ zu zeigen. Da alle Zahlen von $\mathfrak{a}_n$ zugleich in $\mathfrak{a} = \mathfrak{e} \cdot \mathfrak{a}_n$ und $\mathfrak{e}_n$ enthalten sind, so gehören sie auch alle dem Zweige $\mathfrak{a}_n'$ von $\mathfrak{a}$ an. Ist andrerseits α_n' eine beliebige Zahl des Zweiges $\mathfrak{a}_n'$, so gibt es wegen der Eigenschaft 3. des Zweigideals $\mathfrak{a}_n$ eine Darstellung:

$$\alpha_n' = \alpha_n + n\eta, \tag{5}$$

wo α_n dem Zweigideal $\mathfrak{a}_n$ angehört. Die Zahl $n\eta = \alpha_n' - \alpha_n$, als Differenz zweier in $\mathfrak{a}$ enthaltenen Zahlen, findet sich gleichfalls in $\mathfrak{a}$, so daß das Ideal $[n\eta] = [n] \cdot [\eta]$ durch die beiden teilerfremden Ideale $[n]$ und $\mathfrak{a}$, also auch durch $[n] \cdot \mathfrak{a}$ teilbar ist. Nun gewinnt man die Zahlen von $[n] \cdot \mathfrak{a} = [n] \cdot (\mathfrak{e} \cdot \mathfrak{a}_n)$, indem man die Zahlen von $\mathfrak{a}_n$ mit denen von $[n] \cdot \mathfrak{e} = [n]$ multipliziert und alle Summen solcher Produkte hinzufügt. Alle so erhaltenen Zahlen sind, da die Zahlen von $[n]$ in $\mathfrak{e}_n$ enthalten sind, zufolge der Eigenschaften 2. und 1. des Zweigideales $\mathfrak{a}_n$ in diesem enthalten. Dies gilt also auch von der Zahl $n\eta$ selbst, und mit α_n und $n\eta$ gehört zufolge (5) auch α_n' dem Zweigideale $\mathfrak{a}_n$ an. Alle Zahlen des Zweiges $\mathfrak{a}_n'$ sind demnach im Zweigideale $\mathfrak{a}_n$ enthalten, so daß die Gleichheit von $\mathfrak{a}_n'$ und $\mathfrak{a}_n$ jetzt feststeht. Wir haben somit den Satz gewonnen: *Die gegen $[n]$ teilerfremden Stammideale $\mathfrak{a}$ sind den Zweigidealen $\mathfrak{a}_n$ des n^{ten} Zweiges $\mathfrak{e}_n$ umkehrbar eindeutig zugeordnet, indem einerseits $\mathfrak{a}_n$ der n^{te} Zweig von $\mathfrak{a}$ ist und andrerseits $\mathfrak{a}$ das Produkt $\mathfrak{e} \cdot \mathfrak{a}_n$ darstellt.*

§ 2. Zahlstrahlen im quadratischen Körper.

Um die Äquivalenz der Zweigideale behandeln zu können, ist eine längere Zwischenentwicklung einzuschalten. Zwei Zahlen η und η' aus $\mathfrak{e}$ sollen „teilerfremd“ heißen, wenn die Hauptideale $[\eta]$ und $[\eta']$ teilerfremd sind. Wir greifen nun erstens aus $\mathfrak{e}$ alle Zahlen heraus, die teilerfremd gegen den Grad n unseres Zweiges $\mathfrak{e}_n$ sind. Den ausgewählten Zahlen fügen wir sodann noch alle diejenigen gebrochenen Zahlen von $\mathfrak{K}$ hinzu, deren einzelne als Quotient zweier gegen n teilerfremden ganzen Zahlen von $\mathfrak{K}$ darstellbar ist. Das so gebildete Zahlsystem hat die Eigenschaft, *daß sowohl das Produkt wie auch der Quotient zweier seiner Zahlen stets wieder dem System angehört.* Ein mit dieser Eigenschaft ausgestattetes Zahlsystem heißt ein *„Zahlstrahl“* oder kurz ein *„Strahl“* [1]); der besondere, soeben ausgewählte Strahl werde durch $\mathfrak{S}^{(n)}$ oder, wenn der obere Index entbehrlich ist, durch $\mathfrak{S}$ bezeichnet.

---

1) Weber gebraucht statt Strahl die Bezeichnung „Gruppe“.

Zweitens greifen wir aus dem n^{ten} Zweige $\mathfrak{e}_n$ alle gegen n teilerfremden Zahlen heraus und fügen ihnen wieder alle gebrochenen Zahlen hinzu, die als Quotienten zweier herausgegriffener Zahlen darstellbar sind. Das so zu gewinnende in $\mathfrak{S}$ enthaltene Zahlsystem stellt wieder einen Strahl dar, der durch $\mathfrak{f}^{(n)}$ oder kurz durch $\mathfrak{f}$ bezeichnet werden soll.

Wenn nun auch die Strahlen $\mathfrak{S}$ und $\mathfrak{f}$ neben ganzen auch gebrochene Zahlen enthalten, so können wir diese Strahlen doch mod $[n]$ oder, was auf dasselbe hinausläuft, mod n in „Zahlklassen" zerlegen, nämlich $\mathfrak{S}$ in $\psi([n])$ und $\mathfrak{f}$ in $\varphi(n)$ Klassen, unter $\psi([n])$ und $\varphi(n)$ die in (10) und (9) S. 118 erklärten Anzahlen verstanden. Wir führen dies zunächst im einfacheren Falle des Strahles $\mathfrak{f}$ aus; die Übertragung auf $\mathfrak{S}$ wird hernach leicht sein.

Für die ganzen Zahlen $(e_0 + e_1 n\Theta)$ von $\mathfrak{f}$ ist die Einteilung einleuchtend. Die Zahl $(e_0 + e_1 n\Theta)$ ist mod n mit e_0 kongruent, und da e_0 teilerfremd gegen n ist, so haben wir für die ganzen Zahlen von $\mathfrak{f}$ insgesamt $\varphi(n)$ Klassen, die wir repräsentieren durch die $\varphi(n)$ rationalen ganzen Zahlen $r_1 = 1, r_2, \ldots, r_\varphi = n - 1$ zwischen 0 und n, die teilerfremd zu n sind. Eine gebrochene Zahl μ von $\mathfrak{f}$ habe $\mu = \frac{\alpha}{\beta}$ als eine erste Darstellung als Quotient zweier ganzer Zahlen α, β von $\mathfrak{f}$. Es sei $\alpha \equiv r_i$, $\beta \equiv r_k \pmod{n}$. Dann gibt es, da r_k teilerfremd gegen n ist, einen und nur einen Repräsentanten r_l, der die Kongruenz $r_k \cdot r_l \equiv 1 \pmod{n}$ erfüllt und im Anschluß an diese Kongruenz auch durch r_k^{-1} bezeichnet sein mag. Ist $r_i \cdot r_l = r_i \cdot r_k^{-1} \equiv r_m \pmod{n}$, so fügen wir die Zahl μ der durch r_m vertretenen Klasse bei, was durch:

$$\mu = \frac{\alpha}{\beta} \equiv r_i \cdot r_k^{-1} \equiv r_m \pmod{n} \tag{1}$$

zum Ausdruck komme. Zu zeigen ist noch, daß die Klasse, der μ zuerteilt ist, von der besonderen Darstellung $\mu = \frac{\alpha}{\beta}$ unabhängig ist. Eine zweite Darstellung von μ sei $\mu = \frac{\alpha'}{\beta'}$, und es gelte $\alpha' \equiv r_i'$, $\beta' \equiv r_k' \pmod{n}$, so daß von dieser Darstellung aus die Zahl μ in die Klasse von $r_i' \cdot r_k'^{-1}$ gehören würde. Aus $\alpha\beta' = \alpha'\beta$ folgt dann $r_i r_k' \equiv r_i' r_k \pmod{n}$, und also ergibt sich weiter durch Multiplikation mit $r_k^{-1} \cdot r_k'^{-1}$ die Kongruenz $r_i r_k^{-1} \equiv r_i' r_k'^{-1} \pmod{n}$. *Durch unsere Maßregel ist also auch jede gebrochene Zahl von $\mathfrak{f}$ einer und nur einer unter den $\varphi(n)$ Zahlklassen zuerteilt.*

Es besteht der Satz: *Zwei Kongruenzen $\mu \equiv r$, $\mu' \equiv r' \pmod{n}$ für Zahlen μ, μ' aus $\mathfrak{f}$ können miteinander multipliziert oder durcheinander dividiert werden, ohne ein unrichtiges Ergebnis zu liefern.* Die Division durch r läuft dabei natürlich auf die Multiplikation mit r^{-1} hinaus. Der Satz ist zunächst einleuchtend für die Multiplikation ganzzahliger μ, μ' (S. 101). Dann gilt er aber auch für die Multiplikation, in dem Falle, daß eine der

beiden Zahlen μ, μ' oder beide gebrochen sind. Ist nämlich $\mu = \frac{\alpha}{\beta}$, $\mu' = \frac{\alpha'}{\beta'}$, und gehören die α, β, α', β' in die Zahlklassen von r_i, r_k, r'_i, r'_k, so ist:
$$\alpha \cdot \alpha' \equiv r_i \cdot r'_i, \quad \beta \cdot \beta' \equiv r_k \cdot r'_k \quad (\mathrm{mod}\ n),$$
so daß $\mu\mu'$ in die Zahlklasse von $(r_i r'_i) \cdot (r_k r'_k)^{-1}$ hineingehört. Nun ist aber $(r_k r'_k)^{-1} \equiv r_k^{-1} \cdot r_k'^{-1}$, woraus:
$$(r_i r'_i) \cdot (r_k r'_k)^{-1} \equiv r_i r'_i \cdot r_k^{-1} r_k'^{-1} \equiv (r_i r_k^{-1}) \cdot (r'_i r_k'^{-1}) \equiv r r' \quad (\mathrm{mod}\ n)$$
folgt. Also gehört $\mu \cdot \mu'$ in die Zahlklasse von rr', d. h. aus $\mu \equiv r$, $\mu' \equiv r'$ $(\mathrm{mod}\ n)$ folgt $\mu\mu' \equiv rr'$ $(\mathrm{mod}\ n)$. In ähnlicher Art zeigt man auch die Erlaubnis der Division zweier Kongruenzen $\mu \equiv r$, $\mu' \equiv r'$ $(\mathrm{mod}\ n)$ durcheinander. Den bewiesenen Satz verallgemeinert man leicht noch dahin, *daß irgend zwei Kongruenzen* $\mu \equiv \mu''$, $\mu' = \mu'''$ $(\mathrm{mod}\ n)$ *bei Multiplikation und Division wieder richtige Kongruenzen liefern.*

Das System aller in die durch r_i repräsentierte Klasse gehörenden Zahlen von $\mathfrak{f}$ werde durch $\mathfrak{s}_i^{(n)}$ oder kurz durch $\mathfrak{s}_i$ bezeichnet. Die Tatsache, daß alle $\varphi(n)$ Systeme $\mathfrak{s}_1, \mathfrak{s}_2, \ldots, \mathfrak{s}_\varphi$ den Strahl $\mathfrak{f}$ gerade erschöpfen, bringen wir durch die symbolische Gleichung:

(2) $$\mathfrak{f} = \mathfrak{s}_1 + \mathfrak{s}_2 + \cdots + \mathfrak{s}_\varphi$$

zum Ausdruck. Das System $\mathfrak{s}_1$ bildet wieder einen „Strahl", da für zwei Zahlen aus $\mathfrak{f}$, die $\equiv 1$ $(\mathrm{mod}\ n)$ sind, sowohl das Produkt als der Quotient wieder $\equiv 1$ $(\mathrm{mod}\ n)$ sind. Nach dem soeben bewiesenen Satze gehört das Produkt von r_i und einer Zahl aus $\mathfrak{s}_1$ in das System $\mathfrak{s}_i$, und umgekehrt ist der Quotient einer Zahl aus $\mathfrak{s}_i$ und der Zahl r_i stets in $\mathfrak{s}_1$ enthalten. Wir erhalten also gerade das ganze System $\mathfrak{s}_i$, indem wir r_i mit allen Zahlen von $\mathfrak{s}_1$ multiplizieren, was durch die Gleichung $\mathfrak{s}_i = r_i \cdot \mathfrak{s}_1$ zum Ausdruck komme. *Die Zusammensetzung des Strahles* $\mathfrak{f}$ *aus seinen* $\varphi(n)$ *Zahlklassen können wir demnach an Stelle von* (2) *auch so schreiben:*

(3) $$\mathfrak{f} = \mathfrak{s}_1 + r_2 \cdot \mathfrak{s}_1 + r_3 \cdot \mathfrak{s}_1 + \cdots + r_\varphi \cdot \mathfrak{s}_1.$$

Es wiederholen sich entsprechende Betrachtungen für die Zerlegung des Strahles $\mathfrak{S}$ in Zahlklassen mod n. Da die ganzen Zahlen von $\mathfrak{S}$ alle gegen $[n]$ teilerfremden Zahlen von $\mathfrak{e}$ sind, so verteilen sie sich auf $\psi([n])$ Klassen (S. 117). Wir repräsentieren diese Klassen durch ψ geeignet gewählte Zahlen $\varrho_1 = 1, \varrho_2, \varrho_3, \ldots, \varrho_\psi$ und dürfen die ersten φ unter ihnen mit den obigen $r_1, r_2, \ldots, r_\varphi$ identisch nehmen. Für irgendein ϱ_k gibt es dann stets ein und nur ein die Kongruenz $\varrho_k \cdot \varrho_l \equiv 1$ $(\mathrm{mod}\ n)$ befriedigendes ϱ_l, das demnach auch durch ϱ_k^{-1} bezeichnet werden mag.[1])

1) Der Beweis folgt (wie in der rationalen Zahlentheorie) aus dem Umstande, daß die ψ Produkte $\varrho_k, \varrho_k\varrho_2, \varrho_k\varrho_3, \ldots, \varrho_k\varrho_\psi$ durchweg mod n inkongruent und teilerfremd zu n sind, so daß eines dieser Produkte mit $\varrho_1 = 1$ kongruent sein muß.

Die gebrochenen Zahlen von $\mathfrak{S}$ verteilen wir daraufhin genau nach den oben beim Strahle $\mathfrak{s}$ befolgten Grundsätzen auf die $\psi([n])$ Klassen. Auch die Fortsetzung der Betrachtung gestaltet sich Wort für Wort wie oben: *Jede Zahl* λ *von* $\mathfrak{S}$ *gehört in eine und nur eine der* $\psi([n])$ mod n *inkongruenten Klassen; zwei Kongruenzen* $\lambda \equiv \lambda''$, $\lambda' \equiv \lambda'''$ (mod n) *zwischen Zahlen von* $\mathfrak{S}$ *dürfen miteinander multipliziert oder durcheinander dividiert werden, ohne ein unrichtiges Ergebnis zu liefern.*

Eine beliebige Zahl der durch $\varrho_1 = 1$ repräsentierten Klasse von $\mathfrak{S}$ sei $\lambda = \frac{\gamma}{\delta}$. Mit der ganzen Zahl δ ist auch die ihr konjugierte Zahl δ' teilerfremd gegen $[n]$, da ein $[\delta']$ und $[n]$ gemeinsamer Primidealfaktor $\mathfrak{p}'$ im konjugierten Ideale $\mathfrak{p}$ einen gemeinsamen Faktor von $[\delta]$ und $[n]$ liefern würde. Schreiben wir $\lambda = \frac{\gamma\delta'}{\delta\delta'}$, so ist der Nenner $\delta\delta'$ als rationale ganze Zahl in $\mathfrak{e}_n$ enthalten und als teilerfremd gegen n einer Zahl r_i mod n kongruent. Aus $\lambda \equiv 1$, $\delta\delta' \equiv r_i$ (mod n) folgt weiter:

$$\gamma\delta' = \lambda \cdot \delta\delta' \equiv r_i \pmod{n},$$

so daß auch $\gamma\delta'$ in $\mathfrak{e}_n$ und also λ in $\mathfrak{s}$ enthalten ist. Als mit 1 mod n kongruent gehört dann λ in das Teilsystem $\mathfrak{z}_1$. Umgekehrt ist jede Zahl von $\mathfrak{z}_1$ auch in $\mathfrak{S}$ enthalten und gehört daselbst zu der durch $\varrho_1 = 1$ repräsentierten Klasse. *Also führt die durch* $\varrho_1 = 1$ *repräsentierte Klasse von* $\mathfrak{S}$ *einfach zum Systeme* $\mathfrak{z}_1$ *zurück.* Wie oben zeigt man dann weiter leicht, daß man das System aller mit ϱ_i kongruenten Zahlen von $\mathfrak{S}$ gerade genau erschöpft, indem man das symbolisch durch $\varrho_i \cdot \mathfrak{z}_1$ zu bezeichnende System aller Produkte von ϱ_i und den Zahlen von $\mathfrak{z}_1$ bildet. Es ergibt sich der Satz: *Der Strahl* $\mathfrak{S}$ *setzt sich aus den* $\psi([n])$ *Systemen* $\mathfrak{z}_1$, $\varrho_2 \cdot \mathfrak{z}_1, \varrho_3 \cdot \mathfrak{z}_1, \ldots, \varrho_\psi \cdot \mathfrak{z}_1$ *zusammen und kann demnach wieder symbolisch in der Gestalt einer Summe geschrieben werden:*

$$\mathfrak{S} = \mathfrak{z}_1 + \varrho_2 \cdot \mathfrak{z}_1 + \varrho_3 \cdot \mathfrak{z}_1 + \cdots + \varrho_\psi \cdot \mathfrak{z}_1. \tag{4}$$

Da $\varrho_2 = r_2, \varrho_3 = r_3, \ldots, \varrho_\varphi = r_\varphi$ sein sollte, so liefern die ersten φ Glieder in (4) rechts zufolge (3) als Summe $\mathfrak{s}$. Wir schreiben nun $\varrho_{\varphi+1} = \sigma_2$ und haben in $\sigma_2, \sigma_2 \cdot \varrho_2, \sigma_2 \cdot \varrho_3, \ldots, \sigma_2 \cdot \varrho_\varphi$ weitere φ Zahlen von $\mathfrak{S}$, die untereinander und gegen $\varrho_1 = 1, \varrho_2, \ldots, \varrho_\varphi$ durchweg inkongruent sind. Wir können demnach die Zahlen $\sigma_2, \sigma_2 \cdot \varrho_2, \ldots, \sigma_2 \cdot \varrho_\varphi$ als weitere φ Repräsentanten $\varrho_{\varphi+1}, \varrho_{\varphi+2}, \ldots, \varrho_{2\varphi}$ benutzen; die zugehörigen Glieder der Summe (4) fassen sich zur Teilsumme:

$$\varrho_{\varphi+1} \cdot \mathfrak{z}_1 + \cdots + \varrho_{2\varphi} \cdot \mathfrak{z}_1 = \sigma_2(\mathfrak{z}_1 + \varrho_2 \cdot \mathfrak{z}_1 + \cdots + \varrho_\varphi \cdot \mathfrak{z}_1) = \sigma_2 \cdot \mathfrak{s}$$

zusammen. Wir setzen weiter $\varrho_{2\varphi+1} = \sigma_3$ und wiederholen dieselbe Schlußweise, bis alle Glieder auf der rechten Seite von (4) erschöpft sind, was nach $\psi([n]) : \varphi(n) = \chi(n)$ Schritten erreicht sein wird. Da übrigens $\psi([n])$ mod n inkongruente, gegen n teilerfremde *ganze* Zahlen in $\mathfrak{e}$ vorkommen, so steht nichts im Wege, die Repräsentanten ϱ durchweg *ganzzahlig* zu wählen; auch die $\chi(n)$ Zahlen $\sigma_1 = 1, \sigma_2, \ldots, \sigma_\chi$ werden dann ganz. Wir gelangen zu dem Satze: *Die gesamten Zahlen des Strahles $\mathfrak{S}$ lassen sich auf $\chi(n)$ Zahlsysteme verteilen, entsprechend der symbolischen Darstellung von $\mathfrak{S}$ als Summe:*

$$(5) \qquad \mathfrak{S} = \mathfrak{s} + \sigma_2 \cdot \mathfrak{s} + \sigma_3 \cdot \mathfrak{s} + \cdots + \sigma_\chi \cdot \mathfrak{s},$$

wo $\chi(n)$ die durch $\chi(n) = \psi([n]) : \varphi(n)$ erklärte Anzahl ist, die sich im Anschluß an (10) *S. 118 in der Gestalt darstellen läßt:*

$$(6) \qquad \chi(n) = n \prod \left(1 - \frac{(\mathfrak{D}, p)}{p}\right);$$

$\mathfrak{s}$ bedeutet den oben näher erklärten zum n^{ten} Zweige gehörenden Strahl, und $\sigma_1 = 1, \sigma_2, \ldots, \sigma_\chi$ sind gewisse $\chi(n)$ inkongruente, geeignet gewählte „ganze" Zahlen aus $\mathfrak{S}$.

§ 3. Zerlegung der Idealklassen von $\mathfrak{K}$ in Zweigklassen.

Nach S. 104 ff. sind zwei Ideale $\mathfrak{a}$ und $\mathfrak{b}$ von $\mathfrak{K}$ dann und nur dann äquivalent, wenn es eine Zahl λ in $\mathfrak{K}$ von der Art gibt, daß die Zahlen des Ideals $\mathfrak{a}$, mit λ multipliziert, gerade genau alle Zahlen von $\mathfrak{b}$ ergeben. Wir bringen diese Tatsache durch die Gleichung $\mathfrak{b} = \lambda \cdot \mathfrak{a}$ zum Ausdruck. Alle mit einem gegebenen Ideale äquivalenten Ideale bildeten eine „Idealklasse", und es gab in $\mathfrak{K}$ nur eine *endliche* Anzahl solcher Klassen. Nach S. 120 gibt es in jeder Idealklasse gegen $[n]$ teilerfremde Ideale.

Es besteht der Satz: *Sind $\mathfrak{a}$ und $\mathfrak{b} = \lambda \cdot \mathfrak{a}$ zwei äquivalente Ideale, so ist die Zahl λ bis auf einen Faktor, der eine Einheit ε von $\mathfrak{K}$ ist, eindeutig bestimmt.* Gilt nämlich neben $\mathfrak{b} = \lambda \cdot \mathfrak{a}$ auch $\mathfrak{b} = \lambda' \cdot \mathfrak{a}$, und setzen wir $\lambda = \frac{\alpha}{\beta}$ und $\lambda' = \frac{\alpha'}{\beta'}$, so müssen wegen der Gleichheit der Zahlsysteme $\lambda \cdot \mathfrak{a}$ und $\lambda' \cdot \mathfrak{a}$ auch die beiden Systeme:

$$\beta\beta' \cdot \lambda \cdot \mathfrak{a} = \alpha\beta' \cdot \mathfrak{a} \quad \text{und} \quad \beta\beta' \cdot \lambda' \cdot \mathfrak{a} = \alpha'\beta \cdot \mathfrak{a}$$

gleich sein. Also folgt die Gleichheit der Ideale $[\alpha\beta'] \cdot \mathfrak{a}$ und $[\alpha'\beta] \cdot \mathfrak{a}$ und damit auch diejenige von $[\alpha\beta']$ und $[\alpha'\beta]$. Die Zahlen $\alpha\beta'$ und $\alpha'\beta$ sind demnach assoziiert, woraus der aufgestellte Satz folgt.

Wir stellen weiter den Satz auf: *Ist eines der äquivalenten Ideale $\mathfrak{a}$ und $\mathfrak{b} = \lambda \cdot \mathfrak{a}$ teilerfremd gegen $[n]$, und gehört λ dem Strahle $\mathfrak{S}$ an, so ist auch das andere Ideal teilerfremd gegen $[n]$.* Wir setzen $\lambda = \frac{\alpha}{\beta}$, wo α und β ganze Zahlen des Körpers $\mathfrak{K}$ bedeuten, die gegen n teilerfremde Normen $N(\alpha)$ und $N(\beta)$ haben. Aus $\mathfrak{b} = \lambda \cdot \mathfrak{a}$ folgt $\mathfrak{b} \cdot [\beta] = \mathfrak{a} \cdot [\alpha]$ und also:

$$(1) \qquad N(\mathfrak{b}) \cdot N(\beta) = N(\mathfrak{a}) \cdot N(\alpha).$$

Ist nun eines der Ideale $\mathfrak{a}$, $\mathfrak{b}$, etwa $\mathfrak{a}$, teilerfremd gegen $[n]$ und damit $N(\mathfrak{a})$ teilerfremd gegen n[1]), so folgt aus (1), daß $N(\mathfrak{b})$ teilerfremd gegen n und also $\mathfrak{b}$ teilerfremd gegen $[n]$ ist. Der aufgestellte Satz ist also richtig. Hieran schließt sich der Satz: *Sind die beiden äquivalenten Ideale* $\mathfrak{a}$ *und* $\mathfrak{b} = \lambda \cdot \mathfrak{a}$ *teilerfremd gegen* $[n]$, *so gehört* λ *dem Strahle* $\mathfrak{S}$ *an.* Wir können nämlich aus der zur Klasse von $\mathfrak{a}$ und $\mathfrak{b}$ inversen Idealklasse ein gegen $[n]$ teilerfremdes Ideal $\mathfrak{c}$ entnehmen und finden dann in $\mathfrak{b} \cdot \mathfrak{c} = [\alpha']$ und $\mathfrak{a} \cdot \mathfrak{c} = [\beta']$ zwei Hauptideale, die gegen $[n]$ teilerfremd sind und also gegen n teilerfremde Zahlen α', β' liefern. Aus $\mathfrak{b} = \lambda \cdot \mathfrak{a}$ oder der damit gleichbedeutenden Gleichung $[\beta] \cdot \mathfrak{b} = [\alpha] \cdot \mathfrak{a}$ folgt durch Multiplikation mit $\mathfrak{c}$:

$$[\beta] \cdot \mathfrak{b}\mathfrak{c} = [\alpha] \cdot \mathfrak{a}\mathfrak{c}, \qquad [\beta] \cdot [\alpha'] = [\alpha] \cdot [\beta'], \qquad [\beta\alpha'] = [\alpha\beta'].$$

Also sind $\beta\alpha'$ und $\alpha\beta'$ assoziiert, und wir finden:

$$\alpha\beta' = \varepsilon \cdot \alpha'\beta, \qquad \lambda = \frac{\alpha}{\beta} = \frac{\varepsilon\alpha'}{\beta'},$$

unter ε eine Einheit verstanden. Zufolge der letzten Darstellung von λ gehört diese Zahl dem Strahle $\mathfrak{S}$ an.

Es sei jetzt $n > 1$. Die Zahlen λ des Strahles $\mathfrak{S}$ waren entsprechend der Gleichung (5) S. 129 in $\chi(n)$ Systeme $\mathfrak{f}$, $\sigma_2 \cdot \mathfrak{f}, \ldots, \sigma_\chi \cdot \mathfrak{f}$ verteilt, wo $\mathfrak{f}$ der zum n^{ten} Zweige $\mathfrak{e}_n$ gehörende Strahl $\mathfrak{f}^{(n)}$ war und $1 = \sigma_1, \sigma_2, \ldots, \sigma_\chi$ gewisse $\chi(n)$ ganze Zahlen von $\mathfrak{S}$ bedeuten. Mit einer Zahl λ gehört $-\lambda$ stets dem gleichen Systeme $\sigma_k \cdot \mathfrak{f}$ an, da der Strahl $\mathfrak{f}$ mit einer einzelnen Zahl immer auch ihre entgegengesetzte enthält. Nach den Angaben von S. 121 über die Einheiten von $\mathfrak{K}$ ergibt sich: *Für* $|\mathbf{D}| > 4$ *sind je zwei assoziierte Zahlen* $\pm \lambda$[2]) *immer in dem gleichen Systeme* $\sigma_k \cdot \mathfrak{f}$ *enthalten.* Ist $|\mathbf{D}| = 4$, so gehören die beiden assoziierten Zahlen λ und $\lambda' = i\lambda$ stets verschiedenen Systemen $\sigma_k \cdot \mathfrak{f}$ an, da sonst ihr Quotient $\lambda' : \lambda = i$ in $\mathfrak{f}$ enthalten wäre, was jedoch wegen $n > 1$ nicht der Fall ist. Ebenso gehören für $|\mathbf{D}| = 3$ die drei assoziierten Zahlen λ, $\varrho\lambda$, $\varrho^2\lambda$ stets drei verschiedenen Systemen $\sigma_k \cdot \mathfrak{f}$ an. Ist für $|\mathbf{D}| = 4$ die zu σ_k assoziierte Zahl $i\sigma_k$ in $\sigma_l \cdot \mathfrak{f}$ enthalten, so können wir, wenn nicht bereits $\sigma_l = i\sigma_k$ sein sollte, σ_l durch $i\sigma_k$ ersetzen[3]) und finden, daß $\sigma_l \cdot \mathfrak{f}$ einfach aus allen Zahlen besteht, die aus denen von $\sigma_k \cdot \mathfrak{f}$ durch Multiplikation mit i entstehen. Die beiden Systeme $\sigma_k \cdot \mathfrak{f}$ und $\sigma_l \cdot \mathfrak{f}$ mögen dann selbst „assoziiert" heißen. Durch Übertragung der Betrachtung auf $|\mathbf{D}| = 3$ folgt der Satz:

---

1) Hätten $N(\mathfrak{a})$ und n eine rationale Primzahl p als gemeinsamen Faktor, so würde mindestens ein in $[p]$ aufgehendes Primideal $\mathfrak{a}$ und $[n]$ zugleich teilen.

2) Wir übertragen den Begriff der „assoziierten" Zahlen in sofort verständlicher Art auch auf die gebrochenen Zahlen von $\mathfrak{K}$.

3) Ist σ_l' irgendeine Zahl des Systems $\sigma_l \cdot \mathfrak{f}$, so ist offenbar das System $\sigma_l' \cdot$ mit $\sigma_l \cdot \mathfrak{f}$ identisch.

Für $|\mathfrak{D}| > 4$ *sind unter den* $\chi(n)$ *Systemen* $\sigma_k \cdot \mathfrak{f}$ *keine zwei assoziiert, für* $|\mathfrak{D}| = 4$ *sind sie zu je zweien assoziiert und bilden* $\frac{1}{2}\chi(n)$ *nicht-assoziierte Systempaare, für* $|\mathfrak{D}| = 3$ *sind sie zu je dreien assoziiert und bilden* $\frac{1}{3}\chi(n)$ *nicht-assoziierte Systemtripel.*

Wir stellen nun folgende Erklärung auf: Zwei gegen n teilerfremde, der gleichen Klasse angehörende Ideale $\mathfrak{a}$ und $\mathfrak{b}$ sollen *„im Zweige* $\mathfrak{e}_n$ *äquivalent"* heißen, wenn sich eine Gleichung $\mathfrak{b} = \mu \cdot \mathfrak{a}$ angeben läßt, in der μ dem Strahle $\mathfrak{f}$ angehört; läßt sich eine solche Gleichung nicht angeben, so heißen $\mathfrak{a}$ und $\mathfrak{b}$ *„in* $\mathfrak{e}_n$ *inäquivalent"*. Man bilde nun zunächst aus einem ersten gegen $[n]$ teilerfremden Ideale $\mathfrak{a}$ die n äquivalenten, gleichfalls gegen n teilerfremden Ideale $\mathfrak{a}$, $\sigma_2 \cdot \mathfrak{a}$, $\sigma_3 \cdot \mathfrak{a}, \ldots, \sigma_\chi \cdot \mathfrak{a}$. Nach dem Satze über die Bestimmtheit der Faktoren λ in den Gleichungen $\mathfrak{b} = \lambda \cdot \mathfrak{a}$ zwischen je zwei äquivalenten Idealen und nach den Angaben über die Verteilung aller Zahlen λ von $\mathfrak{S}$ auf die Systeme $\sigma_k \cdot \mathfrak{f}$ ergibt sich der Satz: *Die* $\chi(n)$ *Ideale* $\mathfrak{a}$, $\sigma_2 \cdot \mathfrak{a}$, $\sigma_3 \cdot \mathfrak{a}, \ldots, \sigma_\chi \cdot \mathfrak{a}$ *sind für* $|\mathfrak{D}| > 4$ *in* $\mathfrak{e}_n$ *inäquivalent, für* $|\mathfrak{D}| = 4$ *werden sie zu Paaren in* $\mathfrak{e}_n$ *äquivalent und stellen* $\frac{1}{2}\chi(n)$ *in* $\mathfrak{e}_n$ *inäquivalente Idealpaare dar, für* $|\mathfrak{D}| = 3$ *werden sie zu dreien in* $\mathfrak{e}_n$ *äquivalent und liefern* $\frac{1}{3}\chi(n)$ *in* $\mathfrak{e}_n$ *inäquivalente Idealtripel.*

Um die beiden Ausnahmefälle nicht stets besonders nennen zu müssen, verabreden wir, *daß die Zahl* $\tau = 1$, $\frac{1}{2}$ *oder* $\frac{1}{3}$ *sein soll, je nachdem* $|\mathfrak{D}| > 4$, $|\mathfrak{D}| = 4$ *oder* $= 3$ *ist.* Auch ordnen wir in den Ausnahmefällen die $\mathfrak{a}$, $\sigma_2 \cdot \mathfrak{a}, \ldots, \sigma_\chi \cdot \mathfrak{a}$ so an, daß $\tau\chi(n)$ durchweg in $\mathfrak{e}_n$ inäquivalente Ideale $\mathfrak{a}$, $\sigma_2 \cdot \mathfrak{a}, \ldots, \sigma_{\tau\chi} \cdot \mathfrak{a}$ voranstehen. Einleuchtend ist, daß irgend zwei gegen $[n]$ teilerfremde Ideale $\mathfrak{b} = \lambda \cdot \mathfrak{a}$ und $\mathfrak{b}' = \lambda' \cdot \mathfrak{a}$ stets und nur dann in $\mathfrak{e}_n$ äquivalent sind, wenn λ und λ' dem gleichen Systeme $\sigma_k \cdot \mathfrak{f}$ oder assoziierten Systemen angehören. Alle einander in $\mathfrak{e}_n$ äquivalenten Ideale fügen wir in eine *„Zweigklasse"* zusammen und bezeichnen ihnen gegenüber die ursprünglichen Klassen auch als *„Stammklassen"*. Wir haben dann den folgenden Satz: *Die gesamten gegen* $[n]$ *teilerfremden Ideale einer vorgelegten Stammklasse verteilen sich auf* $\tau\chi(n)$ *„Zweigklassen", die wir durch* $\mathfrak{a}$, $\sigma_2 \cdot \mathfrak{a}, \ldots, \sigma_{\tau\chi} \cdot \mathfrak{a}$ *repräsentieren können; zwei Ideale aus verschiedenen Zweigklassen sind stets in* $\mathfrak{e}_n$ *inäquivalent.*

§ 4. Multiplikation und Äquivalenz der Zweigideale.

Die Erklärung der Multiplikation zweier Zweigideale des n^{ten} Zweiges $\mathfrak{e}_n$ schließt sich an diejenige der Stammideale an. *Unter dem Produkte* $\mathfrak{a}_n \cdot \mathfrak{b}_n$ *zweier Zweigideale* $\mathfrak{a}_n$ *und* $\mathfrak{b}_n$ *verstehen wir das System aller Zahlen, die entweder Produkte je einer Zahl* α_n *aus* $\mathfrak{a}_n$ *und einer Zahl* β_n *aus* $\mathfrak{b}_n$ *sind oder als irgendwelche Summen solcher Produkte gewonnen werden.* Am Produkte $\mathfrak{a}_n \cdot \mathfrak{b}_n$ erkennt man leicht wieder die drei S. 124 genannten Grundeigenschaften eines Zweigideals. Jedenfalls enthält das System $\mathfrak{a}_n \cdot \mathfrak{b}_n$ nur Zahlen des Zweiges $\mathfrak{e}_n$. Betreffs der Eigenschaft 1 beachte man nur wegen der Differenzen, daß ein Zweigideal mit einer einzelnen Zahl immer auch deren entgegengesetzte Zahl enthält. Die Eigenschaft 2 kann man für $\mathfrak{a}_n \cdot \mathfrak{b}_n$ leicht aus dem Umstande ableiten, daß diese Eigenschaft für $\mathfrak{a}_n$ zutrifft. Um die Eigenschaft 3 am Systeme $\mathfrak{a}_n \cdot \mathfrak{b}_n$ nachzuweisen, verstehen wir unter η_n eine beliebige Zahl des Zweiges $\mathfrak{e}_n$. Da $\mathfrak{a}_n$ und $\mathfrak{b}_n$ die Eigenschaft 3 besitzen, so gibt es zwei Darstellungen:

$$\eta_n = \alpha_n + n\eta, \qquad 1 = \beta_n + n\eta'$$

der in $\mathfrak{e}_n$ enthaltenen Zahlen η_n und 1. Es folgt:

$$\eta_n = \alpha_n \beta_n + n\eta'', \quad \text{wo} \quad \eta'' = \alpha_n \eta' + \beta_n \eta + n\eta\eta'$$

ist, so daß jede Zahl von $\mathfrak{e}_n$ als Summe einer Zahl aus $\mathfrak{a}_n \cdot \mathfrak{b}_n$ und einer solchen aus $[n]$ darstellbar ist. *Das Produkt zweier Zweigideale* $\mathfrak{a}_n$, $\mathfrak{b}_n$ *ist wieder ein Zweigideal* $\mathfrak{c}_n = \mathfrak{a}_n \cdot \mathfrak{b}_n$. Daß für unsere Produkte das kommutative und das assoziative Gesetz gelten, folgt wieder leicht aus dem Umstande, daß diese Gesetze für die Produkte der Zahlen zutreffen.

Die Multiplikation der Zweigideale steht zu derjenigen der Stammideale in enger Beziehung: *Sind* $\mathfrak{a} = \mathfrak{e} \cdot \mathfrak{a}_n$ *und* $\mathfrak{b} = \mathfrak{e} \cdot \mathfrak{b}_n$ *die zu den Zweigidealen* $\mathfrak{a}_n$ *und* $\mathfrak{b}_n$ *gehörenden Stammideale, so gehört zum Produkte* $\mathfrak{c}_n = \mathfrak{a}_n \cdot \mathfrak{b}_n$ *von* $\mathfrak{a}_n$ *und* $\mathfrak{b}_n$ *als Stammideal* $\mathfrak{e} \cdot \mathfrak{c}_n$ *das Produkt* $\mathfrak{c} = \mathfrak{a} \cdot \mathfrak{b}$ *der beiden Stammideale* $\mathfrak{a}$ *und* $\mathfrak{b}$. Das Ideal $\mathfrak{a}$ besteht nämlich aus allen Produkten $\eta \cdot \alpha_n$ und allen Summen solcher Produkte, und ebenso besteht $\mathfrak{b}$ aus allen Produkten $\eta \cdot \beta_n$ und deren Summen. Da nun $\mathfrak{e} \cdot \mathfrak{e}$ wieder gleich $\mathfrak{e}$ ist, so setzt sich das Ideal $\mathfrak{c} = \mathfrak{a} \cdot \mathfrak{b}$ aus allen Produkten $\eta \,.\, \alpha_n \beta_n$ und allen Summen solcher Produkte zusammen. Zu genau demselben Zahlsystem aber gelangt man, wenn man vom Zweigideal $\mathfrak{c}_n = \mathfrak{a}_n \cdot \mathfrak{b}_n$ durch Multiplikation mit $\mathfrak{e}$ zum zugehörigen Stammideal $\mathfrak{e} \cdot \mathfrak{c}_n$ übergeht. Die Umkehrung des letzten Satzes lautet: *Sind* $\mathfrak{a}$ *und* $\mathfrak{b}$ *gegen* $[n]$ *teilerfremde Stammideale, denen die Zweigideale* $\mathfrak{a}_n$ *und* $\mathfrak{b}_n$ *zugehören, so entspricht dem offenbar gleichfalls gegen* $[n]$ *teilerfremden Stammideale* $\mathfrak{c} = \mathfrak{a} \cdot \mathfrak{b}$ *als Zweigideal das Produkt* $\mathfrak{a}_n \cdot \mathfrak{b}_n$ *von* $\mathfrak{a}_n$ *und* $\mathfrak{b}_n$. Nach S. 125 entsprechen die Zweigideale und die gegen $[n]$ teilerfremden Stammideale einander umkehrbar eindeutig. Zufolge des letzten Satzes entspricht aber dem Zweigideal $\mathfrak{a}_n \cdot \mathfrak{b}_n$ das Stammideal $\mathfrak{c} = \mathfrak{a} \cdot \mathfrak{b}$; also ist umgekehrt das zu $\mathfrak{c} = \mathfrak{a} \cdot \mathfrak{b}$ gehörige Zweigideal $\mathfrak{c}_n = \mathfrak{a}_n \cdot \mathfrak{b}_n$.

Der Äquivalenz der Zweigideale legen wir folgende Erklärung zugrunde: *Zwei Zweigideale* $\mathfrak{a}_n$ *und* $\mathfrak{b}_n$ *heißen stets und nur dann „äquivalent", wenn es eine Zahl* μ *des Strahles* $\mathfrak{f}$ *gibt, die der Gleichung* $\mathfrak{b}_n = \mu \cdot \mathfrak{a}_n$ *genügt, was besagt, daß die Zahlen von* $\mathfrak{b}_n$ *einfach die mit* μ *multiplizierten Zahlen von* $\mathfrak{a}_n$ *sind.* Wir können dann folgenden Satz beweisen: *Zwei Zweigideale* $\mathfrak{a}_n$ *und* $\mathfrak{b}_n$ *sind stets und nur dann äquivalent, wenn die beiden zugehörigen Stammideale* $\mathfrak{a}$ *und* $\mathfrak{b}$ *„im Zweige* $\mathfrak{e}_n$ *äquivalent" sind.* Trifft nämlich die letzte Bedingung zu, so gibt es eine Zahl $\mu = \frac{\alpha}{\beta}$ in $\mathfrak{f}$, die die Gleichung $\mathfrak{b} = \mu \cdot \mathfrak{a}$ erfüllt. Die Zahl β ist teilerfremd gegen n und in $\mathfrak{e}_n$ enthalten. Dasselbe gilt von der zu β konjugierten Zahl β', so daß $\beta \cdot \beta'$ eine gegen n teilerfremde rationale ganze Zahl ist. Nun ist jede Zahl des Systems:

$$\mu \cdot \mathfrak{a}_n = \frac{\alpha}{\beta} \cdot \mathfrak{a}_n = \frac{\alpha\beta'}{\beta\beta'} \cdot \mathfrak{a}_n$$

in $\mathfrak{b}$ enthalten und also ganz. Da jede dieser ganzen Zahlen bei Multiplikation mit der gegen n teilerfremden rationalen ganzen Zahl $\beta \cdot \beta'$ als Produkt eine Zahl des Systems $\alpha\beta' \cdot \mathfrak{a}_n$ und also des Zweiges $\mathfrak{e}_n$ liefert, so gehört sie bereits selbst dem Zweige $\mathfrak{e}_n$ an.[1]) Da außerdem alle Zahlen von $\mu \cdot \mathfrak{a}_n$ in $\mathfrak{b}$ enthalten sind, so finden sie sich alle im Zweige $\mathfrak{b}_n$ von $\mathfrak{b}$. In derselben Art zeigt man, daß jede Zahl von $\mu^{-1} \cdot \mathfrak{b}_n$ in $\mathfrak{a}_n$ enthalten ist. Sind also die beiden Stammideale $\mathfrak{a}$ und $\mathfrak{b}$ in $\mathfrak{e}_n$ äquivalent, so gilt sicher $\mathfrak{b}_n = \mu \cdot \mathfrak{a}_n$, d. h. die beiden Zweigideale $\mathfrak{a}_n$ und $\mathfrak{b}_n$ sind äquivalent. Umgekehrt folgt aus $\mathfrak{b}_n = \mu \cdot \mathfrak{a}_n$ sehr leicht $(\mathfrak{e} \cdot \mathfrak{b}_n) = \mu \cdot (\mathfrak{e} \cdot \mathfrak{a}_n)$, womit der aufgestellte Satz im vollen Umfange bewiesen ist.

Auch für die Äquivalenz der Zweigideale $\mathfrak{a}_n$ und $\mathfrak{b}_n$ benutzen wir das oben (S. 104) eingeführte Zeichen $\mathfrak{a}_n \sim \mathfrak{b}_n$. Da sich die Zahlen des Strahles $\mathfrak{f}$ bei Multiplikation reproduzieren, so sind auch hier wieder zwei Zweigideale, die einem dritten äquivalent sind, miteinander äquivalent. Alle mit einem gegebenen $\mathfrak{a}_n$ äquivalenten Zweigideale fügen wir zu einer „*Idealklasse*" $\mathfrak{A}_n$ zusammen, wobei dann je zwei Zweigideale der Klasse $\mathfrak{A}_n$ äquivalent sind. Die mit dem Zweigideale $\mathfrak{e}_n$ äquivalenten Zweigideale bilden die „*Hauptklasse*" und mögen wieder „*Hauptideale*" genannt werden.[2])

Es ist nun leicht, die Betrachtung so zu ergänzen, daß Übereinstimmung mit den bei den Stammidealen aufgestellten Sätzen vorliegt. Zunächst haben wir den Satz: *Ist* $\mathfrak{a}_n \cdot \mathfrak{b}_n = \mathfrak{c}_n$, *und gilt* $\mathfrak{a}'_n \sim \mathfrak{a}_n$, $\mathfrak{b}'_n \sim \mathfrak{b}_n$, *so ist auch* $\mathfrak{c}'_n = \mathfrak{a}'_n \cdot \mathfrak{b}'_n \sim \mathfrak{c}_n$. Es gibt nämlich zwei Zahlen μ und μ' in $\mathfrak{f}$, die die Gleichungen $\mathfrak{a}'_n = \mu \cdot \mathfrak{a}_n$, $\mathfrak{b}'_n = \mu' \cdot \mathfrak{b}_n$ befriedigen. Die Zahlen des Produktes $\mathfrak{c}'_n = \mathfrak{a}'_n \cdot \mathfrak{b}'_n$ gehen dann aus denen des Produktes $\mathfrak{a}_n \cdot \mathfrak{b}_n$ einfach durch Multiplikation mit $\mu \cdot \mu'$ hervor. Da diese Zahl in $\mathfrak{f}$ enthalten ist, so gilt $\mathfrak{c}'_n \sim \mathfrak{c}_n$. Nennen wir $\mathfrak{A}_n$ und $\mathfrak{B}_n$ die zu $\mathfrak{a}_n$ und $\mathfrak{b}_n$ gehörenden Idealklassen, so gibt irgendein Ideal aus $\mathfrak{A}_n$, mit irgendeinem aus $\mathfrak{B}_n$ multipliziert, als Produkt stets ein Ideal einer bestimmten dritten Klasse

1) Soll nämlich eine Zahl $(e_0 + e_1 n\Theta)$ von $\mathfrak{e}_n$, durch die gegen n teilerfremde, rationale ganze Zahl $\beta\beta'$ geteilt, eine *ganze* Zahl als Quotienten liefern, so müssen e_0 und e_1 durch $\beta\beta'$ teilbar sein.

2) Wenn wir bei den letzten Benennungen den Zusatz „Zweig" der Kürze halber vermeiden, so wird daraus kaum eine Zweideutigkeit entstehen, da aus dem Zusammenhange stets die genaue Bedeutung der Benennung zu entnehmen ist.

$\mathfrak{C}_n$, die wir das „*Produkt*" der beiden Klassen $\mathfrak{A}_n$ und $\mathfrak{B}_n$ nennen und symbolisch durch $\mathfrak{C}_n = \mathfrak{A}_n \cdot \mathfrak{B}_n$ bezeichnen.

Ist $\mathfrak{a}_n$ irgendein Zweigideal und $\mathfrak{a}$ das zugehörige Stammideal, so gibt es ein gegen $[n]$ teilerfremdes Stammideal $\mathfrak{b}'$, das in $\mathfrak{a} \cdot \mathfrak{b}' = [\gamma]$ ein Hauptideal des Stammes $\mathfrak{e}$ liefert. Die ganze Zahl γ ist teilerfremd gegen n, gehört also in eine der $\psi([n])$ oben (S. 127ff.) betrachteten Zahlklassen mod n hinein. Wir können nach den dortigen Darlegungen eine gleichfalls gegen n teilerfremde Zahl μ_0 so wählen, daß $\mu = \mu_0 \gamma$ in die Zahlklasse $\mathfrak{S}_1$ und damit zum Strahle $\mathfrak{f}$ gehört. Indem wir die Zahlen des Ideals $\mathfrak{a} \cdot \mathfrak{b}' = [\gamma]$ mit μ_0 multiplizieren und $\mu_0 \cdot \mathfrak{b}' = \mathfrak{b}$ setzen, ist auch $\mathfrak{b}$ ein gegen $[n]$ teilerfremdes Ideal, und wir finden $\mathfrak{a} \cdot \mathfrak{b} = [\mu]$. Der n^{te} Zweig des Hauptideals $[\mu]$ ist nun einfach das Hauptideal $\mu \cdot \mathfrak{e}_n$ des Zweiges $\mathfrak{e}_n$. Daß alle Zahlen von $\mu \cdot \mathfrak{e}_n$ im n^{ten} Zweige von $[\mu]$ vorkommen, ist nämlich einleuchtend. Soll andrerseits die Zahl $\mu \cdot \eta$ von $[\mu]$ in $\mathfrak{e}_n$ enthalten sein, so ist auch $(\mu \cdot \mu') \cdot \eta$ in $\mathfrak{e}_n$ enthalten, unter μ' die zu μ konjugierte Zahl verstanden. Dann gehört aber, da $\mu \cdot \mu'$ rational, ganz und gegen n teilerfremd ist, auch schon η dem Zweige $\mathfrak{e}_n$ an. Aus $\mathfrak{a} \cdot \mathfrak{b} = [\mu]$ folgt nun durch Übergang zu den Zweigidealen $\mathfrak{a}_n \cdot \mathfrak{b}_n = \mu \cdot \mathfrak{e}_n$ und also, da μ in $\mathfrak{f}$ enthalten ist, der Satz: *Für jedes Zweigideal $\mathfrak{a}_n$ gibt es sicher ein Ideal $\mathfrak{b}_n$ von der Art, daß das Produkt $\mathfrak{a}_n \cdot \mathfrak{b}_n$ ein Hauptideal des n^{ten} Zweiges ist.* Natürlich gibt dann jedes Ideal der Klasse $\mathfrak{A}_n$ von $\mathfrak{a}_n$, mit irgendeinem Ideale der Klasse $\mathfrak{B}_n$ von $\mathfrak{b}_n$ multipliziert, als Produkt ein Hauptideal des Zweiges $\mathfrak{e}_n$. Wir nennen die Klassen $\mathfrak{A}_n$ und $\mathfrak{B}_n$ einander „*invers*" und bezeichnen im Anschluß daran auch wohl $\mathfrak{B}_n$ durch $\mathfrak{A}_n^{-1}$ und $\mathfrak{A}_n$ durch $\mathfrak{B}_n^{-1}$.

Die durch $h(|D|) = h(n^2|\mathsf{D}|)$ zu bezeichnende „Anzahl der Idealklassen" des Zweiges $\mathfrak{e}_n$ wird durch den S. 132 sogleich an die Erklärung äquivalenter $\mathfrak{a}_n$, $\mathfrak{b}_n$ angeschlossenen Satz auf die Anzahl $h(|\mathsf{D}|)$ der Idealklassen im Stamme $\mathfrak{e}$ zurückgeführt. Aus der Zerlegung der einzelnen Klasse der Stammideale in je $\chi(n)$ „Zweigklassen" ergibt sich unmittelbar der Satz: *Die „Klassenanzahl" $h(|D|)$ der Zweigideale im n^{ten} Zweige $\mathfrak{e}_n$ des quadratischen Körpers $\mathfrak{K}$ der Diskriminante D ist gegeben durch:*

$$h(|D|) = h(|\mathsf{D}|) \cdot \tau n \prod \left(1 - \frac{(\mathsf{D}, p)}{p}\right), \tag{1}$$

wo $h(|\mathsf{D}|)$ die endliche Anzahl der Idealklassen im Stamme $\mathfrak{e}$ ist und die übrigen Bestandteile der rechten Seite von (1) *die oben* (S. 118 und 131) *dargelegte Bedeutung haben.*

Endlich bleibt uns noch übrig, die gruppentheoretische Auffassung der Multiplikation der Idealklassen auf den Zweig $\mathfrak{e}_n$ zu übertragen, wobei die h Klassen $\mathfrak{A}_0, \mathfrak{A}_1, \ldots, \mathfrak{A}_{h-1}$ die „Elemente" der Gruppe bilden und unter ihnen insbesondere die „Hauptklasse" $\mathfrak{A}_0$ „das Einheitselement" liefert. Die Überlegungen schließen sich genau an S. 107 an; wir notieren sogleich den Satz: *Die h Idealklassen $\mathfrak{A}_0, \mathfrak{A}_1, \ldots, \mathfrak{A}_{h-1}$ des n^{ten} Zweiges vom Körper $\mathfrak{K}$ bilden gegenüber Multiplikation eine kommutative oder Abelsche Gruppe G_h der Ordnung h, in der das Einheitselement von der Hauptklasse $\mathfrak{A}_0$ geliefert wird.*

§ 5. Basen der Ideale und ebene Punktgitter.

Die Überlegung, welche uns oben (S. 86ff.) zur Existenz einer „Basis" für das Zahlsystem $\mathfrak{e}$ hinführte, war auch auf jedes Ideal $\mathfrak{a}$ anwendbar (S. 91ff.) und ist ohne Änderung auch bei jedem Zweigideal $\mathfrak{a}_n$ durchführbar. Wir schließen jetzt, wenn wir von einem „*Ideale* $\mathfrak{a}_n$" sprechen, den Fall $n = 1$ mit ein, so daß $\mathfrak{a}_n$ ein Zweigideal oder ein Stammideal bedeuten mag. Um den schon erwähnten Zusammenhang der quadratischen Körper $\mathfrak{K}$ negativer Diskriminanten mit der Theorie der elliptischen Funktionen gleich äußerlich hervortreten zu lassen, bezeichnen wir die Zahlen einer Basis von $\mathfrak{a}_n$ durch ω_1, ω_2; die zu ω_1, ω_2 konjugierten Zahlen, die zugleich ihre „konjugiert komplexen" Zahlen sind, mögen $\overline{\omega}_1, \overline{\omega}_2$ heißen.

Als ein erstes aus den allgemeinen Sätzen über die Basen folgendes Ergebnis haben wir anzumerken: *Irgendeine Basis ω_1', ω_2' des Ideals $\mathfrak{a}_n$ ist durch eine erste Basis ω_1, ω_2 in der Gestalt:*

$$(1) \qquad \omega_1' = \alpha\omega_1 + \beta\omega_2, \qquad \omega_2' = \gamma\omega_1 + \delta\omega_2, \qquad \alpha\delta - \beta\gamma = \pm 1$$

darstellbar, wo $\alpha, \beta, \gamma, \delta$ vier rationale ganze Zahlen der Determinante $+1$ oder -1 sind. Da die ω_1, ω_2 linear-unabhängig sind, so ist der Quotient $\omega = \frac{\omega_1}{\omega_2}$ eine nicht-rationale Zahl von $\mathfrak{K}$, die wegen der negativen Diskriminante D komplex ist. Wir können nötigenfalls durch Zeichenwechsel einer der beiden Zahlen ω_1, ω_2, der für den Gebrauch dieser Zahlen als einer Basis von $\mathfrak{a}_n$ ohne Folge ist, erreichen, daß der Quotient ω eine komplexe Zahl mit *positivem* imaginären Bestandteile wird. Wir wollen in diesem Falle ω_1, ω_2 eine „*positive*" *Basis* und $\omega = \frac{\omega_1}{\omega_2}$ einen „*positiven*" *Basisquotienten* nennen. Dann gilt insbesondere der Satz: *Irgendeine positive Basis ω_1', ω_2' von $\mathfrak{a}_n$ ist durch eine erste unter ihnen ω_1, ω_2 in der Gestalt darstellbar:*

$$(2) \qquad \omega_1' = \alpha\omega_1 + \beta\omega_2, \qquad \omega_2' = \gamma\omega_1 + \delta\omega_2, \qquad \alpha\delta - \beta\gamma = 1,$$

wo $\alpha, \beta, \gamma, \delta$ vier rationale ganze Zahlen der Determinante 1 sind; andrerseits bildet jedes durch eine Substitution (2) aus einer ersten positiven Basis ω_1, ω_2 gewinnbare Zahlenpaar ω_1', ω_2' wieder eine positive Basis von $\mathfrak{a}_n$.

Wir sind hiermit zu der *Lehre von den linearen Transformationen der Perioden ω_1, ω_2*, die in I, 182ff. entwickelt wurde, zurückgeführt. Unter Aufnahme der gruppentheoretischen Sprechweise können wir dem letzten Satze die Gestalt geben: *Aus einer ersten positiven Basis ω_1, ω_2*

von $\mathfrak{a}_n$ *gewinnen wir gerade genau die gesamten positiven Basen dieses Ideals, indem wir auf* ω_1, ω_2 *die gesamten Substitutionen der „homogenen Modulgruppe“* $\Gamma^{(\omega)}$ *ausüben* (s. I, 283), *und in entsprechender Art ergeben sich aus einem ersten positiven Basisquotienten* ω *alle solche Quotienten für* $\mathfrak{a}_n$ *durch Ausübung der „nicht-homogenen Modulgruppe“* $\Gamma^{(\omega)}$ *auf* ω.

Die geometrischen Hilfsmittel aus Bd. I mögen nun auch hier herangezogen werden. Wir kleiden die gesamten Zahlen von $\mathfrak{a}_n$ in die Gestalt:

$$u = m_1\omega_1 + m_2\omega_2, \tag{3}$$

wo m_1, m_2 alle Paare rationaler ganzer Zahlen durchlaufen sollen. Indem wir in der „u-Ebene“ alle Bildpunkte dieser Zahlen markieren, erhalten wir ein ebenes *„Punktgitter“* von der Art, wie uns solche Gitter in I, 174ff. von den Eckpunkten der Parallelogrammnetze der u-Ebene geliefert wurden.[1]) Das vorliegende Gitter (3) gewinnen wir vom Parallelogrammnetze der Perioden ω_1, ω_2. Doch können wir nach der Lehre von der linearen Transformation der Perioden das gleiche Gitter (3) noch durch unendlich viele weitere Parallelogrammnetze ausschneiden, wie sie eben durch die Substitutionen der $\Gamma^{(\omega)}$ aus dem ersten Netze hervorgehen. Zur geometrischen Deutung der Werte ω der Basisquotienten ziehen wir die „ω-Halbebene“ heran, in der wir das *„Dreiecksnetz“* der Modulgruppe $\Gamma^{(\omega)}$ gezeichnet denken. Die gesamten positiven Basisquotienten ω unseres Ideals $\mathfrak{a}_n$ stellen dann ein System bezüglich der $\Gamma^{(\omega)}$ äquivalenter Punkte ω im Dreiecksnetze dar.

Für das zu $\mathfrak{a}_n$ konjugierte Ideal $\bar{\mathfrak{a}}_n$ hat man das Zahlenpaar $-\bar{\omega}_1$, $\bar{\omega}_2$ als eine positive Basis, wenn das Paar ω_1, ω_2 eine solche von $\mathfrak{a}_n$ darstellt.[2]) Das zu $\bar{\mathfrak{a}}_n$ gehörende Gitter geht aus dem von $\mathfrak{a}_n$ durch Spiegelung an der reellen u-Achse hervor. Der zu $-\bar{\omega}_1$, $\bar{\omega}_2$ gehörende Quotient $-\bar{\omega}$ liefert den bezüglich der imaginären ω-Achse mit ω symmetrisch gelegenen Punkt: *Die gesamten positiven Basisquotienten von* $\bar{\mathfrak{a}}_n$ *liefern ein Punktsystem der* ω*-Halbebene, das mit dem zu* $\mathfrak{a}_n$ *gehörenden Punktsystem bezüglich der durch Spiegelungen erweiterten Modulgruppe* $\Gamma^{(\omega)}$ *äquivalent ist.* Insbesondere können diese beiden Punktsysteme dadurch identisch werden, daß sie auf Symmetriekreise des Dreiecksnetzes der ω-Halbebene rücken. Wir kommen unten auf diesen Fall zurück.

Ein mit $\mathfrak{a}_n$ „äquivalentes“ Ideal $\mathfrak{a}'_n$ ist nach S. 132 symbolisch als Produkt $\mathfrak{a}'_n = \mu \cdot \mathfrak{a}_n$ darstellbar, wo μ eine Zahl des Strahles $\mathfrak{f}$ ist. Es ist einleuchtend, daß wir aus einer Basis ω_1, ω_2 von $\mathfrak{a}_n$ in:

$$\omega'_1 = \mu\omega_1, \qquad \omega'_2 = \mu\omega_2 \tag{4}$$

---

1) Die Vorstellung des Punktgitters ist das wichtigste geometrische Hilfsmittel, mit dem Klein in seinen S. 121 genannten Vorlesungen arbeitet.

2) Wie in Bd. I verstehen wir unter $\bar{\omega}_1$, $\bar{\omega}_2$, $\bar{\omega}$ die zu ω_1, ω_2, ω konjugiert komplexen Zahlen.

eine Basis für $\mathfrak{a}'_n$ gewinnen. Das zu $\mathfrak{a}'_n$ gehörende Punktgitter wird demnach aus dem Gitter (3) durch die Transformation $u' = \mu u$ erhalten. Wir haben den Satz: *Äquivalente Ideale $\mathfrak{a}_n$ und $\mathfrak{a}'_n$ haben „ähnliche" Punktgitter, und ihnen kommt ein und dasselbe System bezüglich der $\Gamma^{(\omega)}$ äquivalenter Punkte der ω-Halbebene zu, so daß dieses Punktsystem als ein Attribut der Idealklasse anzusehen ist.*

Die Perioden ω_1, ω_2 sind in der Theorie der elliptischen Funktionen abgesehen davon, daß ihr Quotient nicht reell sein darf, frei wählbar, und sie werden in der Theorie der Modulfunktionen als variabel betrachtet. Demgegenüber sind die als Basen der Ideale $\mathfrak{a}_n$ auftretenden ω_1, ω_2 in der Art beschränkt, daß sie gewisse Paare ganzer Zahlen eines quadratischen Körpers $\mathfrak{K}$ negativer Diskriminante $\mathfrak{D}$ sind, woraus dann folgt, daß auch die Basisquotienten ω diesem Körper angehören. In der Theorie der elliptischen Funktionen heißen diese ω_1, ω_2 *„singuläre Periodenpaare"* und die ω *„singuläre Periodenquotienten"*; ihre Bedeutung für die Theorie der elliptischen Funktionen wird unten ausführlich darzulegen sein.

§ 6. Notizen über quadratische Formen negativer Diskriminante.

Um die Beziehung zwischen den Idealen $\mathfrak{a}_n$ und den ganzzahligen binären quadratischen Formen negativer Diskriminante entwickeln zu können, sind zunächst einige Notizen über diese Formen vorauszuschicken.[1]) Unter einer *„ganzzahligen binären quadratischen Form"* verstehen wir einen Ausdruck der Gestalt:

$$ax^2 + bxy + cy^2, \tag{1}$$

dessen Koeffizienten a, b, c rationale ganze Zahlen sind, während x, y willkürliche Größen bedeuten. Je nach Umständen gelten die x, y als komplexe Variable oder sind auf willkürliche rationale ganze Zahlen eingeschränkt. Als Bezeichnung für eine Form (1) benutzen wir, wenn es nicht erforderlich ist, die Variablen x, y besonders hervorzuheben, das Symbol (a, b, c).

Die größte rationale ganze positive Zahl t, die in a, b, c zugleich aufgeht, heißt der *„Teiler"* der Form (a, b, c). Ist $t = 1$, so heißt die Form *„ursprünglich"*. Für $t > 1$ setzen wir $a = ta_0$, $b = tb_0$, $c = tc_0$ und können jetzt (a, b, c) aus der ursprünglichen Form (a_0, b_0, c_0) durch Multiplikation mit t ableiten. Für $t > 1$ heißt demnach (a, b, c) eine *„abgeleitete"* Form. Der Ausdruck $(b^2 - 4ac)$ wird die *„Diskriminante"* der Form (a, b, c) genannt und durch D bezeichnet. Die Diskriminante ist offenbar durch das Quadrat t^2 des Teilers t teilbar. Ist die Diskriminante negativ, so sind a und c von 0 verschieden und haben gleiches

1) Vgl. Dirichlet-Dedekind, „Vorlesungen über Zahlentheorie", 4. Aufl., S. 128ff. und „Modulfunktionen" Bd. I, S. 243ff.

Vorzeichen. Je nachdem dieses Vorzeichen positiv oder negativ ist, heißt (a, b, c) selbst eine *„positive"* oder eine *„negative Form"*. Da eine negative Form einfach durch Zeichenwechsel ihrer drei Koeffizienten in eine positive übergeführt wird, so wird bei den folgenden Untersuchungen der alleinige Gebrauch positiver Formen keine wesentliche Beschränkung bedeuten.

Führt man in die Form (1) an Stelle der x, y neue Variable x', y' mittels einer „ganzzahligen linearen Substitution der Determinante 1":

$$(2) \qquad x' = \alpha x + \beta y, \qquad y' = \gamma x + \delta y, \qquad \alpha\delta - \beta\gamma = 1$$

ein, so erhält man aus (a, b, c) die Form:

$$(3) \qquad (a', b', c') = a'x'^2 + b'x'y' + c'y'^2,$$

deren ganzzahlige Koeffizienten sich aus den a, b, c und den Substitutionskoeffizienten $\alpha, \beta, \gamma, \delta$ nach der Regel berechnen:

$$(4) \qquad \begin{cases} a' = \delta^2 a - \gamma\delta b + \gamma^2 c, \\ b' = -2\beta\delta a + (\alpha\delta + \beta\gamma) b - 2\alpha\gamma c, \\ c' = \beta^2 a - \alpha\beta b + \alpha^2 c. \end{cases}$$

Umgekehrt wird die Form (a', b', c') durch die zu (2) „inverse" Substitution mit den Koeffizienten $\delta, -\beta, -\gamma, \alpha$ wieder in (a, b, c) übergeführt, wobei sich die Gleichungen (4) invertieren zu:

$$(5) \qquad \begin{cases} a = \alpha^2 a' + \alpha\gamma b' + \gamma^2 c', \\ b = 2\alpha\beta a' + (\alpha\delta + \beta\gamma) b' + 2\gamma\delta c', \\ c = \beta^2 a' + \beta\delta b' + \delta^2 c'. \end{cases}$$

In (2) haben wir die Substitutionen der *homogenen Modulgruppe* $\Gamma^{(\omega)}$ wiedergewonnen, abgesehen davon, daß die Bezeichnungen ω_1, ω_2 der der Variablen hier durch x, y ersetzt sind. Indem wir die in I benutzte abgekürzte Bezeichnung $\begin{pmatrix} \alpha, & \beta \\ \gamma, & \delta \end{pmatrix}$ für die Substitution (2) wieder heranziehen, können wir sagen, die Form (a, b, c) gehe durch die Substitution $\begin{pmatrix} \alpha, & \beta \\ \gamma, & \delta \end{pmatrix}$ in (a', b', c') über und umgekehrt (a', b', c') durch $\begin{pmatrix} \delta, & -\beta \\ -\gamma, & \alpha \end{pmatrix}$ wieder in (a, b, c).

Jede durch eine Substitution (2) aus (a, b, c) entstehende Form (a', b', c') heißt mit (a, b, c) *„äquivalent"*. Aus der Gruppeneigenschaft der Substitutionen (2) folgt dann, daß umgekehrt auch (a, b, c) mit (a', b', c') äquivalent ist, und daß zwei Formen, die mit einer dritten äquivalent sind, stets auch miteinander äquivalent sind. Vereinigen wir daher alle mit einer gegebenen Form (a, b, c) äquivalenten Formen in eine *„Klasse von Formen"* oder *„Formklasse"* $\mathfrak{F}$, so sind je zwei Formen der Klasse $\mathfrak{F}$ äquivalent. Aus (4) ergibt sich $b'^2 - 4a'c'$

$= b^2 - 4ac$, *äquivalente Formen haben demnach gleiche Diskriminanten D.* Aus (4) und (5) folgt ferner, *daß äquivalente Formen stets gleiche Teiler t haben.* Endlich folgert man aus (4) leicht:

$$4aa' = (2\delta a - \gamma b)^2 - D\gamma^2,$$

so daß für $D < 0$ stets $aa' > 0$ zutrifft: *Zwei äquivalente Formen negativer Diskriminante sind demnach immer zugleich positiv bzw. negativ.* Die Diskriminante D und der Teiler t sind demnach Attribute der Formklasse $\mathfrak{F}$, auch gehören für $D < 0$ der Klasse entweder nur positive oder nur negative Formen an.

Die Hauptaufgabe ist nun für uns, bei gegebener Diskriminante D die gesamten hier eintretenden Formklassen $\mathfrak{F}$ festzustellen und insbesondere ihre Anzahl abzuzählen. Wir behandeln diese Aufgabe nur für den weiterhin allein in Betracht kommenden Fall $D < 0$ und setzen die Formen als positiv voraus. Zur Durchführung der Aufgabe setzen wir den Quotienten der Variablen $\frac{x}{y} = \omega$ und führen *eine geometrische Deutung der Form* (a, b, c) durch denjenigen Punkt der positiven ω-Halbebene ein, für welchen die Form (a, b, c) verschwindet. Dieser „Nullpunkt" der Form berechnet sich zu:

$$\omega = \frac{-b + \sqrt{D}}{2a} = \frac{-b + i\sqrt{|D|}}{2a}, \tag{6}$$

und es ergibt sich aus (5) durch eine einfache Rechnung im Falle der Äquivalenz der beiden Formen (a, b, c) und (a', b', c') für ihre Nullpunkte die Gleichung:

$$\omega' = \frac{\alpha\omega + \beta}{\gamma\omega + \delta}, \tag{7}$$

so daß die Nullpunkte ω und ω' der beiden äquivalenten Formen stets bezüglich der nicht-homogenen Modulgruppe äquivalent sind. Besteht andrerseits zwischen den beiden Nullpunkten ω und ω' zweier positiver Formen (a, b, c) und (a', b', c') mit gleicher Diskriminante $D < 0$ eine Relation (7), so folgt:

$$\frac{-b' + i\sqrt{|D|}}{2a'} = \frac{(2\beta a - \alpha b) + \alpha i\sqrt{|D|}}{(2\delta a - \gamma b) + \gamma i\sqrt{|D|}} = \frac{(2\beta\delta a - (\alpha\delta + \beta\gamma)b + 2\alpha\gamma c) + i\sqrt{|D|}}{2(\delta^2 a - \gamma\delta b + \gamma^2 c)}$$

woraus man leicht auf die Gleichungen (4) zurückschließt. Die beiden positiven Formen (a, b, c) und (a', b', c') gleicher negativer Diskriminante D sind also auch stets äquivalent, wenn ihre Nullpunkte ω, ω' bezüglich der $\Gamma^{(\omega)}$ äquivalent sind.

Die in I, 185ff. entwickelte Reduktionstheorie der Periodenquotienten setzt uns nun unmittelbar in den Stand, die gestellte Aufgabe der Aufzählung aller Formklassen $\mathfrak{F}$ gegebener negativer Diskriminante D

zu lösen. Der Nullpunkt einer gegebenen Form ist mit einem und nur einem Punkte ω des durch Fig. 43 in I, 179 gegebenen Diskontinuitätsbereiches der Gruppe $\Gamma^{(\omega)}$ äquivalent. Ein diesem Bereiche angehörender Punkt ω lieferte uns einen *„reduzierten"* Periodenquotienten. Die für einen solchen Punkt ω charakteristischen Bedingungen sind:

$$(8) \qquad -1 \leqq \omega + \overline{\omega} < +1, \qquad \omega\overline{\omega} > 1$$

oder (für ein ω auf dem unteren Rande des Diskontinuitätsbereiches):

$$(9) \qquad -1 \leqq \omega + \overline{\omega} \leqq 0, \qquad \omega\overline{\omega} = 1,$$

wo $\overline{\omega}$ wie bisher der zu ω konjugiert komplexe Wert ist. Die zu einem solchen „reduzierten" ω gehörende Form (a, b, c) möge selbst als eine *„reduzierte Form"* bezeichnet werden. Aus (8) und (9) ergibt sich dann als *Kennzeichen einer reduzierten positiven Form negativer Diskriminante D*:

$$(10) \qquad -a < b \leqq a < c \quad \text{bzw.} \quad 0 \leqq b \leqq a = c.$$

Nach den voraufgehenden Überlegungen und Rechnungen ist nun in jeder unserer Formklassen eine und nur eine reduzierte Form enthalten. Für eine solche Form ergibt sich aus (10) und der Erklärung von D:

$$(11) \qquad 4b^2 \leqq 4ac, \qquad 3b^2 \leqq |D|, \qquad 4ac = b^2 + |D|.$$

Bei gegebenem D sind hiernach nur endlich viele b zulässig und beim einzelnen b zufolge der letzten Bedingung (11) nur endlich viele Kombinationen a, c. Indem wir daher die einzelne Formklasse $\mathfrak{F}$ durch ihre reduzierte Form „repräsentieren", haben wir durch Aufzählung aller reduzierten Formen auf Grund der zweiten und dritten Bedingung (11) unsere Aufgabe der Feststellung aller Formklassen einer gegebenen Diskriminante D gelöst. Wir haben insbesondere den Satz gefunden: *Bei gegebener negativer Diskriminante D gibt es nur eine endliche Anzahl zugehöriger Klassen $\mathfrak{F}$ positiver Formen.*

Es mögen sich weiter folgende Notizen anschließen: Zwei Formen (a, b, c) und $(a, -b, c)$, die sich nur im Vorzeichen des zweiten Koeffizienten unterscheiden, heißen *„entgegengesetzt"*. Die Nullpunkte entgegengesetzter Formen liegen symmetrisch zur imaginären ω-Achse. Eine Form, deren Nullpunkt auf einem Symmetriekreise des Dreiecksnetzes der ω-Halbebene liegt, heißt *„zweiseitig"* oder *„ambig"*. Äquivalente Formen sind immer zugleich zweiseitig, so daß die Benennung „zweiseitig" oder „ambig" auf die Formklasse $\mathfrak{F}$ übertragen werden kann. Aus der Struktur des Dreiecksnetzes der ω-Halbebene geht der Satz hervor: *Eine Form ist stets und nur dann mit ihrer entgegengesetzten Form äquivalent, wenn sie zweiseitig ist.* Für die reduzierten Formen, die, falls sie zweiseitig sind, ihre Nullpunkte auf der imaginären ω-Achse oder auf dem Rande des Diskontinuitätsbereiches der $\Gamma^{(\omega)}$ haben, ist dies unmittelbar einleuchtend. Die gesamten Formklassen $\mathfrak{F}$ negativer Diskriminante D setzen sich also aus den ambigen Klassen und den Paaren entgegengesetzter Klassen zusammen.

Die Diskriminante D ist mod 4 entweder mit 0 oder mit 1 kongruent. Je nachdem der erste oder zweite dieser Fälle vorliegt, haben wir in:

$$(12) \qquad (1, 0, -\tfrac{1}{4}D) \quad \text{bzw.} \quad (1, 1, \tfrac{1}{4}(1-D))$$

eine reduzierte Form der Diskriminante D, *die offenbar ambig ist*, da ihr Nullpunkt:

$$(13) \qquad \omega = \frac{i\sqrt{|D|}}{2} \quad \text{bzw.} \quad \omega = \frac{-1+i\sqrt{|D|}}{2}$$

auf der imaginären ω-Achse oder auf dem linken Rande des Diskontinuitätsbereiches der $\Gamma^{(\omega)}$ liegt. Man bezeichnet die Form (12) als die „*Hauptform*“ und ihre Klasse als die „*Hauptklasse*“ der Diskriminante D.

Endlich haben wir mit Rücksicht auf die weitere Entwicklung noch folgenden Satz zu nennen: *In jeder Klasse ursprünglicher Formen der Diskriminante D ist eine Form (a, b, c) nachweisbar, die einen gegen die beliebig vorgeschriebene rationale ganze positive Zahl n teilerfremden ersten Koeffizienten a hat.* Zum Beweise entnehmen wir der Klasse eine beliebige Form (a', b', c') und verstehen unter $p_1, p_2, \ldots, p_\nu$ die verschiedenen Primfaktoren von n. Wir setzen sodann:

$$\alpha = p_1^{\lambda_1} \cdot p_2^{\lambda_2} \cdots p_\nu^{\lambda_\nu}, \qquad \gamma = p_1^{\mu_1} \cdot p_2^{\mu_2} \cdots p_\nu^{\mu_\nu}$$

mit folgender Bedeutung der Exponenten:

$$(14) \qquad \left.\begin{cases} \lambda_k = 0, & \mu_k = 1 \quad \text{für} \quad a' \not\equiv 0 \\ \lambda_k = 1, & \mu_k = 0 \quad \text{für} \quad a' \equiv 0, \quad c' \not\equiv 0 \\ \lambda_k = 0, & \mu_k = 0 \quad \text{für} \quad a' \equiv 0, \quad c' \equiv 0 \end{cases}\right\} \pmod{p_k},$$

woraus hervorgeht, daß α und γ teilerfremd sind. Von den drei Fällen (14) liegt für jeden Primteiler p_k von n einer und nur einer vor. Für α und γ bestimmen wir irgend zwei, die Gleichung $\alpha\delta - \beta\gamma = 1$ befriedigende rationale ganze Zahlen β, δ und berechnen nach (5) die mit (a', b', c') äquivalente Form (a, b, c). Man zeigt dann in der Tat leicht, daß a durch kein p_k teilbar ist, wobei für den dritten Fall (14) in Betracht kommt, daß a', b', c' nicht zugleich durch p_k teilbar sind.

§ 7. Beziehung zwischen den Zweigidealen $\mathfrak{a}_n$ und den quadratischen Formen.

Es sei $\mathfrak{a}_n$ irgendeines unserer Zweigideale und $\mathfrak{a}$ das zugehörige Stammideal; der Fall $n = 1$, wo $\mathfrak{a}_n = \mathfrak{a}$ ist, sei mit eingeschlossen. Eine positive Basis von $\mathfrak{a}_n$ möge durch ω_1, ω_2 gebildet werden. Um in (3)

S. 136 die m_1, m_2 als „willkürliche" rationale ganze Zahlen zu kennzeichnen, schreiben wir $m_1 = -y$, $m_2 = x$, so daß die Zahlen des Ideals $\mathfrak{a}_n$ durch $(x\omega_2 - y\omega_1)$ gegeben sind. Die Norm der einzelnen Zahl von $\mathfrak{a}_n$ ist dann:

$$(1) \qquad N(x\omega_2 - y\omega_1) = \omega_2\bar{\omega}_2 x^2 - (\omega_1\bar{\omega}_2 + \omega_2\bar{\omega}_1)xy + \omega_1\bar{\omega}_1 y^2,$$

wo $\bar{\omega}_1$, $\bar{\omega}_2$ die zu ω_1, ω_2 konjugierten Zahlen sind. Die in (1) rechts auftretenden rationalen ganzen Zahlen $\omega_2\bar{\omega}_2$, $-(\omega_1\bar{\omega}_2 + \omega_2\bar{\omega}_1)$, $\omega_1\bar{\omega}_1$ gehören dem Produkte $\mathfrak{a} \cdot \bar{\mathfrak{a}}$ des Stammideals $\mathfrak{a}$ mit seinem konjugierten Ideale $\bar{\mathfrak{a}}$ an. Da dieses Produkt das Hauptideal $[N(\mathfrak{a})]$ ist (s. (1) S. 111), so sind die drei Zahlen $\omega_2\bar{\omega}_2, \ldots$ durch die rationale ganze positive Zahl $N(\mathfrak{a})$ teilbar. Schreiben wir also:

$$(2) \qquad \omega_2\bar{\omega}_2 = N(\mathfrak{a}) \cdot a, \quad -\omega_1\bar{\omega}_2 - \omega_2\bar{\omega}_1 = N(\mathfrak{a}) \cdot b, \quad \omega_1\bar{\omega}_1 = N(\mathfrak{a}) \cdot c,$$

so sind a, b, c drei rationale ganze Zahlen, von denen die erste und dritte positiv sind. Die Gleichung (1) schreibt sich in die Gestalt um:

$$(3) \qquad N(x\omega_2 - y\omega_1) = N(\mathfrak{a})(ax^2 + bxy + cy^2),$$

wo wir rechts in der Klammer eine *ganzzahlige binäre quadratische Form* gewonnen haben. Wir bezeichnen die Diskriminante $(b^2 - 4ac)$ dieser Form (a, b, c) vorläufig durch D', um durch D wie früher die Diskriminante des Zweiges $\mathfrak{e}_n$ zu bezeichnen.

Zum Zwecke einer ersten Angabe über D' stellen wir die ω_1, ω_2 durch die in (3) S. 123 gegebene Basis $1, \theta$ von $\mathfrak{e}_n$ in der Gestalt:

$$(4) \qquad \omega_1 = e_0^{(1)} + e_1^{(1)}\theta, \qquad \omega_2 = e_0^{(2)} + e_1^{(2)}\theta$$

dar und erhalten aus (2) leicht:

$$N(\mathfrak{a})^2 \cdot D' = N(\mathfrak{a})^2(b^2 - 4ac) = (\omega_1\bar{\omega}_2 - \omega_2\bar{\omega}_1)^2 = (e_0^{(1)}e_1^{(2)} - e_1^{(1)}e_0^{(2)})^2 \cdot D,$$

wo $D = n^2 \cdot \mathbf{D}$ die Diskriminante von $\mathfrak{e}_n$ ist. Da $D < 0$ ist und $a > 0$, $c > 0$ schon festgestellt wurde, so handelt es sich in (3) rechts um *eine positive Form (a, b, c) negativer Diskriminante D'*.

Der Übergang von ω_1, ω_2 zu irgendeiner positiven Basis ω_1', ω_2' von $\mathfrak{a}_n$ wird durch die Substitution (2) S. 135 vermittelt, die für die konjugiert komplexen Werte $\bar{\omega}_1$, $\bar{\omega}_2$ die gleiche Substitution nach sich zieht. Bei Zugrundelegung der Basis ω_1', ω_2' führt die Regel (2) zur Form (a', b', c'), deren Koeffizienten sich nach (4) S. 138 aus a, b, c und den Substitutionskoeffizienten berechnen. Also besteht der Satz: *Den unendlich vielen positiven Basen des Zweigideals $\mathfrak{a}_n$ gehören die unendlich vielen Formen der zu (a, b, c) gehörenden Formklasse $\mathfrak{F}$ umkehrbar eindeutig zu, so daß dem Zweigideale $\mathfrak{a}_n$ die Formklasse zugeordnet erscheint.*

Ist $\mathfrak{a}_n' = \mu\mathfrak{a}_n$ irgendein mit $\mathfrak{a}_n$ äquivalentes Zweigideal, so ist $\mathfrak{a}' = \mu \cdot \mathfrak{a}$ das zu $\mathfrak{a}_n'$ gehörende Stammideal. Auf Grund der Regel (7) S. 103 zeigt man (unter Spaltung von μ in den Quotienten zweier ganzer Zahlen) leicht die Regel $N(\mathfrak{a}') = \mu\bar{\mu} \cdot N(\mathfrak{a})$, wo $\bar{\mu}$ die zu μ konjugierte Zahl ist. Eine erste Basis von $\mathfrak{a}'_n$ haben wir in $\omega'_1 = \mu\omega_1$, $\omega'_2 = \mu\omega_2$, unter ω_1, ω_2 eine solche von $\mathfrak{a}_n$ verstanden. Für die zu ω'_1, ω'_2 gehörende quadratische Form (a', b', c') folgt aus (2):

$$a' N(\mathfrak{a}') = a' \cdot \mu\bar{\mu} N(\mathfrak{a}) = \omega'_2 \bar{\omega}'_2 = \mu\bar{\mu} \cdot \omega_2 \bar{\omega}_2, \ldots,$$

so daß der Vergleich mit (2) zu $a' = a$, $b' = b$, $c' = c$ führt: *Den gesamten Idealen der zu* $\mathfrak{a}_n$ *gehörenden Klasse* $\mathfrak{A}$ *ist hiernach ein und dieselbe Formklasse* $\mathfrak{F}$ *zugeordnet, so daß der Idealklasse* $\mathfrak{A}$ *die Formklasse* $\mathfrak{F}$ *eindeutig zugehört.*

Es ist nun die Diskriminante D' und der Teiler t der Formklasse $\mathfrak{F}$ festzustellen. Nach den gewonnenen Ergebnissen dürfen wir zu diesem Zwecke der Idealklasse $\mathfrak{A}$ ein beliebiges Zweigideal $\mathfrak{a}_n$ entnehmen und dem gewählten Ideale $\mathfrak{a}_n$ irgendeine seiner positiven Basen zugrunde legen. Zu zweckmäßigen Auswahlen führt die folgende Überlegung:

Die größte rationale ganze positive Zahl, durch die alle Zahlen des Stammideals $\mathfrak{a}$ teilbar sind, heiße der *„größte rationale Divisor"* oder *„Teiler"* von $\mathfrak{a}$ und werde durch d bezeichnet. Ist $d = 1$, so heiße das Ideal $\mathfrak{a}$ *„ursprünglich"*, für $d > 1$ werde $\mathfrak{a}$ *„abgeleitet"* genannt. Aus den Grundeigenschaften eines Ideals folgt, daß die Zahlen von $\mathfrak{a}$, durch d geteilt, wieder die Zahlen eines Ideals $\mathfrak{a}^{(0)}$ bilden, das dann ursprünglich ist. Da $\mathfrak{a} = [d] \cdot \mathfrak{a}^{(0)}$ teilerfremd zu $[n]$ ist, so ist d teilerfremd zu n und also im Strahle $\mathfrak{f}$ enthalten. Die beiden Stammideale $\mathfrak{a}$ und $\mathfrak{a}^{(0)}$ sind also „im Zweige $\mathfrak{e}_n$ äquivalent", und somit sind die zugehörigen Zweigideale $\mathfrak{a}_n$ und $\mathfrak{a}_n^{(0)}$ schlechthin äquivalent. Es ist hiernach statthaft, für die Untersuchung der Diskriminante D' und des Teilers t von (a, b, c) ein Ideal $\mathfrak{a}_n$ der Idealklasse $\mathfrak{A}$ zu entnehmen, dessen zugehöriges Stammideal $\mathfrak{a}$ ursprünglich ist.

Es besteht nun der folgende auch für sich bemerkenswerte Satz: *Ist* $\mathfrak{a}$ *ein ursprüngliches Ideal, so ist* $N(\mathfrak{a})$ *die kleinste rationale ganze positive in* $\mathfrak{a}$ *auftretende Zahl.*[1]) Bezeichnen wir nämlich mit a die kleinste rationale ganze positive Zahl[2]) von $\mathfrak{a}$, so sind alle rationalen ganzen Zahlen von $\mathfrak{a}$ Vielfache dieser Zahl a. Insbesondere ergibt sich für die Zahl $N(\mathfrak{a})$ von $\mathfrak{a}$ eine Darstellung $N(\mathfrak{a}) = a \cdot c$, wo c rational und ganz ist. Hieraus folgt:

(5) $$\mathfrak{a} \cdot \bar{\mathfrak{a}} = [N(\mathfrak{a})] = [a] \cdot [c].$$

---

1) Übrigens erweitert man diesen Satz leicht zu dem folgenden noch etwas allgemeineren Satze: Die kleinste in einem Ideale $\mathfrak{a}$ auftretende rationale ganze positive Zahl ist $d^{-1} \cdot N(\mathfrak{a})$, unter d den größten rationalen Divisor von $\mathfrak{a}$ verstanden.

2) Die Wahl der Bezeichnung a ist deshalb zweckmäßig, weil diese Zahl hernach der erste Koeffizient einer quadratischen Form wird.

Da $\mathfrak{a}$ ein Teiler von $[a]$ ist, so können wir $[a] = \mathfrak{a} \cdot \mathfrak{b}$ setzen und folgern hieraus, da $[a]$ sich selbst konjugiert ist $[a] = \bar{\mathfrak{a}} \cdot \bar{\mathfrak{b}}$, unter $\bar{\mathfrak{b}}$ das zu $\mathfrak{b}$ konjugierte Ideal verstanden. Tragen wir $\bar{\mathfrak{a}} \cdot \bar{\mathfrak{b}}$ für $[a]$ in (5) ein und heben die entstehende Gleichung durch $\bar{\mathfrak{a}}$, so erhalten wir $\mathfrak{a} = [c] \cdot \bar{\mathfrak{b}}$. Also geht c im größten rationalen Teiler 1 von $\mathfrak{a}$ auf, so daß $c = 1$ und damit $a = N(\mathfrak{a})$ folgt, wie zu beweisen war.

Es zerfallen nun die Zahlen von $\mathfrak{e}$ mod $\mathfrak{a}$ in $N(\mathfrak{a}) = a$ Zahlklassen, die wir durch die offenbar inkongruenten Zahlen $0, 1, 2, \ldots, a-1$ repräsentieren können. Die zweite in der Basis des Zweiges $\mathfrak{e}_n$ auftretende Zahl θ, die durch:

(6) $$\theta = \frac{-1 + i\sqrt{|D|}}{2} \quad \text{oder} \quad \theta = \frac{i\sqrt{|D|}}{2}$$

gegeben ist, je nachdem $D \equiv 1$ oder $\equiv 0 \pmod 4$ gilt, möge in die durch m repräsentierte Klasse gehören:

(7) $$\theta \equiv m \quad (\operatorname{mod} \mathfrak{a}),$$

wo also m eine bestimmte der Zahlen $0, 1, 2, \ldots, a-1$ ist. Setzen wir $b = 2m + 1$ oder $b = 2m$, je nachdem $D \equiv 1$ oder $\equiv 0 \pmod 4$ gilt, so haben wir in b eine der Kongruenz $b \equiv D \pmod 2$ genügende rationale ganze Zahl, und es folgt:

(8) $$\theta - m = \frac{-b + i\sqrt{|D|}}{2} \equiv 0 \quad (\operatorname{mod} \mathfrak{a}),$$

so daß die Zahl $\frac{-b + i\sqrt{|D|}}{2}$ dem Ideale $\mathfrak{a}$ angehört.

Statt $1, \theta$ können wir nun auch $1, \theta - m$ als Basis für $\mathfrak{e}_n$ benutzen. Die Zahlen von $\mathfrak{e}_n$ sind also in der Gestalt:

(9) $$e_0 + e_1 \frac{-b + i\sqrt{|D|}}{2}$$

mittelst rationaler ganzer e darstellbar. Soll die Zahl (9) von $\mathfrak{e}_n$ auch in $\mathfrak{a}$ enthalten sein und also eine Zahl des Zweigideals $\mathfrak{a}_n$ liefern, so muß wegen (8) die Zahl e_0 in $\mathfrak{a}$ vorkommen, also ein Vielfaches von a darstellen. *Eine Basis des Zweigideals $\mathfrak{a}_n$ erhalten wir somit in den beiden Zahlen:*

(10) $$\omega_1 = \frac{-b + i\sqrt{|D|}}{2}, \qquad \omega_2 = a.$$

Mit der Zahl ω_1 ist auch $N(\omega_1)$ in $\mathfrak{a}$ enthalten und stellt als rational und ganz ein Multiplum ac von a dar; es gilt also:

(11) $$N\left(\frac{-b + i\sqrt{|D|}}{2}\right) = \frac{b^2 - D}{4} = ac,$$

wo auch c rational, ganz und positiv ist. Da $N(\mathfrak{a}) = a$ ist, so berechnet sich aus (2) als die zur Basis (10) gehörende quadratische Form (a, b, c).

Zur Idealklasse $\mathfrak{A}$ gehört demnach eine Formklasse $\mathfrak{F}$, deren Diskriminante gleich der Diskriminante D des Zweiges $\mathfrak{e}_n$ ist.

Wir können endlich zeigen, *daß die drei Zahlen a, b, c keinen gemeinsamen Teiler $t > 1$ besitzen.* Da nämlich $\mathfrak{a}$ und also $\bar{\mathfrak{a}}$ teilerfremd gegen $[n]$ sind, so sind auch $\mathfrak{a} \cdot \bar{\mathfrak{a}} = [a]$ und $[n]$ teilerfremd, so daß a und n teilerfremde rationale ganze Zahlen sind. Hätten nun a, b, c den ungeraden Primfaktor p gemein, so würde p^2 in $b^2 - 4ac = D = n^2\mathbf{D}$ aufgehen. Es wäre also, da $\mathbf{D}$ durch kein ungerades Quadrat teilbar ist, p auch in n enthalten, was aber der Tatsache teilerfremder a, n widersprechen würde. Wären aber a, b, c zugleich durch 2 teilbar, so wäre n als teilerfremd zu a ungerade. Da D und also $\mathbf{D}$ durch 4 teilbar wäre, so würde nach S. 121 entweder $\mathbf{D} \equiv 8$ oder $\mathbf{D} \equiv 12 \pmod{16}$ gelten, woraus wegen $n^2 \equiv 1 \pmod 4$ auch $D \equiv 8$ bzw. $\equiv 12 \pmod{16}$ folgen würde. Dies steht im Widerspruche dazu, daß bei drei geraden Zahlen a, b, c notwendig:

$$D = b^2 - 4ac \equiv b^2 \equiv 0 \text{ oder } \equiv 4 \pmod{16}$$

zutrifft. Also ist auch der gemeinsame Teiler 2 von a, b, c ausgeschlossen.

Unter Zusammenfassung aller Ergebnisse haben wir folgenden für $n = 1$ und $n > 1$ geltenden Satz: *Jeder Idealklasse $\mathfrak{A}$ im n^{ten} Zweige $\mathfrak{e}_n$ des Körpers $\mathfrak{K}$ der negativen Diskriminante $\mathbf{D}$ ist eindeutig eine bestimmte Klasse $\mathfrak{F}$ ursprünglicher positiver quadratischer Formen der Zweigdiskriminante $D = n^2\mathbf{D}$ zugeordnet, und zwar werden von irgendeinem Ideale $\mathfrak{a}_n$ der Klasse $\mathfrak{A}$ aus die gesamten Formen $(ax^2 + bxy + cy^2)$ von $\mathfrak{F}$ als die durch $N(\mathfrak{a}) = N(\mathfrak{e} \cdot \mathfrak{a}_n)$ geteilten Normen der Zahlen $(x\omega_2 - y\omega_1)$ von $\mathfrak{a}_n$ erhalten, indem man nach und nach alle positiven Basen ω_1, ω_2 zur Darstellung dieser Zahlen heranzieht.*

Der gewonnene Satz ist umkehrbar. Man kann zunächst beweisen, daß man eine *beliebige* Klasse $\mathfrak{F}$ ursprünglicher positiver Formen der Zweigdiskriminante D von einer geeigneten Idealklasse $\mathfrak{A}$ des n^{ten} Zweiges aus gewinnt. Da wir soeben *alle* Formen der Klasse $\mathfrak{F}$ den verschiedenen Basen ω_1, ω_2 von $\mathfrak{a}_n$ entsprechend fanden, so dürfen wir beim Versuch der Umkehrung der Entwicklung der beliebig vorgelegten Klasse $\mathfrak{F}$ irgendeine Form (a,b,c) entnehmen. Wir wählen, entsprechend dem Schlußsatze von § 6, S. 141, eine Form (a, b, c) mit einem gegen n teilerfremden a. Wir erklären sodann zwei Zahlen ω_1, ω_2 wie in (10). Beide Zahlen ω_1, ω_2 sind ganzzahlig, und zwar ω_1 deshalb, weil $b \equiv D \pmod 2$ gilt; zugleich gehören beide Zahlen dem Zweige $\mathfrak{e}_n$ an. Wir bilden nun das System aller Zahlen:

$$x\omega_2 - y\omega_1 = ax + \frac{b - i\sqrt{|D|}}{2}\, y, \tag{12}$$

wo x, y alle Paare rationaler ganzer Zahlen durchlaufen, und können leicht zeigen, daß diese offenbar auch durchweg in $\mathfrak{e}_n$ enthaltenen Zahlen ein Zweigideal $\mathfrak{a}_n$ liefern. Das Zutreffen der Eigenschaft 1 eines Zweigideals (S. 124) ist einleuchtend. Zur Prüfung der Eigenschaft 2 können wir $1, \omega_1$ an Stelle von $1, \theta$ als Basis von $\mathfrak{e}_n$ benutzen. Es genügt dann zu zeigen, daß ω_1^2 und $\omega_1\omega_2$ im Systeme (12) enthalten sind, weil damit das Produkt irgendeiner Zahl η_n von $\mathfrak{e}_n$ mit einer beliebigen Zahl (12) wieder diesem Systeme angehört. Nun erweist sich $\omega_1\omega_2 = a\omega_1$ unmittelbar als dem Systeme (12) angehörig; dasselbe folgt aber für ω_1^2 aus der Gleichung:

$$\omega_1^2 = -ac - b\frac{-b + i\sqrt{|D|}}{2} = -b\omega_1 - c\omega_2.$$

Die Eigenschaft 3 der Zweigideale fordert, daß jede Zahl η_n von $\mathfrak{e}_n$ als Summe:

$$(13) \qquad \eta_n = (x\omega_2 - y\omega_1) + n\eta$$

einer Zahl des Systems (12) und einer solchen des Hauptideals $[n]$ darstellbar ist. Es genügt, diese Darstellbarkeit für die beiden Basiszahlen $\eta_n = 1$ und $\eta_n = \omega_1$ zu zeigen. Für $\eta_n = \omega_1$ haben wir in (13) zu setzen $x = 0$, $y = -1$, $\eta = 0$; für $\eta_n = 1$ bestimme man x aus der wegen teilerfremder a, n lösbaren Kongruenz $ax \equiv 1 \pmod{n}$, setze $y = 0$ und findet für η eine rationale ganze Zahl. Die Zahlen (13) bilden also tatsächlich ein Zweigideal $\mathfrak{a}_n$.

Der Basis ω_1, ω_2 dieses Zweigideals entspricht nun auf Grund von (2) eine ursprüngliche quadratische Form, deren Koeffizienten die von ihrem größten gemeinschaftlichen Teiler befreiten rationalen ganzen Zahlen $\omega_2\bar{\omega}_2$, $-\omega_1\bar{\omega}_2 - \omega_2\bar{\omega}_1$, $\omega_1\bar{\omega}_1$ sind. Durch Eintragen der Werte (10) für ω_1, ω_2 findet man als Form (a, b, c) wieder und als jenen größten gemeinsamen Teiler, der nach (2) zugleich die Norm des Stammideals $\mathfrak{a} = \mathfrak{e} \cdot \mathfrak{a}_n$ ist, die Zahl a. Also wird in der Tat die vorgelegte Klasse $\mathfrak{F}$ von einer unserer Idealklassen $\mathfrak{A}$ geliefert.

Wir können endlich zeigen, daß $\mathfrak{F}$ auch nur von *einer* Idealklasse $\mathfrak{A}$ geliefert wird. Ist nämlich ω_1', ω_2' die Basis irgendeines Zweigideals, die nach (2) die zuletzt betrachtete Form (a, b, c) ergibt, so gilt für die durch die Form eindeutig bestimmten Basisquotienten:

$$\omega_1' : \omega_2' = \omega_1 : \omega_2 = \frac{-b + i\sqrt{|D|}}{2} : a.$$

Wir schreiben demnach $\omega_1' = \mu\omega_1$, $\omega_2' = \mu\omega_2$ mit einem Proportionalitätsfaktor μ, für den wir die Darstellung haben:

$$\mu = \frac{\omega_1'}{\omega_1} = \frac{\omega_2'}{\omega_2} = \frac{\omega_2'}{a}.$$

Die im letzten Nenner stehende Zahl a ist teilerfremd gegen n und in $\mathfrak{e}_n$ enthalten. Auch der Zähler ω_2' ist in $\mathfrak{e}_n$ enthalten. Wir nehmen nun an, daß $[\omega_2']$ und $[n]$ mindestens ein Primideal $\mathfrak{p}$ als Faktor gemein haben. Aus $[a] \cdot [\omega_1'] = [\omega_2'] \cdot [\omega_1]$ würde dann wegen teilerfremder a, n folgen daß auch $[\omega_1']$ den Faktor $\mathfrak{p}$ hat. Mit ω_1' und ω_2' ist aber auch jede Zahl, von $\mathfrak{a}' = \mathfrak{e} \cdot \mathfrak{a}_n'$ in $\mathfrak{p}$ enthalten, d. h. $\mathfrak{a}'$ hätte selbst den Faktor $\mathfrak{p}$ mit $[n]$ gemein, während doch das zu einem Zweigideale $\mathfrak{a}_n'$ gehörende Stammideal $\mathfrak{a}'$ teilerfremd gegen $[n]$ ist. Also ist auch ω_2' teilerfremd gegen n, so daß wir in μ eine Zahl des Strahles $\mathfrak{f}$ und damit in $\mathfrak{a}_n' = \mu\mathfrak{a}_n$ ein mit $\mathfrak{a}_n$ äquivalentes Ideal erkennen. Jede Formklasse $\mathfrak{F}$ wird also nur von *einer* Idealklasse geliefert.

Wir haben so den Satz gewonnen: *Die Idealklassen $\mathfrak{A}$ des n^{ten} Zweiges $\mathfrak{e}_n$ vom quadratischen Körper $\mathfrak{K}$ der negativen Diskriminante $\mathbf{D}$ und die Klassen $\mathfrak{F}$ ursprünglicher positiver quadratischer Formen der negativen Zweigdiskriminante $D = n^2\mathbf{D}$ entsprechen in der oben näher erörterten Weise einander umkehrbar eindeutig.* Insbesondere geht hieraus hervor, *daß die Anzahl der Klassen ursprünglicher positiver Formen der negativen Diskriminante D gleich der Anzahl $h(|D|)$ der Idealklassen des n^{ten} Zweiges ist.* Für die Anzahlen $h(|D|)$ und $h(|\mathbf{D}|)$ der Formklassen der beiden Diskriminanten $D = n^2\mathbf{D}$ und $\mathbf{D}$ bleibt demnach die in (1) S. 134 aufgestellte Relation gültig.

Die „Hauptklasse" $\mathfrak{A}_0$ wurde nach S. 133 von den mit $\mathfrak{e}_n$ äquivalenten Idealen geliefert. Benutzen wir wieder die Basis 1, θ für $\mathfrak{e}_n$, so finden wir als zugehörige Form sofort $\left(1,\,1,\,\frac{1-D}{4}\right)$ bzw. $\left(1,\,0,\,\frac{-D}{4}\right)$, je nachdem $D \equiv 1$ oder $\equiv 0 \pmod 4$ ist. Wir gelangen also zur Hauptform, *so daß der Hauptklasse $\mathfrak{A}_0$ der Ideale $\mathfrak{a}_n$ die Hauptklasse $\mathfrak{F}_0$ der Formen zugeordnet ist.*

Eine später zur Verwendung kommende Folgerung aus der Gleichung (1) S. 134 möge hier gleich noch angeschlossen werden. Ist $D \equiv 1 \pmod 4$, so ist auch $\mathbf{D} \equiv 1 \pmod 4$, und n ist ungerade. Wir wollen in diesem Falle eine Beziehung zwischen den Klassenanzahlen $h(|D|)$ und $h(|D'|) = h(4|D|)$ der Diskriminanten D und $D' = 4D$ aufstellen.

Ist erstlich $D = -3$ und also Stammdiskriminante, so folgt aus (1) S. 134:

$$h(12) = h(3) \cdot \frac{1}{3} \cdot 2\left(1 - \frac{(-3,2)}{2}\right),$$

wo $(-3, 2)$ das S. 118 erklärte Symbol ist. Da die Kongruenz $x^2 \equiv -3 \pmod 8$ keine rationale ganze Lösung x hat, so ist $(-3, 2) = -1$, und wir finden $h(12) = h(3)$. Ist D eine von -3 verschiedene Stammdiskriminante, so gilt nach (1) S. 134:

$$h(4|D|) = h(|D|) \cdot 2\left(1 - \frac{(D,2)}{2}\right). \tag{14}$$

Ist hingegen D eine Zweigdiskriminante, $\mathbf{D} = n^{-2} \cdot D$ aber die zugehörige Stammdiskriminante, so gelten die beiden Gleichungen:

$$h(|D|) = h(|\mathbf{D}|)\cdot\tau\cdot n \prod^{(n)}\left(1-\frac{(\mathbf{D},p)}{p}\right),$$

$$h(4|D|) = h(|\mathbf{D}|)\cdot\tau\cdot 2n \prod^{(2n)}\left(1-\frac{(\mathbf{D},p)}{p}\right).$$

Da n ungerade ist, so hat das Produkt auf der rechten Seite der letzten Gleichung neben den im Produkte der ersten Gleichung auftretenden Faktoren noch den zu $p=2$ gehörenden weiteren Faktor. Die Division der letzten Gleichung durch die vorletzte führt also zur Relation (14) zurück. Die Kongruenz $x^2 \equiv D \pmod 8$ ist nun aber in rationalen ganzen Zahlen x lösbar oder nicht lösbar, je nachdem $D \equiv 1$ oder $\equiv 5 \pmod 8$ gilt. Im ersten Falle ist also $(D,2) = +1$, im zweiten $(D,2) = -1$. So ergibt sich aus (14) der Satz: *Ist* $D = -3$ *oder* $\equiv 1 \pmod 8$, *so sind die Klassenanzahlen* $h(4|D|)$ *und* $h(|D|)$ *einander gleich; ist* $D \equiv 5 \pmod 8$, *jedoch nicht gleich* -3, *so ist* $h(4|D|)$ *das Dreifache der Klassenanzahl* $h(|D|)$.

§ 8. Komposition der quadratischen Formen.

Die Multiplikation der Ideale $\mathfrak{a}_n$ im n^{ten} Zweige $\mathfrak{e}_n$ des quadratischen Körpers $\mathfrak{K}$ führte uns S. 134ff. zur „*Multiplikation der Idealklassen*". Die Grundlage dieser Entwicklung war der Satz, daß das Produkt eines beliebigen Ideals der Klasse $\mathfrak{A}$ und eines beliebigen der Klasse $\mathfrak{A}'$ ein Ideal einer durch $\mathfrak{A}$ und $\mathfrak{A}'$ eindeutig bestimmten dritten Klasse $\mathfrak{A}''$ liefert, die wir dann selbst als Produkt $\mathfrak{A}\cdot\mathfrak{A}'$ der beiden gegebenen Klassen $\mathfrak{A}$ und $\mathfrak{A}'$ bezeichneten. Gegenüber dieser Multiplikation bildeten die h Idealklassen $\mathfrak{A}_0, \mathfrak{A}_1, \ldots, \mathfrak{A}_{h-1}$ von $\mathfrak{e}_n$ eine Abelsche Gruppe G_h der Ordnung h, in der das Einheitselement von der Hauptklasse $\mathfrak{A}_0$ geliefert wird.

Die Multiplikation der Idealklassen $\mathfrak{A}_0, \mathfrak{A}_1, \ldots, \mathfrak{A}_{h-1}$ des n^{ten} Zweiges $\mathfrak{e}_n$ ergibt nun, auf die den $\mathfrak{A}$ eindeutig zugeordneten Klassen ursprünglicher positiver quadratischer Formen der Zweigdiskriminante D übertragen, die Lehre von der „*Komposition*" dieser Formklassen $\mathfrak{F}_0, \mathfrak{F}_1, \ldots, \mathfrak{F}_{h-1}$, die von *Gauß* begründet ist[1]), und die sich in etwas kürzerer Gestalt im Supplement X der „Vorlesungen über Zahlentheorie" von *Dirichlet-Dedekind*[2]) dargestellt findet. Entsprechen den drei Idealklassen $\mathfrak{A}$, $\mathfrak{A}'$ und $\mathfrak{A}'' = \mathfrak{A}\cdot\mathfrak{A}'$ die Formklassen $\mathfrak{F}$, $\mathfrak{F}'$ und $\mathfrak{F}''$, so sagt man, die Klasse $\mathfrak{F}''$ entstehe aus $\mathfrak{F}$ und $\mathfrak{F}'$ durch „*Komposition*" und bezeichnet $\mathfrak{F}''$ wieder symbolisch durch das Produkt $\mathfrak{F}\cdot\mathfrak{F}'$, wobei entsprechend den Produkten der Idealklassen das kommutative Gesetz $\mathfrak{F}\cdot\mathfrak{F}' = \mathfrak{F}'\cdot\mathfrak{F}$ gilt. Alle *h Formklassen $\mathfrak{F}_0, \mathfrak{F}_1, \ldots, \mathfrak{F}_{h-1}$ bilden dann gegenüber der Komposition*

1) In Art. 234 der „Disquisitiones arithmeticae".

2) S. 387ff. der 4. Auflage.

die Elemente einer Abelschen Gruppe G_h der Ordnung h, in der das Einheitselement von der Hauptklasse $\mathfrak{F}_0$ geliefert wird.

Die Komposition der Klassen wird von *Gauß* auf diejenige der Formen gegründet, die *„Komposition der Formen"* aber wird direkt, und zwar mit einem erheblichen Rechnungsaufwande durchgeführt. Der einfachste Ansatz zur Behandlung der Komposition der Formen wird von der Multiplikation der Ideale $\mathfrak{a}_n$ geliefert. Der Komposition zweier Formen (a, b, c) und (a', b', c') entsprechend haben wir hier nicht nur zwei ihnen zugehörige Ideale $\mathfrak{a}_n$ und $\mathfrak{a}_n'$ zu wählen, sondern auch für diese Ideale zwei besondere Basen ω_1, ω_2 und ω_1', ω_2' zugrunde zu legen. Die Produkte der Zahlen $(x\omega_2 - y\omega_1)$ und $(x'\omega_2' - y'\omega_1')$ von $\mathfrak{a}_n$ und $\mathfrak{a}_n'$ sind dann im Produkte $\mathfrak{a}_n'' = \mathfrak{a}_n \cdot \mathfrak{a}_n'$ enthalten. Wenn wir also für $\mathfrak{a}_n''$ irgendeine Basis ω_1'', ω_2'' auswählen, so gibt es für vier beliebige rationale ganze Zahlen x, y, x', y' stets zwei bestimmte rationale ganze Zahlen x'', y'', die der Gleichung genügen:

$$(1)\qquad (x\omega_2 - y\omega_1)(x'\omega_2' - y'\omega_1') = x''\omega_2'' - y''\omega_1''.$$

Aus dieser Grundgleichung lassen sich alle Formeln der Kompositionstheorie entwickeln. Wir folgern zunächst für die zu $\omega_1, \omega_2, \ldots$ konjugierten Zahlen $\overline{\omega}_1, \overline{\omega}_2, \ldots$:

$$(2)\qquad (x\overline{\omega}_2 - y\overline{\omega}_1)(x'\overline{\omega}_2' - y'\overline{\omega}_1') = x''\overline{\omega}_2'' - y''\overline{\omega}_1''.$$

Nach einem S. 132 aufgestellten Satze gehört zum Produkte $\mathfrak{a}_n \cdot \mathfrak{a}_n'$ als Stammideal das Produkt $\mathfrak{a} \cdot \mathfrak{a}'$ der zu $\mathfrak{a}_n$ und $\mathfrak{a}_n'$ gehörenden Stammideale. Da nun $N(\mathfrak{a} \cdot \mathfrak{a}') = N(\mathfrak{a}) \cdot N(\mathfrak{a}')$ gilt, so ergibt sich durch Multiplikation der Gleichungen (1) und (2) auf Grund von (3), S. 142:

$$(3)\qquad (ax^2 + bxy + cy^2) \cdot (a'x'^2 + b'x'y' + c'y'^2) = a''x''^2 + b''x''y'' + c''y''^2,$$

wo (a'', b'', c'') die zur Basis ω_1'', ω_2'' gehörende Form ist. Lösen wir die Gleichungen (1) und (2) nach x'' und y'' auf[1]), so berechnen sich die x'', y'' aus den x, y und x', y' in Gestalt einer sogenannten *„bilinearen Substitution"*:

$$(4)\qquad \begin{cases} x'' = \alpha xx' + \alpha' xy' + \alpha'' x'y + \alpha''' yy', \\ y'' = \beta xx' + \beta' xy' + \beta'' x'y + \beta''' yy'. \end{cases}$$

Durch diese bilineare Substitution wird die in (3) rechts stehende, aus (a, b, c) und (a', b', c') „komponierte" Form (a'', b'', c'') in das in (3) links stehende Produkt der „komponierenden" Formen zerlegt.

Durch Auswahl besonders zweckmäßiger Formen aus zwei vorgelegten Klassen $\mathfrak{F}$ und $\mathfrak{F}'$ kann man die vorstehenden Gleichungen in sehr einfache Gestalten kleiden und dadurch Regeln zur Bestimmung der komponierten Klasse $\mathfrak{F} \cdot \mathfrak{F}'$ gewinnen. Wir entnehmen z. B. den Klassen $\mathfrak{F}$,

---

1) Die Determinante des Gleichungssystems (1), (2) ist als Diskriminante $D(\omega_1'', \omega_2'')$ der beiden linear-unabhängigen Zahlen ω_1'', ω_2'' von 0 verschieden.

$\mathfrak{F}'$ zunächst zwei Formen (a, b_1, c_1) und (a', b_1', c_1'), in denen a teilerfremd gegen n und a' teilerfremd gegen an ist, was nach dem Schlußsatze von § 6, S. 141 keine Schwierigkeiten hat. Wir üben sodann auf diese beiden Formen zwei Substitutionen der $\Gamma^{(\omega)}$ mit $\alpha = \delta = 1, \gamma = 0$ aus, wobei nach (4) S. 138 die ersten Koeffizienten der Formen unverändert bleiben, während sich als mittlere Koeffizienten $(b_1 - 2\beta a)$ und $(b_1' - 2\beta' a')$ einstellen. Da a und a' teilerfremd sind und $b_1' \equiv b_1 \pmod 2$ wegen der gleichen Diskriminanten der Formen gilt, so kann man die beiden rationalen ganzen Zahlen β und β' so wählen, daß:

$$\beta a - \beta' a' = \tfrac{1}{2}(b_1 - b_1') \quad \text{und also} \quad b_1 - 2\beta a = b_1' - 2\beta' a'$$

zutrifft. Wir gelangen zu zwei Formen (a, b, c) und (a', b, c') mit gleichen mittleren Koeffizienten und folgern aus der Gleichheit der Diskriminanten die Gleichung $ac = a'c'$. Da nun a und a' teilerfremd sind, so geht a in c' auf. Wir setzen also $c' = ac_0$ und finden $c = a'c_0$: *Aus zwei beliebig vorgelegten Klassen $\mathfrak{F}$, $\mathfrak{F}'$ kann man zwei Formen $(a, b, a'c_0)$ und (a', b, ac_0) wählen, in denen a und a' gegeneinander und gegen n teilerfremd sind, während c_0 rational und ganz ist.*

Als zugehörige Ideale benutzen wir nun die der Zahlen:

$$(5) \qquad ax + \frac{b - i\sqrt{|D|}}{2}\,y, \qquad a'x' + \frac{b - i\sqrt{|D|}}{2}\,y'.$$

Die Gleichung (1) nimmt dann die Gestalt an:

$$(6) \quad (xx' - c_0 yy')\,aa' + (axy' + a'x'y + byy')\frac{b - i\sqrt{|D|}}{2} = x''\omega_2'' - y''\omega_1''.$$

Die Zahl $a \cdot a'$ ist im Ideal $\mathfrak{a}_n'' = \mathfrak{a}_n \cdot \mathfrak{a}_n'$ enthalten. Aber auch $\frac{-b + i\sqrt{|D|}}{2}$ findet sich in $\mathfrak{a}_n''$; denn sowohl $a \cdot \frac{-b + i\sqrt{|D|}}{2}$ als auch $a' \cdot \frac{-b + i\sqrt{|D|}}{2}$ kommen in $\mathfrak{a}_n''$ vor, und a, a' sind teilerfremd. Aus (6) geht demnach hervor, daß man:

$$(7) \qquad \omega_1'' = \frac{-b + i\sqrt{|D|}}{2}, \qquad \omega_2'' = aa'$$

als Basis von $\mathfrak{a}_n''$ benutzen kann, worauf die zugehörige bilineare Substitution (4) die Gestalt annimmt:

$$(8) \qquad x'' = xx' - c_0 yy', \qquad y'' = axy' + a'x'y + byy'.$$

Wir haben also den Satz gewonnen: *Repräsentieren wir die beiden gegebenen Klassen $\mathfrak{F}$ und $\mathfrak{F}'$ durch die Formen $(a, b, a'c_0)$ und (a', b, ac_0), so ist die komponierte Klasse $\mathfrak{F} \cdot \mathfrak{F}'$ diejenige der Form (aa', b, c_0).* Dies ist in der Tat die der Basis (7) entsprechende Form.

Die zu zwei „entgegengesetzten" Formen (a, b, c) und $(a, -b, c)$ gehörenden Klassen nannten wir bereits S. 141 selbst „*entgegengesetzt*". Diese Klassen sind stets und nur dann einander gleich, wenn sie ambig sind. Wir nehmen a teilerfremd gegen n an und haben in den beiden zugehörigen Idealen:

$$(9) \qquad ax + \frac{b - i\sqrt{|D|}}{2}y, \qquad ax' - \frac{b + i\sqrt{|D|}}{2}y'$$

zwei „konjugierte" Ideale $\mathfrak{a}_n$, $\mathfrak{a}'_n$. Es läßt sich nun leicht zeigen, daß die beiden zugehörigen Idealklassen $\mathfrak{A}$, $\mathfrak{A}'$ im Sinne von S. 134 einander *invers* sind und also in $\mathfrak{A} \cdot \mathfrak{A}' = \mathfrak{A}_0$ die Hauptklasse liefern. Wir stellen nämlich in $\mathfrak{a}_n \cdot \mathfrak{a}'_n$ zunächst die drei Zahlen fest:

$$a^2, \quad a\frac{b + i\sqrt{|D|}}{2} + a\frac{b - i\sqrt{|D|}}{2} = ab, \quad \frac{b - i\sqrt{|D|}}{2} \cdot \frac{b + i\sqrt{|D|}}{2} = ac,$$

damit aber auch (weil a, b, c keinen Teiler $t > 1$ gemein haben) die Zahl a. Mit a und $a\frac{-b + i\sqrt{|D|}}{2}$ enthält $\mathfrak{a}_n \cdot \mathfrak{a}'_n$ alle Zahlen:

$$(10) \qquad a\left(x + \frac{b - i\sqrt{|D|}}{2}y\right).$$

Andrerseits sind, wie man leicht feststellt, alle Produkte zweier Zahlen (9) im Systeme (10) enthalten. Also ist, da $1, \frac{-b + i\sqrt{|D|}}{2}$ eine Basis von $\mathfrak{e}_n$ ist, $\mathfrak{a}_n \cdot \mathfrak{a}'_n = a \cdot \mathfrak{e}_n$, so daß $\mathfrak{a}_n \cdot \mathfrak{a}'_n$ tatsächlich mit $\mathfrak{e}_n$ äquivalent ist. Wir kleiden das Ergebnis in die Gestalt: *Zwei entgegengesetzte Formklassen $\mathfrak{F}$, $\mathfrak{F}'$ geben, miteinander komponiert, stets die Hauptklasse $\mathfrak{F}_0$, so daß $\mathfrak{F}'$ auch durch $\mathfrak{F}^{-1}$ bezeichnet werden mag.* Da mit $\mathfrak{F}$ die Klasse $\mathfrak{F}'$, die der Gleichung $\mathfrak{F} \cdot \mathfrak{F}' = \mathfrak{F}_0$ genügt, eindeutig bestimmt ist, und da nur die ambigen Klassen sich selbst entgegengesetzt sind, so folgt insbesondere: *Nur die ambigen Formklassen geben, mit sich selbst komponiert, die Hauptklasse $\mathfrak{F}_0$.*

§ 9. Einteilung der Formklassen in Geschlechter.

Von einer rationalen ganzen Zahl m sagt man, sie sei durch die quadratische Form (a, b, c) „darstellbar", wenn es zwei rationale ganze Zahlen x, y gibt, für welche $(ax^2 + bxy + cy^2)$ gleich m wird:

$$(1) \qquad m = ax^2 + bxy + cy^2.$$

Nach (4) S. 138 folgt, daß z. B. alle Zahlen, die als erste Koeffizienten der mit (a, b, c) äquivalenten Formen auftreten, durch (a, b, c) darstellbar sind. Wir können demnach zufolge eines S. 141 aufgestellten Satzes durch (a, b, c) darstellbare Zahlen m angeben, die zu irgendeiner vorgeschriebenen Zahl n teilerfremd sind. *Es gibt sogar unendlich viele gegen eine vorgeschriebene Zahl n teilerfremde, durch (a, b, c) darstellbare Zahlen.* Ist nämlich m eine erste, so können wir auch eine gegen nm teilerfremde, durch (a, b, c) darstellbare Zahl m' angeben, sodann eine gegen nmm' teilerfremde usw.

Durch Ausübung einer Substitution (2) S. 138 auf (1) folgt leicht der Satz: *Ist die Zahl m durch (a, b, c) darstellbar, so ist diese Zahl auch durch jede mit (a, b, c) äquivalente Form darstellbar.* Wir dürfen uns demnach der Ausdrucksweise bedienen, *die Zahl m sei „durch eine Formklasse $\mathfrak{F}$ darstellbar".* Weiter ergibt sich aus (1) sofort:

$$m = ax^2 + (-b)x(-y) + c(-y)^2.$$

Da nun $(a, -b, c)$ der zu $\mathfrak{F}$ entgegengesetzten Klasse $\mathfrak{F}^{-1}$ angehört, so besteht der Satz: *Ist eine Zahl m durch eine der beiden entgegengesetzten Klassen $\mathfrak{F}$, $\mathfrak{F}^{-1}$ darstellbar, so ist sie stets auch durch die andere Klasse darstellbar.* Aus (3) S. 149 geht endlich noch folgender Satz hervor: *Ist m durch die Klasse $\mathfrak{F}$ und m' durch $\mathfrak{F}'$ darstellbar, so ist das Produkt $m \cdot m'$ durch die aus der Komposition der Klassen $\mathfrak{F}$ und $\mathfrak{F}'$ zu gewinnende Klasse $\mathfrak{F} \cdot \mathfrak{F}'$ darstellbar.*

Es seien nun m und m' irgend zwei durch $\mathfrak{F}$ darstellbare Zahlen. Dann ist m' auch durch $\mathfrak{F}^{-1}$ und also $m \cdot m'$ durch die Hauptklasse $\mathfrak{F} \cdot \mathfrak{F}^{-1} = \mathfrak{F}_0$ darstellbar. Benutzen wir die Hauptform $\left(1, 0, -\frac{D}{4}\right)$ bzw. $\left(1, 1, \frac{1-D}{4}\right)$ selbst, so folgt:

$$(2) \qquad mm' = x^2 - \frac{D}{4}y^2 \quad \text{oder} \quad 4mm' = (2x+y)^2 - Dy^2,$$

je nachdem $D \equiv 0$ oder $\equiv 1 \pmod 4$ ist.

Wir verstehen weiter unter p irgendeine in D aufgehende ungerade Primzahl und unter m, m' irgend zwei gegen p teilerfremde ganze Zahlen, die durch $\mathfrak{F}$ darstellbar sind. Aus (2) folgt dann:

$$mm' \equiv x^2 \quad \text{bzw.} \quad 4mm' \equiv (2x+y)^2 \pmod p,$$

so daß $m \cdot m'$ quadratischer Rest von p ist. Also besteht der Satz: *Alle gegen den ungeraden Primfaktor p von D teilerfremden, durch $\mathfrak{F}$ darstellbaren Zahlen $m, m', m'', \ldots$ haben gleichen quadratischen Charakter in bezug auf p, d. h. sie sind entweder durchweg quadratische Reste oder durchweg quadratische Nichtreste von p, so daß wir mit Hilfe des Legendreschen Zeichens schreiben können:*

$$(3) \qquad \left(\frac{m}{p}\right) = \left(\frac{m'}{p}\right) = \left(\frac{m''}{p}\right) = \cdots.$$

Der gemeinsame Wert $+1$ oder -1 dieser Legendreschen Zeichen, der durch die in D enthaltene ungerade Primzahl p und die Formklasse $\mathfrak{F}$ bestimmt ist, heißt ein *„Charakter"* der Klasse $\mathfrak{F}$ und möge durch χ bezeichnet sein. Jede Klasse $\mathfrak{F}$ hat demnach zunächst so viele Charaktere χ, als verschiedene ungerade Primzahlen p in der Diskriminante D enthalten sind. Eine wesentliche Eigenschaft dieser Charaktere kommt durch folgenden Satz zum Ausdruck: *Sind χ und χ' die zum ungeraden Primfaktor p von D gehörenden Charaktere der Klassen $\mathfrak{F}$ und*

$\mathfrak{F}'$, *so ist der zu* p *gehörende Charakter der durch Komposition von* $\mathfrak{F}$ *und* $\mathfrak{F}'$ *entstehenden Klasse* $\mathfrak{F}\cdot\mathfrak{F}'$ *das Produkt* $\chi\cdot\chi'$ *der Charaktere* χ *und* χ'. Sind nämlich m und m' zwei gegen p teilerfremde durch $\mathfrak{F}$ bzw. $\mathfrak{F}'$ darstellbare Zahlen, so ist $m\cdot m'$ durch $\mathfrak{F}\cdot\mathfrak{F}'$ darstellbar und teilerfremd gegen p. Dann aber gilt:

$$\left(\frac{m\cdot m'}{p}\right)=\left(\frac{m}{p}\right)\cdot\left(\frac{m'}{p}\right)=\chi\cdot\chi'.$$

Ist D gerade, aber nicht $\equiv 4 \pmod{16}$, so können wir für jede Klasse $\mathfrak{F}$ noch einen, in einem gewissen Falle sogar noch zwei weitere Charaktere erklären, die wieder die bisherigen Eigenschaften der χ besitzen. Ist nämlich erstens $\frac{1}{4}D\equiv 3 \pmod 4$, hat also D die Gestalt $D=16k+12$, unter k hier und weiterhin rationale ganze Zahlen verstanden, so folgt aus (2) für irgend zwei ungerade durch $\mathfrak{F}$ darstellbare Zahlen m, m':

$$mm'\equiv x^2+y^2 \pmod 4.$$

Da hier eine der Zahlen x, y gerade, die andere ungerade sein muß, so folgt $m\cdot m'\equiv 1$, $m'\equiv m \pmod 4$, so daß für alle ungeraden, durch $\mathfrak{F}$ darstellbaren Zahlen $m, m', m'', \ldots$ die Gleichungen gelten:

$$(4)\qquad (-1)^{\frac{m-1}{2}}=(-1)^{\frac{m'-1}{2}}=(-1)^{\frac{m''-1}{2}}=\cdots.$$

Ist zweitens $\frac{1}{4}D\equiv 2 \pmod 8$, also $D=32k+8$, so folgt aus (2) für irgend zwei ungerade, durch $\mathfrak{F}$ darstellbare Zahlen m, m':

$$mm'\equiv x^2-2y^2 \pmod 8.$$

Also ist x ungerade, und es folgt $mm'\equiv\pm 1$, $m'\equiv\pm m \pmod 8$. In beiden Fällen folgt $\frac{1}{8}(m^2-1)\equiv\frac{1}{8}(m'^2-1) \pmod 2$, so daß sich jetzt für alle ungeraden, durch $\mathfrak{F}$ darstellbaren Zahlen:

$$(5)\qquad (-1)^{\frac{m^2-1}{8}}=(-1)^{\frac{m'^2-1}{8}}=(-1)^{\frac{m''^2-1}{8}}=\cdots$$

ergibt. Ist drittens $\frac{1}{4}D\equiv 4 \pmod 8$, also $D=32k+16$, so schließt man wieder auf $m'\equiv m \pmod 4$ und damit auf das Bestehen der Gleichungen (4). Haben wir viertens $\frac{1}{4}D\equiv 6 \pmod 8$, also $D=32k+24$, so folgt aus (2):

$$mm'\equiv x^2+2y^2 \pmod 8.$$

Da x ungerade sein muß, so schließen wir auf $m\cdot m'\equiv 1$ oder $m\cdot m'\equiv 3 \pmod 8$, also auf $m'\equiv m$ bzw. $m'\equiv 3m \pmod 8$. In beiden Fällen gelangt man leicht zu den Gleichungen:

$$(6)\qquad (-1)^{\frac{m-1}{2}+\frac{m^2-1}{8}}=(-1)^{\frac{m'-1}{2}+\frac{m'^2-1}{8}}=\cdots.$$

Ist endlich $\frac{1}{4}D\equiv 0 \pmod 8$, also $D=32k$, so folgt in der bisherigen Weise $mm'\equiv 1 \pmod 8$ und also $m'\equiv m \pmod 8$. Jetzt bestehen also die Gleichungen (4) und (5) zugleich.

Wir führen nun, falls $D=16k+12$ oder $=32k+16$ ist, den

Wert $(-1)^{\frac{m-1}{2}}$ als neuen Charakter χ von $\mathfrak{F}$ ein. Ebenso führen wir für $D = 32k + 8$ den Charakter $\chi = (-1)^{\frac{m^2-1}{8}}$ und für $D = 32k + 24$ den Charakter $\chi = (-1)^{\frac{m-1}{2}+\frac{m^2-1}{8}}$ ein, sowie endlich für $D = 32k$ die beiden Charaktere $(-1)^{\frac{m-1}{2}}$ und $(-1)^{\frac{m^2-1}{8}}$. Auch diese Charaktere haben stets einen der Werte $+1$ oder -1. Da man aber für irgend zwei ungerade Zahlen m, m' leicht die Gleichungen zeigt:

$$(-1)^{\frac{m-1}{2}} \cdot (-1)^{\frac{m'-1}{2}} = (-1)^{\frac{mm'-1}{2}},$$
$$(-1)^{\frac{m^2-1}{8}} \cdot (-1)^{\frac{m'^2-1}{8}} = (-1)^{\frac{(mm')^2-1}{8}},$$

so besteht auch für jede Art der neu erklärten Charaktere der Satz: *Der Charakter einer komponierten Klasse* $\mathfrak{F} \cdot \mathfrak{F}'$ *ist das Produkt der Charaktere der komponierenden Klassen.*

Die Anzahl ν der Charaktere der einzelnen Klasse $\mathfrak{F}$ ist gleich der Anzahl der verschiedenen Primfaktoren von D, falls $D = 4k + 1$ oder $= 16k + 12$ oder mod 32 mit einer der Zahlen 8, 16, 24 kongruent ist; für $D = 16k + 4$ ist diese Anzahl ν um eine Einheit geringer als die Anzahl der verschiedenen Primfaktoren von D, für $D = 32k$ um eine Einheit größer. Wir bezeichnen die Charaktere der einzelnen Klasse $\mathfrak{F}$ in einer bestimmten Anordnung jetzt genauer durch $\chi_1, \chi_2, \ldots, \chi_\nu$ und nennen diese Zusammenstellung aller ν Charaktere den „*Totalcharakter*" der Klasse $\mathfrak{F}$. Dann gilt der Satz: *Der Totalcharakter* $\chi_1'', \chi_2'', \ldots, \chi_\nu''$ *der durch Komposition von* $\mathfrak{F}$ *und* $\mathfrak{F}'$ *entstehenden Klasse* $\mathfrak{F}'' = \mathfrak{F} \cdot \mathfrak{F}'$ *berechnet sich aus den Totalcharakteren der komponierenden Klassen* $\chi_1, \chi_2, \ldots, \chi_\nu$ *und* $\chi_1', \chi_2', \ldots, \chi_\nu'$ *nach dem Gesetze:*

(7) $$\chi_1'' = \chi_1 \cdot \chi_1', \quad \chi_2'' = \chi_2 \cdot \chi_2', \quad \ldots, \quad \chi_\nu'' = \chi_\nu \cdot \chi_\nu'$$

Da jeder einzelne Charakter einen der beiden Werte ± 1 hat, so sind im ganzen 2^ν verschiedene Totalcharaktere kombinatorisch möglich. Wie viele von diesen 2^ν verschiedenen Kombinationen als Totalcharaktere unserer Formklassen wirklich auftreten, muß hier unentschieden bleiben. Da zwei entgegengesetzte Klassen $\mathfrak{F}$ und $\mathfrak{F}^{-1}$ gleiche Totalcharaktere haben, so ist nach der Regel (7) einleuchtend, *daß die Hauptklasse* $\mathfrak{F}_0$ *den Totalcharakter* $\chi_1 = 1, \chi_2 = 1, \ldots, \chi_\nu = 1$ *hat.*

Wir vereinigen nun alle Klassen, welche im Totalcharakter übereinstimmen, zu einem „*Geschlechte*" von Formklassen und nennen insbesondere dasjenige Geschlecht, dem die Hauptklasse angehört, das „*Hauptgeschlecht*". Die Anzahl der Klassen des Hauptgeschlechtes heiße μ, die Klassen selbst seien $\mathfrak{F}_0, \mathfrak{F}_1, \ldots, \mathfrak{F}_{\mu-1}$. Dann besteht zufolge der Regel (7) der Satz: *In der Abelschen Gruppe* G_h *aller* $h(|D|)$ *Klassen der Diskriminante D bilden die* μ *Klassen* $\mathfrak{F}_0, \mathfrak{F}_1, \ldots, \mathfrak{F}_{\mu-1}$ *des Hauptgeschlechtes eine ausgezeichnete*[1]) *Untergruppe* G_μ *der Ordnung* μ, *so daß* μ *ein Teiler von* h *ist.* Komponiert man irgendeine Klasse $\mathfrak{F}$ mit den μ Klassen $\mathfrak{F}_0, \mathfrak{F}_1, \ldots, \mathfrak{F}_{\mu-1}$ des Hauptgeschlechtes, so haben alle Klassen $\mathfrak{F}\cdot\mathfrak{F}_0, \mathfrak{F}\cdot\mathfrak{F}_1, \ldots, \mathfrak{F}\cdot\mathfrak{F}_{\mu-1}$ gleiche Totalcharaktere, und zugleich erschöpfen diese μ Klassen das ganze zu diesem Totalcharakter gehörende Geschlecht. Den $\frac{h}{\mu}$ zur G_μ gehörenden Nebengruppen (vgl. S. 4) entsprechen also ebenso viele Geschlechter von Formklassen, und hiermit werden zugleich alle Geschlechter erschöpft: *Alle Geschlechter der Formklassen der Diskriminante D enthalten gleich viele Klassen; die Klassenanzahl h, geteilt durch die Anzahl* μ *der Klassen im einzelnen Geschlechte, ergibt uns somit als Quotienten die Anzahl der Geschlechter und damit die der wirklich auftretenden Totalcharaktere.*

Die 2^ν kombinatorisch möglichen Totalcharaktere bilden gegenüber Multiplikation (entsprechend der Gleichung (7)) eine Abelsche Gruppe G_{2^ν} der Ordnung 2^ν. Die bei der Diskriminante D wirklich auftretenden Totalcharaktere bilden für sich eine Gruppe, da mit zwei solchen Totalcharakteren stets auch ihr Produkt auftritt. Die Ordnung *jeder* Untergruppe der G_{2^ν} ist ein Teiler von 2^ν, also wieder eine Potenz 2^λ von 2. *Für die Klassenanzahl* $h(|D|)$ *und damit für die Ordnung der Gruppe* G_h *folgt hieraus* $h = 2^\lambda \cdot \mu$, *wo* μ *die Anzahl der Klassen im einzelnen Geschlechte ist.* Die Anwendung des S. 17 (am Schlusse von § 6) aufgestellten Satzes ergibt somit das Resultat: *Die Abelsche Gruppe* G_h *besitzt als Indexreihe die in* μ *aufgehenden Primzahlen, vereint mit* λ *Indizes, die alle gleich* 2 *sind.*

---

1) Alle Untergruppen einer Abelschen Gruppe sind ausgezeichnet.

Erster Abschnitt.

Die Additions-, Multiplikations- und Divisionssätze der elliptischen Funktionen.

Die in diesem Abschnitte zur Sprache kommenden Entwicklungen über die Additions-, Multiplikations- und Divisionssätze der elliptischen Funktionen stammen in ihren Grundlagen aus der älteren Geschichte der elliptischen Funktionen. Die Additionstheoreme wurden bereits gegen Mitte des vorletzten Jahrhunderts von Euler entdeckt[1]) und gehören zu den in der älteren und neueren Geschichte der elliptischen Funktionen am häufigsten behandelten Gegenständen. Für die Ausbildung der Multiplikations- und Divisionssätze sind vornehmlich die Schöpfungen Abels grundlegend gewesen.[2]) Insbesondere ist von Abel der algebraische Charakter der Teilungsgleichungen erkannt, und die hier gewonnenen Sätze sind für seine allgemeinen Untersuchungen über die Auflösung algebraischer Gleichungen vorbildlich gewesen.

Die nachfolgende Darstellung schließt sich durchweg an die in Bd. I des vorliegenden Werkes entwickelte Gestalt der Theorie der elliptischen Funktionen an. Die Theoreme sind also überall zunächst für die Funktionen erster Stufe dargelegt; bei der zweiten Stufe aber werden sie in derjenigen Gestalt entwickelt, wie sie bei Jacobi vorliegen.

Erstes Kapitel.

Die Additionssätze der elliptischen Funktionen.

Eine vorläufige Betrachtung der Additionssätze der Funktionen erster Stufe wurde schon in I, 202 ff. durchgeführt. Es sei insbesondere an die daselbst S. 204 entwickelte Auffassung erinnert, nach welcher die Addi-

---

1) Vgl. A. Enneper, „Elliptische Funktionen, Theorie und Geschichte", 2. Aufl., bearb. von F. Müller (Halle 1890), S. 182 ff. Dieses Werk wird weiterhin kurz durch die Namen der Autoren zitiert.

2) S. die „Recherches sur les fonctions elliptiques", Art. 9 ff., Journ. für Math., Bd. 2 (1827) oder „Werke", Bd. 1, S. 279 ff.

R. Fricke, *Die elliptischen Funktionen und ihre Anwendungen, Zweiter Teil,*
DOI 10.1007/978-3-642-19561-7_2, © Springer-Verlag Berlin Heidelberg 2012

tionsformeln für $\wp$ und $\wp'$:

$$\wp(u+v) = R_1(\wp(u), \wp'(u), \wp(v), \wp'(v))$$
$$\wp'(u+v) = R_2(\wp(u), \wp'(u), \wp(v), \wp'(v))$$

eine algebraische Darstellung der kontinuierlichen Gruppe zweifach unendlich vieler Transformationen der Riemannschen Fläche F_2 in sich lieferten. Funktionentheoretisch ist die Existenz zweier Gleichungen der angegebenen Gestalt für $\wp(u+v)$ und $\wp'(u+v)$ leicht einzusehen. Es ist z. B. $\wp(u+v)$ als Funktion von u doppeltperiodisch mit den Perioden ω_1, ω_2 und läßt sich also nach den Sätzen von I, 198 als rationale Funktion von $\wp(u)$, $\wp'(u)$ darstellen. Weierstraß hat in seinen Vorlesungen[1]) die Existenz eines Additionstheorems sogar an die Spitze der ganzen Entwicklung gestellt und teilt den Satz mit, daß die Existenz eines solchen Theorems eine charakteristische Eigenschaft der elliptischen Funktionen und ihrer Ausartungen sei. Als Eingang in die Entwicklung der Additionssätze wählen wir eine gleichfalls von Weierstraß aufgestellte dreigliedrige Sigmarelation[2]), aus welcher im wesentlichen nur noch durch das Mittel analytischer Umformungen die Hauptformeln der Additionssätze gewonnen werden sollen.

§ 1. Additionstheoreme der elliptischen Funktionen erster Stufe.

Sind u_1, u_2, u_3 drei beliebig gewählte Werte von u, so stellen die drei Produkte:

$$\sigma(u+u_1)\sigma(u-u_1), \quad \sigma(u+u_2)\sigma(u-u_2), \quad \sigma(u+u_3)\sigma(u-u_3)$$

drei gleichändrige ganze elliptische Funktionen dritter Art zweiter Ordnung dar, zwischen denen nach I, 227 eine lineare Gleichung:

$$(1) \qquad \begin{aligned} A_1\sigma(u+u_1)\sigma(u-u_1) + A_2\sigma(u+u_2)\sigma(u-u_2) \\ + A_3\sigma(u+u_3)\sigma(u-u_3) = 0 \end{aligned}$$

mit nicht durchweg verschwindenden, von u unabhängigen Koeffizienten A identisch besteht. Zur Bestimmung der A setzt man in (1) nacheinander $u = u_1, u_2, u_3$ ein und findet:

$$\begin{aligned} &A_2\sigma(u_1+u_2)\sigma(u_1-u_2) + A_3\sigma(u_1+u_3)\sigma(u_1-u_3) = 0, \\ A_1\sigma(u_2+u_1)\sigma(u_2-u_1) &+ A_3\sigma(u_2+u_3)\sigma(u_2-u_3) = 0, \\ A_1\sigma(u_3+u_1)\sigma(u_3-u_1) &+ A_2\sigma(u_3+u_2)\sigma(u_3-u_2) = 0. \end{aligned}$$

1) Vgl. H. A. Schwarz, „Formeln und Lehrsätze zum Gebrauche der elliptischen Funktionen", nach Vorlesungen und Aufzeichnungen des Herrn K. Weierstraß (Göttingen 1881 ff.) S. 1 ff.

2) S. die eben genannte Schrift S. 47.

Aus diesen Gleichungen berechnen sich die Verhältnisse der A wie folgt:

$$A_1 : A_2 : A_3 = \sigma(u_2+u_3)\sigma(u_2-u_3) : \sigma(u_3+u_1)\sigma(u_3-u_1) : \sigma(u_1+u_2)\sigma(u_1-u_2).$$

Durch Eintragen dieser Werte in (1) findet man *die dreigliedrige Weierstraßsche Sigmarelation.*

$$\begin{aligned}(2)\qquad & \sigma(u+u_1)\sigma(u-u_1)\sigma(u_2+u_3)\sigma(u_2-u_3)\\ &+\sigma(u+u_2)\sigma(u-u_2)\sigma(u_3+u_1)\sigma(u_3-u_1)\\ &+\sigma(u+u_3)\sigma(u-u_3)\sigma(u_1+u_2)\sigma(u_1-u_2)=0,\end{aligned}$$

die man als die gemeinsame Quelle der weiteren Additionsformeln benutzen kann.

Bevor dies ausgeführt wird, schließen wir an (2) noch folgende, unten zur Benutzung kommende Betrachtung an. Für die zwölf Argumente der in (2) auftretenden Sigmafunktionen benutzen wir folgende Abkürzungen:

$$(3)\qquad \begin{cases} x_1 = u_2 - u_3, & y_1 = u_1 + u, \quad z_1 = u_1 - u, \quad t_1 = -u_2 - u_3,\\ x_2 = u_3 - u_1, & y_2 = u_2 + u, \quad z_2 = u_2 - u, \quad t_2 = -u_3 - u_1,\\ x_3 = u_1 - u_2, & y_3 = u_3 + u, \quad z_3 = u_3 - u, \quad t_3 = -u_1 - u_2,\end{cases}$$

mit deren Hilfe sich die Relation (2) in die Gestalt kleidet:

$$\begin{aligned}(4)\qquad & \sigma(x_1)\sigma(y_1)\sigma(z_1)\sigma(t_1)+\sigma(x_2)\sigma(y_2)\sigma(z_2)\sigma(t_2)\\ &+\sigma(x_3)\sigma(y_3)\sigma(z_3)\sigma(t_3)=0.\end{aligned}$$

Man kann hierbei an Stelle der vier unabhängigen Variablen u, u_1, u_2, u_3 auch die x, y, z, t irgendeiner der drei Reihen (3) als solche benutzen. Nehmen wir z. B. die erste Reihe (3), so ergeben sich für die u die Darstellungen:

$$(5)\quad u = \tfrac{1}{2}(y_1 - z_1),\quad u_1 = \tfrac{1}{2}(y_1 + z_1),\quad u_2 = \tfrac{1}{2}(x_1 - t_1),\quad u_3 = \tfrac{1}{2}(-x_1 - t_1).$$

Durch Vermittlung dieser Formeln findet man die x, y, z, t der zweiten und dritten Reihe (3) in denen der ersten durch *die beiden quaternären linearen Substitutionen der Determinante 1* dargestellt:

$$(6)\qquad \begin{cases} x_2 = -\tfrac{1}{2}x_1 - \tfrac{1}{2}y_1 - \tfrac{1}{2}z_1 - \tfrac{1}{2}t_1,\\ y_2 = +\tfrac{1}{2}x_1 + \tfrac{1}{2}y_1 - \tfrac{1}{2}z_1 - \tfrac{1}{2}t_1,\\ z_2 = +\tfrac{1}{2}x_1 - \tfrac{1}{2}y_1 + \tfrac{1}{2}z_1 - \tfrac{1}{2}t_1,\\ t_2 = +\tfrac{1}{2}x_1 - \tfrac{1}{2}y_1 - \tfrac{1}{2}z_1 + \tfrac{1}{2}t_1,\end{cases}$$

$$(7)\qquad \begin{cases} x_3 = -\tfrac{1}{2}x_1 + \tfrac{1}{2}y_1 + \tfrac{1}{2}z_1 + \tfrac{1}{2}t_1,\\ y_3 = -\tfrac{1}{2}x_1 + \tfrac{1}{2}y_1 - \tfrac{1}{2}z_1 - \tfrac{1}{2}t_1,\\ z_3 = -\tfrac{1}{2}x_1 - \tfrac{1}{2}y_1 + \tfrac{1}{2}z_1 - \tfrac{1}{2}t_1,\\ t_3 = -\tfrac{1}{2}x_1 - \tfrac{1}{2}y_1 - \tfrac{1}{2}z_1 + \tfrac{1}{2}t_1.\end{cases}$$

Die erste dieser Substitutionen, die wir symbolisch durch S bezeichnen, liefert, zweimal ausgeübt, die Substitution (7), die demnach durch S^2 zu bezeichnen ist. Dreimalige Wiederholung von S liefert aber die identische Substitution, *so daß die Substitutionen* (6) *und* (7) *im Verein mit der identischen Substitution eine zyklische Gruppe* G_3 *der Ordnung 3 bilden.* Bilden die x_1', y_1', z_1', t_1' ein zweites Variablensystem, das gleichfalls den Substitutionen S und S^2 unterworfen werden soll, so erweist sich der bilineare Ausdruck $(x_1x_1' + y_1y_1' + z_1z_1' + t_1t_1')$ als invariant gegenüber S und S^2, d. h. es besteht die Relation:

$$x_1x_1' + y_1y_1' + z_1z_1' + t_1t_1' = x_2x_2' + y_2y_2' + z_2z_2' + t_2t_2'$$
$$= x_3x_3' + y_3y_3' + z_3z_3' + t_3t_3'.$$

Dieserhalb werden S und S^2 als „*orthogonale*" *Substitutionen* bezeichnet.[1]) Unter Zusammenfassung können wir den Satz notieren: *Sind* x_1, y_1, z_1, t_1 *vier unabhängige Variable, die durch die orthogonalen Substitutionen* S *und* S^2 *der zyklischen* G_3 *in die Variablensysteme* (6) *und* (7) *übergehen, so besteht für diese drei Variablensysteme* x_i, y_i, z_i, t_i *die Sigmarelation* (4) *identisch.*

In die Relation (2) werde jetzt eingesetzt $u_2 = 0$, $u_3 = v$, wodurch sie die Gestalt annimmt:

$$-\sigma(u+u_1)\sigma(u-u_1)\sigma(v)^2 + \sigma(v+u_1)\sigma(v-u_1)\sigma(u)^2$$
$$+\sigma(u+v)\sigma(u-v)\sigma(u_1)^2 = 0.$$

Verstehen wir unter $\pm u_1$ die beiden Nullpunkte der $\wp$-Funktion, so können wir $\sigma(u+u_1)\sigma(u-u_1)$ durch das Produkt $-\wp(u)\sigma(u)^2\sigma(u_1)^2$ ersetzen (vgl. (11) in I, 216) und $\sigma(v+u_1)\sigma(v-u_1)$ entsprechend ausdrücken:

$$\wp(u)\sigma(u)^2\sigma(u_1)^2\sigma(v)^2 - \wp(v)\sigma(v)^2\sigma(u_1)^2\sigma(u)^2$$
$$+\sigma(u+v)\sigma(u-v)\sigma(u_1)^2 = 0.$$

Hieraus folgt die schon in I, 217 unter (14) gewonnene Gleichung:

$$(8) \qquad \frac{\sigma(u+v)\sigma(u-v)}{\sigma(u)^2\sigma(v)^2} = -\wp(u) + \wp(v).$$

Man logarithmiere diese Gleichung und differenziere nach u bzw. v; bei Benutzung von (6) in I, 209 ergibt sich:

$$\zeta(u+v) + \zeta(u-v) - 2\zeta(u) = +\frac{\wp'(u)}{\wp(u)-\wp(v)},$$

$$\zeta(u+v) - \zeta(u-v) - 2\zeta(v) = -\frac{\wp'(v)}{\wp(u)-\wp(v)}.$$

Die Addition dieser Gleichungen ergibt das sogenannte „*Additionstheorem des Normalintegrals zweiter Gattung* $\zeta(u)$", das auch bereits in I, 202 unter

---

1) In der analytischen Geometrie des Raumes liefern die Drehungen eines rechtwinkligen Achsenkreuzes um den Nullpunkt ternäre orthogonale Substitutionen der Koordinaten.

(2) gewonnen wurde:

$$(9)\qquad \zeta(u+v) = \zeta(u) + \zeta(v) + \frac{1}{2}\frac{\wp'(u) - \wp'(v)}{\wp(u) - \wp(v)}.$$

Durch die in I, 203 ausgeführte Rechnung findet man aus (9) die a. a. O. unter (5) angegebene Gleichung:

$$(10)\qquad \wp(u+v) = \frac{1}{4}\left(\frac{\wp'(u) - \wp'(v)}{\wp(u) - \wp(v)}\right)^2 - \wp(u) - \wp(v).$$

Hier hat man eine erste Gestalt des „*Additionstheorems der* $\wp$*-Funktion*" vor sich; *das Theorem bringt zum Ausdruck, daß die* $\wp$*-Funktion, gebildet für die Summe* $(u+v)$, *sich rational durch die Funktionen* $\wp$, $\wp'$ *der einzelnen Summanden* u, v *darstellt, und zeigt zugleich die Gestalt dieser Darstellung.* Aus (9) und (10) folgt:

$$\wp(u+v) + \wp(u) + \wp(v) = (\zeta(u+v) - \zeta(u) - \zeta(v))^2.$$

Durch Differentiation nach u bzw. v und Addition der entstehenden Gleichungen folgt bei nochmaliger Benutzung von (9):

$$(11)\quad 2\wp'(u+v) + \wp'(u) + \wp'(v) = \frac{\wp'(u) - \wp'(v)}{\wp(u) - \wp(v)}(\wp(u) + \wp(v) - 2\wp(u+v)),$$

eine Gleichung, der man die übersichtliche Gestalt geben kann:

$$(12)\qquad \begin{vmatrix} \wp(u+v), & -\wp'(u+v), & 1 \\ \wp(u), & \wp'(u), & 1 \\ \wp(v), & \wp'(v), & 1 \end{vmatrix} = 0.$$

Ersetzt man $\wp(u+v)$ durch den Ausdruck (10), *so hat man eine erste Gestalt des Additionstheorems der* $\wp'$*-Funktion gewonnen.*

Mit Hilfe der zwischen $\wp$ und $\wp'$ bestehenden Gleichung kann man die vorstehenden Additionsformeln in verschiedene andere Gestalten kleiden. Da sich $\wp'^2$ rational in $\wp$ ausdrückt, so kann man z. B. Gestalten der Gleichungen erzielen, *die in* $\wp'(u)$ *und* $\wp'(v)$ *linear sind.* Für die $\wp$-Funktion gelangt man so zu der in I, 203 unter (4) angegebenen Gleichung:

$$(13)\qquad 2\wp(u+v)(\wp(u) - \wp(v))^2$$
$$= \left(2\wp(u)\wp(v)(\wp(u) + \wp(v)) - \tfrac{1}{2}g_2(\wp(u) + \wp(v)) - g_3\right) - \wp'(u)\wp'(v).$$

Als entsprechende Gestalt des Additionstheorems der $\wp'$-Funktion findet man nach einer nicht ganz kurzen Rechnung:

$$(14)\qquad 2\wp'(u+v)(\wp(u) - \wp(v))^3$$
$$= \left(2\wp(u)^2(\wp(v) + 3\wp(u)) - \tfrac{1}{2}g_2(3\wp(u) + \wp(v)) - 2g_3\right)\wp'(v)$$
$$- \left(2\wp(v)^2(\wp(v) + 3\wp(u)) - \tfrac{1}{2}g_2(3\wp(v) + \wp(u)) - 2g_3\right)\wp'(u).$$

Eine weitere bemerkenswerte Gestalt der Additionsformeln erzielt man auf folgendem Wege: Man multipliziert (13) mit $2(\wp(u) - \wp(v))$ und ersetzt im Produkte rechts die dritten Potenzen von $\wp$ auf Grund der Regel:

(15) $$4\wp^3 = \wp'^2 + g_2\wp + g_3.$$

Dabei erscheint ein Aggregat, das in jedem der beiden Größenpaare $\wp(u)$, $\wp'(u)$ und $\wp(v)$, $\wp'(v)$ rational und ganz vom zweiten Grade ist. Einer entsprechenden Umformung unterziehe man die rechte Seite der mit 2 multiplizierten Gleichung (14). Endlich folgere man aus (15):

$$4(\wp(u) - \wp(v))^3 = \wp'(u)^2 - \wp'(v)^2 - (12\wp(u)\wp(v) - g_2)(\wp(u) - \wp(v)).$$

Als zusammenfassender Ausdruck der Additionsformeln für $\wp$ und $\wp'$ entsteht so:

(16) $$\wp(u+v) : \wp'(u+v) : 1 =$$

$$\{\wp'(u)^2\wp(v) - \wp(u)\wp'(v)^2 - (2\wp'(u)\wp'(v) + g_2(\wp(u) + \wp(v)) + 3g_3)(\wp(u) - \wp(v))\}$$
$$: \{(\wp'(u)\wp'(v) + 3g_3)(\wp'(u) - \wp'(v)) + 2(6\wp(u)\wp(v) - g_2)(\wp(u)\wp'(v) - \wp'(u)\wp(v))$$
$$+ g_2(\wp(u)\wp'(u) - \wp(v)\wp'(v))\}$$
$$: \{\wp'(u)^2 - \wp'(v)^2 - (12\wp(u)\wp(v) - g_2)(\wp(u) - \wp(v)\}.$$

Hier stehen rechts in jedem Gliede der Proportion *rationale ganze Funktionen zweiten Grades in jedem der beiden Größenpaare* $\wp(u)$, $\wp'(u)$ *und* $\wp(v)$, $\wp'(v)$.

Man kann das Additionstheorem der $\wp$-Funktion auch dadurch zum Ausdruck bringen, daß nach demselben zwischen den drei Funktionen $\wp(u+v)$, $\wp(u)$, $\wp(v)$ eine algebraische Beziehung bestehen muß. Diese Beziehung nimmt symmetrische Gestalt an, wenn wir $-(u+v) = w$ und also $\wp(u+v) = \wp(w)$ setzen. Die fragliche Beziehung gewinnt man leicht aus (13) durch Auflösung nach $\wp'(u)\wp'(v)$, Quadrieren und Ersatz von $\wp'(u)^2$ und $\wp'(v)^2$ durch ihre Ausdrücke in $\wp(u)$ und $\wp(v)$: *Für irgend drei Argumente* u, v, w *der Summe* $u + v + w = 0$ *gilt folgende Relation zweiten Grades in jeder der Funktionen* $\wp(u)$, $\wp(v)$, $\wp(w)$:

(17) $$(\wp(v)\wp(w) + \wp(w)\wp(u) + \wp(u)\wp(v) + \tfrac{1}{4}g_2)^2$$
$$- (4\wp(u)\wp(v)\wp(w) - g_3)(\wp(u) + \wp(v) + \wp(w)) = 0.$$

§ 2. Invariante algebraische Gestalten der Additionsformeln.

Verlegt man die Betrachtung aus der u-Ebene auf die Riemannsche Fläche F_2, so nehmen die Additionsformeln des § 1 algebraische Gestalten an, die sich an die Rechnungen in I, 146ff. anschließen. Wir setzen $f(z) = 4z^3 - g_2 z - g_3$ und haben den einzelnen Punkt der F_2 durch ein zusammengehöriges Wertepaar $z, \sqrt{f(z)}$ festzulegen. Den beiden Argumenten u und v mögen die Stellen $x, \sqrt{f(x)}$ und $y, \sqrt{f(y)}$ der F_2 entsprechen, dem Argumente $(u+v)$ aber die Stelle $z, \sqrt{f(z)}$. Die Bedeutung der Additionsformeln ist dann die, *daß zwei willkürlich gewählte Stellen* $x, \sqrt{f(x)}$

und $y, \sqrt{f(y)}$ *stets eine dritte Stelle* $z, \sqrt{f(z)}$ *eindeutig bestimmen, die sich auf Grund von* (13) *und* (14) *S. 160 algebraisch aus den gegebenen Stellen berechnen läßt.*

Es hat nun Klein[1]) gezeigt, daß man die zu gewinnenden neuen Formeln für die Additionstheoreme (13) und (14) S. 160 in sehr ein- einfache *invariante Gestalten* setzen kann. Wir spalten z (und natürlich entsprechend die Werte x und y von z) in den Quotienten $z_1 : z_2$ zweier homogenen Variablen und ziehen neben $f(z)$ die „Verzweigungsform“:

$$(1) \qquad f_z = 4z_1^3 z_2 - g_2 z_1 z_2^3 - g_3 z_2^4$$

heran. Die Gleichung (13) S. 160 nimmt dann, in algebraische Gestalt umgeschrieben, nach Multiplikation mit $x_2^2 y_2^2$ die Form an:

$$2(x, y)^2 z = (2x_1 y_1 - \tfrac{1}{2} g_2 x_2 y_2)(x_1 y_2 + x_2 y_1) - g_3 x_2^2 y_2^2 - \sqrt{f_x} \cdot \sqrt{f_y},$$

wo das Symbol (x, y) wie in I, 146 eine Abkürzung für $(x_1 y_2 - x_2 y_1)$ ist. Entsprechend kleidet sich die Gleichung (14) S. 160 nach Multiplikation mit $x_2^3 y_2^3$ in die Gestalt:

$$\begin{aligned}(x, y)^3 \sqrt{f(z)} = {} & (x_1^2 (x_1 y_2 + 3x_2 y_1) - \tfrac{1}{4} g_2 x_2^2 (3x_1 y_2 + x_2 y_1) - g_3 x_2^3 y_2) \sqrt{f_y} \\ & - (y_1^2 (y_1 x_2 + 3y_2 x_1) - \tfrac{1}{4} g_2 y_2^2 (3y_1 x_2 + y_2 x_1) - g_3 y_2^3 x_2) \sqrt{f_x}.\end{aligned}$$

Es sei nun $g_{x,y}$ die durch 4 geteilte erste Polare der Verzweigungsform f_x und $h_{x,y}$ die durch 12 geteilte zweite Polare:

$$(2) \qquad \begin{cases} 4g_{x,y} = \dfrac{\partial f_x}{\partial x_1} y_1 + \dfrac{\partial f_x}{\partial x_2} y_2, \\ 12 h_{x,y} = \dfrac{\partial^2 f_x}{\partial x_1^2} y_1^2 + 2 \dfrac{\partial^2 f_x}{\partial x_1 \partial x_2} y_1 y_2 + \dfrac{\partial^2 f_x}{\partial x_2^2} y_2^2. \end{cases}$$

Aus (1) berechnet man:

$$\begin{aligned} g_{x,y} &= (3x_1^2 x_2 - \tfrac{1}{4} g_2 x_2^3) y_1 + (x_1^3 - \tfrac{3}{4} g_2 x_1 x_2^2 - g_3 x_2^3) y_2, \\ h_{x,y} &= 2x_1 x_2 y_1^2 + (2x_1^2 - \tfrac{1}{2} g_2 x_2^2) y_1 y_2 - (\tfrac{1}{2} g_2 x_1 x_2 + g_3 x_2^2) y_2^2. \end{aligned}$$

Der Vergleich mit den vorstehenden Gleichungen ergibt als *invariante Schreibweise der Additionsformeln der Funktionen* $\wp$ *und* $\wp'$:

$$(3) \qquad \begin{cases} z = \dfrac{h_{x,y} - \sqrt{f_x}\sqrt{f_y}}{2(x, y)^2}, \\ \sqrt{f(z)} = \dfrac{g_{x,y}\sqrt{f_y} - g_{y,x}\sqrt{f_x}}{(x, y)^3}. \end{cases}$$

Diese Gleichungen erscheinen als algebraische Ausdrucksformen der transzendenten, zwischen den Stellen x, y, z bestehenden Gleichung:

$$(4) \qquad \int_\infty^x \frac{dt}{\sqrt{f(t)}} + \int_\infty^y \frac{dt}{\sqrt{f(t)}} = \int_\infty^z \frac{dt}{\sqrt{f(t)}}.$$

---

1) „Über hyperelliptische Sigmafunktionen“, Math. Ann. Bd. 27 (1886), S. 455 ff.

In algebraischer Gestalt tritt das Additionstheorem bei Euler auf.[1]) Das Hauptinteresse wendet sich dann aber in den ältesten Untersuchungen unseres Gegenstandes sogleich der Annahme zu, daß der Wert z festgehalten wird. Dadurch werden die Stellen x und y in Abhängigkeit voneinander gesetzt, und zwar drückt sich diese Abhängigkeit zunächst in Gestalt der Differentialgleichung:

$$(5)\qquad \frac{dx}{\sqrt{f(x)}} + \frac{dy}{\sqrt{f(y)}} = 0$$

aus, der man auch die homogene Gestalt verleihen kann:

$$(6)\qquad \frac{(x, dx)}{\sqrt{f_x}} + \frac{(y, dy)}{\sqrt{f_y}} = 0.$$

Indem man etwa in der ersten Gleichung (3) für z den konstanten Wert C einträgt, ergibt sich als algebraische Beziehung zwischen den Stellen $x, \sqrt{f(x)}$ und $y, \sqrt{f(y)}$:

$$(7)\qquad h_{x,y} - 2C(x, y)^2 - \sqrt{f_x}\sqrt{f_y} = 0.$$

In dieser Gleichung hat unser Additionssatz das allgemeine Integral der Differentialgleichung erster Ordnung (5), *und zwar als algebraische Beziehung zwischen x und y ergeben.* Auf dieses Ergebnis wurde ursprünglich das Hauptgewicht gelegt.[2])

Sowohl die Differentialgleichung (6) als auch ihr Integral (7) sind invariant gebaut. Geht man demnach durch lineare Transformation zu einer beliebigen Verzweigungsform:

$$(8)\qquad f_z = a_0 z_1^4 + 4a_1 z_1^3 z_2 + 6a_2 z_1^2 z_2^2 + 4a_3 z_1 z_2^3 + a_4 z_2^4,$$

so behalten für diese sowohl die Differentialgleichung (6) als auch ihr Integral (7) unverändert ihre Gestalt bei. Übrigens gestattet die Gleichung (7) noch eine Vereinfachung. Man berechnet zunächst aus (8):

$$h_{x,y} = x_2^2 y_2^2 (a_0 x^2 y^2 + 2a_1 xy(x+y) + a_2(x^2 + 4xy + y^2) + 2a_3(x+y) + a_4)$$

und gestaltet den Klammerausdruck unter Aufnahme der beiden Funktionen $f(x)$ und $f(y)$ leicht so um:

$$h_{x,y} = x_2^2 y_2^2 (\tfrac{1}{2}f(x) + \tfrac{1}{2}f(y) - \tfrac{1}{2}a_0(x^2 - y^2)^2 - 2a_1(x^2 - y^2)(x - y) - 2a_2(x - y)^2).$$

Durch Eintragung dieses Ausdrucks in (7) entwickelt man als Gestalt des allgemeinen Integrales der Gleichung (5):

$$(9)\qquad \left(\frac{\sqrt{f(x)} - \sqrt{f(y)}}{x - y}\right)^2 = a_0(x + y)^2 + 4a_1(x + y) + C',$$

wo $C' = 4a_2 + 4C$ als neue Konstante eingeführt ist. Dieses Integral ist bereits von Euler entdeckt.

1) S. die geschichtlichen Angaben bei „Enneper-Müller", S. 184ff.
2) S. „Enneper-Müller", S. 185ff.

In eine sehr einfache invariante Gestalt, die bisher nicht bemerkt zu sein scheint, kann man die Additionsformeln (16) S. 161 durch Aufnahme *ternärer* Variablen auf Grund der Proportion:

$$x_1 : x_2 : x_3 = \wp(u) : \wp'(u) : 1 \tag{10}$$

kleiden. Zwischen den drei x_k besteht dann eine algebraische Beziehung, die man durch Nullsetzen der *ternären kubischen Form*:

$$F_x = 4x_1^3 - g_2 x_1 x_3^2 - x_2^2 x_3 - g_3 x_3^3 \tag{11}$$

erhält. Man setze $u + v + w = 0$, wie S. 161, und bezeichne die den Argumenten u, v, w zugehörigen ternären Variablen durch x_k, y_x, z_k. Die Proportion (16) nimmt dann die Gestalt an:

$$z_1 : z_2 : z_3 = \tag{12}$$

$$\{x_2^2 y_1 y_3 - x_1 x_3 y_2^2 - (2x_2 y_2 + g_2(x_1 y_3 + x_3 y_1) + 3 g_3 x_3 y_3)(x_1 y_3 - x_3 y_1)\}$$

$$\{-(x_2 y_2 + 3 g_3 x_3 y_3)(x_2 y_3 - x_3 y_2) - 2(6 x_1 y_1 - g_2 x_3 y_3)(x_1 y_2 - x_2 y_1) + g_2(x_1 x_2 y_3^2 - x_3^2 y_1 y_2)\}$$

$$\{x_2^2 y_3^2 - x_3^2 y_2^2 - (12 x_1 y_1 - g_2 x_3 y_3)(x_1 y_3 - x_3 y_1)\}.$$

Bezeichnet $G_{x,y}$ die erste Polare der Form (11):

$$G_{x,y} = \frac{\partial F_x}{\partial x_1} y_1 + \frac{\partial F_x}{\partial x_2} y_2 + \frac{\partial F_x}{\partial x_3} y_3, \tag{13}$$

so gilt explizite:

$$G_{x,y} = 12 x_1^2 y_1 - g_2 x_3^2 y_1 - 2 x_2 x_3 y_2 - 2 g_2 x_1 x_3 y_3 - x_2^2 y_3 - 3 g_3 x_3^2 y_3.$$

Die Proportion (12) läßt sich nun mit dieser Polare einfach so schreiben:

$$z_1 : z_2 : z_3 = (x_1 G_{y,x} - y_1 G_{x,y}) : (x_2 G_{y,x} - y_2 G_{x,y}) : (x_3 G_{y,x} - y_3 G_{x,y}).$$

Da die homogenen Variablen nur als Verhältnisgrößen für die Riemannsche Fläche in Betracht kommen, so kann man die z_k auch direkt den drei in der letzten Proportion rechts stehenden Gliedern gleich setzen: *Bei Gebrauch der durch* (10) *eingeführten ternären Variablen kann man die Additionsformeln in die einfachen Ausdrücke*:

$$z_k = x_k G_{y,x} - y_k G_{x,y}, \qquad k = 1, 2, 3 \tag{14}$$

zusammenziehen, wo $G_{x,y}$ *die erste Polare der ternären kubischen Form* (11) *ist.*

§ 3. Übergang zu den Additionsformeln der Jacobischen Funktionen.

Bei Ausübung einer linearen Transformation auf die homogenen Variablen verhalten sich die rechten Seiten der Gleichungen (3) S. 162 invariant. Übt man die unimodulare Substitution $z_1 = z_1' + e_\varkappa z_2'$, $z_2 = z_2'$ aus, so geht die Verzweigungsform $f_z = 4z_2(z_1 - e_1 z_2)(z_1 - e_2 z_2)(z_1 - e_3 z_2)$ bei Fortlassung der oberen Indizes an den neuen Variablen über in:

$$f_z = 4 z_1 z_2 (z_1 - (e_\lambda - e_\varkappa) z_2)(z_1 - (e_\mu - e_\varkappa) z_2), \tag{1}$$

wo $\varkappa, \lambda, \mu$ die Indizes 1, 2, 3 in irgendeiner Anordnung sein sollen. Die erste Gleichung (3) S. 162 ergibt somit in den neuen Variablen und also für die Form (1):

$$(2)\qquad z = \frac{h_{x,y} - 2e_\varkappa(x,y)^2 - \sqrt{f_x}\sqrt{f_y}}{2(x,y)^2}.$$

Berechnet man nun für die Form (1) die zweite Polare $12h_{x,y}$, so ergibt sich:

$$h_{x,y} - 2e_\varkappa(x,y)^2 = 2x_1x_2y_1^2$$

$$+ 2(x_1^2 + 6e_\varkappa x_1x_2 + (e_\lambda - e_\varkappa)(e_\mu - e_\varkappa)x_2^2 y_1 y_2 + 2(e_\lambda - e_\varkappa)(e_\mu - e_\varkappa)x_1x_2y_2^2),$$

wofür man nach Multiplikation mit $2x_1x_2y_1y_2$ schreiben kann:

$$2x_1x_2y_1y_2(h_{x,y} - 2e_\varkappa(x,y)^2) = x_1^2x_2^2 f_y + y_1^2y_2^2 f_x.$$

Die Gleichung (2) gestattet demnach die Schreibweise:

$$z = \frac{\left(x_1x_2\sqrt{f_y} - y_1y_2\sqrt{f_x}\right)^2}{4x_1x_2y_1y_2(x,y)^2}.$$

Nach Ausziehen der Quadratwurzel und Übergang zur nichthomogenen Schreibweise folgt:

$$\sqrt{z} = \pm\frac{\sqrt{x}\sqrt{(y-(e_\lambda - e_\varkappa))(y-(e_\mu - e_\varkappa))} - \sqrt{y}\sqrt{(x-(e_\lambda - e_\varkappa))(x-(e_\mu - e_\varkappa))}}{x-y}.$$

Diese Gleichung schreibt sich bei Einführung der in I, 383ff. erklärten doppeltperiodischen Funktionen zweiter Stufe $\psi_\varkappa(u)$, $\varphi_\varkappa(u)$ so:

$$\psi_\varkappa(u+v) = \pm\frac{\psi_\varkappa(u)\varphi_\varkappa(v) - \psi_\varkappa(v)\varphi_\varkappa(u)}{\psi_\varkappa(u)^2 - \psi_\varkappa(v)^2}.$$

Für $\lim u = 0$ folgt, da $\lim\limits_{u=0}\psi_\varkappa(u) = \infty$ ist:

$$\psi_\varkappa(v) = \mp\,\psi_\varkappa(v)\cdot\lim_{u=0}\left(\frac{\varphi_\varkappa(u)}{\psi_\varkappa(u)^2}\right).$$

Nach (4) und (9) in I, 384ff. ist aber der rechts stehende Limes gleich 1, so daß das untere Zeichen gilt: *Die Additionstheoreme für die drei Funktionen zweiter Stufe* $\psi_\varkappa(u) = \sqrt{\wp(u) - e_\varkappa}$ *lauten also:*

$$(3)\qquad \psi_\varkappa(u+v) = \frac{\varphi_\varkappa(u)\psi_\varkappa(v) - \psi_\varkappa(u)\varphi_\varkappa(v)}{\psi_\varkappa(u)^2 - \psi_\varkappa(v)^2},$$

wo $\varphi_\varkappa(u)$ *nach* I, 385 *erklärt werden kann durch:*

$$(4)\quad \varphi_\varkappa(u) = \psi_\lambda(u)\psi_\mu(u) = \sqrt{(\psi_\varkappa(u)^2 - (e_\lambda - e_\varkappa))(\psi_\varkappa(u)^2 - (e_\mu - e_\varkappa))}.$$

Von (3) aus kann man unmittelbar zu den Additionssätzen der Jacobischen Funktionen gelangen. Nach I, 389 gilt:

$$(5)\qquad \begin{cases} \psi_1\left(\dfrac{u}{\sqrt{e_2-e_1}}\right) = \dfrac{\sqrt{e_2-e_1}}{\operatorname{sn} u}, \\[2ex] \psi_2\left(\dfrac{u}{\sqrt{e_2-e_1}}\right) = \dfrac{\operatorname{cn} u\sqrt{e_2-e_1}}{\operatorname{sn} u}, \\[2ex] \psi_3\left(\dfrac{u}{\sqrt{e_2-e_1}}\right) = \dfrac{\operatorname{dn} u\sqrt{e_2-e_1}}{\operatorname{sn} u}, \end{cases}$$

so daß man mit Rücksicht auf (4) weiter findet:

$$(6)\qquad \begin{cases} \varphi_1\left(\dfrac{u}{\sqrt{e_2-e_1}}\right)=\dfrac{(e_2-e_1)\,\mathrm{cn}\,u\,\mathrm{dn}\,u}{\mathrm{sn}\,u^2}, \\ \varphi_2\left(\dfrac{u}{\sqrt{e_2-e_1}}\right)=\dfrac{(e_2-e_1)\,\mathrm{dn}\,u}{\mathrm{sn}\,u^2}, \\ \varphi_3\left(\dfrac{u}{\sqrt{e_2-e_1}}\right)=\dfrac{(e_2-e_1)\,\mathrm{cn}\,u}{\mathrm{sn}\,u^2}. \end{cases}$$

Die Gleichungen (3) führen damit zu dem Ergebnis: *Die Additionsformeln der Jacobischen Funktionen* sn, cn, dn *sind:*

$$(7)\qquad \begin{cases} \mathrm{sn}\,(u+v)=\dfrac{\mathrm{sn}\,u^2-\mathrm{sn}\,v^2}{\mathrm{sn}\,u\,\mathrm{cn}\,v\,\mathrm{dn}\,v-\mathrm{sn}\,v\,\mathrm{cn}\,u\,\mathrm{dn}\,u}, \\ \mathrm{cn}\,(u+v)=-\dfrac{\mathrm{dn}\,u\,\mathrm{sn}\,v\,\mathrm{cn}\,v-\mathrm{dn}\,v\,\mathrm{sn}\,u\,\mathrm{cn}\,u}{\mathrm{sn}\,u\,\mathrm{cn}\,v\,\mathrm{dn}\,v-\mathrm{sn}\,v\,\mathrm{cn}\,u\,\mathrm{dn}\,u}, \\ \mathrm{dn}\,(u+v)=-\dfrac{\mathrm{cn}\,u\,\mathrm{dn}\,v\,\mathrm{sn}\,v-\mathrm{cn}\,v\,\mathrm{dn}\,u\,\mathrm{sn}\,u}{\mathrm{sn}\,u\,\mathrm{cn}\,v\,\mathrm{dn}\,v-\mathrm{sn}\,v\,\mathrm{cn}\,u\,\mathrm{dn}\,u}. \end{cases}$$

Bei Aufstellung der zweiten und dritten Gleichung hat man von den bekannten Relationen Gebrauch zu machen:

$$(8)\qquad \mathrm{cn}^2=1-\mathrm{sn}^2,\qquad \mathrm{dn}^2=1-k^2\,\mathrm{sn}^2.$$

Gewöhnlich benutzt man eine andere Gestalt der Additionsformeln der Funktionen sn, cn, dn, die aus (7) durch eine einfache Umrechnung hervorgeht. Mit Hilfe von (8) beweist man leicht die Gleichung

$$(\mathrm{sn}\,u\,\mathrm{cn}\,v\,\mathrm{dn}\,v-\mathrm{sn}\,v\,\mathrm{cn}\,u\,\mathrm{dn}\,u)(\mathrm{sn}\,u\,\mathrm{cn}\,v\,\mathrm{dn}\,v+\mathrm{sn}\,v\,\mathrm{cn}\,u\,\mathrm{dn}\,u)$$
$$=(\mathrm{sn}\,u^2-\mathrm{sn}\,v^2)(1-k^2\,\mathrm{sn}\,u^2\,\mathrm{sn}\,v^2).$$

Erweitert man nun die Gleichungen (7) rechts mit dem Ausdrucke $(\mathrm{sn}\,u\,\mathrm{cn}\,v\,\mathrm{dn}\,v+\mathrm{sn}\,v\,\mathrm{cn}\,u\,\mathrm{dn}\,u)$, so lassen sich auch die Zähler mittelst der Relationen (8) derart umformen, daß sich aus allen drei Brüchen die Faktoren $(\mathrm{sn}\,u^2-\mathrm{sn}\,v^2)$ fortheben lassen. *Als neue Ausdrücke für die Additionsformeln der Jacobischen Funktionen* sn, cn, dn *gewinnt man so:*

$$(9)\qquad \begin{cases} \mathrm{sn}\,(u+v)=\dfrac{\mathrm{sn}\,u\,\mathrm{cn}\,v\,\mathrm{dn}\,v+\mathrm{sn}\,v\,\mathrm{cn}\,u\,\mathrm{dn}\,u}{1-k^2\,\mathrm{sn}\,u^2\,\mathrm{sn}\,v^2}, \\ \mathrm{cn}\,(u+v)=\dfrac{\mathrm{cn}\,u\,\mathrm{cn}\,v-\mathrm{sn}\,u\,\mathrm{sn}\,v\,\mathrm{dn}\,u\,\mathrm{dn}\,v}{1-k^2\,\mathrm{sn}\,u^2\,\mathrm{sn}\,v^2}, \\ \mathrm{dn}\,(u+v)=\dfrac{\mathrm{dn}\,u\,\mathrm{dn}\,v-k^2\,\mathrm{sn}\,u\,\mathrm{sn}\,v\,\mathrm{cn}\,u\,\mathrm{cn}\,v}{1-k^2\,\mathrm{sn}\,u^2\,\mathrm{sn}\,v^2}. \end{cases}$$

Für die in I, 472 unter (7) angegebene Ausartung der elliptischen Funktionen, die im Falle $k^2=0$ eintritt, gelangen wir hier zu den Additionssätzen der trigonometrischen Funktionen sin und cos zurück.

§ 4. Einführung einer Abelschen Gruppe G_{256}.

Nach I, 384 führen die Änderungen des Argumentes u der ursprünglichen Sigmafunktion um Periodenhälften zu den drei Sigmafunktionen

$\mathfrak{G}_i(u \mid \omega_1, \omega_2)$ der zweiten Stufe. Um allgemein das Verhalten der dreigliedrigen Relation (4) S. 158 bei solchen Änderungen festzustellen, erklären wir zunächst für die Argumente x_1, y_1, z_1, t_1 im ersten Gliede unserer Relation (4) S. 158 die symbolisch durch V zu bezeichnende Substitution:

$$(1)\qquad \left\{\begin{aligned} x_1' &= x_1 + \alpha_1' \frac{\omega_1}{2} + \alpha_1'' \frac{\omega_2}{2},\\ y_1' &= y_1 + \beta_1' \frac{\omega_1}{2} + \beta_1'' \frac{\omega_2}{2},\\ z_1' &= z_1 + \gamma_1' \frac{\omega_1}{2} + \gamma_1'' \frac{\omega_2}{2},\\ t_1' &= t_1 + \delta_1' \frac{\omega_1}{2} + \delta_1'' \frac{\omega_2}{2}, \end{aligned}\right.$$

und schreiben für diese Substitution auch abkürzend:

$$(2)\qquad V = \begin{pmatrix} \alpha_1', & \beta_1', & \gamma_1', & \delta_1' \\ \alpha_1'', & \beta_1'', & \gamma_1'', & \delta_1'' \end{pmatrix}.$$

Hierbei sollen die $\alpha_1', \alpha_1'', \ldots, \delta_1''$ irgendwelche acht ganze Zahlen sein, die nur der einen Bedingung zu unterliegen haben, daß die vermöge der in (6) und (7) S. 158 gegebenen Transformationen S und S^2 auf die Argumentreihen $x_2, y_2, \ldots$ und $x_3, y_3, \ldots$ umgerechnete Substitution V wieder Substitutionen $S \cdot V \cdot S^{-1}$ und $S^2 \cdot V \cdot S^{-2}$ der Gestalten:

$$(3)\qquad \left\{\begin{aligned} x_i' &= x_i + \alpha_i' \frac{\omega_1}{2} + \alpha_i'' \frac{\omega_2}{2},\\ y_i' &= y_i + \beta_i' \frac{\omega_1}{2} + \beta_i'' \frac{\omega_2}{2},\\ z_i' &= z_i + \gamma_i' \frac{\omega_1}{2} + \gamma_i'' \frac{\omega_2}{2},\\ t_i' &= t_i + \delta_i' \frac{\omega_1}{2} + \delta_i'' \frac{\omega_2}{2} \end{aligned}\right. \qquad i = 2, 3$$

mit *ganzzahligen* Koeffizienten $\alpha_2', \alpha_2'', \ldots, \delta_3''$ liefern. Nun berechnen sich aber die vier Koeffizienten $\alpha_i', \beta_i', \gamma_i', \delta_i'$ aus den $\alpha_1', \beta_1', \gamma_1', \delta_1'$ einfach durch die Substitution S bzw. S^2, und ebenso erhält man die $\alpha_i'', \beta_i'', \gamma_i'', \delta_i''$ aus den $\alpha_1'', \beta_1'', \gamma_1'', \delta_1''$. Für die Ganzzahligkeit der $\alpha_2', \alpha_2'', \ldots, \delta_3''$ ist demnach das Bestehen der beiden Kongruenzen:

$$(4)\qquad \alpha_1' + \beta_1' + \gamma_1' + \delta_1' \equiv 0, \quad \alpha_1'' + \beta_1'' + \gamma_1'' + \delta_1'' \equiv 0 \pmod{2}$$

notwendig und hinreichend.

Alle Substitutionen V mit ganzzahligen, die Kongruenzen (4) erfüllenden Koeffizienten bilden nun *eine kommutative oder Abelsche Gruppe* Γ. Der Abelsche Charakter dieser Gruppe ist eine Folge des Umstandes, daß sich bei Kombination zweier Substitutionen V entsprechende Koeffizienten addieren.

Soll die $\mathfrak{G}$-Relation (4) S. 158 durch ein einzelnes V in sich transformiert werden, so müssen sowohl die acht Koeffizienten von V, wie die sechzehn von $S \cdot V \cdot S^{-1}$ und $S^2 \cdot V \cdot S^{-2}$ durchweg gerade Zahlen sein. Aus den auf unsere Koeffizientensysteme umgeschriebenen Substitutionen (6) und (7) S. 158 geht hervor, daß für die Geradzahligkeit der Koeffizienten von V, $S \cdot V \cdot S^{-1}$, $S^2 \cdot V \cdot S^{-2}$ die Kongruenzen:

$$(5) \qquad \begin{cases} \alpha_1' \equiv \beta_1' \equiv \gamma_1' \equiv \delta_1' \equiv 0, & \alpha_1'' \equiv \beta_1'' \equiv \gamma_1'' \equiv \delta_1'' \equiv 0 \pmod 2, \\ \alpha_1' + \beta_1' + \gamma_1' + \delta_1' \equiv 0, & \alpha_1'' + \beta_1'' + \gamma_1'' + \delta_1'' \equiv 0 \pmod 4, \end{cases}$$

notwendig und hinreichend sind. Alle Substitutionen V, die die Kongruenzen (5) befriedigen, bilden *eine in Γ enthaltene ausgezeichnete Untergruppe.*[1])

Die gefundene Untergruppe nennen wir Γ' und zerlegen nach dem bei endlichen Gruppen angewandten Grundsatze die Gesamtgruppe Γ in eine symbolische Summe von „Nebengruppen" (vgl. S. 4):

$$6) \qquad \Gamma = \Gamma' + \Gamma' \cdot U_1 + \Gamma' \cdot U_2 + \cdots,$$

wo die U geeignet gewählte Substitutionen V sind. Aus dem additiven Gesetze, das für die Kombination unserer Substitutionen gilt, ist dann folgendes einleuchtend: In irgend zwei Substitutionen der einzelnen Nebengruppe sind je zwei entsprechende Koeffizienten mod 2 und je zwei entsprechende Koeffizientensummen $(\alpha + \beta + \gamma + \delta)$ mod 4 kongruent; für irgend zwei Substitutionen aus verschiedenen Nebengruppen bestehen diese Kongruenzen nicht zugleich. Die Anzahl der Nebengruppen bestimmt man demnach durch folgende Abzählung: Auf Grund von (4) ist von den vier Zahlen α', β', γ', δ' eine mod 2 durch die übrigen bestimmt, und dasselbe gilt von einer der Zahlen α'', β'', γ'', δ''. Man hat also $(2^3)^2 = 64$ inkongruente Klassen von Substitutionen mod 2. Jede dieser 64 Klassen zerlegt sich wieder in 4 Unterklassen, je nachdem von den Zahlen $(\alpha' + \beta' + \gamma' + \delta')$ und $(\alpha'' + \beta'' + \gamma'' + \delta'')$, die zufolge (4) gerade sind, beide durch 4 teilbar sind oder nur die erste oder nur die zweite oder endlich keine von beiden. Indem wir den Begriff des „Index" einer Untergruppe aufnehmen, (vgl. S. 4), hat sich ergeben: *Die durch die Kongruenzen* (5) *erklärte ausgezeichnete Untergruppe der Gruppe Γ hat den Index 256 und möge demnach Γ_{256} genannt werden.*

Nach den S. 9 ff. für ausgezeichnete Untergruppen entwickelten Sätzen fassen wir nun die 256 Nebengruppen (6) selbst als Elemente einer Gruppe und bezeichnen diese Elemente gleich wieder durch $U_0 = 1, U_1, U_2, \ldots, U_{255}$. *Die ausgezeichnete Untergruppe Γ_{256} liefert auf diese Weise eine Abelsche Gruppe G_{256} der endlichen Ordnung 256.*

Von den Untergruppen dieser G_{256} kommt diejenige zur Benutzung, deren Substitutionen den Kongruenzen:

$$(7) \qquad \alpha_1' \equiv \beta_1' \equiv \gamma_1' \equiv \delta_1', \quad \alpha_1'' \equiv \beta_1'' \equiv \gamma_1'' \equiv \delta_1'' \pmod 2$$

1) Es ist selbstverständlich, daß auch Abelsche Gruppen der Ordnung ∞ nur ausgezeichnete Untergruppen enthalten.

genügen. Unter den 64 mod 2 inkongruenten Klassen von Substitutionen befriedigen vier diese Kongruenzen; man hat nämlich die beiden Fälle $\alpha_1' \equiv \beta_1' \equiv \cdots \equiv 0$ oder $\equiv 1 \pmod 2$ mit den beiden Fällen $\alpha_1'' \equiv \beta_1'' \cdots \equiv 0$ oder $\equiv 1 \pmod 2$ zu kombinieren. Jede der vier Klassen zerfällt aber, wie wir sahen, in vier Unterklassen, so daß im ganzen 16 unter den 256 bezüglich der Γ_{256} inäquivalenten Klassen von Substitutionen die Kongruenzen (7) befriedigen. *Die den Bedingungen* (7) *genügenden Substitutionen der* G_{256} *bilden eine ausgezeichnete Untergruppe* G_{16} *der Ordnung 16 und des Index 16.* Dieser G_{16} entspricht innerhalb der Gruppe Γ eine ausgezeichnete Untergruppe Γ_{16} des Index 16.

Bevor wir etwas näher auf die G_{16} eingehen, stellen wir die Wirkung der Transformation unserer Gruppen Γ, Γ_{16}, Γ_{256} durch die Substitution S fest. Daß die Substitution $S \cdot V \cdot S^{-1}$ wieder ganzzahlige Koeffizienten α_2', β_2', ..., δ_2'' hat, wurde bereits oben (S. 167) ausgesprochen. Da sich jede der beiden Reihen $\alpha_2, \beta_2, \gamma_2, \delta_2$ aus der entsprechenden Reihe $\alpha_1, \beta_1, \gamma_1, \delta_1$ durch die Substitution S selbst berechnet, so ist für beide Reihen:

$$\alpha_2 + \beta_2 + \gamma_2 + \delta_2 = \alpha_1 - \beta_1 - \gamma_1 - \delta_1, \tag{8}$$

wie aus (6) S. 158 folgt. Also erfüllt auch $S \cdot V \cdot S^{-1}$ wieder die Kongruenzen (4), so daß $S \cdot \Gamma \cdot S^{-1}$ wieder die Gruppe Γ ist (natürlich für die Variablen x_2, y_2, z_2, t_2 geschrieben). Da die Substitution S orthogonal ist, so gilt nach S. 159 für jede der beiden Reihen $\alpha_2', \ldots$ und $\alpha_2'' \ldots$:

$$\alpha_2^2 + \beta_2^2 + \gamma_2^2 + \delta_2^2 = \alpha_1^2 + \beta_1^2 + \gamma_1^2 + \delta_1^2.$$

Bestehen also insbesondere die Kongruenzen (7), so folgt:

$$\alpha_2^2 + \beta_2^2 + \gamma_2^2 + \delta_2^2 \equiv 0 \pmod 4.$$

Da das Quadrat einer ganzen Zahl mod 4 mit 0 oder 1 kongruent ist, je nachdem die Zahl gerade oder ungerade ist, so folgt aus der vorstehenden Kongruenz, daß die Zahlen $\alpha_2, \beta_2, \gamma_2, \delta_2$ der einzelnen der beiden Reihen mod 2 einander kongruent sind. Somit ist $S \cdot \Gamma_{16} \cdot S^{-1}$ wieder die Gruppe Γ_{16} selbst. Gelten endlich die Kongruenzen (5), so erweist sich (wegen der ersten Gleichung (6) S. 158) jede der Zahlen α_2', α_2'' als gerade, und also sind nach der eben beendeten Überlegung alle acht Zahlen $\alpha_2, \beta_2, \gamma_2, \delta_2$ beider Reihen gerade. Dann aber folgt aus (8) und (5) weiter:

$$\alpha_2 + \beta_2 + \gamma_2 + \delta_2 \equiv \alpha_1 + \beta_1 + \gamma_1 + \delta_1 \equiv 0 \pmod 4,$$

so daß auch $S \cdot V \cdot S^{-1}$ die Kongruenzen (5) befriedigt. Es hat sich also gezeigt, *daß jede der drei Gruppen* Γ, Γ_{16} *und* Γ_{256} *durch* S *und also auch durch* S^2 *in sich transformiert wird.*

Wir bauen nun zunächst die G_{16} in folgender Weise auf: Ein einzelnes Zahlquadrupel $(\alpha, \beta, \gamma, \delta)$ geht durch die Substitutionen $1, S, S^2$

in drei zusammengehörige Quadrupel über. Für $(\alpha, \beta, \gamma, \delta) = (0, 0, 0, 0)$ sind diese drei Quadrupel einander gleich. Setzen wir weiter $(\alpha, \beta, \gamma, \delta) = (2, 0, 0, 0)$, so erhalten wir die drei Quadrupel:

$$(9) \qquad (2, 0, 0, 0), \quad (-1, 1, 1, 1), \quad (-1, -1, -1, -1).$$

Wir fügen zu diesen drei Quadrupeln noch $(0, 0, 0, 0)$ hinzu und kombinieren die vier Quadrupel zu den sechzehn Paaren $\begin{pmatrix}\alpha', \beta', \gamma', \delta' \\ \alpha'', \beta'', \gamma'', \delta''\end{pmatrix}$. Diese sechzehn Paare können wir als die Substitutionen der G_{16} verwerten. Unter ihnen haben wir zunächst die identische Substitution $\begin{pmatrix}0, 0, 0, 0 \\ 0, 0, 0, 0\end{pmatrix}$. Die 15 übrigen ordnen sich in fünf Systeme zu je dreien, wobei die Substitutionen des einzelnen Tripels durch S zyklisch permutiert werden. Bei dreien unter diesen Tripeln, *neun* Substitutionen liefernd, besteht jedesmal eine der Substitutionen nur aus geraden Zahlen; ein Beispiel ist

$$(10) \qquad \begin{pmatrix}2, 0, 0, 0 \\ 0, 0, 0, 0\end{pmatrix}, \quad \begin{pmatrix}-1, 1, 1, 1 \\ 0, 0, 0, 0\end{pmatrix}, \quad \begin{pmatrix}-1, -1, -1, -1 \\ 0, \quad 0, \quad 0, \quad 0\end{pmatrix}.$$

Bei den beiden übrigen Tripeln, die noch *sechs* Substitutionen ergeben, ist keine der Substitutionen aus durchweg geraden Zahlen zusammengesetzt; ein Beispiel hierfür ist das Tripel:

$$(11) \quad \begin{pmatrix}2, 0, 0, 0 \\ -1, 1, 1, 1\end{pmatrix}, \quad \begin{pmatrix}-1, \quad 1, \quad 1, \quad 1 \\ -1, -1, -1, -1\end{pmatrix}, \quad \begin{pmatrix}-1, -1, -1, -1 \\ 2, \quad 0, \quad 0, \quad 0\end{pmatrix}.$$

Man zerlege nun die G_{256} entsprechend ihrer ausgezeichneten Untergruppe G_{16} in die sechzehn Nebengruppen:

$$(12) \qquad G_{256} = G_{16} + G_{16} \cdot T_1 + G_{16} \cdot T_2 + \cdots + G_{16} \cdot T_{15}.$$

Es sind dann endlich auch noch die sechzehn hierbei zu benutzenden Substitutionen $T_0 = 1, T_1, T_2, \ldots, T_{15}$ zweckmäßig zu wählen. Es gehören aber zwei Substitutionen

$$\begin{pmatrix}\alpha', \beta', \gamma', \delta' \\ \alpha'', \beta'', \gamma'', \delta''\end{pmatrix}, \quad \begin{pmatrix}\bar\alpha', \bar\beta', \bar\gamma', \bar\delta' \\ \bar\alpha'', \bar\beta'', \bar\gamma'', \bar\delta''\end{pmatrix}$$

stets und nur dann der gleichen Nebengruppe $G_{16} \cdot T_k$ an, wenn die Kongruenzen gelten:

$$\left.\begin{aligned}\bar\alpha' - \alpha' &\equiv \bar\beta' - \beta' \equiv \bar\gamma' - \gamma' \equiv \bar\delta' - \delta' \\ \bar\alpha'' - \alpha'' &\equiv \bar\beta'' - \beta'' \equiv \gamma'' - \bar\gamma'' \equiv \bar\delta'' - \delta''\end{aligned}\right\} \pmod 2.$$

Neben $T_0 = 1$ treffen wir nun für die weiter folgenden *neun* Substitutionen $T_1, T_2, \ldots, T_9$ die Wahlen:

$$
(13)\quad \begin{cases} T_1 = \begin{pmatrix} 0, 0, 1, 1 \\ 0, 0, 0, 0 \end{pmatrix}, & T_2 = \begin{pmatrix} 0, 0, 0, 0 \\ 0, 0, 1, 1 \end{pmatrix}, & T_3 = \begin{pmatrix} 0, 0, 1, 1 \\ 0, 0, 1, 1 \end{pmatrix}, \\ T_4 = \begin{pmatrix} 0, 1, 0, 1 \\ 0, 0, 0, 0 \end{pmatrix}, & T_5 = \begin{pmatrix} 0, 0, 0, 0 \\ 0, 1, 0, 1 \end{pmatrix}, & T_6 = \begin{pmatrix} 0, 1, 0, 1 \\ 0, 1, 0, 1 \end{pmatrix}, \\ T_7 = \begin{pmatrix} 0, 1, 1, 0 \\ 0, 0, 0, 0 \end{pmatrix}, & T_8 = \begin{pmatrix} 0, 0, 0, 0 \\ 0, 1, 1, 0 \end{pmatrix}, & T_9 = \begin{pmatrix} 0, 1, 1, 0 \\ 0, 1, 1, 0 \end{pmatrix}, \end{cases}
$$

während wir den Rest der *sechs* Substitutionen $T_{10}, \ldots$ so bestimmen:

$$
(14)\quad \begin{cases} T_{10} = \begin{pmatrix} 0, 0, 1, 1 \\ 0, 1, 0, 1 \end{pmatrix}, & T_{11} = \begin{pmatrix} 0, 1, 0, 1 \\ 0, 0, 1, 1 \end{pmatrix}, & T_{12} = \begin{pmatrix} 0, 1, 1, 0 \\ 0, 0, 1, 1 \end{pmatrix}, \\ T_{13} = \begin{pmatrix} 0, 0, 1, 1 \\ 0, 1, 1, 0 \end{pmatrix}, & T_{14} = \begin{pmatrix} 0, 1, 0, 1 \\ 0, 1, 1, 0 \end{pmatrix}, & T_{15} = \begin{pmatrix} 0, 1, 1, 0 \\ 0, 1, 0, 1 \end{pmatrix}. \end{cases}
$$

Man wolle mittelst der elementaren Durchrechnung feststellen, daß keine zwei der sechzehn Substitutionen $T_0, T_1, \ldots, T_{15}$ der gleichen Nebengruppe (12) angehören. Damit ist dann bewiesen, daß man diese Substitutionen zum Zwecke der Zerlegung (12) in der Tat gebrauchen kann.

§ 5. Die 256 dreigliedrigen Sigmarelationen.[1]

Mittelst der Relation (8) in I, 209 stellt man die Wirkung einer Substitution V der Untergruppe Γ_{256} auf die Relation (4) S. 158 fest. Das erste Glied der Relation erfährt die Substitution V, während auf die Argumente $x_2, \ldots$ und $x_3, \ldots$ der beiden anderen Glieder die Substitutionen $S \cdot V \cdot S^{-1}$ und $S^2 \cdot V \cdot S^{-2}$ auszuüben sind. Alle Sigmafunktionen gehen bis auf Exponentialfaktoren in sich über. Der bei der ersten Funktion $\mathfrak{S}(x_1)$ auftretende Faktor aber ist:

$$
e^{\pi i\left(\frac{\alpha_1'\alpha_1''}{4} + \frac{\alpha_1' + \alpha_1''}{2}\right) + \frac{\alpha_1'\eta_1 + \alpha_1''\eta_2}{2}\left(x_1 + \frac{\alpha_1'\omega_1 + \alpha_1''\omega_2}{4}\right)},
$$

und man findet, daß das erste Glied unserer Sigmarelation in sich, multipliziert mit der Exponentialfunktion von:

$$
\frac{\pi i}{4}(\alpha_1'\alpha_1'' + \beta_1'\beta_1'' + \gamma_1'\gamma_1'' + \delta_1'\delta_1'') + \frac{1}{2}\left((\alpha_1'\eta_1 + \alpha_1''\eta_2)x_1 + \cdots + (\delta_1'\eta_1 + \delta_1''\eta_2)t_1\right)
$$
$$
+ \frac{1}{8}\left((\alpha_1'\eta_1 + \alpha_1''\eta_2)(\alpha_1'\omega_1 + \alpha_1''\omega_2) + \cdots + (\delta_1'\eta_1 + \delta_1''\eta_2)(\delta_1'\omega_1 + \delta_1''\omega_2)\right),
$$

übergeht. Die beiden anderen Glieder verhalten sich entsprechend; die bei ihnen auftretenden Exponentialfaktoren gehen aus dem eben angegebenen

1) Über das Auftreten solcher Relationen in Gestalt von Thetarelationen und über zahlreiche sie betreffende Untersuchungen vgl. man die sachlichen und geschichtlichen Darlegungen bei „Enneper-Müller“, S. 135ff. In erschöpfender Weise behandelt den Gegenstand E. Study in der Arbeit „Sphärische Trigonometrie, orthogonale Substitutionen und elliptische Funktionen“, Leipz. Abhandl. Bd. 20 (1893).

hervor, indem man die Indizes 1 bei den Koeffizienten $\alpha, \beta, \ldots$ und den Variablen $x, y, \ldots$ durch 2 bzw. 3 ersetzt. Nun ist es die Wirkung der ‚orthogonalen“ Substitution S, daß bei diesem Ersatze die Ausdrücke:

$$\alpha_1 \alpha_1'' + \beta_1' \beta_1'' + \gamma_1' \gamma_1'' + \delta_1' \delta_1'', \quad \alpha_1' x_1 + \cdots + \delta_1' t_1, \ldots, \alpha_1''^2 + \cdots + \delta_1''^2$$

unverändert bleiben. Die Faktoren der drei Glieder sind demnach einander gleich und können aus der transformierten Gleichung fortgehoben werden: *Die dreigliedrige Sigmarelation* (4) S. 158 *wird durch die Substitutionen V der Untergruppe Γ_{256} in sich transformiert und nimmt demnach gegenüber den Substitutionen V der Gesamtgruppe höchstens 256 verschiedene Gestalten an.*

Die Gewinnung dieser Relationen ist nur noch eine etwas umständliche Rechenarbeit, die hier nicht in allen Einzelheiten dargestellt werden kann. Man wird zunächst die sechzehn Substitutionen der G_{16} zur Ausübung bringen und die entstehenden sechzehn Relationen sodann vermittelst der sechzehn Substitutionen $T_0, T_1, \ldots, T_{15}$ umformen. Es ist zweckmäßig, neben ω_1, ω_2 auch noch als dritte Periode $\omega_3 = -\omega_1 - \omega_2$ einzuführen und η_3 als entsprechende Periode des Integrals zweiter Gattung zu benutzen. Bei den Rechnungen ist wiederholt die Legendresche Relation (6) aus I, 160 zu benutzen. Im übrigen gründen sich die Rechnungen auf das Verhalten der ursprünglichen σ-Funktion und der drei Funktionen $\sigma_1(u), \sigma_2(u), \sigma_3(u)$ zweiter Stufe bei Änderung der Argumente um Perioden oder um Periodenhälften. Wir notieren zunächst aus I, 384:

$$(1) \quad \begin{cases} \sigma(u \pm \omega_\varkappa) = -e^{\pm \eta_\varkappa u + \frac{1}{2}\eta_\varkappa \omega_\varkappa}\, \sigma(u), \\ \sigma_\varkappa(u \pm \omega_\varkappa) = -e^{\pm \eta_\varkappa u + \frac{1}{2}\eta_\varkappa \omega_\varkappa}\, \sigma_\varkappa(u), \\ \sigma_\varkappa(u \pm \omega_\lambda) = +e^{\pm \eta_\lambda u + \frac{1}{2}\eta_\lambda \omega_\lambda}\, \sigma_\varkappa(u), \end{cases}$$

wo $\varkappa, \lambda$ zwei verschiedene der drei Indizes 1, 2, 3 sind. Weiter folgt aus der Erklärung der $\sigma_\varkappa(u)$ in I, 384 und den übrigen daselbst entwickelten Formeln:

$$(2) \quad \begin{cases} \sigma\left(u \pm \frac{\omega_\varkappa}{2}\right) = \pm e^{\pm \frac{1}{2}\eta_\varkappa u}\, \sigma\left(\frac{\omega_\varkappa}{2}\right) \sigma_\varkappa(u), \\ \sigma_\varkappa\left(u \pm \frac{\omega_\varkappa}{2}\right) = \mp e^{\pm \frac{1}{2}\eta_\varkappa u + \frac{1}{4}\eta_\varkappa \omega_\varkappa} \cdot \dfrac{1}{\sigma\left(\frac{\omega_\varkappa}{2}\right)} \cdot \sigma(u), \\ \sigma_\varkappa\left(u \pm \frac{\omega_\lambda}{2}\right) = -e^{\pm \frac{1}{2}\eta_\lambda u - \frac{1}{4}\eta_\varkappa \omega_\lambda} \cdot \dfrac{\sigma\left(\frac{\omega_\mu}{2}\right)}{\sigma\left(\frac{\omega_\varkappa}{2}\right)} \cdot \sigma_\mu(u), \end{cases}$$

wo $\varkappa, \lambda, \mu$ die Indizes 1, 2, 3 in irgendeiner Anordnung sind. Die Werte der Sigmafunktion für die Periodenhälften können nach I, 416ff. durch die daselbst unter (12) eindeutig erklärten vierten Wurzeln aus den Differenzen der e_1, e_2, e_3 so dargestellt werden:

$$(3)\quad \begin{cases} e^{-\frac{\eta_1 \omega_1}{8}} \sigma\left(\frac{\omega_1}{2}\right) = \dfrac{i}{\sqrt[4]{e_3 - e_1} \cdot \sqrt[4]{e_2 - e_1}}, \\ e^{-\frac{\eta_2 \omega_2}{8}} \sigma\left(\frac{\omega_2}{2}\right) = \dfrac{2}{\sqrt[4]{e_2 - e_1} \cdot \sqrt[4]{e_2 - e_3}}, \\ e^{-\frac{\eta_3 \omega_3}{8}} \sigma\left(\frac{\omega_3}{2}\right) = -\dfrac{\frac{1+i}{\sqrt{2}}}{\sqrt[4]{e_2 - e_3} \cdot \sqrt[4]{e_3 - e_1}}. \end{cases}$$

Die 15 von der identischen Substitution verschiedenen Substitutionen der G_{16} zerlegten wir in zwei Systeme zu neun bzw. sechs Substitutionen. Um ein Beispiel für die Wirkung der ersten neun Substitutionen auszuführen, so üben wir auf die drei Glieder der Relation (4) S. 158 gleichzeitig die drei Substitutionen (10) S. 170 aus. Im ersten Gliede bleiben die ursprünglichen σ-Funktionen bestehen, im zweiten und dritten Gliede findet sich überall die Funktion σ_1 ein. Entsprechend ist es überhaupt der Charakter der neun sich ergebenden neuen Relationen, daß immer in einem der drei Glieder die ursprünglichen σ verbleiben, während übrigens entweder nur σ_1 oder nur σ_2 oder endlich nur σ_3 auftritt. Als ein Beispiel für die sechs noch fehlenden Substitutionen der G_{16} üben wir auf die drei liederG der Relation (4) S. 158 gleichzeitig die drei Substitutionen (11) S. 170 aus. Dabei treten im ersten Gliede nur Faktoren σ_2, im zweiten nur σ_3 und im dritten nur σ_1 auf. Entsprechend erscheinen wieder die übrigen fünf Relationen gebaut.

Etwaige gemeinsame Exponentialfaktoren in den drei Gliedern einer transformierten Relation wird man fortheben. Auch hat man sich bei den Umrechnungen neben der Legendreschen Relation zur Vereinfachung der drei Gleichungen (3) zu bedienen. Die Rechnungen führen zu einem sehr übersichtlichen Ergebnisse, falls man sich folgender Abkürzungen bedient:

$$(4)\quad \begin{cases} \xi^{(i)} = \sigma(x_i)\,\sigma(y_i)\,\sigma(z_i)\,\sigma(t_i), \\ \xi_\varkappa^{(i)} = -\dfrac{\sigma(x_i)\,\sigma_\varkappa(y_i)\,\sigma_\varkappa(z_i)\,\sigma_\varkappa(t_i)}{(e_\varkappa - e_\lambda)(e_\varkappa - e_\mu)}. \end{cases}$$

Die der G_{16} entsprechenden sechzehn dreigliedrigen Sigmarelationen setzen sich dann zusammen erstens aus der ursprünglichen Relation:

$$(5)\qquad \xi^{(1)} + \xi^{(2)} + \xi^{(3)} = 0,$$

sodann den neun Relationen:

$$(6)\quad \xi^{(1)} - \xi_\varkappa^{(2)} + \xi_\varkappa^{(3)} = 0, \quad \xi_\varkappa^{(1)} + \xi^{(2)} - \xi_\varkappa^{(3)} = 0, \quad -\xi_\varkappa^{(1)} + \xi_\varkappa^{(2)} + \xi^{(3)} = 0,$$

wo $\varkappa = 1, 2, 3$ zu nehmen ist, drittens aus den sechs Relationen:

$$7)\qquad \xi^{(1)} + \xi_\lambda^{(2)} + \xi_\mu^{(3)} = 0,$$

wo $\varkappa$, λ, μ die sechs Anordnungen der drei Indizes 1, 2, 3 *zu durchlaufen haben.*

Auf die gewonnenen sechzehn Relationen sind nun weiter die neun Transformationen (13) S. 171 sowie die sechs Transformationen (14) S. 171 auszuüben. Aus der Bauart dieser Substitutionen ersieht man dann wieder leicht, welche Sigmafunktionen in den transformierten Relationen auftreten. Die Ergebnisse kleiden sich nach längeren Zwischenrechnungen wieder in eine sehr übersichtliche Gestalt. Wir erklären im Anschluß an (4) drei Systeme von je vier Größen η durch:

$$(8)\quad \begin{cases} \eta^{(i)} = + \sigma(x_i)\sigma(y_i)\sigma_k(z_i)\sigma_k(t_i), \\ \eta_1^{(i)} = - \sigma_k(x_i)\sigma_k(y_i)\sigma(z_i)\sigma(t_i), \\ \eta_2^{(i)} = - \dfrac{\sigma_{k+1}(x_i)\sigma_{k+1}(y_i)\sigma_{k+2}(z_i)\sigma_{k+2}(t_i)}{e_{k+1}-e_{k+2}}, \\ \eta_3^{(i)} = + \dfrac{\sigma_{k+2}(x_i)\sigma_{k+2}(y_i)\sigma_{k+1}(z_i)\sigma_{k+1}(t_i)}{e_{k+1}-e_{k+2}}, \end{cases}$$

wo k die Indizes 1, 2, 3 durchläuft und die unteren Indizes bei den σ und e nötigenfalls mod 3 zu reduzieren sind. Sechs weitere Systeme von je vier Größen η erklären wir durch:

$$(9)\quad \begin{cases} \eta^{(i)} = + \sigma(x_i)\sigma_k(y_i)\sigma(z_i)\sigma_k(t_i), \\ \eta_1^{(i)} = - \sigma_k(x_i)\sigma(y_i)\sigma_k(z_i)\sigma(t_i), \\ \eta_2^{(i)} = - \dfrac{\sigma_{k+1}(x_i)\sigma_{k+2}(y_i)\sigma_{k+1}(z_i)\sigma_{k+2}(t_i)}{e_{k+1}-e_{k+2}}, \\ \eta_1^{(i)} = + \dfrac{\sigma_{k+2}(x_i)\sigma_{k+1}(y_i)\sigma_{k+2}(z_i)\sigma_{k+1}(t_i)}{e_{k+1}-e_{k+2}} \end{cases}$$

und durch:

$$(10)\quad \begin{cases} \eta^{(i)} = + \sigma(x_i)\sigma_k(y_i)\sigma_k(z_i)\sigma(t_i), \\ \eta_1^{(i)} = - \sigma_k(x_i)\sigma(y_i)\sigma(z_i)\sigma_k(t_i), \\ \eta_2^{(i)} = - \dfrac{\sigma_{k+1}(x_i)\sigma_{k+2}(y_i)\sigma_{k+2}(z_i)\sigma_{k+1}(t_i)}{e_{k+1}-e_{k+2}}, \\ \eta_3^{(i)} = + \dfrac{\sigma_{k+2}(x_i)\sigma_{k+1}(y_i)\sigma_{k+1}(z_i)\sigma_{k+2}(t_i)}{e_{k+1}-e_{k+2}}. \end{cases}$$

An die 16 Relationen (5) ff. *reihen sich dann den neun Substitutionen* (13) S. 171 *entsprechend die weiteren 9 · 16 Relationen:*

$$(11)\qquad \eta^{(1)} + \eta^{(2)} + \eta^{(3)} = 0,$$

$$(12)\quad \eta^{(1)} - \eta_\varkappa^{(2)} + \eta_\varkappa^{(3)} = 0,\ \eta_\varkappa^{(1)} + \eta^{(2)} - \eta_\varkappa^{(3)} = 0,\ -\eta_\varkappa^{(1)} + \eta_\varkappa^{(2)} + \eta^{(3)} = 0,$$

$$(13)\qquad \eta_\varkappa^{(1)} + \eta_\lambda^{(2)} + \eta_\mu^{(3)} = 0,$$

die sich auf die neun erklärten Größensysteme η, η_1, η_2, η_3 beziehen.

Endlich sind noch die sechs Substitutionen (14) S. 171 auf die sechzehn Relationen (5)ff. auszuüben. Das Charakteristische ist nun, daß wir zu dreigliedrigen Relationen geführt werden, bei denen im einzelnen Gliede als Faktoren die ursprüngliche Sigmafunktion und die drei Funktionen zweiter Stufe zugleich auftreten. Wir erklären sechs Systeme zu je vier Größen ζ durch:

$$(14)\qquad \begin{cases} \zeta^{(i)} = \sigma(x_i)\,\sigma_k(y_i)\,\sigma_l(z_i)\,\sigma_m(t_i), \\ \zeta_1^{(i)} = \sigma_k(x_i)\,\sigma(y_i)\,\sigma_m(z_i)\,\sigma_l(t_i), \\ \zeta_2^{(i)} = \sigma_l(x_i)\,\sigma_m(y_i)\,\sigma(z_i)\,\sigma_k(t_i), \\ \zeta_3^{(i)} = \sigma_m(x_i)\,\sigma_l(y_i)\,\sigma_k(z_i)\,\sigma(t_i), \end{cases}$$

wo auch die Indizes k, l, m alle sechs Anordnungen von $1, 2, 3$ durchlaufen sollen. *Die noch fehlenden 6 · 16 Relationen haben dann wieder die Gestalt:*

$$(15)\qquad \zeta^{(1)} + \zeta^{(2)} + \zeta^{(3)} = 0,$$

$$(16)\qquad \zeta^{(1)} - \zeta_\varkappa^{(2)} + \zeta_\varkappa^{(3)} = 0,\quad \zeta_\varkappa^{(1)} + \zeta^{(2)} - \zeta_\varkappa^{(3)} = 0,\quad -\zeta_\varkappa^{(1)} + \zeta_\varkappa^{(2)} + \zeta^{(3)} = 0,$$

$$(17)\qquad \zeta_\varkappa^{(1)} + \zeta_\lambda^{(2)} + \zeta_\mu^{(3)} = 0.$$

Jede der 256 Relationen kann auch unabhängig von den übrigen durch eine funktionentheoretische Überlegung gewonnen werden, die uns oben zur ursprünglichen Relation (4) S. 158 führte. Übrigens sind die Relationen natürlich in mannigfachster Art voneinander abhängig. Sehr einfach gestaltet sich diese Abhängigkeit für je sechzehn zusammengehörige Relationen, wie im Falle der Relationen (5), (6) und (7) ausgeführt werden möge. Den ursprünglichen *vier* unabhängigen Variablen u, u_1, u_2, u_3 entsprechend wählen wir etwa die vier Größen $\xi^{(1)}, \xi_1^{(1)}, \xi_2^{(1)}, \xi_3^{(1)}$ als unabhängig. Die Auflösung der Relationen (5) ff. nach den $\xi^{(2)}, \xi_1^{(2)}, \ldots$ ergibt:

$$(18)\qquad \begin{cases} \xi^{(2)} = -\frac{1}{2}\xi^{(1)} - \frac{1}{2}\xi_1^{(1)} - \frac{1}{2}\xi_2^{(1)} - \frac{1}{2}\xi_3^{(1)}, \\ \xi_1^{(2)} = +\frac{1}{2}\xi^{(1)} + \frac{1}{2}\xi_1^{(1)} - \frac{1}{2}\xi_2^{(1)} - \frac{1}{2}\xi_3^{(1)}, \\ \xi_2^{(2)} = +\frac{1}{2}\xi^{(1)} - \frac{1}{2}\xi_1^{(1)} + \frac{1}{2}\xi_2^{(1)} - \frac{1}{2}\xi_3^{(1)}, \\ \xi_3^{(2)} = +\frac{1}{2}\xi^{(1)} - \frac{1}{2}\xi_1^{(1)} - \frac{1}{2}\xi_2^{(1)} + \frac{1}{2}\xi_3^{(1)}, \end{cases}$$

während wir für die $\xi^{(3)}, \xi_1^{(3)}, \ldots$ zu den Ausdrücken gelangen:

$$(19)\qquad \begin{cases} \xi^{(3)} = -\frac{1}{2}\xi^{(1)} + \frac{1}{2}\xi_1^{(1)} + \frac{1}{2}\xi_2^{(1)} + \frac{1}{2}\xi_3^{(1)}, \\ \xi_1^{(3)} = -\frac{1}{2}\xi^{(1)} + \frac{1}{2}\xi_1^{(1)} - \frac{1}{2}\xi_2^{(1)} - \frac{1}{2}\xi_3^{(1)}, \\ \xi_2^{(3)} = -\frac{1}{2}\xi^{(1)} - \frac{1}{2}\xi_1^{(1)} + \frac{1}{2}\xi_2^{(1)} - \frac{1}{2}\xi_3^{(1)}, \\ \xi_3^{(3)} = -\frac{1}{2}\xi^{(1)} - \frac{1}{2}\xi_1^{(1)} - \frac{1}{2}\xi_2^{(1)} + \frac{1}{2}\xi_3^{(1)}. \end{cases}$$

Aus diesen acht unabhängigen Relationen, die uns übrigens, wie man sieht, zu unseren beiden orthogonalen Substitutionen S und S^2 zurückgeführt haben, sind dann die sechzehn Relationen (5) ff. einfache Folgen.

§ 6. Die Additionstheoreme der Jacobischen Funktionen.

Nach I, 416 ff. ist die Beziehung zwischen den Sigmafunktionen und den vier Jacobischen ϑ-Funktionen die folgende:

$$\sigma(u)=\sqrt{\frac{2\pi}{\omega_2}}\frac{1}{\sqrt[8]{\Delta}}e^{\frac{\eta_2 u^2}{2\omega_2}}\vartheta_1(v),$$

$$\sigma_1(u)=\sqrt{\frac{\pi}{\omega_2}}\frac{1}{\sqrt[4]{e_2-e_3}}e^{\frac{\eta_2 u^2}{2\omega_2}}\vartheta_0(v),$$

$$\sigma_2(u)=\sqrt{\frac{\pi}{\omega_2}}\frac{1}{\sqrt[4]{e_3-e_1}}e^{\frac{\eta_2 u^2}{2\omega_2}}\vartheta_2(v),$$

$$\sigma_3(u)=\sqrt{\frac{\pi}{\omega_2}}\frac{1}{\sqrt[4]{e_2-e_1}}e^{\frac{\eta_2 u^2}{2\omega_2}}\vartheta_3(v),$$

wo $u=v\omega_2$ gilt und die rechts auftretenden Wurzeln durch die Relation verbunden sind:

$$\sqrt{\frac{\omega_2}{\pi}}\sqrt[4]{e_2-e_3}\cdot\sqrt[4]{e_3-e_1}\cdot\sqrt[4]{e_2-e_1}=\sqrt{\frac{\omega_2}{2\pi}}\sqrt[8]{\Delta}.$$

Rechnet man nun die einzelne dreigliedrige Sigmarelation auf ihren Ausdruck in den ϑ-Funktionen um, so erweisen sich die in den drei Gliedern auftretenden Exponentialfaktoren auf Grund der Eigenschaft der S und S^2 als „orthogonaler" Substitutionen als gleich. Diese Faktoren und ebenso die von den Wurzeln $\sqrt{\frac{\pi}{\omega_2}}$ herrührenden gemeinsamen Faktoren der drei Glieder können demnach fortgehoben werden. Die Rechnungen führen zu folgendem Ergebnis: *In den 256 für die ξ, η, ζ aufgestellten Relationen kann man diesen Größen auch folgende Bedeutungen unterlegen:*

$$\begin{aligned}
\xi^{(i)}&=+\ \vartheta_1(x_i)\ \vartheta_1(y_i)\ \vartheta_1(z_i)\ \vartheta_1(t_i),\\
\xi_1^{(i)}&=-\ \vartheta_0(x_i)\ \vartheta_0(y_i)\ \vartheta_0(z_i)\ \vartheta_0(t_i),\\
\xi_2^{(i)}&=-\ \vartheta_2(x_i)\ \vartheta_2(y_i)\ \vartheta_2(z_i)\ \vartheta_2(t_i),\\
\xi_3^{(i)}&=+\ \vartheta_3(x_i)\ \vartheta_3(y_i)\ \vartheta_3(z_i)\ \vartheta_3(t_i),\\
\eta^{(i)}&=+\ \vartheta_1(x_i)\ \vartheta_1(y_i)\ \vartheta_k(z_i)\ \vartheta_k(t_i),\\
\eta_1^{(i)}&=-\ \vartheta_k(x_i)\ \vartheta_k(y_i)\ \vartheta_1(z_i)\ \vartheta_1(t_i),\\
\eta_2^{(i)}&=-\ \vartheta_l(x_i)\ \vartheta_l(y_i)\ \vartheta_m(z_i)\ \vartheta_m(t_i),\\
\eta_3^{(i)}&=+\ \vartheta_m(x_i)\ \vartheta_m(y_i)\ \vartheta_l(z_i)\ \vartheta_l(t_i),\\
\zeta^{(i)}&=\ \vartheta_1(x_i)\ \vartheta_k(y_i)\ \vartheta_l(z_i)\ \vartheta_m(t_i),\\
\zeta_1^{(i)}&=\ \vartheta_k(x_i)\ \vartheta_1(y_i)\ \vartheta_m(z_i)\ \vartheta_l(t_i),\\
\zeta_2^{(i)}&=\ \vartheta_l(x_i)\ \vartheta_m(y_i)\ \vartheta_1(z_i)\ \vartheta_k(t_i),\\
\zeta_3^{(i)}&=\ \vartheta_m(x_i)\ \vartheta_l(y_i)\ \vartheta_k(z_i)\ \vartheta_1(t_i).
\end{aligned}$$

Hierbei ist noch folgendes zu bemerken: In den vier Formeln für die η hat man die Indizes k, l, m zuerst gleich $0, 2, 3$, sodann gleich $2, 3, 0$, endlich gleich $3, 0, 2$ zu nehmen. Neben jedes der drei so zu gewinnenden Systeme der η treten dann noch zwei weitere, die man aus ihnen einfach durch zyklische Permutation der Argumente y, z, t ableiten kann.

Auf diese Weise entstehen, wie es sein muß, die *neun* Systeme der η. In den Formeln für die ζ hat man für k, l, m der Reihe nach die sechs Anordnungen der Indizes $0, 2, 3$ einzutragen, womit wir die sechs Systeme der ζ gewinnen. Die drei Systeme der x_i, y_i, z_i, t_i hängen wieder durch die Relationen (6) und (7) S. 158 zusammen.

Der Ansatz der ϑ-Relationen führt uns in das Gebiet der Untersuchungen, welche Jacobi in seiner Vorlesung „Theorie der elliptischen Funktionen aus den Eigenschaften der Thetareihen abgeleitet"[1]) zur Grundlage gewählt hat. Analytische Entwicklungen über diese Relationen sind seither vielfach wiederholt und weitergeführt.[2]) Die Möglichkeit, jede dieser Relationen auch einzeln auf Grund eines funktionentheoretischen Schlusses (mittelst des Hermiteschen Satzes von I, 227) zu gewinnen, wurde bereits erwähnt. Im übrigen erscheinen die Relationen in ihrer Anzahl 256 deshalb in einer gewissen abgeschlossenen Vollständigkeit, weil man in ihnen eben alle Relationen besitzt, die man aus einer unter ihnen vermittelst der Änderung der Argumente um Periodenhälften abzuleiten imstande ist.

Zu den Additionssätzen der Jacobischen Funktionen gelangt man nun, indem man für die Argumente x_1, y_1, z_1, t_1 insbesondere

$$x_1 = y_1 = u, \quad z_1 = t_1 = v$$

einträgt, was nach (6) und (7) S. 128 für $x_2, y_2, \ldots, t_3$ die Werte:

$$x_2 = -u - v, \; y_2 = u - v, \; z_2 = t_2 = 0, \; x_3 = -y_3 = v, \; z_3 = t_3 = -u$$

nach sich zieht. Die 256 Relationen werden dann z. T. identisch erfüllt, z. T. werden sie miteinander identisch.

Zunächst gewinnen die zwölf Größen ξ folgende Bedeutungen:

$$\begin{aligned}
&\xi^{(1)} = -\xi^{(3)} = +\vartheta_1(u)^2\vartheta_1(v)^2, && \xi^{(2)} = 0,\\
&\xi_1^{(1)} = +\xi_1^{(3)} = -\vartheta_0(u)^2\vartheta_0(v)^2, && \xi_1^{(2)} = -\vartheta_0^2\vartheta_0(u+v)\vartheta_0(u-v),\\
&\xi_2^{(1)} = +\xi_2^{(3)} = -\vartheta_2(u)^2\vartheta_2(v)^2, && \xi_2^{(2)} = -\vartheta_2^2\vartheta_2(u+v)\vartheta_2(u-v),\\
&\xi_3^{(1)} = +\xi_3^{(3)} = +\vartheta_3(u)^2\vartheta_3(v)^2, && \xi_3^{(2)} = +\vartheta_3^2\vartheta_3(u+v)\vartheta_3(u-v).
\end{aligned}$$

Bei Eintragung in die sechzehn Relationen (5), (6) und (7) S. 173 werden vier von ihnen identisch erfüllt, während die zwölf übrigen zu Paaren identisch werden und folgende *sechs verschiedene ϑ-Relationen* liefern:

$$(1)\quad \begin{cases}
\vartheta_0^2\vartheta_0(u+v)\vartheta_0(u-v) = \vartheta_0(u)^2\vartheta_0(v)^2 - \vartheta_1(u)^2\vartheta_1(v)^2\\
\qquad\qquad\qquad = \vartheta_3(u)^2\vartheta_3(v)^2 - \vartheta_2(u)^2\vartheta_2(v)^2,\\
\vartheta_2^2\vartheta_2(u+v)\vartheta_2(u-v) = \vartheta_2(u)^2\vartheta_2(v)^2 - \vartheta_1(u)^2\vartheta_1(v)^2\\
\qquad\qquad\qquad = \vartheta_3(u)^2\vartheta_3(v)^2 - \vartheta_0(u)^2\vartheta_0(v)^2,\\
\vartheta_3^2\vartheta_3(u+v)\vartheta_3(u-v) = \vartheta_3(u)^2\vartheta_3(v)^2 + \vartheta_1(u)^2\vartheta_1(v)^2\\
\qquad\qquad\qquad = \vartheta_0(u)^2\vartheta_0(v)^2 + \vartheta_2(u)^2\vartheta_2(v)^2.
\end{cases}$$

1) Ausgearbeitet von C. W. Borchardt; s. Jacobis Werke, Bd. I, S. 503ff.

2) S. die Note S. 171.

Man stelle entsprechend die für $x_1 = y_1 = u$, $z_1 = t_1 = v$ eintretenden besonderen Gestalten der Größen η fest und wird durch Eintragung in die Gleichungen (11) ff. S. 174 finden, daß die $9 \cdot 16$ Relationen der η im ganzen *24 verschiedene ϑ-Relationen* ergeben. Es sind dies erstens die drei Systeme zu je sechs Relationen:

$$(2)\quad \begin{cases} \vartheta_0^2\,\vartheta_1(u+v)\,\vartheta_1(u-v) = \vartheta_1(u)^2\vartheta_0(v)^2 - \vartheta_0(u)^2\vartheta_1(v)^2 \\ \qquad = \vartheta_3(u)^2\vartheta_2(v)^2 - \vartheta_2(u)^2\vartheta_3(v)^2, \\ \vartheta_2^2\,\vartheta_3(u+v)\,\vartheta_3(u-v) = \vartheta_1(u)^2\vartheta_0(v)^2 + \vartheta_2(u)^2\vartheta_3(v)^2 \\ \qquad = \vartheta_0(u)^2\vartheta_1(v)^2 + \vartheta_3(u)^2\vartheta_2(v)^2, \\ \vartheta_3^2\,\vartheta_2(u+v)\,\vartheta_2(u-v) = \vartheta_3(u)^2\vartheta_2(v)^2 - \vartheta_1(u)^2\vartheta_0(v)^2 \\ \qquad = \vartheta_2(u)^2\vartheta_3(v)^2 - \vartheta_0(u)^2\vartheta_1(v)^2, \end{cases}$$

$$(3)\quad \begin{cases} \vartheta_2^2\,\vartheta_1(u+v)\,\vartheta_1(u-v) = \vartheta_1(u)^2\vartheta_2(v)^2 - \vartheta_2(u)^2\vartheta_1(v)^2 \\ \qquad = \vartheta_0(u)^2\vartheta_3(v)^2 - \vartheta_3(u)^2\vartheta_0(v)^2, \\ \vartheta_3^2\,\vartheta_0(u+v)\,\vartheta_0(u-v) = \vartheta_1(u)^2\vartheta_2(v)^2 + \vartheta_3(u)^2\vartheta_0(v)^2 \\ \qquad = \vartheta_2(u)^2\vartheta_1(v)^2 + \vartheta_0(u)^2\vartheta_3(v)^2, \\ \vartheta_0^2\,\vartheta_3(u+v)\,\vartheta_3(u-v) = \vartheta_0(u)^2\vartheta_3(v)^2 - \vartheta_1(u)^2\vartheta_2(v)^2 \\ \qquad = \vartheta_3(u)^2\vartheta_0(v)^2 - \vartheta_2(u)^2\vartheta_1(v)^2, \end{cases}$$

$$(4)\quad \begin{cases} \vartheta_3^2\,\vartheta_1(u+v)\,\vartheta_1(u-v) = \vartheta_1(u)^2\vartheta_3(v)^2 - \vartheta_3(u)^2\vartheta_1(v)^2 \\ \qquad = \vartheta_0(u)^2\vartheta_2(v)^2 - \vartheta_2(u)^2\vartheta_0(v)^2, \\ \vartheta_2^2\,\vartheta_0(u+v)\,\vartheta_0(u-v) = \vartheta_1(u)^2\vartheta_3(v)^2 + \vartheta_2(u)^2\vartheta_0(v)^2 \\ \qquad = \vartheta_3(u)^2\vartheta_1(v)^2 + \vartheta_0(u)^2\vartheta_2(v)^2, \\ \vartheta_0^2\,\vartheta_2(u+v)\,\vartheta_2(u-v) = \vartheta_0(u)^2\vartheta_2(v)^2 - \vartheta_1(u)^2\vartheta_3(v)^2 \\ \qquad = \vartheta_2(u)^2\vartheta_0(v)^2 - \vartheta_3(u)^2\vartheta_1(v)^2, \end{cases}$$

an die sich weiter die drei Systeme zu je zwei Relationen anreihen:

$$(5)\quad \begin{cases} \vartheta_2\vartheta_3\vartheta_2(u+v)\,\vartheta_3(u-v) = \vartheta_2(u)\vartheta_3(u)\vartheta_2(v)\vartheta_3(v) \\ \qquad - \vartheta_1(u)\vartheta_0(u)\vartheta_1(v)\vartheta_0(v), \\ \vartheta_3\vartheta_2\vartheta_3(u+v)\,\vartheta_2(u-v) = \vartheta_2(u)\vartheta_3(u)\vartheta_2(v)\vartheta_3(v) \\ \qquad + \vartheta_1(u)\vartheta_0(u)\vartheta_1(v)\vartheta_0(v), \end{cases}$$

$$(6)\quad \begin{cases} \vartheta_3\vartheta_0\vartheta_3(u+v)\,\vartheta_0(u-v) = \vartheta_3(u)\vartheta_0(u)\vartheta_3(v)\vartheta_0(v) \\ \qquad - \vartheta_1(u)\vartheta_2(u)\vartheta_1(v)\vartheta_2(v), \\ \vartheta_0\vartheta_3\vartheta_0(u+v)\,\vartheta_3(u-v) = \vartheta_3(u)\vartheta_0(u)\vartheta_3(v)\vartheta_0(v) \\ \qquad + \vartheta_1(u)\vartheta_2(u)\vartheta_1(v)\vartheta_2(v), \end{cases}$$

$$(7)\quad \begin{cases} \vartheta_2\vartheta_0\vartheta_2(u+v)\,\vartheta_0(u-v) = \vartheta_2(u)\vartheta_0(u)\vartheta_2(v)\vartheta_0(v) \\ \qquad - \vartheta_1(u)\vartheta_3(u)\vartheta_1(v)\vartheta_3(v), \\ \vartheta_0\vartheta_2\vartheta_0(u+v)\,\vartheta_2(u-v) = \vartheta_2(u)\vartheta_0(u)\vartheta_2(v)\vartheta_0(v) \\ \qquad + \vartheta_1(u)\vartheta_3(u)\vartheta_1(v)\vartheta_3(v). \end{cases}$$

Endlich bleiben noch die sechs Systeme zu je vier Größen ζ übrig. Ihre $6\cdot 16$ Relationen ergeben für $x_1 = y_1 = u$, $z_1 = t_1 = v$ nur noch *sechs verschiedene ϑ-Relationen*, die wir in drei Systeme zu je zweien anordnen:

$$(8)\quad \begin{cases} \vartheta_2\vartheta_3\vartheta_1(u+v)\vartheta_0(u-v) = \vartheta_1(u)\vartheta_0(u)\vartheta_2(v)\vartheta_3(v) \\ \qquad\qquad + \vartheta_2(u)\vartheta_3(u)\vartheta_1(v)\vartheta_0(v), \\ \vartheta_2\vartheta_3\vartheta_0(u+v)\vartheta_1(u-v) = \vartheta_1(u)\vartheta_0(u)\vartheta_2(v)\vartheta_3(v) \\ \qquad\qquad - \vartheta_2(u)\vartheta_3(u)\vartheta_1(v)\vartheta_0(v), \end{cases}$$

$$(9)\quad \begin{cases} \vartheta_0\vartheta_3\vartheta_1(u+v)\vartheta_2(u-v) = \vartheta_1(u)\vartheta_2(u)\vartheta_0(v)\vartheta_3(v) \\ \qquad\qquad + \vartheta_0(u)\vartheta_3(u)\vartheta_1(v)\vartheta_2(v), \\ \vartheta_0\vartheta_3\vartheta_2(u+v)\vartheta_1(u-v) = \vartheta_1(u)\vartheta_2(u)\vartheta_0(v)\vartheta_3(v) \\ \qquad\qquad - \vartheta_0(u)\vartheta_3(u)\vartheta_1(v)\vartheta_2(v), \end{cases}$$

$$(10)\quad \begin{cases} \vartheta_0\vartheta_2\vartheta_3(u+v)\vartheta_3(u-v) = \vartheta_1(u)\vartheta_3(u)\vartheta_0(v)\vartheta_2(v) \\ \qquad\qquad + \vartheta_0(u)\vartheta_2(u)\vartheta_1(v)\vartheta_3(v), \\ \vartheta_0\vartheta_2\vartheta_3(u+v)\vartheta_1(u-v) = \vartheta_1(u)\vartheta_3(u)\vartheta_0(v)\vartheta_2(v) \\ \qquad\qquad - \vartheta_0(u)\vartheta_2(u)\vartheta_1(v)\vartheta_3(v). \end{cases}$$

Nach I, 419ff. gelten für die Jacobischen Funktionen sn, cn, dn die Darstellungen:

$$\vartheta_1(u) = \sqrt{k}\,\mathrm{sn}(2Ku)\vartheta_0(u),$$
$$\vartheta_2(u) = \sqrt{\frac{k}{k'}}\,\mathrm{cn}(2Ku)\vartheta_0(u),$$
$$\vartheta_3(u) = \frac{1}{\sqrt{k'}}\,\mathrm{dn}(2Ku)\vartheta_0(u),$$

während die ϑ-Nullwerte mit den Integralmoduln durch die Beziehungen verknüpft sind:

$$\vartheta_0 = \vartheta_3\cdot\sqrt{k'},\quad \vartheta_2 = \vartheta_3\cdot\sqrt{k}.$$

Bildet man nun den Quotienten irgend zweier von den 36 ϑ-Relationen, so lassen sich die Quotienten der ϑ-Funktionen durch die Funktionen sn, cn, dn und die Quotienten der ϑ-Nullwerte durch die Integralmoduln ausdrücken. Schreibt man für die Argumente $2Ku$ und $2Kv$ sogleich wieder u und v, so gelangt man zu einer Relation, die die Funktionen $\mathrm{sn}(u \pm v)$, $\mathrm{cn}(u \pm v)$, $\mathrm{dn}(u \pm v)$, $\mathrm{sn}\,u$, $\mathrm{sn}\,v$, $\mathrm{cn}\,u, \ldots, \mathrm{dn}\,v$ aneinander bindet, und deren Koeffizienten aus den Integralmoduln aufgebaut sind. Um für die Funktionen sn, cn, dn die Additionsformeln im engeren Sinne zu erhalten, d. h. die rationalen Ausdrücke für $\mathrm{sn}(u+v)$, $\mathrm{cn}(u+v)$, $\mathrm{dn}(u+v)$, kann man in vier Arten vorgehen. Man muß sich aus den Gleichungen (1) ff. die vier Formeln aussuchen, in denen die Funktionen $\vartheta_1(u+v)$, $\vartheta_2(u+v)$, $\vartheta_3(u+v)$, $\vartheta_0(u+v)$ entweder alle vier mit dem gleichen Faktor $\vartheta_0(u-v)$ oder mit $\vartheta_1(u-v)$ oder mit $\vartheta_2(u-v)$ oder endlich mit $\vartheta_3(u-v)$ multipliziert erscheinen, und aus ihnen die Quotienten bilden. Greifen wir z. B. die erste Formel (8) und ebenso die ersten

Formeln (7), (6) und (1) heraus, so ergibt sich nach den nötigen Vereinfachungen die Proportion:

$$\begin{aligned}\mathrm{sn}(u+v):\mathrm{cn}(u+v):\mathrm{dn}(u+v):1 = {} & (\mathrm{sn}\,u\,\mathrm{cn}\,v\,\mathrm{dn}\,v + \mathrm{sn}\,v\,\mathrm{cn}\,u\,\mathrm{dn}\,u)\\ & :(\mathrm{cn}\,u\,\mathrm{cn}\,v - \mathrm{sn}\,u\,\mathrm{dn}\,u\,\mathrm{sn}\,v\,\mathrm{dn}\,v)\\ & :(\mathrm{dn}\,u\,\mathrm{dn}\,v - k^2\,\mathrm{sn}\,u\,\mathrm{cn}\,u\,\mathrm{sn}\,v\,\mathrm{cn}\,v)\\ & :(1-k^2\,\mathrm{sn}\,u^2\,\mathrm{sn}\,v^2).\end{aligned}$$

Damit sind wir zu den bekannten Formeln (9) S. 166 zurückgelangt.

Gewöhnlich treten bei den fraglichen Quotientenbildungen linker Hand mehrere Funktionen, miteinander multipliziert oder durcheinander geteilt, auf. Besonders einfach sind die drei Gleichungen:

$$\mathrm{sn}(u+v)\,\mathrm{sn}(u-v) = \frac{\mathrm{sn}\,u^2 - \mathrm{sn}\,v^2}{1-k^2\,\mathrm{sn}\,u^2\,\mathrm{sn}\,v^2},$$

$$\mathrm{cn}(u+v)\,\mathrm{cn}(u-v) = \frac{\mathrm{cn}\,u^2\,\mathrm{cn}\,v^2 - k'^2\,\mathrm{sn}\,u^2\,\mathrm{sn}\,v^2}{1-k^2\,\mathrm{sn}\,u^2\,\mathrm{sn}\,v^2},$$

$$\mathrm{dn}(u+v)\,\mathrm{dn}(u-v) = \frac{\mathrm{dn}\,u^2\,\mathrm{dn}\,v^2 + k^2k'^2\,\mathrm{sn}\,u^2\,\mathrm{sn}\,v^2}{1-k^2\,\mathrm{sn}\,u^2\,\mathrm{sn}\,v^2},$$

die man leicht aus der ersten Formel (2) und den Formeln (1) herstellt.

§ 7. Additionssätze für mehrgliedrige Argumentsummen.[1]

Setzt man in den beiden Additionsformeln für $\wp(u+v)$ und $\wp'(u+v)$ an Stelle von v die Summe $(v+w)$ und wendet auf $\wp(v+w)$ und $\wp'(v+w)$ jene Formeln nochmals an, so gelangt man zu Darstellungen von $\wp(u+v+w)$ und $\wp'(u+v+w)$ durch die Funktionen der einzelnen Argumente u, v, w. Man kann offenbar in der gleichen Art fortfahren und erkennt die Möglichkeit, die Funktionen $\wp$ und $\wp'$ für n-gliedrige Argumentsummen $(u_1+u_2+\cdots+u_n)$ rational in den Funktionen der einzelnen Summenglieder darzustellen. Die Gewinnung dieser „Additionssätze für mehrgliedrige Argumentsummen" auf induktivem Wege ist freilich schon bei den niedersten Werten n recht umständlich. Dagegen gelingt die direkte Behandlung sogar des allgemeinen Falles einer n-gliedrigen Summe nach einer von Weierstraß[2]) herrührenden Methode mittels einer Determinante auf folgende Art:

Mit irgendwelchen $(n+1)$ Argumenten $u, u_1, u_2, \ldots, u_n$ bilden wir die $(n+1)$-reihige Determinante:

1) Man vergleiche hierzu die geschichtlichen und literarischen Notizen im Artikel „Elliptische Funktionen" in Bd. II, 2 der „Enzyklopädie", S. 299ff. Hinweise auf diesen Artikel sollen weiterhin durch „Enzyklopädie" unter Angabe der Seitenzahl gemacht werden.

2) Vgl. Schwarz, „Formeln und Lehrsätze zum Gebrauche der elliptischen Funktionen", S. 16.

$$(1)\qquad \varphi_{n+1}(u, u_1, \ldots, u_n) = \begin{vmatrix} 1, \wp(u), & \wp'(u), & \wp''(u), & \ldots, & \wp^{(n-1)}(u) \\ 1, \wp(u_1), & \wp'(u_1), & \wp''(u_1), & \ldots, & \wp^{(n-1)}(u_1) \\ \cdot & \cdot & \cdot & \cdot & \cdot \\ 1, \wp(u_n), & \wp'(u_n), & \wp''(u_n), & \ldots, & \wp^{(n-1)}(u_n) \end{vmatrix}.$$

An Stelle der Ableitungen $\wp''$, $\wp'''$, ... kann man auch Potenzen von $\wp$ und $\wp'$ treten lassen. Nach I, 206 ist nämlich die Potenz $\wp(u)^{k+1}$ als $(2k+2)$-wertige doppeltperiodische Funktion mit einem einzigen Pole $(2k+2)^{\text{ter}}$ Ordnung bei $u = 0$ und insbesondere als gerade Funktion in der Gestalt:

$$\wp(u)^{k+1} = \frac{1}{(2k+1)!}\wp^{(2k)}(u) + a_1\wp^{(2k-2)}(u) + a_2\wp^{(2k-4)}(u) + \cdots + a_k\wp(u) + a_{k+1}$$

darstellbar. Der Koeffizient des ersten Gliedes rechts ist aus den Potenzreihen bestimmt, die übrigen Koeffizienten können unbekannt bleiben. Durch Differentiation nach u folgt weiter:

$$\wp(u)^k\wp'(u) = \frac{2}{(2k+2)!}\wp^{(2k+1)}(u) + a_1\wp^{(2k-1)}(u) + \cdots + a_k\wp'(u).$$

Mit Benutzung bekannter Determinantensätze kann man auf Grund dieser beiden Formeln die Determinante (1) umrechnen, und zwar findet man im Falle eines ungeraden n:

$$(2)\quad \varphi_{n+1} = \frac{2!\cdot 3!\cdot 4!\cdots n!}{2^{\frac{n-1}{2}}} \begin{vmatrix} 1, \wp(u), & \wp'(u), & \wp(u)^2, & \wp(u)\,\wp'(u), & \ldots, & \wp(u)^{\frac{n+1}{2}} \\ 1, \wp(u_1), & \wp'(u_1), & \wp(u_1)^2, & \wp(u_1)\wp'(u_1), & \ldots, & \wp(u_1)^{\frac{n+1}{2}} \\ \cdot & \cdot & \cdot & \cdot & \cdot & \cdot \\ 1, \wp(u_n), & \wp'(u_n), & \wp(u_n)^2, & \wp(u_n)\wp'(u_n), & \ldots, & \wp(u_n)^{\frac{n+1}{2}} \end{vmatrix},$$

woran sich für eine gerade Zahl n die Darstellung anschließt:

$$(3)\quad \varphi_{n+1} = \frac{2!\cdot 3!\cdot 4!\cdots n!}{2^{\frac{n}{2}}} \begin{vmatrix} 1, \wp(u), & \wp'(u), & \wp(u)^2, & \ldots, & \wp(u)^{\frac{n-2}{2}}\,\wp'(u) \\ 1, \wp(u_1), & \wp'(u_1), & \wp(u_1)^2, & \ldots, & \wp(u_1)^{\frac{n-2}{2}}\,\wp'(u_1) \\ \cdot & \cdot & \cdot & \cdot & \cdot \\ 1, \wp(u_n), & \wp'(u_n), & \wp(u_n)^2, & \ldots, & \wp(u_n)^{\frac{n-2}{2}}\,\wp'(u_n) \end{vmatrix}.$$

Der bequemen Bezeichnung halber schreiben wir u_0 statt u und folgern aus (8) S. 159 für $n = 1$ als Darstellung der Determinante φ_2 durch die Sigmafunktion:

$$(4)\qquad \varphi_2(u_0, u_1) = -\,\sigma(u_0 + u_1)\,\frac{\sigma(u_1 - u_0)}{\sigma(u_0)^2\sigma(u_1)^2}.$$

Diese Gleichung liefert den niedersten Fall des folgenden Satzes: *Die $(n+1)$-reihige Determinante $\varphi_{n+1}(u_0, u_1, \ldots, u_n)$ ist durch die Sigmafunktion in folgender Art darstellbar:*

$$(5) \qquad \varphi_{n+1}(u_0, u_1, \cdots, u_n)$$
$$= (-1)^n 1!\cdot 2!\cdot 3!\cdot 4!\cdots n!\,\sigma(u_0+u_1+\cdots+u_n)\frac{\prod\limits_{\varkappa>\lambda}\sigma(u_\varkappa-u_\lambda)}{\prod\limits_{\varkappa=0}^{n}\sigma(u_\varkappa)^{n+1}},$$

wo sich das Produkt im Zähler der rechten Seite auf alle Kombinationen $\varkappa, \lambda$ *der Indizes* $0, 1, 2, \ldots, n$ *zu zweien mit* $\varkappa > \lambda$ *bezieht.*

Der allgemeine Beweis der Formel (5) wird durch vollständige Induktion geführt. Wir nehmen an, daß für $\varphi_n(u_1, u_2, \ldots, u_n)$ die der Gleichung (5) entsprechende Darstellung gilt, und wählen vorerst die $u_1, u_2, \ldots, u_n$ so, daß $\varphi_n(u_1, u_2, \ldots, u_n)$ einen endlichen, nicht verschwindenden Wert hat; es soll also keines der Argumente $u_1, u_2, \ldots, u_n$, auch nicht ihre Summe einen Gitterpunkt des Parallelogrammnetzes der u-Ebene liefern, und keine zwei der Argumente $u_1, u_2, \ldots, u_n$ sollen bezüglich der Gruppe $\Gamma^{(u)}$ äquivalent sein. In Abhängigkeit von u ist jetzt die Determinante (1) eine $(n+1)$-wertige doppeltperiodische Funktion, deren $(n+1)$ Pole bei $u=0$ zusammenfallen. Als Anfangsglied der Entwicklung dieser Funktion nach Potenzen von u folgt aus (1):

$$(6) \qquad \varphi_{n+1}(u, u_1, u_2, \cdots, u_n) = -n!\cdot\varphi_n(u_1, u_2, \cdots, u_n)\cdot u^{-n-1}+\cdots.$$

Von den Nullpunkten unserer Funktion liegen n zufolge (1) bei $u = u_1, u_2 \cdots, u_n$. Nach dem Abelschen Theoreme liegt somit der letzte Nullpunkt bei $u = -u_1 - u_2 - \cdots - u_n$. Als Darstellung (6) in I, 214 für unsere Funktion von u erhalten wir hiernach:

$$(7) \qquad \varphi_{n+1}(u, u_1, u_2, \cdots, u_n)$$
$$= C\frac{\sigma(u-u_1)\sigma(u-u_2)\cdots\sigma(u-u_n)\sigma(u+u_1+u_2+\cdots+u_n)}{\sigma(u)^{n+1}},$$

wo C eine von u unabhängige Größe ist. Als Anfangsglied der Potenzreihe von φ_{n+1} ergibt sich aus (7):

$$\varphi_{n+1}(u, u_1, u_2, \cdots, u_n)$$
$$= (-1)^n C\,\sigma(u_1+u_2+\cdots+u_n)\cdot\prod_{\varkappa=1}^{n}\sigma(u_\varkappa)\cdot u^{-n-1}+\cdots.$$

Der Vergleich mit (6) liefert für C den Ausdruck:

$$C = \frac{(-1)^{n-1}n!\,\varphi_n(u_1, u_2, \cdots, u_n)}{\sigma(u_1+u_2+\cdots+u_n)\prod\limits_{\varkappa=1}^{n}\sigma(u_\varkappa)}.$$

Indem man diesen Ausdruck für C in (7) einträgt, $\varphi_n(u_1, u_2, \cdots, u_n)$ durch seinen als gültig vorausgesetzten Ausdruck in der Sigmafunktion ersetzt und u_0 an Stelle von u schreibt, ergibt sich die zu beweisende Formel (5).

Um nun die Additionssätze für n-gliedrige Argumentsummen zu gewinnen, hat man die beiden ersten Glieder der eben bereits mehrfach betrachteten Potenzreihe heranzuziehen. Von (1) aus gelangt man zum zweiten Reihengliede, indem man die zum Elemente $\wp^{(n-2)}(u)$ der ersten Zeile gehörende Unterdeterminante einführt. Wir bezeichnen dieselbe durch:

$$(8)\qquad \psi_n(u_1, u_2, \cdots, u_n) = \begin{vmatrix} 1, \wp(u_1), \wp'(u_1), \cdots, \wp^{(n-3)}(u_1), \wp^{(n-1)}(u_1) \\ 1, \wp(u_2), \wp'(u_2), \cdots, \wp^{(n-3)}(u_2), \wp^{(n-1)}(u_2) \\ \cdot\ \cdot\ \cdot\ \cdot\ \cdot\ \cdot\ \cdot\ \cdot\ \cdot\ \cdot\ \cdot\ \cdot\ \cdot \\ 1, \wp(u_n), \wp'(u_n), \cdots, \wp^{(n-3)}(u_n), \wp^{(n-1)}(u_n) \end{vmatrix}$$

und können sie im Anschluß an (2) bei ungeradem n auch so schreiben:

$$(9)\qquad \psi_n = \frac{2!\cdot 3!\cdot 4!\cdots n!}{2^{\frac{n-3}{2}}(n-1)!} \begin{vmatrix} 1, \wp(u_1), \wp'(u_1), \wp(u_1)^2, \cdots, \wp(u_1)^{\frac{n-1}{2}}, \wp(u_1)^{\frac{n+1}{2}} \\ 1, \wp(u_2), \wp'(u_2), \wp(u_2)^2, \cdots, \wp(u_2)^{\frac{n-1}{2}}, \wp(u_2)^{\frac{n+1}{2}} \\ \cdot\ \cdot\ \cdot\ \cdot\ \cdot\ \cdot\ \cdot\ \cdot\ \cdot\ \cdot\ \cdot\ \cdot\ \cdot \\ 1, \wp(u_n), \wp'(u_n), \wp(u_n)^2, \cdots, \wp(u_n)^{\frac{n-1}{2}}, \wp(u_n)^{\frac{n+1}{2}} \end{vmatrix},$$

woran sich im Falle eines geraden n, der Formel (3) entsprechend, reiht:

$$(10)\ \psi_n = \frac{2!\cdot 3!\cdot 4!\cdots n!}{2^{\frac{n}{2}}(n-1)!} \begin{vmatrix} 1, \wp(u_1), \wp'(u_1), \cdots, \wp(u_1)^{\frac{n-4}{2}}\wp'(u_1), \wp(u_1)^{\frac{n-2}{2}}\wp'(u_1) \\ 1, \wp(u_2), \wp'(u_2), \cdots, \wp(u_2)^{\frac{n-4}{2}}\wp'(u_2), \wp(u_2)^{\frac{n-2}{2}}\wp'(u_2) \\ \cdot\ \cdot\ \cdot\ \cdot\ \cdot\ \cdot\ \cdot\ \cdot\ \cdot\ \cdot\ \cdot\ \cdot\ \cdot \\ 1, \wp(u_n), \wp'(u_n), \cdots, \wp(u_n)^{\frac{n-4}{2}}\wp'(u_n), \wp(u_n)^{\frac{n-2}{2}}\wp'(u_n) \end{vmatrix}.$$

Auf Grund von (1) erhalten wir damit für die beiden Anfangsglieder der Potenzreihe von φ_{n+1} als Funktion von u:

$$\varphi_{n+1} = -n!\,\varphi_n(u_1, u_2, \cdots, u_n)u^{-n-1} - (n-1)!\,\psi_n(u_1, u_2, \cdots, u_n)u^{-n} + \cdots$$

Bei Zugrundelegung des Ausdrucks (5) dieser Funktion aber führt die Entwicklung des zweiten Reihengliedes auf Grund der Relation (6) in I, 209 auf das Normalintegral zweiter Gattung. Man gelangt zu folgender Gestalt der beiden ersten Glieder:

$$\varphi_{n+1} = -n!\,\varphi_n(u_1, u_2, \cdots, u_n)\,u^{-n-1}\,\{1 + (\zeta(u_1 + u_2 + \cdots + u_n) \\ - \zeta(u_1) - \cdots - \zeta(u_n))\,u + \cdots\}.$$

Der Vergleich der zweiten Glieder führt zum *Additionstheorem des Normalintegrals zweiter Gattung für eine n-gliedrige Argumentsumme:*

$$(11)\qquad \zeta(u_1 + u_2 + \cdots + u_n) = \zeta(u_1) + \zeta(u_2) + \cdots + \zeta(u_n) \\ + \frac{1}{n}\frac{\psi_n(u_1, u_2, \ldots, u_n)}{\varphi_n(u_1, u_2, \ldots, u_n)}.$$

Wir haben hier die Verallgemeinerung der Gleichung (9) S. 160 vor uns. Wie damals, so können wir auch hier durch Differentiationen zu entsprechenden Sätzen für die Funktionen $\wp$ und $\wp'$ gelangen; doch sind die entstehenden Formeln für uns ohne weitergehende Bedeutung.

Zweites Kapitel.

Die Multiplikationssätze der elliptischen Funktionen.

Die Multiplikationssätze der elliptischen Funktionen betreffen die Beziehungen, die zwischen einer Funktion mit n-fachem Argumente nu und der gleichen, für einfaches Argument u gebildeten Funktion bestehen; n ist dabei als ganze positive Zahl vorausgesetzt. Man kann diese Sätze aus den Additionsformeln für n-gliedrige Argumentsummen durch Gleichsetzung aller n Summanden entwickeln; doch führt eine direkte Behandlung leichter zum Ziele. Literarische Notizen über die Multiplikationssätze findet man in „Enzyklopädie", S. 302 ff.; die ältere Theorie betreffend vgl. man auch „Enneper-Müller", S. 368 ff.

§ 1. Multiplikationssätze der Funktionen erster Stufe.

Die Funktion $\wp(nu)$, gebildet für irgendeine positive ganze Zahl n, hat als Funktion mit den Perioden ω_1, ω_2 aufgefaßt, im Periodenparallelogramm n^2 Pole zweiter Ordnung in den n^2 Punkten:

$$(1) \qquad u = \frac{\lambda\omega_1 + \mu\omega_2}{n}, \qquad \lambda, \mu = 0, 1, 2, \cdots, n-1$$

und stellt demnach eine Funktion der Wertigkeit $2n^2$ dar. Da sie überdies eine gerade Funktion ist, so ist sie bereits in $\wp(u)$ allein rational darstellbar, und zwar vom Grade n^2. Wir nennen diese rationale Funktion $R(\wp(u))$ und finden durch Differentiation nach u eine entsprechende Darstellung für $\wp'(nu)$:

$$(2) \qquad \wp(nu) = R(\wp(u)), \quad \wp'(nu) = \frac{1}{n} R'(\wp(u)) \cdot \wp'(u)$$

Um die Funktion $R(\wp)$ zugänglicher zu machen, führt *Weierstraß*[1]) folgenden, symbolisch durch $\psi^{(n)}(u)$ zu bezeichnenden σ-Quotienten ein:

$$(3) \qquad \psi^{(n)}(u) = \frac{\sigma(nu)}{(\sigma(u))^{n \cdot n}}.$$

Aus (7) und (8) in I, 209 folgt, daß diese Funktion die Perioden ω_1, ω_2 hat; dabei besitzt sie die Wertigkeit $(n^2 - 1)$, indem sie im Nullpunkte einen Pol der Ordnung $(n^2 - 1)$ und in den $(n^2 - 1)$ weiteren Punkten (1) je einen einfachen Nullpunkt hat. *Es besteht nun die Gleichung:*

$$(4) \qquad \wp(nu) = \wp(u) - \frac{\psi^{(n-1)}(u)\,\psi^{(n+1)}(u)}{\psi^{(n)}(u)^2},$$

so daß, wenn man die Funktionen $\psi^{(n)}(u)$ in $\wp(u)$ und $\wp'(u)$ dargestellt hat, damit die Darstellung von $\wp(nu)$ in der Gestalt (2) zugleich gewonnen

1) S. Schwarz, „Formeln und Lehrsätze zum Gebrauche der elliptischen Funktionen" S. 18.

R. Fricke, *Die elliptischen Funktionen und ihre Anwendungen, Zweiter Teil*,
DOI 10.1007/978-3-642-19561-7_3, © Springer-Verlag Berlin Heidelberg 2012

ist. Die Gleichung (4) ist nämlich eine einfache Folge der Gleichung (8) S. 159, wenn man in ihr $v = nu$ einträgt. An Stelle von (4) könnte man auch die Gleichung:

$$(5)\qquad \wp(nu) = \wp(u) - \frac{1}{n^2}\frac{d^2 \log \psi^{(n)}(u)}{du^2}$$

treten lassen, die aus (3) mit Rücksicht auf die zweite Gleichung (1) in I, 212 folgt.

Die Ausdrücke der ersten Funktionen $\psi^{(1)}(u), \psi^{(2)}(u), \ldots$ in $\wp(u)$ und $\wp'(u)$ sind:

$$(6)\qquad \begin{cases} \psi^{(1)}(u) = 1, \qquad \psi^{(2)}(u) = -\wp'(u), \\ \psi^{(3)}(u) = 3\wp(u)^4 - \frac{3}{2}g_2\wp(u)^2 - 3g_3\wp(u) - \frac{1}{16}g_2^2, \\ \psi^{(4)}(u) = -\wp'(u)\,(2\wp(u)^6 - \frac{5}{2}g_2\wp(u)^4 - 10g_3\wp(u)^3 - \frac{5}{8}g_2^2\wp(u)^2 \\ \qquad - \frac{1}{2}g_2g_3\wp(u) + \frac{1}{32}g_2^3 - g_3^2), \\ \ldots\ldots\ldots\ldots\ldots\ldots \end{cases}$$

Die zweite Gleichung folgt aus der Übereinstimmung der Nullpunkte und Pole von $\wp'(u)$ und $\psi^{(2)}(u)$ mit Rücksicht auf die Anfangskoeffizienten der beiderseitigen Potenzreihen. Zum Beweise der dritten Gleichung folgern wir aus (4) für $n = 2$ mit Rücksicht auf die beiden ersten Gleichung (6):

$$\psi^{(3)}(u) = (\wp(u) - \wp(2u))\,\wp'(u)^2$$

und entnehmen den Ausdruck von $\wp(2u)$ aus (10) S. 160 für $\lim v = u$:

$$(7)\qquad \wp(2u) = \frac{1}{4}\left(\frac{\wp''(u)}{\wp'(u)}\right)^2 - 2\wp(u) = \frac{1}{4}\left(\frac{12\wp(u)^2 - g_2}{2\wp'(u)}\right)^2 - 2\wp(u).$$

Zur Entwicklung des Ausdrucks von $\psi^{(4)}(u)$ kann man an:

$$\psi^{(4)}(u) = \frac{\sigma(4u)}{\sigma(u)^{16}} = \frac{\sigma(4u)}{\sigma(2u)^4}\cdot\left(\frac{\sigma(2u)}{\sigma(u)^4}\right)^4 = -\wp'(2u)\cdot\wp'(u)^4$$

anknüpfen und hat aus (7) den Ausdruck von $\wp'(2u)$ in $\wp(u)$ und $\wp'(u)$ zu berechnen.[1])

Zur Berechnung der Ausdrücke von $\psi^{(5)}(u), \psi^{(6)}(u), \ldots$ in $\wp(u)$ und $\wp'(u)$ kann man sich zweier Rekursionsformeln bedienen. Setzt man in der σ-Relation (4) S. 158 für die x_1, y_1, z_1, t_1 die Werte $x_1 = (2n+1)u$, $y_1 = z_1 = t_1 = u$ ein, so ergibt sich:

$$\sigma((2n+1)u)\,\sigma(u)^3 - \sigma((n+2)u)\,\sigma(nu)^3 + \sigma((n-1)u)\,\sigma((n+1)u)^3 = 0.$$

Trägt man zweitens $x_1 = 2nu$, $y_1 = 2u$, $z_1 = t_1 = u$ ein, so folgt:

$$\sigma(2nu)\,\sigma(2u)\,\sigma(u)^2 - \sigma(nu)\,\sigma((n+2)u)\,\sigma((n-1)u)^2 \\ + \sigma(nu)\,\sigma((n-2)u)\,\sigma((n+1)u)^2 = 0.$$

In die Funktionen ψ umgeschrieben lauten diese Relationen:

$$(8)\qquad \begin{cases} \psi^{(2n+1)}(u) = \psi^{(n+2)}(u)\,\psi^{(n)}(u)^3 - \psi^{(n-1)}(u)\,\psi^{(n+1)}(u)^3, \\ \psi^{(2n)}(u)\,\psi^{(2)}(u) = \psi^{(n)}(u)\,(\psi^{(n+2)}(u)\,\psi^{(n-1)}(u)^2 - \psi^{(n-2)}(u)\,\psi^{(n+1)}(u)^2). \end{cases}$$

---

1) Ein anderer Weg zur Berechnung von $\psi^{(3)}(u)$ und $\psi^{(4)}(u)$ wird sogleich angegeben werden.

Im Anschluß an (6) kann man mit Hilfe dieser Formeln in der Tat $\psi^{(5)}(u)$, $\psi^{(6)}(u), \ldots$ berechnen.

Diese Rekursionsrechnungen gestalten sich aber alsbald sehr umständlich. Demgegenüber kann man wieder durch Einführung einer Determinante einen Ausdruck für $\psi^{(n)}(u)$ sogar bei beliebigem n angeben. In I, 450 ist unter (1) die von **Klein** eingeführte Funktion $\mathfrak{S}_{\lambda,\mu}(u|\omega_1,\omega_2)$ erklärt[1]), wo λ, μ die unter (1) genannten Kombinationen ganzer Zahlen durchlaufen sollen mit Ausschluß der Kombination $\lambda = 0$, $\mu = 0$, die zur ursprünglichen $\mathfrak{S}$-Funktion zurückführt. Der Quotient von $\mathfrak{S}_{\lambda,\mu}(u)$ und $\mathfrak{S}(u)$ zeigt bei Vermehrung von u um Perioden das Verhalten:

$$(9) \qquad \frac{\mathfrak{S}_{\lambda,\mu}(u + m_1\omega_1 + m_2\omega_2)}{\mathfrak{S}(u + m_1\omega_1 + m_2\omega_2)} = e^{\frac{2i\pi}{n}(m_1\mu - m_2\lambda)}\frac{\mathfrak{S}_{\lambda,\mu}(u)}{\mathfrak{S}(u)},$$

wie man aus der Gleichung (2) in I, 451 folgert. Die n^{te} Potenz dieses Quotienten hat demnach die Perioden ω_1, ω_2, und zwar stellt sie eine n-wertige doppeltperiodische Funktion dar, deren n Pole im Gitterpunkte $u = 0$ zusammenfallen, während die n Nullpunkte an der Stelle (1) gleichfalls zusammenliegen. Nach I, 206 stellen wir nun diese Funktion in der Gestalt:

$$\left(\frac{\mathfrak{S}_{\lambda,\mu}(u)}{\mathfrak{S}(u)}\right)^n = a_0 + a_1\wp(u) + a_2\wp'(u) + \cdots + a_{n-1}\wp^{(n-2)}(u)$$

dar, wo der letzte Koeffizient a_{n-1} sicher von 0 verschieden ist. Da aber an der Stelle (1) ein Nullpunkt n^{ter} Ordnung unserer Funktion liegt[2]), so verschwinden ebenda auch noch ihre $(n-1)$ ersten Ableitungen; d. h. für die Stelle (1) sind die $(n-1)$ in den Ableitungen von $\wp(u)$ linearen homogenen Gleichungen erfüllt:

$$\begin{aligned} a_1\wp'(u) + a_2\wp''(u) + \cdots + a_{n-1}\wp^{(n-1)}(u) &= 0, \\ a_1\wp''(u) + a_2\wp'''(u) + \cdots + a_{n-1}\wp^{(n)}(u) &= 0, \\ \cdots\cdots\cdots\cdots\cdots\cdots\cdots\cdots \\ a_1\wp^{(n-1)}(u) + a_2\wp^{(n)}(u) + \cdots + a_{n-1}\wp^{(2n-3)}(u) &= 0. \end{aligned}$$

Mit Rücksicht auf $a_{n-1} \neq 0$ folgt hieraus aber weiter das Verschwinden der $(n-1)$-reihigen Determinante

$$(10) \qquad D_n(u) = \begin{vmatrix} \wp'(u), & \wp''(u), & \ldots, & \wp^{(n-1)}(u) \\ \wp''(u), & \wp'''(u), & \ldots, & \wp^{(n)}(u) \\ \cdot & \cdot & \cdot & \cdot \\ \wp^{(n-1)}(u), & \wp^{(n)}(u), & \ldots, & \wp^{(2n-3)}(u) \end{vmatrix}$$

an jeder Stelle (1).

---

1) An Stelle der in I, 450 im Anschluß an ältere Arbeiten über ϑ-Funktionen benutzten Bezeichnung $\mathfrak{S}_{g,h}(u)$ wird fortan die in der Theorie der Modulfunktionen übliche Bezeichnung $\mathfrak{S}_{\lambda,\mu}(u)$ gebraucht.

2) Es gilt hier immer die Kombination $\lambda = 0$, $\mu = 0$ als ausgeschlossen.

Wir haben damit die schon erwähnte Determinante gewonnen, die von F. Brioschi[1]) und L. Kiepert[2]) zur Aufstellung der Multiplikationssätze der elliptischen Funktionen herangezogen ist. Tragen wir für $\wp'(u)$, $\wp''(u)$, ... die Anfangsglieder der Reihenentwicklungen nach Potenzen von u ein, so gewinnt man als Anfangsglied der Reihe von $D_n(u)$ selbst:

$$(11) \qquad D_n(u) = (-1)^{n-1} C_n \cdot u^{-(n^2-1)} + \cdots,$$

wo C_n die folgende, sogleich weiter zu berechnende Determinante ist:

$$(12) \qquad C_n = \begin{vmatrix} 2!, & 3!, & 4!, & \ldots, & n! \\ 3!, & 4!, & 5!, & \ldots, & (n+1)! \\ \cdot & \cdot & \cdot & \cdot & \cdot \\ n!, & (n+1)!, & (n+2)!, & \ldots, & (2n-2)! \end{vmatrix}$$

Hiernach ist $D_n(u)$ eine (n^2-1)-wertige doppeltperiodische Funktion, die mit $\psi^{(n)}(u)$ in bezug auf Pole und Nullpunkte genau übereinstimmt und also mit $\psi^{(n)}(u)$ bis auf einen konstanten Faktor identisch ist.

Um diesen Faktor zu bestimmen, haben wir zunächst C_n zu berechnen. Wir sondern aus den Zeilen der Determinante (12) bzw. die Faktoren $2!, 3!, \ldots, n!$ ab, hierauf aus den Spalten die Faktoren $1, 1!, 2!, \ldots, (n-2)!$ und gewinnen auf diese Weise:

$$(13) \qquad C_n = n(2! \cdot 3! \cdot 4! \cdots (n-1)!)^2 \cdot C_n',$$

$$C_n' = \begin{vmatrix} 1, & \binom{3}{1}, & \binom{4}{2}, & \binom{5}{3}, & \ldots, & \binom{n}{n-2} \\ 1, & \binom{4}{1}, & \binom{5}{2}, & \binom{6}{3}, & \ldots, & \binom{n+1}{n-2} \\ \cdot & \cdot & \cdot & \cdot & \cdot & \cdot \\ 1, & \binom{n+1}{1}, & \binom{n+2}{2}, & \binom{n+3}{3}, & \ldots, & \binom{2n-2}{n-2} \end{vmatrix},$$

wo $\binom{n}{k}$ der k^{te} Binomialkoeffizient der n^{ten} Potenz ist. Die Determinante C_n' erweist sich als von n unabhängig und hat demnach den Wert $C_3' = 1$. Zieht man nämlich jede Spalte, mit der vorletzten beginnend, von der folgenden ab, und verfährt man darauf mit den Zeilen genau so, so kürzt sich bei Benutzung einer bekannten Regel der Binomialkoeffizienten C_n' zu:

$$\begin{vmatrix} 1, & \binom{3}{1}, & \binom{4}{2}, & \ldots, & \binom{n-1}{n-3} \\ 1, & \binom{4}{1}, & \binom{5}{2}, & \ldots, & \binom{n}{n-3} \\ \cdot & \cdot & \cdot & \cdot & \cdot \\ 1, & \binom{n}{1}, & \binom{n+1}{2}, & \ldots, & \binom{2n-4}{n-3} \end{vmatrix} = C_{n-1}'.$$

1) „Sur quelques formules pour la multiplication des fonctions elliptiques", Compt. Rend. Bd. 59 (1864) S. 999.

2) „Wirkliche Ausführung der ganzzahligen Multiplikation der elliptischen Funktionen", Journ. f. Math. Bd. 76 (1875), S. 21.

Hiernach haben wir an Stelle von (11) genauer:

$$D_n(u) = (-1)^{n-1} n (2!\cdot 3!\cdot 4!\cdots(n-1)!)^2 u^{-(n^2-1)} + \cdots$$

als Anfangsglied der Reihe von $D_n(u)$, und der Vergleich mit dem Anfangsgliede der Reihe für $\psi^{(n)}(u)$ ergibt den Satz: *Die Funktion $\psi^{(n)}(u)$ besitzt für beliebiges n in den Ableitungen von $\wp(u)$ die Darstellung:*

$$\psi^{(n)}(u) = \frac{(-1)^{n-1}}{(2!\cdot 3!\cdot 4!\cdots(n-1)!)^2} D_n(u), \tag{14}$$

wo $D_n(u)$ die in (10) *gegebene $(n-1)$-reihige Determinante ist.* Der „*Multiplikationssatz*" für die $\wp$-Funktion nimmt damit die abgeschlossene Gestalt an, *daß $\wp(nu)$ sich in dem Ausdrucke* (4) *oder* (5) *darstellt, wo die Funktionen $\psi^{(n)}(u)$ für alle n sich nach dem Gesetze* (14) *und* (10) *aus den Ableitungen $\wp'(u)$, $\wp''(u)$, ... berechnen.*

Um schließlich bis zur Gleichung (2) vorzudringen, ist hiernach in der Hauptsache weiter nichts mehr nötig als die Ableitungen der $\wp$-Funktion von $\wp''(u)$ ab in $\wp(u)$ und $\wp'(u)$ darzustellen (vgl. I, 207). Für die Ableitungen $\wp''(u)$, $\wp'''(u)$, $\wp^{(4)}(u)$, $\wp^{(5)}(u)$ finden wir bei Fortlassung der Argumente u[1]):

$$\left\{\begin{aligned} &\wp'' = 3!\,\wp^2 - \tfrac{1}{2}g_2, \quad \wp''' = 2\cdot 3!\,\wp\wp', \\ &\wp^{(4)} = 5!\,\wp^3 - 2\cdot 3^2 g_2\wp - 2^2\cdot 3 g_3, \\ &\wp^{(5)} = (3\cdot 5!\,\wp^2 - 2\cdot 3^2 g_2)\wp'. \end{aligned}\right. \tag{15}$$

Bei Fortführung dieser Rechnung erkennt man leicht, daß sich jede Ableitung gerader Ordnung $\wp^{(2k)}$ als ganze Funktion $(k+1)^{\text{ten}}$ Grades von $\wp$ darstellt, deren Koeffizienten ganze ganzzahlige Ausdrücke in $\frac{1}{2}g_2$ und g_3 sind. Wir bezeichnen diese Funktion durch das Symbol $P_k(\wp, \frac{1}{2}g_2, g_3)$ und haben dann die allgemeinen Ansätze:

$$\wp^{(2k)} = P_k(\wp, \tfrac{1}{2}g_2, g_3), \quad \wp^{(2k+1)} = P_k'(\wp, \tfrac{1}{2}g_2, g_3)\cdot\wp', \tag{16}$$

wo P_k' die Ableitung von P_k nach $\wp$ ist. Der Koeffizient des höchsten Gliedes von P_k bestimmt sich aus den Anfangsgliedern der Potenzreihen nach u zu $(2k+1)!$. Da übrigens $\wp^{(2k)}$ eine homogene Funktion der Dimension $-(2k+2)$ in u, ω_1, ω_2 ist, so kann man den rationalen ganzen Ausdruck von P_k in $\wp$, $\frac{1}{2}g_2$, g_3 bis auf die numerischen Koeffizienten sofort angeben. Man hat den Ansatz:

$$\begin{aligned} \wp^{(2k)} = P_k(\wp, \tfrac{1}{2}g_2, g_3) &= (2k+1)!\,\wp^{k+1} + a_1(\tfrac{1}{2}g_2)\wp^{k-1} + a_2 g_3\wp^{k-2} \\ &+ a_3(\tfrac{1}{2}g_2)^2\wp^{k-3} + a_4(\tfrac{1}{2}g_2)g_3\wp^{k-4} + (a_5(\tfrac{1}{2}g_2)^3 + a_5' g_3^2)\wp^{k-5} \\ &+ a_6(\tfrac{1}{2}g_2)^2 g_3\wp^{k-6} + (a_7(\tfrac{1}{2}g_2)^4 + a_7'(\tfrac{1}{2}g_2)g_3^2)\wp^{k-7} + \cdots, \end{aligned} \tag{17}$$

wo die a ganze Zahlen sind.

---

1) Mit Rücksicht auf die sogleich auszuführende Rekursionsrechnung ist es zweckmäßig, die numerischen Koeffizienten in den nachfolgenden Gleichungen (abgesehen vom ersten) in ihre Primfaktoren zu zerlegen.

Differenziert man die zweite Gleichung (16) nochmals nach u, so ergibt sich als „Rekursionsformel" für die Berechnung der Funktionen P_k:

$$(18)\qquad P_{k+1} = (6\wp^2 - \tfrac{1}{2}g_2)P_k' + (4\wp^3 - g_2\wp - g_3)P_k''.$$

Mittels dieser Gleichung findet man im Anschluß an (15) für die nächstfolgenden Ableitungen $\wp^{(6)}, \ldots$ gerader Ordnungen:

$$(19)\qquad \begin{cases} \wp^{(6)} = 7!\,\wp^4 - 2^4\cdot 3^2\cdot 7\,g_2\wp^2 - 2^4\cdot 3^2\cdot 5\,g_3\wp + 3^2 g_2^2, \\ \wp^{(8)} = 9!\,\wp^5 - 2^5\cdot 3^4\cdot 5\cdot 7\,g_2\wp^3 - 2^4\cdot 3^2\cdot 5\cdot 13\,g_3\wp^2 + 2^4\cdot 3^3\cdot 7\,g_2^2\wp \\ \qquad + 2^3\cdot 3^3\cdot 11\,g_2 g_3, \\ \wp^{(10)} = 11!\,\wp^6 - 2^7\cdot 3^5\cdot 5\cdot 7\cdot 11\,g_2\wp^4 - 2^6\cdot 3^2\cdot 5^2\cdot 11\cdot 47\,g_3\wp^3 \\ \qquad + 2^4\cdot 3^4\cdot 7^2\cdot 11\,g_2^2\wp^2 + 2^4\cdot 3^3\cdot 5^2\cdot 53\,g_2 g_3\wp \\ \qquad - 2^3\cdot 3^3\cdot 7\,g_2^3 + 2^5\cdot 3^2\cdot 5\cdot 13\,g_3^2. \end{cases}$$

Zufolge (3) ist $\psi^{(n)}(u)$ und damit $D_n(u)$ eine gerade oder ungerade Funktion von u, je nachdem n ungerade oder gerade ist. Somit läßt sich $D_n(u)$ für ungerades n als ganze ganzzahlige Funktion von $\wp(u)$, $\frac{1}{2}g$, g_3 darstellen, für gerades n aber als Produkt einer solchen Funktion mit $\wp'(u)$. Der Grad dieser Funktion in $\wp(u)$, die Dimension in u, ω_1, ω_2 und der Koeffizient der höchsten Potenz von $\wp(u)$ werden aus dem oben angegebenen Anfangskoeffizienten der Entwicklung von $D_n(u)$ nach Potenzen von u bestimmt. Wir haben allgemein für ungerades n den Ansatz:

$$(20)\qquad \begin{aligned} D_n(u) = {}& n(2!\cdot 3!\cdot 4!\cdots(n-1)!)^2\wp^{\frac{1}{2}(n^2-1)} + b_1(\tfrac{1}{2}g_2)\wp^{\frac{1}{2}(n^2-5)} \\ & + b_2 g_3\wp^{\frac{1}{2}(n^2-7)} + b_3(\tfrac{1}{2}g_2)^2\wp^{\frac{1}{2}(n^2-9)} + b_4(\tfrac{1}{2}g_2)g_3\wp^{\frac{1}{2}(n^2-11)} \\ & + (b_5(\tfrac{1}{2}g_2)^3 + b_5' g_3^2)\wp^{\frac{1}{2}(n^2-13)} + \cdots, \end{aligned}$$

während sich für gerades n der Ansatz ergibt:

$$(21)\qquad \begin{aligned} D_n(u) = \wp'\cdot\Big\{ & \tfrac{1}{2}n(2!\cdot 3!\cdot 4!\cdots(n-1)!)^2\wp^{\frac{1}{2}(n^2-4)} + c_1(\tfrac{1}{2}g_2)\wp^{\frac{1}{2}(n^2-8)} \\ & + c_2 g_3\wp^{\frac{1}{2}(n^2-10)} + c_3(\tfrac{1}{2}g_2)^2\wp^{\frac{1}{2}(n^2-12)} + c_4(\tfrac{1}{2}g_2)g_3\wp^{\frac{1}{2}(n^2-14)} \\ & + (c_5(\tfrac{1}{2}g_2)^3 + c_5' g_3^2)\wp^{\frac{1}{2}(n^2-16)} + \cdots\Big\}, \end{aligned}$$

wo die b und c ganze Zahlen sind. Wir reihen an die Gleichungen (6) wenigstens noch die fertigen Ausdrücke von $\psi^{(5)}$ und $\psi^{(6)}$ an:

$$(22)\qquad \begin{aligned} \psi^{(5)}(u) = \frac{D_5(u)}{(2!\cdot 3!\cdot 4!)^2} = {}& 5\wp^{12} - \frac{31}{2}g_2\wp^{10} - 5\cdot 19\,g_3\wp^9 - \frac{3\cdot 5\cdot 7}{2^4}g_2^2\wp^8 \\ & + 3\cdot 5\,g_2 g_3\wp^7 + \Big(\frac{3\cdot 5^2}{2^4}g_2^3 - 3\cdot 5\,g_3^2\Big)\wp^6 + \frac{3\cdot 29}{2^3}g_2^2 g_3\wp^5 \\ & - \Big(\frac{5^3}{2^8}g_2^4 - 2\cdot 3\cdot 5\,g_2 g_3^2\Big)\wp^4 - \Big(\frac{5}{2^4}g_2^3 g_3 - 5^2 g_3^3\Big)\wp^3 \\ & + \Big(\frac{5^2}{2^9}g_2^5 - \frac{3\cdot 5}{2^3}g_2^2 g_3^2\Big)\wp^2 + \Big(\frac{5^2}{2^8}g_2^4 g_3 - \frac{5}{2}g_2 g_3^3\Big)\wp \\ & - \Big(\frac{1}{2^{12}}g_2^6 - \frac{1}{2^5}g_2^3 g_3^2 + g_3^4\Big). \end{aligned}$$

Für $\psi^{(6)}$ findet sich aus der zweiten Rekursionsformel (8) der Ausdruck:

$$\psi^{(6)} = \psi^{(2)} \cdot \psi^{(3)} \left(\psi^{(5)} - \left(\frac{\psi^{(4)}}{\wp'} \right)^2 \right),$$

so daß $\psi^{(6)}$ die Funktionen $\psi^{(2)}$ und $\psi^{(3)}$ als Faktoren enthält. Für den dritten Faktor findet man:

$$(23) \qquad \frac{\psi^{(6)}(u)}{\psi^{(2)}(u)\,\psi^{(3)}(u)} = \wp^{12} - \frac{11}{2} g_2 \wp^{10} - 5 \cdot 11 g_3 \wp^9 - \frac{3 \cdot 5 \cdot 11}{2^4} g_2^2 \wp^8$$
$$- 3 \cdot 11 g_2 g_3 \wp^7 + \left(\frac{23}{2^4} g_2^3 - 3 \cdot 37 g_3^2 \right) \wp^6 - \frac{3 \cdot 11}{2^3} g_2^2 g_3 \wp^5$$
$$- \left(\frac{5 \cdot 37}{2^8} g_2^4 - 3 \cdot 5 g_2 g_3^2 \right) \wp^4 - \left(\frac{5}{2^4} g_2^3 g_3 - 5 g_3^3 \right) \wp^3$$
$$+ \left(\frac{3^2 \cdot 5}{2^9} g_2^5 - \frac{3^3}{2^3} g_2^2 g_3^2 \right) \wp^2 + \left(\frac{3 \cdot 11}{2^8} g_3^4 g_3 - \frac{7}{2} g_2 g_3^3 \right) \wp$$
$$- \left(\frac{5}{2^{12}} g_2^6 - \frac{3}{2^5} g_2^3 g_3^2 + 2 g_3^4 \right).$$

Wie man sieht, werden die Ausdrücke der $\psi^{(n)}(u)$ in $\wp(u)$ und $\wp'(u)$ bei wachsendem n schnell sehr umständlich. Wertvoll für später sind übrigens namentlich die allgemeinen Ansätze (20) und (21), an die wir wieder anzuknüpfen haben werden.

§ 2. Partielle Differentialgleichung der Funktionen $\psi^{(n)}$.

Es gibt noch ein paar andere Methoden zur Berechnung von $\wp(nu)$ bzw. von $\psi^{(n)}(u)$, die, wenn sie auch nicht mehr leisten als die Methoden von § 1, immerhin der Erwähnung wert sind. Eine erste solche Methode beruht auf einer partiellen Differentialgleichung, der $\psi^{(n)}$ als Funktion von $\wp$, g_2 und g_3 genügt.

Nach I, 322 befriedigt die σ-Funktion die Differentialgleichung:

$$\frac{\partial^2 \log \sigma(u)}{\partial u^2} + \left(\frac{\partial \log \sigma(u)}{\partial u} \right)^2 + 2 D_\eta (\log \sigma(u)) + \frac{1}{12} g_2 u^2 = 0.$$

Setzt man nu statt u ein und multipliziert mit n^2, so folgt:

$$\frac{\partial^2 \log \sigma(nu)}{\partial u^2} + \left(\frac{\partial \log \sigma(nu)}{\partial u} \right)^2 + 2 n^2 D_\eta (\log \sigma(nu)) + \frac{n^4}{12} g_2 u^2 = 0.$$

Von dieser Gleichung ziehe man die mit n^4 multiplizierte erste Gleichung ab, führe die kurz ψ zu nennende Funktion $\psi^{(n)}$, sowie nach (1) in I, 212 die Funktionen $\zeta(u)$ und $\wp(u)$ ein. Das Ergebnis kleidet sich bei Fortlassung der Argumente u in die Gestalt:

$$\frac{\partial^2 \log \psi}{\partial u^2} + \left(\frac{\partial \log \psi}{\partial u} \right)^2 + 2 n^2 \zeta \frac{\partial \log \psi}{\partial u} + 2 n^2 D_\eta (\log \psi) + n^2 (n^2 - 1) \wp = 0,$$

wofür wir unter Zusammenfassung der beiden ersten Glieder nach Multiplikation mit ψ schreiben können:

$$(1) \qquad \frac{\partial^2 \psi}{\partial u^2} + 2 n^2 \zeta \frac{\partial \psi}{\partial u} + 2 n^2 D_\eta (\psi) + n^2 (n^2 - 1) \wp \psi = 0.$$

In dieser Gleichung gelten u, g_2, g_3 als die unabhängigen Variablen. Führt man $\wp$ an Stelle von u ein, so ist für die Differentiationen nach g_2 und g_3 zu berücksichtigen, daß $\wp$ die Argumente u, g_2 und g_3 enthält. Die Ableitungen von ψ nach g_2 und g_3 sind also:

$$\frac{\partial \psi}{\partial \wp}\frac{\partial \wp}{\partial g_2}+\frac{\partial \psi}{\partial g_2}, \quad \frac{\partial \psi}{\partial \wp}\frac{\partial \wp}{\partial g_3}+\frac{\partial \psi}{\partial g_3},$$

und als algebraische Gestalt des Differentialausdrucks $D_\eta(\psi)$ tritt an Stelle von (9) in I, 317:

$$D_\eta(\psi)=\frac{\partial \psi}{\partial \wp}D_\eta(\wp)-6g_3\frac{\partial \psi}{\partial g_2}-\frac{1}{3}g_2^2\frac{\partial \psi}{\partial g_3}.$$

Andrerseits gilt, da u in $\wp$ allein (und nicht in g_2 und g_3) enthalten ist:

$$\frac{\partial \psi}{\partial u}=\frac{\partial \psi}{\partial \wp}\wp', \quad \frac{\partial^2 \psi}{\partial u^2}=\frac{\partial^2 \psi}{\partial \wp^2}\wp'^2+\frac{\partial \psi}{\partial \wp}\wp''.$$

Die Gleichung (1) gewinnt damit die Gestalt:

$$\frac{\partial^2 \psi}{\partial \wp^2}\wp'^2+\frac{\partial \psi}{\partial \wp}\wp''+2n^2\frac{\partial \psi}{\partial \wp}(\zeta\wp'+D_\eta(\wp))-12n^2g_3\frac{\partial \psi}{\partial g_2}-\frac{2}{3}n^2g_2^2\frac{\partial \psi}{\partial g_3}$$
$$+n^2(n^2-1)\wp\psi=0.$$

Der im dritten Gliede auftretende Klammerausdruck ist nach (7) in I, 322 gleich $(-2\wp^2+\frac{1}{3}g_2)$. Ersetzen wir noch $\wp'^2$ und $\wp''$ durch ihre Ausdrücke in $\wp$, so ergibt sich: *Die Funktion $\psi^{(n)}$ genügt als solche von $\wp$, g_2 und g_3 der partiellen Differentialgleichung zweiter Ordnung:*

$$(2)\qquad (4\wp^3-g_2\wp-g_3)\frac{\partial^2 \psi}{\partial \wp^2}-\left((4n^2-6)\wp^2-\left(\frac{2}{3}n^2-\frac{1}{2}\right)g_2\right)\frac{\partial \psi}{\partial \wp}$$
$$-12n^2g_3\frac{\partial \psi}{\partial g_2}-\frac{2}{3}n^2g_2^2\frac{\partial \psi}{\partial g_3}+n^2(n^2-1)\wp\psi=0.$$

Man kann diese Differentialgleichung zur Berechnung von $\psi^{(n)}$ benutzen, was freilich schon bei $n=5$ einen erheblichen Aufwand von Rechnung erfordert. Um die Methode für $n=3$ durchzuführen, haben wir dem Ansatze (20) entsprechend:

$$\psi=3\wp^4+ag_2\wp^2+bg_3\wp+cg_2^2$$

mit numerischen Konstanten a, b, c in die Differentialgleichung:

$$(4\wp^3-g_2\wp-g_3)\frac{\partial^2 \psi}{\partial \wp^2}-\left(30\wp^2-\frac{11}{2}g_2\right)\frac{\partial \psi}{\partial \wp}-108g_3\frac{\partial \psi}{\partial g_2}-6g_2^2\frac{\partial \psi}{\partial g_3}$$
$$+72\wp\psi=0$$

einzutragen und müssen dadurch eine in $\wp$, g_2, g_3 identisch bestehende Gleichung gewinnen. Die entstehende Gleichung muß also z. B. auch gelten, wenn wir $g_3=0$ setzen; auf diese Weise erhalten wir:

$$(4\wp^3-g_2\wp)(36\wp^2+2ag_2)-(30\wp^2-\tfrac{11}{2}g_2)(12\wp^3+2ag_2\wp)-6bg_2^2\wp$$
$$+72\wp(3\wp^4+ag_2\wp^2+cg_2^2)=0.$$

Ordnet man nach Potenzen von $\wp$, so muß jeder dabei auftretende Koeffizient der einzelnen Potenz für sich verschwinden, was:

$$(3)\qquad 2a + 3 = 0, \quad 3a - 2b + 24c = 0$$

liefert. Nimmt man ferner $\wp = 0$, so gelangt man auf entsprechendem Wege zur Gleichung:

$$(4)\qquad 4a - 11b + 432c = 0.$$

Die Auflösung der Gleichungen (3) und (4) liefert $a = -\frac{3}{2}$, $b = -3$, $c = -\frac{1}{16}$ und führt zu dem in (6) S. 185 angegebenen Ausdrucke von $\psi^{(3)}$ zurück.

§ 3. Berechnung von $\wp(nu)$ durch ein Kettenbruchverfahren.

Nur beiläufig gehen wir endlich auf eine Methode ein, den Ausdruck von $\wp(nu)$ in $\wp(u)$ mittelst eines Kettenbruchverfahrens zu gewinnen. Diese Methode führt in ihren Ergebnissen freilich nur zu bereits Bekanntem zurück; sie wird hier erwähnt wegen der bedeutenden Rolle, die sie in der Literatur des vorigen Jahrhunderts spielt. Einem Zusammenhange zwischen Integralen mit der Quadratwurzel einer ganzen Funktion und der Kettenbruchentwicklung dieser Quadratwurzel ist schon Abel[1]) nachgegangen. Wenig später stellte Jacobi[2]) ohne Beweis die Formeln auf, die im Falle der Quadratwurzel einer ganzen Funktion vierten Grades zwischen der Kettenbruchentwicklung und den Multiplikationssätzen der zugehörigen elliptischen Funktionen bestehen. In einer an die allgemeineren Fragen Abels anknüpfenden Arbeit von C. W. Borchardt[3]) sind sodann die Jacobischen Resultate neu behandelt und bewiesen. Späterhin sind endlich G. Frobenius und L. Stickelberger[4]) in einer ausführlichen Arbeit auf diese Gegenstände zurückgekommen und haben die Multiplikationsformeln der $\wp$-Funktion bis zur Gewinnung der obigen Determinantenformeln hingeführt.

Um die Kettenbruchentwicklung zunächst auf transzendenter Grundlage zu gewinnen, bilden wir die Funktion:

$$(1)\qquad \Phi_n(u) = \frac{1}{2}\,\frac{\wp'(u) - \wp'(nu_0)}{\wp(u) - \wp(nu_0)} - \frac{1}{2}\,\frac{\wp'(u_0) - \wp'(nu_0)}{\wp(u_0) - \wp(nu_0)}$$

mit einer ganzen Zahl $n > 1$. Die Stelle u_0 denken wir vorerst fest ge-

1) „Sur l'intégration de la formule differentielle $\frac{\varrho\, dx}{\sqrt{R}}$, R et ϱ étant des fonctions entières", Journ. f. Math., Bd. 1 (1826).

2) „Note sur une nouvelle application de l'analyse des fonctions elliptiques à l'algèbre", Journ. f. Math., Bd. 7 (1831).

3) „Application des transcendantes abéliennes à la théorie des fractions continues", Journ. f. Math., Bd. 48 (1852).

4) „Über Addition und Multiplikation der elliptischen Funktionen", Journ. f. Math., Bd. 88 (1879).

wählt, und zwar so, daß $\wp(nu_0)$, $\wp'(nu_0)$, $(\wp(u_0)-\wp(nu_0))$ endliche und von 0 verschiedene Werte sind. Es ist dann jedenfalls nu_0 keine ganzzahlige Kombination von Periodenhälften, woraus hervorgeht, daß auch $\wp(u_0)$, $\wp'(u_0)$ endlich sind, und daß die beiden Stellen $\pm nu_0$ bezüglich der Gruppe $\Gamma^{(u)}$ nicht äquivalent sind.

Die Funktion (1) hat im Periodenparallelogramm zwei Pole und ist also zweiwertig. Der eine Pol liegt bei $u=0$, wo das Anfangsglied der Potenzreihe durch $\Phi_n(u) = -u^{-1}+\cdots$ gegeben ist. Ein weiterer Pol kann nur in einem der beiden getrennt liegenden Nullpunkte erster Ordnung $\pm nu_0$ des Nenners $(\wp(u)-\wp(nu_0))$ auftreten. Da aber an der Stelle $u=nu_0$ auch der Zähler $(\wp'(u)-\wp'(nu_0))$ verschwindet, so bleibt als weiterer Pol nur noch $u=-nu_0$ übrig. Von den beiden Nullpunkten der Funktion (1) liegt einer bei $u=u_0$ und also der andere zufolge des Abelschen Theorems (5) in I, 213 bei $u=-(n+1)u_0$. Man kann daraufhin sofort die Darstellung (6) in I, 214 der Funktion (1) durch die σ-Funktion ansetzen, wobei der von u unabhängige Faktor aus dem schon genannten Anfangsgliede $-u^{-1}$ von $\Phi_n(u)$ gewonnen wird. Man findet:

$$(2)\qquad \Phi_n(u) = \frac{\sigma(u-u_0)\,\sigma(u+(n+1)u_0)\,\sigma(nu_0)}{\sigma(u)\,\sigma(u+nu_0)\,\sigma(u_0)\,\sigma((n+1)u_0)},$$

eine Gleichung, in der fortan u_0 als unabhängige Variable gelten darf.

Für $n>2$ findet man weiter mit Benutzung von (14) in I, 217:

$$(3)\qquad \frac{\wp(u)-\wp(u_0)}{\Phi_{n-1}(u)} = -\frac{\sigma(u+u_0)\,\sigma(u+(n-1)u_0)\,\sigma(nu_0)}{\sigma(u)\,\sigma(u+nu_0)\,\sigma(u_0)\,\sigma((n-1)u_0)}.$$

Der links stehende Quotient ist also gleichfalls eine zweiwertige doppeltperiodische Funktion, die mit $\Phi_n(u)$ die Pole gemein hat und wie $\Phi_n(u)$ das Anfangsglied $-u^{-1}$ der Potenzreihe nach u hat. Die Differenz der Funktionen (3) und (2) hat demnach eine unter 2 herabsinkende Wertigkeit und stellt also eine von u unabhängige Größe dar, die als Funktion von u_0 durch $\varphi_n(u_0)$ bezeichnet werden soll:

$$(4)\qquad \frac{\wp(u)-\wp(u_0)}{\Phi_{n-1}(u)} - \Phi_n(u) = \varphi_n(u_0).$$

Zur Berechnung von $\varphi_n(u_0)$ tragen wir $u=-u_0$ ein und finden aus (1):

$$(5)\qquad \varphi_n(u_0) = -\Phi_n(-u_0) = \frac{\wp'(u_0)}{\wp(u_0)-\wp(nu_0)}.$$

Für $n=1$ ist die den Funktionen (1) entsprechende zweiwertige Funktion durch:

$$(6)\qquad \Phi_1(u) = \frac{1}{2}\,\frac{\wp'(u)-\wp'(u_0)}{\wp(u)-\wp(u_0)} - \frac{1}{2}\,\frac{\wp''(u_0)}{\wp'(u_0)}$$

gegeben. Sie hat ihre beiden Pole bei $u=0$ und $u=-u_0$, während ihre Nullpunkte bei $u = u_0$ und $u = -2u_0$ liegen. Erklären wir $\varphi_1(u_0)$ durch:

$$(7) \qquad \varphi_1(u_0) = \frac{1}{2}\frac{\wp''(u_0)}{\wp'(u_0)},$$

so reiht sich an (4) für $n = 1$ die Gleichung an:

$$(8) \qquad \frac{1}{2}\frac{\wp'(u) - \wp'(u_0)}{\wp(u) - \wp(u_0)} - \Phi_1(u) = \varphi_1(u_0).$$

Im übrigen gilt auch für die Funktion $\Phi_1(u)$ die allgemein unter (2) gewonnene Darstellung durch die Sigmafunktion. Hieraus folgt wie oben, daß die Gleichung (4) auch für $n = 2$ bestehen bleibt, falls wir $\varphi_2(u_0)$ durch die allgemeine Vorschrift (5) erklären.

Schreiben wir die entwickelte Formelkette in der Gestalt:

$$\frac{1}{2}\frac{\wp'(u) - \wp'(u_0)}{\wp(u) - \wp(u_0)} = \varphi_1(u_0) + \Phi_1(u),$$
$$\frac{\wp(u) - \wp(u_0)}{\Phi_1(u)} = \varphi_2(u_0) + \Phi_2(u),$$
$$\frac{\wp(u) - \wp(u_0)}{\Phi_2(u)} = \varphi_3(u_0) + \Phi_3(u),$$
$$\cdots\cdots\cdots\cdots$$
$$\frac{\wp(u) - \wp(u_0)}{\Phi_{n-1}(u)} = \varphi_n(u_0) + \Phi_n(u),$$

unter n irgendeine ganze Zahl > 1 verstanden, so sind die ersten Glieder der rechten Seiten stets als die Grenzen der links stehenden Ausdrücke für $u = u_0$ eindeutig bestimmt, womit dann zugleich auch die in den zweiten Gliedern rechts stehenden $\Phi_\nu(u)$ als für $u = u_0$ verschwindende Funktionen bestimmt sind. Die Elimination von $\Phi_1, \Phi_2, \ldots, \Phi_{n-1}$ ergibt aber für die in der ersten Gleichung links stehende Funktion die Entwicklung in einen n-gliedrigen Kettenbruch:

$$(9) \quad \frac{1}{2}\frac{\wp'(u) - \wp'(u_0)}{\wp(u) - \wp(u_0)} = \varphi_1(u_0) + \cfrac{\wp(u) - \wp(u_0)}{\varphi_2(u_0) + \cfrac{\wp(u) - \wp(u_0)}{\varphi_3(u_0) + \cfrac{\wp(u) - \wp(u_0)}{\varphi_4(u_0) + \vdots \; + \cfrac{\wp(u) - \wp(u_0)}{\varphi_n(u_0) + \Phi_n(u)}}}}.$$

Diese Kettenbruchentwicklung ist nun auch in algebraischer Gestalt durchführbar, nämlich auf Grund der Regel, nach der man eine Potenzreihe in einen Kettenbruch umrechnet. Wir setzen zunächst die Formel (9) in algebraische Gestalt, indem wir:

$$\wp(u) = x, \quad \wp(u_0) = x_0, \quad \wp'(u) = \sqrt{f(x)}, \quad \wp'(u_0) = \sqrt{f(x_0)}$$

schreiben, unter $f(x)$ die ganze Funktion $(4x^3 - g_2 x - g_3)$ verstanden:

$$(10)\qquad \frac{1}{2}\,\frac{\sqrt{f(x)}-\sqrt{f(x_0)}}{x-x_0}=\varphi_1+\cfrac{x-x_0}{\varphi_2+\cfrac{x-x_0}{\varphi_3+\cfrac{x-x_0}{\varphi_4+\cdots+\cfrac{x-x_0}{\varphi_n+\Phi_n}}}}.$$

Um die Taylorsche Reihe der links stehenden Funktion:

$$(11)\qquad \frac{1}{2}\,\frac{\sqrt{f(x)}-\sqrt{f(x_0)}}{x-x_0}=a_0+a_1(x-x_0)+a_2(x-x_0)^2+\cdots,$$

$$2\,a_{n-1}=\frac{1}{n!}\,\frac{d^n\sqrt{f(x_0)}}{dx^n}$$

in den Kettenbruch (10) umzuwandeln, hat man wiederholt von der Gleichung:

$$(c_0+c_1z+c_2z^2+c_3z^3+\cdots)^{-1}=\frac{1}{c_0}-\frac{c_1}{c_0^2}z+\left(\frac{c_1^2}{c_0^3}-\frac{c_2}{c_0^2}\right)z^2$$
$$-\left(\frac{c_1^3}{c_0^4}-\frac{2\,c_1c_2}{c_0^3}+\frac{c_3}{c_0^2}\right)z^3+\cdots$$

Gebrauch zu machen, mittelst deren man den reziproken Wert einer Potenzreihe wieder in eine solche Reihe umwandelt. Die Anfangsglieder des Kettenbruchs (10) in der neuen Gestalt sind gegeben durch:

$$\frac{1}{2}\,\frac{\sqrt{f(x)}-\sqrt{f(x_0)}}{x-x_0}=a_0+\cfrac{x-x_0}{\frac{1}{a_1}+\cfrac{x-x_0}{-\frac{a_1^2}{a_2}+\cfrac{x-x_0}{\frac{a_2^2}{a_1(a_1a_3-a_2^2)}+\cfrac{x-x_0}{-\frac{(a_1a_3-a_2^2)^2}{a_2(a_2a_4-a_3^2)}+\cdots}}}}$$

Der Vergleich mit (10) lehrt die folgenden Darstellungen der $\varphi_1, \varphi_2, \ldots$:

$$(12)\qquad \varphi_1=a_0,\quad \varphi_2=\frac{1}{a_1},\quad \varphi_3=-\frac{a_1^2}{a_2},\quad \varphi_4=\frac{a_2^2}{a_1(a_1a_3-a_2^2)},$$
$$\varphi_5=-\frac{(a_1a_3-a_2^2)^2}{a_2(a_2a_4-a_3^2)},\ \ldots,$$

wo die $a_0, a_1, a_2, \ldots$ durch die zweite Gleichung (11) gegeben sind.

Bei Rückgang zu den transzendenten Funktionen wollen wir den Index an u_0 fortlassen und haben dann erstlich:

$$\varphi_1=\frac{1}{2}\,\frac{\wp''(u)}{\wp'(u)},\quad \varphi_n=\frac{\wp'(u)}{\wp(u)-\wp(nu)},\quad n>1,$$

während andrerseits aus der zweiten Gleichung (11):

$$a_0=\frac{1}{2}\,\frac{d\wp'(u)}{d\wp(u)}=\frac{1}{2}\,\frac{\wp''(u)}{\wp'(u)},\quad a_n=\frac{1}{n+1}\,\frac{da_{n-1}}{d\wp}=\frac{1}{n+1}\,\frac{da_{n-1}}{du}\cdot\frac{1}{\wp'(u)}$$

als Regel für die Berechnung der a folgt. In den ersten Fällen haben wir bei Fortlassung der Argumente u die Darstellungen:

$$a_0 = \frac{\wp''}{2\wp'}, \quad a_1 = \frac{\wp'\wp''' - \wp''^2}{4\wp'^3}, \quad a_2 = \frac{\wp'^2\wp^{(4)} - 4\wp'\wp''\wp''' + 3\wp''^3}{12\wp'^5}, \ldots.$$

Man prüfe etwa den Fall $n = 3$, wo die Gleichung:

$$\wp(3u) = \wp(u) - \frac{\wp'(u)}{\varphi_3(u)} = \wp(u) + \frac{a_2\wp'(u)}{a_1^2}$$

nach Eintragung der Ausdrücke von $\wp''$, $\wp'''$, $\wp^{(4)}$ in $\wp$ und $\wp'$ auf die von früher bekannte Darstellung von $\wp(3u)$ in $\wp(u)$ und $\wp'(u)$ zurückführt. Im übrigen sei wegen Durchbildung der Methode nochmals auf die letzte der S. 192 genannten Abhandlungen verwiesen.

§ 4. Ansatz der Multiplikationsformeln für sn, cn und dn.

Die Multiplikationsformeln für die früher allein betrachteten Funktionen zweiter Stufe sind von Abel[1]) aufgestellt. Jacobi bezieht sich in den „Fundamenten" (am Ende des Artikels 28) auf Abel und übergeht daher die Einzelheiten der Multiplikationsformeln. Er kommt jedoch alsbald auf den Gegenstand zurück[2]) und erkennt die Existenz einer partiellen Differentialgleichung, welche zur Berechnung der Multiplikationsformeln dienen kann. Es handelt sich um die der Gleichung des § 2 entsprechende Differentialgleichung für die Funktionen zweiter Stufe; wir kommen unten auf diese Gleichung zurück.

Die drei Funktionen $\mathrm{sn}\,w$, $\mathrm{cn}\,w$, $\mathrm{dn}\,w$ gehören je als zweiwertige doppeltperiodische Funktionen zu den drei in I, 378 eingeführten Gruppen $\Gamma_{2_1}^{(w)}$, $\Gamma_{2_2}^{(w)}$, $\Gamma_{2_3}^{(w)}$, deren Diskontinuitätsbereiche durch die Figuren 75 ff. in I, 393 gegeben sind. Die Werteverteilung der Funktionen ist in diesen Figuren durch die in Klammern eingetragenen Werte veranschaulicht. Ist nun n irgendeine positive ganze Zahl, so gehören auch die drei Funktionen $\mathrm{sn}(nw)$, $\mathrm{cn}(nw)$, $\mathrm{dn}(nw)$ bzw. zu den drei genannten Gruppen. Es hat nämlich z. B. die Funktion $\mathrm{sn}(nw)$ die Perioden $\frac{4K}{n}$ und $\frac{2iK'}{n}$, und zwar gehört sie als zweiwertige Funktion zu dem diesen beiden Perioden entsprechenden Parallelogramme. Man mache sich deutlich, daß sich n^2 Parallelogramme dieser letzteren Art zu dem in Fig. 75 a. a. O. gegebenen Diskontinuitätsbereiche der $\Gamma_{2_1}^{(w)}$ zusammenordnen lassen. Indem man die Betrachtung auch auf die beiden anderen Fälle überträgt, erkennt man in $\mathrm{sn}(nw)$, $\mathrm{cn}(nw)$, $\mathrm{dn}(nw)$ Funktionen der Wertigkeit $2n^2$ der fraglichen Gruppen. Auf Grund des Satzes in I, 394 (unten) und der entsprechenden Sätze für die $\Gamma_{2_2}^{(w)}$, $\Gamma_{2_3}^{(w)}$ sind nun die $\mathrm{sn}(nw)$, $\mathrm{cn}(nw)$,

1) Im zweiten Paragraphen der „Recherches sur les fonctions elliptiques", Journ. f. Math., Bd. 2 (1828).

2) „Suite des notices sur les fonctions elliptiques", Journ. f. Math., Bd. 3 1828) oder Jacobis Werke, Bd. 1, S. 264, Abs. III.

dn (nw) rational in sn w, cn w, dn w darstellbar. Die Ansätze für diese Darstellungen gewinnt man durch einfache funktionentheoretische Überlegung, wie wenigstens im Falle der Funktion sn (nw) etwas näher ausgeführt werden soll.

Ist erstlich n ungerade, so bleibt die ungerade Funktion sn (nw) bei der Substitution $w' = 2K - w$ unverändert und ist demnach eine rationale Funktion von sn w allein, und zwar wegen der Wertigkeit eine solche vom Grade n^2. Bei $w = 0$ haben sn (nw) und sn w einen Nullpunkt erster Ordnung und bei $w = iK'$ einen Pol erster Ordnung gemein. Hieraus schließt man, daß der Zähler der fraglichen rationalen Funktion den Faktor sn w hat, und daß der Grad des Nenners um eine Einheit kleiner als der Grad des Zählers ist. Hiernach ist sn (nw) darstellbar als Produkt von sn w und einer rationalen Funktion des Grades $(n^2 - 1)$. Diese Funktion kann nur gerade Potenzen von sn w enthalten, da sn (nw) : sn w eine gerade Funktion von w ist. Übrigens nimmt die fragliche rationale Funktion von $(\operatorname{sn} w)^2$ für sn $w = 0$ den Wert n an, da man aus (10) in I, 399 sofort $\lim\limits_{w=0} (\operatorname{sn}(nw) : \operatorname{sn} w) = n$ feststellt.

Etwas umständlicher gestaltet sich die Überlegung im Falle einer geraden Zahl n, einfacher hingegen wieder für cn (nw) und dn (nw). Wir fassen sogleich die Ergebnisse zusammen und schreiben hierbei zur Abkürzung:

$$(\operatorname{sn} w)^2 = z.$$

Im Falle einer ungeraden Zahl n gelten für die Multiplikationsformeln der Jacobischen Funktionen sn, cn, dn *die Ansätze:*

$$(1)\quad \operatorname{sn}(nw) = \frac{\operatorname{sn} w \cdot G_1^{(n)}(z)}{G_0^{(n)}(z)}, \quad \operatorname{cn}(nw) = \frac{\operatorname{cn} w \cdot G_2^{(n)}(z)}{G_0^{(n)}(z)}, \quad \operatorname{dn}(nw) = \frac{\operatorname{dn} w \cdot G_3^{(n)}(z)}{G_0^{(n)}(z)},$$

wo die G rationale ganze Funktionen folgender Gestalten sind:

$$(2)\quad \begin{cases} G_\mu^{(n)}(z) = 1 + a_{\mu 1} z + a_{\mu 2} z^2 + \cdots + a_{\mu, \frac{n^2-1}{2}} z^{\frac{n^2-1}{2}}, & (\mu = 0, 2, 3) \\ G_1^{(n)}(z) = n + a_{11} z + a_{12} z^2 + \cdots + a_{1, \frac{n^2-1}{2}} z^{\frac{n^2-1}{2}}; \end{cases}$$

für eine gerade Zahl n schließen sich hieran die Ansätze:

$$(3)\quad \operatorname{sn}(nw) = \frac{\operatorname{sn} w \operatorname{cn} w \operatorname{dn} w \cdot G_1^{(n)}(z)}{G_0^{(n)}(z)}, \quad \operatorname{cn}(nw) = \frac{G_2^{(n)}(z)}{G_0^{(n)}(z)}, \quad \operatorname{dn}(nw) = \frac{G_3^{(n)}(z)}{G_0^{(n)}(z)},$$

wo die rationalen ganzen Funktionen G folgende Gestalten haben:

$$(4)\quad \begin{cases} G_\mu^{(n)}(z) = 1 + a_{\mu 1} z + a_{\mu 2} z^2 + \cdots + a_{\mu, \frac{n^2}{2}} z^{\frac{n^2}{2}}, & (\mu = 0, 2, 3) \\ G_1^{(n)}(z) = n + a_{11} z + a_{12} z^2 + \cdots + a_{1, \frac{n^2-4}{2}} z^{\frac{n^2-4}{2}}. \end{cases}$$

Zwischen den vier Funktionen eines und desselben n bestehen zwei identische Gleichungen, die sich aus den beiden in I, 389 gewonnenen Relationen zwischen sn, cn und dn ergeben. Diese Gleichungen lauten im Falle eines ungeraden n:

$$(5)\quad (1-z)\,G_2(z)^2=G_0(z)^2-z\,G_1(z)^2,\quad (1-k^2z)\,G_3(z)^2=G_0(z)^2-k^2z\,G_1(z)^2,$$

während sie bei geradem n die Gestalt haben:

$$(6)\quad \begin{cases} G_2(z)^2 = G_0(z)^2 - z(1-z)(1-k^2z)\,G_1(z)^2, \\ G_3(z)^2 = G_0(z)^2 - k^2z(1-z)(1-k^2z)\,G_1(z)^2; \end{cases}$$

k^2 ist der Legendre-Jacobische Integralmodul (vgl. I, 367).

Das Ziel der weiteren Entwicklung ist nun die genauere Berechnung der ganzen Funktionen G. Zunächst bietet sich ein rekurrentes Verfahren dar. Setzen wir in den drei Additionsformeln (9), S. 166 für u und v übereinstimmend nw ein, so folgt:

$$(7)\quad \begin{cases} \operatorname{sn} 2nw = \dfrac{2\operatorname{sn} nw\cdot\operatorname{cn} nw\cdot\operatorname{dn} nw}{1-k^2\operatorname{sn} nw^4}, \\ \operatorname{cn} 2nw = \dfrac{\operatorname{cn} nw^2-\operatorname{sn} nw^2\operatorname{dn} nw^2}{1-k^2\operatorname{sn} nw^4}, \\ \operatorname{dn} 2nw = \dfrac{\operatorname{dn} nw^2-k^2\operatorname{sn} w^2\operatorname{cn} nw^2}{1-k^2\operatorname{sn} nw^4}. \end{cases}$$

Hieraus berechnen sich, wenn wir der Kürze halber die Argumente z der Funktionen G fortlassen, mit Rücksicht auf die Anfangskoeffizienten der G bei ungeradem n die Formeln:

$$(8)\quad \begin{cases} G_0^{(2n)} = G_0^{(n)4} - k^2z^2G_1^{(n)4}, \\ G_1^{(2n)} = 2\,G_0^{(n)}\,G_1^{(n)}\,G_2^{(n)}\,G_3^{(n)}, \\ G_2^{(2n)} = (1-z)\,G_0^{(n)2}\,G_2^{(n)2} - (z-k^2z^2)\,G_1^{(n)2}\,G_3^{(n)2}, \\ G_3^{(2n)} = (1-k^2z)\,G_0^{(n)2}\,G_3^{(n)2} - (k^2z-k^2z^2)\,G_1^{(n)2}\,G_2^{(n)2}, \end{cases}$$

bei geradem n aber die Beziehungen:

$$(9)\quad \begin{cases} G_0^{(2n)} = G_0^{(n)4} - k^2z^2(1-z)^2(1-k^2z)^2\,G_1^{(n)4}, \\ G_1^{(2n)} = 2\,G_0^{(n)}\,G_1^{(n)}\,G_2^{(n)}\,G_3^{(n)}, \\ G_2^{(2n)} = G_0^{(n)2}\,G_2^{(n)2} - (z-(1+k^2)z^2+k^2z^3)\,G_1^{(n)2}\,G_3^{(n)2}, \\ G_3^{(2n)} = G_0^{(n)2}\,G_3^{(n)2} - (k^2z-(k^2+k^4)z^2+k^4z^3)\,G_1^{(n)2}\,G_2^{(n)2}. \end{cases}$$

Setzt man andrerseits $u=(n+1)w$, $v=nw$ in die Additionsformeln ein, so gelangt man entsprechend zu den drei in jedem Falle n gültigen Formeln:

$$(10)\quad \begin{cases} G_0^{(2n+1)} = G_0^{(n)2}\,G_0^{(n+1)2} - (k^2z^2-(k^2+k^4)z^3+k^4z^4)\,G_1^{(n)2}\,G_1^{(n+1)2}, \\ G_2^{(2n+1)} = G_0^{(n)}\,G_2^{(n)}\,G_0^{(n+1)}\,G_2^{(n+1)} - (z-k^2z^2)\,G_1^{(n)}\,G_3^{(n)}\,G_1^{(n+1)}\,G_3^{(n+1)}, \\ G_3^{(2n+1)} = G_0^{(n)}\,G_3^{(n)}\,G_0^{(n+1)}\,G_3^{(n+1)} - (k^2z-k^2z^2)\,G_1^{(n)}\,G_2^{(n)}\,G_1^{(n+1)}\,G_2^{(n+1)}, \end{cases}$$

während sich $G_1^{(2n+1)}$ bei ungeradem n durch die Formel:

$$(11)\quad G_1^{(2n+1)} = G_0^{(n)} G_1^{(n)} G_2^{(n+1)} G_3^{(n+1)} + (1-(1+k^2)z+k^2z^2)\, G_2^{(n)} G_3^{(n)} G_0^{(n+1)} G_1^{(n+1)},$$

bei geradem n aber durch:

$$(12)\quad G_1^{(2n+1)} = G_2^{(n)} G_3^{(n)} G_0^{(n+1)} G_1^{(n+1)} + (1-(1+k^2)z+k^2z^2)\, G_0^{(n)} G_1^{(n)} G_2^{(n+1)} G_3^{(n+1)}$$

berechnet.

Da alle vier Funktionen $G^{(1)}$ mit 1 identisch sind, so ergibt sich aus den Formeln (8):

$$(13)\quad G_0^{(2)} = 1-k^2z^2,\quad G_1^{(2)} = 2,\quad G_2^{(2)} = 1-2z+k^2z^2,\quad G_3^{(2)} = 1-2k^2z+k^2z^2,$$

sowie weiter mittelst der Formeln (10) und (11):

$$(14)\quad \begin{cases} G_0^{(3)} = 1-6k^2z^2+4k^2(1+k^2)z^3-3k^4z^4, \\ G_1^{(3)} = 3-4(1+k^2)z+6k^2z^2-k^4z^4, \\ G_2^{(3)} = 1-4z+6k^2z^2-4k^4z^3+k^4z^4, \\ G_3^{(3)} = 1-4k^2z+6k^2z^2-4k^2z^3+k^4z^4. \end{cases}$$

Mit Rücksicht auf die Gestalt der Rekursionsformeln gewinnen wir aus diesen Angaben den allgemeinen Satz, *daß die Koeffizienten a der ganzen Funktionen G durchweg rationale ganze ganzzahlige Funktionen von k^2 sind.* Einige weitere allgemeine Gesetze über unsere Funktionen G erhalten wir durch Heranziehung bisher noch nicht benutzter Hilfsmittel.

§ 5. Weitere Beziehungen zwischen den Funktionen $G(z)$.

Da weiterhin nur noch die Funktionen $G_0^{(n)}, G_1^{(n)}, \ldots$ eines und desselben n zur Sprache kommen, so wird der obere Index n fortgelassen. Dagegen wird ausführlicher $G_0(z, k^2), G_1(z, k^2), \ldots$ geschrieben, um die Abhängigkeit der Funktionen von k^2 hervorzuheben. Es ist nun zunächst möglich, die Koeffizienten der höchsten Potenzen in den Ausdrücken (2) und (4) S. 197 der Funktionen G allgemein zu bestimmen. Diese Koeffizienten $a_{0,\frac{n^2-1}{2}}, a_{1,\frac{n^2-1}{2}}, \ldots$ der vier Ausdrücke (2) S. 197, die sich auf ungerades n beziehen, sind bzw.:

$$(-1)^{\frac{n-1}{2}}\, n k^{\frac{n^2-1}{2}},\quad (-1)^{\frac{n-1}{2}}\, k^{\frac{n^2-1}{2}},\quad k^{\frac{n^2-1}{2}},\quad k^{\frac{n^2-1}{2}};$$

im Falle eines geraden n hat man für $a_{0,\frac{n^2}{2}}, a_{1,\frac{n^2-4}{2}}, \ldots$ bzw.:

$$(-1)^{\frac{n}{2}} k^{\frac{n^2}{2}},\quad (-1)^{\frac{n-2}{2}}\, n k^{\frac{n^2-4}{2}},\quad k^{\frac{n^2}{2}},\quad k^{\frac{n^2}{2}}.$$

Für $n = 1$, 2 und 3 geht die Richtigkeit dieser Angaben aus den am Schlusse von § 4 zusammengestellten Ausdrücken der zugehörigen Funktionen G hervor. Die Rekursionsformeln (8)ff. S. 198 zeigen dann mittelst des Schlusses der vollständigen Induktion die allgemeine Gültigkeit. Schreiben wir auch noch bei den Koeffizienten a das Argument k^2 hinzu, so gilt hiernach als Ansatz bei einem ungeraden n:

$$(1)\quad \begin{cases} G_0(z, k^2) = 1 + a_{01}(k^2)z + a_{02}(k^2)z^2 + \cdots + (-1)^{\frac{n-1}{2}} n k^{\frac{n^2-1}{2}} z^{\frac{n^2-1}{2}}, \\ G_1(z, k^2) = n + a_{11}(k^2)z + a_{12}(k^2)z^2 + \cdots + (-1)^{\frac{n-1}{2}} k^{\frac{n^2-1}{2}} z^{\frac{n^2-1}{2}}, \\ G_\mu(z, k^2) = 1 + a_{\mu 1}(k^2)z + a_{\mu 2}(k^2)z^2 + \cdots + k^{\frac{n^2-1}{2}} z^{\frac{n^2-1}{2}}, \qquad (\mu = 2, 3) \end{cases}$$

und bei einem geraden n:

$$(2)\quad \begin{cases} G_0(z, k^2) = 1 + a_{01}(k^2)z + a_{02}(k^2)z^2 + \cdots + (-1)^{\frac{n}{2}} k^{\frac{n^2}{2}} z^{\frac{n^2}{2}}, \\ G_1(z, k^2) = n + a_{11}(k^2)z + a_{12}(k^2)z^2 + \cdots + (-1)^{\frac{n-2}{2}} n k^{\frac{n^2-4}{2}} z^{\frac{n^2-4}{2}}, \\ G_\mu(z, k^2) = 1 + a_{\mu 1}(k^2)z + a_{\mu 2}(k^2)z^2 + \cdots + k^{\frac{n^2}{2}} z^{\frac{n^2}{2}}, \qquad (\mu = 2, 3) \end{cases}$$

Man gelangt nun zur Kenntnis einer Anzahl von Relationen zwischen den vier Funktionen G, wenn man das Argument w der Funktionen sn, cn, dn um Periodenhälften ändert, und wenn man diese Funktionen der linearen Transformation unterwirft (vgl. I, 475). Das Verhalten von $\operatorname{sn} w, \ldots$, $\operatorname{sn}(nw), \ldots$ bei Vermehrung von w um iK' geht aus der Tabelle in I, 395 und den Formeln (13) in I, 390 hervor; der Integralmodul bleibt unverändert. Die für ungerades n gültigen Gleichungen (1) S. 197 gehen demnach bei dieser Änderung von w in die folgenden über:

$$\frac{1}{\operatorname{sn}(nw)} = \frac{1}{\operatorname{sn} w} \cdot \frac{G_1\left(\frac{1}{k^2 z}, k^2\right)}{G_0\left(\frac{1}{k^2 z}, k^2\right)},$$

$$\frac{\operatorname{dn}(nw)}{\operatorname{sn}(nw)} = (-1)^{\frac{n-1}{2}} \frac{\operatorname{dn} w}{\operatorname{sn} w} \cdot \frac{G_2\left(\frac{1}{k^2 z}, k^2\right)}{G_0\left(\frac{1}{k^2 z}, k^2\right)},$$

$$\frac{\operatorname{cn}(nw)}{\operatorname{sn}(nw)} = (-1)^{\frac{n-1}{2}} \frac{\operatorname{cn} w}{\operatorname{sn} w} \cdot \frac{G_3\left(\frac{1}{k^2 z}, k^2\right)}{G_0\left(\frac{1}{k^2 z}, k^2\right)}.$$

Der Vergleich mit den ursprünglichen Gleichungen lehrt die bei ungeradem n bestehenden Beziehungen:

$$(3)\quad \begin{cases} G_1(z,k^2) = (-1)^{\frac{n-1}{2}}(kz)^{\frac{n^2-1}{2}}\,G_0\left(\frac{1}{k^2z},\,k^2\right), \\ G_3(z,k^2) = (kz)^{\frac{n^2-1}{2}}\,G_2\left(\frac{1}{k^2z},\,k^2\right). \end{cases}$$

Bei geradem n gewinnt man auf entsprechendem Wege die Regeln:

$$(4)\quad \begin{cases} G_0(z,k^2) = (-1)^{\frac{n}{2}}(kz)^{\frac{n^2}{2}}\,G_0\left(\frac{1}{k^2z},\,k^2\right), \\ G_1(z,k^2) = (-1)^{\frac{n-2}{2}}(kz)^{\frac{n^2-4}{2}}\,G_1\left(\frac{1}{k^2z},\,k^2\right), \\ G_\mu(z,k^2) = (kz)^{\frac{n^2}{2}}\,G_\mu\left(\frac{1}{k^2z},\,k^2\right). \qquad (\mu=2,3) \end{cases}$$

Man übe zweitens die in I, 475 mit $-STS$ bezeichnete lineare Transformation aus. Das Verhalten der Funktionen und des Integralmoduls ist a. a. O. angegeben; insbesondere ist z durch k^2z zu ersetzen und k^2 durch $\frac{1}{k^2}$. Man findet, daß sowohl bei ungeradem als geradem n die Regeln gelten:

$$(5)\quad \begin{cases} G_\mu(z,k^2) = G_\mu\left(k^2z,\frac{1}{k^2}\right), \qquad (\mu=0,1) \\ G_2(z,k^2) = G_3\left(k^2z,\frac{1}{k^2}\right), \\ G_3(z,k^2) = G_2\left(k^2z,\frac{1}{k^2}\right). \end{cases}$$

Bei Anwendung der linearen Transformation T geht k^2 zufolge I, 475 in $(1-k^2)$ über und z in $\frac{z}{z-1}$. Hier findet man bei ungeradem n die Gesetze:

$$(6)\quad \begin{cases} G_0(z,k^2) = (z-1)^{\frac{n^2-1}{2}}\,G_2\left(\frac{z}{z-1},\,1-k^2\right), \\ G_2(z,k^2) = (z-1)^{\frac{n^2-1}{2}}\,G_0\left(\frac{z}{z-1},\,1-k^2\right), \\ G_\mu(z,k^2) = (z-1)^{\frac{n^2-1}{2}}\,G_\mu\left(\frac{z}{z-1},\,1-k^2\right), \qquad (\mu=1,3) \end{cases}$$

während sich bei geradem n die Regeln anschließen:

$$(7)\quad \begin{cases} G_0(z,k^2) = (z-1)^{\frac{n^2}{2}}\,G_2\left(\frac{z}{z-1},\,1-k^2\right), \\ G_1(z,k^2) = (z-1)^{\frac{n^2-4}{2}}\,G_1\left(\frac{z}{z-1},\,1-k^2\right), \\ G_2(z,k^2) = (z-1)^{\frac{n^2}{2}}\,G_0\left(\frac{z}{z-1},\,1-k^2\right), \\ G_3(z,k^2) = (z-1)^{\frac{n^2}{2}}\,G_3\left(\frac{z}{z-1},\,1-k^2\right). \end{cases}$$

Zu neuen Regeln würde auch noch die Vermehrung von w um K führen; doch sind diese etwas umständlicher und kommen weiterhin nicht zur Verwendung.

Die gewonnenen Formeln zeigen, *daß bei ungeradem n mit G_0 die drei anderen Funktionen als bekannt gelten können,* da man, falls G_0 bekannt ist, G_2 aus der zweiten Formel (6) und sodann G_1 und G_3 aus den Formeln (3) gewinnt. *Bei geradem n dürfen mit G_0 und G_1 auch G_2 und G_3 als bekannt gelten,* da man G_2 mittelst der dritten Formel (7) aus G_0 und sodann G_3 aus G_2 durch die dritte Formel (5) bestimmt. Übrigens ist $G_1^{(n)}$, falls die Funktionen $G_\mu^{\left(\frac{n}{2}\right)}$ schon bekannt sind, aus der zweiten Rekursionsformel (9) S. 198 unmittelbar abzulesen, so daß sich unsere Aufgabe im wesentlichen auf die Berechnung von $G_0^{(n)}$ beschränkt.

Besonders wertvoll sind die Regeln (5), die wir für die Koeffizienten a in die Gestalten kleiden:

$$(8)\qquad \begin{cases} a_{\mu\nu}\left(\dfrac{1}{k^2}\right)\cdot k^{2\nu} = a_{\mu\nu}(k^2), & (\mu = 0, 1) \\[2ex] a_{2\nu}\left(\dfrac{1}{k^2}\right)\cdot k^{2\nu} = a_{3\nu}(k^2), \quad a_{3\nu}\left(\dfrac{1}{k^2}\right)k^{2\nu} = a_{2\nu}(k^2). \end{cases}$$

Der Schlußsatz von § 4 kann demnach so ergänzt werden: *Der einzelne Koeffizient $a_{\mu\nu}$ ist eine ganze ganzzahlige Funktion höchstens ν^{ten} Grades von k^2.*

Ehe wir weitere Folgerungen aus den Relationen (3)ff. ziehen, stellen wir allgemein die Werte der Koeffizienten a für den Fall $k^2 = 0$ fest. In diesem Falle sind die Funktionen G_0 und G_3 für $n = 1, 2$ und 3 nach § 4 mit 1 identisch. Die Rekursionsformeln (8)ff. S. 198 zeigen alsdann durch den Schluß der vollständigen Induktion, daß für jedes n die Funktionen $G_0(z, 0)$ und $G_3(z, 0)$ mit 1 identisch sind. Es folgt hieraus: *Die Koeffizienten $a_{0\nu}(k^2)$ und $a_{3\nu}(k^2)$ in den Ansätzen* (1) *und* (2) *verschwinden mit k^2, haben also als ganze Funktionen höchstens ν^{ten} Grades von k^2 die Absolutglieder* 0. Die Regeln (8) zeigen daraufhin weiter: *Die Grade von $a_{0\nu}(k^2)$ und $a_{2\nu}(k^2)$ in k^2 sind höchstens $(\nu - 1)$, so daß insbesondere $a_{01}(k^2)$ mit 0 identisch ist.*

Auch die Funktionen $G_1(z, 0)$ und $G_2(z, 0)$ können allgemein angegeben werden, da bei verschwindendem Integralmodul die Funktionen $\operatorname{sn} w$ und $\operatorname{cn} w$ nach I, 472 in die trigonometrischen Funktionen $\sin w$ und $\cos w$ übergehen und also unsere Multiplikationsformeln einfach auf die Elementarformeln zurückkommen, in denen $\sin w$ und $\cos w$ nach Potenzen von $\sin w$ entwickelt sind. Wir haben also bei ungeradem n die Darstellungen:

$$(9)\quad \begin{cases} G_1(z,0) = n - \frac{n(n^2-1^2)}{3!} z + \frac{n(n^2-1^2)(n^2-3^2)}{5!} z^2 - \cdots \\ \qquad \cdots + (-1)^{\frac{n-1}{2}} \frac{n(n^2-1^2)(n^2-3^2)\ldots(n^2-(n-2)^2)}{n!} z^{\frac{n-1}{2}}, \\ G_2(z,0) = 1 - \frac{n^2-1^2}{2!} z + \frac{(n^2-1^2)(n^2-3^2)}{4!} z^2 - \cdots \\ \qquad \cdots + (-1)^{\frac{n-1}{2}} \frac{(n^2-1^2)(n^2-3^2)\ldots(n^2-(n-2)^2)}{(n-1)!} z^{\frac{n-1}{2}}, \end{cases}$$

während bei geradem n sich die Gleichungen anschließen:

$$(10)\quad \begin{cases} G_1(z,0) = n - \frac{n(n^2-2^2)}{3!} z + \frac{n(n^2-2^2)(n^2-4^2)}{5!} z^2 - \cdots \\ \qquad \cdots + (-1)^{\frac{n-2}{2}} \frac{n(n^2-2^2)\ldots(n^2-(n-2)^2)}{(n-1)!} z^{\frac{n-2}{2}}, \\ G_2(z,0) = 1 - \frac{n^2}{2!} z + \frac{n^2(n^2-2^2)}{4!} z^2 - \cdots \\ \qquad \cdots + (-1)^{\frac{n}{2}} \frac{n^2(n^2-2^2)\ldots(n^2-(n-2)^2)}{n!} z^{\frac{n}{2}}. \end{cases}$$

Die hier bei den Potenzen z, z^2, z^3 auftretenden Koeffizienten sind die Absolutglieder der rationalen ganzen Ausdrücke der $a_{\mu 1}(k^2)$, $a_{\mu 2}(k^2)$, $a_{\mu 3}(k^2)$,… in k^2 für $\mu = 1$ bzw. 2; diese Absolutglieder verschwinden bei ungeradem n von $a_{\mu,\frac{n+1}{2}}$ an, bei geradem n von $a_{1,\frac{n}{2}}$ und $a_{2,\frac{n+2}{2}}$ an.

Was die übrigen Koeffizienten in den Ausdrücken der $a_{\mu\nu}$ als Funktionen von k^2 angeht, so folgt aus der ersten Gleichung (8), daß sowohl bei $a_{0\nu}$ als bei $a_{1\nu}$ die Koeffizienten, die gleich weit vom Anfang und Ende des Ausdrucks abstehen, einander gleich sind. In dem für uns wichtigsten Falle der $a_{0\nu}$ haben wir somit den Ansatz:

$$(11)\qquad a_{0\nu} = \alpha_1 k^2 + \alpha_2 k^4 + \cdots + \alpha_2 k^{2\nu-4} + \alpha_1 k^{2\nu-2}$$

mit ganzen Zahlen α, wofür wir unter Zusammenziehung entsprechender Glieder auch schreiben können:

$$(12)\qquad k^{-\nu}\cdot a_{0\nu} = \alpha_1\left(k^{\nu-2} + \frac{1}{k^{\nu-2}}\right) + \alpha_2\left(k^{\nu-4} + \frac{1}{k^{\nu-4}}\right) + \cdots$$

Führt man die Größe:

$$(13)\qquad \varkappa = k + \frac{1}{k}$$

ein, so kann man die in (12) auftretenden Klammerausdrücke in folgender Art durch die Potenzen von $\varkappa$ darstellen:

$$(14)\quad k^2 + \frac{1}{k^2} = \varkappa^2 - 2,\quad k^3 + \frac{1}{k^3} = \varkappa^3 - 3\varkappa,\quad k^4 + \frac{1}{k^4} = \varkappa^4 - 4\varkappa^2 + 2, \ldots$$

Die rechte Seite von (12) wird dann eine rationale ganze Funktion:

$$(15)\qquad k^{-\nu}\cdot a_{0\nu} = \alpha_1' \varkappa^{\nu-2} + \alpha_2' \varkappa^{\nu-4} + \alpha_3' \varkappa^{\nu-6} + \cdots$$

höchstens $(\nu-2)^{\text{ten}}$ Grades von $\varkappa$ mit ganzzahligen Koeffizienten α'. Ist aber in (12) rechts α_i der erste nicht verschwindende Koeffizient, während $\alpha_1, \alpha_2, \ldots, \alpha_{i-1}$ gleich 0 sind, so verschwinden auch $\alpha'_1, \alpha'_2, \ldots, \alpha'_{i-1}$, und es ist $\alpha'_i = \alpha_i$.

Wir gehen nun auf die Relationen (3)ff. zurück und tragen in die erste Gleichung (3) rechts für G_0 den Ansatz (1) ein. Es ergibt sich mit Rücksicht auf $a_{01} = 0$ nach kurzer Umrechnung für G_1 der Ausdruck:

$$G_1(z, k^2) = n + (-1)^{\frac{n-1}{2}}\Big(k^{-\frac{n^2-5}{2}} a_{0,\frac{n^2-3}{2}} z + k^{-\frac{n^2-9}{2}} a_{0,\frac{n^2-5}{2}} z^2 + \cdots$$
$$\cdots + k^{\frac{n^2-13}{2}} a_{03} z^{\frac{n^2-7}{2}} + k^{\frac{n^2-9}{2}} a_{02} z^{\frac{n^2-5}{2}} + (kz)^{\frac{n^2-1}{2}}\Big).$$

Dieser Ausdruck geht aber für $k^2 = 0$ in die rechte Seite der ersten Gleichung (9) über. Hieraus können wir einen Schluß ziehen auf die Gestalt des ersten in (11) rechts wirklich auftretenden Gliedes. Um ein abschließendes Ergebnis aussprechen zu können, setzen wir entsprechend dem Ansatze (1) den ersten Koeffizienten $a_{00} = 1$ und gehen übrigens sogleich auf (15) zurück: *Im Falle eines ungeraden n haben wir für die höchsten Koeffizienten von $G_0(z, k^2)$ die Darstellungen:*

$$(16)\quad \begin{cases} k^{-\frac{n^2-1}{2}} a_{0,\frac{n^2-1}{2}} = (-1)^{\frac{n-1}{2}} n, \\ k^{-\frac{n^2-3}{2}} a_{0,\frac{n^2-3}{2}} = -(-1)^{\frac{n-1}{2}} \frac{n(n^2-1^2)}{3!}\varkappa, \\ k^{-\frac{n^2-5}{2}} a_{0,\frac{n^2-5}{2}} = +(-1)^{\frac{n-1}{2}} \frac{n(n^2-1^2)(n^2-3^2)}{5!}\varkappa^2 + \alpha_{\frac{n^2-5}{2},1}, \\ k^{-\frac{n^2-7}{2}} a_{0,\frac{n^2-7}{2}} = -(-1)^{\frac{n-1}{2}} \frac{n(n^2-1^2)(n^2-3^2)(n^2-5^2)}{7!}\varkappa^3 + \alpha_{\frac{n^2-7}{2},1}\varkappa, \\ \cdots\cdots\cdots\cdots\cdots\cdots, \end{cases}$$

während sich für die Anfangskoeffizienten aus (15) *ergibt:*

$$(17)\quad \begin{cases} a_{00} = 1, \quad a_{01} = 0, \quad k^{-2} a_{02} = \alpha_{2,1}, \\ k^{-3} a_{03} = \alpha_{31}\varkappa, \qquad k^{-4} a_{04} = \alpha_{41}\varkappa^2 + \alpha_{42}, \ldots, \end{cases}$$

wo die α durchweg ganze Zahlen sind.

Im Falle eines geraden n könnte man im Anschluß an die erste Gleichung (6) die Entwicklung der Koeffizienten $a_{0\nu}$ ebensoweit fördern wie soeben bei ungeradem n. Doch wollen wir hier nur erst die erste Gleichung (4) anwenden, die, wie man leicht feststellt, Beziehungen zwischen je zwei vom Anfang und Ende des Ausdrucks (2) für G_0 gleich weit abstehenden Koeffizienten a ergibt. Wir gewinnen den Satz: *Im Falle eines geraden n gelten für die Koeffizienten von $G_0(z, k^2)$ die Darstellungen:*

$$
(18)\quad \begin{cases}
a_{00} = 1, \quad a_{0,\frac{n^2}{2}} = (-1)^{\frac{n}{2}} k^{\frac{n^2}{2}}, \quad a_{01} = 0, \quad a_{0,\frac{n^2-2}{2}} = 0, \\
k^{-2} a_{02} = (-1)^{\frac{n}{2}} k^{-\frac{n^2-4}{2}} a_{0,\frac{n^2-4}{2}} = \alpha_{21}, \\
k^{-3} a_{03} = (-1)^{\frac{n}{2}} k^{-\frac{n^2-6}{2}} a_{0,\frac{n^2-6}{2}} = \alpha_{31} \varkappa, \\
k^{-4} a_{04} = (-1)^{\frac{n}{2}} k^{-\frac{n^2-8}{2}} a_{0,\frac{n^2-8}{2}} = \alpha_{41} \varkappa^2 + \alpha_{42}, \\
\ldots\ldots\ldots\ldots\ldots\ldots\ldots,
\end{cases}
$$

wo die α wieder durchweg ganze Zahlen sind. Für die Bestimmung dieser ganzen Zahlen kann die S. 196 erwähnte von Jacobi aufgefundene Differentialgleichung benutzt werden.

§ 6. Differentialgleichungen zur Berechnung der Funktionen $G(z)$.

Aus (1) S. 172 folgert man mit Hilfe der Legendreschen Relation, daß die Funktion $\sigma_1(u)$ folgender Gleichung bei Vermehrung von u um Periodenmultipla genügt:

$$\sigma_1(u + m_1\omega_1 + m_2\omega_2) = (-1)^{m_1 m_2 + m_1} e^{(m_1\eta_1 + m_2\eta_2)\left(u + \frac{m_1\omega_1 + m_2\omega_2}{2}\right)} \sigma_1(u).$$

Hieraus geht hervor, daß der Quotient:

$$(1)\qquad \frac{\sigma_1(nu)}{(\sigma_1(u))^{n\cdot n}}$$

die Perioden ω_1, ω_2 hat. Der Nenner dieses Quotienten hat im Periodenparallelogramm einen einzigen Nullpunkt der Ordnung n^2 an der Stelle $\frac{\omega_1}{2}$. Der Zähler hat n^2 Nullpunkte erster Ordnung im Periodenparallelogramm an den Stellen:

$$(2)\qquad u = \frac{\omega_1}{2n} + \frac{\alpha\omega_1 + \beta\omega_2}{n} = \frac{(2\alpha + 1)\omega_1 + 2\beta\omega_2}{2n}, \quad \alpha, \beta = 0, 1, \cdots, (n-1),$$

von denen im Falle eines ungeraden n eine, im Falle eines geraden n keine mit dem Nullpunkte des Nenners zusammenfällt. Der Quotient (1) hat demnach die Wertigkeit $(n^2 - 1)$ bzw. n^2 und ist übrigens als gerade Funktion von u rational in $\wp(u)$ darstellbar.

Auf Grund der vierten Gleichung (1) in I, 401 schreiben wir die Funktion (1) in der Weierstraßschen Funktion $\mathrm{Al}(w)$ so:

$$(3)\qquad \frac{\sigma_1(nu)}{(\sigma_1(u))^{n\cdot n}} = \frac{\mathrm{Al}(nw)}{(\mathrm{Al}(w))^{n\cdot n}},$$

als solche werden wir sie dann statt in $\wp(u)$ rational in $z = (\mathrm{sn}\, w)^2$ darstellen. Nun fällt der Pol der Ordnung $(n^2 - 1)$ bzw. n^2 unseres Quotienten mit dem Pole zweiter Ordnung von z zusammen, so daß der Quotient eine rationale ganze Funktion des Grades $\frac{1}{2}(n^2-1)$ bzw. $\frac{1}{2}n^2$ von z ist. Die Zählernullpunkte (2) führen uns genau zu den Polen der Funktion $\operatorname{sn}(n\omega)$ zurück. Die Nullpunkte der fraglichen ganzen Funktion des Grades $\frac{1}{2}(n^2-1)$ bzw. $\frac{1}{2}n^2$ von z sind demnach genau wieder die Nullpunkte der Funktion $G_0(z)$, so daß der Quotient (3), abgesehen von einem konstanten Faktor, mit $G_0(z)$ identisch ist. Dieser Faktor aber ist einfach gleich 1, da für $w=0$ und also $z=0$ einerseits $G_0(z)$ zufolge (1) und (2) S. 200 gleich 1 wird und andererseits $\mathrm{Al}(0)=1$ zufolge (7) in I, 403 zutrifft: *Die ganze Funktion $G_0^{(n)}(z)$ läßt sich als Funktion von w in der Weierstraßschen Funktion* $\mathrm{Al}(w)$ *so darstellen:*

$$G_0^{(n)}(z)=\frac{\mathrm{Al}(nw)}{(\mathrm{Al}(w))^{n\cdot n}}. \tag{4}$$

Entsprechende Darstellungen der Funktionen $G_1^{(n)}(z)$, $G_2^{(n)}(z)$, $G_3^{(n)}(z)$ in allen vier Funktionen $\mathrm{Al}(w)$ wird man mit Benutzung der eben aufgestellten Gleichung (4) aus (1) und (3) S. 197 auf Grund von (2) in I, 401 leicht ableiten.

Wie aus der Gleichung (3) S. 184, der unsere jetzige Gleichung (4) offenbar genau entspricht, in § 2, S. 190ff., eine partielle Differentialgleichung für $\psi^{(n)}$ abgeleitet wurde, so können wir aus (4) eine ebensolche Gleichung für die fortan kurz durch G zu bezeichnende Funktion $G_0^{(n)}(z,k^2)$ ableiten. Der Differentialgleichung (5) in I, 470 von Al als Funktion von w und k^2 kann man die Gestalt:

$$\begin{aligned}\frac{\partial^2\log\mathrm{Al}(w)}{\partial w^2}+\left(\frac{\partial\log\mathrm{Al}(w)}{\partial w}\right)^2+2k^2w\frac{\partial\log\mathrm{Al}(w)}{\partial w}\\+4k^2(1-k^2)\frac{\partial\log\mathrm{Al}(w)}{\partial(k^2)}+k^2w^2=0\end{aligned} \tag{5}$$

geben. Man setze nw an Stelle von w, multipliziere mit n^2 und ziehe vom Ergebnis die mit n^4 multiplizierte Gleichung (5) ab. Die entstehende Gleichung nimmt bei Einführung von G auf Grund von (4) und bei Benutzung der dritten Gleichung (6) in I, 402 die Gestalt an:

$$\begin{aligned}\frac{\partial^2\log G}{\partial w^2}+\left(\frac{\partial\log G}{\partial w}\right)^2+2n^2\frac{\partial\log G}{\partial w}\left(\frac{\partial\log\mathrm{Al}(w)}{\partial w}+k^2w\right)\\+4n^2k^2(1-k^2)\frac{\partial\log G}{\partial(k^2)}+n^2(n^2-1)k^2z=0.\end{aligned}$$

Hierfür kann man nach Zusatz des Faktors G auch schreiben:

$$\begin{aligned}\frac{\partial^2 G}{\partial w^2}+2n^2\frac{\partial G}{\partial w}\left(\frac{\partial\log\mathrm{Al}(w)}{\partial w}+k^2w\right)\\+4n^2k^2(1-k^2)\frac{\partial G}{\partial(k^2)}+n^2(n^2-1)k^2zG=0.\end{aligned} \tag{6}$$

Führt man an Stelle von w und k^2 als neue unabhängige Variable z und k^2 ein, so ist zu beachten, daß w nur in z enthalten ist, während k^2

nicht nur als zweite unabhängige Variable auftritt, sondern außerdem noch in z als zweites Argument vorkommt. Wir haben also einerseits:

$$\frac{\partial G}{\partial w} = \frac{\partial G}{\partial z}\frac{\partial z}{\partial w}, \quad \frac{\partial^2 G}{\partial w^2} = \frac{\partial^2 G}{\partial z^2}\left(\frac{\partial z}{\partial w}\right)^2 + \frac{\partial G}{\partial z}\frac{\partial^2 z}{\partial w^2},$$

während andererseits die in (6) gemeinte partielle Ableitung von G nach k^2 durch:

$$\frac{\partial G}{\partial z}\frac{\partial z}{\partial(k^2)} + \frac{\partial G}{\partial(k^2)}$$

zu ersetzen ist. Die Gleichung (6) nimmt so die Gestalt an:

$$(7) \quad \frac{\partial^2 G}{\partial z^2}\left(\frac{\partial z}{\partial w}\right)^2 + \frac{\partial G}{\partial z}\left(\frac{\partial^2 z}{\partial w^2} + 2n^2\left(\frac{\partial \log \mathrm{Al}(w)}{\partial w} + k^2 w\right)\frac{\partial z}{\partial w} + 4n^2k^2(1-k^2)\frac{\partial z}{\partial(k^2)}\right)$$
$$+ 4n^2k^2(1-k^2)\frac{\partial G}{\partial(k^2)} + n^2(n^2-1)k^2 z G = 0.$$

Die mit den Ableitungen von G nach z multiplizierten Faktoren sind nun noch auf z und k^2 umzurechnen. Zunächst leitet man aus (1) und (2) in I, 396 leicht die Gleichungen ab:

$$(8) \quad \begin{cases} \left(\dfrac{\partial z}{\partial w}\right)^2 = 4z(1-z)(1-k^2 z), \\ \dfrac{\partial^2 z}{\partial w^2} = 2(1 - 2(1+k^2)z + 3k^2z^2). \end{cases}$$

Die zweite Ableitung von z nach w können wir auch so entwickeln:

$$\frac{\partial^2 z}{\partial w^2} = \frac{\partial^2(\mathrm{sn}\, w^2)}{\partial w^2} = 2\,\mathrm{sn}\, w\frac{\partial^2 \mathrm{sn}\, w}{\partial w^2} + \frac{1}{2(\mathrm{sn}\, w)^2}\left(\frac{\partial(\mathrm{sn}\, w)^2}{\partial w}\right)^2$$

und folgern mit Rücksicht von (8) die sogleich zu benutzende Gleichung:

$$(9) \quad \mathrm{sn}\, w\frac{\partial^2 \mathrm{sn}\, w}{\partial w^2} = -(1+k^2)z + 2k^2z^2.$$

Der Rest der Zwischenrechnung ist etwas umständlicher. Subtrahiert man die durch $\mathrm{Al}(w)$ und $\mathrm{Al}_1(w)$ geteilten beiden ersten Differentialgleichungen (5) in I, 470 voneinander, so ergibt sich bei Einführung der Logarithmen der Funktionen Al:

$$\frac{\partial^2 \log \mathrm{Al}_1(w)}{\partial w^2} - \frac{\partial^2 \log \mathrm{Al}(w)}{\partial w^2} + \left(\frac{\partial \log \mathrm{Al}_1(w)}{\partial w}\right)^2 - \left(\frac{\partial \log \mathrm{Al}(w)}{\partial w}\right)^2 + 2k^2 w\left(\frac{\partial \log \mathrm{Al}_1(w)}{\partial w}\right.$$
$$\left. - \frac{\partial \log \mathrm{Al}(w)}{\partial w}\right) + 4k^2(1-k^2)\left(\frac{\partial \log \mathrm{Al}_1(w)}{\partial(k^2)} - \frac{\partial \log \mathrm{Al}(w)}{\partial(k^2)}\right) + 1 - k^2 = 0.$$

Setzt man für $\mathrm{Al}_1(w)$ das dieser Funktion gleiche Produkt $\mathrm{sn}\, w \cdot \mathrm{Al}(w)$, so folgt nach Multiplikation der entstehenden Gleichung mit $2n^2(\mathrm{sn}\, w)^2 = 2n^2 z$

$$2n^2\,\mathrm{sn}\, w\frac{\partial^2 \mathrm{sn}\, w}{\partial w^2} + 2n^2\left(\frac{\partial \log \mathrm{Al}(w)}{\partial w} + k^2 w\right)\frac{\partial z}{\partial w} + 4n^2k^2(1-k^2)\frac{\partial z}{\partial(k^2)}$$
$$+ 2n^2(1-k^2)z = 0.$$

Mit Benutzung von (9) finden wir somit:

$$2n^2\left(\frac{\partial \log \mathrm{Al}(w)}{\partial w} + k^2 w\right)\frac{\partial z}{\partial w} + 4n^2k^2(1-k^2)\frac{\partial z}{\partial (k^2)} = 4n^2k^2 z(1-z).$$

Auf Grund dieser Gleichung sowie der Gleichungen (8) und (9) lassen sich die Koeffizienten der Gleichung (7) durchweg auf z und k^2 umrechnen: *Die Funktion $G = G_0^{(n)}(z, k^2)$ befriedigt die partielle Differentialgleichung zweiter Ordnung:*

$$(10)\qquad 4z(1-z)(1-k^2z)\frac{\partial^2 G}{\partial z^2}$$
$$+ 2\bigl(1 + 2(-1 + (n^2-1)k^2)z - (2n^2-3)k^2z^2\bigr)\frac{\partial G}{\partial z} + 4n^2k^2(1-k^2)\frac{\partial G}{\partial (k^2)}$$
$$+ n^2(n^2-1)k^2 z G = 0.$$

In diese Gleichung tragen wir den Ansatz:

$$G = a_0 + a_1 z + a_2 z^2 + \cdots$$

ein, ordnen nach Potenzen von z und setzen den Koeffizienten der einzelnen Potenz z^ν gleich 0. Es ergibt sich:

$$(2\nu+1)(2\nu+2)a_{\nu+1} + 4n^2k^2(1-k^2)\frac{d a_\nu}{d(k^2)} + 4\nu\bigl((n^2-\nu)k^2-\nu\bigr)a_\nu$$
$$+ (n^2-2\nu+1)(n^2-2\nu+2)k^2 a_{\nu-1} = 0.$$

Da die Produkte $k^{-\nu}\cdot a_\nu$ rationale ganze Funktionen der in (13) S. 203 eingeführten Größe $\varkappa$ sind, so ist es zweckmäßig, an Stelle der a_ν diese Produkte zu berechnen und an Stelle von k^2 die Größe $\varkappa$ als unabhängige Variable einzuführen. Wir gelangen so zu dem abschließenden Ergebnis, das die von Jacobi entdeckte Methode der Berechnung von $G_0^{(n)}$ begründet: *Je drei aufeinander folgende Produkte $k^{-\nu-1}\cdot a_{\nu+1}$, $k^{-\nu}a_\nu$, $k^{-\nu+1}a_{\nu-1}$ sind durch die folgende Relation aneinander gebunden:*

$$(11)\qquad (2\nu+1)(2\nu+2)(k^{-\nu-1}\cdot a_{\nu+1}) + 2n^2(4-\varkappa^2)\frac{d(k^{-\nu}a_\nu)}{d\varkappa}$$
$$+ 2\nu(n^2-2\nu)\varkappa\cdot(k^{-\nu}\cdot a_\nu) + (n^2-2\nu+1)(n^2-2\nu+2)(k^{-\nu+1}\cdot a_{\nu-1}) = 0.$$

Mittelst dieser Gleichung kann man die Ergebnisse des vorigen Paragraphen bestätigen und wesentlich ergänzen. Da aus (16) und (17) S. 204 in jedem Falle n sowohl die beiden niedrigsten als auch die beiden höchsten Koeffizienten bekannt sind, so ist die Berechnung der übrigen auf rekurrentem Wege sowohl in aufsteigender als in absteigender Linie möglich. So findet man bei $n=4$ unter zweckmäßiger Zusammenfassung der Glieder:

$$(12)\qquad G_0^{(4)}(z, k^2) = (1 + (kz)^8) - 20((kz)^2 + (kz)^6)$$
$$+ 32\varkappa((kz)^3 + (kz)^5) - 2(8\varkappa^2 + 13)(kz)^4.$$

Für $n = 5$ reiht sich hieran:

$$(13)\quad G_0^{(5)}(z,k^2) = 5 - 20\varkappa(kz) + 2(8\varkappa^2+31)(kz)^2 - 80\varkappa(kz)^3 - 105(kz)^4 + 360\varkappa(kz)^5 - 60(4\varkappa^2+5)(kz)^6 + 16(4\varkappa^3+23\varkappa)(kz)^7 - 5(32\varkappa^2+25)(kz)^8 + 140\varkappa(kz)^9 - 50(kz)^{10} + (kz)^{12}.$$

Endlich ergibt sich für $n = 6$ wieder unter Zusammenfassung je zweier Glieder:

$$(14)\quad G_0^{(6)}(z,k^2) = (1-(kz)^{18}) - 105((kz)^2-(kz)^{16}) + 448\varkappa((kz)^3-(kz)^{15}) - 12(72\varkappa^2+37)((kz)^4-(kz)^{14}) + 768(\varkappa^3+3\varkappa)((kz)^5-(kz)^{13}) - 4(64\varkappa^4+840\varkappa^2+621)((kz)^6-(kz)^{12}) + 192(8\varkappa^3+33\varkappa)((kz)^7-(kz)^{11}) - 126(32\varkappa^2+15)((kz)^8-(kz)^{10}).$$

Das Glied mit z^9 fällt aus. Durch die erste Relation (4) S. 201 zeigt man allgemein, daß der Koeffizient $a_{0,\frac{n^2}{4}}$ stets verschwindet, falls n das Doppelte einer ungeraden Zahl ist.

Drittes Kapitel.

Die Divisionssätze der elliptischen Funktionen.

Die Divisionssätze der elliptischen Funktionen sind von Abel entdeckt und zum ersten Male in den „Recherches sur les fonctions elliptiques“[1]) Art. 14 ff. dargestellt. Die Erkenntnis Abels, daß die allgemeinen Teilungsgleichungen durch Wurzelziehungen lösbar sind, dürfte für seine allgemeinen Untersuchungen über algebraisch lösbare Gleichungen von wesentlichem Einfluß gewesen sein. Bei dem Interesse, das die Teilungsgleichungen als Beispiele für die Galoissche Gleichungstheorie darbieten, kommen die Divisionssätze ausführlicher in denjenigen Darstellungen zur Geltung, bei denen algebraische Fragen im Vordergrunde stehen. So widmet C. Jordan in seinem bekannten Werke[2]) ein besonderes Kapitel den Gruppen der Teilungsgleichungen, und zwar sowohl der hier zunächst zu behandelnden „allgemeinen“ Teilungsgleichungen, wie der im nächsten Kapitel zur Sprache kommenden „speziellen“ Teilungsgleichungen. Besonders ausführlich behandelt H. Weber die algebraische Seite der Divisionssätze in seinem Buche „Elliptische Funktionen und algebraische Zahlen“.[3]) Über die wirkliche Durchführung des Lösungsprozesses der allgemeinen Teilungsgleichung vgl. man L. Kiepert, „Auflösung der Transformationsgleichung und Division der elliptischen Funktionen“.[4])

1) Journ. f. Math. Bd. 2 (1828).

2) „Traité des substitutions et des équations algébriques“ (Paris, 1870).

3) Braunschweig, 1891. Eine zweite Auflage ist 1908 als dritter Band des S. 1 genannten „Lehrbuches des Algebra“ erschienen.

4) Journ. f. Math., Bd. 76 (1873), S. 34.

R. Fricke, *Die elliptischen Funktionen und ihre Anwendungen, Zweiter Teil*,
DOI 10.1007/978-3-642-19561-7_4, © Springer-Verlag Berlin Heidelberg 2012

§ 1. Die allgemeine Teilungsgleichung der $\wp$-Funktion.

Während das Ziel der Multiplikation bei den Funktionen $\wp(u)$ und $\wp'(u)$ die Berechnung von $\wp(nu)$ und $\wp'(nu)$ aus $\wp(u)$ und $\wp'(u)$ ist, unter n irgendeine positive ganze Zahl verstanden, ist das Problem der Division, *bei gegebenen und durch die bekannte Relation verknüpften Funktionswerten* $\wp(u)$, $\wp'(u)$ *die zugehörigen Werte* $\wp\left(\frac{u}{n}\right)$, $\wp'\left(\frac{u}{n}\right)$ *zu berechnen.* Die ganze Zahl n heißt der „Grad" der Division oder Teilung. Wird in den Gleichungen (2) S. 184 an Stelle von u der Wert $\frac{u}{n}$ gesetzt, so folgt:

$$(1)\qquad R\left(\wp\left(\frac{u}{n}\right)\right) - \wp(u) = 0, \quad \wp'\left(\frac{u}{n}\right) = \frac{n\wp'(u)}{R'\left(\wp\left(\frac{u}{n}\right)\right)}.$$

Die erste dieser Gleichungen läßt sich auf Grund von (4) S. 184 nach Multiplikation mit dem Nenner $(\psi^{(n)})^2$ der Funktion R in die Gestalt setzen:

$$(2)\qquad \wp\left(\frac{u}{n}\right)\left(\psi^{(n)}\left(\frac{u}{n}\right)\right)^2 - \psi^{(n-1)}\left(\frac{u}{n}\right)\psi^{(n+1)}\left(\frac{u}{n}\right) - \wp(u)\left(\psi^{(n)}\left(\frac{u}{n}\right)\right)^2 = 0.$$

Die Darstellung der Funktionen $\psi^{(n)}(u)$ in $\wp(u)$, $\wp'(u)$ geht aus (14) S. 188 und (20) ff. S. 189 hervor. Man hat bei ungeradem n:

$$\psi^{(n)}(u) = n\wp(u)^{\frac{1}{2}(n^2-1)} + \beta_1\left(\tfrac{1}{4}g_2\right)\wp(u)^{\frac{1}{2}(n^2-5)} + \beta_2 g_3 \wp(u)^{\frac{1}{2}(n^2-7)} + \cdots,$$

woran sich für ein gerades n die Gleichung schließt:

$$\psi^{(n)}(u) = -\wp'(u)\Big(\tfrac{1}{2}n\wp(u)^{\frac{1}{2}(n^2-4)} + \gamma_1\left(\tfrac{1}{4}g_2\right)\wp(u)^{\frac{1}{2}(n^2-8)}$$
$$+ \gamma_2 g_3 \wp(u)^{\frac{1}{2}(n^2-10)} + \cdots\Big).$$

Die β und γ erweisen sich zunächst als rationale Zahlen; sie sind aber sogar *ganze* Zahlen, wie auf Grund der Rekursionsformeln (8) S. 185 aus den auf die niedersten n bezogenen Gleichungen (6) S. 185 hervorgeht. Benutzt man diese Ausdrücke der $\psi^{(n)}$ zur weiteren Entwicklung der Gleichung (2), so ergibt die Zwischenrechnung, daß der Koeffizient der höchsten Potenz der unbekannten Funktion $\wp\left(\frac{u}{n}\right)$ sowohl bei geradem als bei ungeradem n in einfachster Weise gleich 1 wird. Die Koeffizienten der Gleichung sind rationale ganze, ganzzahlige Funktionen von $\frac{1}{4}g_2$, g_3, $\wp(u)$, und sie sind speziell in $\wp(u)$ linear; die Dimension der Gleichung in u, ω_1, ω_2 ist $-2n^2$. Indem wir die Funktion $\wp\left(\frac{u}{n}\right)$ als „Unbekannte" der Gleichung durch Z bezeichnen, können wir die Gleichung (2) in die entwickelte Gestalt kleiden:

(3) $$Z^{n^2} - n^2\wp(u)Z^{n^2-1} + a_1(\tfrac{1}{4}g_2)Z^{n^2-2} + (a_2g_3 + a_2'(\tfrac{1}{4}g_2)\wp(u))Z^{n^2-3} + (a_3(\tfrac{1}{4}g_2)^2 + a_3'g_3\wp(u))Z^{n^2-4} + \cdots = 0,$$

wo die $a_1, a_2, a_2', a_3, \ldots$ ganze Zahlen sind.

Die Gleichung (3) soll die *„allgemeine Teilungsgleichung*[1]) *der $\wp$-Funktion für den n^{ten} Teilungsgrad"* heißen. Das Teilungsproblem darf als erledigt gelten, wenn die Gleichung (3) nach Z aufgelöst ist. Kennt man nämlich $\wp\left(\frac{u}{u}\right)$, so ist $\wp'\left(\frac{u}{n}\right)$ auf Grund der zweiten Gleichung (1) rational berechenbar.

Die Funktionen $\wp\left(\frac{u}{n}\right)$, $\wp'\left(\frac{u}{n}\right)$ haben die Perioden $n\omega_1$, $n\omega_2$. Der einzelne Punkt des zugehörigen Periodenparallologramms der Ecken 0, $n\omega_2$, $n\omega_1 + n\omega_2$, $n\omega_1$ ist durch das hier auftretende Wertepaar $\wp\left(\frac{u}{n}\right)$, $\wp'\left(\frac{u}{n}\right)$ eindeutig angebbar. Das fragliche Parallelogramm läßt sich nun aus n^2 Parallelogrammen der ursprünglichen, auf ω_1, ω_2 bezogenen Teilung aufbauen. Die Angabe eines Paares zusammengehöriger Werte $\wp(u)$, $\wp'(u)$ legt aber in den n^2 kleinen Parallelogrammen ein System von n^2 homologen, bezüglich der Gruppe $\Gamma^{(u)}$ äquivalenten Punkten fest. Ist u der im ersten Parallelogramm der Ecken 0, ω_2, $\omega_1 + \omega_2$, ω_1 gelegene Punkt dieses Systems, so sind alle n^2 Punkte durch

(4) $$u + \lambda\omega_1 + \mu\omega_2, \qquad \lambda, \mu = 0, 1, 2, \ldots, n-1$$

gegeben, wo λ, μ alle n^2 Kombinationen der n ganzen Zahlen $0, 1, 2, \ldots, n-1$ durchlaufen. Abkürzend verstehen wir unter $\wp_{\lambda\mu}(u)$, $\wp_{\lambda\mu}'(u)$ die beiden Funktionen:

(5) $$\wp_{\lambda\mu}(u) = \wp\left(u + \frac{\lambda\omega_1 + \mu\omega_2}{n}\right), \quad \wp_{\lambda\mu}'(u) = \wp'\left(u + \frac{\lambda\omega_1 + \mu\omega_2}{n}\right).$$

Unser Teilungsproblem läuft dann darauf hinaus, *bei Festlegung eines Systems von n^2 Stellen* (4) *im großen Parallelogramm durch Angabe eines Paares zusammengehöriger Werte $\wp(u)$, $\wp'(u)$ die in jenen n^2 Stellen auftretenden Wertepaare $\wp_{\lambda\mu}\left(\frac{u}{n}\right)$, $\wp_{\lambda\mu}'\left(\frac{u}{n}\right)$ zu berechnen.*

Im Anschluß hieran kann man das Teilungsproblem auch noch rein algebraisch aussprechen. Das einzelne Parallelogramm der ursprünglichen Teilung wird durch die Funktion $z = \wp(u)$ auf die in Bd. I mit F_2 bezeichnete zweiblättrige Riemannsche Fläche des Geschlechtes $p = 1$ abgebildet, deren einzelner Punkt durch zwei zusammengehörige Werte z, $w = \sqrt{4z^3 - g_2z - g_3}$ angebbar ist. Entsprechend gibt die Abbildung des Parallellogramms der Perioden $n\omega_1$, $n\omega_2$ durch $z = \wp(u)$ eine Riemann-

1) Im Gegensatze zur „speziellen Teilungsgleichung", die unten betrachtet wird. Wenn kein Zweifel vorliegt, mag der Zusatz „allgemein" auch fortbleiben.

sche Fläche F_{2n^2} des Geschlechtes $p=1$, die mit $2n^2$ Blättern über der z-Ebene lagert. Ein Funktionssystem dieser F_{2n^2} haben wir dann in $Z=\wp\left(\frac{u}{n}\right)$, $W=\sqrt{4Z^3-g_2Z-g_3}$. Nun kann die F_{2n^2} offenbar auch durch eine n^2-fache Überlagerung der F_2 gewonnen werden. Unser Problem läuft dann darauf hinaus, *für* n^2 *in den Exemplaren der* F_2 *homologe Stellen der* F_{2n^2}, *wie sie durch Angabe eines Wertsystems* z, w *festgelegt sind, die* n^2 *zugehörigen Wertsysteme* Z, W *zu berechnen.*

Indem wir die in der Einleitung entwickelte Galoissche Gleichungstheorie auf die Teilungsgleichung (3) anwenden, gewinnt die Untersuchung neben dem algebraisch-funktionentheoretischen Interesse noch einen wesentlichen arithmetischen Charakter, der durch den Bau der Koeffizienten der Gleichung (3) begründet ist. *Als gegeben gilt mit der Gleichung* (3) *der weiterhin mit* $\mathfrak{K}$ *zu bezeichnende Körper der rationalen Funktionen von* $\wp(u), \wp'(u)$, *deren Koeffizienten rationale Funktionen von* g_2, g_3 *mit rationalen Zahlenkoeffizienten sind.* Dabei liegt hier insofern noch eine Besonderheit vor, *daß für uns nur solche Ausdrücke des Körpers* $\mathfrak{K}$ *in Betracht kommen, die in* u, ω_1, ω_2 *homogen sind.* Sehen wir die Perioden ω_1, ω_2 als veränderlich an, so bilden übrigens die von u unabhängigen Größen von $\mathfrak{K}$ ihrerseits auch noch einen *Funktionenkörper*, da sie rationale Funktionen der Modulformen $g_2(\omega_1, \omega_2)$, $g_3(\omega_1, \omega_2)$ mit rationalen Zahlenkoeffizienten sind. Dieser Umstand wird für die Entwicklungen des nächsten Kapitels grundlegend.

Als erster Satz der Teilungstheorie ist zu nennen: *Die allgemeine Teilungsgleichung* (3) *ist im Körper* $\mathfrak{K}$ *irreduzibel und bleibt auch dann noch irreduzibel, wenn man zu* $\mathfrak{K}$ *irgendwelche „von* u *unabhängige" Irrationalitäten adjungiert.* Ist nämlich nach irgendwelchen Adjunktionen dieser Art $F(Z, \wp(u), \wp'(u))=0$ der irreduzible Bestandteil von (3), dem die erste Lösung $\wp\left(\frac{u}{n}\right)$ genügt, so besteht die Gleichung:

$$F\left(\wp\left(\frac{u}{n}\right), \wp(u), \wp'(u)\right)=0 \tag{6}$$

in u identisch. Die Gleichung (6) bleibt also richtig, falls man u um das Periodenmultiplum $\lambda\omega_1+\mu\omega_2$ zunehmen läßt. Hierbei gehen $\wp(u)$ und $\wp'(u)$ in sich über. Die Gleichung $F(Z, \wp(u), \wp'(u))=0$ wird also durch alle n^2 Lösungen $Z=\wp_{\lambda\mu}\left(\frac{u}{n}\right)$ des Teilungsproblems befriedigt und ist demnach die Teilungsgleichung (3) selbst, die damit als irreduzibel erkannt wird.

Zu den Funktionen (5) gehören für die Kombination $\lambda=0$, $\mu=0$ auch die ursprünglichen $\wp(u), \wp'(u)$. Setzt man in den übrigen (n^2-1) Paaren (5) das erste Argument $u=0$, so gelangt man zu den abgekürzt durch $\wp_{\lambda\mu}, \wp'_{\lambda\mu}$ zu bezeichnenden Ausdrücken:

$$(7)\qquad \wp_{\lambda\mu} = \wp\left(\frac{\lambda\omega_1+\mu\omega_2}{n}\right),\quad \wp'_{\lambda\mu} = \wp'\left(\frac{\lambda\omega_1+\mu\omega_2}{n}\right),$$

die homogene Funktionen der Dimension (-2) bzw. (-3) der Perioden ω_1, ω_2 allein sind und als die zum n^{ten} Teilungsgrade gehörenden „*Teilwerte*“ der Funktionen $\wp$ und $\wp'$ bezeichnet werden. Da $\wp(u)$ eine gerade und $\wp'(u)$ eine ungerade Funktion ist, so gilt:

$$(8)\qquad \wp_{n-\lambda,\, n-\mu} = \wp_{\lambda,\mu},\quad \wp'_{n-\lambda,\, n-\mu} = -\wp'_{\lambda,\mu}.$$

Man folgert hieraus leicht die Sätze: *Bei ungeradem n gibt es nur* $\frac{1}{2}(n^2-1)$ *verschiedene Teilwerte* $\wp_{\lambda\mu}$, *und die* (n^2-1) *Teilwerte* $\wp'_{\lambda\mu}$ *sind zu je zweien einander entgegengesetzt. Bei geradem n hat man erstlich* $\frac{1}{2}(n^2+2)$ *Teilwerte* $\wp_{\lambda\mu}$, *unter denen sich die drei schon beim Grade 2 auftretenden Teilwerte:*

$$(9)\qquad \wp_{\frac{n}{2},0} = \wp\left(\frac{\omega_1}{2}\right) = e_1,\quad \wp_{0,\frac{n}{2}} = \wp\left(\frac{\omega_2}{2}\right) = e_2,\quad \wp_{\frac{n}{2},\frac{n}{2}} = \wp\left(\frac{\omega_1+\omega_2}{2}\right) = e_3$$

finden (vgl. (13) in I, 217); *von den* $\wp'_{\lambda\mu}$ *verschwinden die den drei Teilwerten* (9) *entsprechenden identisch, während die* (n^2-4) *übrigen zu je zweien entgegengesetzt sind.*

Nach den Additionssätzen sind übrigens $\wp_{\lambda\mu}$, $\wp'_{\lambda\mu}$ rational mit rationalen Zahlenkoeffizienten in $g_2, g_3, \wp_{\lambda 0}, \wp_{0\mu}, \wp'_{\lambda 0}, \wp'_{0\mu}$ darstellbar. Ferner sind nach den Multiplikationssätzen $\wp_{\lambda 0}$ und $\wp_{0\mu}$ wieder rational mit rationalen Zahlenkoeffizienten in g_2, g_3 und $\wp_{10}$ bzw. $\wp_{01}$ darstellbar, und für $\wp'_{\lambda 0}$, $\wp'_{0\mu}$ hat man entsprechende Darstellungen unter Hinzunahme von $\wp'_{10}$ bzw. $\wp'_{01}$. *Jedenfalls sind also die gesamten Teilwerte des* n^{ten} *Teilungsgrades rational mit rationalen Zahlenkoeffizienten in* $g_2, g_3, \wp_{10}, \wp_{01}, \wp'_{10}, \wp'_{01}$ *darstellbar, wobei übrigens die beiden* $\wp'_{10}, \wp'_{01}$ *aus* g_2, g_3 *und* $\wp_{10}$ *bzw.* $\wp_{01}$ *mittels zweier Quadratwurzeln berechenbar sind.*

Es besteht nun der wichtige Satz: *Die Teilwerte des* n^{ten} *Teilungsgrades gehören zu den natürlichen Irrationalitäten der allgemeinen Teilungsgleichung dieses Grades.* Der zur Teilungsgleichung gehörende Galoissche Körper entsteht nämlich aus $\mathfrak{K}$ durch Adjunktion aller n^2 Lösungen $\wp_{\lambda\mu}\left(\frac{u}{n}\right)$ der Teilungsgleichung. Diesem Galoisschen Körper gehören wegen der Gleichung:

$$(10)\qquad \wp'_{\lambda\mu}\left(\frac{u}{n}\right) = \frac{n\,\wp'(u)}{R'\left(\wp_{\lambda\mu}\left(\frac{u}{n}\right)\right)}$$

dann auch die n^2 Funktionen $\wp'_{\lambda\mu}\left(\frac{u}{n}\right)$ an. Nun folgt aber aus dem Additionstheoreme (10) S. 160:

$$\wp_{\lambda\mu} = \wp\left(\left(\frac{u}{n}+\frac{\lambda\omega_1+\mu\omega_2}{n}\right)-\frac{u}{n}\right) = \frac{1}{4}\left(\frac{\wp'_{\lambda\mu}\left(\frac{u}{n}\right)+\wp'\left(\frac{u}{n}\right)}{\wp_{\lambda\mu}\left(\frac{u}{n}\right)-\wp\left(\frac{u}{n}\right)}\right)^2 - \wp_{\lambda\mu}\left(\frac{u}{n}\right) - \wp\left(\frac{u}{n}\right),$$

woraus unmittelbar hervorgeht, daß $\wp_{\lambda\mu}$ dem fraglichen Galoisschen Körper angehört. In derselben Weise erkennt man auch die Zugehörigkeit der $\wp'_{\lambda\mu}$ zu diesem Körper.

Wir wenden uns nun zunächst zu der Frage, wie sich der Lösungsprozeß der allgemeinen Teilungsgleichung gestaltet, wenn bereits alle natürlichen Irrationalitäten, die von u unabhängig sind, also insbesondere die Teilwerte $\wp_{\lambda\mu}, \wp'_{\lambda\mu}$ adjungiert sind. Den alsdann zugrunde liegenden Körper $(\mathfrak{K}, \wp_{\lambda\mu}, \wp'_{\lambda\mu}, \ldots)$ nennen wir kurz $\mathfrak{K}'$. Entsprechend der allgemeinen Theorie (S. 76 ff.) haben wir zur Beantwortung dieser Frage zunächst die „Monodromiegruppe" der allgemeinen Teilungsgleichung aufzustellen.

§ 2. Die Monodromiegruppe der allgemeinen Teilungsgleichung.

Nach S. 77 wird die Monodromiegruppe der Teilungsgleichung (3) S. 211 von allen Permutationen der n^2 Lösungen $Z = \wp_{\lambda\mu}\left(\frac{u}{n}\right)$ geliefert, die bei den Umläufen von z auf der Riemannschen Fläche F_2 oder (was auf dasselbe hinauskommt) bei den Substitutionen:

$$u' = u + m_1\omega_1 + m_2\omega_2 \tag{1}$$

der Gruppe $\Gamma^{(u)}$ auftreten. Bei der einzelnen Substitution (1) aber geht $\wp_{\lambda\mu}\left(\frac{u}{n}\right)$ einfach in $\wp_{\lambda'\mu'}\left(\frac{u}{n}\right)$ über, wo λ', μ' aus:

$$\lambda' \equiv \lambda + m_1, \quad \mu' \equiv \mu + m_2 \quad (\text{mod. } n) \tag{2}$$

zu berechnen ist. Nennen wir die Substitution $u' = u + m'_1\omega_1 + m'_2\omega_2$ mit der Substitution (1) kongruent mod n, falls $m'_1 \equiv m_1$, $m'_2 \equiv m_2$ (mod. n) zutrifft, so ist einleuchtend, daß alle mod n miteinander kongruenten Substitutionen ein und dieselbe Permutation der n^2 Wurzeln der Teilungsgleichung bewirken. Insbesondere ergeben die Substitutionen der in I, 375 mit $\Gamma^{(u)}_{n^2}$ bezeichneten „Hauptkongruenzgruppe n^{ter} Stufe" innerhalb der $\Gamma^{(u)}$ die identische Permutation der $\wp_{\lambda\mu}\left(\frac{u}{n}\right)$.

Andererseits liefern n^2 mod n inkongruente Substitutionen (1) ebenso viele verschiedene Permutationen der n^2 Wurzeln der Teilungsgleichung; denn es wird irgendeine erste Lösung $\wp_{\lambda\mu}\left(\frac{u}{n}\right)$, wie aus (2) leicht folgt, durch jene n^2 Substitutionen in alle n^2 verschiedenen Lösungen unserer Gleichung übergeführt. Je zwei der n^2 Permutationen sind zufolge des Gesetzes (2) „kommutativ". Nach der allgemeinen Theorie haben wir also folgenden grundlegenden Satz: *Die Monodromiegruppe der allgemeinen Teilungsgleichung* (3) S. 211 *ist eine „kommutative", einfach transitive Gruppe G_{n^2} der Ordnung n^2; die Teilungsgleichung selbst ist demnach im Körper $\mathfrak{K}' = (\mathfrak{K}, \wp_{\lambda\mu}, \wp'_{\lambda\mu}, \ldots)$ eine Abelsche Gleichung und als solche algebraisch* *lösbar.* Das Kennzeichen einer Abelschen Gleichung, daß jede ihrer Wurzeln in jeder anderen rational darstellbar ist, und daß je zwei hierbei auftretende rationale Funktionen kommutativ sind, muß also an unserer Teilungsgleichung erfüllt sein. Die rationale Darstellbarkeit ist aus dem Additionstheorem unmittelbar ersichtlich; so gilt z. B. als Darstellung von $\wp_{\lambda\mu}\left(\frac{u}{n}\right)$ in $\wp\left(\frac{u}{n}\right)$:

$$(3) \qquad \wp_{\lambda\mu}\left(\frac{u}{n}\right) = \frac{1}{4}\left(\frac{\wp'\left(\frac{u}{n}\right) - \wp'_{\lambda\mu}}{\wp\left(\frac{u}{n}\right) - \wp_{\lambda\mu}}\right)^2 - \wp\left(\frac{u}{n}\right) - \wp_{\lambda\mu}\,^{1)}.$$

Um die algebraische Lösung der Teilungsgleichung wirklich durchzuführen, haben wir auf die Struktur der Gruppe G_{n^2} und die in ihr enthaltenen Untergruppen einzugehen. Ehe dies geschieht, sollen noch einige bemerkenswerte Darstellungsformen der G_{n^2} erwähnt werden.

Sieht man die mod n kongruenten Substitutionen (1) als nicht verschieden an, so reduziert sich die $\Gamma^{(u)}$ auf eine endliche Gruppe G_{n^2}, deren Substitutionen man zweckmäßig symbolisch durch die Kongruenzen:

$$(4) \qquad u' \equiv u + m_1\omega_1 + m_2\omega_2 \pmod{n}$$

an Stelle der Gleichungen (1) darstellt. Die ganzen Zahlen m_1, m_2 wird man dabei auch nach Kombination zweier Substitutionen stets auf ihre kleinsten, nicht-negativen Reste mod n reduzieren. Diese G_{n^2} ist der Monodromiegruppe der Teilungsgleichung isomorph und darf als eine Darstellungsform jener Gruppe benutzt werden. Für die Untersuchung der Untergruppen jener Gruppe ist diese Darstellung besonders geeignet.

Nach I, 190 liefert jede Substitution (1) eine eindeutige Transformation der Riemannschen Fläche F_{2n^2} in sich, die wir oben vom Parallelogramm der Perioden $n\omega_1$, $n\omega_2$ aus herstellten. Dabei ergeben zwei mod n kongruente Substitutionen (1) ein und dieselbe Transformation der Fläche in sich, während die n^2 mod n inkongruenten Substitutionen ebenso viele verschiedene Transformationen liefern. Diese n^2 Transformationen der F_{2n^2} in sich bilden dann ihrerseits wieder eine Gruppe G_{n^2}, in der wir eine neue Ausdrucksform unserer Monodromiegruppe finden. Das Additionstheorem gestattet eine algebraische Darstellung der Gruppe zu gewinnen, und zwar ist hier die Gestalt (16) S. 161 der Additionsformeln besonders geeignet. Setzt man in dieser Proportion $\frac{u}{n}$ statt u und $\frac{\lambda\omega_1 + \mu\omega_2}{n}$ statt v ein, so erhält man bei Benutzung der algebraischen

---

1) Man beachte, daß $\wp'\left(\frac{u}{n}\right)$ zufolge der zweiten Gleichung (1) S. 210 rational in $\wp\left(\frac{u}{n}\right)$ und Größen des Körpers $\mathfrak{K}$ darstellbar ist.

Schreibweise:

$$\wp\left(\frac{u}{n}\right) = Z, \quad \wp'\left(\frac{u}{n}\right) = W, \quad \wp_{\lambda\mu}\left(\frac{u}{n}\right) = Z', \quad \wp'_{\lambda\mu}\left(\frac{u}{n}\right) = W'$$

als der Substitution $u' \equiv u + \lambda\omega_1 + \mu\omega_2$ entsprechend die Transformation:

$$(5) \quad Z' : W' : 1 = (W^2\wp_{\lambda\mu} - Z\wp'^2_{\lambda\mu} - (2W\wp'_{\lambda\mu} + g_2(Z + \wp_{\lambda\mu}) + 3g_3)(Z - \wp_{\lambda\mu}))$$
$$: ((W\wp'_{\lambda\mu} + 3g_3)(W - \wp'_{\lambda\mu}) + 2(6Z\wp_{\lambda\mu} - g_2)(Z\wp'_{\lambda\mu} - W\wp_{\lambda\mu})$$
$$+ g_2(ZW - \wp_{\lambda\mu}\wp'_{\lambda\mu}))$$
$$: (W^2 - \wp'^2_{\lambda\mu} - (12Z\wp_{\lambda\mu} - g_2)(Z - \wp_{\lambda\mu})).$$

Die G_{n^2} erscheint hier eingekleidet in eine Gruppe eindeutig umkehrbarer quadratischer Transformationen der Z, W.

Eine Erniedrigung des Grades dieser Transformationen tritt in den beiden niedersten Fällen $n = 2$ und 3 ein. Im Falle $n = 2$ ist $\wp_{\lambda\mu}$ eine der drei Größen e_1, e_2, e_3, etwa e_i, während $\wp'_{\lambda\mu} = 0$ ist. Ersetzt man auf der rechten Seite von (5) die g_2, g_3 durch ihre Ausdrücke in e_1, e_2, e_3 und W^2 durch $4(Z - e_1)(Z - e_2)(Z - e_3)$, so läßt sich nach den nötigen Zwischenrechnungen aus den drei Gliedern der Proportion der gemeinsame Faktor $4(Z - e_i)$ herausheben, und es verbleibt die Proportion:

$$(6) \quad Z' : W' : 1 = (Z - e_i)(e_i Z + e_i^2 + e_k e_l) : -(2e_i^2 + e_k e_l)\,W : (Z - e_i)^2.$$

Die drei von der Identität verschiedenen Transformationen der G_4 werden demnach in Z allein *linear* und führen uns zu den Substitutionen (2) in I, 133 zurück. In der Tat ist ja die vorliegende Gruppe für diejenige zweiblättrige Riemannsche Fläche F'_2 des Geschlechtes 1, welche durch Abbildung der F_8 vermittelst der Funktion Z gewonnen wird, einfach die Vierergruppe der Transformationen der zugehörigen Verzweigungsform in sich (vgl. I, 133 ff.).

Im Falle $n = 3$ handelt es sich bei der Herabminderung des Grades der Transformationen (5) um einen bei den Anwendungen der elliptischen Funktionen auf die Theorie der Kurven dritten Grades bekannten Satz, der übrigens in der von Klein entwickelten „Theorie der elliptischen Normalkurven" verallgemeinert ist.[1])

Statt übrigens die Transformationen (5) einer direkten algebraischen Umformung zu unterwerfen, kann man sich zum Beweise des Satzes, daß für $n = 3$ die neun Transformationen der Fläche F_{18} in sich in Z und W linear werden, der folgenden funktionentheoretischen Überlegung bedienen:

Die beiden Funktionen $\wp_{\lambda\mu}(u)$, $\wp'_{\lambda\mu}(u)$ sind zwei- bzw. dreiwertig und haben einen Pol zweiter bzw. dritter Ordnung an der Stelle $-\frac{\lambda\omega_1 + \mu\omega_2}{3}$.

---

1) Vgl. Klein, „Über die elliptischen Normalkurven der n^{ten} Ordnung und zugehörige Modulfunktionen der n^{ten} Stufe", Leipziger Abhandl., Bd. 13 (1885), sowie die Darstellung in „Modulfunktionen", Bd. 2, S. 237 ff., insbesondere S. 248.

Nach dem Abelschen Theorem (vgl. I, 214 ff.) gibt es eine dreiwertige doppeltperiodische Funktion $\psi(u)$, die an jener Stelle einen Nullpunkt dritter Ordnung und bei $u = 0$ einen Pol dieser Ordnung hat. Diese Funktion $\psi(u)$ läßt sich nach der Regel (4) in I, 206 so darstellen:

$$\psi(u) = c_0 + c_1 \wp(u) + c_2 \wp'(u),$$

wo die c von u unabhängige Größen sind und c_2 von 0 verschieden ist. Übrigens ist $\psi(u)$ durch Pol und Nullpunkt nur erst bis auf einen von u unabhängigen, beliebig wählbaren Faktor bestimmt. Wir verfügen über diesen Faktor so, daß $c_2 = -\wp'_{\lambda\mu}$ wird. Die Werte c_0 und c_1 ergeben sich dann aus dem Umstande, daß wegen des Nullpunktes dritter Ordnung an der Stelle $-\frac{\lambda\omega_1 + \mu\omega_2}{3}$ sowohl $\psi(u)$ als auch die Ableitung:

$$\psi'(u) = c_1 \wp'(u) + c_2 \wp''(u) = c_1 \wp'(u) + c_2 (6\wp(u)^2 - \tfrac{1}{2} g_2)$$

verschwindet. Hieraus ergeben sich, wenn wir noch $c_2 = -\wp'_{\lambda\mu}$ eintragen, die beiden Gleichungen:

$$c_0 + c_1 \wp_{\lambda\mu} = -\wp'^2_{\lambda\mu} = -4\wp^3_{\lambda\mu} + g_2 \wp_{\lambda\mu} + g_3,$$
$$c_1 + 6\wp^2_{\lambda\mu} - \tfrac{1}{2} g_2 = 0,$$

aus denen sich c_1 und c_2 sofort bestimmen. Man findet:

$$(7) \quad \psi(u) = (2\wp^3_{\lambda\mu} + \tfrac{1}{2} g_2 \wp_{\lambda\mu} + g_3) - (6\wp^2_{\lambda\mu} - \tfrac{1}{2} g_2)\wp(u) - \wp'_{\lambda\mu}\wp'(u).$$

Die beiden Produkte $\psi(u) \cdot \wp_{\lambda\mu}(u)$ und $\psi(u) \cdot \wp'_{\lambda\mu}(u)$ sind nun als dreiwertige doppeltperiodische Funktionen mit Polen dritter Ordnung bei $u = 0$ gleichfalls in den Gestalten:

$$(8) \quad \begin{cases} \psi(u)\wp_{\lambda\mu}(u) = a_0 + a_1 \wp(u) + a_2 \wp'(u), \\ \psi(u)\wp'_{\lambda\mu}(u) = b_0 + b_1 \wp(u) + b_2 \wp'(u) \end{cases}$$

darstellbar. Die Koeffizienten $a_0, a_1, \ldots, b_2$ lassen sich aber leicht mittelst der Reihenentwicklungen bestimmen. Man hat erstlich wegen der rechten Seiten der Ansätze (8):

$$(9) \quad \begin{cases} \psi(u)\wp_{\lambda\mu}(u) = -2a_2 u^{-3} + a_1 u^{-2} + a_0 + \cdots, \\ \psi(u)\wp'_{\lambda\mu}(u) = -2b_2 u^{-3} + b_1 u^{-2} + b_0 + \cdots. \end{cases}$$

Auf der anderen Seite folgt aus (7):

$$\psi(u) = 2\wp'_{\lambda\mu} u^{-3} - (6\wp^2_{\lambda\mu} - \tfrac{1}{2} g_2) u^{-2} + (2\wp^3_{\lambda\mu} + \tfrac{1}{2} g_2 \wp_{\lambda\mu} + g_3) + \cdots,$$

und man findet bei Benutzung der Regeln (15) S. 188:

$$\wp_{\lambda\mu}(u) = \wp_{\lambda\mu} + \wp'_{\lambda\mu} u + \tfrac{1}{2}(6\wp^2_{\lambda\mu} - \tfrac{1}{2} g_2) u^2 + 2\wp_{\lambda\mu}\wp'_{\lambda\mu} u^3 + \cdots,$$
$$\wp'_{\lambda\mu}(u) = \wp'_{\lambda\mu} + (6\wp^2_{\lambda\mu} - \tfrac{1}{2} g_2) u + 6\wp_{\lambda\mu}\wp'_{\lambda\mu} u^2 +$$
$$+ (20\wp^3_{\lambda\mu} - 3g_2 \wp_{\lambda\mu} - 2g_3) u^3 + \cdots.$$

Durch Multiplikation dieser Reihen mit der für $\psi(u)$ gewinnt man die fertige

Gestalt der Anfangsglieder der Reihen für $\psi(u)\wp_{\lambda\mu}(u)$ und $\psi(u)\wp'_{\lambda\mu}(u)$, so daß der Vergleich mit den Ansätzen (8) die Bedeutung der Koeffizienten $a_0, a_1, \ldots, b_2$ aufklärt.

Man schreibe endlich in den Gleichungen (7) und (8) noch $\frac{u}{n}$ an Stelle von u und führe übrigens wie oben (S. 216) die algebraischen Bezeichnungen Z, W, Z', W' ein. Als Ergebnis findet man: *Im Falle* $n = 3$ *stellen sich die 9 Transformationen der Riemannschen Fläche* F_{18} *in sich mittelst der* Z, W *durch folgende lineare Substitutionen dar:*

$$
(10)\quad \begin{aligned}
Z' : W' : 1 = \Big(&\big(2\wp^3_{\lambda\mu} - \tfrac{3}{2}g_2\wp_{\lambda\mu} - 2g_3\big)Z - \wp_{\lambda\mu}\wp'_{\lambda\mu}W \\
&\qquad - \big(\tfrac{1}{2}g_2\wp^2_{\lambda\mu} + 3g_3\wp_{\lambda\mu} + \tfrac{1}{8}g_2^2\big)\Big) \\
&: \Big(\big(6\wp^2_{\lambda\mu} - \tfrac{1}{2}g_2\big)\wp'_{\lambda\mu}Z - \wp'^2_{\lambda\mu}W + \big(6\wp^3_{\lambda\mu} - \tfrac{5}{2}g_2\wp_{\lambda\mu} - 3g_3\big)\wp'_{\lambda\mu}\Big) \\
&: \Big(-\big(6\wp^2_{\lambda\mu} - \tfrac{1}{2}g_2\big)Z - \wp'_{\lambda\mu}W + \big(2\wp^3_{\lambda\mu} + \tfrac{1}{2}g_2\wp_{\lambda\mu} + g_3\big)\Big).
\end{aligned}
$$

§ 3. Zyklische Untergruppen der G_{n^2} und Kongruenzgruppen n^{ter} Stufe.

Für die Substitutionen der Gruppe G_{n^2} gebrauchen wir fortan die Schreibweise:

$$u' \equiv u + l\omega_1 + m\omega_2 \pmod{n};$$

wir bezeichnen diese Substitutionen durch $S_0 = 1, S_1, S_2, \ldots, S_{n^2-1}$ und deuten die einzelne unter ihnen auch durch das Symbol (l, m) an. Es soll nun zunächst die Entwicklung, welche in I, 377 für $n = 2$ ausgeführt wurde, auf beliebiges n übertragen werden. Zu diesem Zwecke stellen wir erstlich die „Perioden" der Substitutionen S und damit die „zyklischen Untergruppen" der G_{n^2} fest.

Die ν^{te} Potenz von $S = (l, m)$ ist einfach $S^\nu = (\nu l, \nu m)$. Soll $S^\nu = 1$ sein, so müssen die beiden Zahlen νl, νm zugleich durch n teilbar sein. Ist t der größte gemeinsame Teiler von l und m, so gibt es zwei ganze Zahlen a, b, die die Gleichung $al + bm = t$ befriedigen. Soll demnach $S^\nu = 1$ sein, so ist hierzu notwendig und offenbar auch ausreichend, daß:

$$a \cdot \nu l + b \cdot \nu m = \nu t$$

durch n teilbar ist. Die kleinste, dieser Bedingung genügende positive Zahl ν ist $\frac{n}{\tau}$, wo τ der größte gemeinsame Teiler von t und n ist. Im Falle $\tau = 1$ nennen wir das Zahlenpaar l, m teilerfremd gegen n. Die sogleich näher zu bestimmende Anzahl inkongruenter und gegen n teilerfremder Zahlenpaare mod n werde durch das Symbol $\chi(n)$ bezeichnet. Wir merken vorläufig den Satz an: *Die Periode der einzelnen Substitution* S *ist stets ein Teiler von* n; *insbesondere hat man* $\chi(n)$ *Substitutionen der Periode* n.

Zur Bestimmung der Anzahl $\chi(n)$ nehmen wir an, daß n das Produkt $n_1 \cdot n_2$ zweier teilerfremder ganzer Zahlen n_1, n_2 sei. Für das einzelne Paar l, m gelte:

$$l \equiv l_i, \qquad m \equiv m_i \pmod{n_i}, \qquad (i=1,2)$$

wo die l_i, m_i Zahlen der Reihe $0, 1, 2, \ldots, n_i - 1$ sind. Das einzelne Paar l, m reduziert sich also nach den Moduln n_i auf zwei bestimmte Restpaare l_i, m_i. Auch umgekehrt gelangen wir durch Kombination der n_1^2 Restpaare l_1, m_1 mit den n_2^2 Restpaaren l_2, m_2 zu den gesamten $n_1^2 \cdot n_2^2 = n^2$ Restpaaren mod n zurück. Die einzelne Zahlklasse mod n ergibt sich nämlich entsprechend durch Kombination der n_1 Zahlklassen mod n_1 mit den n_2 Klassen mod n_2. Aus den Gleichungen:

$$(1) \qquad l = l_i + \alpha_i n_i, \qquad m = m_i + \beta_i n_i,$$

in denen die α, β ganze Zahlen sind, ist einleuchtend, daß der größte gemeinsame Teiler τ_i von l_i, m_i, n_i auch als Teiler in l, m und n enthalten ist. Haben andrerseits l, m und n einen Primteiler p gemein, so ist p in n_i, d. h. in einer der Zahlen n_1, n_2, als Faktor enthalten und geht zufolge (1) auch in l_i und m_i auf. Die sämtlichen gegen n teilerfremden Paare l, m erhalten wir also gerade genau, wenn wir die $\chi(n_1)$ gegen n_1 teilerfremden Paare l_1, m_1 mit den $\chi(n_2)$ gegen n_2 teilerfremden Paaren kombinieren. Es gilt demnach für die Anzahl χ das Gesetz $\chi(n_1 \cdot n_2) = \chi(n_1) \cdot \chi(n_2)$, falls n_1 und n_2 teilerfremd sind.

Hiernach braucht man $\chi(n)$ nur noch in dem Falle zu berechnen, daß n eine Primzahlpotenz p^ν ist. Unter den p^ν inkongruenten Zahlen $0, 1, 2, \ldots, p^\nu - 1$ sind aber $p^{\nu-1}$ durch p teilbar und $(p^\nu - p^{\nu-1})$ teilerfremd gegen p. Wird l gleich einem dieser $(p^\nu - p^{\nu-1})$ teilerfremden Reste gesetzt, so liefert jedes m ein gegen p^ν teilerfremdes Paar l, m, was $p^\nu(p^\nu - p^{\nu-1})$ inkongruente Paare ergibt. Setzt man aber l gleich einem der $p^{\nu-1}$ durch p teilbaren Reste, so sind für m nur noch die $(p^\nu - p^{\nu-1})$ gegen p teilerfremden Reste zugänglich, was noch $p^{\nu-1}(p^\nu - p^{\nu-1})$ Paare liefert. Hieraus folgt:

$$\chi(p^\nu) = p^\nu(p^\nu - p^{\nu-1}) + p^{\nu-1}(p^\nu - p^{\nu-1}) = p^{2\nu}\left(1 - \frac{1}{p^2}\right)$$

und damit der allgemeine Satz: *Ist die Primfaktorenzerlegung der Zahl n durch $n = p_1^{\nu_1} \cdot p_2^{\nu_2} \cdot p_3^{\nu_3} \ldots$ gegeben, so ist die Anzahl $\chi(n)$ der gegen n teilerfremden Paare l, m und damit die Anzahl der in G_{n^2} enthaltenen Substitutionen der Periode n:*

$$(2) \qquad \chi(n) = n^2\left(1 - \frac{1}{p_1^2}\right)\left(1 - \frac{1}{p_2^2}\right)\left(1 - \frac{1}{p_3^2}\right) \cdots.$$

Jede dieser $\chi(n)$ Substitutionen S der Periode n erzeugt eine zyklische Untergruppe G_n der Ordnung n. Soll unter den n Substitutionen

S^ν dieser G_n die einzelne S^ν wieder die Periode n haben, so ist hierzu notwendig und hinreichend, daß ν teilerfremd gegen n ist. Da unter den Resten mod n im ganzen:

$$(3) \qquad \varphi(n) = n\left(1 - \frac{1}{p_1}\right)\left(1 - \frac{1}{p_2}\right)\left(1 - \frac{1}{p_3}\right)\cdots$$

teilerfremd gegen n sind, so enthält die G_n insgesamt $\varphi(n)$ Substitutionen der Periode n und kann aus jeder dieser Substitutionen erzeugt werden. Erklären wir neben $\chi(n)$ und $\varphi(n)$ eine dritte von n abhängige Anzahl $\psi(n)$ durch:

$$(4) \qquad \psi(n) = n\left(1 + \frac{1}{p_1}\right)\left(1 + \frac{1}{p_2}\right)\left(1 + \frac{1}{p_3}\right)\cdots,$$

so gilt $\chi(n) = \varphi(n) \cdot \psi(n)$, und wir gewinnen den Satz: *Als zyklische Untergruppen höchster Ordnung treten in der G_{n^2} im ganzen $\psi(n)$ Untergruppen G_n der Ordnung n auf.* Da G_{n^2} eine Abelsche Gruppe ist, *so ist jede dieser G_n eine „ausgezeichnete" Untergruppe der G_{n^2}.*

Innerhalb der Gruppe $\Gamma^{(u)}$ der Substitutionen $u' = u + l\omega_1 + m\omega_2$ bilden nun alle Substitutionen, die mit den Substitutionen einer vorgelegten zyklischen G_n mod n kongruent sind, eine durch $\Gamma_n^{(u)}$ zu bezeichnende Untergruppe, welche die in I, 375 erklärte Hauptkongruenzgruppe $\Gamma_{n^2}^{(u)}$ der n^{ten} Stufe in sich enthält. Wir nennen auch $\Gamma_n^{(u)}$ eine *„Kongruenzgruppe n^{ter} Stufe"* und haben unseren $\psi(n)$ zyklischen G_n entsprechend *$\psi(n)$ innerhalb der Gesamtgruppe $\Gamma^{(u)}$ ausgezeichnete Kongruenzgruppen n^{ter} Stufe $\Gamma_n^{(u)}$.* Daß sie ausgezeichnet sind, folgt in der Tat unmittelbar wieder aus dem kommutativen Charakter der $\Gamma^{(u)}$.

Wie im Falle $n = 2$ (vgl. I, 379ff.) gestalten sich die Verhältnisse aber wieder anders innerhalb der ternären Gruppe $\Gamma^{(u,\omega)}$, in welcher die $\Gamma^{(u)}$ als ternäre Untergruppe der Substitutionen:

$$(5) \qquad u' = u + l\omega_1 + m\omega_2, \qquad \omega_1' = \omega_1, \quad \omega_2' = \omega_2$$

und die Modulgruppe $\Gamma^{(\omega)}$ als ternäre Untergruppe der Substitutionen:

$$(6) \qquad u' = u, \qquad \omega_1' = \alpha\omega_1 + \beta\omega_2, \qquad \omega_2' = \gamma\omega_1 + \delta\omega_2$$

enthalten ist. Transformiert man nämlich die kurz durch $S = (l, m)$ zu bezeichnende Substitution (5) mittelst der unter (6) gegebenen Substitution V der $\Gamma^{(\omega)}$, so wird, wie schon in I, 379 festgestellt ist, die transformierte Subsitution:

$$(7) \qquad S' = V \cdot S \cdot V^{-1} = (l', m') = (l\delta - m\gamma, -l\beta + m\alpha).$$

Gilt nun zunächst $l \equiv m \equiv 0 \pmod{n}$, so ist freilich auch $l' \equiv m' \equiv 0$ (mod n), woraus man folgert, *daß die Hauptkongruenzgruppe $\Gamma_{n^2}^{(u)}$ auch in der ternären Gruppe $\Gamma^{(u,\omega)}$ ausgezeichnet ist.* Demgegenüber wird z. B. die Substitution $S = (0, 1)$ in $S' = (-\gamma, \alpha)$ transformiert. Nun kommen in der $\Gamma^{(\omega)}$ als Zahlen $-\gamma, \alpha$ alle Paare teilerfremder ganzer Zahlen vor-

Geben $-\gamma$, α als kleinste nichtnegative Reste mod n die Zahlen l_0, m_0, so haben wir in l_0, m_0 sicher ein gegen n teilerfremdes Zahlenpaar, da ein gemeinsamer Teiler τ von l_0, m_0 und n auch γ und α zugleich teilen würde. Andrerseits kann man zu irgendeinem gegen n teilerfremden Paare l_0, m_0 stets zwei mod n mit l_0 bzw. m_0 kongruente Zahlen $-\gamma$, α angeben, die zueinander teilerfremd sind.[1]) Die Substitution $S = (0, 1)$ ist also durch Transformation mit einem geeignet gewählten V in ein S' überführbar, welches mit einer „beliebigen" unserer obigen Substitutionen (l, m) der Periode n kongruent ist. Hieraus ergibt sich insbesondere: *Die $\psi(n)$ innerhalb der $\Gamma^{(u)}$ ausgezeichneten Kongruenzgruppen $\Gamma_n^{(u)}$ werden innerhalb der ternären Gruppe $\Gamma^{(u,\omega)}$ miteinander „gleichberechtigt", d. h. ineinander transformierbar.* Es gelten also für beliebiges n dieselben Sätze, die in I, 378 ff. für $n = 3$ gewonnen wurden.

Die Ergebnisse kann man auch in geometrische Gestalt kleiden. Als Diskontinuitätsbereich der Hauptkongruenzgruppe $\Gamma_{n^2}^{(u)}$ kann man das Parallelogramm der Ecken 0, $n\omega_2$, $n\omega_1 + n\omega_2$, $n\omega_1$ benutzen, das aus n^2 „quadratisch" angeordneten Parallelogrammen des ursprünglichen Netzes zusammensetzbar ist. Übt man jetzt alle linearen Transformationen der $\Gamma^{(\omega)}$ aus (die offenbar auch für die beiden Perioden $n\omega_1$, $n\omega_2$ die gesamten „linearen Transformationen" (vgl. I, 184) liefern), so nimmt das große Parallelogramm unendlich viele verschiedene Gestalten an, die aber alle nur wechselnde Formen des Diskontinuitätsbereiches einer und derselben Gruppe, nämlich der ausgezeichneten $\Gamma_{n^2}^{(u)}$ sind. Für eine einzelne der $\psi(n)$ Kongruenzgruppen $\Gamma_n^{(u)}$, etwa die durch $l \equiv 0 \pmod n$ erklärte, ist ein Diskontinuitätsbereich als Parallelogramm der Ecken 0, ω_2, $n\omega_1 + \omega_2$, $n\omega_1$ wählbar, das aus n „linear" aneinander gereihten Parallelogrammen des ursprünglichen Netzes besteht. Wendet man jetzt auf dieses Parallelogramm der Ecken 0, ω_2, $n\omega_1 + \omega_2$, $n\omega_1$ die gesamten linearen Transformationen der $\Gamma^{(\omega)}$ an, so sind die entstehenden unendlich vielen Parallelogramme nicht mehr Diskontinuitätsbereiche einer und derselben Gruppe; *aber sie liefern, als Diskontinuitätsbereiche aufgefaßt, doch nur endlich viele verschiedene Gruppen, nämlich eben unsere $\psi(n)$ gleichberechtigten Kongruenzgruppen $\Gamma_n^{(u)}$.*

---

1) Man nehme etwa $\gamma = -l_0$ und bezeichne mit γ_0 das Produkt aller Primfaktoren von γ, die nicht zugleich in n aufgehen. Dann ist eine ganze Zahl a entsprechend der Kongruenz $an \equiv 1 - m_0 \pmod{\gamma_0}$ angebbar, da der Faktor n der linken Seite zum Modul γ_0 teilerfremd ist. Setzt man nun $\alpha = m_0 + an$, so ist $\alpha \equiv 1 \pmod{\gamma_0}$ und also teilerfremd gegen γ_0. Hätte also α mit $\gamma = -l_0$ mindestens einen Primteiler p gemein, so würde es sich um einen zugleich in n aufgehenden Teiler handeln, der zufolge $m_0 = \alpha - an$ auch m_0 teilen würde. Dies widerspricht aber dem Umstande, daß das Paar l_0, m_0 teilerfremd gegen n ist. In $-\gamma$, α haben wir also teilerfremde Zahlen, die mod n mit l_0 bzw. m_0 kongruent sind.

Zwei abgekürzt durch $V = \begin{pmatrix}\alpha, & \beta\\ \gamma, & \delta\end{pmatrix}$ und $V' = \begin{pmatrix}\alpha', & \beta'\\ \gamma', & \delta'\end{pmatrix}$ zu bezeichnende Substitutionen der $\Gamma^{(\omega)}$ heißen mod n kongruent, wenn die vier Kongrnenzen:

(8) $$\alpha' \equiv \alpha, \quad \beta' \equiv \beta, \quad \gamma' \equiv \gamma, \quad \delta' \equiv \delta \pmod n$$

bestehen. Wir kennzeichnen ihr Zutreffen kurz durch $V' \equiv V \pmod n$. Gilt $V' \equiv V \pmod n$, so ergibt V', mit der zu V inversen Substitution V^{-1} kombiniert, in $V' \cdot V^{-1}$ eine mit der identischen Substitution $V_0 = \begin{pmatrix}1, & 0\\ 0, & 1\end{pmatrix}$ oder kurz $V_0 = 1$ kongruente Substitution. Ist zweitens eine der beiden Substitutionen V, V' mit der identischen Substitution kongruent, so ist $V' \cdot V$ mit der anderen kongruent. Diese Angaben folgen sofort aus der Regel, nach der sich die Koeffizienten einer aus zwei Substitutionen zusammengesetzten Substitution berechnen (s. Gleichung (2) in I, 127). Es folgt, daß alle mit der identischen Substitution $V_0 = 1$ mod n kongruenten Substitutionen der $\Gamma^{(\omega)}$ eine Untergruppe bilden, die nach I, 375 die „*Hauptkongruenzgruppe n^{ter} Stufe*“ innerhalb der $\Gamma^{(\omega)}$ heißt.[1] Ist $V \equiv 1 \pmod n$ und V' beliebig, so ist $V' \cdot V \equiv V'$ und also $V' \cdot V \cdot V'^{-1} \equiv 1$ (mod. n). *Die Hauptkongruenzgruppe n^{ter} Stufe ist also eine ausgezeichnete Untergruppe der $\Gamma^{(\omega)}$.*

Bildet man für diese Untergruppe nach dem Schema (2) oder (4) S. 4ff. die Nebengruppen, so erscheinen in der einzelnen Nebengruppe alle Substitutionen der $\Gamma^{(\omega)}$ vereint, die mit einer unter ihnen mod n kongruent sind. Der Index der Hauptkongruenzgruppe n^{ter} Stufe ist demnach gleich der Anzahl mod n inkongruenter Substitutionen in der $\Gamma^{(\omega)}$. Da aber jede Substitution V mit ihren vier Koeffizienten eine Lösung der Kongruenz:

(9) $$\alpha\delta - \beta\gamma \equiv 1 \pmod n$$

in ganzen Zahlen $\alpha, \beta, \gamma, \delta$ ergibt, so ist die Anzahl der mod n inkongruenten Substitutionen sicher nicht größer als die Anzahl inkongruenter Lösungen der Kongruenz (9). Diese Anzahl stellen wir leicht fest. Zunächst muß α, γ wegen (9) ein gegen n teilerfremdes Restpaar sein, und wir haben $\chi(n)$ derartige Paare. Ist beim einzelnen solchen Paare α teilerfremd gegen n, so ist β unbeschränkt, und für jedes β ist ein zugehöriges δ aus (9) eindeutig bestimmt, was für dieses Paar α, γ im ganzen n inkongruente Lösungen von (9) ergibt. Hat aber α mit n den größten Teiler τ gemein, so ist γ teilerfremd gegen τ, und die aus (9) folgende Kongruenz $\beta\gamma \equiv -1 \pmod \tau$ hat eine und nur eine Lösung β_0. Wir finden

---

1) Es ist dies die in „Modulfunktionen“ Bd. 1, S. 387ff. ausführlich untersuchte Gruppe.

aus ihr $\frac{n}{\tau}$ mod n inkongruente Zahlen:

$$\beta \equiv \beta_0, \quad \beta_0 + \tau, \quad \beta_0 + 2\tau, \ldots, \quad \beta_0 + \left(\frac{n}{\tau} - 1\right)\tau \quad (\text{mod}\, n)$$

als zugehörig. Für jede einzelne dieser Zahlen $(\beta_0 + \nu\tau)$ ist weiter die Kongruenz:

$$\frac{\alpha}{\tau}\delta \equiv \frac{\beta_0\gamma + 1}{\tau} + \gamma\nu \quad \left(\text{mod}\, \frac{n}{\tau}\right)$$

nach δ zu lösen. Sie hat mod $n\tau^{-1}$ „eine" Lösung δ_0, aus der τ mod n inkongruente Zahlen:

$$\delta \equiv \delta_0, \quad \delta_0 + \frac{n}{\tau}, \quad \delta_0 + 2\frac{n}{\tau}, \ldots, \delta_0 + (\tau - 1)\frac{n}{\tau}$$

als brauchbar hervorgehen. Wir haben also auch jetzt für das einzelne Paar α, γ im ganzen $\frac{n}{\tau} \cdot \tau = n$ Lösungen der Kongruenz (9), *so daß wir als Anzahl inkongruenter Lösungen von* (9) *finden:*

$$(10) \qquad n\chi(n) = n^3\left(1 - \frac{1}{p_1^2}\right)\left(1 - \frac{1}{p_2^2}\right)\left(1 - \frac{1}{p_3^2}\right)\cdots.$$

Es geht nun schon aus der Fußnote von S. 221 hervor, daß alle $\chi(n)$ inkongruenten Paare α, γ in der $\Gamma^{(\omega)}$ wirklich auftreten. Zum einzelnen Paare teilerfremder Zahlen α, γ gehören aber nach (1) in I, 292 die einfach unendlich vielen Substitutionen:

$$V = \begin{pmatrix} \alpha, & \beta + \nu\alpha \\ \gamma, & \delta + \nu\gamma \end{pmatrix}. \qquad (\nu = \cdots, -2, -1, 0, 1, 2, \cdots)$$

Wir erkennen sofort, daß unter ihnen genau n inkongruente Substitutionen enthalten sind, die wir etwa für $\nu = 0, 1, 2, \ldots, n - 1$ gewinnen. Also haben wir für *alle* $n\chi(n)$ inkongruenten Lösungen von (9) zugehörige Substitutionen V, woraus hervorgeht, *daß der Index der Hauptkongruenzgruppe n^{ter} Stufe innerhalb der $\Gamma^{(\omega)}$ durch die in* (10) *dargestellte Anzahl $n\chi(n)$ gegeben ist.* Die fragliche Untergruppe möge dementsprechend durch $\Gamma_{n\chi(n)}^{(\omega)}$ oder kurz durch $\Gamma_{n\chi}^{(\omega)}$ bezeichnet werden.

Sehen wir je zwei mod n kongruente Substitutionen V als nicht verschieden an, so reduziert sich die Gruppe $\Gamma^{(\omega)}$ hiernach auf eine Gruppe $G_{n\chi(n)}$ der endlichen Ordnung $n\chi(n)$, deren Substitutionen wir zweckmäßig durch:

$$(11) \qquad \omega_1' \equiv \alpha\omega_1 + \beta\omega_2, \quad \omega_2' \equiv \gamma\omega_1 + \delta\omega_2 \quad (\text{mod}\, n)$$

bezeichnen. Die Kongruenzzeichen beziehen sich natürlich auf die ganzzahligen Koeffizienten $\alpha, \beta, \gamma, \delta$, die nur mod n zu unterscheiden sind. Das Gesetz der Kombination zweier Substitutionen ist selbstverständlich das bisherige; nur tritt an Stelle der „Gleichung" (2) in I, 127 hier eine entsprechend gebaute „Kongruenz". Zur deutlicheren Unterscheidung der

Gruppe $G_{n\chi(n)}$ von den oben betrachteten Gruppen G_{n^2} und G_n der Substitutionen S schreiben wir genauer $G^{(\omega)}_{n\chi(n)}$ sowie $G^{(u)}_{n^2}$ und $G^{(u)}_n$.

Reduzieren wir endlich die ternäre Gruppe $\Gamma^{(u,\omega)}$ mod n, so gelangen wir zu einer Gruppe $G^{(u,\omega)}_{n^3\chi(n)}$ der Ordnung $n^3\chi(n)$, in der (nach der oben bei den Gruppen $\Gamma^{(u,\omega)}$, $\Gamma^{(u)}$, $\Gamma^{(\omega)}$ dargestellten Auffassung) sowohl die $G^{(u)}_{n^2}$ (und damit auch ihre zyklischen $G^{(u)}_n$) als auch die $G^{(\omega)}_{n\chi(n)}$ als Untergruppen enthalten sind. Da die Regel (7), nur als Kongruenz mod n geschrieben, gültig bleibt, so folgert man aus den oben aufgestellten Sätzen betreffs der zyklischen $G^{(u)}_n$ die Angaben: *Die $\psi(n)$ zyklischen Untergruppen $G^{(u)}_n$ sind zwar in der $G^{(u)}_{n^2}$ ausgezeichnet, dagegen werden sie in der $G^{(u,\omega)}_{n^3\chi(n)}$ gleichberechtigt, ja innerhalb dieser letzteren Gruppe sind sogar alle $\chi(n)$ Substitutionen S der Periode n gleichberechtigt.*

Zwei unter den $\psi(n)$ zyklischen Untergruppen $G^{(u)}_n$ mögen zu einander „komplementär“ heißen, wenn sie außer der identischen Substitution keine Substitution gemein haben. Es soll festgestellt werden, wie viele unter den $\psi(n)$ zyklischen Gruppen mit einer vorgelegten unter ihnen komplementär sind. Da alle $G^{(u)}_n$ innerhalb der $G^{(u,\omega)}_{n^3\chi}$ ineinander transformierbar sind, so ist die gesuchte Anzahl ein und dieselbe, welche $G^{(u)}_n$ wir auch vorlegen mögen. Wir wählen etwa die aus $S = (0,1)$ zu erzeugende $G^{(u)}_n$ und schreiben $T = (l, m)$ als erzeugende Substitution einer komplementären $G^{(u)}_n$. Dann darf keine der $(n-1)$ Substitutionen $T^\nu = (\nu l, \nu m)$ mit $\nu = 1, 2, \ldots, n-1$ der aus S zu erzeugenden $G^{(u)}_n$ angehören, d. h. keine der Zahlen $l, 2l, \ldots, (n-1)l$ darf durch n teilbar sein, was einfach darauf hinausläuft, daß l einer der $\varphi(n)$ gegen n teilerfremden Reste mod n ist. Da m unbeschränkt bleibt, so haben wir $n\varphi(n)$ brauchbare T und gewinnen den Satz: *Mit der einzelnen der $\psi(n)$ Gruppen $G^{(u)}_n$ sind immer n dieser zyklischen Gruppen komplementär.*

Die Bedeutung des Begriffs der komplementären $G^{(u)}_n$ geht aus folgendem Satze hervor: *Die aus zwei Substitutionen S und T der Periode n hergestellten n^2 Substitutionen:*

$$S^\nu \cdot T^{\nu'}, \qquad \nu, \nu' = 0, 1, 2, \ldots, n-1$$

sind stets und nur dann alle von einander verschieden und erschöpfen also die $G^{(u)}_{n^2}$, wenn die aus S und T zu erzeugenden $G^{(u)}_n$ komplementär sind. Ist $G^{(u)}_n$ die aus S zu erzeugende Untergruppe, so können wir die Zerlegung der Gesamtgruppe $G^{(u)}_{n^2}$ in die zugehörigen n Nebengruppen so schreiben:

$$G^{(u)}_{n^2} = G^{(u)}_n + G^{(u)}_n \cdot T + G^{(u)}_n \cdot T^2 + \cdots + G^{(u)}_n \cdot T^{n-1}.$$

Zu der in der $G^{(u)}_{n^2}$ ausgezeichneten $G^{(u)}_n$ gehört demgemäß als entsprechende „Quotientengruppe“ $G^{(u)}_{n^2} / G^{(u)}_n$ eine mit der Gruppe der Substitutio-

nen $1, T, T^2, \ldots, T^{n-1}$ *isomorphe Gruppe, d. h. wieder eine zyklische* G_n. Wir folgern hieraus für die Lösung der allgemeinen Teilungsgleichung das Ergebnis: *Die im Körper* $\mathfrak{K}' = (\mathfrak{K}, \wp_{\lambda\mu}, \wp'_{\lambda\mu} \ldots)$ *Abelsche Teilungsgleichung des Grades* n^2 *ist mittelst zweier zyklischer Gleichungen* n^{ten} *Grades lösbar.*

§ 4. Elliptische Funktionen n^{ter} Stufe.

Nach I, 376 ist eine elliptische Funktion n^{ter} Stufe neben anderen Eigenschaften dadurch charakterisiert, daß sie homogen in u, ω_1, ω_2 ist und gegenüber den Substitutionen der ternären Hauptkongruenzgruppe n^{ter} Stufe unverändert bleibt. Zu diesen Funktionen gehören insbesondere die Lösungen des Teilungsproblems $\wp_{\lambda\mu}\left(\frac{u}{n}\right), \wp'_{\lambda\mu}\left(\frac{u}{n}\right)$. Schreiben wir nämlich z. B. die erster dieser Funktionen ausführlich:

$$\wp_{\lambda\mu}\left(\frac{u}{n}\right) = \wp\left(\frac{u}{n} + \frac{\lambda\omega_1 + \mu\omega_2}{n} \,\middle|\, \omega_1, \omega_2\right), \tag{1}$$

so erweist sie sich gegenüber einer Substitution $u' = u + m_1\omega_1 + m_2\omega_2$ mit $m_1 \equiv 0$, $m_2 \equiv 0 \pmod{n}$ unmittelbar als invariant. Die Ausübung einer Substitution $\omega_1' = \alpha\omega_1 + \beta\omega_2$, $\omega_2' = \gamma\omega_1 + \delta\omega_2$ auf das zweite und dritte Argument in (1) läßt diese Funktion gleichfalls unverändert. Für das erste Argument finden wir:

$$\frac{\lambda\omega_1' + \mu\omega_2'}{n} = \frac{\lambda\omega_1 + \mu\omega_2}{n} + \left(\lambda\frac{\alpha-1}{n} + \mu\frac{\gamma}{n}\right)\omega_1 + \left(\lambda\frac{\beta}{n} + \mu\frac{\delta-1}{n}\right)\omega_2,$$

so daß für $\alpha \equiv \delta \equiv 1$, $\beta \equiv \gamma \equiv 0 \pmod{n}$ die Unveränderlichkeit der Funktion (1) feststeht.

Es gibt nun noch einfachere elliptische Funktionen $n$ter Stufe, die in doppelter Hinsicht wichtig sind. Sie werden uns einmal eine einfache Lösung des Teilungsproblems vermitteln, andrerseits stellt ihre Theorie eine planmäßige Erweiterung der in I, 382ff. entworfenen Theorie der elliptischen Funktionen zweiter Stufe auf eine beliebige Stufe n dar.

Wir bilden entsprechend dem Ansatze (1) in I, 450 für die vorliegende Stufe n die n^2-Funktionen

$$\sigma_{\lambda\mu}(u \mid \omega_1, \omega_2), \qquad \lambda, \mu = 0, 1, 2 \ldots, n-1, \tag{2}$$

von denen $\sigma_{0,0}(u \mid \omega_1, \omega_2)$ mit der ursprünglichen σ-Funktion identisch ist. Etwas kürzer schreiben wir $\sigma_{\lambda\mu}(u)$ statt (2) und verstehen unter $\sigma_{\lambda\mu}$ den Wert dieser Funktion für $u = 0$; dabei ist $\sigma_{0,0}$ mit 0 identisch, während die übrigen $\sigma_{\lambda\mu}$ nicht identisch verschwindende Funktionen der ω_1, ω_2 sind. Die Verallgemeinerung der drei unter (4) in I, 384 erklärten Funktionen zweiter Stufe $\psi_k(u \mid \omega_1, \omega_2)$ sehen wir nun in den $(n^2 - 1)$ Funktionen:

(3) $$\Psi_{\lambda\mu}(u|\omega_1,\omega_2) = \frac{\sigma_{\lambda\mu}(u|\omega_1,\omega_2)}{\sigma_{\lambda\mu}\cdot\sigma(u|\omega_1,\omega_2)},$$

wo nur die Kombination $\lambda = 0$, $\mu = 0$ auszuschließen ist. Nach I, 451 zeigt diese Funktion bei Vermehrung von u um Perioden das Verhalten:

(4) $$\Psi_{\lambda\mu}(u + l\omega_1 + m\omega_2) = \varepsilon^{l\mu - m\lambda}\,\Psi_{\lambda\mu}(u),$$

unter ε die Einheitswurzel $e^{\frac{2i\pi}{n}}$ verstanden; sie bleibt sicher unverändert, wenn $l \equiv 0$, $m \equiv 0 \pmod{n}$ gilt. Nach (5) in I, 451 bleibt die Funktion $\Psi_{\lambda\mu}$ gleichfalls unverändert, wenn man auf die ω_1, ω_2 eine mod n mit 1 kongruente Substitution V ausübt. *Wir haben hiernach in* (3) *im ganzen* $(n^2 - 1)$ *verschiedene Funktionen* n^{ter} *Stufe gewonnen, die offenbar in* u, ω_1, ω_2 *homogen von der Dimension* -1 *sind.* Die Funktion $\Psi_{\lambda\mu}(u)$ hat einen Pol erster Ordnung in jedem Gitterpunkte des ursprünglichen Parallelogrammnetzes. Speziell bei $u = 0$ gilt die Entwicklung:

(5) $$\Psi_{\lambda\mu}(u) = \frac{1}{u} + \frac{\sigma'_{\lambda\mu}}{\sigma_{\lambda\mu}} + \frac{\sigma''_{\lambda\mu}}{2\sigma_{\lambda\mu}}u + \cdots,$$

wo neben den $\sigma_{\lambda\mu}$ auch noch die „Nullwerte" der Ableitungen $\sigma'_{\lambda\mu}(u)$, $\sigma''_{\lambda\mu}(u), \ldots$ in bezug auf u auftreten. Vornehmlich wichtig sind die $\sigma_{\lambda\mu}$ und $\sigma'_{\lambda\mu}$; wir bezeichnen sie als *„die σ- bzw. σ'-Teilwerte"* des $n$ten Teilungsgrades. Nullpunkte erster Ordnung hat $\Psi_{\lambda\mu}(u)$ an allen mit $\frac{\lambda\omega_1 + \mu\omega_2}{n}$ bezüglich der $\Gamma^{(u)}$ äquivalenten Stellen. Sonstige Pole oder Nullpunkte treten aber nicht auf. Ändern wir in der Erklärung (1) in I, 450 der Funktion $\sigma_{\lambda\mu}(u)$ die λ, μ um Vielfache von n, so zeigt die Funktion das in (4) daselbst notierte Verhalten. Bei der Bauart der rechten Seite von (3) geht hieraus hervor, daß $\Psi_{\lambda\mu}(u)$ unverändert bleibt, wenn wir λ und μ um Vielfache von n ändern. Dieser Umstand ist gelegentlich für die Schreibweise unserer Gleichungen wichtig.

Haben λ, μ, n einen Teiler $t > 1$ gemein, so tritt $\Psi_{\lambda\mu}(u)$ bereits bei der Stufe $\frac{n}{t}$ auf. Demgegenüber nennen wir die $\chi(n)$ Funktionen $\Psi_{\lambda\mu}(u)$, welche zu den $\chi(n)$ gegen n teilerfremden Paaren λ, μ gehören, *die „eigentlich zur Stufe n gehörigen" Funktionen* $\Psi_{\lambda\mu}(u)$. Soll die eigentlich zur Stufe n gehörende Funktion $\Psi_{\lambda\mu}(u)$ bei der Substitution $S = (l, m)$ der $\Gamma^{(u)}$ unverändert bleiben, so ist hierzu die Kongruenz:

(6) $$l\mu - m\lambda \equiv 0 \pmod{n}$$

hinreichend und notwendig. Da λ, μ ein gegen n teilerfremdes Paar sind, so kann man zwei ganze Zahlen a, b angeben, die die Kongruenz $a\mu + b\lambda \equiv 1 \pmod{n}$ befriedigen (vgl. S. 222 ff.). Durch Multiplikation dieser Kongruenz mit l bzw. m findet man bei Benutzung von (6):

$$l \equiv (am + bl)\lambda, \qquad m \equiv (am + bl)\mu \pmod{n}.$$

Setzt man also zur Abkürzung $am + bl = \nu$, so gelten die Kongruenzen $l \equiv \nu\lambda$, $m \equiv \nu\mu \pmod{n}$. Umgekehrt folgt aus diesen Kongruenzen bei beliebigem ν auch wieder (6). Hieraus ergibt sich der Satz: *Die eigentlich zur Stufe n gehörende Funktion $\Psi_{\lambda\mu}(u)$ bleibt bei den Substitutionen derjenigen Kongruenzgruppe n^{ter} Stufe $\Gamma_n^{(u)}$ unverändert, die sich mod n auf die aus $S = (\lambda, \mu)$ zu erzeugende zyklische $G_n^{(u)}$ reduziert; zur gleichen $\Gamma_n^{(u)}$ gehören alle $\varphi(n)$ Funktionen $\Psi_{\lambda\nu, \mu\nu}(u)$, wo jetzt ν die $\varphi(n)$ inkongruenten und gegen n teilerfremden Zahlen durchläuft.*

Unter den $\psi(n)$ innerhalb der $\Gamma^{(u,\omega)}$ gleichberechtigten Gruppen $\Gamma_n^{(u)}$ bevorzugen wir zunächst die aus den beiden Substitutionen $u' = u + n\omega_1$, $u' = u + \omega_2$ erzeugbare. Als Diskontinuitätsbereich dieser Gruppe kann man das Parallelogramm der Ecken $0, \omega_2, n\omega_1 + \omega_2, n\omega_1$ benutzen, das sich aus n Parallelogrammen des ursprünglichen Netzes aufbaut. In $\Psi_{01}(u), \Psi_{02}(u), \ldots, \Psi_{0,n-1}(u)$ haben wir $(n-1)$ Funktionen, die bei den Substitutionen der ausgewählten $\Gamma_n^{(u)}$ unverändert bleiben, und deren einzelne bei Ausübung von $u' = u + \omega_1$ das Verhalten zeigt $\Psi_{0\mu}(u + \omega_1) = \varepsilon^{\mu} \Psi_{0\mu}(u)$. Hieraus geht hervor, daß die $(n-1)$ Produkte:

$$(7) \qquad \Psi_{01}(u)^{\nu} \cdot \Psi_{0,n-\nu}(u), \qquad \nu = 1, 2, \ldots, n-1$$

die Perioden ω_1, ω_2 haben. Das einzelne Produkt (7) stellt eine $(\nu + 1)$-wertige Funktion mit einem Pole $(\nu + 1)^{\text{ter}}$ Ordnung bei $u = 0$ und $(\nu + 1)$ Nullpunkten im Parallelogramm, von denen ν an der Stelle $\frac{\omega_2}{n}$ zusammenfallen. Das Anfangsglied der Reihe nach Potenzen von u ist zufolge (5) gleich $u^{-(\nu+1)}$.

Die Funktion (7) soll nun auf Grund der Regel (4) in I, 206 dargestellt werden. Wir benutzen dabei sogleich die Lage des ν-fachen Nullpunktes und verstehen unter $\wp''_{\lambda\mu}, \wp'''_{\lambda\mu}, \ldots$ die entsprechend den Gleichungen (7) S. 213 zu erklärenden „Teilwerte" der Funktionen $\wp''(u)$, $\wp'''(u), \ldots$. Mit Rücksicht auf die Anfangsglieder der Reihen nach Potenzen von u hat man den Ansatz:

$$(8) \qquad \Psi_{01}(u)^{\nu} \cdot \Psi_{0,n-\nu}(u) = a_{\nu 1}(\wp(u) - \wp_{01}) + a_{\nu 2}(\wp'(u) - \wp'_{01}) + \cdots$$

$$\cdots + a_{\nu,\nu-1}(\wp^{(\nu-2)}(u) - \wp_{01}^{(\nu-2)}) + \frac{(-1)^{\nu-1}}{\nu!}(\wp^{(\nu-1)}(u) - \wp_{01}^{(\nu-1)}).$$

Zur Bestimmung der noch unbekannten Koeffizienten benutzen wir die Tatsache, daß (wegen des Nullpunktes ν^{ter} Ordnung) auch noch die $(\nu - 1)$ ersten Ableitungen der Funktion (8) an der Stelle $\frac{\omega_2}{n}$ verschwinden. Es gelten also die $(\nu - 1)$ Gleichungen:

$$(9)\quad \begin{cases} a_{\nu 1}\wp_{01}' + a_{\nu 2}\wp_{01}'' + \cdots + a_{\nu,\nu-1}\wp_{01}^{(\nu-1)} = \dfrac{(-1)^\nu}{\nu!}\wp_{01}^{(\nu)}, \\ a_{\nu 1}\wp_{01}'' + a_{\nu 2}\wp_{01}''' + \cdots + a_{\nu,\nu-1}\wp_{01}^{(\nu)} = \dfrac{(-1)^\nu}{\nu!}\wp_{01}^{(\nu+1)}, \\ \dots\dots\dots\dots\dots\dots\dots\dots \\ a_{\nu 1}\wp_{01}^{(\nu-1)} + a_{\nu 2}\wp_{01}^{(\nu)} + \cdots + a_{\nu,\nu-1}\wp_{01}^{(2\nu-3)} = \dfrac{(-1)^\nu}{\nu!}\wp_{01}^{(2\nu-2)}. \end{cases}$$

Da für $\nu = 1$ in (8) noch kein unbekannter Koeffizient auftritt, so haben wir dieses Gleichungssystem nur auf die $(n-2)$ Zahlen $\nu = 2, 3, \ldots, (n-1)$ zu beziehen. Als Determinante dieses Systems haben wir nach den Gleichungen (10) und (14) S. 186 ff.:

$$(10)\qquad D_\nu\left(\frac{\omega_2}{n}\right) = (-1)^{\nu-1}(2!\cdot 3!\cdot 4!\cdots(\nu-1)!)^2\,\psi^{(\nu)}\left(\frac{\omega_2}{n}\right),$$

wo die Funktion $\psi^{(\nu)}(u)$ nach S. 189 bei ungeradem ν durch:

$$(11)\quad \psi^{(\nu)}(u) = \nu\wp(u)^{\frac{1}{2}(\nu^2-1)} + \beta_1\left(\tfrac{1}{4}g_2\right)\wp(u)^{\frac{1}{2}(\nu^2-5)} + \beta_2 g_3\wp(u)^{\frac{1}{2}(\nu^2-7)} + \cdots,$$

bei geradem ν aber durch:

$$(12)\qquad \psi^{(\nu)}(u) = -\wp'(u)\left(\tfrac{1}{2}\nu\wp(u)^{\frac{1}{2}(\nu^2-4)} + \gamma_1\left(\tfrac{1}{4}g_2\right)\wp(u)^{\frac{1}{2}(\nu^2-8)} + \gamma_2 g_3\wp(u)^{\frac{1}{2}(\nu^2-10)} + \cdots\right)$$

gegeben ist und die β und γ ganze Zahlen sind. Diese in (3) S. 184 eingeführte und oben bereits ausführlich betrachtete Funktion hat die Wertigkeit (ν^2-1), und ihre durchweg einfachen Nullpunkte liegen in den „ν^{ten} Teilpunkten“ des Parallelogramms, d. h. an den Stellen, die sich als ganzzahlige Multipla von $\frac{\omega_1}{\nu}$, $\frac{\omega_2}{\nu}$ darstellen, unter Ausschluß des Nullpunktes $u = 0$, in dem $\psi^{(\nu)}(u)$ unendlich wird. Mit $\psi_{\lambda\mu}^{(\nu)}$ bezeichnen wir die entsprechend (7) S. 213 zu erklärenden „Teilwerte“ von $\psi^{(\nu)}(u)$ für den n^{ten} Teilungsgrad. Da $\nu < n$ ist, so ist der in (10) rechts auftretende Teilwert $\psi_{01}^{(\nu)}$ sicher von 0 verschieden, so daß das System (9) nach den a auflösbar ist. Für die mit dem Faktor $\psi_{01}^{(\nu)}$ versehenen a finden sich rationale ganze Ausdrücke der Teilwerte $\wp_{01}', \wp_{01}'', \ldots$ mit rationalen Zahlenkoeffizienten.

In dem daraufhin für das Produkt:

$$(13)\qquad \psi_{01}^{(\nu)}\cdot\Psi_{01}(u)^\nu\cdot\Psi_{0,n-\nu}(u)$$

sich ergebenden Ausdrucke sollen endlich alle höheren Ableitungen $\wp''(u), \wp'''(u), \ldots, \wp^{(\nu-1)}(u)$ auf Grund der Gleichungen (16) S. 188 durch $\wp(u), \wp'(u), g_2, g_3$ ausgedrückt werden, und ebenso mögen die Teilwerte $\wp_{01}'', \wp_{01}''', \ldots$ durch die aus jenen Gleichungen für sie entspringenden Ausdrücke in $\wp_{01}, \wp_{01}', g_2, g_3$ ersetzt werden. In der neuen Gestalt des

Produktes (13) kommt dann $\wp'(u)$ sogleich nur in der ersten Potenz vor. Aber auch von $\wp'_{01}$ können wir etwa zunächst auftretende höhere Potenzen mittelst der Relation $\wp'^2_{01} = 4\wp^3_{01} - g_2\wp_{01} - g_3$ entfernen. Aus der in (8) auftretenden höchsten Ableitung $\wp^{(\nu-1)}(u)$ folgern wir auf Grund der Gleichungen (16) ff. S. 188, daß bei ungeradem ν im neuen Ausdruck des Produktes (13) das Glied höchsten Grades die Potenz $\wp(u)^{\frac{\nu+1}{2}}$, das nächste Glied aber das Produkt $\wp'(u)\cdot\wp(u)^{\frac{\nu-3}{2}}$ enthält. Bei geradem ν tritt im höchsten Gliede das Produkt $\wp'(u)\cdot\wp(u)^{\frac{\nu-2}{2}}$ auf, im nächsten aber die Potenz $\wp(u)^{\frac{\nu}{2}}$. Die Koeffizienten sind nunmehr rationale ganze Funktionen von $\wp_{01}, \wp'_{01}, g_2, g_3$ mit rationalen numerischen Koeffizienten, wobei wie bemerkt $\wp'_{01}$ nur in erster Potenz auftritt. Die nähere Bauart der Koeffizienten geht aus dem Umstande hervor, daß das Produkt (13) in u, ω_1, ω_2 homogen von der Dimension $-\nu(\nu+1)$ ist. Da diese Zahl gerade ist, so wird in jedem Gliede, das $\wp'(u)$ enthält, zugleich der Faktor $\wp'_{01}$ auftreten. *Für das Produkt* (13) *haben wir bei ungeradem ν die Darstellung:*

$$(14)\quad \begin{aligned} \psi^{(\nu)}_{01}\cdot\Psi_{01}(u)^{\nu}\Psi_{0,n-\nu}(u) &= A^{(\nu)}_0 + A^{(\nu)}_1\wp(u) + A^{(\nu)}_2\wp(u)^2 + \cdots \\ &+ A^{(\nu)}_{\frac{\nu+1}{2}}\wp(u)^{\frac{\nu+1}{2}} + \wp'_{01}\wp'(u)\left(B^{(\nu)}_0 + B^{(\nu)}_1\wp(u) + \cdots + B^{(\nu)}_{\frac{\nu-3}{2}}\wp(u)^{\frac{\nu-3}{2}}\right), \end{aligned}$$

während sich für gerades ν ergibt:

$$(15)\quad \begin{aligned} \psi^{(\nu)}_{01}\cdot\Psi_{01}(u)^{\nu}\Psi_{0,n-\nu}(u) &= A^{(\nu)}_0 + A^{(\nu)}_1\wp(u) + A^{(\nu)}_2\wp(u)^2 + \cdots \\ &+ A^{(\nu)}_{\frac{\nu}{2}}\wp(u)^{\frac{\nu}{2}} + \wp'_{01}\wp'(u)\left(B^{(\nu)}_0 + B^{(\nu)}_1\wp(u) + \cdots + B^{(\nu)}_{\frac{\nu-2}{2}}\wp(u)^{\frac{\nu-2}{2}}\right); \end{aligned}$$

die Koeffizienten haben die Gestalten:

$$(16)\left\{\begin{aligned} A^{(\nu)}_k &= \alpha^{(\nu)}_{k1}\wp_{01}^{\frac{1}{2}\nu(\nu+1)-k} + \alpha^{(\nu)}_{k2}g_2\wp_{01}^{\frac{1}{2}\nu(\nu+1)-k-2} + \alpha^{(\nu)}_{k3}g_3\wp_{01}^{\frac{1}{2}\nu(\nu+1)-k-3} + \cdots, \\ B^{(\nu)}_k &= \beta^{(\nu)}_{k1}\wp_{01}^{\frac{1}{2}\nu(\nu+1)-k-3} + \beta^{(\nu)}_{k2}g_2\wp_{01}^{\frac{1}{2}\nu(\nu+1)-k-5} + \beta^{(\nu)}_{k3}g_3\wp_{01}^{\frac{1}{2}\nu(\nu+1)-k-6} + \cdots, \end{aligned}\right.$$

wo die α, β rationale Zahlen sind. Übrigens bestimmen sich die Koeffizienten der höchsten Glieder leicht aus den Anfangskoeffizienten der Reihenentwicklungen; man findet, je nachdem ν ungerade oder gerade ist:

$$(17)\qquad A^{(\nu)}_{\frac{\nu+1}{2}} = \psi^{(\nu)}_{01} \quad \text{bzw.} \quad B^{(\nu)}_{\frac{\nu-2}{2}} = -\frac{\psi^{(\nu)}_{01}}{2\wp'_{01}}.$$

In den beiden niedersten Fällen $\nu = 1$ und $\nu = 2$, von denen der erste direkt aus (8) hervorgeht, findet man:

$$\Psi_{01}(u)\Psi_{0,n-1}(u) = \wp(u) - \wp_{01},$$

$$\Psi_{01}(u)^2\Psi_{0,n-2}(u) = -\frac{4\wp_{01}^3 + g_2\wp_{01} + 2g_3}{4\wp'_{01}} + \frac{12\wp_{01}^2 - g_2}{4\wp'_{01}}\wp(u) - \frac{1}{2}\wp'(u).$$

Im nächsten Falle $\nu = 3$ gilt:

$$\Psi_{01}(u)^3\Psi_{0,n-3}(u) = \frac{A_0^{(3)} + A_1^{(3)}\wp(u) + B_0^{(3)}\wp'_{01}\wp'(u)}{3\wp_{01}^4 - \frac{3}{2}g_2\wp_{01}^2 - 3g_3\wp_{01} - \frac{1}{16}g_2^2} + \wp(u)^2$$

mit folgender Bedeutung der $A_0^{(3)}$, $A_1^{(3)}$, $B_0^{(3)}$:

$$A_0^{(3)} = -\wp_{01}^6 - \frac{3}{2}g_2\wp_{01}^4 - 4g_3\wp_{01}^3 + \frac{3}{16}g_2^2\wp_{01}^2 + \frac{3}{4}g_2g_3\wp_{01} + \frac{1}{2}g_3^2,$$
$$A_1^{(3)} = +6\wp_{01}^5 - g_2\wp_{01}^3 + 3g_3\wp_{01}^2 + \frac{3}{8}g_2^2\wp_{01}^2 + \frac{1}{4}g_2g_3,$$
$$B_0^{(3)} = -2\wp_{01}^3 + \frac{1}{2}g_2\wp_{01} + \frac{1}{2}g_3.$$

Auf die vorstehenden Rechnungen gründet sich die Methode, die elliptischen Funktionen n^{ter} Stufe $\Psi_{\lambda\mu}(u)$ aus denjenigen der ersten Stufe zu berechnen. Wir haben in (14) bzw. (15) für $\Psi_{01}(u)^\nu \cdot \Psi_{0,n-\nu}(u)$ einen durch $R_\nu(\wp(u), \wp'(u), \wp_{01}, \wp'_{01})$ zu bezeichnenden Ausdruck gewonnen, der dem Körper $(\mathfrak{K}, \wp_{01}, \wp'_{01})$ angehört, unter $\mathfrak{K}$ den S. 212 im Anschluß an die Koeffizienten der allgemeinen Teilungsgleichung erklärten Körper verstanden. Wir haben dann die $(n-1)$ Gleichungen:

(18) $$\Psi_{01}(u)^\nu\Psi_{0,n-\nu}(u) = R_\nu(\wp(u), \wp'(u), \wp_{01}, \wp'_{01}), \qquad \nu = 1, 2, \ldots, n-1,$$

in deren letzter linker Hand die n^{te} Potenz von $\Psi_{01}(u)$ steht. *Die Auflösung nach den $\Psi_{0\mu}(u)$ ist geleistet durch:*

(19) $$\begin{cases} \Psi_{01}(u) = \sqrt[n]{R_{n-1}(\wp(u), \wp'(u), \wp_{01}, \wp'_{01})}, \\ \Psi_{0,n-\nu}(u) = \dfrac{R_\nu(\wp(u), \wp'(u), \wp_{01}, \wp'_{01})}{\left(\sqrt[n]{R_{n-1}(\wp(u), \wp'(u), \wp_{01}, \wp'_{01})}\right)^\nu}, \end{cases}$$

so daß zur Gewinnung der $(n-1)$ Funktionen $\Psi_{0\mu}(u)$ zum Körper $(\mathfrak{K}, \wp_{01}, \wp'_{01})$ nur die eine in der Gleichung (19) enthaltene n^{te} Wurzel zu adjungieren ist.

Da die übrigen Gruppen $\Gamma_n^{(u)}$ innerhalb der $\Gamma^{(u,\omega)}$ mit der eben betrachteten Gruppe gleichberechtigt sind, so gelangen wir durch Ausübung geeigneter Substitutionen der $\Gamma^{(\omega)}$ auf (19) zu den entsprechend zu den übrigen Gruppen gehörenden Gleichungen. Bei diesen Substitutionen bleiben die Größen des Körpers $\mathfrak{K}$ invariant. Üben wir insbesondere die Substitution $\omega'_1 = -\omega_2$, $\omega'_2 = \omega_1$ aus, so folgt auf Grund der Regel (3) in I, 451 das Gleichungensystem:

(20) $$\begin{cases} \Psi_{10}(u) = \sqrt[n]{R_{n-1}(\wp(u), \wp'(u), \wp_{10}, \wp'_{10})}, \\ \Psi_{n-\nu,0}(u) = \dfrac{R_\nu(\wp(u), \wp'(u), \wp_{10}, \wp'_{01})}{\left(\sqrt[n]{R_{n-1}(\wp(u), \wp'(u), \wp_{10}, \wp'_{10})}\right)^\nu}. \end{cases}$$

Die hier auftretenden Funktionen R_ν gehören dem Körper $(\mathfrak{K}, \wp_{10}, \wp'_{10})$ an.

Nach S. 213 sind im Körper $(\mathfrak{K}, \wp_{10}, \wp'_{10}, \wp_{01}, \wp'_{01})$ bereits alle $\wp$- und $\wp'$-Teilwerte des n^{ten} Teilungsgrades enthalten, so daß dieser Körper, wie schon S. 214ff. geschah, durch $(\mathfrak{K}, \wp_{\lambda\mu}, \wp'_{\lambda\mu})$ bezeichnet werden mag. Es besteht nun der wichtige Satz: *Nach Adjunktion der „beiden" in den ersten Gleichungen* (19) *und* (20) *gegebenen Wurzeln* n^{ten} *Grades zum Körper* $(\mathfrak{K}, \wp_{\lambda\mu}, \wp'_{\lambda\mu})$ *sind bereits „alle"* (n^2-1) *eigentlich oder uneigentlich zur* n^{ten} *Stufe gehörenden Funktionen* $\Psi_{\lambda\mu}(u)$ *„rational bekannt"*.[1]) Ist nämlich $\Psi_{n-\lambda, n-\mu}(u)$ irgendeine unserer Funktionen mit zwei von 0 verschiedenen Indizes $n-\lambda$, $n-\mu$, so erweist sich:

$$\Psi_{n-\lambda,n-\mu}(u)\cdot\Psi_{\lambda 0}(u)\Psi_{0\mu}(u) \tag{21}$$

auf Grund der Regel (4) S. 226 als eine Funktion der Perioden ω_1, ω_2, die übrigens dreiwertig ist und bei $u=0$ ihren Pol dritter Ordnung mit dem Anfangsgliede u^{-3} der Reihenentwicklung hat. Nach (4) in I, 206 gestattet diese Funktion eine Darstellung:

$$\Psi_{n-\lambda,n-\mu}(u)\cdot\Psi_{\lambda 0}(u)\Psi_{0\mu}(u) = C_0 + C_1\wp(u) - \tfrac{1}{2}\wp'(u),$$

in der C_0 und C_1 von u unabhängig sind. Zur Bestimmung dieser Konstanten dient der Umstand, daß die dargestellte Funktion die Nullpunkte $\frac{\lambda\omega_1}{n}$ und $\frac{\mu\omega_2}{n}$ hat:

$$C_0 + C_1\wp_{\lambda 0} = \tfrac{1}{2}\wp'_{\lambda 0}, \qquad C_0 + C_1\wp_{0\mu} = \tfrac{1}{2}\wp'_{0\mu}.$$

Die Differenz $(\wp_{\lambda 0} - \wp_{0\mu})$ verschwindet nicht, da die zweiwertige Funktion $(\wp(u) - \wp_{0\mu})$ ihre beiden Nullpunkte im Periodenparallelogramm bei $\frac{\mu\omega_2}{n}$ und $\frac{(n-\mu)\omega_2}{n}$ hat und also nicht bei $\frac{\lambda\omega_1}{n}$. Nach Berechnung der C_0, C_1 findet man

$$\Psi_{n-\lambda,n-\mu}(u) = \frac{(\wp_{\lambda 0}\wp'_{0\mu} - \wp'_{\lambda 0}\wp_{0\mu}) + (\wp'_{\lambda 0} - \wp'_{0\mu})\wp(u) - (\wp_{\lambda 0} - \wp_{0\mu})\wp'(u)}{2(\wp_{\lambda 0} - \wp_{0\mu})\Psi_{\lambda 0}(u)\Psi_{0\mu}(u)}, \tag{22}$$

woraus der zu beweisende Satz hervorgeht.

§ 5. Lösung der allgemeinen Teilungsgleichung.

Um die Auflösung der Teilungsgleichung nicht zu unterbrechen, soll eine Betrachtung über das Absolutglied der Reihenentwicklung (5) S. 226 vorausgesandt werden. Für die n^{te} Potenz von $\Psi_{01}(u)$ ergibt sich mit Rücksicht auf (19) S. 230:

$$u^{-n} + \frac{n\mathfrak{S}'_{01}}{\mathfrak{S}_{01}}u^{-n+1} + \cdots = R_{n-1}(\wp(u), \wp'(u), \wp_{01}, \wp'_{01}).$$

---

1) An Stelle der beiden zu den Wurzeln (19) und (20) gehörenden Kongruenzgruppen $\Gamma_n^{(u)}$ kann man irgend zwei dieser Gruppen, die komplementären $G_n^{(u)}$ entsprechen, zugrunde legen.

Entwickelt man auch die rechte Seite nach Potenzen von u, so findet man als Koeffizienten von u^{-n+1} einen rationalen Ausdruck in g_2, g_3, $\wp_{01}$, $\wp'_{01}$ mit rationalen Zahlenkoeffizienten. In einer solchen Gestalt läßt sich also $\frac{\sigma'_{01}}{\sigma_{01}}$ darstellen.

Die wirkliche Aufstellung des fraglichen Ausdrucks, und zwar sogleich für einen beliebigen Quotienten $\frac{\sigma'_{\lambda\mu}}{\sigma_{\lambda\mu}}$, führt man indessen zweckmäßiger auf folgendem Wege aus: Aus der Erklärung von $\sigma_{\lambda\mu}(u)$ folgt unter Heranziehung des Integrals zweiter Gattung:

$$\frac{\sigma'_{\lambda\mu}(u)}{\sigma_{\lambda\mu}(u)} = \frac{\lambda\eta_1 + \mu\eta_2}{n} + \zeta\left(u - \frac{\lambda\omega_1 + \mu\omega_2}{n}\right).$$

Für $u = 0$ ergibt sich, wenn wir die „ζ-Teilwerte" $\zeta_{\lambda\mu}$ wie üblich erklären:

$$(1) \qquad \frac{\sigma'_{\lambda\mu}}{\sigma_{\lambda\mu}} = \frac{\lambda\eta_1 + \mu\eta_2}{n} - \zeta_{\lambda\mu}.$$

Durch Differentiation des Logarithmus der zur nächst niederen Zahl $(n-1)$ gehörenden Funktion:

$$\psi^{(n-1)}(u) = \frac{\sigma((n-1)u)}{(\sigma(u))^{(n-1)(n-1)}}$$

in bezug auf u findet man:

$$\frac{1}{n-1}\cdot\frac{d\log\psi^{(n-1)}(u)}{du} = \zeta((n-1)u) - (n-1)\zeta(u).$$

Trägt man $u = \frac{\lambda\omega_1 + \mu\omega_2}{n}$ ein, so möge das aus der linksstehenden Ableitung folgende Ergebnis wieder durch Anhängung des Indexpaares λ, μ gekennzeichnet werden:

$$\frac{1}{n-1}\left(\frac{d\log\psi^{(n-1)}(u)}{du}\right)_{\lambda\mu} = \zeta\left(-\frac{\lambda\omega_1 + \mu\omega_2}{n} + \lambda\omega_1 + \mu\omega_2\right) - (n-1)\zeta_{\lambda\mu}.$$

Das erste Glied der rechten Seite ist nach (5) in I, 196 gleich $\lambda\eta_1 + \mu\eta_2 - \zeta_{\lambda\mu}$; die gesamte rechte Seite ist also gleich dem n-fachen Werte der rechten Seite von (1). So ergibt sich der Satz: *Der Quotient* (1) *ist eine Modulform n^{ter} Stufe $(-1)^{\text{ter}}$ Dimension, die sich aus der Funktion $\psi^{(n-1)}(u)$ nach der Regel:*

$$(2) \qquad \frac{\sigma'_{\lambda\mu}}{\sigma_{\lambda\mu}} = \frac{1}{n(n-1)\psi^{(n-1)}_{\lambda\mu}}\left(\frac{d\psi^{(n-1)}(u)}{du}\right)_{\lambda\mu}$$

berechnen läßt und also eine rationale Funktion von g_2, g_3, $\wp_{\lambda\mu}$, $\wp'_{\lambda\mu}$ mit rationalen Zahlenkoeffizienten ist. Für $n = 2$ verschwindet der Quotient (2); in den nächsten Fällen $n = 3, 4, 5$ findet man:

$$6\,\psi^{(2)}_{\lambda\mu}\frac{\sigma'_{\lambda\mu}}{\sigma_{\lambda\mu}} = -6\,\wp^2_{\lambda\mu} + \tfrac{1}{2}\,g_2,$$

$$12\,\psi^{(3)}_{\lambda\mu}\frac{\sigma'_{\lambda\mu}}{\sigma_{\lambda\mu}} = 3\,\wp'_{\lambda\mu}\,(4\,\wp^3_{\lambda\mu} - g_2\wp_{\lambda\mu} - g_3),$$

$$20\,\psi^{(4)}_{\lambda\mu}\frac{\sigma'_{\lambda\mu}}{\sigma_{\lambda\mu}} = -60\,\wp^8_{\lambda\mu} + 68\,g_2\wp^6_{\lambda\mu} + 192\,g_3\wp^5_{\lambda\mu} - \tfrac{5}{2}\,g_2^2\wp^4_{\lambda\mu} - 30\,g_2g_3\wp^3_{\lambda\mu}$$
$$- (\tfrac{23}{64}\,g_2^3 + 24\,g_3^2)\,\wp^2_{\lambda\mu} - 2\,g_2^2g_3\wp_{\lambda\mu} + (\tfrac{1}{64}\,g_2^4 - g_2g_3^2),$$

wo die Ausdrücke der $\psi_{\lambda\mu}$ in $g_2, g_3, \wp_{\lambda\mu}, \wp'_{\lambda\mu}$ aus (6) S. 185 abzulesen sind.

Um nun die Auflösung der Teilungsgleichung (3) S. 211 zu vollziehen, adjungieren wir zu dem S. 212 erklärten Körper $\mathfrak{K}$ die Teilwerte $\wp_{\lambda\mu}, \wp'_{\lambda\mu}$ des n^{ten} Grades. Es wird sich im nächsten Kapitel zeigen, daß dem so zu gewinnenden Körper $\mathfrak{K}' = (\mathfrak{K}, \wp_{\lambda\mu}, \wp'_{\lambda\mu})$ die n^{te} Wurzel der Einheit ε angehört, die demnach fortan als „rational bekannt" gelten darf.

Für die Summe der n^2 Lösungen der Teilungsgleichung lesen wir aus dieser Gleichung selbst die Darstellung ab:

$$\text{(3)}\qquad \sum_{\lambda,\mu}\wp_{\lambda\mu}\left(\frac{u}{n}\right) = \sum_{\lambda,\mu}\wp_{\lambda\mu}\left(\frac{u}{n} + \frac{\lambda\omega_1 + \mu\omega_2}{n}\right) = n^2\wp(u).$$

Weiter bilden wir, unter l und λ zwei Zahlen der Reihe $0, 1, 2, \ldots, n-1$ verstanden, die Summe:

$$\sum_{\mu=0}^{n-1}\varepsilon^{-l\mu}\,\wp_{\lambda\mu}\left(\frac{u}{n}\right) = \sum_{\mu=0}^{n-1}\varepsilon^{-l\mu}\,\wp\left(\frac{u}{n} + \frac{\lambda\omega_1 + \mu\omega_2}{n}\right).$$

Bei Zunahme von u um ω_2 geht diese Summe in sich selbst, multipliziert mit ε^l, über. Das Produkt der Summe und der Funktion $\Psi_{lm}(u)$ hat demnach (vgl. (4) S. 226) die Periode ω_2; dabei ist m aus der Reihe $0, 1, 2, \ldots, n-1$ willkürlich wählbar, nur unter Vermeidung der Kombination $l = 0$, $m = 0$. Man multipliziere dieses Produkt mit $\varepsilon^{m\lambda}$ und bilde die Summe aller Produkte für $\lambda = 0, 1, \ldots, n-1$. Die entstehende Funktion hat dann, wie man mit Hilfe von (4) S. 226 leicht feststellt, die Perioden ω_1, ω_2.

Von dieser Summe:

$$\text{(4)}\qquad \Psi_{lm}(u)\sum_{\lambda=0}^{n-1}\left(\varepsilon^{m\lambda}\sum_{\mu=0}^{n-1}\varepsilon^{-l\mu}\wp\left(\frac{u}{n} + \frac{\lambda\omega_1 + \mu\omega_2}{n}\right)\right)$$

bestimme man nun die beiden ersten Glieder der Entwicklung nach Potenzen von u. Für den Faktor $\Psi_{lm}(u)$ ist die Gleichung (5) S. 226 heranzuziehen. Bei der Doppelsumme rühren Glieder mit negativen Exponenten von u nur von der Kombination $\lambda = 0$, $\mu = 0$ her, und zwar nur das eine Glied n^2u^{-2}. Man hat somit:

$$(5)\qquad \Psi_{lm}(u)\sum_{\lambda,\mu}\varepsilon^{m\lambda-l\mu}\wp_{\lambda\mu}\left(\frac{u}{n}\right)=n^2u^{-3}+\frac{n^2\mathfrak{S}'_{lm}}{\mathfrak{S}_{lm}}u^{-2}+\cdots$$

als die gesuchten Anfangsglieder der Reihenentwicklung.

Der Ausdruck (4) stellt nun eine dreiwertige Funktion der Perioden ω_1, ω_2 dar, deren drei Pole bei $u=0$ zusammenfallen, während einer der Nullpunkte von demjenigen der Funktion $\Psi_{lm}(u)$ geliefert wird. Sie ist demnach in der Gestalt:

$$A(\wp(u)-\wp_{lm})+B(\wp'(u)-\wp'_{lm})$$

darstellbar. Die Koeffizienten A, B bestimmen sich vermittelst der beiden ersten in (5) angegebenen Reihengliedern. Für irgendeine der (n^2-1) von $l=0$, $m=0$ verschiedenen Kombinationen l, m gilt:

$$(6)\qquad \sum_{\lambda,\mu}\varepsilon^{m\lambda-l\mu}\wp_{\lambda\mu}\left(\frac{u}{n}\right)=\frac{n^2}{\Psi_{lm}(u)}\left(\frac{\mathfrak{S}'_{lm}}{\mathfrak{S}_{lm}}(\wp(u)-\wp_{lm})-\tfrac{1}{2}(\wp'(u)-\wp'_{lm})\right).$$

Man multipliziere nun, unter λ_0, μ_0 irgendeine der n^2 Zahlkombinationen verstanden, die einzelne Gleichung (6) mit $\varepsilon^{l\mu_0-m\lambda_0}$ und addiere alle (n^2-1) Gleichungen zur Gleichung (3). In der Summe tritt linker Hand bei der einzelnen Funktion $\wp_{\lambda\mu}\left(\frac{u}{n}\right)$ der Faktor:

$$\sum_{l,m}\varepsilon^{m(\lambda-\lambda_0)-l(\mu-\mu_0)}=\sum_{m}\varepsilon^{m(\lambda-\lambda_0)}\cdot\sum_{l}\varepsilon^{-l(\mu-\mu_0)}$$

auf. Falls nicht $\lambda=\lambda_0$, $\mu=\mu_0$ zutrifft, ist mindestens eine der Summen rechter Hand gleich 0; nur wenn $\lambda=\lambda_0$, $\mu=\mu_0$ ist, sind beide rechts stehenden Summen von 0 verschieden und gleich n. Es ergibt sich somit unter Fortlassung der Indizes 0 bei λ_0 und μ_0:

$$(7)\quad \wp_{\lambda\mu}\left(\frac{u}{n}\right)=\wp(u)+\sum_{l,m}{}'\varepsilon^{l\mu-m\lambda}\cdot\frac{1}{\Psi_{lm}(u)}\left(\frac{\mathfrak{S}'_{lm}}{\mathfrak{S}_{lm}}(\wp(u)-\wp_{lm})-\tfrac{1}{2}(\wp'(u)-\wp'_{lm})\right),$$

wo durch den oberen Index am Summenzeichen angedeutet sein soll, daß die Kombination $l=0$, $m=0$ auszulassen ist. *Diese Gleichung gibt die Auflösung der allgemeinen Teilungsgleichung; die sämtlichen Wurzeln sind rational bekannt, sobald zum Körper* $\mathfrak{K}'=(\mathfrak{K}, \wp_{\lambda\mu}, \wp'_{\lambda\mu})$ *die beiden Wurzeln* n^{ten} *Grades adjungiert sind, welche nach* S. 230ff. *zur Berechnung der Funktionen* $\Psi_{lm}(u)$ *dienen.* Das Ergebnis ist in Übereinstimmung mit der allgemeinen Theorie der zyklischen Gleichungen (S. 59ff.) und dem S. 225 ausgesprochenen Satze, daß die allgemeine Teilungsgleichung nach Adjunktion der Teilwerte durch zwei zyklische Gleichungen n^{ten} Grades lösbar sei.

§ 6. Divisionssätze der elliptischen Funktionen zweiter Stufe.

Im Gebiete der elliptischen Funktionen zweiter Stufe führt das Problem der Division nicht mehr zu wesentlich neuen Sätzen; es handelt sich vielmehr nur um eine formale Umgestaltung der bisherigen, auf die erste Stufe bezüglichen Sätze. Als gegeben hat man den Körper $\mathfrak{K}$ anzusehen, der durch Adjunktion des Integralmoduls k^2 und der drei Funktionen $\operatorname{sn} w$, $\operatorname{cn} w$, $\operatorname{dn} w$ aus dem rationalen Körper $\mathfrak{R}$ entsteht. Zu berechnen sind die Funktionen $\operatorname{sn}\frac{w}{n}$, $\operatorname{cn}\frac{w}{n}$, $\operatorname{dn}\frac{w}{n}$, und zwar durch Auflösung der „allgemeinen Teilungsgleichungen“, die aus den Multiplikationsformeln (1) und (3) S. 197 durch den Ersatz von w durch $\frac{w}{n}$ hervorgehen.

Zur Erleichterung der Entwicklung kann man von dem Umstande Gebrauch machen, daß bei zusammengesetztem Grade $n = n_1 \cdot n_2$ unser Problem zerlegt werden kann in die beiden auf n_1 und n_2 einzeln bezogenen Probleme. Man kann demnach so vorgehen, daß man zunächst die Teilung zweiten Grades behandelt, deren wiederholte Ausübung die Grade $n = 2^\nu$ erledigt. Es verbleibt dann nur noch die Besprechung der Teilung ungeraden Grades.

Aus den drei Gleichungen (7) S. 198 folgt, falls man in ihnen w durch $\frac{w}{2n}$ ersetzt:

$$(1)\quad \left\{\begin{aligned} \operatorname{sn} w &= \frac{2\operatorname{sn}\frac{w}{2}\operatorname{cn}\frac{w}{2}\operatorname{dn}\frac{w}{2}}{1-k^2\operatorname{sn}\frac{w}{2}^4},\\ \operatorname{cn} w &= \frac{\operatorname{cn}\frac{w}{2}^2-\operatorname{sn}\frac{w}{2}^2\operatorname{dn}\frac{w}{2}^2}{1-k^2\operatorname{sn}\frac{w}{2}^4},\\ \operatorname{dn} w &= \frac{\operatorname{dn}\frac{w}{2}^2-k^2\operatorname{sn}\frac{w}{2}^2\operatorname{cn}\frac{w}{2}^2}{1-k^2\operatorname{sn}\frac{w}{2}^4}. \end{aligned}\right.$$

Das Teilungsproblem *zweiten* Grades fordert nun die Berechnung von $\operatorname{sn}\frac{w}{2}$, $\operatorname{cn}\frac{w}{2}$, $\operatorname{dn}\frac{w}{2}$ aus diesen drei Gleichungen, d. h. bei gegebenen $\operatorname{sn} w$, $\operatorname{cn} w$, $\operatorname{dn} w$. Die Lösung dieses Problems erfordert an irrationalen Operationen das *Ausziehen zweier Quadratwurzeln.* Mittelst der beiden zwischen den Funktionen sn, cn, dn bestehenden quadratischen Relationen (vgl. I, 389) folgert man aus (1):

$$1+\operatorname{cn} w = \frac{2\operatorname{cn}\frac{w}{2}^2}{1-k^2\operatorname{sn}\frac{w}{2}^4},\qquad 1+\operatorname{dn} w = \frac{2\operatorname{dn}\frac{w}{2}^2}{1-k^2\operatorname{sn}\frac{w}{2}^4},$$

$$\operatorname{cn} w+\operatorname{dn} w = \frac{2\operatorname{cn}\frac{w}{2}^2\operatorname{dn}\frac{w}{2}^2}{1-k^2\operatorname{sn}\frac{w}{2}^4}.$$

Als Auflösungen dieser Gleichungen nach $\operatorname{cn}\frac{w}{2}$ *und* $\operatorname{dn}\frac{w}{2}$ *ergeben sich:*

$$(2)\qquad \operatorname{cn}\frac{w}{2}=\pm\sqrt{\frac{\operatorname{cn}w+\operatorname{dn}w}{1+\operatorname{dn}w}},\qquad \operatorname{dn}\frac{w}{2}=\pm\sqrt{\frac{\operatorname{cn}w+\operatorname{dn}w}{1+\operatorname{cn}w}},$$

während sich $\operatorname{sn}\frac{w}{2}$ *mit Hilfe der ersten Gleichung* (1) *in* $\operatorname{cn}\frac{w}{2}$ *und* $\operatorname{dn}\frac{w}{2}$ *eindeutig berechnet:*

$$(3)\qquad \operatorname{sn}\frac{w}{2}=\frac{\operatorname{sn}w}{1+\operatorname{cn}w}\cdot\frac{\operatorname{cn}\frac{w}{2}}{\operatorname{dn}\frac{w}{2}}=\frac{\operatorname{sn}w}{1+\operatorname{dn}w}\cdot\frac{\operatorname{dn}\frac{w}{2}}{\operatorname{cn}\frac{w}{2}}.$$

Aus (1) ergeben sich zugleich die Formeln, mittelst deren wir die Divisionsgleichungen erster Stufe auf diejenigen der zweiten Stufe umzurechnen haben. Die drei Gleichungen (10) in I, 389 nehmen bei Ersatz von u und w durch $\frac{u}{2}$ und $\frac{w}{2}$ die Gestalten an:

$$\operatorname{sn}\frac{w}{2}=\frac{\sqrt{e_2-e_1}}{\sqrt{\wp\left(\frac{u}{2}\right)-e_1}},\quad \operatorname{cn}\frac{w}{2}=\frac{\sqrt{\wp\left(\frac{u}{2}\right)-e_2}}{\sqrt{\wp\left(\frac{u}{2}\right)-e_1}},\quad \operatorname{dn}\frac{w}{2}=\frac{\sqrt{\wp\left(\frac{u}{2}\right)-e_3}}{\sqrt{\wp\left(\frac{u}{2}\right)-e_1}}.$$

Durch Eintragen dieser Ausdrücke in die drei Gleichungen (1) ergibt sich:

$$(4)\qquad \begin{cases} \operatorname{sn}w=\dfrac{\sqrt{e_2-e_1}\,\wp'\left(\frac{u}{2}\right)}{\left(\wp\left(\frac{u}{2}\right)-e_1\right)^2-k^2(e_2-e_1)^2}, \\[2ex] \operatorname{cn}w=\dfrac{\left(\wp\left(\frac{u}{2}\right)-e_2\right)^2-(2e_2^2+e_3e_1)}{\left(\wp\left(\frac{u}{2}\right)-e_1\right)^2-k^2(e_2-e_1)^2}, \\[2ex] \operatorname{dn}w=\dfrac{\left(\wp\left(\frac{u}{2}\right)-e_3\right)^2-(2e_3^2-e_1e_2)}{\left(\wp\left(\frac{u}{2}\right)-e_1\right)^2-k^2(e_2-e_1)^2}, \end{cases}$$

wo bei der Umrechnung von den beiden bekannten Gleichungen:

$$k^2=\frac{e_3-e_1}{e_2-e_1},\qquad e_1+e_2+e_3=0$$

Gebrauch zu machen ist. Es erscheint nun zweckmäßig, an Stelle von $\wp(u)$ und $\wp'(u)$ weiterhin die beiden Funktionen nullter Dimension einzuführen:

$$(5)\qquad p(u)=\frac{\wp(u)}{e_2-e_1},\quad p'(u)=\frac{\wp'(u)}{(\sqrt{e_2-e_1})^3}.$$

In den auf diese Funktionen umgerechneten Gleichungen (4) stellen sich die Koeffizienten rational in k^2 allein dar:

$$
(6)\quad \left\{\begin{aligned}
\operatorname{sn} w &= \frac{9\,p'\left(\frac{u}{2}\right)}{\left(3\,p\left(\frac{u}{2}\right)+1+k^2\right)^2-9\,k^2},\\
\operatorname{cn} w &= \frac{\left(3\,p\left(\frac{u}{2}\right)+k^2-2\right)^2-9\,(1-k^2)}{\left(3\,p\left(\frac{u}{2}\right)+1+k^2\right)^2-9\,k^2},\\
\operatorname{dn} w &= \frac{\left(3\,p\left(\frac{u}{2}\right)+1-2\,k^2\right)^2+9\,k^2(1-k^2)}{\left(3\,p\left(\frac{u}{2}\right)+1+k^2\right)^2-9\,k^2}.
\end{aligned}\right.
$$

Man kann diese Gleichungen in folgender Art deuten: In $p\left(\frac{u}{2}\right)$, $p'\left(\frac{u}{2}\right)$ hat man ein Funktionssystem der Hauptkongruenzgruppe zweiter Stufe $\Gamma_4^{(u)}$. Zu dieser Gruppe gehören auch die Funktionen $\operatorname{sn} w$, $\operatorname{cn} w$, $\operatorname{dn} w$, so daß sie sich rational in $p\left(\frac{u}{2}\right)$, $p'\left(\frac{u}{2}\right)$ darstellen lassen, was eben durch die Formeln (6) geschehen ist. Es muß sich aber auch umgekehrt in $\operatorname{sn} w$, $\operatorname{cn} w$, $\operatorname{dn} w$ jede weitere Funktion jener Gruppe rational darstellen lassen. Um z. B. $p\left(\frac{u}{2}\right)$ und $p'\left(\frac{u}{2}\right)$ in $\operatorname{sn} w$, $\operatorname{cn} w$, $\operatorname{dn} w$ darzustellen, entnehmen wir aus (6):

$$
\frac{3\,p\left(\frac{u}{2}\right)+1+k^2}{3\,p'\left(\frac{u}{2}\right)} = \frac{\operatorname{dn} w-\operatorname{cn} w}{2\,(1-k^2)\operatorname{cn} w},
$$

$$
\frac{3\,p\left(\frac{u}{2}\right)+k^2-2}{3\,p'\left(\frac{u}{2}\right)} = \frac{1-\operatorname{dn} w}{2\,k^2\operatorname{sn} w},
$$

$$
\frac{3\,p\left(\frac{u}{2}\right)+1-2\,k^2}{3\,p'\left(\frac{u}{2}\right)} = \frac{1-\operatorname{cn} w}{2\operatorname{sn} w}.
$$

Durch Addition dieser drei Gleichungen, sowie zweitens durch Subtraktion der zweiten von der dritten gelangt man leicht zu folgenden Ausdrücken der $p\left(\frac{u}{2}\right)$, $p'\left(\frac{u}{2}\right)$ in $\operatorname{sn} w$, $\operatorname{cn} w$, $\operatorname{dn} w$:

$$
(7)\quad \left\{\begin{aligned}
p\left(\frac{u}{2}\right) &= \frac{1-k^4+k^2(k^2-2)\operatorname{cn} w+(2\,k^2-1)\operatorname{dn} w}{-3+3\,k^2-3\,k^2\operatorname{cn} w+3\operatorname{dn} w},\\
p'\left(\frac{u}{2}\right) &= \frac{2\,k^2(1-k^2)\operatorname{sn} w}{-1+k^2-k^2\operatorname{cn} w+\operatorname{dn} w}.
\end{aligned}\right.
$$

Für einen *ungeraden* Teilungsgrad n bezeichnen wir als zugehörige „Teilwerte" der Funktionen sn, cn, dn die Größen:

$$(8)\quad \begin{cases} \mathrm{sn}_{\lambda\mu} = \mathrm{sn}\,\dfrac{4\lambda i K' + 4\mu K}{n}, \\ \mathrm{cn}_{\lambda\mu} = \mathrm{cn}\,\dfrac{4\lambda i K' + 4\mu K}{n}, \\ \mathrm{dn}_{\lambda\mu} = \mathrm{dn}\,\dfrac{4\lambda i K' + 4\mu K}{n}. \end{cases}$$

Nach (5) in I, 388 entspricht dem rechts stehenden Argumente der Wert $u = \frac{2\lambda\omega_1 + 2\mu\omega_2}{n}$ und also $\frac{u}{2} = \frac{\lambda\omega_1 + \mu\omega_2}{n}$. Für die Funktionen (5) erklären wir die Teilwerte natürlich durch:

$$(9)\quad p_{\lambda\mu} = \frac{\wp_{\lambda\mu}}{e_2 - e_1}, \qquad p'_{\lambda\mu} = \frac{\wp'_{\lambda\mu}}{(\sqrt{e_2 - e_1})^3}.$$

Aus (6) ergibt sich nun:

$$(10)\quad \begin{aligned} \mathrm{sn}_{\lambda\mu} : \mathrm{cn}_{\lambda\mu} : \mathrm{dn}_{\lambda\mu} : 1 = 9p'_{\lambda\mu} &: ((3p_{\lambda\mu} + k^2 - 2)^2 - 9(1 - k^2)) \\ &: ((3p_{\lambda\mu} + 1 - 2k^2)^2 + 9k^2(1 - k^2)) : ((3p_{\lambda\mu} + 1 + k^2)^2 - 9k^2), \end{aligned}$$

und andrerseits folgt aus (7):

$$(11)\quad \begin{aligned} p_{\lambda\mu} : p'_{\lambda\mu} : 1 = (1 - k^4 + k^2(k^2 - 2)\,\mathrm{cn}_{\lambda\mu} + (2k^2 - 1)\,\mathrm{dn}_{\lambda\mu}) \\ : 6k^2(1 - k^2)\,\mathrm{sn}_{\lambda\mu} : 3(-1 + k^2 - k^2\,\mathrm{cn}_{\lambda\mu} + \mathrm{dn}_{\lambda\mu}). \end{aligned}$$

Es gilt also der Satz: *Die für ein ungerades n erklärten Teilwerte* $\mathrm{sn}_{\lambda\mu}$, $\mathrm{cn}_{\lambda\mu}$, $\mathrm{dn}_{\lambda\mu}$ *sind umkehrbar rational in den zum gleichen n gehörenden Teilwerten* $p_{\lambda\mu}$, $p'_{\lambda\mu}$ *darstellbar, wobei die Koeffizienten rationale Ausdrücke in k^2 mit rationalen Zahlenkoeffizienten sind.*

Um nun bei *ungeradem n* die Divisionssätze für die zweite Stufe zu erhalten, tragen wir erstlich in die Gleichungen von S. 211 ff. $\frac{u}{2}$ statt u ein und schreiben zur Abkürzung $\frac{u}{2} = v$. Wir beachten sodann, daß jene Gleichungen in den u, ω_1, ω_2 homogen sind und demnach durch Division mit einer geeigneten Potenz der Wurzel $\sqrt{e_2 - e_1}$, die nach I, 473 ein Modulform 4ter Stufe der Dimension -1 ist, in Gleichungen der Dimension 0 umgewandelt werden können. Indem wir diese Umwandlung an den einzelnen in den Gleichungen verbundenen Größen vornehmen, haben wir an Stelle von $\wp(v)$ und $\wp'(v)$ mit $p(v)$ und $p'(v)$ zu tun, an Stelle der g_2 und g_3 aber mit den rationalen Funktionen von k^2:

$$(12)\quad \frac{g_2}{(e_2 - e_1)^2} = \frac{4}{3}(1 - k^2 + k^4), \qquad \frac{g_3}{(e_2 - e_1)^3} = \frac{4}{27}(2 - 3k^2 - 3k^4 + 2k^6),$$

die man leicht aus den Darstellungen der g_2, g_3 in den e_1, e_2, e_3 ableitet. An die Stelle des Körpers, der durch Adjunktion von g_2, g_3, $p(u)$, $p'(u)$ zum rationalen Körper $\mathfrak{R}$ entsteht, tritt bei Ersatz von u durch v und Übergang zur Dimension 0 der folgende Körper: $\mathfrak{K} = (\mathfrak{R}, k^2, p(v), p'(v))$.

Der Hauptsatz der Teilungstheorie war, daß die Lösung der auf die Dimension 0 umgerechneten Teilungsgleichung (3) S. 211 nach Adjunktion der $p_{\lambda\mu}, p'_{\lambda\mu}$ an irrationalen Operationen nur das Ausziehen zweier Wurzeln n^{ten} Grades erfordert. Nun kann $\mathfrak{K}$ zufolge (6) und (7) auch durch $(\mathfrak{R}, k^2, \operatorname{sn} w, \operatorname{cn} w, \operatorname{dn} w)$ erklärt werden, und ebenso ist $(\mathfrak{K}, p_{\lambda\mu}, p'_{\lambda\mu})$ zufolge (10) und (11) mit dem Körper $(\mathfrak{K}, \operatorname{sn}_{\lambda\mu}, \operatorname{cn}_{\lambda\mu}, \operatorname{dn}_{\lambda\mu})$ gleich. Endlich aber sind die Lösungen des Teilungsproblems $p_{\lambda\mu}\left(\frac{v}{n}\right), p'_{\lambda\mu}\left(\frac{v}{n}\right)$ einerseits und $\operatorname{sn}_{\lambda\mu}\left(\frac{w}{n}\right), \operatorname{cn}_{\lambda\mu}\left(\frac{w}{n}\right), \operatorname{dn}_{\lambda\mu}\left(\frac{w}{n}\right)$, gegeben durch:

$$\operatorname{sn}_{\lambda\mu}\left(\frac{w}{n}\right) = \operatorname{sn}\left(\frac{w}{n} + \frac{4\lambda i K' + 4\mu K}{n}\right), \ldots,$$

andrerseits gegenseitig rational ineinander mit Koeffizienten des Körpers $(\mathfrak{R}, k^2)$ darstellbar (Gleichungen (6) und (7)). *Also ist in der Tat mit der algebraischen Lösung der Teilungsgleichung* (3) S. 211 *die Lösung des Teilungsproblems für die zweite Stufe sogleich mitgegeben.*

Es erübrigt, noch einige Angaben über die äußere Gestalt des Teilungsproblems zweiter Stufe hinzuzufügen. Da n als ungerade gilt, so haben wir an die Gleichungen (1) S. 197 anzuknüpfen, in denen $\frac{w}{n}$ an Stelle von w einzusetzen ist. Aus der zweiten und dritten der genannten Gleichungen folgt:

$$(13) \quad \operatorname{cn}_{\lambda\mu}\left(\frac{w}{n}\right) = \frac{\operatorname{cn} w \cdot G_0^{(n)}\left(\operatorname{sn}_{\lambda\mu}\left(\frac{w}{n}\right)^2\right)}{G_2^{(n)}\left(\operatorname{sn}_{\lambda\mu}\left(\frac{w}{n}\right)^2\right)}, \quad \operatorname{dn}_{\lambda\mu}\left(\frac{w}{u}\right) = \frac{\operatorname{dn} w \cdot G_0^{(n)}\left(\operatorname{sn}_{\lambda\mu}\left(\frac{w}{n}\right)^2\right)}{G_3^{(n)}\left(\operatorname{sn}_{\lambda\mu}\left(\frac{w}{n}\right)^2\right)},$$

während aus der ersten Gleichung, in der wir $\operatorname{sn} w = \sqrt{z} = Z$ eintragen, sich als *„allgemeine Teilungsgleichung der* sn*-Funktion für den ungeraden Teilungsgrad n“* ergibt:

$$(14) \qquad Z \cdot G_1^{(n)}(Z^2) - \operatorname{sn} w \cdot G_0^{(n)}(Z^2) = 0$$

oder explizite unter Angabe der höchsten und niedersten Glieder:

$$(15) \quad k^{\frac{n^2-1}{2}} Z^{n^2} - n k^{\frac{n^2-1}{2}} \operatorname{sn} w\, Z^{n^2-1} + \frac{n(n^2-1)}{3!} k^{\frac{n^2-5}{2}} (1+k^2) \operatorname{sn} w\, Z^{n^2-3} + \cdots$$
$$\cdots - (-1)^{\frac{n-1}{2}} \frac{n(n^2-1)}{3!} (1+k^2) Z^3 + (-1)^{\frac{n-1}{2}} n Z - (-1)^{\frac{n-1}{2}} \operatorname{sn} w = 0.$$

Diese Gleichung, deren Glieder alternierend den Faktor $\operatorname{sn} w$ haben und übrigens ganze ganzzahlige Funktionen von k^2 zu Koeffizienten besitzen, tritt also für die zweite Stufe bei ungeradem n an die Stelle der Gleichung (3) S. 211.

Als beiläufiges Ergebnis ziehen wir noch aus (13) für $w = 0$ die Folgerung:

(16) $$\mathrm{cn}_{\lambda\mu} = \frac{G_0^{(n)}(\mathrm{sn}^2_{\lambda\mu})}{G_2^{(n)}(\mathrm{sn}^2_{\lambda\mu})}, \quad \mathrm{dn}_{\lambda\mu} = \frac{G_0^{(n)}(\mathrm{sn}^2_{\lambda\mu})}{G_3^{(n)}(\mathrm{sn}^2_{\lambda\mu})}.$$

Bei ungeradem n sind also die Teilwerte $\mathrm{cn}_{\lambda\mu}$, $\mathrm{dn}_{\lambda\mu}$ rational in $\mathrm{sn}^2_{\lambda\mu}$ darstellbar mit Koeffizienten des Körpers $(\mathfrak{R}, k^2)$.

§ 7. Die Abelschen Relationen.

Für die algebraischen Überlegungen des nächsten Kapitels sind gewisse Relationen zwischen den Teilwerten des n^{ten} Teilungsgrades und den n^{ten} Wurzeln der Einheit von Wert, die wir zweckmäßig schon hier aufstellen, da sich die Methode ihrer Aufstellung an die voraufgehenden Entwicklungen anschließt. Die fraglichen Relationen betreffen ein beliebiges ungerades n und sind nach Abel benannt, weil sie von ihm für die Funktionen zweiter Stufe in Nr. 6 der Einleitung zum „Précis d'une théorie des fonctions elliptiques"[1]) angegeben sind. Bewiesen und für die algebraische Berechnung der Teilwerte verwertet wurden die Abelschen Relationen durch Sylow[2]) sowie später durch Kronecker[3]), dem die Untersuchungen Sylows zunächst unbekannt geblieben waren. Für die erste Stufe sind die Abelschen Relationen im Jahre 1884 durch Klein in einer Vorlesung aufgestellt.[4])

Man kann die Abelschen Relationen zunächst für die Funktionen erster Stufe auf folgendem Wege gewinnen. Der Quotient:

(1) $$\frac{\wp(u) - e_2}{\wp'(u)} = \varphi_2(u)$$

stellt eine zweiwertige Funktion der Perioden ω_1, ω_2 dar, deren Nullpunkte bei $u = 0$ und $\frac{\omega_2}{2}$, und deren Pole bei $u = \frac{\omega_1}{2}$ und $\frac{\omega_1 + \omega_2}{2}$ liegen. Die Funktion $\varphi_2\left(u + \frac{\omega_2}{2}\right)$ hat dieselben Nullpunkte und Pole, ist also bis auf einen von u unabhängigen Faktor gleich $\varphi_2(u)$. Dieser Faktor kann nur gleich $+1$ oder -1 sein, da $\varphi_2(u)$ bei zweimaliger Ausübung der Substitution $u' = u + \frac{\omega_1}{2}$ unverändert bleibt. Der Faktor $+1$ ist nicht brauchbar, da $\varphi_2(u)$ sonst eine *ein*wertige Funktion der Perioden ω_1, $\frac{\omega_2}{2}$ wäre; es gilt also:

(2) $$\varphi_2(u + \omega_1) = \varphi_2(u), \quad \varphi_2\left(u + \frac{\omega_2}{2}\right) = -\varphi_2(u).$$

---

1) Journ. f. Math., Bd. 4 (1829).

2) In den Schriften der Gesellsch. d. Wiss. zu Christiania von 1864 und 71.

3) „Über die algebraischen Gleichungen, von denen die Teilung der elliptischen Funktionen abhängt", Berliner Berichte von 1875.

4) Mit Erweiterungen veröffentlicht durch Engel in den Berichten der Gesellsch. d. Wiss. zu Leipzig von 1884.

Für beliebiges *ungerades* n bilde man die Summe:

$$(3)\qquad \Phi_2(u) = \sum_{\mu=0}^{n-1} \varepsilon^{2\lambda\mu} \varphi_2\left(u + \frac{\mu\omega_2}{n}\right),$$

wo ε in der bisherigen Bedeutung als n^{te} Wurzel der Einheit gebraucht ist und λ der Zahlenreihe $0, 1, 2, \ldots, n-1$ angehört. Wächst u um $\frac{\omega_2}{2n}$, so kann man mit Rücksicht auf die zweite Gleichung (2) schreiben:

$$\varphi_2\left(u + \frac{(2\mu+1)\omega_2}{2n}\right) = -\varphi_2\left(u + \frac{(\mu + \frac{1}{2}(n+1))\omega_2}{n}\right) = -\varphi_2\left(u + \frac{\mu'\omega_2}{n}\right),$$

wo zur Abkürzung $\mu' = \mu + \frac{1}{2}(n+1)$ gesetzt ist. Da

$$\varepsilon^{2\lambda\mu} = \varepsilon^{2\lambda(\mu' - \frac{1}{2}(n+1))} = \varepsilon^{-\lambda} \cdot \varepsilon^{2\lambda\mu'}$$

ist, so folgt aus (3):

$$\Phi_2\left(u + \frac{\omega_2}{2n}\right) = -\varepsilon^{-\lambda} \sum_{\mu'} \varepsilon^{2\lambda\mu'} \varphi_2\left(u + \frac{\mu'\omega_2}{n}\right),$$

wo μ' beginnend mit $\frac{1}{2}(n+1)$ ein volles Restsystem mod n durchläuft. Aber bei Änderung von μ' um ein Vielfaches von n bleibt das einzelne Glied dieser Summe unverändert, so daß die in der letzten Gleichung rechts stehende Summe wieder gleich $\Phi_2(u)$ ist. *Die Funktion* $\Phi_2(u)$ *genügt den Bedingungen:*

$$(4)\qquad \Phi_2(u + \omega_1) = \Phi_2(u), \quad \Phi_2\left(u + \frac{\omega_2}{2n}\right) = -\varepsilon^{-\lambda}\Phi_2(u),$$

stellt also nach I, 217 *eine elliptische Funktion zweiter Art der Perioden* $\omega_1' = \omega_1$, $\omega_2' = \frac{\omega_2}{2n}$ *und des Faktorensystems* $\lambda_1 = 1$, $\lambda_2 = -\varepsilon^{-\lambda}$ *dar.*

Diese Funktion hat nun im zugehörigen Parallelogramme der Perioden ω_1', ω_2' nur einen einzigen Pol, nämlich bei $u = w = \frac{\omega_1'}{2}$. Sie hat demnach daselbst auch nur einen Nullpunkt v, für den aus (8) in I, 220 die Gleichung folgt:

$$v - w = v - \frac{\omega_1'}{2} = m_1\omega_1' + m_2\omega_2' - \frac{\omega_1'}{2i\pi}\log(-\varepsilon^{-\lambda}).$$

Sehen wir vom Periodenmultiplum $(m_1\omega_1' + m_2\omega_2')$ ab und schreiben:

$$\omega_1' = \omega_1, \quad \log(-\varepsilon^{-\lambda}) = \pi i - \lambda\log\varepsilon = \pi i - \lambda\frac{2i\pi}{n},$$

so ergibt sich als Lage des einzigen Nullpunktes von $\Phi_2(u)$ im Parallelogramme der Perioden $\omega_1' = \omega_1$, ω_2' sofort $v = \frac{\lambda\omega_1}{n}$. Unter Rückgang auf die Gestalt (3) von $\Phi_2(u)$ und die Bedeutung (1) von $\varphi_2(u)$ ergibt sich bei Einführung der Teilwerte: *Für irgendein* λ *der Zahlenreihe* $0, 1, 2, \ldots, n-1$ *gilt:*

$$(5) \qquad \sum_{\mu=0}^{n-1} \varepsilon^{2\lambda\mu} \frac{\wp_{\lambda\mu} - e_2}{\wp'_{\lambda\mu}} = 0;$$

dagegen ist für zwei „verschiedene“ λ', λ stets:

$$(6) \qquad \sum_{\mu=0}^{n-1} \varepsilon^{2\lambda'\mu} \frac{\wp_{\lambda\mu} - e_2}{\wp'_{\lambda\mu}} \neq 0.$$

Eine entsprechende Entwicklung kann man an den Quotienten:

$$\frac{\wp(u) - e_1}{\wp'(u)} = \varphi_1(u)$$

knüpfen, der den Bedingungen:

$$\varphi_1\left(u + \frac{\omega_1}{2}\right) = -\varphi_1(u), \quad \varphi_1(u + \omega_2) = \varphi_1(u)$$

genügt und in der Summe:

$$\Phi_1(u) = \sum_{\mu=0}^{n-1} \varepsilon^{2\lambda\mu} \varphi_1\left(u + \frac{\mu\omega_2}{n}\right)$$

eine *elliptische Funktion zweiter Art der Perioden* $\frac{\omega_1}{2}$, $\frac{\omega_2}{n}$ *und des Faktorensystems* $\lambda_1 = -1$, $\lambda_2 = \varepsilon^{-2\lambda}$ ergibt. Durch Fortsetzung der Betrachtung in obiger Art findet man den Satz: *Für irgendein λ der Zahlenreihe* $0, 1, 2, \ldots, n-1$ *gilt:*

$$(7) \qquad \sum_{\mu=0}^{n-1} \varepsilon^{2\lambda\mu} \frac{\wp_{\lambda\mu} - e_1}{\wp'_{\lambda\mu}} = 0,$$

während für zwei „verschiedene“ λ, λ' stets die Ungleichung besteht:

$$(8) \qquad \sum_{\mu=0}^{n-1} \varepsilon^{2\lambda'\mu} \frac{\wp_{\lambda\mu} - e_1}{\wp'_{\lambda\mu}} \neq 0.$$

Durch Kombination der beiden Gleichungen (5) und (7) gelangt man zu den beiden, mit ihnen gleichwertigen Gleichungen:

$$(9) \qquad \sum_{\mu=0}^{n-1} \varepsilon^{2\lambda\mu} \frac{1}{\wp'_{\lambda\mu}} = 0, \quad \sum_{\mu=0}^{n-1} \varepsilon^{2\lambda\mu} \frac{\wp_{\lambda\mu}}{\wp'_{\lambda\mu}} = 0.$$

In ihnen haben wir die für ungerades n und für jede Zahl λ der Reihe $0, 1, 2, \ldots, n-1$ *bestehenden „Abelschen Relationen“ der $\wp$- und $\wp'$-Teilwerte erreicht.* Aus den beiden Ungleichungen (6) und (8) können wir freilich nur noch die folgende Aussage herleiten: *Sollen für zwei Zahlen λ und λ' der Reihe* $0, 1, 2, \ldots, n-1$ *die Gleichungen:*

$$(10) \qquad \sum_{\mu=0}^{n-1} \varepsilon^{2\lambda'\mu} \frac{1}{\wp'_{\lambda\mu}} = 0, \quad \sum_{\mu=0}^{n-1} \varepsilon^{2\lambda'\mu} \frac{\wp_{\lambda\mu}}{\wp'_{\lambda\mu}} = 0$$

gleichzeitig gelten, so ist notwendig $\lambda' = \lambda$.

Durch Ausübung von Substitutionen der homogenen Gruppe $\Gamma^{(\omega)}$ kann man aus (9) andere Relationen dieser Art ableiten. So findet man z. B. mittelst der Substitution $\omega_1' = \omega_2$, $\omega_2' = -\omega_1$ aus (9):

$$(11) \qquad \sum_{\lambda=0}^{n-1} \varepsilon^{-2\lambda\mu} \frac{1}{\wp'_{\lambda\mu}} = 0, \quad \sum_{\lambda=0}^{n-1} \varepsilon^{-2\lambda\mu} \frac{\wp_{\lambda\mu}}{\wp'_{\lambda\mu}} = 0.$$

Die in der älteren Literatur vorliegenden Abelschen Relationen betreffen die sn-Funktion. Wir gelangen zu ihnen, indem wir die an (1) angeschlossene Überlegung auf den reziproken Wert der in I, 384 erklärten Funktion $\psi_1(u)$ anwenden. Aus ihr bilden wir die Summe:

$$\Psi_1(u) = \sum_{\mu=0}^{n-1} \frac{\varepsilon^{4\lambda\mu}}{\psi_1\left(u + \frac{2\mu\omega_2}{n}\right)},$$

in welcher wir unter Benutzung der Regel (7) in I, 384 leicht eine elliptische Funktion zweiter Art der Perioden ω_1, $\frac{\omega_2}{n}$ und des Multiplikatorensystems 1, $-\varepsilon^{-2\lambda}$ erkennen. Im zugehörigen Parallelogramme liegt ein Pol erster Ordnung bei $\frac{\omega_1}{2}$; den einen im Parallogramme auftretenden Nullpunkt findet man daraufhin bei $u = \frac{2\lambda\omega_1}{n}$ gelegen. Den Übergang zur sn-Funktion vermitteln die Formeln (5) und (8) in I, 388ff. Wir notieren sogleich als Beispiel einer Abelschen Relation älterer Gestalt:

$$(12) \qquad \sum_{\mu=0}^{n-1} \varepsilon^{4\lambda\mu} \operatorname{sn}_{\lambda\mu} = 0.$$

Viertes Kapitel.

Die Teilwerte der elliptischen Funktionen.

Der Satz, daß die allgemeine Teilungsgleichung eine Abelsche Gleichung ist, setzt die Adjunktion und damit die Kenntnis der Teilwerte $\wp_{\lambda\mu}$, $\wp'_{\lambda\mu}$ voraus. Diese genügen ihrerseits Gleichungen, die man als „spezielle Teilungsgleichungen" bezeichnet und deren Theorie zu den interessantesten Gegenständen unserer Darstellung gehört. Die Galoissche Gruppe der zum Grade n gehörenden speziellen Teilungsgleichung hat

R. Fricke, *Die elliptischen Funktionen und ihre Anwendungen, Zweiter Teil*,
DOI 10.1007/978-3-642-19561-7_5, © Springer-Verlag Berlin Heidelberg 2012

C. Jordan in seinem bekannten Gruppenwerke[1]) betrachtet, ohne zu endgültigen Ergebnissen zu gelangen. Solche werden jedoch in den schon S. 240 genannten Untersuchungen von Sylow und Kronecker erreicht. In funktionentheoretischer Hinsicht hat namentlich Kiepert[2]) die Teilwerte der Funktionen erster Stufe untersucht und ihre Beziehung zur Transformationstheorie verfolgt.

§ 1. Die Teilwerte $\wp_{\lambda\mu}, \wp'_{\lambda\mu}$ und die speziellen Teilungsgleichungen.

Beim Teilungsgrade n haben wir nach der S. 213 vollzogenen Abzählung für ungerades n im ganzen $\frac{1}{2}(n^2-1)$ verschiedene Teilwerte $\wp_{\lambda\mu}$ und (n^2-1) paarweise entgegengesetzte Teilwerte $\wp'_{\lambda\mu}$. Bei geradem n reihten sich $\frac{1}{2}(n^2+2)$ verschiedene $\wp_{\lambda\mu}$ an, unter ihnen die drei schon bei $n=2$ auftretenden „Teilwerte" e_1, e_2, e_3, sowie (n^2-4) paarweise entgegengesetzte $\wp'_{\lambda\mu}$.

Für die Teilwerte $\wp_{\lambda\mu}$ versehen wir uns zu späterem Gebrauche sogleich mit einer analytischen Darstellung, die wir aus der Gleichung (14) in I, 270 durch Eintragen des Wertes $u = \frac{\lambda\omega_1+\mu\omega_2}{n}$ entnehmen. Dabei möge für den Quotienten $\frac{\eta_2}{\omega_2}$ die Darstellung (15) in I, 271 eingeführt werden; auch ersetze man die trigonometrischen Funktionen durch ihre Ausdrücke in der Exponentialfunktion. Eine einfache Zwischenrechnung ergibt:

$$(1)\qquad \wp_{\lambda\mu} = \left(\frac{2\pi}{\omega_2}\right)^2\Bigg\{-\frac{1}{12} + 2\sum_{m=1}^{\infty}\frac{mq^{2m}}{1-q^{2m}} - \varepsilon^{\mu}q^{\frac{2\lambda}{n}}\left(\sum_{m=0}^{\infty}\varepsilon^{\mu m}q^{\frac{2\lambda m}{n}}\right)^2$$
$$-\sum_{m=1}^{\infty}\frac{mq^{2m}}{1-q^{2m}}\left(\varepsilon^{\mu m}q^{\frac{2\lambda m}{n}} + \varepsilon^{-\mu m}q^{-\frac{2\lambda m}{n}}\right)\Bigg\},$$

wo wie bisher $\varepsilon = e^{\frac{2i\pi}{n}}$ ist. Wesentlich an dieser Darstellung ist, daß erstlich μ nur in den Exponenten der Potenzen von ε auftritt, und daß zweitens, abgesehen vom Absolutgliede $-\frac{1}{12}$ in den Koeffizienten der Potenzen von q neben ε nur rationale ganze Zahlen vorkommen. Bei Umordnung nach ansteigenden Potenzen von $q^{\frac{2}{n}}$ erhalten wir somit eine Darstellung:

$$(2)\qquad \wp_{\lambda\mu} = \left(\frac{2\pi}{\omega_2}\right)^2\left\{-\frac{1}{12} + A_{\lambda 1}(\varepsilon^{\mu})q^{\frac{2}{n}} + A_{\lambda 2}(\varepsilon^{\mu})q^{\frac{4}{n}} + A_{\lambda 3}(\varepsilon^{\mu})q^{\frac{6}{n}} + \cdots\right\},$$

wo sich die Koeffizienten $A_{\lambda k}(\varepsilon^{\mu})$ in der Gestalt:

---

1) Traité des substitutions et des équations algébriques" (Paris 1870) S. 93 ff.

2) „Über Teilung und Transformation der elliptischen Funktionen", Math. Ann. Bd. 26 (1885).

(3) $$A_{\lambda k}(\varepsilon^\mu) = a_{\lambda k}^{(0)} + a_{\lambda k}^{(1)}\varepsilon^\mu + a_{\lambda k}^{(2)}\varepsilon^{2\mu} + \cdots + a_{\lambda k}^{(n-1)}\varepsilon^{(n-1)\mu}$$

mit rationalen ganzen Zahlen $a_{\lambda k}^{(i)}$ darstellen und also *ganze algebraische Zahlen des zum Teilungsgrade n gehörenden „Kreisteilungskörpers" sind.*

Nach S. 225 gehen die Funktionen $\wp_{\lambda\mu}\left(\frac{u}{n}\right)$, $\wp'_{\lambda\mu}\left(\frac{u}{n}\right)$ bei Ausübung einer Substitution der Hauptkongruenzgruppe n^{ter} Stufe $\Gamma_{n\chi(n)}^{(\omega)}$ in sich selbst über. Setzen wir $u = 0$, so folgt: *Die zum n^{ten} Teilungsgrade gehörenden Teilwerte $\wp_{\lambda\mu}$, $\wp'_{\lambda\mu}$ sind invariant gegenüber den Substitutionen der Hauptkongruenzgruppe n^{ter} Stufe $\Gamma_{n\chi(n)}^{(\omega)}$ und heißen dieserhalb „Modulformen n^{ter} Stufe".*

Die in (3) S. 184 eingeführte $(n^2 - 1)$-wertige Funktion $\psi^{(n)}(u)$ hatte gerade die $(n^2 - 1)$ Teilpunkte $\frac{\lambda\omega_1 + \mu\omega_2}{n}$ des Periodenparallelogramms zu Nullpunkten. Setzt man also in den Ausdruck von $\psi^{(n)}(u)$ als rationale ganze Funktion von $\wp(u)$ an Stelle von $\wp(u)$ eine Unbekannte z ein, so gelangt man zu einer Gleichung für die Teilwerte $\wp_{\lambda\mu}$. Aus den S. 189 für $\psi^{(n)}(u)$ angegebene Ausdrücken folgt somit der Satz: *Bei ungeradem n sind die $\frac{1}{2}(n^2 - 1)$ verschiedenen $\wp_{\lambda\mu}$ die Wurzeln einer Gleichung:*

(4) $$nz^{\frac{1}{2}(n^2-1)} + \beta_1(\tfrac{1}{4}g_2)z^{\frac{1}{2}(n^2-5)} + \beta_2 g_3 z^{\frac{1}{2}(n^2-7)} + \cdots = 0,$$

während bei geradem n die $\frac{1}{2}(n^2 - 4)$ von den e_1, e_2, e_3 verschiedenen $\wp_{\lambda\mu}$ der Gleichung:

(5) $$\tfrac{1}{2}nz^{\frac{1}{2}(n^2-4)} + \gamma_1(\tfrac{1}{4}g_2)z^{\frac{1}{2}(n^2-8)} + \gamma_2 g_3 z^{\frac{1}{2}(n^2-10)} + \cdots = 0$$

genügen[1]; *die β und γ sind dabei rationale ganze Zahlen.* Bis $n = 6$ sind diese Gleichungen in den Entwicklungen von S. 185 ff. explizite enthalten. Entsprechende Gleichungen für die $\wp'_{\lambda\mu}$ kann man durch Elimination von z aus:

(6) $$4z^3 - g_2 z - (z'^2 + g_3) = 0$$

und (4) bzw. (5) gewinnen. Da jedoch die Berechnung von $\wp'_{\lambda\mu}$ aus $\wp_{\lambda\mu}$ nur noch das Ausziehen einer Quadratwurzel erfordert, so beschäftigen wir uns zunächst vornehmlich mit den $\wp_{\lambda\mu}$ und den Gleichungen (4) und (5).

Als „eigentlich" zum Teilungsgrade n oder zur Stufe n gehörig bezeichnen wir diejenigen Teilwerte, die nicht bereits bei einer niederen Stufe auftreten. Haben die drei Zahlen λ, μ, n den größten gemeinsamen Teiler t, so gehören die $\wp_{\lambda\mu}$, $\wp'_{\lambda\mu}$ eigentlich zur Stufe $\frac{n}{t}$. Nach S. 218

---

1) Der Fall $n = 2$, bei dem die drei $\wp$-Teilwerte durch e_1, e_2, e_3 geliefert werden, während noch keine (von 0 verschiedene) $\wp'_{\lambda\mu}$ auftreten, gelte als ausgeschlossen.

gibt es $\chi(n)$ gegen n teilerfremde mod n inkongruente Zahlenpaare, wo $\chi(n)$ die in (2) S. 219 berechnete Anzahl ist. Diese Zahlenpaare liefern die eigentlich zur n^{ten} Stufe gehörenden Teilwerte. Da mit λ, μ auch $n-\lambda$, $n-\mu$ ein gegen n teilerfremdes Paar ist, so folgt für $n>2$: *Es gibt* $\frac{1}{2}\chi(n)$ *eigentlich zur Stufe n gehörige Teilwerte* $\wp_{\lambda\mu}$ *und* $\chi(n)$ *paarweise nur im Vorzeichen verschiedene eigentlich zur Stufe n gehörige* $\wp'_{\lambda\mu}$. Bei $n=2$ hat man $\chi(2)=3$ Teilwerte $\wp_{\lambda\mu}$, während die $\wp'_{\lambda\mu}$ identisch verschwinden.

Üben wir eine Substitution $V=\begin{pmatrix}\alpha, & \beta\\ \beta, & \delta\end{pmatrix}$ der homogenen $\Gamma^{(\omega)}$ aus, so geht $\wp_{\lambda\mu}$ in $\wp_{\lambda',\mu'}=\wp_{\alpha\lambda+\gamma\mu,\,\beta\lambda+\delta\mu}$ über, und eine entsprechende Aussage gilt für $\wp'_{\lambda\mu}$. Da die Indizes mod n beliebig reduzierbar sind, so gilt der

Satz: *Bei Ausübung einer Substitution* $V=\begin{pmatrix}\alpha, & \beta\\ \gamma, & \delta\end{pmatrix}$ *der homogenen* $\Gamma^{(\omega)}$ *erfahren die Indizes* λ, μ *eine durch die Kongruenzen:*

$$\lambda'\equiv\alpha\lambda+\gamma\mu,\quad \mu'\equiv\beta\lambda+\delta\mu\qquad(\text{mod } n)\tag{7}$$

darstellbare Transformation. Bei den $\wp_{\lambda\mu}$ *ist für* $n>2$ *neben Reduktionen* mod n *nötigenfalls auch noch ein gleichzeitiger Zeichenwechsel der Indizes vorzunehmen.*

Bei diesen Transformationen werden nun die gegen n teilerfremden Zahlenpaare stets nur unter sich permutiert. Auch können wir etwa aus dem Paare $\lambda\equiv 1$, $\mu\equiv 0$ mittels einer geeigneten Transformation (7) jedes beliebige gegen n teilerfremde Paar herstellen, da nach S. 220ff. für jedes solche Paar λ', μ' in der $\Gamma^{(\omega)}$ Substitutionen $\begin{pmatrix}\alpha, & \beta\\ \gamma, & \delta\end{pmatrix}$ mit $\alpha\equiv\lambda'$, $\beta\equiv\mu'$ aufauftreten. Mit Rücksicht auf die Gruppeneigenschaft der $\Gamma^{(\omega)}$ können wir also den Satz aussprechen: *Die* $\frac{1}{2}\chi(n)$ *eigentlich zur* n^{ten} *Stufe gehörenden Teilwerte* $\wp_{\lambda\mu}$ *werden bei Ausübung irgendeiner Substitution der homogenen* $\Gamma^{(\omega)}$ *stets nur untereinander permutiert; auch können wir jeden dieser Teilwerte durch eine geeignete Substitution in jeden vorgeschriebenen unter ihnen transformieren.* Die $\frac{1}{2}\chi(n)$ Teilwerte $\wp_{\lambda\mu}$ werden in diesem Sinne als „*gleichberechtigt*" bezeichnet. Übrigens kann man das gewonnene Ergebnis kurz auch so ausdrücken: *Gegenüber den Substitutionen der Gruppe* $\Gamma^{(\omega)}$ *erfahren die* $\frac{1}{2}\chi(n)$ *eigentlich zur* n^{ten} *Stufe gehörenden Teilwerte* $\wp_{\lambda\mu}$ *die Permutationen einer „transitiven" Gruppe, deren nähere Gesetzmäßigkeit durch die Kongruenzen* (7) *nötigenfalls mit gleichzeitigem Zeichenwechsel von* λ', μ' *festgelegt ist.* Entsprechende Sätze gelten natürlich für die $\chi(n)$ Teilwerte $\wp'_{\lambda\mu}$.

Auf Grund dieser Ergebnisse können wir die Frage der Reduzibilität der Gleichung (4) bzw. (5) im Körper $\mathfrak{K}=(\mathfrak{R}, g_2, g_3)$ behandeln. Bilden wir die symmetrischen Grundfunktionen der $\frac{1}{2}\chi(n)$ eigentlich zur Stufe n gehörenden $\wp_{\lambda\mu}$, so gelangen wir zu Ausdrücken, die gegenüber allen Substitutionen der $\Gamma^{(\omega)}$ invariant sind. Als ganze Funktionen der $\wp_{\lambda\mu}$ werden sie sich zufolge (2) in Potenzreihen nach q^2 entwickeln lassen, die für $|q| < 1$ konvergent sind, und die ausschließlich „positive" Exponenten der Potenzen von q^2 aufweisen. Auf Grund der Sätze in I, 305ff. erkennen wir in jenen symmetrischen Grundfunktionen „ganze Modulformen erster Stufe", die als solche nach dem Gesetze (8) in I, 309 durch g_2 und g_3 darstellbar sind. Ziehen wir noch die Dimension in den ω_1, ω_2 heran, so folgt, daß die $\frac{1}{2}\chi(n)$ Teilwerte $\wp_{\lambda\mu}$ die Wurzeln einer Gleichung:

$$(8) \qquad z^{\frac{1}{2}\chi(n)} + \alpha_1 g_2 z^{\frac{1}{2}\chi(n)-2} + \alpha_2 g_3 z^{\frac{1}{2}\chi(n)-3} + \alpha_3 g_2^2 z^{\frac{1}{2}\chi(n)-4} + \cdots = 0$$

sind, in der die $\alpha_1, \alpha_2, \ldots$ numerische, d. h. von den ω_1, ω_2 unabhängige Konstante sind.

Von diesen Konstanten kann man durch den Schluß der vollständigen Induktion zeigen, daß sie rationale Zahlen sind. Die Wurzeln der Gleichung (4) bzw. (5) sind nämlich die eigentlich zur Stufe n gehörenden $\wp_{\lambda\mu}$, sowie außerdem alle eigentlich zu den Stufen $\frac{n}{t}$ gehörenden Teilwerte, wo t alle Teiler > 1 von n durchläuft. Nur ist natürlich $t = n$ ausgeschlossen, und außerdem ist aus der Gleichung (5) bereits der zur zweiten Stufe gehörende Bestandteil $(4z^3 - g_2 z - g_3)$ entfernt. Man kann aber durch „rationale" Divisionen aus (4) bzw. (5) alle Wurzeln entfernen, die zu Stufen $\frac{n}{t} < n$ gehören. Gilt das Gesetz der rationalen numerischen Koeffizienten für alle Stufen $< n$, so ist hiernach einleuchtend, daß es auch für n gilt. Nun ist dieses Gesetz jedenfalls für alle Primzahlen n richtig, da für eine ungerade Primzahl n die Gleichung (8) einfach die durch n geteilte Gleichung (4) ist. Unsere Behauptung ist damit allgemein bewiesen.

Denkt man in (8) für z eine einzelne Wurzel $\wp_{\lambda\mu}$ eingetragen, so ergibt sich eine in ω_1, ω_2 identisch bestehende Gleichung. Die Gleichung bleibt demnach richtig bei allen solchen Veränderungen der ω_1, ω_2, bei denen der Periodenquotient ω in seiner positiven Halbebene verbleibt. Durch Änderungen dieser Art kann man nun von einem ersten Wertepaare ω_1, ω_2 zu jedem bezüglich der $\Gamma^{(\omega)}$ äquivalenten Paare gelangen. Hieraus folgt mit Rücksicht auf die Gleichberechtigung der $\frac{1}{2}\chi(n)$ Teilwerte $\wp_{\lambda\mu}$ die Irreduzibilität der Gleichung (8) selbst nach Adjunktion irgendwelcher „numerischer" Irrationalitäten. Genügt nämlich etwa $z = \wp_{10}$ einer „irreduzibelen" Gleichung $F(z, g_2, g_3) = 0$ in einem Körper, der aus $(\mathfrak{R}, g_2, g_3)$ durch Adjunktion irgendwelcher numerischer Irrationalitäten entsteht, so zeigt sich durch Wiederholung der vorstehenden Betrachtung, daß jene Gleichung durch alle $\frac{1}{2}\chi(n)$ Teilwerte erfüllt wird. Sie enthält also die Gleichung (8) und ist demnach als irreduzibel bis auf einen von z unabhängigen Faktor mit (8) identisch.

Wir fassen die Ergebnisse in folgenden Satz zusammen: *Die* $\frac{1}{2}\chi(n)$ *eigentlich zur* n^{ten} *Stufe gehörenden Teilwerte* $\wp_{\lambda\mu}$ *sind für* $n > 2$ *die Wurzeln der als „spezielle Teilungsgleichung" für den* n^{ten} *Teilungsgrad bezeichneten Gleichung* (8), *deren Koeffizienten dem Körper* $\mathfrak{K} = (\mathfrak{R}, g_2, g_3)$ *angehören, und die in diesem Körper irreduzibel ist, auch irreduzibel bleiben würde, falls noch irgendwelche „numerische" Irrationalitäten adjungiert würden.* Im Falle $n = 2$ bleibt dieser Satz mit der Abänderung bestehen, daß der Grad der Gleichung nicht $\frac{1}{2}\chi(2)$, sondern $\chi(2) = 3$ ist.

Übrigens findet man durch Elimination von z aus (8) und der Gleichung:

$$4z^3 - g_2 z - (z'^2 + g_3) = 0,$$

daß die $\chi(n)$ eigentlich zur Stufe n gehörenden Teilwerte $\wp'_{\lambda\mu}$ einer Gleichung $\chi(n)^{\text{ten}}$ Grades:

$$(9) \qquad z'^{\chi(n)} + \beta_1 g_3 z'^{\chi(n)-2} + (\beta_2 g_2^3 + \beta_3 g_3^2) z'^{\chi(n)-4} + \cdots = 0$$

genügen, welche die soeben über die spezielle Teilungsgleichung (3) ausgesagten Eigenschaften gleichfalls besitzt.

Der Schluß auf die Rationalität der numerischen Koeffizienten der speziellen Teilungsgleichung kann auch noch in anderer Art vollzogen werden. Ersetzt man den zweiten Index μ der $\wp_{\lambda\mu}$ durch $\varkappa\mu$, unter $\varkappa$ einen der $\varphi(n)$ gegen n teilerfremden Reste mod n verstanden, so permutieren sich die $\frac{1}{2}\chi(n)$ Teilwerte $\wp_{\lambda\mu}$ untereinander. Die symmetrischen Grundfunktionen der $\wp_{\lambda\mu}$ bleiben demnach bei jenem Ersatze unverändert. Die aus (2) zu entnehmende Reihenentwicklung:

$$(10) \qquad \sigma_\nu(\wp_{\lambda\mu}) = \left(\frac{2\pi}{\omega_2}\right)^{2\nu} (a_0 + a_1 q^2 + a_2 q^4 + \cdots)$$

für die ν^{te} symmetrische Grundfunktion hat also als Koeffizienten nur noch Zahlen des zum Teilungsgrade n gehörenden Kreisteilungskörpers, die beim Ersatze von ε durch irgendeine der $\varphi(n)$ primitiven Einheitswurzeln n^{ten} Grades unverändert bleiben, d. h. die Koeffizienten a in (10) sind *rationale* Zahlen. Als ganze Modulform der ersten Stufe bezeichnen wir $\sigma_\nu(\wp_{\lambda\mu})$ durch $G_\nu(\omega_1, \omega_2)$. Nach (8) in I, 309 läßt sich eine solche Form in der Gestalt:

$$(11) \qquad G_\nu(\omega_1, \omega_2) = \sum_{l,m} C_{lm} g_2^l g_3^m$$

mittelst numerischer Koeffizienten C_{lm} durch g_2, g_3 darstellen. Diese Darstellung von $G_\nu(\omega_1, \omega_2)$ ist einzig, da sonst zwischen g_2 und g_3 eine identische Relation bestände.

Eine nicht identisch verschwindende ganze Modulform erster Stufe der Dimension -2ν hat nach I, 309 im Diskontinuitätsbereiche der $\Gamma^{(\omega)}$

Nullpunkte in der Gesamtordnung $\frac{\nu}{6}$. Verschwinden demnach in der Potenzreihe einer solchen Form die Koeffizienten bis zu einem Gliede mit einem Exponenten von q^2, der $> \frac{\nu}{6}$ ist, so liegt bereits in der Spitze $\omega = i\infty$ des Diskontuinitätsbereiches ein Nullpunkt von einer Ordnung $> \frac{\nu}{6}$, so daß die Form dann notwendig mit 0 identisch ist. Dieserhalb sind zwei ganze Modulformen erster Stufe der Dimension -2ν, deren Potenzreihen in den Anfangsgliedern, und zwar bis zu einem Exponenten $> \frac{\nu}{6}$ von q^2, übereinstimmen, notwendig miteinander identisch.

Tragen wir nun in den Ausdruck (11) irgendeiner Form $G_\nu(\omega_1, \omega_2)$ für g_2, g_3 die Potenzreihen (3) in I, 274 ein, so ergibt sich bei Umordnung nach ansteigenden Potenzen von q^2:

$$G_\nu(\omega_1, \omega_2) = \left(\frac{2\pi}{\omega_2}\right)^{2\nu}(b_0 + b_1 q^2 + b_2 q^4 + \cdots), \tag{12}$$

wo die b_k lineare homogene Funktionen der C_{lm}:

$$b_k = \sum_{l,\,m} \alpha_{lm}^{(k)} C_{lm} \tag{13}$$

mit „rationalen" Koeffizienten α sind. Soll jetzt die Form (11) mit $\sigma_\nu(\wp_{\lambda\mu})$ identisch sein, so ist hierzu nach den vorausgeschickten Überlegungen notwendig und hinreichend, daß die Reihe (12) von $G_\nu(\omega_1, \omega_2)$ mit der Reihe (10) in einer gewissen Anzahl von Anfangskoeffizienten übereinstimmt, daß also die C_{lm} einer gewissen Anzahl linearer Gleichungen:

$$\sum_{l,m} \alpha_{lm}^{(0)} C_{lm} = a_0, \quad \sum_{l,m} \alpha_{lm}^{(1)} C_{lm} = a_1, \ldots \tag{14}$$

mit durchweg rationalen Koeffizienten genügen. Nun gibt es sicher ein System endlicher Zahlen C_{lm}, die diese Gleichungen befriedigen, da $\sigma_\nu(\wp_{\lambda\mu})$ als ganze Modulform erster Stufe in der Gestalt (11) darstellbar ist. Da aber jedes Lösungssystem C_{lm} der Gleichungen (14) eine Darstellung (11) liefern würde und diese Darstellung für $\sigma_\nu(\wp_{\lambda\mu})$, wie wir wissen einzig ist, so gibt es auch nur ein Lösungssystem C_{lm} der Gleichungen (14). *Die linearen Gleichungen* (14) *sind also zur eindeutigen Berechnung der endlichen Größen* C_{lm} *geeignet, so daß sich die* C_{lm} *als Quotienten von Determinanten der* α *und* a *und damit als rationale Zahlen aus* (14) *bestimmen.* Diese Schlußweise ist hier gleich ausführlich dargelegt, da wir sie noch öfter zu verwenden haben werden.

§ 2. Kongruenzgruppen n^{ter} Stufe in der Modulgruppe Γ.

Da sich die nächsten Überlegungen nur auf die Gruppen $\Gamma^{(\omega)}$ und $G_{n\chi(n)}^{(\omega)}$ beziehen, so wird der obere Index ω der Kürze halber fortgelassen.

Es sei jetzt in der endlichen Gruppe $G_{n\chi(n)}$, auf die sich die Gruppe Γ mod n reduziert, irgendeine Untergruppe G_t der Ordnung t und des Index $\mu = \frac{n\chi(n)}{t}$ vorgelegt. Die zugehörige Zerlegung der Gesamtgruppe in Nebengruppen sei etwa in der Gestalt gegeben:

$$(1) \qquad G_{n\chi(n)} = G_t + G_t \cdot U_1 + G_t \cdot U_2 + \cdots + G_t \cdot U_{\mu-1},$$

wo $U_1, U_2, \ldots, U_{\mu-1}$ zweckmäßig gewählte Substitutionen der $G_{n\chi(n)}$ oder der Gruppe Γ sind. Nun können wir die $G_{n\chi(n)}$ auch im Anschluß an die Zerlegung:

$$(2) \qquad \Gamma = \Gamma_{n\chi} + \Gamma_{n\chi} \cdot V_1 + \Gamma_{n\chi} \cdot V_2 + \cdots + \Gamma_{n\chi} \cdot V_{n\chi-1}$$

der Gruppe Γ in die der Hauptkongruenzgruppe n^{ter} Stufe zugehörigen Nebengruppen erklären. Da die $\Gamma_{n\chi(n)}$ ausgezeichnet ist, so liefern die $n\chi(n)$ Nebengruppen, selbst wieder als Elemente gefaßt (vgl. S. 9), eine endliche Gruppe der Ordnung $n\chi(n)$, nämlich unsere $G_{n\chi(n)}$. Die Substitutionen derjenigen t Nebengruppen (2), die die Elemente der vorgenannten G_t sind, bilden nun für sich eine Untergruppe von Γ, und zwar eine solche des Index μ die dieserhalb Γ_μ heiße; der Zerlegung (1) entspricht nämlich die Zerlegung:

$$(3) \qquad \Gamma = \Gamma_\mu + \Gamma_\mu \cdot U_1 + \Gamma_\mu \cdot U_2 + \cdots + \Gamma_\mu \cdot U_{n-1}$$

der Gesamtgruppe Γ in die entsprechenden Nebengruppen. Alle so zu gewinnenden Gruppen Γ_μ bezeichnen wir als „*Kongruenzgruppen n^{ter} Stufe*". Man kann offenbar als eine solche Kongruenzgruppe n^{ter} Stufe auch jede Gruppe erklären, die die Hauptkongruenzgruppe dieser Stufe $\Gamma_{n\chi(n)}$ als Untergruppe in sich enthält; denn jede solche Gruppe wird sich aus einer bestimmten Anzahl von Nebengruppen (2) zusammensetzen und liefert demnach ihrerseits eine bestimmte G_t innerhalb der $G_{n\chi(n)}$. Einem Systeme gleichberechtigter Untergruppen G_t des Index μ entspricht ein System ebenso vieler gleichberechtigter Kongruenzgruppen Γ_μ des Index μ; eine ausgezeichnete G_t ergibt eine ausgezeichnete Γ_μ, speziell die G_1 liefert die Hauptkongruenzgruppe $\Gamma_{n\chi(n)}$.

Das Problem, alle Kongruenzgruppen n^{ter} Stufe anzugeben, kommt also auf die Aufgabe zurück, die Gruppe $G_{n\chi(n)}$ in ihre gesamten Untergruppen zu zerlegen. Diese Aufgabe ist, wie beiläufig erwähnt sei, im wesentlichen als gelöst anzusehen. Ist n das Produkt $n_1 \cdot n_2$ zweier teilerfremder Zahlen, so ist, wie in „Modulfunktionen", Bd. 1, S. 402 ff. gezeigt wird, die vollständige Zerlegung der $G_{n\chi(n)}$ auf die Zerlegungen der beiden Gruppen $G_{n_1\chi(n_1)}$ und $G_{n_2\chi(n_2)}$ zurückführbar. Man hat demnach weiter nur noch Primzahlpotenzen n zu behandeln. Nun hat J. Gierster zunächst für den Fall einer Primzahl n[1]) und sodann für den Fall einer

1) „Die Untergruppen der Galoisschen Gruppe der Modulargleichung für den Fall eines primzahligen Transformationsgrades", Math. Ann.. Bd. 18 (1881).

beliebigen Potenz einer ungeraden Primzahl[1]) die vollständige Zerlegung der $G_{n\chi(n)}$ wirklich durchführen können. Rückständig sind demnach nur die Potenzen der Primzahl 2, von denen allein die drei niedersten Fälle 2, 4, 8 erschöpfend behandelt sind.

Für die Theorie der speziellen Teilungsgleichung ist folgender Satz grundlegend: *Ist $n = p^\nu$ eine Potenz der Primzahl p mit einem Exponenten $\nu \geqq 2$, so bilden alle Substitutionen der $G_{n\chi(n)}$, die* mod $p^{\nu-1}$ *mit der identischen Substitution* 1 *kongruent sind, eine Abelsche Gruppe G_{p^3} der Ordnung p^3, die in der $G_{n\chi(n)}$ ausgezeichnet enthalten ist, und die, abgesehen von der identischen Substitution nur aus Substitutionen der Periode p besteht.* Die fraglichen Substitutionen haben nämlich die Gestalt:

$$(4) \qquad V \equiv \begin{pmatrix} 1 + ap^{\nu-1}, & bp^{\nu-1} \\ cp^{\nu-1}, & 1 - ap^{\nu-1} \end{pmatrix} \quad (\text{mod } p^\nu)^{2})$$

mit beliebigen ganzen Zahlen a, b, c. Man erhält in der Tat p^3 Substitutionen, wenn man a, b, c, unabhängig voneinander Restsysteme mod p durchlaufen läßt. Zwei Substitutionen V und V' dieser Art kombinieren sich nach dem Gesetze:

$$(5) \qquad V \cdot V' \equiv \begin{pmatrix} 1 + (a+a')p^{\nu-1}, & (b+b')p^{\nu-1} \\ (c+c')p^{\nu-1}, & 1 - (a+a')p^{\nu-1} \end{pmatrix} \quad (\text{mod } p^\nu).$$

Hieraus sind die Angaben des Satzes abgesehen von der Behauptung, daß die G_{p^3} ausgezeichnet ist, leicht abzulesen. Die G_{p^3} aber ist ausgezeichnet, weil sie der ausgezeichneten Kongruenzgruppe $\Gamma_{p^{\nu-1}\chi(p^{\nu-1})}$ der Stufe $p^{\nu-1}$ entspricht.[3])

Bei beliebigem n kommen für die speziellen Teilungsgleichungen gewisse zyklische Untergruppen G_n der Ordnung n in Betracht. Unter S verstehen wir wie in I, 298 die Substitution $\begin{pmatrix} 1, 1 \\ 0, 1 \end{pmatrix}$; da $S^n \equiv 1 \pmod n$ gilt, so erweist sich S in der $G_{n\chi(n)}$ als eine Substitution der Periode n und erzeugt eine *zyklische Untergruppe der Ordnung* n, bestehend aus den Substitutionen $S^0 = 1, S, S^2, \ldots, S^{n-1}$, die offenbar alle voneinander verschieden sind. Die Anzahl der mit dieser G_n gleichberechtigten Gruppen bestimmt man durch folgende Überlegung: Soll die G_n durch die Substitution $V \equiv \begin{pmatrix} \alpha, \beta \\ \gamma, \delta \end{pmatrix}$ in sich transformiert werden, so muß $V^{-1} \cdot S \cdot V \equiv S^\nu$

1) „Über die Galoissche Gruppe der Modulargleichung, wenn der Transformationsgrad die Potenz einer Primzahl > 2 ist", Math. Ann., Bd. 26 (1885). Übrigens betreffen die Giersterschen Untersuchungen die weiterhin noch zu betrachtenden nichthomogenen Gruppen $G_{\frac{1}{2} n\chi(n)}$.

2) Wie in (11) S. 223 bezieht sich das Kongruenzzeichen natürlich auf die Koeffizienten der Substitution.

3) Nach der Begriffserklärung der Kongruenzgruppen n^{ter} Stufe gehören zu ihnen auch alle Kongruenzgruppen der Stufen, die Teiler von n sind.

sein. Die Kongruenz lautet ausführlich:

$$V^{-1} \cdot S \cdot V \equiv \begin{pmatrix} 1+\gamma\delta, & \delta^2 \\ -\gamma^2, & 1-\gamma\delta \end{pmatrix} \equiv \begin{pmatrix} 1, & \nu \\ 0, & 1 \end{pmatrix} \pmod{n}$$

und führt also zu den beiden Bedingungen $\gamma\delta \equiv 0$, $\gamma^2 \equiv 0 \pmod{n}$. Multipliziert man diese beiden Kongruenzen mit α und $-\beta$, so liefert ihre Addition $\gamma \equiv 0 \pmod{n}$, womit sie beide erfüllt sind. Die Zahl α kann jeden der $\varphi(n)$ gegen n teilerfremden Reste mod n bedeuten, β bleibt beliebig wählbar, und für δ gilt die Kongruenz $\delta \equiv \alpha^{-1} \pmod{n}$. *Alle so gewonnenen Substitutionen:*

(6) $$V \equiv \begin{pmatrix} \alpha, & \beta \\ 0, & \alpha^{-1} \end{pmatrix} \pmod{n}$$

bilden eine Untergruppe $G_{n\varphi(n)}$ der Ordnung $n\varphi(n)$ und also des Index $\psi(n)$[1]*, die als eine „metazyklische" Gruppe bezeichnet werden soll und in der die aus S erzeugte zyklische G_n als ausgezeichnete Untergruppe enthalten ist.* Im niedersten Falle $n = 2$ ist übrigens die $G_{n\varphi(n)}$ mit der G_n selbst gleich.

Wir zerlegen nun die Gesamtgruppe $G_{n\chi(n)}$ in die $\psi(n)$ der $G_{n\varphi(n)}$ entsprechenden Nebengruppen:

$$G_{n\chi(n)} = G_{n\varphi(n)} + G_{n\varphi(n)} \cdot U_1 + G_{n\varphi(n)} \cdot U_2 + \cdots + G_{n\varphi(n)} \cdot U_{\psi(n)-1}.$$

Die Substitutionen der einzelnen Nebengruppe transformieren G_n in eine und dieselbe mit G_n gleichberechtigte Gruppe. Man hat also höchstens $\psi(n)$ mit der G_n gleichberechtigte Gruppen:

$$G_n = U_0^{-1} \cdot G_n \cdot U_0, \quad G_n' = U_1^{-1} \cdot G_n \cdot U_1, \ldots, \quad G_n^{(\psi-1)} = U_{\psi-1}^{-1} \cdot G_n \cdot U_{\psi-1},$$

unter U_0 die identische Substitution verstanden. Diese $\psi(n)$ Gruppen sind aber durchweg verschieden. Wäre nämlich $U_k^{-1} \cdot G_n \cdot U_k = U_i^{-1} \cdot G_n \cdot U$ bei verschiedenen U_i, U_k, so würde $U_k \cdot U_i^{-1}$ die G_n in sich transformieren also in $G_{n\varphi(n)}$ enthalten sein. Dies ist aber nicht der Fall, da U_k sonst der Nebengruppe $G_n \cdot U_i$ angehören würde. *In der $G_{n\chi(n)}$ sind demnach $\psi(n)$ gleichberechtigte zyklische Untergruppen G_n der Ordnung n enthalten, von denen eine die aus S zu erzeugende G_n ist, und deren einzelne in einer metazyklischen Gruppe $G_{n\varphi(n)}$ als ausgezeichnete Untergruppe enthalten ist.*

Die symbolisch durch -1 zu bezeichnende Substitution $\begin{pmatrix} -1, & 0 \\ 0, & -1 \end{pmatrix}$ ist im Falle $n = 2$, aber auch nur in diesem Falle mit der identischen Substitution kongruent. Wir nehmen $n > 2$ und stellen fest, daß die Substitution -1 mit jeder Substitution der $G_{n\chi(n)}$ vertauschbar ist. Eine Untergruppe G_μ, die die Substitution -1 nicht enthält, wird demnach

1) $\psi(n)$ bedeutet die in (4) S. 220 erklärte, der Gleichung $\varphi(n) \cdot \psi(n) = \chi(n)$ genügende Anzahl.

durch Zusatz dieser Substitution zu einer $G_{2\mu}$ der Ordnung 2μ erweitert, in der die G_μ ausgezeichnet enthalten ist. So wird die aus der Substitution S zu erzeugende G_n durch Zusatz von -1 zu einer G_{2n} erweitert, die übrigens in der $G_{n\varphi(n)}$ der Substitutionen (6) enthalten ist. Soll $V \equiv \begin{pmatrix}\alpha, \beta\\ \gamma, \delta\end{pmatrix}$ diese G_{2n} in sich transformieren, so ist, da -1 durch V in sich transformiert wird, hierzu notwendig und hinreichend, daß $V^{-1} \cdot S \cdot V$ in der G_{2n} enthalten ist:

$$V^{-1} \cdot S \cdot V \equiv \begin{pmatrix} 1+\gamma\delta, & \delta^2 \\ -\gamma^2, & 1-\gamma\delta \end{pmatrix} \equiv \begin{pmatrix} \pm 1, & \nu \\ 0, & \pm 1 \end{pmatrix} \pmod n.$$

Gilt das obere Zeichen, so gehört V der $G_{n\varphi(n)}$ an. Das untere Zeichen kann aber, wie man durch Addition des ersten und vierten Koeffizienten von $V^{-1} \cdot S \cdot V$ findet, nur für $n = 4$ gelten. In diesem Falle kommen neben den acht Substitutionen (6) noch die acht inkongruenten Substitutionen mit $\gamma \equiv 2 \pmod 4$ für V zur Geltung, so daß hier die G_{2n} in einer $G_{2n\varphi(n)}$ ausgezeichnet enthalten ist. Wie oben findet man den Satz: *Für $n = 3$ und $n > 4$ hat man $\psi(n)$ gleichberechtigte G_{2n}, deren einzelne eine zyklische G_n als ausgezeichnete Untergruppe enthält, aus der sie durch Zusatz von -1 entsteht; für $n = 4$ hat man $\frac{1}{2}\psi(4) = 3$ solche G_8, deren einzelne zwei zyklische G_4 als ausgezeichnet enthält.*

Den Untergruppen G_n und G_{2n} entsprechen ebenso viele gleichberechtigte Kongruenzgruppen n^{ter} Stufe $\Gamma_{\chi(n)}$ und $\Gamma_{\frac{1}{2}\chi(n)}$ der Indizes $\chi(n)$ bzw. $\frac{1}{2}\chi(n)$. Zu diesen Gruppen gehören nun gerade die Teilwerte $\wp'_{\lambda\mu}$ und $\wp_{\lambda\mu}$. Die $\wp_{0\mu}$ und $\wp'_{0\mu}$ bleiben unverändert bei der Substitution S, die $\wp_{0\mu}$ auch gegenüber der Substitution -1. Umgekehrt folgt aus der Regel (7) S. 246, daß eine Substitution, die $\wp_{0\mu}$ in sich überführt, der $\Gamma_{\frac{1}{2}\chi(n)}$ angehört, und daß eine Substitution, die $\wp'_{0\mu}$ in sich transformiert, zur $\Gamma_{\chi(n)}$ gehört[1]; gemeint sind hierbei natürlich diejenigen Gruppen, welche zu den aus S und -1 bzw. aus S zu erzeugenden G_{2n} und G_n gehören. Nun gehen alle eigentlich zur Stufe n gehörenden Teilwerte $\wp_{\lambda\mu}$, $\wp'_{\lambda\mu}$ aus den $\wp_{01}$, $\wp'_{01}$ durch Transformationen der $\Gamma^{(\omega)}$ hervor; die $\wp_{\lambda\mu}$ (und ebenso die $\wp'_{\lambda\mu}$) heißen dieserhalb „gleichberechtigt" (vgl. S. 7). Hieraus ergibt sich der Satz: *Die $\frac{1}{2}\chi(n) = \frac{1}{2}\varphi(n)\psi(n)$ Teilwerte $\wp_{\lambda\mu}$ gehören in Systemen zu je $\frac{1}{2}\varphi(n)$ den $\psi(n)$ gleichberechtigten Kongruenzgruppen $\Gamma_{\frac{1}{2}\chi(n)}$ an, indem sie bei den Substitutionen der betreffenden $\Gamma_{\frac{1}{2}\chi(n)}$ und nur bei*

1) Bei den eigentlich zur Stufe n gehörenden $\wp_{0\mu}$, $\wp'_{0\mu}$, um die es sich hier allein handelt, ist μ teilerfremd gegen n.

ihnen unverändert bleiben[1]); *ebenso gehören die* $\chi(n)$ *Teilwerte* $\wp'_{\lambda\mu}$ *zu je* $\varphi(n)$ *den* $\psi(n)$ *gleichberechtigten Kongruenzgruppen* $\Gamma_{\chi(n)}$ *an.*

Ein paar weitere später zur Benutzung kommende Ausführungen über Kongruenzgruppen mögen sich gleich hier anschließen. Die Kongruenz zweiten Grades $\mu^2 \equiv 1 \pmod n$ ist bekanntlich stets lösbar.[2]) Die Anzahl σ ihrer mod n inkongruenten Lösungen ist gleich 1 für $n = 2$; weiter ist $\sigma = 2$, wenn n die Potenz einer ungeraden Primzahl oder das Doppelte einer solchen Potenz ist oder $n = 4$ gilt; in allen übrigen Fällen ist σ durch 4 teilbar. Nennen wir die Lösungen jener Kongruenz $\mu_1, \mu_2, \ldots, \mu_\sigma$, so bilden die σ Substitutionen $\begin{pmatrix}\mu_1, & 0\\ 0, & \mu_1\end{pmatrix}, \begin{pmatrix}\mu_2, & 0\\ 0, & \mu_2\end{pmatrix}, \ldots, \begin{pmatrix}\mu_\sigma, & 0\\ 0, & \mu_\sigma\end{pmatrix}$ *eine ausgezeichnete* G_σ *in der* $G_{n\chi(n)}$; denn $\begin{pmatrix}\mu, & 0\\ 0, & \mu\end{pmatrix}$ ist mit jeder Substitution der $G_{n\chi(n)}$ vertauschbar. In den Fällen mit $\sigma = 2$ besteht die G_σ aus den beiden Substitutionen 1 und -1; in den Fällen mit $\sigma \geqq 4$ bilden diese beiden Substitutionen *eine in der* $G_{n\chi(n)}$ *ausgezeichnet enthaltene Untergruppe* G_2 der G_σ.

Zur G_2 gehört eine „Quotientengruppe" $G_{n\chi(n)}/G_2 = G_{\frac{1}{2}n\chi(n)}$, auf welche sich die $G_{n\chi(n)}$ reduziert, wenn wir je zwei Substitutionen $\begin{pmatrix}\alpha, & \beta\\ \gamma, & \delta\end{pmatrix}$ und $\begin{pmatrix}-\alpha, & -\beta\\ -\gamma, & -\delta\end{pmatrix}$ als nicht verschieden ansehen. Dies ist der Standpunkt der *nicht-homogenen Modulgruppe* $\Gamma^{(\omega)}$, wie in I, 280ff. näher erörtert ist. Man kann auch sagen, *daß sich die nicht-homogene Modulgruppe* Γ *mod* n *auf eine Gruppe der endlichen Ordnung* $\frac{1}{2}n\chi(n)$ *reduziert, die mit der obigen* $G_{\frac{1}{2}n\chi(n)}$ *isomorph ist.* Die Zerlegung dieser $G_{\frac{1}{2}n\chi(n)}$ in ihre Untergruppen liefert dann wie oben die gesamten Kongruenzgruppen n^{ter} Stufe in der nicht-homogenen Modulgruppe. Insbesondere entspricht der Untergruppe G_1 die „Hauptkongruenzgruppe n^{ter} Stufe" $\Gamma_{\frac{1}{2}n\chi(n)}$ des Index $\frac{1}{2}n\chi(n)$. Die zyklischen Gruppen G_n erfahren keine Reduktion der Ordnung bei Fortgang zu den nicht-homogenen Substitutionen. Dagegen reduzieren sich die metazyklischen Gruppen auf Untergruppen $G_{\frac{1}{2}n\varphi(n)}$ der Ordnung $\frac{1}{2}n\varphi(n)$, da in der einzelnen homogenen $G_{n\varphi(n)}$ die Substitution -1 enthalten ist und also ihre Substitutionen paarweise durch Zeichenwechsel der vier Koeffizienten ineinander übergehen. Da die einzelne G_n nach wie vor durch die Substitutionen der zugehörigen $G_{\frac{1}{2}n\varphi(n)}$ und durch

---

1) Nur für $n = 4$ gehören die $\frac{1}{2}\chi(n) = 6$ Teilwerte $\wp_{\lambda\mu}$ zu je $\varphi(n) = 2$ den $\frac{1}{2}\psi(n) = 3$ Gruppen $\Gamma_{\frac{1}{2}\chi(n)} = \Gamma_6$ an.

2) S. etwa Dirichlet-Dedekind, „Vorles. über Zahlentheorie", S. 88 der vierten Auflage.

keine anderen in sich transformiert wird, *so haben wir in der* $G_{\frac{1}{2}n\chi(n)}$ *wieder* $\psi(n)$ *gleichberechtigte zyklische* G_n *der Ordnung* n, von denen eine die aus S zu erzeugende Gruppe ist.

Allgemein entspricht der ausgezeichneten G_σ eine Quotientengruppe $G_{n\chi(n)}/G_\sigma = G_{\frac{n}{\sigma}\chi(n)}$ der Ordnung $\frac{n}{\sigma}\chi(n)$, während ihr andrerseits eine ausgezeichnete Kongruenzgruppe $\Gamma_{\frac{n}{\sigma}\chi(n)}$ des Index $\frac{n}{\sigma}\chi(n)$ in der nichthomogenen Modulgruppe zugehört. Diese Gruppen kommen in der Theorie der Modulargleichungen zur Verwendung.

§ 3. Die Galoisschen Resolventen der speziellen Teilungsgleichungen.

Die in den Teilen II und III der Einleitung entwickelte Galoissche Gleichungstheorie soll jetzt auf die spezielle Teilungsgleichung (8) S. 247 in Anwendung gebracht werden. Falls man diese Gleichung den S. 65 eingeführten Gleichungen genau anpassen will, so hat man etwa an Stelle der $\wp_{\lambda\mu}$ die Größen nullter Dimension:

$$(1)\qquad \frac{g_2 g_3 \wp_{\lambda\mu}}{\Delta}$$

benutzen. Sie genügen einer Gleichung, die aus der Gleichung (8) S. 247 durch die Substitution:

$$z = \frac{\Delta}{g_2 g_3} z_0$$

hervorgeht. Diese „auf die nullte Dimension reduzierte" spezielle Teilungsgleichung hat, wie man mit Hilfe von (16) in I, 124 zeigt, die Gestalt:

$$(2)\qquad z_0^{\frac{1}{2}\chi(n)} + \alpha_1' J(J-1) z_0^{\frac{1}{2}\chi(n)-2} + \alpha_2' J(J-1)^2 z_0^{\frac{1}{2}\chi(n)-3} + \cdots = 0,$$

wo der Koeffizient von $z_0^{\frac{1}{2}\chi(n)-k}$ eine ganze Funktion k^{ten} Grades von J mit rationalen Zahlenkoeffizienten ist. Den Koeffizienten dieser Gleichung entsprechend hat man den Körper $\mathfrak{R}_J$ der rationalen Funktionen von J mit rationalen Zahlenkoeffizienten als gegeben anzusehen, der dann an Stelle des S. 65ff. durch $\mathfrak{K}_x$ bezeichneten Körpers tritt. Nach dem Satze von S. 248 ist die Gleichung (2) in diesem Körper $\mathfrak{R}_J$ irreduzibel und würde auch nach Adjunktion irgendwelcher „numerischer" Irrationalitäten irreduzibel bleiben. Zur Erleichterung der Schlußweise werden wir in der Tat gelegentlich von der Gleichung (2) Gebrauch machen. Doch legen wir zunächst die Gleichung (8) S. 247 direkt zugrunde; vom Körper $\mathfrak{K} = (\mathfrak{R}, g_2, g_3)$ kommen dann natürlich nur Größen, die in ω_1, ω_2 homogen sind, d. h. „Modulformen", zur Benutzung.

Wir bilden nun durch Adjunktion der $\frac{1}{2}\chi(n)$ Teilwerte $\wp_{\lambda\mu}$ den zur Gleichung (8) S. 247 gehörenden Galoisschen Körper:

$$(3) \qquad (\mathfrak{K}, \ldots, \wp_{\lambda\mu}, \ldots) = (\mathfrak{R}, g_2, g_3, \ldots, \wp_{\lambda\mu}, \ldots).$$

Nach S. 70 kann dieser Körper auch durch Adjunktion einer einzigen Größe hergestellt werden, die man mit Hilfe zweckmäßig gewählter rationaler ganzer Zahlen c aus den $\wp_{\lambda\mu}$ in der Gestalt:

$$(4) \qquad p_1(\omega_1, \omega_2) = \sum_{\lambda,\mu} c_{\lambda\mu}\wp_{\lambda\mu}$$

bilden kann. Diese Größe ist eine Modulform n^{ter} Stufe der Dimension -2; die Bedeutung des Index 1 wird unten erklärt werden.

Die $\wp_{\lambda\mu}$ als Größen des Körpers (3) sind in p_1 rational mit Koeffizienten des Körpers $\mathfrak{K}$ darstellbar:

$$(5) \qquad \wp_{\lambda\mu} = R_{\lambda\mu}(p_1).$$

Hieraus folgt leicht, daß zur Modulform $p_1(\omega_1, \omega_2)$ diejenige ausgezeichnete Kongruenzgruppe n^{ter} Stufe $\Gamma_{\frac{1}{2}n\chi(n)}$ gehört, deren Substitutionen mod n mit 1 oder -1 kongruent sind, d. h. daß diese und nur diese Substitutionen der $\Gamma^{(\omega)}$ die Form $p_1(\omega_1, \omega_2)$ in sich transformieren. Daß nämlich p_1 gegenüber diesen Substitutionen invariant ist, geht aus (4) hervor. Jede Substitution, die p_1 in sich transformiert, wird aber auch zufolge (5) z. B. die beiden Formen $\wp_{01}$ und $\wp_{10}$ zugleich in sich überführen, ist also zugleich mit einer Substitution $\begin{pmatrix}\pm 1, & \beta\\ 0, & \pm 1\end{pmatrix}$, als auch einer Substitution $\begin{pmatrix}\pm 1, & 0\\ \gamma, & \pm 1\end{pmatrix}$ mod n kongruent, d. h. sie ist $\equiv \pm 1$.

Durch die Substitutionen der $\Gamma^{(\omega)}$ wird hiernach $p_1(\omega_1, \omega_2)$ im ganzen in $\frac{1}{2}n\chi(n)$ verschiedene Modulformen transformiert, deren symmetrische Grundfunktionen ganze Modulformen erster Stufe sind. Zur Darstellung dieser Modulformen als rationaler ganzer Funktionen von g_2, g_3 bedienen wir uns der Methode von S. 248ff. Wir entnehmen zunächst aus (2) S. 244 eine Potenzreihe für p_1:

$$(6) \quad p_1(\omega_1, \omega_2) = \left(\frac{2\pi}{\omega_2}\right)^2 \left(B_0 + B_1(\varepsilon)q^{\frac{2}{n}} + B_2(\varepsilon)q^{\frac{4}{n}} + B_3(\varepsilon)q^{\frac{6}{n}} + \cdots\right),$$

wo B_0 eine rationale Zahl des Nenners 12 ist und die $B_1(\varepsilon)$, $B_2(\varepsilon)$, ... Zahlen (und zwar ganze Zahlen) des zum n^{ten} Teilungsgrade gehörenden Kreisteilungskörpers $(\mathfrak{R}, \varepsilon)$ sind, der ein Körper des Grades $\varphi(n)$ ist. Eine entsprechende Darstellung gestattet jede der $\frac{1}{2}n\chi(n)$ mit p_1 gleichberechtigten Formen, und also wird auch die ν^{te} symmetrische Grundfunktion dieser Formen, abgesehen vom Faktor $\left(\frac{2\pi}{\omega_2}\right)^{2\nu}$, als Entwicklungskoeffizienten der Potenzreihe Zahlen des Kreisteilungskörpers haben. Die

Methode von S. 248 zeigt daraufhin, daß auch die numerischen Koeffizienten in den Darstellungen der fraglichen symmetrischen Grundfunktionen durch g_2, g_3 Zahlen von $(\mathfrak{R}, \varepsilon)$ sind. Man gelangt auf diese Weise zu dem Satze: *Die $\frac{1}{2}n\chi(n)$ mit p_1 gleichberechtigten Formen sind die Lösungen einer Gleichung:*

$$(7)\quad Z^{\frac{1}{2}n\chi(n)} + \beta_{11}g_2 Z^{\frac{1}{2}n\chi(n)-2} + \beta_{12}g_3 Z^{\frac{1}{2}n\chi(n)-3} + \beta_{13}g_2^2 Z^{\frac{1}{2}n\chi(n)-4} + \cdots = 0,$$

deren Koeffizienten dem Körper $(\mathfrak{R}, g_2, g_3, \varepsilon)$ angehören; die Gleichung ist in diesem Körper irreduzibel und würde auch bei Adjunktion sonstiger „numerischer" Irrationalitäten irreduzibel bleiben. Den letzten Teil des Satzes beweist man genau so wie S. 247 die Irreduzibilität der speziellen Teilungsgleichung.

Ersetzt man in der Potenzreihe (2) S. 244 von $\wp_{\lambda\mu}$ die Einheitswurzel ε durch irgendeine der $\varphi(n)$ primitiven Einheitswurzeln $\varepsilon^{\varkappa}$, so gelangt man zur Reihenentwicklung für $\wp_{\lambda,\varkappa\mu}$. Wir erklären nun im Anschluß an (4) die $\varphi(n)$ Modulformen $p_{\varkappa}(\omega_1, \omega_2)$ durch:

$$(8)\qquad p_{\varkappa}(\omega_1, \omega_2) = \sum_{\lambda,\mu} c_{\lambda\mu}\wp_{\lambda,\varkappa\mu},$$

wo $\varkappa$ die $\varphi(n)$ gegen n teilerfremden Reste mod n durchläuft. Da die $c_{\lambda\mu}$ rational sind, so folgt aus (6) als Reihenentwicklung von $p_{\varkappa}(\omega_1, \omega_2)$:

$$(9)\quad p_{\varkappa}(\omega_1, \omega_2) = \left(\frac{2\pi}{\omega_2}\right)^2 \left(B_0 + B_1(\varepsilon^{\varkappa})q^{\frac{2}{n}} + B_2(\varepsilon^{\varkappa})q^{\frac{4}{n}} + B_3(\varepsilon^{\varkappa})q^{\frac{6}{n}} + \cdots\right).$$

Die Gleichung (5) besteht in ω_1, ω_2 oder, wenn man die rechte und linke Seite nach Potenzen von q entwickelt denkt, in ω_2 und q identisch, so daß die Koeffizienten gleich hoher Potenzen rechts und links gleich sind. Diese Koeffizienten sind Zahlen aus $(\mathfrak{R}, \varepsilon)$[1]; je zwei einander gleiche Koeffizienten rechts und links bleiben demnach gleich, falls man ε durch irgendeine primitive Wurzel $\varepsilon^{\varkappa}$ ersetzt. Da die Koeffizienten von $R_{\lambda\mu}$ dem Körper $(\mathfrak{R}, g_2, g_3)$ angehören, also bei jenem Ersatz unverändert bleiben, so bleibt die Gleichung (5) richtig, falls man p_1 durch $p_{\varkappa}$ und $\wp_{\lambda\mu}$ durch $\wp_{\lambda\varkappa\mu}$ ersetzt. Wir haben also $\varphi(n)$ Systeme zu je $\frac{1}{2}n\chi(n)$ Gleichungen:

$$(10)\qquad \wp_{\lambda,\varkappa\mu} = R_{\lambda,\mu}(p_{\varkappa}).$$

Für das einzelne $\varkappa$ und die $\frac{1}{2}\chi(n)$ Paare λ, μ haben wir auch in $\wp_{\lambda,\varkappa\mu}$ alle eigentlich zur n^{ten} Stufe gehörenden $\wp$-Teilwerte. Die $\frac{1}{2}\chi(n)$ auf dieses $\varkappa$ bezogenen Gleichungen (10) zeigen demnach, *daß nicht nur p_1, sondern jede der $\varphi(n)$ Größen $p_{\varkappa}$ benutzt werden kann, um durch ihre Adjunktion den Galoisschen Körper* (3) *zu gewinnen.* Indem wir die zur

---

1) Natürlich wieder abgesehen vom gemeinsamen Faktor $\left(\frac{2\pi}{\omega_2}\right)^2$.

Gleichung (7) führende Überlegung auf $p_\varkappa$ anwenden, ergibt sich, daß diese Form und die mit ihr gleichberechtigten die Wurzeln einer Gleichung sind:

$$(11)\quad Z^{\frac{1}{2}n\chi(n)} + \beta_{\varkappa 1} g_2 Z^{\frac{1}{2}n\chi(n)-2} + \beta_{\varkappa 2} g_3 Z^{\frac{1}{2}n\chi(n)-3} + \beta_{\varkappa 3} g_2^2 Z^{\frac{1}{2}n\chi(n)-4} + \cdots = 0,$$

welche alle oben von der Gleichung (7) ausgesagten Eigenschaften besitzt. Nun wird die Gleichung (7) für $Z = p_1$ nach Eintragung der Reihenentwicklungen wieder zu einer in ω_2 und q identisch bestehenden. Sie bleibt demnach auch gültig, wenn wir in ihr überall, d. h. auch in den Koeffizienten $\beta_{11}, \beta_{12}, \ldots$ die Einheitswurzel ε durch $\varepsilon^\varkappa$ ersetzen. Es genügt demnach $p_\varkappa$ einer Gleichung des Grades $\frac{1}{2}n\chi(n)$, die aus (7) hervorgeht, indem man in den Koeffizienten $\beta_{11}, \beta_{12}, \ldots$ die Einheitswurzel ε durch $\varepsilon^\varkappa$ ersetzt. Die so zu gewinnende Gleichung muß aber direkt die Gleichung (11) sein, wie sich aus der Irreduzibilität dieser Gleichung ergibt. *Die* $\frac{1}{2}n\chi(n)$ *mit* $p_\varkappa$ *gleichberechtigten Formen genügen der im Körper* $(\mathfrak{R}, g_2, g_3, \varepsilon)$ *irreduzibelen Gleichung* (11), *in der die* $\beta_{\varkappa 1}, \beta_{\varkappa 2}, \beta_{\varkappa 3}, \ldots$ *diejenigen Zahlen des Kreisteilungskörpers* $(\mathfrak{R}, \varepsilon)$ *sind, die aus den numerischen Koeffizienten* $\beta_{11}, \beta_{12}, \beta_{13}, \ldots$ *der Gleichung* (7) *durch den Ersatz von* ε *durch* $\varepsilon^\varkappa$ *hervorgehen.*

Es ist nun zu entscheiden, ob die $\varphi(n)$ Gleichungen (11) alle verschieden sind oder nicht. Zu diesem Zwecke wird folgende Hilfsbetrachtung vorausgeschickt, bei der wir den niedersten Fall $n = 2$ als elementar ausschließen. Wir üben auf das Formentripel $\wp_{01}, \wp_{11}, \wp_{21}$ zunächst die $\frac{1}{2}n\chi(n)$ bezüglich der $\Gamma_{\frac{1}{2}n\chi(n)}$ zu unterscheidenden Substitutionen aus und erzeugen auf diese Art die $\frac{1}{2}n\chi(n)$ verschiedenen „gleichberechtigten Tripel“:

$$(12)\qquad \wp_{\gamma\delta}, \quad \wp_{\alpha+\gamma, \beta+\delta}, \quad \wp_{2\alpha+\gamma, 2\beta+\delta}.$$

Ersetzen wir andrerseits in den Potenzreihen des ersten Tripels die Einheitswurzel ε durch die $\varphi(n)$ primitiven Einheitswurzeln $\varepsilon^\varkappa$, so erhalten wir die $\varphi(n)$ Tripel:

$$(13)\qquad \wp_{0\varkappa}, \quad \wp_{1\varkappa}, \quad \wp_{2\varkappa},$$

die wir als $\varphi(n)$ „konjugierte“ Tripel bezeichnen wollen. Abgesehen davon, daß $\wp_{01}, \wp_{11}, \wp_{21}$ sowohl unter (12) als unter (13) auftritt, kommt keines der gleichberechtigten Tripel (12) zugleich unter den konjugierten Tripeln vor. Aus dem gleichzeitigen Bestehen der drei Gleichungen:

$$(14)\qquad \wp_{\gamma\delta} = \wp_{0\varkappa}, \quad \wp_{\alpha+\gamma, \beta+\delta} = \wp_{1\varkappa}, \quad \wp_{2\alpha+\gamma, 2\beta+\delta} = \wp_{2\varkappa}$$

folgt nämlich zunächst $\gamma \equiv 0$ auf Grund der ersten Gleichung, sowie dann weiter $\alpha \equiv \pm 1$ auf Grund der zweiten. Da ein gleichzeitiger Zeichenwechsel von $\alpha, \beta, \gamma, \delta$ vorgenommen werden kann, so soll $\alpha \equiv 1$ und damit $\delta \equiv 1$ (wegen $\gamma \equiv 0$) gesetzt werden. Die zweite und dritte Gleichung (14) lauten nun $\wp_{1,\beta+1} = \wp_{1,\varkappa}$, $\wp_{2,2\beta+1} = \wp_{2,\varkappa}$ und führen auf $\varkappa \equiv \beta + 1 \equiv 2\beta + 1$ und damit auf $\beta \equiv 0$, $\varkappa \equiv 1$, womit die behauptete Verschiedenheit der Tripel (12) und (13) bewiesen ist.

Man bilde nun alle Tripel von Differenzen:

$$(15) \qquad \wp_{\gamma\delta} - \wp_{0\varkappa}, \quad \wp_{\alpha+\gamma,\beta+\delta} - \wp_{1\varkappa}, \quad \wp_{2\alpha+\gamma,2\beta+\delta} - \wp_{2\varkappa},$$

indem man nur davon absieht, das sowohl unter (12) als (13) auftretende Tripel $\wp_{01}, \wp_{11}, \wp_{21}$ mit sich selbst zur Subtraktion zu bringen. Man hat dann eine begrenzte Anzahl von Tripeln (15), von denen nach dem eben bewiesenen Satze keines aus drei mit 0 identischen Differenzen besteht. Wie S. 36 und S. 69 kann man hieraus den Schluß ziehen, daß man drei rationale ganze Zahlen a, b, c so wählen kann, daß von allen, den Tripeln (15) entsprechenden Formen:

$$a(\wp_{\gamma\delta} - \wp_{0\varkappa}) + b(\wp_{\alpha+\gamma,\beta+\delta} - \wp_{1k}) + c(\wp_{2\alpha+\gamma,2\beta+\delta} - \wp_{2\varkappa})$$

keine einzige identisch verschwindet. Demnach ist von allen $\frac{1}{2}n\chi(n)$ mit $(a\wp_{01} + b\wp_{11} + c\wp_{21})$ „gleichberechtigten" Formen keine einzige mit einer der „konjugierten" Formen $(a\wp_{0\varkappa} + b\wp_{1\varkappa} + c\wp_{2\varkappa})$ mit $\varkappa \not\equiv 1 \pmod{n}$ identisch.

Nun ist aber $(a\wp_{01} + b\wp_{11} + c\wp_{21})$, als im Galoisschen Körper (3) enthalten, in der Gestalt:

$$(16) \qquad a\wp_{01} + b\wp_{11} + c\wp_{21} = R(p_1)$$

mit Koeffizienten des Körpers $(\mathfrak{R}, g_2, g_3)$ darstellbar. Hieraus schließt man wie oben für die konjugierten Formen auf Darstellungen:

$$(17) \qquad a\wp_{0\varkappa} + b\wp_{1\varkappa} + c\wp_{2\varkappa} = R(p_\varkappa).$$

Wäre nun die $\varkappa^{\text{te}}$ Gleichung (11) mit $\varkappa \not\equiv 1$ identisch mit der Gleichung (7), so würde $p_\varkappa$ zu den mit p_1 „gleichberechtigten" Formen gehören und also die Form (17) unter den mit (16) gleichberechtigten Formen auftreten. Dies aber trifft, wie wir wissen, nicht zu. Es ist also keine der Gleichungen (11) mit $k \not\equiv 1$ identisch mit der Gleichung (7). Da es uns nun unbenommen bleibt, irgendeine der $\varphi(n)$ Formen $p_\varkappa$ als Form p_1 an die Spitze der Entwicklung zu stellen, so ist die wichtige Tatsache erkannt, *daß die $\varphi(n)$ Gleichungen* (11) *durchweg voneinander verschieden sind.*

Zur Erleichterung der nächsten Überlegung passen wir die vorliegenden Voraussetzungen dadurch etwas besser an die allgemeinen Sätze der Einleitung über die Galoissche Gleichungstheorie an, daß wir mit den in (1) gegebenen Teilwerten nullter Dimension arbeiten. Die entsprechend an Stelle der $p_\varkappa$ tretenden Größen $\frac{g_2 g_3 p_\varkappa}{\Delta}$ genügen $\varphi(n)$ „konjugierten"

Gleichungen:

$$(18)\quad Z_0^{\frac{1}{2}n\chi(n)} + \beta'_{\varkappa 1} J(J-1) Z_0^{\frac{1}{2}n\chi(n)-2} + \beta'_{\varkappa 2} J(J-1)^2 Z_0^{\frac{1}{2}n\chi(n)-3} + \cdots = 0$$

mit Koeffizienten des Körpers $(\mathfrak{R}_J, \varepsilon)$, der durch Adjunktion von ε zu $\mathfrak{R}_J$ entsteht und einen in bezug auf $\mathfrak{R}_J$ algebraischen Körper $\varphi(n)^{\text{ten}}$ Grades darstellt. Wir nennen die Koeffizienten der Gleichung (18) kurz $A_{\varkappa 1}, A_{\varkappa 2}, A_{\varkappa 3}, \ldots$ und stellen fest, daß die Differenzen:

$$A_{\varkappa 1} - A_{\varkappa' 1}, \quad A_{\varkappa 2} - A_{\varkappa' 2}, \ldots$$

für irgend zwei verschiedene Indizes $\varkappa, \varkappa'$ ein System nicht durchweg identisch verschwindender Funktionen von $(\mathfrak{R}_J, \varepsilon)$ darstellen, da die $\varphi(n)$ Gleichungen durchweg verschieden sind. Man kann demnach ein System rationaler ganzer Zahlen $\alpha_1, \alpha_2, \ldots$ so wählen, daß

$$\alpha_1(A_{\varkappa 1} - A_{\varkappa' 1}) + \alpha_2(A_{\varkappa 2} - A_{\varkappa' 2}) + \cdots$$

für keine Kombination zweier verschiedener $\varkappa, \varkappa'$ identisch verschwindet Hieraus aber folgt, daß:

$$\theta = \alpha_1 A_{\varkappa 1} + \alpha_2 A_{\varkappa 2} + \alpha_3 A_{\varkappa 3} + \cdots$$

eine „primitive" Funktion des Körpers $(\mathfrak{R}_J, \varepsilon)$ ist, und daß demnach dieser Körper auch durch Adjunktion von θ zu $\mathfrak{R}_J$ gewonnen werden kann. Nun gehören die $A_{\varkappa 1}, A_{\varkappa 2}, \ldots$ als Koeffizienten der Gleichung (18) dem Galoisschen Körper (3) an. Im gleichen Körper ist also, da die $\alpha_1, \alpha_2, \ldots$ rationale ganze Zahlen sind, auch θ und damit der Körper $(\mathfrak{R}_J, \theta) = (\mathfrak{R}_J, \varepsilon)$ enthalten. Hiermit ist die grundlegende Tatsache bewiesen, *daß die Einheitswurzel n^{ten} Grades ε eine natürliche Irrationalität der speziellen Teilungsgleichung des n^{ten} Teilungsgrades ist* (vgl. oben S. 233).

Die Frage nach der Galoisschen Resolvente der speziellen Teilungsgleichung ist jetzt unmittelbar zu beantworten. *Durch Multiplikation der $\varphi(n)$ Gleichungen* (11) *entsteht eine im Körper $(\mathfrak{R}, g_2, g_3)$ irreduzibele Gleichung des Grades $\frac{1}{2}n\chi(n)\varphi(n)$, welche die Galoissche Resolvente der speziellen Teilungsgleichung, bezogen auf den durch die Koeffizienten dieser Gleichung gegebenen Körper $\mathfrak{K} = (\mathfrak{R}, g_2, g_3)$ ist.* Weiter aber ergibt sich sofort: *Nach Adjunktion der natürlichen Irrationalität ε wird die Galoissche Resolvente im Körper $(\mathfrak{K}, \varepsilon) = (\mathfrak{R}, g_2, g_3, \varepsilon)$ reduzibel und zerfällt in die $\varphi(n)$ nunmehr irreduzibelen Gleichungen* (11), *die auch bei Adjunktion irgendwelcher sonstiger numerischer Irrationalitäten irreduzibel bleiben.*

Die „Galoissche Gruppe" der speziellen Teilungsgleichung ist hiernach eine $G_{\frac{1}{2}n\chi(n)\varphi(n)}$ der Ordnung $\frac{1}{2}n\chi(n)\varphi(n)$, die eine Gruppe $G_{\frac{1}{2}n\chi(n)}$ der Ordnung $\frac{1}{2}n\chi(n)$, die „Monodromiegruppe" unserer Gleichung, als ausgezeichnete Untergruppe besitzt. Als zugehörige „Quotientengruppe": $$G_{\frac{1}{2}n\chi(n)\varphi(n)}\Big/G_{\frac{1}{2}n\chi(n)}=G_{\varphi(n)}$$

aber ergibt sich die Gruppe der Kreisteilungsgleichung des n^{ten} Teilungsgrades. Bei Benutzung der Gleichung (2) würde sich die Monodromiegruppe auf die Umläufe von J in seiner Ebene beziehen (S. 76). Nach den Darlegungen in I, 299 ff. erzielen wir diese Umläufe durch Ausübung der Substitutionen der Modulgruppe auf ω bzw. ω_1, ω_2. *Als Permutationsgruppe der Wurzeln $\wp_{\lambda\mu}$ der speziellen Teilungsgleichung ist demnach die Monodromiegruppe durch die $\frac{1}{2}n\chi(n)$ inkongruenten Substitutionen* (7) *S. 246 gegeben, wobei zwei Substitutionen, die durch gleichzeitigen Zeichenwechsel der vier Koeffizienten ineinander übergehen, als nicht verschieden gelten.* Natürlich ist dies so zu verstehen, daß man sich die $\frac{1}{2}\chi(n)$ Wurzeln unserer Gleichung in eine Reihe geschrieben denkt und dann nacheinander die $\frac{1}{2}n\chi(n)$ Substitutionen (7) S. 246 auf die Indizes λ, μ ausübt, wodurch die Permutationen der $\wp_{\lambda\mu}$ hergestellt werden. Übrigens können wir nach S. 246 den Satz aussprechen, *daß die Monodromiegruppe der speziellen Teilungsgleichung isomorph mit der $G_{\frac{1}{2}n\chi(n)}$ ist, auf die sich die nicht-homogene Modulgruppe* mod n *reduziert.*

Um zur Galoisschen Gruppe zu gelangen, haben wir ε der Reihe nach durch alle $\varphi(n)$ primitiven Einheitswurzeln n^{ten} Grades zu ersetzen. Dieser Ersatz bewirkt auf die Indizes λ, μ der Teilwerte $\wp_{\lambda\mu}$ die Substitution:

(19) $$\lambda'\equiv\lambda,\quad \mu'\equiv\varkappa\mu \pmod n,$$

wo $\varkappa$ alle $\varphi(n)$ inkongruenten gegen n teilerfremden Reste mod n zu durchlaufen hat. Kombinieren wir die Substitutionen (19) mit den $\frac{1}{2}n\chi(n)$ Substitutionen (7) S. 246, so gelangen wir zur Galoisschen $G_{\frac{1}{2}n\chi(n)\varphi(n)}$:

Die Galoissche Gruppe $G_{\frac{1}{2}n\chi(n)\varphi(n)}$ der speziellen Teilungsgleichung wird als Permutationsgruppe der $\wp_{\lambda\mu}$ durch die $\frac{1}{2}n\chi(n)\varphi(n)$ inkongruenten Substitutionen:

(20) $$\lambda'\equiv\alpha\lambda+\gamma\mu,\quad \mu'\equiv\beta\lambda+\delta\mu \pmod n$$

erzielt, deren Determinanten $(\alpha\delta-\beta\gamma)$ alle gegen n teilerfremden inkongruenten Reste $\varkappa$ sind, und bei denen zwei durch gleichzeitigen Zeichenwechsel der Koeffizienten ineinander überführbare Substitutionen als nicht verschieden gelten.

§ 4. Lösung der speziellen Teilungsgleichung.

Es ist jetzt möglich, über den Prozeß der Berechnung der Teilwerte $\wp_{\lambda\mu}$ durch Auflösung der speziellen Teilungsgleichung endgültige Angaben zu machen. Ist $n=n_1\cdot n_2$ das Produkt zweier teilerfremder Zahlen n_1, n_2, so kann zunächst die Berechnung der Teilwerte des Grades n auf die der Grade n_1, n_2 zurückgeführt werden. Wir verstehen unter λ_1, λ_2 zwei ganze Zahlen, die die Gleichung $\lambda_1 n_2 + \lambda_2 n_1 = 1$ befriedigen, setzen:

$$(1) \qquad \wp\left(\frac{\omega_i}{n_1 n_2}\right) = \wp\left(\frac{\lambda_1 \omega_i}{n_1} + \frac{\lambda_2 \omega_i}{n_2}\right), \quad \wp'\left(\frac{\omega_i}{n_1 n_2}\right) = \wp'\left(\frac{\lambda_1 \omega_i}{n_1} + \frac{\lambda_2 \omega_i}{n_2}\right), \quad i=1,2$$

und entwickeln die rechten Seiten dieser Gleichungen nach dem Additionstheorem. Aus den Teilwerten $\wp\left(\frac{\lambda_1 \omega_i}{n_1}\right)$, $\wp\left(\frac{\lambda_2 \omega_i}{n_2}\right)$ und den durch Quadratwurzeln zu berechnenden zugehörigen Teilwerten der $\wp'$-Funktion berechnen wir uns also die Teilwerte (1) und aus ihnen weiter auf Grund der Additionssätze die übrigen Teilwerte des Grades $n = n_1 \cdot n_2$. *Auf diese Weise wird die Berechnung der Teilwerte irgendwelcher Grade mit Hilfe von Quadratwurzeln und rationalen Rechnungen auf die Berechnung der Teilwerte solcher Grade n zurückgeführt, die Primzahlpotenzen $= p^\nu$ sind*

In der zu $n = p^\nu$ gehörenden Monodromiegruppe haben wir nun für $\nu > 1$ oben (S. 251) eine ausgezeichnete Untergruppe gefunden, deren zugehörige Quotientengruppe eine Abelsche Gruppe G_{p^3} der Ordnung p^3 ist. Dem entspricht folgende einfache algebraische Tatsache: Nach dem Satze von S. 234 berechnet man aus $\wp\left(\frac{\omega_1}{p^{\nu-1}}\right)$, $\wp'\left(\frac{\omega_1}{p^{\nu-1}}\right)$ durch Lösung der „allgemeinen" Teilungsgleichung für den p^{ten} Teilungsgrad die Teilwerte $\wp\left(\frac{\omega_1}{p^\nu}\right)$, $\wp'\left(\frac{\omega_1}{p^\nu}\right)$, was nach Adjunktion der p^{ten} Einheitswurzel ε an irrationalen Operationen das Ausziehen zweier Wurzeln p^{ten} Grades erfordert. Mittelst zweier weiteren Wurzeln p^{ten} Grades bestimmt man entsprechend $\wp\left(\frac{\omega_2}{p^\nu}\right)$, $\wp'\left(\frac{\omega_2}{p^\nu}\right)$, womit dann alle weiteren Teilwerte des Teilungsgrades p^ν rational bekannt sind. Eine der vier Wurzeln p^{ten} Grades muß freilich überflüssig sein. Jedenfalls aber besteht der Satz, *daß, falls die Teilwerte der primzahligen Teilungsgrade p bekannt sind, die Teilwerte aller weiteren Grade allein durch rationale Rechnungen und Wurzelziehungen berechenbar sind.*

Wir haben demnach unsere Aufmerksamkeit allein noch auf die Primzahlgrade $n = p$ zu richten und betrachten nunmehr nach Adjunktion der p^{ten} Einheitswurzel ε die Monodromiegruppe $G_{\frac{1}{2}p(p^2-1)}$ der speziellen Teilungsgleichung, welche wir nach S. 246 in der Gestalt der mod n reduzierten nicht-homogenen Modulgruppe Γ vorlegen. Es besteht nun der grundlegende Satz: *Für alle Primzahlen $p > 3$ ist die Gruppe $G_{\frac{1}{2}p(p^2-1)}$ „einfach", d. h. sie besitzt $\left(\text{außer der } G_1 \text{ und der } G_{\frac{1}{2}p(p^2-1)}\right)$ keine ausgezeichnete Untergruppe.*

Zum Beweise dieses Satzes erinnern wir daran, daß nach I, 297 die Modulgruppe Γ aus den beiden Substitutionen $S = \begin{pmatrix}1, & 1\\ 0, & 1\end{pmatrix}$ und $T = \begin{pmatrix}0, & 1\\ -1, & 0\end{pmatrix}$

erzeugbar ist. Entsprechend wird die $G_{\frac{1}{2}p(p^2-1)}$ aus den Substitutionen $S \equiv \begin{pmatrix} 1, 1 \\ 0, 1 \end{pmatrix}$ und $T \equiv \begin{pmatrix} 0, 1 \\ -1, 0 \end{pmatrix}$ erzeugbar sein. Wir können nun beweisen, daß für $p > 3$ eine ausgezeichnete Untergruppe der $G_{\frac{1}{2}p(p^2-1)}$, die nicht nur aus der Substitution 1 besteht, notwendig die Substitutionen S und T besitzt und also die $G_{\frac{1}{2}p(p^2-1)}$ sein muß, womit der Satz ersichtlich sein würde.

Eine ausgezeichnete Untergruppe muß mit einer ihrer Substitutionen $V \equiv \begin{pmatrix} \alpha, \beta \\ \gamma, \delta \end{pmatrix}$ alle mit V gleichberechtigten, d. h. durch Transformation aus V hervorgehenden Substitutionen enthalten. Transformieren wir aber die vorgelegte Substitution V durch die Substitution:

$$S^b \equiv \begin{pmatrix} 1, b \\ 0, 1 \end{pmatrix}, \quad T \equiv \begin{pmatrix} 0, 1 \\ -1, 0 \end{pmatrix}, \quad U \equiv \begin{pmatrix} a, 0 \\ 0, a^{-1} \end{pmatrix} \pmod{p},$$

unter a und b irgendwelche Zahlen der Reihe $1, 2, \ldots, p-1$ verstanden, so gewinnen wir:

$$\text{(2)} \quad \begin{cases} S^{-b} \cdot V \cdot S^b \equiv \begin{pmatrix} \alpha - b\gamma, & \beta + b(\alpha - \delta) - b^2\gamma \\ \gamma, & \delta + b\gamma \end{pmatrix}, \\ T^{-1} \cdot V \cdot T \equiv \begin{pmatrix} \delta, & -\gamma \\ -\beta, & \alpha \end{pmatrix}, \quad U^{-1} \cdot V \cdot U = \begin{pmatrix} \alpha, & a^{-2}\beta \\ a^2\gamma, & \delta \end{pmatrix}. \end{cases}$$

Enthält nun die von der G_1 verschiedene ausgezeichnete Untergruppe G eine Substitution $V \equiv \begin{pmatrix} 1, \beta \\ 0, 1 \end{pmatrix}$ mit $\beta \not\equiv 0$, so enthält sie auch S und damit auch:

$$S \cdot (T^{-1} \cdot S \cdot T) \cdot S \equiv \begin{pmatrix} 0, 1 \\ -1, 0 \end{pmatrix} \equiv T;$$

sie ist also notwendig die $G_{\frac{1}{2}p(p^2-1)}$. Enthält G zweitens eine Substitution $V \equiv \begin{pmatrix} \alpha, \beta \\ 0, \alpha^{-1} \end{pmatrix}$ mit $\alpha \not\equiv \pm 1$, so ist $(\alpha - \alpha^{-1})$ teilerfremd gegen p. Zufolge der ersten Kongruenz (2) haben wir nun:

$$S^{-b} \cdot V \cdot S^b \equiv \begin{pmatrix} \alpha, & \beta + b(\alpha - \alpha^{-1}) \\ 0, & \alpha^{-1} \end{pmatrix} \equiv \begin{pmatrix} \alpha, & \nu \\ 0, & \alpha^{-1} \end{pmatrix} \equiv V_\nu,$$

wo ν durch zweckmäßige Auswahl von b mit jeder Zahl $0, 1, 2, \ldots, p-1$ kongruent werden kann. Mit V_0 und V_α ist auch:

$$V_0^{-1} \cdot V_\alpha \equiv \begin{pmatrix} 1, 1 \\ 1, 0 \end{pmatrix} \equiv S$$

in G enthalten, so daß wieder $G = G_{\frac{1}{2}p(p^2-1)}$ ist. Eine von der G_1 und der $G_{\frac{1}{2}p(p^2-1)}$ verschiedene ausgezeichnete G hat demnach, abgesehen von der identischen Substitution, keine Substitution mit $\gamma \equiv 0$ und also wegen der zweiten Kongruenz (2) auch keine mit $\beta \equiv 0$. Ist demnach $V \equiv \begin{pmatrix} \alpha, \beta \\ \gamma, \delta \end{pmatrix} \not\equiv 1$ irgendeine Substitution von G, so ist $\gamma \not\equiv 0 \pmod{p}$, so daß es eine Zahl $b \equiv \alpha\gamma^{-1} \pmod{p}$ gibt. Für dieses b hat $V' \equiv S^{-b} \cdot V \cdot S^b$

einen durch p teilbaren ersten Koeffizienten, so daß es in G sicher eine Substitution $V' = \begin{pmatrix} 0, & \beta' \\ -\beta'^{-1}, & \delta' \end{pmatrix}$ gibt und demnach auch die Substitution:

$$V' \cdot (T^{-1} \cdot V' \cdot T'^{-1}) \equiv \begin{pmatrix} 0, & \beta' \\ -\beta'^{-1}, & \delta' \end{pmatrix} \cdot \begin{pmatrix} \delta', & \beta'^{-1} \\ -\beta', & 0 \end{pmatrix} \equiv \begin{pmatrix} \beta'^2, & 0 \\ \delta'(\beta'+\beta'^{-1}), & \beta'^{-2} \end{pmatrix}.$$

Da sie einen durch p teilbaren zweiten Koeffizienten hat, so ist sie $\equiv 1$, d. h. wir haben $\beta' \equiv \pm 1$, $\delta' \equiv 0$. In G kommt stets die Substitution T vor; zugleich ist diese Substitution, wenn G nicht die $G_{\frac{1}{2}p(p^2-1)}$ sein soll, die einzige in G auftretende Substitution mit $\alpha \equiv 0$. Nun kommt aber in G zufolge der dritten Kongruenz (2) mit T auch $\begin{pmatrix} 0, & a^{-2} \\ -a^2, & 0 \end{pmatrix}$ vor. Man kann aber a, wenn $p > 5$ ist, sicher so wählen, daß diese Substitution von T verschieden ist. Dieser Widerspruch zeigt, daß für $p > 5$ keine von G_1 und $G_{\frac{1}{2}p(p^2-1)}$ verschiedene ausgezeichnete Untergruppe vorkommt. Bei $p = 5$ gelangen wir zu dem gleichen Resultate, indem wir bemerken, daß hier $S^{-2} \cdot T \cdot S^2$, ohne $\equiv 1$ zu sein, ein durch 5 teilbares β hat.

Für $p > 3$ besteht hiernach die „Indexreihe" (vgl. S. 13) unserer Gruppe $G_{\frac{1}{2}p(p^2-1)}$ nur aus dem einzigen Gliede $\frac{1}{2}p(p^2-1)$; und da diese Zahl keine Primzahl ist, *so ist nach dem Theorem von* S. 75 *die spezielle Teilungsgleichung des p^{ten} Teilungsgrades für $p > 3$ nicht algebraisch lösbar*. Für $p = 2$ und $p = 3$ gehören die Teilungsgleichungen den Graden 3 und 4 an: *In den beiden niedersten Fällen $p = 2$ und $p = 3$ ist die Berechnung der Teilwerte allein durch Wurzelziehungen durchführbar.*

Bei dieser Sachlage war es nun ein besonders wichtiges Ziel der von Klein geschaffenen Theorie der elliptischen Modulfunktionen, die eigenartigen algebraischen Probleme, welche den Monodromiegruppen für $p = 5, 7, 11, \ldots$ entsprechend als „Galoissche Probleme" der Grade 60, 168, 660, ..., allgemein des Grades $\frac{1}{2}p(p^2-1)$, auftreten, näher zu erforschen. Bei $p = 5$ gelangt man zur „Ikosaedertheorie".[1]) Im Falle $p = 7$ entwarf Klein seine besonders schöne Theorie der zugrunde liegenden Gruppe G_{168} durch direkte algebraische Methoden ohne Zuhilfenahme von Reihenentwicklungen der elliptischen Funktionen[2]), und auch im Falle $p = 11$ gelang ihm die Durchführung einer entsprechenden Theorie.[3]) Für die

1) „Vorlesungen über das Ikosaeder und die Auflösung der Gleichungen vom fünften Grade" (Leipzig 1884); s. auch „Über die Transformation der elliptischen Funktionen und die Auflösung der Gleichungen fünften Grades", Math. Ann., Bd. 14 (1878).

2) „Über Transformation siebenter Ordnung der elliptischen Funktionen", Math. Ann., Bd. 14 (1878).

3) „Über Transformation elfter Ordnung der elliptischen Funktionen", Math. Ann., Bd. 15 (1879).

höheren Fälle bediente sich Klein indessen der analytischen Hilfsmittel der elliptischen Funktionen.

Die Behandlung dieser Galoisschen Probleme ist in dem Werke „Modulfunktionen", Bd. 1 und 2 mit großer Ausführlichkeit gegeben. Demgegenüber nimmt die vorliegende Entwicklung die Wendung, daß sie sich den der älteren Theorie entstammenden algebraischen Gesichtspunkten enger anschließt. Es handelt sich dabei nicht um die Galoisschen Resolventen, sondern um die „Resolventen niedersten Grades" der speziellen Teilungsgleichungen. Es sind dies wenigstens im allgemeinen die Modular- und Multiplikatorgleichungen oder, wie wir sagen werden, die „speziellen Transformationsgleichungen", die bei der Transformation höheren Grades der elliptischen Funktionen auftreten. Auch in diesem Gebiete haben übrigens, wie unten näher darzulegen sein wird, die Kleinschen Methoden mannigfach bahnbrechend gewirkt. Ehe wir indessen allgemein auf die Transformationstheorie der elliptischen Funktionen eingehen, sind noch ein paar Ausführungen über die Teilwerte der Jacobischen Funktionen sn, cn, dn nachzutragen.

§ 5. Die Teilwerte der Funktionen sn, cn und dn.

Die S. 240 genannten Untersuchungen von Sylow und Kronecker beziehen sich auf die Teilwerte der sn-Funktion und betreffen übrigens nur *ungerade* Teilungsgrade n. *Die Aufgabe der Berechnung der Quadrate* $\mathrm{sn}_{\lambda\mu}^2$ *unterscheidet sich vom Probleme der Berechnung der* $\wp_{\lambda\mu}$ *nur dadurch, daß noch die Adjunktion der Modulform zweiter Stufe* $(e_2 - e_1)$ *zu vollziehen ist.* Diese Adjunktion hat zunächst die Bedeutung, daß an Stelle von $(\mathfrak{R}, g_2, g_3)$ der Körper $(\mathfrak{R}, k^2)$ tritt, sowie daß andrerseits die Teilwerte $\wp_{\lambda\mu}$, $\wp'_{\lambda\mu}$ durch die in (9) S. 238 erklärten Teilwerte nullter Dimension $p_{\lambda\mu}$, $p'_{\lambda\mu}$ zu ersetzen sind. Dann aber gelten nach (10) und (11) S. 238 die Gleichungen:

$$
(1)\qquad \begin{cases}
\mathrm{sn}_{\lambda\mu}^2 = \dfrac{12\,(27\,p_{\lambda\mu}^3 - 9\,(1 - k^2 + k^4)\,p_{\lambda\mu} - 2 + 3k^2 + 3k^4 - 2k^6)}{((3\,p_{\lambda\mu} + 1 + k^2)^2 - 9\,k^2)^2}, \\[2ex]
p_{\lambda\mu} = \dfrac{1 - k^2 + k^2(k^2 - 2)\,\mathrm{cn}_{\lambda\mu} + (2k^2 - 1)\,\mathrm{dn}_{\lambda\mu}}{3\,(-1 + k^2 - k^2\,\mathrm{cn}_{\lambda\mu} + \mathrm{dn}_{\lambda\mu})},
\end{cases}
$$

während sich die $\mathrm{cn}_{\lambda\mu}$, $\mathrm{dn}_{\lambda\mu}$ auf Grund von (16) S. 240 rational in $\mathrm{sn}_{\lambda\mu}^2$ ausdrücken. Die Gleichwertigkeit der beiden genannten Teilungsprobleme geht aus diesen Gleichungen hervor.

Gleichwohl ist es zweckmäßig, auf das Problem der Berechnung der $\mathrm{sn}_{\lambda\mu}$ noch etwas näher einzugehen, um die früher hierbei benutzten Methoden und Überlegungen zu kennzeichnen. Setzt man, unter n nach wie vor eine beliebige ungerade Zahl verstanden, $w = 0$ in (14) S. 239 ein, so ergibt sich $G_1^{(n)}(Z^2) = 0$ als Gleichung $(n^2 - 1)^{\text{ten}}$ Grades für $Z = \mathrm{sn}_{\lambda\mu}$

oder als Gleichung des Grades $\frac{1}{2}(n^2-1)$ für $Z^2 = \mathrm{sn}^2_{\lambda\mu}$. Diese Gleichung ist nur im Falle eines primzahligen n im Körper $(\mathfrak{R}, k^2)$ irreduzibel. Bei zusammengesetztem n stellt man indessen wie S. 247 durch einen Divisionsprozeß die *irreduzible, „spezielle Teilungsgleichung"* des Grades $\frac{1}{2}\chi(n)$ für $Z^2 = \mathrm{sn}^2_{\lambda\mu}$ dar, deren Lösungen die „eigentlich" zum Teilungsgrade n gehörenden Teilwerte der sn-Funktion sind.

Die Hauptaufgabe ist nun die Bestimmung der Gruppe dieser speziellen Teilungsgleichung, wobei man so verfahren kann: Nach (1) S. 197 gilt die Regel:

$$\mathrm{sn}_{\varkappa\lambda,\varkappa\mu} = \frac{\mathrm{sn}_{\lambda\mu}\, G_1^{(\varkappa)}\left(\mathrm{sn}^2_{\lambda\mu}\right)}{G_0^{(\varkappa)}\left(\mathrm{sn}^2_{\lambda\mu}\right)} \tag{2}$$

für jedes positive ganzzahlige $\varkappa$, wobei rechts eine rationale Funktion von $\mathrm{sn}_{\lambda\mu}$ mit Koeffizienten des Körpers $(\mathfrak{R}, k^2)$ steht. Insbesondere folgt hieraus:

$$\mathrm{sn}_{\varkappa 0} = \frac{\mathrm{sn}_{10}\, G_1^{(\varkappa)}\left(\mathrm{sn}^2_{10}\right)}{G_0^{(\varkappa)}\left(\mathrm{sn}^2_{10}\right)}, \quad \mathrm{sn}_{0\varkappa} = \frac{\mathrm{sn}_{01}\, G_1^{(\varkappa)}\left(\mathrm{sn}^2_{01}\right)}{G_0^{(\varkappa)}\left(\mathrm{sn}^2_{01}\right)}. \tag{3}$$

Eine einzelne vorgelegte Permutation der Galoisschen Gruppe unserer Gleichung möge nun sn_{10} und sn_{01} in $\mathrm{sn}_{\alpha\beta}$ bzw. $\mathrm{sn}_{\gamma\delta}$ überführen, wo α, β und γ, δ gewisse, im Sinne von S. 218 gegen n teilerfremde Zahlenpaare sind. Nach den Sätzen von S. 74 über die Galoissche Gruppe einer Gleichung gehen die Relationen (3) bei der fraglichen Permutation wieder in richtige Relationen über. Nimmt man demnach noch auf die Relation (2) Rücksicht, so zeigt sich, daß bei der vorgelegten Permutation unserer Gruppe $\mathrm{sn}_{\varkappa 0}$ in $\mathrm{sn}_{\varkappa\alpha,\varkappa\beta}$ und $\mathrm{sn}_{0\varkappa}$ in $\mathrm{sn}_{\varkappa\gamma,\varkappa\delta}$ übergeht. Weiter folgt aus dem Additionstheorem mit Rücksicht auf die Formeln (16) S. 240 eine Darstellung von $\mathrm{sn}_{\lambda+\lambda',\mu+\mu'}$ in der Gestalt:

$$\mathrm{sn}_{\lambda+\lambda',\mu+\mu'} = R(\mathrm{sn}_{\lambda\mu}, \mathrm{sn}_{\lambda'\mu'}) \tag{4}$$

als rationale Funktion von $\mathrm{sn}_{\lambda\mu}$ und $\mathrm{sn}_{\lambda'\mu'}$ mit Koeffizienten aus $(\mathfrak{R}, k^2)$. Als Spezialfall von (4) notieren wir:

$$\mathrm{sn}_{\lambda\mu} = R(\mathrm{sn}_{\lambda 0}, \mathrm{sn}_{0\mu}). \tag{5}$$

Durch die fragliche Permutation geht nun $\mathrm{sn}_{\lambda 0}$ in $\mathrm{sn}_{\alpha\lambda,\beta\lambda}$ und $\mathrm{sn}_{0\mu}$ in $\mathrm{sn}_{\gamma\mu,\delta\mu}$ über. Da nun auch die Relation (5) in eine richtige Relation übergeführt wird, so liest man aus (4) ab, daß $\mathrm{sn}_{\lambda\mu}$ in $\mathrm{sn}_{\alpha\lambda+\gamma\mu,\beta\lambda+\delta\mu}$ übergeht. Da die Indizes beliebig mod n reduziert werden können, so finden wir, *daß die einzelne Permutation der Galoisschen Gruppe* $\mathrm{sn}_{\lambda\mu}$ *in* $\mathrm{sn}_{\lambda'\mu'}$ *überführt, wo:*

$$\lambda' \equiv \alpha\lambda + \gamma\mu, \quad \mu' \equiv \beta\lambda + \delta\mu \pmod{n} \tag{6}$$

gilt und α, β, γ, δ *vier ganze Zahlen sind, von denen jedenfalls* α, β *und* γ, δ *gegen* n *teilerfremde Paare bilden.*

Hier dürfen nur solche Zahlquadrupel α, β, γ, δ auftreten, welche die $\chi(n)$ gegen n teilerfremden Zahlenpaare λ, μ wieder in diese $\chi(n)$

Paare λ', μ' überführen. Hieraus kann man den Schluß ziehen, daß $(\alpha\delta - \beta\gamma)$ teilerfremd gegen n sein muß. Hätte nämlich $(\alpha\delta - \beta\gamma)$ mit n mindestens einen Primfaktor p gemein, so beachte man, daß sich die $\chi(n)$ Paare λ, μ mod p auf die $\chi(p)$ gegen p teilerfremden und mod p inkongruenten Paare reduzieren. Auch diese $\chi(p)$ Paare müssen sich demnach bei den auf den Modul p bezogenen Kongruenzen (6) permutieren. Setzen wir aber in (6) das gegen p teilerfremde Paar $\lambda \equiv -\gamma$, $\mu \equiv \alpha$ ein[1]), so entsteht wegen $\alpha\delta - \beta\gamma \equiv 0 \pmod{p}$ das nicht gegen p teilerfremde Paar $\lambda' \equiv 0$, $\mu' \equiv 0$. *Also ist notwendig* $(\alpha\delta - \beta\gamma)$ *teilerfremd gegen* n.

Die gesamten Substitutionen (6), in denen $\alpha\delta - \beta\gamma \equiv \varkappa$ die $\varphi(n)$ gegen n teilerfremden Zahlen durchläuft, bilden nun, wie wir wissen, eine Gruppe $G_{n\chi(n)\varphi(n)}$, in der die Substitutionen mit $\alpha\delta - \beta\gamma \equiv 1 \pmod{n}$ eine ausgezeichnete Untergruppe $G_{n\chi(n)}$ der Ordnung $n\chi(n)$ bilden. *In der* $G_{n\chi(n)\varphi(n)}$ *ist die Galoissche Gruppe der speziellen Teilungsgleichung der* sn-*Funktion sicher enthalten.* Bestimmen wir nun zunächst die Monodromiegruppe für die $\mathrm{sn}_{\lambda\mu}$ als algebraische Funktionen von k^2, so sind, wenn wir die Umläufe von k^2 in seiner Ebene durch Periodensubstitutionen ersetzen, nach I, 475 die *homogenen* Substitutionen der Hauptkongruenzgruppe zweiter Stufe Γ_6 anzuwenden. Bei Ausübung der Substitution $T^2 = -1$ wird der einzelne Teilwert $\mathrm{sn}_{\lambda\mu}$ durch $\mathrm{sn}_{n-\lambda, n-\mu} = -\mathrm{sn}_{\lambda\mu}$ ersetzt. Für *ungerades* n ist die Anzahl der mod n inkongruenten Substitutionen der homogenen Gruppe Γ_6 gleich $n\chi(n)$. Man kann nämlich zu jeder Substitution $\begin{pmatrix}\alpha, & \beta\\ \gamma, & \delta\end{pmatrix}$, indem man die Koeffizienten nötigenfalls um n ändert, sofort eine ihr mod n kongruente Substitution:

$$\omega_1' \equiv \alpha'\omega_1 + \beta'\omega_2, \quad \omega_2' \equiv \gamma'\omega_1 + \delta'\omega_2, \quad \alpha'\delta' - \beta'\gamma' \equiv 1 \pmod{2n}$$

angeben, die mod 2 mit 1 kongruent ist. Zu dieser Substitution gibt es dann aber mod $2n$ kongruente Substitutionen in der homogenen $\Gamma^{(\omega)}$ (vgl. S. 221), so daß umgekehrt innerhalb der homogenen Γ_6 alle $n\chi(n)$ inkongruenten Substitutionen mod n vertreten sind. *Diese Substitutionen liefern dann in der Tat die oben schon genannte* $G_{n\chi(n)}$ *mit* $\alpha\delta - \beta\gamma \equiv 1 \pmod{n}$ *als Monodromiegruppe der speziellen Teilungsgleichung.*

Was nun die auf den Körper $(\mathfrak{R}, k^2)$ bezogene Galoissche Gruppe der speziellen Teilungsgleichung betrifft, so besteht sie nach S. 74 aus allen Permutationen der $\mathrm{sn}_{\lambda\mu}$, bei denen *jede* zwischen den Teilwerten bestehende rationale Gleichung mit Koeffizienten aus $(\mathfrak{R}, k^2)$ wieder in eine richtige Gleichung übergeht. Tragen wir aber in irgendeine solche Gleichung für die $\mathrm{sn}_{\lambda\mu}$ und für k^2 die Reihen nach Potenzen von q ein und ordnen die linke Seite der Gleichung selbst nach Potenzen von q, so

1) α und γ können nicht zugleich durch p teilbar sein, weil sonst $\lambda' \equiv 0$ mod p) infolge (6) für jedes Paar λ, μ zutreffen würde.

muß jeder Koeffizient, der übrigens eine Zahl des Körpers $(\mathfrak{R}, \varepsilon)$ ist, für sich verschwinden. Hieraus kann man mit Rücksicht auf die Irreduzibilität der Kreisteilungsgleichung den Schluß ziehen, daß die gedachte rationale Gleichung zwischen den $\mathrm{sn}_{\lambda\mu}$ richtig bleibt, falls $\mathrm{sn}_{\lambda\mu}$ durch $\mathrm{sn}_{\lambda,\varkappa\mu}$ ersetzt wird, unter $\varkappa$ eine beliebige der $\varphi(n)$ gegen n teilerfremden, mod n inkongruenten Zahlen verstanden. *Die Galoissche Gruppe der Teilungsgleichung ist also wirklich die* $G_{n\chi(n)\varphi(n)}$.

Die Reduktion der Galoisschen Gruppe auf die Monodromiegruppe kann man nun auch mit Benutzung der „Abelschen Relationen" in folgender Art vollziehen. Ist ε adjungiert und damit der Körper auf $(\mathfrak{R}, k^2, \varepsilon)$ erweitert, so ist die Abelsche Relation (12) S. 243 eine zwischen den $\mathrm{sn}_{\lambda\mu}$ bestehende Relation mit rational bekannten Koeffizienten. Eine Permutation der $\mathrm{sn}_{\lambda\mu}$, bei welcher $\mathrm{sn}_{\lambda\mu}$ in $\mathrm{sn}_{\lambda,\varkappa\mu}$ mit $\varkappa \not\equiv 1 \pmod{n}$ übergeht, kann jetzt der Gruppe der Teilungsgleichung nicht mehr angehören. Aus den Betrachtungen von S. 243 folgt nämlich:

$$\sum_{\mu=1}^{n-1} \varepsilon^{4\lambda\mu}\, \mathrm{sn}_{\lambda,\varkappa\mu} \neq 0 \quad \text{für} \quad \varkappa \not\equiv 1 \pmod{n}.$$ [1]

Die Abelsche Relation (12) S. 243 würde also durch eine jener Permutationen mit $\varkappa \not\equiv 1 \pmod{n}$ nicht wieder in eine richtige Gleichung übergeführt, so daß jene Permutationen nach Adjunktion von ε nicht mehr der Gruppe unserer Gleichung angehören. *Nach Adjunktion von ε kommt also die Gruppe der Gleichung in der Tat auf die* $G_{n\chi(n)}$ *zurück.*

---

1) Man wolle sich in dieser Formel wie auch in der Abelschen Relation (12) S. 243 die nicht eigentlich zum Teilungsgrade n gehörenden $\mathrm{sn}_{\lambda\mu}$ durch die Wurzeln unserer irreduziblen Teilungsgleichung nach den Multiplikationssätzen ausgedrückt denken.

Zweiter Abschnitt.

Die Transformationstheorie der elliptischen Funktionen.

Als Ziel der weiteren Entwicklung wurde S. 265 die Untersuchung der Resolventen niedersten Grades der speziellen Teilungsgleichung bezeichnet. Wir erweitern diese Aufgabe in der Art, daß wir auch für die allgemeine Teilungsgleichung nach bemerkenswerten Resolventen niederen Grades suchen. In der Tat werden uns solche Resolventen von den Gleichungen der Transformationstheorie, den „allgemeinen“ und den „speziellen Transformationsgleichungen“ geliefert. Es handelt sich hierbei um eine außerordentlich vielseitig entwickelte Theorie, deren Anfänge in das vorletzte Jahrhundert zurückreichen, deren wichtigste Grundsätze von Abel und Jacobi aufgestellt wurden, die aber erst im letzten Drittel des vorigen Jahrhunderts durch die Ausbildung der Theorie der elliptischen Modulfunktionen ihre jetzt vorliegende Gestalt gewonnen hat.

Erstes Kapitel.

Die Transformation n^{ten} Grades und die allgemeinen Transformationsgleichungen.

Die Grundaufgabe der Transformationstheorie tritt bereits bei Euler und Lagrange[1]), und zwar bei Behandlung gewisser mechanischer Aufgaben, auf. Es handelt sich in der Sprechweise der elliptischen Funktionen um die Frage, ob ein elliptisches Differential, das z als Variable hat, in ein anderes elliptisches Differential mit z' als Variable dadurch transformiert werden kann, daß man zwischen z und z' eine *algebraische* Relation vorschreibt. Es ist dies die algebraische Fassung des Transformationsproblems, während sich die transzendente Gestalt, wie sogleich in § 1 ausgeführt wird, an den Begriff der doppeltperiodischen Funktion anschließt. Diese transzendente Gestalt bahnt in einfachster Weise die

1) Vgl. „Enzyklopädie“ S. 186.

R. Fricke, *Die elliptischen Funktionen und ihre Anwendungen, Zweiter Teil*,
DOI 10.1007/978-3-642-19561-7_6, © Springer-Verlag Berlin Heidelberg 2012

allgemeine Lösung des Problems an. In den grundlegenden Untersuchungen von Abel und Jacobi kommen natürlich beide Seiten des Problems zur Geltung, und zwar die algebraische vornehmlich im „Précis d'une théorie des fonctions elliptiques"[1]) und im ersten Teile der „Fundamenta nova"[2]), die transzendente in den „Recherches sur les fonctions elliptiques" (vgl. die erste Note S. 209) und den späteren Entwicklungen der „Fundamenta nova". In neuerer Zeit pflegt man das Transformationsproblem in transzendenter Gestalt anzusetzen und die algebraische Fassung nur mehr beiläufig zu erwähnen.[3]) In dieser Art soll auch hier verfahren werden.

§ 1. Aufstellung des Transformationsproblems und Ansatz zur Lösung.

Es seien $\varphi(u \mid \omega_1, \omega_2)$ und $\psi(u' \mid \omega_1', \omega_2')$ zwei elliptische Funktionen mit fest gegebenen Perioden. Das Grundproblem der allgemeinen Transformation ist dann in transzendenter Gestalt: *Unter welchen Umständen hat die Annahme einer linearen Relation $u' = mu + \mu$ mit konstanten m, μ eine „algebraische" Relation $F(\varphi, \psi) = 0$ zwischen den elliptischen Funktionen φ und ψ zur Folge?*

Da $\varphi(u \mid \omega_1, \omega_2)$ und $\wp(u \mid \omega_1, \omega_2)$ algebraisch zusammenhängen und ebenso $\psi(u' \mid \omega_1', \omega_2')$ und $\wp(u' \mid \omega_1', \omega_2')$, so können wir unsere Frage ohne Beschränkung der Allgemeinheit gleich auf $\wp(u \mid \omega_1, \omega_2)$ und $\wp(u' \mid \omega_1', \omega_2')$ an Stelle der Funktionen $\varphi(u \mid \omega_1, \omega_2)$ und $\psi(u' \mid \omega_1', \omega_2')$ beziehen. Weiter hängt $\wp(mu + \mu \mid \omega_1', \omega_2')$ mit $\wp(mu \mid \omega_1', \omega_2')$ algebraisch zusammen (auf Grund des Additionstheorems), und es gilt, da die $\wp$-Funktion homogen von der Dimension -2 in ihren drei Argumenten ist:

$$\wp(mu \mid \omega_1', \omega_2') = m^{-2} \cdot \wp\left(u \,\middle|\, \frac{\omega_1'}{m}, \frac{\omega_2'}{m}\right).$$

Setzt man demnach für $\frac{\omega_1'}{m}, \frac{\omega_2'}{m}$ sogleich wieder ω_1', ω_2', so hat das aufgestellte Problem ohne Beschränkung der Allgemeinheit folgende Gestalt angenommen: *Unter welchen Umständen, d. h. für welche Periodenpaare ω_1, ω_2 und ω_1', ω_2' besteht zwischen $\wp(u \mid \omega_1, \omega_2)$ und $\wp(u \mid \omega_1', \omega_2')$ eine algebraische Relation:*

$$F(\wp(u \mid \omega_1, \omega_2), \wp(u \mid \omega_1', \omega_2')) = 0 \tag{1}$$

mit Koeffizienten, die natürlich von u unabhängig sein sollen?

Schreiben wir für die beiden in der Relation (1) verbundenen $\wp$-Funk-

1) Journ. f. Math., Bd. 4 (1829) oder Abels Werke, neue Ausg. Bd. 1, S. 518.

2) Königsberg 1829 oder Jacobis Werke, Bd. 1, S. 49ff.

3) Man vgl. z. B. Weierstraß, „Vorlesungen über die Theorie der elliptischen Funktionen", Werke, Bd. 5, S. 276.

tionen z und z', und bezeichnen wir zur Einführung der algebraischen Schreibweise des Differentials du die $g_2(\omega_1', \omega_2')$ und $g_3(\omega_1', \omega_2')$ kurz durch g_2', g_3', so können wir unser Problem in folgende algebraische Gestalt umkleiden: *Unter welchen Umständen kann man allgemein die Differentialgleichung:*

$$(2) \qquad \frac{dz}{\sqrt{4z^3 - g_2 z - g_3}} = \frac{dz'}{\sqrt{4z'^3 - g_2' z' - g_3'}}$$

durch eine algebraische Relation $F(z, z') = 0$ *integrieren, oder wie kann das in* (2) *links stehende Differential mittelst einer algebraischen Funktion* z' *von* z *in ein gleichgebautes Differential transformiert werden?*

Die Lösung des Problems wird durch folgende Betrachtung angebahnt: Die in I, 229 eingeführte Gruppe $\Gamma^{(u)}$ für die Perioden ω_1, ω_2 werde kurz Γ genannt; die entsprechende Gruppe für die Perioden ω_1', ω_2' der zweiten $\wp$-Funktion heiße Γ'. Da die Gleichung (1) in u identisch bestehen soll, so bleibt sie bei Ausübung der Substitutionen von Γ richtig; und da bei ihnen $\wp(u \mid \omega_1, \omega_2)$ unverändert bleibt, so genügen bei gegebenem $\wp(u \mid \omega_1, \omega_2)$ alle Funktionen:

$$(3) \qquad \wp(u + m_1\omega_1 + m_2\omega_2 \mid \omega_1', \omega_2')$$

der Gleichung (1), wo m_1, m_2 alle Paare ganzer Zahlen durchlaufen. Nun liegt aber in (1) eine algebraische Gleichung für $\wp(u \mid \omega_1', \omega_2')$ vor; man hat also in (3) nur endlich viele, etwa n, verschiedene Funktionen vor sich. Die gesamten Substitutionen der Gruppe Γ, die auch $\wp(u \mid \omega_1', \omega_2')$ in sich transformieren, bilden dann eine Untergruppe des Index n, die durch Γ_n bezeichnet werden mag. Die zugehörige Zerlegung der Gruppe Γ in Nebengruppen sei:

$$(4) \qquad \Gamma = \Gamma_n + \Gamma_n \cdot S^{(1)} + \Gamma_n \cdot S^{(2)} + \cdots + \Gamma_n \cdot S^{(n-1)},$$

wo $S^{(0)} = 1$, $S^{(1)}, S^{(2)}, \ldots, S^{(n-1)}$ gewisse n zweckmäßig gewählte Substitutionen von Γ sind, die die n verschiedenen Funktionen (3) liefern.

Übertragen wir den Begriff des „*Durchschnittes*" endlicher Gruppen (S. 8) auf Gruppen unendlicher Ordnung, so ist Γ_n als „Durchschnitt" $D(\Gamma, \Gamma')$ der Gruppen Γ und Γ' zu bezeichnen. Da die Gleichung (1) auch in $\wp(u \mid \omega_1, \omega_2)$ algebraisch ist, so ist $D(\Gamma, \Gamma')$ auch in Γ' als Untergruppe eines endlichen Index n' enthalten und werde als solche $\Gamma_{n'}'$ genannt. Zwei Gruppen Γ und Γ' heißen nun „*kommensurabel*", wenn der Durchschnitt $D(\Gamma, \Gamma')$ in jeder derselben eine Untergruppe von *endlichem* Index ist. *Eine algebraische Relation* (1) *kann zwischen* $\wp(u \mid \omega_1, \omega_2)$ *und* $\wp(u \mid \omega_1', \omega_2')$ *jedenfalls nur dann bestehen, wenn die Gruppen* Γ *und* Γ' *„kommensurabel" sind.* Aus den folgenden Betrachtungen wird hervorgehen, *daß umgekehrt die Kommensurabilität der beiden Gruppen* Γ *und* Γ' *auch hinreichend für das Bestehen einer algebraischen Relation* (1) *ist.*

Um einen Diskontinuitätsbereich der Untergruppe Γ_n zu gewinnen, gehen wir auf das zur Gruppe Γ gehörende Parallelogrammnetz zurück und benennen, wie Fig. 47 in I, 233 darlegt, die einzelnen Parallelogramme nach den zugehörigen Substitutionen. Die beiden erzeugenden Substitutionen der Gruppe $u' = u + \omega_1$ und $u' = u + \omega_2$ nennen wir wieder S_1 und S_2. Da nur n bezüglich der Γ_n inäquivalente Parallelogramme existieren, so sind unter den Parallelogrammen $S_0 = 1, S_2, S_2^2, \ldots, S_2^n$ sicher mindestens zwei äquivalente S_2^ν und $S_2^{\nu+D}$ vorhanden, wo D eine positive ganze, möglichst klein gewählte Zahl sei. Die letztere Angabe soll bedeuten, daß unter den Parallelogrammen $S_2^\nu, S_2^{\nu+1}, \ldots, S_2^{\nu+D-1}$ noch nicht zwei bezüglich der Γ_n äquivalente auftreten. Aus der Äquivalenz zweier Parallelogramme S und S' folgt nun auch diejenige der Parallelogramme $S_2^{-\nu} \cdot S$ und $S_2^{-\nu} \cdot S'$. Es sind demnach die Parallelogramme $S_0 = 1$ und S_2^D bezüglich Γ_n äquivalent, die D Parallelogramme $1, S_2, S_2^2, \ldots, S_2^{D-1}$ aber durchweg inäquivalent; die Substitution $u' = u + D\omega_2$ ist daraufhin in der Γ_n enthalten.

Weiter reihen wir an das Parallelogramm 1 die Parallelogramme S_1, $S_1^2, S_1^3, \ldots$ an, bis wir zu einem S_1^A kommen, das mit einem der voraufgehenden $1, S_1, S_1^2, \ldots, S_1^{A-1}$ oder mit einem der schon an 1 angereihten Parallelogramme $S_2, S_2^2, \ldots, S_2^{D-1}$ äquivalent ist. Dies tritt natürlich wieder spätestens für $A = n$ ein. Dabei kann S_1^A mit keinem der Parallelogramme $S_1, S_1^2, \ldots, S_1^{A-1}$ äquivalent sein, da sonst schon S_1^{A-1} mit einem der Reihe $1, S_1, \ldots, S_1^{A-2}$ äquivalent wäre. Also ist S_1^A mit einem der Parallelogramme $1, S_2, S_2^2, \ldots, S_2^{D-1}$ äquivalent, etwa mit S_2^{D-B}, wo B eine der Zahlen $1, 2, \ldots, D$ ist.

Man reihe nun die $A \cdot D$ Parallelogramme:

$$(5) \qquad S_1^\mu \cdot S_2^\nu, \qquad \mu = 0, 1, \ldots, A-1;\ \nu = 0, 1, \ldots, D-1$$

zu einem größeren Parallelogramme der Ecken $0, D\omega_2, A\omega_1 + D\omega_2, A\omega_1$ zusammen. Von den $A \cdot D$ Parallelogrammen (5) können keine zwei verschiedene bezüglich der Γ_n äquivalent sein. Soll nämlich $S_1^{\mu'} \cdot S_2^{\nu'}$ mit $S_1^\mu \cdot S_2^\nu$ äquivalent sein, wo wir $\mu' \geqq \mu$ voraussetzen dürfen, so folgt daraus die Äquivalenz von $S_1^{\mu'-\mu}$ mit $S_2^{\nu-\nu'}$ oder auch mit $S_2^{\nu-\nu'+D}$, welches Parallelogramm wir für $\nu - \nu' < 0$ bevorzugen. Aus der Reihe $S_1^0 = 1, S_1$, $S_1^2, \ldots, S_1^{A-1}$ ist aber, wie wir wissen, nur das Parallelogramm 1 mit einem solchen der Reihe $1, S_2, S_2^2, \ldots, S_2^{D-1}$ äquivalent, und zwar ist es auch nur mit sich selbst äquivalent. Also gilt $\mu' = \mu$, $\nu' = \nu$, womit die Behauptung bewiesen ist.

Von der die Punkte 0 und $D\omega_2$ verbindenden Seite des großen Parallelogramms wird nun, wenn $B < D$ ist, das durch 0 und $(D - B)\omega_2$ begrenzte Stück durch die in Γ_n enthaltene Substitution:

$$u' = u + A\omega_1 + B\omega_2$$

in das äquivalente, von $(A\omega_1 + B\omega_2)$ und $(A\omega_1 + D\omega_2)$ begrenzte Stück der Gegenseite transformiert. Der von $(D - B)\omega_2$ und $D\omega_2$ begrenzte Rest aber wird durch $u' = u + A\omega_1 + (B - D)\omega_2$ in das noch freie, durch die Punkte $A\omega_1$ und $(A\omega_1 + B\omega_2)$ begrenzte Stück der Gegenseite übergeführt. Die letzte Substitution kann man aus den beiden durch S_1' und S_2' zu bezeichnenden Substitutionen:

$$(6) \qquad u' = u + A\omega_1 + B\omega_2, \qquad u' = u + D\omega_2$$

herstellen. Um jene entbehren zu können, schneiden wir vom großen Parallelogramm das Dreieck der Ecken $0, A\omega_1 + B\omega_2, A\omega_1$ ab und ersetzen es durch das äquivalente Dreieck der Ecken $D\omega_2, A\omega_1 + (B + D)\omega_2, A\omega_1 + D\omega_2$. *Im Parallelogramm der Ecken* $0, D\omega_2, A\omega_1 + (B + D)\omega_2, A\omega_1 + B\omega_2$ *haben wir nun einen Diskontinuitätsbereich der Untergruppe* Γ_n *in besonders einfacher Gestalt gewonnen; die Gegenseiten dieses Parallelogramms sind durch die Substitutionen* (6), *die ein System von erzeugenden Substitutionen der* Γ_n *bilden, aufeinander bezogen.* Dieser Satz bezieht sich zwar auch auf den Fall $B = D$. Da jedoch in diesem Falle die Seite zwischen 0 und $D\omega_2$ des ursprünglichen großen Parallelogramms durch die Substitution $\omega = u + A\omega_1$ ungeteilt in die äquivalente Gegenseite übergeht, so behalten wir dieses Parallelogramm unmittelbar als Diskontinuitätsbereich der Γ_n bei. Es läuft dies darauf hinaus, *daß die ganze Zahl* B *in* (6) *auf die Werte* $0, 1, 2, \ldots, D - 1$ *beschränkt ist.*

Da nun die $A \cdot D$ Substitutionen (5) ein System bezüglich der Γ_n inäquivalenter Substitutionen bilden müssen, so ist notwendig $A \cdot D = n$. Nehmen wir andrerseits eine beliebige Zerlegung der Zahl n in zwei positive ganzzahlige Faktoren $n = A \cdot D$ und verstehen unter B eine beliebige der Zahlen $0, 1, 2, \ldots, D - 1$, so bilden die beiden mit diesen Zahlen angesetzten Substitutionen (6) die Erzeugenden einer Untergruppe Γ_n des Index n, deren Diskontinuitätsbereich das Parallelogramm der Ecken $0, D\omega_2, A\omega_1 + (B + D)\omega_2, A\omega_1 + B\omega_2$ ist. Zwei verschiedenen Zahlentripeln A, B, D und A', B', D' dieser Art entsprechen dabei auch sicher zwei verschiedene Gruppen Γ_n und Γ_n'. Sollten nämlich diese beiden Gruppen gleich sein, so muß erstlich jede der Zahlen D, D' ein Vielfaches der anderen sein, woraus $D' = D$ und also $A' = A$ folgt. Da alsdann weiter in $\Gamma_n = \Gamma_n'$ die Substitution $u' = u + (B' - B)\omega_2$ enthalten sein muß, so folgt auch noch $B' = B$. Damit ist der Satz bewiesen: *Die Anzahl verschiedener Untergruppen des Index* n *in* Γ *ist gleich der durch* $\Phi(n)$ *zu bezeichnenden Teilersumme der Zahl* n. Man gewinnt nämlich alle brauchbaren Paare (6) von Erzeugenden, wenn man für D der Reihe nach alle Teiler von n wählt, $A = \frac{n}{D}$ setzt und für B nacheinander $0, 1, 2, \ldots, D - 1$ einträgt.

Die gewonnenen Ergebnisse setzen uns in den Stand, einen Ansatz zur Lösung des Transformationsproblems zu entwickeln. Als Untergruppe Γ_n des Index n von Γ ist der Durchschnitt $D(\Gamma, \Gamma')$ eine unserer eben gefundenen Gruppen, deren $\wp$-Funktion $\wp(u \mid A\omega_1 + B\omega_2, D\omega_2)$ wir zur Vermittlung zwischen $\wp(u \mid \omega_1, \omega_2)$ und $\wp(u \mid \omega_1', \omega_2')$ einführen. Da $\wp(u \mid \omega_1, \omega_2)$ und $\wp(u \mid \omega_1', \omega_2')$ bei den Substitutionen der Γ_n unverändert bleiben und übrigens gerade Funktionen sind, so gilt der Satz: *Für die beiden Funktionen* $\wp(u \mid \omega_1, \omega_2)$ und $\wp(u \mid \omega_1', \omega_2')$ *mit kommensurabelen Gruppen* Γ, Γ' *gelten Darstellungen:*

$$(7) \qquad \begin{cases} \wp(u \mid \omega_1, \omega_2) = R(\wp(u \mid A\omega_1 + B\omega_2, D\omega_2)), \\ \wp(u \mid \omega_1', \omega_2') = R'(\wp(u \mid A\omega_1 + B\omega_2, D\omega_2)) \end{cases}$$

als rationale Funktionen des gleichen Argumentes $\wp(u \mid A\omega_1 + B\omega_2, D\omega_2)$, *durch dessen Elimination aus den Gleichungen* (7) *eine algebraische Relation* (1) *zwischen* $\wp(u \mid \omega_1, \omega_2)$ *und* $\wp(u \mid \omega_1', \omega_2')$ *gewonnen wird.* Die Kommensurabilität der Gruppen ist demnach, wie schon oben behauptet wurde, auch hinreichend für die Existenz einer Relation (1).

§ 2. Die Repräsentanten der Transformationen n^{ten} Grades.

Eine Untergruppe Γ_n des Index n in der Gruppe Γ hat als Diskontinuitätsbereich ein Parallelogramm, dessen Ecken $0, \omega_2', \omega_1' + \omega_2', \omega_1'$ Gitterpunkte des ursprünglichen Netzes sind, und dessen Inhalt $n$mal so groß wie der Inhalt des Parallelogramms der Ecken $0, \omega_2, \omega_1 + \omega_2, \omega_1$ ist. Wir nehmen die Bezeichnungen ω_1', ω_2' auf die Ecken so verteilt an, daß der Quotient $\omega' = \omega_1' : \omega_2'$ positiven imaginären Bestandteil hat. *Umgekehrt liefert jedes solche Parallelogramm den Diskontinuitätsbereich einer Untergruppe* Γ_n *des Index* n *in* Γ, *die aus den beiden Substitutionen:*

$$(1) \qquad u' = S_i'(u) = u + \omega_i', \qquad (i = 1, 2)$$

erzeugbar ist. Die ω_1', ω_2' stellen sich als Gitterpunkte des ursprünglichen Netzes in der Gestalt:

$$(2) \qquad \omega_1' = a\omega_1 + b\omega_2, \quad \omega_2' = c\omega_1 + d\omega_2$$

mittelst ganzer Zahlen a, b, c, d dar. Da der Quotient $\omega' = \omega_1' : \omega_2'$ positiven imaginären Bestandteil hat, so ist die Determinante $(ad - bc)$ positiv, und da der Inhalt des Parallelogramms der Ecken $0, \omega_2', \omega_1' + \omega_2', \omega_1'$ gleich dem n-fachen Inhalte des ursprünglichen Parallelogramms ist, so gilt insbesondere:

$$(3) \qquad ad - bc = n.$$

Man kann demnach sagen: *Berechnet man die* ω_1', ω_2' *aus den* ω_1, ω_2 *nach* (2) *mittelst irgendwelcher ganzer Zahlen* a, b, c, d *der Determinante* n, *so erzeugen die in* (1) *gegebenen Substitutionen* S_1', S_2' *eine Untergruppe des*

Index n in Γ; zugleich gelangt man auf diese Weise zu allen Untergruppen Γ_n von Γ.

Man sagt nun, in (2) liege eine *„Transformation n^{ten} Grades"* der Perioden ω_1, ω_2 vor, falls a, b, c, d vier ganze Zahlen der Determinante n sind. Diese Erklärung schließt den Begriff der „linearen Transformation" oder „Transformation ersten Grades" der Perioden, wie er in I, 184 gegeben wurde, ein und verallgemeinert ihn. Symbolisch möge eine Transformation (2) durch T bezeichnet werden. *Als Ziel der Transformationstheorie für die Funktionen erster Stufe sehen wir die Berechnung der „transformierten Funktionen"* $\wp(u \mid \omega_1', \omega_2')$, $\wp'(u \mid \omega_1', \omega_2')$ *oder:*

$$\wp(u \mid a\omega_1 + b\omega_2, c\omega_1 + d\omega_2), \quad \wp'(u \mid a\omega_1 + b\omega_2, c\omega_1 + d\omega_2)$$

und der „transformierten Invarianten"

$$g_2(a\omega_1 + b\omega_2, c\omega_1 + d\omega_2), \quad g_3(a\omega_1 + b\omega_2, c\omega_1 + d\omega_2), \quad J\left(\frac{a\omega + b}{c\omega + d}\right)$$

aus den ursprünglichen Funktionen und Invarianten an. Das Transformationsproblem des vorigen Paragraphen ist dadurch ein wenig abgeändert. Die ursprüngliche Funktion $\wp(u \mid \omega_1, \omega_2)$ ist rational in der transformierten $\wp(u \mid \omega_1', \omega_2')$ darstellbar:

$$(4) \qquad \wp(u \mid \omega_1, \omega_2) = R(\wp(u \mid a\omega_1 + b\omega_2, c\omega_1 + d\omega_2)).$$

In (7) S. 274 liegen zwei Relationen dieser Art vor, die das gleiche Argument der rationalen Funktionen haben. Erst durch Elimination dieses Argumentes ergibt sich eine algebraische Relation der Art (1) S. 270. Indem wir uns auf die einzelne Gleichung (4) beschränken, betrachten wir also nur algebraische Relationen (1) S. 270, in denen die eine der beteiligten $\wp$-Funktionen linear enthalten ist. Demgegenüber haben wir unser Problem in anderer Hinsicht wesentlich erweitert, insofern wir die Aufgabe gestellt haben, die transformierten Funktionen aus den ursprünglichen zu berechnen.

Während man nun für den einzelnen Grad n unendlich viele, abgekürzt durch $T = \begin{pmatrix} a, b \\ c, d \end{pmatrix}$ zu bezeichnende Transformationen hat, gibt es nach S. 273 doch nur endlich viele, nämlich $\Phi(n)$ verschiedene Untergruppen Γ_n, unter $\Phi(n)$ die Teilersumme der Zahl n verstanden. In der Tat gelangen wir immer wieder zu derselben Gruppe Γ_n, wenn wir an Stelle der ω_1', ω_2' zwei aus ihnen durch irgendeine „lineare" Transformation entstehende Perioden treten lassen. Alle zu derselben Gruppe Γ_n und also zu den gleichen transformierten Funktionen und Invarianten führenden Transformationen fassen wir in eine *„Klasse von Transformationen n^{ten} Grades"* zusammen. Sie entstehen aus einer ersten unter ihnen T in der Gestalt:

$$(5)\qquad V\cdot T=\begin{pmatrix}\alpha,\beta\\ \gamma,\delta\end{pmatrix}\cdot\begin{pmatrix}a,b\\ c,d\end{pmatrix}=\begin{pmatrix}\alpha a+\beta c, & \alpha b+\beta d\\ \gamma a+\delta c, & \gamma b+\delta d\end{pmatrix},$$

wo V die Substitutionen der homogenen Modulgruppe $\Gamma^{(\omega)}$ durchläuft.

Nach S. 273 muß in jeder Klasse eine und nur eine Transformation der Gestalt:

$$(6)\qquad T=\begin{pmatrix}A,B\\ 0,D\end{pmatrix},\quad A\cdot D=n,\quad 0\leqq B<D$$

enthalten sein, wo A, B, D positive ganze Zahlen sind, die den unter (6) angegebenen Bedingungen genügen. Dies ist arithmetisch leicht zu bestätigen. Bei gegebener Transformation $\begin{pmatrix}a,b\\ c,d\end{pmatrix}$ kann man in der Tat die Substitution V in einer und nur einer Art so bestimmen, daß in (5) rechts eine Transformation (6) vorliegt. Ist nämlich A der positiv genommene, größte gemeinsame Teiler von a und c, so hat man zu setzen:

$$\gamma=-\frac{c}{A},\quad \delta=+\frac{a}{A},\quad \gamma b+\delta d=-\frac{c}{A}b+\frac{a}{A}d=\frac{n}{A}=D$$

und gewinnt, da A in n aufgeht, auch in D eine positive ganze Zahl. Da γ und δ teilerfremde ganze Zahlen sind, so gibt es einfach unendlich viele Substitutionen V in $\Gamma^{(\omega)}$ mit diesen γ und δ als dritten und vierten Koeffizienten. Hat eine erste von ihnen die beiden ersten Koeffizienten α_0, β_0, so gewinnt man alle, indem man:

$$\alpha=\alpha_0+\nu\gamma,\quad \beta=\beta_0+\nu\delta,\qquad (\nu=\cdots,-2,-1,0,1,2,\cdots)$$

setzt und ν, wie angedeutet, alle ganzen Zahlen durchlaufen läßt. Daraus findet man weiter:

$$\alpha a+\beta c=A(\alpha\delta-\beta\gamma)=A,\quad \alpha b+\beta d=(\alpha_0 b+\beta_0 d)+\nu D=B$$

und kann über ν in einer und nur einer Art so verfügen, daß die letzte Bedingung (6) erfüllt ist. Wir wollen nun die eine in der Klasse enthaltene Transformation (6) zum *„Repräsentanten"* der Klasse wählen und haben dann folgenden Satz: *Beim Grade n hat man im ganzen $\Phi(n)$, durch die „Repräsentanten"* (6) *gelieferte Klassen von Transformationen und entsprechend $\Phi(n)$ verschiedene Systeme transformierter Funktionen und Invarianten.*

Ist t der größte gemeinsame Teiler der vier Koeffizienten a, b, c, d der Transformation T, so haben auch die vier Koeffizienten jeder weiteren Transformation $V\cdot T$ der gleichen Klasse t als größten gemeinsamen Teiler, so daß der Teiler t als ein Attribut der Klasse anzusehen ist. Ist $t=1$, so sagt man, es liege *„eigentliche" Transformation n^{ten} Grades* vor. Ist $t>1$, wo alsdann n den „quadratischen" Teiler t^2 hat, so schreiben wir $a=t\cdot a_0$, $b=t\cdot b_0$, $c=t\cdot c_0$, $d=t\cdot d_0$ und haben:

$$\wp(u\,|\,a\omega_1 + b\omega_2,\, c\omega_1 + d\omega_2) = t^{-2}\cdot\wp\left(\frac{u}{t}\,\middle|\, a_0\omega_1 + b_0\omega_2,\, c_0\omega_1 + d_0\omega_2\right), \dots,$$

$$g_2(a\omega_1 + b\omega_2,\, c\omega_1 + d\omega_2) = t^{-4}\cdot g_2(a_0\omega_1 + b_0\omega_2,\;\; c_0\omega_1 + d_0\omega_2), \dots,$$

$$J\left(\frac{a\omega + b}{c\omega + d}\right) = J\left(\frac{a_0\omega + b_0}{c_0\omega + d_0}\right).$$

Sehen wir von den Faktoren $t^{-2}, \dots$ ab, so liegt bei den Funktionen „eigentliche" Transformation des Grades $\frac{n}{t^2}$ in Verbindung mit der Division des Argumentes u durch t vor, bei den Invarianten aber „eigentliche" Transformation des Grades $\frac{n}{t^2}$. Sieht man auch über die Division des Argumentes u bei den Funktionen hinweg, so kann man den Satz aussprechen, *daß sich die $\Phi(n)$ Fälle der Transformation n^{ten} Grades zusammensetzen aus den „eigentlich" zu allen Graden $\frac{n}{t^2}$ gehörenden Transformationen, wo t^2 die quadratischen Teiler von n unter Einschluß von $t^2 = 1$ durchläuft.*

Zur Bestimmung der Anzahl der Klassen aller eigentlich zum Grade n gehörenden Transformationen stellen wir zunächst fest, *daß jede Untergruppe Γ_n des Index n eine Kongruenzgruppe n^{ter} Stufe ist.* Benutzen wir nämlich die beiden in (6) S. 273 gegebenen Substitutionen S_1', S_2' als erzeugende Substitutionen der Γ_n, so sind mit ihnen auch $S_1'^{\,D}\cdot S_2'^{\,-B}$ und $S_2'^{\,A}$ oder explizite die Substitutionen $u' = u + n\omega_1$, $u' = u + n\omega_2$ in Γ_n enthalten. Aus diesen beiden Substitutionen aber läßt sich die Hauptkongruenzgruppe Γ_{n^2} der n^{ten} Stufe erzeugen. Da der Flächeninhalt des Diskontinuitätsbereiches der Γ_{n^2} n-mal so groß wie der des Diskontinuitätsbereiches der Γ_n ist, so ist die Γ_{n^2} eine Untergruppe des Index n in der Γ_n, und die letztere Gruppe Γ_n reduziert sich mod n auf eine Untergruppe G_n der Ordnung n in der G_{n^2} aller mod n inkongruenten Substitutionen.

Wir sind auf diese Weise zu den Entwicklungen von S. 218ff. über Kongruenzgruppen n^{ter} Stufe in der Gruppe $\Gamma^{(u)}$ zurückgeführt. Dabei stellen sich die Substitutionen der G_n in der Gestalt:

$$(7) \qquad u' \equiv u + lA\omega_1 + (lB + mD)\omega_2 \pmod{n}$$

dar, unter l und m ganze Zahlen verstanden. Hieran schließt sich der Satz: Die G_n ist stets und nur dann eine zyklische Gruppe, wenn eigentliche Transformation n^{ten} Grades vorliegt. Haben nämlich A, B, D den gemeinsamen Teiler $t > 1$, so ist sicher die $\left(\frac{n}{t}\right)^{\text{te}}$ Potenz der Substitution (7) mit der identischen Substitution mod n kongruent, so daß in diesem Falle die G_n keine Substitution der Periode n enthält und also nicht zyklisch sein kann. Haben indessen A, B, D keinen Teiler $t > 1$

gemein, so weist man in der G_n leicht eine Substitution:

$$(8) \qquad u' \equiv u + A\omega_1 + (B + mD)\omega_2 \pmod n$$

der Periode n nach. Man zerlege nämlich A in das Produkt $A_1 \cdot A_2$, wo in A_1 alle Primfaktoren von A zusammengefaßt sind, die auch in D aufgehen, und wo also A_2 teilerfremd gegen D ist. Hieraus folgt, daß man m als ganze Zahl entsprechend der Kongruenz:

$$B + mD \equiv 1 \pmod{A_2}$$

bestimmen kann. Dann ist $(B + mD)$ teilerfremd gegen A_2. Da aber eine in A_1 aufgehende Primzahl auch in D aufgeht und deshalb B sicher nicht teilt, so ist $(B + mD)$ auch teilerfremd gegen A_1 und also auch gegen A. Die beiden ganzen Zahlen A und $(B + mD)$ bilden also im Sinne von S. 218 ein gegen n teilerfremdes Paar, so daß nach den dortigen Sätzen die Substitution (8) die Periode n hat. Die G_n ist also jetzt zyklisch und gehört zu den $\psi(n)$ schon S. 220 betrachteten Gruppen G_n.

Umgekehrt lieferte jede der $\psi(n)$ Gruppen G_n eine Kongruenzuntergruppe Γ_n, die als Untergruppe des Index n zu unseren bei der Transformation n^{ten} Grades eintretenden Γ_n gehört, und die, als einer zyklischen G_n entsprechend, eigentliche Transformation n^{ten} Grades liefern muß. Mit Rücksicht auf die Entwicklungen von S. 220ff. ist also der folgende Satz festgestellt: *Die eigentlich zum Grade n gehörenden Transformationen bilden* $\psi(n)$ *Klassen; die entsprechenden Gruppen* Γ_n *sind in der der* $\Gamma^{(u)}$ *ausgezeichnet, aber in der ternären Gruppe* $\Gamma^{(u,\omega)}$ *miteinander gleichberechtigt.*

Zum Grade $\frac{n}{t^2}$ gehören hiernach $\psi\left(\frac{n}{t^2}\right)$ Transformationsklassen im eigentlichen Sinne. Ist n rein quadratisch, so tritt auch der Repräsentant $A = D = \sqrt{n}$, $B = 0$ auf, der die lineare Transformation liefert. Unter dem bisher noch nicht erklärten Symbole $\psi(1)$ hat man demnach den Wert 1 zu verstehen. Aus den berechneten Anzahlen der Transformationsklassen ergibt sich daraufhin die Regel: *Die Teilersumme* $\Phi(n)$ *stellt sich in den ganzen Zahlen* ψ *durch die Gleichung:*

$$(9) \qquad \Phi(n) = \sum_t \psi\left(\frac{n}{t^2}\right)$$

dar, wo sich die Summe auf alle quadratischen Teiler t^2 *von n bezieht, unter Einschluß von* $t^2 = 1$.

§ 3. Die allgemeine Transformationsgleichung der $\wp$-Funktion.

Unter den $\psi(n)$ eigentlich zum Grade n gehörenden wesentlich verschiedenen Transformationen nennen wir die durch $A = n$, $B = 0$, $D = 1$ gegebene die *„erste Haupttransformation"*, während die Zahlen $A = 1$

$B = 0$, $D = n$ die *„zweite Haupttransformation"* liefern mögen. Die Diskontinuitätsbereiche der zugehörigen Gruppen sind leicht herstellbar. Für die erste Gruppe Γ_n hat man n Parallelogramme des ursprünglichen Netzes zu einem größeren Parallelogramme der Ecken $0, \omega_2, n\omega_1 + \omega_2, n\omega_1$ zusammenzuordnen. Die beiden Haupttransformationen sind natürlich keineswegs vor den übrigen Transformationen ausgezeichnet. Indem man statt der ω_1, ω_2 in geeigneter Weise linear transformierte Perioden einführt, wird man jede beliebige Transformation in den neuen Perioden z. B. als erste Haupttransformation schreiben können. Umgekehrt geht aus den z. B. bei der ersten Haupttransformation eintretenden Größen:

$$(1) \qquad \wp(u \mid n\omega_1, \omega_2), \ldots, g_2(n\omega_1, \omega_2), \ldots, J(n\omega)$$

das System der Größen irgendeiner anderen Klasse von Transformationen einfach durch eine geeignete „lineare" Transformation der Perioden in der Gestalt:

$$\wp(u \mid n\alpha\omega_1 + n\beta\omega_2, \quad \gamma\omega_1 + \delta\omega_2), \ldots$$

hervor, entsprechend der Gleichberechtigung der $\psi(n)$ Gruppen Γ_n innerhalb $\Gamma^{(u,\omega)}$. Bei dieser Sachlage darf man sich auf die Betrachtung der Haupttransformationen beschränken und könnte unter ihnen sogar eine, z. B. die erste, bevorzugen.

Im Diskontinuitätsbereiche der zur ersten Haupttransformation gehörenden Gruppe Γ_n ist $\wp(u \mid \omega_1, \omega_2) = \wp(u)$[1]) eine $2n$-wertige gerade Funktion, die dieserhalb eine rationale Funktion n^{ten} Grades:

$$(2) \qquad \wp(u) = R(\wp(u \mid n\omega_1, \omega_2))$$

von $\wp(u \mid n\omega_1, \omega_2)$ ist. Als Gleichung n^{ten} Grades für die transformierte $\wp$-Funktion aufgefaßt, bezeichnen wir diese Gleichung als *die „allgemeine Transformationsgleichung" der $\wp$-Funktion für die erste Haupttransformation n^{ten} Grades.* Sie hat die n Lösungen:

$$(3) \qquad \wp(u + \lambda\omega_1 \mid n\omega_1, \omega_2), \qquad (\lambda = 0, 1, 2, \ldots, n-1)$$

und ist irreduzibel in jedem Körper, der aus $(\mathfrak{R}, \wp(u), \wp'(u), g_2, g_3)$ durch Adjunktion irgendwelcher von u unabhängiger Größen entsteht.

Die Theorie dieser allgemeinen Transformationsgleichung ist nun bereits in den Entwicklungen von S. 225ff. über die allgemeine Teilungsgleichung vollständig enthalten. Die beiden zu den Haupttransformationen gehörenden Gruppen Γ_n sind im Sinne von S. 224 „komplementär"; auch die beiden Haupttransformationen mögen deshalb „komplementär" heißen. *Die aufeinanderfolgende Ausübung der beiden Haupttransformationen führt zur Division.* Üben wir nämlich auf $\wp(u \mid n\omega_1, \omega_2)$ die zweite Haupttransformation aus, so gelangen wir zu:

---

1) Sind Perioden der Funktionen $\wp$, $\wp'$, σ, ... nicht besonders angegeben, so sind immer ω_1, ω_2 als solche gedacht.

$$\wp(u \mid n\omega_1, n\omega_2) = n^{-2} \cdot \wp\left(\frac{u}{n} \,\middle|\, \omega_1, \omega_2\right).$$

Hatten wir nun oben den Satz gefunden, daß die allgemeine Teilungsgleichung nach Adjunktion der Teilwerte durch zwei zyklische Gleichungen n^{ten} Grades lösbar ist, so werden wir jetzt leicht erkennen, *daß die bei den aufeinander folgenden Haupttransformationen eintretenden beiden Transformationsgleichungen n^{ten} Grades unmittelbar als jene beiden zyklischen Resolventen der allgemeinen Teilungsgleichung angesehen werden können.*

Man erinnere sich, daß unter den in (3) S. 226 eingeführten $\Psi_{\lambda\mu}(u)$ die $(n-1)$ Funktionen $\Psi_{0\mu}(u)$ der zur ersten Haupttransformation gehörenden Gruppe Γ_n angehören. Die Berechnung dieser Funktionen $\Psi_{0\mu}(u)$ aus $\wp(u)$, $\wp'(u)$ geschieht aber auf Grund von (19) S. 230 nach Adjunktion der Teilwerte mittelst einer einzigen Wurzel n^{ten} Grades. Es besteht nun einfach der Satz, *daß nach Adjunktion dieser n^{ten} Wurzel und also der $\Psi_{0\mu}(u)$ die Wurzeln* (3) *der allgemeinen Transformationsgleichung* (2) *rational bekannt sind.*

Man bilde nämlich mittelst der Einheitswurzel $\varepsilon = e^{\frac{2i\pi}{n}}$ aus den Lösungen (3) der Transformationsgleichung die Summe:

$$\sum_{\lambda=0}^{n-1} \varepsilon^{\lambda\mu} \wp(u + \lambda\omega_1 \mid n\omega_1, \omega_2), \tag{4}$$

unter μ eine Zahl der Reihe $0, 1, 2, \ldots, (n-1)$ verstanden. Die Summe (4) bleibt bei Vermehrung von u um ω_2 unverändert, bei Vermehrung von u um ω_1 geht sie in sich selbst, multipliziert mit $\varepsilon^{-\mu}$, über. Für $\mu = 0$ liegt also eine Funktion der Perioden ω_1, ω_2 vor, die im ursprünglichen Parallelogramm einen einzigen, bei $u = 0$ gelegenen Pol zweiter Ordnung mit den Anfangsgliedern der Reihenentwicklung:

$$\frac{1}{u^2} + \sum_{\lambda=1}^{n-1} \wp(\lambda\omega_1 \mid n\omega_1, \omega_2) + \cdots$$

hat. In diesem Falle ist also die Summe (4), abgesehen vom Absolutgliede der eben angegebenen Reihe, mit der Funktion $\wp(u)$ identisch:

$$\sum_{\lambda=0}^{n-1} \wp(u + \lambda\omega_1 \mid n\omega_1, \omega_2) = \wp(u) + \sum_{\lambda=1}^{n-1} \wp(\lambda\omega_1 \mid n\omega_1, \omega_2). \tag{5}$$

Die rechts stehende Summe gestattet Darstellung durch die Teilwerte der $\wp$-Funktion. Man hat nämlich in $\wp(nu \mid n\omega_1, \omega_2)$ eine Funktion der Perioden ω_1, ω_2 mit n Polen zweiter Ordnung an den Stellen $u = 0, \frac{\omega_2}{n}, \frac{2\omega_2}{n}, \ldots, \frac{(n-1)\omega_2}{n}$ des Periodenparallelogramms. An der einzelnen Stelle

$\frac{\varkappa\omega_2}{n}$ wird $n^2\wp(nu|n\omega_1,\omega_2)=\wp\left(u|\omega_1,\frac{\omega_2}{n}\right)$ genau so unendlich, wie die unter (5) S. 211 eingeführte Funktion $\wp_{0,-\varkappa}(u)=\wp_{0,n-\varkappa}(u)$. Demnach ist die Differenz:

$$n^2\wp(nu\,|\,n\omega_1,\omega_2)-\sum_{\mu=0}^{n-1}\wp_{0\mu}(u)$$

eine von u unabhängige Größe, für die man aus dem Absolutgliede der Reihe nach Potenzen von u den Ausdruck $-\sum_{\mu=1}^{n-1}\wp_{0\mu}$ abliest:

$$n^2\wp(nu\,|\,n\omega_1,\omega_2)=\wp(u)+\sum_{\mu=1}^{n-1}(\wp_{0\mu}(u)-\wp_{0\mu}).$$

Setzt man $u=\frac{\lambda\omega_1}{n}$, so folgt:

$$\wp(\lambda\omega_1\,|\,n\omega_1,\omega_2)=\frac{1}{n^2}\left(\sum_{\mu=0}^{n-1}\wp_{\lambda\mu}-\sum_{\mu=1}^{n-1}\wp_{0\mu}\right).$$

Bildet man diese Gleichung für $\lambda=1,2,\ldots,(n-1)$ und addiert alle $(n-1)$ so entstehenden Gleichungen, so folgt bei zweckmäßiger Zusammenfassung der rechts stehenden Glieder:

$$\sum_{\lambda=1}^{n-1}\wp(\lambda\omega_1\,|\,n\omega_1,\omega_2)=\frac{1}{n^2}\sum_{\lambda,\mu}{}'\wp_{\lambda\mu}-\frac{1}{n}\sum_{\mu=1}^{n-1}\wp_{0\mu},$$

wo sich die erste Summe rechts auf alle inkongruenten Zahlenpaare mod n unter Auslassung der Kombination $\lambda=0$, $\mu=0$ bezieht. Nach (8) S. 247 ist diese Summe gleich 0, da für jeden Teiler von n die im eigentlichen Sinne zugehörigen Teilwerte verschwindende Summe liefern. Es besteht also die Gleichung:

$$(6)\qquad \sum_{\lambda=1}^{n-1}\wp(\lambda\omega_1\,|\,n\omega_1,\omega_2)=-\frac{1}{n}\sum_{\mu=1}^{n-1}\wp_{0\mu},$$

und die Relation (5) schreibt sich um in:

$$(7)\qquad \sum_{\lambda=0}^{n-1}\wp(u+\lambda\omega_1|n\omega_1,\omega_2)=\wp(u)-\frac{1}{n}\sum_{\mu=1}^{n-1}\wp_{0\mu}.$$

Bedeutet μ in der Summe (4) eine der Zahlen $1,2,\ldots,(n-1)$, so hat das Produkt dieser Summe und der Funktion $\Psi_{0\mu}(u)$ zufolge (4) S. 226 die Perioden ω_1 und ω_2; und zwar stellt dieses Produkt eine dreiwertige Funktion mit einem Pole dritter Ordnung im Punkte $u=0$ dar. Es gilt also für $\mu \neq 0$ der Ansatz:

$$\Psi_{0\mu}(u)\cdot\sum_{\lambda=0}^{n-1}\varepsilon^{\lambda\mu}\wp(u+\lambda\omega_1|n\omega_1,\omega_2)=A(\wp(u)-\wp_{0\mu})+B(\wp'(u)-\wp'_{0\mu}),$$

wobei sogleich noch benutzt ist, daß das Produkt im Nullpunkte $u = \frac{\mu\omega_2}{n}$ von $\Psi_{0\mu}(u)$ verschwinden muß. Zur Bestimmung der von u unabhängigen Faktoren benutzen wir die Anfangsglieder der Potenzreihe nach u für das Produkt, die nach (5) S. 226 lauten:

$$\frac{1}{u^3} + \frac{\mathfrak{G}'_{0\mu}}{\mathfrak{G}_{0\mu}} \cdot \frac{1}{u^2} + \cdots$$

Es ergibt sich für die Summe (4) die Darstellung:

$$(8) \qquad \sum_{\lambda=0}^{n-1} \varepsilon^{\lambda\mu} \wp(u + \lambda\omega_1 \mid n\omega_1, \omega_2) = \frac{\frac{\mathfrak{G}'_{0\mu}}{\mathfrak{G}_{0\mu}}(\wp(u) - \wp_{0\mu}) - \frac{1}{2}(\wp'(u) - \wp'_{0\mu})}{\Psi_{0\mu}(u)}.$$

Der Faktor von $\wp(u)$ im Zähler rechter Hand gehört, wie S. 232 festgestellt wurde, dem Körper $(\mathfrak{R}, g_2, g_3, \wp_{0\mu}, \wp'_{0\mu})$ an.

Durch Auflösung der Gleichungen (7) und (8) gewinnt man nun für die einzelne Wurzel der Transformationsgleichung die Darstellung

$$(9) \qquad \wp(u + \lambda\omega_1 \mid n\omega_1, \omega_2)$$
$$= \frac{1}{n}\left(\wp(u) - \frac{1}{n}\sum_{\mu=1}^{n-1} \wp_{0\mu} + \sum_{\mu=1}^{n-1} \varepsilon^{-\lambda\mu} \frac{\frac{\mathfrak{G}'_{0\mu}}{\mathfrak{G}_{0\mu}}(\wp(u) - \wp_{0\mu}) - \frac{1}{2}(\wp'(u) - \wp'_{0\mu})}{\Psi_{0\mu}(u)}\right).$$

Es sind also die Lösungen der allgemeinen Transformationsgleichung (2) nach Adjunktion der in der ersten Gleichung (19) S. 230 stehenden n^{ten} Wurzel zum Körper $(\mathfrak{R}, \wp(u), \wp'(u), g_2, g_3, \wp_{\lambda\mu}, \wp'_{\lambda\mu})$ rational bekannt. Da sich umgekehrt die Funktion $\Psi_{0\mu}(u)$ zufolge:

$$(10) \qquad \Psi_{0\mu}(u) = \frac{\frac{\mathfrak{G}'_{0\mu}}{\mathfrak{G}_{0\mu}}(\wp(u) - \wp_{0\mu}) - \frac{1}{2}(\wp'(u) - \wp'_{0\mu})}{\sum_{\lambda=0}^{n-1} \varepsilon^{\lambda\mu} \wp(u + \lambda\omega_1 \mid n\omega_1, \omega_2)}$$

als im „Galoisschen Körper" der Transformationsgleichung (2) enthalten erweist, so ist unsere obige Behauptung über den algebraischen Charakter dieser Gleichung bewiesen.

Die entwickelte Gestalt der Transformationsgleichung (2) kann man aus (5) ableiten. Indem man zur Vereinfachung der Schreibweise vorerst $\frac{\omega_1}{n}$ statt ω_1 einträgt, kleidet sich die Gleichung (5) in die Gestalt:

$$\wp\left(u \,\middle|\, \frac{\omega_1}{n}, \omega_2\right) = \wp(u) + \sum_{\lambda=1}^{n-1} (\wp_{\lambda 0}(u) - \wp_{\lambda 0}).$$

Im Falle eines ungeraden n schreiben wir hierfür:

$$\wp\left(u\left|\frac{\omega_1}{n}, \omega_2\right.\right) = \wp(u) + \sum_{\lambda=1}^{\frac{n-1}{2}}\left(\wp\left(u + \frac{\lambda\omega_1}{n}\right) + \wp\left(u - \frac{\lambda\omega_1}{n}\right) - 2\wp_{\lambda 0}\right).$$

Ist hingegen der Transformationsgrad n eine gerade Zahl, so ergibt sich entsprechend:

$$\wp\left(u\left|\frac{\omega_1}{n}, \omega_2\right.\right) = \wp(u) + \left(\wp\left(u + \frac{\omega_1}{2}\right) - e_1\right)$$
$$+ \sum_{\lambda=1}^{\frac{n-2}{2}}\left(\wp\left(u + \frac{\lambda\omega_1}{n}\right) + \wp\left(u - \frac{\lambda\omega_1}{n}\right) - \wp_{\lambda 0}\right).$$

Nun folgt z. B. aus der Gleichung (6) S. 216, falls man Z und Z' wieder als $\wp$-Funktion schreibt und $2u$ an Stelle von u einsetzt:

$$\wp\left(u + \frac{\omega_1}{2}\right) - e_1 = \frac{2e_1^2 + e_2 e_3}{\wp(u) - e_1},$$

während das Additionstheorem (4) in I, 203 zur Umformung der einzelnen Glieder der Summen die Gleichung liefert:

$$\wp(u+v) + \wp(u-v) = \frac{(2\wp(u)\wp(v) - \frac{1}{2}g_2)(\wp(u) + \wp(v)) - g_3}{(\wp(u) - \wp(v))^2}.$$

Man findet für ungerades n:

$$(11)\quad \wp\left(u\left|\frac{\omega_1}{n}, \omega_2\right.\right) = \wp(u) + \sum_{\lambda=1}^{\frac{n-1}{2}}\frac{(12\wp_{\lambda 0}^2 - g_2)\wp(u) - 4\wp_{\lambda 0}^3 - g_2\wp_{\lambda 0} - 2g_3}{2(\wp(u) - \wp_{\lambda 0})^2},$$

sowie für gerades n:

$$(12)\quad \begin{aligned} \wp\left(u\left|\frac{\omega_1}{n}, \omega_2\right.\right) &= \wp(u) + \frac{2e_1^2 + e_2 e_3}{\wp(u) - e_1} \\ &+ \sum_{\lambda=1}^{\frac{n-2}{2}}\frac{(12\wp_{\lambda 0}^2 - g_2)\wp(u) - 4\wp_{\lambda 0}^3 - g_2\wp_{\lambda 0} - 2g_3}{2(\wp(u) - \wp_{\lambda 0})^2}. \end{aligned}$$

Mittelst des Ersatzes von ω_1 durch $n\omega_1$ erhält man aus (11) bzw. (12) die Transformationsgleichung (2) selbst. Die Koeffizienten sind dann zwar noch nicht (wie wir nach dem Ausdrucke (9) der Lösungen erwarten sollten) in den g_2, g_3 und den ursprünglichen Teilwerten ausgedrückt, sondern stellen sich in denjenigen Größen dar, die aus g_2, g_3 und den $\wp_{\lambda 0}$ durch die erste Haupttransformation hervorgehen.[1])

1) Im Falle eines geraden n ist e_1 der zu $\lambda = \frac{n}{2}$ gehörende Teilwert $\wp_{\lambda 0}$, während $e_2 e_3 = \frac{g_3}{4e_1}$ ist.

§ 4. Transformation n^{ten} Grades der Sigmafunktion.

Die eben bei der $\wp$-Funktion befolgte Art, die Transformationsgleichung anzusetzen, bestand darin, daß zunächst $\wp\left(u \,\middle|\, \frac{\omega_1}{n}, \omega_2\right)$ als rationale Funktion von $\wp(u \mid \omega_1, \omega_2)$ zu Darstellung kam. Beim Übergange vom ursprünglichen $\wp(u \mid \omega_1, \omega_2)$ zu $\wp\left(u \,\middle|\, \frac{\omega_1}{n}, \omega_2\right)$ handelt es sich um die zur ersten Haupttransformation inverse Operation. Diese Art, die Transformation n^{ten} Grades anzufassen, ist besonders geeignet bei der σ-Funktion und den ϑ-Funktionen, weil hier zur Entwicklung der aufzustellenden Relationen die Sätze aus I, 217 ff. über ganze elliptische Funktionen dritter Art Verwendung finden können.

Um dies zunächst bei der σ-Funktion auszuführen, stellen wir fest, daß $\sigma\left(u \,\middle|\, \frac{\omega_1}{n}, \omega_2\right)$ eine ganze elliptische Funktion dritter Art ist, die bei Vermehrung von u um ω_1 und ω_2 bzw. die Faktoren annimmt:

$$e^{2i\pi(\mu_1 u + \nu_1)} = e^{n\eta_1' u + \frac{1}{2} n \eta_1' \omega_1 + n\pi i},$$

$$e^{2i\pi(\mu_2 u + \nu_2)} = e^{\eta_2' u + \frac{1}{2}\eta_2' \omega_2 + \pi i}.$$

Hier bedeuten η_1', η_2' die zu den „transformierten Perioden" $\omega_1' = \frac{\omega_1}{n}$, $\omega_2' = \omega_2$ gehörenden Perioden des Integrals zweiter Gattung:

$$\eta_i' = \eta_i(\omega_1', \omega_2') = \eta_i\left(\frac{\omega_1}{n}, \omega_2\right), \qquad i = 1, 2 \tag{1}$$

und die Bezeichnungen μ, ν sind im Sinne von I, 217 ff. gebraucht. Diese Größen μ, ν stellen sich in den Perioden wie folgt dar:

$$\left\{\begin{aligned} \mu_1 &= \frac{n\eta_1'}{2i\pi}, & \nu_1 &= \frac{n\eta_1'\omega_1}{4i\pi} + \frac{n}{2}, \\ \mu_2 &= \frac{\eta_2'}{2i\pi}, & \nu_2 &= \frac{\eta_2'\omega_2}{4i\pi} + \frac{1}{2}. \end{aligned}\right. \tag{2}$$

Die Nullpunkte der Funktion $\sigma\left(u \,\middle|\, \frac{\omega_1}{n}, \omega_2\right)$ im Periodenparallelogramm sind nun bei $u = 0, \frac{\omega_1}{n}, \frac{2\omega_1}{n}, \ldots, \frac{(n-1)\omega_1}{n}$ gelegen, so daß nach (13) in I, 221 anzusetzen ist:

$$\sigma\left(u \,\middle|\, \frac{\omega_1}{n}, \omega_2\right) = C \cdot e^{Au^2 + Bu} \prod_{\lambda=0}^{n-1} \sigma\left(u - \frac{\lambda\omega_1}{n}\right), \tag{3}$$

wo A, B, C von u unabhängig sind. Zur Berechnung von A dient die Gleichung (10) in I, 220. Man findet, indem man A als Funktion der Perioden durch $G_1(\omega_1, \omega_2)$ oder kurz durch G_1 bezeichnet:

$$A = G_1(\omega_1, \omega_2) = -\frac{1}{2}(\eta_1\mu_2 - \eta_2\mu_1) = \frac{1}{4i\pi}(n\eta_2\eta_1' - \eta_1\eta_2'),$$

wofür man auch schreiben kann:

$$(4)\qquad A = G_1 = \frac{1}{4i\pi\omega_1'\omega_2'}(\omega_1\eta_2\cdot\omega_2'\eta_1' - \omega_2\eta_1\cdot\omega_1'\eta_2').$$

Setzt man nun (auf Grund der Legendreschen Relation) erstlich:

$$\omega_1\eta_2 = 2i\pi + \omega_2\eta_1,\quad \omega_1'\eta_2' = 2i\pi + \omega_2'\eta_1'$$

und sodann zweitens:

$$\omega_2'\eta_1' = -2i\pi + \omega_1'\eta_2',\quad \omega_2\eta_1 = -2i\pi + \omega_1\eta_2$$

in die rechte Seite von (4) ein, so gelangt man nach kurzer Zwischenrechnung zu den beiden folgenden Ausdrücken für $A = G_1$:

$$(5)\qquad A = G_1(\omega_1, \omega_2) = \frac{\eta_1'}{2\omega_1'} - \frac{n\eta_1}{2\omega_1} = \frac{\eta_2'}{2\omega_2'} - \frac{n\eta_2}{2\omega_2}.$$

Eine dritte Darstellung von $A = G_1$ durch $\wp$-Teilwerte folgt unten; übrigens haben wir in $G_1(\omega_1, \omega_2)$ eine wichtige Modulform n^{ter} Stufe der Dimension -2 gewonnen, die später noch wiederholt zu betrachten sein wird.

In die Gleichung (14) in I, 221 ist entsprechend den Nullpunkten der Funktion (3) und den Werten (2) der μ, ν einzutragen:

$$v_1 + v_2 + \cdots + v_n = \frac{n-1}{2}\omega_1,$$
$$-(\omega_1\nu_2 - \omega_2\nu_1) - \frac{1}{2}\omega_1\omega_2(\mu_1 - \mu_2) = \frac{n\omega_2}{2} - \frac{\omega_1}{2}$$

und übrigens natürlich $m = n$. Es ergibt sich $m_1 = 0$, $m_2 = 0$. Da man übrigens leicht das Zutreffen der Gleichung:

$$-(\eta_1\nu_2 - \eta_2\nu_1) - \frac{1}{2}(\mu_1\omega_1\eta_2 - \mu_2\omega_2\eta_1) = \frac{n\eta_2}{2} - \frac{\eta_1}{2}$$

zeigt, so bestimmt sich $B = \frac{n-1}{2}\eta_1$. Auf Grund der in (1) I, 450 gegebenen Erklärung der Funktionen $\sigma_{\lambda\mu}(u)$ kann man den Exponentialfaktor e^{Bu} mit dem Produkte in (3) rechts zum Produkte der n Funktionen $\sigma_{\lambda 0}(u)$ zusammenfassen. Der Faktor C bestimmt sich endlich aus den Anfangsgliedern der Reihen nach Potenzen von u. Man gelangt zu dem Ergebnis: *Die durch die zur ersten Haupttransformation inverse Operation umgeformte σ-Funktion stellt sich in den Funktionen $\sigma_{\lambda 0}(u)$ und ihren Nullwerten wie folgt dar:*

$$(6)\qquad \sigma\left(u \,\middle|\, \frac{\omega_1}{n}, \omega_2\right) = e^{G_1 u^2}\sigma(u)\prod_{\lambda=1}^{n-1}\frac{\sigma_{\lambda 0}(u)}{\sigma_{\lambda 0}}.$$

Durch Logarithmierung und zweimalige Differentiation folgt aus (6)

$$\wp\left(u \,\middle|\, \frac{\omega_1}{n}, \omega_2\right) = -2G_1 + \wp(u) + \sum_{\lambda=1}^{n-1}\wp_{\lambda 0}(u).$$

Nach S. 282 aber gilt:

$$\wp\left(u \,\middle|\, \frac{\omega_1}{n}, \omega_2\right) = -\sum_{\lambda=1}^{n-1} \wp_{\lambda 0} + \wp(u) + \sum_{\lambda=1}^{n-1} \wp_{\lambda 0}(u).$$

Der Vergleich mit der voraufgehenden Gleichung liefert demnach noch den Satz: *Die Größe* $G_1(\omega_1, \omega_2)$ *stellt sich in den* $\wp$*-Teilwerten des* n^{ten} *Teilungsgrades so dar:*

(7) $$G_1(\omega_1, \omega_2) = \frac{1}{2} \sum_{\lambda=1}^{n-1} \wp_{\lambda 0}.$$

§ 5. Transformation zweiten Grades der Thetafunktionen.

Bei den Funktionen der älteren Theorie, die zu den Stufen 2, 4, ... gehören, bringt das Transformationsproblem in seiner in § 1 entwickelten allgemeinen Fassung sachlich nichts Neues, da die Funktionen der zweiten Stufe mit denen der ersten algebraisch zusammenhängen und also eine algebraische Beziehung zwischen Funktionen erster Stufe eine ebensolche zwischen den zugehörigen Funktionen der Stufen 2, 4, ... zur Folge hat. Formal ist zu bemerken, daß die Argumente v und w der ϑ-Funktionen und der Funktionen sn, cn, dn mit u durch die Gleichungen zusammenhängen:

(1) $$v = \frac{u}{\omega_2}, \quad w = u\sqrt{e_2 - e_1},$$

wo der Faktor von u in der letzten Gleichung nach I, 473 eine Modulform vierter Stufe ist. Geht man demnach von ω_1, ω_2 zu den transformierten Perioden (2) S. 274, während u unverändert bleibt, so ändern sich gleichwohl die v und w, indem sie übergehen in:

(2) $$v' = \frac{v}{c\omega + d}, \quad w' = Mw,$$

wo der Faktor M von w der Quotient:

(3) $$M = \frac{\sqrt{e_2 - e_1}\,(a\omega_1 + b\omega_2,\ c\omega_1 + d\omega_2)}{\sqrt{e_2 - e_1}\,(\omega_1, \omega_2)}$$

des transformierten Wertes der Modulform $\sqrt{e_1 - e_2}$ und des ursprünglichen Wertes ist. M ist der bei der Transformation eintretende „Multiplikator" des Integrals erster Gattung w, von dem Jacobi zeigt, daß er einer gewissen algebraischen Gleichung genügt. Wir kommen späterhin auf diese „Multiplikatorgleichung" für die Transformation n^{ten} Grades zurück.

Die erste Haupttransformation n^{ten} Grades läßt sich, wenn n eine zusammengesetzte Zahl $n_1 \cdot n_2$ ist, ersetzen durch die Aufeinanderfolge der beiden entsprechenden Transformationen der Grade n_1, n_2. Es steht uns also frei, aus dem Grade n zunächst die höchste in dieser Zahl enthaltene Potenz 2^ν von 2 auszusondern und die Transformation des Grades 2^ν durch ν-malige Ausübung der Transformation zweiten Grades zu ersetzen. Wir behandeln demnach, wie es für die Funktionen zweiter Stufe auch schon bei der Teilung zweckmäßig erschien, die Transformation zweiten Grades für sich und schließen dann die Transformation ungeraden Graden an.

Bei den ϑ-Funktionen folgen wir zunächst der Entwicklung, die in § 4 auf die Funktion $\mathfrak{S}(u)$ angewendet wurde, d. h. wir üben auf die vier Funktionen $\vartheta_\nu(v, q)$ die zu den Transformationen inversen Operationen aus und versuchen, die entstehenden Größen in den ursprünglichen ϑ-Funktionen auszudrücken. Die fraglichen Ausdrücke werden gewonnen auf Grund der Sätze in I, 420 ff. über Thetafunktionen erster und höherer Ordnung mit beliebigen Charakteristiken.

Im Falle des *zweiten* Grades bedeutet die zur zweiten Haupttransformation inverse Operation den Übergang von ω_2 zu $\frac{\omega_2}{2}$ bei unveränderten u, ω_1. Infolge (1) handelt es sich hier also um den Übergang von v, q zu $2v, q^2$. Dieser Übergang läßt sich aber auch so auffassen, *daß er die Kombination der ersten Haupttransformation und der Multiplikation des Argumentes u mit 2 ist.* Die Hinzunahme der Multiplikation hat zur Folge, daß die umgeformten Funktionen wieder die Perioden der ursprünglichen erhalten und dadurch in den letzteren ausdrückbar werden. Dieser Auffassung folgend pflegt man als erste Haupttransformation zweiten Grades den Übergang von v, q zu $2v$, q^2 bezeichnen, während bei der zweiten Haupttransformation und der noch fehlenden dritten Transformation q durch $q^{\frac{1}{2}}$ bzw. $iq^{\frac{1}{2}}$ ersetzt wird, beide Male bei unverändertem v. Es gilt nun also die drei Systeme zu je vier Funktionen:

$$(4) \qquad \vartheta_\nu(2v, q^2), \quad \vartheta_\nu\left(v, q^{\frac{1}{2}}\right), \quad \vartheta_\nu\left(v, iq^{\frac{1}{2}}\right), \qquad \nu = 0, 1, 2, 3$$

in den ursprünglichen ϑ auszudrücken.

Aus den Formeln (19) in I, 419 folgt bei Ersatz von v und ω durch $2v$ und 2ω:

$$\vartheta_\nu(2(v + \omega), q^2) = \pm\, q^{-2} e^{-4\pi v i} \vartheta_\nu(2v, q^2),$$

wo rechts für $\nu = 0$ und 1 das negative, für $\nu = 2$ und 3 das positive Zeichen gilt. Da ferner jede ϑ-Funktion bei Vermehrung des Argumentes v um 2 unverändert bleibt, bestehen die Gleichungen:

$$\vartheta_\nu(2(v + 1), q^2) = \vartheta_\nu(2v, q^2).$$

Im Sinne der in I, 428 aufgestellten Erklärung sind hiernach die vier Funktionen $\vartheta_\nu(2v, q^2)$ *„allgemeine" Thetafunktionen zweiter Ordnung* $\theta^{(2)}_{gh}(v)$ *der vier Charakteristiken* (0,1), (0,1), (0,0), (0,0). Zu einem ähnlichen

Resultate gelangt man bei dem zweiten und dritten Quadrupel (4). Man knüpfe, um das Verhalten bei Vermehrung von v um ω festzustellen bzw. an:

$$\vartheta_\nu(v+2\omega, e^{\pi i\omega}) = q^{-4}e^{-4\pi vi}\vartheta_\nu(v, e^{\pi i\omega}),$$
$$\vartheta_\nu(v+2\omega-1, e^{\pi i\omega}) = \pm q^{-4}e^{-4\pi vi}\vartheta_\nu(v, e^{\pi i\omega}),$$

ersetze ω durch $\frac{\omega}{2}$ bzw. $\frac{\omega+1}{2}$ und gelangt durch Fortsetzung der Überlegung zu dem Ergebnis, daß auch die acht noch fehlenden Funktionen (4) *„allgemeine" Thetafunktionen zweiter Ordnung* $\theta_{gh}^{(2)}(v)$ sind. Die Charakteristiken des zweiten Quadrupels (4) sind aber der Reihe $\nu = 0, 1, 2, 3$ nach (0,0), (1,0), (1,0), (0,0) und die des dritten (0,0), (1,1), (1,1), (0,0).

Nach I, 429ff. sind somit die zwölf transformierten Funktionen (4) durch die Quadrate und zweigliedrigen Produkte die vier ursprünglichen ϑ-Funktionen darstellbar, deren Verteilung auf die vier Charakteristiken (g, h) in I, 429 unten angegeben ist: Bei der Charakteristik (0,0) darf man irgend zwei der vier Quadrate $\vartheta_\nu(v)^2$ für die Darstellung zugrunde legen.[1]) Bei den anderen drei Charakteristiken (g, h) aber beachte man, daß immer ein Produkt $\vartheta_\mu(v)\vartheta_\nu(v)$ eine gerade, das andere eine ungerade Funktion darstellt. Unter den zwölf Funktionen (4) sind übrigens die vier mit $\nu = 1$ ungerade, alle übrigen aber gerade.

Dem Ansatze der gesuchten Darstellungen schicken wir noch ein paar Relationen zwischen ϑ-Nullwerten voraus. Die Nullwerte der drei geraden ϑ-Funktionen sind nach (18) in I, 418 durch die Produkte darstellbar:

$$(5)\quad \begin{cases} \vartheta_0 = \prod_{m=1}^{\infty}(1-q^{2m})\prod_{m=1}^{\infty}(1-q^{2m-1})^2, \\ \vartheta_2 = 2q^{\frac{1}{4}}\prod_{m=1}^{\infty}(1-q^{2m})\prod_{m=1}^{\infty}(1+q^{2m})^2, \\ \vartheta_3 = \prod_{m=1}^{\infty}(1-q^{2m})\prod_{m=1}^{\infty}(1+q^{2m-1})^2. \end{cases}$$

Durch Multiplikation der ersten und dritten Gleichung folgt:

$$\vartheta_0\vartheta_3 = \prod_{m=1}^{\infty}(1-q^{2m})^2\prod_{m=1}^{\infty}(1-q^{4m-2})^2 = \prod_{m=1}^{\infty}(1-q^{4m})^2\prod_{m=1}^{\infty}(1-q^{4m-2})^4,$$

wo sich rechts die Produktentwicklung von $\vartheta_0(q^2)^2$ eingefunden hat. Entsprechend gewinnt man:

1) Bei einer ohne zweites Argument geschriebenen Funktion $\vartheta_\nu(v)$ gilt stets q als zweites Argument. Ebenso ist bei einem ohne Argument geschriebenen Nullwerte ϑ_ν als Argument q zu denken.

$$\vartheta_2\vartheta_3 = 2q^{\frac{1}{4}}\prod_{m=1}^{\infty}(1-q^{2m})^2\prod_{m=1}^{\infty}(1+q^m)^2$$
$$= 2q^{\frac{1}{4}}\prod_{m=1}^{\infty}(1-q^m)^2\prod_{m=1}^{\infty}(1+q^m)^4,$$

wo rechts die Produktentwicklung von $\frac{1}{2}\vartheta_2\left(q^{\frac{1}{2}}\right)^2$ steht. Auf diese Weise erhält man die Relationen:

(6) $$\vartheta_0\vartheta_3 = \vartheta_0(q^2)^2,\quad 2\vartheta_2\vartheta_3 = \vartheta_2\left(q^{\frac{1}{2}}\right)^2,\quad \vartheta_2^2 = 2\vartheta_2(q^2)\vartheta_3(q^2),$$

deren dritte eine unmittelbare Folge der zweiten ist.

Man bilde nun nach den Regeln von I, 429ff., die sich auf den Hermiteschen Satz gründen, zunächst die Ansätze:

(7) $$\vartheta_0(2v, q^2) = a\vartheta_0(v)\vartheta_3(v),\quad \vartheta_3(2v, q^2) = b\vartheta_3(v)^2 + c\vartheta_0(v)^2,$$

wo die a, b, c von v unabhängig sind. Vermehrt man in der zweiten Gleichung v um $\frac{1}{2}$, so bleibt $\vartheta_3(2v, q^2)$ nach I, 419 unverändert, während sich $\vartheta_3(v)$ und $\vartheta_0(v)$ austauschen; es gilt also $c = b$. Vermehrt man v um $\frac{\omega}{2}$, so folgt aus (7) nach I, 419 bei Fortlassung der rechts und links übereinstimmend auftretenden Faktoren:

(8) $$\vartheta_1(2v, q^2) = a\vartheta_1(v)\vartheta_2(v),\quad \vartheta_2(2v, q^2) = b(\vartheta_2(v)^2 - \vartheta_1(v)^2).$$

Jetzt setze man $v = 0$ in die erste Gleichung (7) und die zweite Gleichung (8) ein und findet so:

$$\vartheta_0(q^2) = a\vartheta_0\vartheta_3,\quad \vartheta_2(q^2) = b\vartheta_2^2.$$

Mit Benutzung von (6) ergibt sich somit:

$$a = \frac{\vartheta_0(q^2)}{\vartheta_0\vartheta_3} = \frac{1}{\vartheta_0(q^2)},\quad b = \frac{\vartheta_2(q^2)}{\vartheta_2^2} = \frac{1}{2\vartheta_3(q^2)}.$$

Für die mittelst der ersten Haupttransformation umgeformten ϑ-Funktionen gelten also folgende Darstellungen in den ursprünglichen $\vartheta(v)$:

(9) $$\begin{cases} \vartheta_0(q^2)\vartheta_0(2v, q^2) = \vartheta_0(v)\vartheta_3(v), \quad \vartheta_0(q^2)\vartheta_1(2v, q^2) = \vartheta_1(v)\vartheta_2(v), \\ 2\vartheta_3(q^2)\vartheta_2(2v, q^2) = \vartheta_2(v)^2 - \vartheta_1(v)^2, \\ 2\vartheta_3(q^2)\vartheta_3(2v, q^2) = \vartheta_3(v)^2 + \vartheta_0(v)^2. \end{cases}$$

Von den Funktionen $\vartheta_\nu\left(v, q^{\frac{1}{2}}\right)$ haben die beiden ersten die Charakteristiken (0,0) und (1,0), so daß die Ansätze gelten:

(10) $$\vartheta_0\left(v, q^{\frac{1}{2}}\right) = a\vartheta_0(v)^2 + b\vartheta_1(v)^2,\quad \vartheta_1\left(v, q^{\frac{1}{2}}\right) = c\vartheta_1(v)\vartheta_0(v).$$

Vermehrt man in der ersten Gleichung v um $\frac{\omega}{2}$, so kommt für die linke

Seite die auf $\frac{\omega}{2}$ statt ω umgeformte erste Gleichung (19) in I, 419, für die beiden rechts stehenden Funktionen aber die Tabelle daselbst zur Verwendung. Man findet nach Fortlassung überflüssiger Faktoren:

$$\vartheta_0\left(v, q^{\frac{1}{2}}\right) = a\vartheta_1(v)^2 + b\vartheta_0(v)^2,$$

so daß $a = b$ gilt. Bei Vermehrung von v um $\frac{1}{2}$ folgt aus (10):

$$(11) \qquad \vartheta_3\left(v, q^{\frac{1}{2}}\right) = a(\vartheta_3(v)^2 + \vartheta_2(v)^2), \quad \vartheta_2\left(v, q^{\frac{1}{2}}\right) = c\vartheta_2(v)\vartheta_3(v).$$

Durch Eintragen von $v = 0$ in die erste Gleichung (10) und die zweite Gleichung (11) ergibt sich wieder mit Benutzung von (6):

$$a = \frac{\vartheta_0\left(q^{\frac{1}{2}}\right)}{\vartheta_0^2} = \frac{1}{\vartheta_3\left(q^{\frac{1}{2}}\right)}, \qquad c = \frac{\vartheta_2\left(q^{\frac{1}{2}}\right)}{\vartheta_2\vartheta_3} = \frac{2}{\vartheta_2\left(q^{\frac{1}{2}}\right)}.$$

Für die durch die zweite Haupttransformation umgeformten ϑ-Funktionen hat man also folgende Darstellungen in den ursprünglichen $\vartheta(v)$:

$$(12)\begin{cases} \vartheta_3\left(q^{\frac{1}{2}}\right)\vartheta_0\left(v, q^{\frac{1}{2}}\right) = \vartheta_0(v)^2 + \vartheta_1(v)^2, & \vartheta_2\left(q^{\frac{1}{2}}\right)\vartheta_1\left(v, q^{\frac{1}{2}}\right) = 2\vartheta_1(v)\vartheta_0(v), \\ \vartheta_2\left(q^{\frac{1}{2}}\right)\vartheta_2\left(v, q^{\frac{1}{2}}\right) = 2\vartheta_2(v)\vartheta_3(v), & \vartheta_3\left(q^{\frac{1}{2}}\right)\vartheta_3\left(v, q^{\frac{1}{2}}\right) = \vartheta_3(v)^2 + \vartheta_2(v)^2. \end{cases}$$

An Stelle der zweiten und dritten Gleichung kann man auch schreiben:

$$(13) \qquad \frac{\vartheta_1\left(v, q^{\frac{1}{2}}\right)}{\vartheta_2\left(q^{\frac{1}{2}}\right)} = \frac{\vartheta_1(v)\vartheta_0(v)}{\vartheta_2\vartheta_3}, \qquad \frac{\vartheta_2\left(v, q^{\frac{1}{2}}\right)}{\vartheta_2\left(q^{\frac{1}{2}}\right)} = \frac{\vartheta_2(v)\vartheta_3(v)}{\vartheta_2\vartheta_3}.$$

Endlich trage man in die erste und vierte Gleichung (12) und in die Gleichungen (13) statt ω noch $\omega + 1$ ein und bediene sich bei der Umrechnung der Reihenentwicklungen (17) und (20) in I, 418ff. Man wird leicht zu folgendem Ergebnis gelangen: *Die durch die noch fehlende Transformation zweiten Grades umgeformten ϑ-Funktionen stellen sich in den ursprünglichen $\vartheta(v)$ so dar:*

$$(14)\begin{cases} \vartheta_3\left(iq^{\frac{1}{2}}\right)\vartheta_0\left(v, iq^{\frac{1}{2}}\right) = \vartheta_3(v)^2 + i\vartheta_1(v)^2, \\ \dfrac{\vartheta_1\left(v, iq^{\frac{1}{2}}\right)}{\vartheta_2\left(iq^{\frac{1}{2}}\right)} = \dfrac{\vartheta_1(v)\vartheta_3(v)}{\vartheta_0\vartheta_2}, \qquad \dfrac{\vartheta_2\left(v, iq^{\frac{1}{2}}\right)}{\vartheta_2\left(iq^{\frac{1}{2}}\right)} = \dfrac{\vartheta_0(v)\vartheta_2(v)}{\vartheta_0\vartheta_2}, \\ \vartheta_3\left(iq^{\frac{1}{2}}\right)\vartheta_3\left(v, iq^{\frac{1}{2}}\right) = \vartheta_0(v)^2 + i\vartheta_2(v)^2. \end{cases}$$

§ 6. Transformation zweiten Grades der Funktionen sn, cn und dn.

Auf die Berechnung der transformierten Werte der von den Perioden allein abhängenden Modulfunktionen gehen wir erst in den späteren Kapiteln ein. Um indessen über die Transformation zweiten Grades der

Funktionen sn, cn und dn abschließende Angaben machen zu können, sind schon hier einige vorläufige Notizen über die Transformation desselben Grades der Integralmoduln und ihrer Wurzeln zu machen.

Nach I, 419 stellen sich die vierten Wurzeln aus dem Integralmodul k^2 und dem komplementären Modul $k'^2 = 1 - k^2$ in den ϑ-Nullwerten so dar:

$$(1) \qquad \sqrt{k} = \frac{\vartheta_2}{\vartheta_3}, \quad \sqrt{k'} = \frac{\vartheta_0}{\vartheta_3},$$

und sie sind hierdurch als eindeutige Funktionen von ω erklärt. Setzt man im Quotienten der dritten und vierten Gleichung (9) S. 289 für v den Wert 0 ein, so folgt bei Übergang zu den Integralmoduln auf Grund von (1):

$$\frac{\vartheta_2(q^2)}{\vartheta_3(q^2)} = \sqrt{k}(2\omega) = \frac{\vartheta_2^2}{\vartheta_3^2 + \vartheta_0^2} = \frac{k}{1+k'}.^{1)}$$

Ebenso findet man aus der ersten und vierten Gleichung (9) S. 289:

$$\left(\frac{\vartheta_0(q^2)}{\vartheta_3(q^2)}\right)^2 = k'(2\omega) = \frac{2\vartheta_0\vartheta_3}{\vartheta_3^2 + \vartheta_0^2} = \frac{2\sqrt{k'}}{1+k'}.$$

Es gilt also der Satz: *Die durch die erste Haupttransformation zweiten Grades umgeformten Integralmoduln stellen sich in den ursprünglichen Moduln wie folgt dar:*

$$(2) \qquad \sqrt{k}(2\omega) = \frac{k}{1+k'}, \quad k(2\omega) = \frac{1-k'}{1+k'}, \quad k'(2\omega) = \frac{2\sqrt{k'}}{1+k'}.$$

Um entsprechende Gleichungen für die zweite Haupttransformation aufzustellen, kann man entweder an die Gleichungen (12) und (13) S. 290 anzuknüpfen oder in den eben aufgestellten Gleichungen $\frac{\omega}{2}$ an Stelle von ω eintragen und nach $k\left(\frac{\omega}{2}\right)$ und $\sqrt{k'}\left(\frac{\omega}{2}\right)$ lösen. *Die mittelst der zweiten Haupttransformation zweiten Grades umgeformten Integralmoduln stehen zu den ursprünglichen Moduln in der Beziehung:*

$$(3) \qquad k\left(\frac{\omega}{2}\right) = \frac{2\sqrt{k}}{1+k}, \quad \sqrt{k'}\left(\frac{\omega}{2}\right) = \frac{k'}{1+k}, \quad k'\left(\frac{\omega}{2}\right) = \frac{1-k}{1+k}.$$

Die dritte Transformation zweiten Grades betrachten wir hier nicht besonders.

Die Wirkung der Transformationen zweiten Grades auf die Funktionen sn, cn und dn liest man nun aus den Formeln (9) ff. S. 289 leicht ab. Wir nehmen in diese Funktionen neben w die Quadratwurzel des Integralmoduls k^2 als zweites Argument auf[2]) und fassen die Formeln (28) in

1) Ist bei den Modulfunktionen $k, k', \sqrt{k}, \sqrt{k'}$ ein Argument nicht angegeben, so ist stets ω als solches hinzuzudenken.

2) So oft ein solches Argument nicht angegeben ist, gilt der ursprüngliche Wert k als zweites Argument.

I, 420 durch die Proportion zusammen:

$$(4)\qquad \begin{cases} \operatorname{sn}(w,k):\operatorname{cn}(w,k):\operatorname{dn}(w,k):1 \\ = \vartheta_3^2\vartheta_1(v):\vartheta_0\vartheta_3\vartheta_2(v):\vartheta_0\vartheta_2\vartheta_3(v):\vartheta_2\vartheta_3\vartheta_0(v). \end{cases}$$

Die Wirkung der ersten Haupttransformation (vereint mit der Multiplikation) auf v und ω ist nun $v' = 2v$, $\omega' = 2\omega$. Für das Argument w, das sich nach I, 388 und (21) in I, 419 so darstellt:

$$(5)\qquad w = u\sqrt{e_2 - e_1} = v\omega_2\sqrt{e_2 - e_1} = \pi v \vartheta_3^2,$$

ergibt sich also die Transformation:

$$(6)\qquad w' = 2\pi v\,\vartheta_3(q^2)^2 = 2w\left(\frac{\vartheta_3(q^2)}{\vartheta_3}\right)^2 = (1+k')w,$$

wie man mit Hilfe der für $v = 0$ gebildeten letzten Gleichung (9) S. 289 und der zweiten Gleichung (1) feststellt. Die Wirkung der ersten Haupttransformation auf k aber ist unter (2) angegeben. Die Proportion (4) ist demgemäß umzuformen in:

$$\operatorname{sn}\left((1+k')w, \frac{1-k'}{1+k'}\right):\operatorname{cn}\left((1+k')w, \frac{1-k'}{1+k'}\right):\operatorname{dn}\left((1+k')w, \frac{1-k'}{1+k'}\right):1$$
$$= \vartheta_3(q^2)^2\vartheta_1(2v,q^2):\vartheta_0(q^2)\vartheta_3(q^2)\vartheta_2(2v,q^2):\vartheta_0(q^2)\vartheta_2(q^2)\vartheta_3(2v,q^2)$$
$$:\vartheta_2(q^2)\vartheta_3(q^2)\vartheta_0(2v,q^2).$$

Man drücke nun die rechts stehenden transformierten ϑ-Funktionen nach (9) S. 289 durch die ursprünglichen aus, führe auf Grund von (1) und (4) die Moduln und Funktionen sn, cn, dn ein und ersetze noch die transformierten Moduln nach (2) durch die ursprünglichen. Die rechte Seite der letzten Proportion nimmt dabei die Gestalt an:

$$(1+k')\operatorname{sn} w \operatorname{cn} w : (\operatorname{cn} w^2 - k'\operatorname{sn} w^2) : \frac{1}{1+k'}(k' + \operatorname{dn} w^2) : \operatorname{dn} w.$$

Im zweiten und dritten Gliede schreibe man noch $(1 - \operatorname{sn}^2)$ für cn^2 und $(1 - k^2\operatorname{sn}^2)$ für dn^2. Unter Spaltung der Proportion in drei Gleichungen findet sich der Satz: *Die mittelst der ersten Haupttransformation umgeformten Funktionen* sn, cn *und* dn *stellen sich in den ursprünglichen Funktionen so dar:*

$$(7)\qquad \begin{cases} \operatorname{sn}\left((1+k')w, \frac{1-k'}{1+k'}\right) = (1+k')\frac{\operatorname{sn} w \operatorname{cn} w}{\operatorname{dn} w}, \\ \operatorname{cn}\left((1+k')w, \frac{1-k'}{1+k'}\right) = \frac{1-(1+k')\operatorname{sn} w^2}{\operatorname{dn} w}, \\ \operatorname{dn}\left((1+k')w, \frac{1-k'}{1+k'}\right) = \frac{1-(1-k')\operatorname{sn} w^2}{\operatorname{dn} w}. \end{cases}$$

Diese Formeln liefern die sogenannte *Landensche Transformation.*[1])

1) Vgl. die Landensche Abhandlung „An investigation of a general theorem for finding the length of any arc of any conic hyperbel etc.“, Philosoph. Transact., Bd. 65 (1775) oder „Math. Mem.“ (London 1780) Bd. 1, S. 33.

Die anderen beiden Transformationen zweiten Grades gestatten eine ganz entsprechende Behandlung. Wir notieren nur noch das Ergebnis: *Die durch die zweite Haupttransformation umgeformten Funktionen* sn, cn *und* dn *stellen sich in den ursprünglichen Funktionen und Moduln so dar:*

$$(8)\qquad \begin{cases} \operatorname{sn}\left((1+k)w, \dfrac{2\sqrt{k}}{1+k}\right) = \dfrac{(1+k)\operatorname{sn} w}{1+k\operatorname{sn} w^2}, \\ \operatorname{cn}\left((1+k)w, \dfrac{2\sqrt{k}}{1+k}\right) = \dfrac{\operatorname{cn} w \operatorname{dn} w}{1+k\operatorname{sn} w^2}, \\ \operatorname{dn}\left((1+k)w, \dfrac{2\sqrt{k}}{1+k}\right) = \dfrac{1-k\operatorname{sn} w^2}{1+k\operatorname{sn} w^2}. \end{cases}$$

Diese Gleichungen bilden die sogenannte *Gaußsche Transformation.*[1])

§ 7. Transformation ungeraden Grades der Funktionen zweiter Stufe.

Es sei endlich der Transformationsgrad n eine beliebige ungerade Zahl. Beschränken wir uns auf die beiden Haupttransformationen, so haben wir entsprechend der bei $n = 2$ befolgten Methode zunächst die transformierten Thetafunktionen:

$$(1)\qquad \vartheta_\nu(nv, q^n), \qquad \vartheta_\nu\left(v, q^{\frac{1}{n}}\right), \qquad \nu = 0, 1, 2, 3$$

in den ursprünglichen darzustellen. Die Ansätze zur Lösung dieser Aufgabe gewinnt man wie im Falle $n = 2$.

Man folgert erstlich aus den Gleichungen (19) in I, 419:

$$\vartheta_\nu(nv + n\omega, q^n) = \pm\, q^{-n} e^{-2n\pi v i} \vartheta_\nu(nv, q^n),$$
$$\vartheta_\nu(nv + n, q^n) = \pm\, \vartheta_\nu(nv, q^n),$$

wo die rechts gültigen Vorzeichen aus den eben genannten Gleichungen zu entnehmen sind. Aus diesen Vorzeichen geht hervor, daß die $\vartheta_\nu(nv, q^n)$ als Thetafunktionen n^{ter} Ordnung die Charakteristiken (0,1), (1,1), (1,0), (0,0) besitzen.

Zur Behandlung des zweiten Quadrupels (1) knüpft man an die aus (19) in I, 419 für beliebiges ungerades n leicht ableitbare Regel:

$$\vartheta_\nu(v + n\omega, q) = \pm\, q^{-n^2} e^{-2n\pi v i} \vartheta_\nu(v, q),$$

wo wieder dieselben Vorzeichen gelten wie in den genannten Formeln. Schreibt man $\frac{\omega}{n}$ statt ω, so folgt:

$$\vartheta_\nu\left(v + \omega, q^{\frac{1}{n}}\right) = \pm\, q^{-n} e^{-2n\pi v i} \vartheta_\nu\left(v, q^{\frac{1}{n}}\right),$$

---

1) Vgl. Gauß' Abhandlung „Determinatio attractionis, quam in punctum quodvis positionis datae exerceret planeta etc.“, Göttinger Abhandl., Bd. 4 (1818) oder „Werke“, Bd. 3, S. 331.

während sich andrerseits unmittelbar:

$$\vartheta_\nu\left(v+1, q^{\frac{1}{n}}\right) = \pm\,\vartheta_\nu\left(v, q^{\frac{1}{n}}\right)$$

ergibt. Man findet, daß auch das zweite Quadrupel (1) Thetafunktionen n^{ter} Ordnung der Charakteristiken (0, 1), (1, 1), (1, 0), (0, 0) darstellt.

Die Ansätze für die Darstellung der beiden Systeme transformierter Thetafunktionen in den ursprünglichen $\vartheta(v)$ werden durch die Regeln von I, 430 ff. geliefert. Für die vier in Frage kommenden Charakteristiken sind daselbst je n linear-unabhängige Ausdrücke in den Funktionen $\vartheta_\nu(v, q)$ gebildet, in denen die einzelnen transformierten Funktionen jeweils linear und homogen darstellbar sind. Für die beiden Funktionen $\vartheta_0(nv, q^n)$ und $\vartheta_0\left(v, q^{\frac{1}{n}}\right)$ kommen nur die geraden Ausdrücke der Charakteristik (0, 1) in Betracht. Dies sind die $\frac{n+1}{2}$ Produkte:

$$\vartheta_0(v)^n,\quad \vartheta_0(v)^{n-2}\vartheta_1(v)^2,\quad \vartheta_0(v)^{n-4}\vartheta_1(v)^4,\ \ldots,\ \vartheta_0(v)\vartheta_1(v)^{n-1},$$

welche in der Zusammenstellung von I, 430 (unten) an erster Stelle genannt sind. Man hat also die beiden Ansätze:

$$(2)\quad \begin{cases} \vartheta_0(nv, q^n) = a_0\vartheta_0(v)^n + a_1\vartheta_0(v)^{n-2}\vartheta_1(v)^2 + \cdots + a_{\frac{n-1}{2}}\vartheta_0(v)\vartheta_1(v)^{n-1}, \\ \vartheta_0\left(v, q^{\frac{1}{n}}\right) = b_0\vartheta_0(v)^n + b_1\vartheta_0(v)^{n-2}\vartheta_1(v)^2 + \cdots + b_{\frac{n-1}{2}}\vartheta_0(v)\vartheta_1(v)^{n-1}, \end{cases}$$

wo die Koeffizienten a, b von v unabhängig sind.

Statt für die übrigen drei transformierten Funktionen jedes Quadrupels (1) ähnliche Ansätze auf demselben Wege aufzustellen, kann man diese Ansätze auch durch Umrechnung aus (2) gewinnen. Zur ϑ_1-Funktion gelangt man von ϑ_0 aus durch Vermehrung von v um $\frac{\omega}{2}$. Erstlich ergibt sich aus der Tabelle in I, 419 leicht:

$$\vartheta_0\left(nv + \frac{n\omega}{2}, q^n\right) = i q^{-\frac{n}{4}} e^{-n\pi v i}\vartheta_1(nv, q^n),$$

womit man die erste Gleichung (2) umzurechnen hat. Für die zweite Gleichung (2) knüpfe man an die für jede ganze Zahl m gültige Gleichung:

$$\vartheta_0(v + m\omega, q) = (-1)^m q^{-m^2} e^{-2m\pi v i}\vartheta_0(v, q).$$

Man setze hier $m = \frac{1}{2}(n-1)$ und vermehre v um $\frac{\omega}{2}$, wodurch man erhält:

$$\vartheta_0\left(v + \frac{n\omega}{2}, q\right) = (-1)^{\frac{n-1}{2}} i q^{-\frac{n^2}{4}} e^{-n\pi v i}\vartheta_1(v, q)$$

und weiter, wenn man $\frac{\omega}{n}$ statt ω einträgt:

$$\vartheta_0\left(v + \frac{\omega}{2}, q^{\frac{1}{n}}\right) = (-1)^{\frac{n-1}{2}} i q^{-\frac{n}{4}} e^{-n\pi v i} \vartheta_1\left(v, q^{\frac{1}{n}}\right).$$

Die Wirkung der Vermehrung von v um $\frac{\omega}{2}$ auf die rechten Seiten der Gleichungen (2) ist direkt aus der Tabelle in I, 419 feststellbar. Man erhält aus (2) die weiteren Ansätze:

$$(3) \quad \begin{cases} (-1)^{\frac{n-1}{2}} \vartheta_1(nv, q^n) = a_0 \vartheta_1(v)^n + a_1 \vartheta_1(v)^{n-2} \vartheta_0(v)^2 + \cdots \\ \qquad\qquad \cdots + a_{\frac{n-1}{2}} \vartheta_1(v) \vartheta_0(v)^{n-1}, \\ \vartheta_1\left(v, q^{\frac{1}{n}}\right) = b_0 \vartheta_1(v)^n + b_1 \vartheta_1(v)^{n-2} \vartheta_0(v)^2 + \cdots \\ \qquad\qquad \cdots + b_{\frac{n-1}{2}} \vartheta_1(v) \vartheta_0(v)^{n-1}, \end{cases}$$

wo die a und b dieselbe Bedeutung haben wie in (2). Durch Vermehrung von v um $\frac{1}{2}$ gelangt man von (2) und (3) aus zu entsprechenden Ansätzen für die transformierten Funktionen ϑ_3 und ϑ_2.

Von den Koeffizienten ergeben sich a_0 und b_0 aus (2), indem man $v = 0$ einträgt:

$$(4) \qquad a_0 = \frac{\vartheta_0(q^n)}{\vartheta_0^n}, \qquad b_0 = \frac{\vartheta_0\left(q^{\frac{1}{n}}\right)}{\vartheta_0^n}.$$

Ebenso kann man aus (3) für $\lim v = 0$ unter Berücksichtigung des aus I, 418ff. sich ergebenden Anfangsgliedes:

$$\vartheta_1(v, q) = \vartheta_1' \cdot v + \cdots = \pi \vartheta_0 \vartheta_2 \vartheta_3 v + \cdots$$

der Reihe von $\vartheta_1(v)$ nach Potenzen von v die Bedeutung der beiden letzten Koeffizienten entnehmen. Die Rechnung führt auf:

$$(5) \quad \begin{cases} a_{\frac{n-1}{2}} = (-1)^{\frac{n-1}{2}} n \dfrac{\vartheta_0(q^n)\, \vartheta_2(q^n)\, \vartheta_3(q^n)}{\vartheta_0^n \vartheta_2 \vartheta_3} \\ b_{\frac{n-1}{2}} = \dfrac{\vartheta_0\left(q^{\frac{1}{n}}\right) \vartheta_2\left(q^{\frac{1}{n}}\right) \vartheta_3\left(q^{\frac{1}{n}}\right)}{\vartheta_0^n \vartheta_2 \vartheta_3}. \end{cases}$$

Auch die übrigen Koeffizienten a, b sind rational mit rationalen Zahlenkoeffizienten durch die ursprünglichen und transformierten ϑ-Nullwerte darstellbar. Man findet nämlich z. B. zum Zwecke der Berechnung der a bei Division der ersten Gleichung (3) durch die erste Gleichung (2):

$$(6) \quad (-1)^{\frac{n-1}{2}} \sqrt{l}\, \mathrm{sn}(w', l) = \frac{a_0 (\sqrt{k})^n \mathrm{sn}\, w^n + a_1 (\sqrt{k})^{n-2} \mathrm{sn}\, w^{n-2} + \cdots + a_{\frac{n-1}{2}} \sqrt{k}\, \mathrm{sn}\, w}{a_0 + a_1 k\, \mathrm{sn}\, w^2 + a_2 k^2 \mathrm{sn}\, w^4 + \cdots + a_{\frac{n-1}{2}} k^{\frac{n-1}{2}} \mathrm{sn}\, w^{n-1}},$$

wo das Argument w' und der transformierte Integralmodul l gegeben sind durch:

$$(7)\qquad w' = nw\frac{\vartheta_3(q^n)^2}{\vartheta_3^2}, \qquad \sqrt{l} = \frac{\vartheta_2(q^n)}{\vartheta_3(q^n)}.$$

Multipliziert man in (6) mit dem Nenner nach links herauf und entwickelt rechts und links nach Potenzen von w, so gelangt man durch Gleichsetzung der Koeffizienten gleicher Potenzen rechts und links zu Gleichungen, aus denen man mit Benutzung der schon bekannten Werte a_0, $a_{\frac{n-1}{2}}$ die übrigen Koeffizienten bestimmen kann.

Arbeitet man bei diesen Rechnungen an Stelle der ϑ_1-Funktion mit den ϑ_2- und ϑ_3-Funktionen, so erscheint die Funktion $\operatorname{sn} w$ durch $\operatorname{cn} w$ bzw. $\operatorname{dn} w$ ersetzt. Man gelangt so zu zwei neuen Arten die Koeffizienten darzustellen und erhält durch Gleichsetzung der Ausdrücke, die man für ein und denselben Koeffizienten findet, *Relationen zwischen den ursprünglichen und den transformierten ϑ-Nullwerten.*[1]) Auf die algebraische Natur dieser ϑ-Relationen wird am Schlusse des vorliegenden Bandes eingegangen.

Eine andere Art die Koeffizienten a, b zu bestimmen benutzt die Nullpunkte der transformierten ϑ-Funktionen. So verschwindet z. B. die Funktion $\vartheta_1(nv, q^n)$ für $v = \frac{1}{n}, \frac{2}{n}, \frac{3}{n}, \dots, \frac{n-1}{n}$. Aus (3) entnimmt man demnach ein System homogener linearer Gleichungen:

$$a_0\vartheta_1\left(\frac{\mu}{n}\right)^n + a_1\vartheta_1\left(\frac{\mu}{n}\right)^{n-2}\vartheta_0\left(\frac{\mu}{n}\right)^2 + \dots + a_{\frac{n-1}{2}}\vartheta_1\left(\frac{\mu}{n}\right)\vartheta_0\left(\frac{\mu}{n}\right)^{n-1} = 0,$$

wo μ die Werte $1, 2, \dots, n-1$ durchläuft. Nachdem a_0 aus (4) bereits bekannt ist, könnte man versuchen, diese Gleichungen zur Berechnung der übrigen a zu verwenden. Dieser Weg führt alsdann zu Relationen, in denen neben den ursprünglichen und den transformierten ϑ-Nullwerten auch „*Teilwerte*" der ϑ-Funktionen auftreten.

Die beschriebenen Rechnungen sind übrigens nur für ganz niedere Transformationsgrade durchführbar. Das Hauptinteresse der Transformationstheorie hat sich denn auch wesentlich von den „allgemeinen Transformationsgleichungen", zu denen z. B. auch die Gleichung (6) gehört, abgewandt und den in algebraischer und arithmetischer Hinsicht weit interessanteren „speziellen Transformationsgleichungen" zugekehrt, denen die transformierten Modulfunktionen und Modulformen genügen. Zu diesen Gleichungen gehören auch die unten noch ausführlich zu betrachtenden Jacobischen Modular- und Multiplikatorgleichungen.

---

1) Relationen dieser Art haben sich in großer Zahl im Nachlasse von Gauß gefunden; vgl. die Fragmente IV und V in Gauß' „Werken", Bd. 3 S. 461 ff. In neuerer Zeit hat sich mit diesen Thetarelationen insbesondere M. Krause beschäftigt; siehe dessen „Theorie der doppeltperiodischen Funktionen einer veränderlichen Größe" (Leipzig 1895), Bd. 1 S. 177 ff.

Zweites Kapitel.

Systeme ganzer elliptischer Funktionen dritter Art n^{ter} Stufe.

Wendet man die Transformation n^{ten} Grades auf die von den Perioden ω_1, ω_2 allein abhängenden Modulfunktionen und Modulformen an, so entstehen Größen, die mit den ursprünglichen Funktionen bzw. Formen wieder algebraisch zusammenhängen. Diese algebraischen Relationen nennen wir „spezielle Transformationsgleichungen". Sie entsprechen den speziellen Teilungsgleichungen und sind, wie schon gelegentlich bemerkt wurde, im allgemeinen, d. h. von einigen besonderen Transformationsgraden abgesehen, die Resolventen niedersten Grades der speziellen Teilungsgleichungen. Wegen der beziehungsreichen und ausgedehnten Theorie dieser speziellen Transformationsgleichungen erscheint es zweckmäßig, die Betrachtung zunächst auf die Transformation der Funktionen erster Stufe $J(\omega)$, $g_2(\omega_1, \omega_2)$, $g_3(\omega_1, \omega_2)$ und $\Delta(\omega_1, \omega_2)$ einzuschränken; nur sollen zugleich auch die Wurzeln der Diskriminante Δ, soweit sie eindeutige Modulformen liefern, zugelassen werden.

Bei den algebraischen Einzelausführungen über diese speziellen Transformationsgleichungen bedürfen wir noch der Kenntnis gewisser Systeme elliptischer Modulformen n^{ter} Stufe, deren man sich bei allen tiefer greifenden Untersuchungen über Transformation der Funktionen erster Stufe mit Vorteil bedient. Es werden jene Systeme von Modulformen geliefert von gewissen Systemen ganzer elliptischer Funktionen n^{ter} Stufe dritter Art, deren Theorie namentlich in gruppentheoretischer Hinsicht auch an sich bemerkenswert ist. Die Kenntnis dieser Funktionssysteme verdankt man der Abhandlung von Klein „Über die elliptischen Normalkurven der n^{ten} Ordnung und zugehörige Modulfunktionen n^{ter} Stufe"[1]) sowie derjenigen von A. Hurwitz „Über endliche Gruppen linearer Substitutionen, die in der Theorie der elliptischen Transzendenten auftreten".[2]) Eine ausführliche Besprechung der fraglichen Funktionssysteme findet man in „Modulfunktionen" Bd. 2, S. 236ff. Die Darstellung des vorliegenden Kapitels beschränkt sich auf das für die weitere Entwicklung unbedingt Notwendige.

§ 1. Teilwerte und Wurzeln der Diskriminante Δ.

Um die späteren Entwicklungen nicht zu unterbrechen, werden zunächst einige Beziehungen zwischen den Teilwerten und den Wurzeln der

1) Abhandl. der Sächs. Gesellsch. d. Wissensch. zu Leipzig, Bd. 18 (1885).
2) Math. Ann., Bd. 27 (1886).

R. Fricke, *Die elliptischen Funktionen und ihre Anwendungen, Zweiter Teil*,
DOI 10.1007/978-3-642-19561-7_7, © Springer-Verlag Berlin Heidelberg 2012

Diskriminante Δ aufgestellt. Aus (9) in I, 268 ergibt sich die Produktentwicklung:

$$(1)\qquad \mathfrak{S}_{0\mu}^{(n)} = -\frac{\omega_2}{\pi}\sin\frac{\mu\pi}{n}\prod_{\nu=1}^{\infty}\frac{(1-\varepsilon^{\mu}q^{2\nu})(1-\varepsilon^{-\mu}q^{2\nu})}{(1-q^{2\nu})^2},$$

wo der Teilungsgrad n der Deutlichkeit halber als oberer Index an der Bezeichnung $\mathfrak{S}$ angebracht ist. Man nehme n *ungerade*, setze der Reihe nach $\mu = 1, 2, 3, \ldots, \frac{n-1}{2}$ und bilde das Produkt der entstehenden Gleichungen (1), wobei sich das Produkt der Sinus zu $2^{-\frac{n-1}{2}}\sqrt{n}$ zusammenfaßt:

$$\prod_{\mu=1}^{\frac{n-1}{2}}\mathfrak{S}_{0\mu}^{(n)} = (-1)^{\frac{n-1}{2}}\left(\frac{\omega_2}{2\pi}\right)^{\frac{n-1}{2}}\sqrt{n}\prod_{\nu=1}^{\infty}\frac{1-q^{2n\nu}}{(1-q^{2\nu})^n}.$$

Schreiben wir die transformierten Perioden in der Gestalt:

$$(2)\qquad \omega_1' = \omega_1, \qquad \omega_2' = \frac{\omega_2}{n}$$

und nennen Δ' die zugehörige Diskriminante $\Delta(\omega_1', \omega_2')$, so ergibt sich aus der Produktentwicklung (6) in I, 313 der Diskriminante:

$$\sqrt[24]{\frac{\Delta'}{\Delta^n}} = \sqrt{n}\left(\frac{\omega_2}{2\pi}\right)^{\frac{n-1}{2}}\prod_{\nu=1}^{\infty}\frac{1-q^{2n\nu}}{(1-q^{2\nu})^n}.$$

Für jedes ungerade n besteht also zwischen der Diskriminante und den $\mathfrak{S}$-Teilwerten die Beziehung:

$$(3)\qquad \sqrt[24]{\frac{\Delta'}{\Delta^n}} = (-1)^{\frac{n-1}{2}}\prod_{\mu=1}^{\frac{n-1}{2}}\mathfrak{S}_{0\mu}^{(n)}.$$

Die $\wp'$-Funktion läßt sich durch die $\mathfrak{S}$-Funktion in der Gestalt:

$$\wp'(u) = -\frac{\mathfrak{S}(2u)}{\mathfrak{S}(u)^4}$$

darstellen. Für den Teilwert $\wp'_{0\mu}$ folgt hieraus:

$$\wp'_{0\mu} = -\frac{\mathfrak{S}\left(\frac{2\mu\omega_2}{n}\right)}{\mathfrak{S}\left(\frac{\mu\omega_2}{n}\right)^4} = \frac{\mathfrak{S}_{0,2\mu}^{(n)}}{(\mathfrak{S}_{0\mu}^{(n)})^4}.$$

Man setze $\mu = 1, 2, \ldots, \frac{n-1}{2}$ und bilde das Produkt:

$$\prod_{\mu=1}^{\frac{n-1}{2}}\wp'_{0\mu} = \prod_{\mu=1}^{\frac{n-1}{2}}\frac{\mathfrak{S}_{0,2\mu}^{(n)}}{(\mathfrak{S}_{0\mu}^{(n)})^4}.$$

Aus den Formeln (4) und (6) in I, 451 leitet man nun leicht die Regel $\sigma^{(n)}_{0,n-\mu} = \sigma^{(n)}_{0\mu}$ ab. Die letzten Faktoren im Zähler des eben angegebenen Produktes $\sigma_{0,n-1}, \sigma_{0,n-3}, \ldots$ kann man demnach durch $\sigma_{01}, \sigma_{03}, \ldots$ ersetzen und findet so:

$$\prod_{\mu=1}^{\frac{n-1}{2}} \wp'_{0\mu} = \left(\prod_{\mu=1}^{\frac{n-1}{2}} \frac{1}{\sigma^{(n)}_{0\mu}}\right)^3.$$

Aus (3) folgt also der weitere Satz: *Für jedes ungerade n besteht zwischen der Diskriminante und den $\wp'$-Teilwerten die Beziehung:*

$$(4) \qquad \sqrt[8]{\frac{\Delta'}{\Delta^n}} = \frac{(-1)^{\frac{n-1}{2}}}{\prod\limits_{\mu=1}^{\frac{n-1}{2}} \wp'_{0\mu}}.$$

Endlich leitet man aus der Gleichung (14) in I, 217 leicht:

$$\wp_{0,2\mu} - \wp_{0\mu} = -\frac{\sigma^{(n)}_{0,3\mu}}{\sigma^{(n)}_{0\mu} \cdot (\sigma^{(n)}_{0,2\mu})^2}$$

ab. Es sei nun die ungerade Zahl n teilerfremd gegen 3. Lassen wir μ wieder die Zahlen $1, 2, 3, \ldots, \frac{n-1}{2}$ durchlaufen, so treten im Zähler die zweiten Indizes auf:

$$3, 6, 9, \cdots, \quad \frac{3n-9}{2}, \quad \frac{3n-3}{2}.$$

Reduziert man diese Indizes mod n auf ihre absolut kleinsten Reste, d.h. auf Zahlen der Reihe $-\frac{n-1}{2}, -\frac{n-3}{2}, \cdots, +\frac{n-1}{2}$, so werden keine zwei gleich oder entgegengesetzt, wie leicht festgestellt wird. Der einzelne σ-Teilwert erfährt hierbei höchstens einen Zeichenwechsel. Lassen wir ein sich hier einstellendes, jedoch weiterhin nicht zur Benutzung kommendes Vorzeichen der Kürze halber unbestimmt, so ergibt sich aus (3): *Für jeden ungeraden gegen 3 teilerfremden Grad n besteht zwischen der Diskriminante Δ und den $\wp$-Teilwerten die Beziehung:*

$$(5) \qquad \sqrt[12]{\frac{\Delta'}{\Delta^n}} = \frac{\pm 1}{\prod\limits_{\mu=1}^{\frac{n-1}{2}} (\wp_{0,2\mu} - \wp_{0\mu})}.$$

Für ein *gerades n* bilden wir aus (1) das Produkt:

$$\prod_{\mu=1}^{n-1} \sigma^{(n)}_{0\mu} = \sigma^{(2)}_{01} \prod_{\mu=1}^{\frac{n-2}{2}} (\sigma^{(n)}_{0\mu})^2 = -\left(\frac{\omega_2}{\pi}\right)^{n-1} \prod_{\mu=1}^{n-1} \sin\frac{\mu\pi}{n} \prod_{\nu=1}^{\infty} \frac{(1-q^{2n\nu})^2}{(1-q^{2\nu})^{2n}}.$$

Das rechts stehende unendliche Produkt ist wieder in einfacher Weise durch die Diskriminante darstellbar: *Für jedes gerade n besteht zwischen der Diskriminante und den $\mathfrak{S}$-Teilwerten die Beziehung:*

$$(6)\qquad \sqrt[12]{\frac{\Delta'}{\Delta^n}} = -\mathfrak{S}_{01}^{(2)}\left(\prod_{\mu=1}^{\frac{n-2}{2}} \mathfrak{S}_{0\mu}^{(n)}\right)^2.$$

Hieraus folgt weiter:

$$(7)\qquad \sqrt[12]{\Delta'\Delta} = -\left(\sqrt[12]{\Delta}\right)^n \left(\sqrt[12]{\Delta}\,\mathfrak{S}_{01}^{(2)}\right)\left(\prod_{\mu=1}^{\frac{n-2}{2}} \mathfrak{S}_{0\mu}^{(n)}\right)^2.$$

Nun ergibt sich aus einer in I, 452 aufgestellten Gleichung:

$$\sqrt[12]{\Delta}\,\mathfrak{S}_{01}^{(2)} = -2q^{\frac{1}{6}}\prod_{\nu=1}^{\infty}(1+q^{2\nu})^2,$$

woraus man durch Vergleich mit der ersten Gleichung (14) in I, 456 die Folgerung zieht:

$$\sqrt[12]{\Delta}\,\mathfrak{S}_{01}^{(2)} = -e^{\frac{5\pi i}{4}}\left(\mathfrak{S}_{01}^{(4)}\mathfrak{S}_{21}^{(4)}\sqrt[6]{\Delta}\right)^2.$$

Trägt man diesen Ausdruck für die zweite Klammer auf der rechten Seite von (7) ein, so zeigt sich, daß diese rechte Seite das Quadrat einer eindeutigen Modulform darstellt. Man kann also nochmals die Quadratwurzel ziehen[1]) und findet: *Für gerades n besteht zwischen der Diskriminante und den $\mathfrak{S}$-Teilwerten die Beziehung:*

$$(8)\qquad \sqrt[24]{\Delta'\Delta} = \pm e^{\frac{5\pi i}{8}}\left(\sqrt[12]{\Delta}\right)^{\frac{n}{2}}\left(\mathfrak{S}_{01}^{(4)}\mathfrak{S}_{21}^{(4)}\sqrt[6]{\Delta}\right)\prod_{\mu=1}^{\frac{n-2}{2}} \mathfrak{S}_{0\mu}^{(n)}.$$

Die Bestimmung des rechts zutreffenden Vorzeichens möge der Kürze halber wieder übergangen werden.

Die transformierte Diskriminante $\Delta' = \Delta\left(\omega_1, \frac{\omega_2}{n}\right)$ wird durch die Substitutionen der durch $\gamma \equiv 0 \pmod{n}$ erklärten Kongruenzgruppe $\Gamma_{\psi(n)}$ der n^{ten} Stufe in sich übergeführt. Bei diesen Substitutionen bleibt also sowohl die Form (3) als die Form (8) bis auf eine multiplikative 24ste Einheitswurzel unverändert. Die bei der einzelnen dieser Formen wirklich auftretenden Einheitswurzeln reproduzieren sich ihrerseits gegenüber Multiplikation irgend zweier unter ihnen; es handelt sich also um die t Einheitswurzeln eines Grades t, der ein bestimmter Teiler von 24 ist.

Zerlegen wir nun die Substitutionen der $\Gamma_{\psi(n)}$ in t Klassen, indem wir in die einzelne Klasse alle Substitutionen hineintun, die die Form (3) bzw. (8) mit dem gleichen Faktor versehen, so ist leicht einzusehen,

1) Ohne das Gebiet der eindeutigen Modulformen zu verlassen (vgl. I, 450).

daß wir die t Nebengruppen einer in der $\Gamma_{\psi(n)}$ ausgezeichneten Untergruppe $\Gamma_{t\psi(n)}$ vor uns haben, deren zugehörige Quotientengruppe eine zyklische G_t ist. Diese ausgezeichnete $\Gamma_{t\psi(n)}$ besteht dann aus allen Substitutionen, bei denen die fragliche Modulform unverändert bleibt.

In dem weiterhin zu bevorzugenden Falle eines ungeraden n müssen wir die Gruppe $\Gamma_{t\psi(n)}$ noch näher bestimmen. Wir betrachten zunächst die Modulform (5) und stellen fest, daß $(\wp_{0,2\mu} - \wp_{0\mu})$ durch eine Substitution $\begin{pmatrix}\alpha, & \beta\\ \gamma, & \delta\end{pmatrix}$ mit $\gamma \equiv 0 \pmod{n}$ in $(\wp_{0,2\mu\delta} - \wp_{0,\mu\delta})$ übergeführt wird. Nun ist δ teilerfremd gegen γ und also gegen n. Die $\frac{n-1}{2}$ Zahlen $\delta, 2\delta, 3\delta, \ldots, \frac{n-1}{2}\delta$ darf man ohne Änderung der $\wp$-Teilwerte mod n auf ihre absolut kleinsten Reste reduzieren. Von diesen Resten sind dann, eben weil δ teilerfremd gegen n ist, keine zwei gleich oder entgegengesetzt. Da unsere $\wp$-Teilwerte aber auch bei Zeichenwechsel der Indizes unverändert bleiben, so bleibt das in (5) rechts stehende Produkt überhaupt unverändert: *Im Falle eines ungeraden gegen* 3 *teilerfremden n ist die in* (5) *dargestellte zwölfte Wurzel des Diskriminantenquotienten eine unmittelbar zur $\Gamma_{\psi(n)}$ gehörende Modulform n^{ter} Stufe.*

Etwas umständlicher ist die Feststellung des Verhaltens, welches das in (4) rechts auftretende Produkt:

$$\wp'_{01}\,\wp'_{02}\,\wp'_{03}\cdots\wp'_{0,\frac{n-1}{2}} \tag{9}$$

gegenüber einer Substitution mit $\gamma \equiv 0 \pmod{n}$ annimmt. Da

$$\wp'_{0,-\mu} = -\,\wp'_{0\mu}$$

gilt, so bleibt das Produkt unverändert oder es erleidet Zeichenwechsel, je nachdem bei Reduktion der $\frac{n-1}{2}$ Zahlen $\delta, 2\delta, 3\delta, \ldots, \frac{n-1}{2}\delta$ auf ihre absolut kleinsten Reste mod n die Anzahl der hierbei auftretenden negativen Reste gerade oder ungerade ist.

Um diese Anzahl und damit das fragliche Vorzeichen festzustellen, bemerken wir, daß nur für eine Primzahl n alle $\frac{n-1}{2}$ Faktoren (9) „eigentlich" zum n^{ten} Teilungsgrade gehören. Ist n zusammengesetzt, so gehören nur $\frac{1}{2}\varphi(n)$ Faktoren (9) eigentlich zum Grade n, nämlich diejenigen $\wp'_{0\mu}$, bei denen μ teilerfremd gegen n ist. Ist aber τ irgendein Teiler von n, so treten in (9) auch die zum Teilungsgrade τ gehörenden Teilwerte $\wp'_{01}, \wp'_{02}, \ldots, \wp'_{0,\frac{\tau-1}{2}}$ auf, und zwar $\frac{1}{2}\varphi(\tau)$ unter ihnen als „eigentlich" zum Grade τ gehörig. Wir erschöpfen aber das ganze Produkt (9) gerade genau, indem wir τ alle Teiler von n durchlaufen lassen, unter Einschluß von n und

Ausschluß von 1, und für jedes τ die eigentlich zu diesem Grade gehörenden $\frac{1}{2}\varphi(\tau)$ Teilwerte $\wp'_{01}, \wp'_{02}, \ldots, \wp'_{0,\frac{\tau-1}{2}}$ zulassen.

Bei einer Substitution mit $\gamma \equiv 0 \pmod{n}$ geht nun jedes dieser Produkte zu je $\frac{1}{2}\varphi(\tau)$ Faktoren in sich über oder erleidet nur einen Zeichenwechsel. Das von uns gesuchte Vorzeichen aber ist einfach das Produkt aller den einzelnen τ entsprechenden Vorzeichen. Um beim einzelnen τ dieses Vorzeichen zu bestimmen, reduzieren wir die $\frac{1}{2}\varphi(\tau)$ Produkte $\delta\mu$ mit gegen τ teilerfremden Zahlen μ der Reihe $1, 2, \ldots, \frac{\tau-1}{2}$ mod τ auf ihre absolut kleinsten Reste und sehen nach, ob unter diesen Resten eine gerade oder ungerade Anzahl negativer vorkommt. Da nach Zeichenwechsel der negativen Reste wieder die $\frac{1}{2}\varphi(\tau)$ anfänglichen Zahlen μ vorliegen, so gilt für das Produkt der $\frac{1}{2}\varphi(\tau)$ Zahlen $\delta\mu$ die Kongruenz:

$$\delta^{\frac{1}{2}\varphi(\tau)} \prod \mu \equiv \pm \prod \mu, \pmod{\tau},$$

wo rechts das obere oder untere Zeichen gilt, je nachdem die Anzahl der negativen unter jenen absolut kleinsten Resten gerade oder ungerade ist. Damit haben wir aber das Vorzeichen erreicht, welches wir für das auf τ bezogene Teilprodukt der $\wp'$-Teilwerte suchen. Indem wir noch durch die gegen τ teilerfremde Zahl $\prod \mu$ heben, findet sich für das Vorzeichen:

$$(10) \qquad \delta^{\frac{1}{2}\varphi(\tau)} \equiv \pm 1 \pmod{\tau}.$$

Um diese Kongruenz zu verwerten, stellen wir den Satz auf: Ist die ungerade Zahl m das Produkt $m = m_1 \cdot m_2$ zweier von 1 verschiedener teilerfremder Zahlen m_1, m_2, so ist stets:

$$(11) \qquad \delta^{\frac{1}{2}\varphi(m)} \equiv 1 \pmod{m},$$

falls δ teilerfremd gegen m ist. Nach dem verallgemeinerten Fermatschen Satze[1]) gilt nämlich: $\delta^{\varphi(m_1)} \equiv 1 \pmod{m_1}$.

Da aber $\varphi(m) = \varphi(m_1) \cdot \varphi(m_2)$ gilt und $\varphi(m_2)$ eine gerade Zahl ist, so folgt:

$$\delta^{\frac{1}{2}\varphi(m)} = \left(\delta^{\varphi(m_1)}\right)^{\frac{1}{2}\varphi(m_2)} \equiv 1 \pmod{m_1}.$$

Da die gleiche Kongruenz auch für den Modul m_2 gewonnen wird, so ist der Satz (11) damit bewiesen.

Für die Potenz p^ν einer ungeraden Primzahl p gilt $\varphi(p^\nu) = p^{\nu-1}\varphi(p)$, so daß man findet:

$$\delta^{\frac{1}{2}\varphi(p^\nu)} = \left(\delta^{\frac{1}{2}\varphi(p)}\right)^{p^{\nu}-1} \equiv \pm 1 \pmod{p^\nu}.$$

1) Vgl. Dirichlet-Dedekind, „Vorles. über Zahlentheorie", 4. Aufl., S. 38.

Das hier gesuchte Vorzeichen ist dasselbe, wie dasjenige der Kongruenz:

$$\left(\delta^{\frac{1}{2}\varphi(p)}\right)^{p^{\nu-1}} \equiv \pm 1 \pmod p,$$

wofür wir, da die in der großen Klammer stehende Zahl mod p mit ± 1 kongruent ist und $p^{\nu-1}$ eine ungerade Zahl bedeutet:

$$\delta^{\frac{1}{2}\varphi(p)} = \delta^{\frac{p-1}{2}} \equiv \pm 1 \pmod p$$

schreiben können. Das hier gesuchte Vorzeichen ist also einfach das Legendresche Zeichen $\left(\frac{\delta}{p}\right)$ aus der Theorie der quadratischen Reste.[1])

Zufolge (11) brauchen wir von den Teilprodukten des Produktes (9) nur die zuzulassen, welche sich auf Teiler τ der Gestalt p^ν beziehen, wo dann jedesmal das gesuchte Vorzeichen $\left(\frac{\delta}{p}\right)$ ist. Ist aber p^ν eine höchste in n aufgehende Primzahl, so haben wir τ der Reihe nach gleich p^ν, $p^{\nu-1}, \ldots, p^2, p$ zu setzen und also die eben genannte Regel ν Male anzuwenden. Hieraus ergibt sich das Vorzeichen des Produktes (9) als Produkt der Faktoren $\left(\frac{\delta}{p}\right)^\nu$ bezogen auf alle Primteiler von n. Damit aber sind wir zum Legendre-Jacobischen Zeichen[2]) geführt und gewinnen den Satz: *Die für ein ungerades n in* (4) *dargestellte achte Wurzel des Diskriminantenquotienten wird durch Ausübung einer Substitution mit $\gamma \equiv 0 \pmod n$ in:*

$$\left(\frac{\delta}{n}\right)\sqrt[8]{\frac{\Delta'}{\Delta^n}} \tag{12}$$

transformiert, wo $\left(\frac{\delta}{n}\right)$ das Legendre-Jacobische Zeichen ist.

Da man die 24ste Wurzel (3) als Quotienten der beiden Formen (4) und (5) darstellen kann, so folgt aus den über diese letzteren Formen aufgestellten Sätzen: *Für die ungeraden, gegen 3 teilerfremden n nimmt die in* (3) *dargestellte 24ste Wurzel des Diskriminantenquotienten bei Ausübung einer Substitution mit $\gamma \equiv 0$ gleichfalls den Faktor $\left(\frac{\delta}{n}\right)$ an.* Weitere Sätze über diesen Faktor folgen später.

§ 2. Einführung der ganzen elliptischen Funktionen dritter Art n^{ter} Ordnung $X_\lambda(u \mid \omega_1, \omega_2)$.

Unter ω_1', ω_2' verstehen wir auch weiterhin die transformierten Perioden (2) S. 289 und bezeichnen die zugehörigen Perioden des Normalintegrals zweiter Gattung durch:

$$\eta_i' = \eta_i\left(\omega_1, \frac{\omega_2}{n}\right) = \eta_i(\omega_1', \omega_2'), \qquad i=1,2.$$

1) Vgl. Dirichlet-Dedekind, a. a. O., S. 104.

2) Vgl. Dirichlet-Dedekind, a. a. O., S. 78.

Die entsprechend der Gleichung (5) S. 285 gebildete Größe:

$$(1)\qquad G_1(\omega_1, \omega_2) = \frac{\eta_1'}{2\,\omega_1'} - \frac{n\,\eta_1}{2\,\omega_1} = \frac{\eta_2'}{2\,\omega_2'} - \frac{n\,\eta_2}{2\,\omega_2}$$

ist eine Modulform n^{ter} Stufe, die durch die $\wp$-Teilwerte in der Gestalt:

$$(2)\qquad G_1(\omega_1, \omega_2) = \frac{1}{2}\sum_{\mu=1}^{n-1} \wp_{0\mu}$$

darstellbar ist. Diese Gleichungen gehen aus (5) und (7) S. 285ff. einfach durch die mit T bezeichnete Substitution $\begin{pmatrix} 0, & 1 \\ -1, & 0 \end{pmatrix}$ der homogenen Modulgruppe $\Gamma^{(\omega)}$ hervor, wobei in Betracht zu ziehen ist, daß die Perioden des Integrals zweiter Gattung sich zu den ω_1, ω_2 „kogredient" substituieren.

Ist nun zunächst n eine beliebige *ungerade* Zahl, so bilden wir für die transformierten Perioden die Funktion $\mathfrak{S}^{(n)}_{\lambda,0}(u\,|\,\omega_1', \omega_2')$ und behaupten, daß sie den Charakter einer Modulform n^{ter} Stufe hat, d. h. daß sie bei Ausübung einer Substitution $\begin{pmatrix} \alpha, & \beta \\ \gamma, & \delta \end{pmatrix}$ der Hauptkongruenzgruppe n^{ter} Stufe unverändert bleibt. Für die transformierten Perioden rechnet sich die Substitution auf $\begin{pmatrix} \alpha, & n\beta \\ n^{-1}\gamma, & \delta \end{pmatrix}$ um, bei der die fragliche $\mathfrak{S}$-Funktion nach (3) in I, 451 übergeht in:

$$\mathfrak{S}^{(n)}_{\alpha\lambda,\, n\beta\lambda}(u\,|\,\omega_1', \omega_2') = \mathfrak{S}^{(n)}_{\lambda + \frac{\alpha-1}{n}\lambda\cdot n,\ \beta\lambda\cdot n}(u\,|\,\omega_1', \omega_2').$$

Die rechts stehende Funktion ist aber nach (4) in I, 451 wieder mit $\mathfrak{S}^{(n)}_{\lambda,0}(u\,|\,\omega_1', \omega_2')$ identisch. Man hat bei der erforderlichen Rechnung nur zu berücksichtigen, daß n ungerade sein sollte, und daß bei geradem β auch $(\alpha - 1)$ gerade sein muß. Wir fügen noch einen mit G_1 aufgebauten Exponentialfaktor hinzu und haben auch in:

$$(3)\qquad e^{-G_1 u^2}\mathfrak{S}^{(n)}_{\lambda,0}(u\,|\,\omega_1', \omega_2') = e^{-G_1 u^2}\mathfrak{S}^{(n)}_{\lambda,0}\left(u\,\Big|\,\omega_1, \frac{\omega_2}{n}\right)$$

einen Ausdruck, der den Charakter einer Modulform n^{ter} Stufe hat.

Im Falle eines *geraden* n reihen wir an (3) den Ausdruck an:

$$(4)\qquad e^{-G_1 u^2}\mathfrak{S}^{(2n)}_{2\lambda+n,\,n}(u\,|\,\omega_1', \omega_2') = e^{-G_1 u^2}\mathfrak{S}^{(2n)}_{2\lambda+n,\,n}\left(u\,\Big|\,\omega_1, \frac{\omega_2}{n}\right),$$

wo G_1 in der bisherigen Bedeutung gebraucht ist. Als Funktion der Perioden ω_1, ω_2 hat auch dieser Ausdruck die Eigenschaft der Invarianz gegenüber den Substitutionen einer gewissen Kongruenzgruppe. Jedoch ist es nicht erforderlich, die Stufe genauer festzustellen.

Die Ausdrücke (3) und (4) gewinnen nun, wie der Erfolg zeigen wird, gruppentheoretisch ein besonders einfaches Verhalten, wenn wir sie noch mit $\sqrt[8]{\varDelta'\varDelta}$ multiplizieren, $\varDelta'$ im Sinne von § 1 gebraucht. Nach (4) S. 299 ist bei ungeradem n:

$$(5) \qquad \sqrt[8]{\frac{\varDelta'}{\varDelta^n}} = \sqrt[8]{\varDelta'\varDelta}\left(\sqrt[4]{\varDelta}\right)^{-\frac{n+1}{2}}$$

unmittelbar eine Modulform n^{ter} Stufe. Wir wollen demnach bei ungeradem n genauer den Faktor $\sqrt[8]{\varDelta'\varDelta}\,(\sqrt[4]{\varDelta})^{n_0}$ hinzuzusetzen, wo n_0 die kleinste, nicht-negative, der Kongruenz:

$$(6) \qquad n_0 \equiv -\frac{n+1}{2} \pmod 4$$

genügende ganze Zahl ist. In dem für uns wichtigeren Falle eines ungeraden n haben wir dann auch nach Zusatz des genannten Faktors Ausdrücke mit dem Charakter der Modulformen n^{ter} Stufe vor uns.[1]) Wir fügen unseren Ausdrücken außerdem noch numerische Faktoren hinzu, die den Zweck haben, die durchzuführenden Rechnungen zu vereinfachen. Als abkürzende Bezeichnung benutzen wir $X_\lambda(u\,|\,\omega_1, \omega_2)$, und zwar setzen wir für *ungerades* n:

$$(7) \qquad X_\lambda(u\,|\,\omega_1, \omega_2) = \frac{(-1)^\lambda}{\sqrt{n}}\sqrt[8]{\varDelta'\varDelta}\left(\sqrt[4]{\varDelta}\right)^{n_0} e^{-G_1 u^2}\,\mathfrak{G}^{(n)}_{\lambda,0}\left(u\,\Big|\,\omega_1, \frac{\omega_2}{n}\right),$$

während für *gerades* n die Erklärung gelten soll:

$$(8) \qquad X_\lambda(u\,|\,\omega_1, \omega_2) = e^{-\frac{\pi i\lambda}{2n} + \frac{3\pi i}{4}}\frac{1}{\sqrt{n}}\sqrt[8]{\varDelta'\varDelta}\, e^{-G_1 u^2}\,\mathfrak{G}^{(2n)}_{2\lambda+n,n}\left(u\,\Big|\,\omega_1, \frac{\omega_2}{n}\right).$$

Wächst λ um n, so erfährt zufolge (4) in I, 451 der $\mathfrak{G}$-Faktor in (7) Zeichenwechsel, während der in (8) den Faktor i annimmt. Es ist die Folge der aufgenommenen numerischen Faktoren, daß die Gesamtausdrücke in (7) und (8) rechts bei Vermehrung von λ um n in sich selbst übergehen:

$$(9) \qquad X_{\lambda+n}(u\,|\,\omega_1, \omega_2) = X_\lambda(u\,|\,\omega_1, \omega_2).$$

Wir haben deshalb in jedem Falle im ganzen höchstens n verschiedene Funktionen $X_0, X_1, X_2, \ldots, X_{n-1}$.

Man setze für G_1 den zweiten Ausdruck (1) ein und rechne die $\mathfrak{G}$-Funktionen in (7) und (8) auf die ϑ-Funktionen, gebildet für die transformierten Perioden, um. Im Falle eines ungeraden n gelangt man zur ϑ_1-Funktion auf Grund von (9) in I, 416; bei geradem n führt die Tabelle in I, 419 zur ϑ_3-Funktion. Die Rechnung, deren Einzelheiten wir übergehen, ergibt:

1) In der S. 297 genannten Abhandlung von Klein wird die Form (5) unmittelbar als Faktor benutzt. Indem wir negative Potenzen der Diskriminante grundsätzlich meiden, werden die später zu erklärenden Modulformen n^{ter} Stufe unmittelbar ganze Modulformen sein.

$$(10)\quad X_\lambda = (-1)^\lambda \sqrt{\frac{2\pi}{\omega_2}}\sqrt[8]{\Delta}\,(\sqrt[4]{\Delta})^{n_0} e^{\frac{n\eta_2}{2\omega_2}u^2} e^{-\frac{2i\pi u}{\omega_2}\lambda} q^{\frac{\lambda^2}{n}} \vartheta_1\left(\frac{nu-\lambda\omega_1}{\omega_2}, q^n\right),$$

bezogen auf ungerades n, während sich bei geradem n anreiht:

$$(11)\qquad X_\lambda = \sqrt{\frac{2\pi}{\omega_2}}\sqrt[8]{\Delta}\, e^{\frac{n\eta_2}{2\omega_2}u^2} e^{-\frac{2i\pi u}{\omega_2}\lambda} q^{\frac{\lambda^2}{n}} \vartheta_3\left(\frac{nu-\lambda\omega_1}{\omega_2}, q^n\right).$$

Setzt man schließlich die Thetareihen (16) in I, 418 ein, so ergeben sich Reihendarstellungen der Funktionen $X_\lambda(u\,|\,\omega_1, \omega_2)$, nämlich im Falle eines ungeraden n:

$$(12)\qquad X_\lambda(u\,|\,\omega_1,\omega_2) = \frac{(-1)^\lambda}{i}\sqrt{\frac{2\pi}{\omega_2}}\sqrt[8]{\Delta}\,(\sqrt[4]{\Delta})^{n_0}$$
$$\cdot\, e^{\frac{n\eta_2}{2\omega_2}u^2}\sum_{\nu=-\infty}^{+\infty}(-1)^\nu q^{\frac{((2\nu+1)n-2\lambda)^2}{4n}} e^{\frac{\pi i u}{\omega_2}((2\nu+1)n-2\lambda)},$$

während sich für gerades n einfindet:

$$(13)\qquad X_\lambda(u\,|\,\omega_1,\omega_2) = \sqrt{\frac{2\pi}{\omega_2}}\sqrt[8]{\Delta}\, e^{\frac{n\eta_2}{2\omega_2}u^2}\sum_{\nu=-\infty}^{+\infty} q^{\frac{(\nu n-\lambda)^2}{n}} e^{\frac{2\pi i u}{\omega_2}(\nu n-\lambda)}.$$

Im Parallelogramme der transformierten Perioden ist X_λ polfrei und hat nur einen Nullpunkt erster Ordnung, der bei

$$u = \frac{\lambda\omega_1'}{n}\quad \text{bzw.}\quad u = \frac{\lambda\omega_1'}{n} + \frac{1}{2}\omega_1' + \frac{1}{2}\omega_2'$$

liegt, je nachdem n ungerade oder gerade ist. Zur Feststellung des Verhaltens der X_λ bei der Vermehrung von u um die Perioden $\omega_1 = \omega_1'$ und $\omega_2 = n\omega_2'$ ziehe man die Gleichung (2) in I, 451 heran und benutze die Darstellungen (7) und (8), in denen sich die σ-Funktionen auf die Perioden ω_1', ω_2' beziehen. Die Rechnung liefert das einfache Verhalten:

$$(14)\qquad X_\lambda(u+\omega_i) = (-1)^n e^{n\eta_i\left(u+\frac{1}{2}\omega_i\right)} X_\lambda(u), \qquad i=1,2.$$

Wir notieren unter Zusammenfassung der Ergebnisse den Satz: *Die* $X_\lambda(u\,|\,\omega_1, \omega_2)$ *stellen für jedes* n *ein System von* n *gleichändrigen ganzen elliptischen Funktionen dritter Art* n^{ter} *Ordnung dar, die im Falle eines ungeraden* n *den Charakter von Modulformen* n^{ter} *Stufe haben;*[1]) *die* n *einfachen Nullpunkte im Parallelogramme der Perioden* ω_1, ω_2 *liegen für ungerades* n *bei:*

$$u = \frac{\lambda\omega_1 + \mu\omega_2}{n}, \qquad \mu = 0, 1, 2, \ldots, n-1$$

im Falle eines geraden n *aber bei:*

$$u = \frac{(2\lambda+n)\,\omega_1 + (2\mu+1)\,\omega_2}{2n}, \qquad \mu = 0, 1, 2, \ldots, n-1.$$

1) Nach „Modulfunktionen", Bd. 2, S. 289 liegt bei geradem n die Stufe $2n$ vor, falls n durch 4 teilbar ist, die Stufe $4n$ dagegen, falls n das Doppelte einer ungeraden Zahl ist.

Ändert man u um $\frac{\omega_1}{n}$ oder $\frac{\omega_2}{n}$, so zeigen die X_λ ein einfaches Verhalten, das man z. B. aus den Formeln (10) und (11) mit Benutzung der Grundformeln der ϑ-Funktionen von I, 419 und der Legendreschen Relation leicht feststellen kann. Die Rechnung, deren Einzelheiten wir wieder übergehen, führt zu dem Satze: *Die Funktionen $X_\lambda(u)$ erfahren bei Vermehrung von u um $\frac{\omega_1}{n}$ und $\frac{\omega_2}{n}$ die folgenden Transformationen:*

$$(15)\qquad \begin{cases} X_\lambda\left(u + \frac{\omega_1}{n}\right) = (-1)^n e^{\eta_1\left(u + \frac{\omega_1}{2n}\right)} X_{\lambda-1}(u), \\ X_\lambda\left(u + \frac{\omega_2}{n}\right) = (-1)^n \varepsilon^{-\lambda} e^{\eta_2\left(u + \frac{\omega_2}{2n}\right)} X_\lambda(u), \end{cases}$$

wo $\varepsilon = e^{\frac{2i\pi}{n}}$ *ist.*

Mit Hilfe dieser Regeln kann man beweisen, *daß die n Funktionen $X_\lambda(u)$ des einzelnen Systems linear-unabhängig sind.* Sollte nämlich eine Relation:

$$c_0 X_0(u) + c_1 X_1(u) + \cdots + c_{n-1} X_{n-1}(u) = 0$$

mit Koeffizienten, die von u unabhängig sind, identisch bestehen, so fände man durch μ-malige Ausübung der ersten Transformation (15) nach Fortlassung eines gemeinsamen Faktors aller Glieder:

$$c_\mu X_0(u) + c_{\mu+1} X_1(u) + \cdots + c_{\mu-1} X_{n-1}(u) = 0.$$

Man übe weiter ν Male die zweite Transformation (15) aus und lasse jedesmal den auftretenden gemeinsamen Faktor aller Glieder $(-1)^n e^{\eta_2\left(u + \frac{\omega_2}{2n}\right)}$ fort; auf diese Weise würde man weiter finden:

$$c_\mu X_0(u) + c_{\mu+1}\varepsilon^{-\nu} X_1(u) + c_{\mu+2}\varepsilon^{-2\nu} X_2(u) + \cdots + c_{\mu-1}\varepsilon^{-(n-1)\nu} X_{n-1}(u) = 0.$$

Setzt man hier der Reihe nach $\nu = 0, 1, 2, \ldots, n-1$ und addiert alle Gleichungen, so folgt $n c_\mu X_0(u) = 0$ als identische Gleichung, aus der notwendig $c_\mu = 0$ folgt. Damit aber ist die Behauptung bewiesen.

Die Wirkung eines Zeichenwechsels von u auf X_λ bestimmt man leicht aus (12) und (13). Man führe zugleich einen neuen Summationsbuchstaben ν' ein, indem man $\nu = -\nu'$ oder $\nu = 1 - \nu'$ setzt, je nachdem n ungerade oder gerade ist. Beide Male wird man dann zur Reihe von $X_{n-\lambda}$ geführt. Bei ungeradem n ist noch der Faktor $(-1)^\lambda$ zu berücksichtigen, der Zeichenwechsel erfährt, wenn λ durch $(n-\lambda)$ ersetzt wird. *Bei Zeichenwechsel von u zeigen die Funktionen X_λ das Verhalten:*

$$(16)\qquad X_\lambda(-u\,|\,\omega_1, \omega_2) = (-1)^n X_{n-\lambda}(u\,|\,\omega_1, \omega_2).$$

In den drei Argumenten u, ω_1, ω_2 sind unsere Funktionen homogen, und zwar von der Dimension $-3n_0 - 2$ bzw. -2, je nachdem n ungerade

20*

oder gerade ist. *Bei gleichzeitigem Zeichenwechsel aller drei Argumente gelten die Regeln:*

$$(17)\quad X_\lambda(-u\,|-\omega_1,-\omega_2)=(-1)^{\frac{n+1}{2}}X_\lambda(u\,|\,\omega_1,\omega_1)\ \text{bzw.} = X_\lambda(u\,|\,\omega_1,\omega_2),$$

je nachdem n ungerade oder gerade ist. Aus (16) und (17) ergibt sich endlich noch als Folgerung: *Bei gleichzeitigem Zeichenwechsel von* ω_1, ω_2 *transformieren sich die* X_λ *entsprechend den Gleichungen:*

$$(18)\quad X_\lambda(u\,|-\omega_1,-\omega_2)=(-1)^{\frac{n-1}{2}}X_{n-\lambda}(u\,|\,\omega_1,\omega_2)\ \text{bzw.} = X_{n-\lambda}(u\,|\,\omega_1,\omega_2),$$

je nachdem n ungerade oder gerade ist. Für $\lambda=0$ hat man die Indizes n auf den rechten Seiten von (16) und (18) durch 0 zu ersetzen.

§ 3. Lineare Transformation der Funktionen $X_\lambda(u|\omega_1, \omega_2)$.

Ändert man den Summationsbuchstaben ν in (12) und (13) S. 306 um eine Einheit, so ändert sich der Exponent von q beide Male um eine gerade Zahl. Hieraus folgt, daß alle Glieder der einzelnen Reihe bei Ausübung der Substitution $S=\binom{1,1}{0,1}$ der homogenen Gruppe $\Gamma^{(\omega)}$ das gleiche Verhalten zeigen. Berücksichtigt man auch die vor den Summen stehenden Faktoren, so zeigt sich, daß X_λ sich gegenüber S verhält wie:

$$q^{\frac{1}{4}+\frac{n_0}{2}+\frac{(n-2\lambda)^2}{4n}}=q^{-\frac{\lambda(n-\lambda)}{n}+\frac{1}{2}\left(\frac{n+1}{2}+n_0\right)}\quad\text{bzw.}\quad q^{\frac{1}{4}+\frac{\lambda^2}{n}}.$$

Mit Rücksicht auf die Kongruenz (6) S. 305 findet man den Satz: *Bei Ausübung der Substitution* $S=\binom{1,1}{0,1}$ *geht* X_λ *bis auf einen Faktor in sich selbst über:*

$$(1)\quad \begin{cases} X_\lambda(u\,|\,\omega_1+\omega_2,\omega_2)=\varepsilon^{-\frac{\lambda(n-\lambda)}{2}}X_\lambda(u\,|\,\omega_1,\omega_2), & n\equiv 1 \pmod 2\\ X_\lambda(u\,|\,\omega_1+\omega_2,\omega_2)=\varepsilon^{\frac{n}{8}+\frac{\lambda^2}{2}}X_\lambda(u\,|\,\omega_1,\omega_1), & n\equiv 0 \pmod 2\end{cases}$$

Wendet man auf die für $i=1$ genommene Gleichung (14) S. 306 die Substitution $T=\binom{0,\ 1}{-1,\ 0}$ an, so folgt, da die η_i mit den ω_i kogredient sind:

$$X_\lambda(u+\omega_2\,|\,\omega_2,-\omega_1)=(-1)^n e^{n\eta_2\left(u+\frac{\omega_2}{2}\right)}X_\lambda(u\,|\,\omega_2,-\omega_1).$$

Ebenso folgt aus der für $i=2$ genommenen Gleichung (14) S. 306:

$$X_\lambda(u-\omega_1\,|\,\omega_2,-\omega_1)=(-1)^n e^{-n\eta_1\left(u-\frac{\omega_1}{2}\right)}X_\lambda(u\,|\,\omega_2,-\omega_1),$$

woraus man nach Vermehrung von u um ω_1 entnimmt:

$$X_\lambda(u + \omega_1\,|\,\omega_2, -\omega_1) = (-1)^n e^{n\eta_1\left(u + \frac{\omega_1}{2}\right)} X_\lambda(u\,|\,\omega_2, -\omega_1).$$

Demnach sind die $X_\lambda(u\,|\,\omega_2, -\omega_1)$ mit den ursprünglichen $X_\lambda(u\,|\,\omega_1, \omega_2)$ gleichändrige ganze elliptische Funktionen dritter Art und als solche nach I, 227 durch die n linear-unabhängigen Funktionen $X_\lambda(u\,|\,\omega_1, \omega_2)$ in der Gestalt:

$$(2) \qquad X_\lambda(u\,|\,\omega_2, -\omega_1) = \sum_{\varkappa=0}^{n-1} c_{\lambda\varkappa} X_\varkappa(u\,|\,\omega_1, \omega_2)$$

mit von u unabhängigen, eindeutig bestimmten Koeffizienten c darstellbar.

Zur Bestimmung dieser Koeffizienten nehmen wir im Ansatze (2) zunächst $\lambda = 0$ und vermehren u um $\frac{\omega_1}{n}$. Links kommt die zur zweiten Transformation (15) S. 307 inverse Transformation zur Benutzung, da $-\omega_1$ die zweite Periode von $X_0(u\,|\,\omega_2, -\omega_1)$ ist; rechts ist die erste Regel (15) S. 307 anzuwenden. Nach Forthebung überflüssiger Faktoren folgt:

$$X_0(u\,|\,\omega_2, -\omega_1) = \sum_{\varkappa=0}^{n-1} c_{0,\varkappa} X_{\varkappa-1}(u\,|\,\omega_1, \omega_2),$$

so daß aus der eindeutigen Bestimmtheit der Koeffizienten $c_{0,\varkappa} = c_{0,\varkappa-1}$ folgt. Also sind für $\lambda = 0$ alle Koeffizienten c des Ansatzes (2) einander gleich:

$$(3) \qquad X_0(u\,|\,\omega_2, -\omega_1) = c \sum_{\varkappa=0}^{n-1} X_\varkappa(u\,|\,\omega_1, \omega_2).$$

Vermindert man hier u um $\frac{\omega_2}{n}$, so sind links und rechts die zu (15) S. 307 inversen Transformationen auszuüben. Es folgt:

$$X_1(u\,|\,\omega_2, -\omega_1) = c \sum_{\varkappa=0}^{n-1} \varepsilon^{\varkappa} X_\varkappa(u\,|\,\omega_1, \omega_2),$$

sowie bei wiederholter Ausübung der gleichen Operation allgemein:

$$(4) \qquad X_\lambda(u\,|\,\omega_2, -\omega_1) = c \sum_{\varkappa=0}^{n-1} \varepsilon^{\varkappa\lambda} X_\varkappa(u\,|\,\omega_1, \omega_2).$$

Um c erstlich für ungerades n zu bestimmen, differenzieren wir die Gleichung (3) nach u und setzen hierauf $u = 0$. Ist $X'_\lambda(u)$ die Ableitung nach u, so folgt:

$$(5) \qquad X'_0(0\,|\,\omega_2, -\omega_1) = c \sum_{\lambda=0}^{n-1} X'_\lambda(0\,|\,\omega_1, \omega_2).$$

Nun folgt aus (10) S. 306:

$$X_0'(0\,|\,\omega_1, \omega_2) = \frac{n}{\omega_2}\sqrt{\frac{2\pi}{\omega_2}}\sqrt[8]{\Delta}(\sqrt[4]{\Delta})^{n_0}\,\vartheta_1'(q^n), \tag{6}$$

sowie hieraus weiter mit Benutzung von (25) in I, 420:

$$X_0'(0\,|\,\omega_1, \omega_2) = \frac{2n\pi}{\omega_2^3}(\sqrt[4]{\Delta})^{n_0}\,\vartheta_1'(q)\,\vartheta_1'(q^n). \tag{7}$$

Bei Ausübung von $T = \begin{pmatrix} 0, 1 \\ -1, 0 \end{pmatrix}$ nimmt $\sqrt[4]{\Delta}$ nach (10) in I, 454 den Faktor $-i$ an, während aus der ersten Gleichung (4) in I, 482 für den Nullwert der ϑ_1'-Funktion die Regel folgt[1]):

$$\vartheta_1'\left(e^{-\frac{\pi i}{\omega}}\right) = e^{-\frac{\pi i}{4}}\,\omega\sqrt{-\omega}\,\vartheta_1'(e^{\pi i\omega}). \tag{8}$$

Setzt man in (8) statt ω den Wert $\frac{\omega}{n}$ ein, so folgt:

$$\vartheta_1'\left(e^{-\frac{n\pi i}{\omega}}\right) = e^{-\frac{\pi i}{4}}\frac{\omega\sqrt{-\omega}}{n\sqrt{n}}\,\vartheta_1'\left(e^{\frac{\pi i\omega}{n}}\right).$$

Hiernach berechnet sich als die Wirkung der Substitution T auf die Gleichung (7):

$$X_0'(0\,|\,\omega_2, -\omega_1) = \frac{(-i)^{n_0+1}}{\sqrt{n}}\frac{2\pi}{\omega_2^3}(\sqrt[4]{\Delta})^{n_0}\,\vartheta_1'(q)\,\vartheta_1'(q^{\frac{1}{n}}), \tag{9}$$

wo die Wurzel $\sqrt{n}$ positiv zu nehmen ist.[2]) Für die in (5) rechts stehende Summe folgt aus (12) S. 306:

$$\sum_{\lambda=0}^{n-1} X_\lambda'(0\,|\,\omega_1, \omega_2) = \frac{\pi}{\omega_2}\sqrt{\frac{2\pi}{\omega_2}}\sqrt[8]{\Delta}(\sqrt[4]{\Delta})^{n_0}$$
$$\sum_{\lambda=0}^{n-1}\sum_{\nu=-\infty}^{+\infty}(-1)^{\lambda+\nu}((2\nu+1)n-2\lambda)\,q^{\frac{((2\nu+1)n-2\lambda)^2}{4n}}.$$

Nun durchläuft bei Ausführung beider Summen $((2\nu+1)n-2\lambda)$ gerade genau alle positiven und negativen ungeraden Zahlen. Wir schreiben also $((2\nu+1)n-2\lambda) = 2\nu'+1$ unter Einführung eines neuen Summationsbuchstaben ν' und folgern hieraus:

$$\lambda+\nu \equiv \nu n - \lambda = \nu' - \frac{n-1}{2} \equiv \nu' + \frac{n-1}{2} \pmod 2.$$

---

1) Statt der hier gebrauchten Bezeichnung $\vartheta(q) = \vartheta(e^{\pi i\omega})$ für die ϑ-Nullwerte ist in I, a. a. O. einfacher $\vartheta(\omega)$ geschrieben.

2) Nach I, 481 müssen die Werte $\sqrt{-\omega}$, $\sqrt{-\frac{\omega}{n}}$ positive reelle Bestandteile haben.

Die letzte Gleichung nimmt damit die Gestalt an:

$$\sum_{\lambda=0}^{n-1} X'_\lambda(0\,|\,\omega_1, \omega_2) =$$

$$= \frac{\pi}{\omega_2}\sqrt{\frac{2\pi}{\omega_2}}\sqrt[8]{\Delta}\,(\sqrt[4]{\Delta})^{n_0}(-1)^{\frac{n-1}{2}}\sum_{\nu'=-\infty}^{+\infty}(-1)^{\nu'}(2\nu'+1)\,q^{\frac{(2\nu'+1)^2}{4n}}$$

Die mit π multiplizierte Summe liefert nach (24) in I, 419 den ϑ-Nullwert $\vartheta'_1\left(q^{\frac{1}{n}}\right)$. Ersetzen wir wie oben $\sqrt[8]{\Delta}$ durch den Ausdruck in $\vartheta'_1(q)$ entsprechend der Gleichung (25) in I, 420, so ergibt sich:

$$(10) \qquad \sum_{\lambda=0}^{n-1} X'_\lambda(0|\omega_1, \omega_2) = (-1)^{\frac{n-1}{2}}\frac{2\pi}{\omega_2^3}(\sqrt[4]{\Delta})^{n_0}\,\vartheta'_1(q)\,\vartheta'_1\left(q^{\frac{1}{n}}\right).$$

Trägt man nun die Ausdrücke (9) und (10) in (5) ein, so folgt nach Fortheben gemeinsamer Faktoren beider Seiten der Gleichung bei Benutzung der Kongruenz (6) S. 305 für n_0:

$$(11) \qquad \frac{(-i)^{-\frac{n-1}{2}}}{\sqrt{n}} = c\cdot(-1)^{\frac{n-1}{2}}, \qquad \frac{1}{c} = i^{\frac{n-1}{2}}\sqrt{n}$$

mit positiv genommener Wurzel $\sqrt{n}$.

Im Falle eines geraden n setze man in (3) unmittelbar $u = 0$ ein und findet:

$$(12) \qquad X_0(0\,|\,\omega_2, -\omega_1) = c\sum_{\lambda=0}^{n-1} X_\lambda(0\,|\,\omega_1, \omega_2).$$

Nun ergibt sich aus (11) S. 306:

$$X_0(0\,|\,\omega_1, \omega_2) = \sqrt{\frac{2\pi}{\omega_2}}\sqrt[8]{\Delta}\,\vartheta_3(q^n) = \frac{2\pi}{\omega_2^2}\,\vartheta'_1(q)\,\vartheta_3(q^n).$$

Die Wirkung der Substitution T findet man aus der obigen Formel (8) und der vierten Regel (4) in I, 482:

$$(13) \qquad X_0(0\,|\,\omega_2, -\omega_1) = -\frac{2\pi}{\omega_2^2}\cdot\frac{1}{\sqrt{n}}\,\vartheta'_1(q)\,\vartheta_3\left(q^{\frac{1}{n}}\right)$$

mit positiv genommener Wurzel $\sqrt{n}$. Andrerseits findet man aus (13) S. 306:

$$\sum_{\lambda=0}^{n-1} X_\lambda(0\,|\,\omega_1, \omega_2) = \sqrt{\frac{2\pi}{\omega_2}}\sqrt[8]{\Delta}\sum_{\lambda=0}^{n-1}\sum_{\nu=-\infty}^{+\infty} q^{\frac{(\nu n-\lambda)^2}{n}} = \sqrt{\frac{2\pi}{\omega_2}}\sqrt[8]{\Delta}\sum_{\nu'=-\infty}^{+\infty} q^{\frac{\nu'^2}{n}}.$$

Nach (16) in I, 418 ist die letzte Reihe gleich $\vartheta_3\left(q^{\frac{1}{n}}\right)$, so daß man findet:

$$(14) \qquad \sum_{\lambda=0}^{n-1} X_\lambda(0\,|\,\omega_1, \omega_2) = \frac{2\pi}{\omega_2^2}\,\vartheta'_1(q)\,\vartheta_3\left(q^{\frac{1}{n}}\right).$$

Trägt man die in (13) und (14) berechneten Ausdrücke in (12) ein, so folgt nach Forthebung überflüssiger Faktoren:

$$(15)\qquad \frac{1}{c} = -\sqrt{n}\,.$$

In beiden Fällen ist c nicht nur von u, sondern auch von den Perioden ω_1, ω_2 unabhängig; es ist dies eine wichtige Folge der aus der Diskriminante aufgebauten Faktoren, die oben in die Erklärung der Funktionen X_λ aufgenommen wurden. Unter Zusammenfassung beider Fälle merken wir den Satz an: *Bei Ausübung der Substitution T transformieren sich die X_λ nach dem Gesetze:*

$$(16)\qquad \begin{cases} i^{\frac{n-1}{2}}\sqrt{n}\,X_\lambda(u\,|\,\omega_2, -\omega_1) = \sum\limits_{\varkappa=0}^{n-1} \varepsilon^{\varkappa\lambda} X_\varkappa(u\,|\,\omega_1, \omega_2), & n \equiv 1 \pmod 2, \\ -\sqrt{n}\,X_\lambda(u\,|\,\omega_2, -\omega_1) = \sum\limits_{\varkappa=0}^{n-1} \varepsilon^{\varkappa\lambda} X_\varkappa(u\,|\,\omega_1, \omega_2), & n \equiv 0 \pmod 2, \end{cases}$$

wo $\sqrt{n}$ beide Male positiv zu nehmen ist.

Da die Gruppe $\Gamma^{(\omega)}$ aus den Substitutionen S und T erzeugbar ist, *so erfahren die n Funktionen X_λ jedes Systems gegenüber irgendeiner Substitution der $\Gamma^{(\omega)}$ und also im Sinne von I, 184 bei irgendeiner „linearen" Transformation der Perioden selbst eine homogene lineare Substitution mit konstanten Koeffizienten.* Da ferner die zum Grade n gehörenden X_λ bei den Substitutionen einer gewissen Kongruenzgruppe unverändert bleiben, so erhalten wir, dem Index dieser Untergruppe entsprechend, nur endlich viele X_λ-Substitutionen, die ihrerseits eine endliche Gruppe G bilden.

Um dies wenigstens in dem wichtigeren Falle eines *ungeraden n*, wo die X_λ den Charakter von Modulformen n^{ter} Stufe haben, näher auszuführen, stellen wir auch noch die Wirkung einer die Bedingungen $\beta \equiv 0$, $\gamma \equiv 0 \pmod n$ befriedigenden Substitution fest. Bei einer solchen Substitution $\begin{pmatrix}\alpha, & \beta\\ \gamma, & \delta\end{pmatrix}$ ist α mit einer der $\varphi(n)$ mod n inkongruenten, gegen n teilerfremden Zahlen kongruent, und es gilt $\delta \equiv \alpha^{-1} \pmod n$; insofern die Substitution mod n durch α bereits bestimmt ist, möge sie U_α genannt werden. Für die durch (2) S. 298 gegebenen transformierten Perioden ω_1', ω_2' rechnet sich die Substitution U_α auf $\begin{pmatrix}\alpha, & \beta n\\ \gamma n^{-1}, & \delta\end{pmatrix}$ um. Nach (3) in I, 451 hat man nun zunächst:

$$\sigma_{\lambda,0}(u\,|\,\alpha\omega_1' + \beta n\omega_2', \gamma n^{-1}\omega_1' + \delta\omega_2') = \sigma_{\alpha\lambda,\beta\lambda n}(u\,|\,\omega_1', \omega_2').$$

Weiter folgt aus (4) a. a. O.:

$$\sigma_{\alpha\lambda,\beta\lambda n}(u\,|\,\omega_1', \omega_2') = (-1)^{\beta\lambda}\cdot e^{\frac{\pi i}{n}\alpha\beta\lambda^2}\,\sigma_{\alpha\lambda,0}(u\,|\,\omega_1', \omega_2').$$

Da β durch n teilbar ist und n ungerade sein sollte, so gilt für den rechts auftretenden Faktor:

$$(-1)^{\beta\lambda+\alpha\frac{\beta}{n}\lambda^2} = (-1)^{\beta\lambda(1+\alpha)} = (-1)^{\lambda(1+\alpha)};$$

man beachte hierbei, daß $\beta(1+\alpha) \equiv 1+\alpha \pmod 2$ gilt, da α und β nie zugleich gerade sind. Hiernach gilt:

$$(-1)^\lambda \mathfrak{S}_{\lambda,0}\left(u \,\middle|\, \alpha\omega_1 + \beta\omega_2, \frac{\gamma\omega_1+\delta\omega_2}{n}\right) = (-1)^{\alpha\lambda}\mathfrak{S}_{\alpha\lambda,0}\left(u \,\middle|\, \omega_1, \frac{\omega_2}{n}\right).$$

Die Modulform G_1 ist gegenüber U_α invariant, der Faktor

$$\sqrt[8]{\Delta'\Delta}\,(\sqrt[4]{\Delta})^{n_0}$$

aber zeigt dasselbe Verhalten wie die Modulform (5) S. 299, d. h. sie nimmt den Faktor $\left(\frac{\delta}{n}\right)$ an (vgl. (12) S. 303), für den wir wegen $\alpha\cdot\delta \equiv 1 \pmod n$ auch $\left(\frac{\alpha}{n}\right)$ schreiben können. Es gilt also der Satz: *Gegenüber einer die Bedingung* $U_\alpha \equiv \begin{pmatrix}\alpha, 0\\ 0, \alpha^{-1}\end{pmatrix} \pmod n$ *erfüllenden Substitution zeigen die* X_λ *eines ungeraden* n *das Verhalten:*

$$(17)\qquad X_\lambda(u \,|\, \alpha\omega_1 + \beta\omega_2, \gamma\omega_1 + \delta\omega_2) = \left(\frac{\alpha}{n}\right) X_{\alpha\lambda}(u \,|\, \omega_1, \omega_2),$$

wo $\left(\frac{\alpha}{n}\right)$ *das Legendre-Jacobische Zeichen ist.* Die erste Regel (18) S. 308 ist hierin als besonderer Fall enthalten.

Die X_λ eines ungeraden n bleiben nun bei den Substitutionen der Hauptkongruenzgruppe n^{ter} Stufe $\Gamma_{n\chi(n)}$ unverändert. Es ist jetzt leicht zu zeigen, *daß sie insgesamt auch nur bei den Substitutionen der* $\Gamma_{n\chi(n)}$ *unverändert bleiben.* Soll nämlich zunächst $X_0(u \,|\, \omega_1, \omega_2)$ durch $\begin{pmatrix}\alpha, \beta\\ \gamma, \delta\end{pmatrix}$ in sich transformiert werden, so muß $\mathfrak{S}(u \,|\, \omega_1', \omega_2')$ durch die Substitution $\begin{pmatrix}\alpha, \beta n\\ \gamma n^{-1}, \delta\end{pmatrix}$ in sich transformiert werden, was ein ganzzahliges γn^{-1}, d. h. ein durch n teilbares γ voraussetzt. Wir haben also nur noch die mit:

$$(18)\qquad S^{\alpha\beta}\cdot U_\alpha \equiv \begin{pmatrix}\alpha, \beta\\ 0, \alpha^{-1}\end{pmatrix} \pmod n$$

kongruenten Substitutionen einer unserer von S. 252 her bekannten Kongruenzgruppen $\Gamma_{\psi(n)}$ zuzulassen. Die Substitution (18) transformiert X_λ in:

$$(19)\qquad \varepsilon^{-\alpha\beta\frac{\lambda(n-\lambda)}{2}}\left(\frac{\alpha}{n}\right) X_{\alpha\lambda}(u \,|\, \omega_1, \omega_2).$$

Hieraus ziehen wir zunächst den später anzuwendenden Satz: *Die Funktion* $X_0(u \,|\, \omega_1, \omega_2)$ *eines ungeraden* n *bleibt bei den Substitutionen der durch* $\gamma \equiv 0 \pmod n$ *erklärten Kongruenzgruppe* n^{ter} *Stufe* $\Gamma_{\psi(n)}$ *unverändert oder erfährt nur einen Zeichenwechsel, entsprechend der Regel:*

$$(20)\qquad X_0(u\,|\,\alpha\omega_1+\beta\omega_2,\ \gamma\omega_1+\delta\omega_2)=\left(\frac{\alpha}{n}\right)X_0(u\,|\,\omega_1,\omega_2),\quad \gamma\equiv 0\ (\text{mod}\ n).$$

Soll weiter X_1 durch die Substitution (18) in sich transformiert werden, so muß zufolge (19) notwendig $\alpha\equiv 1$, $\beta\equiv 0\ (\text{mod}\ n)$ zutreffen. Damit ist die Behauptung, daß die X_λ insgesamt nur bei den Substitutionen der $\Gamma_{n\chi(n)}$ unverändert bleiben, bewiesen.

Zwei mod n inkongruente Substitutionen V, V' liefern hiernach stets zwei verschiedene X_λ-Transformationen, da sonst $V'\cdot V^{-1}$ die „identische" X_λ-Transformation ergeben würde. Damit aber ist der folgende Satz bewiesen: *Aus den beiden gleich wieder durch S und T zu bezeichnenden linearen X_λ-Transformationen:*

$$(S)\qquad X'_\lambda=\varepsilon^{-\frac{\lambda(n-\lambda)}{2}}X_\lambda,$$

$$(T)\qquad i^{\frac{n-1}{2}}\sqrt{n}\,X'_\lambda=\sum_{\varkappa=0}^{n-1}\varepsilon^{\varkappa\lambda}X_\varkappa$$

erzeugt man im Falle eines ungeraden n durch Wiederholung und Kombination eine endliche Gruppe $G_{n\chi(n)}$ der Ordnung $n\chi(n)$ solcher Transformationen, die isomorph mit der mod n reduzierten homogenen Modulgruppe ist. Den bei der Transformation T links auftretenden Faktor kann man nach der letzten Gleichung in I, 494 als „Gaußsche Summe" darstellen:

$$(21)\qquad i^{\frac{n-1}{2}}\sqrt{n}=(-1)^{\frac{n-1}{2}}\sum_{\nu=0}^{n-1}\varepsilon^{2\nu^2}.$$

Wir merken daraufhin noch den Satz an: *Bei ungeradem n sind die Koeffizienten der $n\chi(n)$ linearen Transformationen der X_λ Zahlen des zum Teilungsgrade n gehörenden Kreisteilungskörpers vom Grade $\varphi(n)$.*

§ 4. Systeme von Modulformen für ungerade Stufen.

Für die Transformationstheorie wichtige Größensysteme gewinnen wir in den Modulformen, welche aus den $X_\lambda(u\,|\,\omega_1, \omega_2)$ und ihren ersten nach u genommenen Ableitungen $X'_\lambda(u\,|\,\omega_1, \omega_2)$ für $u=0$ hervorgehen. Indem wir n als *ungerade* voraussetzen, entnehmen wir für den Zeichenwechsel des ersten Argumentes u aus (16) S. 307:

$$(1)\qquad X_\lambda(-u)=-X_{n-\lambda}(u),\quad X'_\lambda(-u)=+X'_{n-\lambda}(u),$$

wo für $\lambda=0$ statt des Index n rechts 0 zu setzen ist. Schreiben wir nun abkürzend:

$$(2)\qquad X_\lambda(0\,|\,\omega_1,\omega_2)=x_\lambda(\omega_1,\omega_2),\quad X'_\lambda(0\,|\,\omega_1,\omega_2)=\xi_2(\omega_1,\omega_2),$$

so ergibt sich aus (1):

$$(3)\qquad x_{n-\lambda}(\omega_1,\omega_2)=-x_\lambda(\omega_1,\omega_2),\quad \xi_{n-\lambda}(\omega_1,\omega_2)=\xi_\lambda(\omega_1,\omega_2),$$

während $x_0(\omega_1, \omega_2)$ identisch verschwindet. *Für jedes ungerade n erhalten wir somit ein System von $\frac{n-1}{2}$ Modulformen $x_1(\omega_1, \omega_2), x_2(\omega_1, \omega_2), \ldots, x_{\frac{n-1}{2}}(\omega_1, \omega_2)$ der n^{ten} Stufe und ein System von $\frac{n+1}{2}$ Modulformen $\xi_0(\omega_1, \omega_2), \xi_1(\omega_1, \omega_2), \ldots, \xi_{\frac{n-1}{2}}(\omega_1, \omega_2)$ der gleichen Stufe.*

Aus den Gleichungen (10) und (12) S. 306 ergeben sich folgende Darstellungen der $\frac{n-1}{2}$ Modulformen $x_\lambda(\omega_1, \omega_2)$:

$$(4) \qquad x_\lambda(\omega_1, \omega_2) = (-1)^{\lambda+1}\sqrt{\frac{2\pi}{\omega_2}}\sqrt[8]{\Delta}\left(\sqrt[4]{\Delta}\right)^{n_0} q^{\frac{\lambda^2}{n}}\,\vartheta_1(\lambda\omega, q^n),$$

$$(5) \qquad x_\lambda(\omega_1, \omega_2) = \frac{(-1)^\lambda}{i}\sqrt{\frac{2\pi}{\omega_2}}\sqrt[8]{\Delta}\left(\sqrt[4]{\Delta}\right)^{n_0}\sum_{\nu=-\infty}^{+\infty}(-1)^\nu q^{\frac{((2\nu+1)n-2\lambda)^2}{4n}}.$$

Weiter folgt aus (12) S. 306 für die $\frac{n+1}{2}$ Modulformen $\xi_\lambda(\omega_1, \omega_2)$:

$$(6) \qquad \xi_\lambda(\omega_1, \omega_2) = (-1)^\lambda \frac{\pi}{\omega_2}\sqrt{\frac{2\pi}{\omega_2}}\sqrt[8]{\Delta}\left(\sqrt[4]{\Delta}\right)^{n_0} \cdot \sum_{\nu=-\infty}^{+\infty}(-1)^\nu((2\nu+1)n-2\lambda)\,q^{\frac{((2\nu+1)n-2\lambda)^2}{4n}}.$$

Für $\xi_0(\omega_1, \omega_2)$ haben wir auch die schon in (6) S. 310 genannte Darstellung:

$$(7) \qquad \xi_0(\omega_1, \omega_2) = \frac{n}{\omega_2}\sqrt{\frac{2\pi}{\omega_2}}\sqrt[8]{\Delta}\left(\sqrt[4]{\Delta}\right)^{n_0}\vartheta_1'(q^n),$$

die wir mit Hilfe von (25) in I, 420 auch noch umkleiden in:

$$(8) \qquad \xi_0(\omega_1, \omega_2) = \frac{1}{\sqrt{n}}\sqrt[8]{\Delta}\left(\sqrt[4]{\Delta}\right)^{n_0}\sqrt[8]{\Delta}\left(\omega_1, \frac{\omega_2}{n}\right).$$

Aus den Rechnungen von S. 308 ff. geht folgender Satz hervor: *Die $\frac{n-1}{2}$ Modulformen x_λ substituieren sich gegenüber den Substitutionen der homogenen Modulgruppe $\Gamma^{(\omega)}$ selbst linear und homogen, und insbesondere entsprechen den erzeugenden Substitutionen S und T der $\Gamma^{(\omega)}$ die Transformationen:*

$$(S) \qquad x_\lambda' = \varepsilon^{-\frac{\lambda(n-\lambda)}{2}}x_\lambda,$$

$$(T) \qquad i^{\frac{n-1}{2}}\sqrt{n}\,x_\lambda' = \sum_{\varkappa=1}^{\frac{n-1}{2}}\left(\varepsilon^{\varkappa\lambda} - \varepsilon^{-\varkappa\lambda}\right)x_\varkappa.$$

Derselbe Satz gilt für die $\frac{n+1}{2}$ Modulformen ξ_λ, bei denen die Transformationen S und T die Gestalten haben:

$$(S)\qquad \xi'_\lambda = \varepsilon^{-\frac{\lambda(n-\lambda)}{2}}\,\xi_\lambda,$$

$$(T)\qquad i^{\frac{n-1}{2}}\sqrt{n}\,\xi'_\lambda = \xi_0 + \sum_{\varkappa=1}^{\frac{n-1}{2}}(\varepsilon^{\varkappa\lambda}+\varepsilon^{-\varkappa\lambda})\,\xi_\varkappa.$$

Für $\xi_0(\omega_1, \omega_2)$ insbesondere notieren wir zu späterem Gebrauche die Regeln:

$$(S)\qquad \xi'_0 = \xi_0,$$

$$(T)\qquad i^{\frac{n-1}{2}}\sqrt{n}\,\xi'_0 = \xi_0 + 2\xi_1 + 2\xi_2 + \cdots + 2\xi_{\frac{n-1}{2}},$$

$$(U_\alpha)\qquad \xi'_0 = \left(\frac{\alpha}{n}\right)\xi_0.$$

Die Reihen (5) und (6) sind für $|q| < 1$ konvergent und weisen keine negativen Exponenten der Entwicklungsgröße q auf. Da Δ eine „ganze" Modulform erster Stufe ist (vgl. I, 305), *so sind die Modulformen x_λ und ξ_λ im Innern der ω-Halbebene polfrei und bleiben auch für $q = 0$, d. h. in der nach $\omega = i\infty$ ziehenden Spitze der Kreisbogendreiecke der ω-Halbebene endlich.* Der eben erkannte Satz, daß sich die x_λ und auch die ξ_λ gegenüber den Substitutionen der $\Gamma^{(\omega)}$ linear und homogen substituieren, führt von hieraus noch zu einer wichtigen Folgerung. Schreiben wir die einzelne Substitution der $\Gamma^{(\omega)}$ nicht-homogen in der Gestalt:

$$(9)\qquad \omega' = \frac{\alpha\omega+\beta}{\gamma\omega+\delta},$$

so nähert sich ω' vom Innern des Dreiecksnetzes dem rationalen Punkte $\frac{\alpha}{\gamma}$, falls ω in die Spitze $i\infty$ wandert. Da sich nun die x_λ und ebenso die ξ_λ bei Ausübung der Substitution (9) linear und ganz substituieren, *so werden diese Größen, auch wenn wir uns im Innern eines einzelnen Dreiecks der ω-Halbebene einem rationalen Punkte $\frac{\alpha}{\gamma}$ annähern, endlich bleiben.* Im Anschluß an die in I, 305 eingeführte Bezeichnung nennen wir dieserhalb die x_λ und ξ_λ *„ganze" Modulformen n^{ter} Stufe.* Insbesondere erweisen sie sich in einem Diskontinuitätsbereiche der Hauptkongruenzgruppe n^{ter} Stufe $\Gamma_{n\chi(n)}$ überall als polfrei, eine Eigenschaft, die späterhin zu wichtigen Folgerungen den Grund legt.

§ 5. Ein weiteres System von Modulformen für ungerade Stufen.

Da weiterhin Funktionssysteme X_λ für verschiedene Grade n miteinander kombiniert werden sollen, so erscheint es nötig, den Grad n als oberen Index am X_λ anzubringen. Wir ziehen nun die drei Funktionen $X_\lambda^{(3)}(u_1\,|\,\omega_1, \omega_2)$ und die $3n$ Funktionen $X_\lambda^{(3n)}(u_2\,|\,\omega_1, \omega_2)$ heran, unter n

eine ungerade, gegen 3 teilerfremde Zahl verstanden; jedes System sei für ein besonderes erstes Argument u_1 bzw. u_2 gebildet, während das Periodenpaar in beiden Funktionen das gleiche sein soll. Aus beiden Funktionssystemen setzen wir die folgenden dreigliedrigen Ausdrücke zusammen:

$$(1)\qquad B_\lambda(u_1, u_2 \,|\, \omega_1, \omega_2) = X_0^{(3)} X_{3\lambda}^{(3n)} + X_1^{(3)} X_{3\lambda+n}^{(3n)} + X_2^{(3)} X_{3\lambda+2n}^{(3n)},$$

die wir *„bilinear"* nennen und dieserhalb durch das Symbol B bezeichnen, weil sie in den X jedes der beiden Systeme linear aufgebaut sind. Ändert man λ um n, so ändert sich der untere Index der einzelnen Funktion $X^{(3n)}$ um $3n$, wobei sie nach der Regel (9) S. 305 unverändert bleibt. Aus dem Ansatze (1) entstehen also im ganzen höchstens n verschiedene bilineare Verbindungen $B_0, B_1, \ldots, B_{n-1}$.

Dieser Ansatz soll in § 6 auf mehrgliedrige bilineare Ausdrücke der X_λ verallgemeinert werden. Im vorliegenden besonderen Falle setzen wir sogleich $u_1 = 0$ und können dann bei u_2 den Index 2 fortlassen. Da $X_0^{(3)}(0)$ identisch verschwindet und $X_1^{(3)}(0) = -X_2^{(3)}(0) = x_1^{(3)}$ ist, so gelangen wir zu den n Funktionen:

$$(2)\qquad B_\lambda(u \,|\, \omega_1, \omega_2) = x_1^{(3)}\left(X_{3\lambda+n}^{(3n)} - X_{3\lambda-n}^{(3n)}\right).$$

Für $x_1^{(3)}$ folgt aus (5) S. 315 die Darstellung:

$$x_1^{(3)} = i\sqrt{\frac{2\pi}{\omega_2}}\sqrt[8]{\Delta^5}\sum_{\nu=-\infty}^{+\infty}(-1)^\nu q^{\frac{(6\nu+1)^2}{12}},$$

so daß man zufolge (9) in I, 433 findet:

$$(3)\qquad x_1^{(3)} = i\left(\sqrt[3]{\Delta}\right)^2.$$

An Stelle von (2) können wir also auch schreiben:

$$(4)\qquad B_\lambda(u \,|\, \omega_1, \omega_2) = i\left(\sqrt[3]{\Delta}\right)^2\left(X_{3\lambda+n}^{(3n)} - X_{3\lambda-n}^{(3n)}\right).$$

Bei Ausübung der Substitution S nimmt $\sqrt[3]{\Delta}$ den Faktor $\varrho = e^{\frac{2i\pi}{3}}$ an (vgl. (13) in I, 455), während das Verhalten der $X^{(3n)}$ aus der ersten Regel (1) S. 308 zu bestimmen ist. Man findet:

$$(5)\qquad B_\lambda(u \,|\, \omega_1 + \omega_2, \omega_2) = \varrho^{2-n}\varepsilon^{-3\frac{\lambda(n-\lambda)}{2}} B_\lambda(u \,|\, \omega_1, \omega_2).$$

Gegenüber T bleibt $\sqrt[3]{\Delta}$ und also $x_1^{(3)}$ unverändert. Das aus der ersten Gleichung (16) S. 312 abzuleitende Verhalten der $X^{(3n)}$ ergibt:

$$i^{\frac{3n-1}{2}}\sqrt{3n}\,B_\lambda(u \,|\, \omega_2, -\omega_1)$$
$$= x_1^{(3)}\sum_{\varkappa=0}^{3n-1}\left(e^{\frac{2\pi i}{3n}\varkappa(3\lambda+n)} - e^{\frac{2\pi i}{3n}\varkappa(3\lambda-n)}\right)X_\varkappa^{(3n)}.$$

Der Faktor von $X_\varkappa^{(3n)}$ unter dem Summenzeichen läßt sich kürzer in die Gestalt $(\varrho^\varkappa - \varrho^{-\varkappa})\varepsilon^{\varkappa\lambda}$ setzen. Da er verschwindet, so oft $\varkappa$ durch 3 teilbar ist, so genügt es, $\varkappa = 3\varkappa' + n$ und $\varkappa = 3\varkappa' - n$ zu schreiben, wo dann beide Male $\varkappa'$ die Zahlen $0, 1, 2, \ldots, n-1$ zu durchlaufen hat. Man erhält dabei:

$$(\varrho^\varkappa - \varrho^{-\varkappa})\varepsilon^{\varkappa\lambda} = (\varrho^{\pm n} - \varrho^{\mp n})\varepsilon^{3\varkappa'\lambda} = \pm\left(\frac{n}{3}\right) i\sqrt{3}\,\varepsilon^{3\varkappa'\lambda},$$

wo $\left(\frac{n}{3}\right)$ das Legendresche Zeichen ist. Somit findet sich:

$$i^{\frac{3n-1}{2}}\sqrt{3n}\,B_\lambda(u\,|\,\omega_2, -\omega_1) = i\left(\frac{n}{3}\right)\sqrt{3}\sum_{\varkappa=0}^{n-1}\varepsilon^{3\varkappa\lambda}x_1^{(3)}\left(X_{3\varkappa+n}^{(3n)} - X_{3\varkappa-n}^{(3n)}\right).$$

Nimmt man die vor dem Summenzeichen stehenden Faktoren nach links hinüber, so ziehen sie sich mit den Faktoren von B_λ zu:

$$i^{\frac{3n-3}{2}}\left(\frac{n}{3}\right)\sqrt{n} = (-1)^{\frac{n-1}{2}}\left(\frac{n}{3}\right)\cdot i^{\frac{n-1}{2}}\sqrt{n} = i^{\frac{n-1}{2}}\left(\frac{3}{n}\right)\sqrt{n}$$

zusammen, wie man mit Hilfe des auf das Legendre-Jacobische Zeichen verallgemeinerten Reziprozitätsgesetzes findet.[1]) Als Wirkung von T hat man also:

$$(6)\qquad i^{\frac{n-1}{2}}\left(\frac{3}{n}\right)\sqrt{n}\,B_\lambda(u\,|\,\omega_2, -\omega_1) = \sum_{\varkappa=0}^{n-1}\varepsilon^{3\varkappa\lambda}B_\varkappa(u\,|\,\omega_1, \omega_2).$$

Ist $n \equiv 2 \pmod 3$, so liegen in (5) und (6) genau wieder die X_λ-Substitutionen S und T von S. 314 vor, nur ist an Stelle von ε die gleichfalls primitive n^{te} Einheitswurzel $\varepsilon_3 = \varepsilon^3$ getreten. Zum Zwecke dieses Ersatzes hat man $i^{\frac{n-1}{2}}\sqrt{n}$ in Gestalt der Gaußschen Summe (21) S. 314 darzustellen, worauf dann nach der letzten Gleichung in I, 494 beim Ersatze von ε durch ε_3 sich der Faktor $\left(\frac{3}{n}\right)$ einfindet. Im Falle $n \equiv 1 \pmod 3$ benutzen wir nochmals den Umstand, daß $\sqrt[3]{\Delta}$ gegenüber S den Faktor ϱ annimmt und durch T in sich transformiert wird. Also wird im Falle $n \equiv 1 \pmod 3$ der Quotient $B_\lambda : \sqrt[3]{\Delta}$ die X_λ-Substitutionen unter Ersatz von ε durch ε_3 erfahren.

Das zu erklärende System von Modulformen gewinnt man nun aus den B_λ durch Einsetzung von $u = 0$. Aus der Regel (16) S. 307 leitet man leicht:

$$B_\lambda(-u\,|\,\omega_1, \omega_2) = B_{n-\lambda}(u\,|\,\omega_1, \omega_2)$$

ab, so daß man für $u = 0$ zu einem System von $\frac{n+1}{2}$ Modulformen n^{ter}

---

1) Vgl. Dirichlet-Dedekind, „Vorles. über Zahlentheorie", S. 104 ff. der 4. Aufl.

Stufe gelangt, wenn man im Falle $n \equiv 1 \pmod 3$ statt der Nullwerte von B_λ diejenigen der Quotienten $B_\lambda : \sqrt[3]{\Delta}$ benutzt. Zur Vereinfachung einer sogleich anzugebenden Darstellung des Nullwertes von B_0 versehen wir alle Nullwerte noch mit dem gemeinsamen Faktor $-\frac{1}{2}$ und bezeichnen die damit gewonnenen Modulformen durch $z_\lambda(\omega_1, \omega_2)$. In den S. 314 eingeführten Formen x gelten also die Darstellungen:

$$(7)\qquad \begin{cases} z_\lambda(\omega_1, \omega_2) = -\frac{1}{2} i \sqrt[3]{\Delta}\left(x^{(3n)}_{3\lambda+n} - x^{(3n)}_{3\lambda-n}\right), & n \equiv 1 \pmod 3 \\ z_\lambda(\omega_1, \omega_2) = -\frac{1}{2} i \sqrt[3]{\Delta^2}\left(x^{(3n)}_{3\lambda+n} - x^{(3n)}_{3\lambda-n}\right), & n \equiv 2 \pmod 3 \end{cases}$$

Als Ergebnis merken wir an: *Für jede gegen 6 teilerfremde Stufe n existiert ein System von $\frac{n+1}{2}$ durch (7) gegebener ganzer Modulformen n^{ter} Stufe, die sich bei Ausübung der Substitutionen S und T in folgender Art substituieren:*

$$(S)\qquad z'_\lambda = \varepsilon_3^{-\frac{\lambda(n-\lambda)}{2}} z_\lambda,$$

$$(T)\qquad i^{\frac{n-1}{2}}\left(\frac{3}{n}\right)\sqrt{n}\, z'_\lambda = z_0 + \sum_{\varkappa=1}^{\frac{n-1}{2}} \left(\varepsilon_3^{\varkappa\lambda} + \varepsilon_3^{-\varkappa\lambda}\right) z_\varkappa,$$

unter ε_3 die primitive n^{te} Einheitswurzel ε^3 verstanden.

Da die beiden Modulformen $x^{(3n)}_n$ und $x^{(3n)}_{-n} = x^{(3n)}_{2n}$ sich nur im Vorzeichen unterscheiden, so gilt speziell für die Form z_0:

$$(8)\qquad z_0 = -i\sqrt[3]{\Delta}\, x^{(3n)}_n \quad \text{bzw.} \quad z_0 = -i\sqrt[3]{\Delta^2}\, x^{(3n)}_n.$$

Aus der Reihendarstellung (5) S. 315 der x aber ergibt sich:

$$x^{(3n)}_n = i\sqrt{\frac{2\pi}{\omega_2}}\sqrt[8]{\Delta}\left(\sqrt[4]{\Delta}\right)^{(3n)_0} \sum_{\nu=-\infty}^{+\infty} (-1)^\nu q^{\frac{(6\nu+1)^2 n}{12}}.$$

Damit sind wir zur Reihe (9) in I, 433 für die 24ste Wurzel der Diskriminante geführt. Verstehen wir unter Δ' die transformierte Diskriminante $\Delta' = \Delta(n\omega_1, \omega_2)$, so ergibt sich der folgende Satz: *Die Modulform n^{ter} Stufe $z_0(\omega_1, \omega_2)$ stellt sich in der Diskriminante wie folgt dar:*

$$(9)\qquad \begin{cases} z_0(\omega_1, \omega_2) = \left(\sqrt[12]{\Delta}\right)^{5+3(3n)_0} \sqrt[24]{\Delta'\Delta}, & n \equiv 1 \pmod 3, \\ z_0(\omega_1, \omega_2) = \left(\sqrt[4]{\Delta}\right)^{3+(3n)_0} \sqrt[24]{\Delta'\Delta}, & n \equiv 2 \pmod 3, \end{cases}$$

n ist eine beliebige gegen 6 teilerfremde Stufe, Δ' hat die Bedeutung $\Delta(n\omega_1, \omega_2)$ und $(3n)_0$ ist die kleinste, nicht negative ganze Zahl, die der Kongruenz genügt:

$$(10)\qquad (3n)_0 \equiv -\frac{3n+1}{2} \pmod 4.$$

§ 6. Mehrgliedrige Bilinearverbindungen der X_λ und ihre lineare Transformation.

Es soll jetzt der Ansatz (1) S. 317 der dreigliedrigen Bilinearverbindungen der X_λ auf entsprechende Ausdrücke mit einer beliebigen Gliederanzahl l verallgemeinert werden. Wir denken n nach wie vor als ungerade Zahl gewählt und setzen l (wie oben 3) als teilerfremd gegen n voraus. Die zu untersuchende Bilinearverbindung der Funktionen $X^{(l)}$ und $X^{(ln)}$ erklären wir durch:

$$(1)\qquad B_\lambda(u_1, u_2 \,|\, \omega_1, \omega_2) = \sum_{\varkappa=0}^{l-1} X_\varkappa^{(l)}(u_1)\, X_{l\lambda+nk\varkappa}^{(ln)}(u_2),$$

die für $l = 3$, $k = 1$ den Ansatz (1) S. 317 wieder liefert. Um diesen Ausdrücken bei beliebigem l möglichst einfache Eigenschaften zu erteilen, verstehen wir unter k eine der Kongruenz:

$$(2)\qquad nk^2 + 1 \equiv 0 \pmod{2l} \quad \text{bzw.} \quad \pmod{l}$$

genügende ganze Zahl, je nachdem l gerade oder ungerade ist. Wir können dieser Kongruenz entsprechend auch setzen:

$$(3)\qquad nk^2 + 1 = 2lm \quad \text{bzw.} \quad nk^2 + 1 = lm,$$

unter m eine weitere ganze Zahl verstanden, die wie l offenbar positiv ist. Im Falle eines geraden l gilt die erste Gleichung (3), aus der hervorgeht, daß k in diesem Falle ungerade ist. Dann ist $k^2 \equiv 1 \pmod 4$, und da $2lm$ durch 4 teilbar ist, so ergibt sich, *daß im Falle eines geraden l die ungerade Zahl n der Beschränkung $n \equiv 3 \pmod 4$ unterliegt.* Indem wir der Reihe nach $\lambda = 0, 1, 2, \ldots, n-1$ in (1) einsetzen, erhalten wir ein System von n bilinearen Ausdrücken. Das Periodenpaar ω_1, ω_2 soll in allen Funktionen $X^{(l)}$ und $X^{(ln)}$ dasselbe sein. Es ist zunächst festzustellen, wie sich unser Größensystem $B_0, B_1, \ldots, B_{n-1}$ bei linearer Transformation der Perioden verhält.

Ist erstlich l und also ln gerade, so nimmt das Produkt:

$$(4)\qquad X_\varkappa^{(l)}(u_1)\, X_{l\lambda+nk\varkappa}^{(ln)}(u_2)$$

zufolge der zweiten Formel (1) S. 308 gegenüber der Substitution S den Faktor an:

$$e^{\frac{2i\pi}{l}\left(\frac{l}{8}+\frac{\varkappa^2}{2}\right)+\frac{2i\pi}{ln}\left(\frac{ln}{8}+\frac{(l\lambda+nk\varkappa)^2}{2}\right)} = i e^{\frac{i\pi}{ln}(n\varkappa^2+l^2\lambda^2+n^2k^2\varkappa^2)}.$$

Mit Hilfe der ersten Gleichung (3) führt man den Ausdruck dieses Faktors leicht über in:

$$i e^{\frac{i\pi}{ln}(l^2\lambda^2+2lmn\varkappa^2)} = i e^{\frac{li\pi}{n}\lambda^2} = i\varepsilon_l^{-\frac{\lambda(n-\lambda)}{2}},$$

wo ε_l die primitive n^{te} Einheitswurzel ε^l ist. Ist l ungerade, so nimmt das Produkt (4) gegenüber S den Faktor an:

$$e^{\frac{\pi i}{l}(\varkappa^2 - l\varkappa) + \frac{\pi i}{ln}((l\lambda + nk\varkappa)^2 - ln(l\lambda + nk\varkappa))} = (-1)^{\lambda + \varkappa + k\varkappa}\, e^{\frac{\pi i}{ln}(n\varkappa^2 + l^2\lambda^2 + n^2k^2\varkappa^2)},$$

wie aus der ersten Gleichung (1) S. 308 folgt. Mit Hilfe der zweiten Gleichung (3) und der aus ihr folgenden Kongruenz $1 + k + m \equiv 0 \pmod 2$ wandelt man die Gestalt des eben erhaltenen Faktors in:

$$(-1)^\lambda e^{\frac{\pi i}{n} l\lambda^2} = \varepsilon_l^{-\frac{\lambda(n-\lambda)}{2}}$$

um. Hiernach erweist sich der Faktor in beiden Fällen als von $\varkappa$ unabhängig, so daß er für alle Glieder der Summe (1) ein und derselbe ist. *Die Bilinearverbindung* (1) *nimmt also gegenüber S den Faktor:*

$$(5) \qquad i\varepsilon_l^{-\frac{\lambda(n-\lambda)}{2}} \quad \text{bzw.} \quad \varepsilon_l^{-\frac{\lambda(n-\lambda)}{2}}$$

an, je nachdem l gerade oder ungerade ist.

Um die Wirkung der Substitution T festzustellen, schreiben wir die Faktoren von X_λ auf den linken Seiten der Gleichungen (16) S. 312 kurz C_n, so daß:

$$C_n = i^{\frac{n-1}{2}}\sqrt{n} \quad \text{oder} \quad = -\sqrt{n}$$

gilt, je nachdem n ungerade oder gerade ist. Aus den eben genannten Gleichungen findet man dann:

$$C_l C_{ln} B_\lambda(u_1, u_2 \,|\, \omega_2, -\omega_1) = \sum_{\varkappa=0}^{l-1}\sum_{\mu=0}^{l-1}\sum_{\nu=0}^{ln-1} e^{\frac{2i\pi}{ln}(n\varkappa\mu + l\lambda\nu + nk\varkappa\nu)} X_\mu^{(l)} X_\nu^{(ln)},$$

wo die rechts stehenden Funktionen X für die ursprünglichen Perioden ω_1, ω_2 gebildet sind. Nimmt man die Summation in bezug auf $\varkappa$ zunächst vor, so folgt:

$$C_l C_{ln} B_\lambda(u_1, u_2 \,|\, \omega_2, -\omega_1) = \sum_{\mu,\nu}\Big(\varepsilon^{\lambda\nu} X_\mu^{(l)} X_\nu^{(ln)} \sum_{\varkappa=0}^{l-1} e^{\frac{2i\pi}{l}\varkappa(\mu + k\nu)}\Big).$$

Die innere Summe hat für die einzelne Zahlkombination μ, ν stets den Wert 0, falls $\mu + k\nu \not\equiv 0 \pmod l$ ist, dagegen den Wert l, wenn $\mu + k\nu \equiv 0 \pmod l$ zutrifft. Die letzte Gleichung vereinfacht sich demnach zu:

$$C_l C_{ln} B_\lambda(u_1, u_2 \,|\, \omega_2, -\omega_1) = l\sum_{\nu=0}^{ln-1}\big(\varepsilon^{\lambda\nu} X_{-k\nu}^{(l)} X_\nu^{(ln)}\big).$$

Über die frei gewordenen Summationsbuchstaben $\varkappa$ und μ können wir jetzt im neuen Sinne verfügen. Wir setzen $\nu = l\varkappa + n\mu$ und erhalten ein System mod ln inkongruenter Zahlen ν, falls $\varkappa$ die Zahlen $0, 1, \ldots, n-1$ und μ die Zahlen $0, 1, \ldots, l-1$ durchlaufen:

$$C_l C_{ln} B_\lambda(u_1, u_2 \mid \omega_2, -\omega_1) = l \sum_{\varkappa=0}^{n-1} \left(\varepsilon^{l\varkappa\lambda} \sum_{\mu=0}^{l-1} X^{(l)}_{-kn\mu} X^{(ln)}_{l\varkappa+n\mu} \right).$$

Da kn zufolge (3) teilerfremd gegen l ist, so durchläuft, falls man $-kn\mu \equiv \nu \pmod{l}$ setzt und auf diese Weise auch ν in neuer Bedeutung gebraucht, mit μ auch ν ein Restsystem mod l. Durch Multiplikation der letzten Kongruenz mit k und weiter mit n folgt aber wegen (2):

$$-k^2 n\mu \equiv \mu \equiv k\nu \pmod{l}, \qquad n\mu \equiv kn\nu \pmod{ln}.$$

Die innere Summe der letzten Gleichung läßt sich also auch so schreiben:

$$\sum_{\nu=0}^{l-1} X^{(l)}_{\nu} X^{(ln)}_{l\varkappa+nk\nu}$$

und erweist sich also zufolge (1) als mit $B_\varkappa$ identisch:

$$C_l C_{ln} B_\lambda(u_1, u_2 \mid \omega_2, -\omega_1) = l \sum_{\varkappa=0}^{n-1} \varepsilon_l^{\varkappa\lambda} B_\varkappa(u_1, u_2 \mid \omega_1, \omega_2). \tag{6}$$

Ist nun erstlich l *gerade*, so ist $C_l \cdot C_{ln} = l\sqrt{n}$. Es läßt sich zeigen, daß in diesem Falle das Legendre-Jacobische Zeichen $\left(\frac{l}{n}\right)$ der Gleichung:

$$\left(\frac{l}{n}\right) = i^{\frac{n+1}{2}} \tag{7}$$

genügt. Schreibt man nämlich $l = 2^h \cdot l'$, unter l' den größten ungeraden Teiler von l verstanden, so gilt, da zufolge (2) die Zahl $-n$ quadratischer Rest von l' ist, zufolge des verallgemeinerten Reziprozitätsgesetzes (s. die Note S. 318):

$$1 = \left(\frac{-n}{l'}\right) = (-1)^{\frac{l'-1}{2} \cdot \frac{n+1}{2}} \left(\frac{l'}{n}\right) = \left(\frac{l'}{n}\right),$$

da jetzt $n \equiv 3 \pmod{4}$ ist. Man findet also:

$$\left(\frac{l}{n}\right) = \left(\frac{2}{n}\right)^h \left(\frac{l'}{n}\right) = \left(\frac{2}{n}\right)^h = (-1)^{h\frac{n^2-1}{8}}. \tag{8}$$

Ist $h = 1$, so ist $\left(\frac{l}{n}\right) = +1$ oder -1, je nachdem $n \equiv 7$ oder $\equiv 3 \pmod{8}$ gilt. In beiden Fällen erweist sich die Gleichung (7) als richtig. Ist $h > 1$, so folgt $n \equiv 7 \pmod{8}$ aus (2). Nun ist $\left(\frac{l}{n}\right)$ zufolge (8) gleich 1, so daß die Gleichung (7) auch jetzt sich als richtig erweist. Trägt man in (6) für $C_l C_{ln}$ seinen Wert $l\sqrt{n}$ ein und benutzt die Gleichung (7), so folgt: *Im Falle eines geraden l zeigen die n Bilinearverbindungen* (1) *bei Ausübung der Substitution T das Verhalten:*

$$i^{\frac{n-1}{2}} \left(\frac{l}{n}\right) \sqrt{n}\, B_\lambda(u_1, u_2 \mid \omega_2, -\omega_1) = -i \sum_{\varkappa=0}^{n-1} \varepsilon_l^{\varkappa\lambda} B_\varkappa(u_1, u_2 \mid \omega_1, \omega_2). \tag{9}$$

Im Falle eines *ungeraden* l gilt:

$$C_l C_{ln} = i^{\frac{l-1}{2}} \sqrt{l} \cdot i^{\frac{ln-1}{2}} \sqrt{ln} = (-1)^{\frac{l-1}{2} \cdot \frac{n+1}{2}} \cdot i^{\frac{n-1}{2}} l \sqrt{n}.$$

Da $-n$ zufolge (2) quadratischer Rest von l ist, so gilt:

$$1 = \left(\frac{-n}{l}\right) = (-1)^{\frac{l-1}{2} \cdot \frac{n+1}{2}} \left(\frac{l}{n}\right), \quad (-1)^{\frac{l-1}{2} \cdot \frac{n+1}{2}} = \left(\frac{l}{n}\right).$$

Im Falle eines ungeraden l transformieren sich die n Ausdrücke B_λ gegenüber der Substitution T nach der Regel:

$$(10) \quad i^{\frac{n-1}{2}} \left(\frac{l}{n}\right) \sqrt{n}\, B_\lambda(u_1, u_2 \mid \omega_2, -\omega_1) = \sum_{\varkappa=0}^{n-1} \varepsilon_l^{\varkappa\lambda} B_\varkappa(u_1, u_2 \mid \omega_1, \omega_2).$$

Nach (10) in I, 454 zeigt die Modulform vierter Stufe $\sqrt[4]{\Delta}$ gegenüber S und T das Verhalten:

$$\sqrt[4]{\Delta}(\omega_1 + \omega_2, \omega_2) = i \sqrt[4]{\Delta}(\omega_1, \omega_2), \quad \sqrt[4]{\Delta}(\omega_2, -\omega_1) = -i \sqrt[4]{\Delta}(\omega_1, \omega_2).$$

Im Falle eines geraden l zeigen demnach die n Quotienten $B_\lambda : \sqrt[4]{\Delta}$ gegenüber linearen Transformationen der Perioden genau das gleiche Verhalten wie die B_λ mit ungeradem l.

Nun gehen die Koeffizienten der linearen Transformationen S und T der $B_\lambda : \sqrt[4]{\Delta}$ bzw. der B_λ aus den Koeffizienten der entsprechenden X_λ-Transformationen dadurch hervor, daß man die primitive n^{te} Einheitswurzel ε durch die gleichfalls primitive n^{te} Einheitswurzel ε_l ersetzt. Der Ausdruck $i^{\frac{n-1}{2}} \sqrt{n}$ ist dabei als ganze Zahl des Kreisteilungskörpers $(\mathfrak{R}, \varepsilon)$ in der Gestalt (21) S. 314 darzustellen. Die Schlußformel in I, 494 lehrt dann eben, daß $i^{\frac{n-1}{2}} \sqrt{n}$ beim Ersatz von ε durch ε_l das Vorzeichen $\left(\frac{l}{n}\right)$ als Faktor annimmt. Im Anschluß an die Ergebnisse von S. 314 finden wir den Satz: *Gegenüber der Gesamtgruppe $\Gamma^{(\omega)}$ aller linearen Periodentransformationen erfahren die n Funktionen $B_\lambda : \sqrt[4]{\Delta}$ bzw. B_λ eine Gruppe $G_{n\chi(n)}$ von $n\chi(n)$ linearen Transformationen, welche mit den entsprechenden X_λ-Transformationen als „konjugiert" zu bezeichnen sind, insofern sie aus jenen durch Ersatz von ε durch die gleichfalls primitive n^{te} Einheitswurzel ε_l hervorgehen.* Hieraus folgt insbesondere: *Die n Funktionen $B_\lambda : \sqrt[4]{\Delta}$ bzw. B_λ haben den Charakter von Modulformen n^{ter} Stufe.*

Eine rationale Zahl des Kreisteilungskörpers $(\mathfrak{R}, \varepsilon)$ ist nur mit sich selbst konjugiert. Rational aber sind die Koeffizienten aller X_λ-Transformationen, die den Substitutionen mit $\beta \equiv \gamma \equiv 0 \pmod{n}$ entsprechen: *Für alle der Kongruenz $\beta \equiv \gamma \equiv 0 \pmod{n}$ genügenden Substitutionen sind die Transformationen der $B_\lambda : \sqrt[4]{\Delta}$ bzw. der B_λ genau so gebaut wie diejenigen der X_λ.*

§ 7. Die Systeme der Funktionen Y_λ und der Modulformen y_λ.

Für den Fall eines *geraden* l und also einer der Kongruenz $n \equiv 3 \pmod 4$ genügenden Zahl n sollen jetzt Reihendarstellungen der bilinearen Ausdrücke entwickelt werden: Indem man für die X_λ ihre Reihen (13) S. 306 einträgt, gewinnt man folgenden Ansatz:

$$\frac{B_\lambda}{\sqrt[4]{\Delta}} = \frac{2\pi}{\omega_2} e^{\frac{l\eta_2}{2\omega_2}\left(u_1^2 + n u_2^2\right)} \sum_{\varkappa, \nu_1, \nu_2} q^{\frac{n\nu^2 + N^2}{ln}} e^{\frac{2\pi i}{\omega_2}(\nu u_1 + N u_2)};$$

dabei haben ν und N die Bedeutungen:

$$(1) \qquad \nu = \nu_1 l - \varkappa, \quad N = \nu_2 n l - l\lambda - nk\varkappa,$$

von den Summationsbuchstaben durchläuft $\varkappa$ die Zahlen $0, 1, \ldots, l-1$, während ν_1 und ν_2 unabhängig voneinander alle ganzen Zahlen durchlaufen. Die Zahl ν nimmt somit gerade einmal jeden ganzzahligen Wert an. Für das einzelne ν ist $\varkappa$ der kleinste, nicht-negative Rest von $-\nu$ mod l, und weiter berechnet sich ν_1 aus der ersten Gleichung (1). Die ganze Zahl N läßt sich in die Gestalt setzen:

$$N = nk\nu + l\mu, \quad \mu = \nu_2 n - \lambda - \nu_1 kn.$$

Bei gegebenem ν und also bestimmtem ν_1 durchläuft die durch die zweite Gleichung erklärte ganze Zahl μ wegen der Bedeutung von ν_2 gerade einmal alle mod n mit $-\lambda$ kongruenten ganzen Zahlen. Bei Benutzung der ersten Gleichung (3) S. 320 findet man nun:

$$n\nu^2 + N^2 = n\nu^2 + (nk\nu + l\mu)^2 = 2l\left(\frac{l}{2}\mu^2 + kn\mu\nu + mn\nu^2\right).$$

Den hier rechts stehenden Klammerausdruck fassen wir als eine in den variablen ganzen Zahlen μ, ν geschriebene *ganzzahlige binäre quadratische Form:*

$$(2) \qquad f(\mu, \nu) = \frac{l}{2}\mu^2 + kn\mu\nu + mn\nu^2$$

auf, für die wir nach früherem Brauche auch die symbolische Bezeichnung $\left(\frac{l}{2}, kn, mn\right)$ benutzen (vgl. S. 137 ff.). Die quadratische Form $f(\mu, \nu)$ hat die *negative Diskriminante:*

$$D = k^2 n^2 - 2lmn = -n,$$

sie ist *positiv* und *ursprünglich,* da zufolge (3) S. 320 die beiden ersten Koeffizienten $\frac{l}{2}$, kn teilerfremd sind.

An Stelle der bisherigen Variablen u_1, u_2 führt man jetzt zweckmäßig zwei neue Variable u, v durch:

$$(3) \qquad u_1 = u + \frac{nk}{l}v, \quad u_2 = -\frac{v}{l}$$

ein. Dann wird nämlich einerseits:

$$l(u_1^2 + nu_2^2) = l\left(u^2 + 2\frac{nk}{l}uv + \frac{n^2k^2+n}{l^2}v^2\right) = 2f(u, v),$$

und andererseits gilt:

$$\nu u_1 + Nu_2 = \nu\left(u + \frac{nk}{l}v\right) - (nk\nu + l\mu)\frac{v}{l} = \nu u - \mu v.$$

In Abhängigkeit von u und v mögen nun die Quotienten der Bilinearverbindungen B_λ und der Modulform $\sqrt[4]{\Delta}$ durch $Y_\lambda(u, v)$ bezeichnet werden:

$$(4)\qquad \frac{B_\lambda\left(u + \frac{nk}{l}v, -\frac{v}{l}\right)}{\sqrt[4]{\Delta}} = Y_\lambda(u, v \mid \omega_1, \omega_2).$$

Als Reihendarstellung dieser Funktionen Y_λ gewinnt man:

$$(5)\qquad Y_\lambda(u, v \mid \omega_1, \omega_2) = \frac{2\pi}{\omega_2} e^{\frac{\eta_2}{\omega_2} f(u,v)} \sum_{\mu, \nu} q^{\frac{2f(\mu,\nu)}{n}} e^{\frac{2\pi i}{\omega_2}(\nu u - \mu v)},$$

wo f die quadratische Form (2) ist, μ alle der Kongruenz $\mu \equiv -\lambda \pmod n$ genügenden ganzen Zahlen und ν alle ganzen Zahlen durchlaufen.

Aus (5) folgt, daß die Funktion $Y_0(u, v)$ bei gleichzeitigem Zeichenwechsel von u und v unverändert bleibt, während die $(n-1)$ übrigen Funktionen Y das Verhalten zeigen:

$$Y_\lambda(-u, -v \mid \omega_1, \omega_2) = Y_{n-\lambda}(u, v \mid \omega_1, \omega_2).$$

Für $u = 0$, $v = 0$ liefern demgemäß die Funktionen Y_λ ein System von $\frac{n+1}{2}$ ganzen Modulformen der n^{ten} Stufe $y_0, y_1, \ldots, y_{\frac{n-1}{2}}$, welche durch die Potenzreihen:

$$(6)\qquad y_\lambda(\omega_1, \omega_2) = \frac{2\pi}{\omega_2} \sum_{\mu, \nu} q^{\frac{2f(\mu,\nu)}{n}}, \qquad \mu \equiv -\lambda \pmod n$$

darstellbar sind und gegenüber den linearen Periodentransformationen die S. 316 *angegebenen $\mathfrak{x}_\lambda$-Substitutionen unter Ersatz von ε durch ε_l erfahren.*

Von diesen Modulformen werden wir später insbesondere die erste $y_0(\omega_1, \omega_2)$ gebrauchen. Schreiben wir hier $\mu = \mu' n$, so durchläuft μ' alle ganzen Zahlen, und man hat $f(\mu, \nu) = n f'(\mu', \nu)$, wo f' die quadratische Form $(\frac{1}{2} ln, kn, m)$ der Diskriminante $-n$ ist. Auch diese Form ist positiv und ursprünglich, da nach (3) S. 320 die ganzen Zahlen m und kn teilerfremd sind. Als Reihenentwicklung der Modulform y_0 folgt:

$$(7)\qquad y_0(\omega_1, \omega_2) = \frac{2\pi}{\omega_2} \sum_{\mu, \nu} q^{2f'(\mu,\nu)},$$

wo μ, ν alle Paare ganzer Zahlen durchlaufen. Est ist nun in jeder Klasse ursprünglicher positiver Formen der Diskriminante $-n$ eine Form der Gestalt $\left(\frac{l}{2}n, kn, m\right)$ nachweisbar. Nach S. 141 können wir nämlich zunächst einer beliebig vorgelegten Klasse eine Form (a, b, c) entnehmen, deren dritter Koeffizient c eine gegen n teilerfremde Zahl m ist. Gehen wir sodann mittelst einer Transformation (4) S. 138 zu einer äquivalenten Form (a', b', c'), indem wir $\alpha = \delta = 1$, $\beta = 0$, wählen, so sind die Koeffizienten der neuen Form durch:

$$a' = a - \gamma b + \gamma^2 m, \quad b' = b - 2\gamma m, \quad c' = m$$

gegeben, und man kann wegen teilerfremder Zahlen $2m$ und n über γ so verfügen, daß b' ein Vielfaches kn von n wird. Da die Diskriminante nach wie vor gleich $-n$ ist, so gilt:

$$k^2 n^2 - 4a'm = -n,$$

so daß a' durch n teilbar ist. Schreiben wir $2\frac{a'}{n} = l$, so haben wir in der vorgelegten Klasse eine Form $(\frac{1}{2}ln, kn, m)$ der gewünschten Gestalt erreicht. Endlich können wir aber von der Form f' unserer Klasse durch eine ganzzahlige Substitution der Determinante 1:

$$\mu = \alpha\mu' + \beta\nu', \quad \nu = \gamma\mu' + \delta\nu' \tag{8}$$

zu jeder beliebigen Form (a, b, c) der Klasse zurückgehen. Es gilt:

$$f'(\mu, \nu) = a\mu'^2 + b\mu'\nu' + c\nu'^2,$$

und da mit μ, ν zufolge (8) auch μ', ν' genau alle Paare ganzer Zahlen durchlaufen, so haben wir bei Fortlassung der oberen Indizes an den neuen Summationsbuchstaben μ', ν' an Stelle von (7) die Reihendarstellung:

$$y_0(\omega_1, \omega_2) = \frac{2\pi}{\omega_2} \sum_{\mu,\nu} q^{2(a\mu^2 + b\mu\nu + c\nu^2)}. \tag{9}$$

Da mit μ, ν auch immer das Zahlenpaar $\mu, -\nu$ auftritt, so ergeben zwei „entgegengesetzte" Formen (a, b, c) und $(a, -b, c)$ eine und dieselbe Modulform $y_0(\omega_1, \omega_2)$. Unter Erinnerung an die Substitutionen S und U_α, deren Wirkung auf die ξ_λ oben (S. 316) festgestellt wurde, und unter Zusammenfassung aller Ergebnisse haben wir folgenden für später grundlegenden Satz gewonnen: *Im Falle einer die Kongruenz* $n \equiv 3 \pmod 4$ *befriedigenden Stufe n liefert jede zweiseitige Klasse ursprünglicher positiver quadratischer Formen der Diskriminante — n und ebenso jedes Paar entgegengesetzter solcher Klassen eine ganze Modulform n^{ter} Stufe* (9) *der Dimension* -1, *die gegenüber den Substitutionen der durch* $\gamma \equiv 0 \pmod n$ *erklärten Kongruenzgruppe* $\Gamma_{\psi(n)}$ *das Verhalten:*

$$y_0(\alpha\omega_1 + \beta\omega_2, \gamma\omega_1 + \delta\omega_2) = \left(\frac{\alpha}{n}\right) y_0(\omega_1, \omega_2) \tag{10}$$

zeigt; die quadratische Form (a, b, c) *in* (9) *kann der Klasse willkürlich entnommen werden, die* μ, ν *durchlaufen alle Paare ganzer Zahlen.*

In den später zu betrachtenden Einzelfällen ordnen wir die Reihen (9) stets nach ansteigenden Potenzen von q um. Die einzelne Modulform y_0 ist dann in der Gestalt gegeben:

$$(11) \qquad y_0(\omega_1, \omega_2) = \frac{2\pi}{\omega_2} \sum_{i=0}^{\infty} A_i q^{2i},$$

wo nach der Sprechweise von S. 152 *die nicht-negative ganze Zahl* A_i *die Anzahl der „Darstellungen" der ganzen Zahl* i *durch die quadratische Form* (a, b, c) angibt.

§ 8. Die Systeme der Funktionen Z_λ und der Modulformen z_λ.

Zu ähnlichen wenn auch nicht so einfachen Ergebnissen gelangt man im Falle eines *ungeraden* l. Wir dürfen hier, wie aus dem Ansatze (1) S. 320 hervorgeht, ohne Änderung der Funktion B_λ die Zahl k um l vermehren und wollen von diesem Umstande in der Weise Gebrauch machen, daß wir k *stets als ungerade* gewählt denken. Dann gilt:

$$\varkappa + l\lambda + nk\varkappa \equiv \lambda \pmod 2,$$

so daß wir durch Eintragen der aus (12) S. 306 zu entnehmenden Reihenentwicklungen der X in die Gleichung (1) S. 320 für die Entwicklung des bilinearen Ausdrucks B_λ den Ansatz haben:

$$(1) \qquad B_\lambda = -\left(\sqrt[4]{\Delta}\right)^{1 + l_0 + (nl)_0} \cdot \frac{2\pi}{\omega_2} e^{\frac{l\eta_2}{2\omega_2}(u_1^2 + n u_2^2)} \cdot \sum_{\varkappa, \nu_1, \nu_2} (-1)^{\lambda + \nu_1 + \nu_2} q^{\frac{n\nu^2 + N^2}{4ln}} e^{\frac{\pi i}{\omega_2}(\nu u_1 + N u_2)}:$$

ν und N sind Abkürzungen für folgende Ausdrücke:

$$(2) \qquad \nu = (2\nu_1 + 1)l - 2\varkappa, \quad N = (2\nu_2 + 1)ln - 2l\lambda - 2nk\varkappa,$$

$\varkappa$ durchläuft die Zahlen $0, 1, 2, \ldots, l-1$, während ν_1 und ν_2 alle ganzen Zahlen durchlaufen.

Hier hat nun ν gerade genau einmal alle ungeraden ganzen Zahlen zu durchlaufen. Für das einzelne ν ist $2\varkappa$ als kleinste, nicht-negative gerade Zahl, die mod l mit $-\nu$ kongruent ist, bestimmt, worauf sich dann weiter ν_1 aus (2) eindeutig berechnet. Für N können wir statt des Ausdrucks (2) auch den folgenden setzen:

$$(3) \qquad N = nk\nu + 2l\mu, \quad \mu = \nu_2 n - \nu_1 nk + n\frac{1-k}{2} - \lambda.$$

Die damit eingeführte ganze Zahl μ hat dann bei stehendem ν_1 wegen der Bedeutung von ν_2 gerade einmal alle mod n mit $-\lambda$ kongruenten Zahlen zu durchlaufen.

Es sind jetzt die einzelnen Bestandteile auf der rechten Seite des Ansatzes (1) auf den Summationsbuchstaben μ umzurechnen. Man findet erstlich bei Benutzung der zweiten Gleichung (3) S. 320:

$$n\nu^2 + N^2 = 2l\left(2l\mu^2 + 2kn\mu\nu + \frac{m}{2}n\nu^2\right),$$

wobei in Betracht kommt, daß wegen der ungeraden k die ganze Zahl m gerade ist. Es stellt sich also hier die *ganzzahlige binäre quadratische Form* ein:

$$f(\mu, \nu) = 2l\mu^2 + 2kn\mu\nu + \frac{m}{2}n\nu^2. \tag{4}$$

Diese Form $\left(2l, 2kn, \frac{m}{2}n\right)$ ist wieder *positiv* und hat die *negative Diskriminante:*

$$D = 4k^2n^2 - 4lmn = -4n.$$

Die beiden ersten Koeffizienten $2l$ und $2kn$ haben den größten gemeinsamen Teiler 2. Da m zufolge der zweiten Gleichung (3) S. 320 die Kongruenz $m \equiv n + 1 \pmod 4$ befriedigt, so ist m das Doppelte einer ungeraden Zahl oder durch 4 teilbar, je nachdem $n \equiv 1$ oder $\equiv 3 \pmod 4$ ist. *Die quadratische Form* (4) *ist also ursprünglich, oder sie hat den Teiler* 2, *je nachdem* $n \equiv 1$ *oder* $\equiv 3 \pmod 4$ *gilt.*

Entsprechend den Gleichungen (3) S. 324 führen wir hier an Stelle der bisherigen Variablen u_1 und u_2 die neuen Variablen u und v durch die Gleichungen ein:

$$u_1 = u + \frac{nk}{2l}v, \quad u_2 = -\frac{v}{2l}. \tag{5}$$

Dann gilt erstlich:

$$2l(u_1^2 + nu_2^2) = 2l\left(u^2 + \frac{nk}{l}uv + \frac{n^2k^2 + n}{4l^2}v^2\right) = f(u, v),$$

und man findet andrerseits:

$$\nu u_1 + Nu_2 = \nu\left(u + \frac{nk}{2l}v\right) - (nk\nu + 2l\mu)\frac{v}{2l} = \nu u - \mu v.$$

Endlich ist noch das Vorzeichen unter der Summe des Ansatzes (1) umzugestalten. Dies geschieht auf Grund der aus der zweiten Gleichung (3) folgenden Kongruenz:

$$\lambda + \nu_1 + \nu_2 \equiv \mu + \frac{k-1}{2} \pmod 2.$$

Wir erklären nun im Anschluß an die Gleichung (4) S. 325 ein System von Funktionen $Z_\lambda(u, v)$ durch die Festsetzung:

$$(-1)^{\frac{k+1}{2}} \frac{B_\lambda\left(u + \frac{nk}{2l}v, -\frac{v}{2l}\right)}{(\sqrt[4]{\Delta})^{1 + l_0 + (nl)_0}} = Z_\lambda(u, v \mid \omega_1, \omega_2). \tag{6}$$

Als Reihenentwicklungen dieser Funktion hat man:

$$(7) \qquad Z_\lambda(u, v \mid \omega_1, \omega_2) = \frac{2\pi}{\omega_2} e^{\frac{\eta_2}{4\omega_2} f(u,v)} \sum_{\mu,\nu} (-1)^\mu q^{\frac{f(\mu,\nu)}{2n}} e^{\frac{\pi i}{\omega_2}(\nu u - \mu v)},$$

wo f die quadratische Form (4) *ist,* μ *alle der Kongruenz* $\mu \equiv -\lambda \pmod n$ *genügenden ganzen Zahlen und* ν *alle ungeraden ganzen Zahlen durchlaufen.* Will man nur mit ursprünglichen quadratischen Formen arbeiten, so mag man den vorstehenden Satz nur auf die der Kongruenz $n \equiv 1 \pmod 4$ genügenden Stufen beziehen, im Falle $n \equiv 3 \pmod 4$ aber den Teiler 2 der Form fortheben. Es folgt dann der Satz: *Ist* $n \equiv 3 \pmod 4$, *so haben wir als Reihendarstellung der* Z_λ:

$$(8) \qquad Z_\lambda(u, v \mid \omega_1, \omega_2) = \frac{2\pi}{\omega_2} e^{\frac{\eta_2}{2\omega_2} f(u,v)} \sum_{\mu,\nu} (-1)^\mu q^{\frac{f(\mu,\nu)}{n}} e^{\frac{\pi i}{\omega_2}(\nu u - \mu v)},$$

unter f jetzt die ursprüngliche quadratische Form:

$$(9) \qquad f = \left(l,\ kn,\ \frac{m}{4} n\right)$$

der negativen Diskriminante $D = -n$ *verstanden; die Summationsbedingungen für* μ *und* ν *sind die bisherigen.* Den Charakter von Modulformen n^{ter} Stufe haben, wie wir in Erinnerung bringen, erst die Produkte der Z_λ und der Modulform $(\sqrt[4]{\Delta})^{1+l_0+(nl)_0}$, wo l_0 und $(nl)_0$ die kleinsten, nichtnegativen ganzen Zahlen sind, die die Kongruenzen befriedigen:

$$(10) \qquad l_0 \equiv -\frac{l+1}{2}, \quad (nl)_0 \equiv -\frac{nl+1}{2} \pmod 4.$$

Diese Produkte erfahren dann gegenüber den linearen Transformationen der Perioden die X_λ-Substitutionen, jedoch unter Ersatz von ε durch ε_l.

Aus den Reihenentwicklungen (7) und (8) ergibt sich, daß bei gleichzeitigem Zeichenwechsel von u und v die Funktion $Z_0(u, v)$ in sich übergeht, während sich die übrigen Funktionen $Z_\lambda(u, v)$ des einzelnen Systems nach dem Gesetze:

$$Z_\lambda(-u, -v \mid \omega_1, \omega_2) = Z_{n-\lambda}(u, v \mid \omega_1, \omega_2)$$

transformieren. *Für* $u = 0$, $v = 0$ *erhalten wir demnach aus den* Z_λ *des einzelnen Systems ein System von* $\frac{n+1}{2}$ *ganzen Modulformen* $(-1)^{\text{ter}}$ *Dimension* $z_0, z_1, \ldots, z_{\frac{n-1}{2}}$, *welche durch Multiplikation mit* $(\sqrt[4]{\Delta})^{1+l_0+(nl)_0}$ *zu ganzen Modulformen* n^{ter} *Stufe werden, die gegenüber den linearen Periodentransformationen die* ξ_λ*-Substitutionen unter Ersatz von* ε *durch* ε_l *erfahren. Als Reihendarstellungen der* z_λ *haben wir im Falle einer* mod 4 *mit* 1 *kongruenten Zahl n:*

$$(11) \qquad z_\lambda(\omega_1, \omega_2) = \frac{2\pi}{\omega_2} \sum_{\mu,\nu} (-1)^\mu q^{\frac{f(\mu,\nu)}{2n}},$$

wo $f(\mu, \nu)$ die ursprüngliche quadratische Form (4) *der negativen Diskriminante* $-4n$ *ist; im Falle* $n \equiv 3 \pmod 4$ *aber gilt:*

$$z_\lambda(\omega_1, \omega_2) = \frac{2\pi}{\omega_2} \sum_{\mu, \nu} (-1)^\mu q^{\frac{f(\mu, \nu)}{n}}, \tag{12}$$

unter f die ursprüngliche Form (9) *der negativen Diskriminante* $-n$ *verstanden.* Die Summationsbuchstaben μ, ν sind natürlich den bisherigen Bedingungen unterworfen.

Vom einzelnen Systeme der z_λ wird später insbesondere wieder die erste Modulform $z_0(\omega_1, \omega_2)$ benutzt, die wir bei Wiederholung der S. 325ff. durchgeführten Überlegung so dargestellt finden:

$$(13) \quad \begin{cases} z_0 = \dfrac{2\pi}{\omega_2} \displaystyle\sum_{\mu, \nu} (-1)^\mu q^{\frac{f'(\mu, \nu)}{2}}, & n \equiv 1 \pmod 4, \\ z_0 = \dfrac{2\pi}{\omega_2} \displaystyle\sum_{\mu, \nu} (-1)^\mu q^{f'(\mu, \nu)}, & n \equiv 3 \pmod 4. \end{cases}$$

Die quadratische Form f' ist durch:

$$f' = \left(2ln, 2kn, \frac{m}{2}\right) \quad \text{bzw.} \quad f' = \left(ln, kn, \frac{m}{4}\right) \tag{14}$$

gegeben, während μ jetzt alle ganzen Zahlen und ν alle ungeraden ganzen Zahlen zu durchlaufen haben. Auch die Form f' hat die Diskriminante $D = -4n$ bzw. $-n$ und ist positiv und ursprünglich.

Es ist nun zu untersuchen, ob in jeder Klasse ursprünglicher positiver Formen der Diskriminante $-4n$ bzw. $-n$ mindestens eine Form der Gestalt (14) nachweisbar ist. Ist erstlich $n \equiv 1 \pmod 4$ und also $D = -4n$, so entnehmen wir der einzelnen vorgelegten Klasse eine erste Form (a, b, c) mit einem gegen $2n$ teilerfremden c und setzen $2c = m$, so daß m das Doppelte einer ungeraden Zahl ist. Wir gehen sodann zu einer äquivalenten Form (a', b', c') mit den Koeffizienten:

$$a' = a - \gamma b + \gamma^2 c, \quad b' = b - 2\gamma c, \quad c' = c \tag{15}$$

und können die ganze Zahl γ den beiden Kongruenzen:

$$b' = b - 2\gamma c \equiv 0 \pmod n, \quad b' = b - 2\gamma c \equiv 2 \pmod 4$$

entsprechend bestimmen, wobei für die zweite Kongruenz in Betracht kommt, daß die mittleren Koeffizienten der vorliegenden Formen durchweg gerade Zahlen sind. Setzt man $b' = 2kn$, so erweist sich k als ungerade ganze Zahl. Für a' folgt aus:

$$n + k^2 n^2 = a' \frac{m}{2},$$

daß diese Zahl gerade und durch n teilbar ist. Setzt man dementsprechend $a' = 2ln$, so folgt $1 + k^2 n = lm$ und damit wegen $m \equiv 2 \pmod 4$:

$$2l \equiv lm = 1 + k^2 n \equiv n + 1 \equiv 2 \pmod 4,$$

so daß l eine ungerade Zahl ist. Also haben wir in der Tat eine brauchbare Form (14) in der Klasse nachgewiesen.

Ist zweitens $n \equiv 3 \pmod 4$, so entnehmen wir der vorgelegten Klasse eine Form (a, b, c) mit einem gegen n teilerfremden c und setzen $4c = m$. Jetzt sind die mittleren Koeffizienten ungerade. Gehen wir also durch die Transformation (15) zu einer äquivalenten Form (a', b', c') mit $b' \equiv 0 \pmod n$, so ist $b' = kn$ mit einer ungeraden Zahl k zu setzen. Da $D = -n$ ist, so ist a' durch n teilbar. Setzt man also $a' = ln$, so ist nur noch zu untersuchen, ob man hierbei ein ungerades l erreichen kann. Dies ist, falls $n \equiv 3 \pmod 8$ ist, selbstverständlich; dann gilt nämlich:

$$4 \equiv 1 + n \equiv 1 + k^2 n = lm = 4cl \pmod 8,$$

woraus $l \equiv 1 \pmod 2$ folgt. Im Falle $n \equiv 7 \pmod 8$ kann zunächst aber auch ein grades l auftreten. Doch ist dies, wenn c gerade ist, stets vermeidbar, indem man die in der Transformation (15) auftretende ganze Zahl γ nötigenfalls um n größer wählt. Ist aber c ungerade, so gehe man von der eben erhaltenen Form $(a, b, c) = (ln, kn, c)$ zunächst durch die Transformation:

$$a' = a, \quad b' = -2a + b, \quad c' = a - b + c = (l - k)n + c$$

zu einer äquivalenten Form (a', b', c') mit einem geraden, gegen n teilerfremden c'. Von dieser Form aus gelangt man dann wie soeben leicht zu einer allen Anforderungen genügenden äquivalenten Form. Also ist auch für $n \equiv 3 \pmod 4$ in jeder ursprünglichen Klasse positiver Formen der Diskriminante $-n$ eine brauchbare Form (14) enthalten.

Wir fragen jetzt zunächst im Falle $n \equiv 1 \pmod 4$, ob zwei äquivalente Formen (14) verschiedene Modulformen z_0 zu liefern vermögen. Transformieren wir durch die Substitution:

$$\mu' = \alpha\mu + \beta\nu, \quad \nu' = \gamma\mu + \delta\nu, \tag{16}$$

so erhalten wir von der Form (14) aus die Form (a, b, c) der Koeffizienten:

$$\begin{cases} a = \delta^2\, 2ln - \gamma\delta\, 2kn + \gamma^2 \dfrac{m}{2}, \\ b = -2\beta\delta\, 2ln + (\alpha\delta + \beta\gamma)\, 2kn - 2\alpha\gamma \dfrac{m}{2}, \\ c = \beta^2\, 2ln - \alpha\beta\, 2kn + \alpha^2 \dfrac{m}{2}. \end{cases} \tag{17}$$

Die Kongruenz $\gamma \equiv 0 \pmod{2n}$ ist hinreichend und notwendig, damit (a, b, c) wieder die Gestalt (14) hat. Zu letzterem Zwecke müssen nämlich erstlich γ^2 und $\alpha\gamma$ und also γ durch n teilbar sein. Außerdem aber muß

γ gerade sein. Gilt andrerseits $\gamma \equiv 0 \pmod{2n}$, so ist α und also c teilerfremd gegen $2n$, und es sind a und b durch $2n$ teilbar. Übrigens gilt:

$$a \equiv \delta^2 \cdot 2ln \equiv 2, \quad b \equiv \alpha\delta \cdot 2kn \equiv 2 \pmod 4,$$

so daß in der Tat eine Form (14) vorliegt.

Nennen wir die transformierte Form $\left(2l'n, 2k'n, \frac{m'}{2}\right)$, so ist einerseits

$$2ln\mu^2 + 2kn\mu\nu + \frac{m}{2}\nu^2 = 2l'n\mu'^2 + 2k'n\mu'\nu' + \frac{m'}{2}\nu'^2,$$

und andrerseits ergibt sich aus $\nu \equiv 1$, $\alpha \equiv \delta \equiv 1$, $\gamma \equiv 0 \pmod 2$:

$$(18) \qquad (-1)^\mu = (-1)^\beta \cdot (-1)^{\mu'}, \quad \nu' \equiv \nu \equiv 1 \pmod 2;$$

μ' durchläuft wieder alle ganzen Zahlen, ν' alle ungeraden ganzen Zahlen. Die für die äquivalente Form hergestellte Modulform z_0 ist also, abgesehen vom Faktor $(-1)^\beta$, mit der ersten Modulform identisch.

Übrigens können wir an Stelle der Form (14) jede beliebige Form der Klasse mit geradem ersten Koeffizienten a benutzen. Für eine solche Form ergibt sich aus:

$$\left(\frac{b}{2}\right)^2 - ac = -n \equiv 3 \pmod 4,$$

daß b das Doppelte einer ungeraden Zahl sein muß. Weiter folgt dann $ac \equiv 2 \pmod 4$, so daß c ungerade und a das Doppelte einer ungeraden Zahl ist. Um in (17) eine solche Form zu erreichen, ist in (16) die Bedingung $\gamma \equiv 0 \pmod 2$ hinreichend und notwendig. Dann aber gelten wieder die Bedingungen (18) Man findet von hieraus leicht folgenden abschließenden Satz: *Jede zweiseitige Klasse und jedes Paar entgegengesetzter Klassen ursprünglicher positiver Formen der Diskriminante $D = -4n$ liefert im wesentlichen nur eine Modulform:*

$$(19) \qquad z_0(\omega_1, \omega_2) = \frac{2\pi}{\omega_2} \sum_{\mu,\nu} (-1)^\mu q^{\frac{a\mu^2 + b\mu\nu + c\nu^2}{2}},$$

wo μ alle ganzen Zahlen und ν alle ungeraden ganzen Zahlen durchlaufen und übrigens eine beliebige Form (a, b, c) der Klasse mit geradem a zu wählen ist. Das Produkt von z_0 und einer richtig gewählten Potenz von $\sqrt[4]{\Delta}$ gehört zur n^{ten} Stufe und bleibt gegenüber S unverändert, hat also eine Potenzreihenentwicklung nach ganzen Potenzen von q^2. Aus dem Charakter der Zahlen a, b, c mod 2 folgt demnach: *Zur n^{ten} Stufe gehört das Produkt von z_0 mit $(\sqrt[4]{\Delta})^3$ oder $\sqrt[4]{\Delta}$, je nachdem $c \equiv 1$ oder $\equiv 3 \pmod 4$ zutrifft.*

Im Falle $n \equiv 3 \pmod 4$ transformieren wir die zweite Form (14) mittelst der Substitution (16) und gewinnen eine äquivalente Form (a, b, c) mit den Koeffizienten:

$$(20)\qquad \begin{cases} a = \delta^2 ln - \gamma\delta kn + \gamma^2 \frac{m}{4}, \\ b = -2\beta\delta ln + (\alpha\delta + \beta\gamma) kn - 2\alpha\gamma \frac{m}{4}, \\ c = \beta^2 ln - \alpha\beta kn + \alpha^2 \frac{m}{4}. \end{cases}$$

Damit hier wieder eine Form (14) vorliegt, muß erstlich $\gamma \equiv 0 \pmod{n}$ zutreffen; dann sind auch sicher a und b durch n teilbar, c aber ist teilerfremd gegen n. Da b jetzt stets ungerade ist, haben wir nur noch die Forderung $a \equiv 1 \pmod 2$ zu untersuchen. Nun folgt aus der zweiten Gleichung (3) S. 320:

$$lm \equiv n + 1 \pmod 8, \qquad \frac{m}{4} \equiv \frac{m}{4} n \equiv ln \frac{n+1}{4} \equiv \frac{n+1}{4} \pmod 2,$$

so daß sich die gestellte Forderung in die Gestalt kleidet:

$$a \equiv \delta^2 + \gamma\delta + \frac{n+1}{4}\gamma^2 \equiv 1 \pmod 2.$$

Diese Kongruenz aber ist für $n \equiv 3 \pmod 8$ stets erfüllt, da γ und δ nicht zugleich gerade sind. Für $n \equiv 7 \pmod 8$ ist indes $\gamma \equiv 0 \pmod 2$ erforderlich und hinreichend. Damit die zweite Form (14) durch eine Substitution (16) wieder in eine ebenso gebaute Form übergeht, ist hinreichend und notwendig die Kongruenz $\gamma \equiv 0 \pmod{n}$, falls $n \equiv 3 \pmod 8$ gilt, und die Kongruenz $\gamma \equiv 0 \pmod{2n}$, falls $n \equiv 7 \pmod 8$ ist.

Im Falle $n \equiv 7 \pmod 8$ kommt daraufhin die Untersuchung leicht wie bei $n \equiv 1 \pmod 4$ zum Abschluß. Man kann auch wieder eine beliebige Form (a, b, c) der Klasse mit ungeradem a zum Gebrauche heranziehen, da beim Übergange zu einer solchen Form die Bedingung $\gamma \equiv 0 \pmod 2$ besteht und also die Bedingungen (18) erfüllt sind. Wir finden den Satz: *Ist* $n \equiv 7 \pmod 8$, *so liefert jede zweiseitige Klasse und jedes Paar entgegengesetzter Klassen ursprünglicher positiver Formen der Diskriminante* $D = -n$ *im wesentlichen nur eine Modulform:*

$$(21)\qquad z_0(\omega_1, \omega_2) = \frac{2\pi}{\omega_2} \sum_{\mu, \nu} (-1)^{\mu} q^{a\mu^2 + b\mu\nu + c\nu^2},$$

wo die quadratische Form (a, b, c) *mit ungeradem* a *der Klasse beliebig zu entnehmen ist, während* μ *alle ganzen Zahlen und* ν *alle ungeraden ganzen Zahlen durchlaufen.* Da im vorliegenden Falle c notwendig gerade ist, während a und b ungerade sind, *so gehört die Form* (21) *unmittelbar der* n^{ten} *Stufe an.*

Ist endlich $n \equiv 3 \pmod 8$, so sind die Substitutionen (16), die eine Form (14) wieder in eine ebenso gebaute Form überführen, durch $\gamma \equiv 0 \pmod n$ charakterisiert und mod 2 keiner weiteren Beschränkung unterworfen. Übt man eine Substitution (16) aus, so gilt:

$$(22)\qquad (-1)^{\mu} = (-1)^{\delta\mu' - \beta\nu'}, \qquad \nu = -\gamma\mu' + \alpha\nu' \equiv 1 \pmod 2,$$

und es sind diese Formeln gegenüber den sechs mod 2 inkongruenten Substitutionen näher zu untersuchen. Ist erstlich $\gamma \equiv 0 \pmod 2$, so kommen wir auf die Bedingungen (18) zurück, so daß wir im wesentlichen die Modulform z_0 für die transformierte quadratische Form wieder gewinnen. Ist zweitens $\alpha \equiv \gamma \pmod 2$, wo dann natürlich beide Zahlen α, γ ungerade sind, so folgt $\mu' \not\equiv \nu' \pmod 2$, und für $(-1)^{\mu}$ ergibt sich entweder $(-1)^{\mu'}$, nämlich wenn $\beta \equiv 0 \pmod 2$ ist, oder aber $(-1)^{\nu'} = -(-1)^{\mu'}$, nämlich wenn $\delta \equiv 0 \pmod 2$ gilt. Wir kommen also im wesentlichen zum Ansatze (13) zurück, jetzt jedoch mit der Summationsbedingung $\mu \not\equiv \nu \pmod 2$. Ist endlich $\alpha \equiv 0 \pmod 2$, so folgt:

$$(-1)^{\mu} = (-1)^{\delta} \cdot (-1)^{\nu'}, \qquad \nu \equiv \mu' \equiv 1 \pmod 2.$$

Man überzeuge sich noch, daß man stets zu den gesamten Paaren ganzer Zahlen μ', ν' gelangt, die den neuen Bedingungen genügen.

Auch hier können wir an Stelle der Form (14) sogleich eine beliebige Form der Klasse benutzen. Mit Rücksicht auf die soeben abgeleiteten Ergebnisse gelangen wir zu dem Satze: *Ist* $n \equiv 3 \pmod 8$, *so liefert jede zweiseitige Klasse und jedes Paar entgegengesetzter Klassen ursprünglicher positiver Formen der Diskriminante* $D = -n$ *im wesentlichen drei Ansätze von Modulformen* z_0, *nämlich zunächst zwei Ansätze der Gestalt* (21), *und zwar den ersten Ansatz mit der Summationsbedingung* $\nu \equiv 1 \pmod 2$, *den zweiten mit der Bedingung* $\mu \not\equiv \nu \pmod 2$, *sodann den dritten Ansatz:*

$$(23)\qquad z_0(\omega_1, \omega_2) = \frac{2\pi}{\omega_2} \sum_{\mu,\nu} (-1)^{\nu} q^{a\mu^2 + b\mu\nu + c\nu^2}$$

mit der Bedingung $\mu \equiv 1 \pmod 2$; *die Form* (a, b, c) *ist irgendeine willkürlich der Klasse entnommene.* Da man aus:

$$b^2 - 4ac = -n \equiv 5 \pmod 8$$

leicht folgert, daß a, b, c durchweg ungerade sind, *so gehört jetzt in jedem Falle das Produkt* $z_0\sqrt{\Delta}$ *zur* n^{ten} *Stufe.*

Drittes Kapitel.

Die speziellen Transformationsgleichungen erster Stufe.

Nach der S. 297 vereinbarten Sprechweise sollten die algebraischen Gleichungen, denen die bei Transformation n^{ten} Grades aus g_2, g_3, Δ und J entstehenden Größen genügen, als *„spezielle Transformationsgleichungen"* bezeichnet werden. Insbesondere bezeichnen wir sie als spezielle Transformationsgleichungen „erster Stufe" und wollen hierzu auch noch diejenigen Gleichungen rechnen, die wir für die Wurzeln 8ten, 12ten und 24sten Grades der Diskriminante Δ finden werden. Die speziellen Transformationsgleichungen entsprechen, wie oben bemerkt, den speziellen Teilungsgleichungen, denen sie als Resolventen zugehören. Es soll zunächst die allgemeine Theorie dieser Transformationsgleichungen erster Stufe entwickelt werden. Abschließende Einzeluntersuchungen über niedere Transformationsgrade folgen im nächsten Kapitel.

§ 1. Die speziellen Transformationsgleichungen als Resolventen der speziellen Teilungsgleichungen.

Nach S. 273ff. erhalten wir aus einer Modulform erster Stufe $f(\omega_1, \omega_2)$[1]) durch Transformation n^{ten} Grades im ganzen $\Phi(n)$ verschiedene transformierte Funktionen $f(a\omega_1 + b\omega_2, c\omega_1 + d\omega_2)$, unter $\Phi(n)$ die Teilersumme des Transformationsgrades n verstanden. Nach der Lehre von den *„Repräsentanten"* der $\Phi(n)$ „Klassen" von Transformationen n^{ten} Grades (vgl. S. 276) können wir die $\Phi(n)$ transformierten Formen in der Gestalt:

$$(1) \qquad f(A\omega_1 + B\omega_2, D\omega_2), \quad A \cdot D = n, \quad 0 \leq B < D$$

schreiben, wo A, B, D positive ganze Zahlen sind, die den in (1) hinzugefügten Bedingungen genügen. Haben die Zahlen A, B, D keinen gemeinsamen Teiler, der > 1 ist, so liegt *„eigentliche" Transformation n^{ten} Grades* vor. Nach den Überlegungen von S. 276ff. können wir uns auf eigentliche Transformationen n^{ten} Grades beschränken. Die Anzahl der Klassen solcher eigentlicher Transformationen n^{ten} Grades ist $\psi(n)$, dieses Symbol $\psi(n)$ in der bekannten Bedeutung (4) S. 220 gebraucht. Zu den eigentlichen Transformationen n^{ten} Grades gehören insbesondere die beiden Haupttransformationen (vgl. S. 278), von denen die erste durch $A = n, B = 0, D = 1$, die zweite durch $A = 1, B = 0, D = n$ gegeben ist.

Die Existenz der Transformationsgleichungen erster Stufe, vorerst freilich unter Ausschluß derjenigen Gleichungen, die etwa für die ge-

---

1) Ist die Dimension dieser Form gleich 0, so haben wir eine Modulfunktion erster Stufe.

R. Fricke, *Die elliptischen Funktionen und ihre Anwendungen, Zweiter Teil*,
DOI 10.1007/978-3-642-19561-7_8, © Springer-Verlag Berlin Heidelberg 2012

nannten Wurzeln der Diskriminante Δ bestehen mögen, ergibt sich nun aus folgender Überlegung: Aus der Modulform erster Stufe geht durch die erste Haupttransformation n^{ten} Grades eine *Modulform* n^{ter} *Stufe:*

$$f'(\omega_1, \omega_2) = f(n\omega_1, \omega_2) \tag{2}$$

hervor. In der Tat zeigt man sofort, *daß die transformierte Form* (2) *bei den Substitutionen derjenigen Kongruenzgruppe* n^{ter} *Stufe unverändert bleibt, die durch* $\gamma \equiv 0 \pmod n$ *erklärt ist.* Durch diese Kongruenz ist aber eine unserer $\psi(n)$ gleichberechtigten Untergruppen $\Gamma_{\psi(n)}$ des Index $\psi(n)$ erklärt.

Wir zerlegen nun die Gesamtgruppe $\Gamma^{(\omega)}$ entsprechend dieser $\Gamma_{\psi(n)}$ in $\psi(n)$ Nebengruppen:

$$\Gamma^{(\omega)} = \Gamma_\psi + \Gamma_\psi \cdot V_1 + \Gamma_\psi \cdot V_2 + \cdots + \Gamma_\psi \cdot V_{\psi-1} \tag{3}$$

und schreiben $V_\nu = \begin{pmatrix}\alpha_\nu, & \beta_\nu\\ \gamma_\nu, & \delta_\nu\end{pmatrix}$ und speziell $V_0 = 1$. Die Form (2) geht dann durch die Substitutionen der $\Gamma^{(\omega)}$ im ganzen in $\psi(n)$ verschiedene Formen über, die wir unter Benutzung der eben eingeführten Substitutionen V_ν in den Gestalten anschreiben können:

$$\begin{aligned} f^{(\nu+1)}(\omega_1, \omega_2) &= f'(\alpha_\nu\omega_1 + \beta_\nu\omega_2, \gamma_\nu\omega_1 + \delta_\nu\omega_2) = \\ &= f(n\alpha_\nu\omega_1 + n\beta_\nu\omega_2, \gamma_\nu\omega_1 + \delta_\nu\omega_2). \end{aligned} \tag{4}$$

Diese $\psi(n)$ Formen $f', f'', \ldots, f^{(\psi)}$, die zu den $\psi(n)$ mit $\Gamma_{\psi(n)}$ gleichberechtigten Untergruppen gehören, sind dann nach S. 279ff. die $\psi(n)$ durch eigentliche Transformation n^{ten} Grades aus $f(\omega_1, \omega_2)$ herstellbaren transformierten Formen.

Übt man nun auf die Argumente ω_1, ω_2 der $\psi(n)$ transformierten Formen (4) irgendeine Substitution der $\Gamma^{(\omega)}$ aus, so permutieren sich diese Formen. Daraus folgt, daß die symmetrischen Grundfunktionen der $\psi(n)$ Formen (4) gegenüber jeder Substitution der $\Gamma^{(\omega)}$ unverändert bleiben, also Modulformen „erster" Stufe darstellen und als solche rationale Funktionen von g_2 und g_3 sind. Wir gelangen zu dem Satze: *Die* $\psi(n)$ *durch eigentliche Transformation* n^{ten} *Grades aus einer Modulform erster Stufe entstehenden Modulformen* n^{ter} *Stufe sind die Lösungen einer Gleichung* ψ^{ten} *Grades:*

$$f^\psi + R_1(g_2, g_3) f^{\psi-1} + R_2(g_2, g_3) f^{\psi-2} + \cdots + R_\psi(g_2, g_3) = 0, \tag{5}$$

deren Koeffizienten rationale Funktionen von g_2, g_3 *sind.* In (5) haben wir den allgemeinen Ansatz für die Transformationsgleichungen erster Stufe gewonnen.

Wir wenden nun den Ansatz (5) auf die Formen g_2, g_3, Δ und die Funktion J an und zeigen zunächst, daß wir hierbei in der Tat zu Resolventen der speziellen Teilungsgleichung für den n^{ten} Teilungsgrad geführt werden. Zu diesem Zwecke ziehen wir die Gleichung (6) S. 285

(unter Austausch der beiden Haupttransformationen) heran und folgern:

$$(6)\qquad e^{-G_1 u^2}\frac{\sigma\left(u\,|\,\omega_1, \frac{\omega_2}{n}\right)}{\sigma(u\,|\,\omega_1, \omega_2)^n} = \prod_{\mu=1}^{n-1}\frac{\sigma_{0\mu}(u)}{\sigma_{0\mu}\sigma(u)},$$

wo $G_1 = G_1(\omega_1, \omega_2)$ die Modulform n^{ter} Stufe:

$$(7)\qquad G_1(\omega_1, \omega_2) = \tfrac{1}{2}\sum_{\mu=1}^{n-1}\wp_{0\mu}$$

ist und bei den $\sigma_{0\mu}$ und $\wp_{0\mu}$ der n^{te} Teilungsgrad vorliegt. Der einzelne Faktor des Produktes (6) ist bereits in (3) S. 226 eingeführt. Aus der Regel (4) daselbst ergibt sich, daß der Ausdruck (6) bei ungeradem n die Perioden ω_1, ω_2 hat, bei geradem n aber die Periode ω_2 besitzt und bei Vermehrung von u um ω_1 Zeichenwechsel erfährt. Der Ausdruck hat einen Pol $(n-1)^{\text{ter}}$ Ordnung bei $u = 0$ und $(n-1)$ leicht näher angebbare Nullpunkte in Periodenparallelogramm. Nach bekannten Methoden zeigt man leicht als Darstellung des Ausdrucks (6) in der $\wp$-Funktion für ungerades n:

$$e^{-G_1 u^2}\frac{\sigma\left(u\,|\,\omega_1 \frac{\omega_2}{n}\right)}{\sigma(u\,|\,\omega_1, \omega_2)^n} = \prod_{\mu=1}^{\frac{n-1}{2}}(\wp(u) - \wp_{0\mu}),$$

während sich im Falle eines geraden n die Darstellung findet:

$$e^{-G_1 u^2}\frac{\sigma\left(u\,|\,\omega_1, \frac{\omega_2}{n}\right)}{\sigma(u\,|\,\omega_1, \omega_2)^n} = \sqrt{\wp(u) - e_2}\prod_{\mu=1}^{\frac{n-2}{2}}(\wp(u) - \wp_{0\mu}).$$

Die Größe e_2 gehört bei geradem n zu den $\wp$-Teilwerten, nämlich als $\wp_{0,\frac{n}{2}}$. Für die transformierte σ-Funktion ergibt sich hiernach bei ungeradem n die Darstellung:

$$(8)\qquad \sigma\left(u\,|\,\omega_1, \frac{\omega_2}{n}\right) = e^{G_1 u^2}\,\sigma(u\,|\,\omega_1, \omega_2)^n\prod_{\mu=1}^{\frac{n-1}{2}}(\wp(u) - \wp_{0\mu}),$$

woran sich bei geradem n anschließt:

$$(9)\quad \sigma\left(u\,|\,\omega_1, \frac{\omega_2}{n}\right) = e^{G_1 u^2}\,\sigma(u\,|\,\omega_1, \omega_2)^n\cdot\sqrt{\wp(u) - e_2}\prod_{\mu=1}^{\frac{n-1}{2}}(\wp(u) - \wp_{0\mu}).$$

Entwickeln wir jetzt rechts nach Potenzen von u, so ergibt sich in beiden Fällen eine Reihe der Gestalt:

$$u + a_4 u^5 + a_6 u^7 + a_8 u^9 + \cdots,$$

wo $a_{2\nu}$ eine ganze rationale Funktion der g_2, g_3 und der Teilwerte $\wp_{0\mu}$

(vgl. Formel (7)) von der Dimension -2ν in ω_1, ω_2 ist. Die numerischen Koeffizienten dieser ganzen rationalen Funktion sind rationale Zahlen. Aber zufolge der linken Seiten von (8) und (9) gilt:

$$a_4 = -\frac{1}{240}\, g_2\left(\omega_1, \frac{\omega_2}{n}\right) = -\frac{n^4}{240}\, g_2(n\omega_1, \omega_2),$$

$$a_6 = -\frac{1}{840}\, g_3\left(\omega_1, \frac{\omega_2}{n}\right) = -\frac{n^6}{840}\, g_3(n\omega_1, \omega_2).$$

Indem wir die beiden für jeden dieser Koeffizienten gefundenen Ausdrücke einander gleich setzen, ergibt sich der Satz: *Die durch die erste Haupttransformation umgeformten Modulformen g_2, g_3 sind in der Gestalt:*

$$(10) \qquad g_2(n\omega_1, \omega_2) = G_2(g_2, \wp_{0\mu}), \quad g_3(n\omega_1, \omega_2) = G_3(g_2, g_3, \wp_{0\mu})$$

als ganze rationale Funktionen der g_2, g_3 und der Teilwerte $\wp_{0\mu}$ von den Dimensionen -4 und -6 in ω_1, ω_2 mit rationalen Zahlenkoeffizienten darstellbar. Auf der rechten Seite der ersten Gleichung (10) kann wegen der Dimension -4 die ursprüngliche Form g_3 noch nicht auftreten. Die etwa noch nicht „eigentlich“ zum n^{ten} Teilungsgrade gehörenden $\wp_{0\mu}$ kann man nach früheren Sätzen in den Wurzeln der „irreduzibelen“ Teilungsgleichung ausdrücken. Man erkennt so in den transformierten Formen (10) „natürliche Irrationalitäten“ der zum n^{ten} Teilungsgrade gehörenden irreduzibelen speziellen Teilungsgleichung der $\wp$-Funktion.

Innerhalb der Galoisschen Gruppe der speziellen Teilungsgleichung, die wir S. 261 auf Grund der damaligen Kongruenzen (20) darstellten, bleiben unsere Irrationalitäten bei den Permutationen derjenigen Untergruppe $G_{\frac{1}{2}n\varphi(n)^2}$ unverändert, die durch $\gamma \equiv 0 \pmod{n}$ erklärt ist. *Es handelt sich somit um $\psi(n)$-wertige Irrationalitäten, so daß die zugehörigen Resolventen vom Grade $\psi(n)$ sind.* Da $\varDelta$ und J in g_2 und g_3 rational mit rationalen Zahlenkoeffizienten darstellbar sind, so folgt als abschließender Satz: *Die speziellen Transformationsgleichungen $\psi(n)^{\text{ten}}$ Grades der Modulformen g_2, g_3, $\varDelta$ und der Modulfunktion J sind rationale Resolventen der speziellen Teilungsgleichung der $\wp$-Funktion; die Koeffizienten jener Transformationsgleichungen gehören also dem Körper $(\mathfrak{R}, g_2, g_3)$ an.*

Entsprechend diesem Ergebnisse wollen wir es als eine wesentliche Eigenschaft einer speziellen Transformationsgleichung erster Stufe ansehen, *daß sie den Grad $\psi(n)$ hat und Koeffizienten des Körpers $(\mathfrak{R}, g_2, g_3)$ aufweist.* Diese Eigenschaft haben nun auch noch gewisse Gleichungen für die mehrfach genannten Wurzeln der Diskriminante $\varDelta$. Wir gehen zunächst auf die in (9) S. 319 für ein gegen 6 teilerfremdes n erklärten ganzen Modulformen $z_0(\omega_1, \omega_2)$ zurück. Diese Formen zeigen gegenüber einer Substitution, die die Kongruenz $\gamma \equiv 0 \pmod{n}$ erfüllt, das Verhalten:

(11) $$z_0(\alpha\omega_1 + \beta\omega_2, \gamma\omega_1 + \delta\omega_2) = \left(\frac{\alpha}{n}\right) z_0(\omega_1, \omega_2),$$

wo $\left(\frac{\alpha}{n}\right)$ das Legendre-Jacobische Zeichen ist. Dieses Vorzeichen ist erklärt durch:

(12) $$\left(\frac{\alpha}{n}\right) = \prod_p \left(\frac{\alpha}{p}\right),$$

wo rechts das Legendresche Zeichen gemeint ist und das Produkt sich auf alle Primteiler von n bezieht, jeden so oft gezählt, als er in n enthalten ist. Hat nun n irgendeinen Primteiler p in ungerader höchster Potenz, so kann man α so wählen, daß $\left(\frac{\alpha}{p}\right) = -1$ ist, daß aber α bezüglich aller übrigen Primteiler von n quadratischer Rest ist. Dann ist das Vorzeichen (12) das negative. Ist hingegen n eine gegen 6 teilerfremde Quadratzahl, so ist das Vorzeichen (12) stets das positive. Gegenüber den Substitutionen der durch $\gamma \equiv 0 \pmod{n}$ erklärten Kongruenzgruppe $\Gamma_{\psi(n)}$ bleibt $z_0(\omega_1, \omega_2)$ unverändert, falls n eine gegen 6 teilerfremde Quadratzahl ist; dagegen bleibt gegenüber der $\Gamma_{\psi(n)}$ erst das Quadrat von $z_0(\omega_1, \omega_2)$ unverändert, falls n eine nicht-quadratische gegen 6 teilerfremde Zahl ist.

In den Darstellungen (9) S. 319 der Formen z_0 durch die Diskriminante Δ bedeutet $(3n)_0$ die kleinste nicht-negative, der Kongruenz (10) daselbst genügende Zahl. Ist n quadratisch, so findet man, daß z_0 gleich $\sqrt[24]{\Delta' \Delta^{23}}$ ist. Der Schluß auf die Existenz einer Gleichung ψ^{ten} Grades für diese Modulform wird durch Wiederholung der S. 336 ausgeführten Überlegung vollzogen: *Im Falle einer gegen* 6 *teilerfremden Quadratzahl* n *genügt die durch die erste Gleichung:*

(13) $$f(\omega_1, \omega_2) = z_0 = \sqrt[24]{\Delta' \Delta^{23}}, \quad \frac{z_0}{\Delta} = \sqrt[24]{\frac{\Delta'}{\Delta}}$$

gegebene ganze Modulform einer Gleichung ψ^{ten} *Grades mit Koeffizienten, die ganze rationale Funktionen von* g_2, g_3 *sind, während der in der zweiten Gleichung dargestellte Quotient eine später zu betrachtende Modulfunktion der* Γ_ψ *ist.*

Ist n nicht-quadratisch, so haben wir mit der zweiten Potenz von z_0 zu arbeiten. Man bestimme die ganze Zahl $(3n)_0$, indem man der Reihe nach die acht mod 24 zu unterscheidenden n durchrechnet. Ohne das Verhalten der Form z_0^2 gegenüber der $\Gamma_{\psi(n)}$ zu ändern, kann man diese Form um eine ganze Potenz von Δ als Faktor ändern. Mit Rücksicht hierauf gelangt man zu folgendem Satze, bei dem auch die quadratischen n nicht ausgeschlossen sind: *Je nachdem* $n \equiv 1, 5, 7$ *oder* 11 (mod 12) *gilt, ist die erste, zweite, dritte oder vierte der folgenden ganzen Modulformen:*

$$(14) \qquad f(\omega_1, \omega_2) = \sqrt[12]{\Delta'\Delta^{11}}, = \sqrt[12]{\Delta'\Delta^7}, = \sqrt[12]{\Delta'\Delta^5}, = \sqrt[12]{\Delta'\Delta}$$

die Wurzel einer Gleichung ψ^{ten} Grades, deren Koeffizienten rationale ganze Funktionen von g_2 und g_3 sind.

Für die durch 3 teilbaren Transformationsgrade n gehen wir auf die Modulformen $\xi_0(\omega_1, \omega_2)$ zurück, deren Zusammenhang mit der Diskriminante durch (8) S. 315 gegeben ist. Es wiederholen sich dieselben Betrachtungen wie soeben, doch ist die Anzahl der Fallunterscheidungen geringer. In den Schlußergebnissen brauchen wir die gegen 3 teilerfremden n nicht auszuschließen. Wir haben erstlich den Satz: *Für ungerade Quadratzahlen n ist die durch die erste Gleichung:*

$$(15) \qquad f(\omega_1, \omega_2) = \sqrt[8]{\Delta'\Delta^7}, \quad \frac{f(\omega_1, \omega_2)}{\Delta} = \sqrt[8]{\frac{\Delta'}{\Delta}}$$

gegebene ganze Modulform die Wurzel einer Gleichung ψ^{ten} Grades, deren Koeffizienten rational und ganz in g_2 und g_3 sind. Endlich aber schließt sich der für alle ungeraden Grade n gültige Satz an: *Je nachdem der ungerade Transformationsgrad $n \equiv 1$ oder* 3 (mod 4) *ist, genügt die erste oder zweite der folgenden ganzen Modulformen:*

$$(16) \qquad f(\omega_1, \omega_2) = \sqrt[4]{\Delta'\Delta}, \quad = \sqrt[4]{\Delta'\Delta}$$

einer Gleichung ψ^{ten} Grades mit Koeffizienten, die rationale ganze Funktionen von g_2, g_3 sind.

Soweit vierte und zwölfte Wurzeln aus Diskriminantenausdrücken in Betracht kommen, stellen sich die betreffenden Modulformen auf Grund der Relationen (4) und (5) S. 299 als rationale Funktionen der Teilwerte $\wp_{0\mu}$ mit rationalen Zahlenkoeffizienten dar.[1]) Für die Formen (13) und (15) kommen wegen (4) S. 299 auch noch die Teilwerte $\wp'_{0\mu}$ zur Benutzung. *In unseren Gleichungen ψ^{ten} Grades erkennen wir auf diese Weise rationale Resolventen der speziellen Teilungsgleichungen; die Koeffizienten der Gleichungen ψ^{ten} Grades gehören demnach durchweg dem Körper $(\mathfrak{R}, g_2, g_3)$ an.* Es erscheint also gerechtfertigt, die fraglichen Gleichungen den speziellen Transformationsgleichungen erster Stufe zuzurechnen.

Zu einer weiteren wichtigen Resolvente ψ^{ten} Grades der speziellen Teilungleichung, die für alle Grade $n > 1$ (auch für die geraden) existiert, gelangen wir bei der Transformation der Perioden η_1, η_2 des Normalintegrals zweiter Gattung. Die erste Haupttransformation führt uns in (1) S. 304 zur Größe $G_1(\omega_1, \omega_2)$, die infolge ihrer Darstellung (2) S. 304 eine zur Gruppe $\Gamma_{\psi(n)}$ gehörende ganze Modulform n^{ter} Stufe ist. Wir entwickeln zunächst für diese Form $G_1(\omega_1, \omega_2)$ aus der zweiten Dar-

1) Man beachte, daß Δ' nach S. 338 selbst eine solche Darstellung in den $\wp_{0\mu}$ zuläßt.

stellung (1) S. 304 eine später zur Benutzung kommende Potenzreihe. Aus der Reihendarstellung (15) in I, 271 findet man bei Umordnung nach ansteigenden Potenzen von q für η_2 die Entwicklung:

$$\frac{\eta_2}{2\omega_2} = \left(\frac{2\pi}{\omega_2}\right)^2 \left(\frac{1}{24} - \sum_{\nu=1}^{\infty} \Phi(\nu)\, q^{2\nu}\right), \tag{17}$$

wo $\Phi(\nu)$ wie üblich die Teilersumme von ν ist. Tragen wir die durch (2) S. 298 gegebenen transformierten Perioden ein, so folgt:

$$\frac{\eta_2'}{2\omega_2'} = n\left(\frac{2\pi}{\omega_2}\right)^2 \left(\frac{n}{24} - \sum_{\nu=1}^{\infty} n\,\Phi(\nu)\, q^{2n\nu}\right).$$

Für $G_1(\omega_1, \omega_2)$ ergibt sich demnach:

$$G_1(\omega_1, \omega_2) = n\left(\frac{2\pi}{\omega_2}\right)^2 \left(\frac{n-1}{24} + \sum_{\nu=1}^{\infty} \Phi(\nu)\, q^{2\nu} - \sum_{\nu=1}^{\infty} n\,\Phi(\nu) q^{2n\nu}\right).$$

Ordnet man rechts beide Summen nach ansteigenden Potenzen von q zusammen, so erhalten alle Potenzen $q^{2\nu}$ mit einem nicht durch n teilbaren ν wieder $\Phi(\nu)$ als Koeffizienten. Die einzelne Potenz $q^{2n\nu}$ aber bekommt den Koeffizienten $(\Phi(n\nu) - n\Phi(\nu))$, d. h. die Teilersumme $\Phi(n\nu)$ von $n\nu$, vermindert um die Summe aller Teiler von $n\nu$, die n als Faktor enthalten: *Die bei der ersten Haupttransformation der Perioden η_1, η_2 eintretende Modulform n^{ter} Stufe $G_1(\omega_1, \omega_2)$ gestattet die Reihendarstellung:*

$$G_1(\omega_1, \omega_2) = n\left(\frac{2\pi}{\omega_2}\right)^2 \left(\frac{n-1}{24} + \sum_{\nu=1}^{\infty} \Phi_n(\nu) q^{2\nu}\right), \tag{18}$$

wo $\Phi_n(\nu)$ die Summe aller Teiler von ν ist, die nicht selbst den Transformationsgrad n als Teiler enthalten.

Der Schluß auf die Existenz der Gleichung ψ^{ten} Grades für G_1 wird wie in den obigen Fällen begründet. Als Resolvente der speziellen Teilungsgleichung aber ist diese Gleichung durch die Darstellung (2) S. 304 der Form G_1 als symmetrischer Funktion der $\wp_{0\mu}$ charakterisiert. Wir merken sogleich den Satz an: *Für jeden Transformationsgrad $n > 1$ genügt die ganze Modulform n^{ter} Stufe $G_1(\omega_1, \omega_2)$ einer Transformationsgleichung erster Stufe $\psi(n)^{\text{ten}}$ Grades, deren Koeffizienten als ganze Funktionen von g_2, g_3 dem Körper $(\Re, g_2, g_3)$ angehören.*

Übrigens ist einleuchtend, daß wir ganz entsprechend wie oben die z_0 und ξ_0 auch die S. 325ff. für ungerade n gewonnenen Formen y_0 und z_0 zum Ausgangspunkte für die Bildung von Gleichungen ψ^{ten} Grades machen können. *Für alle ungeraden n werden die Quadrate y_0^2, z_0^2 Wurzeln von Gleichungen ψ^{ten} Grades, deren Koeffizienten rational und ganz in g_2, g_3 sind; bei ungeraden Quadratzahlen n genügen die y_0, z_0 selbst solchen Gleichungen.*

§ 2. Ansatz der speziellen Transformationsgleichungen. Geschichtliche Notizen.

Über die Gestalt der verschiedenen Transformationsgleichungen, die in § 1 als existierend erkannt wurden, kann man auf Grund der allgemeinen Sätze in I, 299ff. über Darstellung der Modulfunktionen und insbesondere der ganzen Modulformen erster Stufe eine Reihe allgemeiner Angaben machen. Jede ganze Modulform erster Stufe der Dimension -2ν ist als rationale ganze Funktion von g_2, g_3 in der Gestalt (8) in I, 309 darstellbar, wo die $C_{l,m}$ konstante Koeffizienten sind. Es ist nun z. B. die Dimension des Koeffizienten von $G_1^{\psi-\nu}$ in der Gleichung ψ^{ten} Grades für G_1 gleich -2ν. Wir haben also den fraglichen Koeffizienten nach der eben genannten Regel (8) in I, 309 anzusetzen, wobei dann die $C_{l,m}$ rationale Zahlen werden. Die Überlegung überträgt sich sofort auch auf die Transformationsgleichungen für g_2 und g_3, deren Koeffizienten wieder „ganze" Modulformen erster Stufe sind: *Als Ansätze für die speziellen Transformationsgleichungen der Formen G_1, g_2', g_3' haben wir:*

$$(1) \qquad G_1^{\psi} + \alpha_1 g_2 G_1^{\psi-2} + \alpha_2 g_3 G_1^{\psi-3} + \alpha_3 g_2^2 G_1^{\psi-4} + \alpha_4 g_2 g_3 G_1^{\psi-5} + (\alpha_5 g_2^3 + \beta_5 g_3^2) G_1^{\psi-6} + \alpha_6 g_2^2 g_3 G_1^{\psi-7} + \cdots = 0,$$

$$(2) \qquad g_2'^{\psi} + \alpha_1' g_2 g_2'^{\psi-1} + \alpha_2' g_2^2 g_2'^{\psi-2} + (\alpha_3' g_2^3 + \beta_3' g_3^2) g_2'^{\psi-3} + \cdots = 0,$$

$$(3) \qquad g_3'^{\psi} + \alpha_1'' g_3 g_3'^{\psi-1} + (\alpha_2'' g_2^3 + \beta_2'' g_3^2) g_3'^{\psi-2} + (\alpha_3'' g_2^3 g_3 + \beta_3'' g_3^3) g_3'^{\psi-3} + \cdots = 0,$$

wo die $\alpha, \beta, \ldots$ durchweg rationale Zahlen sind.

Bei den Gleichungen für die Modulformen (14) S. 340 kann man den Ansatz noch ein wenig verfeinern. Nach einem in I, 309 aufgestellten Satze hat eine ganze Modulform erster Stufe der Dimension -2ν im Diskontinuitätsbereiche der Modulgruppe $\Gamma^{(\omega)}$ Nullpunkte in der Gesamtordnung $\frac{\nu}{6}$. Liegt in der Spitze $\omega = i\infty$ jenes Bereiches ein Nullpunkt der Ordnung m, so ist hierfür charakteristisch, daß die nach Potenzen von q fortschreitende Reihe der Modulform mit der Potenz q^{2m} beginnt. In diesem Falle ist auch noch der Quotient der Modulform und der m^{ten} Potenz Δ^m der Diskriminante eine ganze Modulform erster Stufe, so daß die vorgelegte Form als Produkt von Δ^m und einer rationalen ganzen Funktion der g_2, g_3 darstellbar ist. In einer ganzen Modulform erster Stufe, die nur in der Spitze $\omega = i\infty$ des Diskontinuitätsbereiches verschwindet, erkennt man leicht das Produkt einer Konstanten und einer Potenz von Δ. Endlich beachte man für die zu vollziehenden Schlüsse, daß eine ganze Modulform erster Stufe in der fraglichen Spitze des Diskontinuitätsbereiches jedenfalls nur einen Nullpunkt ganzzahliger Ordnung haben kann; sie ist nämlich gegenüber der Substitution S invariant und dieserhalb nach ganzen Potenzen von q^2 entwickelbar.

Die Modulformen (14) S. 340 haben nun die Dimensionen -12, -8, -6 und -2, woraus man die Dimensionen der Koeffizienten in den zugehörigen Transformationsgleichungen zu bestimmen hat. Die Potenzreihe für $f = \sqrt[12]{\Delta' \Delta^{11}}$ sowie die Reihen für alle mit ihr gleichberechtigten Formen beginnen mit Exponenten $> \frac{11}{6}$ von q, woraus man leicht auf eine Mindestordnung des Nullpunktes der einzelnen symmetrischen Grundfunktion jener $\psi(n)$ Formen in der Spite $\omega = i\infty$ schließt. Speziell kann das Absolutglied der Transformationsgleichung als Wurzel aus einem Produkt von Diskriminanten nur in der fraglichen Spitze verschwinden und stellt demnach, abgesehen von einem konstanten Faktor, eine Potenz von Δ dar. Diese Überlegungen, die man leicht auch auf die drei anderen Formen (14) S. 340 ausdehnt, führen zu dem Satze: *Für die zwölfte Wurzel der Diskriminante Δ haben wir in den vier zu unterscheidenden Fällen $n \equiv 1, 5, 7$ und 11 (mod 12) als Ansätze der Transformationsgleichungen der Formen* (14) S. 340:

$$f^{\psi} + \alpha_1 \Delta f^{\psi-1} + (\alpha_2 g_2^3 + \beta_2 g_3^2)\Delta f^{\psi-2} + (\alpha_3 g_2^3 + \beta_3 g_3^2)\Delta^2 f^{\psi-3} + \cdots + \alpha_{\psi}\Delta^{\psi} = 0, \tag{4}$$

$$f^{\psi} + \alpha_2 g_2 \Delta f^{\psi-2} + (\alpha_3 g_2^3 + \beta_3 g_3^2)\Delta f^{\psi-3} + \alpha_4 g_2^2 \Delta^2 f^{\psi-4} + \cdots + \alpha_{\psi}\Delta^{\frac{2}{3}\psi} = 0, \tag{5}$$

$$f^{\psi} + \alpha_2 \Delta f^{\psi-2} + \alpha_3 g_3 \Delta f^{\psi-3} + (\alpha_4 g_2^3 + \beta_4 g_3^2)\Delta f^{\psi-4} + \alpha_5 g_3 \Delta^2 f^{\psi-5} + \cdots + \alpha_{\psi}\Delta^{\frac{1}{2}\psi} = 0, \tag{6}$$

$$f^{\psi} + \alpha_6 \Delta f^{\psi-6} + \alpha_8 g_2 \Delta f^{\psi-8} + \alpha_9 g_3 \Delta f^{\psi-9} + \alpha_{10} g_2^2 \Delta f^{\psi-10} + \alpha_{11} g_2 g_3 \Delta f^{\psi-11} + \cdots + \alpha_{\psi}\Delta^{\frac{1}{6}\psi} = 0, \tag{7}$$

wo die $\alpha, \beta, \ldots$ durchweg rationale Zahlen sind.[1])

Ähnliche Betrachtungen wird man auch bei den übrigen Transformationsgleichungen erster Stufe für Modulformen durchführen. Bei den ungeraden nicht-quadratischen und durch 3 teilbaren Graden n haben wir mit den beiden in (16) S. 340 gegebenen Formen $f(\omega_1, \omega_2)$ zu arbeiten, und zwar mit $\sqrt[4]{\Delta' \Delta^3}$ oder $\sqrt[4]{\Delta' \Delta}$, je nachdem $n \equiv 1$ oder $\equiv 3 \pmod 4$ gilt. Hier besteht der Satz, bei dem übrigens auch die quadratischen n nicht ausgeschlossen zu werden brauchen: *Ist der Transformationsgrad n durch 3 teilbar und $\equiv 1 \pmod 4$, so liegt für die Modulform $f = \sqrt[4]{\Delta' \Delta^3}$ eine Transformationsgleichung der Gestalt:*

1) Natürlich ist nicht gemeint, daß die z. B. in den drei ersten Gleichungen übereinstimmend gebrauchte Bezeichnung α_2 stets die gleiche rationale Zahl sein soll.

$$(8)\qquad f^{\psi}+\alpha_1 \Delta f^{\psi-1}+(\alpha_2 g_2^3+\beta_2 g_3^2)\Delta f^{\psi-2} + (\alpha_3 g_2^3+\beta_3 g_3^2)\Delta^2 f^{\psi-3}+\cdots+\alpha_{\psi}\Delta^{\psi}=0$$

vor, während sich im Falle $n\equiv 3 \pmod 4$ *für die Form* $f=\sqrt[4]{\Delta'\Delta}$ *der Ansatz anschließt:*

$$(9)\qquad f^{\psi}+\alpha_2\Delta f^{\psi-2}+\alpha_3 g_3\Delta f^{\psi-3}+\alpha_4\Delta^2 f^{\psi-4}+\cdots+\alpha_{\psi}\Delta^{\frac{1}{2}\psi}=0.$$

Endlich reihen wir noch die besonderen Transformationsgleichungen an, die bei quadratischen Transformationsgraden n auftreten: *Für alle gegen 6 teilerfremden quadratischen Transformationsgeraden n genügt* $f=\sqrt[24]{\Delta'\Delta^{23}}$ *einer Transformationsgleichung:*

$$(10)\qquad f^{\psi}+\alpha_1\Delta f^{\psi-1}+(\alpha_2 g_2^3+\beta_2 g_3^2)\Delta f^{\psi-2} + (\alpha_3 g_2^3+\beta_3 g_3^2)\Delta^2 f^{\psi-3}+\cdots+\alpha_{\psi}\Delta^{\psi}=0,$$

und für die durch 3 teilbaren ungeraden Quadrate n hat man bei der Form $f=\sqrt[8]{\Delta'\Delta^7}$ *den Ansatz:*

$$(11)\qquad f^{\psi}+\alpha_1\Delta f^{\psi-1}+(\alpha_2 g_2^3+\beta_2 g_3^2)\Delta f^{\psi-2} + (\alpha_3 g_2^3+\beta_3 g_3^2)\Delta^2 f^{\psi-3}+\cdots+\alpha_{\psi}\Delta^{\psi}=0.$$

Soweit die Glieder explizite angegeben sind, stimmen die Ansätze (10) und (11) noch überein. Die $\alpha, \beta, \ldots$ sind natürlich wieder rationale Zahlen.

Die wichtigsten Transformationsgleichungen erster Stufe sind diejenigen für die Modulfunktion erster Stufe $J(\omega)$. Wir wollen übrigens hier die Gleichungen nicht für $J(\omega)$, sondern nach Vorgang von H. Weber für die Funktion:

$$(12)\qquad 12^3 J(\omega)=j(\omega)$$

anschreiben, weil dadurch in arithmetischer Hinsicht wesentliche Vorteile gewonnen werden. Es gründen sich diese Vorteile auf die Potenzreihe für $j(\omega)$, die wir zunächst aufstellen. Aus (3) in I, 274 und (9) in I, 433 folgt:

$$12 g_2=\left(\frac{2\pi}{\omega_2}\right)^4(1+240q^2+2160q^4+6720q^6+\cdots),$$

$$\frac{1}{\sqrt[3]{\Delta}}=\left(\frac{\omega_2}{2\pi}\right)^4 q^{-\frac{2}{3}}(1+8q^2+44q^4+192q^6+\cdots),$$

wo die in den Klammern stehenden Potenzreihen durchweg ganzzahlige Koeffizienten besitzen. Durch Multiplikation der beiden letzten Gleichungen folgt:

$$(13)\qquad \frac{12 g_2}{\sqrt[3]{\Delta}}=12\sqrt[3]{J}=\sqrt[3]{j(\omega)} = q^{-\frac{2}{3}}(1+248q^2+4124q^4+34752q^6+\cdots).$$

Durch Erheben zur dritten Potenz ergibt sich für $j(\omega)$ selbst:

$$(14) \qquad j(\omega) = q^{-2} + 744 + 196884q^2 + 21493760q^4 + \cdots$$

oder bei Spaltung der Koeffizienten in Primfaktoren:

$$(15) \quad j(\omega) = q^{-2} + 2^3 \cdot 3 \cdot 31 + 2^2 \cdot 3^3 \cdot 1823q^2 + 2^{11} \cdot 5 \cdot 2099q^4 + \cdots.$$

Das Wichtige ist hier, *daß der Koeffizient des ersten Gliedes gleich* 1 *ist und die Koeffizienten aller Glieder ganze Zahlen sind.*

Die $\psi(n)$ bei Transformation n^{ten} Grades aus $j(\omega)$ zu gewinnenden Größen sind nun:

$$(16) \quad j\left(\frac{A\omega+B}{D}\right) = e^{-\frac{2i\pi B}{D}} q^{-\frac{2A}{D}} + 744 + 196884 e^{\frac{2i\pi B}{D}} q^{\frac{2A}{D}} + \cdots,$$

wo A, B, D im bekannten Sinne (vgl. S. 335) gebraucht sind. Liegt ω im Innern der ω-Halbebene, so gilt dasselbe von allen transformierten Werten $\frac{A\omega+B}{D}$. Die symmetrischen Grundfunktionen der $\psi(n)$ transformierten Funktionen (16), in denen wir zunächst rationale Funktionen von $j(\omega)$ erkannten, sind demnach „ganze" rationale Funktionen von $j(\omega)$, da sie für keinen endlichen Wert von j unendlich werden können. Für die Transformationsgleichung haben wir somit den Ansatz:

$$(17) \qquad j'^{\psi} + G_1(j) j'^{\psi-1} + G_2(j) j'^{\psi-2} + \cdots + G_{\psi}(j) = 0,$$

wo die Koeffizienten rationale ganze Funktionen von $j(\omega)$ mit rationalen Zahlenkoeffizienten sind.

Es läßt sich nun beweisen, *daß die Zahlenkoeffizienten der Funktionen $G(j)$ durchweg ganz sind.* Es gilt nämlich folgender Satz: Hat eine ganze Funktion:

$$(18) \qquad G(j) = c_0 j^m + c_1 j^{m-1} + c_2 j^{m-2} + \cdots + c_m$$

von j eine Potenzreihe nach q^2 mit durchweg ganzzahligen Koeffizienten, so müssen die $c_0, c_1, \ldots, c_m$ selbst ganze Zahlen sein. Man kann den Satz durch den Schluß der vollständigen Induktion zeigen und nehme also an, daß er für Funktionen $(m-1)^{\text{ten}}$ Grades richtig ist. Aus (14) folgt für die m^{te} Potenz von j eine Entwicklung:

$$(19) \qquad j^m = q^{-2m} + a_{-m+1} q^{-2(m-1)} + a_{-m+2} q^{-2(m-2)} + \cdots$$

mit durchweg ganzzahligen Koeffizienten a. Das Anfangsglied der Potenzreihe für $G(j)$ ist also $c_0 q^{-2m}$, so daß c_0 der Voraussetzung nach eine ganze Zahl ist. Dann aber hat (wegen der ganzzahligen $a_{-m+1}, a_{-m+2}, \ldots$) auch die Funktion $(m-1)^{\text{ten}}$ Grades:

$$G(j) - c_0 j^m = c_1 j^{m-1} + c_2 j^{m-2} + \cdots + c_m$$

eine Potenzreihe nach q^2 mit ganzzahligen Koeffizienten, so daß der Annahme nach auch die $c_1, c_2, \ldots, c_m$ ganze Zahlen sind. Der Beweis wird bündig durch den Umstand, daß der Satz für Funktionen des Grades $m = 0$ selbstverständlich ist.

Die in (17) auftretenden ganzen Funktionen $G(j)$ haben nun sicher rationale Zahlenkoeffizienten, so daß mit Rücksicht auf die Ganzzahligkeit der Koeffizienten in (14) die Potenzreihen für jene Funktionen $G(j)$ *rationale* Koeffizienten haben. Nun sind aber die $G(j)$ die symmetrischen Grundfunktionen der $\psi(n)$ transformierten Funktionen (16). Bei der Bauart der Koeffizienten in (16) rechts folgt also, daß die Reihenkoeffizienten der $G(j)$ *ganze* Zahlen des Kreisteilungskörpers $(\mathfrak{R}, \varepsilon)$ sind, wo $\varepsilon = e^{\frac{2i\pi}{n}}$ ist. Ganze Zahlen dieses Körpers, die rational sind, stellen aber rationale ganze Zahlen dar. Also haben die Reihenentwicklungen nach Potenzen von q^2 für die in (17) auftretenden $G(j)$ durchweg ganze rationale Koeffizienten. Nach dem eben bewiesenen Satze sind demnach auch die Koeffizienten c in den Ausdrücken (18) dieser Funktionen, wie zu beweisen war, ganze Zahlen.

Ein weiterer wichtiger Satz ist, *daß die Transformationsgleichung* (17) *auch in j auf den Grad $\psi(n)$ ansteigt.* Unter den symmetrischen Grundfunktionen der $\psi(n)$ transformierten Funktionen (16) wird nämlich das Produkt dieser Funktionen $\pm\, G_\psi(j)$ bei $\omega = i\infty$ stärker unendlich als die übrigen Funktionen $G(j)$. Die Ordnung des Unendlichwerdens ergibt sich aus dem Anfangsgliede der Reihenentwicklung:

$$(20) \qquad \pm\, G_\psi(j) = e^{-2i\pi \sum \frac{A\omega + B}{D}} + \cdots,$$

wo sich die Summe auf die $\psi(n)$ Repräsentanten für eigentliche Transformation n^{ten} Grades bezieht. Ist nun $n = A \cdot D$ die einzelne Zerlegung von n in zwei positive ganzzahlige Faktoren, so durchläuft für diese A, D die Zahl B alle diejenigen Zahlen der Reihe $0, 1, 2, \ldots, D-1$, welche teilerfremd gegen den größten gemeinsamen Teiler t von A und D sind. Es sind dies $\frac{D}{t}\varphi(t)$ Zahlen B, so daß das einzelne Paar A, D immer $\frac{D}{t}\varphi(t)$ Glieder der Summe in (20) liefert. Statt (20) können wir demnach auch schreiben:

$$(21) \qquad G_\psi(j) = \pm\, q^{-2 \sum\limits_{A} \frac{A}{t}\varphi(t)} + \cdots,$$

wo sich die Summe auf alle Teiler A von n bezieht. Nun ist aber, da die einzelne Zerlegung $n = A \cdot D$ im ganzen $\frac{D}{t}\varphi(t)$ Repräsentanten liefert, die Anzahl $\psi(n)$ aller Repräsentanten in der Gestalt darstellbar:

(22) $$\psi(n) = \sum_D \frac{D}{t}\varphi(t),$$

wo die Summe sich wieder auf alle Teiler D von n bezieht. Also ist die Summe im Exponenten von (21) einfach gleich $\psi(n)$. Daraus folgt aber in der Tat, daß $G_\psi(j)$ in j auf den Grad $\psi(n)$ ansteigt. Der Koeffizient des Anfangsgliedes in (21) durfte sogleich gleich ± 1 gesetzt werden; denn er ist zufolge (20) eine Einheitswurzel, und er ist andrerseits bekanntlich rational. *Das höchste Glied von $G_\psi(j)$ ist demnach $\pm j^\psi$, während keine der übrigen Funktionen $G(j)$ im Ansatze* (17) *den Grad $\psi(n)$ erreicht.*

Die algebraische Natur der Transformationsgleichungen betreffend notieren wir zunächst nur den folgenden gleich zu benutzenden Satz: *Die gesamten Transformationsgleichungen ψ^{ten} Grades sind im Körper $(\mathfrak{R}, g_2, g_3)$ irreduzibel und bleiben auch dann irreduzibel, wenn man den Körper durch Adjunktion irgend welcher „numerischer" Irrationalitäten erweitert.* Den Beweis kann man direkt aus der Gleichberechtigung der $\psi(n)$ Wurzeln der einzelnen Transformationsgleichung bezüglich der Modulgruppe $\Gamma^{(\omega)}$ durch dieselben Überlegungen führen, die wir S. 247ff. für die speziellen Teilungsgleichungen ausführten.

Die auf der linken Seite der Transformationsgleichung (17) stehende ganze ganzzahlige Funktion von j' und j möge kurz $F(j', j)$ genannt werden. Setzt man insbesondere $j' = j(n\omega)$, der ersten Haupttransformation entsprechend, so besteht die Gleichung:

$$F(j(n\omega), j(\omega)) = 0$$

in ω identisch und bleibt also auch gültig, wenn man $\frac{\omega}{n}$ statt ω einträgt:

$$F\left(j(\omega), j\left(\frac{\omega}{n}\right)\right) = 0.$$

Nun ist aber $j' = j\left(\frac{\omega}{n}\right)$ die durch die zweite Haupttransformation aus $j(\omega)$ entstehende Funktion. Wir haben somit in $F(j, j') = 0$, wo j' wieder auf den Grad $\psi(n)$ ansteigt, gleichfalls eine Gleichung $\psi(n)^{\text{ten}}$ Grades für die transformierten Funktionen j'. Wegen der schon festgestellten Irreduzibilität ist also diese Gleichung $F(j, j') = 0$ bis auf einen konstanten Faktor mit der Gleichung $F(j', j) = 0$ identisch. Dieser konstante Faktor aber ist gleich $+1$ oder -1, da $F(j', j)$ als höchstes Glied in j die Potenz $\pm j^\psi$ hat:

(23) $$F(j, j') = \pm F(j', j).$$

Die Funktion $F(j', j)$ ist also entweder in j, j' symmetrisch gebaut oder wechselt bei Austausch von j und j' das Zeichen. Der zweite Fall kann aber nicht vorliegen. Würde er gelten, so wäre $F(j, j) = 0$, d. h. unsere

Gleichung ψ^{ten} Grades $F(j', j) = 0$ für j' hätte die Lösung $j' = j$, so daß $F(j', j)$ den Linearfaktor $(j' - j)$ besäße. Dies widerspricht aber der Irreduzibilität. *Also ist $F(j', j)$ in j' und j symmetrisch.*

Da $G_1(j)$ die negativ genommene Summe der $\psi(n)$ transformierten Funktionen (16) ist und unter ihnen $j(n\omega)$ in der Spitze $i\infty$ am stärksten unendlich wird, so gilt als Anfangsglied der Potenzreihe von $G_1(j)$:

$$G_1(j) = -q^{-2n} + \cdots.$$

Im Ausdrucke (18) von $G_1(j)$ ist also $-j^n$ das höchste Glied. Nun ist zufolge (22) oder auch zufolge der ursprünglichen Erklärung (4) S. 220 von $\psi(n)$ die Anzahl $\psi(n) - 1$ bei primzahligem n gleich n, bei zusammengesetztem n aber stets $> n$. Das in $F(j', j)$ auftretende Glied $-j'^{\psi-1}j^n$ ist also bei primzahligem n sich selbst symmetrisch, während bei zusammengesetztem n daneben noch das Glied $j'^n j^{\psi-1}$ auftritt. Unter Zusammenfassung aller einzelnen Ergebnisse notieren wir den Satz: *Die bei Transformation n^{ten} Grades eintretende irreduzible Transformationsgleichung $\psi(n)^{\text{ten}}$ Grades für $j(\omega) = 12^3 J(\omega)$ hat die Gestalt:*

$$j'^{\psi} + j^{\psi} + \sum_{k,l} c_{kl} j'^k j^l = 0,$$

wo sich die Summe auf die Kombinationen ganzer Zahlen k, l der Reihe $0, 1, 2, \ldots, \psi - 1$ bezieht; die c sind der Bedingung $c_{kl} = c_{lk}$ genügende ganze Zahlen, und speziell gilt bei primzahligem n, wo $\psi(n) = n + 1$ ist, $c_{nn} = -1$, während bei zusammengesetztem Transformationsgrade $c_{\psi-1,n} = c_{n,\psi-1} = -1$ zutrifft.

Die Gleichungen (1), (2) und (3) für G_1, g_2' und g_3' sind von F. Müller[1]) behandelt, und zwar in der Art, daß die Transformationsgleichungen (1) für G_1 wirklich in Ansatz gebracht werden, während für g_2' und g_3' rationale Ausdrücke in G_1, g_2, g_3 notiert werden, mittels deren die Gleichungen (2) und (3) als Resolventen von (1) eingeführt werden. Die Endergebnisse sind noch sehr wenig weitgehend; es gelingt nur für die Transformationsgrade 2, 3 und 4 die Gleichungen wirklich anzugeben.

Die Transformationsgleichungen für die Wurzeln der Diskriminante Δ sind zuerst von Kiepert[2]) untersucht, und zwar unter Bevorzugung der Primzahltransformationen. Es gelingt, bis zum Grade 23 die fertigen Gestalten der Gleichungen zu gewinnen. Die Hilfsmittel zur Berechnung der Koeffizienten der Transformationsgleichungen sind in den bisher genannten Arbeiten die Potenzreihen der ursprünglichen und der transformierten Größen nach q^2.

---

1) „De transformatione functionum ellipticarum", Berliner Dissert. von 1867. Vgl. auch die weiteren Nachweise in „Enneper-Müller", S. 495ff.

2) „Zur Transformationstheorie der elliptischen Funktionen", Abh. 1 und 3, Journ. f. Math., Bd. 87 (1879) und Bd. 95 (1883).

Eine Weiterbildung von grundsätzlicher Bedeutung erfuhr die Theorie der speziellen Transformationsgleichungen durch die von Klein ausgebildete Theorie der Modulfunktionen. Gegenüber den verschiedenartigen Gattungen von Transformationsgleichungen lieferte diese Theorie zunächst die Möglichkeit der Sichtung und sachgemäßen Anordnung, indem sie ein Urteil darüber lieferte, welche unter den transformierten Größen im einzelnen Falle als die einfachste anzusehen ist, und welches die Beziehungen der übrigen zu diesen einfachsten Größen sind. Darüber hinaus benutzt Klein neben den Potenzreihen die auf gruppentheoretischer und geometrischer Grundlage erwachsenen Hilfsmittel der Riemannschen Theorie der algebraischen Funktionen zur Aufstellung der Transformationsgleichungen. Die nachfolgende Darstellung wird die großen Erfolge der Kleinschen Methoden darlegen. In den Vordergrund treten jetzt zunächst die Transformationsgleichungen für $J(\omega)$. Die Primzahlgrade bis $n = 13$ behandelte Klein selbst[1]); im Anschluß hieran stellte J. Gierster[2]) für einige niedere zusammengesetzte Grade Untersuchungen über die Transformationsgleichungen von $J(\omega)$ an. Später sind diese Untersuchungen dann von Kiepert[3]) aufgenommen und wesentlich auch mit dem Hilfsmittel der Reihenentwicklungen gefördert. Eine Behandlung der Transformationsgleichungen für die Wurzeln der Diskriminante vom Standpunkte der Theorie der Modulfunktionen gab A. Hurwitz.[4])

§ 3. Das Transformationspolygon $\mathbf{T}_n$ und die Transformationsfläche $\mathbf{F}_n$.

Die von Klein eingeführte Methode zur Behandlung der Transformationsgleichungen gründet sich auf die *Diskontinuitätsbereiche* der Kongruenzgruppen $\Gamma_{\psi(n)}$ (vgl. I, 233). Wir haben vielfach die zu den beiden Haupttransformationen n^{ten} Grades gehörenden Untergruppen nebeneinander zu betrachten und unterscheiden sie dieserhalb durch die

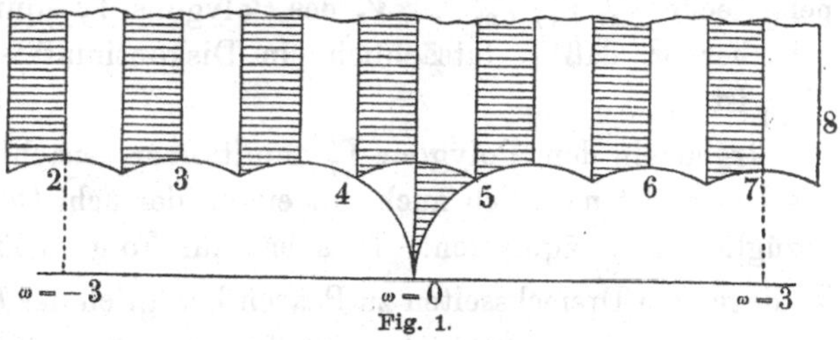

Fig. 1.

1) „Über die Transformation der elliptischen Funktionen und die Auflösung der Gleichungen fünften Grades", Math. Ann., Bd. 14 (1878).

2) „Notiz über Modulargleichungen bei zusammengesetztem Transformationsgrad", Math. Ann., Bd. 14 (1879).

3) „Über die Transformation der elliptischen Funktionen bei zusammengesetztem Transformationsgrad", Math. Ann., Bd. 32 (1888).

4) „Grundlagen einer independenten Theorie der elliptischen Modulfunktionen und Theorie der Multiplikatorgleichungen erster Stufe", Math. Ann., Bd. 18 (1881).

Bezeichnungen $\Gamma_{\psi(n)}$ und $\Gamma'_{\psi(n)}$. Die zur ersten Haupttransformation gehörende $\Gamma_{\psi(n)}$ ist durch $\gamma \equiv 0 \pmod{n}$ charakterisiert, die $\Gamma'_{\psi(n)}$ aber durch $\beta \equiv 0 \pmod{n}$. Die in der ω-Halbebene gelegenen Diskontinuitätsbereiche dieser Gruppen können wir in der Gestalt von Kreisbogenpolygonen wählen, die wir *„Transformationspolygone"* nennen und durch T_n bzw. T'_n bezeichnen.

Als Beispiel betrachten wir zunächst das zum Grade $n = 7$ gehörende Transformationspolygon T'_7. Entsprechend dem Index $\psi(7) = 8$ der Gruppe können wir T'_7 aus acht Doppeldreiecken des Netzes der ω-Halbebene aufbauen, die sich zu dem in Fig. 1, S. 349, angegebenen Polygone zusammenordnen. Wir bezeichnen diese acht Doppeldreiecke durch die Substitution $\begin{pmatrix}\alpha, \beta\\ \gamma, \delta\end{pmatrix}$, mittels deren sie aus dem als Diskontinuitätsbereich der Gesamtgruppe $\Gamma = \Gamma^{(\omega)}$ in I, 295 ausgewählten Doppeldreiecke hervorgehen. Es handelt sich dann in Fig. 1 um die acht Doppeldreiecke:

$$(1) \qquad \begin{pmatrix}1, 0\\ 0, 1\end{pmatrix}, \quad \begin{pmatrix}1, \pm 1\\ 0, \ 1\end{pmatrix}, \quad \begin{pmatrix}1, \pm 2\\ 0, \ 1\end{pmatrix}, \quad \begin{pmatrix}1, \pm 3\\ 0, \ 1\end{pmatrix}, \quad \begin{pmatrix}0, -1\\ 1, \ 0\end{pmatrix}.$$

Man stellt leicht fest, daß keine zwei unter diesen Doppeldreiecken bezüglich der $\Gamma'_{\psi(7)}$ äquivalent sind. Die acht in (1) gegebenen Substitutionen $V_0 = 1, V_1, \ldots, V_7$ können wir demnach zur Zerlegung der Gruppe Γ in acht Nebengruppen:

$$\Gamma = \Gamma'_{\psi(7)} + \Gamma'_{\psi(7)} \cdot V_1 + \Gamma'_{\psi(7)} \cdot V_2 + \cdots + \Gamma'_{\psi(7)} \cdot V_7$$

benutzen. Da hier rechts jede Substitution von Γ einmal und nur einmal auftritt, so ist jedes Doppeldreieck des die ganze ω-Halbebene bedeckenden Netzes bezüglich der $\Gamma'_{\psi(7)}$ mit einem und nur einem der acht Doppeldreiecke $V_0, V_1, V_2, \ldots, V_7$ des Polygons T'_7 äquivalent. Daraus aber geht hervor, daß T'_7 tatsächlich ein Diskontinuitätsbereich der Gruppe $\Gamma'_{\psi(7)}$ ist.

Irgendein dem Polygone T'_7 unmittelbar benachbartes Doppeldreieck des Netzes ist natürlich auch mit einem der acht Doppeldreiecke von T'_7 bezüglich $\Gamma'_{\psi(7)}$ äquivalent. Dies hat zur Folge, daß die am Rande von T'_7 liegenden Dreiecksseiten zu Paaren bezüglich der $\Gamma'_{\psi(7)}$ äquivalent sind, und zwar immer die Seite eines schraffierten Dreiecks mit der eines freien. Man zählt zunächst 16 solche am Rande liegende Seiten ab. Doch können wir mehrere zu Seitenketten zusammenfassen und haben in Fig. 1 insbesondere immer diejenigen Seiten, die einen Kreisbogen (eine Polygonseite) bilden, zusammengenommen und mit einer Nummer versehen. Die Zusammenordnung dieser Polygonseiten regelt sich dann wie folgt durch Substitutionen der Gruppe $\Gamma'_{\psi(7)}$:

(2) $1 \to 8,\ \begin{pmatrix}1, & 7\\ 0, & 1\end{pmatrix};\quad 2 \to 3,\ \begin{pmatrix}2, & 7\\ -1, & -3\end{pmatrix};\quad 4 \to 5,\ \begin{pmatrix}1, & 0\\ 1, & 1\end{pmatrix};\quad 6 \to 7,\ \begin{pmatrix}3, & -7\\ 1, & -2\end{pmatrix}.$

Neben der Zuordnung der Seiten ist jedesmal die Substitution angegeben, welche diese Zuordnung vermittelt. Wie man sieht, gehören alle vier hier auftretenden Substitutionen in der Tat zur Gruppe $\Gamma'_{\psi(7)}$.

Übt man auf T_7' der Reihe nach die acht Substitutionen (1) aus, so gewinnt man die Diskontinuitätsbereiche der acht mit $\Gamma_{\psi(7)}$ gleichberechtigten Kongruenzgruppen. Die ersten sieben Substitutionen (1) ergeben einfach Translationen von T_7' in Richtung der reellen ω-Achse. Eine Änderung der Gestalt wird indessen durch die in (1) an letzter Stelle genannte Substitution T geliefert, die zu dem in Fig. 2 abgebildeten Transformationspolygone T_7 hinführt. Der Deutlichkeit halber ist die Längeneinheit in dieser Zeichnung weit größer als in Fig. 1 gewählt. Die Beziehung der Randkurven aufeinander ist hier durch die Substitutionen geregelt:

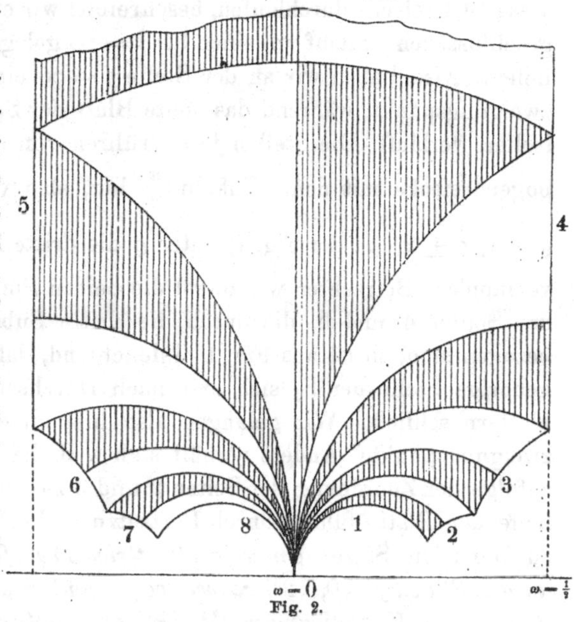

Fig. 2.

$$1 \to 8,\ \begin{pmatrix}1, & 0\\ -7, & 1\end{pmatrix};\quad 2 \to 3,\ \begin{pmatrix}3, & -1\\ 7, & -2\end{pmatrix};\quad 4 \to 5,\ \begin{pmatrix}1, & -1\\ 0, & 1\end{pmatrix};\quad 6 \to 7,\ \begin{pmatrix}2, & 1\\ -7, & -3\end{pmatrix}.$$

Diese Substitutionen, die aus den Substitutionen (2) einfach durch Transformation mit T hervorgehen, gehören in der Tat alle zur Gruppe $\Gamma_{\psi(7)}$.

Die Polygone T_n stehen nun zu den Transformationsgleichungen $F(j', j) = 0$ in nächster Beziehung, wie zunächst wieder am Beispiele $n = 7$ dargelegt werden soll. Wir knüpfen an das besonders übersichtliche Polygon T_7' der Fig. 1 an und bilden dieses mittels der Funktion $j(\omega)$ auf die j-Ebene ab. Wir erhalten eine achtblättrige, zunächst noch zerschnittene Riemannsche Fläche F, mit einem in sich zurücklaufenden Schnitte, der vom Polygonrande herrührt. Die den Seiten 1 bis 8 des Polygons entsprechenden Schnittränder liegen aber jetzt so, daß je zwei durch eine Substitution (2) einander zugeordnete Uferpunkte übereinander liegen. Indem wir entsprechend der Zuordnung (2) die Schnittränder aneinander heften, ergibt sich eine *geschlossene Riemannsche*

Fläche über der j-Ebene, die wir als *„Transformationsfläche“* F_7 bezeichnen.[1])

Die Fläche F_7 kann Verzweigungspunkte nur an den drei Stellen $j = 0, 12^3, \infty$ haben, da übrigens die ω-Halbebene auf die Ebene der Funktion $j(\omega)$ konform bezogen ist. Um mit $j = \infty$ zu beginnen, so lesen wir aus Fig. 1 zunächst ab, daß 14 einfache Dreiecke von T_7' mit ihren Spitzen nach $\omega = i\infty$ laufen. Indem wir vom Rande 1 bis zum Rande 8 diese 14 Dreiecke durchlaufen, beschreiben wir eine Linie, die auf F_7 einen geschlossenen Umlauf um einen bei $j = \infty$ gelegenen Verzweigungspunkt liefert. Also haben wir an der Stelle $j = \infty$ einen siebenblättrigen Verzweigungspunkt, während das achte Blatt der Spitze $\omega = 0$ entsprechend isoliert verläuft. Die Stellen $j = 0$ rühren von den Ecken unserer Kreisbogendreiecke mit den Winkeln $\frac{\pi}{3}$ her, also von den Punkten $\omega = \varrho$, $\varrho \pm 1, \varrho \pm 2, \ldots$ der Fig. 1, unter ϱ die dritte Einheitswurzel $\frac{-1+i\sqrt{3}}{2}$ verstanden. Betrachten wir zuerst die beiden Punkte $\omega = \varrho$ und $\omega = \varrho + 1$ der Seiten 4 und 5, die durch die dritte Substitution (2) aufeinander bezogen sind, so ist aus Fig. 1 einleuchtend, daß der Umlauf um die zugehörige Stelle der F_7 sich erst nach Durchschreiten von sechs j-Halbblättern schließt. Wir gelangen also hier zu einem dreiblättrigen Verzweigungspunkte. Anders verhält sich z. B. der Punkt $\omega = -2 + \varrho$, der zufolge der Zuordnung der Seiten 2 und 3 zu einem bei $j = 0$ isoliert verlaufenden Blatte führt. Durch Fortsetzung der Betrachtung gelangt man zu folgendem Satze: *Unsere achtblättrige Transformationsfläche* F_7 *ist nur an den Stellen* $j = 0, 12^3, \infty$ *verzweigt, und zwar hat man bei* $j = 0$ *zwei dreiblättrige Verzweigungspunkte und zwei isoliert verlaufende Blätter, bei* $j = 12^3$ *vier zweiblättrige Verzweigungspunkte und bei* $j = \infty$ *einen siebenblättrigen Verzweigungspunkt und ein isoliert verlaufendes Blatt.*

Zwischen der geschlossenen Fläche F_7 und der ω-Halbebene besteht nun eine 1-∞-deutige Beziehung von der Art, wie wir sie in I, 303 zwischen der j-Ebene und der ω-Halbebene fanden. Der einzelnen Stelle der F_7 entsprechen unendlich viele Punkte der ω Halbebene, die bezüglich der $\Gamma'_{\psi(7)}$ äquivalent sind; umgekehrt liefert jedes System bezüglich der $\Gamma'_{\psi(7)}$ äquivalenter Punkte ω eine Stelle der F_7. Die Folge ist, daß die durch die zweite Haupttransformation zu gewinnende Funktion $j\left(\frac{\omega}{7}\right)$, die zur $\Gamma'_{\psi(7)}$ gehört, von der ω-Halbebene auf die F_7 verpflanzt, daselbst eine eindeutige, und zwar algebraische Funktion liefert. *Somit hängen*

1) Hier bedeutet also der Index 7 nicht, wie in I, 49 ff., die Blätteranzahl der Fläche, sondern den Transformationsgrad.

$j' = j\left(\frac{\omega}{7}\right)$ *und* $j = j(\omega)$ *als eindeutige algebraische Funktionen unserer* F_7 *durch eine algebraische Relation zusammen, und eben diese Relation ist unsere Transformationsgleichung.* Um dies noch etwas näher darzulegen, bemerken wir, daß durch Angabe eines Wertes j acht Punkte der F_7 festgelegt sind, denen acht bezüglich der Gesamtgruppe Γ äquivalente Punkte im Bereiche T_7' zugehören. Ist unter ihnen ω der im Diskontinuitätsbereiche der $\Gamma^{(\omega)}$ gelegene Punkt, so sind die sieben weiteren $\omega \pm 1$, $\omega \pm 2$, $\omega \pm 3$, $\frac{-1}{\omega}$. An diesen acht Stellen finden folgende Werte der transformierten Funktion statt:

$$j\left(\frac{\omega}{7}\right),\quad j\left(\frac{\omega \pm 1}{7}\right),\quad j\left(\frac{\omega \pm 2}{7}\right),\quad j\left(\frac{\omega \pm 3}{7}\right),\quad j\left(\frac{-1}{7\omega}\right) = j(7\omega).$$

Dies sind aber genau die acht verschiedenen durch Transformation siebenten Grades von $j(\omega)$ zu gewinnenden Funktionen, die, wie wir wissen, in der Tat die acht Lösungen der Transformationsgleichung sind.

Das Transformationspolygon T_n' für beliebigen ungeraden Primzahlgrad n ist, wie wir noch an weiteren Beispielen darlegen werden, entsprechend durch n nebeneinander gereihte Doppeldreiecke $\begin{pmatrix}1,0\\0,1\end{pmatrix}$, $\begin{pmatrix}1, \pm 1\\0, \ \ 1\end{pmatrix}$, $\begin{pmatrix}1, \pm 2\\0, \ \ 1\end{pmatrix}, \ldots,$ $\begin{pmatrix}1, \pm \frac{1}{2}(n-1)\\0, \ \ 1\end{pmatrix}$ und das inmitten unten angehängte Doppeldreieck $\begin{pmatrix}0, -1\\1, \ \ 0\end{pmatrix}$ zusammensetzbar. Nicht so leicht zu übersehen ist indessen die Gestalt von T_n' bei zusammengesetztem n. Als Beispiel diene der Fall $n = 6$, wo wir mit einer Untergruppe des Index $\psi(6) = 12$ zu tun haben. Das Polygon T_6' ist in Fig. 3 dargestellt. Hier liegt in der Tat ein aus 24 einfachen Dreiecken zusammengesetzter Bereich vor, von denen 12 schraffiert und 12 frei sind. Man kann zeigen, daß keine zwei gleichartige Dreiecke durch eine Substitution der $\Gamma_{\psi(6)}'$ zusammenhängen. Die sechs mit Ziffern bezeichneten Seiten dieses Sechsecks sind nach folgender Regel einander zugeordnet:

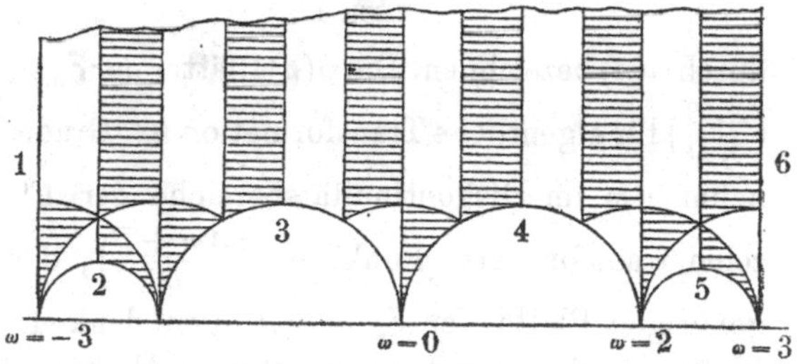

Fig. 3.

$$1 \longrightarrow 6,\ \begin{pmatrix}1, 6\\0, 1\end{pmatrix};\quad 2 \longrightarrow 5,\ \begin{pmatrix}5, 12\\2, \ \ 5\end{pmatrix};\quad 3 \longrightarrow 4,\ \begin{pmatrix}1, 0\\1, 1\end{pmatrix}.$$

Diese Substitutionen gehören in der Tat der Gruppe $\Gamma_{\psi(6)}'$ an. Die Transformation von T_6' mittels der Substitution T liefert das Polygon T_6, das in Fig. 4 dargestellt ist. Der Deutlichkeit halber liegt dieser Figur wieder ein weit größerer Maßstab zugrunde als der Fig. 3.

Durch Abbildung des Transformationspolygons T_n mittels der Funktion $j(\omega)$ gewinnen wir für jeden Grad n eine geschlossene $\psi(n)$-blättrige Riemannsche Fläche über der j-Ebene, die wir wieder als „*Transformationsfläche*" F_n bezeichnen. Eine Frage von grundsätzlicher Bedeutung ist, wie groß das Geschlecht p der Fläche F_n ist; wir wollen diese Zahl p auch das *Geschlecht des Transformationspolygons* T_n nennen und genauer durch $p(n)$ bezeichnen. Die $\psi(n)$ Blätter der F_n sind den $\psi(n)$ Repräsentanten $\begin{pmatrix}A, B\\0, D\end{pmatrix}$ für eigentliche Transformation n^{ten} Grades eindeutig zugeordnet. Wir nehmen ω im Diskontinuitätsbereiche der $\Gamma^{(\omega)}$ an und wählen eine einzelne transformierte Funktion $j\left(\frac{A\omega + B}{D}\right)$, deren Werte wir auf dem zugehörigen Blatte der F_n aufgetragen denken. Umlaufen wir von jenem Blatte aus den Punkt $j = \infty$ etwa ν Male, so kommt dies darauf hinaus, daß wir durch ν-malige Ausübung der Substitution S nach $\omega' = \omega + \nu$ gehen. Dabei aber wird $j\left(\frac{A\omega + B}{D}\right)$ in $j\left(\frac{A\omega + (B + \nu A)}{D}\right)$ übergeführt. Um nun festzustellen, wie viele Blätter in dem fraglichen Punkte $j = \infty$ zusammenhängen, hat man die kleinste positive Zahl ν anzugeben, für welche die Transformation $\begin{pmatrix}A, B + \nu A\\0, \quad D\end{pmatrix}$ wieder durch die anfängliche $\begin{pmatrix}A, B\\0, D\end{pmatrix}$ repräsentiert wird. Hierzu ist hinreichend und notwendig, daß in der Gruppe $\Gamma^{(\omega)}$ eine Substitution $V = \begin{pmatrix}\alpha, \beta\\\gamma, \delta\end{pmatrix}$ existiert, für die:

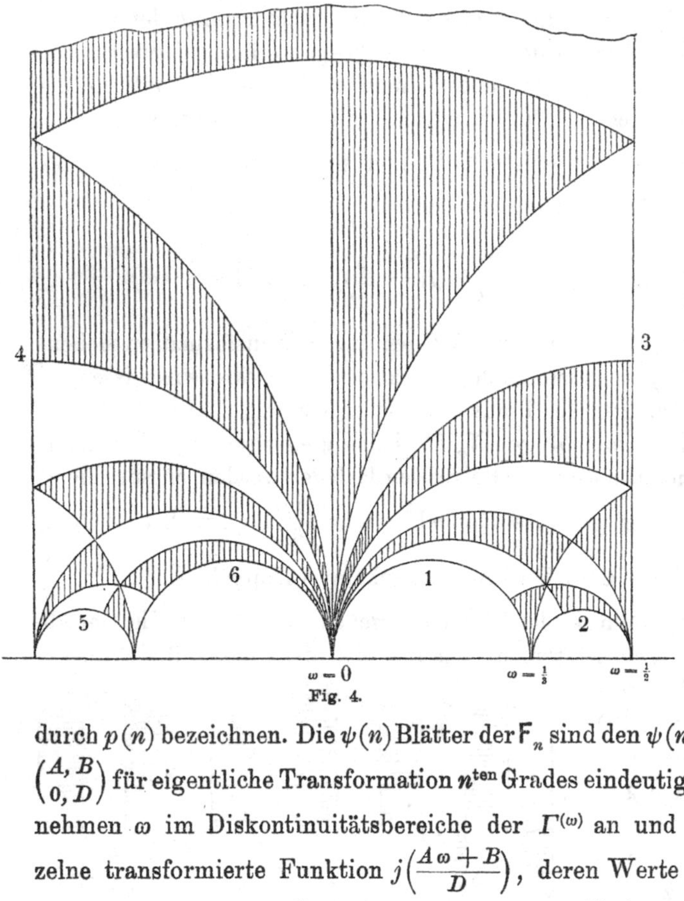

Fig. 4.

$$\frac{A\omega + B + \nu A}{D} = V\left(\frac{A\omega + B}{D}\right) = \frac{\alpha A\omega + (\alpha B + \beta D)}{\gamma A\omega + (\gamma B + \delta D)}$$

gilt. Es folgt:

$$\gamma = 0, \qquad \alpha = \delta = 1, \qquad \nu A = \beta D.$$

Ist also t der größte gemeinsame Teiler von A und D, so ist:

$$\nu = \frac{D}{t}, \qquad \beta = \frac{A}{t}.$$

Wir erhalten also einen $\frac{D}{t}$-blättrigen Verzweigungspunkt, so daß die Blätteranzahl allein von D abhängt. Bei stehendem D ist $A = \frac{n}{D}$ und B durchläuft, um alle zugehörigen Repräsentanten der „eigentlichen" Transformationen n^{ten} Grade für dieses Zahlenpaar A, D zu gewinnen, alle gegen t teilerfremden ganzen Zahlen des Intervalles $0 \leqq B < D$. Dies sind $\frac{D}{t}\varphi(t)$ Zahlen B, *so daß wir für das einzelne D im ganzen $\varphi(t)$ je $\frac{D}{t}$-blättrige Verzweigungspunkte finden.* Durchläuft D alle Teiler von n, so erschöpfen wir alle $\psi(n)$ Blätter von F_n; wir gelangen dabei zu der schon unter (22) S. 347 aufgestellten Gleichung zurück.

Von dem zu $j\left(\frac{A\omega + B}{D}\right)$ gehörenden Blatte der Fläche aus soll jetzt die Stelle $j = 12^3$ einmal umlaufen werden, was auf die Ausübung der Transformation T auf ω hinausläuft. Zweimaliger Umlauf um diese Stelle führt stets zum ersten Blatte zurück, einmaliger Umlauf aber stets und nur dann, wenn bereits die Transformation $\frac{B\omega - A}{D\omega}$ wieder durch $\frac{A\omega + B}{D}$ repräsentiert wird, d. h. wenn es eine Substitution $V = \begin{pmatrix}\alpha, \beta\\ \gamma, \delta\end{pmatrix}$ gibt, für die

$$\frac{B\omega - A}{D\omega} = V\left(\frac{A\omega + B}{D}\right) = \frac{\alpha A\omega + (\alpha B + \beta D)}{\gamma A\omega + (\gamma B + \delta D)}$$

gilt. Diese Forderung ist gleichbedeutend mit den vier Bedingungen:

$$\alpha A = B, \quad \alpha B + \beta D = -A, \quad \gamma A = D, \quad \gamma B + \delta D = 0.$$

Wegen der dritten Gleichung gilt $\gamma \neq 0$. Wäre $\alpha = 0$, so wäre $\gamma = 1$, $B = 0$, $A = D = \sqrt{n}$, was aber selbst bei quadratischem n unzulässig ist, da keine eigentliche Transformation n^{ten} Grades vorliegen würde. Somit gilt $\alpha \neq 0$, $\gamma \neq 0$, so daß A in B und D zugleich aufgeht und also gleich 1 ist. Man gewinnt $A = 1$, $D = n$ und damit

$$\alpha = B, \quad \gamma = n, \quad \delta = -B, \quad \beta = -\frac{B^2 + 1}{n}.$$

Damit β ganzzahlig ausfällt, haben wir nur diejenigen Zahlen B des Intervalls $0 \leqq B < n$ zuzulassen, für welche die Kongruenz:

(3) $$B^2 + 1 \equiv 0 \pmod{n}$$

erfüllt ist. Die Anzahl inkongruenter Lösungen dieser Kongruenz möge durch $\mu_1(n)$ bezeichnet werden. Dann gilt der Satz: *Bei* $j = 12^3$ *verlaufen* $\mu_1(n)$ *Blätter der Fläche* F_n *isoliert, während die übrigen zu Paaren in* $\frac{1}{2}(\psi(n) - \mu_1(n))$ *Verzweigungspunkten zusammenhängen.*

Für die Stelle $j = 0$ kommt an Stelle von S und T die Substitution $U(\omega) = \frac{\omega + 1}{-\omega}$ zur Benutzung. Nach dreimaligem Umlaufe um die Stelle $j = 0$ gelangt man vom Blatte der Funktion $j\left(\frac{A\omega + B}{D}\right)$ stets zu diesem Blatte zurück. Das Blatt aber verläuft isoliert, so oft es eine Substitution $V = \begin{pmatrix}\alpha, & \beta\\ \gamma, & \delta\end{pmatrix}$ gibt, für die die Gleichung zutrifft:

$$\frac{(A-B)\omega + A}{-D\omega} = V\left(\frac{A\omega + B}{D}\right) = \frac{\alpha A\omega + (\alpha B + \beta D)}{\gamma A\omega + (\gamma B + \delta D)}.$$

Dies führt auf die vier Bedingungen:

$$\alpha A = A - B, \quad \alpha B + \beta D = A, \quad \gamma A = -D, \quad \gamma B + \delta D = 0.$$

Aus der dritten Gleichung folgt wieder $\gamma \neq 0$. Durch Elimination von D aus der zweiten und vierten Gleichung gewinnt man $B = \delta A$. Wäre nun $\delta = 0$, so wäre $B = 0$, $\gamma = -1$, $A = D = \sqrt{n}$, was ausgeschlossen ist. Also gilt $\delta \neq 0$, so daß A als gemeinsamer Teiler von B und D gleich 1 ist. Man hat demnach $A = 1$, $D = n$ und findet:

$$\alpha = 1 - B, \quad \gamma = -D, \quad \delta = B, \quad \beta = \frac{B^2 - B + 1}{n}.$$

Jetzt handelt es sich also um diejenigen B des Intervalles $0 \leqq B < n$, für welche die Kongruenz:

$$B^2 - B + 1 \equiv 0 \pmod{n} \tag{4}$$

erfüllt ist. Bezeichnet man die Anzahl inkongruenter Lösungen dieser Kongruenz durch $\mu_0(n)$, so hat man den Satz: *Bei* $j = 0$ *verlaufen* $\mu_0(n)$ *Blätter der Fläche* F_n *isoliert, während die übrigen zu je dreien in* $\frac{1}{3}(\psi(n) - \mu_0(n))$ *Verzweigungspunkten zusammenhängen.*

Das Geschlecht $p(n)$ der F_n berechnen wir jetzt nach (4) in I, 88 und finden:

$$p(n) = -\psi(n) + 1 + \tfrac{1}{4}(\psi(n) - \mu_1(n)) + \tfrac{1}{3}(\psi(n) - \mu_0(n)) + \tfrac{1}{2}\sum_D \varphi(t)\left(\frac{D}{t} - 1\right)$$

Mit Hilfe der Relation (22) S. 347 läßt sich die rechte Seite dieser Gleichung noch wesentlich zusammenziehen: *Das Geschlecht* $p(n)$ *der zum Grade* n *gehörenden Transformationsfläche* F_n *und damit des Transformationspolygons* T_n *ist:*

$$p(n) = 1 + \tfrac{1}{12}\psi(n) - \tfrac{1}{3}\mu_0(n) - \tfrac{1}{4}\mu_1(n) - \tfrac{1}{2}\sum_D \varphi(t). \tag{5}$$

Die Transformationsgrade bis $n = 72$ verteilen sich auf die Geschlechter $p = 0$ bis $p = 9$ in folgender Art:

$$
\begin{aligned}
p &= 0, & n &= 2, 3, 4, 5, 6, 7, 8, 9, 10, 12, 13, 16, 18, 25,\\
p &= 1, & n &= 11, 14, 15, 17, 19, 20, 21, 24, 27, 32, 36, 49,\\
p &= 2, & n &= 22, 23, 26, 28, 29, 31, 37, 50,\\
p &= 3, & n &= 30, 33, 34, 35, 39, 40, 41, 43, 45, 48, 64,\\
p &= 4, & n &= 38, 44, 47, 53, 54, 61,\\
p &= 5, & n &= 42, 46, 51, 52, 55, 56, 57, 59, 63, 65, 67, 72,\\
p &= 6, & n &= 58, 71,\\
p &= 7, & n &= 60, 62, 68, 69,\\
p &= 9, & n &= 66, 70.
\end{aligned}
$$

§ 4. Die erweiterte Gruppe $\Gamma^{(n)}$ und das Klassenpolygon $\mathbf{K}_n$.

Unter W und W' verstehen wir die linearen Substitutionen der Periode 2 und der Determinante n:

$$\omega' = W(\omega) = \frac{-1}{n\omega}, \quad \omega' = W'(\omega) = -\frac{n}{\omega}. \tag{1}$$

Die folgende Entwicklung gründet sich auf die Tatsache, *daß die zu den Haupttransformationen n^{ten} Grades gehörenden Gruppen $\Gamma_{\psi(n)}$ und $\Gamma'_{\psi(n)}$ durch W bzw. W' in sich transformiert werden:*

$$W^{-1} \cdot \Gamma_{\psi(n)} \cdot W = \Gamma_{\psi(n)}, \quad W'^{-1} \cdot \Gamma'_{\psi(n)} \cdot W' = \Gamma'_{\psi(n)}. \tag{2}$$

Eine Substitution $V = \begin{pmatrix} \alpha, & \beta \\ \gamma, & \delta \end{pmatrix}$ wird nämlich durch W in:

$$V' = W^{-1} \cdot V \cdot W = \begin{pmatrix} \delta, & -\gamma n^{-1} \\ -n\beta, & \alpha \end{pmatrix}$$

transformiert. Ist V in $\Gamma_{\psi(n)}$ enthalten, so gilt $\gamma \equiv 0 \pmod{n}$, so daß auch V' eine ganzzahlige Substitution der Determinante 1 mit einem durch n teilbaren dritten Koeffizienten ist. Also ist V' in $\Gamma_{\psi(n)}$ enthalten. Auch ist leicht einzusehen, daß man in den $W^{-1} \cdot V \cdot W$ wieder die ganze $\Gamma_{\psi(n)}$ gewinnt, wenn V diese Gruppe durchläuft. Damit ist die erste Gleichung (2) bewiesen; die zweite ergibt sich entsprechend.

Die Gleichungen (2) kann man auch in die Gestalten setzen:

$$\Gamma_{\psi(n)} \cdot W = W \cdot \Gamma_{\psi(n)}, \quad \Gamma'_{\psi(n)} \cdot W' = W' \cdot \Gamma'_{\psi(n)},$$

aus denen hervorgeht, daß die Gruppen $\Gamma_{\psi(n)}$ und $\Gamma'_{\psi(n)}$ mit W bzw. W' vertauschbar sind. Hieraus aber folgt weiter, *daß die Gruppen $\Gamma_{\psi(n)}$ und $\Gamma'_{\psi(n)}$ durch Zusatz W bzw. W' zu zwei Gruppen:*

$$\Gamma^{(n)} = \Gamma_{\psi(n)} + \Gamma_{\psi(n)} \cdot W, \quad \Gamma'^{(n)} = \Gamma'_{\psi(n)} + \Gamma'_{\psi(n)} \cdot W' \tag{3}$$

erweitert werden, in denen die ursprünglichen $\Gamma_{\psi(n)}$ *und* $\Gamma'_{\psi(n)}$ *ausgezeichnete Untergruppen des Index 2 sind.*

Wie in I, 296 verstehen wir unter $\overline{U}$ die Substitution „zweiter Art" $\omega' = \overline{U}(\omega) = -\overline{\omega}$, wo $\overline{\omega}$ der zu ω konjugiert komplexe Wert ist. Diese Substitution, die geometrisch die Spiegelung an der imaginären ω-Achse bedeutet, übt auf eine beliebige Substitution $V = \begin{pmatrix}\alpha, & \beta \\ \gamma, & \delta\end{pmatrix}$ die Wirkung aus:

$$\overline{U}^{-1} \cdot V \cdot \overline{U} = \begin{pmatrix}\alpha, & -\beta \\ -\gamma, & \delta\end{pmatrix}.$$

Jede der vier Gruppen $\Gamma_{\psi(n)}, \Gamma'_{\psi(n)}, \Gamma^{(n)}, \Gamma'^{(n)}$ *ist also mit* $\overline{U}$ *vertauschbar und wird entsprechend durch Zusatz von* $\overline{U}$ *zu einer erweiterten Gruppe ausgestaltet, in der die ursprüngliche wieder eine ausgezeichnete Untergruppe des Index 2 ist.* Wir bezeichnen diese Gruppen durch $\overline{\Gamma}_{\psi(n)}, \overline{\Gamma}'_{\psi(n)}, \overline{\Gamma^{(n)}}, \overline{\Gamma}'_{(n)}$; für $\overline{\Gamma^{(n)}}$ haben wir die Darstellung:

$$\overline{\Gamma^{(n)}} = \Gamma_{\psi(n)} + \Gamma_{\psi(n)} \cdot W + \Gamma_{\psi(n)} \cdot \overline{U} + \Gamma_{\psi(n)} \cdot W \cdot \overline{U},$$

und eine entsprechende Darstellung gilt für $\overline{\Gamma'^{(n)}}$.

Die Substitutionen zweiter Art $W \cdot \overline{U}$ und $W' \cdot \overline{U}$ mögen durch $\overline{W}$ und $\overline{W}'$ bezeichnet werden:

$$(4) \qquad \omega' = \overline{W}(\omega) = \frac{1}{n\,\overline{\omega}}, \quad \omega' = \overline{W}'(\omega) = \frac{n}{\overline{\omega}};$$

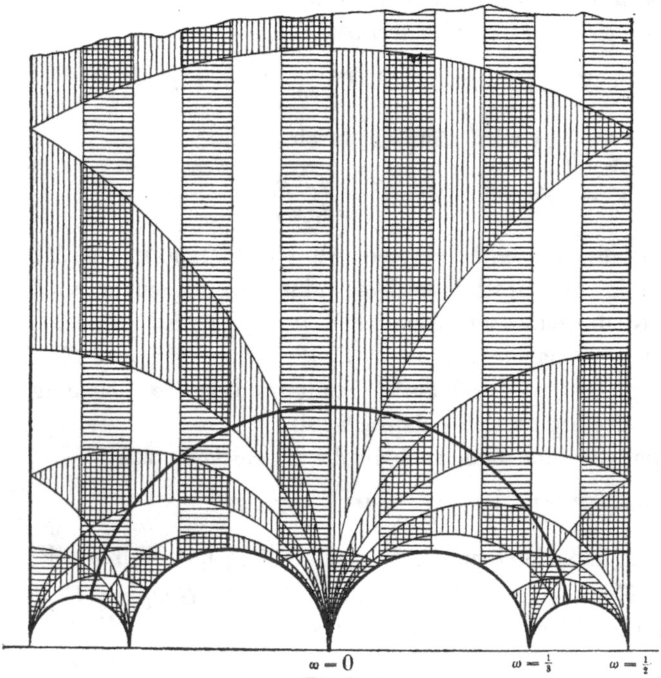

Fig. 5.

sie stellen Spiegelungen an den Kreisen der Radien $\frac{1}{\sqrt{n}}$ und $\sqrt{n}$ um den Nullpunkt $\omega = 0$ dar. Die Substitutionen W und W' erster Art können dann auch aus den Spiegelungen $\overline{U}, \overline{W}, \overline{W}'$ in den Gestalten hergestellt werden:

$$W = \overline{W} \cdot \overline{U},$$
$$W' = \overline{W}' \cdot \overline{U}.$$

Indem man nun auf den Diskontinuitätsbereich $\mathbf{T}_n$ der $\Gamma_{\psi(n)}$ die Substitution W ausübt, gewinnt man entsprechend der ersten Gleichung (2) wieder einen Diskontinuitätsbereich dieser Gruppe. Die Transformation von T_n durch W können wir aber durch die beiden hintereinander auszuübenden Spiegelungen $\overline{W}, \overline{U}$ ersetzen. Im Falle $n = 6$ wird das in Fig. 4 dargestellte Polygon T_6 durch W bzw. durch $\overline{W}$ und $\overline{U}$ unmittelbar in sich transformiert, wie Fig. 5 erläutert. In dieser Figur sind zwei Dreiecksnetze übereinander getragen. Das Netz mit der Vertikalschraffierung stellt das Polygon F_6 wie in Fig. 4 dar. Durch die Spiegelung $\overline{U}$ geht dies Netz in sich über. Durch die Spiegelung $\overline{W}$ an dem in der Figur stark ausgezogenen Kreise des Radius $\frac{1}{\sqrt{6}}$ gelangt man zu dem Netze mit der Horizontalschraffierung. In dieses Netz geht also das ursprüngliche Netz durch die Substitution W über.

Nicht immer kommt das durch W oder $\overline{U}$ und $\overline{W}$ transformierte Polygon T_n unmittelbar mit seiner ursprünglichen Gestalt zur Deckung. So erkennt man z. B. in der den Fall $n = 7$ erläuternden Fig. 6, daß die beiden Netze nicht glatt zur Deckung kommen, sondern ein wenig übereinander hinweggreifen. Je ein überschießender Bestandteil des einen Netzes ist dann natürlich mit einem solchen des anderen Netzes bezüglich der $\Gamma_{\psi(n)}$ äquivalent. Man könnte freilich die Anordnung stets so treffen, daß der Bereich T_n bei Ausübung von W genau in sich selbst übergeht. Nur müßte man dann die Randkurven von T_n gelegentlich durch das Innere von Dreiecken führen, was man sich an Fig. 6 näher veranschaulichen wolle.

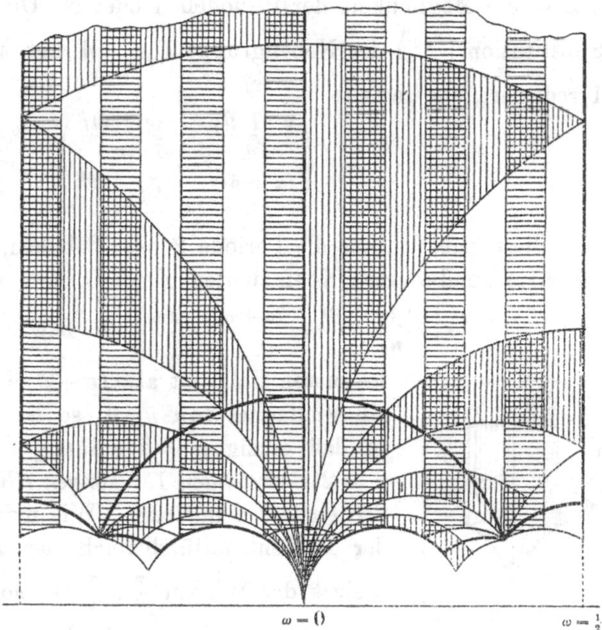

Fig. 6.

In den beiden Figuren 5 und 6 tritt noch eine weitere Tatsache hervor. Das Dreiecksnetz des Polygons T_n geht bei Ausübung der Transformation W in das im Verhältnis von n zu 1 verkleinerte Dreiecksnetz des Transformationspolygons T'_n der $\Gamma'_{\psi(n)}$ über. Dies ist rechnerisch unmittelbar einleuchtend. Setzen wir nämlich

(5) $$n\omega = \Omega,$$

so trifft im Punkte $\omega = \frac{1}{n}$ bereits $\Omega = 1$ zu, so daß das zu Ω gehörende Dreiecksnetz gegenüber dem ursprünglichen auf $\frac{1}{n}$ verkleinert erscheint. Nun wird durch (5) die Substitution:

(6) $$\omega' = \frac{\alpha\omega + \beta}{\gamma\omega + \delta} \quad \text{in} \quad \Omega' = \frac{\alpha\Omega + n\beta}{\gamma n^{-1}\Omega + \delta}$$

transformiert, so daß wir, wenn $\gamma \equiv 0 \pmod{n}$ gilt, rechts in der Tat eine ganzzahlige Substitution der Determinante 1 gewinnen, deren „zweiter“ Koeffizient durch n teilbar ist. Durch (5) wird also die Gruppe $\Gamma_{\psi(n)}$ in $\Gamma'_{\psi(n)}$ transformiert.

Wir gehen nun genauer auf die unter (3) gewonnene Gruppe $\Gamma^{(n)}$ ein. Die Nebengruppe $\Gamma_{\psi(n)} \cdot W$ besteht aus allen ganzzahligen Substitutionen $\begin{pmatrix}\alpha, & \beta\\ \gamma, & \delta\end{pmatrix}$, die die Bedingungen:

(7) $$\alpha\delta - \beta\gamma = n, \qquad \alpha \equiv \gamma \equiv \delta \equiv 0 \pmod{n}$$

befriedigen. Es soll festgestellt werden, welche unter diesen Substitutionen elliptisch oder parabolisch sind. Da die zweite Potenz jeder Substitution der Nebengruppe $\Gamma_{\psi(n)} \cdot W$ in der $\Gamma_{\psi(n)}$ enthalten ist, so hat eine elliptische Substitution unter ihnen eine der Perioden 2, 4 oder 6 und erzeugt dann eine zyklische Untergruppe G_2, G_4 oder G_6. Wir untersuchen zunächst die Möglichkeit der Perioden 4 oder 6. Die zweite Potenz einer Substitution $\begin{pmatrix}\alpha, & \beta\\ \gamma, & \delta\end{pmatrix}$ der Nebengruppe $\Gamma_{\psi(n)} \cdot W$ hat, auf die Determinante 1 reduziert, die Gestalt:

$$\begin{pmatrix}\dfrac{\alpha^2 + \beta\gamma}{n}, & \dfrac{(\alpha + \delta)\beta}{n}\\[2ex] \dfrac{(\alpha + \delta)\gamma}{n}, & \dfrac{\beta\gamma + \delta^2}{n}\end{pmatrix}.$$

Soll diese Substitution die Periode 2 oder 3 haben, so muß die Summe des ersten und vierten Koeffizienten gleich 0 bzw. ± 1 sein:

(8) $$\frac{\alpha^2 + 2\beta\gamma + \delta^2}{n} = \frac{(\alpha + \delta)^2 - 2n}{n} = 0 \quad \text{bzw.} \quad = \pm 1.$$

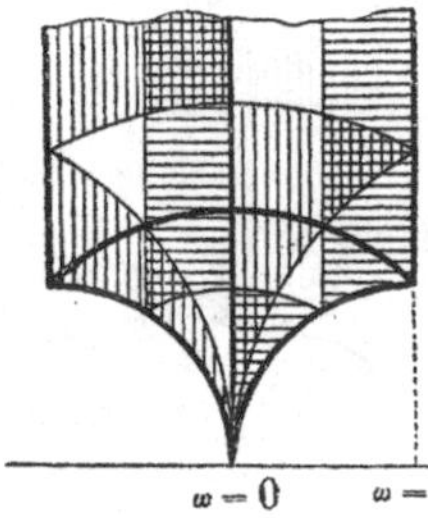

Fig. 7.

Im ersten Falle ist also $(\alpha + \delta)^2 = 2n$. Da nun $(\alpha + \delta)$ ein Vielfaches von n ist, so ist $2n$ durch n^2 teilbar, so daß einzig $n = 2$ zulässig ist. *Allein in der bei $n = 2$ eintretenden $\Gamma^{(2)}$ können elliptische Substitutionen der Periode 4 auftreten.* Wie man in Fig. 7 sieht, ist der Diskontinuitätsbereich der $\Gamma^{(2)}$ ein Kreisbogendreieck der Winkel $\frac{\pi}{2}$, $\frac{\pi}{4}$, 0, so daß sich in der $\Gamma^{(2)}$ tatsächlich ein System gleichberechtigter zyklischer G_4

findet. Für die Periode 6 ist nur $(\alpha + \delta)^2 = 3n$ brauchbar. Man gelangt wie soeben leicht zu dem Satze: *Allein in der bei $n = 3$ eintretenden $\Gamma^{(3)}$ können elliptische Substitutionen der Periode* 6 *auftreten.* Der in Fig. 8 dargestellte Diskontinuitätsbereich der $\overline{\Gamma}^{(3)}$ ist ein Kreisbogendreieck der Winkel $\frac{\pi}{2}$, $\frac{\pi}{6}$, 0 und zeigt somit, daß in der $\Gamma^{(3)}$ ein System gleichberechtigter zyklischer G_6 auftritt.

Ehe wir die Periode 2 betrachten, soll die Möglichkeit parabolischer Substitutionen in der Nebengruppe $\Gamma_{\psi(n)} \cdot W$ untersucht werden. Hier muß der in (8) links stehende Ausdruck gleich ± 2 sein. Doch ist nur

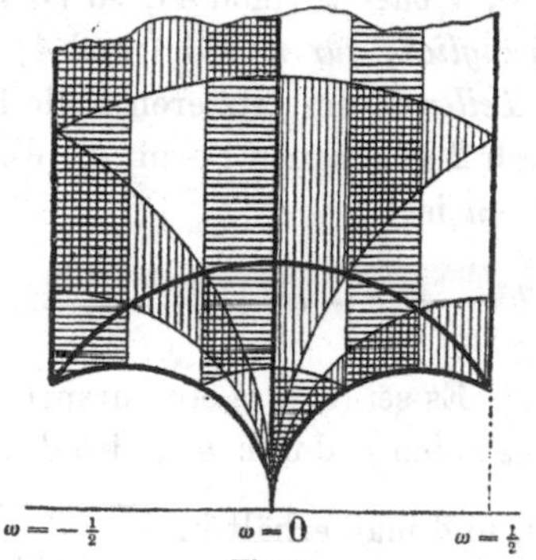

Fig. 8.

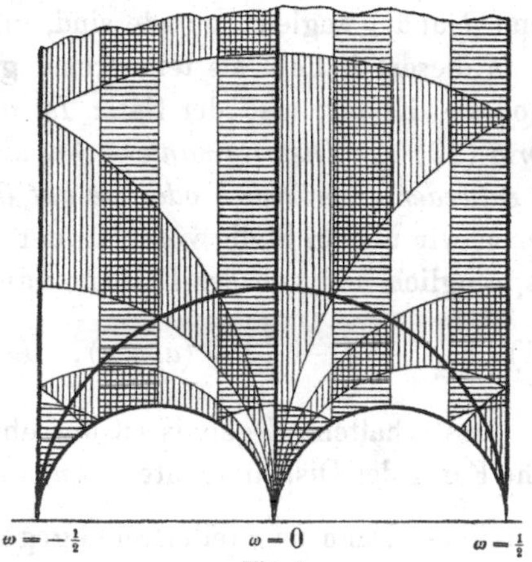

Fig. 9.

das obere Zeichen brauchbar, da das untere zu $\alpha + \delta = 0$ und also zu den elliptischen Substitutionen der Periode 2 führt. Aus $(\alpha + \delta)^2 = 4n$ folgt wie oben der Satz: *Nur in der zu $n = 4$ gehörenden $\Gamma^{(4)}$ können parabolische Substitutionen innerhalb der Nebengruppe $\Gamma_{\psi(4)} \cdot W$ auftreten.* Daß sie wirklich auftreten, zeigt der in Fig. 9 dargestellte Diskontinuitätsbereich der $\overline{\Gamma}^{(4)}$, der ein Kreisbogendreieck der Winkel $\frac{\pi}{2}$, 0, 0 ist; zur Spitze $\omega = -\frac{1}{2}$ gehört die der $\Gamma^{(4)}$ angehörende parabolische Substitution $\begin{pmatrix} 4, & 1 \\ -4, & 0 \end{pmatrix}$, die noch nicht in der $\Gamma_{\psi(4)}$ enthalten ist.

Es bleibt der Fall der elliptischen Substitutionen der Periode 2, der zu einem wichtigen Ergebnisse hinführen wird. Soll die Substitution $\begin{pmatrix} \alpha, & \beta \\ \gamma, & \delta \end{pmatrix}$ der Nebengruppe $\Gamma_{\psi(n)} \cdot W$ die Periode 2 haben, so ist hierfür $\alpha + \delta = 0$ und also $\delta = -\alpha$ charakteristisch, so daß der in der positiven ω-Halbebene gelegene Fixpunkt der Substitution der Gleichung genügt:

$$\gamma\omega^2 - 2\alpha\omega - \beta = 0. \tag{9}$$

Aus den Bedingungen (7) folgt leicht, daß γ nicht verschwinden kann; man kann also nötigenfalls durch gleichzeitigen Zeichenwechsel von

$\alpha, \beta, \gamma, \delta$ stets $\gamma > 0$ erreichen. Dann aber ist durch:

(10) $$(\gamma, -2\alpha, -\beta) = (a, b, c)$$

eine positive ganzzahlige binäre quadratische Form der Diskriminante $-4n$:

$$D = b^2 - 4ac = 4\alpha^2 + 4\beta\gamma = -4n$$

gegeben. Da für alle Substitutionen der Nebengruppe $\Gamma_{\psi(n)} \cdot W$ die Zahlen γ und δ durch n teilbar sind, so sind α und β zufolge (7) teilerfremd. Die Form (10) kann also nur dann eine „abgeleitete" sein (S. 137), wenn β und γ zugleich gerade sind, und zwar hat sie dann den Teiler 2. Da in diesem Falle α als teilerfremd gegen β ungerade ist, so gilt $n \equiv 3 \pmod 4$. Es gilt also der Satz: *Ist* $n \equiv 0, 1$ *oder* $2 \pmod 4$, *so ist die Form* (10) *der Diskriminante* $-4n$ *ursprünglich; für* $n \equiv 3 \pmod 4$ *ist sie entweder ursprünglich oder sie hat den Teiler* 2. Im letzteren Falle bedienen wir uns an Stelle von (10) der durch 2 gehobenen Form, die dann ursprünglich und von der Diskriminante $-n$ ist:

(11) $$\left(\frac{\gamma}{2}, -\alpha, -\frac{\beta}{2}\right) = (a, b, c), \quad D = b^2 - 4ac = \alpha^2 + \beta\gamma = -n.$$

Das erhaltene Ergebnis ist umkehrbar. Es sei (a, b, c) eine ursprüngliche Form der Diskriminante $-4n$, und es seien a durch n und b durch $2n$ teilbar. Dann ist c teilerfremd gegen n, und man erhält in $\begin{pmatrix} -\frac{1}{2}b, & -c \\ a, & \frac{1}{2}b \end{pmatrix}$ eine elliptische Substitution der Periode 2, die der Nebengruppe $\Gamma_{\psi(n)} \cdot W$ angehört. Weiter sei im Falle $n \equiv 3 \pmod 4$ eine ursprüngliche Form (a, b, c) der Diskriminante $-n$ vorgelegt, deren Koeffizienten a, b durch n teilbar seien. Dann ist wieder c teilerfremd gegen n, und man hat in $\begin{pmatrix} -b, & -2c \\ 2a, & b \end{pmatrix}$ eine der Nebengruppe $\Gamma_{\psi(n)} \cdot W$ angehörende Substitution der Periode 2.

Es läßt sich weiter leicht zeigen, daß sich in jeder Klasse ursprünglicher positiver Formen der Diskriminante $-4n$ bzw. $-n$ eine zur Bildung einer elliptischen Substitution der Periode 2 im vorstehenden Sinne brauchbare Form nachweisen läßt. Man entnehme der Klasse zunächst eine Form (a_0, b_0, c) mit einem gegen n teilerfremden c und gehe von ihr mittels einer Substitution $\begin{pmatrix} 1, & 0 \\ \gamma, & 1 \end{pmatrix}$ zur äquivalenten Form (a,b,c). Liegt die Diskriminante $-4n$ vor, so sind die mittleren Koeffizienten der Formen gerade, und man hat $\frac{1}{2}b = \frac{1}{2}b_0 - \gamma c$. Da c teilerfremd gegen n ist, so kann man γ so wählen, daß $\frac{1}{2}b$ durch n und also b durch $2n$ teilbar ist, worauf aus $b^2 - 4ac = -4n$ sich $a \equiv 0 \pmod n$ ergibt. Haben wir im Falle $n \equiv 3 \pmod 4$ die Diskriminante $-n$, so ist, da jetzt $2c$ teilerfremd gegen n ist, γ so wählbar daß $b = b_0 - 2\gamma c$ durch n teilbar ist; aus

$b^2 - 4ac = -n$ folgt dann wieder $a \equiv 0 \pmod n$. Es ist also in jeder zulässigen Klasse eine brauchbare Form nachgewiesen.

Es seien nun (a, b, c) und (a', b', c') zwei äquivalente Formen, die beide zur Bildung elliptischer Substitutionen der Periode 2 von $\Gamma_{\psi(n)} \cdot W$ brauchbar sind. Im Falle der Diskriminante $D = -4n$ seien also a und a' durch n, b und b' durch $2n$ teilbar, während für $D = -n$ (im Falle $n \equiv 3 \pmod 4$) die Zahlen a, a', b und b' durch n teilbar sind. Die Äquivalenz beider Formen sei durch die Substitution $\begin{pmatrix}\alpha, & \beta \\ \gamma, & \delta\end{pmatrix}$ vermittelt, so daß nach (4) S. 138 die Gleichungen gelten:

$$(12) \qquad \begin{cases} a' = \delta^2 a - \gamma\delta b + \gamma^2 c, \\ b' = -2\beta\delta a + (\alpha\delta + \beta\gamma) b - 2\alpha\gamma c, \\ c' = \beta^2 a - \alpha\beta b + \alpha^2 c. \end{cases}$$

Im Falle $D = -4n$ folgt durch Reduktion der ersten Gleichung (12) mod n und der zweiten mod $2n$:

$$\gamma^2 c \equiv 0 \pmod n, \quad 2\alpha\gamma c \equiv 0 \pmod{2n},$$

so daß $\gamma^2 c$ und $\alpha\gamma c$ durch n teilbar sind. Da aber α und γ teilerfremde Zahlen sind und c teilerfremd gegen n ist, so ergibt sich $\gamma \equiv 0 \pmod n$. Zu demselben Ergebnis gelangt man leicht auch im Falle $D = -n$. Geht man andrerseits von einer brauchbaren Form (a, b, c) mittels einer Substitution mit $\gamma \equiv 0 \pmod n$ zur äquivalenten Form (a', b', c'), so ist erstlich α und also zufolge der dritten Gleichung (12) auch c' teilerfremd gegen n. Weiter aber folgt aus den beiden ersten Gleichungen (12) sofort $a' \equiv 0 \pmod n$ und $b' \equiv 0$ (mod $2n$ bzw. n). Also ist auch (a', b', c') eine zur Bildung einer unserer elliptischen Substitutionen brauchbare Form.

Diese brauchbaren Formen der einzelnen Klasse fassen wir nun zu einer „Unterklasse" zusammen. Die Formen der einzelnen Unterklasse sind bezüglich der $\Gamma_{\psi(n)}$ äquivalent und mögen kurz „relativ äquivalent" heißen; die einzelne Unterklasse besteht dann aus allen mit einer unter ihnen relativ äquivalenten Formen. Die „Nullpunkte" ω dieser Formen (vgl. S. 139), die die Fixpunkte der zugehörigen elliptischen Substitutionen liefern, sind also selbst bezüglich der $\Gamma_{\psi(n)}$ äquivalent, so daß im Transformationspolygone T_n für jede Unterklasse ein und nur ein Nullpunkt gelegen ist. Wir haben damit das wichtige Ergebnis gewonnen: *Die Anzahl der im Transformationspolygone T_n gelegenen Fixpunkte elliptischer Substitutionen der Periode 2 der Nebengruppe $\Gamma_{\psi(n)} \cdot W$ ist gleich der Anzahl der Klassen ursprünglicher positiver Formen der Diskriminante $D = -4n$, falls $n \equiv 0, 1$ oder 2 (mod 4) gilt, und gleich der Summe der Klassenzahlen solcher Formen der Diskriminanten $D = -4n$ und $D = -n$, falls $n \equiv 3$ (mod 4) ist; die Fixpunkte werden dabei unmittelbar von den*

Nullpunkten der „bezüglich der $\Gamma_{\psi(n)}$ reduzierten“ Formen der Unterklassen geliefert.

Als Beispiel betrachten wir den Fall $n = 11$. Die Anzahl der Klassen ursprünglicher positiver Formen der negativen Diskriminante D wurde S. 147ff. durch $h(|D|)$ bezeichnet. Nach einer S. 148 aufgestellten Regel ist $h(44) = 3h(11)$. In der Tat gilt $h(11) = 1$, $h(44) = 3$. Man hat nämlich für $D = -11$ nur eine zweiseitige Klasse mit der im ursprünglichen Sinne von S. 140 reduzierten Form $(1, 1, 3)$, während für $D = -44$ eine zweiseitige Klasse und zwei entgegengesetzte Klassen mit den reduzierten Formen $(1, 0, 11)$ und $(3, \pm 2, 4)$ vorliegen. Mit den vier genannten Formen sind bzw. die folgenden äquivalent:

$$(11, 11, 3), \qquad (11, 0, 1), \qquad (33, \mp 22, 4);$$

wir können diese Formen als die repräsentierenden Formen der vier Unterklassen wählen und haben als ihre Nullpunkte:

$$\omega = \frac{-\sqrt{11}+i}{2\sqrt{11}}, \quad \omega = \frac{i}{\sqrt{11}}, \quad \omega = \frac{\pm\sqrt{11}+i}{3\sqrt{11}}, \tag{13}$$

sowie als die zugehörigen elliptischen Substitutionen:

$$\begin{pmatrix} 11, & 6 \\ -22, & -11 \end{pmatrix}, \quad \begin{pmatrix} 0, & -1 \\ 11, & 0 \end{pmatrix}, \quad \begin{pmatrix} 11, & \mp 4 \\ \pm 33, & -11 \end{pmatrix}. \tag{14}$$

Die geometrischen Verhältnisse in der ω-Halbebene werden durch Fig. 10 erläutert. Das Transformationspolygon ist mit der Ω-Teilung ge-

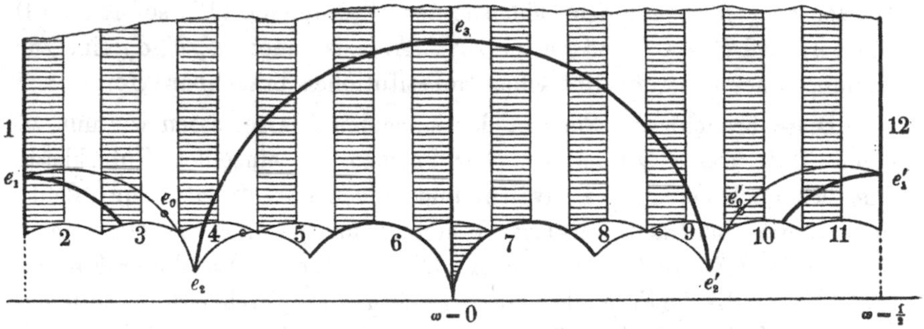

Fig. 10.

zeichnet, so daß die Figur das Aussehen des Polygons T'_{11} mit dem auf $\frac{1}{11}$ verkleinerten Maßstabe hat. Die Zusammenordnung der mit Nummern 1 bis 12 versehenen Randkreise geschieht durch folgende, auf Ω auszuübende Substitutionen, die also der $\Gamma'_{\psi(11)}$ angehören:

$$1 \to 12, \begin{pmatrix} 1, & 11 \\ 0, & 1 \end{pmatrix}; \quad 2 \to 5, \begin{pmatrix} 2, & 11 \\ -1, & -5 \end{pmatrix}; \quad 3 \to 9, \begin{pmatrix} 3, & 11 \\ 1, & 4 \end{pmatrix};$$

$$4 \to 10, \begin{pmatrix} 4, & 11 \\ 1, & 3 \end{pmatrix}; \quad 6 \to 7, \begin{pmatrix} 1, & 0 \\ 1, & 1 \end{pmatrix}; \quad 8 \to 11, \begin{pmatrix} 5, & -11 \\ 1, & -2 \end{pmatrix}.$$

Die Umrechnung auf ω geschieht einfach entsprechend dem Rückgange von der zweiten Substitution (6) zur ersten. Die vier Punkte (13) liegen an den in der Figur mit e_1, e_3, e_0, e_0' bezeichneten Stellen.

Der Diskontinuitätsbereich der durch W erweiterten Gruppe $\Gamma^{(11)}$ setzt sich aus zwei bezüglich der imaginären ω-Achse symmetrischen Hälften zusammen. Die einzelne, etwa linke Hälfte, die für sich einen Diskontinuitätsbereich der $\overline{\Gamma}^{(11)}$ bildet, fassen wir als ein Kreisbogenfünfeck der Ecken $i\infty$, e_1, e_0, e_2, e_3 auf, obschon in der Ecke e_0 der Winkel π vorliegt. Die stark ausgezogenen Kreisbogen sind Symmetriekreise von Spiegelungen der erweiterten Gruppe $\overline{\Gamma}^{(11)}$. Die Seite e_0, e_1 ist durch die vierte Substitution (14) auf die Seite e_0, e_2 bezogen. Entsprechend wird die Seite e_0', e_1' durch die dritte Substitution (14) in e_0', e_2' transformiert, und endlich wird die Seite e_2, e_3 der linken Hälfte des Diskontinuitätsbereiches der $\Gamma^{(11)}$ durch die zweite Substitution (14) in die symmetrische Seite e_2', e_3 der rechten Hälfte übergeführt.

Der aus den beiden symmetrischen Kreisbogenfünfecken zusammengesetzte Diskontinuitätsbereich der $\Gamma^{(11)}$ möge das zum Grade 11 gehörende „*Klassenpolygon*" genannt und durch K_{11} bezeichnet werden. Der Name rechtfertigt sich durch die Beziehung der Ecken von K_{11} zu den Formklassen der Diskriminanten $-4 \cdot 11$ und -11. Von diesen Ecken gehört die bei $\omega = i\infty$ bereits zum Transformationspolygon T_{11}. Weiter sind die vier Ecken e_1, e_2, e_1', e_2' bezüglich der $\Gamma^{(11)}$ äquivalent und bilden, wie man sagt, einen Zyklus zusammengehöriger Ecken.[1]) Die übrigen drei Ecken e_0, e_0', e_3 aber sind bezüglich der $\Gamma^{(11)}$ inäquivalent. Lassen wir von den vier äquivalenten Ecken des Zyklus nur eine als den Zyklus repräsentierend zu, so sind nun eben die noch nicht dem Transformationspolygon T_{11} zugehörigen Ecken des Klassenpolygons eindeutig den Klassen ursprünglicher positiver quadratischer Formen der Diskriminanten $-4 \cdot 11$ und -11 zugeordnet.

Dieselben Verhältnisse kehren entsprechend bei jedem Grade n wieder, wo wir den Diskontinuitätsbereich der $\Gamma^{(n)}$ wieder als „*Klassenpolygon*" K_n bezeichnen. Auch die oben in den Figuren 7, 8 und 9 erläuterten niedersten Fälle $n = 2$, 3 und 4 bilden keine Ausnahmen. Wie oben festgestellt wurde, kommen für $n \equiv 0, 1, 2 \pmod 4$ nur die Formklassen der Diskriminante $D = -4n$ in Betracht, während für $n \equiv 3 \pmod 4$ auch noch die Klassen der Diskriminante $D = -n$ dazutreten.[2])

1) Vgl. die allgemeine Theorie der Diskontinuitätsbereiche von Gruppen linearer Substitutionen einer Variablen in den „Vorlesungen über die Theorie der automorphen Funktionen" von F. Klein und R. Fricke, Bd. 1, S. 159 ff. (Leipzig 1897).

2) Der Name „Klassenpolygon" für K_n erscheint um so mehr gerechtfertigt, als die unter den Randkurven von K_n befindlichen Symmetriekreise von Spiege-

Bilden wir das Klassenpolygon K_n mittelst einer zur $\Gamma^{(n)}$ gehörenden Funktion auf die Ebene dieser Funktion ab, so entsteht eine Riemannsche Fläche $\mathsf{F}^{(n)}$, deren Geschlecht wir durch $p_0(n)$ bezeichnen und zugleich als das Geschlecht des Klassenpolygons K_n ansehen wollen. Um $p_0(n)$ zu bestimmen, wenden wir die Formel (4) in I, 88 an:

$$(15)\qquad p_0(n) = -m + 1 + \sum \frac{\nu - 1}{2},$$

wo m die Blätterzahl der $\mathsf{F}^{(n)}$ ist und die Summe sich auf die Verzweigungspunkte der $\mathsf{F}^{(n)}$ bezieht, deren einzelner ν-blättrig gedacht ist. Wenn wir nun das Transformationspolygon T_n durch dieselbe Funktion abbilden, so erhalten wir eine Fläche, deren Geschlecht $p(n)$ wir bereits in (5) S. 356 berechnet haben. Sie erscheint hier aus zwei übereinander gelagerten Exemplaren der Fläche $\mathsf{F}^{(n)}$ bestehend, die in einer Anzahl zweiblättriger Verzweigungspunkte aneinander geheftet sind. Diese Anzahl ist aber, wenn wir von den drei Fällen $n = 2, 3, 4$, wo $p_0 = 0$ ist, absehen, gleich der Klassenanzahl $h(4n)$ oder gleich der Summe $h(4n) + h(n)$, je nachdem $n \equiv 0, 1, 2$ oder $\equiv 3 \pmod 4$ ist. Nach der Regel von S. 148 können wir auch sagen, jene Anzahl sei gleich $\varepsilon_n h(4n)$, wo $\varepsilon_n = 1$ ist, wenn $n \equiv 0, 1$ oder $2 \pmod 4$ ist, dagegen $\varepsilon_n = 2$ oder $= \frac{4}{3}$ gilt, je nachdem $n \equiv 7$ oder $\equiv 3 \pmod 8$ zutrifft.

Stellen wir nun das Geschlecht $p(n)$ der $2m$-blättrigen Fläche auf Grund der Regel (4) in I, 88 dar, so kommt für $n > 4$:

$$p(n) = -2m + 1 + 2\sum \frac{\nu - 1}{2} + \tfrac{1}{2}\varepsilon_n h(4n),$$

wofür wir mit Rücksicht auf (15) auch schreiben können:

$$p(n) = 2p_0(n) - 1 + \tfrac{1}{2}\varepsilon_n h(4n).$$

Es ergibt sich hieraus der Satz: *Das Geschlecht $p_0(n)$ des Klassenpolygons K_n berechnet sich nach der Regel:*

$$(16)\qquad p_0(n) = \tfrac{1}{2}p(n) + \tfrac{1}{2} - \tfrac{1}{4}\varepsilon_n h(4n),$$

wo $p(n)$ das durch (5) S. 356 *gegebene Geschlecht des Transformationspolygons T_n ist, $h(4n)$ die Klassenanzahl ursprünglicher positiver Formen der Diskriminante $D = -4n$ ist und ε_n für $n \equiv 7 \pmod 8$ den Wert 2, für $n \equiv 3 \pmod 8$ den Wert $\frac{4}{3}$ und sonst den Wert 1 hat.* Man kann hieraus noch den speziellen Satz ableiten: *Die mit ε_n multiplizierte Klassen-*

lungen der Gruppe $\overline{\Gamma}^{(n)}$, die noch nicht der Gruppe $\overline{\Gamma}_{\psi(n)}$ angehören, für $n \equiv 0$, 2 und 3 (mod 4) eindeutig den ursprünglichen Formklassen der *positiven* Diskriminante $4n$ zugeordnet sind, im Falle $n \equiv 1 \pmod 4$ aber ebenso den ursprünglichen Formklassen der beiden positiven Diskriminanten n und $4n$. Vgl. R. Fricke „Über Transformations- und Klassenpolygone", Gött. Nachr. von 1919.

zahl $h(4n)$ *liefert ein Produkt* $\varepsilon_n h(4n)$, *das stets* $\leqq 2p(n) + 2$ *ist; erreicht die Anzahl* $\varepsilon_n h(4n)$ *ihre obere Schranke* $2p(n) + 2$, *so ist das Geschlecht des Klassenpolygons gleich* 0. Unter den 71 Graden n, für welche oben S. 357 die Geschlechter $p(n)$ angegeben sind, liefern 36 Klassenpolygone des Geschlechtes $p_0 = 0$, nämlich:

$$n = 2, 3, \ldots, 21, 23, 24, 25, 26, 27, 29, 31, 32, 35, 36, 39, 41, 47, 49, 50, 71.$$

§ 5. Algebraische Methode zur Aufstellung der speziellen Transformationsgleichungen.

Wie schon oben (S. 349) angedeutet wurde, gründet sich die von Klein entwickelte algebraische Methode zur Aufstellung der speziellen Transformationsgleichungen auf den Gebrauch der Transformationspolygone.[1]) Durch die Funktion $j(\omega)$ bildeten wir das einzelne T_n auf die Transformationsfläche F_n ab, die $\psi(n)$-blättrig die j-Ebene überlagerte, und deren Verzweigung, wie oben (S. 352) im Falle $n = 7$ geschildert wurde, aus dem mit dem Dreiecksnetze der ω-Halbebene ausgefüllten Polygone T_n abgelesen werden kann. Auf dieser Fläche F_n ist dann j' eine $\psi(n)$-wertige algebraische Funktion, deren Zusammenhang mit j eben durch die Transformationsgleichung dargestellt wird. Die von Klein entwickelte Theorie der Transformationsgleichungen beruht nun auf der Verwertung der Hilfsmittel von Riemanns Theorie der algebraischen Funktionen. Der Grundgedanke ist, auf der Riemannschen Fläche F_n nicht sogleich die Funktionen j' und j einer verhältnismäßig hohen Wertigkeit zu betrachten, *sondern sich zunächst geeignete Funktionen einer möglichst niedrigen Wertigkeit zu verschaffen und sodann* j' *und* j *in ihnen rational darzustellen.*

Bei den 14 S. 357 genannten Graden n, für welche die Flächen F_n das Geschlecht $p = 0$ haben, gibt es *einwertige* Funktionen. Eine geeignete Funktion dieser Art, die $\tau(\omega)$ genannt werden möge, ist im Einzelfalle auszuwählen, und sodann sind j und j' rational in τ darzustellen. Für die Gewinnung dieser rationalen Darstellungen benutzte Klein eine rein algebraische Methode, die sich auf die Verzweigung der $\psi(n)$-blättrigen Fläche F_n über der j-Ebene gründet. Es gelang ohne Be-

1) Das Polygon T_n gibt uns, wenn wir über die ω-Teilung noch die nach dem Maßstabe $\frac{1}{n}$ gezeichnete Ω-Teilung getragen denken (s. die Figuren 5, 6, ... S. 358 ff.), ein anschauliches Bild für die zum n^{ten} Grade gehörende spezielle Transformationsgleichung $F(j', j) = 0$. Ein beliebig vorgeschriebener komplexer Wert j tritt in $\psi(n)$ Punkten von T_n auf, die äquivalent im Netze der ω-Teilung sind. Sie sind in der Ω-Teilung $\psi(n)$ Punkte, deren zugehörige Funktionswerte $j'(\omega) = j(\Omega)$ die $\psi(n)$ zugehörigen Wurzeln der Gleichung $F(j', j) = 0$ sind.

nutzung der Potenzreihen die gewünschten Darstellungen für j' und j in allen 14 Fällen in Erfahrung zu bringen. Der Transformation W wird dabei eine wichtige Rolle zuerteilt.[1]) Die Transformationsgleichung selbst ergibt sich durch Elimination von τ aus den beiden Gleichungen für j und j'. Zur Weiterführung dieser Entwicklungen zog Fricke[2]) neben den Polygonen T_n auch noch die Klassenpolygone K_n und die zugehörigen Flächen $\mathsf{F}^{(n)}$ heran und benutzte überdies bei den algebraischen Rechnungen formentheoretische Methoden und Potenzreihen. Auf diese Weise werden die 36 Fälle, in denen das Klassenpolygon K_n das Geschlecht 0 hat, ziemlich leicht zugänglich.

Die vorliegende Darstellung entwickelt insbesondere die letzte Methode, und zwar in einer Reihe von Fällen, in denen das Geschlecht $p_0(n) = 0$ ist. Wir bezeichnen mit $\tau(\omega)$ eine geeignet gewählte einwertige Funktion der dem Klassenpolygone K_n entsprechenden Fläche $\mathsf{F}^{(n)}$ in ihrer Abhängigkeit von ω. Diese Funktion ist dann gegenüber den Substitutionen der erweiterten Gruppe $\Gamma^{(n)}$ invariant. Durch Abbildung des Transformationspolygons T_n vermittelst $\tau(\omega)$ gewinnt man eine zweiblättrige Fläche über der τ-Ebene mit $(2p+2)$ Verzweigungspunkten, wo p das Geschlecht des Transformationspolygons T_n ist. Wir denken τ so gewählt, daß der Unendlichkeitspunkt dieser Funktion nicht gerade in einen jener Verzweigungspunkte fällt. Ist dann $f_{2p+2}(\tau)$ diejenige rationale ganze Funktion $(2p+2)^{\text{ten}}$ Grades mit dem höchsten Koeffizienten 1, deren Nullpunkte die $(2p+2)$ Verzweigungswerte τ sind, so ist:

$$\sigma = \sqrt{f_{2p+2}(\tau)} \tag{1}$$

eine zweite Funktion der F_n bzw. der $\Gamma_{\psi(n)}$, die gegenüber der Substitution W Zeichenwechsel erfährt, und die zusammen mit τ zur rationalen Darstellung aller Funktionen der F_n ausreicht.[3])

Zu diesen Funktionen gehören nun insbesondere auch j und j'. Mit Rücksicht auf das Verhalten von σ und τ gegenüber W folgt somit der Satz: *In den 36 Fällen, in denen das Geschlecht des Klassenpolygons* K_n *gleich 0 ist, gibt es stets zwei Funktionen* $\tau(\omega)$ *und* $\sigma(\omega)$ *der* $\Gamma_{\psi(n)}$, *die*

---

1) Vgl. die S. 349 genannten Arbeiten von Klein und Gierster. Übrigens sind die betreffenden Entwicklungen in „Modulfunktionen", Bd. 1, S. 634ff. ausführlich dargestellt.

2) Vgl. die Abhandlung „Neue Beiträge zur Transformationstheorie der elliptischen Funktionen", Math. Ann., Bd. 40 (1891).

3) Die Gleichung $f_{2p+2}(\tau) = 0$ hat als Wurzeln die Werte der Funktion $\tau(\omega)$ in den Nullpunkten der S. 362ff. betrachteten $h(4n)$ bzw. $(h(4n) + h(n))$ die Werte repräsentierenden quadratischen Formen. Wir nennen eine Gleichung dieser Art $f_{2p+2}(\tau) = 0$ deshalb eine „Klassengleichung" und kommen bei den arithmetischen Anwendungen der elliptischen Funktionen auf deren Theorie ausführlich zurück.

durch eine algebraische Relation:

$$(2)\qquad \sigma^2 - f_{2p+2}(\tau) = 0$$

verbunden sind, wo $f_{2p+2}(\tau)$ *eine rationale ganze Funktion des Grades* $(2p+2)$ *ist und* p *das Geschlecht des Transformationspolygons bedeutet. In den Funktionen* $\tau(\omega)$ *und* $\sigma(\omega)$, *von denen die erste gegenüber* W *unverändert bleibt, während die zweite Zeichenwechsel erfährt, lassen sich* j *und* j' *rational in der Gestalt:*

$$(3)\qquad j = R(\tau, \sigma), \qquad j' = R(\tau, -\sigma)$$

darstellen. Durch Elimination von σ *und* τ *aus den drei Gleichungen* (2) *und* (3) *ergibt sich die spezielle Transformationsgleichung* $F(j', j) = 0$ *für den* n^{ten} *Grad.*

Bei der wirklichen Herstellung der Funktionen $\tau(\omega)$ und $\sigma(\omega)$ bedienen wir uns ganzer Modulformen der $\Gamma_{\psi(n)}$. Die algebraischen Überlegungen stützen sich dabei auf einen Satz über die Anzahl der Nullpunkte solcher Formen im Transformationspolygon T_n, der zunächst aufzustellen ist. Wir verstehen unter $G_{\frac{1}{2}\delta}(\omega_1, \omega_2)$ eine ganze Modulform der $\Gamma_{\psi(n)}$ von der Dimension $-\delta$, die gegenüber den Substitutionen der $\Gamma_{\psi(n)}$ entweder unverändert bleibt oder sich nur um Einheitswurzeln als Faktoren ändert; eine hinreichend hohe, etwa m^{te} Potenz dieser Form bleibt dann gegenüber den Substitutionen der $\Gamma_{\psi(n)}$ unverändert. Demnach ist der Quotient:

$$(4)\qquad \frac{G_{\frac{1}{2}\delta}(\omega_1, \omega_2)^{12m}}{\varDelta(\omega_1, \omega_2)^{m\delta}}$$

eine Modulfunktion der $\Gamma_{\psi(n)}$ und also eine algebraische Funktion der Transformationsfläche F_n. Für eine solche Funktion ist aber die Summe der Ordnungen aller Nullpunkte auf der F_n gleich der Summe der Ordnungen aller Pole. Für den Zähler des Quotienten (4) ist also die Summe aller „im Polygone T_n gemessenen" Nullpunkte (vergl. I, 307) gleich derjenigen des Nenners, d. h. gleich $m\delta \cdot \psi(n)$. Damit ergibt sich der Satz: *Eine ganze Modulform der Dimension* $-\delta$, *die gegenüber den Substitutionen der* $\Gamma_{\psi(n)}$, *abgesehen von multiplikativen Einheitswurzeln, unverändert bleibt, hat im Transformationspolygon* T_n *Nullpunkte in der Gesamtordnung* $\frac{\delta}{12}\psi(n)$. Daß bei Modulformen Nullpunkte gebrochener Ordnungen in einem Diskontinuitätsbereiche auftreten können, erkannten wir bereits in I, 307. Nach den damaligen Erörterungen wird man sofort folgenden Satz verstehen: *In einer mit* $\omega = i$ *äquivalenten Ecke des Transformationspolygons* T_n *(deren zugehörige elliptische Substitution der Periode 2 dann in* $\Gamma_{\psi(n)}$ *enthalten ist) kann eine ganze Modulform der* $\Gamma_{\psi(n)}$, *„im Polygone* T_n *gemessen", einen Nullpunkt gebrochener Ordnung* *mit dem Nenner 2 haben, und ebenso kann in einer mit $\omega = \varrho$ äquivalenten Ecke von T_n ein Nullpunkt gebrochener Ordnung mit dem Nenner 3 auftreten.*

Beim einzelnen Transformationsgrade n haben wir nun die Betrachtung allemal an die ganzen Modulformen möglichst niedriger Dimension anzuknüpfen. Diese aber werden uns von den Modulformen $(-1)^{\text{ter}}$ Dimension y_0 und z_0 des vorigen Kapitels geliefert, auch von den Potenzen des Ausdrucks $\sqrt[24]{\Delta'\Delta}$ und den Formen ξ_0. Wie hierbei zu verfahren ist, muß den folgenden Einzelbetrachtungen überlassen bleiben. Das erste Ziel wird sein, jedesmal ein Paar von Formen $\tau_1(\omega_1, \omega_2)$, $\tau_2(\omega_1, \omega_2)$ gleicher Dimension herzustellen, die als Quotienten $\tau_1 : \tau_2 = \tau$ die gewünschte einwertige Funktion der $\Gamma^{(n)}$ liefern.

Die weitere Entwicklung hat alsdann die Darstellung von j und j' in τ und dem zugehörigen σ zum Gegenstande. Wir schreiben zunächst die Transformation W in homogener Gestalt:

$$(5) \qquad \omega_1' = \frac{i\omega_2}{\sqrt{n}}, \qquad \omega_2' = \frac{\omega_1\sqrt{n}}{i},$$

in der sie gleichfalls die Periode 2 hat. Die Ausdrücke:

$$(6) \qquad g_2\left(\frac{i\omega_2}{\sqrt{n}}, \frac{\omega_1\sqrt{n}}{i}\right) \pm g_2(\omega_1, \omega_2), \quad g_3\left(\frac{i\omega_2}{\sqrt{n}}, \frac{\omega_1\sqrt{n}}{i}\right) \pm g_3(\omega_1, \omega_2)$$

sind dann ganze Modulformen der $\Gamma_{\psi(n)}$, die gegenüber W unverändert bleiben oder Zeichenwechsel erfahren, je nachdem in (6) die oberen oder unteren Zeichen gelten. Wir werden diese Ausdrücke (6) in den τ_1, τ_2, σ darzustellen versuchen und gelangen auf diese Weise schließlich zu den Ausdrücken (3) von j und j'. Hierbei wird dann auch noch das Hilfsmittel der Potenzreihen eine wichtige Rolle spielen.

Viertes Kapitel.

Aufstellung der Transformationsgleichungen erster Stufe für niedere Grade n.

Bei Entwicklung der allgemeinen Ansätze des vorigen Kapitels werden die ungeraden Transformationsgrade bevorzugt. Unter den 36 S. 367 zusammengestellten Graden n mit $p_0(n) = 0$ sind nun zunächst die fünf ersten Potenzen $n = 2, 4, 8, 16, 32$ der Zahl 2 enthalten. Ihre Behandlung schließen wir unmittelbar an die Entwicklungen über die Funktionen zweiter Stufe in I, 434ff. an, indem wir uns übrigens der soeben entwickelten algebraischen Methoden bedienen. Für die ungeraden Transformationsgrade ziehen wir dann die analytischen Hilfsmittel der voraufgehenden Kapitel ausführlich heran. Ist aber allgemein der Grad

R. Fricke, *Die elliptischen Funktionen und ihre Anwendungen, Zweiter Teil*,
DOI 10.1007/978-3-642-19561-7_9, © Springer-Verlag Berlin Heidelberg 2012

$n = 2^\nu \cdot n'$ und n' ungerade, so werden wir versuchen, die Transformation dieses Grades n auf diejenigen der beiden Grade 2^ν und n' zurückzuführen. Es vereinfacht die Formeln ein wenig, wenn wir uns an Stelle von $j(\omega) = 12^3 J(\omega)$ wieder der ursprünglichen Funktion $J(\omega)$ bedienen. Mit $\tau(\omega)$ und $\sigma(\omega)$ bezeichnen wir einwertige oder zweiwertige Funktionen der Gruppen $\Gamma_{\psi(n)}$; doch sei bemerkt, daß diese Bezeichnungen wenigstens anfangs nicht immer genau in dem S. 368 vereinbarten Sinne gebraucht sind.

§ 1. Die Transformationsgrade 2, 4, 8, 16 und 32.

1. Transformation zweiten Grades von $J(\omega)$. Die beim Transformationsgrade $n = 2$ auftretende Transformationsgleichung dritten Grades für $J(\omega)$ kann aus den Entwicklungen in I, 434ff. abgeleitet werden. In I, 442 wurde die mit $\lambda(\omega)$ bezeichnete einwertige Funktion der Hauptkongruenzgruppe zweiter Stufe eingeführt, die nach der zweiten Gleichung (3) in I, 444 in:

$$(1) \qquad \tau(\omega) = \frac{-4}{\lambda(\omega)\,\lambda(\omega+1)} = 4\,\frac{1-\lambda(\omega)}{\lambda(\omega)^2}$$

eine für unsere Zwecke geeignete einwertige Funktion des Transformationspolygons T_2 liefert. Aus $\lambda(i\infty) = 0$, $\lambda(0) = 1$, $\lambda\left(\frac{1+i}{2}\right) = 2$ berechnen sich als Werte von $\tau(\omega)$ in den Ecken des durch Fig. 7, S. 360, dargestellten Polygons T_2:

$$(2) \qquad \tau(0) = 0,\ \tau\left(\frac{\pm 1 + i}{2}\right) = -1, \quad \tau(i\infty) = \infty.$$

Die Substitution W transformiert T_2 in sich, so daß $\tau(W(\omega))$ wieder eine einwertige Funktion von T_2 und als solche eine lineare Funktion von $\tau(\omega)$ ist. In der Tat gilt:

$$(3) \qquad \tau\left(\frac{-1}{2\,\omega}\right) = \frac{1}{\tau(\omega)},$$

da durch W die Polygonspitzen 0 und $i\infty$ und also die Werte $\tau = 0$ und $\tau = \infty$ ausgetauscht werden und der Eckenzyklus $\frac{\pm 1 + i}{2}$ und damit der Wert $\tau = -1$ in sich transformiert wird.

Aus (6) in I, 445 folgt bei Umrechnung auf τ:

$$(4) \qquad J : (J-1) : 1 = (\tau+4)^3 : (\tau-8)^2(\tau+1) : 27\,\tau^2.$$

Übt man die Substitution W aus und schreibt zur Abkürzung:

$$J\left(\frac{-1}{2\,\omega}\right) = J(2\,\omega) = J'(\omega), \quad \tau\left(\frac{-1}{2\,\omega}\right) = \tau'(\omega),$$

so folgt bei Fortlassung des Argumentes ω:

(5) $$J' : (J' - 1) : 1 = (\tau' + 4)^3 : (\tau' - 8)^2 (\tau' + 1) : 27\,\tau'^2, \quad \tau' = \frac{1}{\tau}$$

oder als Darstellung der transformierten Funktion J' durch τ:

(6) $$J' : (J' - 1) : 1 = (4\,\tau + 1)^3 : (8\,\tau - 1)^2 (\tau + 1) : 27\,\tau.$$

Die Elimination von τ aus (4) und (6) führt zur Transformationsgleichung von $J(\omega)$ für den zweiten Grad. Benutzt man vorübergehend wieder $j(\omega)$, so folgt zunächst:

$$\sqrt[3]{j} = 4\,\frac{\tau + 4}{(\sqrt[3]{\tau})^2}, \quad \sqrt[3]{j'} = 4\,\frac{\tau' + 4}{(\sqrt[3]{\tau'})^2}, \quad \tau \cdot \tau' = 1.$$

Man findet somit:

$$\sqrt[3]{jj'} = 16\,(4\,(\tau + \tau') + 17),$$
$$j + j' = 64\,(64\,(\tau + \tau')^2 + 49\,(\tau + \tau') - 104),$$

sowie weiter durch Elimination von $(\tau + \tau')$:

(7) $$j' + j - (\sqrt[3]{j'j})^2 + 3^2 \cdot 5 \cdot 11\,\sqrt[3]{j'j} - 2^4 \cdot 3^3 \cdot 5^3 = 0.$$

Durch Fortschaffung der Kubikwurzel aus $j'j$ ergibt sich als *spezielle Transformationsgleichung für $j(\omega)$ beim zweiten Grade:*

(8) $$j'^3 + j^3 - j'^2 j^2 + 1488\,j'j\,(j' + j) - 162 \cdot 10^3 (j'^2 + j^2) + 40773375\,j'j$$
$$+ 8748 \cdot 10^6 (j' + j) - 157464 \cdot 10^9 = 0$$

oder bei Zerlegung der Koeffizienten in ihre Primfaktoren:

(9) $$j'^3 + j^3 - j'^2 j^2 + 2^4 \cdot 3 \cdot 31\,j'j\,(j' + j) - 2^4 \cdot 3^4 \cdot 5^3 (j'^2 + j^2)$$
$$+ 3^4 \cdot 5^3 \cdot 4027\,j'j + 2^8 \cdot 3^7 \cdot 5^6 (j' + j) - 2^{12} \cdot 3^9 \cdot 5^9 = 0.$$

Die Koeffizienten entsprechen den allgemeinen Sätzen von S. 348, sind aber bereits in diesem niedersten Falle $n = 2$ außerordentlich große ganze Zahlen, wenn sie auch (abgesehen von 4027) nur aus ganz niederen Primfaktoren aufgebaut sind. Schon in den nächsten Fällen $n = 3, 4, \ldots$ bietet die endgültige Herstellung der Transformationsgleichungen für $j(\omega)$ große rechnerische Schwierigkeiten, die auch nur im Falle $n = 3$ überwunden sind. Für den späteren Gebrauch wird es nun nicht nötig sein, die Gleichungen in fertiger Gestalt zu besitzen. *Es wird für unsere Zwecke, den Fall $n = 2$ betreffend, ausreichend sein, die beiden Gleichungen* (4) *und* (6) *zu kennen, aus denen die Transformationsgleichung selbst durch Elimination von τ gewonnen wird, oder, was auf dasselbe hinausläuft, die Gleichung* (4) *und damit die gleichgebaute Gleichung* (5) *zwischen J' und τ', sowie die Relation zwischen τ und τ' zu besitzen.* Bis zu diesem Punkte werden wir demnach die Untersuchung in den folgenden Fällen $n = 3, 4, \ldots$ führen.[1])

---

1) Im Sinne späterer Entwicklungen haben wir in (7) eine „Transformations-

2. Transformation vierten Grades von $J(\omega)$. Der Übergang zu den Graden 4, 8, 16, 32 wird jedesmal durch Ausziehen einer einzigen Quadratwurzel vollzogen.[1]) In Fig. 11 ist das Polygon $\mathbf{T}_4$ dargestellt. Die imaginäre ω-Achse und die beiden von $\omega = 0$ nach $\omega = \frac{\pm 1 + i}{2}$ ziehenden Kreisbogen zerlegen $\mathbf{T}_4$ in vier Kreisbogendreiecke. Die beiden schraffierten Dreiecke sind Abbilder der positiven Halbebene der eben bei $n = 2$ benutzten Funktion τ, die fortan genauer τ_2 heiße. Einige Werte dieser Funktion sind:

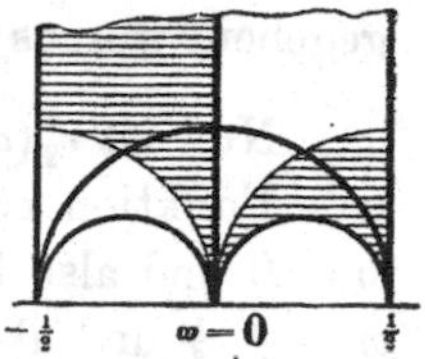

Fig. 11.

$$(10) \qquad \tau_2(0) = 0, \quad \tau_2\left(\frac{\pm 1 + i}{2}\right) = -1, \quad \tau_2(i\infty) = \tau_2\left(\pm\frac{1}{2}\right) = \infty,$$

$$\tau_2\left(\frac{i}{2}\right) = \frac{1}{8};$$

die letzte Angabe folgt aus der Gleichung (6) für $J' = J(2\omega)$, falls man $\omega = \frac{i}{2}$ und also $J' = 1$ einträgt.

Eine einwertige Funktion des Polygons $\mathbf{T}_4$ heiße jetzt $\tau(\omega)$. Wie schon in I, 442 erörtert wurde, ist eine solche einwertige Funktion dadurch eindeutig erklärbar, daß man an drei Stellen des Polygons die drei Werte von $\tau(\omega)$ vorschreibt. Wir setzen die Gleichungen fest:

$$(11) \qquad \tau(\pm\tfrac{1}{2}) = -\tfrac{1}{2}, \quad \tau(0) = 0, \quad \tau(i\infty) = \infty.$$

Die zu $n = 4$ gehörenden Substitutionen W und $\overline{W}$ mögen genauer W_4 und $\overline{W}_4$ heißen. Der Symmetriekreis der Spiegelung $\overline{W}_4$ ist der $\mathbf{T}_4$ durchschneidende, die Punkte $\omega = \pm\frac{1}{2}$ verbindende Halbkreis. Durch W_4 werden die Punkte $\omega = 0$ und $i\infty$ und also die Werte $\tau = 0$ und ∞ ausgetauscht. Anderseits wird durch W_4 der Punkt $\omega = \frac{i}{2}$ in sich transformiert und ebenso der Eckenzyklus $\omega = \pm\frac{1}{2}$. Da $\tau(\pm\frac{1}{2}) = -\frac{1}{2}$ ist, so ist die Wirkung von W_4 auf $\tau(\omega)$ durch:

---

gleichung dritter Stufe", nämlich eine solche für die Funktion dritter Stufe $\sqrt[3]{j}$. Diese Gleichung hat bereits viel kleinere ganzzahlige Koeffizienten. Die gleiche Erscheinung kommt um so mehr zur Geltung, je höher die Stufe der Gleichung ist. Die in ihrer fertigen Gestalt am einfachsten gebauten Transformationsgleichungen werden diejenigen sein, die wir im übernächsten Kapitel als „Jacobische" und als „Schlaeflische Modulargleichungen" betrachten; sie gehören zu den Stufen 16 und 48.

1) Man vgl. den Satz von S. 262 über die Lösung der speziellen Teilungsgleichung für einen Grad, der eine Primzahlpotenz ist.

$$(12)\qquad \tau\left(\frac{-1}{4\,\omega}\right) = \frac{1}{4\,\tau(\omega)}$$

gegeben, woraus man weiter auf $\tau\left(\frac{i}{2}\right) = \frac{1}{2}$ schließt.

Nun ist $\tau_2(\omega)$ als zweiwertige Funktion des Polygons $\mathbf{T}_4$ eine rationale Funktion zweiten Grades von τ. Ihre beiden Nullpunkte fallen bei $\omega = 0$ und also bei $\tau = 0$ zusammen, die Pole liegen bei $\omega = i\infty$ und $\omega = \pm\frac{1}{2}$ und also bei $\tau = \infty$ und $\tau = -\frac{1}{2}$. Da endlich für $\tau = \frac{1}{2}$ der Wert $\tau_2 = \frac{1}{8}$ zutrifft, so besteht für τ_2 die Darstellung:

$$(13)\qquad \tau_2 = \frac{\tau^2}{2\,\tau + 1}$$

in τ. Trägt man diesen Ausdruck von τ_2 in (4) für die daselbst τ genannte Funktion ein, so folgt:

$$(14)\qquad J:(J-1):1 = (\tau^2 + 8\,\tau + 4)^3 : (\tau^3 - 15\,\tau^2 - 24\,\tau - 8)^2 \\ : 27\,\tau^4(2\,\tau + 1).$$

Diese Gleichung, die entsprechende in J' und τ', sowie die aus (12) *folgende Gleichung $4\,\tau'\tau = 1$ haben wir als Ersatz der Transformationsgleichung für $J(\omega)$ beim vierten Grade anzusehen.*

3. **Transformation achten Grades von $J(\omega)$.** Fig. 12 stellt das Polygon $\mathbf{T}_8$ dar, dessen sechs mit Nummern versehene Seiten durch folgende der $\Gamma_{\psi(8)}$ angehörende Substitutionen aufeinander bezogen sind:

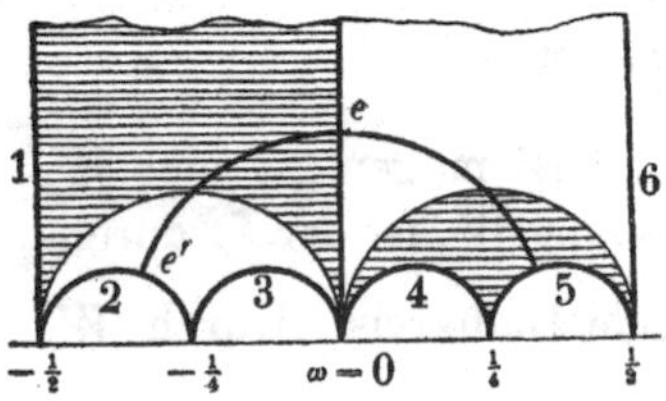

Fig. 12.

$$1 \to 6,\ \begin{pmatrix}1, & 1\\ 0, & 1\end{pmatrix};\quad 2 \to 5,\ \begin{pmatrix}3, & 1\\ 8, & 3\end{pmatrix};$$
$$3 \to 4,\ \begin{pmatrix}1, & 0\\ 8, & 1\end{pmatrix}.$$

Die stark ausgezogenen Kreise sind Symmetriekreise von Spiegelungen der Gruppe $\overline{\Gamma}^{(8)}$. Der Diskontinuitätsbereich dieser $\overline{\Gamma}^{(8)}$ ist ein Kreisbogenviereck mit zwei Winkeln 0 und zwei rechten Winkeln. Die in der Figur mit e und e' bezeichneten Ecken der rechten Winkel liegen bei:

$$(15)\qquad \omega = \frac{-2\sqrt{2} + i}{6\sqrt{2}} \quad \text{und} \quad \omega = \frac{i}{2\sqrt{2}}.$$

Die beiden in der Figur schraffierten Dreiecke sind Abbilder der positiven τ_4-Halbebene.[1]) Diese in (14) mit τ bezeichnete Funktion hat die

---

1) In sofort verständlicher Weise bezeichnen wir mit $\tau_4(\omega)$ die soeben bei der Transformation vierten Grades von $J(\omega)$ benutzte Funktion $\tau(\omega)$. Einer entsprechenden Bezeichnungsweise bedienen wir uns in den nächsten Fällen.

Spitzenwerte:

(16) $\tau_4(\pm\frac{1}{2}) = -\frac{1}{2}, \quad \tau_4(\pm\frac{1}{4}) = \tau_4(i\infty) = \infty, \quad \tau_4(0) = 0.$

Die Abbildung von T_8 durch $\tau_4(\omega)$ liefert, wie man aus Fig. 12 abliest, eine zweiblättrige Fläche über der τ_4-Ebene, die zwei bei $\tau_4 = 0$ und $-\frac{1}{2}$ gelegene Verzweigungspunkte hat. Demnach haben wir in der Quadratwurzel:

$$(17) \qquad t(\omega) = \sqrt{\frac{2\tau_4(\omega)+1}{2\tau_4(\omega)}},$$

die auf der imaginären ω-Achse positiv genommen werden soll, eine einwertige Funktion von T_8 mit den Spitzenwerten:

(18) $t(i\infty) = 1, \quad t(0) = \infty, \quad t(\pm\frac{1}{2}) = 0, \quad t(\pm\frac{1}{4}) = -1.$

Durch W_8 werden die Werte 1 und ∞ von t ausgetauscht und ebenso die Werte 0 und -1, woraus man leicht folgert:

$$(19) \qquad t\left(\frac{-1}{8\omega}\right) = \frac{t(\omega)+1}{t(\omega)-1}.$$

An die Stelle von $t(\omega)$ soll nun weiterhin die gleichfalls einwertige Funktion:

$$\tau(\omega) = 2\,(t(\omega) - 1)$$

treten, deren Spitzenwerte nach (18) die folgenden sind:

(20) $\tau(i\infty) = 0, \quad \tau(0) = \infty, \quad \tau(\pm\frac{1}{2}) = -2, \quad \tau(\pm\frac{1}{4}) = -4.$

Die Wirkung von W_8 ist zufolge (19):

$$(21) \qquad \tau\left(\frac{-1}{8\omega}\right) = \frac{8}{\tau(\omega)},$$

woraus sich für die beiden Stellen (15) die Werte berechnen:

$$(22) \qquad \tau\left(\frac{-2\sqrt{2}+i}{6\sqrt{2}}\right) = -2\sqrt{2}, \quad \tau\left(\frac{i}{2\sqrt{2}}\right) = 2\sqrt{2}.$$

Für τ_4 ergibt sich aus (17) als rationaler Ausdruck in τ:

$$(23) \qquad \tau_4 = \frac{2}{\tau^2 + 4\tau}.$$

Durch Eintragung dieses Ausdrucks von τ_4 in die rechte Seite von (14) gelangt man zu dem Ergebnis: *Der Ersatz der Transformationsgleichung für $J(\omega)$ beim achten Grade ist die Gleichung:*

$$(24) \qquad \begin{aligned} J : (J-1) : 1 = {} & 4\,(\tau^4 + 8\tau^3 + 20\tau^2 + 16\tau + 1)^3 \\ & : (2\tau^6 + 24\tau^5 + 108\tau^4 + 224\tau^3 + 207\tau^2 + 60\tau - 2)^2 \\ & : 27\,\tau\,(\tau+4)\,(\tau+2)^2, \end{aligned}$$

die entsprechende Gleichung zwischen J' und τ' und die Relation $\tau' \cdot \tau = 8$

4. Transformation 16ten Grades von $J(\omega)$. In Fig. 13 ist das Polygon T_{16} dargestellt, dessen zwölf Seiten durch folgende Substitutionen aufeinander bezogen sind:

$$1 \rightarrow 12, \begin{pmatrix}1, 1\\0, 1\end{pmatrix}; \quad 2 \rightarrow 11, \begin{pmatrix}7, 3\\16, 7\end{pmatrix}; \quad 3 \rightarrow 4, \begin{pmatrix}-3, -1\\16, 5\end{pmatrix}; \quad 5 - 8, \begin{pmatrix}7, 1\\48, 7\end{pmatrix};$$

$$6 \rightarrow 7, \begin{pmatrix}1, 0\\16, 1\end{pmatrix}; \quad 9 \rightarrow 10 \begin{pmatrix}5, -1\\16, -3\end{pmatrix}.$$

Die stark ausgezogenen Kreise sind Symmetriekreise von Spiegelungen der Gruppe $\overline{\Gamma}^{(16)}$. Das ganze Polygon T_{16} ist hier aufgebaut aus vier Kreisbogenfünfecken, deren einzelnes drei Winkel 0 und zwei rechte Winkel hat und durchweg aus Symmetriekreisen von Spiegelungen eingegrenzt ist. So haben z. B. die mit den Nummern 2 und 3 versehenen Kreise die Gleichungen:

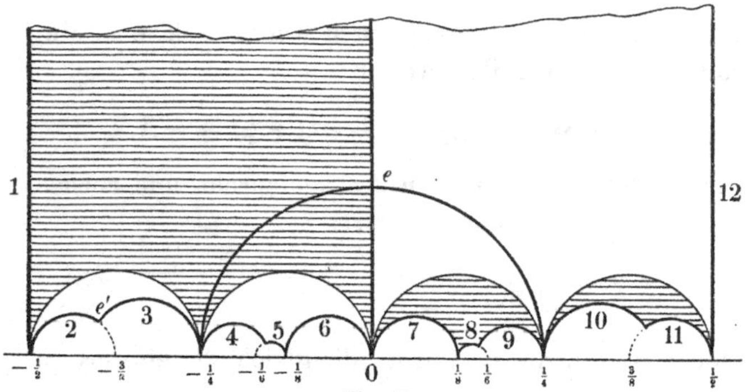

Fig. 13.

$$16\,(\xi^2 + \eta^2) + 14\,\xi + 3 = 0, \qquad 48\,(\xi^2 + \eta^2) + 32\,\xi + 5 = 0;$$

sie sind die Symmetriekreise der in der $\overline{\Gamma}^{(16)}$ enthaltenen Spiegelungen:

$$\omega' = \frac{7\,\overline{\omega} + 3}{-16\,\overline{\omega} - 7}, \quad \omega' = \frac{16\,\overline{\omega} + 5}{-48\,\overline{\omega} - 16}.$$

Der die beiden Punkte $\pm \frac{1}{4}$ verbindende Halbkreis ist der Symmetriekreis der Spiegelung $\overline{W}_{16}$. Die Punkte e und e', gelegen bei

$$\omega = \frac{i}{4} \quad \text{und} \quad \omega = \frac{-8 + i}{20},$$

sind die Nullpunkte der beiden quadratischen Formen (16, 0, 1) und (80, 64, 13), durch die wir die beiden Formklassen der Diskriminante $D = -64$ repräsentieren können.

Das schraffierte Kreisbogenviereck der Ecken $0,\ i\,\infty,\ -\frac{1}{2},\ -\frac{1}{4}$ ist hier ein Abbild der negativen τ_8-Halbebene. Das zweite Abbild dieser Halbebene findet sich zur rechten Hand am unteren Ende des Polygons T_{16} und wird durch den Rand dieses Polygons in zwei Stücke zerschnitten. Die Spitzenwerte von τ_8 sind:

$$(25) \qquad \tau_8(0) = \infty, \quad \tau_8(i\,\infty) = \tau_8(\pm \tfrac{1}{8}) = 0, \quad \tau_8(\pm \tfrac{1}{2}) = -2,$$
$$\tau_8(\pm \tfrac{1}{4}) = -4.$$

Mittelst der Funktion $\tau_8(\omega)$ wird T_{16} auf eine zweiblättrige Fläche mit zwei von $\omega = 0$ und dem Eckenzyklus $\pm\frac{1}{2}$ herrührenden, bei $\tau_8 = \infty$ und $\tau_8 = -2$ gelegenen Verzweigungspunkten abgebildet. Eine einwertige Funktion von T_{16} hat man demnach in:

$$(26)\qquad t(\omega) = \sqrt{\tfrac{1}{2}\tau_8(\omega) + 1},$$

wo die Wurzel auf der imaginären ω-Achse positiv genommen werden mag. Diese Funktion hat folgende Spitzenwerte:

$$t(0) = \infty,\quad t(i\infty) = 1,\quad t(\pm\tfrac{1}{2}) = 0,\quad t(\pm\tfrac{1}{8}) = -1,$$

aus denen man leicht als Wirkung der Substitution W_{16} folgert:

$$(27)\qquad t\left(\frac{-1}{16\,\omega}\right) = \frac{t(\omega) + 1}{t(\omega) - 1}.$$

An Stelle von $t(\omega)$ soll jetzt, wie im Falle $n = 8$, die gleichfalls einwertige Funktion des Polygons T_{16}:

$$\tau(\omega) = 2\,(t(\omega) - 1)$$

eingeführt werden, die die folgenden Spitzenwerte hat:

$$(28)\qquad \tau(0) = \infty,\quad \tau(i\infty) = 0,\quad \tau(\pm\tfrac{1}{2}) = -2,\quad \tau(\pm\tfrac{1}{8}) = -4$$

und zufolge (27) gegenüber W_{16} das Verhalten zeigt:

$$(29)\qquad \tau\left(\frac{-1}{16\,\omega}\right) = \frac{8}{\tau(\omega)}.$$

Der Zusammenhang zwischen τ_8 und τ ist:

$$\tau_8 = \tfrac{1}{2}\tau^2 + 2\,\tau.$$

Durch Eintragung dieses Ausdrucks von τ_8 in (24) ergibt sich der Satz: *Der Ersatz der Transformationsgleichung für $J(\omega)$ beim 16ten Grade ist die Gleichung:*

$$\begin{aligned}(30)\quad J : (J-1) : 1 = (&\tau^8 + 16\,\tau^7 + 112\,\tau^6 + 448\,\tau^5 + 1104\,\tau^4 + 1664\,\tau^3\\ &+ 1408\,\tau^2 + 512\,\tau + 16)^3\\ :(&\tau^{12} + 24\,\tau^{11} + 264\,\tau^{10} + 1760\,\tau^9 + 7896\,\tau^8\\ &+ 24960\,\tau^7 + 56448\,\tau^6 + 90624\,\tau^5\\ &+ 99960\,\tau^4 + 70592\,\tau^3 + 27456\,\tau^2\\ &+ 3840\,\tau - 64)^2\\ :\,&1728\,\tau(\tau + 4)(\tau^2 + 4\,\tau + 8)(\tau + 2)^4,\end{aligned}$$

die entsprechende Gleichung zwischen J' und τ' und die Beziehung $\tau'\tau = 8$.

5. Transformation 32sten Grades von $J(\omega)$. Aus T_{16} kann man das Polygon T_{32} dadurch herstellen, daß man die beiden durch die imaginäre ω-Achse ausgeschnittenen Hälften von T_{16} mittels der Substitutionen $\omega' = \frac{\omega}{\pm 16\,\omega + 1}$ transformiert und die entstehenden Bereiche längs der Seiten 7 und 6 von T_{16} anfügt. Neben den Spitzen von T_{16} treten dann am Polygone T_{32} noch weitere Spitzen bei $\omega = \pm\frac{1}{12}, \pm\frac{1}{14}, \pm\frac{1}{16}$ auf.

Es ist indessen nicht nötig, dieses Polygon T_{32} wirklich herzustellen, vielmehr können wir uns zur Erledigung der Transformation 32sten Grades von $J(\omega)$ der soeben bei $n = 16$ benutzten Funktion $\tau(\omega)$ bedienen. Mittels dieser Funktion wird T_{32} auf eine zweiblättrige Fläche abgebildet, die als zum Geschlechte $p = 1$ gehörig vier Verzweigungspunkte hat. Diese Verzweigungspunkte rühren von den Spitzen $\omega = 0, -\frac{1}{2}$ (oder $+\frac{1}{2}$) und $\pm\frac{1}{4}$ des Polygons T_{16} her, da die zu diesen Punkten gehörenden Substitutionen (vgl. die bei Fig. 13 genannten Substitutionen):

$$\begin{pmatrix}1, 0\\16, 1\end{pmatrix}, \quad \begin{pmatrix}7, & 4\\-16, & -9\end{pmatrix}, \quad \begin{pmatrix}5, -1\\16, -3\end{pmatrix}, \quad \begin{pmatrix}-3, -1\\16, \ \ 5\end{pmatrix}$$

noch nicht der $\Gamma_{\psi(32)}$ angehören, während ihre Quadrate der Bedingung $\gamma \equiv 0 \pmod{32}$ genügen. Die vier Verzweigungspunkte liegen also bei $\tau = \infty, -2$ und $(-2 \pm 2i)$; die beiden letzten Punkte sind die Nullpunkte des im dritten Gliede der rechten Seite von (30) auftretenden Faktors $(\tau^2 + 4\tau + 8)$. Es ergibt sich also der Satz: *Für das zum Geschlechte $p = 1$ gehörende Transformationspolygon T_{32} hat man ein Funktionssystem in:*

$$(31) \qquad \tau(\omega), \qquad \sigma(\omega) = \sqrt{\tau^3 + 6\tau^2 + 16\tau + 16},$$

wo $\tau(\omega)$ die bei $n = 16$ so benannte Funktion ist und die Quadratwurzel auf der imaginären ω-Achse positiv genommen werden mag.[1])

Mit $\tau(\omega)$ ist nun auch $\tau'(\omega) = \tau\left(\frac{-1}{32\,\omega}\right)$ eine zweiwertige Funktion von T_{32}, so daß τ und τ' durch eine algebraische Relation der Gestalt:

$$\tau'^2(a_0\tau^2 + b_0\tau + c_0) + \tau'(a_1\tau^2 + b_1\tau + c_1) + (a_2\tau^2 + b_2\tau + c_2) = 0$$

aneinander gebunden sind. Die beiden Stellen $\tau' = \infty$ fallen in der Spitze $\omega = i\infty$, d. h. bei $\tau = 0$ zusammen, so daß $(a_0\tau^2 + b_0\tau + c_0)$ mit τ^2 identisch ist. Die beiden Stellen $\tau' = 0$ treten bei $\omega = 0$ und $\omega = \pm\frac{1}{2}$ ein, und also bei $\tau = \infty$ und $\tau = -2$, so daß $(a_2\tau^2 + b_2\tau + c_2)$ mit $b_2(\tau + 2)$ identisch ist. Da die Relation zwischen τ und τ' überdies symmetrisch sein muß, so hat sie die Gestalt:

$$\tau'^2\tau^2 + \tau'(b\tau + c) + c(\tau + 2) = 0.$$

1) Man hat hier ein elliptisches Gebilde des harmonischen Falles vor sich.

Man trage hier noch ein:

$$\omega = -\frac{1}{8}, \quad \tau' = \tau\left(\frac{1}{4}\right) = -2 + 2i, \quad \tau = \tau\left(\frac{-1}{8}\right) = -4$$

und findet mit Rücksicht auf den Umstand, daß die Koeffizienten b, c reell sein müssen, $b = -32$, $c = -64$. Die gesuchte Relation ist:

$$(32) \qquad \tau'^2\tau^2 - 32\,\tau'\tau - 64\,(\tau' + \tau) - 128 = 0.$$

Als Bestätigung dieses Ergebnisses kann die nach τ' gelöste Gleichung gelten:

$$\tau' = \tau^{-2}\left(16\tau + 32 \pm 8\sqrt{\tau^3 + 6\tau^2 + 16\tau + 16}\right),$$

insofern sich rechts, wie es sein muß, die Quadratwurzel (31) einfindet. *Als Ersatz der Transformationsgleichung für $J(\omega)$ beim Grade $n = 32$ hat man nun einfach die Gleichung* (30), *die entsprechende Gleichung zwischen J' und τ' und die Beziehung* (32) *zwischen τ' und τ anzusehen.*

6. Weitere Transformationsgleichungen für den zweiten Grad. Die Transformationsgleichung für die Modulform $G_1(\omega_1, \omega_2)$ lautet beim zweiten Grade einfach:

$$2^5 G_1^3 - 2g_2 G_1 - g_3 = 0,$$

da $G_1 = \frac{1}{2}e_2 = \frac{1}{2}\wp\left(\frac{\omega_2}{2}\right)$ ist. Die durch W_2 transformierten Formen:

$$g_2' = g_2\left(\frac{i\omega_2}{\sqrt{2}}, \frac{\omega_1\sqrt{2}}{i}\right), \quad g_3' = g_3\left(\frac{i\omega_2}{\sqrt{2}}, \frac{\omega_1\sqrt{2}}{i}\right), \quad \Delta' = \Delta\left(\frac{i\omega_2}{\sqrt{2}}, \frac{\omega_1\sqrt{2}}{i}\right)$$

gestatten folgende Behandlung. Nach einem Satze von S. 369 hat g_2' in $\mathbf{T}_2$ einen Nullpunkt, der zufolge (6) S. 372 bei $\tau = -\frac{1}{4}$ liegt; derjenige von g_2 liegt bei $\tau = -4$.[1]) Der Quotient $g_2' : g_2$ ist demnach als einwertige Funktion in $\mathbf{T}_2$ linear durch τ darstellbar, und zwar in der Gestalt:

$$\frac{g_2'}{g_2} = c\,\frac{4\tau + 1}{\tau + 4},$$

wo c eine Konstante ist. Da der links stehende Quotient gegenüber W_2 in seinen reziproken Wert übergeht und dasselbe zufolge (3) von $\tau(\omega)$ gilt, so kann c nur gleich $+1$ oder -1 sein. Da auf der imaginären ω-Achse der links stehende Quotient und auch τ reell und positiv sind, so ist $c = 1$. In ähnlicher Weise findet man auch die zweite und dritte der folgenden Gleichungen:

$$(33) \qquad \frac{g_2'}{g_2} = \frac{4\tau + 1}{\tau + 4}, \quad \frac{g_3'}{g_3} = -\frac{8\tau - 1}{\tau - 8}, \quad \frac{\Delta'}{\Delta} = \frac{1}{\tau}.$$

1) Vgl. auch Fig. 7, S. 360, die das mit den beiden Netzen versehene Polygon $\mathbf{T}_2$ darstellt. Hier sind die von sechs Dreiecken umlagerten Punkte $\omega = \frac{-1 + i\sqrt{3}}{2}$ bzw. $\omega = \frac{-1 + i\sqrt{3}}{4}$ die Nullpunkte von g_2 und g_2'.

Durch Elimination von τ aus (4) und der ersten oder zweiten dieser Gleichungen gewinnt man als *Transformationsgleichungen für g_2 und g_3 beim zweiten Grade:*

$$
(34)\quad \begin{cases} 2^4 g_2'^3 - 2^3 \cdot 3^2 g_2 g_2'^2 + 3 \cdot 11 g_2^2 g_2' + (11^2 g_2^3 - 3^3 \cdot 5^3 g_3^2) = 0, \\ 2^6 g_3'^3 + 2^4 \cdot 3 \cdot 11 g_3 g_3'^2 + (2^4 \cdot 5 g_2^3 + 3^3 \cdot 7^2 g_3^2) g_3' - (7^2 g_2^3 g_3 - 11^3 g_3^3) = 0. \end{cases}
$$

Aus der dritten Gleichung (33) und der Gleichung (4) folgt:

$$
\frac{3 g_2}{\sqrt[3]{\Delta}} = \frac{\tau + 4}{(\sqrt[3]{\tau})^2} = \frac{4\Delta' + \Delta}{\sqrt[3]{\Delta'}(\sqrt[3]{\Delta})^2}, \quad 4\Delta' - 3 g_2 \sqrt[3]{\Delta'\Delta} + \Delta = 0.
$$

Durch Zusatz des Faktors Δ ergibt sich *für die Modulform zweiter Stufe $f(\omega_1, \omega_2) = \sqrt[3]{\Delta'\Delta}$ beim zweiten Grade die Transformationsgleichung:*

$$
(35)\qquad 4f^3 - 3 g_2 \Delta f + \Delta^2 = 0.
$$

7. **Weitere Transformationsgleichungen für den vierten Grad.** Auch beim vierten Transformationsgrade sind noch einige weitere Gleichungen bekannt. Gehen wir zunächst auf die Darstellungen (1) S. 304 von $G_1(\omega_1, \omega_2)$ für irgendein n zurück und üben die in (5) S. 370 gegebene homogene Substitution W_n aus, so finden wir mit Rücksicht auf den Umstand, daß die Perioden des Integrals zweiter Gattung mit den ω_1, ω_2 kogredient sind und übrigens in den ω_1, ω_2 die Dimension -1 haben:

$$
(36)\qquad G_1\left(\frac{i\omega_2}{\sqrt{n}}, \frac{\omega_1\sqrt{n}}{i}\right) = G_1(\omega_1, \omega_2);
$$

die Modulform n^{ter} Stufe $G_1(\omega_1, \omega_2)$ ist also gegenüber der homogenen Substitution W_n invariant.

Wir stellen nun die Modulform vierter Stufe $G_1(\omega_1, \omega_2)$ mit der zur zweiten und also auch zur vierten Stufe gehörenden Form $e_2(\omega_1, \omega_2)$ zusammen und notieren die Anfangsglieder:

$$
(37)\quad G_1 = \left(\frac{2\pi}{\omega_2}\right)^2 \left(\frac{1}{2} + 4q^2 + \cdots\right), \qquad e_2 = \left(\frac{2\pi}{\omega_2}\right)^2 \left(\frac{1}{6} + 4q^2 + \cdots\right).
$$

Nach dem Satze von S. 369 hat jede dieser Formen im Polygone T_4 *einen* Nullpunkt erster Ordnung. Derjenige von G_1 wird wegen (36) durch W_4 in sich transformiert, liegt also entweder bei $\omega = \frac{i}{2}$ oder $\omega = \pm\frac{1}{2}$. Die erste Möglichkeit ist indessen ausgeschlossen, da G_1 wegen der positiven Reihenkoeffizienten auf der imaginären ω-Achse nicht verschwindet. Also liegt der Nullpunkt von G_1 bei $\omega = \pm\frac{1}{2}$ und damit bei $\tau_4 = \tau = -\frac{1}{2}$. Die Form e_2 hat in T_2 einen Nullpunkt der Ordnung $\frac{1}{2}$, der nur bei $\omega = \frac{\pm 1 + i}{2}$ und damit bei $\tau_4 = \tau = -1$ liegen kann. Hieraus entsteht der Ansatz:

$$
\frac{G_1}{e_2} = c\,\frac{2\tau + 1}{\tau + 1}.
$$

Die Konstante c ergibt sich für $\omega = i\infty$ aus (16) und (37) zu $\frac{3}{2}$:

$$(38)\qquad \frac{G_1}{e_2} = \frac{6\tau+3}{2\tau+2}, \qquad \tau = \frac{2G_1 - 3e_2}{-2G_1 + 6e_2}.$$

Wir bilden jetzt, unter a und b zwei endliche nicht zugleich verschwindende Koeffizienten verstanden, die *„lineare Formenschar"* $(aG_1 + be_2)$ der Dimension -2. Die einzelne Form dieser Schar hat in T_4 dann wieder nur *einen* Nullpunkt erster Ordnung, der durch geeignete Wahl von a, b an eine beliebig vorgeschriebene Stelle von T_4 gebracht werden kann. Haben wir dann irgendeine ganze Form $g_\delta(\omega_1, \omega_2)$ des Polygons T_4 von der Dimension -2δ, die nach dem Satze von S. 369 δ einfache Nullpunkte in T_4 hat, so entsteht die Möglichkeit, diese Form in der Gestalt:

$$(39)\qquad g_\delta = (a_1G_1 + b_1e_2)(a_2G_1 + b_2e_2)\cdots(a_\delta G_1 + b_\delta e_2)$$

als Produkt von δ Formen der Schar darzustellen. Man kann nämlich ein solches Produkt bilden, das dieselben Nullstellen wie g_δ hat; der Quotient von g_δ und diesem Produkte ist dann als eine von Polen und Nullpunkten freie *Funktion* der $\Gamma_{\psi(4)}$ mit einer Konstanten identisch. *Insbesondere findet man für g_2 und g_3 die Darstellungen:*

$$(40)\qquad g_2 = -4G_1^2 + 12G_1e_2 + 3e_2^2, \quad g_3 = 4G_1^2e_2 - 12G_1e_2^2 + e_2^3.$$

Die beiden Nullpunkte von g_2 sind nämlich die Wurzeln der quadratischen Gleichung $\tau^2 + 8\tau + 4 = 0$, so daß man mit Benutzung von (38) den Ansatz hat:

$$g_2 = C(4G_1^2 - 12G_1e_2 - 3e_2^2).$$

Die Konstante C bestimmt man aus den Anfangsgliedern der Reihenentwicklungen. Entsprechend findet man die zweite Gleichung (40).

In der mit 4 multiplizierten zweiten Gleichung (40) setze man noch $(g_2e_2 + g_3)$ für $4e_2^3$ ein und ordne beide Gleichungen nach Potenzen von e_2:

$$(41)\qquad \begin{cases} 3e_2^2 + 12e_2G_1 - (4G_1^2 + g_2) = 0, \\ 48e_2^2G_1 - (16G_1^2 + g_2)e_2 + 3g_3 = 0. \end{cases}$$

Durch Elimination von e_2 aus diesen beiden Gleichungen erhält man als Gleichung für G_1 beim vierten Transformationsgrade:

$$(42)\qquad \begin{aligned} 2^{10}G_1^6 - 2^7\cdot 3\cdot 5g_2G_1^4 - 2^6\cdot 3^3\cdot 5g_3G_1^3 - 2^2\cdot 3^3\cdot 5g_2^2G_1^2 \\ - 2^2\cdot 3^4g_2g_3G_1 + \Delta = 0. \end{aligned}$$

Der Nullpunkt von e_2 liegt bei $\tau = -1$. Die durch W_4 transformierte Form e_2' verschwindet also bei $\tau = -\frac{1}{4}$ und damit wegen (38) für $G_1 = e_2$. Die Wirkung von W_4 auf e_2 ist somit:

$$(43)\qquad e_2' = G_1 - e_2,$$

da die zweimalige Ausübung von W_4 zu e_2 zurückführen muß. Aus (40) berechnen sich demnach weiter die Darstellungen:

$$(44)\quad g_2' = 11\,G_1^2 - 18\,G_1 e_2 + 3e_2^2, \quad g_3' = -7\,G_1^3 + 17\,G_1^2 e_2 - 9\,G_1 e_2^2 - e_2^3$$

für die transformierten g_2', g_3', sowie damit die Gleichungen:

$$(45)\quad g_2' - g_2 = 15\,G_1(G_1 - 2e_2), \quad g_3' + g_3 = -7\,(G_1^3 - 3\,G_1^2 e_2 + 3\,G_1 e_2^2).$$

Aus jeder dieser Gleichungen und den beiden Gleichungen (41) wolle man nun e_2 eliminieren. Es entstehen zwei Ergebnisse, die nach g_2' und g_3' aufgelöst folgende *Darstellungen der transformierten g_2', g_3' in G_1, g_2, g_3 liefern:*

$$(46)\quad \begin{cases} g_2' = \dfrac{2^4\cdot 3\cdot 5^2 G_1^4 - 257\,G_1^2 g_2 - 2\,.\,3^2\cdot 5\,G_1 g_3 + g_2^2}{2^4\cdot 13\,G_1^2 + g_2}, \\[2ex] g_3' = -\dfrac{2^4\cdot 5\cdot 7\,G_1^5 - 3^3\cdot 7\,G_1^3 g_2 - 107\,G_1^2 g_3 + 7\,G_1 g_2^2 + g_2 g_3}{2^4\cdot 13\,G_1^2 + g_2}. \end{cases}$$

Auf dieser Grundlage kann man die Transformationsgleichungen für g_2 und g_3 als Resolventen der Gleichung (42) einführen.

Aus (44) und (40) folgt durch Rückgang zur Funktion τ:

$$(47)\quad \frac{g_2'}{g_2} = \frac{64\tau^2 + 32\tau + 1}{4(\tau^2 + 8\tau + 4)}.$$

Andrerseits ergibt sich aus (14) und Ausübung von W_4:

$$\frac{27\,g_2^3}{\Delta} = \frac{(\tau^2 + 8\tau + 4)^3}{\tau^4(2\tau + 1)}, \quad \frac{27\,g_2'^3}{\Delta'} = \frac{(64\tau^2 + 32\tau + 1)^3}{8\tau(2\tau + 1)}.$$

Dividiert man die zweite dieser Gleichungen durch die erste, so folgt bei Benutzung von (47):

$$(48)\quad \frac{\Delta}{\Delta'} = 8\tau^3, \quad \sqrt[3]{\frac{\Delta}{\Delta'}} = 2\tau.$$

Erklären wir daraufhin $f(\omega_1, \omega_2)$ als ganze Modulform vierter Stufe durch:

$$(49)\quad f(\omega_1, \omega_2) = 4\sqrt[3]{\Delta'\Delta^2} = \frac{2\Delta}{\tau},$$

so ergibt sich durch Elimination von τ zwischen dieser Gleichung und der aus (14) folgenden Relation:

$$\Delta(\tau^2 + 8\tau + 4)^3 - 27\,g_2^3\tau^4(2\tau + 1) = 0$$

für $f(\omega_1, \omega_2)$ die zum vierten Grade gehörende Transformationsgleichung der Diskriminante Δ:

$$(50)\quad 2^2 f^6 + 2^4\cdot 3\Delta f^5 + 2^2\cdot 3\cdot 17\Delta^2 f^4 + 2^5\cdot 11\Delta^3 f^3 + (3\cdot 59 g_2^3 - 2^2\cdot 3^4\cdot 17 g_3^2)\Delta^3 f^2 - (2^2\cdot 3\cdot 5 g_2^3 + 2^4\cdot 3^4 g_3^2)\Delta^4 f + 2^2\Delta^6 = 0.$$

§ 2. Die Transformationsgrade 3, 9 und 27.

1. Transformation dritten Grades. Das Transformationspolygon T_3 ist in Fig. 8, S. 361, dargestellt; das Klassenpolygon K_3 läßt sich aus zwei symmetrischen Kreisbogendreiecken der Winkel $\frac{\pi}{2}$, $\frac{\pi}{6}$, 0 und der Ecken $\omega = \frac{i}{\sqrt{3}}$, $\frac{\pm 3 + i\sqrt{3}}{6}$, $i\infty$ zusammensetzen.

Die Form G_1 ist hier einfach $\wp\left(\frac{\omega_2}{3}\right)$, *so daß die beim dritten Grade eintretende Transformationsgleichung für* G_1 *die zu diesem Teilungsgrade gehörende spezielle Teilungsgleichung:*

$$(1) \qquad 48\,G_1^4 - 24\,g_2\,G_1^2 - 48\,g_3\,G_1 - g_2^2 = 0$$

der $\wp$*-Funktion ist* (vgl. den Ausdruck von $\psi^{(3)}(u)$ S. 185).

Eine einwertige Funktion $\tau(\omega)$ für T_3 führen wir durch die Festsetzung:

$$(2) \qquad \tau(i\infty) = 0, \quad \tau\left(\frac{i}{\sqrt{3}}\right) = 1, \quad \tau(0) = \infty$$

ein. Da W_3 die Punkte $\omega = 0$ und $i\infty$ austauscht und $\omega = \frac{i}{\sqrt{3}}$ zum Fixpunkte hat, so gilt:

$$(3) \qquad \tau\left(\frac{-1}{3\omega}\right) = \frac{1}{\tau(\omega)}.$$

Die Funktion $\tau(\omega)$ ist auf der imaginären ω-Achse reell und positiv, auf dem äußeren Rande von T_3 reell und negativ, und speziell gilt:

$$(4) \qquad \tau\left(\frac{\pm 3 + i\sqrt{3}}{6}\right) = -1.$$

Die Formen g_2, g_2' der Dimension -4 haben in T_3 Nullpunkte je in der Gesamtordnung $\frac{4}{3}$. Ein gemeinsamer Nullpunkt der Ordnung $\frac{1}{3}$ liegt im Eckenzyklus $\frac{\pm 3 + i\sqrt{3}}{6}$; die Lagen der beiden anderen Nullpunkte sind aus den beiden Netzen der Fig. 8 sofort abzulesen, sie treten für zwei reelle negative, einander reziproke Werte τ ein. Hieraus folgt der Ansatz:

$$\frac{g_2'}{g_2} = \pm \frac{\tau + a}{a\tau + 1}$$

wo a reell und positiv ist. Das rechts nicht noch ein von ± 1 verschiedener Faktor auftreten kann, folgt aus dem Umstande, daß sowohl der links stehende Quotient wie auch τ durch W_3 in ihre reziproken Werte transformiert werden. Für $\omega = i\infty$ wird $\tau = 0$ und die linke Seite gleich 9; also ist $a = 9$, und es gilt das obere Zeichen:

$$(5) \qquad \frac{g_2'}{g_2} = \frac{\tau + 9}{9\tau + 1}.$$

Die Form G_1 der Dimension -2 hat in T_3 einen Nullpunkt der Ordnung $\frac{2}{3}$, der nur im Eckenzyklus $\frac{\pm 3 + i\sqrt{3}}{6}$ und also bei $\tau = -1$ liegen kann. Demnach gilt der Ansatz:

$$\frac{g_2}{G_1^2} = c\,\frac{9\tau+1}{\tau+1}.$$

Die Konstante c bestimmt man für $\tau = 0$ mit Hilfe der Anfangsglieder der Reihen für G_1 und g_2. Es gilt:

$$(6)\qquad \frac{g_2}{G_1^2} = \frac{4}{3}\,\frac{9\tau+1}{\tau+1}, \quad \frac{g_2'}{G_1^2} = \frac{4}{3}\,\frac{\tau+9}{\tau+1},$$

wo die zweite Formel aus der ersten durch W_3 oder auch mit Hilfe von (5) hergeleitet wird. Eliminiert man g_2 aus (6) und (1), so folgt:

$$(7)\qquad \frac{g_3}{G_1^3} = -\frac{8}{27}\,\frac{27\tau^2+18\tau-1}{(\tau+1)^2}, \quad \frac{g_3'}{G_1^3} = +\frac{8}{27}\,\frac{\tau^2-18\tau-27}{(\tau+1)^2},$$

wo die zweite Gleichung aus der ersten wieder durch W_3 hervorgeht.

Da Δ eine Form erster Stufe mit einer durch 4 teilbaren Dimension ist, so können wir an Stelle der durch die homogene Substitution W_3 umgeformten Diskriminante Δ auch:

$$(8)\qquad \Delta' = \Delta\left(\omega_1\sqrt{3},\ \frac{\omega_2}{\sqrt{3}}\right)$$

treten lassen, was mit Rücksicht auf die vorzunehmenden Radizierungen vorzuziehen ist. Es gilt nun einfach:

$$(9)\qquad \frac{\Delta'}{\Delta} = \tau^2, \quad \sqrt{\frac{\Delta'}{\Delta}} = \tau,$$

wo die links stehende Wurzel auf der imaginären ω-Achse positiv zu nehmen ist. Der Quotient der Diskriminanten ist nämlich eine Funktion des Polygons T_3, die nur in den beiden Spitzen $i\infty$ und 0 verschwinden oder unendlich werden kann. Da sie (wegen des Anfangsgliedes der Reihe) bei $i\infty$ einen Nullpunkt zweiter Ordnung hat, so liegt bei $\omega = 0$ ein Pol der gleichen Ordnung. In dem daraus sich ergebenden Ansatze $\Delta' : \Delta = c\tau^2$ muß aber $c = \pm 1$ sein, da der Quotient $\Delta' : \Delta$ und τ bei W_3 in ihre reziproken Werte übergehen. Endlich ist $c = 1$, da sowohl $\Delta' : \Delta$ als τ auf der imaginären ω-Achse reell und positiv sind.

Die weiteren zum dritten Transformationsgrade gehörenden Gleichungen folgen nun einfach durch Eliminationen. Wir entnehmen zunächst aus (6):

$$(10)\qquad \frac{3g_2 - 20G_1^2}{16G_1^2} = \frac{\tau-1}{\tau+1}$$

und finden sodann durch Addition der Gleichungen (6) und weiter durch Subtraktion der Gleichungen (7) bei Benutzung von (10):

$$(11)\qquad \begin{cases} 3g_2' = 40G_1^2 - 3g_2, \\ 27g_3' = -280G_1^3 + 42g_2G_1 + 27g_3. \end{cases}$$

Mittelst dieser Gleichungen sind die Transformationsgleichungen für g_2 und g_3 beim dritten Grade als Tschirnhausenresolventen der Gleichung (1) *erklärbar.*

Weiter folgt aus (6) und (7):

$$\frac{g_2^3 - 27g_3^2}{G_1^6} = \frac{\Delta}{G_1^6} = \frac{4096\tau}{27(\tau+1)^2}.$$

Aus dieser Gleichung und den eben genannten Gleichungen (6) und (7) ergibt sich bei Einführung von $J(\omega)$:

$$(12)\qquad J : (J-1) : 1 = (\tau+1)(9\tau+1)^3 : (27\tau^2 + 18\tau - 1)^2 : 64\tau.$$

Diese Gleichung, die entsprechende für J' und τ' und die Beziehung $\tau' \cdot \tau = 1$ bilden den Ersatz der Transformationsgleichung für J beim dritten Grade.[1])

Nach S. 340 existiert beim dritten Grade eine Transformationsgleichung für $\sqrt[4]{\Delta'\Delta}$. Man schreibt zweckmäßig:

$$(13)\qquad f(\omega_1, \omega_2) = \sqrt{3}\sqrt[4]{\Delta'\Delta} = \sqrt{3\Delta\tau}$$

und findet aus dem zweiten und dritten Gliede von (12) beim Ausziehen der Quadratwurzel unter richtiger Bestimmung des Vorzeichens:

$$-\frac{3\sqrt{3}g_3}{\Delta} = \frac{27\tau^2 + 18\tau - 1}{8\sqrt{\tau}}.$$

Indem man den aus (13) folgenden Wert von τ hier einträgt, ergibt sich

$$(14)\qquad 3f^4 + 6\Delta f^2 - 24g_3\Delta f - \Delta^2 = 0$$

als *die zum dritten Grade gehörende Transformationsgleichung der Diskriminante.*

2. Transformation neunten Grades. Das Transformationspolygon T_9 ist in Fig. 14 (S. 386) dargestellt; seine acht Seiten sind durch folgende vier Substitutionen einander zugewiesen:

$$1 \to 8, \begin{pmatrix} 1, & 1 \\ 0, & 1 \end{pmatrix}; \quad 2 \to 3, \begin{pmatrix} 2, & 1 \\ -9, & -4 \end{pmatrix}; \quad 4 \to 5, \begin{pmatrix} 1, & 0 \\ 9, & 1 \end{pmatrix}; \quad 6 \to 7, \begin{pmatrix} 4, & -1 \\ 9, & -2 \end{pmatrix},$$

die sämtlich der Gruppe $\Gamma_{\psi(9)}$ angehören. Das Klassenpolygon K_9 besteht

---

1) Die fertige Transformationsgleichung ist von St. Smith in den „Proceedings" der Londoner mathematischen Gesellschaft von 1878 (S. 242) und 1879 (S. 87) mitgeteilt; sie lautet auf j und j' umgerechnet:

$$j'(j' + 2^{31}\cdot 3\cdot 5^3)^3 + j(j + 2^{31}\cdot 3\cdot 5^3)^3 - j'j + 2^3\cdot 3^2\cdot 31 j'^2 j^2 (j' + j)$$
$$- 2^2\cdot 3^3\cdot 9907 j'j(j'^2 + j^2) + 2\cdot 3^4\cdot 13\cdot 193\cdot 6367 j'^2 j^2$$
$$+ 2^{16}\cdot 3^5\cdot 5^3\cdot 17\cdot 263 j'j(j' + j) - 2^{31}\cdot 5^6\cdot 22973 j'j = 0.$$

aus zwei symmetrischen Kreisbogenvierecken mit zwei Winkeln 0 und zwei rechten Winkeln. Die Seiten des einzelnen Vierecks sind durchweg Symmetriekreise von Spiegelungen der Gruppe $\overline{\Gamma}^{(9)}$. Das zur Linken der imaginären ω-Achse gelegene Viereck hat die beiden Spitzen $\omega = i\infty$ und $-\frac{1}{3}$. Die Ecken der beiden rechten Winkel dieses Vierecks liegen bei $\omega = \frac{i}{3}$ und $\omega = \frac{-3+i}{6}$, die die Nullpunkte der die beiden Formklassen der Diskriminante $D = -36$ repräsentierenden Formen (9, 0, 1) und (18, 18, 5) sind. Die Seite 2 ist der Symmetriekreis der in der $\overline{\Gamma}^{(9)}$ enthaltenen Spiegelung:

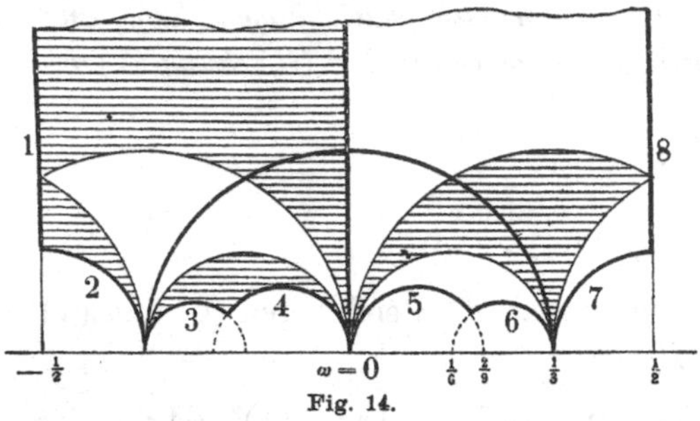

Fig. 14.

$$\omega' = \frac{-9\bar{\omega} - 4}{18\bar{\omega} + 9}.$$

Die Abbilder der drei negativen τ_3-Halbebenen sind in Fig. 14 schraffiert. Diese Abbilder sind von Symmetriekreisen der $\overline{\Gamma}^{(9)}$ durchzogen; eines von ihnen (in Fig. 14, links unten) ist in zwei getrennte Teile zerlegt. Durch $\tau_3(\omega)$ wird das Polygon T_9 auf eine dreiblättrige Riemannsche Fläche über der τ_3-Ebene abgebildet, die (den Stellen $\omega = 0$ und $\omega = \frac{\pm 3 + i\sqrt{3}}{6}$ entsprechend) zwei dreiblättrige Verzweigungspunkte bei $\tau_3 = \infty$ und -1 hat. Man kann demnach $\sqrt[3]{\tau_3 + 1}$ oder noch zweckmäßiger:

$$(15) \qquad \tau(\omega) = -1 + \sqrt[3]{\tau_3 + 1}$$

mit der Bestimmung, daß die Kubikwurzel auf der imaginären ω-Achse reell genommen werden soll, als einwertige Funktion des Polygons T_9 benutzen. Die Spitzenwerte dieser Funktion sind:

$$(16) \qquad \tau(i\infty) = 0, \quad \tau(0) = \infty, \quad \tau\left(\pm\frac{1}{3}\right) = \frac{-3 \pm i\sqrt{3}}{2}.$$

Die Wirkung der Substitution W_9 auf $\tau(\omega)$ ist:

$$(17) \qquad \tau\left(\frac{-1}{9\omega}\right) = \frac{3}{\tau(\omega)},$$

da durch W_9 die beiden Werte $\tau = 0$ und $\tau = \infty$ sowie andrerseits die beiden Spitzenwerte $\tau(\pm\frac{1}{3})$ ausgetauscht werden.

Trägt man nun den aus (15) folgenden Ausdruck:

$$(18) \qquad \tau_3(\omega) = \tau(\tau^2 + 3\tau + 3)$$

von τ_3 im jetzigen τ in die Relation (12) zwischen J und τ_3 ein, so folgt:

$$(19)\quad J:(J-1):1=(9\tau^4+36\tau^3+54\tau^2+28\tau+1)^3$$
$$:(27\tau^6+162\tau^5+405\tau^4+504\tau^3+297\tau^2+54\tau-1)^2$$
$$:64\tau(\tau^2+3\tau+3).$$

Diese Relation, die entsprechende zwischen J' und τ' und die Gleichung $\tau'\tau=3$ bilden den Ersatz der Transformationsgleichung für J beim neunten Grade.

Nach S. 340 muß beim neunten Grade für die Form $\sqrt[8]{\Delta'\Delta^7}$ eine Transformationsgleichung zwölften Grades bestehen. Um sie zu gewinnen, üben wir W_9 auf die Gleichung (18) aus und finden bei Benutzung von (3) und (17):

$$\tau_3\left(\frac{-1}{9\omega}\right)=\frac{1}{\tau_3(3\omega)}=\frac{3}{\tau}\left(\frac{9}{\tau^2}+\frac{9}{\tau}+3\right),$$

wo bei den Funktionen τ, die ohne Argument geschrieben sind, ω als solches zu denken ist. Für die zur Gruppe $\Gamma_{\psi(9)}$ gehörende Funktion $\tau_3(3\omega)$ berechnet sich hieraus:

$$(20)\qquad 9\tau_3(3\omega)=\frac{\tau^3}{\tau^2+3\tau+3}.$$

Nun folgt aus (9) und (18):

$$\sqrt[4]{\frac{\Delta\left(\omega\sqrt{3},\,\frac{\omega_2}{\sqrt{3}}\right)}{\Delta(\omega_1,\,\omega_2)}}=\tau_3(\omega)=\tau(\omega)(\tau(\omega)^2+3\,\tau(\omega)+3).$$

Setzt man $\omega_1\sqrt{3},\ \frac{\omega_2}{\sqrt{3}}$ an Stelle von $\omega_1,\ \omega_2$ und also 3ω an Stelle von ω ein, so folgt bei Benutzung von (20):

$$\sqrt[4]{\frac{\Delta\left(3\,\omega_1,\,\frac{\omega_2}{3}\right)}{\Delta\left(\omega_1\sqrt{3},\,\frac{\omega_2}{\sqrt{3}}\right)}}=\tau_3(3\,\omega)=\frac{\tau(\omega)^3}{9\,(\tau(\omega)^2+3\,\tau(\omega)+3)}.$$

Durch Multiplikation der beiden letzten Gleichungen und Ausziehen der vierten Wurzel ergibt sich:

$$(21)\qquad \sqrt{3}\,\sqrt[8]{\frac{\Delta\left(3\,\omega_1,\,\frac{\omega_2}{3}\right)}{\Delta(\omega_1,\,\omega_2)}}=\sqrt{3}\,\sqrt[8]{\frac{\Delta'}{\Delta}}=\tau(\omega).$$

Erklären wir demnach eine zur $\Gamma_{\psi(9)}$ gehörende Modulform $f(\omega_1,\,\omega_2)$ durch die Gleichung:

$$(22)\quad f(\omega_1,\,\omega_2)=\sqrt{3}\,\sqrt[8]{\Delta\left(3\,\omega_1,\,\frac{\omega_2}{3}\right)\Delta(\omega_1,\,\omega_2)^7}=\sqrt{3}\,\sqrt[8]{\Delta'\Delta^7}=\Delta\tau,$$

so ergibt sich für diese Form aus (19) die gesuchte Transformationsgleichung in der Gestalt:

$$(23)\qquad (9f^4+36\Delta f^3+54\Delta^2f^2+28\Delta^3f+\Delta^4)^3$$
$$-\,64g_2^3\Delta^8f(f^2+3\Delta f+3\Delta^2)=0.$$

3. Transformation 27sten Grades. Beim Grade 27 schlagen wir einen ähnlichen Weg ein wie oben (S. 378) beim Grade 32. Unter $\tau(\omega)$ verstehe man die bei $n = 9$ benutzte Funktion, unter $\tau'(\omega)$ die aus ihr durch Ausübung von W_{27} hervorgehende Funktion. Man kann alsdann $\tau(\omega)$ und $\tau'(\omega)$ als ein Funktionssystem des zum Geschlechte 1 gehörenden Polygons T_{27} benutzen. Um die zwischen τ und τ' bestehende Relation zu finden, übe man W_{27} auf die Gleichung (20) aus und findet:

$$9\tau_3\left(\frac{-1}{9\omega}\right) = \frac{\tau'^3}{\tau'^2 + 3\tau' + 3}.$$

Andrerseits folgt aus (18) durch Ausübung von W_9 mit Benutzung von (17):

$$\tau_3\left(\frac{-1}{9\omega}\right) = \frac{3}{\tau}\left(\frac{9}{\tau^2} + \frac{9}{\tau} + 3\right) = \frac{9(\tau^2 + 3\tau + 3)}{\tau^3}.$$

Aus den beiden letzten Gleichungen ergibt sich als *Relation zwischen den beiden dreiwertigen Funktionen τ und τ' des Transformationspolygons T_{27}:*

$$\tau'^3\tau^3 = 81(\tau'^2 + 3\tau' + 3)(\tau^2 + 3\tau + 3). \tag{24}$$

Statt τ und τ' kann man auch τ mit einer geeigneten *zweiwertigen* Funktion σ zu einem Funktionssysteme der Fläche F_{27} zusammenstellen. Man formt nämlich die Gleichung (24) leicht in die Gestalt:

$$\left(\frac{\tau'(\tau + 3)}{\tau' + 3}\right)^3 = 9(\tau^2 + 3\tau + 3)$$

um und findet demnach eine geeignete Funktion σ in:

$$\sigma = \sqrt[3]{9(\tau^2 + 3\tau + 3)} = \frac{\tau'(\tau + 3)}{\tau' + 3}. \tag{25}$$

Die beiden durch die Relation:

$$9(\tau^2 + 3\tau + 3) = \sigma^3 \quad \text{oder} \quad (6(\tau + \tfrac{3}{2}))^2 = 4\sigma^3 - 27 \tag{26}$$

aneinander gebundenen Funktionen zeigen, *daß wir hier mit einem elliptischen Gebilde des „äquianharmonischen" Falles zu tun haben* (vgl. I, 136).

Geht σ durch Ausübung von W_{27} in σ' über, so folgt aus (25):

$$\sigma' = \frac{\tau(\tau' + 3)}{\tau + 3}.$$

Durch Auflösung dieser Gleichung und der Gleichung (25) nach τ' und σ' ergibt sich der Satz: *Die Wirkung der Substitution W_{27} auf das Funktionssystem τ, σ der $\Gamma_{\psi(27)}$ ist:*

$$\tau' = \frac{3\sigma}{\tau - \sigma + 3}, \quad \sigma' = \frac{3\tau}{\tau - \sigma + 3}. \tag{27}$$

Für die späteren Zwecke ist es etwas vorteilhafter, mit einer zweiwertigen Funktion zu arbeiten, die gegenüber W_{27} unverändert bleibt und ihr eine zweite Funktion anzureihen, die bei Ausübung von W_{27}

Zeichenwechsel erfährt. Von der Funktion:

$$\tau = \frac{\sigma - 3}{\tau + 3} \tag{28}$$

zeigt man auf Grund von (27), daß sie bei W_{27} unverändert bleibt. Durch Elimination von σ aus (26) und (28) folgt:

$$\tau^3\bar{\tau}^3 + 9\tau^2(\bar{\tau}^3 + \bar{\tau}^2 - 1) + 27\tau(\bar{\tau}^3 + 2\bar{\tau}^2 + \bar{\tau} - 1) + 27(\bar{\tau}^3 + 3\bar{\tau}^2 + 3\bar{\tau}) = 0.$$

Diese Gleichung gestattet die Absonderung des Linearfaktors $(\tau + 3)$ und liefert dann als Beziehung zwischen τ und $\bar{\tau}$:

$$\tau^2\bar{\tau}^3 + 3\tau(2\bar{\tau}^3 + 3\bar{\tau}^2 - 3) + 9(\bar{\tau}^3 + 3\bar{\tau}^2 + 3\bar{\tau}) = 0.$$

Die Diskriminante dieser für τ quadratischen Gleichung ist nach Fortlassung eines numerischen Faktors gleich $(\bar{\tau}^4 + 4\bar{\tau}^3 + 6\bar{\tau}^2 - 3)$. Durch Ausziehen der Quadratwurzel folgt der Satz: *Als ein Funktionssystem der* $\Gamma_{\psi(27)}$ *kann man:*

$$\bar{\tau}, \quad \bar{\sigma} = \sqrt{\bar{\tau}^4 + 4\bar{\tau}^3 + 6\bar{\tau}^2 - 3} \tag{29}$$

gebrauchen[1]*; $\bar{\tau}$ ist zweiwertig und $\bar{\sigma}$ vierwertig, gegenüber W_{27} zeigen diese Funktionen das einfache Verhalten:*

$$\bar{\tau}' = \bar{\tau}, \quad \bar{\sigma}' = -\bar{\sigma}. \tag{30}$$

Die Funktion $\bar{\tau}$ verschwindet für $\omega = i\infty$; $\bar{\sigma}$ sei dadurch eindeutig erklärt, daß $\sigma(i\infty) = +i\sqrt{3}$ zutrifft. Die Funktionen τ und σ stellen sich in $\bar{\tau}$ und $\bar{\sigma}$ umgekehrt in der Gestalt:

$$\tau = \frac{-6\bar{\tau}^3 - 9\bar{\tau}^2 + 9 + 3i\sqrt{3}\,\bar{\sigma}}{2\bar{\tau}^3}, \quad \sigma = \frac{\bar{\tau}^3 + 3 + i\sqrt{3}\,\bar{\sigma}}{\bar{\tau}^2} \tag{31}$$

dar. *Was endlich die Transformationsgleichung für $J(\omega)$ beim Grade 27 angeht, so ist es am kürzesten, die Gleichung* (19), *die entsprechende in J' und τ' und die Relation* (24) *zwischen τ und τ' als Ersatz jener Gleichung anzusehen.*

§ 3. Die Transformationsgrade 5, 25, 7 und 49.

1. Transformation fünften Grades. Fig. 15 (S. 319) zeigt das Transformationspolygon T_5 mit den beiden übereinander getragenen Dreiecksnetzen; es zerfällt in vier Kreisbogenvierecke je mit drei rechten Winkeln und einem Winkel 0, die durch die stark ausgezogenen Symmetriekreise von Spiegelungen der Gruppe $\Gamma^{(5)}$ geliefert werden. Die acht mit Nummern versehenen Seiten sind durch folgende Substitutionen einander zugewiesen:

1) Nach I, 137 muß die auf Grund von (10) in I, 122 zu berechnende Invariante g_2 für die unter der Quadratwurzel (29) stehende Funktion natürlich wieder verschwinden, was in der Tat zutrifft.

$1 \longrightarrow 8, \begin{pmatrix} 1, & 1 \\ 0, & 1 \end{pmatrix}$; $2 \longrightarrow 3, \begin{pmatrix} 2, & 1 \\ -5, & -2 \end{pmatrix}$; $4 \longrightarrow 5, \begin{pmatrix} 1, & 0 \\ 5, & 1 \end{pmatrix}$; $6 \longrightarrow 7, \begin{pmatrix} 2, & -1 \\ 5, & -2 \end{pmatrix}$.

Das Kreisbogenviereck der Ecken $i\infty$, $\frac{i}{\sqrt{5}}$, $\frac{-2+i}{5}$, $\frac{-5+i\sqrt{5}}{10}$ und sein zur rechten Seite der imaginären ω-Achse gelegenes Spiegelbild mögen das Klassenpolygon K_5 zusammensetzen; die beiden Ecken $\frac{\mp 2+i}{5}$ bilden dann einen Zyklus und ebenfalls die beiden Ecken $\frac{\mp 5+i\sqrt{5}}{10}$.

Die zum fünften Grade gehörende Form G_1 hat in T_5 einen Nullpunkt der Ordnung 1 und also in K_5 einen solchen der Ordnung $\frac{1}{2}$, der in einem der beiden eben genannten Eckenzyklen liegen muß. Der Quotient von G_1^{12} und $\Delta' \cdot \Delta$ liefert eine sechswertige Funktion von K_5 mit einem Nullpunkte sechster Ordnung im Nullpunkte von G_1 und einem Pole der gleichen Ordnung bei $\omega = i\infty$. Also ist jener Quotient die sechste Potenz einer einwertigen Funktion von K_5, die selbst als Quotient von G_1^2 und $\sqrt[6]{\Delta' \Delta}$ darstellbar ist.

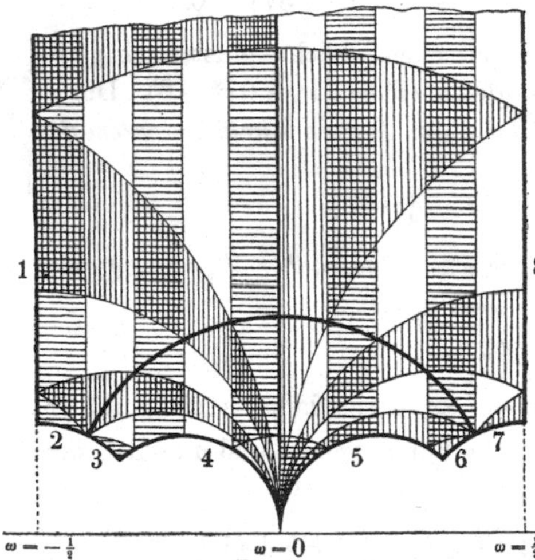

Fig. 15.

Da nun G_1^2 gegenüber den Substitutionen der $\Gamma^{(5)}$ unverändert bleibt, so gilt dasselbe von $\sqrt[6]{\Delta' \Delta}$. Wir verstehen hier unter Δ' zweckmäßig die Form $\Delta\left(\omega_1, \frac{\omega_2}{5}\right)$ und haben dann folgende Anfangsglieder der Reihen:

$$
(1) \quad \begin{cases} G_1^2 = 25\left(\frac{2\pi}{\omega_2}\right)^4 \left(\frac{1}{36} + \frac{1}{3} q^2 + 2q^4 + \frac{22}{3} q^6 + \cdots\right), \\ \sqrt[6]{\Delta' \Delta} = 25\left(\frac{2\pi}{\omega_2}\right)^4 (q^2 - 4q^4 + 2q^6 + \cdots). \end{cases}
$$

Mit G_1^2 und $\sqrt[6]{\Delta' \Delta}$ bilden wir nun wieder eine lineare Schar $(a G_1^2 + b \sqrt[6]{\Delta' \Delta})$ von Formen mit einem im Polygone K_5 beweglichen Nullpunkte und können dann die übrigen ganzen Formen von K_5 als Produkte von G_1 und von Formen jener Schar oder auch nur aus Formen der Schar herstellen.

Für die mittelst der homogenen Substitution W_5 umgestaltete Form g_2 gilt zunächst der Ansatz:

$$
g_2' + g_2 = a G_1^2 + b \sqrt[6]{\Delta' \Delta}, \qquad g_2' \cdot g_2 = a' G_1^4 + b' G_1^2 \sqrt[6]{\Delta' \Delta} + c' \sqrt[3]{\Delta' \Delta}.
$$

Durch Heranziehung der Potenzreihen findet man die Koeffizienten:

$$(2)\qquad \begin{cases} 25\,(g_2' + g_2) = 78\,G_1^2 - 6\sqrt[6]{\Delta'\Delta}, \\ 25\,g_2'\cdot g_2 = 9\,G_1^4 + 54\,G_1^2\sqrt[6]{\Delta'\Delta} + \sqrt[3]{\Delta'\Delta}. \end{cases}$$

Bei Berechnung von g_2, g_2' einzeln stellt sich die Quadratwurzel:

$$(3)\qquad G_2(\omega_1, \omega_2) = \sqrt{81\,G_1^4 - 99\,G_1^2\sqrt[6]{\Delta'\Delta} - \sqrt[3]{\Delta'\Delta}}$$

ein, die durch Angabe des Anfangsgliedes $\frac{25}{4}\left(\frac{2\pi}{\omega_2}\right)^4$ der Reihenentwicklung als eindeutige Modulform $(-4)^{\text{ter}}$ Dimension erklärt sein mag. Sie erfährt gegenüber W_5 Zeichenwechsel, ihre beiden Nullpunkte in T_5 sind die Fixpunkte von W_5, d. h. die Stellen $\frac{i}{\sqrt{5}}$ und $\frac{\pm 5 + i\sqrt{5}}{10}$. Man folgert aus (3), daß G_1 für $\frac{\pm 5 + i\sqrt{5}}{10}$ nicht verschwindet: *Die Form G_1 hat ihren Nullpunkt im Eckenzyklus* $\omega = \frac{\pm 2 + i}{5}$. Aus (2) und (3) berechnet man als Darstellungen für g_2 und g_2':

$$(4)\qquad \begin{cases} 25\,g_2 = 39\,G_1^2 - 3\sqrt[6]{\Delta'\Delta} - 4\,G_2, \\ 25\,g_2' = 39\,G_1^2 - 3\sqrt[6]{\Delta'\Delta} + 4\,G_2. \end{cases}$$

Da g_3 und g_3' im Nullpunkte von G_1 zugleich verschwinden (vgl. Fig. 15), so sind die Quotienten $g_3 : G_1$ und $g_3' : G_1$ ganze Formen $(-4)^{\text{ter}}$ Dimension des Polygons T_5. Es gelten demnach die Ansätze:

$$g_3' + g_3 = G_1(a\,G_1^2 + b\sqrt[6]{\Delta'\Delta}), \qquad g_3' - g_3 = c\,G_1\,G_2,$$

wo man wegen der zweiten Gleichung beachten wolle, daß eine ganze Modulform des Polygons T_5, die bei W_5 Zeichenwechsel erfährt, bis auf einen konstanten Faktor mit G_2 identisch ist.[1]) Die Koeffizienten a, b, c bestimmt man aus den Anfangsgliedern der Reihen; es findet sich für g_3 und g_3':

$$(5)\qquad \begin{cases} 125\,g_3 = -\,G_1(62\,G_1^2 - 24\sqrt[6]{\Delta'\Delta} - 7\,G_2), \\ 125\,g_3' = -\,G_1(62\,G_1^2 - 24\sqrt[6]{\Delta'\Delta} + 7\,G_2). \end{cases}$$

Zu entsprechenden Formeln für Δ führt folgende Überlegung: T_5 hat die beiden Spitzen $i\infty$ und 0 und gehört zum Geschlechte 0. Eine Hauptfunktion $\tau(\omega)$ werde so ausgesucht, daß $\tau(i\infty) = 0$ und $\tau(0) = \infty$ ist, wodurch $\tau(\omega)$ bis auf einen konstanten Faktor festgelegt ist. Der Quotient von $\Delta' = \Delta\left(\omega_1, \frac{\omega_2}{5}\right)$ und $\Delta = \Delta(\omega_1, \omega_2)$ ist eine vierwertige

1) Die fragliche Form muß nämlich dieselben Nullpunkte wie G_2 haben, da andernfalls der Quotient der Form mit G_2 eine „Funktion" des Klassenpolygons K_5 wäre, die an den Nullstellen von G_2 Nullpunkte oder Pole „gebrochener" Ordnung hätte.

Funktion von T_5, die bei $\omega = i\infty$ einen Nullpunkt vierter Ordnung und also bei $\omega = 0$ einen Pol der gleichen Ordnung hat. Wir können demnach $\tau(\omega)$ eindeutig durch die Festsetzung:

$$(6)\qquad \tau(\omega) = \sqrt[4]{\frac{\varDelta'}{\varDelta}} = 5\sqrt{5}\,\sqrt[4]{\frac{\varDelta\left(\omega_1\sqrt{5},\ \frac{\omega_2}{\sqrt{5}}\right)}{\varDelta(\omega_1,\ \omega_2)}}$$

erklären, wobei auf der imaginären ω-Achse reelle positive Werte $\tau(\omega)$ vorliegen sollen. Es gilt dann:

$$(7)\qquad \tau\left(\frac{-1}{5\omega}\right) = \frac{125}{\tau(\omega)}.$$

Man hat nun in:

$$\left(\tau - \frac{125}{\tau}\right)\sqrt[6]{\varDelta'\varDelta} = \frac{\sqrt{\varDelta'} - 125\sqrt{\varDelta}}{\sqrt[12]{\varDelta'\varDelta}}$$

eine *ganze* Form $(-4)^{\text{ter}}$ Dimension von T_5, die gegenüber W_5 Zeichenwechsel erfährt und also bis auf einen konstanten Faktor mit G_2 identisch ist. Den Faktor bestimmt man aus dem Anfangsgliede der Reihe:

$$(8)\qquad \sqrt{\varDelta'} - 125\sqrt{\varDelta} = -4\sqrt[12]{\varDelta'\varDelta}\cdot G_2.$$

Mit Rücksicht auf (3) folgert man hieraus:

$$\left(\sqrt{\varDelta'} + 125\sqrt{\varDelta}\right)^2 = 4\sqrt[6]{\varDelta'\varDelta}\left(324\,G_1^4 - 396\,G_1^2\sqrt[6]{\varDelta'\varDelta} + 121\sqrt[3]{\varDelta'\varDelta}\right),$$

sowie durch Wurzelziehung bei richtiger Bestimmung des Zeichens:

$$(9)\qquad \sqrt{\varDelta'} + 125\sqrt{\varDelta} = \sqrt[12]{\varDelta'\varDelta}\left(36\,G_1^2 - 22\sqrt[6]{\varDelta'\varDelta}\right).$$

Aus (8) und (9) ergeben sich für $\sqrt{\varDelta}$ und $\sqrt{\varDelta'}$ die Darstellungen:

$$(10)\qquad \begin{cases} 125\sqrt{\varDelta} = \left(18\,G_1^2 - 11\sqrt[6]{\varDelta'\varDelta} + 2\,G_2\right)\sqrt[12]{\varDelta'\varDelta}, \\ \sqrt{\varDelta'} = \left(18\,G_1^2 - 11\sqrt[6]{\varDelta'\varDelta} - 2\,G_2\right)\sqrt[12]{\varDelta'\varDelta}. \end{cases}$$

Die Transformationsgleichungen beim fünften Grade ergeben sich nun einfach durch algebraische Umgestaltungen der gewonnenen Formeln. Erstlich folgen aus (6) und (9), sowie weiter aus (6) und (8) die Darstellungen:

$$(11)\qquad G_1^2 = \frac{\tau^2 + 22\tau + 125}{36\tau}\sqrt[6]{\varDelta'\varDelta},\quad G_2 = -\frac{\tau^2 - 125}{4\tau}\sqrt[6]{\varDelta'\varDelta}$$

von G_1^2 und G_2 in τ und $\sqrt[6]{\varDelta'\varDelta}$. Durch Eintragung dieser Ausdrücke in die ersten Gleichungen (4) und (5) folgt:

$$(12)\qquad g_2 = \frac{\tau^2 + 10\tau + 5}{12\tau}\sqrt[6]{\varDelta'\varDelta},\quad g_3 = -G_1\frac{\tau^2 + 4\tau - 1}{36\tau}\sqrt[6]{\varDelta'\varDelta},$$

woran wir noch die aus (6) fließende Gleichung $\varDelta = \tau^{-2}\sqrt{\varDelta'\varDelta}$ reihen.

Bei Einführung von $J(\omega)$ ergibt sich aus (11) und (12):

$$(13)\qquad J:(J-1):1 = (\tau^2+10\tau+5)^3 : (\tau^2+22\tau+125)(\tau^2+4\tau+1)^2 : 1728\tau,$$

eine Gleichung, *die uns in bekannter Weise im Verein mit der Relation* $\tau'\cdot\tau = 125$ *die beim fünften Grade eintretende Transformationsgleichung für* $J(\omega)$ *ersetzt.*

Durch geeignete Verbindung der Gleichungen (12) beweist man:

$$2g_2 - \frac{30g_3}{G_1} - 5\sqrt[6]{\Delta'\Delta} = \tau\sqrt[6]{\Delta'\Delta},$$

$$2g_2 + \frac{6g_3}{G_1} - \sqrt[6]{\Delta'\Delta} = \frac{\sqrt[6]{\Delta'\Delta}}{\tau},$$

ebenso mit Benutzung der ersten Gleichung (11):

$$(14)\qquad 7g_2 + \frac{20g_3}{G_1} - G_1^2 = 3\sqrt[6]{\Delta'\Delta}.$$

Trägt man den hier gewonnenen Ausdruck von $\sqrt[6]{\Delta'\Delta}$ in die voraufgehenden Gleichungen ein, so folgt:

$$5G_1^2 - 29g_2 - 190\frac{g_3}{G_1} = -\tau\left(G_1^2 - 7g_2 - \frac{20g_3}{G_1}\right),$$

$$G_1^2 - g_2 - \frac{2g_3}{G_1} = -\frac{1}{\tau}\left(G_1^2 - 7g_2 - \frac{20g_3}{G_1}\right).$$

Durch Multiplikation dieser Gleichungen findet man als Transformationsgleichung sechsten Grades für G_1 *beim fünften Transformationsgrade:*

$$(15)\qquad G_1^6 - 5g_2G_1^4 - 40g_3G_1^3 - 5g_2^2G_1^2 - 8g_2g_3G_1 - 5g_3^2 = 0.$$

Durch Elimination von $\sqrt[6]{\Delta'\Delta}$ aus (14) und der ersten Gleichung (2), sowie weiter durch Elimination von $\sqrt[6]{\Delta'\Delta}$ und G_2 aus (5) und (14) gewinnt man:

$$(16)\qquad \begin{cases} 25g_2' = 80G_1^2 - 39g_2 - \dfrac{40g_3}{G_1}, \\ 125g_3' = -140G_1^3 + 112g_2G_1 + 195g_3. \end{cases}$$

Durch diese Darstellungen der transformierten Formen g_2', g_3' *sind die Transformationsgleichungen der* g_2, g_3 *beim fünften Grade als Resolventen der Gleichung* (15) *erklärt.*

Nach S. 339 ff. besteht hier endlich noch für die Form:

$$(17)\qquad f(\omega_1,\omega_2) = \sqrt[12]{\Delta'\Delta^7} = \sqrt[3]{\tau}\sqrt[3]{\Delta^2}$$

eine Transformationsgleichung sechsten Grades, die unter (5) S. 343 allgemein angesetzt wurde. Diese Gleichung ergibt sich aus (13), indem man $\tau = f^3 \cdot \Delta^{-2}$ einträgt:

$$\frac{12^3 g_2^3}{\Delta} = \frac{(\tau^2 + 10\tau + 5)^3}{\tau} = \frac{(f^6 + 10 f^3 \Delta^2 + 5\Delta^4)^3}{f^3 \cdot \Delta^{10}}.$$

Man multipliziere mit Δ und ziehe die Kubikwurzel, *womit man als Transformationsgleichung für die Form* (17) *findet:*

(18) $$f^6 + 10\Delta^2 f^3 - 12 g_2 \Delta^3 f + 5\Delta^4 = 0.$$

2. Transformation 25ˢᵗᵉⁿ Grades. Das Polygon $\mathbf{T}_{25}$ entsteht aus dem in Fig. 15 abgebildeten $\mathbf{T}_5$, indem man auf diesen Bereich die vier Substitutionen $\begin{pmatrix} 1, 0 \\ \pm 5, 1 \end{pmatrix}$ und $\begin{pmatrix} 1, 0 \\ \pm 10, 1 \end{pmatrix}$ ausübt und die vier so entstehenden Bereiche dem Polygone $\mathbf{T}_5$ anfügt. Polygonspitzen von $\mathbf{T}_{25}$ liegen bei $\omega = i\infty$, 0, $\pm \frac{1}{5}$, $\pm \frac{1}{10}$. Je die beiden von der einzelnen dieser sechs Spitzen ausziehenden Polygonseiten sind durch Substitutionen der Gruppe $\Gamma_{\psi(25)}$ aufeinander bezogen, und zwar der Reihe nach durch

$$\begin{pmatrix} 1, 1 \\ 0, 1 \end{pmatrix}, \quad \begin{pmatrix} 1, 0 \\ 25, 1 \end{pmatrix}, \quad \begin{pmatrix} 4, -1 \\ 25, -6 \end{pmatrix}, \quad \begin{pmatrix} 6, 1 \\ -25, -4 \end{pmatrix}, \quad \begin{pmatrix} 9, -1 \\ 100, -11 \end{pmatrix}, \quad \begin{pmatrix} 11, 1 \\ -100, -9 \end{pmatrix}.$$

Auch $\mathbf{T}_{25}$ hat das Geschlecht 0. Eine zugehörige einwertige Funktion $\tau(\omega)$ sei durch die Festsetzungen:

(19) $$\tau(i\infty) = 0, \quad \tau(0) = \infty, \quad \tau\left(\frac{i}{5}\right) = \sqrt{5}$$

näher erklärt; sie zeigt gegenüber W_{25} das Verhalten:

(20) $$\tau\left(\frac{-1}{25\,\omega}\right) = \frac{5}{\tau(\omega)}.$$

Die vier Spitzenwerte $\tau(\pm \frac{1}{5})$, $\tau(\pm \frac{1}{10})$ sind zu Paaren konjugiert komplex und genügen also einer biquadratischen Gleichung mit reellen Koeffizienten:

$$\tau^4 + a\tau^3 + b\tau^2 + c\tau + d = 0,$$

von denen d positiv ist. Durch W_5 werden die fraglichen vier Spitzen permutiert, so daß wegen (20) die letzte Gleichung auch:

$$\tau^4 + \frac{5c}{d}\tau^3 + \frac{25b}{d}\tau^2 + \frac{125a}{d}\tau + \frac{625}{d} = 0$$

geschrieben werden kann. Also ist $d = 25$, $c = 5a$, und unsere Gleichung lautet:

$$\tau^4 + a\tau^3 + b\tau^2 + 5a\tau + 25 = 0.$$

Die Funktion $\tau_5(\omega)$ ist in $\mathbf{T}_{25}$ fünfwertig und zwar durch τ als ganze Funktion fünften Grades darstellbar, da die fünf Pole von τ_5 bei $\omega = 0$ zusammenfallen. Die fünf Nullpunkte dieser Funktion liegen in den übrigen fünf Polygonspitzen, so daß der Ansatz gilt:

(21) $$\tau_5(\omega) = C \cdot \tau(\tau^4 + a\tau^3 + b\tau^2 + 5a\tau + 25),$$

wo rechts ω als Argument zu denken ist. Übt man die Substitution W_{25}

aus, so folgt mit Benutzung von (7) und (20):

$$\frac{1}{\tau_5(5\omega)} = \frac{C}{\tau^5}(\tau^4 + a\tau^3 + b\tau^2 + 5a\tau + 25).$$

Mit Rücksicht auf (6) findet man aus den beiden letzten Gleichungen:

$$(22)\qquad \tau(\omega) = \sqrt[6]{\tau_5(5\omega)\,\tau_5(\omega)} = \sqrt[24]{\frac{\Delta\left(\omega_1, \frac{\omega_2}{25}\right)}{\Delta(\omega_1, \omega_2)}}.$$

Aus der Reihe für $\sqrt[24]{\Delta}$ (vgl. I, 433) stellt man leicht folgende Anfangsglieder der Reihen von $\tau_5(\omega)$ und $\tau(\omega)$ fest:

$$\tau_5(\omega) = 125q^2(1 + 6q^2 + 27q^4 + \cdots),$$
$$\tau(\omega) = \quad 5q^2(1 + \ q^2 + \ 2q^4 + \cdots).$$

Trägt man diese Reihen in (21) ein, so folgt durch Vergleichung der Koeffizienten gleich hoher Potenzen von q rechts und links $C = 1$, $a = 5$, $b = 15$. *Die Darstellung von τ_5 als ganze Funktion von τ ist somit:*

$$(23)\qquad \tau_5 = \tau(\tau^4 + 5\tau^3 + 15\tau^2 + 25\tau + 25).$$

Diesen Ausdruck von τ_5 setze man nun in der rechten Seite von (13) für τ ein. *Es ergibt sich als Darstellung von $J(\omega)$ in der zu $n = 25$ gehörenden Funktion τ:*

$$\begin{aligned}(24)\quad J:(J-1):1 = {} & (\tau^{10} + 10\tau^9 + 55\tau^8 + 200\tau^7 + 525\tau^6 + 1010\tau^5 \\ & + 1425\tau^4 + 1400\tau^3 + 875\tau^2 + 250\tau + 5)^3 \\ & :(\tau^2 + 2\tau + 5)(\tau^4 + 4\tau^3 + 9\tau^2 + 10\tau + 5)^2(\tau^{10} + 10\tau^9 \\ & + 55\tau^8 + 200\tau^7 + 525\tau^6 + 1004\tau^5 + 1395\tau^4 \\ & + 1310\tau^3 + 725\tau^2 + 100\tau - 1)^2 \\ & :1728\tau(\tau^4 + 5\tau^3 + 15\tau^2 + 25\tau + 25).\end{aligned}$$

Nach S. 339 genügt beim quadratischen Transformationsgrade $n = 25$ die Form:

$$f(\omega_1, \omega_2) = \sqrt[24]{\Delta' \Delta^{23}} = \tau \cdot \Delta$$

einer Transformationsgleichung 30sten Grades. Diese Gleichung läßt sich aus (24) unmittelbar abschreiben:

$$\begin{aligned}(25)\quad & (f^{10} + 10\Delta f^9 + 55\Delta^2 f^8 + 200\Delta^3 f^7 + 525\Delta^4 f^6 + 1010\Delta^5 f^5 \\ & + 1425\Delta^6 f^4 + 1400\Delta^7 f^3 + 875\Delta^8 f^2 + 250\Delta^9 f + 5\Delta^{10})^3 \\ & - 1728 g_2^3 \Delta^{24} f(f^4 + 5\Delta f^3 + 15\Delta^2 f^2 + 25\Delta^3 f + 25\Delta^4) = 0.\end{aligned}$$

3. **Transformation siebenten Grades.** Die Polygone T_7 und K_7 sind in Fig. 2, S. 351, und Fig. 6, S. 359, figürlich dargestellt und daselbst näher besprochen. Als eine erste zur $\Gamma_{\psi(7)}$ gehörende Modulform ziehen

wir das in (9) S. 326 gegebene y_0 der quadratischen Form $(1, 1, 2)$ der Diskriminante $D = -7$ heran:

$$(26)\quad y_0 = \frac{2\pi}{\omega_2}\sum_{\mu,\nu} q^{2(\mu^2+\mu\nu+2\nu^2)} = \frac{2\pi}{\omega_2}(1 + 2q^2 + 4q^4 + * + 6q^8 + \cdots).$$

Durch den Stern soll darauf aufmerksam gemacht werden, daß das Glied mit q^6 ausfällt. Bei den Substitutionen der $\Gamma_{\psi(7)}$ bleibt y_0 unverändert oder erleidet nur einen Zeichenwechsel. In T_7 hat y_0 Nullpunkte in der Gesamtordnung $\frac{2}{3}$. Nullpunkte gebrochener Ordnung können nur in den Ecken $\frac{\pm 5 + i\sqrt{3}}{14}$ von T_7 auftreten. Da in zwei bezüglich der imaginären ω-Achse symmetrischen Punkten die in (26) rechts stehende Potenzreihe konjugierte Werte hat, so liegt in jeder der beiden genannten Ecken ein Nullpunkt der Ordnung $\frac{1}{3}$. Durch die homogene Substitution W_7 wird demnach y_0, vielleicht vom Vorzeichen abgesehen, reproduziert. Setzen wir aber in:

$$(27)\qquad y_0\left(\frac{i\omega_2}{\sqrt{7}}, -i\omega_1\sqrt{7}\right) = \pm\, y_0(\omega_1, \omega_2),$$

dem Fixpunkte von W_7 entsprechend, $\omega_1 = i$, $\omega_2 = \sqrt{7}$ ein, so folgt, da $y_0(i, \sqrt{7})$ nicht gleich 0 ist, die Gültigkeit des *oberen* Zeichens in (27).

Von der zu $n = 7$ gehörenden Form G_1 stellt man fest, daß sie in T_7 nur zwei Nullpunkte je der Ordnung $\frac{2}{3}$ in den Ecken $\frac{\pm 5 + i\sqrt{3}}{14}$ hat; sie ist demnach bis auf einen konstanten Faktor mit y_0^2 identisch. Die Reihenentwicklung:

$$G_1 = 7\left(\frac{2\pi}{\omega_2}\right)^2\left(\frac{1}{4} + q^2 + 3q^4 + 4q^6 + 7q^8 + \cdots\right)$$

bestätigt dies und liefert:

$$(28)\qquad 4G_1 = 7y_0^2.$$

Für K_7 bilden die beiden Ecken $\frac{\pm 5 + i\sqrt{3}}{14}$ einen Zyklus, in dem die Form y_0^3 einen Nullpunkt erster Ordnung hat. Unter Δ' verstehen wir hier zweckmäßig $\Delta(7\omega_1, \omega_2)$. Im Quotienten von y_0^{24} und $\Delta'\Delta$ erkennen wir dann die achte Potenz einer einwertigen Funktion von K_7, so daß der Quotient von y_0^3 und:

$$(29)\qquad \sqrt[8]{\Delta'\Delta} = \left(\frac{2\pi}{\omega_2}\right)^3(* + q^2 - 3q^4 + * + 5q^8 - \cdots)$$

eine einwertige Funktion von K_7 ist, deren Pol in der Spitze $i\infty$ liegt. Aus den beiden Formen y_0^3 und $\sqrt[8]{\Delta'\Delta}$, die gegenüber den Substitutionen von $\Gamma^{(7)}$ immer zugleich unverändert bleiben oder Zeichenwechsel erfahren, bilden wir nun wieder eine lineare Schar $(ay_0^3 + b\sqrt[8]{\Delta'\Delta})$ mit *einem* in

K_7 beweglichen Nullpunkte. Die übrigen ganzen Formen von K_7, die wie y_0 und die Formen der Schar bei W_7 unverändert bleiben, lassen sich dann als Produkte aus Faktoren y_0 und Formen der Schar darstellen.

Die Entwicklung geht nun auch weiter genau denselben Weg wie bei $n = 5$. Man gewinnt mit der Benutzung der Potenzreihe für g_2 zunächst die Darstellungen:

$$(30)\qquad \begin{cases} 6(g_2' + g_2) = y_0(25y_0^3 - 80\sqrt[8]{\Delta'\Delta}), \\ 144 g_2' g_2 = 49 y_0^2 (y_0^6 + 224 y_0^3 \sqrt[8]{\Delta'\Delta} + 448 \sqrt[4]{\Delta'\Delta}). \end{cases}$$

Bei Berechnung von g_2' und g_2 stellt sich eine Quadratwurzel ein, die die Modulform der Dimension -3:

$$(31)\qquad G_{\frac{3}{2}}(\omega_1, \omega_2) = \sqrt{y_0^6 - 26 y_0^3 \sqrt[8]{\Delta'\Delta} - 27 \sqrt[4]{\Delta'\Delta}}$$

liefert und durch das Anfangsglied der Potenzreihe $\left(\frac{2\pi}{\omega_2}\right)^3$ eindeutig erklärt sei. Diese Form hat im Klassenpolygon K_7 zwei Nullpunkte je der Ordnung $\frac{1}{2}$ bei $\omega = \frac{i}{\sqrt{7}}$ und im Eckenzyklus $\frac{\pm 7 + i\sqrt{7}}{14}$; gegenüber W_7 erfährt $G_{\frac{3}{2}}$ Zeichenwechsel. Für g_2 und g_2' einzeln finden wir die Darstellungen:

$$(32)\qquad 12 g_2,\, 12 g_2' = y_0\left(25 y_0^3 - 80\sqrt[8]{\Delta'\Delta} \mp 24 G_{\frac{3}{2}}\right).$$

Zur Berechnung von g_3 und g_3' ist es etwas bequemer, neben $(g_3' + g_3)$ die Differenz $(g_3' - g_3)$ darzustellen, nämlich als Produkt von $G_{\frac{3}{2}}$ und einer Form der Schar. Die Rechnung führt zu:

$$(33)\qquad \begin{aligned} 216 g_3,\, 216 g_3' = &- 9(19 y_0^6 - 200 y_0^3 \sqrt[8]{\Delta'\Delta} - 72 \sqrt[4]{\Delta'\Delta}) \\ &\pm 4(43 y_0^3 - 20\sqrt[8]{\Delta'\Delta}) G_{\frac{3}{2}}. \end{aligned}$$

Im Falle $n = 7$ erkennt man aus den Anfangsgliedern der Reihen im Quotienten von Δ' und Δ die sechste Potenz einer einwertigen Funktion von T_7. Im Anschluß daran erklären wir eine solche einwertige Funktion $\tau(\omega)$ selbst durch:

$$(34)\qquad \tau(\omega) = 49\sqrt[6]{\frac{\Delta'}{\Delta}} = 7\sqrt[6]{\frac{\Delta\left(\omega_1\sqrt{7}, \frac{\omega_2}{\sqrt{7}}\right)}{\Delta(\omega_1, \omega_2)}}$$

mit der Bestimmung, daß diese Funktion auf der imaginären ω-Achse reell und positiv sein soll. Die Wirkung von W_7 ist:

$$(35)\qquad \tau\left(\frac{-1}{7\omega}\right) = \frac{49}{\tau(\omega)}.$$

Das Produkt von $(\tau - 49\tau^{-1})$ und $\sqrt[8]{\Delta'\Delta}$ ist nun eine ganze Form $(-3)^{\text{ter}}$ Dimension, die die Nullpunkte von $G_{\frac{3}{2}}$ hat und also mit dieser Form bis auf einen konstanten Faktor übereinstimmt. Die Anfangsglieder der Reihen liefern diesen Faktor und führen zur Gleichung:

$$(36)\qquad \sqrt[3]{\Delta} - 49\sqrt[3]{\Delta'} = G_{\frac{3}{2}}\sqrt[24]{\Delta'\Delta}.$$

Zur Bestätigung dieses Ergebnisses leite man aus ihm mit Benutzung von (31) einen Ausdruck von $(\sqrt[3]{\Delta} + 49\sqrt[3]{\Delta'})$ ab. Es muß sich das Produkt von $\sqrt[24]{\Delta'\Delta}$ mit einer Form der Schar finden; in der Tat ergibt sich bei richtiger Bestimmung eines Vorzeichens:

$$(37)\qquad \sqrt[3]{\Delta} + 49\sqrt[3]{\Delta'} = (y_0^3 - 13\sqrt[8]{\Delta'\Delta})\sqrt[24]{\Delta'\Delta}.$$

Durch Kombination der letzten Gleichungen gewinnt man für die Diskriminante Δ die Gleichungen:

$$(38)\qquad \begin{cases} 2\sqrt[3]{\Delta} = \left(y_0^3 - 13\sqrt[8]{\Delta'\Delta} + G_{\frac{3}{2}}\right)\sqrt[24]{\Delta'\Delta}, \\ 98\sqrt[3]{\Delta'} = \left(y_0^3 - 13\sqrt[8]{\Delta'\Delta} - G_{\frac{3}{2}}\right)\sqrt[24]{\Delta'\Delta}. \end{cases}$$

Um nun die Transformationsgleichungen zu gewinnen, entnehmen wir zunächst aus (37) und (36) mit Rücksicht auf (34) die Folgerungen:

$$(39)\qquad y_0^3 = \frac{\tau^2 + 13\tau + 49}{\tau}\sqrt[8]{\Delta'\Delta}, \quad G_{\frac{3}{2}} = -\frac{\tau^2 - 49}{\tau}\sqrt[8]{\Delta'\Delta}.$$

Durch Eintragung dieser Ausdrücke von y_0^3 und $G_{\frac{3}{2}}$ in die ersten Gleichungen (32) und (33) ergeben sich für g_2 und g_3 die Darstellungen:

$$(40)\qquad \begin{cases} 12g_2 = 7^2\sqrt[8]{\Delta'\Delta}\cdot y_0\dfrac{\tau^2 + 5\tau + 1}{\tau}, \\ 216g_3 = -7^3\sqrt[4]{\Delta'\Delta}\dfrac{\tau^4 + 14\tau^3 + 63\tau^2 + 70\tau - 7}{\tau^2}. \end{cases}$$

Nimmt man die aus (34) folgende Gleichung $\Delta = 7^6\tau^{-3}\cdot\sqrt{\Delta'\Delta}$ hinzu, so gelangt man zu folgender *Darstellung von* $J(\omega)$ *als rationale Funktion achten Grades von* τ:

$$(41)\qquad \begin{aligned} J:(J-1):1 = {} & (\tau^2 + 13\tau + 49)(\tau^2 + 5\tau + 1)^3 \\ & :(\tau^4 + 14\tau^3 + 63\tau^2 + 70\tau - 7)^2 \\ & :1728\tau, \end{aligned}$$

eine Gleichung, die uns in bekannter Weise im Verein mit $\tau'\tau = 49$ *die Transformationsgleichung für* $J(\omega)$ *beim siebenten Grade ersetzt.*

Nach S. 339 ff. besteht beim siebenten Grade eine Transformationsgleichung für die Form:

(42) $$f(\omega_1, \omega_2) = 7\sqrt[12]{\Delta'\Delta^5} = \sqrt{\Delta\tau},$$

die durch ihr Anfangsglied $\left(\frac{2\pi}{\omega_2}\right)^6 7q^2$ eindeutig erklärt sei. Sie läßt sich fast unmittelbar aus der Gleichung (41) abschreiben, der wir zunächst die Gestalt geben:

$$(\tau^4 + 14\tau^3 + 63\tau^2 + 70\tau - 7)^2\Delta^2 = 6^6 g_3^2 \tau\Delta = (216 g_3 f)^2.$$

Nach Ausziehen der Quadratwurzel (unter richtiger Bestimmung des Vorzeichens) und Multiplikation mit Δ^3 ergibt sich als *Transformationsgleichung der Diskriminante beim siebenten Grade:*

(43) $$f^8 + 14\Delta f^6 + 63\Delta^2 f^4 + 70\Delta^3 f^2 + 216 g_3 \Delta^3 f - 7\Delta^4 = 0.$$

Zur Gewinnung der Gleichung achten Grades für G_1 ist folgender Weg am kürzesten. Die fragliche Gleichung hat nach S. 342 die Gestalt:

(44) $$G_1^8 + \alpha_1 g_2 G_1^6 + \alpha_2 g_3 G_1^5 + \alpha_3 g_2^2 G_1^4 + \alpha_4 g_2 g_3 G_1^3 + (\alpha_5 g_2^3 + \beta_5 \Delta) G_1^2 + \alpha_6 g_2^2 g_3 G_1 + \alpha_7 g_2^4 = 0,$$

wo die α, β rationale Zahlen sind. Das Absolutglied ist bis auf einen numerischen Faktor gleich g_2^4, da G_1 und damit die mit G_1 gleichberechtigten Formen, d. h. alle acht Wurzeln der Gleichung (44) *nur* in Nullstellen von g_2 verschwinden.

Es ist nun zunächst möglich, mit einem Schlage alle sieben Koeffizienten α zu bestimmen, und zwar dadurch, daß man $q = 0$ einträgt. Hierbei reduzieren sich g_2, g_3, Δ auf ihre Anfangsglieder:

(45) $$g_2 = \frac{1}{12}\left(\frac{2\pi}{\omega_2}\right)^4, \quad g_3 = \frac{1}{216}\left(\frac{2\pi}{\omega_2}\right)^6, \quad \Delta = 0;$$

von den acht Wurzeln G_1 wird aber die eine $\frac{7}{4}\left(\frac{2\pi}{\omega_2}\right)^2$, während die sieben anderen einander gleich und gleich $-\frac{1}{4}\left(\frac{2\pi}{\omega_2}\right)^2$ werden. Aus der Invarianz von G_1 gegenüber W_7 folgt nämlich:

$$G_1(\omega_2, -\omega_1) = G_1\left(-\frac{i\omega_1}{\sqrt{7}}, -i\omega_2\sqrt{7}\right) = -\frac{1}{4}\left(\frac{2\pi}{\omega_2}\right)^2,$$

ein Ausdruck, der gegenüber der Substitution $\omega_1' = \omega_1 + \omega_2$, $\omega_2' = \omega_2$ unverändert bleibt und also den gemeinsamen Wert der sieben Wurzeln $G_1(\omega_2, -\omega_1)$, $G_1(\omega_2, -\omega_1 - \omega_2), \ldots$ für $q = 0$ liefert. Man trage nun die Ausdrücke (45) in (44) ein und fordere, daß die entstehende Gleichung die acht angegebenen Wurzeln hat. Man findet die α und schreibt die Gleichung am bequemsten als solche für $2G_1$:

$$(2G_1)^8 - 84 g_2 (2G_1)^6 - 3024 g_3 (2G_1)^5 - 1890 g_2^2 (2G_1)^4 - 18144 g_2 g_3 (2G_1)^3 - (3780 g_2^3 + a\Delta)(2G_1)^2 - 1664 g_2^2 g_3 (2G_1) - 567 g_2^4 = 0.$$

Zur Bestimmung des einzigen noch unbekannten Koeffizienten a stetzen wir:

$$\tau = \frac{-5+\sqrt{21}}{2}, \qquad \tau^{-1} = \frac{-5-\sqrt{21}}{2}$$

ein und finden $g_2 = 0$ aus (40), sowie weiter aus (28), (39) und (40):

$$(46) \qquad \frac{(2G_1)^3}{g_3} = 3\cdot 56\sqrt{3}(3\sqrt{3}+2\sqrt{7}).$$

Andrerseits folgt aus der Gleichung für G_1 im Falle $g_2 = 0$:

$$\frac{(2G_1)^6}{g_3^2} - 3024\frac{(2G_1)^3}{g_3} + 27a = 0.$$

Da diese Gleichung durch den Wert (46) befriedigt werden muß, so folgt $a = -2^6\cdot 49$. *Die Gleichung achten Grades für G_1 beim siebenten Transformationsgrade ist hiernach:*

$$(47) \qquad \begin{aligned}(2G_1)^8 - 84g_2(2G_1)^6 - 3024g_3(2G_1)^5 - 1890g_2^2(2G_1)^4 \\ - 18144g_2g_3(2G_1)^3 - (3780g_2^3 - 3136\Delta)(2G_1)^2 \\ - 1664g_2^2g_3(2G_1) - 567g_2^4 = 0.\end{aligned}$$

4. Transformation 49sten Grades. Das Polygon T_{49} ist aus dem in Fig. 2, S. 351, dargestellten Polygone T_7 dadurch gewinnbar, daß man auf das letztere Polygon die Substitutionen $\begin{pmatrix}1, & 0\\ \pm 7, & 1\end{pmatrix}$, $\begin{pmatrix}1, & 0\\ \pm 14, & 1\end{pmatrix}$, $\begin{pmatrix}1, & 0\\ \pm 21, & 1\end{pmatrix}$ ausübt und die sechs so entspringenden Bereiche dem Polygone T_7 anfügt. T_{49} ragt mit acht Spitzen an die Punkte $\omega = i\infty, 0, \pm\frac{1}{7}, \pm\frac{1}{14}, \pm\frac{1}{21}$ heran, wobei je die beiden von der einzelnen dieser Spitzen auslaufenden Polygonseiten aufeinander bezogen sind und zwar durch die Substitutionen:

$$\begin{pmatrix}1, & 1\\ 0, & 1\end{pmatrix}, \quad \begin{pmatrix}1, & 0\\ 49, & 1\end{pmatrix}, \quad \begin{pmatrix}6, & -1\\ 49, & -8\end{pmatrix}, \quad \begin{pmatrix}8, & 1\\ -49, & -6\end{pmatrix}, \quad \begin{pmatrix}13, & -1\\ 196, & -15\end{pmatrix}, \quad \begin{pmatrix}15, & 1\\ -196, & -13\end{pmatrix},$$

$$\begin{pmatrix}20, & -1\\ 441, & -22\end{pmatrix}, \quad \begin{pmatrix}22, & 1\\ -441, & -20\end{pmatrix}.$$

Die in (34) gegebene Funktion $\tau(\omega)$ ist im Polygone T_{49} siebenwertig. Die sieben Pole fallen in der Spitze $\omega = 0$ zusammen, während in den anderen sieben Spitzen Nullpunkte je erster Ordnung liegen. Durch die Transformation W_{49} des Polygons T_{49} in sich werden die beiden Spitzen 0 und $i\infty$ ausgetauscht, und ebenso werden die sechs weiteren Spitzen untereinander permutiert. Demnach ist $\tau'(\omega) = \tau(W_{49}(\omega))$ eine siebenwertige Funktion von T_{49}, die in der Spitze $i\infty$ einen Pol siebenter Ordnung hat und in den übrigen sieben Spitzen je in der ersten Ordnung verschwindet. Der Quotient $\frac{\tau}{\tau'}$ ist demnach achtwertig mit einem Pole achter Ordnung bei $\omega = 0$ und einem Nullpunkte gleicher Ordnung bei $i\infty$.

Da T_{49} zum Geschlechte 1 gehört, so kann die achte Wurzel des eben genannten Quotienten, da sie auf T_{49} einwertig sein würde, nicht mehr eine Funktion der $\Gamma_{\psi(49)}$ sein. Wohl aber gilt dies von der vierten Wurzel des Quotienten. Aus (34) und (35) folgt nämlich:

$$\tau'(\omega) = \tau\left(\frac{-1}{49\,\omega}\right) = \frac{49}{\tau(7\,\omega)} = \sqrt[6]{\frac{\Delta(7\,\omega_1,\,\omega_2)}{\Delta(49\,\omega_1,\,\omega_2)}}.$$

Setzen wir nun:

$$\sigma(\omega) = \sqrt[4]{\frac{\tau}{49\,\tau'}} = \sqrt[24]{\frac{\Delta(49\,\omega_1,\omega_2)}{\Delta(\omega_1,\,\omega_2)}}, \tag{48}$$

so gelangen wir zu einer Funktion, die nach S. 339 in der Tat zur Gruppe $\Gamma_{\psi(49)}$ gehört. Ihre eindeutige Erklärung gehe aus der Reihenentwicklung hervor:

$$\sigma(\omega) = q^4 + q^6 + 2q^8 + 3q^{10} + 5q^{12} + 7q^{14} + 11q^{16} + 15q^{18} + \cdots. \tag{49}$$

Gegenüber der Substitution W_{49} zeigt $\sigma(\omega)$ das Verhalten:

$$\sigma'(\omega) = \sigma\left(\frac{-1}{49\,\omega}\right) = \frac{1}{7\,\sigma(\omega)}. \tag{50}$$

Andrerseits folgt aus (48) für $\tau(\omega)$ das Verhalten:

$$\tau'(\omega) = \tau\left(\frac{-1}{49\,\omega}\right) = \frac{\tau(\omega)}{49\,\sigma(\omega)^4}. \tag{51}$$

Zwischen τ und σ besteht eine algebraische Relation, die entsprechend der Wertigkeit dieser Funktionen in τ vom zweiten und in σ vom siebenten Grade ist. Bei Anordnung nach Potenzen von τ ist der Koeffizient von τ^2 gleich 1, da die sieben Pole von τ bei $\omega = 0$ und also $\sigma = \infty$ zusammenfallen. Man setze demnach an:

$$\tau^2 + g_1(\sigma)\tau + g_2(\sigma) = 0,$$

wo die g ganze Funktionen höchstens siebenten Grades von σ sind. Die Absolutglieder von g_1 und g_2 verschwinden, da die beiden Nullpunkte von σ bei $\omega = i\infty$, d. h. in einem Nullpunkte von τ zusammenfallen. Übt man W_{49} aus, so geht der Ansatz wegen (50) und (51) über in:

$$\tau^2 + 7^2\sigma^4 g_1\left(\frac{1}{7\sigma}\right)\tau + 7^4\sigma^8 g_2\left(\frac{1}{7\sigma}\right) = 0,$$

so daß man für g_1 und g_2 noch die Bedingungen hat:

$$7^2\sigma^4 g_1\left(\frac{1}{7\sigma}\right) = g_1(\sigma), \qquad 7^4\sigma^8 g_2\left(\frac{1}{7\sigma}\right) = g_2(\sigma).$$

Diese Funktionen haben also die Gestalten:

$$g_1(\sigma) = a_1\sigma + a_2\sigma^2 + 7\,a_1\sigma^3,$$
$$g_2(\sigma) = b_1\sigma + b_2\sigma^2 + b_3\sigma^3 + b_4\sigma^4 + 7\,b_3\sigma^5 + 7^2 b_2\sigma^6 + 7^3 b_1\sigma^7.$$

Die sechs jetzt noch unbekannten Koeffizienten bestimmt man mittelst der Reihe (49) und derjenigen für τ:

$$(52)\quad \tau(\omega) = 7^2(q^2 + 4q^4 + 14q^6 + 40q^8 + 105q^{10} + 252q^{12} + 574q^{14} + 1236q^{16} + \cdots).$$

Zwischen den Funktionen τ und σ des Polygons T_{49} besteht die algebraische Relation:

$$(53)\quad \tau^2 - 7^3\tau(\sigma + 5\sigma^2 + 7\sigma^3) - 7^4(\sigma + 7\sigma^2 + 3\cdot 7\sigma^3 + 7^2\sigma^4 + 3\cdot 7^2\sigma^5 + 7^3\sigma^6 + 7^3\sigma^7) = 0.$$

Als Ersatz der Transformationsgleichung von $J(\omega)$ für den 49sten Grad können wir nun die Gleichung (41), *die entsprechende Gleichung zwischen J' und τ', die Relation $49\sigma^4\tau' = \tau$ und die Gleichung* (53) *ansehen.* Durch Elimination von τ, τ' und σ würde die fragliche Gleichung gewinnbar sein.

Übrigens hat man in σ und τ noch nicht die einfachsten Funktionen der Polygone T_{49} und K_{49} erhalten. Aus (50) und (51) folgt, daß:

$$(54)\quad \bar{\tau} = \frac{\tau}{7^3\sigma^2}, \qquad \bar{\sigma} = \sigma + \frac{1}{7\sigma}$$

Funktionen von K_{49} sind, und zwar ist $\bar{\tau}$ dreiwertig mit einem Pole dritter Ordnung bei $i\infty$ und $\bar{\sigma}$ zweiwertig mit einem Pole zweiter Ordnung ebenda. Aus (53) folgt als Relation zwischen $\bar{\sigma}$ und $\bar{\tau}$:

$$\bar{\tau}^2 - \bar{\tau}(7\bar{\sigma} + 5) - 7\bar{\sigma}^2(\bar{\sigma} + 1) + 1 = 0,$$

eine Gleichung, die man auch in die Gestalt kleiden kann:

$$(55)\quad 7(\bar{\sigma} - 1)(\bar{\sigma} + 1)^2 = (\bar{\tau} + 1)^2 - 7(\bar{\tau} + 1)(\bar{\sigma} + 1).$$

Erklärt man nun eine neue Funktion $\tau_0(\omega)$ des Klassenpolygons K_{49} durch:

$$(56)\quad \tau_0 = \frac{\bar{\tau} + 1}{\bar{\sigma} + 1},$$

die in der Spitze $i\infty$ einen Pol erster Ordnung hat, so folgt aus (55) und (56):

$$(57)\quad \begin{cases} 7\bar{\sigma} = \tau_0^2 - 7\tau_0 + 7, \\ 7\bar{\tau} = \tau_0^3 - 7\tau_0^2 + 14\tau_0 - 7. \end{cases}$$

Da hieraus hervorgeht, daß τ_0 keinen weiteren Pol in K_{49} hat, so haben wir *in $\tau_0(\omega)$ eine einwertige Funktion des Klassenpolygons* K_{49} gewonnen. Bei Auflösung der Gleichung:

$$7\sigma^2 - (\tau_0^2 - 7\tau_0 + 7)\sigma + 1 = 0$$

nach σ stellt sich, dem Geschlechte 1 von T_{49} entsprechend, die Quadratwurzel einer ganzen Funktion vierten Grades von τ_0 ein. Diese Wurzel liefert uns in der Gestalt:

(58) $$\sigma_0 = \sqrt{\tau_0^4 - 14\tau_0^3 + 63\tau_0^2 - 98\tau_0 + 21}$$

eine Funktion der $\Gamma_{\psi(49)}$, die durch die Festsetzung $\lim\limits_{\omega = i\infty} (\sigma_0 \tau_0^{-2}) = 1$ eindeutig erklärt sein mag. *In τ_0 und σ_0 haben wir dann die einfachsten Funktionen des Polygons T_{49} vom Geschlechte 1 erhalten.* Die Berechnung der zugehörigen Invarianten (nach I, 121) zeigt, daß hier ein elliptisches Gebilde der absoluten Invariante $J = -\frac{5^3}{2^6}$ vorliegt.

Die Funktionen σ und τ berechnen sich aus τ_0 und σ_0 so:

(59) $$\begin{cases} 14\sigma = \tau_0^2 - 7\tau_0 + 7 + \sigma_0, \\ 4\tau = (\tau_0^3 - 7\tau_0^2 + 14\tau_0 - 7)(\tau_0^2 - 7\tau_0 + 7 + \sigma_0)^2. \end{cases}$$

Die vier Nullpunkte von σ_0 in T_{49} liefern die Nullpunkte der repräsentierenden Formen für die vier Formklassen der Diskriminante $D = -196$.

§ 4. Primzahlige Transformationsgrade der Gestalt $n = 4h + 3$.

1. Transformation elften Grades. Die eine bei der Diskriminante $D = -11$ auftretende Formklasse kann durch die reduzierte Form (1, 1, 3) repräsentiert werden. Man hat also für die Gruppe $\Gamma_{\psi(11)}$, dem Ansatze (9) S. 326 entsprechend, eine Modulform y_0, die kurz y heiße und die Reihenentwicklung zuläßt:

(1) $$y = \frac{2\pi}{\omega_2}(1 + 2q^2 + 4q^6 + 2q^8 + 4q^{10} + \cdots).$$

Von den drei nach S. 334 anzusetzenden Formen z_0 verschwindet die erste identisch, während die beiden anderen sich nur im Vorzeichen unterscheiden. Die durch 2 geteilte zweite Form z_0 heiße kurz z; sie hat die Reihenentwicklung:

(2) $$z = \frac{2\pi}{\omega_2}(q - q^3 - q^5 + q^{11} + q^{15} - q^{23} - \cdots).$$

Die Formen y und $z\sqrt{\Delta}$ gehören zur elften Stufe und nehmen gegenüber einer Substitution der $\Gamma_{\psi(11)}$ den Faktor $\left(\frac{\alpha}{11}\right)$ an.

Die Gesamtordnung des Verschwindens sowohl von y als von z im Polygone T_{11} ist 1. Da $\Gamma_{\psi(11)}$ keine elliptische Substitution enthält und y in der einen bei $\omega = i\infty$ gelegenen Spitze nicht verschwindet, so hat y an einer von dieser Spitze verschiedenen Stelle von T_{11} einen Nullpunkt erster Ordnung. Dagegen verschwindet z zufolge (2) in der Spitze $i\infty$ in der Ordnung $\frac{1}{2}$; es bleibt dann nur noch ein Nullpunkt in der gleichen Ordnung $\frac{1}{2}$ über, der nur in der zweiten Spitze von T_{11}, d. h. bei $\omega = 0$ liegen kann.

Die Substitution W_{11} transformiere y und z in y' und z'. Die Formen y' und $z'\sqrt{\Delta}$ nehmen gegenüber einer Substitution der $\Gamma_{\psi(11)}$ den Faktor $\left(\frac{\delta}{11}\right)$ an, der wegen $\alpha\delta \equiv 1 \pmod{11}$ gleich $\left(\frac{\alpha}{11}\right)$ ist. Somit ergibt sich bei der Lage der Nullpunkte von z im Quotienten $\frac{z'}{z}$ eine von Nullpunkten und Polen freie Funktion der $\Gamma_{\psi(11)}$, die also eine Konstante ist. Aber auch der Quotient $\frac{y'}{y}$ ist eine Konstante, da dieser Quotient höchstens eine einwertige Funktion auf dem Polygone T_{11} des Geschlechtes 1 sein könnte. Da W_{11} die Periode 2 hat, so schließen wir auf das Bestehen der Gleichungen $y' = \pm y$, $z' = \pm z$. Indem wir dem auf der imaginären ω-Achse liegenden Fixpunkte von W_{11} entsprechend $\omega_1 = i$, $\omega_2 = \sqrt{11}$ eintragen, ergibt sich die Gültigkeit des oberen Zeichens, da weder y (zufolge der Reihe (1)) noch z in diesem Fixpunkte verschwindet. *Die beiden Formen* $(-1)^{\text{ter}}$ *Dimension* y *und* z *sind gegenüber* W_{11} *invariant:*

$$(3)\quad y\left(\frac{i\omega_2}{\sqrt{11}}, -i\omega_1\sqrt{11}\right) = y(\omega_1, \omega_2), \quad z\left(\frac{i\omega_2}{\sqrt{11}}, -i\omega_1\sqrt{11}\right) = z(\omega_1, \omega_2).$$

Die Form y hat notwendig ihren Nullpunkt in einem Fixpunkte von W_{11}. Die beiden in Fig. 10, S. 364, mit e_0 und e_0' bezeichneten, symmetrisch liegenden Punkte können hierbei nicht in Betracht kommen, da y (wegen (1)) entweder in beiden Punkten zugleich oder in keinem von beiden verschwindet. Also folgt der Satz: *Der Nullpunkt der Modulform* y *ist der in Fig. 10 mit* e_1 *bezeichnete Nullpunkt* $\omega = \frac{-\sqrt{11}+i}{2\sqrt{11}}$ *der quadratischen Form* (11, 11, 3).

Man hat nun in $(ay^2 + bz^2)$ eine zum Klassenpolygone K_{11} gehörende Formenschar mit *einem* beweglichen Nullpunkte, die der Darstellung der übrigen Formen zugrunde zu legen ist. Dies mag zunächst für die zu $n = 11$ gehörende Form:

$$G_1 = \frac{11}{12}\left(\frac{2\pi}{\omega_2}\right)^2 (5 + 12q^2 + 36q^4 + 48q^6 + 84q^8 + 72q^{10} + \cdots)$$

geprüft werden. Die beiden Anfangsglieder der Reihen liefern:

$$12\,G_1 = 11(5y^2 - 8z^2).$$

Dieses Ergebnis kann zu einer Bestätigung der bisher entwickelten Schlüsse dienen. Indem man nämlich rechts für y und z die Reihen (1) und (2) einträgt, müssen sich auch die weiter in der Reihe für G_1 angegebenen Koeffizienten wiederfinden, was in der Tat der Fall ist.

Weiter ist $(g_2' + g_2)$ eine ganze homogene Funktion zweiten Grades von y^2 und z^2, sowie $(g_2' - g_2)^2$ eine ebensolche Funktion vierten Grades. Die vier Nullpunkte der letzteren in K_{11} sind die vier unter (13) S. 364

genannten, in Fig. 10 daselbst mit e_0, e_0', e_1, e_3 bezeichneten Ecken des Polygons K_{11}. Da y in der Ecke e_1 verschwindet, so hat die fragliche Funktion vierten Grades den Faktor y^2. Die Reihenentwicklungen ergeben die Koeffizienten:

$$(4)\qquad \begin{cases} 6(g_2' + g_2) = 61y^4 - 2^4\cdot 23y^2z^2 + 2^5\cdot 11z^4, \\ (g_2' - g_2)^2 = 100y^2(y^6 - 2^2\cdot 5y^4z^2 + 2^3\cdot 7y^2z^4 - 2^2\cdot 11z^6). \end{cases}$$

Die Quadratwurzel des in der letzten Gleichung rechts stehenden Ausdrucks, der die „Verzweigungsform" (vgl. I, 119) für eine unten zu nennende Riemannsche Fläche mit vier Verzweigungspunkten liefert, hat in den vier Punkten e_0, e_0', e_1, e_3 des Polygons T_{11} einfache Nullpunkte und liefert eine Modulform $(-4)^{\text{ter}}$ Dimension:

$$(5)\qquad f_2 = y\sqrt{y^6 - 2^2\cdot 5y^4z^2 + 2^3\cdot 7y^2z^4 - 2^2\cdot 11z^6}$$

der Gruppe $\Gamma_{\psi(11)}$, die gegenüber W_{11} Zeichenwechsel erfährt. Die Potenzreihe von f_2 ist:

$$(6)\qquad f_2 = \left(\frac{2\pi}{\omega_2}\right)^4 (1 - 2q^2 - 18q^4 - 56q^6 - 146q^8 - 252q^{10} - \cdots).$$

Die Darstellungen von g_2, g_2' durch y^2, z^2, f_2 fassen wir zusammen in:

$$(7)\qquad 12g_2,\ 12g_2' = 61y^4 - 2^4\cdot 23y^2z^2 + 2^5\cdot 11z^4 \mp 2^2\cdot 3\cdot 5f_2.$$

Auf entsprechendem Wege gewinnt man für g_3 und g_3' wieder unter Zusammenfassung beider Formeln:

$$(8)\qquad 216g_3,\ 216g_3' = -5\cdot 7\cdot 19y^6 + 2^4\cdot 3\cdot 7\cdot 23y^4z^2 - 2^6\cdot 3\cdot 7\cdot 11y^2z^4 + 2^3\cdot 7\cdot 11^2z^6 \pm 2\cdot 3^2 f_2(37y^2 - 2^3\cdot 11z^2).$$

Nach S. 339 ist $\sqrt[12]{\Delta'\Delta} = \sqrt[12]{\Delta(11\omega_1, \omega_2)\Delta(\omega_1, \omega_2)}$ gegenüber den Substitutionen der $\Gamma_{\psi(11)}$ invariant. Da man in den beiden Spitzen von T_{11} je einfache Nullpunkte dieser Form feststellt, so ist sie bis auf einen konstanten Faktor gleich z^2. Es gilt aber einfach:

$$(9)\qquad \sqrt[24]{\Delta'\Delta} = z,$$

wie die Potenzreihen bestätigen. Aus der Invarianz von $\sqrt{\Delta'\Delta}$ folgt, daß $\sqrt{\Delta}$ und $\sqrt{\Delta'}$ bei den Substitutionen der $\Gamma_{\psi(11)}$ entweder zugleich unverändert bleiben oder zugleich Zeichenwechsel erfahren. Aus der zweiten Formel (9) in I, 453 folgt aber:

$$\sqrt{\Delta}\left(\frac{i\omega_2}{\sqrt{11}}, -i\omega_1\sqrt{11}\right) = -\sqrt{\Delta}\left(i\omega_1\sqrt{11}, \frac{i\omega_2}{\sqrt{11}}\right) = 11^3\cdot\sqrt{\Delta'}.$$

Umgekehrt gilt also:

$$\sqrt{\Delta'}\left(\frac{i\omega_2}{\sqrt{11}}, -i\omega_1\sqrt{11}\right) = 11^{-3}\sqrt{\Delta}.$$

Jede der beiden Formen $(1331\sqrt{\Delta'} \pm \sqrt{\Delta})$ wird also durch die Substitutionen der $\Gamma_{\psi(1:)}$, vielleicht vom Zeichen abgesehen, in sich transformiert. Bei Ausübung von W_{11} aber bleibt die erste Form unverändert, während die zweite Zeichenwechsel erfährt. Im Polygone K_{11} hat jede dieser Formen Nullpunkte der Gesamtordnung 3. Je ein Nullpunkt der Ordnung $\frac{1}{2}$ liegt in der Spitze $i\infty$ von K_{11}, so daß noch Nullpunkte je in der Ordnung $\frac{5}{2}$ übrig bleiben. Nun verschwindet $(1331\sqrt{\Delta'} - \sqrt{\Delta})$ im Punkte $\omega = \frac{i}{\sqrt{11}}$ (Punkt e_3 der Fig. 10, S. 364). Das Quadrat:

$$(1331\sqrt{\Delta'} - \sqrt{\Delta})^2 = 11^6\Delta' + \Delta - 2\cdot 11^3 z^{12},$$

das als homogene ganze Funktion sechsten Grades von y^2 und z^2 mit *rationalen* Zahlenkoeffizienten darstellbar ist, hat hiernach mit der im rationalen Körper *irreduzibelen* Funktion:

$$f_2^2 \cdot y^{-2} = y^6 - 2^2\cdot 5y^4z^2 + 2^3\cdot 7y^2z^4 - 2^2\cdot 11z^6$$

einen Nullpunkt gemein und enthält demnach diese Funktion als Faktor. Da überdies der Faktor z (wegen des Nullpunktes in der Spitze $i\infty$) vorliegt, so gilt der Ansatz:

$$y(1331\sqrt{\Delta'} - \sqrt{\Delta}) = z f_2 (ay^2 + bz^2).$$

Die Koeffizienten bestimmt man mittelst der ersten Reihenglieder; es gilt:

$$(10)\qquad y(\sqrt{\Delta} - 1331\sqrt{\Delta'}) = z f_2 (y^2 - 11z^2).$$

Zur Prüfung dieses Ergebnisses berechne man aus ihm den Ausdruck für $y(\sqrt{\Delta} + 1331\sqrt{\Delta'})$, wobei sich die im Laufe der Rechnung auftretende Quadratwurzel rational ausziehen lassen muß. Dies bestätigt sich in der Tat; man findet:

$$\sqrt{\Delta} + 1331\sqrt{\Delta'} = yz(y^4 - 3\cdot 7y^2z^2 + 2^3\cdot 11z^4).$$

Durch Kombination der beiden letzten Gleichungen folgt:

$$(11)\qquad \begin{cases} 2y\sqrt{\Delta} = z\,(y^2(y^4 - 3\cdot 7y^2z^2 + 2^3\cdot 11z^4) + f_2(y^2 - 11z^2)), \\ 2\cdot 11^3\cdot y\sqrt{\Delta'} = z\,(y^2(y^4 - 3\cdot 7y^2z^2 + 2^3\cdot 11z^4) - f_2(y^2 - 11z^2)). \end{cases}$$

Man bilde nun die beiden Quotienten:

$$(12)\qquad \tau(\omega) = \frac{y^2}{z^2}, \qquad \sigma(\omega) = \frac{f_2}{z^4},$$

von denen der erste eine einwertige Funktion des Klassenpolygons darstellt. T_{11} wird durch τ auf eine zweiblättrige Fläche des Geschlechtes 1 abgebildet, für die wir ein Funktionssystem in:

$$(13)\qquad \tau \quad \text{und} \quad \sigma = \sqrt{\tau(\tau^3 - 20\tau^2 + 56\tau - 44)}$$

besitzen. Hier liegt ein elliptisches Gebilde von der absoluten Invariante $J = -\frac{2^6 \cdot 31^3}{3^3 \cdot 11^5}$ vor.

Aus (7), (8) und (11) berechnet sich folgende *Darstellung von* $J(\omega)$ *im Funktionssystem* σ, τ:

$$(14)\quad \begin{aligned} J:(J-1):1 = {} & \tau(61\tau^2 - 2^4 \cdot 23\tau + 2^5 \cdot 11 - 2^2 \cdot 3 \cdot 5\sigma)^3 \\ & : \tau(5 \cdot 7 \cdot 19\tau^3 - 2^4 \cdot 3 \cdot 7 \cdot 23\tau^2 + 2^6 \cdot 3 \cdot 7 \cdot 11\tau \\ & \qquad - 2^3 \cdot 7 \cdot 11^2 - 2 \cdot 3^2\sigma(37\tau - 2^3 \cdot 11))^2 \\ & : 2^4 \cdot 3^3(\tau(\tau^2 - 3 \cdot 7\tau + 2^3 \cdot 11) + \sigma(\tau - 11))^2. \end{aligned}$$

Die Gleichung für die transformierte Funktion J' geht hieraus durch Zeichenwechsel von σ hervor. *Beide Gleichungen im Verein mit der Relation* (13) *ersetzen uns die Transformationsgleichung für* $J(\omega)$.

Beim elften Grade gibt es eine Transformationsgleichung für:

$$(15)\qquad f = 11 z^2 = 11 \sqrt[12]{\Delta(11\omega_1, \omega_2) \cdot \Delta(\omega_1, \omega_2)},$$

deren Gestalt unter (7) S. 343 angesetzt ist. Man könnte diese Gleichung durch Eliminationen aus den entwickelten Relationen gewinnen. Doch ist es leichter, direkt an den eben genannten allgemeinen Ansatz anzuknüpfen und die noch unbekannten numerischen Koeffizienten aus den Reihenentwicklungen zu bestimmen. Für die Form (15) hat man zunächst die Reihe:

$$(16)\qquad f(\omega_1, \omega_2) = 11\left(\frac{2\pi}{\omega_2}\right)^2 (q^2 - 2q^4 - q^6 + 2q^8 + q^{10} + 2q^{12} - \cdots).$$

Aus der Invarianz von z gegenüber W_{11} folgt:

$$f\left(\frac{i\omega_2}{\sqrt{11}}, -i\omega_1\sqrt{11}\right) = 11\, z(\omega_1, \omega_2)^2,$$

sowie, falls man $\frac{\omega_1}{i\sqrt{11}}, \frac{\sqrt{11}\,\omega_2}{i}$ an Stelle von ω_1, ω_2 einträgt:

$$f(\omega_2, -\omega_1) = 11\, z\left(\frac{\omega_1}{i\sqrt{11}}, \frac{\sqrt{11}}{i}\omega_2\right)^2 = -z\left(\frac{\omega_1}{11}, \omega_2\right)^2.$$

Die Form $f(\omega_2, -\omega_1)$, die gleichfalls eine Lösung der gesuchten Transformationsgleichung ist, hat hiernach die Potenzreihe:

$$(17)\quad f(\omega_2, -\omega_1) = -\left(\frac{2\pi}{\omega_2}\right)^2 \left(q^{\frac{2}{11}} - 2q^{\frac{4}{11}} - q^{\frac{6}{11}} + 2q^{\frac{8}{11}} + q^{\frac{10}{11}} + 2q^{\frac{12}{11}} - \cdots\right).$$

Man trägt nun in den mehrfach genannten Ansatz (7) (S. 343) zweckmäßig $12g_2$ und $216g_3$ an Stelle von g_2 und g_3 ein, damit die Anfangskoeffizienten der Reihen für diese Produkte gleich 1 sind. Das vorletzte Glied der gesuchten Gleichung bestimmt sich dann aus dem Anfangsgliede der Reihe (17), die übrigen Glieder findet man aber leicht durch

Vermittlung der Reihe (16). *Die beim elften Grade auftretende Transformationsgleichung für die Form* (15) *ist:*

$$(18)\quad f^{12} - 2\cdot 3^2\cdot 5\cdot 11\,\Delta f^6 + 2^3\cdot 5\cdot 11(12g_2)\Delta f^4 - 3\cdot 5\cdot 11(216g_3)\Delta f^3 + 2\cdot 3\cdot 11(12g_2)^2\Delta f^2 + (12g_2)(216g_3)\Delta f - 11\,\Delta^2 = 0.$$

2. Transformation 19ten Grades. Die zur linken Seite der imaginären ω-Achse liegende Hälfte des Klassenpolygons K_{19} ist in Fig. 16 abgebildet. Neben den beiden geradlinigen Seiten, die auch schon Symmetrielinien des Transformationspolygons

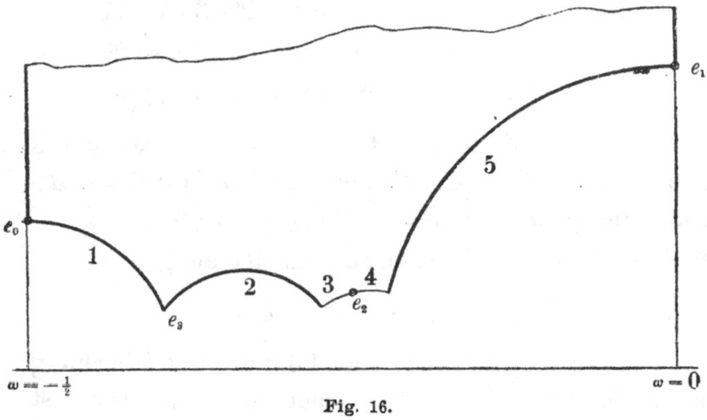

Fig. 16.

T_{19} sind, kommen noch die drei in Fig. 16 mit 1, 2 und 5 bezeichneten Symmetriekreise hinzu, von denen der letzte zur Spiegelung $\overline{W}_{19}$ gehört, während die beiden ersten die Gleichungen:

$$38(\xi^2+\eta^2)+38\xi+9=0,\quad 57(\xi^2+\eta^2)+38\xi+6=0$$

haben und zu den in der $\overline{\Gamma}^{(19)}$ enthaltenen Spiegelungen gehören:

$$\omega' = \frac{-19\,\overline{\omega}-9}{38\,\overline{\omega}+19},\quad \omega' = \frac{-19\,\overline{\omega}-6}{57\,\overline{\omega}+19}.$$

Bei der Diskriminante $D = -19$ gibt es nur eine Formklasse mit der reduzierten Form (1, 1, 5). Die nach Vorschrift von S. 362 der Klasse entnommene Form (19, 19, 5) hat als Nullpunkt die in Fig. 16 mit e_0 bezeichnete, bei $\omega = \frac{-\sqrt{19}+i}{2\sqrt{19}}$ gelegene Ecke. Nach S. 148 gehören zur Diskriminante $D = -76$ drei Formklassen, und zwar neben der Hauptklasse zwei entgegengesetze Klassen mit den reduzierten Formen $(4, \pm 2, 5)$. Der in Fig. 16 mit e_1 bezeichnete Eckpunkt ist der Nullpunkt der in der Hauptklasse enthaltenen Form (19, 0, 1). Der bei $\omega = \frac{-\sqrt{19}+i}{4\sqrt{19}}$ gelegene Punkt e_2 ist der Fixpunkt der elliptischen Substitution der Periode zwei $\begin{pmatrix}-19, & -5\\ 76, & 19\end{pmatrix}$ der $\Gamma^{(19)}$ und zugleich der Nullpunkt der in der einen der beiden entgegengesetzten Klassen enthaltenen Form (76, 38, 5); durch jene Substitution werden die Seiten 3 und 4 der Fig. 16 ineinander transformiert. Der bezüglich der imaginären ω-Achse mit e_2 symmetrische

Punkt e_2' gehört der anderen der beiden entgegengesetzten Klassen an. Der Punkt e_3, der bei $\omega = \frac{-15 + i\sqrt{3}}{38}$ gelegen ist, bildet mit dem symmetrischen Punkte e_3' einen Eckenzyklus des Klassenpolygons K_{19}. Am Transformationspolygon aber stehen diese Ecken je für sich und sind die Fixpunkte zweier in der $\Gamma_{\psi(19)}$ enthaltenen elliptischen Substitutionen der Periode drei $\begin{pmatrix} 7, & \pm 1 \\ \mp 57, & -8 \end{pmatrix}$. Sie liefern für die über der J-Ebene lagernden Transformationsfläche F_{19} die beiden bei $J = 0$ isoliert verlaufenden Blätter, deren Auftreten aus der Abzählung von S. 356 hervorgeht.

Die analytischen Ansätze von S. 326ff. gestalten sich gerade so wie bei $n = 11$. Die quadratische Form $(1, 1, 5)$ der Diskriminante $D = -19$ liefert die Modulform $(-1)^{\text{ter}}$ Dimension:

$$(19) \qquad y = \frac{2\pi}{\omega_2}(1 + 2q^2 + 2q^8 + 4q^{10} + 4q^{14} + 2q^{18} + \cdots).$$

Von den drei Formen z_0 verschwindet eine identisch[1]), während die beiden anderen sich nur im Vorzeichen unterscheiden. Eine dieser Formen, von dem gemeinsamen Faktor 2 ihrer Reihenkoeffizienten befreit, ist:

$$(20) \qquad z = \frac{2\pi}{\omega_2}(q - q^5 - q^7 + q^9 - q^{11} - q^{17} + q^{19} + \cdots).$$

Dieses z liefert erst im Produkte $z\sqrt{\Delta}$ eine zur $\Gamma_{\psi(19)}$ gehörende Modulform. Gegenüber der einzelnen Substitution der $\Gamma_{\psi(19)}$ nehmen die beiden Formen y und $z\sqrt{\Delta}$ den Faktor $\left(\frac{\alpha}{19}\right)$ an.

Die Formen y und z haben in T_{19} Nullpunkte in der Gesamtordnung $\frac{5}{3}$. Die Lage der Nullpunkte von z ist leicht feststellbar. Infolge (20) liegt in der Spitze $i\infty$ im Nullpunkt der Ordnung $\frac{1}{2}$. Da z in den beiden symmetrischen Punkten e_3, e_3' (wegen der reellen Reihenkoeffizienten) Nullpunkte gleicher Ordnung hat, so muß in jeder dieser Ecken, damit die Gesamtordnung $\frac{5}{3}$ herauskommt, ein Nullpunkt der Ordnung $\frac{1}{3}$ liegen. Der rückständige Nullpunkt der Ordnung $\frac{1}{2}$ liegt in der Spitze $\omega = 0$, was durch den Umstand bestätigt wird, daß $z \cdot \sqrt{\Delta}$ gegenüber der Substitution $\begin{pmatrix} 1, & 0 \\ 19, & 1 \end{pmatrix}$ unverändert bleibt. Die Form y ist bei $\omega = i\infty$ von 0 verschieden und kann (wegen ihrer Invarianz gegenüber der eben genannten Substitution) bei $\omega = 0$ höchstens in ganzzahliger Ordnung ver-

1) Das identische Verschwinden steht bereits fest, wenn in der Potenzreihe von z_0 kein Glied mit einem Exponenten < 4 von q auftritt. In diesem Falle würde nämlich, falls z_0 nicht identisch verschwände, bei $\omega = i\infty$ ein Nullpunkt einer Ordnung ≥ 2 auftreten, während doch z_0, als von der Dimension -1, in T_{19} nur Nullpunkte in der Gesamtordnung $\frac{5}{3}$ hat.

schwinden. Damit die Gesamtordnung $\frac{5}{3}$ herauskommt, muß y in e_3 und e_3' Nullpunkte der Ordnung $\frac{1}{3}$ haben, so daß noch ein einziger Nullpunkt der Ordnung 1 übrig bleibt. Die funktionentheoretische Überlegung, die schon im Falle $n = 11$ ausgeübt wurde, zeigt, daß dieser Nullpunkt notwendig in dem bei $\omega = \frac{-\sqrt{19}+i}{2\sqrt{19}}$ gelegenen Punkte e_0 von T_{19} liegt.

Aus der Lage der Nullpunkte folgt weiter, *daß y und z gegenüber W_{19} invariant sind.* Ein Zeichenwechsel gegenüber W_{19} ist deshalb ausgeschlossen, weil diese Formen im Punkte e_1 nicht verschwinden.

Wir haben nun wieder in $(ay^2 + bz^2)$ eine lineare Formenschar mit *einem* beweglichen Nullpunkte erster Ordnung im Klassenpolygone K_{19} und übrigens je zwei festen Nullpunkten der Ordnung $\frac{1}{3}$ in e_3 und e_3'. Die zu $n = 19$ gehörende Form G_1 gehört der Schar an; es gilt nämlich:

$$4G_1 = 19(3y^2 - 8z^2).$$

Zur Gewinnung derjenigen ganzen homogenen Funktion dritten Grades von y^2 und z^2, deren drei Nullpunkte erster Ordnung in K_{19} die zu den drei Formklassen mit $D = -76$ gehörenden Ecken e_1, e_2, e_2' sind, kann man so vorgehen: Im Quotienten:

$$(21) \qquad \tau(\omega) = \frac{y^2}{z^2} = q^{-2} + 4 + 6q^2 + \cdots$$

haben wir eine einwertige Funktion von K_{19}, die ihren Pol bei $\omega = i\infty$ hat. Wir verstehen nun unter $(\omega, d\omega)$ das schon in I, 318 eingeführte homogene Differential:

$$(\omega, d\omega) = \omega_1 \cdot d\omega_2 - \omega_2 \cdot d\omega_1 = -\omega_2^2 \cdot d\omega,$$

das gegenüber den homogenen Substitutionen der $\Gamma_{\psi(19)}$ invariant ist und bei W_{19} Zeichenwechsel erfährt. Nennen wir die in (19) und (20) rechts in Klammern stehenden Potenzreihen kurz y' und z', so haben wir in:

$$\frac{d\tau}{(\omega, d\omega)} = -\frac{2\pi i}{\omega_2^2}\frac{qy'}{z'^2}\left(\frac{dy'}{dq} - y'\frac{d\log z'}{dq}\right)$$

eine Form $(-2)^{\text{ter}}$ Dimension, die gegenüber W_{19} Zeichenwechsel erfährt, und die in den beiden Polygonspitzen $\omega = i\infty$ und 0 je einen Pol erster Ordnung hat. Demnach wird in:

$$(22) \qquad 2i\pi z^2 \frac{d\tau}{(\omega, d\omega)} = \left(\frac{2\pi}{\omega_2}\right)^3 qy\left(\frac{dy'}{dq} - y'\frac{d\log z'}{dq}\right)$$

eine *ganze* Form $(-4)^{\text{ter}}$ Dimension von T_{19} gewonnen sein, deren Nullpunkte in der Gesamtordnung $\frac{20}{3}$ nicht in den beiden Spitzen von T_{19} liegen. Die Lage und Ordnung dieser Nullpunkte läßt sich sofort angeben, da die von z^2 bekannt sind und die des Differentialquotienten in (22) links sich nur an jenen Stellen finden, wo die konforme Beziehung zwischen der

τ-Ebene und der ω-Halbebene unterbrochen ist, d. h. an den Stellen $e_0, e_1, e_2, e_2', e_3, e_3'$. In T_{19} gemessen hat die Form (22) je einen Nullpunkt erster Ordnung in den vier Punkten e_0, e_1, e_2, e_2' und je einen Nullpunkt der Ordnung $\frac{4}{3}$ an den Stellen e_3, e_3'. Demnach hat die Form:

$$(23) \qquad v(\omega_1, \omega_2) = -2i\pi \frac{z^2}{y} \frac{d\tau}{(\omega, d\omega)} = \left(\frac{2\pi}{\omega_2}\right)^3 q \left(y' \frac{d \log z'}{dq} - \frac{dy'}{dq}\right)$$

in T_{19} fünf einfache Nullpunkte bei $e_1, e_2, e_2', e_3, e_3'$. Die Bezeichnung v möge darauf hinweisen, daß diese Form mit der Verzweigungsform der dem Polygone T_{19} entsprechenden zweiblättrigen Riemannschen Fläche über der τ-Ebene eng zusammenhängt; die Potenzreihe von v ist:

$$(24) \qquad v = \left(\frac{2\pi}{\omega_2}\right)^3 (1 - 2q^2 - 4q^4 - 14q^6 - 22q^8 - 48q^{10} - \cdots).$$

Das Quadrat von v ist nun eine Form des Klassenpolygons K_{19}, die drei einfache Nullpunkte in den Ecken e_1, e_2, e_2' und einen Nullpunkt zweiter Ordnung im Eckenzyklus e_3, e_3' hat. Somit ist v^2 als ganze homogene Funktion dritten Grades von y^2 und z^2 darstellbar, und zwar, wie die Reihenentwicklungen zeigen, in der Gestalt:

$$(25) \qquad v^2 = y^6 - 2^4 y^4 z^2 + 2^6 y^2 z^4 - 2^2 \cdot 19 z^6.$$

Das Produkt $y^2 v^2$ liefert die Verzweigungsform der eben genannten zweiblättrigen Fläche, auf die T_{19} durch $\tau(\omega)$ abgebildet wird. Die Quadratwurzel yv dieser Verzweigungsform heiße als ganze Modulform $(-4)^{\text{ter}}$ Dimension $f_2(\omega_1, \omega_2)$. Wir haben dann in:

$$(26) \qquad \tau \quad \text{und} \quad \sigma = \frac{f_2}{z^4} = \sqrt{\tau(\tau^3 - 2^4\tau^2 + 2^6\tau - 2^2 \cdot 19)}$$

ein Funktionssystem der fraglichen Fläche. Hier liegt, wie man durch Berechnung der Invarianten feststellt, ein elliptisches Gebilde der absoluten Invariante $J = -\frac{2^{12} \cdot 7^3}{3^3 \cdot 19^3}$ vor.

Ehe wir $g_2, g_2', g_3, \ldots$ in y, z und f_2 darstellen, soll ein bisher schon wiederholt hervorgetretener Satz allgemein bewiesen werden. Die Ecken oder Eckenzyklen von K_n, die noch nicht als solche am Polygone T_n auftreten, wurden von den Fixpunkten der elliptischen Substitutionen der Periode 2 in der Nebengruppe $\Gamma_{\psi(n)} \cdot W_n$ geliefert und waren übrigens den Formklassen der Diskriminante $D = -4n$ bzw. der Diskriminanten $D = -n$ und $D = -4n$ zugeordnet. Es gilt der Satz, *daß eine Form G_ν der geraden Dimension -2ν, die gegenüber der $\Gamma_{\psi(n)}$ absolut invariant ist, aber gegenüber W_n Zeichenwechsel erfährt, in jedem der eben genannten Punkte von T_n einen Nullpunkt hat.* Durchläuft $\begin{pmatrix}\alpha, \beta \\ \gamma, \delta\end{pmatrix}$ die $\Gamma_{\psi(n)}$, d. h. ist γ durch n teilbar, und benutzen wir für W_n die homogene Schreibweise

(5) S. 370 der Periode 2, so erhalten wir für $\gamma = n\beta$ die elliptischen Substitutionen von der Periode 2 der Nebengruppe $\Gamma_{\psi(n)} \cdot W_n$ in der Gestalt:

$$\begin{pmatrix} i\beta\sqrt{n}, & -\frac{i\alpha}{\sqrt{n}} \\ i\delta\sqrt{n}, & -i\beta\sqrt{n} \end{pmatrix}, \quad \alpha\delta - n\beta^2 = 1.$$

Der Fixpunkt der einzelnen dieser Substitutionen ist $\frac{\beta\sqrt{n}+i}{\delta\sqrt{n}}$, wo δ als positiv gelten darf. Der Annahme gemäß besteht nun die Gleichung:

$$G_\nu\left(i\beta\omega_1\sqrt{n} - \frac{i\alpha\omega_2}{\sqrt{n}},\ i\delta\omega_1\sqrt{n} - i\beta\omega_2\sqrt{n}\right) = -G_\nu(\omega_1, \omega_2).$$

Setzt man hier, dem eben genannten Fixpunkte entsprechend, $\omega_1 = \beta\sqrt{n} + i$, $\omega_2 = \delta\sqrt{n}$ ein, so folgt:

$$G_\nu(-\beta\sqrt{n} - i, -\delta\sqrt{n}) = -G_\nu(\beta\sqrt{n} + i, \delta\sqrt{n}),$$

woraus sich wegen der geraden Dimension von G_ν das Verschwinden dieser Form an der fraglichen Stelle ergibt.

Das Polygon T_{19} hat an Punkten der fraglichen Art die vier mit e_0, e_1, e_2, e_2' bezeichneten. Hier verschwindet die Form f_2 je einfach. Wenden wir den eben bewiesenen Satz auf $(g_2' - g_2)$ an, so heben sich die vier Nullpunkte bei e_0, e_1, e_2, e_2' aus dem Quotienten $(g_2' - g_2) : f_2$ fort. Nun hat f_2 außerdem noch im Polygone T_{19} in den beiden Ecken e_3, e_3' je einen Nullpunkt der Ordnung $\frac{4}{3}$ und ist übrigens allenthalben von 0 verschieden. Für $(g_2' - g_2)$ können wir in e_3 und e_3' zunächst nur je einen Nullpunkt der Ordnung $\frac{1}{3}$ feststellen. Demnach ist der gegenüber W_{19} invariante Quotient $(g_2' - g_2) : f_2$ eine einwertige Funktion von K_{19} oder eine Konstante, nämlich letzteres, falls der noch übrig bleibende Nullpunkt von $(g_2' - g_2)$ etwa auch im Eckenzyklus e_3, e_3' liegen sollte. In jedem Falle gilt der Ansatz:

$$(ay^2 + bz^2)(g_2' - g_2) = f_2(cy^2 + dz^2).$$

Der erste Faktor links ist diejenige Form unserer linearen Schar, die den beweglichen Nullpunkt im Eckenzyklus e_3, e_3' von K_{19} hat. Es ist also weder a noch b gleich 0, und also kann einer dieser Koeffizienten, etwa a, gleich 1 gesetzt werden. Die drei anderen Koeffizienten ergeben sich leicht aus den Potenzreihen; man findet:

$$(27) \qquad (y^2 - z^2)(g_2' - g_2) = 10 f_2(3y^2 - 5z^2),$$

so daß $(y^2 - z^2)$ die Form der Schar ist, die im Eckenzyklus e_3, e_3' von K_{19} einen Nullpunkt der Ordnung $\frac{5}{3}$ hat.

Einfacher ist die Darstellung von $(g_2' + g_2)$. Man erkennt leicht, daß $(y^2 - z^2)(g_2' + g_2)$ eine homogene Funktion dritten Grades von y^2

und z^2 sein muß, deren Koeffizienten wie üblich aus den Potenzreihen bestimmt werden. Durch Kombination beider Ergebnisse folgen für g_2 und g_2' die Darstellungen:

$$(28)\quad 12(y^2 - z^2)g_2,\ 12(y^2 - z^2)g_2' = 181y^6 - 3\cdot 503y^4z^2 + 2^4\cdot 211y^2z^4 - 2^5\cdot 3\cdot 19z^6 \mp 60f_2(3y^2 - 5z^2).$$

Für die Darstellung von J in σ und τ ist es ausreichend, wenn wir neben (28) noch die Ausdrücke von $\varDelta$ und $\varDelta' = \varDelta(19\omega_1, \omega_2)$ in y, z und f_2 kennen. Diesem Zwecke dient folgende Schlußweise. In $\varDelta'\cdot\varDelta$ haben wir eine Form des Polygons K_{19} mit einem Nullpunkte 20ster Ordnung in der Spitze $i\infty$, die sich infolge ihres Anfangskoeffizienten sofort als mit dem Quotienten von z^{40} und $(y^2 - z^2)^8$ identisch erweist, welcher in der Tat in derselben Weise verschwindet. Wir finden bei richtiger Bestimmung der Wurzeln:

$$(29)\qquad \sqrt[8]{\varDelta'\varDelta} = \frac{z^5}{y^2 - z^2},\qquad \sqrt[6]{\varDelta'\varDelta} = z^6\sqrt[3]{\frac{z^2}{(y^2 - z^2)^4}}.$$

Weiter ist nach den Sätzen von S. 339ff. die sechste Wurzel des Quotienten $\varDelta' : \varDelta$ eine Funktion der $\Gamma_{\psi(19)}$. Hieraus folgt, daß jeder der beiden Ausdrücke $(\sqrt[6]{\varDelta} \pm 19\sqrt[6]{\varDelta'})$ gegenüber den Substitutionen der $\Gamma^{(19)}$ bis auf multiplikative sechste Einheitswurzeln invariant ist. Nun liegt zunächst für die Form $(\sqrt[6]{\varDelta} - 19\sqrt[6]{\varDelta'})$ ein Nullpunkt der Ordnung $\frac{1}{6}$ in der Spitze $i\infty$. Es bleiben Nullpunkte der Gesamtordnung $\frac{3}{2}$ übrig, und da die fragliche Form im Punkte e_1 verschwindet, während andrerseits die Funktion dritten Grades (25) von y^2 und z^2, deren einer Nullpunkt e_1 ist, im rationalen Körper irreduzibel ist, so sind die beiden anderen Nullpunkte je der Ordnung $\frac{1}{2}$ von $(\sqrt[6]{\varDelta} - 19\sqrt[6]{\varDelta'})$ die Punkte e_2, e_2'.[1]) Hiernach ist der Quotient von z^2v^6 und $(\sqrt[6]{\varDelta} - 19\sqrt[6]{\varDelta'})^6$ eine ganze Form des Polygons K_{19}, die nur noch im Eckenzyklus e_3, e_3' verschwindet. Infolge des Anfangsgliedes der Potenzreihe ist sie einfach gleich $(y^2 - z^2)^4$. Wir haben also wieder bei richtiger Bestimmung der Wurzel das Ergebnis:

$$(30)\qquad \sqrt[6]{\varDelta} - 19\sqrt[6]{\varDelta'} = v\sqrt[3]{\frac{z}{(y^2 - z^2)^2}}.$$

Die Schlußweise gestattet eine Prüfung, indem man aus (30) und der zweiten Formel (29) den Ausdruck für $(\sqrt[6]{\varDelta} + 19\sqrt[6]{\varDelta'})$ berechnet. Es muß sich nämlich die Quadratwurzel aus $(v^2 + 76z^6)$ in y und z rational darstellen. Dies ist in der Tat der Fall, man gewinnt:

---

1) Man beachte, daß das Produkt von $(y^2 - z^2)^4$ und der sechsten Potenz von $(\sqrt[6]{\varDelta} - 19\sqrt[6]{\varDelta'})$ ganz und numerisch rational in y^2 und z^2 darstellbar ist.

$$(31)\qquad \sqrt[6]{\Delta} + 19\sqrt[6]{\Delta'} = y(y^2 - 8z^2)\sqrt[3]{\frac{z}{(y^2 - z^2)^2}}\,.$$

Für Δ selbst ergibt sich endlich der Ausdruck:

$$(32)\qquad 2^6(y^2 - z^2)^4\Delta = z^2(y^3 - 8yz^2 + v)^6.$$

Geht man jetzt zum Funktionssystem σ, τ von T_{19} zurück, so findet man aus (28) und (32) folgenden *Ausdruck für $J(\omega)$ als rationale Funktion von σ und τ:*

$$(33)\qquad J = \frac{(\tau - 1)\tau^3(181\tau^3 - 3\cdot 503\tau^2 + 2^4\cdot 211\tau - 2^5\cdot 3\cdot 19 - 60\sigma(3\tau - 5))^3}{27(\tau^2 - 8\tau + \sigma)^6}\,.$$

Die Gleichung für J' ergibt sich hieraus durch Zeichenwechsel von σ. Beide Gleichungen ersetzen uns im Verein mit der Relation (26) *die beim 19ten Grade auftretende Transformationsgleichung für $J(\omega)$.*[1]

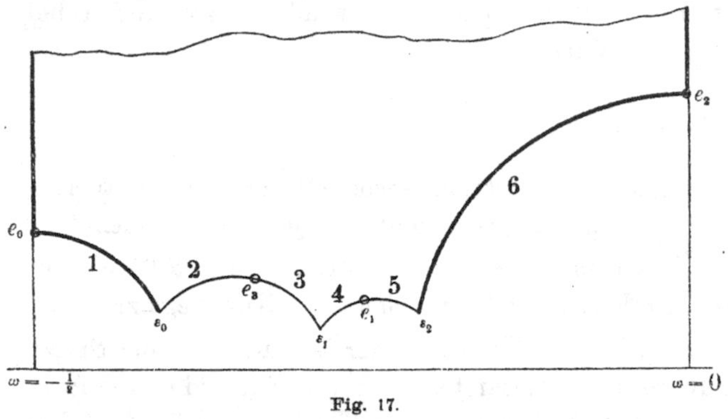

Fig. 17.

3. **Transformation 23ten Grades.** Die zur linken Seite der imaginären ω-Achse gelegene Hälfte des Klassenpolygons K_{23} ist in Fig. 17 dargestellt. Die mit 1 und 6 bezeichneten Kreisbogen sind die Symmetriekreise der Spiegelungen:

$$\omega' = \frac{-23\bar\omega - 11}{46\bar\omega + 23}\,,\qquad \omega' = \frac{1}{23\bar\omega}\,.$$

Die Seiten 2 und 3 sind aufeinander bezogen, ebenso 4 und 5, nämlich durch:

$$\omega' = \frac{-23\omega - 8}{69\omega + 23}\quad \text{bzw.}\quad \omega' = \frac{-23\omega - 6}{92\omega + 23}\,,$$

deren Fixpunkte e_3 und e_1 gelegen sind bei:

$$\omega = \frac{-\sqrt{23} + i}{3\sqrt{23}}\quad \text{und}\quad \omega = \frac{-\sqrt{23} + i}{4\sqrt{23}}\,.$$

Den drei Formklassen der Diskriminante $D = -23$ gehören die Ecken e_0 $\left(\text{bei } \omega = \frac{-\sqrt{23} + i}{2\sqrt{23}} \text{ gelegen}\right)$, e_1 und die bezüglich der imaginären ω-Achse symmetrische Ecke e_1' an. Ebenso entsprechen die Ecken e_2 $\left(\text{bei } \omega = \frac{i}{\sqrt{23}}\right.$

---

1) Die Transformationsgleichung für die 12te Wurzel der Diskriminante Δ ist beim 19ten Grade von Kiepert im Journ. f. Math. Bd. 87, S. 216 angegeben.

gelegen), e_3 und die symmetrische Ecke e_3' den drei Formklassen mit $D = -92$. Die drei Ecken $\varepsilon_0, \varepsilon_1, \varepsilon_2$, gelegen bei:

$$\omega = \frac{-93 + i\sqrt{91}}{230}, \quad \frac{-13\sqrt{7} + i\sqrt{13}}{46\sqrt{7}}, \quad \frac{-47 + i\sqrt{91}}{230},$$

und die symmetrischen Ecken $\varepsilon_0', \varepsilon_1', \varepsilon_2'$ bilden für das ganze Polygon K_{23} einen Zyklus.[1]

Die drei reduzierten Formen der Diskriminante $D = -23$ sind die Hauptform (1, 1, 6) und die entgegengesetzten Formen (2, ± 1, 3). Der Ansatz (9) S. 326 liefert zwei verschiedene Modulformen:

$$(34) \quad \begin{cases} y = \frac{2\pi}{\omega_2}(1 + 2q^2 + 2q^8 + 4q^{12} + 4q^{16} + 2q^{18} + \cdots), \\ y_1 = \frac{2\pi}{\omega_2}(1 + 2q^4 + 2q^6 + 2q^8 + 2q^{12} + 2q^{16} + 2q^{18} + \cdots). \end{cases}$$

Der Ansatz (21) S. 333 liefert für die Hauptform eine identisch verschwindende Reihe und für die beiden entgegengesetzten Formen (3, ± 1, 2) eine Modulform:

$$(35) \quad z = \frac{2\pi}{\omega_2}(q^2 - q^4 - q^6 + q^{12} + q^{16} - q^{26} - \cdots),$$

die mit $\frac{1}{2}(y - y_1')$ identisch ist. Übrigens gilt einfach:

$$(36) \quad z = \sqrt[24]{\Delta'\Delta} = \sqrt[24]{\Delta(23\omega_1, \omega_2) \cdot \Delta(\omega_1, \omega_2)},$$

wie aus der Gleichheit der beiden ersten Glieder der beiderseitigen Reihenentwicklungen folgt.[2] Gegenüber einer Substitution der $\Gamma_{\psi(23)}$ nehmen die Formen y, y_1, z den Faktor $\left(\frac{\alpha}{23}\right)$ an.

Die Formen y und z haben auf dem Polygone T_{23} Nullpunkte je in der Gesamtordnung 2. Ihr Quotient:

$$(37) \quad \tau(\omega) = \frac{y}{z} = q^{-2} + 3 + 4q^3 + \cdots$$

ist demnach eine zweiwertige Funktion von T_{23}, da er nicht konstant ist und einwertige Funktionen auf diesem Polygone des Geschlechtes 2 nicht vorkommen. Nun gibt es auf einer hyperelliptischen Fläche im wesentlichen, d. h. von linearer Transformation abgesehen, nur *eine* zweiwertige Funktion.[3] In unserem Falle haben wir einerseits in $\tau(\omega)$, andrerseits

---

1) Es handelt sich hier um sogenannte „zufällige" Ecken (vgl. die „Vorlesungen über automorphe Funktionen", I, 110), die nicht Fixpunkte elliptischer Substitutionen sind; entsprechend ist die Summe der Eckenwinkel gleich 2π.

2) Vgl. die Note S. 409.

3) Existieren auf einer Riemannschen Fläche zwei zweiwertige Funktionen, die nicht linear miteinander zusammenhängen, so gehen diese beiden Funktionen eine algebraische Beziehung ein, die man leicht als zum Geschlecht $p = 0$ oder $p = 1$ gehörig erkennt.

in jeder einwertigen Funktion des Klassenpolygons K_{23} eine zweiwertige Funktion von T_{23}. *Also ist* $\tau(\omega)$ *eine einwertige Funktion von* K_{23}, *und da* z *zufolge* (36) *gegenüber* W_{23} *invariant ist, so gilt dasselbe von* y *und also auch von* y_1.

Das Polygon T_{23} wird durch $\tau(\omega)$ auf eine zweiblättrige Riemannsche Fläche mit sechs Verzweigungspunkten abgebildet, die von den Punkten $e_0, e_1, e_1', e_2, e_3, e_3'$ herrühren. Die zu dieser hyperelliptischen Fläche gehörende „Verzweigungsform" gewinnen wir wieder durch einen Differentiationsprozeß. Es handelt sich hierbei einfach um eine Wiederholung der Überlegung von S. 410ff. Wir bilden die zur $\Gamma_{\psi(23)}$ gehörende, gegenüber W_{23} Zeichenwechsel erfahrende Form $(-1)^{\text{ter}}$ Dimension:

$$(38)\qquad v = -2i\pi z\frac{d\tau}{(\omega, d\omega)} = -\frac{1}{2}\left(\frac{2\pi}{\omega_2}\right)^3 q\left(\frac{dy'}{dq} - y'\frac{d\log z'}{dq}\right),$$

wo y' und z' die in der ersten Gleichung (34) und in der Gleichung (35) rechts in Klammern stehenden Potenzreihen sind. Für die Form v findet man die Reihenentwicklung:

$$(39)\qquad v = \left(\frac{2\pi}{\omega_2}\right)^3(1 - q^2 - 5q^4 - 10q^6 - 21q^8 - 22q^{10} \\ - 50q^{12} - 44q^{14} - 85q^{16} - \cdots).$$

Die Ableitung von τ nach ω hat zwei Pole erster Ordnung in den Spitzen von T_{23}, die aber durch die daselbst liegenden Nullpunkte des Faktors z fortgehoben werden. Andrerseits sind die sechs Nullpunkte erster Ordnung der ganzen Form v die sechs Punkte $e_0, e_1, e_1', e_2, e_3, e_3'$, die die Verzweigungspunkte unserer zweiblättrigen Fläche liefern.

Die Verzweigungsform wird durch das Quadrat von v geliefert, das gegenüber W_{23} invariant ist. Man beachte, *daß wir für* K_{23} *jetzt in* $(ay + bz)$ *eine lineare Formenschar mit einem beweglichen Nullpunkte haben.* Demnach ist v^2 als homogene Funktion sechsten Grades von y und z darstellbar, die dann die gewünschte Verzweigungsform liefert. Die Reihenentwicklungen ergeben:

$$(40)\qquad v^2 = y^6 - 2\cdot 7y^5z + 3\cdot 19y^4z^2 - 2\cdot 53y^3z^3 + 2\cdot 3^2\cdot 5y^2z^4 - 2^4yz^5 - 19z^6.$$

Als Funktionssystem für das Transformationspolygon T_{23} *führen wir nun:*

$$(41)\qquad \tau = \frac{y}{z},\quad \sigma = \frac{v}{z^3}$$

ein, wobei sich die zweite Funktion in der ersten in Gestalt der folgenden Quadratwurzel darstellt:

$$(42)\qquad \sigma = \sqrt{\tau^6 - 14\tau^5 + 57\tau^4 - 106\tau^3 + 90\tau^2 - 16\tau - 19}.$$

Dieses Ergebnis ist einer bemerkenswerten Prüfung zugänglich. Durch Nullsetzen der unter dem Wurzelzeichen stehenden Funktion gewinnt man eine Gleichung, deren Lösungen die drei zu den Formklassen der Diskriminante $D = -23$ gehörenden Werte $\tau\left(\frac{-\sqrt{23}+i}{2\sqrt{23}}\right)$, $\tau\left(\frac{\mp\sqrt{23}+i}{4\sqrt{23}}\right)$ und die drei entsprechend zu $D = -92$ gehörenden $\tau\left(\frac{i}{\sqrt{23}}\right)$, $\tau\left(\frac{\mp\sqrt{23}+i}{3\sqrt{23}}\right)$ sind. Aus den späteren arithmetischen Anwendungen der elliptischen Funktionen folgt nun, daß jedes dieser Systeme zu je drei Werten selbst einer Gleichung mit *rationalen* Koeffizienten genügt. Die Gleichung sechsten Grades muß also im rationalen Körper reduzibel sein und zwar in zwei kubische Gleichungen zerfallen. Dies ist in der Tat der Fall; die beiden kubischen Gleichungen sind:

$$D = -23, \quad \tau^3 - 3\tau^2 + 2\tau + 1 = 0,$$
$$D = -92, \quad \tau^3 - 11\tau^2 + 22\tau - 19 = 0.$$

Daß die zweite Gleichung zur Diskriminante -92 gehört, folgert man aus der Tatsache, daß sie (aber nicht die erste Gleichung) eine reelle *positive* Lösung hat $\left(\text{die den Wert } \tau\left(\frac{i}{\sqrt{23}}\right) \text{ liefert}\right)$.

Um eine gleich auszuführende Rechnung zu erleichtern, bilden wir uns in:

$$(43) \qquad \begin{cases} v_1 = \sqrt{y^3 z - 3y^2 z^2 + 2yz^3 + z^4}, \\ v_2 = \sqrt{y^3 z - 11y^2 z^2 + 22yz^3 - 19z^4} \end{cases}$$

zwei Modulformen $(-2)^{\text{ter}}$ Dimension, von denen die erste drei Nullpunkte erster Ordnung an den Stellen e_0, e_1, e_1' von $\mathbf{T}_{23}$, die zweite ebensolche in den Punkten e_2, e_3, e_3' hat. Außerdem hat jede dieser Formen noch einen Nullpunkt der Ordnung $\frac{1}{2}$ in jeder der beiden Polygonspitzen. Durch Eintragung der Reihen für y und z in (43) ergeben sich für v_1 und v_2 die beiden Potenzreihen:

$$(44) \qquad \begin{cases} v_1 = \left(\frac{2\pi}{\omega_2}\right)^2 (q + q^3 + 2q^7 - 2q^9 + * + \cdots), \\ v_2 = \left(\frac{2\pi}{\omega_2}\right)^2 (q - 3q^3 - 2q^5 - 4q^7 + 6q^9 + 2q^{11} + \cdots), \end{cases}$$

wo der Stern in der ersten Reihe andeuten soll, daß ein Glied mit q^{11} nicht auftritt. Da die Nullpunkte jeder Form v_1, v_2 durch W_{23} in sich transformiert werden, so wird jede dieser Formen durch W_{23} bis auf einen konstanten Faktor in sich transformiert. Die dabei auftretenden Faktoren können aber wegen der Periode 2 von W_{23} nur gleich ± 1 sein. Bei v_1 kann der Faktor -1 nicht auftreten, da v_1 im Punkte e_2 nicht verschwindet. Nehmen wir noch hinzu, daß $v_1 \cdot v_2 = zv$ gegenüber W_{23} Zeichenwechsel erfährt, so folgt: *Gegenüber* W_{23} *ist* v_1 *invariant und* v_2 *erfährt Zeichenwechsel.*

Die Darstellung von J durch σ und τ bahnen wir jetzt wieder dadurch an, daß wir g_2 und Δ durch die Formen $y, z, \ldots$ darstellen. Zunächst bietet g_2 keine Schwierigkeit; $(g_2' + g_2)$ ist eine homogene Funktion vierten Grades von y und z, $(g_2' - g_2)$ ist das Produkt von v und einer linearen Funktion von y und z. Die Reihenentwicklungen liefern die Darstellungen:

$$(45)\quad \begin{cases} 6(g_2'+g_2) = 5(53y^4 - 2^4\cdot 5^2 y^3 z + 2^4\cdot 59 y^2 z^2 - 2^4\cdot 3\cdot 19 y z^3 + 2^5\cdot 3^2 z^4), \\ 6(g_2' - g_2) = 2^5\cdot 3^2 v(11y - 2^4 z). \end{cases}$$

Da $\sqrt{\Delta'\Delta}$ gegenüber der $\Gamma_{\psi(23)}$ invariant ist, so bleiben $\sqrt{\Delta}$ und $\sqrt{\Delta'}$ bei der einzelnen Substitution dieser Gruppe stets zugleich unverändert oder erleiden zugleich Zeichenwechsel. Demnach sind $(\sqrt{\Delta} \pm 12167\sqrt{\Delta'})$ Formen, die gegenüber der $\Gamma_{\psi(23)}$ bis auf Zeichenwechsel invariant sind; gegenüber W_{23} ist die erste Form invariant, die zweite erfährt Zeichenwechsel. Das Produkt der beiden Formen enthält den Faktor v (vgl. S. 411) und auch den Faktor z (wegen der Nullpunkte in den Polygonspitzen); man kann demnach auch sagen, es enthalte den Faktor $v_1\cdot v_2$. Nun hat $(\sqrt{\Delta} - 12167\sqrt{\Delta'})$ mit der Form v_2 den Nullpunkt e_2 gemein. Da aber $(\sqrt{\Delta} - 12167\sqrt{\Delta'})^2$ eine ganze Funktion der y, z mit *rationalen* Koeffizienten ist und v_2^2 eine im rationalen Körper *irreduzible* ganze Funktion von y und z ist, so enthält $(\sqrt{\Delta} - 12167\sqrt{\Delta'})$ den Faktor v_2. Den Faktor v_1 kann sie nicht auch noch enthalten, da sonst $(\sqrt{\Delta} - 12167\sqrt{\Delta'})$ in y und z rational wäre, was wegen des Nullpunktes der Ordnung $\frac{1}{2}$ bei $\omega = i\infty$ nicht möglich ist. Somit sind die Formen $(\sqrt{\Delta} \pm 12167\sqrt{\Delta'})$ als Produkte von v_1 und v_2 mit ganzen homogenen Funktionen vierten Grades von y und z darstellbar. Die Potenzreihen ergeben:

$$(46)\quad \begin{cases} \sqrt{\Delta} + 12167\sqrt{\Delta'} = v_1(y^4 - 3\cdot 7 y^3 z + 2^2\cdot 37 y^2 z^2 \\ \qquad\qquad\qquad\qquad - 2^2\cdot 5\cdot 19 y z^3 + 2^2\cdot 53 z^4), \\ \sqrt{\Delta} - 12167\sqrt{\Delta'} = v_2(y^4 - 17 y^3 z + 2\cdot 3^2\cdot 5 y^2 z^2 - 2\cdot 71 y z^3 - 2\cdot 7 z^4). \end{cases}$$

Eine Prüfung der vollzogenen Schlußweise kann man dadurch anstellen, daß man die Differenz der Quadrate der hier rechts stehenden Ausdrücke bildet, die sich zufolge (36) auf $4\cdot 23^3 z^{12}$ zusammenziehen muß.

An die Stelle der etwas umständlichen Gleichung für J als rationale Funktion von σ und τ lassen wir die beiden Gleichungen treten:

$$(47)\quad \begin{cases} 12 g_2 z^{-4} = 5(53\tau^4 - 400\tau^3 + 944\tau^2 - 912\tau + 288) - 288\sigma(11\tau - 16), \\ 2\Delta z^{-12} - 2\cdot 23^3 = (\tau^4 - 17\tau^3 + 90\tau^2 - 142\tau - 14)\cdot \\ \qquad ((\tau^3 - 11\tau^2 + 22\tau - 19)(\tau^4 - 17\tau^3 + 90\tau^2 - 142\tau - 14) \\ \qquad + \sigma(\tau^4 - 21\tau^3 + 148\tau^2 - 380\tau + 212)). \end{cases}$$

Sie bilden mit der Gleichung (42) *in bekannter Weise den Ersatz der Transformationsgleichung für* $J(\omega)$ *beim 23. Grade.*[1])

4. **Transformation 31sten Grades.** Die zur linken Seite der imaginären ω-Achse gelegene Hälfte des Klassenpolygons K_{31} hat die in

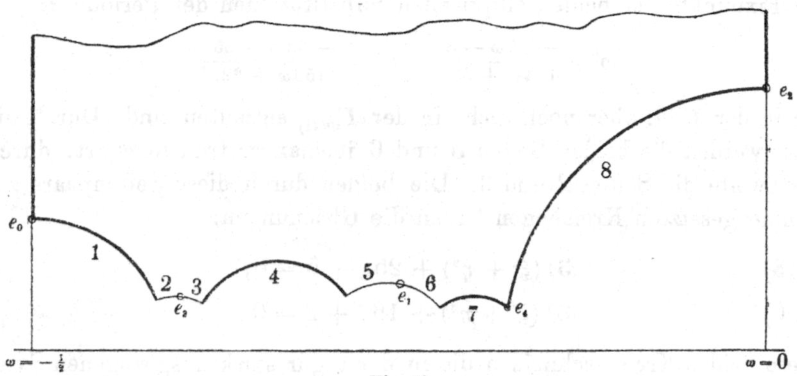

Fig. 18.

Fig. 18 gegebene Gestalt. Die mit den Nummern 1, 4, 7 und 8 bezeichneten Symmetriekreise nebst zugehörigen Spiegelungen der $\overline{\Gamma}^{(31)}$ sind der Reihe nach gegeben durch:

$$2\cdot 31(\xi^2+\eta^2)+2\cdot 31\,\xi+15=0,\quad \omega'=\frac{-31\bar\omega-15}{62\bar\omega+31},$$

$$3\cdot 31(\xi^2+\eta^2)+2\cdot 31\,\xi+10=0,\quad \omega'=\frac{-31\bar\omega-10}{93\bar\omega+31},$$

$$5\cdot 31(\xi^2+\eta^2)+2\cdot 31\,\xi+6=0,\quad \omega'=\frac{-31\bar\omega-6}{155\bar\omega+31},$$

$$31(\xi^2+\eta^2)-1=0,\quad \omega'=\frac{1}{31\bar\omega}.$$

Die zu e_0, e_1, e_3 und e_4 bezüglich der imaginären Achse symmetrischen Eckpunkte der anderen Hälfte von K_{31} mögen wieder e_0', e_1', e_3' und e_4' heißen. Der Eckenzyklus e_0, e_0' und die beiden Ecken e_1 e_1', gelegen bei:

$$\omega=\frac{\mp\sqrt{31}+i}{2\sqrt{31}},\quad \omega=\frac{-\sqrt{31}+i}{4\sqrt{31}},\quad \omega=\frac{\sqrt{31}+i}{4\sqrt{31}}$$

gehören den drei Formklassen der Diskriminante $D=-31$ bzw. den diese Klassen repräsentierenden Formen (31, 31, 8), (62, $\pm$ 31, 4) an, von denen die erste zweiseitig, die beiden anderen entgegengesetzt sind. Ebenso gehören die Punkte e_2, e_3 und e_3', gelegen bei:

1) Auch für den Grad 23 ist die Transformationsgleichung der zwölften Wurzel der Diskriminante Δ durch Kiepert berechnet; s. Journ. f. Math., Bd. 95, S. 230.

$$\omega = \frac{i}{\sqrt{31}}, \quad \omega = \frac{-2\sqrt{31}+i}{5\sqrt{31}}, \quad \omega = \frac{2\sqrt{31}+i}{5\sqrt{31}}$$

zu den drei Formklassen der Diskriminante $D = -124$, repräsentiert durch die Formen $(31, 0, 1)$, $(155, \pm 124, 25)$. Die Punkte e_1 und e_3 sind die Fixpunkte der beiden elliptischen Substitutionen der Periode 2:

$$\omega' = \frac{-31\omega - 8}{124\omega + 31}, \quad \omega' = \frac{-62\omega - 25}{155\omega + 62},$$

die in der $\Gamma^{(31)}$, aber noch nicht in der $\Gamma_{\psi(31)}$ enthalten sind. Durch die erste werden die beiden Seiten 5 und 6 ineinander transformiert, durch die zweite die Seiten 2 und 3. Die beiden durch diese Seitenpaare zusammengesetzten Kreisbogen haben die Gleichungen:

$$(2, 3) \qquad 31(\xi^2 + \eta^2) + 25\xi + 5 = 0,$$

$$(5, 6) \qquad 31(\xi^2 + \eta^2) + 16\xi + 2 = 0.$$

Diese beiden Kreise schneiden die in der Figur stark ausgezogenen Symmetriekreise 1, 4, 7 überall unter rechten Winkeln. Der Punkt e_4 endlich bildet mit dem symmetrischen Eckpunkte e_4' am Polygone K_{31} einen Eckenzyklus. Diese Punkte, die bei $\omega = \frac{\mp 11 + i\sqrt{3}}{62}$ gelegen sind, stehen am Transformationspolygone T_{31} für sich und bilden die Fixpunkte der beiden in der $\Gamma_{\psi(31)}$ enthaltenen elliptischen Substitutionen der Periode 3:

$$\omega' = \frac{-6\omega - 1}{31\omega + 5}, \quad \omega' = \frac{6\omega - 1}{31\omega - 5};$$

sie liefern für die über der J-Ebene gedachten Fläche F_{31} die Stellen mit $J = 0$ in den beiden hier unverzweigt verlaufenden Blättern.

Die bekannten Ansätze (S. 326 ff.) liefern für $n = 31$ zwei Modulformen y und eine Form z:

$$(48) \qquad \begin{cases} y = \frac{2\pi}{\omega_2}(1 + 2q^2 + 2q^8 + 4q^{16} + 2q^{18} + \cdots), \\ y_1 = \frac{2\pi}{\omega_2}(1 + 2q^4 + 2q^8 + 2q^{10} + 2q^{14} + 2q^{16} + \cdots), \\ z = \frac{2\pi}{\omega_2}(q^2 - q^4 - q^{10} - q^{14} + q^{16} + q^{18} + \cdots), \end{cases}$$

die auch hier wieder in der Beziehung $2z = y - y_1$ stehen. Alle drei Formen nehmen wieder gegenüber einer Substitution der $\Gamma_{\psi(31)}$ den Faktor $\left(\frac{\alpha}{31}\right)$ an.

Jede der drei Modulformen y, y_1, z hat im Polygone T_{31} Nullpunkte der Gesamtordnung $\frac{8}{3}$. Hieraus folgt leicht, daß y, y_1 und z in e_4 und e_4' je einen Nullpunkt der Ordnung $\frac{1}{3}$ haben; außerdem besitzt jede Form noch zwei Nullpunkte erster Ordnung in T_{31}, die auch zusammenfallen können, vielleicht auch in den Ecken e_4, e_4' gelegen sein mögen.

Im Quotienten:

$$\tau(\omega) = \frac{y}{z} = q^{-2} + 3 + 3q^2 + \cdots$$

heben sich die genannten Nullpunkte in e_4 und e_4' fort, so daß wir auch hier in $\tau(\omega)$ eine zweiwertige Funktion des zum Geschlechte 2 gehörenden Polygons T_{31} und also eine einwertige Funktion von K_{31} erkennen, die übrigens ihren Pol in der Spitze $i\infty$ hat. Da diese Spitze durch W_{31} nach $\omega = 0$ verlegt wird, so liegen die beiden Nullpunkte erster Ordnung von z in den Spitzen $i\infty$ und 0 von T_{31}. Hieraus aber ergibt sich leicht, *daß z und damit auch y und y_1 gegenüber W_{31} invariant sind.* Wie bisher stellen wir aus y und z in $(ay + bz)$ *eine lineare Formenschar des Klassenpolygons K_{31} her mit einem beweglichen Nullpunkte erster Ordnung und einem festen der Ordnung $\frac{1}{3}$ im Eckenzyklus e_4, e_4'.*

Zur Gewinnung der „Verzweigungsform" der zweiblättrigen hyperelliptischen Fläche über der τ-Ebene, die das Abbild von T_{31} ist, benutzen wir wieder den Ansatz (38), der uns hier mit der Modulform versieht:

$$(49)\qquad v = \left(\frac{2\pi}{\omega_2}\right)^3 (1 - q^2 - 3q^4 - 3q^6 - 13q^8 - 18q^{10} - 27q^{12} \\ - 36q^{14} - 59q^{16} - \cdots).$$

Diese Form hat in den sechs Punkten $e_0, e_1, e_1', e_2, e_3, e_3'$ von T_{31} je Nullpunkte erster Ordnung; außerdem tritt je ein Nullpunkt erster Ordnung in e_4 und e_4' auf, da hier die Ableitung von τ nach ω in der Ordnung $\frac{2}{3}$ und z in der Ordnung $\frac{1}{3}$ verschwindet. Hiernach ist das Quadrat von v als homogene Funktion sechsten Grades in y und z darstellbar, und zwar ergeben die Potenzreihen als Gestalt dieser Funktion:

$$(50)\qquad v^2 = y^6 - 2\cdot 7y^5z + 61y^4z^2 - 2\cdot 53y^3z^3 + 2\cdot 3\cdot 11y^2z^4 - 2^3yz^5 - 3z^6;$$

in dem hier rechts stehenden Ausdrucke haben wir *die Verzweigungsform der zweiblättrigen Fläche über der τ-Ebene* gewonnen. Als *Funktionssystem des Transformationspolygons* führen wir ein:

$$\tau(\omega) = \frac{y}{z}, \quad \sigma(\omega) = \frac{v}{z^3},$$

wobei sich σ in τ mittels der Quadratwurzel darstellt:

$$(51)\qquad \sigma = \sqrt{\tau^6 - 14\tau^5 + 61\tau^4 - 106\tau^3 + 66\tau^2 - 8\tau - 3}.$$

Die gewonnenen Ergebnisse sind wieder wie bei $n = 23$ einer Prüfung zugänglich. Die durch Nullsetzen der unter der Quadratwurzel (51) stehenden Funktion entstehende Gleichung sechsten Grades muß wieder im rationalen Körper reduzibel sein und in zwei kubische Gleichungen zerfallen. Die Wurzeln der einen kubischen Gleichung sind die Werte τ in den drei Nullpunkten e_0, e_1, e_1' der quadratischen Formen mit $D = -31$, die andere Gleichung gehört entsprechend zu $D = -124$. Diese Zerfällung der Gleichung sechsten Grades ist in der Tat möglich; wir gelangen zu den beiden kubischen Gleichungen:

$$D = -31, \quad \tau^3 - 5\tau^2 + 6\tau + 1 = 0,$$
$$D = -124, \quad \tau^3 - 9\tau^2 + 10\tau - 3 = 0,$$

die ihrerseits leicht als im rationalen Körper irreduzibel erkannt werden.[1]) Die Verteilung der beiden kubischen Gleichungen auf die Diskriminanten $D = -31$ und -124 entspricht dem Umstande, daß die zweite Gleichung die reelle *positive* Lösung $\tau\left(\frac{i}{\sqrt{31}}\right)$, die erste die reelle *negative* $\tau\left(\frac{-\sqrt{31}+i}{2\sqrt{31}}\right)$ hat.

Wie bei $n = 23$ führen wir in:

$$(52) \qquad \begin{cases} v_1 = \sqrt{y^3z - 5y^2z^2 + 6yz^3 + z^4}, \\ v_2 = \sqrt{y^3z - 9y^2z^2 + 10yz^3 - 3z^4} \end{cases}$$

zwei Modulformen $(-2)^{\text{ter}}$ Dimension ein, deren Produkt gleich zv ist. Die Nullpunkte der Gesamtordnung $\frac{16}{3}$ jeder dieser Formen v_1, v_2 im Polygone T_{31} verteilen sich so: Erstlich hat v_1 je drei einfache Nullpunkte in e_0, e_1, e_1' und v_2 in e_2, e_3, e_3'. Ferner haben die Formen gemeinsam je einen Nullpunkt der Ordnung $\frac{2}{3}$ in den Punkten e_4 und e_4' und je einen solchen der Ordnung $\frac{1}{2}$ in den Spitzen $i\infty$ und 0 von T_{31}. Durch dieselbe Überlegung wie bei $n = 23$ findet man, *daß v_1 gegenüber W_{31} invariant ist, während v_2 Zeichenwechsel erfährt.* Endlich gelten die Potenzreihen der v_1, v_2:

$$(53) \qquad \begin{cases} v_1 = \left(\frac{2\pi}{\omega_2}\right)^2 (q + * + q^5 + 3q^7 - 3q^9 + 6q^{11} + \cdots), \\ v_2 = \left(\frac{2\pi}{\omega_2}\right)^2 (q - 2q^3 - 3q^5 - q^7 + q^9 - 6q^{11} + \cdots). \end{cases}$$

Es soll nun zunächst diejenige Form $(ay + bz)$ der linearen Schar festgestellt werden, für welche der bewegliche Nullpunkt der Schar mit dem festen Nullpunkte im Eckenzyklus e_4, e_4' von K_{31} zusammenfällt. Die gesuchte Form $(ay + bz)$ hat im genannten Eckenzyklus einen Nullpunkt der Ordnung $\frac{4}{3}$ und kann in folgender Art berechnet werden. Das Produkt:

$$(54) \qquad \Delta' \cdot \Delta = \Delta(31\omega_1, \omega_2) \cdot \Delta(\omega_1, \omega_2)$$

ist eine Form von K_{31} mit einem einzigen Nullpunkte 32ster Ordnung in

1) Keine der beiden kubischen Gleichungen hat nämlich eine ganzzahlige Lösung.

der Spitze $i\infty$. Die Potenz z^{32} hat ebenda gleichfalls einen Nullpunkt 32ster Ordnung, außerdem aber einen Nullpunkt der Ordnung $\frac{32}{3}$ im Zyklus e_4, e_4'. Demnach ist z^{32} mit dem Produkte $(ay+bz)^8\cdot\Delta'\Delta$ identisch, und man findet durch Ausziehen der achten Wurzel den Ansatz:

$$z^4 = (ay+bz)\sqrt[8]{\Delta'\Delta}.$$

Die beiden ersten Glieder der Potenzreihen liefern a und b:

$$z^4 = (y-3z)\sqrt[8]{\Delta'\Delta}, \tag{55}$$

so daß $(y-3z)$ die gesuchte Form ist.

Die beiden Formen $(g_2' \pm g_2)$ haben in K_{31} Nullpunkte der Gesamtordnung $\frac{16}{3}$, so daß zunächst für den Eckenzyklus e_4, e_4' je ein Nullpunkt der Ordnung $\frac{1}{3}$ anzusetzen ist. Weiter hat $(g_2'-g_2)$ je einen Nullpunkt der Ordnung $\frac{1}{2}$ in den sechs Ecken $e_0, e_1, e_1', e_2, e_3, e_3'$. Für $(g_2'-g_2)$ restieren also noch zwei, für $(g_2'+g_2)$ noch fünf einfache Nullpunkte. Das Produkt von v mit einer ganzen Funktion zweiten Grades von y und z und ebenso eine ganze Funktion fünften Grades von y und z haben aber die Dimension -5 und je einen Nullpunkt der Ordnung $\frac{5}{3}$ im Zyklus e_4, e_4'. Hier also haben wir nicht $(g_2' \pm g_2)$, sondern die Produkte $(g_2' \pm g_2)(y-3z)$ dazustellen. *Die Potenzreihen führen auf folgende Ausdrücke* $(g_2' \pm g_2)$ *in* y, z, v:

$$(56)\quad \begin{cases} 6(g_2'+g_2)(y-3z) = 13\cdot 37y^5 - 5171y^4z + 2^5\cdot 5\cdot 11^2y^3z^2 \\ \qquad\qquad - 2^4\cdot 23\cdot 83y^2z^3 + 2^4\cdot 3^2\cdot 131yz^4 - 2^5\cdot 5\cdot 23z^5, \\ (g_2'-g_2)(y-3z) = 2^2\cdot 5v(2^2y^2 - 17yz + 2^4z^2). \end{cases}$$

Aus den Sätzen von S. 339ff. folgert man, daß beim 31sten Grade die beiden Formen $(-2)^{\text{ter}}$ Dimension $(\sqrt[6]{\Delta} \pm 31\sqrt[6]{\Delta'})$ gegenüber den Substitutionen der $\Gamma_{\psi(31)}$ bis auf eine multiplikative sechste Einheitswurzel invariant sind. Gegenüber W_{31} bleibt die erste Form unverändert, die zweite erfährt Zeichenwechsel. Jede dieser Formen hat auf K_{31} Nullpunkte der Gesamtordnung $\frac{8}{3}$. Da in der Spitze $i\infty$ beide Male ein Nullpunkt der Ordnung $\frac{1}{6}$ liegt, so bleiben Nullpunkte der Gesamtordnung $\frac{5}{2}$ übrig. Es treten also bei beiden Formen Nullpunkte in den Ecken e_0, $e_1, \ldots, e_3'$ auf, und zwar folgt aus dem Verhalten gegenüber W_{31} und der Irreduzibilität der beiden oben genannten kubischen Gleichungen für τ, daß $(\sqrt[6]{\Delta} + 31\sqrt[6]{\Delta'})$ drei bei e_0, e_1, e_1' gelegene Nullpunkte der Ordnung $\frac{1}{2}$ hat, $(\sqrt[6]{\Delta} - 31\sqrt[6]{\Delta'})$ aber ebensolche Nullpunkte bei e_2, e_3, e_3'. Jetzt restiert für jede unserer Formen noch ein Nullpunkt erster Ordnung. Bilden wir aber demnach für diese Formen die Ansätze $v_1(ay+bz)$, $v_2(cy+dz)$, so ist zu beachten, daß diese Produkte im Eckenzyklus e_4, e_4' Nullpunkte erster Ordnung haben. Wir dividieren also noch durch $\sqrt[3]{z(y-3z)^2}$ und erreichen so, daß die Quotienten nicht nur die richtigen

Nullpunkte haben, sondern auch die Dimension -2 besitzen. Die noch unbekannten Koeffizienten bestimmt man aus den beiden ersten Reihengliedern und gelangt zu dem Ergebnis: *Die Darstellung der ursprünglichen und der transformierten Diskriminante in den y, z, v_1, v_2 ist beim Grade $n = 31$ geleistet durch:*

$$(57)\qquad \begin{cases}(\sqrt[6]{\Delta}+31\sqrt[6]{\Delta'})\sqrt[3]{z(y-3z)^2}=v_1(y-7z),\\ (\sqrt[6]{\Delta}-31\sqrt[6]{\Delta'})\sqrt[3]{z(y-3z)^2}=v_2(y-5z).\end{cases}$$

Zu einer Bestätigung der vollzogenen Schlußweise berechne man $\sqrt[6]{\Delta\Delta'}$ durch Quadrieren und Subtrahieren aus den beiden Gleichungen (57). Dabei zieht sich, wie es sein muß, die Differenz der Quadrate der rechten Seiten auf das einzige Glied $124z^6$ zusammen, und man gelangt zur Gleichung (55) zurück.

Als *Ersatz der Transformationsgleichung für* $J(\omega)$ *beim Grade* 31 benutzen wir wie im voraufgehenden Falle die beiden Gleichungen:

$$(58)\qquad \begin{cases}12g_2(\tau-3)z^{-4}=481\tau^5-5171\tau^4+19360\tau^3-30544\tau^2+18864\tau\\ \qquad\qquad -3680-120\sigma(4\tau^2-17\tau+16),\\ 2\sqrt[3]{\Delta}(\tau-3)\sqrt[3]{\tau-3}\,z^{-4}=\tau^5-19\tau^4+125\tau^3-328\tau^2+280\tau-13\\ \qquad\qquad +\sigma(\tau^2-12\tau+35)\end{cases}$$

im Verein mit der Gleichung (51).[1])

§ 5. Primzahlige Transformationsgrade der Gestalt $n = 4h + 1$.

1. Transformation 13ten Grades. Die zur linken Seite der imaginären ω-Achse liegende Hälfte des Klassenpolygons K_{13} ist in Fig. 19 dargestellt. Sie ist ein aus lauter Symmetriekreisen der $\overline{\Gamma}^{(13)}$ begrenztes Kreisbogenfünfeck mit drei rechten Winkeln, einem Winkel $\frac{\pi}{3}$ und einem Winkel 0. Die mit den Nummern 1 und 2 bezeichneten Symmetriekreise nebst zugehörigen Spiegelungen sind:

$$13(\xi^2+\eta^2)+13\xi+3=0,\quad \omega'=\frac{-13\overline{\omega}-6}{26\overline{\omega}+13},$$

$$39(\xi^2+\eta^2)+26\xi+4=0,\quad \omega'=\frac{-13\overline{\omega}-4}{39\overline{\omega}+13},$$

mit 3 ist der Symmetriekreis der Spiegelung $\overline{W}_{13}$ bezeichnet. Die Ecken e_0 und e_1, gelegen bei $\omega=\frac{i}{\sqrt{13}}$ und $\frac{-\sqrt{13}+i}{2\sqrt{13}}$, sind die Fixpunkte der in der $\Gamma^{(13)}$ enthaltenen Substitutionen W_{13} und $\begin{pmatrix}-13, & -7\\ 26, & 13\end{pmatrix}$; sie ent-

1) Über die Transformationsgrade 47 und 71, für die auch noch das Geschlecht des Klassenpolygons 0 ist, vgl. man „Modulfunktionen", Bd. 2, S. 463 ff.

sprechen den beiden (zweiseitigen) Formklassen der Diskriminante $D=-52$ bzw. den diese Klassen repräsentierenden Formen (13, 0, 1), (26, 26, 7). Der Eckpunkt e_2 bildet am Polygone K_{13} mit dem symmetrischen e_2' einen Zyklus, ebenso die Eckpunkte e_3, e_3'. Am Transformationspolygon stehen diese vier Ecken je für sich und liefern die Fixpunkte der schon in der $\Gamma_{\psi(13)}$ enthaltenen Substitutionen der Perioden 2 bzw. 3:

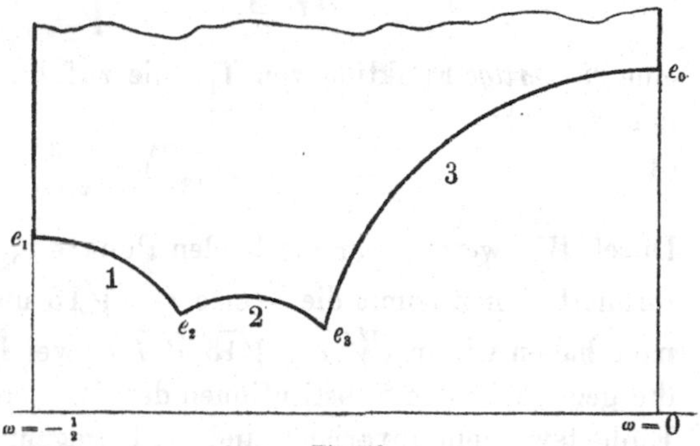

Fig. 19.

$$(1) \qquad \omega' = \frac{-5\omega \mp 2}{\pm 13\omega + 5}, \qquad \omega' = \frac{-3\omega \mp 1}{\pm 13\omega + 4}.$$

Auf der über der J-Ebene gedachten Fläche F_{13} sind e_2, e_2' die beiden Stellen bei $J=1$ in den daselbst unverzweigten Blättern, ebenso sind e_3, e_3' die beiden Stellen bei $J=0$ in den hier isoliert verlaufenden Blättern.

Der Ansatz (19) S. 332 liefert nur für die Hauptklasse der Diskriminante $D=-52$ eine nicht identisch verschwindende Reihe. Man gelangt zur Modulform:

$$(2) \qquad z = \frac{2\pi}{\omega_2} q^{\frac{1}{2}} (1 + q^4 - q^6 - 2q^8 + q^{12} - 2q^{14} - \cdots),$$

die mit $(\sqrt[4]{\Delta})^3$ multipliziert eine Form der $\Gamma_{\psi(13)}$ liefert und also ihrerseits gegenüber den Substitutionen der $\Gamma_{\psi(13)}$ bis auf multiplikative vierte Einheitswurzeln unverändert bleibt. Die Form z hat auf dem Polygone T_{13} Nullpunkte der Gesamtordnung $\frac{7}{6}$. Zunächst liegt zufolge (2) in der Spitze $i\infty$ ein Nullpunkt der Ordnung $\frac{1}{4}$. Da ferner in e_3 und e_3' Nullpunkte gleicher Ordnung auftreten, so kann diese Ordnung nur $\frac{1}{3}$ sein. Endlich kann der übrigbleibende Nullpunkt der Ordnung $\frac{1}{4}$ nur in der Spitze $\omega=0$ gelegen sein. Da die Nullpunkte von z durch W_{13} in sich transformiert werden und keiner dieser Nullpunkte bei e_0 liegt, *so ist die Modulform z gegenüber W_{13} invariant.*

Zwei weitere Formen $(-1)^{\text{ter}}$ Dimension des Klassenpolygons K_{13} gewinnt man auf folgende Art. Nach S. 339ff. ist, falls wir:

$$\sqrt[12]{\Delta'} = \sqrt[12]{\Delta}(13\omega_1, \omega_2) = \frac{1}{\sqrt{13}} \sqrt[12]{\Delta}\left(\omega_1\sqrt{13}, \frac{\omega_2}{\sqrt{13}}\right)$$

setzen, die zwölfte Wurzel des Quotienten $\Delta' : \Delta$ eine Funktion der $\Gamma_{\psi(13)}$. Da man für diese Funktion leicht einen einzigen Nullpunkt erster Ordnung in T_{13}, gelegen bei $\omega = i\infty$, und einen Pol erster Ordnung bei $\omega=0$ feststellt, so ist:

$$(3)\qquad \tau(\omega) = 13\sqrt[12]{\frac{\Delta'}{\Delta}} = \sqrt{13}\sqrt[12]{\frac{\Delta\left(\omega_1\sqrt{13}, \frac{\omega_2}{\sqrt{13}}\right)}{\Delta(\omega_1, \omega_2)}}$$

eine *einwertige* Funktion von T_{13}, die zufolge (3) gegenüber W_{13} das Verhalten zeigt:

$$(4)\qquad \tau\left(\frac{-1}{13\omega}\right) = \frac{13}{\tau(\omega)}.$$

Durch W_{13} werden nur die beiden Punkte e_0 und e_1 von T_{13} in sich transformiert, denen somit die Werte $\tau = \sqrt{13}$ und $-\sqrt{13}$ zugehören. Hiernach haben wir in $(\sqrt[12]{\Delta} \pm \sqrt{13}\sqrt[12]{\Delta'})$ zwei Formen der Dimension -1, die gegenüber den Substitutionen der $\Gamma_{\psi(13)}$ bis auf multiplikative zwölfte Einheitswurzeln invariant sind und gegenüber W_{13} unverändert bzw. bis auf einen Zeichenwechsel unverändert bleiben. Im Klassenpolygon K_{13} haben beide Formen einen Nullpunkt der Ordnung $\frac{1}{12}$ in der Spitze $i\infty$. Weiter hat $(\sqrt[12]{\Delta} + \sqrt{13}\sqrt[12]{\Delta'})$ einen Nullpunkt der Ordnung $\frac{1}{2}$ im Eckenzyklus e_1, e_1' und $(\sqrt[12]{\Delta} - \sqrt{13}\sqrt[12]{\Delta'})$ einen ebensolchen Nullpunkt in der Ecke e_0. Diese beiden Modulformen haben zwar nicht mehr selbst rationale Entwicklungskoeffizienten, wohl aber gilt dies von ihrem Produkte:

$$(5)\qquad \sqrt[6]{\Delta} - 13\sqrt[6]{\Delta'} = \left(\frac{2\pi}{\omega_2}\right)^6 q^{\frac{1}{3}}(1 - 4q^2 - 11q^4 + 8q^6 - 5q^8 - 4q^{10} + \cdots).$$

Eine einwertige Funktion des Klassenpolygons K_{13} hat man in:

$$(6)\qquad \tau(\omega) + \frac{13}{\tau(\omega)} = \frac{\sqrt[6]{\Delta} + 13\sqrt[6]{\Delta'}}{\sqrt[12]{\Delta'\Delta}}.$$

Zähler und Nenner des rechts stehenden Quotienten liefern einzeln zwei Formen:

$$(7)\qquad \begin{cases} \sqrt[6]{\Delta} + 13\sqrt[6]{\Delta'} = \left(\frac{2\pi}{\omega_2}\right)^2 q^{\frac{1}{3}}(1 - 4q^2 + 15q^4 + 8q^6 - 5q^8 - 4q^{10} + \cdots), \\ \sqrt[12]{\Delta'\Delta} = \left(\frac{2\pi}{\omega_2}\right)^2 q^{\frac{1}{3}}(q^2 - 2q^4 - q^6 + 2q^8 + q^{10} - \cdots), \end{cases}$$

die gegenüber W_{13} invariant und gegenüber den Substitutionen der $\Gamma_{\psi(13)}$ bis auf multiplikative sechste Einheitswurzeln invariant sind. Aus beiden Formen gewinnt man in:

$$(8)\qquad a(\sqrt[6]{\Delta} + 13\sqrt[6]{\Delta'}) + b\sqrt[12]{\Delta'\Delta}$$

eine Formenschar des Klassenpolygons K_{13} mit einem festen Nullpunkte der Ordnung $\frac{1}{6}$ in der Spitze $i\infty$ und einem beweglichen Nullpunkte erster Ordnung.

Um die Beziehung der Form z zu den Formen (7) herzustellen, bemerke man, daß der Quotient von z^3 und $\sqrt[24]{\Delta'\Delta}$ diejenige Form der Schar (8) ist, für welche der bewegliche Nullpunkt in den Eckenzyklus e_3, e_3' fällt, wie aus der Betrachtung der Nullpunkte hervorgeht. Die Potenzreihen liefern für die fragliche Form (8) die Koeffizienten $a = 1$, $b = 5$, woraus sich für z die Darstellung ergibt:

$$(9) \qquad z = \sqrt[3]{(\sqrt[6]{\Delta} + 13\sqrt[6]{\Delta'} + 5\sqrt[12]{\Delta'\Delta})\sqrt[24]{\Delta'\Delta}}.$$

Weiter stellt man mit Hilfe der zum Polygone K_{13} gehörenden Form:

$$(10) \qquad G_1 = \frac{13}{2}\left(\frac{2\pi}{\omega_2}\right)^2 (1 + 2q^2 + 6q^4 + 8q^6 + 14q^8 + 12q^{10} + \cdots)$$

leicht fest, für welche Form (8) der bewegliche Nullpunkt in den Eckenzyklus e_2, e_2' fällt. Von den Nullpunkten der Gesamtordnung $\frac{7}{6}$, die G_1 in K_{13} hat, liegt nämlich zunächst ein solcher der Ordnung $\frac{2}{3}$ im Eckenzyklus e_3, e_3'. Der rückständige Nullpunkt der Ordnung $\frac{1}{2}$ kann nur in einem der Eckenzyklen e_1, e_1' oder e_2, e_2' liegen. Nun besteht wegen der ersten Substitution (1) die Gleichung:

$$G_1(-5\omega_1 - 2\omega_2,\ 13\omega_1 + 5\omega_2) = G_1(\omega_1, \omega_2).$$

Trägt man hier der Ecke e_2 entsprechend $\omega_1 = -5 + i$, $\omega_2 = 13$ ein, so folgt mit Rücksicht auf die Dimension von G_1:

$$G_1(-1 - 5i,\ 13i) = -G_1(-5 + i,\ 13) = G_1(-5 + i,\ 13),$$

so daß der fragliche Nullpunkt im Eckenzyklus e_2, e_2' liegt. Man hat nun, wie wieder aus der Lage der Nullpunkte folgt, im Quotienten $G_1^2 : z^4$ eine einwertige Funktion von K_{13} mit dem Nullpunkte im Zyklus e_2, e_2' und dem Pole in der Spitze $i\infty$, die demnach eine lineare ganze Funktion der in (6) eingeführten einwertigen Funktion von K_{13} ist. Der sich hieraus ergebende Ansatz liefert unter Zuhilfenahme der Potenzreihen:

$$(11) \qquad 2G_1\sqrt[24]{\Delta'\Delta} = 13z^2\sqrt{\sqrt[6]{\Delta} + 13\sqrt[6]{\Delta'} + 6\sqrt[12]{\Delta'\Delta}}.$$

Somit haben wir in:

$$(12) \qquad \sqrt{\sqrt[6]{\Delta} + 13\sqrt[6]{\Delta'} + 6\sqrt[12]{\Delta'\Delta}} = \frac{2\pi}{\omega_2} q^{\frac{1}{6}} (1 + q^2 + q^4 + * + 3q^8 + \cdots)$$

eine Form $(-1)^{\text{ter}}$ Dimension, die neben einem Nullpunkte der Ordnung $\frac{1}{12}$ in der Spitze $i\infty$ einen solchen der Ordnung $\frac{1}{2}$ im Eckenzyklus e_2, e_2' von K_{13} hat.

Die Formen $(g_2' \pm g_2)$ der Dimension -4 haben auf K_{12} Nullpunkte der Gesamtordnung $\frac{7}{3}$. Für beide Formen liegt ein Nullpunkt der Ordnung $\frac{1}{3}$ im Zyklus e_3, e_3', und $(g_2' - g_2)$ hat zwei Nullpunkte der Ordnung $\frac{1}{2}$ bei e_0 und e_1; es bleiben dann noch zwei Nullpunkte erster Ordnung für $(g_2' + g_2)$, und ein solcher für $(g_2' - g_2)$ übrig. Setzen wir aber für

$(g_2' + g_2)$ das Produkt von z mit einer homogenen Funktion zweiten Grades der Formen (7) an und für $(g_2' - g_2)$ das Produkt von $z(\sqrt[6]{\Delta} - 13\sqrt[6]{\Delta'})$ und einer Form (8), so ist zu beachten, daß diese Produkte in der Spitze $i\infty$ in der Ordnung $\frac{7}{12}$ verschwinden. Diese Nullpunkte sind also durch Division mit $\sqrt[24]{\Delta'\Delta}$ wieder fortzuheben. Die entstehenden Ansätze werden leicht mit Hilfe der Potenzreihen durchgebildet. Es ergibt sich der Satz: *Beim 13ten Transformationsgrade bestehen für g_2 und g_2' die Gleichungen:*

$$(13)\quad \begin{cases} 6(g_2'+g_2)\sqrt[24]{\Delta'\Delta} = 5z\Big(17(\sqrt[6]{\Delta}+13\sqrt[6]{\Delta'})^2 \\ \qquad + 11\cdot 13(\sqrt[6]{\Delta}+13\sqrt[6]{\Delta'})\sqrt[12]{\Delta'\Delta} + 2\cdot 3^2\cdot 17\sqrt[6]{\Delta'\Delta}\Big), \\ (g_2'-g_2)\sqrt[24]{\Delta'\Delta} = 2z(\sqrt[6]{\Delta}-13\sqrt[6]{\Delta'})\Big(7(\sqrt[6]{\Delta}+13\sqrt[6]{\Delta'})+3\cdot 13\sqrt[12]{\Delta'\Delta}\Big). \end{cases}$$

Eine entsprechende Überlegung führt zur Darstellung von g_3 und g_3'. Die Rolle der Form z übernimmt dabei die Form (12). Man gelangt zu dem Satze: *Für die beiden Formen g_3 und g_3' gelten beim Grade $n = 13$ die Gleichungen:*

$$(14)\quad \begin{cases} 6(g_3+g_3')\sqrt[24]{\Delta'\Delta} = -\sqrt{\sqrt[6]{\Delta}+13\sqrt[6]{\Delta'}+6\sqrt[12]{\Delta'\Delta}}\Big(61(\sqrt[6]{\Delta}+13\sqrt[6]{\Delta'})^3 \\ \quad +2^4\cdot 3\cdot 13(\sqrt[6]{\Delta}+13\sqrt[6]{\Delta'})^2\sqrt[12]{\Delta'\Delta}+7\cdot 11\cdot 13(\sqrt[6]{\Delta}+13\sqrt[6]{\Delta'})\sqrt[6]{\Delta'\Delta} \\ \qquad + 2\cdot 9\cdot 13^2\sqrt[4]{\Delta'\Delta}\Big), \\ 108(g_3-g_3')\sqrt[24]{\Delta'\Delta} = 7\sqrt{\sqrt[6]{\Delta}+13\sqrt[6]{\Delta'}+6\sqrt[12]{\Delta'\Delta}}(\sqrt[6]{\Delta}-13\sqrt[6]{\Delta'}) \\ \quad \Big(157(\sqrt[6]{\Delta}+13\sqrt[6]{\Delta'})^2+2\cdot 13\cdot 59(\sqrt[6]{\Delta}+13\sqrt[6]{\Delta'})\sqrt[12]{\Delta'\Delta} \\ \qquad + 3\cdot 5\cdot 13\cdot 19\sqrt[6]{\Delta'\Delta}\Big). \end{cases}$$

Berechnet man g_2 und g_3 einzeln aus (13) und (14), so gelangt man bei Einführung der einwertigen Funktion τ von T_{13} zu folgenden Gleichungen:

$$(15)\quad \begin{cases} \dfrac{12\,g_2}{\sqrt[3]{\Delta}} = \sqrt[3]{\tau + 5 + \dfrac{13}{\tau}}\,(\tau^4 + 7\tau^3 + 20\tau^2 + 19\tau + 1), \\ \dfrac{216\,g_3}{\sqrt{\Delta}} = \sqrt{\tau + 6 + \dfrac{13}{\tau}}\,(\tau^6 + 10\tau^5 + 46\tau^4 + 108\tau^3 + 122\tau^2 + 38\tau - 1). \end{cases}$$

Die *Darstellung von J als rationale Funktion 14ten Grades von τ* kleidet sich hiernach wieder in die für die Fälle des Geschlechtes 0 charakteristische Gestalt:

$$(16)\quad \begin{aligned} J:(J-1):1 &= (\tau^2+5\tau+13)(\tau^4+7\tau^3+20\tau^2+19\tau+1)^3 \\ &:(\tau^2+6\tau+13)(\tau^6+10\tau^5+46\tau^4+108\tau^3+122\tau^2+38\tau-1)^2 \\ &:1728\tau. \end{aligned}$$

Diese Gleichung, die entsprechende für J' und τ' und die Relation $\tau' \cdot \tau = 13$ ersetzen uns die Transformationsgleichung für $J(\omega)$ beim 13ten Grade.

Nach S. 339ff. besteht beim Grade 13 eine Transformationsgleichung für die Form:

$$f(\omega_1, \omega_2) = 13 \sqrt[12]{\Delta' \cdot \Delta^{11}} = \tau \cdot \Delta.$$

Die Gestalt dieser Gleichung ergibt sich sofort aus der ersten Gleichung (15) durch Erheben zur dritten Potenz und Einführung von f anstelle von τ:

$$(17) \quad (f^2 + 5\Delta f + 13\Delta^2)(f^4 + 7\Delta f^3 + 20\Delta^2 f^2 + 19\Delta^3 f + \Delta^4)^3 - 1728 g_2^3 \Delta^{12} f = 0.$$

2. Transformation 17ten Grades. In Fig. 20 hat man die zur linken Seite der imaginären ω-Achse gelegene Hälfte des Klassenpolygons K_{17} vor sich. Wie immer sind die stark ausgezogenen Seiten Symmetriekreise von Spiegelungen der Gruppe $\overline{\Gamma}^{(17)}$, und zwar sind die Gleichungen der Kreise 1 und 4 und die zugehörigen Spiegelungen:

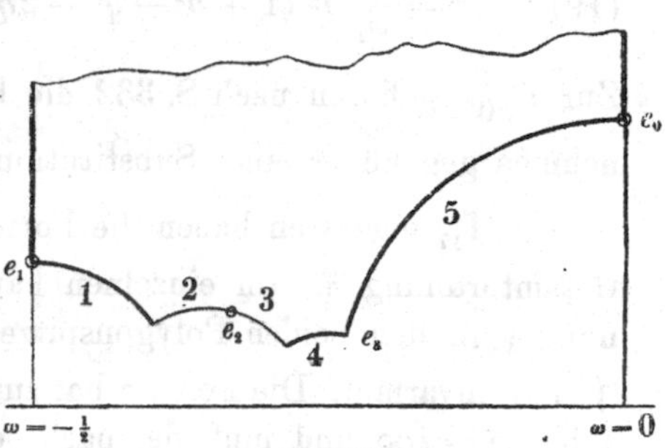

Fig. 20.

$$17(\xi^2 + \eta^2) + 17\xi + 4 = 0, \qquad \omega' = \frac{-17\bar{\omega} - 8}{34\bar{\omega} + 17},$$

$$34(\xi^2 + \eta^2) + 17\xi + 2 = 0, \qquad \omega' = \frac{-17\bar{\omega} - 4}{68\bar{\omega} + 17},$$

während der Symmetriekreis 5 der Spiegelung $\overline{W}_{17}$ angehört. Die mit den Eckpunkten e_1, e_2, e_3 symmetrischen Punkte der rechten Hälfte des Polygons K_{17} mögen wieder e_1', e_2', e_3' heißen. Die Punkte e_0, e_1, e_2, e_2', gelegen bei:

$$\omega = \frac{i}{\sqrt{17}}, \quad \frac{-\sqrt{17} + i}{2\sqrt{17}}, \quad \frac{\mp\sqrt{17} + i}{3\sqrt{17}},$$

sind die Fixpunkte der Substitutionen W_{17}, $\begin{pmatrix} -17, & -9 \\ 34, & 17 \end{pmatrix}$, $\begin{pmatrix} \mp 17, & -6 \\ 51, & \pm 17 \end{pmatrix}$ und die Nullpunkte von quadratischen Formen, durch die wir die vier Klassen der Diskriminante $D = -68$ repräsentieren können. Durch die dritte dieser Substitutionen werden die Seiten 2 und 3 von K_{17} ineinander transformiert. Diese Seiten setzen den Kreisbogen der Gleichung:

$$17(\xi^2 + \eta^2) + 12\xi + 2 = 0$$

zusammen, der die beiden Seiten 1 und 4 orthogonal trifft. Die Punkte e_3 und e_3' endlich, gelegen bei $\omega = \frac{\mp 4 + i}{17}$ sind Fixpunkte der elliptischen Substitutionen $\begin{pmatrix} \mp 4, & -1 \\ 17, & \pm 4 \end{pmatrix}$ der Periode 2, die auch bereits in der $\Gamma_{\psi(17)}$

enthalten sind. Diese Punkte liefern auf der über der J-Ebene lagernden Fläche F_{17} die beiden Stellen mit $J = 1$ in den daselbst isoliert verlaufenden Blättern. Am Polygone K_{17} bilden sie einen Eckenzyklus.

Von den drei Reihen, die wir für $n = 17$ dem Ansatze (19) S. 332 entnehmen, verschwindet eine identisch. Von den beiden übrigen Reihen liefert eine die Modulform:

$$\sqrt[24]{\Delta'\Delta} = \frac{2\pi}{\omega_2} q^{\frac{3}{2}}(1 - q^2 - q^4 + q^{10} + q^{14} - q^{24} - \cdots), \tag{18}$$

wo $\Delta' = \Delta(17\omega_1, \omega_2)$ ist, die andere Reihe ergibt die Form:

$$z = \frac{2\pi}{\omega_2} q^{\frac{1}{2}}(1 + q^4 - q^8 - 2q^{10} + q^{12} - 2q^{16} + q^{24} + \cdots). \tag{19}$$

Zur $\Gamma_{\psi(17)}$ gehören nach S. 332 die Produkte $z(\sqrt[4]{\Delta})^3$, $\sqrt[24]{\Delta'\Delta} \cdot \sqrt[4]{\Delta}$; sie nehmen gegenüber einer Substitution dieser Gruppe den Faktor $\left(\frac{\alpha}{17}\right)$ an.

In T_{17} gemessen haben die Formen z und $\sqrt[24]{\Delta'\Delta}$ Nullpunkte je der Gesamtordnung $\frac{3}{2}$. Im einzelnen hat $\sqrt[24]{\Delta'\Delta}$ zwei Nullpunkte der Ordnung $\frac{3}{4}$ in den beiden Polygonspitzen $i\infty$ und 0; gegenüber W_{17} bleibt $\sqrt[24]{\Delta'\Delta}$ invariant. Die Form z hat zunächst einen Nullpunkt der Ordnung $\frac{1}{4}$ bei $\omega = i\infty$ und muß demnach, da ein Nullpunkt gebrochener Ordnung des Nenners 4 nur noch in der Spitze $\omega = 0$ auftreten kann, hier einen Nullpunkt mindestens der Ordnung $\frac{1}{4}$ haben. Die übrig bleibenden Nullpunkte der Gesamtordnung 1 liegen in den Punkten e_3 und e_3', wo z je in der Ordnung $\frac{1}{2}$ verschwindet. Da nämlich $\left(\frac{-4}{17}\right) = +1$ ist, so gilt für das Produkt $z \cdot \sqrt[4]{\Delta^3}$:

$$z\sqrt[4]{\Delta^3}(-4\omega_1 - \omega_2, 17\omega_1 + 4\omega_2) = z\sqrt[4]{\Delta^3}(\omega_1, \omega_2).$$

Tragen wir, dem Punkte e_3 entsprechend, $\omega_1 = -4 + i$, $\omega_2 = 17$ ein, so folgt mit Rücksicht auf die Dimension -10:

$$-z\sqrt[4]{\Delta^3}(-4 + i, 17) = z\sqrt[4]{\Delta^3}(-4 + i, 17).$$

Demnach verschwindet z im Punkte e_3 und also auch in e_3'. Gegenüber der homogenen Substitution W_{17} bleibt z, wie jetzt leicht folgt, invariant.

Wir notieren die beiden Potenzreihen:

$$\left\{\begin{aligned} z^2 &= \left(\frac{2\pi}{\omega_2}\right)^2 q(1 + 2q^4 - q^8 - 4q^{10} - 4q^{14} - q^{16} + 4q^{18} + \cdots), \\ \sqrt[12]{\Delta'\Delta} &= \left(\frac{2\pi}{\omega_2}\right)^2 q^3(1 - 2q^2 - q^4 + 2q^6 + q^8 + 2q^{10} - 2q^{12} - 2q^{16} - \cdots) \end{aligned}\right. \tag{20}$$

und bilden aus diesen beiden Formen die Schar $(az^2 + b\sqrt[12]{\Delta'\Delta})$ mit einem festen Nullpunkte der Ordnung $\frac{1}{2}$ in der Spitze $i\infty$ und *einem* beweglichen Nullpunkte erster Ordnung im Klassenpolygone K_{17}. Daneben führen wir als einwertige Funktion dieses Polygons K_{17}:

$$(21) \qquad \tau(\omega) = \frac{z^2}{\sqrt[12]{\Delta'\Delta}} = q^{-2} + 2 + 7q^2 + 12q^4 + \cdots$$

ein, die ihren Pol erster Ordnung in der Spitze $i\infty$ hat.

Durch $\tau(\omega)$ wird das dem Geschlechte 1 angehörende Transformationspolygon T_{17} auf eine zweiblättrige Riemannsche Fläche mit vier Verzweigungspunkten abgebildet. Um deren Verzweigungsform zu gewinnen, ziehen wir wie üblich einen Differentiationsprozeß heran. Die Form $(-2)^{\text{ter}}$ Dimension $\frac{d\tau}{(\omega, d\omega)}$, die gegenüber W_{17} Zeichenwechsel erfährt, hat im Polygone K_{17} gemessen fünf Nullpunkte der Ordnung $\frac{1}{2}$ in den Ecken e_0, e_2, e_2' und den Zyklen e_1, e_1' und e_3, e_3', sowie einen Pol erster Ordnung in der Spitze $i\infty$. Aus ihr gewinnnen wir in:

$$(22) \qquad v(\omega_1, \omega_2) = -2\pi i \frac{\sqrt[8]{\Delta'\Delta}}{z} \frac{d\tau}{(\omega, d\omega)}$$

eine Form $(-4)^{\text{ter}}$ Dimension mit der Reihenentwicklung:

$$(23) \quad v = \left(\frac{2\pi}{\omega_2}\right)^4 q^2(1 - 3q^2 - 8q^4 + q^6 + 6q^8 + 24q^{10} - 28q^{12} + 21q^{14} + \cdots),$$

die in der Spitze $i\infty$ von K_{17} einen Nullpunkt erster Ordnung und in den Punkten e_0, e_2, e_2' sowie im Zyklus e_1, e_1' je einen solchen der Ordnung $\frac{1}{2}$ hat. Gegenüber W_{17} erfährt diese Form Zeichenwechsel. Das Quadrat von v ist als homogene ganze Funktion vierten Grades von z^2 und $\sqrt[12]{\Delta'\Delta}$ darstellbar und liefert in dieser Gestalt die *Verzweigungsform der eben genannten Riemannschen Fläche über der τ-Ebene.* Die fragliche Darstellung von v^2 ist:

$$(24) \quad v^2 = z^8 - 6z^6 \sqrt[12]{\Delta'\Delta} - 27z^4 \sqrt[6]{\Delta'\Delta} - 28z^2 \sqrt[4]{\Delta'\Delta} - 16\sqrt[3]{\Delta'\Delta}.$$

Die Reihenentwicklungen liefern in bekannter Art die Koeffizienten dieses Ausdrucks. Als ein *Funktionssystem für die $\Gamma_{\psi(17)}$* gewinnen wir endlich:

$$(25) \qquad \tau(\omega) = \frac{z^2}{\sqrt[12]{\Delta'\Delta}}, \qquad \sigma(\omega) = \frac{v}{\sqrt[6]{\Delta'\Delta}},$$

wobei sich σ als Funktion von τ mittelst der Quadratwurzel darstellt:

$$(26) \qquad \sigma = \sqrt{\tau^4 - 6\tau^3 - 27\tau^2 - 28\tau - 16}.$$

Es liegt hier ein elliptisches Gebilde mit der absoluten Invariante $J = -\frac{11^3}{2^6 \cdot 17^3}$ vor.

Auf Grund der damit gewonnenen Ergebnisse lassen sich nun wieder die ursprünglichen und die transformierten Formen g_2, g_3 und Δ mittels formentheoretischer Überlegungen und der Potenzreihen darstellen. Für die Gewinnung des Ausdrucks von J in σ und τ ist es ausreichend, g_2 und Δ zu betrachten. Wir finden erstlich für g_2 und g_2':

$$(27)\begin{cases} 6(g_2'+g_2)\sqrt[12]{\Delta'\Delta}=5\left(29z^6-34z^4\sqrt[12]{\Delta'\Delta}-103z^2\sqrt[6]{\Delta'\Delta}-36\sqrt[4]{\Delta'\Delta}\right),\\ (g_2'-g_2)\sqrt[12]{\Delta'\Delta}=4v\left(6z^2+\sqrt[12]{\Delta'\Delta}\right). \end{cases}$$

Zur Darstellung von Δ beachte man, daß $\sqrt[4]{\Delta}\sqrt[24]{\Delta'\Delta}$ gegenüber den Substitutionen der $\Gamma_{\psi(17)}$ abgesehen vom Vorzeichen invariant ist; $\sqrt{\Delta}\sqrt[12]{\Delta'\Delta}$ ist also absolut invariant. In:

$$\left(\sqrt{\Delta}-17^3\sqrt{\Delta'}\right)\sqrt[12]{\Delta'\Delta}$$

hat man demnach eine Form der $\Gamma_{\psi(17)}$, die gegenüber W_{17} Zeichenwechsel erfährt und also als Produkt von v und einer ganzen homogenen Funktion zweiten Grades von z^2 und $\sqrt[12]{\Delta'\Delta}$ darstellbar ist. Die Potenzreihen liefern:

$$(28)\quad \left(\sqrt{\Delta}-17^3\sqrt{\Delta'}\right)\sqrt[12]{\Delta'\Delta}=v\left(z^4-11z^2\sqrt[12]{\Delta'\Delta}+26\sqrt[6]{\Delta'\Delta}\right).$$

Zur Prüfung dieses Ergebnisses berechne man durch Quadrieren usw. $\left(\sqrt{\Delta}+17^3\sqrt{\Delta'}\right)^2\cdot\sqrt[6]{\Delta'\Delta}$. Für diese Form muß sich, indem man für v^2 den Ausdruck (24) einträgt, das Quadrat einer homogenen Funktion vierten Grades von z^2 und $\sqrt[12]{\Delta'\Delta}$ ergeben. Die Rechnung bestätigt dies und führt auf:

$$(29)\quad \left(\sqrt{\Delta}+17^3\sqrt{\Delta'}\right)\sqrt[12]{\Delta'\Delta}=z^8-14z^6\sqrt[12]{\Delta'\Delta}+41z^4\sqrt[6]{\Delta'\Delta}$$
$$+52z^2\sqrt[4]{\Delta'\Delta}-94\sqrt[3]{\Delta'\Delta}.$$

Durch Kombination der vorstehenden Formeln und Einführung der Funktionen σ und τ findet man:

$$(30)\begin{cases} \dfrac{12g_2}{\sqrt[6]{\Delta'\Delta}}=5(29\tau^3-2\cdot17\tau^2-103\tau-2^2\cdot3^2)-2^3\cdot3\sigma(2\cdot3\tau+1),\\[2ex] \dfrac{2\sqrt{\Delta}}{\sqrt[4]{\Delta'\Delta}}=\tau^4-2\cdot7\tau^3+41\tau^2+2^2\cdot13\tau-2\cdot47+\sigma(\tau^2-11\tau+2\cdot13). \end{cases}$$

Hieraus ist der *Ausdruck von J als einer rationalen Funktion von σ und τ* leicht gewinnbar. Der entsprechende Ausdruck von J' folgt durch Zeichenwechsel von σ. *Man kann auch bereits die Gleichungen* (30) *im Verein mit der Gleichung* (26) *als Ersatz der Transformationsgleichung für J beim 17ten Grade ansehen.*[1])

3. Transformation 29sten Grades. Die zur linken Seite der imaginären ω-Achse gelegene Hälfte des Klassenpolygons K_{29} ist in Fig. 21

1) Die Transformationsgleichung für die Diskriminante Δ beim Grade 17 ist von Kiepert im Journ. f. Math., Bd. 87, S. 215 mitgeteilt.

abgebildet. Der mit 8 bezeichnete Symmetriekreis gehört zur Spiegelung $\overline{W}_{29}$; die Gleichungen der Kreise 1, 2 und 5 und die zugehörigen Spiegelungen sind:

$$1)\quad 29(\xi^2+\eta^2)+29\xi+7=0, \qquad \omega'=\frac{-29\bar{\omega}-14}{58\bar{\omega}+29},$$

$$2)\quad 145(\xi^2+\eta^2)+116\xi+23=0, \qquad \omega'=\frac{-58\bar{\omega}-23}{145\bar{\omega}+58},$$

$$5)\quad 116(\xi^2+\eta^2)+58\xi+7=0, \qquad \omega'=\frac{-29\bar{\omega}-7}{116\bar{\omega}+29}.$$

Von den sechs Formklassen der Diskriminante $D=-116$ sind zwei

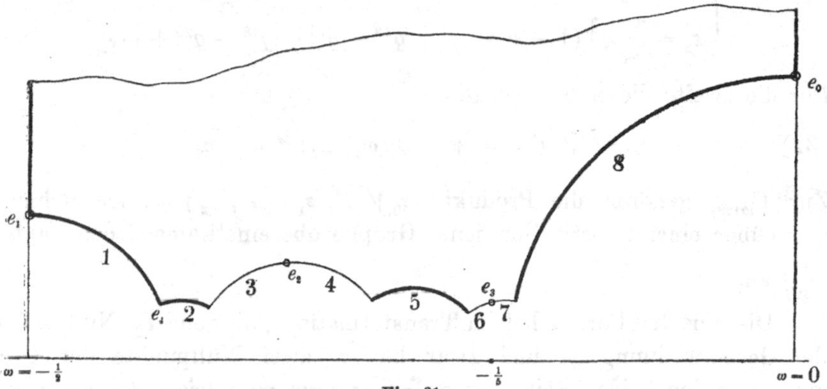

Fig. 21.

ambig; man kann sie durch die Formen (29, 0, 1) und (58, 58, 15) repräsentieren, deren Nullpunkte die in der Figur mit e_0 und e_1 bezeichneten, bei $\omega=\frac{i}{\sqrt{29}}$ und $\frac{-\sqrt{29}+i}{2\sqrt{29}}$ gelegenen Fixpunkte der Substitutionen W_{29} und $\begin{pmatrix}-29, & -15\\ 58, & 29\end{pmatrix}$ sind. Die vier übrigen Klassen sind zu Paaren entgegengesetzt und repräsentierbar durch (87, $\pm$ 58, 10), (145, $\pm$ 58, 6). Von ihren Nullpunkten e_2, e_2' und e_3, e_3' sind e_2 und e_3 in Fig. 21 angegeben und bei $\omega=\frac{-\sqrt{29}+i}{3\sqrt{29}}, \frac{-\sqrt{29}+i}{5\sqrt{29}}$ gelegen; sie sind die Fixpunkte der in der $\Gamma^{(29)}$ enthaltenen Substitutionen $\begin{pmatrix}-29, & -10\\ 87, & 29\end{pmatrix}$ und $\begin{pmatrix}-29, & -6\\ 145, & 29\end{pmatrix}$, die die Seiten 3 und 4 bzw. 6 und 7 von K_{29} ineinander transformieren. Die von diesen Seitenpaaren gebildeten Kreisbogen haben die Gleichungen:

$$29(\xi^2+\eta^2)+19\xi+3=0, \qquad 29(\xi^2+\eta^2)+11\xi+1=0.$$

Endlich sind e_4 und der bezüglich der imaginären ω-Achse symmetrische Punkt e_4' die Fixpunkte der schon in der $\Gamma_{\psi(29)}$ auftretenden Substitutionen $\begin{pmatrix}\mp 12, & -5\\ 29, & \pm 12\end{pmatrix}$; sie liefern auf der über der J-Ebene gelegenen Fläche F_{29}

zwei Stellen $J = 1$ in den daselbst isoliert verlaufenden Blättern. Am Klassenpolygon K_{29} vereinigen sich e_4 und e_4' zu einem Eckenzyklus.

Der Ansatz (19) S. 332 liefert für die Hauptklasse der Diskriminante $D = -116$ und für die beiden Paare entgegengesetzter Klassen nicht identisch verschwindende Reihen. Wir gelangen zur Kenntnis dreier Modulformen der $\Gamma_{\psi(29)}$, die wir durch die Bezeichnungen z_0, z_1, z_2 unterscheiden:

$$(31)\quad \begin{cases} z_0 = \frac{2\pi}{\omega_2} q^{\frac{1}{2}} (1 + q^4 + q^{12} - q^{14} - 2q^{16} - 2q^{22} + \cdots), \\ z_1 = \frac{2\pi}{\omega_2} q^{\frac{5}{2}} (1 - q^2 - q^4 + q^{10} + q^{14} - q^{24} - \cdots), \\ z_2 = \frac{2\pi}{\omega_2} q^{\frac{3}{2}} (1 - q^4 - q^6 + q^{12} - q^{14} + q^{18} - q^{20} + \cdots). \end{cases}$$

Für die zweite dieser Formen gilt:

$$(32)\qquad z_1 = \sqrt[24]{\Delta' \Delta} = \sqrt[24]{\Delta(29\,\omega_1, \omega_2)\Delta(\omega_1, \omega_2)}.$$

Zur $\Gamma_{\psi(29)}$ gehören die Produkte $z_0\sqrt[4]{\Delta^3}$, $z_1\sqrt[4]{\Delta^3}$, $z_2\sqrt[4]{\Delta}$; sie nehmen gegenüber einer Substitution jener Gruppe übereinstimmend den Faktor $\left(\frac{\alpha}{29}\right)$ an.

Die einzelne Form z hat im Transformationspolygone T_{29} Nullpunkte der Gesamtordnung $\frac{5}{2}$, und zwar hat z_1 zwei Nullpunkte der Ordnung $\frac{5}{4}$ in den beiden Spitzen von T_{29}, *woraus man leicht die Invarianz von z_1 gegenüber W_{29} folgert,* die sich ja auch aus (32) ergibt. Die Form z_0 hat in der Spitze $i\infty$ einen Nullpunkt der Ordnung $\frac{1}{4}$ und muß demnach (da die Ordnung $\frac{9}{4}$ restiert) bei $\omega = 0$ mindestens einen Nullpunkt der Ordnung $\frac{1}{4}$ haben. Der Quotient:

$$\tau(\omega) = \frac{z_0}{z_1} = q^{-2} + 1 + 3q^2 + 4q^4 + \cdots,$$

der eine Funktion der $\Gamma_{\psi(29)}$ ist, stellt demgemäß eine zweiwertige Funktion des zum Geschlechte $p = 2$ gehörenden Polygons T_{29} und also eine einwertige Funktion des Klassenpolygons K_{29} dar. Hieraus folgt wiederum, *daß mit z_1 auch z_0 gegenüber W_{29} invariant ist,* und daß man demnach in $(az_0 + bz_1)$ *eine Formenschar des Polygons K_{29} mit „einem" beweglichen Nullpunkte erster Ordnung und einem festen der Ordnung $\frac{1}{4}$ in der Spitze $i\infty$* hat.

Die Form z_2 hat in der Spitze $i\infty$ zunächst einen Nullpunkt der Ordnung $\frac{3}{4}$. Gegenüber der Substitution $\begin{pmatrix} -12, & -5 \\ 29, & 12 \end{pmatrix}$ zeigt das Produkt $z_2\sqrt[4]{\Delta}$, da $\left(\frac{-12}{29}\right) = -1$ ist, das Verhalten:

$$z_2\sqrt[4]{\Delta}(-12\,\omega_1 - 5\,\omega_2,\ 29\,\omega_1 + 12\,\omega_2) = -z_2\sqrt[4]{\Delta}(\omega_1, \omega_2).$$

Trägt man, dem Eckpunkt e_4 entsprechend, $\omega_1 = -12 + i$, $\omega_2 = 29$ ein, so folgt:

$$z_2 \sqrt[4]{\Delta}(-1-12i, 29i) = -z_2 \sqrt[4]{\Delta}(-12+i, 29)$$

und also, da $z_2 \sqrt[4]{\Delta}$ der Dimension -4 angehört:

$$z_2 \sqrt[4]{\Delta}(-12+i, 29) = -z_2 \sqrt[4]{\Delta}(-12+i, 29).$$

Die Form z_2 verschwindet also im Punkte e_4 und damit auch in e_4', und zwar kann hier je nur noch die Ordnung $\frac{1}{2}$ vorliegen. Der zurückbleibende Nullpunkt der Ordnung $\frac{3}{4}$ kann nur noch im Punkte $\omega = 0$ liegen. Hieraus ergibt sich, *daß auch z_2 gegenüber W_{29} invariant ist.*

Die vorstehenden Darlegungen zeigen, daß der Quotient $z_2^2 : z_1$ diejenige Form $(az_0 + bz_1)$ der Schar ist, für welche der bewegliche Nullpunkt in den Eckenzyklus e_4, e_4' fällt. Es muß sich also z_2^2 in der Gestalt $(az_0 + bz_1)z_1$ darstellen lassen. Die beiden Anfangsglieder der Reihen liefern $a = b = 1$, *so daß zwischen den drei Formen* (31) *die Gleichung besteht*:

$$(z_0 + z_1)z_1 = z_2^2. \tag{33}$$

In der Tat stimmen für die beiderseitigen Reihen auch die weiteren Glieder überein.

Das Transformationspolygon T_{29} wird durch $\tau(\omega)$ auf eine zweiblättrige Riemannsche Fläche abgebildet, die sechs, den Punkten $e_0, e_1, e_2, e_2', e_3, e_3'$ entsprechende Verzweigungspunkte hat. Die zugehörige Verzweigungsform machen wir in üblicher Weise zugänglich, indem wir zunächst eine der $\Gamma_{\psi(29)}$ zugehörige Modulform $(-3)^{\text{ter}}$ Dimension:

$$v(\omega_1, \omega_2) = -2\pi i \frac{z_1^2}{z_2} \frac{d\tau}{(\omega, d\omega)} \tag{34}$$

erklären. Es handelt sich um eine ganze Modulform, die gegenüber der W_{27} Zeichenwechsel erfährt, die die Reihenentwicklung besitzt:

$$v = \left(\frac{2\pi}{\omega_2}\right)^3 q^{\frac{3}{2}}(1 - 2q^2 - 3q^4 - q^6 - 6q^8 + 2q^{10} - 13q^{12} + 21q^{14} + 2q^{16} + \cdots), \tag{35}$$

und die neben einem Nullpunkte der Ordnung $\frac{3}{4}$ in der Spitze $i\infty$ von K_{29} sechs Nullpunkte der Ordnung $\frac{1}{2}$ in den genannten sechs Punkten $e_0, e_1, \ldots$ aufweist. Das Quadrat von v muß nun gleich einer ganzen Funktion sechsten Grades von z_0 und z_1 sein und liefert in dieser Funktion die gesuchte Verzweigungsform. Man findet in bekannter Art mittelst der Potenzreihen:

$$v^2 = z_0^6 - 4z_0^5 z_1 - 12 z_0^4 z_1^2 + 2 z_0^3 z_1^3 + 8 z_0^2 z_1^4 + 8 z_0 z_1^5 - 7 z_1^6, \tag{36}$$

wo rechts die *Verzweigungsform* der genannten zweiblättrigen Riemannschen Fläche mit sechs Verzweigungspunkten gewonnen ist.[1])

1) Diese Verzweigungsform muß (nach späteren Sätzen) im rationalen Körper

Als ein *Funktionssystem für die* $\Gamma_{\psi(29)}$ kann man nun:

$$\tau(\omega)=\frac{z_0}{z_1},\qquad \sigma(\omega)=\frac{v}{z_1^3} \tag{37}$$

benutzen, wobei sich die zweite, gegenüber W_{29} Zeichenwechsel erfahrende Funktion in der ersten mittels der Quadratwurzel darstellt:

$$\sigma=\sqrt{\tau^6-4\tau^5-12\tau^4+2\tau^3+8\tau^2+8\tau-7}. \tag{38}$$

Für die Gewinnung von J in Gestalt einer rationalen Funktion von τ und σ ist es wieder ausreichend, g_2, g_2', Δ und Δ' in z_0, z_1 und v darzustellen. Die formentheoretischen Überlegungen gestalten sich wie üblich; wir erhalten zunächst für $(g_2'\pm g_2)$ die Ausdrücke:

$$\left\{\begin{aligned} 6(g_2'+g_2)z_1 &= 421z_0^5-301z_0^4z_1-1867z_0^3z_1^2-671z_0^2z_1^3\\ &\qquad +627z_0z_1^4+405z_1^5,\\ (g_2'-g_2)z_1 &= 10v(7z_0^2+5z_0z_1-z_1^2). \end{aligned}\right. \tag{39}$$

Die Untersuchung von Δ und Δ' beginnt man am einfachsten mit der Differenz $(\sqrt{\Delta}-29^3\cdot\sqrt{\Delta'})$, für welche die formentheoretische Überlegung im Verein mit den Potenzreihen die Darstellung ergibt:

$$(\sqrt{\Delta}-29^3\cdot\sqrt{\Delta'})\sqrt[24]{\Delta'\Delta}=v(z_0^4-11z_0^3z_1+31z_0^2z_1^3+14z_0z_1^3-100z_1^4). \tag{40}$$

Dies Ergebnis ist wieder einer Prüfung zugänglich. Berechnet man nämlich aus (40) unter Benutzung von (36) den Ausdruck von:

$$(\sqrt{\Delta}-29^3\cdot\sqrt{\Delta'})^2\cdot\sqrt[12]{\Delta'\Delta}+4\cdot 29^3(\sqrt[12]{\Delta'\Delta})^7=(\sqrt{\Delta}+29^3\cdot\sqrt{\Delta'})^2\cdot\sqrt[12]{\Delta'\Delta}$$

in z_0 und z_1, so muß sich das Quadrat einer homogenen Funktion 7ten Grades von z_0 und z_1 ergeben. Dies bestätigt sich in der Tat; durch Ausziehen der Quadratwurzel gelangt man zu:

$$\begin{aligned}(\sqrt{\Delta}+29^3\cdot\sqrt{\Delta'})\sqrt[24]{\Delta'\Delta} &= z_0^7-13z_0^6z_1+45z_0^5z_1^2+25z_0^4z_1^3\\ &\quad -269z_0^3z_1^4+29z_0^2z_1^5+300z_0z_1^6+166z_1^7.\end{aligned} \tag{41}$$

Der fertige *Ausdruck von J als rationale Funktion von σ und τ* geht nun leicht aus den beiden Gleichungen hervor:

---

irreduzibel sein. Dagegen muß sie (entsprechend den beiden Geschlechtern zu je drei Formklassen bei der Diskriminante $D=-116$) nach Adjunktion von $\sqrt{29}$ in zwei kubische Faktoren zerlegbar sein. Dies ist in der Tat der Fall; die beiden kubischen Faktoren sind:

$$z_0^3-(2\pm\sqrt{29})\,z_0^2z_1+\frac{13\pm\sqrt{39}}{2}\,z_0z_1^2-\frac{1\pm\sqrt{29}}{2}\,z_1^3.$$

$$
(42)\quad \begin{cases} \dfrac{12g_2}{\sqrt[6]{\Delta'\Delta}} = 421\tau^5 - 7\cdot 43\tau^4 - 1867\tau^3 - 11\cdot 61\tau^2 + 3\cdot 11\cdot 19\tau + 3^4\cdot 5 \\ \qquad\qquad - 2^2\cdot 3\cdot 5\sigma(7\tau^2 + 5\tau - 1), \\ \dfrac{2\sqrt{\Delta}}{\sqrt[4]{\Delta'\Delta}} = \tau^7 - 13\tau^6 + 3^2\cdot 5\tau^5 + 5^2\tau^4 - 269\tau^3 + 29\tau^2 + 2^2\cdot 3\cdot 5^2\tau \\ \qquad\qquad + 2\cdot 83 + \sigma(\tau^4 - 11\tau^3 + 31\tau^2 + 2\cdot 7\tau - 2^2\cdot 5^2). \end{cases}
$$

Die entsprechenden transformierten Modulformen ergeben sich durch Zeichenwechsel von σ. Diese Gleichungen im Verein mit der Relation (38) ersetzen uns in bekannter Weise die Transformationsgleichung für J.

§ 6. Zusammengesetzte ungerade Transformationsgrade.

1. Transformation 15ten Grades. Die zur linken Seite der imaginären ω-Achse gelegene Hälfte des Klassenpolygons K_{15} ist das in Fig. 22 dargestellte, von sechs Symmetriekreisen begrenzte Kreisbogensechseck. Die beiden Ecken e_0 und e_1, bei

$$\omega = \frac{-\sqrt{15}+i}{2\sqrt{15}}$$

und $$\omega = \frac{-\sqrt{15}+i}{4\sqrt{15}}$$

gelegen, sind die Fixpunkte der Substitutionen $\begin{pmatrix} -15, & -8 \\ 30, & 15 \end{pmatrix}$ und $\begin{pmatrix} -15, & -4 \\ 60, & 15 \end{pmatrix}$; sie sind die Nullpunkte der beiden quadratischen Formen (15, 15, 4), (30, 15, 2), durch die wir die beiden Klassen der Diskriminante $D = -15$ repräsentieren können. Der Fixpunkt e_2 von W_{15} gehört zur Hauptklasse der Diskriminante $D = -60$; und der bei $\omega = \dfrac{-3\sqrt{15}+i}{8\sqrt{15}}$ gelegene Fixpunkt der Substitution $\begin{pmatrix} -45, & -17 \\ 120, & 45 \end{pmatrix}$ ist der Nullpunkt der quadratischen Form (120, 90, 17), die die zweite Formklasse mit $D = -60$ repräsentiert. Die drei mit den Nummern 1, 2, 3 versehenen Seiten entsprechen den Gleichungen und Spiegelungen:

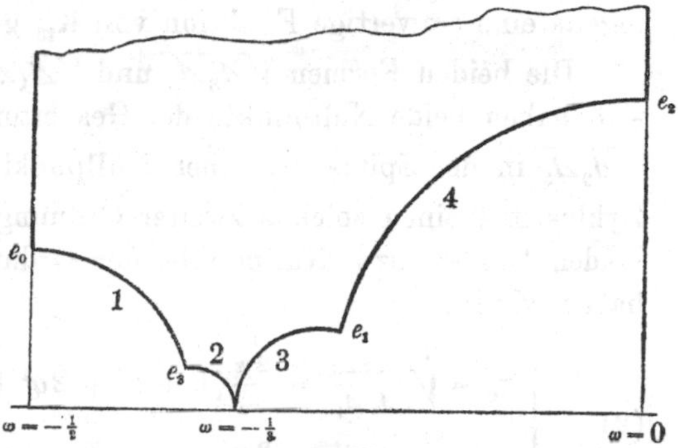

Fig. 22.

$$1.\quad 30(\xi^2 + \eta^2) + 30\xi + 7 = 0, \qquad \omega' = \frac{-15\bar{\omega} - 7}{30\bar{\omega} + 15},$$

$$2.\quad 15(\xi^2 + \eta^2) + 11\xi + 2 = 0, \qquad \omega' = \frac{-11\bar{\omega} - 4}{30\bar{\omega} + 11},$$

$$3.\quad 15(\xi^2 + \eta^2) + 8\xi + 1 = 0, \qquad \omega' = \frac{-4\bar{\omega} - 1}{15\bar{\omega} + 4},$$

während der Kreis 4 der Symmetriekreis der Spiegelung $\overline{W}_{15}$ ist. Die zweite und dritte Spiegelung sind bereits in der $\Gamma_{\psi(15)}$ enthalten. Neben der Spitze $i\infty$ ragt K_{15} noch mit dem Spitzenzyklus $\pm\frac{1}{3}$ an die reelle ω-Achse heran.

Funktionentheoretisch sind die zusammengesetzten Transformationsgrade besonders leicht zugänglich. Man setze zur Abkürzung:

$$\Delta(\nu\omega_1, \omega_2) = \Delta_\nu$$

und beachte, daß sowohl $\Delta_3 \cdot \Delta_5$ wie $\Delta_1 \cdot \Delta_{15}$ gegenüber den Substitutionen der Γ_{15} invariant sind. Der Quotient $(\Delta_3\Delta_5):(\Delta_1\Delta_{15})$ ist also eine Funktion des Polygons K_{15}, und zwar kann diese Funktion Pole und Nullpunkte nur in der Spitze $i\infty$ und im Spitzenzyklus $\pm\frac{1}{3}$ haben. Da aber in der Spitze $i\infty$ ein Pol achter Ordnung liegt, so findet sich im Zyklus $\pm\frac{1}{3}$ ein Nullpunkt der gleichen Ordnung, so daß in:

$$(1) \qquad \tau(\omega) = \sqrt[8]{\frac{\Delta_3\Delta_5}{\Delta_1\Delta_{15}}} = q^{-2} + 3 + 9q^2 + \cdots$$

bereits eine einwertige Funktion von K_{15} gewonnen ist.

Die beiden Formen $\sqrt[8]{\Delta_3\Delta_5}$ und $\sqrt[8]{\Delta_1\Delta_{15}}$ als solche der Dimension -3 haben beide Nullpunkte der Gesamtordnung 3 auf K_{15}. Dabei hat $\sqrt[8]{\Delta_3\Delta_5}$ in der Spitze $i\infty$ einen Nullpunkt erster Ordnung und also im Zyklus $\pm\frac{1}{3}$ einen solchen zweiter Ordnung, während $\sqrt[8]{\Delta_1\Delta_{15}}$ an diesen beiden Stellen bzw. Nullpunkte der Ordnung 2 und 1 hat. Hiernach haben wir in:

$$(2) \qquad \begin{cases} z_0 = \sqrt[24]{\dfrac{\Delta_3^2\Delta_5^2}{\Delta_1\Delta_{15}}} = \dfrac{2\pi}{\omega_2}(1 + q^2 + 2q^4 + q^6 + 3q^8 + q^{10} + \cdots), \\ z_1 = \sqrt[24]{\dfrac{\Delta_1^2\Delta_{15}^2}{\Delta_3\Delta_5}} = \dfrac{2\pi}{\omega_2}(q^2 - 2q^4 - q^6 + 3q^8 - q^{10} + \cdots) \end{cases}$$

zwei ganze Formen mit je einem Nullpunkte erster Ordnung im Zyklus $\pm\frac{1}{3}$ bzw. in der Spitze $i\infty$, deren Quotient $z_0 : z_1$ die in (1) erklärte Funktion τ ist. In $(az_0 + bz_1)$ aber haben wir eine Formenschar mit *einem* beweglichen Nullpunkte erster Ordnung auf K_{15}.

Das Transformationspolygon T_{15} wird durch $\tau(\omega)$ auf eine zweiblättrige Riemannsche Fläche des Geschlechtes 1 abgebildet, deren Verzweigungsform wir in üblicher Art herstellen. Die nähere formentheoretische Diskussion zeigt, daß die zur $\Gamma_{\psi(15)}$ gehörende ganze Modulform $(-2)^{\text{ter}}$ Dimension:

$$(3) \quad v = -2\pi i \frac{z_1}{z_0}\frac{d\tau}{(\omega, d\omega)} = \left(\frac{2\pi}{\omega_2}\right)^2(1 - 3q^2 - 9q^4 - 3q^6 - 21q^8 - \cdots),$$

die gegenüber W_{15} Zeichenwechsel erfährt, ihre vier einfachen Nullstellen in den Punkten hat, die die Verzweigungspunkte jener zweiblättrigen Fläche liefern. Die Potenzreihen ergeben dann für v^2 die Darstellung:

(4) $$v^2 = z_0^4 - 10 z_0^3 z_1 - 13 z_0^2 z_1^2 + 10 z_0 z_1^3 + z_1^4,$$

womit die Verzweigungsform gewonnen ist. *Als Funktionssystem des Transformationspolygons* T_{15} *haben wir daraufhin:*

(5) $$\tau(\omega) = \frac{z_0}{z_1}, \quad \sigma(\omega) = \frac{v}{z_1^2} = -\frac{2\pi i}{z_0 z_1}\frac{d\tau}{(\omega, d\omega)},$$

wobei sich σ *in* τ *durch die Quadratwurzel darstellt:*

(6) $$\sigma = \sqrt{\tau^4 - 10\tau^3 - 13\tau^2 + 10\tau + 1},$$

so daß wir hier mit einem elliptischen Gebilde der absoluten Invariante $\frac{13^3 \cdot 37^3}{2^6 \cdot 3^7 \cdot 5^4}$ *zu tun haben.*

Zur Darstellung von J als rationale Funktion von σ und τ bedienen wir uns der in (6) S. 392 bei der Transformation fünften Grades eingeführten Funktion τ, die hier mit τ_5 bezeichnet werden möge, und in der sich J in der Gestalt (13) S. 393 darstellt. Es ist hinreichend, die auf T_{15} vierwertige Funktion τ_5 in σ und τ darzustellen. Wird τ_5 durch W_{15} in τ_5' transformiert, so hat man:

$$\tau_5 = 125\sqrt[4]{\frac{\varDelta_5}{\varDelta_1}}, \quad \tau_5' = \sqrt[4]{\frac{\varDelta_3}{\varDelta_{15}}}, \quad \tau_5' - \tau_5 = \frac{\sqrt[4]{\varDelta_1\varDelta_3} - 125\sqrt[4]{\varDelta_5\varDelta_{15}}}{\sqrt[4]{\varDelta_1\varDelta_{15}}}.$$

Der rechts stehende Zähler ist nun eine ganze Form $(-6)^{\text{ter}}$ Dimension von K_{15}, die gegenüber W_{15} Zeichenwechsel erfährt und also den Faktor v enthält. Hierdurch werden Nullpunkte der Gesamtordnung 2 auf K_{15} erledigt, so daß noch solche der Gesamtordnung 4 übrigbleiben. Ein Nullpunkt erster Ordnung liegt in der Spitze $i\infty$, so daß die Ordnung 3 verbleibt. Da diese Ordnung ganzzahlig ist, so muß im Zyklus $\pm\frac{1}{3}$, wo unser Ausdruck sicher verschwindet, mindestens ein Nullpunkt erster Ordnung liegen. Zwei weitere Nullpunkte dieser Ordnung sind dann noch zu bestimmen. Dieser Überlegung entspricht der Ansatz:

$$\sqrt[4]{\varDelta_1\varDelta_3} - 125\sqrt[4]{\varDelta_5\varDelta_{15}} = v z_0 z_1 (a z_0^2 + b z_0 z_1 + c z_1^2).$$

Die Potenzreihen ergeben:

(7) $$\sqrt[4]{\varDelta_1\varDelta_3} - 125\sqrt[4]{\varDelta_5\varDelta_{15}} = v z_0 z_1 (z_0^2 - 4 z_0 z_1 - z_1^2).$$

Zur Prüfung dieses Ergebnisses berechne man mit Hilfe von (4) den Ausdruck von $(\sqrt[4]{\varDelta_1\varDelta_3} + 125\sqrt[4]{\varDelta_5\varDelta_{15}})^2$ in z_0, z_1, wobei sich das Quadrat einer homogenen Funktion sechsten Grades ergeben muß. Dies bestätigt sich, man findet durch Ausziehen der Quadratwurzel:

(8) $$\sqrt[4]{\varDelta_1\varDelta_3} + 125\sqrt[4]{\varDelta_5\varDelta_{15}} = z_0 z_1 (z_0^4 - 9 z_0^3 z_1 - 9 z_0 z_1^3 - z_1^4).$$

Von (7) und (8) aus gelangt man nun leicht zum Ziele: *Der gesuchte*

Ausdruck der beim Grade 5 auftretenden Funktion τ_5 in den jetzigen σ und τ ist:

$$(9) \qquad \tau_5 = \frac{\tau^4 - 9\tau^3 - 9\tau - 1 - \sigma(\tau^2 - 4\tau - 1)}{2\tau}.$$

2. Transformation 21sten Grades. Das halbe Klassenpolygon K_{21} ist ein von lauter Symmetriekreisen begrenztes Kreisbogensiebeneck (Fig. 23). Die vier Ecken e_0, e_1, e_2, e_3 gehören zu den vier Formklassen der Diskriminante $D = -84$. Die näheren Angaben gehen aus folgender Zusammenstellung hervor:

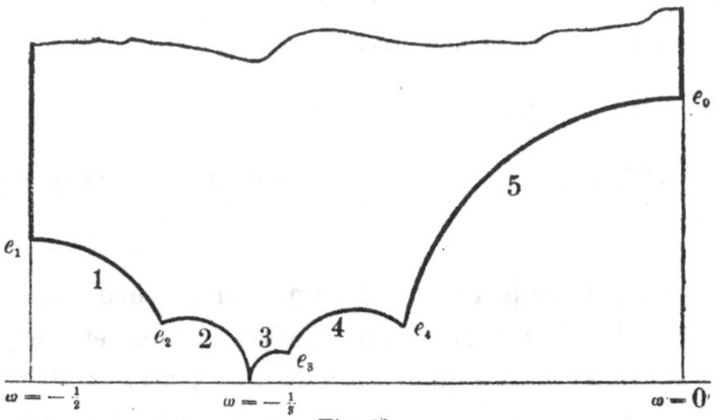

Fig. 23.

$$e_0, \quad \omega = \frac{i}{\sqrt{21}}, \qquad (21, 0, 1), \qquad \omega' = \frac{-1}{21\omega},$$

$$e_1, \quad \omega = \frac{-\sqrt{21}+i}{2\sqrt{21}}, \quad (42, 42, 11), \quad \omega' = \frac{-21\omega - 11}{42\omega + 21},$$

$$e_2, \quad \omega = \frac{-2\sqrt{21}+i}{5\sqrt{21}}, \quad (105, 84, 17), \quad \omega' = \frac{-42\omega - 17}{105\omega + 42},$$

$$e_3, \quad \omega = \frac{-3\sqrt{21}+i}{10\sqrt{21}}, \quad (210, 126, 19), \quad \omega' = \frac{-63\omega - 19}{210\omega + 63}.$$

Die Ecke e_4 ist bei $\omega = \frac{-9 + i\sqrt{3}}{42}$ gelegen und stellt den Fixpunkt der auch schon in der $\Gamma_{\psi(21)}$ enthaltenen Substitution $\begin{pmatrix} -5, & -1 \\ 21, & 4 \end{pmatrix}$ der Periode 3 dar. Für die mit den Nummern 1 bis 4 versehenen Seiten gelten die Angaben:

$$1. \quad 21(\xi^2 + \eta^2) + 21\xi + 5 = 0, \quad \omega' = \frac{-21\bar{\omega} - 10}{42\bar{\omega} + 21},$$

$$2. \quad 21(\xi^2 + \eta^2) + 16\xi + 3 = 0, \quad \omega' = \frac{-8\bar{\omega} - 3}{21\bar{\omega} + 8},$$

$$3. \quad 42(\xi^2 + \eta^2) + 26\xi + 4 = 0, \quad \omega' = \frac{-13\bar{\omega} - 4}{42\bar{\omega} + 13},$$

$$4. \quad 84(\xi^2 + \eta^2) + 42\xi + 5 = 0, \quad \omega' = \frac{-21\bar{\omega} - 5}{84\bar{\omega} + 21}.$$

Die zweite und dritte Spiegelung sind auch bereits in der $\Gamma_{\psi(21)}$ enthalten. Die Seite 5 des Polygons K_{21} gehört natürlich zur Spiegelung $\overline{W}_{21}$.

Gebraucht man die Abkürzung Δ_ν wie soeben, so hat man in:

$$(10)\quad \begin{cases} x_0 = \sqrt[12]{\Delta_3 \Delta_7} = \left(\frac{2\pi}{\omega_2}\right)^2 q^{\frac{5}{3}}(1 - 2q^6 - q^{12} - 2q^{14} + 2q^{18} + \cdots), \\ x_1 = \sqrt[12]{\Delta_1 \Delta_{21}} = \left(\frac{2\pi}{\omega_2}\right)^2 q^{\frac{11}{3}}(1 - 2q^2 - q^4 + 2q^6 + q^8 + 2q^{10} - 2q^{12} \\ \qquad - 2q^{16} - 2q^{18} + \cdots) \end{cases}$$

zwei Formen, die auf K_{21} Nullpunkte der Gesamtordnung $\frac{8}{3}$ haben. Da diese Nullpunkte nur in der Spitze $i\infty$ und im Zyklus $\pm\frac{1}{3}$ auftreten, so hat zufolge (10) x_0 an diesen beiden Stellen Nullpunkte der Ordnungen $\frac{5}{6}$ und $\frac{11}{6}$, x_1 umgekehrt solche der Ordnungen $\frac{11}{6}$ und $\frac{5}{6}$. Hiernach haben wir in:

$$(11)\qquad \tau = \frac{x_0}{x_1} = \sqrt[12]{\frac{\Delta_3 \Delta_7}{\Delta_1 \Delta_{21}}} = q^{-2} + 2 + 5q^2 + \cdots$$

bereits eine einwertige Funktion von K_{21}.

Es ist hier auch noch der Ansatz (19) S. 332 heranzuziehen. Zwei unter den vier Formklassen der Diskriminante -84 liefern identisch verschwindende Reihen, die beiden anderen ergeben die Reihen:

$$(12)\quad \begin{cases} z_0 = \frac{2\pi}{\omega_2} q^{\frac{1}{2}}(1 + q^4 - q^{10} - q^{12} - 2q^{18} + \cdots), \\ z_1 = \frac{2\pi}{\omega_2} q^{\frac{3}{2}}(1 - q^2 - 2q^8 + q^{12} + 2q^{14} + * + * + \cdots).^{1)} \end{cases}$$

Die Produkte $z_0(\sqrt[4]{\Delta})^3$ und $z_1\sqrt[4]{\Delta}$ nehmen gegenüber den Substitutionen der $\Gamma_{\psi(21)}$ den Faktor $\left(\frac{\alpha}{21}\right)$ an. Hiernach können Nullpunkte gebrochener Ordnung des Nenners 3 nur in den beiden Ecken e_4, e_4' von T_{21} auftreten; man zählt leicht ab, daß sowohl z_0 als z_1 an jeder dieser Stellen einen Nullpunkt der Ordnung $\frac{1}{3}$ hat. Für beide Formen bleiben Nullpunkte der Gesamtordnung 2 übrig. Werden nun z_0, z_1 durch W_{21} in z_0', z_1' transformiert, so sind die Quotienten $z_0' : z_0$ und $z_1' : z_1$ entweder Konstante oder Funktionen der $\Gamma_{\psi(21)}$. Da aber wegen der in der Spitze $i\infty$ sich fortхebenden Nullpunkte in beiden Fällen die Wertigkeit unter 2 herabsinkt, so folgt mit Rücksicht auf das Geschlecht 1 von T_{21}, daß beide Quotienten mit Konstanten identisch sind. Hiernach sind z_0 und z_1 gegenüber W_{21} bis auf Faktoren, die nur gleich ± 1 sein können, invariant.

Die Form z_1 hat nun auf K_{21} einen Nullpunkt der Ordnung $\frac{3}{4}$ in der Spitze $i\infty$ und einen solchen der Ordnung $\frac{1}{3}$ im Zyklus e_4, e_4', so daß nur noch ein Nullpunkt der Ordnung $\frac{1}{4}$ übrig bleibt, der nur im Zyklus $\pm\frac{1}{3}$ liegen kann. Demgegenüber hat z_0 einen Nullpunkt der Ordnung $\frac{1}{4}$ in der Spitze $i\infty$ und einen solchen der Ordnung $\frac{1}{3}$ im Zyklus e_4, e_4'; es

1) Die beiden Sterne sollen andeuten, daß Glieder mit q^{16} und q^{18} nicht auftreten.

bleibt also noch die Alternative, daß entweder ein Nullpunkt der Ordnung $\frac{3}{4}$ im Zyklus $\pm\frac{1}{3}$ liegt, oder daß sich daselbst ein Nullpunkt der Ordnung $\frac{1}{4}$ und dann ein weiterer Nullpunkt der Ordnung $\frac{1}{2}$ in einem der Punkte $e_0, \ldots, e_3$ findet. In beiden Fällen ist $z_0^2 : z_1^2$ eine einwertige Funktion von K_{21} mit dem Pole in der Spitze $i\infty$ und also eine lineare ganze Funktion des in (11) erklärten τ. Die Reihenentwicklungen liefern aber sofort das Bestehen der Gleichung:

$$\frac{z_0^2}{z_1^2} = \frac{x_0}{x_1},$$

so daß z_0 im Zyklus $\pm\frac{1}{3}$ einen Nullpunkt der Ordnung $\frac{3}{4}$ hat.

Zufolge dieser Überlegung haben wir in:

$$(13)\quad z_0 z_1 = \left(\frac{2\pi}{\omega_2}\right)^2 q^2(1 - q^2 + q^4 - q^6 - 2q^8 - q^{10} - q^{12} + 3q^{14} + \cdots)$$

eine Form von K_{21}, welche Nullpunkte erster Ordnung in der Spitze $i\infty$ und im Zyklus $\pm\frac{1}{3}$ hat und einen solchen der Ordnung $\frac{2}{3}$ im Zyklus e_4, e_4' aufweist. Dieser Form bedürfen wir zur Herstellung der Verzweigungsform der zweiblättrigen Riemannschen Fläche, auf die T_{21} durch $\tau(\omega)$ abgebildet wird. Wir haben zu setzen:

$$(14)\qquad v = -2\pi i \frac{\sqrt[24]{\Delta_1 \Delta_3 \Delta_7 \Delta_{21}}}{z_0 z_1} \frac{d\log\tau}{(\omega, d\omega)}$$

und finden die Potenzreihe:

$$(15)\quad v = \left(\frac{2\pi}{\omega_2}\right)^2 q^{\frac{2}{3}}(1 - 2q^2 - 8q^4 + * + 5q^8 + 4q^{10} - 7q^{12} + * + \cdots).$$

Diese Form hat im Klassenpolygon Nullpunkte je der Ordnung $\frac{1}{3}$ an den Stellen $i\infty$ und $\pm\frac{1}{3}$, sowie vier Nullpunkte der Ordnung $\frac{1}{2}$ in e_0 und den Zyklen (e_1, e_1'), (e_2, e_2'), (e_3, e_3'). Das Produkt $v^2 \sqrt[12]{\Delta_1 \Delta_3 \Delta_7 \Delta_{21}}$ muß als homogene Funktion vierten Grades von x_0 und x_1 darstellbar sein. Die Reihen liefern:

$$(16)\qquad v^2 x_0 x_1 = x_0^4 - 6x_0^3 x_1 - 17x_0^2 x_1^2 - 6x_0 x_1^3 + x_1^4,$$

womit die Verzweigungsform der vorhin genannten Fläche gewonnen ist. *Als Funktionssystem der $\Gamma_{\psi(21)}$ haben wir damit erhalten:*

$$(17)\quad \tau(\omega) = \frac{x_0}{x_1} = \frac{z_0^2}{z_1^2},\quad \sigma(\omega) = \frac{v\sqrt[24]{\Delta_1 \Delta_3 \Delta_7 \Delta_{21}}}{x_1^2} = \frac{-2\pi i}{z_0 z_1} \frac{d\tau}{(\omega, d\omega)},$$

wobei sich σ als Funktion von τ mittels der Wurzel:

$$(18)\qquad \sigma = \sqrt{\tau^4 - 6\tau^3 - 17\tau^2 - 6\tau + 1}$$

darstellt.[1]) Es liegt hier also ein elliptisches Gebilde der absoluten Invariante $-\frac{193}{2^3 \cdot 3^4}$ vor.

Zur Darstellung von J als rationale Funktion von σ und τ bedienen wir uns der Vermittlung der in (34) S. 397 gegebenen, beim siebenten Grade benutzten Funktion τ_7. Aus der leicht beweisbaren Gleichung:

$$\sqrt[12]{\Delta_1 \Delta_3} - 7\sqrt[12]{\Delta_7 \Delta_{21}} = \sqrt[12]{\Delta_7 \Delta_{21}}\,\frac{49\tau - 7\tau_7}{\tau_7}$$

folgt, daß die links stehende ganze Modulform gegenüber den Substitutionen der $\Gamma_{\psi(21)}$ bis auf multiplikative Einheitswurzeln invariant ist; gegenüber W_{21} erfährt sie Zeichenwechsel. Die Betrachtung der Nullpunkte zeigt, daß sie bis auf einen konstanten Faktor gleich v ist. Sie ist unmittelbar gleich v, was die Potenzreihen bestätigen. Eine weitere Prüfung des Ergebnisses liefert die Berechnung von $\left(\sqrt[12]{\Delta_1 \Delta_3} + 7\sqrt[12]{\Delta_7 \Delta_{21}}\right)$, wobei sich der Ausdruck in (16) rechts, vermehrt um $28 x_0^2 x_1^2$, als Quadrat einer homogenen Funktion zweiten Grades von x_0, x_1 ergeben muß. Dies bestätigt sich; man findet:

$$(19)\qquad \sqrt[24]{\Delta_1 \Delta_3 \Delta_7 \Delta_{21}}\left(\sqrt[12]{\Delta_1 \Delta_3} + 7\sqrt[12]{\Delta_7 \Delta_{21}}\right) = x_0^2 - 3x_0 x_1 + x_1^2.$$

Durch Fortsetzung der Rechnung gelangt man zu dem Ergebnis: *Die beim siebenten Grade benutzte Funktion τ_7 stellt sich in den jetzigen σ, τ so dar:*

$$(20)\qquad \tau_7 = \frac{(\tau^2 - 3\tau + 1 - \sigma)^2}{4\tau}.$$

3. **Transformation 35sten Grades.** Das halbe Klassenpolygon K_{35} ist in Fig. 24 (S. 444) abgebildet. Von den Ecken e gehören e_0 und e_1 zu den beiden Formklassen der Diskriminante $D = -35$, die beide zweiseitig sind. Die Lage dieser Ecken, die repräsentierenden Formen und die zugehörigen Substitutionen der Γ_{35} sind:

$$e_0,\quad \omega = \frac{-\sqrt{35} + i}{2\sqrt{35}},\quad (35, 35, 9),\quad \omega' = \frac{-35\omega - 18}{70\omega + 35},$$

$$e_1,\quad \omega = \frac{-\sqrt{35} + i}{6\sqrt{35}},\quad (105, 35, 3),\quad \omega' = \frac{-35\omega - 6}{210\omega + 35}.$$

Die Ecke e_2 gehört zur Hauptklasse der Diskriminante $D = -140$ und damit zur Substitution W_{35}. Endlich gehören e_3, e_4, e_5 und die zu den

1) Die Funktion unter der Wurzel (18) muß nach Adjunktion von $\sqrt{21}$ reduzibel sein und in das Produkt zweier Funktionen zweiten Grades zerfallen. Dies bestätigt sich; die Funktionen zweiten Grades sind:

$$\tau^2 - (3 \pm \sqrt{21})\tau - \frac{5 \pm \sqrt{21}}{2}.$$

beiden letzten symmetrischen Ecken e_4', e_5' zu den fünf restierenden Formklassen mit $D = -140$. Die näheren Angaben gehen aus der Zusammenstellung hervor:

$$e_3, \quad \omega = \frac{-5\sqrt{35}+i}{12\sqrt{35}}, \quad (420, 350, 73), \quad \omega' = \frac{-175\omega - 73}{420\omega + 175},$$

$$e_4, \quad \omega = \frac{-\sqrt{35}+i}{3\sqrt{35}}, \quad (105, 70, 12), \quad \omega' = \frac{-35\omega - 12}{105\omega + 35},$$

$$e_5, \quad \omega = \frac{-\sqrt{35}+i}{4\sqrt{35}}, \quad (140, 70, 9), \quad \omega' = \frac{-35\omega - 9}{140\omega + 35}.$$

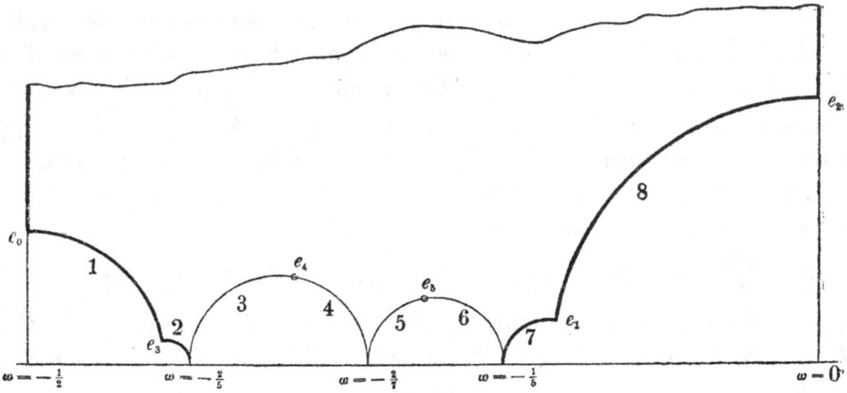

Fig. 24.

Durch die beiden letzten Substitutionen werden die Seiten 3 und 4 bzw. 5 und 6 von K_{35} in einander transformiert. Auf der reellen ω-Achse liefern diese Seitenpaare die Polygonspitzen $\omega = -\frac{2}{5}, -\frac{2}{7}, -\frac{1}{5}$, die mit den symmetrischen $\frac{2}{5}, \frac{2}{7}, \frac{1}{5}$ zu einem einzigen Spitzenzyklus zusammengehören. Die Angaben, die Kreise 1, 2 und 7 betreffend, sind:

$$1.\quad 70(\xi^2 + \eta^2) + 70\xi + 17 = 0, \quad \omega' = \frac{-35\bar{\omega} - 17}{70\bar{\omega} + 35},$$

$$2.\quad 35(\xi^2 + \eta^2) + 29\xi + 6 = 0, \quad \omega' = \frac{-29\bar{\omega} - 12}{70\bar{\omega} + 29},$$

$$7.\quad 35(\xi^2 + \eta^2) + 12\xi + 1 = 0, \quad \omega' = \frac{-6\bar{\omega} - 1}{35\bar{\omega} + 6}.$$

Die beiden letzten Spiegelungen sind auch bereits in der $\Gamma_{\psi(35)}$ enthalten.

Die funktionentheoretische Behandlung des Grades 35 kann man auf die beiden Formen gründen:

$$(21)\quad \begin{cases} z_0 = \sqrt[24]{\Delta_5 \Delta_7} = \dfrac{2\pi}{\omega_2} q(1 - q^{10} - q^{14} - q^{20} + q^{24} + \cdots), \\ z_1 = \sqrt[24]{\Delta_1 \Delta_{35}} = \dfrac{2\pi}{\omega_2} q^3(1 - q^2 - q^4 + q^{10} + q^{14} - q^{24} - \cdots), \end{cases}$$

deren erste in der Spitze $i\infty$ und im Spitzenzyklus von K_{35} Nullpunkte der Ordnungen $\frac{1}{2}$ und $\frac{3}{2}$ hat, während z_1 an diesen Stellen umgekehrt in den Ordnungen $\frac{3}{2}$ und $\frac{1}{2}$ verschwindet. Folglich haben wir in:

$$(22)\qquad \tau = \frac{z_0}{z_1} = \sqrt[24]{\frac{\Delta_5 \Delta_7}{\Delta_1 \Delta_{35}}} = q^{-2} + 1 + 2q^2 + \cdots$$

bereits eine einwertige Funktion des Klassenpolygons K_{35} erhalten.

Zur Berechnung der Verzweigungsform derjenigen zweiblättrigen Fläche, auf die T_{35} durch $\tau(\omega)$ abgebildet wird, erklären wir zunächst die Modulform $(-2)^{\text{ter}}$ Dimension:

$$(23)\qquad v = -2\pi i \frac{d \log \tau}{(\omega, d\omega)},$$

die zur $\Gamma_{\psi(35)}$ gehört und gegenüber W_{35} Zeichenwechsel erfährt. Diese Form hat auf K_{35} gemessen acht Nullpunkte der Ordnung $\frac{1}{2}$ in den acht Ecken e, die die Verzweigungspunkte der genannten zweiblättrigen Fläche liefern; ihre Reihenentwicklung ist:

$$(24)\qquad v = \left(\frac{2\pi}{\omega_2}\right)^2 (1 - q^2 - 3q^4 - 4q^6 - 7q^8 - q^{10} - 12q^{12} - q^{14} \\ - 15q^{16} - 13q^{18} - 3q^{20} - \cdots).$$

Das Produkt von v^2 und $(z_0 z_1)^2$ ist als homogene Funktion achten Grades in z_0, z_1 darstellbar:

$$(25)\qquad (v z_0 z_1)^2 = z_0^8 - 4z_0^7 z_1 - 6z_0^6 z_1^2 - 4z_0^5 z_1^3 - 9z_0^4 z_1^4 + 4z_0^3 z_1^5 - 6z_0^2 z_1^6 \\ + 4z_0 z_1^7 + z_1^8$$

und liefert in dieser Gestalt die gesuchte Verzweigungsform.

Als Funktionssystem der Γ_{35} haben wir nunmehr:

$$(26)\qquad \tau(\omega) = \frac{z_0}{z_1} = \sqrt[24]{\frac{\Delta_5 \Delta_7}{\Delta_1 \Delta_{35}}}, \quad \sigma(\omega) = \frac{v z_0}{z_1^3} = -\frac{2\pi i}{z_1^2} \frac{d\tau}{(\omega, d\omega)},$$

wobei sich σ als Funktion von τ mittelst der Quadratwurzel ausdrückt:

$$(27)\qquad \sigma = \sqrt{\tau^8 - 4\tau^7 - 6\tau^6 - 4\tau^5 - 9\tau^4 + 4\tau^3 - 6\tau^2 + 4\tau + 1}.^{1)}$$

Zur Darstellung von J durch σ und τ bedienen wir uns wieder der Vermittlung der in (34) S. 397 gegebenen Funktion τ_7, durch die sich J in der Gestalt (41) S. 398 ausdrückt. Es ist demnach ausreichend τ_7 in σ und τ darzustellen. Zu diesem Zwecke knüpfen wir an die leicht beweisbare Gleichung:

---

1) Eine Prüfung des Ergebnisses kann man aus dem Umstande herleiten, daß der Ausdruck unter der Wurzel (27) im rationalen Körper reduzibel ist, nämlich das Produkt zweier ganzzahliger Faktoren der Grade 2 und 6 sein muß, entsprechend den zwei Formklassen mit $D = -35$ und den sechs mit $D = -140$. Die Zerlegung ist:

$$(\tau^2 + \tau - 1)(\tau^6 - 5\tau^5 - 9\tau^3 - 5\tau - 1).$$

$$\sqrt[6]{\Delta_1\Delta_5} - 49\sqrt[6]{\Delta_7\Delta_{35}} = (\tau_7' - \tau_7)\sqrt[6]{\Delta_1\Delta_{35}},$$

wo τ_7' die durch W_{35} aus τ_7 hervorgehende Funktion ist. Die hier links stehende Form hat acht Nullpunkte auf K_{35}. Erstens hat sie die acht Nullpunkte der Ordnung $\frac{1}{2}$ mit v gemein, sodann kommen zwei einfache Nullpunkte in der Spitze $i\infty$ und im Spitzenzyklus dazu und endlich bleiben noch zwei Nullpunkte erster Ordnung übrig. Jene Form ist demnach als das Produkt von v und einer homogenen Funktion zweiten Grades von z_0, z_1 darstellbar; die Potenzreihen ergeben:

$$(28) \qquad \sqrt[6]{\Delta_1\Delta_5} - 49\sqrt[6]{\Delta_7\Delta_{35}} = v(z_0^2 - 3z_0z_1 - z_1^2).$$

Die übliche Probe dieses Ergebnisses führt man bei der Berechnung von $(\sqrt[6]{\Delta_1\Delta_5} + 49\sqrt[6]{\Delta_7\Delta_{35}})$ durch. Man findet die Gleichung (28) bestätigt und erhält:

$$(29) \quad (\sqrt[6]{\Delta_1\Delta_5} + 49\sqrt[6]{\Delta_7\Delta_{35}})z_0z_1 = z_0^6 - 5z_0^5z_1 + 5z_0^3z_1^3 - 5z_0z_1^5 - z_1^6.$$

Die Fortsetzung der Rechnung liefert für τ_7 den Ausdruck:

$$(30) \qquad \tau_7 = \frac{\tau^6 - 5\tau^5 + 5\tau^3 - 5\tau - 1 - \sigma(\tau^2 - 3\tau - 1)}{2\tau}.$$

§ 7. Zusammengesetzte gerade Transformationsgrade.

1. Transformation sechsten Grades. Die Verhältnisse liegen hier noch so einfach, daß man der Betrachtung unmittelbar das Transformationspolygon T_6 zugrunde legen kann, das in Fig. 4, S. 354, abgebildet ist und das Geschlecht 0 hat. Neben den beiden Spitzen bei $\omega = i\infty$ und $\omega = 0$ hat T_6 die beiden Spitzenzyklen $\pm\frac{1}{2}$ und $\pm\frac{1}{3}$, die durch W_6 in einander transformiert werden. Eine einwertige Funktion $\tau(\omega)$ von T_6 möge so erklärt werden, daß die Werte $\tau(i\infty) = 0$, $\tau(0) = \infty$, $\tau\left(\frac{i}{\sqrt{6}}\right) = 3\sqrt{2}$ zutreffen. Schreibt man abkürzend $\tau(W_6(\omega)) = \tau'(\omega)$, so hat man zufolge der letzten Festsetzung:

$$(1) \qquad \tau' = \frac{18}{\tau}$$

als Verhalten von $\tau(\omega)$ gegenüber W_6.

Zum Polygone T_6 gehören auch die bei den Graden 2 und 3 benutzten Funktionen:

$$(2) \qquad \tau_2 = 64\frac{\Delta_2}{\Delta_1}, \quad \tau_3 = 27\sqrt{\frac{\Delta_3}{\Delta_1}},$$

unter Δ_ν wie bisher $\Delta(\nu\omega_1, \omega_2)$ verstanden. Die erste dieser Funktionen ist reziprok zu der in (33) S. 379 bei $n = 2$ dargestellten Funktion τ, die zweite ist direkt die in (9) S. 384 erklärte Funktion τ des dritten Grades. Die Lage der Nullpunkte und Pole von τ_2 und τ_3 in T_6 stellt man dadurch fest, daß man erstlich T_6 in vier mit T_2 äquivalente Teilbereiche zerlegt, sodann in drei mit T_3 äquivalente Teilbereiche und auf die Lage der Nullpunkte und Pole von τ_2 und τ_3 in den Teilbereichen Rücksicht nimmt. Der Wert von τ im Spitzenzyklus $\pm\frac{1}{2}$ heiße $-a$, so daß wegen (1) für $\tau(\pm\frac{1}{3})$ der Wert $-18a^{-1}$ folgt. Dann ist die Werteverteilung von τ, τ_2 und τ_3 in den Spitzen von T_6 aus folgender tabellarischen Zusammenstellung zu ersehen:

	$i\infty$	0	$\pm\frac{1}{2}$	$\pm\frac{1}{3}$
τ	0^1	∞^1	$-a$	$-18a^{-1}$
τ_2	0^1	∞^3	0^3	∞^1
τ_3	0^1	∞^2	∞^1	0^2

d. h. τ_2 hat in der Spitze $i\infty$ einen Nullpunkt erster Ordnung, τ_3 in der Spitze 0 einen Pol zweiter Ordnung usw.

Aus diesen Angaben entnimmt man folgende Ansätze von τ_2 und τ_3 als rationale Funktionen von τ:

$$\tau_2 = 64\frac{\Delta_2}{\Delta_1} = \frac{\tau(\tau+a)^3}{b(a\tau+18)}, \quad \tau_3 = 27\sqrt{\frac{\Delta_3}{\Delta_1}} = \frac{\tau(a\tau+18)^2}{c(\tau+a)}, \tag{3}$$

wo b und c Konstante sind. Durch W_6 gehen τ_2, τ_3 in τ_2', τ_3' über; mit Rücksicht auf (1) folgt:

$$\tau_2' = \frac{1}{64}\frac{\Delta_3}{\Delta_6} = \frac{(a\tau+18)^3}{b\tau^3(\tau+a)}, \quad \tau_3' = \frac{1}{27}\sqrt{\frac{\Delta_2}{\Delta_6}} = \frac{18^3(\tau+a)^2}{c\tau^2(a\tau+18)}. \tag{4}$$

Durch Division der Gleichungen (3) und (4) durch einander und Ausziehen der vierten bzw. dritten Wurzel folgt weiter:

$$8\sqrt[4]{\frac{\Delta_2\Delta_6}{\Delta_1\Delta_3}} = \frac{\tau(\tau+a)}{a\tau+18}, \quad 162\sqrt[6]{\frac{\Delta_3\Delta_6}{\Delta_1\Delta_2}} = \frac{\tau(a\tau+18)}{\tau+a}. \tag{5}$$

Indem man diese beiden Gleichungen mit einander multipliziert und die Quadratwurzel zieht, findet man als *Darstellung der einwertigen Funktion* $\tau(\omega)$ *von* T_6 *durch* Δ:

$$\tau = 36\sqrt[24]{\frac{\Delta_2\Delta_6^5}{\Delta_1^5\Delta_3}}. \tag{6}$$

Hiernach ist das Anfangsglied der Potenzreihe von τ durch $36q^2$ gegeben. Nimmt man nun in der ersten Gleichung (5) rechts und links die Anfangsglieder, so folgt:

$$8q^2 = \frac{a}{18}\tau = 2aq^2,$$

so daß $a = 4$ ist. Indem man entsprechend für die Gleichungen (3) die

Anfangsglieder berechnet, folgt weiter $b = 2$, $c = 108$. *Die Darstellungen von τ_2 und τ_3 als rationale Funktionen von τ sind somit:*

$$(7) \qquad \tau_2 = \frac{\tau(\tau+4)^3}{4(2\tau+9)}, \quad \tau_3 = \frac{\tau(2\tau+9)^2}{27(\tau+4)}.$$

Endlich ergibt sich der Ausdruck von J mit τ einfach dadurch, daß man den in der zweiten Gleichung (7) gegebenen Ausdruck von τ_3 in (12) S. 385 für das damalige τ einträgt.

2. Transformation zehnten Grades. Auch die Behandlung dieses Falles kann man unmittelbar auf das Transformationspolygon T_{10}

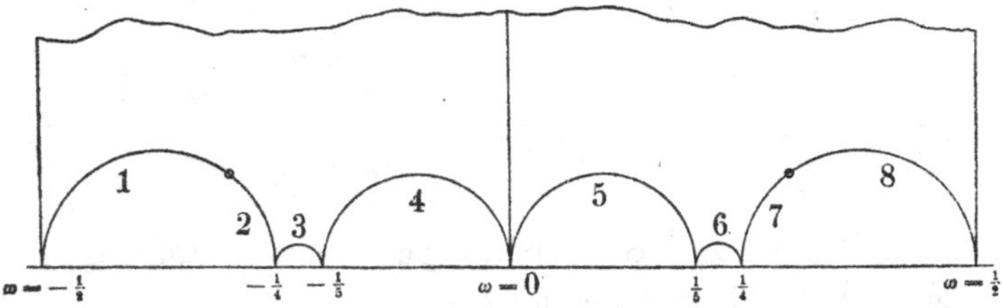

Fig. 25.

gründen, das in Fig. 25 dargestellt ist und wieder zum Geschlechte 0 gehört. Die Seiten 1 und 2 und ebenso 7 und 8 werden in einander transformiert durch die elliptischen Substitutionen $\begin{pmatrix} \mp 3, \mp 1 \\ \pm 10, 3 \end{pmatrix}$ der Periode 2, deren Fixpunkte in der Figur kenntlich gemacht sind. Die Seite 3 geht durch die Substitution $\begin{pmatrix} 9, 2 \\ 40, 9 \end{pmatrix}$ in 6 über, die Seite 4 durch $\begin{pmatrix} 1, 0 \\ 10, 1 \end{pmatrix}$ in 5. Alle diese Substitutionen sind in der Tat in der $\Gamma_{\psi(10)}$ enthalten. Die vier Spitzen $\pm\frac{1}{2}$, $\pm\frac{1}{4}$ gehören zu einem Zyklus zusammen, der kurz der Zyklus $\pm\frac{1}{2}$ heiße; ebenso gehören die Spitzen $\pm\frac{1}{5}$ zu einem Zyklus zusammen.

Trägt man die Dreiecke des ursprünglichen Netzes der Modulgruppe $\Gamma^{(\omega)}$ in T_{10} ein, so erkennt man leicht, daß beim Umlaufen des Zyklus $\pm\frac{1}{2}$ *fünf* Doppeldreiecke jenes Netzes durchschritten werden, beim Umlaufen des Zyklus $\pm\frac{1}{5}$ aber deren *zwei*. Dasselbe kann man durch Rechnung auf folgende Art feststellen: Die in der $\Gamma^{(\omega)}$ enthaltene zyklische Untergruppe parabolischer Substitutionen des Fixpunktes $\omega = -\frac{1}{2}$ wird aus $\begin{pmatrix} -1, -1 \\ 4, 3 \end{pmatrix}$ erzeugt; von dieser Substitution ist erst die *fünfte* Potenz $\begin{pmatrix} -9, -5 \\ 20, 11 \end{pmatrix}$ in der $\Gamma_{\psi(10)}$ enthalten. Die erzeugende Substitution der entsprechend zum Fixpunkte $-\frac{1}{5}$ gehörenden zyklischen Untergruppe ist aber $\begin{pmatrix} -4, -1 \\ 25, 6 \end{pmatrix}$, und von dieser Substitution ist schon die *zweite* Potenz $\begin{pmatrix} -9, -2 \\ 50, 11 \end{pmatrix}$ in $\Gamma_{\psi(10)}$ enthalten.

Diese Angaben sind wichtig, wenn man die Polygone T_2 und T_5 in

T_{10} einträgt und die auf T_{10} gemessenen Ordnungen der Nullpunkte und Pole der beiden Funktionen:

$$(8)\qquad \tau_2 = 64\,\frac{\Delta_2}{\Delta_1},\quad \tau_5 = 125\sqrt[4]{\frac{\Delta_5}{\Delta_1}}$$

feststellt. Man findet diese Ordnungen sogleich tabellarisch zusammengestellt. Vorerst möge noch eine einwertige Funktion $\tau(\omega)$ von T_{10} durch die Festsetzungen $\tau(i\infty) = 0$, $\tau(0) = \infty$, $\tau\left(\frac{i}{\sqrt{10}}\right) = \sqrt{5}$ erklärt werden. Diese Funktion wird dann durch W_{10} in:

$$(9)\qquad \tau' = \frac{5}{\tau}$$

transformiert. Die beiden Zyklen $\pm\frac{1}{2}$ und $\pm\frac{1}{5}$ werden durch W_{10} permutiert. Wird also $\tau(\pm\frac{1}{2}) = -a$ gesetzt, so ist $\tau(\pm\frac{1}{5}) = -5a^{-1}$. Die Tabelle der Spitzenwerte von τ, τ_2, τ_5 ist dann:

	$i\infty$	0	$\pm\frac{1}{2}$	$\pm\frac{1}{5}$
τ	0^1	∞^1	$-a$	$-5a^{-1}$
τ_2	0^1	∞^5	0^5	∞^1
τ_5	0^1	∞^2	∞^1	0^2

Diesen Angaben entsprechen folgende Ansätze für τ_2 und τ_5 in Gestalt rationaler Funktionen von τ:

$$(10)\qquad \tau_2 = 64\,\frac{\Delta_2}{\Delta_1} = \frac{\tau(\tau+a)^5}{b(a\tau+5)},\quad \tau_5 = 125\sqrt[4]{\frac{\Delta_5}{\Delta_1}} = \frac{\tau(a\tau+5)^2}{c(\tau+a)},$$

wo b und c zwei Konstante sind. Wir verfahren nun genau wie im Falle der Transformation sechsten Grades. Durch Ausübung der Transformation W_{10} gehen die Gleichungen (10) über in:

$$(11)\qquad \tau_2' = \frac{1}{64}\,\frac{\Delta_5}{\Delta_{10}} = \frac{(a\tau+5)^5}{b\tau^5(\tau+a)},\quad \tau_5' = \sqrt[4]{\frac{\Delta_2}{\Delta_{10}}} = \frac{125(\tau+a)^2}{c\tau^2(a\tau+5)}.$$

Dividiert man die Gleichungen (10) und (11) durcheinander und zieht die sechste bzw. dritte Wurzel, so folgt weiter:

$$(12)\qquad 4\sqrt[6]{\frac{\Delta_2\Delta_{10}}{\Delta_1\Delta_5}} = \frac{\tau(\tau+a)}{a\tau+5},\quad 25\sqrt[12]{\frac{\Delta_5\Delta_{10}}{\Delta_1\Delta_2}} = \frac{\tau(a\tau+5)}{\tau+a}.$$

Durch Multiplikation dieser Gleichungen miteinander und Ausziehen der Quadratwurzel findet man als *Ausdruck der einwertigen Funktion τ in der Diskriminante Δ:*

$$(13)\qquad \tau = 10\sqrt[24]{\frac{\Delta_2\Delta_{10}^3}{\Delta_1^3\Delta_5}}.$$

Das Anfangsglied der Reihe für τ ist hiernach $10q^2$. Die Bestimmung von a, b, c aus der ersten Gleichung (12) und den Gleichungen (11) geschieht nun wie im vorigen Falle. Es findet sich $a = 2$, $b = c = 1$. *Die Darstellung der bei den Transformationsgraden 2 und 5 benutzten Funktionen τ_2 und τ_5 als rationale Funktionen des zu T_{10} gehörenden τ ist:*

$$\tau_2 = \frac{\tau(\tau+2)^5}{2\tau+5}, \quad \tau_5 = \frac{\tau(2\tau+5)^2}{\tau+2}. \tag{14}$$

Die Darstellung von J durch τ erhält man endlich durch Eintragen des in der zweiten Gleichung (14) gegebenen Ausdrucks für τ_5 in die Gleichung (13) S. 393 an Stelle des damaligen τ.

3. Transformation zwölften Grades. Das in Fig. 26 dargestellte Polygon T_{12} ist ein Zehneck, dessen untere mit Nummern bezeichnete Seiten so zusammenhängen:

$$1 \to 8, \begin{pmatrix}5, & 2\\ 12, & 5\end{pmatrix}; \quad 2 \to 7, \begin{pmatrix}7, & 2\\ 24, & 7\end{pmatrix}; \quad 3 \to 6, \begin{pmatrix}5, & 1\\ 24, & 5\end{pmatrix}; \quad 4 \to 5, \begin{pmatrix}1, & 0\\ 12, & 1\end{pmatrix}.$$

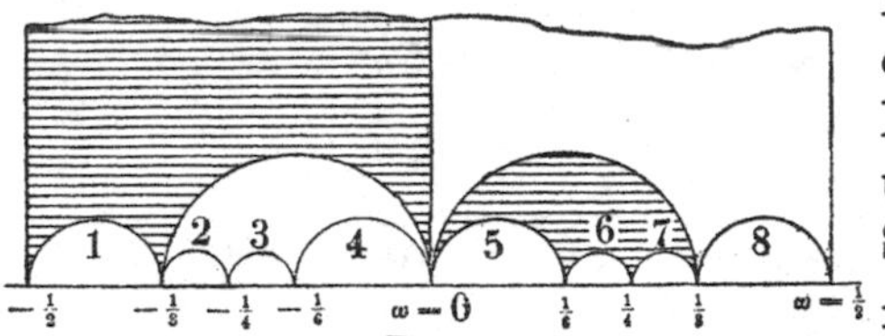

Fig. 26.

Diese Substitutionen gehören in der Tat alle vier der $\Gamma_{\psi(12)}$ an. Neben den Spitzen bei $\omega = i\infty$ und $\omega = 0$ haben wir noch vier Spitzenzyklen $\pm\frac{1}{2}$, $\pm\frac{1}{3}$, $\pm\frac{1}{4}$, $\pm\frac{1}{6}$, die durch W_{12} zu Paaren permutiert werden.

Die beiden schraffierten Teilbereiche sind Abbilder der negativen τ_6-Halbebene, die beiden freien Bereiche solche der positiven τ_6-Halbebene. Wie man unmittelbar aus der Figur abliest, wird T_{12} durch τ_6 auf eine zweiblättrige Riemannsche Fläche abgebildet, die zwei der Spitze 0 und dem Zyklus $\pm\frac{1}{3}$ entsprechende Verzweigungspunkte bei $\tau_6 = \infty$ und $\tau_6 = -\frac{9}{2}$ hat. *Eine einwertige Funktion von T_{12} können wir demnach aus τ_6 mit einer einzigen Quadratwurzel in der Gestalt berechnen:*

$$\tau = -3 + \sqrt{2\tau_6 + 9} \tag{15}$$

mit der Festsetzung, daß die Quadratwurzel auf der imaginären ω-Achse positiv genommen werden soll. Wir erzielen hierdurch die Spitzenwerte $\tau(i\infty) = 0$, $\tau(0) = \infty$. Auf dem äußeren Rande von T_{12} wird τ reell und negativ, und es gelten insbesondere folgende Spitzenwerte:

$$\tau(\pm\tfrac{1}{2}) = -2, \quad \tau(\pm\tfrac{1}{3}) = -3, \quad \tau(\pm\tfrac{1}{4}) = -4, \quad \tau(\pm\tfrac{1}{6}) = -6.$$

Da durch W_{12} die beiden Zyklen $\pm\frac{1}{3}$, $\pm\frac{1}{4}$ ausgetauscht werden, so findet man als *Wirkung der Transformation W_{12} auf τ:*

$$\tau' = \frac{12}{\tau}. \tag{16}$$

Indem man in die Darstellung von J durch τ_6 für τ_6 den Ausdruck $\frac{1}{2}\tau(\tau+6)$ einsetzt, erhält man den Ausdruck von J in dem zu $n=12$ gehörenden τ. Diese Angaben über den Grad $n=12$ sind für später ausreichend.

4. Transformation 14ten Grades. Man knüpft hier zweckmäßig an das Klassenpolygon K_{14} an, dessen eine Hälfte in Fig. 27 dargestellt ist. Den vier Formklassen der Diskriminante $D=-56$ entsprechen die vier Punkte e_0, e_1, e_2, e_2', wo e_2' zu e_2 symmetrisch liegt. Die näheren Angaben sind:

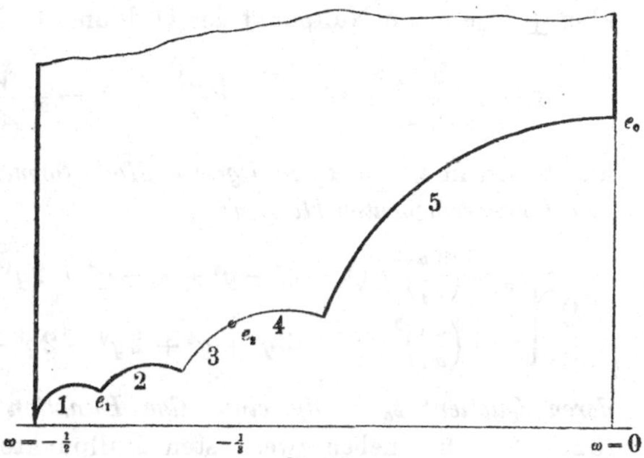

Fig. 27.

$$e_0,\quad \omega=\frac{i}{\sqrt{14}},\qquad (14, 0, 1),\qquad \begin{pmatrix}0, & -1\\ 14, & 0\end{pmatrix},$$

$$e_1,\quad \omega=\frac{-4\sqrt{14}+i}{9\sqrt{14}},\qquad (126, 112, 25),\qquad \begin{pmatrix}-56, & -25\\ 126, & 56\end{pmatrix},$$

$$e_2,\quad \omega=\frac{-\sqrt{14}+i}{3\sqrt{14}},\qquad (42, 28, 5),\qquad \begin{pmatrix}-14, & -5\\ 42, & 14\end{pmatrix}.$$

Durch die letzte Substitution werden die Kreisbogen 3 und 4 ineinander transformiert, die den Kreis der Gleichung:

$$14(\xi^2+\eta^2)+8\xi+1=0$$

zusammensetzen. Der Kreis 5 ist der Symmetriekreis der Spiegelung $\overline{W}_{14}$; für die Kreise 1 und 2 gelten die Angaben:

$$1.\quad 14(\xi^2+\eta^2)+13\xi+3=0,\qquad \omega'=\frac{-13\bar{\omega}-6}{28\bar{\omega}+13},$$

$$2.\quad 70(\xi^2+\eta^2)+56\xi+11=0,\qquad \omega'=\frac{-28\bar{\omega}-11}{70\bar{\omega}+28}.$$

Das Klassenpolygon hat nur die Spitze $i\infty$ und den Spitzenzyklus $\pm\frac{1}{2}$, so daß die formentheoretische Behandlung des Grades 14 sehr einfach ist.

Man erkennt zunächst im Quotienten $\Delta_2\Delta_7:\Delta_1\Delta_{14}$ durch Abzählung der Nullpunkte des Zählers und Nenners die sechste Potenz einer einwertigen Funktion $\tau(\omega)$ von K_{14}, die demnach selbst durch:

$$(17)\qquad \tau(\omega)=\sqrt[6]{\frac{\Delta_2\Delta_7}{\Delta_1\Delta_{14}}}=q^{-2}+4+10q^2+\cdots$$

zu erklären ist. Die Formen $\sqrt[6]{\Delta_2\Delta_7}$ und $\sqrt[6]{\Delta_1\Delta_{14}}$ haben Nullpunkte der Gesamtordnung 4, und zwar hat $\sqrt[6]{\Delta_2\Delta_7}$ in der Spitze $i\infty$ einen Nullpunkt der Ordnung $\frac{3}{2}$ und im Zyklus $\pm\frac{1}{2}$ einen solchen der Ordnung $\frac{5}{2}$, während $\sqrt[6]{\Delta_1\Delta_{14}}$ an diesen Stellen umgekehrt Nullpunkte der Ordnungen $\frac{5}{2}$ und $\frac{3}{2}$ hat. Demnach hat $\sqrt[24]{\Delta_1\Delta_2\Delta_7\Delta_{14}}$ in der Spitze $i\infty$ und im Zyklus $\pm\frac{1}{2}$ je einen Nullpunkt der Ordnung 1. Wir setzen nun:

$$z_0 = \frac{\sqrt[6]{\Delta_2\Delta_7}}{\sqrt[24]{\Delta_1\Delta_2\Delta_7\Delta_{14}}} = \sqrt[24]{\frac{\Delta_2^3\Delta_7^3}{\Delta_1\Delta_{14}}},\quad z_1 = \frac{\sqrt[6]{\Delta_1\Delta_{14}}}{\sqrt[24]{\Delta_1\Delta_2\Delta_7\Delta_{14}}} = \sqrt[24]{\frac{\Delta_1^3\Delta_{14}^3}{\Delta_2\Delta_7}}$$

und haben in z_0 und z_1 *zwei ganze Modulformen der Dimension* -2 *mit den Potenzreihenentwicklungen:*

$$(18)\quad \begin{cases} z_0 = \left(\frac{2\pi}{\omega_2}\right)^2 q\,(1+q^2-q^4+*-q^8-2q^{10}+q^{12}-9q^{14}+\cdots), \\ z_1 = \left(\frac{2\pi}{\omega_2}\right)^2 q^3(1-3q^2+q^4+2q^6+2q^8-q^{10}-4q^{12}+2q^{14}+\cdots), \end{cases}$$

deren Quotient $z_0 : z_1$ *die einwertige Funktion* τ *ist.* Die Formenschar (az_0+bz_1) hat neben zwei festen Nullpunkten der Ordnung $\frac{1}{2}$ in den Spitzen einen beweglichen Nullpunkt erster Ordnung auf K_{14}.

Die Verzweigungsform der zweiblättrigen Fläche des Geschlechtes 1, auf die das Polygon T_{14} durch τ abgebildet wird, kann wie bisher durch einen Differentiationsprozeß leicht bestimmt werden. Doch ist es noch etwas kürzer, diese Bestimmung sogleich mit der Darstellung der bei $n=7$ benutzten Funktion τ_7 zu verknüpfen. Wir haben zunächst, wenn wieder $\tau_7(W_{14}(\omega)) = \tau_7'(\omega)$ geschrieben wird:

$$(19)\qquad \tau_7 = 49\sqrt[6]{\frac{\Delta_7}{\Delta_1}},\quad \tau_7' = \sqrt[6]{\frac{\Delta_2}{\Delta_{14}}},$$

woraus durch Addition hervorgeht:

$$\tau_7'+\tau_7 = \frac{\sqrt[6]{\Delta_1\Delta_2}+49\sqrt[6]{\Delta_7\Delta_{14}}}{\sqrt[6]{\Delta_1\Delta_{14}}}.$$

Die hier im Zähler stehende Form hat Nullpunkte der Gesamtordnung 4 auf K_{14}. Da in der Spitze $i\infty$ ein Nullpunkt der Ordnung $\frac{1}{2}$ auftritt und die Form in den Ecken e nicht verschwindet, so liegt auch im Zyklus $\pm\frac{1}{2}$ ein Nullpunkt der Ordnung $\frac{1}{2}$, so daß das Produkt jener Form mit $\sqrt[24]{\Delta_1\Delta_2\Delta_7\Delta_{14}}$ als homogene ganze Funktion dritten Grades von z_0 und z_1 darstellbar ist. Die Potenzreihen ergeben:

$$(20)\quad \sqrt[24]{\Delta_1\Delta_2\Delta_7\Delta_{14}}\left(\sqrt[6]{\Delta_1\Delta_2}+49\sqrt[6]{\Delta_7\Delta_{14}}\right) = z_0^3-8z_0^2z_1-8z_0z_1^2+z_1^3.$$

Indem man diese Gleichung quadriert und $196\sqrt[4]{\Delta_1\Delta_2\Delta_7\Delta_{14}} = 196\,z_0^3z_1^3$ abzieht, findet man:

$$\sqrt[12]{\Delta_1\Delta_2\Delta_7\Delta_{14}}\left(\sqrt[6]{\Delta_1\Delta_2}-49\sqrt[6]{\Delta_7\Delta_{14}}\right)^2 = z_0^6-16z_0^5z_1+48z_0^4z_1^2-66z_0^3z_1^3 + 48z_0^2z_1^4-16z_0z_1^5+z_1^6.$$

Dies Ergebnis ist einer Prüfung fähig. Es muß nämlich die rechts stehende Funktion reduzibel sein und in das Produkt der oben genannten Verzweigungsform vierten Grades und des Quadrates einer linearen Funktion zerfallen. Dies bestätigt sich; man findet durch Ausziehen der Quadratwurzel:

$$(21)\quad \sqrt[24]{\Delta_1\Delta_2\Delta_7\Delta_{14}}\left(\sqrt[6]{\Delta_1\Delta_2} - 49\sqrt[6]{\Delta_7\Delta_{14}}\right)$$
$$= (z_0 - z_1)\sqrt{z_0^4 - 14z_0^3z_1 + 19z_0^2z_1^2 - 14z_0z_1^3 + z_1^4},$$

wo unter der Wurzel rechter Hand die Verzweigungsform gewonnen ist.

Neben $\tau(\omega)$ führen wir nun als zweite Funktion $\sigma(\omega)$ der $\Gamma_{\psi(14)}$ den Quotienten der in (21) rechts stehenden Wurzel mit z_1^2 ein: Für das Funktionssystem σ, τ der $\Gamma_{\psi(14)}$ besteht dann die Relation:

$$(22)\qquad \sigma = \sqrt{\tau^4 - 14\tau^3 + 19\tau^2 - 14\tau + 1},$$

so daß wir mit einem elliptischen Gebilde der absoluten Invariante $\frac{5^3\cdot 43^3}{2^{12}\cdot 3^3\cdot 7^3}$ zu tun haben. Durch Subtraktion der Gleichung (21) von (20) findet man nach kurzer Zwischenrechnung den Satz: *Die beim siebenten Grade benutzte Funktion τ_7 stellt sich als rationale Funktion von σ und τ in der Gestalt dar:*

$$(23)\qquad \tau_7 = \frac{(\tau+1)(\tau^2 - 9\tau + 1) - (\tau - 1)\sigma}{2\tau}.$$

5. Transformation 18ten Grades. Das Transformationspolygon T_{18} ist in Fig. 28 dargestellt, die man sich auf der rechten Seite der imagi-

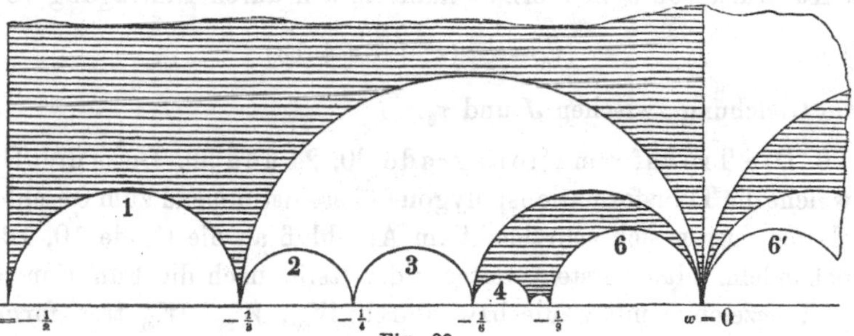

Fig. 28.

nären ω-Achse symmetrisch fortgesetzt zu denken hat. Die sechs Halbkreise, die T_{18} links von $\omega = 0$ nach unten begrenzen, bezeichne man der Reihe nach mit 1, 2, . . ., 6, die ihnen symmetrischen Halbkreise seien etwa durch 6′, 5′, . . ., 1′ bezeichnet. Dann gelten folgende Zuordnungen der Polygonseiten durch erzeugende Substitutionen der $\Gamma_{\psi(18)}$:

$$1 \longrightarrow 2,\ 1' \longrightarrow 2',\ \begin{pmatrix} -5, & \mp 2\\ \pm 18, & 7\end{pmatrix};\quad 3 \longrightarrow 4,\ 3' \longrightarrow 4',\ \begin{pmatrix} -5, & \mp 1\\ \pm 36, & 7\end{pmatrix};$$

$$5 \longrightarrow 5',\ \begin{pmatrix} 17, & 2\\ 144, & 17\end{pmatrix};\quad 6 \longrightarrow 6';\ \begin{pmatrix} 1, & 0\\ 18, & 1\end{pmatrix}.$$

An Polygonspitzen hat man erstlich die sechs bei $\omega = i\infty, 0, \frac{1}{3}, \frac{1}{6}, -\frac{1}{3}, -\frac{1}{6}$ gelegenen; von den übrigen Spitzen bilden die sechs $\pm\frac{1}{2}, \pm\frac{1}{4}, \pm\frac{1}{8}$ einen Zyklus, die beiden $\pm\frac{1}{9}$ einen zweiten.

Die drei schraffierten Teilbereiche sind Bilder der negativen τ_6-Halbebene, die drei freien solche der positiven τ_6-Halbebene. Man liest aus der Figur leicht den Satz ab: T_{18} wird durch τ_6 auf eine dreiblättrige Riemannsche Fläche mit zwei dreiblättrigen Verzweigungspunkten abgebildet, die der Spitze $\omega = 0$ und dem Zyklus $(\pm\frac{1}{2}, \pm\frac{1}{4}, \pm\frac{1}{8})$ entsprechen und also bei $\tau_6 = -4$ und $\tau_6 = \infty$ liegen. *Eine einwertige Funktion von* T_{18} *ist also in:*

$$\tau = -2 + \sqrt[3]{2\tau_6 + 8} \tag{24}$$

hergestellt, wo die Bestimmung gelte, daß die Kubikwurzel auf der imaginären ω-Achse reell ist.

Als Spitzenwerte dieser Funktion berechnet man aus denen von τ_6:

$$\begin{cases} \tau(i\infty) = 0, \quad \tau(0) = \infty, \quad \tau(\pm\frac{1}{2}) = \tau(\pm\frac{1}{4}) = \tau(\pm\frac{1}{8}) = -2, \\ \tau(\pm\frac{1}{9}) = -3, \quad \tau(\pm\frac{1}{6}) = -3 \pm i\sqrt{3}, \quad \tau(\pm\frac{1}{3}) = \frac{-3 \pm i\sqrt{3}}{2}. \end{cases} \tag{25}$$

Da durch die Transformation W_{18} die Spitzen $\frac{1}{2}$ und $-\frac{1}{9}$ ausgetauscht werden, so ist die *Wirkung von* W_{18} *auf* τ*:*

$$\tau' = \frac{6}{\tau}. \tag{26}$$

Den Ausdruck von J in τ erhält man einfach durch Eintragung von:

$$\tau_6 = \tfrac{1}{2}\tau(\tau^2 + 6\tau + 12) \tag{27}$$

in die Gleichung zwischen J und τ_6.

6. Die Transformationsgrade 20, 24 und 36. Diese drei Grade, für welche die Transformationspolygone übereinstimmend zum Geschlechte 1 gehören, lassen sich sehr leicht im Anschluß an die Grade 10, 12 und 18 behandeln. Man verstehe unter τ der Reihe nach die Funktionen τ_{10}, τ_{12}, τ_{18}, bezeichne mit τ' die bzw. durch W_{20}, W_{24}, W_{36} transformierte Funktion und beachte, daß in jedem Falle τ und τ' zwei zweiwertige Funktionen von T sind, die demnach durch eine in jeder Funktion τ, τ' auf den zweiten Grad ansteigende Gleichung verknüpft sind. Die Spitzenwerte genügen bereits, diese in jedem Falle in τ und τ' symmetrischen Relationen fertig anzuschreiben[1]):

---

1) Man verfährt am zweckmäßigsten so, daß man in jedem Falle zunächst die Relation zwischen $\tau(\omega)$ und $\tau(2\omega)$ aufstellt und dann die Substitution W ausübt, wobei $\tau(\omega)$ in $\tau'(\omega)$ übergeht und $\tau(2\omega)$ auf Grund der Gleichungen (9) bzw. (16) oder (26) durch $\tau(\omega)$ auszudrücken ist.

$$(28)\quad \begin{cases} \tau = \tau_{10}, & \tau'^2\tau^2 - 30\tau'\tau - 50(\tau' + \tau) - 100 = 0, \\ \tau = \tau_{12}, & \tau'^2\tau^2 - 72\tau'\tau - 144(\tau' + \tau) - 288 = 0, \\ \tau = \tau_{18}, & \tau'^2\tau^2 - 24\tau'\tau - 36(\tau' + \tau) - 72 = 0. \end{cases}$$

Indem man diese Gleichungen nach τ' löst, stellt sich in jedem Falle die Quadratwurzel einer ganzen Funktion dritten Grades von τ ein, die als Funktion von ω durch $\sigma(\omega)$ bezeichnet sei und mit $\tau(\omega)$ zu einem Funktionssystem der Γ_ψ vereint werden soll. *Für die drei Transformationspolygone* T_{20}, T_{24} *und* T_{36} *erhalten wir so die drei Funktionssysteme:*

$$(29)\quad \begin{cases} \tau = \tau_{10}, & \sigma = \sqrt{2\tau^3 + 13\tau^2 + 30\tau + 25}, \\ \tau = \tau_{12}, & \sigma = \sqrt{\tau^3 + 11\tau^2 + 36\tau + 36}, \\ \tau = \tau_{18}, & \sigma = \sqrt{\tau^3 + 6\tau^2 + 12\tau + 9}, \end{cases}$$

so daß wir mit drei elliptischen Gebilden der absoluten Invarianten $\frac{11^3}{2^2 \cdot 3^3 \cdot 5^2}$, $\frac{13^3}{2^2 \cdot 3^5}$, 0 zu tun haben. Übrigens seien die Wurzeln in (29) so bestimmt, daß die Funktionen $\sigma(\omega)$ in der Spitze $i\infty$ die Werte $+5$, $+6$ und $+3$ annehmen.

Bei Ausübung der Substitutionen W gehen die $\tau(\omega)$ über in $\tau'(\omega)$, die man aus (28) durch Auflösung nach τ' unter richtiger Bestimmung des Vorzeichens der Quadratwurzel in folgenden Gestalten berechnet:

$$(30)\quad \begin{cases} n = 20, & \tau' = \frac{5}{\tau^2}(3\tau + 5 + \sigma), \\ n = 24, & \tau' = \frac{12}{\tau^2}(3\tau + 6 + \sigma), \\ n = 36, & \tau' = \frac{6}{\tau^2}(2\tau + 3 + \sigma). \end{cases}$$

Wie man sieht, haben wir hier noch nicht mit Funktionenpaaren τ, σ zu tun, die gegenüber W invariant sind, bzw. Zeichenwechsel erfahren. Doch ist es leicht, aus den σ, τ solche Paare herzustellen. In jedem Falle ist nämlich $(\tau' + \tau)$ eine zweiwertige Funktion des Klassenpolygons K mit einem Pole zweiter Ordnung in der Spitze $i\infty$. Es muß demnach möglich sein, $\tau' + \tau$ durch Zusatz einer additiven Konstanten zum Quadrate einer einwertigen Funktion $\bar{\tau}$ von K zu machen. In der Tat führt dieser Ansatz in den drei Fällen 20, 24 und 36 zu folgenden Funktionen $\bar{\tau}$:

$$(31)\quad \begin{cases} \bar{\tau} = \sqrt{2\tau + 2\tau' + 13} = \frac{5 + \sigma}{\tau}, \\ \bar{\tau} = \sqrt{\tau + \tau' + 11} = \frac{6 + \sigma}{\tau}, \\ \bar{\tau} = \sqrt{\tau + \tau' + 6} = \frac{3 + \sigma}{\tau}. \end{cases}$$

Tragen wir die hieraus sich ergebenden Ausdrücke $\tau\bar{\tau} - 5, \ldots$ von σ in die zugehörigen Gleichungen (29) ein und lösen noch τ auf, so stellen sich folgende Quadratwurzeln ein:

$$(32) \qquad \begin{cases} n = 20, & \bar{\sigma} = \sqrt{\bar{\tau}^4 - 26\bar{\tau}^2 - 80\bar{\tau} - 71}, \\ n = 24, & \bar{\sigma} = \sqrt{\bar{\tau}^4 - 22\bar{\tau}^2 - 48\bar{\tau} - 23}, \\ n = 36, & \bar{\sigma} = \sqrt{\bar{\tau}^4 - 12\bar{\tau}^2 - 24\bar{\tau} - 12}. \end{cases}$$

In $\bar{\tau}$, $\bar{\sigma}$ haben wir nun jedesmal ein System von Funktionen der Γ_ψ, von denen die erste gegenüber W invariant ist, während die zweite Zeichenwechsel erfährt.

Natürlich sind in jedem Falle die beiden Funktionssysteme σ, τ und $\bar{\sigma}$, $\bar{\tau}$ gegenseitig rational ineinander ausdrückbar. Speziell ergeben sich bei den eben angedeuteten Rechnungen folgende *Ausdrücke der τ in den Funktionen $\bar{\sigma}$, $\bar{\tau}$:*

$$(33) \qquad 4\tau = \bar{\tau}^2 - 13 - \bar{\sigma}, \quad 2\tau = \bar{\tau}^2 - 11 - \bar{\sigma}, \quad 2\tau = \bar{\tau}^2 - 6 - \bar{\sigma},$$

die sich wieder der Reihe nach auf $n = 20$, 24 und 36 beziehen. Durch Eintragen dieser Ausdrücke von τ_{10}, τ_{12} und τ_{18} in die zwischen diesen Funktionen und J bestehenden Gleichungen gelangt man zu den Darstellungen von J durch unsere drei Funktionssysteme $\bar{\sigma}$, $\bar{\tau}$.

7. Transformation 26sten Grades. Die Klassenanzahl der quadratischen Formen der Diskriminante $D = -104$ ist 6; die reduzierten Formen sind:

$$(1, 0, 26), \quad (2, 0, 13), \quad (3, \pm 2, 9), \quad (5, \pm 4, 6),$$

von denen die beiden ersten ambig sind. Das halbe Klassenpolygon $\mathbf{K}_{26}$ ist in Fig. 29 gegeben. Die Kreise 1, 6 und 7 sind Symmetriekreise,

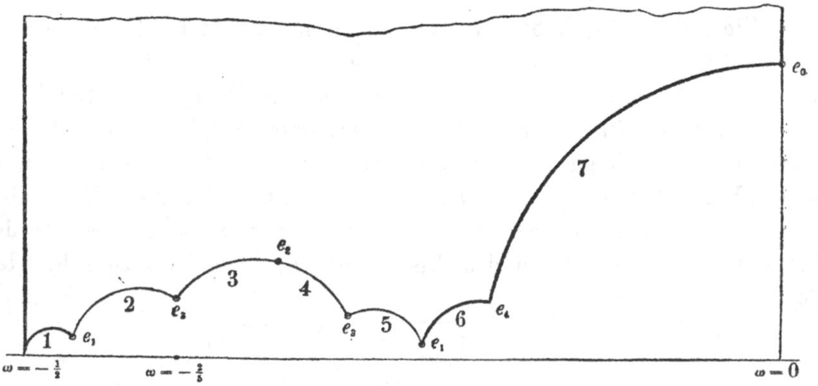

Fig. 29.

nämlich 7 derjenige der Spiegelung $\overline{W}_{26}$, während für die beiden anderen Kreise die Angaben gelten:

$$1.\quad 26(\xi^2+\eta^2)+25\xi+6=0, \qquad \omega'=\frac{-25\omega-12}{52\omega+25},$$

$$6.\quad 130(\xi^2+\eta^2)+52\xi+5=0, \qquad \omega'=\frac{-26\omega-5}{130\omega+26}.$$

Die zum Kreise 1. gehörende Spiegelung ist bereits in der $\Gamma_{\psi(26)}$ enthalten. Die Seiten 2, 3, 4, 5 sind aufeinander bezogen durch folgende Substitutionen:

$$2\longrightarrow 5,\ \begin{pmatrix}-7, & -3\\ 26, & 11\end{pmatrix};\quad 3\longrightarrow 4,\ \begin{pmatrix}-26, & -9\\ 78, & 26\end{pmatrix},$$

deren erste bereits in der $\Gamma_{\psi(26)}$ enthalten ist.

Die Ecke e_0 gehört zur Hauptklasse der Diskriminante -104. Die beiden mit e_1 bezeichneten Ecken bilden mit den beiden symmetrischen Ecken auf der rechten Seite der imaginären Achse einen Zyklus. Diese beiden Ecken e_1 liegen bei:

$$\omega=\frac{-7\sqrt{26}+i}{15\sqrt{26}} \quad\text{und}\quad \omega=\frac{-5\sqrt{26}+i}{21\sqrt{26}},$$

sie sind die Nullpunkte der beiden äquivalenten Formen (390, 364, 85) und (546, 260, 31), die der zweiten ambigen Klasse angehören. Der Punkt e_2 liegt bei $\omega=\frac{-\sqrt{26}+i}{3\sqrt{26}}$ und stellt den Nullpunkt der Form (78, 52, 9) dar, die mit (3, $-$2, 9) äquivalent ist. Die beiden Ecken e_3 liegen bei:

$$\omega=\frac{-2\sqrt{26}+i}{5\sqrt{26}} \quad\text{und}\quad \omega=\frac{-2\sqrt{26}+i}{7\sqrt{26}},$$

sie sind die Nullpunkte der äquivalenten Formen (130, 104, 21) und (182, 104, 15), die der Klasse der reduzierten Form (5, 4, 6) angehören. Der Eckpunkt e_4 bei $\omega=\frac{-5+i}{26}$ ist der Fixpunkt der auch schon in der $\Gamma_{\psi(26)}$ auftretenden Substitution $\omega'=\frac{-5\omega-1}{26\omega+5}$.

Die funktionentheoretische Behandlung des Falles $n=26$ bietet keine Schwierigkeit dar. Durch Abzählung der Nullpunkte der Produkte $\Delta_2\Delta_{13}$ und $\Delta_1\Delta_{26}$ in den beiden in Betracht kommenden Spitzen stellt man leicht fest, daß:

$$(34)\qquad \tau=\sqrt[12]{\frac{\Delta_2\Delta_{13}}{\Delta_1\Delta_{26}}}=q^{-2}+2+3q^2+\cdots$$

eine einwertige Funktion des Klassenpolygons ist; ihr Pol liegt in der Spitze $i\infty$, der Nullpunkt im Zyklus $\pm\frac{1}{2}$. Aus den beiden Formen:

$$(35)\qquad \begin{cases} z_0=\sqrt[12]{\Delta_2\Delta_{13}}=\left(\frac{2\pi}{\omega_2}\right)^2 q^{\frac{5}{2}}(1-2q^4-q^8+2q^{12}+\cdots),\\ z_1=\sqrt[12]{\Delta_1\Delta_{26}}=\left(\frac{2\pi}{\omega_2}\right)^2 q^{\frac{9}{2}}(1-2q^2-q^4+2q^6\\ \qquad\qquad +q^8+2q^{10}-2q^{12}+\cdots)\end{cases}$$

setzt man in üblicher Art die Schar von Formen $(az_0 + bz_1)$ zusammen, die *einen* beweglichen Nullpunkt erster Ordnung auf $\mathbf{K}_{26}$ haben und in der Spitze $i\infty$ sowie im Zyklus $\pm \frac{1}{2}$ je in der Ordnung $\frac{5}{4}$ verschwinden.

Die Gewinnung einer zweiten Funktion σ neben τ für $\Gamma_{\psi(26)}$ und die Darstellung von τ_{13} und dadurch mittelbar auch von J in σ und τ werden zweckmäßig wie im Falle $n = 14$ durchgeführt. Die in (3) S. 426 eingeführte Funktion τ_{13} möge durch W_{26} in τ'_{13} transformiert werden. Dann gilt:

$$(36)\qquad \tau'_{13} + \tau_{13} = \frac{\sqrt[12]{\Delta_1 \Delta_2} + 13\sqrt[12]{\Delta_{13}\Delta_{26}}}{\sqrt[12]{\Delta_1 \Delta_{26}}}.$$

Die im Zähler stehende Form wolle man auf Zahl und Lage ihrer Nullpunkte untersuchen. Es stellt sich heraus, daß das Produkt dieser Form mit $z_0 z_1 = \sqrt[12]{\Delta_1 \Delta_2 \Delta_{13} \Delta_{26}}$ als homogene ganze Funktion dritten Grades von z_0 und z_1 darstellbar ist. Mittels der Potenzreihen findet man in üblicher Weise:

$$(37)\qquad z_0 z_1 \left(\sqrt[12]{\Delta_1 \Delta_2} + 13\sqrt[12]{\Delta_{13}\Delta_{26}}\right) = z_0^3 - 4z_0^2 z_1 - 4z_0 z_1^2 + z_1^3.$$

Bei der Berechnung von $\left(\sqrt[12]{\Delta_1 \Delta_2} - 13\sqrt[12]{\Delta_{13}\Delta_{26}}\right)$ stellt sich die Quadratwurzel ein:

$$(38)\qquad \sqrt{z_0^6 - 8z_0^5 z_1 + 8z_0^4 z_1^2 - 18z_0^3 z_1^3 + 8z_0^2 z_1^4 - 8z_0 z_1^5 + z_1^6}.$$

Der unter dieser Wurzel stehende Ausdruck ist die Verzweigungsform der zweiblättrigen Fläche, auf die das Transformationspolygon $\mathbf{T}_{26}$ durch $\tau(\omega)$ abgebildet wird, und die in der Tat das Geschlecht 2 hat. Wir notieren den Satz: *Als Funktionssystem der $\Gamma_{\psi(26)}$ kann die in* (34) *erklärte Funktion τ und die in ihr durch die Quadratwurzel:*

$$(39)\qquad \sigma = \sqrt{\tau^6 - 8\tau^5 + 8\tau^4 - 18\tau^3 + 8\tau^2 - 8\tau + 1}$$

dargestellte Funktion σ benutzen. Als Ausdruck für die Funktion τ_{13} in σ und τ findet man:

$$(40)\qquad \tau_{13} = \frac{\tau^3 - 4\tau^2 - 4\tau + 1 - \sigma}{2\tau}.$$

Die Darstellung von J in σ und τ ist durch Vermittlung der Gleichung (16) S. 428 zu gewinnen.

Fünftes Kapitel.

Die Gruppen der speziellen Transformationsgleichungen und die drei Resolventen der Grade 5, 7 und 11.

Die folgenden Ausführungen schließen sich an die Entwicklungen von S. 261 ff. über die Lösung der speziellen Teilungsgleichungen der $\wp$-Funktion an und sollen die Fortsetzung dieser Entwicklungen für die

R. Fricke, *Die elliptischen Funktionen und ihre Anwendungen, Zweiter Teil,*
DOI 10.1007/978-3-642-19561-7_10, © Springer-Verlag Berlin Heidelberg 2012

speziellen Transformationsgleichungen geben. Nach S. 262 besteht der Satz, daß, wenn die Teilwerte der primzahligen Teilungsgrade n bekannt sind, die Teilwerte aller weiteren Grade allein durch rationale Rechnungen und Wurzelziehungen berechenbar sind. Jedoch waren in allen Primzahlfällen $n > 3$ die speziellen Teilungsgleichungen der $\wp$-Funktion nicht mehr durch Wurzelziehungen allein lösbar, so daß sich gerade diesen Fällen n das weitere Interesse zuwendet.

Wir haben inzwischen die speziellen Transformationsgleichungen als Resolventen der speziellen Teilungsgleichungen kennen gelernt. Es wird sich jetzt darum handeln, genauer die algebraische Theorie dieser Gleichungen zu entwickeln, wobei wir uns nach dem Gesagten auf die primzahligen Fälle $n > 3$ beschränken können. Die erste Frage wird die nach der Galoisschen Gruppe der speziellen Transformationsgleichung sein. Indem wir sodann auf die Struktur dieser Gruppe näher eingehen, behandeln wir die Frage, ob die speziellen Transformationsgleichungen, die beim einzelnen n den Grad $(n+1)$ haben, die Resolventen niedersten Grades der speziellen Teilungsgleichung sind oder nicht. Hierauf antwortet ein berühmter von Galois entdeckter Satz, nach dem zwar für $n > 11$ die Transformationsgleichungen die niedersten Resolventen sind, daß aber in den drei ersten Fällen $n = 5$, 7 und 11 Resolventen n^{ten} Grades existieren.[1])

§ 1. Die Galoisschen Gruppen der speziellen Transformationsgleichungen.

Der Übergang von den Teilungsgleichungen zu den Transformationsgleichungen wurde durch die Überlegungen von S. 335 ff. vollzogen. Die $\frac{1}{2}(n^2-1)$ Teilwerte $\wp_{\lambda\mu}$ des primzahligen Grades n ordnen wir in $(n+1)$ Systeme:

$$(1) \qquad \wp_{\lambda,\mu},\ \wp_{2\lambda,2\mu},\ \wp_{3\lambda,3\mu},\ \ldots,\ \wp_{\frac{n-1}{2}\lambda,\frac{n-1}{2}\mu}$$

zu je $\frac{1}{2}(n-1)$ an, die gegenüber den Substitutionen der Galoisschen Gruppe $G_{\frac{1}{2}n(n-1)(n^2-1)}$ der Teilungsgleichung invariant sind. Diese Gruppe konnten wir nämlich aus allen auf die Indizes λ, μ auszuübenden inkongruenten Substitutionen:

$$(2) \qquad \lambda' \equiv \alpha\lambda + \gamma\mu, \quad \mu' \equiv \beta\lambda + \delta\mu, \quad (\mathrm{mod}\ n)$$

aufbauen, deren Determinanten $(\alpha\delta - \beta\gamma)$ teilerfremd gegen n waren, und bei denen zwei durch gleichzeitigen Zeichenwechsel von α, β, γ, δ

1) Der Satz ist von Galois in seinem Briefe an A. Chevalier vom 29. Mai 1832 mitgeteilt; man vgl. die Sammlung der Galoisschen Arbeiten im Journ. de Math., Bd. 11 (1846).

ineinander übergehende Substitutionen als nicht verschieden galten (S. 261). Durch die einzelne dieser Substitutionen werden die Systeme (1), abgesehen von Umstellungen der $\wp$-Teilwerte im einzelnen Systeme, in der Tat nur untereinander permutiert. Das einzelne System (1) mit $\lambda \neq 0$ können wir durch diejenige Zahl $\varkappa$ der Reihe $0, 1, 2, \ldots, n-1$ charakterisieren, die der Kongruenz $\varkappa\lambda \equiv \mu \pmod n$ genügt, eine Zahl, die wir auch in bekannter Weise durch $\frac{\mu}{\lambda}$ oder $\mu \cdot \lambda^{-1}$ bezeichnen dürfen. Für die Bezeichnung des Systems (1) mit $\lambda = 0$ benutzen wir entsprechend das Symbol $\varkappa = \infty$.

Als wichtigstes Beispiel der Transformationsgleichungen ziehen wir nun diejenige von $j(\omega) = 12^3 J(\omega)$ heran. Nach S. 338 ist die bei der ersten Haupttransformation eintretende transformierte Funktion $j(n\omega)$ eine symmetrische Funktion der $\frac{1}{2}(n-1)$ Teilwerte des zu $\varkappa = \infty$ gehörenden Systems (1) mit Koeffizienten des Körpers $(\mathfrak{R}, g_2, g_3)$. Wir schreiben unter Aufnahme von $\varkappa$ als Index:

$$(3) \qquad j_\infty = j(n\omega) = R\left(\wp_{01}, \wp_{02}, \ldots, \wp_{0,\frac{n-1}{2}}\right).$$

Daran reihen sich die weiteren n unter sich und mit j_∞ gleichberechtigten, den übrigen Systemen (1) entsprechenden Funktionen:

$$(4) \qquad j_\varkappa = j\left(\frac{\omega+\varkappa}{n}\right) = R\left(\wp_{1,\varkappa}, \wp_{2,2\varkappa}, \wp_{3,3\varkappa}, \ldots, \wp_{\frac{n-1}{2},\frac{n-1}{2}\varkappa}\right)$$

mit $\varkappa = 0, 1, 2, \ldots, n-1$, wo R dieselbe Bedeutung wie in (3) hat. Insbesondere entspricht j_0 der zweiten Haupttransformation n^{ten} Grades.

In $j_\infty, j_0, j_1, \ldots, j_{n-1}$ haben wir nun die Wurzeln der Transformationsgleichung vor uns, auf welche jetzt die allgemeinen Grundsätze der Galoisschen Theorie betreffend die Gruppen der Resolventen in Anwendung zu bringen sind (vgl. S. 52 ff.). Wir haben zu dem Zwecke zunächst die Untergruppe derjenigen Substitutionen (2) festzustellen, die die identische Permutation der $j_\infty, j_0, j_1, \ldots, j_{n-1}$ bewirken. Nun wird j_∞ durch die Substitutionen (2) mit $\gamma \equiv 0 \pmod n$ in sich übergeführt, j_0 aber durch die Substitutionen mit $\beta \equiv 0 \pmod n$. Ebenso finden wir als Bedingung dafür, daß j_1 in sich übergeht, $\alpha \equiv \delta \pmod n$. Die Substitutionen (2), die diesen drei Bedingungen genügen, transformieren aber bereits alle Wurzeln (3) und (4) in sich und liefern also den Durchschnitt aller $(n+1)$ zu den einzelnen Wurzeln gehörenden Untergruppen: *Die Substitutionen der Galoisschen Gruppe $G_{\frac{1}{2}n(n-1)(n^2-1)}$ der Teilungsgleichung, die die identische Permutation der $j_\infty, j_0, j_1, \ldots, j_{n-1}$ liefern, bilden die ausgezeichnete Untergruppe $G_{\frac{1}{2}(n-1)}$ der $\frac{1}{2}(n-1)$ Substitutionen:*

$$(5) \qquad \lambda' \equiv \alpha\lambda, \qquad \mu' \equiv \alpha\mu \pmod n.$$

Bei Fortgang zur Transformationsgleichung tritt nun nach S. 53 die Reduktion der Galoisschen Gruppe auf die Quotientengruppe $G_{\frac{1}{2}n(n-1)(n^2-1)}/G_{\frac{1}{2}(n-1)}$ ein, *so daß die Galoissche Gruppe der speziellen Transformationsgleichung eine* $G_{n(n^2-1)}$ *der Ordnung* $n(n^2-1)$ *ist.* Wir können sie aus der Gruppe (2) einfach dadurch herstellen, daß wir alle Substitutionen (2) mit proportionalen Zahlenquadrupeln $\alpha, \beta, \gamma, \delta$ als nicht voneinander verschieden ansehen. *Es genügt also, alle* $\frac{1}{2}n(n^2-1)$ *Substitutionen* (2) *mit der Determinante* 1 *und außerdem alle Substitutionen* (2) *zuzulassen, deren Determinante gleich einem beliebig zu wählenden quadratischen Nichtreste von* n *ist, also im Falle* $n = 4h + 3$ *etwa gleich dem Nichtreste* -1. Indem wir die Indizes $\varkappa \equiv \mu\lambda^{-1}$ einführen, können wir den gewonnenen Satz auch so ausdrücken: *Die Galoissche Gruppe der speziellen Transformationsgleichung besteht aus allen* $n(n^2-1)$ *Permutationen der* $j_\infty, j_0, j_1, \ldots, j_{n-1}$, *welche durch die auf den Index* $\varkappa$ *auszuübenden Substitutionen:*

(6) $$\varkappa' \equiv \frac{\delta\varkappa + \beta}{\gamma\varkappa + \alpha} \pmod n$$

erhalten werden, wobei $\alpha\delta - \beta\gamma \equiv 1$ *und kongruent einem beliebig zu wählenden quadratischen Nichtreste von* n *zu nehmen ist und von zwei durch Zeichenwechsel ineinander übergehenden Quadrupeln* $\alpha, \beta, \gamma, \delta$ *natürlich wieder nur eines zuzulassen ist.*

In der Galoisschen Gruppe $G_{n(n^2-1)}$ ist als ausgezeichnete Untergruppe des Index 2 die *Monodromiegruppe* $G_{\frac{1}{2}n(n^2-1)}$ enthalten[1]), die ihrerseits in allen hier in Frage kommenden Fällen $n > 3$ nach S. 262 einfach ist. Die $G_{\frac{1}{2}n(n^2-1)}$ ist isomorph mit der mod n reduzierten nichthomogenen Modulgruppe $\Gamma^{(\omega)}$ und kann demnach erzeugt werden aus zwei Permutationen, welche den beiden Substitutionen $S = \begin{pmatrix}1, & 1\\ 0, & 1\end{pmatrix}$ und $T = \begin{pmatrix}0, & 1\\ -1, & 0\end{pmatrix}$ entsprechen. Diese beiden Permutationen sind, wie man leicht feststellt:

(S) $$j'_\infty = j_\infty, \quad j'_\varkappa = j_{\varkappa+1},$$

(T) $$j'_\infty = j_0, \quad j'_0 = j_\infty, \quad j'_\varkappa = j_{-\varkappa^{-1}},$$

wo bei der Permutation S natürlich $j_n = j_0$ zu nehmen ist.[2])

Für die Reduktion der Galoisschen Gruppe auf die Monodromie-

1) Das ist die Gruppe aller Substitutionen (2) mit $\alpha\delta - \beta\gamma \equiv 1 \pmod n$.

2) Für die Galoissche Gruppe $G_{n(n^2-1)}$ kommt dann als eine dritte erzeugende Permutation:

$$j'_\infty = j_\infty, \quad j'_0 = j_0, \quad j'_\varkappa = j_{\nu\varkappa}$$

hinzu, wo ν irgendein quadratischer Nichtrest von n ist.

gruppe ist die Adjunktion der Einheitswurzel $\varepsilon = e^{\frac{2i\pi}{n}}$ hinreichend, aber nicht notwendig. Da der Index der Monodromiegruppe in der $G_{n(n^2-1)}$ gleich 2 ist, so genügt bereits die Adjunktion einer einzelnen numerischen Irrationalität zweiten Grades. Da sie dem Kreisteilungskörper $(\mathfrak{R}, \varepsilon)$ angehört, so handelt es sich um die Wurzel der quadratischen Resolvente der Kreisteilungsgleichung für den n^{ten} Teilungsgrad. Diese quadratische Resolvente ist die Gleichung für die $\frac{1}{2}(n-1)$-gliedrige Summe:

$$(7) \qquad \varepsilon + \varepsilon^4 + \varepsilon^9 + \cdots + \varepsilon^{\left(\frac{n-1}{2}\right)^2} = \tfrac{1}{2}\left(-1 + i^{\frac{n-1}{2}}\sqrt{n}\right),$$

wo links in den Exponenten die $\frac{1}{2}(n-1)$ quadratischen Reste von n stehen.[1])

Nach S. 260 ist ε eine natürliche Irrationalität der $\wp$-Teilungsgleichung, also als rationale Funktion der $\wp_{\lambda\mu}$ mit Koeffizienten des Körpers $(\mathfrak{R}, g_2, g_3)$ darstellbar. Diese Funktion bleibt unverändert bei den Substitutionen der Monodromiegruppe und geht bei der einzelnen Substitution (2) der Determinante $\alpha\delta - \beta\gamma \equiv d$ in ε^d über. Die Summe (7) ist demnach eine Größe, die gegenüber der $G_{\frac{1}{2}(n-1)}$ der Substitutionen (5) invariant ist, d. h. sie gehört nach S. 49ff. als natürliche Irrationalität zur Transformationsgleichung: *Die Galoissche Gruppe* $G_{n(n^2-1)}$ *der speziellen Transformationsgleichung reduziert sich nach Adjunktion der zu ihr natürlichen Irrationalität* $i^{\frac{n-1}{2}}\sqrt{n}$ *auf die Monodromiegruppe* $G_{\frac{1}{2}n(n^2-1)}$ *die mit der* mod n *reduzierten nicht-homogenen Modulgruppe isomorph ist.*

§ 2. Die Galoisschen imaginären Zahlen und die imaginäre Gestalt der $G_{\frac{1}{2}n(n^2-1)}$.

Um die Untergruppen der $G_{\frac{1}{2}n(n^2-1)}$ aller mod n inkongruenten nicht-homogenen Substitutionen $\begin{pmatrix}\alpha, & \beta\\ \gamma, & \delta\end{pmatrix}$ der $\Gamma^{(\omega)}$ bequem aufstellen zu können, müssen wir diese Substitutionen noch auf eine neue Gestalt transformieren und zwar mit Benutzung der von Galois in die Zahlentheorie eingeführten imaginären Zahlen. Ist N irgendein bestimmt gewählter quadratischer Nichtrest von n, so ist die Kongruenz $x^2 \equiv N \pmod{n}$ durch keine der Zahlen $0, 1, 2, \ldots, n-1$ zu befriedigen. Man führt demnach genau wie in der Algebra eine neue imaginäre Zahl ι ein, die die Eigenschaft besitzt, daß $\iota^2 \equiv N \pmod{n}$ sein soll, und knüpft an diese Einführung ent-

1) Die Berechnung der Summe (7) geschieht auf Grund der letzten Gleichung in I, 494.

sprechende Folgerungen, wie an die Einführung der gewöhnlichen imaginären Einheit i in die Algebra. Man bildet also mittelst der reellen ganzen Zahlen a, b und der neuen imaginären Zahl ι die $n^2 \bmod n$ inkongruenten komplexen ganzen Zahlen $(a + b\iota)$ und findet dann zunächst den Satz, daß jede bisher irreduzibele Kongruenz $Ax^2 + Bx + C \equiv 0 \pmod{n}$ mit gewöhnlichen ganzzahligen Koeffizienten ein Paar konjugiert komplexer Lösungen $(a \pm b\iota)$ erhält. Hat eine Kongruenz beliebigen Grades mit reellen Koeffizienten eine komplexe Lösung $(a + b\iota)$, so hat sie stets auch die konjugierte Lösung $(a - b\iota)$. Durch bekannte algebraische Überlegungen[1]) zeigt man, daß eine solche Kongruenz, wenn m ihr Grad ist, auch im erweiterten Zahlengebiete niemals mehr als m verschiedene Lösungen haben kann.

Erhebt man irgendeine der $(n^2 - 1)$ inkongruenten, durch n nicht teilbaren Zahlen $(a + b\iota)$ in die n^{te} Potenz, so folgt bei Fortlassung aller durch n teilbaren Glieder:

$$(a + b\iota)^n \equiv a^n + b^n \iota^n \equiv a^n + b^n N^{\frac{n-1}{2}} \iota \pmod{n}.$$

Nach dem Fermatschen Satze gilt $a^n \equiv a$, $b^n \equiv b$. Ferner gilt $N^{\frac{n-1}{2}} \equiv -1$, da N quadratischer Nichtrest von n ist. Es folgt also:

$$(a + b\iota)^n \equiv a - b\iota \pmod{n},$$

und man findet durch nochmaliges Erheben zur n^{ten} Potenz:

$$(a + b\iota)^{n^2} \equiv a + b\iota, \quad (a + b\iota)^{n^2 - 1} \equiv 1 \pmod{n}$$

als Verallgemeinerung des Fermatschen Satzes. Die Kongruenz $x^{n^2-1} \equiv 1 \pmod{n}$ hat hiernach die Höchstzahl zulässiger Lösungen, nämlich $(n^2 - 1)$.

Ist $n^2 - 1 = \mu \cdot \nu$ irgendeine Faktorenzerlegung von $(n^2 - 1)$, so folgt aus:

$$x^{n^2-1} - 1 = (x^\mu - 1)(x^{\mu(\nu-1)} + x^{\mu(\nu-2)} + \cdots + x^\mu + 1),$$

daß eine Lösung von $x^{n^2-1} \equiv 1 \pmod{n}$ mindestens eine der Kongruenzen:

$$x^\mu \equiv 1, \quad x^{\mu(\nu-1)} + x^{\mu(\nu-2)} + \cdots + x^\mu + 1 \equiv 0 \pmod{n}$$

befriedigt. Da aber die zweite höchstens $\mu(\nu - 1)$ Lösungen hat, so besitzt die erste sicher μ verschiedene Lösungen. Ist also μ irgendein Teiler von $(n^2 - 1)$, so hat auch $x^\mu \equiv 1 \pmod{n}$ notwendig μ verschiedene Lösungen.

Ist $(a + b\iota)$ eine dieser Lösungen, die nicht bereits einer Kongruenz $x^\lambda \equiv 1 \pmod{n}$ mit $\lambda < \mu$ genügt, so sagt man „$(a + b\iota)$ gehöre zum Exponenten μ“. Eine zum Exponenten $(n^2 - 1)$ gehörende Zahl wird im vorliegenden erweiterten Zahlgebiete als eine „primitive Wurzel“ der

1) Vgl. Dirichlet-Dedekind, „Vorles. über Zahlentheorie“ (4. Aufl.), S. 58.

Primzahl n bezeichnet. Die Existenz primitiver Wurzeln geht aus folgender Betrachtung hervor:

Es seien μ und μ' zwei gegeneinander teilerfremde Divisoren von (n^2-1), und es mögen zwei zu den Exponenten μ und μ' gehörende Zahlen $(a+b\iota)$ und $(a'+b'\iota)$ existieren. Dann ist sicher die $(\mu\cdot\mu')^{\text{te}}$ Potenz von:

$$c+d\iota=(a+b\iota)(a'+b'\iota)^{\mu'-1}$$

mit 1 kongruent. Soll aber genauer $(c+d\iota)$ zum Exponenten m gehören:

$$(c+d\iota)^m\equiv(a+b\iota)^m(a'+b'\iota)^{m\mu'-m}\equiv 1 \pmod{n},$$

so folgt:

$$(a+b\iota)^m\equiv(a'+b'\iota)^m \pmod{n}.$$

Die hier links stehende Zahl gehört als Potenz von $(a+b\iota)$ notwendig zu einem in μ aufgehenden Exponenten, die rechts stehende entsprechend zu einem in μ' aufgehenden. Da aber beide Zahlen als mod n kongruent zum gleichen Exponenten gehören und μ, μ' teilerfremd sind, also den größten gemeinsamen Teiler 1 haben, so gehören beide Zahlen zum Exponenten 1:

$$(a+b\iota)^m\equiv(a'+b'\iota)^m\equiv 1 \pmod{n}.$$

Hiernach ist m ein Vielfaches sowohl von μ als μ' und also von $\mu\cdot\mu'$. Aus der schon festgestellten Kongruenz $(c+d\iota)^{\mu\cdot\mu'}\equiv 1$ folgt schließlich $m=\mu\cdot\mu'$, so daß wir aus den beiden zu μ und μ' gehörenden Zahlen $(a+b\iota)$ und $(a'+b'\iota)$ stets eine zum Exponenten $\mu\cdot\mu'$ gehörende Zahl $(c+d\iota)$ herstellen können.

Mit Hilfe dieses Satzes können wir durch eine bekannte Schlußweise die Existenz von primitiven Wurzeln der Primzahl n nachweisen, wenn wir nur sicher sind, daß es zu jeder höchsten in (n^2-1) enthaltenen Primzahlpotenz p^ν Zahlen $(a+b\iota)$ gibt. Würden solche Zahlen aber nicht vorkommen, so müßten alle p^ν Lösungen der Kongruenz $x^{p^\nu}\equiv 1$ schon der Kongruenz $x^{p^{\nu-1}}\equiv 1$ genügen, was unmöglich ist. Die Existenz der primitiven Wurzeln steht also fest.

Wir bilden nun die $(n-1)^{\text{te}}$ Potenz irgendeiner primitiven Wurzel $(g+h\iota)$:

$$(g+h\iota)^{n-1}\equiv a+b\iota \pmod{n}$$

und haben damit eine zum Exponenten $(n+1)$ gehörende Zahl gewonnen. Diese Zahl $(a+b\iota)$ genügt der Kongruenz:

$$(a+b\iota)^{\frac{n+1}{2}}\equiv -1 \pmod{n},$$

während alle voraufgehenden Potenzen $(a+b\iota)$, $(a+b\iota)^2, \ldots, (a+b\iota)^{\frac{n-1}{2}}$ untereinander und gegen $+1$ und -1 inkongruent sind. Da übrigens $(a+b\iota)^n\equiv a-b\iota$ gilt, so folgt aus $(a+b\iota)^{n+1}\equiv 1$ noch:

$$(1)\qquad (a+b\iota)(a-b\iota)\equiv 1 \pmod{n}.$$

Wir schreiben nun die Substitutionen der $G_{\frac{1}{2}n(n^2-1)}$, indem wir in (6) S. 461 statt des Index $\varkappa$ zum besseren Anschluß an die Gruppe $\Gamma^{(\omega)}$ die Variable ω einführen:

$$(2) \qquad \omega' \equiv \frac{\alpha\omega + \beta}{\gamma\omega + \delta}, \quad \alpha\delta - \beta\gamma \equiv 1 \pmod{n}.$$

Die Kongruenzzeichen beziehen sich darauf, daß die Koeffizienten α, β γ, δ nur mod n zu nehmen sind. Zwei Substitutionen, die durch gleichzeitigen Zeichenwechsel der vier Koeffizienten α, β, γ, δ ineinander übergehen, gelten als nicht verschieden.

Neben dieser „reellen Gestalt" der $G_{\frac{1}{2}n(n^2-1)}$ führen wir jetzt eine „imaginäre Gestalt unserer Gruppe" ein, indem wir die Variable ω durch eine neue Variable ζ vermöge der Transformation:

$$\omega = \frac{-\zeta + 1}{\iota\zeta + \iota}$$

ersetzen. Die Substitution (2) geht über in:

$$(3) \qquad \zeta' \equiv \frac{(a + b\iota)\zeta + (c + d\iota)}{(c - d\iota)\zeta + (a - b\iota)} \qquad \pmod{n},$$

wo a, b, c, d vier reelle ganze Zahlen sind, die sich aus:

$$(4) \qquad \begin{cases} 2^{-1}(\alpha + \delta) \equiv a, & -2^{-1}(\beta + N^{-1}\gamma) \equiv b \\ 2^{-1}(-\alpha + \delta) \equiv c, & -2^{-1}(\beta - N^{-1}\gamma) \equiv d \end{cases} \pmod{n}$$

berechnen, und die, wie man leicht feststellt, die Kongruenz:

$$(5) \qquad (a + b\iota)(a - b\iota) - (c + d\iota)(c - d\iota) \equiv 1 \pmod{n}$$

befriedigen. Da übrigens aus (4) umgekehrt:

$$\alpha \equiv a - c, \quad \beta \equiv -b - d, \quad \gamma \equiv (d - b)N, \quad \delta \equiv a + c \pmod{n}$$

folgt und die Kongruenz (5) sich auf $\alpha\delta - \beta\gamma \equiv 1 \pmod{n}$ umrechnet, so entspricht auch jeder Substitution (3) eine solche der Gestalt (2). In der imaginären Gestalt besteht somit die $G_{\frac{1}{2}n(n^2-1)}$ aus allen Substitutionen (3) der Determinante 1, wobei natürlich wieder zwei durch gleichzeitigen Zeichenwechsel der vier Koeffizienten ineinander übergehende Substitutionen (3) als nicht verschieden gelten.

§ 3. Zyklische Gruppen, metazyklische Gruppen und Diedergruppen in der $G_{\frac{1}{2}n(n^2-1)}$.

Die Substitution $S \equiv \begin{pmatrix} 1, & 1 \\ 0, & 1 \end{pmatrix}$ hat die Periode n und erzeugt somit eine zyklische Untergruppe G_n der Ordnung n, bestehend aus allen Substitutionen $\binom{1,\ \beta}{0,\ 1}$ der $G_{\frac{1}{2}n(n^2-1)}$. Bei der Abzählung der mit dieser G_n gleichberechtigten Untergruppen gelangen wir zu den Betrachtungen von S. 251 ff. zurück, die sich jedoch damals auf homogene Substitutionen bezogen. Alle Substitutionen der $G_{\frac{1}{2}n(n^2-1)}$, die mit der G_n vertauschbar sind und also die G_n in sich transformieren, bilden wieder eine Untergruppe, in der die G_n ausgezeichnet enthalten ist. Ist die Ordnung dieser Untergruppe kn, so zerfällt die Gesamtgruppe ihr entsprechend in $\frac{n^2-1}{2k}$ Nebengruppen. Die Substitutionen der einzelnen Nebengruppe transformieren die G_n in eine und dieselbe gleichberechtigte G'_n, Substitutionen verschiedener Nebengruppen liefern aber verschiedene G'_n, G''_n. Die Anzahl der mit der G_n gleichberechtigten Gruppen ist also gleich $\frac{n^2-1}{2k}$.

Soll nun aber $\binom{\alpha,\ \beta}{\gamma,\ \delta}$ die aus S zu erzeugende G_n in sich transformieren, so muß:

$$V^{-1}\cdot S\cdot V\equiv\begin{pmatrix}1+\gamma\delta, & \delta^2\\ -\gamma^2, & 1-\gamma\delta\end{pmatrix}\equiv\begin{pmatrix}1, & \beta'\\ 0, & 1\end{pmatrix}\pmod{n}$$

gelten. Hierzu ist hinreichend und notwendig, daß $\gamma\equiv 0 \pmod{n}$ gilt, was uns zu allen Substitutionen der Gestalt $\binom{\alpha,\ \beta}{0,\ \alpha^{-1}}$ hinführt. Da $\alpha\not\equiv 0 \pmod{n}$ sein muß und gleichzeitiger Zeichenwechsel von α, β statthaft ist, so haben wir mit $\frac{1}{2}n(n-1)$ eine $G_{\frac{1}{2}n(n-1)}$ bildenden Substitutionen zu tun. Wir gelangen zu den Gruppen zurück, die in homogener Gestalt als „metazyklische" Gruppen bezeichnet wurden (vgl. S. 252), eine Bezeichnung, die wir auch auf die $G_{\frac{1}{2}n(n-1)}$ übertragen.[1]) Als Ergebnis aber folgt: *In der $G_{\frac{1}{2}n(n^2-1)}$ treten $(n+1)$ gleichberechtigte zyklische Untergruppen G_n der Ordnung n auf und ihnen entsprechend ebenso viele gleichberechtigte metazyklische Untergruppen $G_{\frac{1}{2}n(n-1)}$ der Ordnung $\frac{1}{2}n(n-1)$.*

Die einzelne G_n als Gruppe von Primzahlordnung ist aus jeder ihrer Substitutionen, abgesehen von der identischen Substitution 1, erzeugbar. Hieraus folgt, daß zwei verschiedene G_n, abgesehen von der Substitution 1, keine gemeinsamen Substitutionen enthalten können. *Im ganzen finden wir demnach $(n+1)(n-1)=n^2-1$ Substitutionen der Periode n.*

Es besteht der Satz: *Abgesehen von den etwa in den $G_{\frac{1}{2}n(n-1)}$ noch enthaltenen Untergruppen und der Gesamtgruppe $G_{\frac{1}{2}n(n^2-1)}$ sind die metazy-*

---

1) Sie heißen auch wohl in der nicht-homogenen Gestalt „halbmetazyklische" Gruppen.

klischen $G_{\frac{1}{2}n(n-1)}$ *die einzigen Gruppen, an denen die zyklischen* G_n *beteiligt sind.* Andernfalls gäbe es nämlich insbesondere eine von der Gesamtgruppe verschiedene Gruppe G, die die aus S zu erzeugende G_n und mindestens noch eine Substitution $V \equiv \begin{pmatrix} \alpha, & \beta \\ \gamma, & \delta \end{pmatrix}$ mit einem nicht durch n teilbaren γ enthielte. Mit S und V fände sich in G auch:

$$S^{(1-\alpha)\gamma^{-1}} \cdot V \cdot S^{(1-\delta)\gamma^{-1}} \equiv \begin{pmatrix} 1, & 0 \\ \gamma, & 1 \end{pmatrix} \quad (\text{mod. } n)^{1)}$$

und damit auch $\begin{pmatrix} 1, & 0 \\ -1, & 1 \end{pmatrix}$, sowie endlich:

$$S \cdot \begin{pmatrix} 1, & 0 \\ -1, & 1 \end{pmatrix} \cdot S = \begin{pmatrix} 0, & -1 \\ 1, & 0 \end{pmatrix} = T.$$

Aus S und T aber wird die Gesamtgruppe $G_{\frac{1}{2}n(n^2-1)}$ erzeugt, so daß G entgegen der Annahme die $G_{\frac{1}{2}n(n^2-1)}$ wäre.

Ist g eine primitive Wurzel der Primzahl n im gewöhnlichen Sinne, so ist $g^{\frac{1}{2}(n-1)} \equiv -1$ (mod. n), während die $\frac{1}{2}(n-3)$ Zahlen $g, g^2, g^3, \ldots, g^{\frac{1}{2}(n-3)}$ untereinander und gegen $+1$ und -1 inkongruent sind. Die Substitution $\begin{pmatrix} g, & 0 \\ 0, & g^{-1} \end{pmatrix}$ hat demnach die Periode $\frac{1}{2}(n-1)$ und erzeugt eine zyklische $G_{\frac{1}{2}(n-1)}$, die aus den Substitutionen:

$$(1) \qquad \begin{pmatrix} g, & 0 \\ 0, & g^{-1} \end{pmatrix}, \begin{pmatrix} g^2, & 0 \\ 0, & g^{-2} \end{pmatrix}, \begin{pmatrix} g^3, & 0 \\ 0, & g^{-3} \end{pmatrix}, \ldots, \begin{pmatrix} g^{\frac{1}{2}(n-1)}, & 0 \\ 0, & g^{-\frac{1}{2}(n-1)} \end{pmatrix} \equiv 1$$

besteht. Transformiert man $\begin{pmatrix} g^\nu, & 0 \\ 0, & g^{-\nu} \end{pmatrix}$, unter ν eine der Zahlen $1, 2, 3, \ldots, \frac{1}{2}(n-3)$ verstanden, durch $V \equiv \begin{pmatrix} \alpha, & \beta \\ \gamma, & \delta \end{pmatrix}$, so folgt:

$$(2) \qquad V^{-1} \cdot \begin{pmatrix} g^\nu, & 0 \\ 0, & g^{-\nu} \end{pmatrix} \cdot V \equiv \begin{pmatrix} \alpha\delta g^\nu - \beta\gamma g^{-\nu}, & \beta\delta(g^\nu - g^{-\nu}) \\ \alpha\gamma(g^{-\nu} - g^\nu), & \alpha\delta g^{-\nu} - \beta\gamma g^\nu \end{pmatrix}.$$

Nun ist $g^\nu - g^{-\nu} \not\equiv 0$ (mod n), so daß die transformierte Substitution (2) stets und nur dann wieder der $G_{\frac{1}{2}(n-1)}$ der Substitutionen (1) angehört, wenn $\alpha\gamma \equiv 0$, $\beta\delta \equiv 0$ (mod n) gilt. Die Untergruppe aller diese Kongruenzen befriedigenden Substitutionen besteht aus den Substitutionen (1) und den $\frac{1}{2}(n-1)$ Substitutionen der Periode zwei:

$$(3) \qquad \begin{pmatrix} 0, & -g \\ g^{-1}, & 0 \end{pmatrix}, \begin{pmatrix} 0, & -g^2 \\ g^{-2}, & 0 \end{pmatrix}, \ldots, \begin{pmatrix} 0, & -g^{\frac{1}{2}(n-1)} \\ g^{-\frac{1}{2}(n-1)}, & 0 \end{pmatrix} \equiv \begin{pmatrix} 0, & 1 \\ -1, & 0 \end{pmatrix}.$$

---

1) Es sei daran erinnert, daß unter γ^{-1} die Lösung der Kongruenz $\gamma x \equiv 1$ mod. n) zu verstehen ist.

Auf Grund der vorhin bei den G_n benutzten Überlegung gelangen wir zu dem Satze: *Die zyklische $G_{\frac{1}{2}(n-1)}$ ist also ausgezeichnet in einer umfassendsten G_{n-1} vom Diedertypus* (vgl. I, 132) *enthalten, so daß wir im ganzen $\frac{1}{2}n(n+1)$ zyklische Untergruppen $G_{\frac{1}{2}(n-1)}$ der Ordnung $\frac{1}{2}(n-1)$ gewinnen, von denen eine aus den Substitutionen* (1) *besteht.*

Es gilt wieder der Satz: *Keine zwei unter den zyklischen Gruppen der Ordnung $\frac{1}{2}(n-1)$ können, abgesehen von der Substitution* 1, *eine Substitution gemein haben.* Andernfalls müßte es auch eine von der Gruppe (1) verschiedene, aber mit ihr gleichberechtigte $G'_{\frac{1}{2}(n-1)}$ geben, die eine von 1 verschiedene Substitution $\begin{pmatrix} g^{\mu}, & 0 \\ 0, & g^{-\mu} \end{pmatrix}$ der $G_{\frac{1}{2}(n-1)}$ enthielte. Ist diese Substitution mit der von 1 verschiedenen Substitution $\begin{pmatrix} g^{\nu}, & 0 \\ 0, & g^{-\nu} \end{pmatrix}$ der $G_{\frac{1}{2}(n-1)}$ gleichberechtigt, so gäbe es eine Substitution $V \equiv \begin{pmatrix} \alpha, & \beta \\ \gamma, & \delta \end{pmatrix}$, für welche die in (2) rechts stehende Substitution die $\begin{pmatrix} g^{\mu}, & 0 \\ 0, & g^{-\mu} \end{pmatrix}$ wäre. Dies aber würde zu den Bedingungen $\alpha\gamma \equiv 0$, $\beta\delta \equiv 0 \pmod{n}$ zurückführen, so daß V unter den Substitutionen (1) und (3) enthalten wäre. Dann aber wäre $G'_{\frac{1}{2}(n-1)}$ wieder mit $G_{\frac{1}{2}(n-1)}$ identisch. Wir stellen noch den Satz fest: *Die $\frac{1}{2}n(n+1)$ zyklischen Untergruppen $G_{\frac{1}{2}(n-1)}$ enthalten außer* 1 *im ganzen $\frac{1}{4}n(n+1)(n-3)$ verschiedene Substitutionen.*

Jede der zyklischen $G_{\frac{1}{2}(n-1)}$ liefert eine Diedergruppe G_{n-1}, in der sie ausgezeichnet enthalten ist. Zwei dieser Diedergruppen können, sobald $n > 5$ ist, nicht gleich sein; denn sie enthalten zwei verschiedene zyklische Gruppen einer Ordnung > 2 und außerdem nur Substitutionen der Periode zwei. *Für $n > 5$ finden wir $\frac{1}{2}n(n+1)$ gleichberechtigte Diedergruppen G_{n-1}, von denen eine aus den Substitutionen* (1) *und* (3) *besteht.* Für $n = 5$ liegt ein Ausnahmefall vor. Hier werden die 15 Gruppen G_4, die den „Vierertypus" zeigen (vgl. I, 130), zu je dreien einander gleich, *so daß in der zu $n = 5$ gehörenden G_{60} nur „fünf" gleichberechtigte Vierergruppen G_4 auftreten.* Die von den Substitutionen (1) und (3) gelieferte G_4 besteht nämlich aus:

$$(4) \qquad V_0 \equiv 1, \quad V_1 \equiv \begin{pmatrix} 2, & 0 \\ 0, & 3 \end{pmatrix}, \quad V_2 \equiv \begin{pmatrix} 0, & 2 \\ 2, & 0 \end{pmatrix}, \quad V_3 \equiv \begin{pmatrix} 0, & 1 \\ 4, & 0 \end{pmatrix}.$$

In ihr ist aber nicht nur V_1, sondern sind auch V_2 und V_3 ausgezeichnet enthalten. In der G_{60} kommen außer den 15 gleichberechtigten G_2, wie sich gleich zeigen wird, keine weiteren Substitutionen der Periode 2 vor. Also sind die Substitutionen V_2 und V_3 mit V_1 gleichberechtigt, und die

Gruppe (4) ist auch die von V_2 und ebenso die von V_3 gelieferte Diedergruppe.

Für eine noch fehlende Art zyklischer Untergruppen haben wir die imaginäre Gestalt der $G_{\frac{1}{2}n(n^2-1)}$ zu benutzen. Wir kürzen deren Substitutionen in der Gestalt $\begin{pmatrix} A, & B \\ \overline{B}, & \overline{A} \end{pmatrix}$ ab, wo A und B zwei komplexe Zahlen der S. 463 eingeführten Art sind, $\overline{A}$ und $\overline{B}$ die zu ihnen konjugierten Zahlen bedeuten und $A\overline{A} - B\overline{B} \equiv 1 \pmod{n}$ gilt. Unter $(a + b\iota)$ verstehen wir eine zum Exponenten $(n + 1)$ gehörende Zahl. Dann gilt $(a + b\iota)^{\frac{1}{2}(n+1)} \equiv -1 \pmod{n}$, die Potenzen $(a + b\iota)$, $(a + b\iota)^2, \ldots,$ $(a + b\iota)^{\frac{1}{2}(n-1)}$ sind untereinander und gegen $+1$ und -1 inkongruent, und die folgenden Potenzen $(a + b\iota)^{\frac{1}{2}(n+3)}, (a + b\iota)^{\frac{1}{2}(n+5)}, \ldots, (a + b\iota)^n$ sind den vorgenannten Potenzen, negativ genommen, kongruent. Zugleich liefern die $(n+1)$ Potenzen $(a+b\iota)^0 = 1$, $(a+b\iota)$, $(a+b\iota)^2, \ldots, (a+b\iota)^n$ alle Lösungen der Kongruenz $x^{n+1} \equiv 1 \pmod{n}$ oder der mit ihr gleichwertigen Kongruenz $x\overline{x} \equiv 1 \pmod{n}$, unter $\overline{x}$ die mit x konjugierte Zahl verstanden.

Nach diesen Darlegungen erzeugt die in der $G_{\frac{1}{2}n(n^2-1)}$ enthaltene Substitution $\begin{pmatrix} a + b\iota, & 0 \\ 0, & a - b\iota \end{pmatrix}$ eine zyklische $G_{\frac{1}{2}(n+1)}$ der Ordnung $\frac{1}{2}(n + 1)$, die aus allen Substitutionen der $G_{\frac{1}{2}n(n^2-1)}$ mit verschwindenden zweiten und dritten Koeffizienten besteht. Verstehen wir unter $\begin{pmatrix} a' + b'\iota, & 0 \\ 0, & a' - b'\iota \end{pmatrix}$ irgendeine von 1 verschiedene Substitution der $G_{\frac{1}{2}(n+1)}$, so liefert deren Transformation mit $V \equiv \begin{pmatrix} A, & B \\ \overline{B}, & \overline{A} \end{pmatrix}$:

$$(5) \qquad V^{-1} \cdot \begin{pmatrix} a' + b'\iota, & 0 \\ 0, & a' - b'\iota \end{pmatrix} \cdot V \equiv \begin{pmatrix} a' + (A\overline{A} + B\overline{B})b'\iota, & 2\overline{A}Bb'\iota \\ -2A\overline{B}b'\iota, & a' - (A\overline{A} + B\overline{B})b'\iota \end{pmatrix}.$$

Soll diese Substitution wieder der $G_{\frac{1}{2}(n+1)}$ angehören, so ist, da $b \not\equiv 0$ ist, hierzu das Bestehen der Kongruenz $A\overline{B} \equiv 0 \pmod{n}$ hinreichend und notwendig; es muß also entweder $B \equiv 0$ oder $A \equiv 0 \pmod{n}$ gelten. Die erste Kongruenz führt zu den $\frac{1}{2}(n + 1)$ Substitutionen V der $G_{\frac{1}{2}(n+1)}$; die zweite ergibt $\frac{1}{2}(n + 1)$ Substitutionen der Periode 2 von der Gestalt $\begin{pmatrix} 0, & c + d\iota \\ c - d\iota, & 0 \end{pmatrix}$, die mit der $G_{\frac{1}{2}(n+1)}$ eine Diedergruppe G_{n+1} liefern. Eine erste dieser neuen Substitutionen bilden wir mit der Zahl $(c + d\iota)$, die wir vermittelst der oben schon gebrauchten primitiven Wurzel $(g + h\iota)$ von n im erweiterten Zahlgebiete aus:

$$(g + h\iota)^{\frac{n-1}{2}} \equiv c + d\iota \pmod{n}$$

berechnen. Hieraus folgt in der Tat leicht:

$$(g + h\iota)^{\frac{n^2-1}{2}} \equiv (c + d\iota)^{n+1} \equiv (c + d\iota)(c - d\iota) \equiv -1 \quad (\text{mod } n).$$

Die übrigen $\frac{1}{2}(n-1)$ Substitutionen der Periode 2 werden aus der ersten durch Kombination mit den Substitutionen der zyklischen Untergruppe $G_{\frac{1}{2}(n+1)}$ hergestellt.

Wie man sieht, gestalten sich hier die Verhältnisse ähnlich wie bei den Gruppen $G_{\frac{1}{2}(n-1)}$. *Wir finden* $\frac{1}{2}n(n-1)$ *gleichberechtigte zyklische Gruppen* $G_{\frac{1}{2}(n+1)}$ *der Ordnung* $\frac{1}{2}(n+1)$ *und ihnen entsprechend ebenso viele gleichberechtigte Diedergruppen* G_{n+1}, *deren einzelne die umfassendste Gruppe ist, in der die zugehörige* $G_{\frac{1}{2}(n+1)}$ *ausgezeichnet enthalten ist.* Auch hier besteht wieder der Satz: *Zwei zyklische* $G_{\frac{1}{2}(n+1)}$ *können außer der identischen Substitution* 1 *keine Substitution gemeinsam haben.* Es müßte sonst auch die besondere $G_{\frac{1}{2}(n+1)}$ der Substitutionen $\begin{pmatrix} a + b\iota, & 0 \\ 0, & a - b\iota \end{pmatrix}$ mit einer zweiten $G'_{\frac{1}{2}(n+1)}$ eine von 1 verschiedene Substitution gemein haben. Die Transformation von $G_{\frac{1}{2}(n+1)}$ in $G'_{\frac{1}{2}(n+1)}$ ist indessen durch eine Substitution mit $\bar{A}B \not\equiv 0$ zu vollziehen, und hierbei gehen alle von 1 verschiedenen Substitutionen $\begin{pmatrix} a + b\iota, & 0 \\ 0, & a - b\iota \end{pmatrix}$ in Substitutionen über, deren zweite und dritte Koeffizienten $\not\equiv 0$ (mod n) sind. Wir zählen daraufhin ab, *daß in den* $G_{\frac{1}{2}(n+1)}$, *abgesehen von der identischen Substitution, im ganzen* $\frac{1}{4}n(n-1)^2$ *verschiedene Substitutionen enthalten sind.*

Es sind nunmehr unter Einschluß der identischen Substitution im ganzen:

$$1 + (n^2 - 1) + \tfrac{1}{4}n(n+1)(n-3) + \tfrac{1}{4}n(n-1)^2 = \tfrac{1}{2}n(n^2 - 1)$$

verschiedene Substitutionen, d. h. die gesamten Substitutionen unserer $G_{\frac{1}{2}n(n^2-1)}$, in zyklische Gruppen eingeordnet. Nehmen wir also noch die in den $G_{\frac{1}{2}(n-1)}$ und $G_{\frac{1}{2}(n+1)}$ enthaltenen zyklischen Untergruppen hinzu, so sind damit alle in der $G_{\frac{1}{2}n(n^2-1)}$ überhaupt enthaltenen zyklischen Untergruppen gewonnen. Die in den $G_{\frac{1}{2}(n-1)}$ und $G_{\frac{1}{2}(n+1)}$ enthaltenen zyklischen Untergruppen geben auch wieder zur Bildung von Diedergruppen Anlaß, indem man sie mit Substitutionen der Periode 2 aus den zugehörigen diedrischen G_{n-1} bzw. G_{n+1} kombiniert. Auf diese Weise gelangt man dann auch zu allen Untergruppen vom Diedertypus, die in der $G_{\frac{1}{2}n(n^2-1)}$ enthalten sind.

§ 4. Ansatz zur Aufstellung aller Untergruppen der $G_{\frac{1}{2}n(n^2-1)}$.

Die etwa noch fehlenden Untergruppen der $G_{\frac{1}{2}n(n^2-1)}$ kann man auf Grund einer von C. Jordan entwickelten Überlegung aufstellen.[1]) Die in den metazyklischen $G_{\frac{1}{2}n(n-1)}$ noch enthaltenen Untergruppen, die ohne Mühe von den zyklischen Untergruppen der $G_{\frac{1}{2}(n-1)}$ aus gewonnen werden können, mögen beiseite gelassen werden, da es sich weiterhin nur um „umfassendste" Untergruppen handeln wird. Wir haben demnach überhaupt nur noch nach solchen Untergruppen zu suchen, an denen die zyklischen G_n nicht beteiligt sind.

Es sei nun G_m irgendeine dieser Untergruppen und G_{μ_1} eine erste in G_m enthaltene umfassendste zyklische Untergruppe. Diese G_{μ_1} ist in G_m entweder nur mit ihren eigenen Substitutionen vertauschbar oder darüber hinaus noch mit μ_1 Substitutionen der Periode 2, die dann mit der G_{μ_1} eine in G_m enthaltene Diedergruppe $G_{2\mu_1}$ bilden.[2]) Um beide Fälle zusammenzufassen, verstehen wir unter e_1 eine der Zahlen 1 oder 2 und sagen, G_{μ_1} sei innerhalb G_m mit $e_1\mu_1$ eine $G_{e_1\mu_1}$ bildenden Substitutionen vertauschbar. Den $\frac{m}{e_1\mu_1}$ zu $G_{e_1\mu_1}$ gehörenden Nebengruppen entsprechend wird die G_{μ_1} in G_m im ganzen in $\frac{m}{e_1\mu_1}$ gleichberechtigte zyklische G_{μ_1} transformiert, in denen abgesehen von der identischen Substitution im ganzen $\frac{m}{e_1\mu_1}(\mu_1-1)$ verschiedene Substitutionen auftreten.

Enthält die G_m noch weitere Substitutionen, so können wir auch eine neue umfassendste zyklische Untergruppe G_{μ_2} bilden und an sie dieselbe Betrachtung wie an G_{μ_1} anknüpfen. Wir finden ihr entsprechend $\frac{m}{e_2\mu_2}(\mu_2-1)$ weitere Substitutionen in G_m und können in derselben Art fortfahren, bis alle Substitutionen der G_m erschöpft sind. Es geht hieraus hervor, daß die ganzen Zahlen m, μ, e durch die Gleichung verbunden sind:

$$m = 1 + \frac{m}{e_1\mu_1}(\mu_1-1) + \frac{m}{e_2\mu_2}(\mu_2-1) + \cdots + \frac{m}{e_k\mu_k}(\mu_k-1),$$

die wir auch in die Gestalt setzen können:

$$(1)\qquad \frac{m-1}{m} = \frac{\mu_1-1}{e_1\mu_1} + \frac{\mu_2-1}{e_2\mu_2} + \cdots + \frac{\mu_k-1}{e_k\mu_k}.$$

---

1) Vgl. dessen Abhandlung „Mémoire sur les équations différentielles linéaires à intégrale algébrique", Journ. f. Math., Bd. 84 (1878).

2) Wäre G_{μ_1} noch mit mehr als μ_1 Substitutionen der Periode 2 vertauschbar, so würde man leicht den Schluß ziehen, daß G_{μ_1} keine „umfassendste" zyklische Untergruppe von G_m wäre.

Das einzelne Glied rechts ist $\geqq \frac{1}{4}$. Da die links stehende Zahl < 1 ist, so gilt für die Anzahl der Glieder die Ungleichung $k < 4$.

Diese für jede G_m gültige Gleichung (1) versuchen wir nun für die drei zulässigen Fälle $k = 1$, 2 und 3 in ganzen Zahlen m, μ, e zu lösen und beginnen mit dem Falle $k = 1$:

$$\frac{m-1}{m} = \frac{\mu_1 - 1}{e_1 \mu_1}.$$

Hier ist $e_1 = 2$ unbrauchbar, da in diesem Falle die rechte Seite $< \frac{1}{2}$ ist, während $\frac{m-1}{m} \geqq \frac{1}{2}$ gilt. Also bleibt nur $e_1 = 1$, $m = \mu_1$, was zu den zyklischen Gruppen zurückführt.

Für $k = 2$ haben wir die Gleichung:

$$\frac{m-1}{m} = \frac{\mu_1 - 1}{e_1 \mu_1} + \frac{\mu_2 - 1}{e_2 \mu_2}.$$

zu lösen. Die Kombination $e_1 = e_2 = 1$ ist unbrauchbar, da dann die rechts stehende Summe $\geqq 1$ ist. Gilt $e_1 = e_2 = 2$, so formt sich die Gleichung um in:

$$\frac{1}{m} = \frac{1}{2\mu_1} + \frac{1}{2\mu_2}.$$

Auch dieser Fall ist unbrauchbar, da die G_m die Diedergruppe $G_{2\mu_1}$ enthält, also m ein Vielfaches von $2\mu_1$ ist. Also bleibt nur der Fall, daß eine der Zahlen e gleich 2, die andere gleich 1 ist; wir setzen also $e_1 = 2$, $e_2 = 1$ und haben:

$$\frac{1}{2} + \frac{1}{m} = \frac{1}{2\mu_1} + \frac{1}{\mu_2}$$

zu lösen. Ist $\mu_2 \geqq 4$, so folgt:

$$\frac{1}{2\mu_1} - \frac{1}{m} = \frac{1}{2} - \frac{1}{\mu_2} \geqq \frac{1}{4},$$

was wieder unmöglich ist, da die links stehende Zahl selbst für den kleinsten Wert $\mu_1 = 2$ kleiner als $\frac{1}{4}$ ist. Also bleiben nur die Fälle $\mu_2 = 2$ und 3 übrig. Im ersten Falle folgt $m = 2\mu_1$, so daß die G_m wieder eine Diedergruppe $G_{2\mu_1}$ ist. *Dagegen führt* $\mu_2 = 3$ *zu einer ersten neuen Lösung hin:*

(2) $$e_1 = 2, \quad e_2 = 1, \quad \mu_1 = 2, \quad \mu_2 = 3, \quad m = 12.$$

Ist endlich $k = 3$, so muß $e_1 = e_2 = e_3 = 2$ gelten, da für alle übrigen Kombinationen die in (1) rechts stehende Summe $\geqq 1$ ist. Wir haben also jetzt die Gleichung:

$$\frac{1}{\mu_1} + \frac{1}{\mu_2} + \frac{1}{\mu_3} - 1 = \frac{2}{m}$$

zu lösen. Da offenbar mindestens eine der Zahlen μ gleich 2 sein muß, so setzen wir $\mu_1 = 2$ und haben weiter:

$$\frac{1}{\mu_2}+\frac{1}{\mu_3}-\frac{1}{2}=\frac{2}{m}$$

zu lösen. Weiter muß mindestens eine der Zahlen μ_2, μ_3 kleiner als 4 sein, so daß nur die Möglichkeiten $\mu_2 = 2$ und $\mu_2 = 3$ übrig bleiben. Für $\mu_2 = 2$ folgt $m = 2\mu_3$ und also wieder nur eine Diedergruppe G_m. Also bleibt nur $\mu_2 = 3$ und damit die Gleichung:

$$\frac{1}{\mu_3}-\frac{1}{6}=\frac{2}{m}.$$

Hieraus ergibt sich $\mu_3 \leqq 5$. Für $\mu_3 = 2$ würde wieder eine Diedergruppe G_6 eintreten. Eine der Lösung:

$$e_1 = e_2 = e_3 = 2, \quad \mu_1 = 2, \quad \mu_2 = \mu_3 = 3, \quad m = 12$$

entsprechende G_{12} gibt es nicht. Diese G_{12} enthielte nämlich nur drei Substitutionen der Periode 2 und vier Diedergruppen G_6. In allen vier G_6 müßten also dieselben drei Substitutionen der Periode 2 vorkommen. Indessen ist eine diedrische G_6 aus ihren drei Substitutionen der Periode 2 erzeugbar, so daß die eben festgestellte Folgerung unhaltbar ist. Hiernach bleiben nur noch die beiden Werte $\mu_3 = 4$ und $\mu_3 = 5$ übrig, die in der Tat zu zwei neuen brauchbaren Lösungen hinführen. Unter Zusammenfassung mit der schon oben notierten Lösung (2) finden wir das Ergebnis: *Außer den in § 3 genannten Gruppen können in der $G_{\frac{1}{2}n(n^2-1)}$ nur noch drei Arten von Untergruppen G_{12}, G_{24} und G_{60} der Ordnungen 12, 24 und 60 auftreten, die den folgenden Lösungen der Gleichung* (1) *entsprechen:*

$$G_{12}, \quad k = 2, \quad e_1 = 2, \quad e_2 = 1, \quad \mu_1 = 2, \quad \mu_2 = 3, \quad m = 12,$$
$$G_{24}, \quad k = 3, \quad e_1 = e_2 = e_3 = 2, \quad \mu_1 = 2, \quad \mu_2 = 3, \quad \mu_3 = 4, \quad m = 24,$$
$$G_{60}, \quad k = 3, \quad e_1 = e_2 = e_3 = 2, \quad \mu_1 = 2, \quad \mu_2 = 3, \quad \mu_3 = 5, \quad m = 60.$$

In der G_{12} sind, da $e_2 = 1$ ist, vier gleichberechtigte zyklische Gruppen der Ordnung 3 enthalten. Wir nennen diese Gruppen G_3, G_3', G_3'', G_3''' und bemerken, daß sie durch die einzelne Substitution V der G_{12} in vier Gruppen $V^{-1}\cdot G_3\cdot V$, $V^{-1}\cdot G_3'\cdot V, \ldots$ transformiert werden, die abgesehen von der Anordnung wieder die G_3, $G_3', \ldots$ sind. Jeder Substitution V ordnen wir so eine Permutation der vier Gruppen G_3, G_3', G_3'', G_3''' zu, der gesamten G_{12} aber eine Permutationsgruppe der G_3, $G_3', \ldots$ Die Ordnung dieser Permutationsgruppe aber ist $\frac{12}{\nu}$, falls im ganzen ν Substitutionen V jede der Gruppen G_3, $G_3', \ldots$ einzeln in sich transformieren und also der identischen Permutation entsprechen. Nun ist die einzelne G_3 wegen $e_2 = 1$ nur mit ihren eigenen Substitutionen vertauschbar. Da aber die vier Gruppen G_3, $G_3', \ldots$ nur die identische Substitution gemein haben, so ist $\nu = 1$, so daß die Permutationsgruppe der G_3, G_3', ... gleichfalls die Ordnung 12 hat. Die einzige Gruppe dieser Art ist die Gruppe der geraden Vertauschungen der G_3, G_3', G_3'', G_3'''. In der G_{24} sind wegen $e_2 = 2$ vier gleichberechtigte Diedergruppen G_6 enthalten, deren einzelne nur mit ihren eigenen Substitutionen vertauschbar ist. Die einzelne der 6 gleichberechtigten Substitutionen der Periode 2 ist immer an zwei Diedergruppen G_6 beteiligt, woraus sich ergibt, daß der Durchschnitt der vier G_6 nur aus der Substitution 1 besteht. Bilden wir demnach wieder die mit der G_{24} homomorphe Permutationsgruppe der vier G_6, so gilt aufs neue $\nu = 1$, d. h. die Permutationsgruppe ist gleichfalls eine G_{24} und umfaßt also alle 24 Permutationen der vier G_6. Endlich haben wir in der G_{60} fünfzehn gleichberechtigte Substitutionen der Periode 2, während die übrigen Substitutionen andere Perioden haben. Jede Substitution der Periode 2 ist ausgezeichnet in einer Vierergruppe G_4 enthalten, und da wir die einzelne G_4 immer von drei Substitutionen der Periode 2 aus erhalten, so haben wir im ganzen fünf gleichberechtigte Vierergruppen G_4. Wir können demnach die G_{60} homomorph auf eine Permutationsgruppe $G_{\frac{60}{\nu}}$ der fünf G_4 beziehen. Nun ist die einzelne G_4 als eine unter fünf gleichberechtigten Gruppen mit 12, eine G_{12} bildenden Substitutionen vertauschbar. Wir finden so 5 gleichberechtigte G_{12}, deren Durchschnitt notwendig aus der identischen Substitution 1 allein besteht.[1]) Also ist auch hier $\nu = 1$, und die Permutationsgruppe ist eine G_{60}, d. h. die Gruppe aller geraden Permutationen der fünf G_4.

Die drei gewonnenen Permutationsgruppen sind nun bekanntlich isomorph mit der Tetraeder-, der Oktaeder- und der Ikosaedergruppe.[2]) Da übrigens bei Auftreten von Untergruppen G_{24} und G_{60} die Ordnung $\frac{1}{2}n(n^2-1)$ der Gesamtgruppe $G_{\frac{1}{2}n(n^2-1)}$ selbstverständlich durch 24 bzw. 60 teilbar sein muß, so folgt als abschließender Satz: *Außer den in § 3 bereits genannten Gruppen können in der $G_{\frac{1}{2}n(n^2-1)}$ nur noch Tetraedergruppen G_{12}, Oktaedergruppen G_{24} und Ikosaedergruppen G_{60} auftreten, wobei das Vorkommen von Oktaedergruppen Primzahlen n der Gestalt $n = 8h \pm 1$ zur Voraussetzung hat, dasjenige von Ikosaedergruppen aber Primzahlen der Gestalt $n = 10h \pm 1$.* Eine Ausnahme von der letzten, die G_{60} betreffenden Angabe liegt nur im niedersten Falle $n = 5$ vor, *insofern die zu $n = 5$ gehörende Gesamtgruppe $G_{\frac{1}{2}n(n^2-1)}$ selbst eine Ikosaedergruppe ist.* Man

1) Der Durchschnitt ist nämlich eine ausgezeichnete Untergruppe, deren Ordnung ein Teiler von 12 ist. Diese Untergruppe kann demnach weder die 15 zyklischen G_2, noch die 10 zyklischen G_3 enthalten, stellt also die G_1 dar.

2) Vgl. Klein, „Vorlesungen über das Ikosaeder usw.“, S. 14 ff.

folgert dies genau wie oben leicht aus dem Vorkommen der zyklischen Gruppen und Vierergruppen in der G_{60}.[1])

§ 5. Der Satz von Galois.

Die Galoissche Gruppe der Transformationsgleichung war im Primzahlfalle n eine S. 461 näher bestimmte $G_{n(n^2-1)}$, die sich nach Adjunktion der Quadratwurzel $i^{\frac{n-1}{2}}\sqrt{n}$ auf die in § 3ff. zerlegte $G_{\frac{1}{2}n(n^2-1)}$ reduzierte. Die Transformationsgleichung war dabei diejenige Resolvente, die zu den $(n+1)$ metazyklischen $G_{\frac{1}{2}n(n-1)}$ gehörte. Dabei lieferte der Index $(n+1)$ dieser Gruppen in der Gesamtgruppe $G_{\frac{1}{2}n(n^2-1)}$ den Grad $(n+1)$ der Transformationsgleichung.

Wir halten zunächst an der Adjunktion von $i^{\frac{n-1}{2}}\sqrt{n}$ fest, so daß die Gruppe jeder Resolvente wieder die $G_{\frac{1}{2}n(n^2-1)}$ ist, da diese Gruppe einfach ist.[2]) Eine Gleichung mit einem Grade $< n$ kann keine Gruppe haben, deren Ordnung durch die Primzahl n teilbar ist. Soll demnach die Möglichkeit erörtert werden, ob Resolventen eines Grades $< n+1$ auftreten, so kann es sich höchstens noch um Resolventen des n^{ten} Grades selbst handeln. Die Antwort auf die aufgeworfene Frage ist im Satze von Galois enthalten, *nach dem zwar in den drei niedersten Fällen* $n = 5$, 7 *und* 11, *aber bei keiner weiteren Primzahl* n *Resolventen* n^{ten} *Grades auftreten.*

Der negative Teil des Satzes geht sofort aus den Ergebnissen von § 3 und 4 hervor. Die zyklischen Untergruppen und die Diedergruppen der $G_{\frac{1}{2}n(n^2-1)}$ erreichen in keinem Falle die Ordnung der metazyklischen $G_{\frac{1}{2}n(n-1)}$. Sollen demnach sogar Untergruppen vorkommen, deren Ordnung $> \frac{1}{2}n(n-1)$ ist, so müßten sie zu den in § 4 aufgestellten G_{12}, G_{24} oder G_{60} gehören. Ist $n \geqq 13$, so gilt $\frac{1}{2}n(n-1) \geqq 78$, so daß dann sicher die $G_{\frac{1}{2}n(n-1)}$ die Untergruppen größter Ordnung sind. Dagegen ist für $n = 5$ die Ordnung 12, für $n = 7$ die Ordnung 24 und für $n = 11$ die Ordnung 60 größer als die jeweilige Ordnung 10, 21 und 55 der metazyklischen Gruppen.

Im niedersten Falle $n = 5$ ist das wirkliche Auftreten von Gruppen G_{12} leicht beweisbar. Wir stellten bereits ein System von fünf gleichberechtigten Vierergruppen G_4 in der G_{60} fest, zu denen sich die 15 in der G_{60} enthaltenen Substitutionen der Periode 2 zu je dreien zusammen-

1) Das Auftreten von 5 gleichberechtigten Vierergruppen wurde bereits S. 468 festgestellt.

2) Vgl. S. 262; es gilt $n \geqq 5$.

schließen. Als eine unter 5 gleichberechtigten Gruppen ist die einzelne G_4 mit 12 eine G_{12} bildenden Substitutionen vertauschbar. *Es treten also in der G_{60} tatsächlich fünf gleichberechtigte G_{12} auf, die nach § 4 Tetraedergruppen sind.*

Diesen G_{12} entsprechen nach den S. 250 allgemein entwickelten Sätzen *fünf gleichberechtigte Kongruenzgruppen fünfter Stufe Γ_5 des Index* 5, deren einzelne, mod 5 reduziert, sich auf die zugehörige G_{12} zusammenzieht. Wir greifen etwa diejenige G_{12} heraus, der die Substitution $T \equiv \begin{pmatrix} 0, & -1 \\ 1, & 0 \end{pmatrix}$ (mod 5) der Periode 2 angehört, und wollen den Diskontinuitätsbereich der zugehörigen Γ_5 herstellen. Dieser Bereich läßt sich, da die aus $S \equiv \begin{pmatrix} 1, & 1 \\ 0, & 1 \end{pmatrix}$ zu erzeugende zyklische G_5 in der G_{12} nicht enthalten ist, aus den fünf in Fig. 30 nebeneinander geordneten Dreieckspaaren zusammensetzen, die den Substitutionen 1, $S^{\pm 1}$, $S^{\pm 2}$ entsprechen. Die mit Nummern versehenen Seiten hängen durch folgende Substitutionen zusammen:

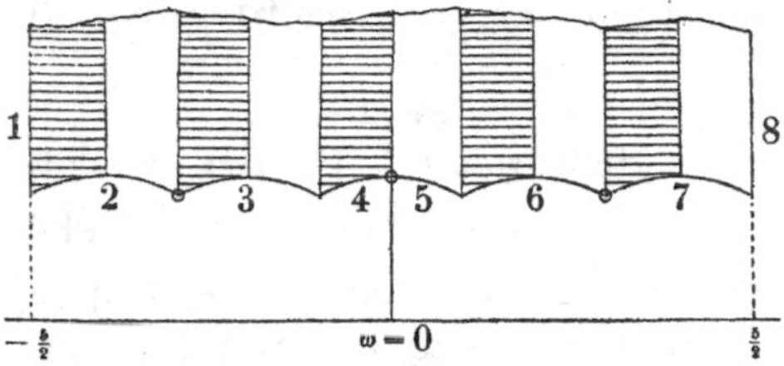

Fig. 30.

$$1 \to 8, \begin{pmatrix} 1, & 5 \\ 0, & 1 \end{pmatrix}; \quad 2 \to 3, \begin{pmatrix} 1, & 3 \\ -1, & -2 \end{pmatrix}; \quad 4 \to 5, \begin{pmatrix} 0, & -1 \\ 1, & 0 \end{pmatrix}; \quad 6 \to 7, \begin{pmatrix} 2, & -3 \\ 1, & -1 \end{pmatrix}.$$

Die zur Substitution T gehörende Vierergruppe G_4 besteht nämlich aus den Substitutionen:

$$1, \quad \begin{pmatrix} 0, & -1 \\ 1, & 0 \end{pmatrix}, \quad \begin{pmatrix} 2, & 0 \\ 0, & 3 \end{pmatrix}, \quad \begin{pmatrix} 0, & 2 \\ 2, & 0 \end{pmatrix} \quad \text{(mod 5)}.$$

Diese G_4 wird aber in der Tat sowohl durch $\begin{pmatrix} 1, & 3 \\ -1, & -2 \end{pmatrix}$ als durch $\begin{pmatrix} 2, & -3 \\ 1, & -1 \end{pmatrix}$ in sich transformiert. Am Diskontinuitätsbereiche sind diejenigen Ecken, die Fixpunkte elliptischer Substitutionen der Γ_5 sind, durch kleine Kreise kenntlich gemacht. Die Diskontinuitätsbereiche der weiteren vier gleichberechtigten Γ_5 gehen aus dem in Fig. 30 dargestellten Bereiche durch Ausübung der Substitutionen $S = \begin{pmatrix} 1, & 1 \\ 0, & 1 \end{pmatrix}$, S^2, S^3, S^4 hervor, entsprechend dem Umstande, daß auch die fünf G_{12} aus einer ersten unter ihnen durch Transformation mit 1, S, S^2, S^3, S^4 entstehen.

In der zu $n = 7$ gehörenden G_{168} sind nach S. 470 im ganzen 21 zyklische G_4 enthalten, die alle gleichberechtigt sind, und die 21 ebensolche G_2 in sich enthalten. Jede solche G_2 ist mit 4 anderen Substitutionen der Periode 2 vertauschbar und bildet, mit ihnen zusammengesetzt, zwei Vierergruppen G_4. Da aber dieselbe G_4 immer von 3 Substitutionen der Periode 2 aus gewonnen wird, so haben wir nicht zweimal 21, sondern nur zweimal 7 Vierergruppen G_4. Es ist nun zunächst die Alternative zu entscheiden, ob diese 14 G_4 alle untereinander gleichberechtigt sind, oder ob sie zwei Systeme zu je 7 gleichberechtigten G_4 bilden. Im ersten Falle ist die einzelne G_4 in der G_{168} im ganzen mit 12, eine Tetraedergruppe bildenden Substitutionen vertauschbar, im zweiten Falle aber mit 24, eine Oktaedergruppe bildenden Substitutionen. Bezeichnen wir aber mit S die erzeugende Substitution einer zyklischen G_4 und durch T eine von S^2 verschiedene Substitution der Periode 2, die mit dieser G_4 vertauschbar ist, so gilt:

$$T^{-1} \cdot S \cdot T \equiv T \cdot S \cdot T \equiv S^3 \text{ oder } \equiv S \pmod 7.$$

Es folgt demnach $S^{-1} \cdot T \cdot S \equiv S^2 T$ oder $\equiv T$, so daß in beiden Fällen die aus $1, S^2, T, S^2 T$ bestehende Vierergruppe G_4 durch die Substitution S der Periode *vier* in sich transformiert wird. Eine Tetraeder-G_{12} enthält aber keine Substitution der Periode 4, so daß der zweite der beiden in Rede stehenden Fälle vorliegt. Die bei $n = 7$ eintretende G_{168} enthält demgemäß zwei Systeme zu je sieben gleichberechtigten Vierergruppen G_4. Da nun die einzelne G_4 mit 24, eine Oktaeder-G_{24} bildenden Substitutionen vertauschbar ist, *so enthält die G_{168} in der Tat auch zwei Systeme von je sieben gleichberechtigten Oktaedergruppen G_{24}.*

Diesen Gruppen entsprechen *zwei Systeme von je sieben gleichberechtigten Kongruenzgruppen 7ter Stufe Γ_7 vom Index* 7, deren Diskontinuitätsbereiche wir aufstellen wollen. Wir wählen zunächst die G_{24}, die die aus $S \equiv \begin{pmatrix}1, & 2\\ 1, & 3\end{pmatrix}$ (mod 7) zu erzeugende zyklische G_4 enthält. Diese G_4 ist mit $T \equiv \begin{pmatrix}3, & 4\\ 1, & 4\end{pmatrix}$ vertauschbar, so daß die aus S^2 und T zu erzeugende Vierergruppe G_4 aus den Substitutionen:

$$(1) \qquad 1,\quad S^2 \equiv \begin{pmatrix}3, & 1\\ 4, & 4\end{pmatrix},\quad T \equiv \begin{pmatrix}3, & 4\\ 1, & 4\end{pmatrix},\quad S^2 \cdot T \equiv \begin{pmatrix}3, & 2\\ 2, & 4\end{pmatrix} \pmod 7$$

besteht. Für die zugehörige Γ_7 läßt sich ein Diskontinuitätsbereich aus den 7 in Fig. 31 aneinander gereihten Dreieckspaaren aufbauen, da keine zwei dieser Paare bezüglich der Γ_7 äquivalent sein können. Die Zusammenordnung der Randkurven aber geschieht nach folgendem Gesetze:

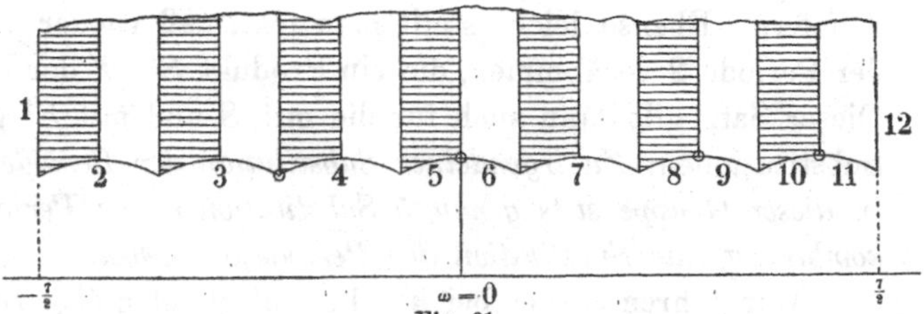

Fig. 31.

$$1 \to 12, \begin{pmatrix}1, 7\\0, 1\end{pmatrix}; \quad 2 \to 7, \begin{pmatrix}1, 2\\1, 3\end{pmatrix}; \quad 3 \to 4, \begin{pmatrix}1, 3\\-1, -2\end{pmatrix}; \quad 5 \to 6, \begin{pmatrix}0, -1\\1, 0\end{pmatrix};$$

$$8 \to 9, \begin{pmatrix}2, -5\\1, -2\end{pmatrix}; \quad 10 \to 11, \begin{pmatrix}3, -10\\1, -3\end{pmatrix}.$$

Die erste dieser Substitutionen ist $\equiv 1 \pmod 7$, die zweite ist die soeben mit S bezeichnete Substitution, und die letzte ist mod 7 mit der eben T genannten Substitution kongruent. Auch die übrigen drei Substitutionen transformieren die Vierergruppe (1) in sich und gehören also der Γ_7 an. Die am Rande des Diskontinuitätsbereiches gelegenen Fixpunkte elliptischer Substitutionen der Γ_7 sind wieder durch kleine Kreise kenntlich gemacht. Durch Ausübung der Substitutionen $\begin{pmatrix}1, 1\\0, 1\end{pmatrix}, \begin{pmatrix}1, 2\\0, 1\end{pmatrix}, \ldots, \begin{pmatrix}1, 6\\0, 1\end{pmatrix}$ auf den Bereich der Fig. 31 entstehen die Diskontinuitätsbereiche der sechs weiteren mit Γ_7 gleichberechtigten Gruppen. Wie aus der Zuordnung der Randkurven hervorgeht, sind die Bereiche unsymmetrisch. Durch Spiegelung an der imaginären ω-Achse entstehen die Diskontinuitätsbereiche des zweiten Systems der 7 gleichberechtigten Gruppen Γ_7.

Der Aufsuchung etwaiger Ikosaeder-G_{60} in der zu $n = 11$ gehörenden G_{660} ist folgende Überlegung betreffs der Erzeugung der G_{60} vorauszuschicken, bei der wir die G_{60} in der Gestalt der 60 mod 5 inkongruenten Substitutionen $\begin{pmatrix}\alpha, \beta\\\gamma, \delta\end{pmatrix}$ der Determinante 1 benutzen (vgl. (2) S. 465). Die einzelne dieser Substitutionen hat die Periode 2, 3 oder 5, je nachdem $\alpha+\delta\equiv 0$, $\equiv \pm 1$ oder $\equiv \pm 2 \pmod 5$ ist; nur findet sich unter den Substitutionen mit $\alpha + \delta \equiv \pm 2$ auch die identische Substitution. Die Substitutionen der Periode 5 zerfallen in 2 Systeme zu je 12 gleichberechtigten; diese beiden Systeme können wir durch $S \equiv \begin{pmatrix}1, 1\\0, 1\end{pmatrix}$ und $S^2 \equiv \begin{pmatrix}1, 2\\0, 1\end{pmatrix}$ repräsentieren. Ist $T \equiv \begin{pmatrix}\alpha, \beta\\\gamma, -\alpha\end{pmatrix}$ irgendeine Substitution der Periode 2, so hat $S \cdot T \equiv \begin{pmatrix}\alpha+\gamma, \beta-\alpha\\\gamma, -\alpha\end{pmatrix}$ dann und nur dann die Periode 3, wenn $\gamma \equiv \pm 1 \pmod 5$ gilt. Man zählt leicht ab, daß es in der G_{60} im ganzen 5 Substitutionen T der Periode 2 gibt, die in $S \cdot T$ eine Substitution der Periode 3 liefern. Ebenso leicht stellt man fest, daß wieder 5 Substitutionen T der Periode 2 vorkommen, die ein Produkt $S^2 \cdot T$ der Periode 3 ergeben. Dieser Satz gilt dann auch für die mit S und mit S^2 gleichberechtigten Substitutionen: *Zu irgendeiner Substitution der Periode 5 der G_{60} gibt es in dieser Gruppe stets genau 5 Substitutionen der Periode 2, die mit ihr kombiniert eine Substitution der Periode 3 ergeben.*

Wir kehren zu der bei $n = 11$ eintretenden G_{660} zurück und machen zunächst folgende Angaben über die Perioden ihrer Substitutionen: Die 55 Substitutionen der Periode 2 sind durch $\alpha + \delta \equiv 0 \pmod{11}$ charakterisiert und ebenso die $2 \cdot 55$ Substitutionen der Periode 3 durch $\alpha + \delta$

$\equiv \pm 1 \pmod{11}$. Ferner ist ein erstes System von $2 \cdot 66$ gleichberechtigten Substitutionen der Periode 5 durch $\alpha + \delta \equiv \pm 3$ und ein zweites durch $\alpha + \delta \equiv \pm 4 \pmod{11}$ gegeben; das erste System mag durch $S \equiv \begin{pmatrix} 2, & 0 \\ 0, & 6 \end{pmatrix}$, das zweite durch $S^2 = \begin{pmatrix} 4, & 0 \\ 0, & 3 \end{pmatrix}$ repräsentiert werden.

Eine etwa in der G_{660} vorkommende G_{60} ist nur mit ihren eigenen Substitutionen vertauschbar, da sie nicht ausgezeichnet sein kann und auch keine umfassendere Untergruppe auftritt. *Somit ist die einzelne G_{60} immer eine von elf gleichberechtigten Untergruppen.* Da nun die G_{60} sechs zyklische G_5 enthält und in der G_{660} im ganzen 66 zyklische G_5 vorkommen, so ist die einzelne G_5 stets nur in *einer* unter den elf G_{60} enthalten. Wir suchen nun nach denjenigen G_{60}, welche die aus $S \equiv \begin{pmatrix} 2, & 0 \\ 0, & 6 \end{pmatrix}$ zu erzeugende G_5 enthalten. Jede derselben müßte 5 Substitutionen $T \equiv \begin{pmatrix} \alpha, & \beta \\ \gamma, & -\alpha \end{pmatrix}$ enthalten, die in $S \cdot T \equiv \begin{pmatrix} 2\alpha, & 2\beta \\ 6\gamma, & -6\alpha \end{pmatrix}$ Substitutionen der Periode 3 liefern. Hierfür ist $-4\alpha \equiv \pm 1 \pmod{11}$ charakteristisch, so daß wir $\alpha \equiv 3$, $\gamma \equiv \beta^{-1} \pmod{11}$ zu setzen haben.[1]) Da hier β einen beliebigen der Reste $1, 2, 3, \ldots, 10$ bedeuten darf, so haben wir im ganzen 10 brauchbare Substitutionen T. Also folgt: *Wenn überhaupt Ikosaeder-G_{60} in der G_{660} auftreten, so gibt es entweder ein System von elf gleichberechtigten G_{60} oder zwei solche Systeme.*

Wir halten nun an $S \equiv \begin{pmatrix} 2, & 0 \\ 0, & 6 \end{pmatrix}$ fest und wählen $T \equiv \begin{pmatrix} 3, & 1 \\ 1, & -3 \end{pmatrix}$. Da $S \cdot T$ die Periode 3 hat, so wird aus S und T eine Gruppe erzeugt, deren Ordnung durch 30 teilbar ist, also (da es keine G_{30} in der G_{660} gibt) entweder eine G_{60} oder die Gesamtgruppe G_{660}. Eine der Vierergruppen G_4, an denen die gewählte Substitution T beteiligt ist, besteht aus:

$$\begin{pmatrix} 3, & 1 \\ 1, & -3 \end{pmatrix}, \quad \begin{pmatrix} 0, & -1 \\ 1, & 0 \end{pmatrix}, \quad \begin{pmatrix} -1, & 3 \\ 3, & 1 \end{pmatrix}, \quad 1. \tag{2}$$

Diese G_4 wird durch S, S^2, S^3, S^4 transformiert in:

$$G_4^{(1)}, \quad \begin{pmatrix} 3, & 4 \\ 3, & -1 \end{pmatrix}, \quad \begin{pmatrix} 0, & -4 \\ 3, & 0 \end{pmatrix}, \quad \begin{pmatrix} 1, & -1 \\ 2, & -1 \end{pmatrix}, \quad 1,$$

$$G_4^{(2)}, \quad \begin{pmatrix} 3, & 3 \\ 4, & -3 \end{pmatrix}, \quad \begin{pmatrix} 0, & -3 \\ 4, & 0 \end{pmatrix}, \quad \begin{pmatrix} 1, & 2 \\ -1, & -1 \end{pmatrix}, \quad 1,$$

$$G_4^{(3)}, \quad \begin{pmatrix} 3, & -2 \\ 5, & -3 \end{pmatrix}, \quad \begin{pmatrix} 0, & 2 \\ 5, & 0 \end{pmatrix}, \quad \begin{pmatrix} -1, & 5 \\ 4, & 1 \end{pmatrix}, \quad 1,$$

$$G_4^{(4)}, \quad \begin{pmatrix} 3, & 5 \\ -2, & -3 \end{pmatrix}, \quad \begin{pmatrix} 0, & 5 \\ 2, & 0 \end{pmatrix}, \quad \begin{pmatrix} -1, & 4 \\ 5, & 1 \end{pmatrix}, \quad 1.$$

Das System der fünf Gruppen G_5, $G_5^{(1)}, \ldots$ wird durch S zyklisch per-

---

1) Man beachte, daß ein gleichzeitiger Zeichenwechsel von α, β, γ, δ statthaft ist.

mutiert. Aber auch bei Transformation durch T gehen die fünf Gruppen ineinander über, da G_4 mit T vertauschbar ist, während sich die anderen vier Gruppen wie folgt permutieren:

$$T^{-1}\cdot G_4^{(1)}\cdot T = G_4^{(4)},\quad T^{-1}\cdot G_4^{(2)}\cdot T = G_4^{(3)},\quad T^{-1}\cdot G_4^{(3)}\cdot T = G_4^{(2)},$$
$$T^{-1}\cdot G_4^{(4)}\cdot T = G_4^{(1)}.$$

Somit transformieren auch alle aus S und T erzeugbaren Substitutionen das System der fünf G_4 stets nur wieder in sich, so daß aus S und T noch nicht die Gesamtgruppe, sondern vielmehr eine G_{60} erzeugt wird.

Nun wird aus $S \equiv \begin{pmatrix}2, & 0\\ 0, & 6\end{pmatrix}$ und $T' \equiv \begin{pmatrix}3, & -1\\ -1, & -3\end{pmatrix}$ eine zweite G_{60} erzeugt, deren Substitutionen aus denen der ersten G_{60} durch gleichzeitigen Zeichenwechsel von β und γ in allen Substitutionen entstehen. Die zweite G_{60} enthält gleichfalls die aus S zu erzeugende G_5 und ist deshalb mit der ersten nicht gleichberechtigt. *Damit sind in der G_{660} in der Tat zwei Systeme von je elf gleichberechtigten Ikosaedergruppen G_{60} nachgewiesen.*

Den G_{60} entsprechen *zwei Systeme von je elf gleichberechtigten Kongruenzgruppen Γ_{11} elfter Stufe vom Index* 11. Für diejenige Γ_{11}, die der

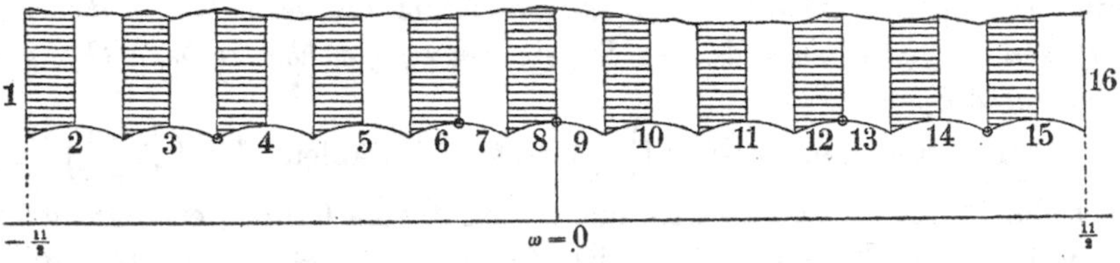

Fig. 32.

ersten der obigen G_{60} entspricht, ist der Diskontinuitätsbereich in Fig. 32 angegeben, dessen Seiten, wie folgt, zusammengehören:

$$(3)\quad \begin{cases} 1 \rightarrow 16, \begin{pmatrix}1, & 11\\ 0, & 1\end{pmatrix};\quad 2 \rightarrow 11, \begin{pmatrix}2, & 9\\ 1, & 5\end{pmatrix};\quad 3 \rightarrow 4, \begin{pmatrix}3, & 13\\ -1, & -4\end{pmatrix};\\ 5 \rightarrow 10, \begin{pmatrix}1, & 1\\ 1, & 2\end{pmatrix};\quad 6 \rightarrow 7, \begin{pmatrix}1, & 2\\ -1, & -1\end{pmatrix};\quad 8 \rightarrow 9, \begin{pmatrix}0, & -1\\ 1, & 0\end{pmatrix};\\ \qquad 12 \rightarrow 13, \begin{pmatrix}3, & -10\\ 1, & -3\end{pmatrix};\quad 14 \rightarrow 15, \begin{pmatrix}5, & -21\\ 1, & -4\end{pmatrix}. \end{cases}$$

Die G_{60} enthält nämlich mit S und T auch die Substitution:

$$S^2\cdot T\cdot S^3\cdot T\cdot S^2\cdot T \equiv \begin{pmatrix}0, & -1\\ 1, & 0\end{pmatrix} \pmod{11},$$

also alle vier Substitutionen (2) und damit überhaupt alle 5 Vierergruppen G_4, $G_4^{(1)}, \ldots, G_4^{(4)}$. Es erweisen sich also nicht nur die erste Substitution der Zusammenstellung (6), sondern auch die 5te, 6te und 7te unmittelbar als in der aus S und T zu erzeugenden Γ_{11} enthalten. Die 3te und 8te Substitution (3), die elliptisch von der Periode 3 sind, lassen sich zufolge der Kongruenzen:

$$\left.\begin{aligned} S^3\cdot\begin{pmatrix}-1, & 3\\ 3, & 1\end{pmatrix} &\equiv \begin{pmatrix}3, & 0\\ 0, & 4\end{pmatrix}\cdot\begin{pmatrix}-1, & 3\\ 3, & 1\end{pmatrix} \equiv \begin{pmatrix}3, & 13\\ -1, & -4\end{pmatrix}\\ S\cdot\begin{pmatrix}3, & 5\\ -2, & -3\end{pmatrix} &\equiv \begin{pmatrix}2, & 0\\ 0, & 6\end{pmatrix}\cdot\begin{pmatrix}3, & 5\\ -2, & -3\end{pmatrix} \equiv \begin{pmatrix}5, & -21\\ 1, & -4\end{pmatrix}\end{aligned}\right\}\pmod{11}$$

aus Substitutionen herstellen, die bereits in der G_{60} nachgewiesen sind. Aber auch die beiden noch fehlenden Substitutionen $\begin{pmatrix}2, & 9\\ 1, & 5\end{pmatrix}$ und $\begin{pmatrix}1, & 1\\ 1, & 2\end{pmatrix}$ lassen sich zufolge der Gleichungen:

$$\begin{pmatrix}0, & -1\\ 1, & 0\end{pmatrix}\cdot\begin{pmatrix}1, & 2\\ -1, & -1\end{pmatrix} = \begin{pmatrix}1, & 1\\ 1, & 2\end{pmatrix},\quad \begin{pmatrix}0, & -1\\ 1, & 0\end{pmatrix}\cdot\begin{pmatrix}1, & 2\\ -1, & -1\end{pmatrix}\cdot\begin{pmatrix}3, & 13\\ -1, & -4\end{pmatrix} = \begin{pmatrix}2, & 9\\ 1, & 5\end{pmatrix}$$

aus Substitutionen erzeugen, die wir bereits als in der Γ_{11} enthalten erkannten. Aus dem gewonnenen Bereiche gehen durch Ausübung der Substitutionen $\begin{pmatrix}1, & 1\\ 0, & 1\end{pmatrix}, \begin{pmatrix}1, & 2\\ 0, & 1\end{pmatrix}, \ldots, \begin{pmatrix}1, & 10\\ 0, & 1\end{pmatrix}$ die Diskontinuitätsbereiche der übrigen 10 mit Γ_{11} gleichberechtigten Gruppen Γ_{11} hervor. Diese Bereiche sind wieder unsymmetrisch; durch Spiegelung an der imaginären ω-Achse gelangt man zu den Diskontinuitätsbereichen für das zweite System der elf gleichberechtigten Γ_{11}.

Innerhalb der auf den rationalen Zahlkörper bezogenen Galoisschen Gruppe G_{120} der zu $n = 5$ gehörenden Transformationsgleichung sind die 5 Tetraedergruppen G_{12} wieder nur unter sich gleichberechtigt. Die einzelne G_{12} ist demnach in der G_{120} mit 24 eine G_{24} (Oktaedergruppe) bildenden Substitutionen vertauschbar. *Man findet also in der G_{120} fünf gleichberechtigte Untergruppen G_{24} des Index* 5.

Anders liegen die Verhältnisse bei $n = 7$ und $n = 11$. Da -1 quadratischer Nichtrest sowohl von 7 als von 11 ist, so kann man die auf den rationalen Körper bezogenen Galoisschen Gruppen beide Male dadurch zur Darstellung bringen, daß man den bisherigen Substitutionen $\begin{pmatrix}\alpha, & \beta\\ \gamma, & \delta\end{pmatrix}$ noch die mit:

$$\alpha\delta - \beta\gamma \equiv -1 \pmod{n}$$

hinzufügt. Insbesondere ist in der Galoisschen $G_{n(n^2-1)}$ jedesmal die Substitution $U \equiv \begin{pmatrix}-1, & 0\\ 0, & 1\end{pmatrix}$ enthalten. Bei Transformation der einzelnen Substitution $\begin{pmatrix}\alpha, & \beta\\ \gamma, & \delta\end{pmatrix}$ durch U aber gilt:

$$U^{-1}\cdot\begin{pmatrix}\alpha, & \beta\\ \gamma, & \delta\end{pmatrix}\cdot U \equiv \begin{pmatrix}\alpha, & -\beta\\ -\gamma, & \delta\end{pmatrix} \pmod{n}.$$

Die Transformation durch U läuft also für die Γ_7 und Γ_{11} darauf hinaus, daß diese Gruppen durch die Spiegelung $\omega' = -\bar{\omega}$ an der imaginären

ω-Achse transformiert werden. Hierdurch aber werden jedesmal die beiden innerhalb der ursprünglichen Modulgruppe noch nicht gleichberechtigten Systeme von Gruppen Γ_n ineinander transformiert. Wir gelangen zu dem Satze, den wir sogleich wieder für die Galoisschen $G_{n(n^2-1)}$ aussprechen: *Innerhalb der Galoisschen Gruppe* G_{336} *tritt ein System von* 14 *gleichberechtigten Oktaedergruppen* G_{24} *des Index* 14 *auf, und ebenso findet sich innerhalb der Galoisschen* G_{1320} *ein System von* 22 *gleichberechtigten Ikosaedergruppen* G_{60} *des Index* 22.

Wir ziehen nun entsprechend den allgemeinen Sätzen der Galoisschen Gleichungstheorie hieraus sogleich die algebraischen Folgerungen: *Erstlich gelangen wir im Falle* $n = 5$ *zu einer numerisch rationalen Resolvente fünften Grades der Transformationsgleichung sechsten Grades.* Sieht man bei $n = 7$ und 11 vorerst noch von der Adjunktion der Irrationalität $i\sqrt{n}$ ab, so folgt weiter: *Bei den Transformationsgraden* $n = 7$ und 11 *tritt je eine Resolvente des Grades* 14 *bzw.* 22 *mit rationalen Zahlenkoeffizienten auf.* Bei Fortgang zu den Monodromiegruppen und also nach Adjunktion von $i\sqrt{7}$ bzw. $i\sqrt{11}$ aber werden diese Resolventen reduzibel, und man gelangt zu dem Satze: *Bei den Transformationsgraden* $n = 7$ *und* $n = 11$ *existieren je zwei Resolventen der Grade* 7 *bzw.* 11, *in deren Koeffizienten die Irrationalitäten* $i\sqrt{7}$ *bzw.* $i\sqrt{11}$ *auftreten.*

§ 6. Die Resolventen fünften und siebenten Grades.

Um die Resolvente fünften Grades zu gewinnen, die im Falle der Transformation fünften Grades existiert, hätte man, den allgemeinen Ansätzen der Galoisschen Theorie folgend, zunächst den Galoisschen Körper der Transformationsgleichung zu bilden und für eine einzelne der Gruppen G_{12} eine geeignete Funktion jenes Körpers zu wählen, die dann die Wurzel der gesuchten Gleichung fünften Grades wäre. Es handelt sich hierbei um ausgedehnte Entwicklungen, welche erschöpfend von Klein in den „Vorlesungen über das Ikosaeder" zur Darstellung gebracht sind.[1]) Die entsprechende Untersuchung für den Fall der Transformation siebenten Grades ist von Klein in der Abhandlung „Über die Transformation siebenter Ordnung der elliptischen Funktionen"[2]) gegeben. Nun kann man aber wenigstens in den beiden genannten niedersten Fällen $n = 5$ und $n = 7$ zur wirklichen Kenntnis der Resolventen mit Umgehung der Galoisschen Körper unmittelbar von den Diskontinuitätsbereichen der Gruppen Γ_5 und Γ_7 aus gelangen, wie dies durch Klein in einer beson-

1) S. auch die Abhandlung von Klein „Über die Transformation der elliptischen Funktionen und die Auflösung der Gleichungen fünften Grades", Math. Ann., Bd. 14, S. 111.

2) Math. Ann., Bd. 14, S. 428 ff. Vgl. auch „Modulfunktionen" Bd. 1, S. 692 ff.

deren Abhandlung „Über die Erniedrigung der Modulargleichungen“[1]) gezeigt wurde. Man hat sich hierbei jener rein algebraischen Methode zu bedienen, die Klein auch bereits bei den Transformationsgleichungen selbst zur Verwendung brachte. Indem wir betreffs der Beziehung der Resolventen fünften und siebenten Grades zu den Galoisschen Körpern und den Transformationsgleichungen auf die genannten Darstellungen verweisen, wollen wir im folgenden nur noch die wirkliche Aufstellung der Resolventen nach der algebraischen Methode Kleins geben.

Es möge nun diejenige G_{12} herangezogen werden, deren zugehörige Γ_5 den in Fig. 30, S. 476 dargestellten Diskontinuitätsbereich hat. Eine zur G_{12} gehörende Funktion des Galoisschen Körpers ist dann in Abhängigkeit von ω eine Modulfunktion der Γ_5. Um unter diesen Funktionen eine geeignete auszusuchen, bilden wir den genannten Bereich durch $J(\omega)$ ab. Als Abbild ergibt sich eine fünfblättrige Riemannsche Fläche über der J-Ebene, die nur bei $J=0$, 1 und ∞ verzweigt ist; und zwar tritt bei $J=0$ ein dreiblättriger Verzweigungspunkt auf, bei $J=1$ zwei zweiblättrige und bei $J=\infty$ ein fünfblättriger. *Diese Fläche hat das Geschlecht* 0, *so daß wir zum Aufbau der Resolvente eine einwertige Funktion verwenden können.* Wir nennen diese Funktion $\zeta(\omega)$ und erklären sie eindeutig durch die Festsetzung, daß:

$$\zeta\left(\frac{\pm 1+i\sqrt{3}}{2}\right)=0, \quad \zeta(i)=3, \quad \zeta(i\infty)=\infty$$

sein soll. Der Wert $\zeta=0$ findet also im dreiblättrigen Verzweigungspunkte der Riemannschen Fläche statt, der bei $J=0$ liegt; ferner wird $\zeta=3$ bei $J=1$ in dem daselbst isoliert verlaufenden Blatte, und man hat $\zeta=\infty$ im fünfblättrigen Verzweigungspunkte bei $J=\infty$.

Umgekehrt ist J oder, was hier zweckmäßiger ist, $j=12^3J$ als fünfwertige Funktion der Fläche eine rationale Funktion 5ten Grades von ζ. Da j nur mit ζ selbst unendlich wird, so handelt es sich um eine ganze Funktion 5ten Grades. Aus der soeben bei $J=0$ und $J=1$ angegebenen Werteverteilung von ζ aber gewinnt man die beiden Ansätze:

$$(1) \qquad j=a\zeta^3(\zeta^2+b\zeta+c), \quad j-12^3=a(\zeta-3)(\zeta^2+d\zeta+e)^2,$$

wo a in beiden Gleichungen dieselbe Bedeutung hat.

Zur Bestimmung der Koeffizienten berechne man aus beiden Ansätzen (1) die Ableitung $\frac{dj}{d\zeta}$ und setze die entstehenden Ausdrücke gleich. Bei Fortlassung des Faktors $5a$ ergibt sich die identische Gleichung:

$$(\zeta^2+\tfrac{4}{5}b\zeta+\tfrac{3}{5}c)\zeta^2=(\zeta^2+d\zeta+e)(\zeta^2+\tfrac{1}{5}(3d-12)\zeta+\tfrac{1}{5}(e-6d)).$$

Nun ist jedenfalls $e\neq 0$, da für $\zeta=0$ die Funktion $j=0$ und also nicht

1) Math. Ann., Bd. 14, S. 417ff.

gleich 12^3 ist. Der Ausdruck in der zweiten Klammer der rechten Seite der letzten Gleichung ist also mit ζ^2 identisch, und man findet durch Koeffizientenvergleichung:

$$3d - 12 = 0, \quad e - 6d = 0, \quad 4b = 5d, \quad 3c = 5e,$$

woraus sich $d = 4$, $e = 24$, $b = 5$, $c = 40$ ergibt. Den Faktor a findet man aus dem ersten Ansatz (1), indem man $\zeta = 3$, $j = 12^3$ einträgt, zu $a = 1$. *Der Ausdruck von j als rationale Funktion von ζ kann in die Gestalten:*

$$(2) \qquad j = \zeta^3(\zeta^2 + 5\zeta + 40), \quad j - 12^3 = (\zeta - 3)(\zeta^2 + 4\zeta + 24)^2$$

gekleidet werden, zwei Gleichungen, die uns als solche für ζ nun unmittelbar unsere gesuchte Resolvente fünften Grades in zwei Gestalten liefern.

Die beiden Gleichungen (2) kann man auch in solche für die einfachsten Modulformen der Γ_5 umschreiben. Zunächst folgt aus der ersten Gleichung bei Division durch ζ^5 und Multiplikation mit $12^2 g_2^2 \Delta$:

$$\left(\frac{12 g_2}{\zeta}\right)^5 = \Delta\left(40\left(\frac{12 g_2}{\zeta}\right)^2 + 60 g_2\left(\frac{12 g_2}{\zeta}\right) + 144 g_2^2\right).$$

Für die zur Γ_5 gehörende ganze Modulform $(-4)^{\text{ter}}$ *Dimension:*

$$(3) \qquad f(\omega_1, \omega_2) = \frac{12 g_2}{\zeta}$$

ergibt sich somit die Gleichung 5ten Grades:

$$(4) \qquad f^5 - 40\Delta f^2 - 60 g_2 \Delta f - 144 g_2^2 \Delta = 0.$$

Andrerseits finden wir aus der zweiten Gleichung (2) nach Multiplikation mit Δ und Ausziehung der Quadratwurzel:

$$216 g_3 = \sqrt{(\zeta - 3)\Delta}\,(\zeta^2 + 4\zeta + 24).$$

Hieraus folgt der Satz: *Auch noch die Quadratwurzel:*

$$(5) \qquad \varphi(\omega_1, \omega_2) = \sqrt{(\zeta - 3)\Delta} = \frac{216 g_3}{\zeta^2 + 4\zeta + 24}$$

ist eine eindeutige und zwar ganze Modulform $(-6)^{\text{ter}}$ *Dimension der Γ_5, die der folgenden Gleichung fünften Grades genügt:*

$$(6) \qquad \varphi^5 + 10\Delta\varphi^3 + 45\Delta^2\varphi - 216 g_3 \Delta^2 = 0.$$

Die gleiche Methode ist auch im Falle $n = 7$ zur Gewinnung der beiden Resolventen 7ten Grades ausreichend. Der in Fig. 31, S. 477, dargestellte Diskontinuitätsbereich einer der Gruppen Γ_7 wird durch $J(\omega)$ auf eine siebenblättrige Riemannsche Fläche über der J-Ebene abgebildet, die wieder nur bei $J = 0$, 1 und ∞ verzweigt ist; und zwar liegen jetzt bei $J = 0$ zwei dreiblättrige Verzweigungspunkte, bei $J = 1$ zwei zweiblättrige und bei $J = \infty$ ein siebenblättriger. *Auch diese Fläche gehört zum Geschlechte* 0, *so daß wir uns wieder einer einwertigen Funktion* $\zeta(\omega)$ *bedienen können.* Es gelte:

$$\zeta\left(\frac{-3+i\sqrt{3}}{2}\right)=0, \qquad \zeta(i\infty)=\infty,$$

so daß ζ bei $J=0$ in dem daselbst isoliert verlaufenden Blatte verschwindet und im siebenblättrigen Verzweigungspunkte bei $J=\infty$ unendlich wird. Durch diese beiden Bedingungen ist dann ζ nur erst bis auf einen konstanten Faktor bestimmt; eine weitere Festsetzung bleibe vorbehalten.

In ζ ist J eine ganze Funktion 7ten Grades, und zwar leitet man aus der Werteverteilung von ζ bei $J=0$ und $J=1$ die Ansätze ab:

$$(7)\ J=a\zeta(\zeta^2+b\zeta+7c)^3, \quad J-1=a(\zeta^3+d\zeta^2+e\zeta+f)(\zeta^2+g\zeta+h)^2,$$

wo zur Kürzung der Rechnung im Absolutgliede der ersten Klammer der Faktor 7 aufgenommen ist. Durch Gleichsetzung der beiden für $\frac{dJ}{d\zeta}$ zu gewinnenden Ausdrücke ergibt sich bei Fortlassung überflüssiger Faktoren die identische Gleichung:

$$(\zeta^2+\tfrac{4}{7}b\zeta+c)(\zeta^2+b\zeta+7c)^2=(\zeta^2+g\zeta+h)\Big(\zeta^4+\frac{6d+5g}{7}\zeta^3$$
$$+\frac{4dg+5e+3h}{7}\zeta^2+\frac{2dh+3eg+4f}{7}\zeta+\frac{eh+2fg}{7}\Big).$$

Nun folgt aus (7), daß die Funktionen $(\zeta^2+b\zeta+7c)$ und $(\zeta^2+g\zeta+h)$ keinen Linearfaktor gemein haben. Somit sind die Funktionen $(\zeta^2+\frac{4}{7}b\zeta+c)$ und $(\zeta^2+g\zeta+h)$ identisch, und man findet durch Koeffizientenvergleichung insgesamt:

$$7g=4b, \quad h=c, \quad 6d+5g=14b, \quad 4dg+5e+3h=7b^2+98c,$$
$$2dh+3eg+4f=98bc, \quad eh+2fg=343c^2.$$

Wäre nun $b=0$, so würde $g=0$, $d=0$ und wegen der vorletzten Gleichung $f=0$ folgen. Aber es ist $f\neq 0$, da für $\zeta=0$ auch $J=0$ und nicht $J=1$. Hiernach ist $b\neq 0$. Dann aber können wir den zur eindeutigen Bestimmung von ζ noch verfügbaren Faktor so festsetzen, daß $b=7$ wird. Die aufzulösenden Gleichungen kürzen sich nun zu:

$$b=7, \quad g=4, \quad h=c, \quad d=13, \quad e=27+19c, \quad 3e+f=165c,$$
$$ce+8f=343c^2.$$

Durch Elimination von e und f aus den drei letzten Gleichungen folgt für c die quadratische Gleichung:

$$4c^2-11c+8=0,$$

bei deren Lösung sich, wie es sein muß, die Irrationalität $i\sqrt{7}$ einfindet. Wir gewinnen, unseren beiden Resolventen entsprechend, die beiden

Koeffizientensysteme:

$$c = h = \frac{11 \pm i\sqrt{7}}{8}, \quad e = \frac{425 \pm 19i\sqrt{7}}{8}, \quad f = \frac{135 \pm 27i\sqrt{7}}{2},$$

während die Koeffizienten b, g, d die schon angegebenen rationalen Werte haben.[1]) Endlich ergibt sich der Wert a, indem man in die zweite Gleichung (7) $\zeta = 0$ und $J = 0$ einträgt; man findet:

$$-1 = a \cdot f \cdot h^2 = a\,\frac{135 \pm 27i\sqrt{7}}{2}\left(\frac{11 \pm i\sqrt{7}}{8}\right)^2, \quad -a^{-1} = \frac{351 \pm 189i\sqrt{7}}{4}.$$

Setzt man die berechneten Werte der Koeffizienten in die Ansätze (7) ein, so lassen sich diese in die folgende Proportion zusammenziehen:

$$(8)\; J:(J-1):1 = \zeta\left(\zeta^2 + 7\zeta + \frac{77 \pm 7i\sqrt{7}}{8}\right)^3$$
$$:\left(\zeta^3 + 13\zeta^2 + \frac{425 \pm 19i\sqrt{7}}{8}\zeta + \frac{135 \pm 27i\sqrt{7}}{2}\right)\left(\zeta^2 + 4\zeta + \frac{11 \pm i\sqrt{7}}{8}\right)^2 : -\frac{351 \pm 189i\sqrt{7}}{4}.$$

Als Gleichungen 7ten Grades für ζ aufgefaßt, haben wir hier die beiden Resolventen 7ten Grades in einer ersten Gestalt vor uns.

Aus (8) kann man auch leicht Gleichungen für die einfachsten Modulformen der Γ_7 herleiten. Man berechne zunächst aus dem ersten und dritten Gliede der Proportion (8):

$$(12g_2)^3 = \left(\frac{1 \pm i\sqrt{7}}{2}\right)^7 \Delta\zeta\left(\zeta^2 + 7\zeta + \frac{77 \pm 7i\sqrt{7}}{8}\right)^3.$$

Hieraus geht hervor, *daß auch noch die Kubikwurzeln:*

$$(9) \qquad f(\omega_1, \omega_2) = \sqrt[3]{\frac{1 \pm i\sqrt{7}}{2} \cdot \Delta\zeta}$$

eindeutige und zwar ganze Modulformen $(-4)^{\text{ter}}$ Dimension der Γ_7 sind. Führt man f statt ζ als Unbekannte in die vorletzte Gleichung ein, so ergibt sich nach Ausziehen der Kubikwurzel als *neue Gestalt unserer Resolventen 7ten Grades:*

$$(10) \qquad f^7 + 7\,\frac{1 \pm i\sqrt{7}}{2}\,\Delta f^4 - 7\,\frac{5 \mp i\sqrt{7}}{2}\,\Delta^2 f - 12g_2\Delta^2 = 0.$$

§ 7. Die beiden Resolventen elften Grades.

Für die Gewinnung der Resolvente fünften Grades genügte die Angabe, daß die fünfblättrige Riemannsche Fläche über der J-Ebene bei

1) Man beachte, daß die zur zweiten Resolvente 7ten Grades führende Riemannsche Fläche über der J-Ebene, die zur ersten Fläche symmetrisch ist, Verzweigungspunkte der gleichen Blätterzahl bei $J = 0$, 1 und ∞ hat. Die durchgeführte Überlegung mußte also zugleich zur zweiten Resolvente hinführen.

$J = 0$ einen dreiblättrigen Verzweigungspunkt, bei $J = 1$ zwei zweiblättrige und bei $J = \infty$ einen fünfblättrigen Verzweigungspunkt hatte, sowie daß weitere Verzweigungspunkte nicht auftraten. Welche Blätter bei $J = 0$ und $J = 1$ miteinander zusammenhängen, brauchte indessen nicht näher festgestellt zu werden. Es gibt demnach nur eine einzige fünfblättrige Fläche, die die fragliche Verzweigung besitzt. Entsprechend gibt es im Falle $n = 7$ nur zwei (einander symmetrische) Flächen, die die für diesen Fall oben näher bezeichnete Verzweigung besitzen. Demgegenüber fand Klein bei der Ausdehnung seiner Untersuchungen auf den Fall $n = 11$[1]), daß es nicht nur zwei, sondern im ganzen *zehn* elfblättrige Riemannsche Flächen über der J-Ebene gibt, welche die durch den Bereich der Fig. 32, S. 480, gegebenen Anzahlen von Verzweigungspunkte bei $J = 0$, 1 und ∞ haben. Die rein algebraische Methode des vorigen Paragraphen läßt sich zwar, da wieder das Geschlecht 0 vorliegt, mit einer einwertigen Funktion ζ geradeso wie oben ansetzen, müßte aber hier zu zehn verschiedenen Koeffizientensystemen hinführen, und es würde demnach erst noch näher zu untersuchen sein, welche unter den zehn Gleichungen die beiden gesuchten Resolventen sind. Es erscheint demnach hier zweckmäßiger, entsprechend der am Anfange des vorigen Paragraphen ausgeführten Überlegung an den Galoisschen Körper anzuknüpfen und von ihm aus eine geeignete Funktion für die einzelne Ikosaedergruppe G_{60} in der G_{660} herzustellen.

Zum Aufbau des Galoisschen Körpers benutzt Klein das zu $n = 11$ gehörende System der fünf Modulformen x_λ, die durch (5) S. 315 gegeben sind.[2]) Bei Fortlassung des gemeinsamen Faktors i und Benutzung der fünf quadratischen Reste von 11 als Indizes hat man für diese der Dimension ($-$ 8) angehörenden Größen die Darstellungen:

$$(1)\qquad \begin{cases} x_1 = \sqrt{\dfrac{2\pi}{\omega_2}}\,\sqrt[8]{\Delta^5}\,q^{\frac{81}{44}}(1 - q^2 - q^{20} + \cdots), \\ x_3 = \sqrt{\dfrac{2\pi}{\omega_2}}\,\sqrt[8]{\Delta^5}\,q^{\frac{25}{44}}(1 - q^6 - q^{16} + \cdots), \\ x_9 = \sqrt{\dfrac{2\pi}{\omega_2}}\,\sqrt[8]{\Delta^5}\,q^{\frac{49}{44}}(1 - q^4 - q^{18} + \cdots), \\ x_5 = \sqrt{\dfrac{2\pi}{\omega_2}}\,\sqrt[8]{\Delta^5}\,q^{\frac{1}{44}}(1 - q^{10} - q^{12} + \cdots), \\ x_4 = -\sqrt{\dfrac{2\pi}{\omega_2}}\,\sqrt[8]{\Delta^5}\,q^{\frac{9}{44}}(1 - q^8 - q^{14} + \cdots). \end{cases}$$

---

1) „Über die Transformation elfter Ordnung der elliptischen Funktionen“, Math. Ann. Bd. 15, S. 533. S. auch „Modulfunktionen“ Bd. 2, S. 401 ff.

2) Über die Beziehung dieses Systems zur Transformationsgleichung vgl. man § 11 und 12 der eben genannten Abhandlung von Klein.

Gegenüber den Substitutionen $S = \binom{1,\ 1}{0,\ 1}$ und $T = \binom{0, 1}{-1, 0}$ erfahren die x_λ nach S. 315 die linearen Transformationen:

$$(2)\qquad \begin{cases} (S) & x'_\lambda = \varepsilon^{-\frac{\lambda(11-\lambda)}{2}} x_\lambda, \\ (T) & i\sqrt{11}\, x'_\lambda = \sum\limits_{\varkappa} (\varepsilon^{\varkappa\lambda} - \varepsilon^{-\varkappa\lambda}) x_\varkappa, \end{cases}$$

wo sich die auf $\varkappa$ bezogene Summe hier und weiterhin auf die fünf quadratischen Reste von 11 bezieht und $\varepsilon = e^{\frac{2i\pi}{11}}$ ist. Die G_{660} der Transformationen des Galoisschen Körpers in sich stellt sich hier als eine Gruppe linearer x_λ-Substitutionen dar, die aus den beiden Substitutionen (2) erzeugbar ist.

Wir ziehen nun die zum Diskontinuitätsbereiche der Fig. 32, S. 480 gehörende Ikosaedergruppe G_{60} heran und haben zugehörige Funktionen der x_λ zu bilden. In der G_{60} ist die mit S' zu bezeichnende Substitution der Periode fünf $S' \equiv \binom{3,\ 0}{0,\ 4}$ (mod 11) enthalten, bei deren Ausübung sich die x_λ nach (18) und (19) S. 313 permutieren:

$$(3)\qquad (S') \qquad x'_\lambda = x_{3\lambda}.$$

Die abgekürzt mit σ_∞ zu bezeichnende Summe der x_λ:

$$(4)\qquad \sigma_\infty = x_1 + x_3 + x_9 + x_5 + x_4$$

stellt demnach eine Modulform dar, die gegenüber S' invariant ist. Die Summe ist aber, wie man mit Hilfe der Relation:

$$\varepsilon + \varepsilon^3 + \varepsilon^9 + \varepsilon^5 + \varepsilon^4 - \varepsilon^{10} - \varepsilon^8 - \varepsilon^2 - \varepsilon^6 - \varepsilon^7 = i\sqrt{11}$$

zeigt, auch gegenüber T invariant, gehört also zu der aus S' und T zu erzeugenden metazyklischen Untergruppe G_{10} der G_{60}. Durch die gesamten Substitutionen der G_{60} wird demnach die Modulform (4) im ganzen in sechs gleichberechtigte Formen transformiert, die durch $\sigma_\infty, \sigma_0, \sigma_1, \ldots, \sigma_4$ bezeichnet werden mögen. Insbesondere gehe σ_0 aus σ_∞ durch die der G_{60} angehörenden Substitution der Periode zwei $S^{-1} \cdot T \cdot S = \binom{1,\ \ 2}{-1, -1}$ hervor. Die Wirkung dieser Substitution auf die x_λ ist:

$$i\sqrt{11}\, x'_\lambda = \sum_{\varkappa} (\varepsilon^{\varkappa\lambda} - \varepsilon^{-\varkappa\lambda}) \varepsilon^{6(\varkappa^2 - \lambda^2)} x_\varkappa.$$

Hieraus berechnet man für σ_0 die Gleichung:

$$i\sqrt{11}\, \sigma_0 = \sum_{\varkappa} (\varepsilon^{\varkappa^2} + 2\varepsilon^{2\varkappa^2} - 2\varepsilon^{5\varkappa^2} - \varepsilon^{6\varkappa^2}) x_\varkappa.$$

Die übrigen vier Formen $\sigma_1, \sigma_2, \ldots$ folgen aus σ_0 durch wiederholte

Ausübung der Substitution S'; man findet:

$$(5)\qquad i\sqrt{11}\,\sigma_\nu = \sum_\varkappa (\varepsilon^{\varkappa^2} + 2\varepsilon^{2\varkappa^2} - 2\varepsilon^{5\varkappa^2} - \varepsilon^{6\varkappa^2})\, x_{\varkappa\cdot 3^\nu}, \qquad \nu = 0, 1, \ldots, 4.$$

Als Funktionen der G_{60} benutzen wir nun symmetrische Ausdrücke der sechs σ. Da ihre Summe identisch verschwindet, so sind die beiden einfachsten Ausdrücke die zweite und die dritte Potenzsumme, für die man in den x_λ die Darstellungen findet:

$$(6)\quad \begin{cases} \dfrac{-1+i\sqrt{11}}{12} \sum \sigma^2 = \sum\limits_\varkappa \left(x_\varkappa^2 - x_\varkappa x_{4\varkappa} - \dfrac{1-i\sqrt{11}}{2} x_\varkappa x_{5\varkappa}\right), \\ -\dfrac{i\sqrt{11}}{6} \sum \sigma^3 = \sum\limits_\varkappa \Big(x_\varkappa^3 - 3i\sqrt{11}\, x_\varkappa^2 x_{3\varkappa} + 3x_\varkappa x_{5\varkappa}(x_\varkappa - x_{4\varkappa}) \\ \qquad + \dfrac{1+i\sqrt{11}}{2} x_\varkappa (x_\varkappa x_{4\varkappa} - x_{4\varkappa} x_{9\varkappa} - 2x_{9\varkappa} x_\varkappa)\Big). \end{cases}$$

Da die x_λ der Dimension (-8) angehören, so haben wir in den hier rechts stehenden Ausdrücken ganze Modulformen der Dimensionen -16 und -24 der zur G_{60} gehörenden Γ_{11}. Zufolge (1) ist auch noch der Quotient der ersten dieser Formen und der Diskriminante Δ eine ganze Modulform der Γ_{11}, und zwar von der Dimension -4. In dieser durch $f(\omega_1, \omega_2)$ zu bezeichnenden Form:

$$(7)\qquad f(\omega_1, \omega_2) = \Delta^{-1} \cdot \sum_\varkappa \left(x_\varkappa^2 - x_\varkappa x_{4\varkappa} - \frac{1-i\sqrt{11}}{2} x_\varkappa x_{5\varkappa}\right),$$

deren Reihendarstellung sich aus (1) zu:

$$(8)\, f(\omega_1, \omega_2) = \left(\frac{2\pi}{\omega_2}\right)^4 q^{\frac{6}{11}} \left(1 + q^{\frac{2}{11}} + q^{\frac{4}{11}} - \frac{1-i\sqrt{11}}{2} q^{\frac{6}{11}} + \frac{1-i\sqrt{11}}{2} q^{\frac{8}{11}} + \cdots\right)$$

berechnet, haben wir eine besonders einfache Modulform der Γ_{11} gewonnen.

Die auf der rechten Seite der zweiten Gleichung (6) stehende Form ergibt, durch Δ^2 geteilt, eine Modulfunktion der Γ_{11}, die nur in der Spitze $\omega = i\infty$ des Diskontinuitätsbereiches unendlich wird. Da man aus (1) für diesen Quotienten als Anfangsglied der Potenzreihe $q^{-\frac{2}{11}}$ berechnet, so liegt in jener Spitze ein Pol erster Ordnung, so daß wir im Quotienten eine *einwertige Funktion der* Γ_{11} gewonnen haben. Zur Vereinfachung der folgenden Formeln führen wir den um $3i\sqrt{11}$ verminderten Quotienten als einwertige Funktion $\zeta(\omega)$ der Γ_{11} ein:

$$(9)\ \zeta(\omega) = -3i\sqrt{11} + \Delta^{-2} \sum_\varkappa (x_\varkappa^3 - 3i\sqrt{11}\, x_\varkappa^2 x_{3\varkappa} + 3x_\varkappa x_{5\varkappa}(x_\varkappa - x_{4\varkappa}) + \cdots).$$

Die Potenzreihe dieser Funktion ist dann:

$$(10)\ \zeta(\omega) = q^{-\frac{2}{11}} \left(1 + * + \frac{1+i\sqrt{11}}{2} q^{\frac{4}{11}} + 2q^{\frac{6}{11}} + \frac{1+i\sqrt{11}}{2} q^{\frac{8}{11}} + \cdots\right),$$

wo durch den Stern hervorgehoben wird, daß das Glied mit $q^{\frac{2}{11}}$ ausfällt.

Die Form f als von der Dimension (-4) hat im Diskontinuitätsbereiche Nullpunkte der Gasamtordnung $\frac{11}{3}$. Da zufolge (8) in der Spitze $i\infty$ ein Nullpunkt der Ordnung 3 vorliegt, so restiert noch die Ordnung $\frac{2}{3}$. Es wird also entweder in den beiden Bereichecken bei $\omega = \frac{-7+i\sqrt{3}}{2}$ und $\frac{9+i\sqrt{3}}{2}$ je ein Nullpunkt der Ordnung $\frac{1}{3}$ liegen oder an einer dieser Stellen ein Nullpunkt der Ordnung $\frac{2}{3}$. In jedem Falle erkennt man im Quotienten von f^3 und Δ eine ganze Funktion zweiten Grades von ζ, für welche die Reihenentwicklungen ohne Mühe die Darstellung:

$$\frac{f^3}{\Delta} = \zeta^2 + 3\zeta + (5 - i\sqrt{11}) \tag{11}$$

ergeben. Da hier rechts kein Quadrat steht, so liegen in den beiden genannten Ecken Nullpunkte je der Ordnung $\frac{1}{3}$ von f vor.

Wir bilden ferner den Quotienten von g_2 und f, der gleichfalls eine Funktion der Γ_{11} darstellt. Die beiden eben genannten Nullpunkte heben sich in diesem Quotienten fort. Es verbleiben, vom Zähler g_2 herrührend, drei Nullpunkte erster Ordnung in den drei Eckenzyklen des Bereiches, die sich aus den Ecken $\frac{\pm 1+i\sqrt{3}}{2}, \frac{\pm 3+i\sqrt{3}}{2}, \ldots$ zusammensetzen, und ein Pol dritter Ordnung in der Spitze $\omega = i\infty$, vom Nenner f herrührend. Der Quotient ist also eine ganze Funktion dritten Grades von ζ, für die die Potenzreihen die Darstellung ergeben:

$$\frac{g_2}{f} = \frac{1}{12}\left(\zeta^3 - \zeta^2 - 3\,\frac{1+i\sqrt{11}}{2}\,\zeta - \frac{7-i\sqrt{11}}{2}\right). \tag{12}$$

Die Elimination von ζ aus (11) und (12) führt zu dem Ergebnis: *Die eine der beiden gesuchten Resolventen 11ten Grades hat als Gleichung für die Modulform f der Γ_{11} die Gestalt:*

$$\begin{aligned}(13)\quad f^{11} - 22\Delta f^8 + 11(9 + 2i\sqrt{11})\Delta^2 f^5 - 132 g_2 \Delta^2 f^4 + 88 i\sqrt{11}\,\Delta^3 f^2 \\ + 66(3 - i\sqrt{11}) g_2 \Delta^3 f - 144 g_2^2 \Delta^3 = 0;\end{aligned}$$

die zweite Resolvente ergibt sich hieraus durch Zeichenwechsel von $\sqrt{11}$.

Eine zweite Gestalt der Resolvente erhalten wir durch Multiplikation der Gleichung (11) mit der dritten Potenz der Gleichung (12):

$$12^3 J = \left(\zeta^2 + 3\zeta + (5 - i\sqrt{11})\right)\left(\zeta^3 - \zeta^2 - 3\,\frac{1+i\sqrt{11}}{2}\,\zeta - \frac{7-i\sqrt{11}}{2}\right)^3. \tag{14}$$

Dieses Ergebnis kann man einer Prüfung unterziehen. Bilden wir den Diskontinuitätsbereich der Γ_{11} auf die J-Ebene ab, so entsteht eine Riemannsche Fläche, die neben anderen Verzweigungspunkten (bei $J = 0$

und $J = \infty$) vier zweiblättrige Verzweigungspunkte bei $J = 1$ hat. Demnach muß $(J - 1)$ gleich dem Produkte einer ganzen Funktion dritten Grades und des Quadrats einer ganzen Funktion vierten Grades von ζ sein, so daß eine in ζ identische Gleichung der folgenden Gestalt besteht:

$$\begin{aligned}(\zeta^2 + 3\zeta + (5 - i\sqrt{11}))\left(\zeta^3 - \zeta^2 - 3\,\frac{1 + i\sqrt{11}}{2}\,\zeta - \frac{7 - i\sqrt{11}}{2}\right)^3 - 12^3 \\ = (\zeta^3 + a\zeta^2 + b\zeta + c)(\zeta^4 + d\zeta^3 + e\zeta^2 + f\zeta + g)^2.\end{aligned}$$

Die Rechnung bestätigt dies in der Tat. Indem man die vorstehende Gleichung nach ζ differenziert und wie im vorigen Paragraphen verfährt, findet man leicht die Koeffizienten $a, b, c, \ldots$ *Als zweite Gestalt der beiden Resolventen elften Grades notieren wir die beiden folgenden Gleichungen elften Grades für* ζ:

$$\begin{aligned}(15)\quad J:(J-1):1 = (\zeta^2 + 3\zeta + (5 \mp i\sqrt{11}))\left(\zeta^3 - \zeta^2 - 3\,\frac{1 \pm i\sqrt{11}}{2}\,\zeta - \frac{7 \mp i\sqrt{11}}{2}\right)^3 \\ :\left(\zeta^3 - 4\zeta^2 + \frac{7 \mp 5i\sqrt{11}}{2}\,\zeta - (4 \mp 6i\sqrt{11})\right)\left(\zeta^4 + 2\zeta^3 + 3\,\frac{1 \mp i\sqrt{11}}{2}\,\zeta^2 \right. \\ \left. - (5 \pm i\sqrt{11})\,\zeta - 3\,\frac{5 \pm i\sqrt{11}}{2}\right)^2 : 12^3.\end{aligned}$$

Sechstes Kapitel.

Die speziellen Transformationsgleichungen höherer Stufen.

Eine allgemeine Theorie der Transformationsgleichungen für Modulfunktionen und Modulformen höherer Stufen ist unter Heranziehung weitergehender gruppentheoretischer Hilfsmittel in „Modulfunktionen", Bd. 2, S. 83ff. durchgeführt. Auch sind dort, S. 147ff., ausführliche literarische Nachweise über ältere und neuere Arbeiten betreffs der Transformationsgleichungen für Funktionen höherer Stufen gegeben. Vor der Entwicklung der Weierstraßschen Theorie waren es die von Jacobi und im Anschluß an ihn von Sohnke aufgestellten Transformationsgleichungen für $\sqrt[4]{k}$, die achte Wurzel des Integralmoduls k^2, die das Hauptinteresse hatten. Neben diese Jacobi-Sohnkeschen „Modulargleichungen" traten später die „Schlaeflischen Modulargleichungen", d. i. die Transformationsgleichungen für die Modulfunktion 48ster Stufe $\sqrt[12]{kk'}$. Der Transformationsgrad n wird als teilerfremd gegen die Stufe der transformierten Funktion vorausgesetzt, um die allgemeine Theorie der fraglichen Gleichungen zu vereinfachen. Es kommen also insbesondere nur ungerade Transformationsgrade zur Behandlung. Die Theorie dieser Modulargleichungen soll im vorliegenden Kapitel entwickelt werden.

R. Fricke, *Die elliptischen Funktionen und ihre Anwendungen, Zweiter Teil*,
DOI 10.1007/978-3-642-19561-7_11, © Springer-Verlag Berlin Heidelberg 2012

Für die Transformationsgrade $n = 2^\nu$ möge am Anfang dieses Kapitels eine auf die Formeln (2) S. 291 der Landenschen Transformation gegründete Entwicklung nachgetragen werden, welche die Wirkung wiederholter Landenscher Transformation auf die Integralmoduln, Thetanullwerte usw. betrifft.

Von den eben behandelten besonderen Resolventen n^{ten} Grades, die bei $n = 5$, 7 und 11 eintreten, hat in der älteren Theorie insbesondere die Resolvente fünften Grades in ihren verschiedenen Gestalten wegen ihrer Beziehung zur allgemeinen Theorie der Gleichungen fünften Grades das Interesse für sich gehabt. Einige hierauf bezügliche Ausführungen sollen sich an die Modulargleichungen anschließen.

Endlich sind seit lange gewisse sehr einfache irrationale Gestalten einiger Modulargleichungen bekannt, die in der von Klein aufgestellten Theorie der Modularkorrespondenzen ihre Aufklärung gefunden haben. Im Zusammenhange mit diesen „irrationalen Modulargleichungen" stehen die schon gelegentlich (S. 296) erwähnten „Thetarelationen". Über diese Gegenstände folgen am Schlusse des Kapitels einige Andeutungen.

§ 1. Wiederholte Landensche Transformation.

Die erste Haupttransformation zweiten Grades der doppeltperiodischen Funktionen mit den Argumenten u, ω_1, ω_2 besteht in dem Ersatze von ω_1 durch $2\omega_1$ bei unveränderten u, ω_2. Die Ausübung dieser Operation auf die Funktionen zweiter Stufe führte uns nach S. 292 zu den Formeln der „Landenschen Transformation". Wir nennen die erste Haupttransformation zweiten Grades deshalb kurz „Landensche Transformation" und können die erste Haupttransformation des Grades $n = 2^\nu$ durch ν-malige Wiederholung der Landenschen Transformation erzielen.

Die vierten Wurzeln aus den Integralmoduln k^2 und k'^2 sind durch die Gleichungen (1) S. 291 als eindeutige Modulfunktionen dargestellt. Durch ν-malige Ausübung der Landenschen Transformation mögen diese beiden Funktionen $\sqrt{k}$ und $\sqrt{k'}$ übergeben in:

$$(1) \qquad \sqrt{k_\nu} = \sqrt{k}\,(2^\nu \omega), \qquad \sqrt{k'_\nu} = \sqrt{k'}\,(2^\nu \omega).$$

Zufolge (2) S. 291 gilt dann insbesondere für $\nu = 1$:

$$(2) \qquad k_1 = \frac{1-k'}{1+k'}, \qquad k'_1 = \frac{2\sqrt{k'}}{1+k'}, \qquad 1 + k_1 = \frac{2}{1+k'}.$$

Das Legendresche Integral erster Gattung w, das das erste Argument der Jacobischen Funktionen sn, cn, dn ist, hängt mit dem Integrale u durch die Gleichung (5) S. 292 zusammen. Bei ν-maliger Ausübung der Landenschen Transformation gehe w in w_ν über, wo wir dann insbesondere für $\nu = 1$ zufolge (6) S. 292 die Darstellung haben:

(3) $$w_1 = (1 + k')w, \qquad w = \frac{1+k_1}{2} w_1.$$

Die vollständigen Integrale K und K' Legendres, die in der Jacobischen Theorie an die Stelle der ω_1, ω_2 treten, sind nach (5) in I, 388 auch durch:

(4) $$2K = \omega_2 \sqrt{e_2 - e_1} = \pi \vartheta_3(q)^2, \quad 2iK' = \omega_1 \sqrt{e_2 - e_1} = \omega \pi \vartheta_3(q)^2$$

erklärbar. Bei ν-maliger Ausübung der Landenschen Transformation mögen sie in K_ν und K'_ν übergehen. Aus der letzten Gleichung (9) S. 289 und der zweiten Gleichung (1) S. 291 ergibt sich dann für $\nu = 1$:

(5) $$K_1 = K\frac{1+k'}{2}, \quad K = (1 + k_1)K_1, \quad K'_1 = (1 + k')K', \quad K' = \frac{1+k_1}{2}K'_1.$$

Führt man nach I, 388 im Sinne Jacobis $\varphi = \operatorname{am}(w, k)$ als „Amplitude von w" ein und schreibt $\varphi_\nu = \operatorname{am}(w_\nu, k_\nu)$ als Ergebnis ν-maliger Ausübung der Landenschen Transformation, so folgt bei Division der beiden ersten Gleichungen (7) S. 292 durch einander wegen $\operatorname{sn} w = \sin \varphi$ und $\operatorname{cn} w = \cos \varphi$ speziell für $\nu = 1$ die einfache Beziehung:

(6) $$\operatorname{tg} \varphi_1 = \frac{(1 + k') \operatorname{tg} \varphi}{1 - k' \operatorname{tg}^2 \varphi}, \quad \operatorname{tg}(\varphi_1 - \varphi) = k' \operatorname{tg} \varphi.$$

Bezieht man die Formeln der Landenschen Transformation auf die Quadratwurzeln k, k' aus den Integralmoduln, so ist zur Berechnung der transformierten Größen neben rationalen Rechnungen die Quadratwurzel $\sqrt{k'}$ zu bestimmen. Der Wert dieser Wurzel ist eindeutig durch den Ausdruck von $\sqrt{k'}$ als Quotient von $\vartheta_0(q)$ und $\vartheta_3(q)$ gegeben. In dem für spätere numerische Rechnungen wichtigen Falle, daß der Periodenquotient ω im Dreiecksnetze der Modulgruppe einem der nach dem Punkte $\omega = i\infty$ hinziehenden Dreiecke angehört, läßt sich aber auch direkt leicht angeben, wie $\sqrt{k'}$ zu bestimmen ist. Man stelle die Werteverteilung von $\sqrt{k'}$ in jenen Dreiecken fest, wozu in I, 440 ff. alle Mittel gegeben sind, und findet die Regel: *Gehört ω einem der nach $i\infty$ hinziehenden Dreiecke der ω-Halbebene an, so muß die in der zweiten Formel* (2) *stehende Quadratwurzel einen „positiven" reellen Bestandteil haben.*

Bei wiederholter Ausübung der Landenschen Transformation erhält man den Formeln (2) ff. entsprechend die Rekursionsformeln:

(7) $$k_\nu = \frac{1 - k'_{\nu-1}}{1 + k'_{\nu-1}}, \quad k'_\nu = \frac{2\sqrt{k'_{\nu-1}}}{1 + k'_{\nu-1}}, \quad 1 + k_\nu = \frac{2}{1 + k'_{\nu-1}},$$

(8) $$K_\nu = K_{\nu-1}\frac{1 + k_{\nu-1}}{2}, \quad K'_\nu = K'_{\nu-1}(1 + k'_{\nu-1}),$$

(9) $$w_\nu = (1 + k'_{\nu-1})w_{\nu-1}, \quad \operatorname{tg}(\varphi_\nu - \varphi_{\nu-1}) = k'_{\nu-1} \operatorname{tg} \varphi_{\nu-1}.$$

Liegt, wie wir annehmen wollen, ω in einem der nach $i\infty$ ziehenden Dreiecke der ω-Halbebene, so gilt dasselbe von allen Werten $2^\nu \omega$. Die Quadratwurzel $\sqrt{k'_{\nu-1}}$ ist dann für jedes ν mit positivem reellen Bestandteile zu nehmen.

An die vorstehenden Rekursionsformeln knüpft Jacobi[1]) eine bemerkenswerte Darstellung von K in Gestalt eines unendlichen Produktes. Durch Multiplikation der letzten Gleichung (7) und der ersten Gleichung (8) folgt $K_{\nu-1} = (1 + k_\nu) K_\nu$. Bildet man diese Gleichung für $\nu = 1, 2, 3, \ldots, \nu$, so ergibt die Multiplikation aller ν Gleichungen nach Fortheben überflüssiger Faktoren:

$$(10) \qquad K = (1 + k_1)(1 + k_2)(1 + k_3) \ldots (1 + k_\nu) K_\nu.$$

Nun gilt für $\lim \nu = \infty$ bekanntlich $\lim q^{2^\nu} = 0$, und also folgt aus (10) in I, 464:

$$(11) \qquad \lim k_\nu = 0, \quad \lim k'_\nu = 1, \quad \lim K_\nu = \frac{\pi}{2}.$$

Die Gleichung (10) führt demnach beim Grenzübergange für $\nu = \infty$ zu folgender *Darstellung von K durch ein unendliches Produkt:*

$$(12) \qquad K = \frac{\pi}{2}(1 + k_1)(1 + k_2)(1 + k_3) \cdots.$$

Da zufolge der Gleichungen (7):

$$1 + k_\nu = \frac{1}{\sqrt{k'_{\nu-1}}} \cdot \frac{2\sqrt{k'_{\nu-1}}}{1 + k'_{\nu-1}} = \frac{k'_\nu}{\sqrt{k'_{\nu-1}}}$$

gilt, so kann man der Gleichung (10) auch die Gestalt geben:

$$(13) \qquad K = \sqrt{k'_1}\sqrt{k'_2}\sqrt{k'_3} \ldots \sqrt{k'_{\nu-1}} \cdot \frac{k'_\nu}{\sqrt{k'}} \cdot K_\nu.$$

Beim Grenzübergange findet man an Stelle von (12) für K das unendliche Produkt:

$$(14) \qquad K \cdot \sqrt{k'} = \frac{\pi}{2}\sqrt{k'_1}\sqrt{k'_2}\sqrt{k'_3} \cdots.$$

Die Gleichungen der wiederholten Landenschen Transformation, auf die Quadrate der Thetanullwerte $\vartheta_0(q)$ und $\vartheta_3(q)$ angewandt, führen zum Algorithmus des Gaußschen arithmetrisch-geometrischen Mittels.[2]) Aus (9) S. 289 ergibt sich, wenn man $v = 0$ einträgt:

$$(15) \qquad \begin{cases} \vartheta_3(q^2)^2 = \frac{1}{2}(\vartheta_3(q)^2 + \vartheta_0(q)^2), \\ \vartheta_0(q^2)^2 = \vartheta_3(q)\vartheta_0(q). \end{cases}$$

Schreibt man zur Abkürzung:

$$(16) \qquad \vartheta_3(q^{2^\nu})^2 = a_\nu, \qquad \vartheta_0(q^{2^\nu})^2 = b_\nu,$$

1) In Art. 38 der „Fundamenta nova“, Jacobis Werke, Bd. 1, S. 149.

2) Vgl. Gauß' Werke, Bd. 3, S. 361 ff. und die Ausführungen Jacobis in Art. 38 der „Fundamenta nova“.

so ergibt sich aus (15) bei Wiederholung der Landenschen Transformation die Formelkette:

$$(17)\qquad \begin{cases} a_1 = \frac{1}{2}(a_0 + b_0), & b_1 = \sqrt{a_0 b_0}, \\ a_2 = \frac{1}{2}(a_1 + b_1), & b_2 = \sqrt{a_1 b_1}, \\ a_3 = \frac{1}{2}(a_2 + b_2), & b_3 = \sqrt{a_2 b_2}, \\ \cdots\cdots\cdots\cdots, \end{cases}$$

die den fraglichen Algorithmus darstellt.

Gauß beweist unter der Annahme reeller positiver a_0, b_0 und positiv genommener Wurzeln, daß die beiden Zahlenreihen $a_1, a_2, a_3, \ldots$ und $b_1, b_2, b_3, \ldots$ je einer bestimmten Grenze zustreben, sowie daß diese beiden Grenzen einander gleich sind. Den gemeinsamen Wert der Grenzen nennt Gauß das „arithmetisch-geometrische Mittel" von a_0 und b_0 und bezeichnet dieses Mittel durch:

$$(18)\qquad M(a_0, b_0) = \lim a_\nu = \lim b_\nu.$$

Aus der vorliegenden Bedeutung (16) unserer Größenreihen a_ν, b_ν ist auch bei beliebigem ω die Konvergenz des Algorithmus (17) im Gaußschen Sinne selbstverständlich, da:

$$(19)\qquad \lim a_\nu = \lim b_\nu = M(\vartheta_3(q)^2, \vartheta_0(q)^2) = 1 \quad \text{gilt.}$$

Ändert man a_0 und b_0 um einen gemeinsamen Faktor, so ändern sich alle a_ν und b_ν und also auch $M(a_0, b_0)$ um denselben Faktor. Nun ist aber nach der obigen Gleichung (4) sowie nach (1) S. 291:

$$\frac{\pi}{2K}\vartheta_3(q)^2 = 1, \qquad \frac{\pi}{2K}\vartheta_0(q)^2 = k'.$$

Es ergibt sich demnach: $M(1, k') = \frac{\pi}{2K}$,

so daß sich das vollständige Integral K durch das arithmetisch-geometrische Mittel aus 1 und k' so darstellt:

$$(20)\qquad K = \frac{\pi}{2M(1, k')}.$$

§ 2. Die Jacobi-Sohnkeschen Modulargleichungen.

Jacobi bezeichnet die achte Wurzel des Integralmoduls $\sqrt[4]{k}$ abgekürzt durch u. Da eine Verwechselung mit dem weiterhin nicht mehr auftretenden Integral erster Gattung u ausgeschlossen ist, so nehmen wir die Bezeichnung Jacobis auf und notieren aus (10) in I, 464 als Produktentwicklung von $u(\omega) = \sqrt[4]{k}(\omega)$:

$$(1)\qquad u(\omega)=\sqrt[4]{k}(\omega)=\sqrt{2}\,q^{\frac{1}{8}}\prod_{m=1}^{\infty}\left(\frac{1+q^{2m}}{1+q^{2m-1}}\right),$$

woraus zugleich die Reihenentwicklung folgt:

$$(2)\qquad u(\omega)=\sqrt{2}\,q^{\frac{1}{8}}(1-q+2q^2-3q^3+4q^4-6q^5+9q^6-\cdots).$$

Nach der Tabelle in I, 459 bleibt $\sqrt[4]{k}(\omega)$ bei allen denjenigen Substitutionen der Hauptkongruenzgruppe zweiter Stufe unverändert, für die:

$$e^{\frac{\pi i\alpha\beta}{8}}=\left(\frac{2}{\alpha}\right)=(-1)^{\frac{\alpha^2-1}{8}}$$

gilt. Für ungerade α der Gestalt $(8h\pm1)$ muß also $\beta\equiv0 \pmod{16}$ zutreffen, für $\alpha=8h\pm3$ aber $\beta\equiv8 \pmod{16}$. Unter Zusammenfassung beider Fälle kann man sagen, $\sqrt[4]{k}$ gehöre zu derjenigen Kongruenzgruppe 16ter Stufe, deren Substitutionen mit:

$$(3)\qquad \begin{pmatrix}\alpha, & 4\left(1-\left(\frac{2}{\alpha}\right)\right)\\ \gamma, & \alpha^{-1}\end{pmatrix} \pmod{16}$$

kongruent sind, wo γ gerade und α ungerade ist. Im ganzen hat man 32 mod 16 inkongruente Substitutionen dieser Art. Da die Hauptkongruenzgruppe 16ter Stufe innerhalb der nicht-homogenen Modulgruppe den Index 1536 hat, *so bilden die Substitutionen, die $\sqrt[4]{k}$ in sich transformieren, eine Kongruenzgruppe 16ter Stufe Γ_{48} des Index* 48.

Innerhalb der Hauptkongruenzgruppe zweiter Stufe Γ_6, deren Diskontinuitätsbereich durch Fig. 81 in I, 440 angegeben ist, stellt die Γ_{48} eine Untergruppe des Index 8 dar. Entsprechend läßt sich aus acht neben einander gereihten Bereichen der eben genannten Art ein Diskontinuitätsbereich der Γ_{48} aufbauen. Dieser Bereich ist in Fig. 33 angedeutet; die

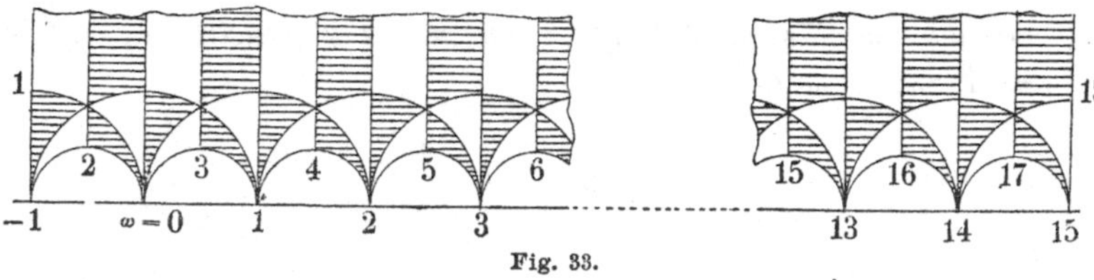

Fig. 33.

Seiten sind zu Paare nebeneinander liegend in folgender Art einander zugeordet:

$$1\to18,\ \begin{pmatrix}1, & 16\\0, & 1\end{pmatrix};\quad 2\to3,\ \begin{pmatrix}1, & 0\\2, & 1\end{pmatrix};\quad 4\to5,\ \begin{pmatrix}5, & -8\\2, & -3\end{pmatrix};\quad 6\to7,\ \begin{pmatrix}9, & -32\\2, & -7\end{pmatrix};$$

$$8\to9,\ \begin{pmatrix}13, & -72\\2, & -11\end{pmatrix};\quad \ldots;\quad 16\to17,\ \begin{pmatrix}29, & -392\\2, & -27\end{pmatrix}.$$

Der Diskontinuitätsbereich der Γ_{48} ist vom Geschlechte 0 *und hat* $u(\omega) = \sqrt[4]{k}(\omega)$ *zu einer einwertigen Funktion.* Die Spitze bei $\omega = i\infty$ des Bereiches trägt den Nullpunkt der Funktion, der Pol ist in dem aus den Spitzen bei $\omega = -1, 1, 3, 5, \ldots, 15$ bestehenden Zyklus gelegen, während in den acht weiteren Spitzen bei $\omega = 0, 2, 4, \ldots, 14$ die Funktionswerte vorliegen:

$$(4)\quad u(0) = 1,\ u(2) = \frac{1+i}{\sqrt{2}},\ u(4) = i,\ u(6) = \frac{-1+i}{\sqrt{2}}, \ldots, u(14) = \frac{1-i}{\sqrt{2}}.$$

Entsprechend dem Brauche bei den älteren Untersuchungen sei der Transformationsgrad n eine ungerade *Primzahl.* Die erste Haupttransformation n^{ten} Grades ergibt als transformierte Funktion $u(n\omega) = \sqrt[4]{k}(n\omega)$, deren zugehörige Gruppe zunächst festgestellt werden soll. Damit aber $u(n\omega)$ gegenüber $\begin{pmatrix}\alpha, & \beta\\ \gamma, & \delta\end{pmatrix}$ unverändert ist:

$$u\left(n\frac{\alpha\omega+\beta}{\gamma\omega+\delta}\right) = u\left(\frac{\alpha\cdot n\omega + n\beta}{\gamma n^{-1}\cdot n\omega+\delta}\right) = u(n\omega),$$

ist hinreichend und notwendig, daß $\begin{pmatrix}\alpha, & n\beta\\ n^{-1}\gamma, & \delta\end{pmatrix}$ der Γ_{48} angehört. Die Substitution $\begin{pmatrix}\alpha, & \beta\\ \gamma, & \delta\end{pmatrix}$ muß also selbst der Γ_{48} angehören und außerdem der Kongruenz $\gamma \equiv 0 \pmod{n}$ genügen. Da n teilerfremd gegen 16 ist und also in der Γ_{48} noch alle $\frac{1}{2}n(n^2-1) \bmod n$ inkongruenten Substitutionen vorkommen (S. 222 ff.), so wird durch die Forderung $\gamma \equiv 0 \pmod{n}$ in der Γ_{48}, ebenso wie in der Gesamtgruppe, eine Untergruppe des Index $(n+1)$ ausgesondert. *Die Substitutionen, welche $u(\omega)$ und $u(n\omega)$ zugleich unverändert lassen, bilden hiernach in der Gesamtgruppe eine Kongruenzuntergruppe $\Gamma_{48(n+1)}$ des Index $48(n+1)$ und der Stufe $16n$.*

Im Diskontinuitätsbereiche der $\Gamma_{48(n+1)}$ ist $u(\omega)$ eine $(n+1)$-wertige Funktion. Als transformierte Funktion wollen wir übrigens nur für $n \equiv \pm 1 \pmod{8}$ unmittelbar $u(n\omega)$ gebrauchen, für $n \equiv \pm 3 \pmod{8}$ aber $-u(n\omega)$. Mit Jacobi bezeichnen wir, beide Fälle zusammenfassend, die transformierte Funktion durch:

$$(5)\qquad v(\omega) = \left(\frac{2}{n}\right)u(n\omega) = (-1)^{\frac{n^2-1}{8}}u(n\omega).$$

Dann sind nach den allgemeinen Sätzen über Modulfunktionen gleicher Gruppe u und v durch eine algebraische Relation:

$$(6)\qquad F(v, u) = 0$$

verbunden, die jedenfalls für v auf den Grad $(n+1)$ ansteigt. Die so in Ansatz gebrachte Relation ist die *Modulargleichung für den n^{ten} Transformationsgrad.* Es gilt nun, eine Reihe von Eigenschaften der Modulargleichung zu entwickeln, die uns in den Stand setzen sollen, für niedere Grade n die Gleichungen wirklich anzugeben.

Zunächst soll die Gestalt aller $(n+1)$ Lösungen v der Gleichung (6) festgestellt werden. Wir schreiben ausführlich:

$$F\left(\left(\frac{2}{n}\right)\sqrt[4]{k}(n\,\omega),\ \sqrt[4]{k}(\omega)\right)=0 \tag{7}$$

und üben auf diese in ω identisch bestehende Gleichung eine Substitution aus, welche den Bedingungen:

$$\alpha\equiv 1 \pmod 8,\quad \beta\equiv\gamma\equiv 0 \pmod{16},\quad \delta=n^2$$

genügt. Die Funktion $u=\sqrt[4]{k}$ bleibt unverändert, für v liefert die Tabelle I, 459:

$$v\left(\frac{\alpha\omega+\beta}{\gamma\omega+\delta}\right)=\left(\frac{2}{n}\right)\sqrt[4]{k}\left(\frac{n\alpha\frac{\omega}{n}+\beta}{\gamma\frac{\omega}{n}+\frac{\delta}{n}}\right)=\sqrt[4]{k}\left(\frac{\omega}{n}\right),$$

so daß die Gleichung (7) übergeht in:

$$F\left(\sqrt[4]{k}\left(\frac{\omega}{n}\right),\ \sqrt[4]{k}(\omega)\right)=0. \tag{8}$$

Übt man weiter die Substitution $\begin{pmatrix}1, & 16\nu\\ 0, & 1\end{pmatrix}$ aus, bei der $\sqrt[4]{k}$ wieder unverändert bleibt, so folgt aus (8):

$$F\left(\sqrt[4]{k}\left(\frac{\omega+16\nu}{n}\right),\ \sqrt[4]{k}(\omega)\right)=0,\qquad \nu=0,1,2,\ldots,n-1.$$

Die $(n+1)$ *Lösungen der Modulargleichung* (6), *die wir durch* $v_\infty, v_0, v_1, v_2, \ldots, v_{n-1}$ *bezeichnen, sind demnach:*

$$v_\infty=\left(\frac{2}{n}\right)\sqrt[4]{k}(n\omega),\quad v_\nu=\sqrt[4]{k}\left(\frac{\omega+16\nu}{n}\right),\qquad \nu=0,1,2,\ldots,n-1. \tag{9}$$

Im Anschluß hieran nennt man die Zusammenstellung der $(n+1)$ Transformationen:

$$\begin{pmatrix}n, & 0\\ 0, & 1\end{pmatrix},\ \begin{pmatrix}1, & 0\\ 0, & n\end{pmatrix},\ \begin{pmatrix}1, & 16\\ 0, & n\end{pmatrix},\ \begin{pmatrix}1, & 32\\ 0, & n\end{pmatrix},\ \ldots,\ \begin{pmatrix}1, & 16(n-1)\\ 0, & n\end{pmatrix} \tag{10}$$

ein *„Repräsentantensystem 16ter Stufe für die Primzahltransformation n"*.

Setzt man in (8) für ω das Produkt $n\omega$ ein, so folgt:

$$F\left(u,\ \left(\frac{2}{n}\right)v_\infty\right)=0. \tag{11}$$

Da die Gleichung (6) irreduzibel ist, so müssen wir sie in (11) bis auf einen konstanten Faktor c wieder gewonnen haben. Für die Funktion $F(v,u)$ der als unabhängig gedachten u, v gilt also:

$$F\left(u,\ \left(\frac{2}{n}\right)v\right)=cF(v,u), \tag{12}$$

wo die Bestimmung der Konstanten c vorbehalten bleibt. Auch in u erreicht $F(v,u)$ den Grad $(n+1)$.

Nähert sich ω einem rationalen Punkte $\frac{p}{q}$, so sind drei Fälle zu unterscheiden, je nachdem p gerade oder q gerade oder p und q ungerade sind. Im ersten Falle wird $|u| = 1$, im zweiten $u = 0$, im dritten $u = \infty$. Mit ω nähern sich auch die $(n+1)$ transformierten Argumente $\frac{np}{q}$, $\frac{p + 16\nu q}{nq}$ rationalen Punkten, und zwar liegt bei allen diesen Argumenten immer auch derselbe der drei eben unterschiedenen Fälle vor wie bei ω. Aus dem zweiten und dritten Falle folgern wir, *daß eine Lösung v der Modulargleichung stets und nur dann verschwindet oder unendlich wird, wenn auch $u = 0$ bzw. $= \infty$ ist.* Die Modulargleichung hat also die Gestalt:

$$v^{n+1} + g_1(u)v^n + g_2(u)v^{n-1} + \cdots + g_{n+1}(u) = 0,$$

wo die Koeffizienten ganze Funktionen von u sind, die mit u verschwinden. Insbesondere muß $g_{n+1}(u)$ abgesehen von einem konstanten Faktor mit u^{n+1} identisch sein. Indem man aber:

$$g_{n+1}(u) = v_\infty v_0 v_1 \ldots v_{n-1} = \left(\frac{2}{n}\right)\sqrt[4]{k(n\omega)} \prod_{\nu=0}^{n-1} \sqrt[4]{k}\left(\frac{\omega + 16\nu}{n}\right)$$

setzt und die Reihenentwicklung (2) heranzieht, ergibt sich jener Faktor zu $\left(\frac{2}{n}\right)$. Wir verbinden mit diesen Ergebnissen noch den vorläufigen Satz (12) und finden, daß die n Funktionen $g_1(u), g_2(u), \ldots, g_n(u)$ den Grad $(n+1)$ nicht erreichen. *Die Modulargleichung läßt sich demnach in die Gestalt kleiden:*

$$(13) \qquad v^{n+1} + \left(\frac{2}{n}\right)u^{n+1} + uv(av^{n-1}u^{n-1} + \cdots) = 0,$$

und an Stelle von (12) *haben wir genauer:*

$$(14) \qquad F\left(u, \left(\frac{2}{n}\right)v\right) = \left(\frac{2}{n}\right)F(v, u).$$

Speziell für $\omega = 0$ hat man zufolge (4) und (9):

$$(15) \qquad u = 1, \quad v_\infty = \left(\frac{2}{n}\right), \quad v_0 = 1, \quad v_\nu = \sqrt[4]{k}\left(\frac{16\nu}{n}\right), \qquad \nu = 1, 2, \ldots, n-1$$

Da für $\nu = 1, 2, \ldots, n-1$ die beiden Zahlen 16ν und n teilerfremd sind, so ist eine Substitution $\begin{pmatrix}\alpha, & \beta\\ \gamma, & \delta\end{pmatrix}$ angebbar, die die Bedingungen befriedigt:

$$\beta = 16\nu, \quad \delta = n, \quad \gamma \equiv 0 \pmod 2, \quad \alpha \equiv n \pmod 8.$$

Die Tabelle in I, 459 ergibt:

$$\sqrt[4]{k}\left(\frac{\alpha\omega + \beta}{\gamma\omega + \delta}\right) = \left(\frac{2}{n}\right)\sqrt[4]{k(\omega)},$$

woraus wir für $\omega = 0$ als gemeinsamen Wert der letzten $(n-1)$ Lösungen

(15) sofort $\left(\frac{2}{n}\right)$ ablesen. Wir haben damit den Satz gewonnen: *Für* $u = 1$ *reduziert sich die Modulargleichung auf:*

$$(16)\qquad (v-1)^{n+1} = 0 \quad \textit{oder} \quad (v-1)(v+1)^n = 0,$$

je nachdem $n \equiv \pm 1$ *oder* $\equiv \pm 3 \pmod 8$ *gilt.*

Übt man auf ω in der Gleichung (7) die Substitution $\begin{pmatrix}1, & 2\\ 0, & 1\end{pmatrix}$ aus, so nehmen nach der Tabelle in I, 459 die beiden Argumente der linken Seite jener Gleichung die Faktoren $e^{\frac{n\pi i}{4}}$ und $e^{\frac{\pi i}{4}}$ an. Mit Rücksicht auf (13) folgt: *Die Funktion* $F(v, u)$ *der beiden unabhängig gedachten* v, u *befriedigt die Bedingung:*

$$(17)\qquad F\left(e^{\frac{n\pi i}{4}} v, e^{\frac{\pi i}{4}} u\right) = i^{\frac{n+1}{2}} F(v, u).$$

Übt man zweitens in (7) auf ω die Substitution $\begin{pmatrix}1, & 0\\ n, & 1\end{pmatrix}$ aus, so gehen nach der wiederholt genannten Tabelle beide Argumente in ihre reziproken Werte über. Hieraus folgt mit Rücksicht auf (13): *Die Funktion* $F(u, v)$ *der unabhängigen* u, v *befriedigt die Bedingung:*

$$(18)\qquad F\left(\frac{1}{v}, \frac{1}{u}\right) = \left(\frac{2}{n}\right) v^{-n-1} \cdot u^{-n-1} \cdot F(v, u).$$

Bei der in (17) auf v und u ausgeübten Transformation nehmen v^{n+1}, u^{n+1} und uv übereinstimmend den Faktor $i^{\frac{n+1}{2}}$ an, so daß bei dieser Transformation der in (13) auftretende Klammerausdruck invariant ist. Man kann somit statt (13) genauer schreiben:

$$(19)\qquad v^{n+1} + \left(\frac{2}{n}\right) u^{n+1} + vu \sum_{\mu, \nu} a_{\mu\nu} v^{\mu} u^{\nu} = 0,$$

wo sich die Summe auf alle nicht negativen ganzzahligen Exponentenpaare μ, ν bezieht, die den Bedingungen:

$$(20)\qquad \mu \leqq n-1, \quad \nu \leqq n-1, \quad \mu n + \nu \equiv 0 \pmod 8$$

genügen. Zufolge der Regel (18) bestehen zwischen den numerischen Koeffizienten $a_{\mu,\nu}$ die Beziehungen:

$$(21)\qquad a_{n-1-\mu,\, n-1-\nu} = \left(\frac{2}{n}\right) a_{\mu,\nu}.$$

Übrigens ist allgemein der Koeffizient a_{00} leicht angebbar. Setzen wir nämlich $v = v_\infty$ und entwickeln $F(v_\infty, u)$ nach Potenzen von q, so ergeben die beiden Glieder $\left(\frac{2}{n}\right) u^{n+1}$ und $a_{00} vu$ die niedersten Potenzen der Reihe:

$$F(v_\infty, u) = \left(\frac{2}{n}\right)\left(2^{\frac{n+1}{2}} + 2a_{00}\right) q^{\frac{n+1}{8}} + \cdots.$$

Da $F(v_\infty, u)$ als Funktion von ω identisch verschwindet, so findet man unter Heranziehung der Relation (21):

$$(22) \qquad a_{00} = -2^{\frac{n-1}{2}}, \qquad a_{n-1,\,n-1} = -\left(\frac{2}{n}\right)2^{\frac{n-1}{2}}.$$

Auf Grund der entwickelten Regeln sollen nun für die vier niedersten Grade $n = 3, 5, 7$ und 11 die Modulargleichungen wirklich hergestellt werden. Die Gleichung (19) liefert mit Benutzung von (21) und (22) für $n = 3, 5$ und 7 die Ansätze

$$(23) \qquad v^4 - u^4 + vu(2v^2u^2 - 2) = 0,$$

$$(24) \begin{cases} v^6 - u^6 + vu(4v^4u^4 + av^3u - avu^3 - 4) = 0, \\ v^8 + u^8 - vu(8v^6u^6 + av^5u^5 + bv^4u^4 + cv^3u^3 + bv^2u^2 + avu + 8) = 0. \end{cases}$$

Die Gleichung (23) für $n = 3$ ist bereits fertig. In die beiden für $n = 5$ und 7 angesetzten Gleichungen (24) tragen wir $u = 1$ ein, worauf die erste Gleichung die Gestalt $(v-1)(v+1)^5 = 0$ annehmen muß, die zweite aber die Gestalt $(v-1)^8 = 0$. Die noch unbekannten Koeffizienten bestimmen sich hierdurch, und man findet für $n = 5$ und 7 die Modulargleichungen:

$$(25) \begin{cases} v^6 - u^6 + vu(4v^4u^4 + 5v^3u - 5vu^3 - 4) = 0, \\ v^8 + u^8 - vu(8v^6u^6 - 28v^5u^5 + 56v^4u^4 - 70v^3u^3 + 56v^2u^2 \\ \qquad\qquad\qquad\qquad\qquad - 28vu + 8) = 0. \end{cases}$$

Im Falle $n = 11$ verwerten wir zur Ausgestaltung des Ansatzes (19) nicht nur die Formeln (21) und (22), sondern ziehen auch die Regel (14) heran. Der Ansatz gewinnt dadurch die Gestalt:

$$v^{12} - u^{12} + vu(32v^{10}u^{10} + av^{10}u^2 + bv^9u^5 + cv^8u^8 - av^8 + dv^7u^3 + ev^6u^6$$
$$+ bv^5u - bv^5u^9 - ev^4u^4 - dv^3u^7 + av^2u^{10} - cv^2u^2 - bvu^5 - au^8 - 32) = 0$$

mit fünf noch unbekannten Koeffizienten. Für $u = 1$ gewinnen wir:

$$v^{12} + (32 + a)v^{11} + bv^{10} + (c - a)v^9 + dv^8 + ev^7 - ev^5 - \cdots = 0.$$

Hier müssen wir aber links die Entwicklung von $(v-1)(v+1)^{11}$ haben, woraus alle fünf unbekannten Koeffizienten $a, b, \ldots$ hervorgehen. Die fertige Modulargleichung für den elften Grad ist hiernach:

$$(26) \quad v^{12} - u^{12} + vu(32v^{10}u^{10} - 22v^{10}u^2 + 44v^9u^5 + 88v^8u^8 + 22v^8$$
$$+ 165v^7u^3 + 132v^6u^6 - 44v^5u^9 + 44v^5u - 132v^4u^4 - 165v^3u^7$$
$$- 22v^2u^{10} - 88v^2u^2 - 44vu^5 + 22u^8 - 32) = 0.$$

Die Modulargleichungen der Grade 3 und 5 sind von Jacobi in Art. 13 ff. der „Fundamenta nova“ aufgestellt und zwar durch Eliminationen bei Gelegenheit der algebraischen Durchführung der Transformationen dieser beiden Grade. Unter Zuhilfenahme der transzendenten Theorie hat alsdann Sohnke[1]) im Anschluß an Jacobi die Modulargleichungen behandelt und in den Fällen $n = 7, 11, 13, 17$ und 19 fertig berechnet. In dem nächsten hier nicht abschließend behandelten Falle $n = 13$ bleibt bei Anwendung der eben benutzten Hilfsmittel noch ein Koeffizient unbestimmt. Hier und in den weiteren Fällen sind dann auch noch die Potenzreihen nach q heranzuziehen.

§ 3. Die Schlaeflischen Modulargleichungen.

Während die Transformationsgleichungen für $J(\omega)$, abgesehen vom niedersten Falle $n = 2$, oben nicht endgültig aufgestellt werden konnten, gelang es soeben, diejenigen für $\sqrt[4]{k}(\omega)$ ziemlich leicht in den Fällen $n = 3$, 5, 7 und 11 anzugeben, da sich diese Gleichungen sowohl durch geringe Anzahl der Glieder wie auch durch niedrige Zahlenkoeffizienten vor denen von $J(\omega)$ auszeichnen. Der gleiche Vorteil tritt noch in erhöhtem Maße bei den zuerst von Schlaefli[2]) betrachteten Transformationsgleichungen für die Modulfunktion 48ster Stufe $\sqrt[12]{kk'}$ ein.

Mit Schlaefli bedienen wir uns der abkürzenden Bezeichnung:

$$(1) \qquad \sqrt[3]{2}\,\sqrt[12]{kk'}(\omega) = s(\omega)$$

und leiten aus den Produktdarstellungen in I, 460 für $s(\omega)$ die Potenzreihe ab:

$$(2) \quad s(\omega) = \sqrt{2}\, q^{\frac{1}{24}}(1 - q + q^2 - 2q^3 + 2q^4 - 3q^5 + 4q^6 - 5q^7 + 6q^8 - \cdots).$$

Aus der Gleichung (23) in I, 460 zieht man die Folgerung, daß $s(\omega)$ gegenüber einer beliebigen Substitution der Hauptkongruenzgruppe zweiter Stufe den Faktor:

$$(3) \qquad \left(\frac{2}{\alpha\delta}\right) e^{\frac{3\pi i}{8}(\alpha\beta - \gamma\delta) + \frac{2\pi i}{3}(\alpha^2 + \gamma^2)(\alpha\beta + \gamma\delta)}$$

annimmt. Außerdem aber bleibt s, wie man aus (17) in I, 456 leicht folgert, gegenüber der Substitution $\begin{pmatrix} 0, & -1 \\ 1, & 0 \end{pmatrix}$ unverändert:

$$(4) \qquad s\left(\frac{-1}{\omega}\right) = s(\omega).$$

Auf Grund dieser Angaben stellt man fest, *daß $s(\omega)$ zu einer Kongruenzgruppe 48ster Stufe Γ_{72} vom Index 72 gehört,* deren Diskontinuitätsbereich

---

1) „Aequationes modulares pro transformatione functionum ellipticarum", Journ. f. Math., Bd. 36, S. 97 ff.

2) „Beweis der Hermiteschen Verwandlungstafeln für die elliptischen Modularfunktionen", Journ. f. Math., Bd. 72.

in Fig. 34 dargestellt ist. Es sind hier die Seiten 1 und 50, sowie außerdem immer die beiden Quadranten des einzelnen unteren Halbkreises aufeinander bezogen:

$$1 \longrightarrow 50, \begin{pmatrix} 1, & 48 \\ 0, & 1 \end{pmatrix}; \quad (2\nu + 2) \longrightarrow (2\nu + 3), \begin{pmatrix} 2\nu, & -4\nu^2 - 1 \\ 1, & -2\nu \end{pmatrix}, \qquad \nu = 0, 1, 2, \ldots, 23.$$

Der Diskontinuitätsbereich hat das Geschlecht 0, *und* $s(\omega)$ *ist eine zugehörige einwertige Funktion.* Der Nullpunkt von $s(\omega)$ liegt in der Polygonspitze

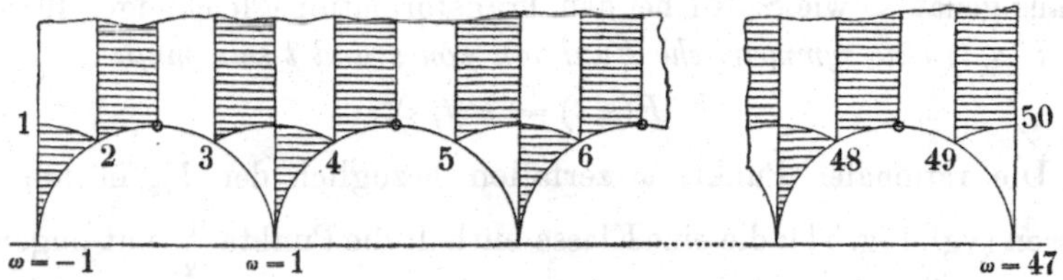

Fig. 34.

$i\infty$, der Pol in dem von den unteren Spitzen des Bereiches gelieferten Zyklus. Im Punkte $\omega = i$ liegt der Wert $s = \sqrt[4]{2}$ vor.

Der Transformationsgrad n sei eine Primzahl und teilerfremd gegen 6. Wie bei den Jacobischen Modulargleichungen zeigt man dann, daß die transformierte Funktion $s(n\omega) = t(\omega)$ bei denjenigen in der Γ_{72} enthaltenen Substitution unverändert bleibt, die die Kongruenz $\gamma \equiv 0 \pmod{n}$ erfüllen, und *daß die Gesamtheit dieser Substitutionen eine Kongruenzgruppe* $\Gamma_{72(n+1)}$ *der Stufe* $48n$ *bildet, die in der* Γ_{72} *den Index* $(n+1)$ *und in der Gesamtgruppe den Index* $72(n+1)$ *hat.* Die entsprechend zwischen s und t bestehende irreduzible algebraische Relation:

$$(5) \qquad F(t, s) = 0,$$

in der t auf den Grad $(n+1)$ ansteigt, ist die zu untersuchende *Schlaeflische Modulargleichung für den* n^{ten} *Transformationsgrad.*

Um die Gestalt der $(n+1)$ Lösungen der Gleichung (5) zu gewinnen, schreiben wir die in ω identisch bestehende Gleichung an:

$$(6) \qquad F(s(n\omega), s(\omega)) = 0.$$

Übt man die Substitution $\begin{pmatrix} 0, & -1 \\ 1, & 0 \end{pmatrix}$ und darauf $\begin{pmatrix} 1, & 48\nu \\ 0, & 1 \end{pmatrix}$ aus, so folgt mit Benutzung von (4):

$$(7) \qquad F\left(s\left(\frac{\omega}{n}\right), s(\omega)\right) = 0, \qquad F\left(s\left(\frac{\omega + 48\nu}{n}\right), s(\omega)\right) = 0.$$

Die $(n+1)$ *Lösungen der Gleichung* (6), *die wir durch* $t_\infty, t_0, t_1, t_2, \ldots, t_{n-1}$ *bezeichnen, sind hiernach*:

$$(8)\ t_\infty = s(n\omega), \quad t_0 = s\left(\frac{\omega}{n}\right), \quad t_1 = s\left(\frac{\omega + 48}{n}\right), \ldots, t_{n-1} = s\left(\frac{\omega + 48(n-1)}{n}\right).$$

Im Anschluß daran nennt man die Zusammenstellung der $(n+1)$ Transformationen:

(9) $$\begin{pmatrix} n, & 0 \\ 0, & 1 \end{pmatrix}, \begin{pmatrix} 1, & 0 \\ 0, & n \end{pmatrix}, \begin{pmatrix} 1, & 48 \\ 0, & n \end{pmatrix}, \begin{pmatrix} 1, & 96 \\ 0, & n \end{pmatrix}, \ldots, \begin{pmatrix} 1, & 48(n-1) \\ 0, & 1 \end{pmatrix}$$

ein *„Repräsentantensystem 48ster Stufe" für die Primzahltransformation n^{ten} Grades.*

Ersetzt man in der ersten Gleichung (7) das Argument ω durch $n\omega$, so ergibt sich $F(s, t) = 0$. Wegen der Irreduzibilität der Gleichung folgt hieraus genau so wie S. 347 bei den Transformationsgleichungen für $J(\omega)$, *daß $F(s, t)$ eine symmetrische Funktion von s und t sein muß:*

(10) $$F(s, t) = F(t, s).$$

Die rationalen Punkte ω zerfallen bezüglich der Γ_{72} in nur zwei Klassen (vgl. Fig. 34); die eine Klasse enthält die Punkte $\frac{p}{q}$ mit ungeraden p und q, die andere Klasse die übrigen rationalen Punkte und die Stelle $\omega = i\infty$. In den Punkten der ersten Klasse wird $s = \infty$, in denen der zweiten aber $= 0$. Nähert sich ω einem Punkte der einzelnen Klasse, so nähern sich zufolge (8) die sämtlichen transformierten Argumente Punkten der gleichen Klasse. *Irgendeine Lösung t der Gleichung* (5) *wird stets und nur dann gleich* 0 *oder* ∞, *wenn auch s gleich* 0 *oder* ∞ *ist.* Die Gleichung (5) hat demnach die Gestalt:

$$t^{n+1} + g_1(s)t^n + g_2(s)t^{n-1} + \cdots + g_{n+1}(s) = 0,$$

wo die g ganze Funktionen von s sind, die wegen (10) höchstens auf den Grad $(n+1)$ ansteigen. Insbesondere enthält $g_{n+1}(s)$ nur das höchste Glied mit der Potenz s^{n+1}, so daß wieder wegen (10) die Funktion $g_{n+1}(s)$ einfach gleich s^{n+1} ist. *Zufolge der Symmetrie von $F(s, t)$ in s und t schließen wir demnach, wie bei den Jacobischen Modulargleichungen, auf die Gestalt:*

(11) $$t^{n+1} + s^{n+1} + ts(at^{n-1}s^{n-1} + \cdots) = 0$$

der Gleichung (5).

Gegenüber der Substitution $\begin{pmatrix} 1, & 2 \\ 0, & 1 \end{pmatrix}$ erfahren die Funktionen $s(\omega)$ und $t(\omega) = s(n\omega)$ gleichzeitig Abänderung um die Faktoren $e^{\frac{\pi i}{12}}$ und $e^{\frac{n\pi i}{12}}$. Da n teilerfremd gegen 6 ist, so nehmen t^{n+1}, s^{n+1} und ts übereinstimmende Faktoren an, und also bleibt gegenüber $\begin{pmatrix} 1, & 2 \\ 0, & 1 \end{pmatrix}$ der Ausdruck in der Klammer (11) unverändert. *Schreibt man demnach die Gleichung* (11) *ausführlicher:*

(12) $$t^{n+1} + s^{n+1} + ts \sum_{\mu, \nu} a_{\mu,\nu} t^{\mu} s^{\nu} = 0,$$

so unterliegen die Exponenten μ, ν den Bedingungen:

13) $$\mu \leqq n - 1, \quad \nu \leqq n - 1, \quad \mu n + \nu \equiv 0 \pmod{24}.$$

Zur Modulfunktion zweiter Stufe $k^2k'^2(\omega)$ gehört die Kongruenzgruppe Γ_3 zweiter Stufe des Index 3, die durch $\alpha \equiv \delta$, $\beta \equiv \gamma \pmod 2$ erklärt ist. Diese Γ_3 wird durch die nicht in der Modulgruppe $\Gamma^{(\omega)}$ enthaltene Substitution $W = \begin{pmatrix} 1, -1 \\ 1, 1 \end{pmatrix}$ in sich transformiert. Es ist nämlich:

$$W \cdot \begin{pmatrix} \alpha, \beta \\ \gamma, \delta \end{pmatrix} \cdot W^{-1} = \begin{pmatrix} \frac{1}{2}(\alpha - \beta - \gamma + \delta), \frac{1}{2}(\alpha + \beta - \gamma - \delta) \\ \frac{1}{2}(\alpha - \beta + \gamma - \delta), \frac{1}{2}(\alpha + \beta + \gamma + \delta) \end{pmatrix},$$

und die rechts stehende Substitution gehört wieder der Γ_3 an, kann auch bei zweckmäßiger Auswahl von $\begin{pmatrix} \alpha, \beta \\ \gamma, \delta \end{pmatrix}$ mit jeder vorgeschriebenen Substitution der Γ_3 gleich gemacht werden. Mit $k^2k'^2(\omega)$ ist somit auch $k^2k'^2(W(\omega))$ eine einwertige Funktion der Γ_3 und als solche eine lineare Funktion von $k^2k'^2(\omega)$. Da aber die Substitution W den Nullpunkt und den Pol von $k^2k'^2$ austauscht und der Wert dieser Funktion im Fixpunkte $\omega = i$ von W gleich $\frac{1}{4}$ ist, so gilt:

$$k^2k'^2\left(\frac{\omega - 1}{\omega + 1}\right) = \frac{1}{16\, k^2k'^2(\omega)}.$$

Kehren wir durch Ausziehen der 24sten Wurzel zur Funktion $s(\omega)$ zurück und beachten, daß $s(i) = \sqrt[4]{2}$ ist, so folgt weiter:

$$s\left(\frac{\omega - 1}{\omega + 1}\right) = \frac{\sqrt{2}}{s(\omega)}. \tag{14}$$

Um die Wirkung von W auf $t_\infty(\omega) = s(n\omega)$ festzustellen, folgern wir aus (14):

$$s\left(\frac{n\omega + n - 2}{\omega + 1}\right) = s\left(\frac{\omega - 1}{\omega + 1} + n - 1\right) = e^{\frac{(n-1)\pi i}{24}} \frac{\sqrt{2}}{s(\omega)}.$$

Ist m diejenige unter den Zahlen $1, 5, 7, 11, \ldots, 47$, die der Kongruenz $mn \equiv 1 \pmod{48}$ genügt, so folgt durch Ausübung der Substitution $\begin{pmatrix} 1, m-1 \\ 0, 1 \end{pmatrix}$ auf ω aus der letzten Gleichung:

$$s\left(\frac{n\omega + mn - 2}{\omega + m}\right) = e^{\frac{(n-m)\pi i}{24}} \frac{\sqrt{2}}{s(\omega)}.$$

Nun ist aber, wie man leicht feststellt, $n - m \equiv 0$ oder $\equiv 24 \pmod{48}$, je nachdem $n \equiv \pm 1$ oder $\equiv \pm 3 \pmod 8$ gilt. Also folgt:

$$s\left(\frac{n\omega + mn - 2}{\omega + m}\right) = \left(\frac{2}{n}\right) \frac{\sqrt{2}}{s(\omega)}. \tag{15}$$

Für $t_\infty(\omega)$ bilden wir nun den Ansatz:

$$t_\infty\left(\frac{\omega - 1}{\omega + 1}\right) = s\left(\frac{n\omega - n}{\omega + 1}\right) = s\left(\frac{n\frac{\omega + 48\nu}{n} - (1 + 48\nu)}{\frac{\omega + 48\nu}{n} + \frac{1 - 48\nu}{n}}\right), \tag{16}$$

wo ν diejenige unter den Zahlen $1, 2, 3, \ldots, n-1$ sein soll, die der Kongruenz $1 - 48\nu \equiv 0 \pmod{n}$ genügt. Dann ist $\frac{1-48\nu}{n}$ eine ganze Zahl, die offenbar mod 48 mit m kongruent ist. Zufolge (15) ist also, da $s(\omega)$ gegenüber $\begin{pmatrix}1, & 48\\0, & 1\end{pmatrix}$ invariant ist, die in (16) rechts stehende Funktion gleich:

$$\left(\frac{2}{n}\right)\frac{\sqrt{2}}{s\left(\frac{\omega+48\nu}{n}\right)}.$$

Die Wirkung der Substitution W auf t_∞ ist demnach:

$$t_\infty\left(\frac{\omega-1}{\omega+1}\right) = \left(\frac{2}{n}\right)\frac{\sqrt{2}}{t_\nu(\omega)}. \tag{17}$$

Zufolge der Irreduzibilität der Schlaeflischen Modulargleichung haben wir hiernach folgenden Satz: *Die Modulargleichung* (5) *wird durch folgende Substitution der Periode 2 in sich transformiert:*

$$s' = \frac{\sqrt{2}}{s}, \qquad t' = \left(\frac{2}{n}\right)\frac{\sqrt{2}}{t}. \tag{18}$$

Die zur Gleichung (5) gehörende $(n+1)$-blättrige Riemannsche Fläche über der s-Ebene kann an der dem Werte $\omega = i$ entsprechenden Stelle $s = \sqrt[4]{2}$ höchstens zweiblättrige Verzweigungspunkte haben. Da die Substitution $\begin{pmatrix}0, & -1\\1, & 0\end{pmatrix}$, die einem Umlaufe um die fragliche Stelle entspricht, die beiden Lösungen t_∞ und t_0 permutiert, so hängen jedenfalls daselbst die diesen beiden Lösungen entsprechenden Blätter zusammen. Ist ferner ν ein Index aus der Reihe $1, 2, 3, \ldots, n-1$, so folgt wegen (4):

$$t_\nu\left(\frac{-1}{\omega}\right) = s\left(\frac{48\nu\omega-1}{n\omega}\right) = s\left(\frac{n\omega}{-48\nu\omega+1}\right) = s\left(\frac{n\frac{\omega+48\mu}{n} - 48\mu}{-48\nu\frac{\omega+48\mu}{n} + \frac{1+48^2\mu\nu}{n}}\right),$$

wo μ der aus der Kongruenz:

$$48^2\mu\nu + 1 \equiv 0 \pmod{n} \tag{19}$$

eindeutig bestimmte Index sein soll. Wie aus (3) hervorgeht, haben wir dann in:

$$\begin{pmatrix} n, & -48\mu \\ -48\nu, & (1+48^2\mu\nu)n^{-1}\end{pmatrix}$$

eine Substitution der Γ_{72}, und also folgt:

$$t_\nu\left(\frac{-1}{\omega}\right) = t_\mu(\omega). \tag{20}$$

Das zu t_ν gehörende Blatt der Riemannschen Fläche wird also an der Stelle $s = \sqrt[4]{2}$ dann und nur dann isoliert verlaufen, wenn $\mu = \nu$ wird und also ν eine Lösung der Kongruenz:

$$48^2\nu^2 + 1 \equiv 0 \pmod{n}$$

ist. Diese Kongruenz hat aber keine oder zwei inkongruente Lösungen, je nachdem $n \equiv -1$ oder $\equiv +1 \pmod 4$ ist. Im ersten Falle hat man $\frac{1}{2}(n+1)$ zweiblättrige Verzweigungspunkte, im zweiten $\frac{1}{2}(n-1)$ und zwei isoliert verlaufende Blätter. Für die Gleichung (5) folgt: *Setzt man in die Schlaeflische Modulargleichung* $s = \sqrt[4]{2}$ *ein, so geht sie im Falle* $n \equiv -1 \pmod 4$ *in das Quadrat einer ganzen Funktion des Grades* $\frac{1}{2}(n+1)$ *in* t *über, für* $n \equiv +1 \pmod 4$ *aber liefert ihre linke Seite für* $s = \sqrt[4]{2}$ *das Produkt einer Funktion zweiten Grades und des Quadrates einer ganzen Funktion des Grades* $\frac{1}{2}(n-1)$.

Setzt man in (12) insbesondere $t = t_\infty = s(n\omega)$ ein, so muß diese Gleichung in ω identisch bestehen. Entwickelt man aber die linke Seite auf Grund von (2) nach Potenzen von q, so liefern die beiden Glieder s^{n+1} und $a_{00}ts$ die niederste Potenz:

$$\left(2^{\frac{n+1}{2}} + 2a_{00}\right) q^{\frac{n+1}{12}}.$$

Da der Koeffizient verschwindet, so ergibt sich a_{00} sowie nach dem auf Grund von (18) folgenden allgemeinen Gesetze:

$$a_{n-1-\mu,\, n-1-\nu} = \left(\frac{2}{n}\right)^{\mu+1} 2^{\frac{\mu+\nu-n+1}{2}} a_{\mu,\nu} \tag{21}$$

auch $a_{n-1,n-1}$:

$$a_{00} = -2^{\frac{n-1}{2}}, \quad a_{n-1,n-1} = -\left(\frac{2}{n}\right). \tag{22}$$

Im niedersten Falle $n = 5$ erhält man auf Grund des Ansatzes (12) und den Regeln (22) als fertige Modulargleichung:

$$t^6 + s^6 + ts(t^4s^4 - 4) = 0. \tag{23}$$

Im nächsten Falle $n = 7$ findet man den Ansatz:

$$t^8 + s^8 - ts(t^6s^6 + at^3s^3 + 8) = 0,$$

sowie weiter für den Grad $n = 11$:

$$t^{12} + s^{12} + ts(t^{10}s^{10} + a(t^8s^8 - 8t^2s^2) + b(t^6s^6 - 2t^4s^4) - 32) = 0.$$

Für $s = \sqrt[4]{2}$ müssen die linken Seiten dieser Gleichungen Quadrate von Ausdrücken vierten bzw. sechsten Grades werden. Daraus bestimmen sich die noch unbekannten Koeffizienten ohne Mühe; man findet für die Grade 7 und 11:

$$\begin{cases} t^8 + s^8 - st(t^6s^6 - 7t^3s^3 + 8) = 0, \\ t^{12} + s^{12} + ts(t^{10}s^{10} - 11t^8s^8 + 44t^6s^6 - 88t^4s^4 + 88t^2s^2 - 32) = 0. \end{cases} \tag{24}$$

Benutzt man weiterhin auch noch die Symmetrie in s und t, so bleiben bei $n = 13$ noch drei, bei $n = 17$ und 19 aber noch fünf unbestimmte Koeffizienten im Ansatze. Zur Berechnung dieser Koeffizienten zieht man zweckmäßig die Reihenentwicklungen heran. Die Schlaeflischen Modulargleichungen der Grade 13, 17 und 19 sind:

$$(25)\quad \begin{cases} t^{14} + s^{14} + ts(t^{12}s^{12} - 64) + 13t^2s^2(t^{10} + s^{10}) + 52t^4s^4(t^6 + s^6) \\ \qquad + 78t^6s^6(t^2 + s^2) = 0, \\ t^{18} + s^{18} - ts(t^{16}s^{16} + 256) + 17t^2s^2(t^6 + s^6)(t^8s^8 + 16) \\ \qquad - 34t^3s^3(t^{12} + s^{12}) + 34t^5s^5(t^8s^8 + 16) + 119t^6s^6(t^6 + s^6) \\ \qquad + 340t^9s^9 = 0, \\ t^{20} + s^{20} + ts(t^{18}s^{18} - 512) + 19t^2s^2(t^4 + s^4)(t^{12}s^{12} + 64) \\ \qquad + 95t^3s^3(t^8 + s^8)(t^6s^6 - 8) + 114t^4s^4(t^{12} + s^{12}) \\ \qquad + 38t^7s^7(t^6s^6 - 8) - 95t^8s^8(t^4 + s^4) = 0. \end{cases}$$

§ 4. Die Jacobischen Multiplikatorgleichungen.

Das Integral erster Gattung w nimmt bei Ausübung der ersten Haupttransformation n^{ten} Grades einen in (7) S. 296 berechneten Faktor an. Den mit $(-1)^{\frac{n-1}{2}}$ multiplizierten Faktor bezeichnen wir mit Jacobi durch M:

$$(1)\qquad M = (-1)^{\frac{n-1}{2}}\, n\, \frac{\vartheta_3(q^n)^2}{\vartheta_3(q)^2}$$

und nennen ihn den „Multiplikator" des Integrals erster Gattung w. Beschränken wir uns sogleich wieder auf den Fall einer ungeraden Primzahl n, so beweist Jacobi, daß der Multiplikator M einer algebraischen Gleichung $(n+1)^{\text{ten}}$ Grades genügt, deren Koeffizienten rationale Funktionen von k^2 sind.

Diese sogenannten Multiplikatorgleichungen haben das Interesse, daß sie in unserem Sinne die ersten Transformationsgleichungen für *Modulformen* sind, die in der Literatur auftreten. Führen wir nämlich (vgl. (21) in I, 419) die Modulform vierter Stufe $(-1)^{\text{ter}}$ Dimension:

$$(2)\qquad f(\omega_1, \omega_2) = \sqrt{e_2 - e_1} = \frac{\pi}{\omega_2}\, \vartheta_3(q)^2$$

ein, so stellt sich der Multiplikator M in der Gestalt dar:

$$(3)\qquad M = (-1)^{\frac{n-1}{2}}\, n\, \frac{f(n\omega_1, \omega_2)}{f(\omega_1, \omega_2)},$$

so daß die Jacobischen Multiplikatorgleichungen einfach die Transformationsgleichungen der Modulform vierter Stufe $f = \sqrt{e_2 - e_1}$ sind. Aus der ϑ_3-Reihe folgt für f die Darstellung:

$$(4)\quad f(\omega_1, \omega_2) = \frac{\pi}{\omega_2}(1 + 4q + 4q^2 + 4q^4 + 8q^5 + 4q^8 + 4q^9 + 8q^{10} + 8q^{13} + 4q^{16} + \cdots)$$

Das Verhalten von f gegenüber den Substitutionen der $\Gamma^{(\omega)}$ ist in I, 478 angegeben. Die Gruppe der Form f ist die in I, 474ff. vielfach hervorgetretene *homogene* Γ_{12}, die durch:

$$(5)\qquad \alpha \equiv \delta \equiv 1, \qquad 2\beta \equiv 2\gamma \equiv 0 \pmod 4$$

erklärt ist. Man beachte, daß in dieser Γ_{12} die Substitution $\omega_1' = -\omega_1$, $\omega_2' = -\omega_2$ nicht enthalten ist.

Die mittelst der ersten Haupttransformation n^{ten} Grades entstehende Form $f(n\omega_1, \omega_2)$ gehört zur Gruppe $\Gamma_{12(n+1)}$ des Index $12(n+1)$ und der Stufe $4n$, die durch (5) und die Kongruenz $\gamma \equiv 0 \pmod n$ erklärt ist. Der Quotient (3) aber ist eine *Modulfunktion*, die als solche auch bei der Substitution $\omega_1' = -\omega_1$, $\omega_2' = -\omega_2$ unverändert bleibt und zu der durch:

$$(6)\qquad \alpha \equiv \delta \equiv 1, \qquad \beta \equiv \gamma \equiv 0 \pmod 2, \qquad \gamma \equiv 0 \pmod n$$

erklärten Kongruenzgruppe $\Gamma_{6(n+1)}$ des Index $6(n+1)$ und der Stufe $2n$ gehört. Innerhalb der Hauptkongruenzgruppe Γ_6 zweiter Stufe ist die Gruppe $\Gamma_{6(n+1)}$ vom Index $(n+1)$. Folglich ist M die Lösung einer Gleichung:

$$(7)\qquad M^{n+1} + R_1(k^2)M^n + R_2(k^2)M^{n-1} + \cdots + R_{n+1}(k^2) = 0$$

$(n+1)^{\text{ten}}$ Grades, deren Koeffizienten rationale Funktionen von k^2 sind. In (7) ist die Jacobische Multiplikatorgleichung für den n^{ten} Transformationsgrad in Ansatz gebracht.

Die in (3) vorliegende erste Lösung von (7) möge jetzt insbesondere durch M_∞ bezeichnet werden. Um die übrigen n Lösungen darzustellen, üben wir auf die für $M = M_\infty$ in ω identisch gültige Gleichung (7) erstlich die Substitution $\begin{pmatrix} n, & n+1 \\ n-1, & n \end{pmatrix}$ aus. Mit Benutzung von I, 478 findet man für die ursprüngliche Form $f(\omega_1, \omega_2)$:

$$f(n\omega_1 + (n+1)\omega_2, (n-1)\omega_1 + n\omega_2) = (-1)^{\frac{n-1}{2}} f(\omega_1, \omega_2),$$

für die transformierte Form $f(n\omega_1, \omega_2)$ aber folgt bei Ausübung der eben genannten Substitution mit Rücksicht auf ihre Dimension -1 in ω_1, ω_2:

$$n^{-1} f\left(n^2 \frac{\omega_1}{n} + (n+1)\omega_2, (n-1)\frac{\omega_1}{n} + \omega_2\right) = n^{-1} f\left(\frac{\omega_1}{n}, \omega_2\right).$$

Also haben wir eine zweite Lösung von (7) in:

$$M_0 = M_\infty\left(\frac{n\omega + n + 1}{(n-1)\omega + n}\right) = \frac{f\left(\frac{\omega_1}{n}, \omega_2\right)}{f(\omega_1, \omega_2)},$$

wie aus der Unveränderlichkeit von k^2 gegenüber der ausgeübten Substitution und der Irreduzibilität der Gleichung (7) folgt. Den Rest der Lösungen gewinnen wir auf entsprechendem Wege durch wiederholte Ausübung der Substitution $\begin{pmatrix}1, & 2\\ 0, & 1\end{pmatrix}$. Unter Zusammenfassung folgt: *Die* $(n+1)$ *Lösungen der Multiplikatorgleichung sind:*

$$(8)\quad M_\infty = (-1)^{\frac{n-1}{2}} n \frac{f(n\omega_1, \omega_2)}{f(\omega_1, \omega_2)}, \quad M_\nu = \frac{f\left(\frac{\omega_1 + 2\nu\omega_2}{n}, \omega_2\right)}{f(\omega_1, \omega_2)}. \quad \nu = 0, 1, 2, \ldots, n-1.$$

In $f(\omega_1, \omega_2)$ hat man eine ganze Modulform, die im Diskontinuitätsbereiche der Hauptkongruenzgruppe Γ_6 zweiter Stufe einen einzigen Nullpunkt der Ordnung $\frac{1}{2}$ hat, gelegen im Spitzenzyklus $\omega = \pm 1$ (vgl. Fig. 81 in I, 440). Die $(n+1)$ transformierten Formen:

$$(9)\qquad (-1)^{\frac{n-1}{2}} n f(n\omega_1, \omega_2), \quad f\left(\frac{\omega_1 + 2\nu\omega_2}{n}, \omega_2\right)$$

sind demnach gleichfalls ganze Modulformen; ihre Nullpunkte liegen ausschließlich in rationalen Punkten $\omega = \frac{p}{q}$ mit ungeraden p, q. Auch die symmetrischen Grundfunktionen der Formen (9) sind also *ganze* Modulformen, die sich in den Gestalten $R_\nu(k^2) f(\omega_1, \omega_2)^\nu$ darstellen. Sie bleiben gegenüber den Substitutionen der homogenen Γ_6 vielleicht von einem Zeichenwechsel abgesehen unverändert und verschwinden im Spitzenzyklus $\omega = \pm 1$, dem Pole von k^2. Da f^ν nur in diesem Spitzenzyklus verschwindet, und zwar in der Ordnung $\frac{\nu}{2}$, während $R_\nu(k^2) f^\nu$ sicher überall polfrei ist, so folgt, *daß* $R_\nu(k^2)$ *eine ganze Funktion von* k^2 *eines Grades* $< \frac{\nu}{2}$ *ist.* Speziell ist $R_{n+1}(k^2) f^{n+1}$ als Produkt der Formen (9), abgesehen vielleicht vom Zyklus $\omega = \pm 1$, sicher frei von Nullpunkten. Aber nur an dieser Stelle könnte sich der Pol von $R_{n+1}(k^2)$ finden. *Also ist* $R_{n+1}(k^2)$ *als eine ganze Funktion ohne Nullpunkte mit einer Konstanten identisch.*

Nach I, 478 gilt $f(\omega_2, -\omega_1) = i f(\omega_1, \omega_2)$. Mit Rücksicht auf die Dimension -1 von $f(\omega_1, \omega_2)$ folgt hieraus leicht:

$$M_\infty\left(\frac{-1}{\omega}\right) = (-1)^{\frac{n-1}{2}} M_0(\omega),$$

während andrerseits $k^2(\omega)$ bei Ausübung der Substitution $\omega' = \frac{-1}{\omega}$ in den komplementären Modul $k'^2 = 1 - k^2$ übergeht. Wegen der Irreduzibilität der Gleichung (7) ist also ihre linke Seite absolut invariant bei Ersatz von M und k^2 durch $(-1)^{\frac{n-1}{2}} M$ und $k'^2 = 1 - k^2$. Für $n \equiv 1$

(mod 4) sind also alle Koeffizienten $R_\nu(k^2)$ invariant beim Ersatze von k^2 durch $k'^2 = 1 - k^2$: *Im Falle* $n \equiv 1 \pmod 4$ *ist* $R_\nu(k^2)$ *eine ganze Funktion von* $k^2k'^2$ *eines Grades* $< \frac{\nu}{4}$. Im Falle $n \equiv -1 \pmod 4$ sind die $R_\nu(k^2)$ mit geradem ν invariant gegenüber $\omega' = \frac{-1}{\omega}$, während die $R_\nu(k^2)$ mit ungeradem ν Zeichenwechsel erfahren. Diese $R_\nu(k^2)$ verschwinden somit im Punkte $\omega = i$ und haben demgemäß den Faktor $(1 - 2k^2)$. Man gelangt zu dem Satze: *Für* $n \equiv -1 \pmod 4$ *sind die Koeffizienten* $R_\nu(k^2)$ *mit geradem* ν *ganze Funktionen von* $k^2k'^2$ *eines Grades* $< \frac{\nu}{4}$, *diejenigen mit ungeradem* ν *aber Produkte von* $(1 - 2k^2)$ *mit ganzen Funktionen von* $k^2k'^2$ *eines Grades* $< \frac{\nu - 1}{4}$.

Für $\omega = i\infty$ hat man $k^2 = 0$ und zufolge (8) und (4):

$$M_\infty = (-1)^{\frac{n-1}{2}} n, \quad M_0 = M_1 = \cdots = M_{n-1} = 1.$$

Für $k^2 = 0$ nimmt die Multiplikatorgleichung also die Gestalt an:

$$\left(M - (-1)^{\frac{n-1}{2}} n\right)(M - 1)^n = 0.$$

Hieraus folgt: *Die Absolutglieder* $a_1, a_2, \ldots$ *der ganzen Funktionen* $R_1(k^2), R_2(k^2), \ldots$ *sind:*

$$(10)\qquad \begin{cases} a_1 = -n\left(1 + (-1)^{\frac{n-1}{2}}\right), \quad a_2 = \binom{n}{1}\left(\frac{n-1}{2} + (-1)^{\frac{n-1}{2}} n\right), \\ a_3 = -\binom{n}{2}\left(\frac{n-2}{3} + (-1)^{\frac{n-1}{2}} n\right), \\ a_4 = \binom{n}{3}\left(\frac{n-3}{4} + (-1)^{\frac{n-1}{2}} n\right), \cdots, a_{n+1} = (-1)^{\frac{n-1}{2}} n. \end{cases}$$

Nimmt man die Regeln über Bauart und Grad der Funktionen $R_\nu(k^2)$ hinzu, so findet man eine Anzahl Anfangskoeffizienten, sowie den letzten Koeffizienten endgültig bestimmt. *Im Falle* $n \equiv 1 \pmod 4$ *gilt:*

$$(11)\qquad R_1 = -2n, \quad R_2 = \tfrac{1}{2}n(3n-1), \quad R_3 = -\tfrac{1}{3}n(n-1)(2n-1),$$
$$R_4 = \tfrac{1}{24}n(n-1)(n-2)(5n-3), \quad R_{n+1} = n,$$

während für $n \equiv -1 \pmod 4$ *folgende Koeffizienten der Multiplikatorgleichung endgültig bestimmt sind:*

$$(12)\qquad \begin{cases} R_1 = 0, \quad R_2 = -\tfrac{1}{2}n(n+1), \quad R_3 = \tfrac{1}{3}n(n^2-1)(1-2k^2), \\ R_4 = -\tfrac{1}{8}n(n^2-1)(n-2), \\ R_5 = \tfrac{1}{30}n(n^2-1)(n-2)(n-3)(1-2k^2), \quad R_{n+1} = -n. \end{cases}$$

Auf Grund der entwickelten Regeln kann man *die Multiplikatorgleichung für* $n = 3$:

$$M^4 - 6M^2 + 8(1 - 2k^2)M - 3 = 0 \tag{13}$$

sofort fertig hinschreiben. In den beiden nächsten Fällen $n = 5$ und 7 bleiben im Ansatze vorerst noch eine bzw. zwei Konstante unbekannt. Man bestimmt diese leicht mit Hilfe der Potenzreihen. *Die Multiplikatorgleichungen der Transformationsgrade* 5 *und* 7 *sind:*

$$\begin{aligned} M^6 - 10M^5 + 35M^4 - 60M^3 + 55M^2 \\ - (26 - 256k^2k'^2)M + 5 = 0, \end{aligned} \tag{14}$$

$$\begin{aligned} M^8 - 28M^6 + 112(1 - 2k^2)M^5 - 210M^4 + 224(1 - 2k^2)M^3 \\ - (140 + 5376k^2k'^2)M^2 + (1 - 2k^2)(48 - 2048k^2k'^2)M - 7 = 0. \end{aligned} \tag{15}$$

Jacobi hat in Art. 32 der „Fundamenta nova" eine Beziehung zwischen den Wurzeln der Multiplikatorgleichung und denen der Modulargleichung abgeleitet, welche man leicht auf folgendem Wege gewinnt. Nach der ersten Gleichung (5) in I, 449 gilt:

$$e_2 - e_1 = f(\omega_1, \omega_2)^2 = \frac{1}{2} D_\eta\left(\log \frac{\lambda}{\lambda - 1}\right).$$

Durch Entwicklung des Differentialausdrucks folgt:

$$f(\omega_1, \omega_2)^2 = \frac{1}{2\lambda(1-\lambda)} D_\eta(\lambda) = -\frac{\pi i}{\omega_2^2} \frac{1}{\lambda(1-\lambda)} \frac{d\lambda}{d\omega}$$

oder bei Übergang zu den Jacobischen Bezeichnungen:

$$f(\omega_1, \omega_2)^2 = -\frac{2\pi i}{\omega_2^2} \frac{1}{kk'^2} \cdot \frac{dk}{d\omega}.$$

Übt man die erste Haupttransformation n^{ten} Grades aus und bezeichnet die aus k und k' hervorgehenden Größen durch l und l', so findet man weiter:

$$f(n\omega_1, \omega_2)^2 = -\frac{1}{n} \frac{2\pi i}{\omega_2^2} \frac{1}{ll'^2} \frac{dl}{d\omega}.$$

Die Division dieser Gleichung durch die voraufgehende ergibt zufolge (3) die fragliche Beziehung in der Gestalt:

$$M^2 = n \frac{kk'^2}{ll'^2} \frac{dl}{dk}, \tag{16}$$

wo M, l und l' die zur ersten Haupttransformation gehörenden Größen sind. Durch Ausübung geeigneter Substitutionen der $\Gamma^{(\omega)}$ zeigt man, daß die Relation (16) unverändert auch für die übrigen Klassen der Transformationen n^{ten} Grades gültig bleibt.

§ 5. Gruppentheoretische Grundlagen für die Resolventen fünften Grades zweiter Stufe.

Der Galoissche Körper der Jacobischen Modulargleichung für Primzahltransformation n wird gewonnen, indem man zur Funktion $u(\omega)$ die $(n+1)$ transformierten Funktionen $v_\infty(\omega), v_0(\omega), v_1(\omega), \ldots, v_{n-1}(\omega)$ adjungiert. Die zugehörige Untergruppe der Modulgruppe $\Gamma^{(\omega)}$ ist diejenige Kongruenzgruppe $16n^{\text{ter}}$ Stufe des Index $24n(n^2-1)$, die innerhalb der Γ_{48} der Funktion $u(\omega)$ durch die Forderung $\alpha \equiv \delta \equiv \pm 1$, $\beta \equiv \gamma \equiv 0 \pmod n$ ausgesondert wird. Sie ist innerhalb der Γ_{48} eine ausgezeichnete Untergruppe des Index $\frac{1}{2}n(n^2-1)$, und der letzteren entspricht die Monodromiegruppe $G_{\frac{1}{2}n(n^2-1)}$ der Jacobischen Modulargleichung, *die mit der Monodromiegruppe der Transformationsgleichung für* $J(\omega)$ *isomorph ist.*

Es existieren somit auch für die Jacobischen Modulargleichungen bei Primzahltransformation nur in drei Fällen $n = 5$, 7 und 11 Resolventen eines Grades $< n+1$, nämlich n^{ten} Grades. Es soll jedoch hier nur noch die Resolvente fünften Grades in ihren verschiedenen Gestalten besprochen werden. Wir nennen diese Gleichungen die „Resolventen fünften Grades zweiter Stufe", wogegen die Gleichungen (2), (4) und (6) S. 484 als „Resolventen fünften Grades erster Stufe" bezeichnet werden sollen.

Die Unbekannten der zuletzt genannten Gleichungen waren Modulfunktionen einer Kongruenzgruppe Γ_5 fünfter Stufe, die sich mod 5 auf die 12, eine Tetraedergruppe G_{12} bildende Substitutionen:

$$(1)\qquad \left\{\begin{matrix} \begin{pmatrix}1, & 0\\ 0, & 1\end{pmatrix}, \begin{pmatrix}0, & 1\\ 4, & 0\end{pmatrix}, \begin{pmatrix}2, & 0\\ 0, & 3\end{pmatrix}, \begin{pmatrix}0, & 2\\ 2, & 0\end{pmatrix}, \begin{pmatrix}1, & 1\\ 2, & 3\end{pmatrix}, \begin{pmatrix}1, & 2\\ 1, & 3\end{pmatrix} \\ \begin{pmatrix}1, & 3\\ 4, & 3\end{pmatrix}, \begin{pmatrix}1, & 4\\ 3, & 3\end{pmatrix}, \begin{pmatrix}2, & 1\\ 2, & 4\end{pmatrix}, \begin{pmatrix}2, & 2\\ 1, & 4\end{pmatrix}, \begin{pmatrix}2, & 3\\ 4, & 4\end{pmatrix}, \begin{pmatrix}2, & 4\\ 3, & 4\end{pmatrix} \end{matrix}\right\} \pmod 5$$

reduzierte. Man wird nun zu den verschiedenen Resolventen fünften Grades zweiter Stufe geführt, indem man die Durchschnitte dieser Γ_5 mit den einzelnen Kongruenzgruppen zweiter Stufe bildet und für die so entstehenden Kongruenzgruppen zehnter Stufe geeignete Funktionen auswählt, die dann die „Unbekannten" der zu bildenden Gleichungen fünften Grades sind. Einige Feststellungen über die fraglichen Gruppen zehnter Stufe sind zunächst vorauszuschicken.

Erstlich stellen wir die Γ_5 mit der ausgezeichneten Gruppe Γ_2 zweiter Stufe zusammen, die sich mod 2 auf die Substitutionen:

$$(2)\qquad \begin{pmatrix}1, & 0\\ 0, & 1\end{pmatrix}, \begin{pmatrix}1, & 1\\ 1, & 0\end{pmatrix}, \begin{pmatrix}0, & 1\\ 1, & 1\end{pmatrix} \pmod 2$$

reduziert. Die gemeinsame Untergruppe (der Durchschnitt) ist eine Gruppe zehnter Stufe Γ_{10} des Index 10, deren Diskontinuitätsbereich in

Fig. 35 gegeben ist. Die zwölf Seiten sind in folgender Anordnung aufeinander bezogen:

$$1 \rightarrow 12, \begin{pmatrix} 1, & 10 \\ 0, & 1 \end{pmatrix}; \quad 2 \rightarrow 3, \begin{pmatrix} 1, & 3 \\ -1, & -2 \end{pmatrix}; \quad 4 \rightarrow 9, \begin{pmatrix} 5, & -1 \\ 1, & 0 \end{pmatrix};$$

$$5 \rightarrow 6, \begin{pmatrix} 2, & -3 \\ 1, & -1 \end{pmatrix}; \quad 7 \rightarrow 8, \begin{pmatrix} 4, & -13 \\ 1, & -3 \end{pmatrix}; \quad 10 \rightarrow 11, \begin{pmatrix} 7, & -43 \\ 1, & -6 \end{pmatrix};$$

In der Tat reduzieren sich alle diese Substitutionen mod 5 auf Substitutionen (1) und mod 2 auf Substitutionen (2).

Wir kombinieren zweitens die Γ_5 mit einer der drei gleichberechtigten Gruppen Γ_3 zweiter Stufe, etwa mit der durch $\beta \equiv 0 \pmod 2$ er-

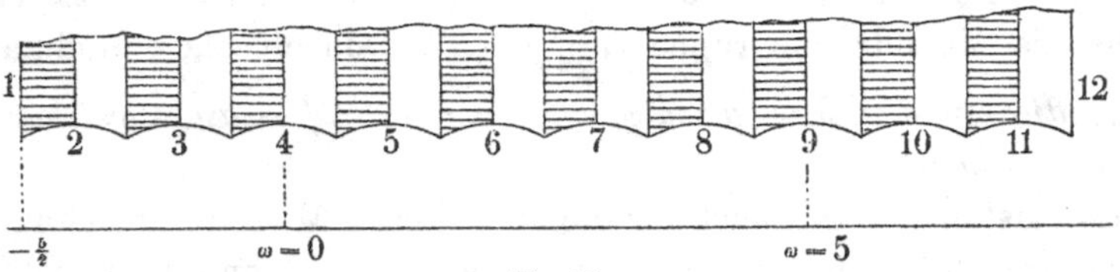

Fig. 35.

klärten. Der Durchschnitt ist eine Kongruenzgruppe zehnter Stufe Γ_{15} des Index 15, deren Diskontinuitätsbereich in Fig. 36 dargestellt ist. Die Seiten sind in folgender Art einander zugeordnet:

$$(3) \quad 1 \rightarrow 8, \begin{pmatrix} 1, & 10 \\ 0, & 1 \end{pmatrix}; \quad 2 \rightarrow 7, \begin{pmatrix} 5, & 24 \\ 1, & 5 \end{pmatrix}; \quad 3 \rightarrow 5, \begin{pmatrix} 1, & 2 \\ 1, & 3 \end{pmatrix}; \quad 4 \rightarrow 6, \begin{pmatrix} 3, & 2 \\ 1, & 1 \end{pmatrix}.$$

Diese Substitutionen reduzieren sich nämlich mod 5 wieder auf Substitutionen (1) und befriedigen außerdem die Kongruenz $\beta \equiv 0 \pmod 2$.

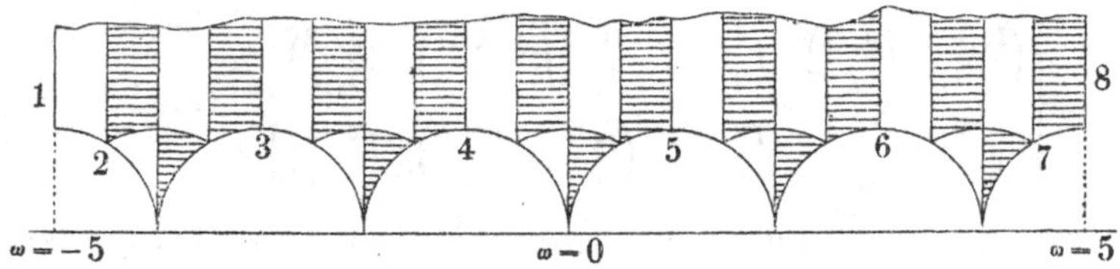

Fig. 36.

Die Γ_{15} ist innerhalb der Γ_3 eine Untergruppe des Index 5. Nun ist (vgl. S. 360) die Γ_3 mit der Substitution:

$$(4) \qquad \omega' = W(\omega) = -\frac{2}{\omega}$$

vertauschbar und wird also durch Zusatz von W zu einer Gruppe:

$$\Gamma' = \Gamma_3 + \Gamma_3 \cdot W$$

erweitert, in der sie eine ausgezeichnete Untergruppe Γ_2' des Index 2 ist. Der Diskontinuitätsbereich der Γ' ist ein Paar von Kreisbogendreiecken der Winkel $\frac{\pi}{2}, \frac{\pi}{4}, 0$, wie aus Fig. 7, S. 360, hervorgeht. Die Γ_{15} ist dann als Untergruppe der Γ' eine Γ_{10}' des Index 10, und dementsprechend läßt sich ihr Diskontinuitätsbereich aus zehn Dreieckspaaren der Winkel $\frac{\pi}{2}, \frac{\pi}{4}, 0$ aufbauen, wie in Fig. 37 zur Darstellung kommt.

Besonders wichtig ist nun aber die Tatsache, *daß auch die Γ'_{10} durch W in sich transformiert wird.* Nennt man nämlich die vier Substitutionen (3) der Reihe nach V_1, V_2, V_3, V_4, so bestätigt man leicht die Gleichungen:

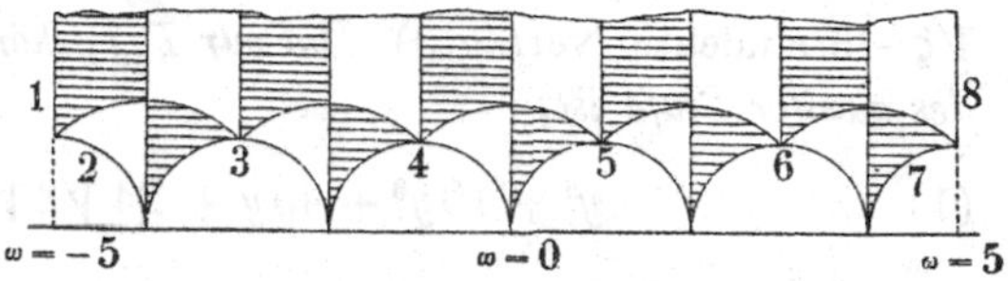

Fig. 37.

$$W \cdot V_1 \cdot W^{-1} = V_4^{-1} \cdot V_3 \cdot V_2^{-1} \cdot V_4 \cdot V_3^{-1}, \quad W \cdot V_2 \cdot W^{-1} = V_4^{-1} \cdot V_3 \cdot V_1^{-1} \cdot V_4 \cdot V_3^{-1},$$

$$W \cdot V_3 \cdot W^{-1} = V_3^{-1}, \quad W \cdot V_4 \cdot W^{-1} = V_4^{-1}.$$

Also ist $W \cdot \Gamma'_{10} \cdot W^{-1}$ jedenfalls in Γ'_{10} enthalten, muß aber mit Γ'_{10} identisch sein, da die nochmalige Transformation durch W zur Γ'_{10} zurückführt. *Die Γ'_{10} ist demnach durch Zusatz von W zu einer Gruppe Γ'_5 erweiterungsfähig, die in der Γ' eine Untergruppe des Index 5 ist, und in der die Γ'_{10} eine ausgezeichnete Untergruppe des Index 2 ist.* Der in Fig. 38 gegebene Diskontinuitätsbereich der Γ'_5 besteht aus fünf Paaren von Kreisbogendreiecken der Winkel $\frac{\pi}{2}, \frac{\pi}{4}, 0$. Die Seiten sind in folgender Art einander zugeordnet:

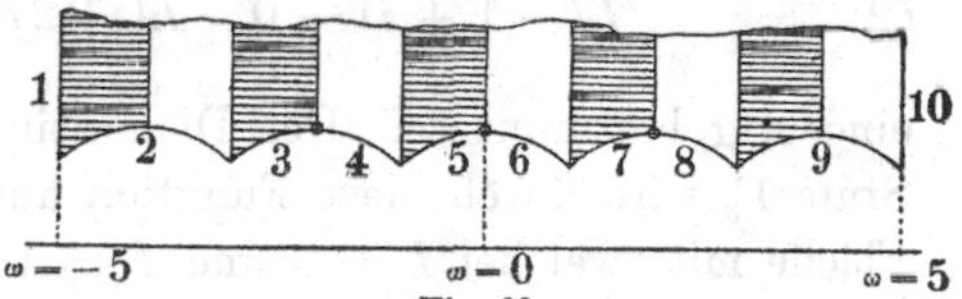

Fig. 38.

$$1 \longrightarrow 10, \begin{pmatrix} 1, & 10 \\ 0, & 1 \end{pmatrix}; \quad 2 \longrightarrow 9, \begin{pmatrix} 4, & 14 \\ 1, & 4 \end{pmatrix}; \quad 3 \longrightarrow 4, \begin{pmatrix} 2, & 6 \\ -1, & -2 \end{pmatrix};$$

$$5 \longrightarrow 6, \begin{pmatrix} 0, & 2 \\ -1, & 0 \end{pmatrix}; \quad 7 \longrightarrow 8, \begin{pmatrix} 2, & -6 \\ 1, & -2 \end{pmatrix}.$$

Die zweite, dritte und fünfte dieser Substitutionen stellen sich in den eben mit V_3, V_4 und W bezeichneten Substitutionen so dar:

$$\begin{pmatrix} 4, & 14 \\ 1, & 4 \end{pmatrix} = W \cdot V_4^{-1} \cdot V_3, \quad \begin{pmatrix} 2, & 6 \\ -1, & -2 \end{pmatrix} = W \cdot V_3, \quad \begin{pmatrix} 2, & -6 \\ 1, & -2 \end{pmatrix} = W \cdot V_4^{-1}.$$

§ 6. Aufstellung der Resolventen fünften Grades zweiter Stufe.

Eine erste Resolvente fünften Grades zweiter Stufe wird von der Gruppe Γ_{10} geliefert. Mittelst der zur Γ_5 gehörenden einwertigen Funktion $\zeta(\omega)$, die S. 483 näher erklärt ist, wird der in Fig. 35 dargestellte Diskontinuitätsbereich der Γ_{10} auf eine zweiblättrige Riemannsche Fläche abgebildet, die, wie der Vergleich mit dem Diskontinuitätsbereiche der Γ_5 (Fig. 30, S. 476) zeigt, nur bei $\zeta = \infty$ (dem Punkte $\omega = i\infty$ entsprechend) und bei $\zeta = 3$ (den Punkten $\omega = i$ und $5 + i$ der Fig. 35 entsprechend) verzweigt ist. Demnach ist $y = \sqrt{\xi - 3}$ eine einwertige Funktion der Γ_{10}. Die Beziehung zur einwertigen Funktion $\sqrt{J-1}$ der Γ_2 geht unmittelbar aus der zweiten Gleichung (2) S. 484 hervor, indem man die Quadratwurzel zieht und durch Wahl des Vorzeichens über $\sqrt{\xi - 3}$ eindeutig verfügt.[1]) *Die zur Γ_{10} gehörende Resolvente fünften Grades zweiter Stufe ist:*

$$(1)\qquad y^5 + 10y^3 + 45y + 24\sqrt{3}\sqrt{J-1} = 0.$$

Gleichungen fünften Grades dieser Gestalt, in denen also die Glieder vierten und zweiten Grades ausfallen, bezeichnet Klein[2]) als „Diagonalgleichungen".

Die Gruppe Γ', der die Einteilung der ω-Halbebene in Kreisbogendreiecke der Winkel $\frac{\pi}{2}, \frac{\pi}{4}, 0$ zugehört, habe als einwertige Funktion $L(\omega)$, die durch die Festsetzung der Eckenwerte:

$$(2)\qquad L(-1+i) = 0, \quad L(i\sqrt{2}) = 1, \quad L(i\infty) = \infty$$

eindeutig bestimmt sei. Der Diskontinuitätsbereich der Gruppe zweiter Stufe Γ_3 wird durch diese Funktion auf eine zweiblättrige Riemannsche Fläche mit zwei bei $L = 0$ und $L = 1$ gelegenen Verzweigungspunkten abgebildet. Also ist $\sqrt{\frac{L-1}{L}}$ eine einwertige Funktion der Γ_3. Andrerseits ist, da die Γ_3 durch Zusatz von $\omega' = \frac{\omega}{\omega+1}$ aus der Hauptkongruenzgruppe Γ_6 zweiter Stufe entsteht, auch:

$$k^2(\omega) + k^2\left(\frac{\omega}{\omega+1}\right) = k^2 + \frac{1}{k^2} = \frac{1+k^4}{k^2}$$

eine einwertige Funktion der Γ_3, so daß wir auf eine Relation:

$$\sqrt{\frac{L-1}{L}} = \frac{a(1+k^4) + bk^2}{c(1+k^4) + dk^2}$$

schließen. Die Koeffizienten a, b, c, d bestimmen sich aus der Tatsache, daß den Werten $k^2 = 0, 1, -1$ die Werte $1, -1, \infty$ der in der letzten Gleichung links stehenden Funktion entsprechen. Man findet von hier aus leicht den Satz: *Die einwertige Funktion $L(\omega)$ der Gruppe Γ' stellt*

1) Die Funktion $\sqrt{J-1}$ sei auf der imaginären ω-Achse positiv.

2) Vgl. die „Vorlesungen über das Ikosaeder und die Auflösung der Gleichungen vom fünften Grade", S. 166. Wegen der Beziehung der Gleichung (1) zu der von Brioschi aufgestellten Resolvente fünften Grades der „allgemeinen Jacobischen Gleichung sechsten Grades" vgl. man ebenda S. 150 ff.

sich in dem Integralmodul wie folgt dar:

(3) $$L = \frac{(1+k^2)^4}{16k^2k'^4}.$$

Der Diskontinuitätsbereich der Γ_5' wird durch $L(\omega)$ auf eine fünfblättrige Riemannsche Fläche abgebildet, die nur bei $L = 0, 1$ und ∞ verzweigt ist. Bei $L = 0$ hat man einen vierblättrigen Verzweigungspunkt, von dem Zyklus der Ecken $\pm 1 + i$, $\pm 3 + i$ herrührend, bei $L = 1$ einen zweiblättrigen, dem Zyklus der Ecken $\pm 4 + i\sqrt{2}$ entsprechend, während bei $L = \infty$ ein fünfblättriger Verzweigungspunkt liegt. Als Geschlecht dieser Fläche berechnet sich 0, so daß eine einwertige Funktion der Γ_5' existiert. Sie werde $\sigma(\omega)$ genannt und durch die Festsetzungen:

$$\sigma(\pm 1 + i) = \sigma(\pm 3 + i) = 0, \quad \sigma(\pm 5 + i) = 5, \quad \sigma(i\infty) = \infty$$

eindeutig erklärt. Dann ist zufolge der eben angegebenen Verzweigung der fünfblättrigen Fläche L bis auf einen konstanten Faktor gleich der ganzen Funktion fünften Grades $\sigma^4(\sigma - 5)$:

$$\sigma^4(\sigma - 5) = aL.$$

Der Faktor a bestimmt sich aus der Forderung, daß diese Gleichung für $L = 1$ eine von 0 verschiedene Doppelwurzel haben muß. Man berechnet diese Wurzel zu $\sigma = 4$ und findet $a = -256$. *Zwischen den einwertigen Funktionen $\sigma(\omega)$ und $L(\omega)$ der Gruppen Γ_5' und Γ' besteht die Beziehung:*

(4) $$\sigma^5 - 5\sigma^4 + 256L = 0,$$

in der wir eine zweite Resolvente fünften Grades zweiter Stufe gewonnen haben. Diese Gleichung fünften Grades ist dadurch ausgezeichnet, daß in ihr die Glieder dritten, zweiten und ersten Grades fehlen.

Es besteht nun folgender wichtige Satz: *Während die Monodromiegruppe der Resolvente* (1), *ebenso wie die der Resolvente fünften Grades erster Stufe, die G_{60} der geraden Vertauschungen der Wurzeln (Ikosaedergruppe) ist, hat die Gleichung* (4) *als Monodromiegruppe die G_{120} aller* 120 *Permutationen der fünf Wurzeln.* Der Durchschnitt der fünf mit der Γ_5 gleichberechtigten Gruppen ist nämlich die Hauptkongruenzgruppe fünfter Stufe Γ_{60}, die mit der Γ_2 eine ausgezeichnete Kongruenzgruppe zehnter Stufe Γ_{120} gemein hat. Die Γ_{120} ist ihrerseits in der Γ_2 eine ausgezeichnete Untergruppe des Index 60, und ihr entspricht die Monodromiegruppe G_{60} der Gleichung (1). Ebenso ist der Durchschnitt der Γ_{60} und der Γ_3 eine (nicht ausgezeichnete) Kongruenzgruppe Γ_{180} zehnter Stufe, die aber in der Γ_3 ausgezeichnet vom Index 60 ist. Aus ihr gewinnt man durch Zusatz von W eine in der Gruppe Γ' ausgezeichnete Untergruppe Γ_{120}' des Index 120, und eben dieser Untergruppe gehört die Monodromiegruppe G_{120} der Gleichung (4) zu. Bezeichnen wir die fünf Wurzeln der Gleichung (4) durch $\sigma_\nu(\omega) = \sigma_0(\omega + 2\nu)$, wo ν die Zahlen 0, 1, 2, 3, 4 durchläuft, so entspricht zwar der Substitution $\begin{pmatrix}1, & 2\\0, & 1\end{pmatrix}$ die zyklische, also gerade Permutation $\sigma'_\nu = \sigma_{\nu+1}$, aber die Substitution W liefert, wie man leicht feststellt, die *ungerade* Permutation:

$$\sigma'_0 = \sigma_0, \quad \sigma'_1 = \sigma_1, \quad \sigma'_2 = \sigma_3, \quad \sigma'_3 = \sigma_2, \quad \sigma'_4 = \sigma_4.$$

Mit der Gleichung (4) ist die von Hermite[1]) aufgestellte Resolvente der Modulargleichung sechsten Grades (25) S. 501 nahe verwandt. Die sechs Wurzeln dieser Modulargleichung waren:

$$v_\infty = -\sqrt[4]{k}(5\omega), \quad v_\nu = \sqrt[4]{k}\left(\frac{\omega + 16\nu}{5}\right), \qquad \nu = 0, 1, \ldots, 4$$

deren Produkt nach (25) S. 501 gleich $-u^6$ ist:

$$v_\infty \cdot v_0 \cdot v_1 \cdot v_2 \cdot v_3 \cdot v_4 = -u^6. \tag{5}$$

Die Wirkung der Substitutionen $\omega' = \omega + 2$ und $\omega' = \frac{\omega}{\omega + 1}$ auf die v stellen wir tabellarisch zusammen; ist $\varepsilon = e^{\frac{\pi i}{4}}$, so gilt:

	v_∞	v_0	v_1	v_2	v_3	v_4
$\begin{pmatrix}1, & 2\\0, & 1\end{pmatrix}$	$\varepsilon^5 v_\infty$	$\varepsilon^5 v_2$	$\varepsilon^5 v_3$	$\varepsilon^5 v_4$	$\varepsilon^5 v_0$	$\varepsilon^5 v_1$
$\begin{pmatrix}1, & 0\\1, & 1\end{pmatrix}$	$\frac{1}{v_1}$	$\frac{1}{v_0}$	$\frac{1}{v_3}$	$\frac{1}{v_4}$	$\frac{1}{v_2}$	$\frac{1}{v_\infty}$

Die Richtigkeit dieser Angaben ist mit Hilfe der Tabelle in I, 459 leicht zu bestätigen. Man hat z. B.:

$$v_0(\omega + 2) = \sqrt[4]{k}\left(\frac{\omega + 2}{5}\right) = \sqrt[4]{k}\left(\frac{\omega + 2 \cdot 16}{5} - 6\right) = \varepsilon^5 v_2(\omega)$$

oder für die zweite Substitution:

$$v_2\left(\frac{\omega}{\omega+1}\right) = \sqrt[4]{k}\left(\frac{\frac{\omega}{\omega+1} + 32}{5}\right) = \sqrt[4]{k}\left(\frac{33\omega + 32}{5\omega + 5}\right) = \sqrt[4]{k}\left(\frac{33\,\frac{\omega + 4 \cdot 16}{5} - 416}{5\,\frac{\omega + 4 \cdot 16}{5} - 63}\right),$$

wofür man aus der eben genannten Tabelle $\frac{1}{v_4}$ gewinnt. Durch Wiederholung und Zusammensetzung der beiden ausgeübten Substitutionen stellt man die Wirkung der S. 515 mit V_1, V_2, V_3, V_4 bezeichneten Substitutionen fest:

---

1) Sur la résolution de l'équation du cinquième degré", Compt. Rend., Bd. 46 (1859).

	v_∞	v_0	v_1	v_2	v_3	v_4	u
V_1	εv_∞	εv_0	εv_1	εv_2	εv_3	εv_4	$\varepsilon^5 u$
V_2	$\frac{1}{v_0}$	$\frac{1}{v_\infty}$	$\frac{1}{v_4}$	$\frac{1}{v_2}$	$\frac{1}{v_3}$	$\frac{1}{v_1}$	$\frac{1}{u}$
V_3	$\frac{\varepsilon^3}{v_3}$	$\frac{\varepsilon^3}{v_2}$	$\frac{\varepsilon^3}{v_0}$	$\frac{\varepsilon^3}{v_1}$	$\frac{\varepsilon^3}{v_4}$	$\frac{\varepsilon^3}{v_\infty}$	$\frac{\varepsilon^7}{u}$
V_4	$\frac{\varepsilon^5}{v_1}$	$\frac{\varepsilon^5}{v_4}$	$\frac{\varepsilon^5}{v_2}$	$\frac{\varepsilon^5}{v_\infty}$	$\frac{\varepsilon^5}{v_0}$	$\frac{\varepsilon^5}{v_3}$	$\frac{\varepsilon}{u}$

In der letzten Spalte ist die Wirkung der V auf $u(\omega)$ angegeben.

Im Anschluß an Hermite bilden wir nun den Ausdruck:

$$(6) \qquad w(\omega) = (v_\infty - v_0)(v_1 - v_4)(v_2 - v_3) \cdot u$$

und stellen sogleich als Anfangsglied seiner Reihenentwicklung:

$$(7) \qquad w(\omega) = 4\sqrt{5}\, q^{\frac{1}{5}} + \cdots$$

fest. Aus der letzten Tabelle folgt, daß w gegenüber V_1 invariant ist, bei Ausübung von V_2, V_3 und V_4 aber übereinstimmend in $w' = \frac{w}{k^2}$ übergeht. Da k^2 gegenüber den V_2, V_3, V_4 in $\frac{1}{k^2}$ übergeht, so erweist sich:

$$(8) \qquad \frac{w}{1+k^2}$$

als eine Funktion der Gruppe $\Gamma_{15} = \Gamma'_{10}$.

Der in Fig. 36 dargestellte Diskontinuitätsbereich dieser Gruppe hat nun das Geschlecht $p = 1$ und besitzt an Spitzen erstlich die bei $\omega = i\infty$ und weiter nur noch den Spitzenzyklus $\omega = 0, \pm 2, \pm 4$. In der ersten Spitze hat die Funktion (8) zufolge (7) einen Nullpunkt erster Ordnung. Im Spitzenzyklus liegt gleichfalls ein Nullpunkt der Funktion (8), da für $\omega = 0$ der Nenner $1 + k^2 = 2$ und $u = 1$ ist, während von den sechs v fünf gleich -1 und eine gleich $+1$ ist (vgl. S. 500). Auch in allen übrigen Punkten des genannten Bereiches ist w endlich. Der Nenner $(1 + k^2)$ aber hat zwei Nullpunkte erster Ordnung in den beiden Eckenzyklen $\omega = -1 + i, 3 + i$ und $\omega = 1 + i, -3 + i$, sowie weiter nur noch einen Nullpunkt der Ordnung $\frac{1}{2}$, im Bereiche gemessen, im Eckenzyklus $\omega = \pm 5 + i$. Die Funktion (8) hat demnach nur zwei Pole erster Ordnung in den Zyklen $\omega = -1 + i,\ 3 + i$ und $\omega = 1 + i,\ -3 + i$, da im dritten Zyklus nur noch ein Pol der Ordnung $\frac{1}{2}$ auftreten könnte, der aber bei einer Modul*funktion* der Γ'_{10} ausgeschlossen ist. Da wir somit in (8) eine zweiwertige Funktion der Γ'_{10} erkannt haben, muß neben dem Nullpunkte erster Ordnung bei $\omega = i\infty$ ein zweiter Nullpunkt erster Ordnung im Spitzenzyklus $\omega = 0, \pm 2, \pm 4$ auftreten.

Nun haben wir in $\frac{1}{\sigma(\omega)}$ eine zweite zweiwertige Funktion der Γ'_{10}, die in der Lage und Ordnung der Nullpunkte und Pole mit der Funktion (8) übereinstimmt und also von ihr nur durch einen konstanten Faktor verschieden ist. Man berechnet aus (3) und (4) als Anfangsglied der Potenzreihe von $\sigma(\omega)$ leicht $-q^{-\frac{1}{5}}$. Damit ergibt sich bei Benutzung von (7) der Satz: *Die Funktionen $\sigma(\omega)$ und $w(\omega)$ stehen in der einfachen Beziehung:*

$$(9) \qquad w \cdot \sigma = -4\sqrt{5}\,(1 + k^2),$$

so daß sich die Gleichung (4) *mit Rücksicht auf* (3) *in folgende Gleichung fünften Grades für w umrechnet:*

$$(10) \qquad w^5 - 2^4 \cdot 5^3 k^2 k'^4 w - 2^6 \cdot 5^2 \sqrt{5}\, k^2 k'^4 (1 + k^2) = 0.$$

Hier haben wir die von Hermite angegebene Resolvente fünften Grades gewonnen. Sie steht gegenüber der Gleichung (4) insofern zurück, als die Unbekannte w der Gleichung (10) als Modulfunktion zehnter Stufe erst zu derjenigen Γ_{30} gehört, die der Durchschnitt der Γ_5 mit der Hauptkongruenzgruppe zweiter Stufe Γ_6 ist. Will man an Stelle von (4) mit einer Gleichung arbeiten, in der die Glieder vierten, dritten und zweiten Grades fehlen[1]), so führe man $z = -5\sigma^{-1}$ als Unbekannte ein. *Wir gelangen so zur Gestalt:*

$$(11) \qquad z^5 - \frac{5^5}{2^8 L}(z + 1) = 0$$

der Resolvente fünften Grades, die natürlich gleichfalls die Eigenschaft der Gleichung (4) *besitzt, daß ihre Monodromiegruppe die G_{120} aller 120 Permutationen der fünf Wurzeln ist.*[2])

§ 7. Notizen über die Lösung der allgemeinen Gleichung fünften Grades durch elliptische Funktionen.

Auf der Resolvente fünften Grades der Modulargleichung für den Transformationsgrad $n = 5$ beruht die Verwendbarkeit der elliptischen Funktionen zur Lösung der allgemeinen Gleichung fünften Grades. Gemeinsam ist den verschiedenen Gestalten jener Resolvente die Eigenschaft, daß neben der jeweiligen Unbekannten der einzelnen Gleichung in ihren

1) Gleichungen dieser Art nennt Klein „Bringsche Gleichungen"; sie wurden früher auch nach Jerrard benannt. Vgl. die „Vorles. über das Ikosaeder usw.", S. 143.

2) Diese Eigenschaft büßt die Hermitesche Gleichung (10) ein, weil in ihr der Integralmodul k^2 den „Parameter" (im Sinne von § 7) darstellt.

Koeffizienten stets nur *eine* Größe auftritt, die als komplexe Variable willkürlich wählbar ist. Es handelt sich, wie man sagt, um Gleichungen fünften Grades mit *einem* „Parameter“. In der Gleichung (1) S. 516 ist dieser Parameter $\sqrt{J-1}$, in der Hermiteschen Gleichung k^2, in den Gleichungen (4) und (11) § 6 aber L.

Gegenüber diesen Gleichungen hat die „allgemeine Gleichung fünften Grades“:

$$x^5 + a_1 x^4 + a_2 x^3 + a_3 x^2 + a_4 x + a_5 = 0 \tag{1}$$

mit beliebigen komplexen Koeffizienten a zunächst *fünf* Parameter. Soll es möglich sein, die elliptischen Funktionen unter Vermittlung einer unserer Resolventen zu einer „transzendenten“ Lösung der Gleichung (1) zu verwerten, so müßte die Gleichung (1) zunächst in eine neue Gestalt transformierbar sein, in der nur *ein* Parameter auftritt. Das Mittel, dessen man sich hierbei zu bedienen hat, ist die Tschirnhausen-Transformation (vgl. S. 26). Man führt als neue Unbekannte y eine ganze Funktion vierten Grades von x ein:

$$y = p_0 + p_1 x + p_2 x^2 + p_3 x^3 + p_4 x^4, \tag{2}$$

wobei die Berechnung von x aus y nur noch die Lösung einer Gleichung vom vierten Grade erfordert. Ist die Gleichung für y:

$$y^5 + b_1 y^4 + b_2 y^3 + b_3 y^2 + b_4 y + b_5 = 0, \tag{3}$$

so ist b_ν als symmetrische Grundfunktion ν^{ten} Grades der fünf Ausdrücke:

$$y_i = p_0 + p_1 x_i + p_2 x_i^2 + p_3 x_i^3 + p_4 x_i^4, \qquad i = 1, 2, \ldots, 5$$

unter den x_i die Lösungen von (1) verstanden, eine ganze homogene Funktion ν^{ten} Grades der $p_0, p_1, \ldots, p_4$, deren Koeffizienten als symmetrisch in den x_i sich rational in den Koeffizienten a darstellen. Man gibt nun über die Koeffizienten b möglichst weitgehende Vorschriften und sucht diesen Vorschriften durch zweckmäßige Auswahl der zur Verfügung stehenden Größen p zu genügen.

Die sich dabei einstellenden algebraischen Entwicklungen sind sehr ausgedehnt, so daß es hier nur möglich ist, einige Hauptgesichtspunkte zu notieren.[1]) Zunächst kann man aus der in den p linearen Gleichung $b_1 = 0$ eine der Größen p, etwa p_0, rational in den p_1, p_2, p_3, p_4 und den Koeffizienten a berechnen, und zwar linear und homogen in den p_1, p_2, p_3, p_4. Trägt man diesen Ausdruck von p_0 in $b_2, b_3, \ldots$ ein, so werden diese b_ν homogene ganze Funktionen ν^{ten} Grades in den vier restierenden p. Die Funktion zweiten Grades b_2 der vier p läßt sich dann nach einem

---

1) Eine elementare Darstellung findet man bei Serret, „Handbuch der Algebra“. 2. Aufl. (Leipzig 1878), Bd. 2, S. 350ff.

bekannten Satze (s. Serret a. a. O.) als Summe von vier Quadraten linearer Ausdrücke in p schreiben:

$$(4) \qquad b_2 = q_1^2 + q_2^2 + q_3^2 + q_4^2,$$

wobei die q_i in den p von der Gestalt:

$$q_i = \alpha_{i1} p_1 + \alpha_{i2} p_2 + \alpha_{i3} p_3 + \alpha_{i4} p_4$$

sind. Bei der Herstellung dieser linearen Ausdrücke sind aber bereits Quadratwurzeln zu ziehen, also „Irrationalitäten" zu adjungieren. Hierbei hat man zu entscheiden, ob die einzelne zu adjungierende Irrationalität eine „natürliche" oder eine „akzessorische" ist (vgl. S. 51ff.). Die nähere Untersuchung hat gezeigt, *daß die eben erwähnten Quadratwurzeln bereits akzessorisch sind.*

Soll jetzt auch $b_2 = 0$ sein, so kann dies unter vielen Möglichkeiten z. B. so erreicht werden, daß:

$$(5) \qquad q_1 + iq_2 = 0, \qquad q_3 + iq_4 = 0$$

gesetzt wird. Damit hat man zwei lineare homogene Gleichungen für die p_1, p_2, p_3, p_4 gewonnen, aus denen man etwa p_1 und p_2 linear und homogen in p_3 und p_4 berechnet. Nun wird b_3 nach Eintragung dieser Ausdrücke von p_1 und p_2 zu einer ganzen homogenen Funktion dritten Grades in p_3 und p_4, so daß die weitere Forderung $b_3 = 0$ durch Lösung einer *kubischen* Gleichung für den Quotienten $p_3 : p_4$ zu befriedigen ist. *Hiernach ist es möglich, durch Tschirnhausen-Transformation die allgemeine Gleichung fünften Grades auf die Bringsche Gestalt zu transformieren:*

$$(6) \qquad y^5 + b_4 y + b_5 = 0,$$

wobei die einzuführenden Irrationalitäten Quadratwurzeln und Kubikwurzeln sind. Die Gleichung (6) aber ist sofort durch die weitere Transformation $y = \frac{b_5}{b_4} z$ auf eine Gleichung:

$$z^5 + \frac{b_4^5}{b_5^4}(z + 1) = 0$$

mit nur einem Parameter zu reduzieren, die die Gestalt unserer Resolvente (11) S. 520 hat.

Die führenden Untersuchungen von Hermite (s. die Note S. 518) über die Verwendung der elliptischen Funktionen schließen sich an die Bringsche Gleichung an. Die weiteren Entwicklungen von Brioschi[1]), Kronecker[2]) und Klein[3]) sind hiervon nicht nur abgewichen, indem

1) „Sulla risoluzione delle equazione di quinti grado", Annali di matem., ser. 1, Bd. 1 (1858).

2) Brief an Hermite vom Juni 1858, Compt. Rend., Bd. 46.

3) „Weitere Untersuchungen über das Ikosaeder", Math. Ann. Bd. 12 und 13 (1878).

sie andere, den elliptischen Funktionen gleichfalls zugängliche Gestalten von Gleichungen fünften Grades mit einem Parameter bevorzugten, sondern sie haben vor allem auch die algebraische Seite der Theorie wesentlich vervollständigt und vertieft.[1]) Es muß hier genügen, in letzterer Hinsicht die beiden folgenden wichtigsten Theoreme zu nennen. Erstlich ist der Satz, *daß es unmöglich ist, die allgemeine Gleichung fünften Grades allein bei Gebrauch „natürlicher“ Irrationalitäten in eine Gleichung mit nur „einem“ Parameter zu transformieren,* von Kronecker entdeckt und von Klein zuerst öffentlich bewiesen. Zweitens hat Klein gezeigt, *daß man eine „Hauptgleichung“ fünften Grades (d. h. eine Gleichung mit ausfallenden Gliedern vierten und dritten Grades) allein vermöge der Quadratwurzel der Diskriminante der Gleichung, also einer „natürlichen“ Irrationalität, in eine Gleichung mit nur einem Parameter überführen kann.* Hieraus ging die grundlegende Tatsache hervor, daß die früher benutzte Kubikwurzel, welche zur Bringschen Gleichung hinführte, bei Bevorzugung anderer Gleichungsformen mit nur einem Parameter entbehrlich ist; denn die Hauptgleichung ist, wie oben gesagt, durch akzessorische *Quadratwurzeln* erreichbar.

Das Eingreifen der elliptischen Funktionen in den Lösungsprozeß der Gleichungen fünften Grades ist ziemlich naheliegend. Wir erläutern die Verhältnisse etwa im Anschluß an die Gleichung (4) S. 517, die mit der Bringschen Gleichung unmittelbar verwandt ist. Eine vorgelegte Gleichung fünften Grades wird man zunächst durch Tschirnhausen-Transformation auf die Gestalt bringen:

$$y^5 - 5y^4 + 256\,L = 0. \tag{7}$$

Zum vorliegenden Werte L gehört dann ein eindeutig bestimmter Wert ω im Diskontinuitätsbereiche der Gruppe Γ'. Man wird dabei zweckmäßig diesen Bereich aus dem Dreiecke der Ecken $\omega = -1 + i,\ i\sqrt{2},\ i\infty$ und seinem Spiegelbilde an der imaginären Achse aufbauen. Für die Berechnung des fraglichen Wertes ω aus L gibt es eine Gleichung, die sich genau an die Darstellung von ω durch J, wie sie in der Gleichung (10) in I, 336 gegeben ist, anschließt. Die fragliche Formel ist:

$$\pi i \omega = -\log L - 8 \log 2 + \frac{F_1\left(\frac{1}{8}, \frac{3}{8}; \frac{1}{L}\right)}{F\left(\frac{1}{8}, \frac{3}{8}, 1; \frac{1}{L}\right)}, \tag{8}$$

wo rechts im Nenner die hypergeometrische Reihe und im Zähler die

1) Eine ausführliche Darstellung in geometrischem Gewande gibt der Abschnitt II der „Vorles. über das Ikosaeder usw.“ von Klein; eine weitere Darstellung, die sich auf Hermites invariantentheoretische Behandlung der Tschirnhausen-Transformation gründet, findet man in Webers „Lehrbuch der Algebra“, Bd. 1, S. 210ff.

mit ihr verwandte Reihe (15) in I, 114 gemeint ist. Die Gleichung folgt in derselben Art aus der Theorie der hypergeometrischen Differentialgleichung, wie dies für die genannte Gleichung (10) in I, 336 a. a. O. ausführlich entwickelt ist. Hat man ω und damit q gewonnen, so sind die fünf Lösungen der Gleichung (7) durch:

$$y_0 = \sigma(\omega), \quad y_1 = \sigma(\omega + 2), \ldots, y_4 = \sigma(\omega + 8)$$

gegeben, wo $\sigma(\omega)$ die S. 517 erklärte einwertige Funktion der Γ_5' ist. Die Potenzreihe für $\sigma(\omega)$ kann man auf Grund von (6) und (9) § 6 aus den Reihen für $u, v_\infty, v_0, v_1, \ldots$ ableiten; die Anfangsglieder sind:

$$(9) \qquad \sigma(\omega) = -q^{-\frac{1}{5}}\left(1 - q^{\frac{1}{5}} + 2q^{\frac{2}{5}} - 4q^{\frac{3}{5}} + 7q^{\frac{4}{5}} + 12q + \cdots\right).$$

Man kann sich auch zur Berechnung von ω aus L der Vermittlung des Integralmoduls k^2 bedienen, indem man aus der Gleichung (3) S. 517 mittelst zweier Quadratwurzeln k^2 berechnet. Die Wurzeln sind dabei so zu wählen, daß ω im oben bezeichneten Diskontinuitätsbereiche der Gruppe Γ' liegt. Für die Berechnung von ω aus k^2 hat man dann nach S. 494ff. den schnell konvergenten Prozeß des arithmetisch-geometrischen Mittels zur Hand. Auch bei der Berechnung von σ für gegebenes ω kann man sich der Vermittlung der Größen $v_\infty, v_0, \ldots$ bedienen, die wegen der guten Konvergenz der Thetareihen besonders brauchbar erscheinen.

§ 8. Notizen über irrationale Modulargleichungen.

Es ist schon sehr früh bemerkt, daß sich die Modulargleichungen gelegentlich in sehr einfache Gestalten zusammenziehen lassen, wenn man neben der achten Wurzel des Integralmoduls $u = \sqrt[4]{k}$ auch noch die des komplementären Moduls $\sqrt[4]{k'} = \sqrt[8]{1 - u^8}$ und natürlich die aus ihnen durch Transformation entstehenden Größen zuläßt. Die fraglichen Gleichungen würden dann, in u und v geschrieben, noch Wurzelausdrücke enthalten und heißen dieserhalb *„irrationale Modulargleichungen"*.

Die nach (23) S. 501 für den dritten Grad bestehende Gleichung:

$$(v^4 - u^4)^2 = 4v^2u^2(v^2u^2 - 1)^2$$

schreibt man leicht in die Gestalt um:

$$(1 - u^8)(1 - v^8) = (1 - u^2v^2)^4.$$

Man beziehe diese Gleichung zunächst nur auf die erste Haupttransformation und bediene sich für die transformierten Moduln der schon S. 512 benutzten Bezeichnung l^2 und l'^2. Dann kleidet sich die letzte Gleichung in die Gestalt:

$$k'^2 l'^2 = (1 - \sqrt{k}\sqrt{l})^4.$$

Zieht man die vierte Wurzel und berücksichtigt, daß für $\omega = i\infty$ die Werte $\sqrt{k} = 0$, $\sqrt{l} = 0$, $\sqrt{k'} = 1$, $\sqrt{l'} = 1$ zutreffen, so folgt als *irrationale Modulargleichung für den dritten Grad*[1]):

$$(1) \qquad \sqrt{k}\sqrt{l} + \sqrt{k'}\sqrt{l'} = 1.$$

Die zweite Gleichung (25) S. 501 für den siebenten Grad kleidet sich leicht in die Gestalt:

$$(1-u^8)(1-v^8) = (1-uv)^8.$$

Nach Ausziehen der achten Wurzel findet man gleichfalls zunächst für die erste Haupttransformation als *irrationale Modulargleichung für den siebenten Grad*[2]):

$$(2) \qquad \sqrt[4]{k}\sqrt[4]{l} + \sqrt[4]{k'}\sqrt[4]{l'} = 1.$$

Für den fünften Grad hat Jacobi in Art. 30 der „Fundamenta nova" eine irrationale Modulargleichung angegeben, die jedoch nicht die sogleich bei $n = 5$ aufzustellende Gleichung ist. Eine Reihe weiterer Gleichungen der fraglichen Art sind dann später von Schroeter[3]) aufgestellt worden.

Es sollen hier noch drei irrationale Modulargleichungen übereinstimmender Bauart für $n = 5$, 11 und 23 abgeleitet werden und zwar nicht durch algebraische Umformungen der betreffenden Modulargleichungen, sondern mittelst einer funktionentheoretischen Überlegung, die wir etwa am Falle $n = 11$ erläutern. Man bilde für die erste Haupttransformation elften Grades den Ausdruck:

$$(3) \qquad \Phi(\omega) = \sqrt{k}\sqrt{l} + \sqrt{k'}\sqrt{l'} - 1$$

und untersuche die Wirkung der durch $\gamma \equiv 0 \pmod{11}$ erklärten Kongruenzgruppe Γ_{12} elfter Stufe auf $\Phi(\omega)$. Schreibt man $\omega' = 11\omega$, so gilt:

$$\sqrt{l}(\omega) = \sqrt{k}(\omega'), \quad \sqrt{l'}(\omega) = \sqrt{k'}(\omega'),$$

und es ist, falls auf ω die Substitution $V = \begin{pmatrix}\alpha, & \beta\\ \gamma, & \delta\end{pmatrix}$ ausgeübt wird, auf ω' die Substitution $\begin{pmatrix}\alpha, & 11\beta\\ 11^{-1}\gamma, & \delta\end{pmatrix}$ anzuwenden. Diese beiden Substitutionen sind mod 2 einander kongruent, so daß bei Feststellung der Wirkung von $\begin{pmatrix}\alpha, & \beta\\ \gamma, & \delta\end{pmatrix}$ auf die einzelnen Faktoren in (3) rechts immer dieselbe Zeile der Tabelle in I, 459 zur Geltung kommt. Gilt nun erstlich:

---

1) Die Gleichung (1), die bereits Legendre bekannt war, findet man bei Jacobi in Art. 30 der „Fundamenta nova" entwickelt.

2) Die Gleichung (2) ist von Gützlaff in der Abhandlung „Aequatio modularis pro transformatione functionum ellipticarum septimi ordinis", Journ. f. Math., Bd. 12 (1832) entwickelt.

3) In der Schrift „De aequationibus modularibus", Regiomonti, 1854.

(4) $$V = \begin{pmatrix}\alpha, & \beta\\ \gamma, & \delta\end{pmatrix} \equiv \begin{pmatrix}1, & 1\\ 0, & 1\end{pmatrix} \pmod 2,$$

so folgt aus der letzten Zeile der genannten Tabelle[1]):

(5) $$\Phi(V(\omega)) = -\frac{\sqrt{k}\sqrt{l}}{\sqrt{k'}\sqrt{l'}} + \frac{1}{\sqrt{k'}\sqrt{l'}} - 1 = -\frac{\Phi(\omega)}{\sqrt{k'}\sqrt{l'}}.$$

Gilt aber zweitens

(6) $$V = \begin{pmatrix}\alpha, & \beta\\ \gamma, & \delta\end{pmatrix} \equiv \begin{pmatrix}0, & 1\\ 1, & 0\end{pmatrix} \pmod 2,$$

so folgt aus der vierten Zeile der Tabelle noch einfacher:

(7) $$\Phi(V(\omega)) = \Phi(\omega).$$

Man übe weiter auf den Ausdruck $\sqrt{kk'}\sqrt{ll'}$ die gleichen Substitutionen aus und findet, je nachdem der Fall (4) oder (6) vorliegt, als transformierten Ausdruck:

$$-\frac{\sqrt{kk'}\sqrt{ll'}}{(\sqrt{k'}\sqrt{l'})^3} \quad \text{bzw.} \quad \sqrt{kk'}\sqrt{ll'}.$$

Unter Heranziehung von (5) und (7) ergibt sich, daß in beiden Fällen:

(8) $$\frac{\Phi(\omega)^3}{\sqrt{kk'}\sqrt{ll'}} = \frac{(\sqrt{k}\sqrt{l} + \sqrt{k'}\sqrt{l'} - 1)^3}{\sqrt{kk'}\sqrt{ll'}}$$

invariant ist. Da man nun durch Kombination der Substitutionen (4) und (6) alle sechs mod 2 inkongruenten Typen von Substitutionen gewinnt, so erweist sich der Quotient (8) gegenüber allen Substitutionen der Γ_{12} als invariant und stellt also eine Funktion dieser Gruppe dar. Aber diese Funktion ist auch invariant gegenüber der Substitution $\omega' = \frac{-1}{11\omega}$, bei welcher sich zufolge (17) in I, 456 die Funktionen $\sqrt{k}$, $\sqrt{l'}$ und ebenso die $\sqrt{k'}$, $\sqrt{l}$ austauschen. Die Funktion (8) ist also invariant sogar gegenüber der zum Klassenpolygon elften Grades gehörenden Gruppe Γ_{11}. Dieses Polygon hat nur eine einzige an den Rand der ω-Halbebene heranragende Spitze, nämlich die bei $\omega = i\infty$, und nur an dieser Stelle kann somit die Funktion (8) einen Pol haben. Doch zeigen die Reihenentwicklungen, daß auch hier kein Pol vorliegt. Die Funktion ist also mit einer Konstanten identisch; und dasselbe gilt demnach auch von ihrer dritten Wurzel, für welche die Potenzreihen den Wert $-2\sqrt[3]{2}$ liefern. *Als irrationale Modulargleichung für den elften Grad gewinnt man so:*

(9) $$\sqrt{k}\sqrt{l} + \sqrt{k'}\sqrt{l'} + 2\sqrt[3]{2}\sqrt[6]{kk'}\sqrt[6]{ll'} = 1,$$

woran sich für die Grade 5 *und* 23 *die auf ganz entsprechenden Wegen*

1) Im Zähler des daselbst angegebenen transformierten Ausdrucks von $\sqrt[4]{k}$ muß $\sqrt[4]{k}$ statt $\sqrt{k}$ gesetzt werden.

aufzustellenden Gleichungen anschließen:

$$(10)\quad \begin{cases} kl + k'l' + 2\sqrt[3]{4}\sqrt[3]{kk'}\sqrt[3]{ll'} = 1, \\ \sqrt[4]{k}\sqrt[4]{l} + \sqrt[4]{k'}\sqrt[4]{l'} + \sqrt[3]{4}\sqrt[12]{kk'}\sqrt[12]{ll'} = 1. \end{cases}$$

Alle fünf aufgestellten irrationalen Modulargleichungen sind hier zunächst auf die ersten Haupttransformationen der betreffenden Grade n bezogen. Schreibt man $\frac{-1}{\omega}$ an Stelle von ω, benutzt die Gleichungen (4) S. 502 und (17) in I, 456 und berücksichtigt die Symmetrie der Gleichungen (1) usw. in dem ursprünglichen und dem komplementären Modul, so zeigt sich, daß die fraglichen Gleichungen auch dann gelten, wenn wir unter l und l' die vermittelst der zweiten Haupttransformation umgeformten Größen verstehen. Nun sind die ursprünglichen Größen $\sqrt{k}$, $\sqrt{k'}$ der Gleichung (1) Modulfunktionen achter Stufe, und ebenso gehören die ursprünglichen Größen der für die Grade $n = 5, 7, 11$ und 23 aufgestellten Gleichungen den Stufen $\nu = 12, 16, 24$ und 48 an. Im Anschluß an die Erklärungen von S. 498 und 504 verstehen wir aber unter einem *„Repräsentantensystem ν^{ter} Stufe“* für Primzahltransformation n das System der $(n + 1)$ Transformationen:

$$(11)\quad \omega' = n\omega,\quad \omega' = \frac{\omega}{n},\quad \omega' = \frac{\omega + \nu}{n},\quad \omega' = \frac{\omega + 2\nu}{n},\ \ldots,$$
$$\omega' = \frac{\omega + (n-1)\nu}{n}.$$

Da in jedem Falle die ursprünglichen Größen gegenüber der Substitution $\begin{pmatrix}1, \nu\\ 0, 1\end{pmatrix}$ invariant sind, so gelangen wir zu dem Satze: *Die einzelne der fünf aufgestellten irrationalen Modulargleichungen gilt für alle $(n + 1)$ Repräsentanten eines Systems ν^{ter} Stufe, wo ν den Graden $n = 3, 5, 7, 11$ und 23 entsprechend die Stufen $\nu = 8, 12, 16, 24$ und 48 bedeutet.*

§ 9. Notizen über Modularkorrespondenzen.

Die Natur der irrationalen Modulargleichungen ist von Klein[1]) aufgeklärt. Sie wurzelt im Begriffe der „Modularkorrespondenzen“, die dann insbesondere durch die Arbeiten von A. Hurwitz[2]) zu einer ausgedehnten Theorie entwickelt wurden. Die grundlegende Betrachtung möge etwa am Beispiele der 16ten Stufe erläutert werden.

Die zu $\sqrt[4]{k}$ gehörende Gruppe Γ_{48} der 16ten Stufe war durch die Kon-

---

1) „Zur Theorie der elliptischen Modulfunktionen“ Math. Ann. Bd. 17 (1879).

2) „Zur Theorie der Modulargleichungen“, Gött. Nachr. von 1883, „Über algebraische Korrespondenzen und das Korrespondenzprinzip“, Math. Ann. Bd. 28, „Über Klassenzahlrelationen und Modularkorrespondenzen primzahliger Stufe“, Leipz. Ber. von 1885.

gruenz (3) S. 496 erklärt. Da $\sqrt[4]{k}$ durch die Substitution $T=\begin{pmatrix}0, & 1\\ -1, & 0\end{pmatrix}$ in $\sqrt[4]{k'}$ transformiert wird, so gehört $\sqrt[4]{k'}$ zu der mit Γ_{48} gleichberechtigten Gruppe $\Gamma'_{48} = T\cdot\Gamma_{48}\cdot T^{-1}$. Der Durchschnitt beider Gruppen besteht aus allen die Bedingungen:

$$(1)\qquad V\equiv\begin{pmatrix}1, & 0\\ 0, & 1\end{pmatrix},\ \begin{pmatrix}5, & 8\\ 8, & 13\end{pmatrix},\ \begin{pmatrix}9, & 0\\ 0, & 9\end{pmatrix},\ \begin{pmatrix}13, & 8\\ 8, & 5\end{pmatrix}\pmod{16}$$

befriedigenden Substitutionen und stellt *eine ausgezeichnete Kongruenzgruppe 16ter Stufe Γ_{384} vom Index 384 dar.* Für diese Gruppe hat man dann eben in $\sqrt[4]{k}$, $\sqrt[4]{k'}$ ein Funktionssystem, daß an die Bedingung:

$$(2)\qquad (\sqrt[4]{k})^8 + (\sqrt[4]{k'})^8 = 1$$

gebunden ist. Der Gewohnheit halber denken wir den Diskontinuitätsbereich der Γ_{384} mittelst der Funktion $J(\omega)$ auf eine „regulär verzweigte" Riemannsche Fläche F_{384} über der J-Ebene abgebildet.

Es ist nun möglich, die Grundsätze der Transformation n^{ten} Grades, wie wir sie früher auf Funktionen anwandten, unmittelbar auf die Gruppe Γ_{384} und die Fläche F_{384} auszuüben. Der Grad n sei als ungerade und also als teilerfremd gegen die Stufe 16 vorausgesetzt: *Wir ordnen dem Punkte ω des Diskontinuitätsbereiches der Γ_{384} den Punkt $\omega' = n\omega$ zu, übertragen diese Zuordnung auf die Fläche F_{384} und untersuchen, wie sich diese Beziehung bei Umläufen auf der Fläche ausgestaltet.*

Die geschlossenen Umläufe auf der Fläche werden in der ω-Halbebene, die wir zugleich mit in Betracht ziehen, von den Substitutionen der Γ_{384} geliefert. Bei Fortsetzung der begründeten Beziehung über die Fläche erscheinen also zunächst der einzelnen „Stelle ω" der Fläche die unendlich vielen Punkte der ω-Halbebene:

$$(3)\qquad \omega' = \frac{n\alpha\omega + n\beta}{\gamma\omega + \delta}$$

zugeordnet, wo $\begin{pmatrix}\alpha, & \beta\\ \gamma, & \delta\end{pmatrix}$ die Γ_{384} durchläuft. *Diese Werte liefern aber nur $\psi(n)$ verschiedene Stellen der Fläche, wo $\psi(n)$ in der bekannten Bedeutung* (4) S. 220 *gebraucht ist.* In der Tat ergeben alle die Werte ω', welche bezüglich der Γ_{384} äquivalent sind, ein und dieselbe Stelle der Fläche. Ein System bezüglich der Γ_{384} äquivalenter Werte ω' repräsentieren wir aber durch einen unter ihnen und verfahren zu diesem Zwecke so:

Die Ausübung einer Substitution $V' = \begin{pmatrix}\alpha', & \beta'\\ \gamma', & \delta'\end{pmatrix}$ der Γ_{384} auf das in (3) berechnete ω' führt zu:

$$(4)\qquad V'\left(\frac{n\alpha\omega + n\beta}{\gamma\omega + \delta}\right) = \frac{(n\alpha'\alpha + \beta'\gamma)\omega + (n\alpha'\beta + \beta'\delta)}{(n\gamma'\alpha + \delta'\gamma)\omega + (n\gamma'\beta + \delta'\delta)}.$$

Indem wir die Substitution $\begin{pmatrix}\alpha, \beta\\ \gamma, \delta\end{pmatrix}$ der Γ_{384} beliebig entnommen voraussetzen, wählen wir, um die rechte Seite der Gleichung (4) möglichst einfach zu gestalten, V' in folgender Weise: Wir verstehen unter A den größten gemeinsamen Teiler von n und γ, setzen $n = A \cdot D$ und wählen zunächst:

$$\gamma' = -\frac{\gamma}{A}, \quad \delta' = \frac{n}{A}\alpha = D\alpha.$$

Dann gilt $\gamma' \equiv \gamma \equiv 0$ oder $\equiv 8 \pmod{16}$, δ' ist ungerade und γ' und δ' sind teilerfremd. Es gibt also eine Reihe von Zahlenpaaren:

$$(5) \qquad \begin{cases} \alpha' = \alpha_0' + \nu\gamma' = \alpha_0' - \nu\dfrac{\gamma}{A}, \\ \beta' = \beta_0' + \nu\delta' = \beta_0' + \nu D\alpha, \end{cases} \qquad \nu = 0, \pm 1, \pm 2, \ldots,$$

die alle die Gleichung $\alpha'\delta' - \beta'\gamma' = 1$ befriedigen, unter α_0', β_0' ein erstes solches Paar verstanden. Die Gleichung (4) aber nimmt die Gestalt an:

$$V'\left(\frac{n\alpha\omega + n\beta}{\gamma\omega + \delta}\right) = \frac{A\omega + (n\alpha_0'\beta + \beta_0'\delta) + \nu D}{D}.$$

Unter den Zahlen β' kommen solche vor, die mod 16 mit β kongruent sind.[1]) Man kann demnach auch sogleich $\beta_0' \equiv \beta \pmod{16}$ als erfüllt voraussetzen. Läßt man sodann nur noch alle durch 16 teilbaren ν zu, indem man etwa $\nu = 16\nu'$ setzt, so folgt für alle Zahlen β' die Kongruenz $\beta' \equiv \beta \pmod{16}$, und man hat zusammenfassend:

$$(6) \qquad \beta' \equiv \beta \equiv \gamma \equiv \gamma' \equiv 8 \text{ oder } \equiv 0 \pmod{16}.$$

Da $n\alpha_0'$ und δ ungerade sind, so wird $(n\alpha_0'\beta + \beta_0'\delta)$ eine durch 16 teilbare Zahl. Setzt man daraufhin:

$$(n\alpha_0'\beta + \beta_0'\delta) + 16\nu' D = 16B,$$

so kann man die noch verfügbare Zahl ν' so bestimmen, daß $0 \leqq B < D$ zutrifft. Die Gleichung (4) hat damit die Gestalt:

$$(7) \qquad V'\left(\frac{n\alpha\omega + n\beta}{\gamma\omega + \delta}\right) = \frac{A\omega + 16B}{D}, \quad (A \cdot D = n, \quad 0 \leqq B < D)$$

angenommen. Aus der Gleichung:

$$(8) \qquad V'^{-1}\left(\frac{(A\omega + 16B)}{D}\right) = \frac{n\alpha\omega + n\beta}{\gamma\omega + \delta}$$

aber stellt man leicht noch fest, daß die Zahlen A, B, D keinen gemeinsamen Faktor > 1 enthalten. *Wir haben somit in* (7) *rechts einen der* $\psi(n)$ *Repräsentanten eines „Systems 16ter Stufe" für Transformation n^{ten} Grades gewonnen.*

---

1) Man kann nämlich ν entsprechend der Kongruenz $\nu D\alpha \equiv \beta - \beta_0' \pmod{16}$ auswählen.

Indessen ist V' noch nicht in allen Fällen eine Substitution der Γ_{384}. Damit V' einer der Kongruenzen (1) genügt, ist nämlich, da $\begin{pmatrix}\alpha, & \beta\\ \gamma, & \delta\end{pmatrix}$ der Γ_{384} angehört und die Kongruenzen (6) bereits feststehen, noch erforderlich und hinreichend, daß $\delta' \equiv \pm \alpha \pmod 8$ zutrifft. Dies ist aber wegen $\delta' = D\alpha$ nur für $D \equiv \pm 1 \pmod 8$ erfüllt.[1]) Doch genügt es, falls $D \equiv +3 \pmod 8$ gilt, noch die Substitution $\begin{pmatrix}5, & 16\\ -16, & -51\end{pmatrix}$ zu V' hinzuzusetzen, um eine Substitution der Γ_{384} zu erhalten. Um beide Fälle zusammenzufassen, verstehen wir unter V_D die Substitution $\begin{pmatrix}1, & 0\\ 0, & 1\end{pmatrix}$ oder $\begin{pmatrix}5, & 16\\ -16, & -51\end{pmatrix}$, je nachdem $D \equiv \pm 1$ oder $\pm 3 \pmod 8$ zutrifft, und lassen an Stelle der Gleichung (7) die folgende treten:

$$(9) \qquad V_D \cdot V'\left(\frac{n\alpha\omega + n\beta}{\gamma\omega + \delta}\right) = V_D\left(\frac{A\omega + 16B}{D}\right), \quad (A \cdot D = n, \quad 0 \leqq B < D).$$

Entsprechend werden wir die $\psi(n)$ hier rechts auftretenden Transformationen zu einem *„Repräsentantensysteme 16. Stufe" für Transformation des ungeraden Grades n* wählen.

Die durch die Zuordnung der Werte ω und $\omega' = n\omega$ begründete Beziehung zweier Stellen der Fläche F_{384} aufeinander ist also so beschaffen, daß bei geschlossenen Umläufen der Stelle ω auf der Fläche als jener Stelle zugeordnet höchstens $\psi(n)$ Stellen gewonnen werden, die durch (9) gegeben sind. Daß man der einzelnen Stelle aber auch nicht weniger als $\psi(n)$ Stellen zugeordnet findet, ist gruppentheoretisch einleuchtend. Die beiden Werte:

$$n\omega, \qquad \frac{n\alpha\omega + n\beta}{\gamma\omega + \delta} = \frac{\alpha(n\omega) + n\beta}{n^{-1}\gamma(n\omega) + \delta}$$

sind nämlich (bei variablem ω) stets und nur dann bezüglich der Γ_{384} äquivalent, wenn $n^{-1}\gamma$ ganzzahlig, also $\gamma \equiv 0 \pmod n$ ist. Es muß also $\begin{pmatrix}\alpha, & \beta\\ \gamma, & \delta\end{pmatrix}$ der durch $\gamma \equiv 0 \pmod n$ und die Kongruenzen (1) erklärten Kongruenzgruppe der Stufe $16n$ und des Index $384\psi(n)$ angehören, die innerhalb der Γ_{384} eine Untergruppe des Index $\psi(n)$ ist. Es finden sich also unter den Werten (3), falls $\begin{pmatrix}\alpha, & \beta\\ \gamma, & \delta\end{pmatrix}$ die Γ_{384} durchläuft, in der Tat $\psi(n)$ bezüglich dieser Gruppe inäquivalente Werte. *Die auf der Fläche F_{384} begründete und über sie fortgesetzte Punktzuordnung ist also so beschaffen, daß der einzelnen Stelle der Fläche stets $\psi(n)$ Stellen zugeordnet sind.*

Die Inversion der auf der Fläche F_{384} konstruierten Zuordnung würde der Stelle ω die Stelle $\frac{\omega}{n}$ zuweisen, eine Zuordnung, die dann

---

1) Für den als Beispiel in Betracht kommenden Fall $n = 7$ gehört also V' bereits der Γ_{384} an.

wieder über die Fläche hin fortzusetzen sein würde. Aber im Falle $n \equiv \pm 1 \pmod 8$ ist bereits bei der ursprünglichen Zuordnung $\frac{\omega}{n}$ eine der $\psi(n)$ der Stelle ω zugeordneten Stellen. Um im Falle $n \equiv \pm 3 \pmod 8$ die Inversion zu vollziehen, bemerken wir zunächst, *daß für alle n die konstruierte Zuordnung nur erst eine unter* 384 *gleichberechtigte ist.* Die Γ_{384} ist nämlich eine ausgezeichnete Untergruppe, so daß die Fläche F_{384} 384 eindeutige Transformationen in sich zuläßt, entsprechend den 384 bezüglich der Γ_{384} inäquivalenten Substitutionen 1, $V_1, V_2, \ldots, V_{383}$ der Gesamtgruppe $\Gamma^{(\omega)}$. Ist V_i irgendeine dieser Substitutionen, so erhalten wir stets wieder eine Zuordnung unserer Art, wenn wir der Stelle ω die $\psi(n)$ Stellen:

$$V_i \cdot V_D\left(\frac{A\omega + 16B}{D}\right)$$

zuweisen. Es gilt dann einfach der Satz: *Im Falle* $n \equiv \pm 1 \pmod 8$ *ist die durch* $\omega' = n\omega$ *begründete Zuordnung sich selbst invers, bei* $n \equiv \pm 3$ (mod 8) *führt ihre Inversion zu einer anderen unter den* 384 *gleichberechtigten Anordnungen.*

Punktzuordnungen der fraglichen Art sind zuerst auf algebraischen Kurven betrachtet und als „Korrespondenzen" bezeichnet. Von den Kurven aber überträgt man sie sofort auf Riemannsche Flächen. Die hier auf der F_{384} hergestellten Zuordnungen heißen insbesondere *„Modularkorrespondenzen"*. Da die einzelne Zuordnung, sowie auch ihre Umkehrung jedem Flächenpunkte $\psi(n)$ Punkte zuweist, *so wird die Modularkorrespondenz „$\psi(n)$-$\psi(n)$-deutig" genannt.*

Die vorstehende Betrachtung ist auch auf andere ausgezeichnete Kongruenzuntergruppen der Modulgruppe $\Gamma^{(\omega)}$ übertragbar, von denen wir sogleich einige zu nennen haben werden. Ist die Untergruppe vom Geschlechte 0, so gibt es eine zugehörige *einwertige* Modulfunktion. Diese ist zur algebraischen Darstellung der Korrespondenz besonders geeignet: *Wir gelangen einfach zur „Transformationsgleichung" oder „Modulargleichung" der fraglichen Funktion.* Haben wir eine Gruppe mit $p > 0$, so kommen zweckmäßig die Methoden der Geometrie bei Darstellung der Korrespondenzen zur Geltung, *und gerade hier erhalten wir die Aufklärung über die Natur der irrationalen Modulargleichungen.*

Ehe dies weiter ausgeführt wird, sollen die fünf ausgezeichneten Kongruenzuntergruppen und ihre Funktionssysteme zusammengestellt werden, die für die in § 8 aufgestellten irrationalen Modulargleichungen in Betracht kommen. Zunächst ist *eine ausgezeichnete Gruppe achter Stufe* Γ_{96} *des Index* 96 zu nennen, bestehend aus allen die Kongruenzen:

$$V \equiv \begin{pmatrix}1, & 0\\ 0, & 1\end{pmatrix}, \begin{pmatrix}5, & 0\\ 0, & 5\end{pmatrix} \pmod 8$$

befriedigenden Substitutionen. Zu ihr gehört das System der Funktionen $\sqrt{k}$, $\sqrt{k'}$, verbunden durch die Relation:

(10) $$(\sqrt{k})^4 + (\sqrt{k'})^4 = 1.$$

An zweiter Stelle ordnen wir unsere obige Γ_{384} ein. Um drei weitere Gruppen der Stufen 12, 24 und 48 zu erklären, verstehen wir unter Γ_3 die durch:

$$V \equiv \begin{pmatrix}1, & 0\\ 0, & 1\end{pmatrix}, \begin{pmatrix}0, & 1\\ 2, & 0\end{pmatrix}, \begin{pmatrix}1, & 1\\ 1, & 2\end{pmatrix}, \begin{pmatrix}1, & 2\\ 2, & 2\end{pmatrix} \pmod 3$$

erklärte ausgezeichnete Kongruenzgruppe dritter Stufe (die der ausgezeichneten Vierergruppe G_4 in der Tetraedergruppe G_{12} entspricht). Es handelt sich um die zur dritten Wurzel $\sqrt[3]{J}$ gehörende Gruppe, eine Funktion, die zum Integralmodul in der Beziehung steht:

(11) $$\sqrt[3]{J} = \frac{\sqrt[3]{4}\,(1 - k^2 + k^4)}{3kk'\sqrt[3]{kk'}}.$$

An dritter Stelle nennen wir jetzt den *Durchschnitt der Γ_3 und der Hauptkongruenzgruppe vierter Stufe Γ_{24}, der eine ausgezeichnete Kongruenzgruppe zwölfter Stufe Γ_{72} des Index* 72 *ist.* Als Funktionssystem haben wir k, k', $\sqrt[3]{J}$ oder auch (wegen (11)) die Funktionen k, k', $\sqrt[3]{kk'}$, verbunden durch die beiden Relationen:

(12) $$k^2 + k'^2 = 1, \quad k \cdot k' - (\sqrt[3]{kk'})^3 = 0.$$

Endlich folgen an vierter und fünfter Stelle *die Durchschnitte der Γ_3 mit den beiden ersten Gruppen Γ_{96} und Γ_{384}, die Kongruenzgruppen Γ_{288} und Γ_{1152} der Stufen* 24 *und* 48 *sowie der Indizes* 288 *und* 1152 *sind.* Ein System von Funktionen der Γ_{288} ist $\sqrt{k}$, $\sqrt{k'}$, $\sqrt[6]{kk'}$, verbunden durch:

(13) $$(\sqrt{k})^4 + (\sqrt{k'})^4 = 1, \quad \sqrt{k}\cdot\sqrt{k'} - (\sqrt[6]{kk'})^3 = 0;$$

ein solches der Γ_{1152} aber haben wir in $\sqrt[4]{k}$, $\sqrt[4]{k'}$, $\sqrt[12]{kk'}$, verbunden durch die beiden Beziehungen:

(14) $$(\sqrt[4]{k})^8 + (\sqrt[4]{k'})^8 = 1, \quad \sqrt[4]{k}\sqrt[4]{k'} - (\sqrt[12]{kk'})^3 = 0.$$

Um die geometrische Sprechweise bequem einführen zu können, nennen wir die Funktionen des einzelnen Systems x, y bzw. x, y, z und deuten sie als rechtwinklige Koordinaten in der Ebene bzw. im Raume. Wir haben dann unseren fünf Gruppen entsprechend, folgende Bedeutungen der x, y, z und folgende Relationen:

$$\Gamma_{96}, \quad x = \sqrt{k}, \quad y = \sqrt{k'}, \quad x^4 + y^4 = 1,$$
$$\Gamma_{384}, \quad x = \sqrt[4]{k}, \quad y = \sqrt[4]{k'}, \quad x^8 + y^8 = 1,$$
$$\Gamma_{72}, \quad x = k, \quad y = k', \quad z = \sqrt[3]{kk'}, \quad x^2 + y^2 = 1, \quad xy - z^3 = 0,$$
$$\Gamma_{288}, \quad x = \sqrt{k}, \quad y = \sqrt{k'}, \quad z = \sqrt[6]{kk'}, \quad x^4 + y^4 = 1, \quad xy - z^3 = 0.$$
$$\Gamma_{1152}, \quad x = \sqrt[4]{k}, \quad y = \sqrt[4]{k'}, \quad z = \sqrt[12]{kk'}, \quad x^8 + y^8 = 1, \quad xy - z^3 = 0.$$

Die ersten beiden Relationen deuten wir als ebene Kurven vierten bzw. achten Grades, die drei weiteren Relationenpaare ergeben entsprechend Raumkurven sechsten, zwölften und 24ten Grades.

Es gilt nun der Satz: *Die irrationalen Modulargleichungen sind aufzufassen als die algebraischen Darstellungen der Modularkorrespondenzen auf den fraglichen Kurven.* In den in § 8 betrachteten Fällen sind diese Darstellungen besonders einfach, sie haben nämlich die Gestalten *bilinearer Gleichungen* zwischen den Koordinaten der beiden zugeordneten Punkte. Bezeichnet man die transformierten Funktionen durch x', y' bzw. x', y', z', so nehmen die beiden Gleichungen (1) und (2) S. 525 übereinstimmend die Gestalt an:

$$xx' + yy' = 1, \tag{15}$$

während die drei Gleichungen (9) und (10) S. 527 sich so schreiben:

$$xx' + yy' + czz' = 1, \tag{16}$$

wo c den Transformationsgraden 5, 11 und 23 entsprechend bzw. gleich $2\sqrt[3]{4}$, $2\sqrt[3]{2}$ und $\sqrt[3]{4}$ ist. *Die fünf in Rede stehenden Modularkorrespondenzen werden also auf den betreffenden Kurven durch Gerade bzw. durch Ebenen ausgeschnitten.*

Die zur Γ_{384} gehörenden Modularkorrespondenzen sind ausführlich von E. Fiedler mit invariantentheoretischen Hilfsmitteln behandelt.[1]) Die allgemeine Hurwitzsche Theorie der Modularkorrespondenzen, die auf transzendenter Grundlage ruht, ist in „Modulfunktionen“ Bd. 2 ausführlich behandelt, worauf hier verwiesen sein mag.

§ 10. System der Modulfunktionen sechster Stufe.

Nahe verwandt mit den irrationalen Modulargleichungen sind die schon S. 296 erwähnten „Thetarelationen“, die zahlreich in der älteren und neueren Literatur auftreten. Die algebraische Natur dieser Relationen und ihr Zusammenhang untereinander haben durch die Theorie der Modulfunktionen Aufklärung gewonnen. Um dies hier wenigstens für die bei dem dritten Transformationsgrade auftretenden Thetarelationen näher darzulegen, haben wir eine Zusammenstellung der Modulfunktionen sechster Stufe voraufzusenden.

Die Modulgruppe $\Gamma^{(\omega)}$ reduziert sich mod 6 auf eine Gruppe G_{72} der Ordnung 72, in der die mod 3 mit 1 kongruenten Substitutionen eine G_6 vom Diedertypus, die mod 2 mit 1 kongruenten aber eine G_{12} vom Tetraedertypus bilden. In der Diedergruppe G_6 ist bekanntlich eine aus-

1) In der Leipziger Dissertation „Über eine Klasse irrationaler Modulargleichungen der elliptischen Funktionen“, veröffentlicht in der Züricher Vierteljahrsschrift, Bd. 30 (1886).

gezeichnete zyklische G_3 enthalten; sie wird bei der vorliegenden G_6 von den folgenden Substitutionen der G_{72} gebildet:

$$(1)\qquad V_0 = \begin{pmatrix}1, & 0\\ 0, & 1\end{pmatrix},\quad V_1 \equiv \begin{pmatrix}1, & 3\\ 3, & 10\end{pmatrix},\quad V_2 \equiv \begin{pmatrix}2, & 3\\ 3, & 5\end{pmatrix} \pmod 6.$$

Die Tetraedergruppe enthält eine ausgezeichnete Vierergruppe G_4, die innerhalb der eben genannten Untergruppe G_{12} der G_{72} von den Substitutionen gebildet wird:

$$(2)\quad V_0 \equiv \begin{pmatrix}1, & 0\\ 0, & 1\end{pmatrix},\quad V_1' \equiv \begin{pmatrix}3, & 4\\ 2, & 3\end{pmatrix},\quad V_2' = \begin{pmatrix}1, & 2\\ 2, & 5\end{pmatrix},\quad V_3' \equiv \begin{pmatrix}1, & -2\\ -2, & 5\end{pmatrix} \pmod 6.$$

Für die drei letzten Substitutionen gilt, dem Typus der Vierergruppe entsprechend:

$$(3)\qquad \begin{gathered} V_2'\cdot V_3' \equiv V_3'\cdot V_2' \equiv V_1',\qquad V_3'\cdot V_1' \equiv V_1'\cdot V_3' \equiv V_2',\\ V_1'\cdot V_2' \equiv V_2'\cdot V_1' \equiv V_3', \end{gathered}$$

wo sich die Kongruenzen hier und weiterhin auf den Modul 6 beziehen. Für die Transformation der vorstehenden Substitutionen mittelst der Substitution $S \equiv \begin{pmatrix}1, & 1\\ 0, & 1\end{pmatrix}$ merken wir gleich die Regeln an:

$$(4)\qquad \begin{cases} S\cdot V_1\cdot S^{-1} \equiv V_2,\qquad S\cdot V_2\cdot S^{-1} \equiv V_1,\\ S\cdot V_1'\cdot S^{-1} \equiv V_3',\qquad S\cdot V_2'\cdot S^{-1} \equiv V_1',\qquad S\cdot V_3'\cdot S^{-1} \equiv V_2'. \end{cases}$$

Es erzeugt nun die Substitution S innerhalb der G_{72} eine zyklische G_6, in der die zyklische G_3 der Substitutionen 1, S^2, S^4 und die zyklische G_2 der Substitutionen 1, S^3 enthalten sind. Da aus (4) die Kongruenzen:

$$V_1\cdot S^2\cdot V_1^{-1} \equiv S^2,\quad V_2\cdot S^2\cdot V_2^{-1} \equiv S^2$$

folgen, so ist die zyklische G_3 nicht nur innerhalb der G_6, sondern innerhalb der Gruppe:

$$G_{18} = G_6 + G_6\cdot V_1 + G_6\cdot V_2$$

ausgezeichnet. Die G_3 ist demnach höchstens eine der unter $72:18 = 4$ gleichberechtigten Gruppen. Da weiter aus (4) und (3) die Kongruenzen:

$$V_1'\cdot S^2\cdot V_1'^{-1} \equiv S^2\cdot V_2',\quad V_2'\cdot S^2\cdot V_2'^{-1} \equiv S^2\cdot V_3',\quad V_3'\cdot S^2\cdot V_3'^{-1} \equiv S^2\cdot V_1'$$

folgen, *so erhalten wir tatsächlich vier gleichberechtigte Gruppen:*

$$(5)\qquad G_3,\quad V_1'\cdot G_3\cdot V_1'^{-1},\quad V_2'\cdot G_3\cdot V_2'^{-1},\quad V_3'\cdot G_3\cdot V_3'^{-1}.$$

In ähnlicher Weise zeigt man: *Es gibt in der G_{72} drei gleichberechtigte zyklische Untergruppen:*

$$(6)\qquad G_2,\quad V_1\cdot G_2\cdot V_1^{-1},\quad V_2\cdot G_2\cdot V_2^{-1}.$$

Der G_6 entspricht die durch $\gamma \equiv 0 \pmod 6$ zu erklärende Kongruenzgruppe sechster Stufe Γ_{12}, deren Diskontinuitätsbereich das in Fig. 4, S. 354, dargestellte Transformationspolygon für den sechsten Grad ist. Dieses Polygon hatte das Geschlecht 0. Zur G_3 gehört entsprechend die durch $\gamma \equiv 0 \pmod 6$, $\beta \equiv 0 \pmod 2$ erklärte Kongruenzgruppe Γ_{24},

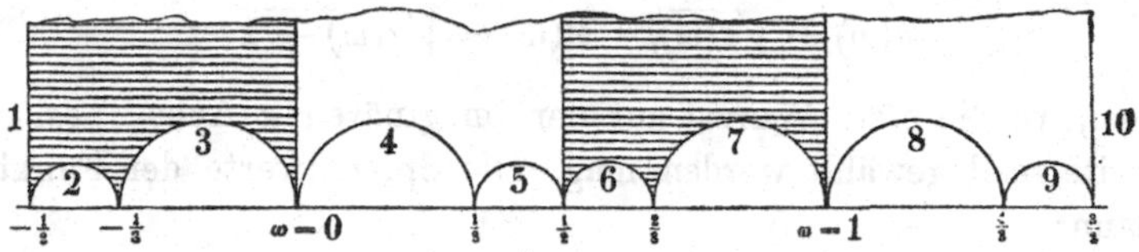

Fig. 39.

deren Diskontinuitätsbereich die in Fig. 39 dargestellte Gestalt hat. Aus der Zusammenordnung der mit Nummern versehenen Seiten:

$$1 \to 10, \begin{pmatrix}1, & 2\\0, & 1\end{pmatrix}; \quad 2 \to 5, \begin{pmatrix}5, & 2\\12, & 5\end{pmatrix}; \quad 3 \to 4, \begin{pmatrix}1, & 0\\6, & 1\end{pmatrix}; \quad 6 \to 9, \begin{pmatrix}17, & -10\\12, & -7\end{pmatrix};$$

$$7 \to 8, \begin{pmatrix}7, & -6\\6, & -5\end{pmatrix}$$

ergibt sich als Geschlecht dieses Bereiches gleichfalls 0. Zur G_2 gehört endlich die durch $\gamma \equiv 0 \pmod 6$, $\beta \equiv 0 \pmod 3$ erklärte Kongruenz-

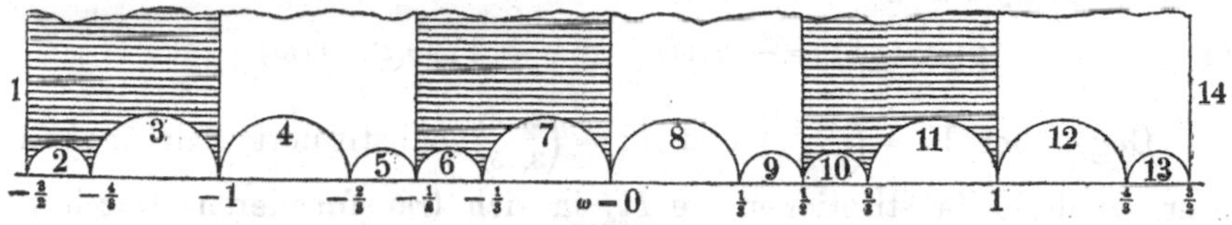

Fig. 40.

gruppe Γ_{36}, deren Diskontinuitätsbereich in Fig. 40 abgebildet ist. Die Seitenzuordnung:

$$1 \to 14, \begin{pmatrix}1, & 3\\0, & 1\end{pmatrix}; \quad 2 \to 13, \begin{pmatrix}17, & 24\\12, & 17\end{pmatrix}; \quad 3 \to 4, \begin{pmatrix}5, & 6\\-6, & -7\end{pmatrix};$$

$$5 \to 6, \begin{pmatrix}5, & 3\\-12, & -7\end{pmatrix}; \quad 7 \to 8, \begin{pmatrix}1, & 0\\6, & 1\end{pmatrix}; \quad 9 \to 10, \begin{pmatrix}7, & -3\\12, & -5\end{pmatrix};$$

$$11 \to 12, \begin{pmatrix}7, & -6\\6, & -5\end{pmatrix}$$

ergibt auch für diesen Bereich wieder das Geschlecht 0.

An Stelle der S. 446ff. benutzten einwertigen Funktion τ der Γ_{12} soll hier die Funktion:

(7) $$z(\omega) = 9\left(1 + \frac{4}{\tau(\omega)}\right)$$

eingeführt werden, deren Spitzenwerte sich aus denen von $\tau(\omega)$ so berechnen:

(8) $$z(i\infty) = \infty, \quad z(0) = 9, \quad z(\pm\tfrac{1}{3}) = 1, \quad z(\pm\tfrac{1}{2}) = 0.$$

Mittelst $z(\omega)$ werden die Bereiche der Fig. 39 und 40 auf Riemannsche Flächen mit 2 bzw. 3 Blättern abgebildet; und zwar hat die erste Fläche zwei Verzweigungspunkte bei $z = \infty$ und $z = 0$, die zweite aber zwei dreiblättrige Verzweigungspunkte bei $z = \infty$ und $z = 1$. Als einwertige Funktionen der beiden Gruppen Γ_{24} und Γ_{36} kann man demnach:

$$(9)\qquad y(\omega) = \sqrt{z(\omega)}, \quad x(\omega) = \sqrt[3]{z(\omega) - 1}$$

benutzen, wo die erste Wurzel auf der imaginären ω-Achse positiv und die zweite reell gewählt werden mag. Die Spitzenwerte der Funktion y sind dann:

$$(10)\qquad \begin{cases} y(i\infty) = \infty, \quad y(\pm \frac{1}{2}) = y(\frac{3}{2}) = 0, \quad y(\pm \frac{1}{3}) = 1, \\ y(\frac{2}{3}) = y(\frac{4}{3}) = -1, \quad y(0) = 3, \quad y(1) = -3, \end{cases}$$

diejenigen der Funktion x aber:

$$(11)\qquad \begin{cases} x(i\infty) = \infty, \quad x(0) = 2, \quad x(\pm 1) = 2\varepsilon^{\mp 1}, \quad x(\pm \frac{3}{2}) = -1, \\ x(\pm \frac{1}{2}) = -\varepsilon^{\pm 1}, \quad x(\pm \frac{1}{3}) = x(\pm \frac{2}{3}) = x(\pm \frac{4}{3}) = 0, \end{cases}$$

wo ε die dritte Einheitswurzel $e^{\frac{2i\pi}{3}}$ bedeutet. Die Wirkung der Substitution S auf y und x ist:

$$(12)\qquad y(\omega + 1) = -y(\omega), \quad x(\omega + 1) = \varepsilon^{-1}x(\omega).$$

Gegenüber $V_1 = \begin{pmatrix} 1, & 3 \\ 3, & 10 \end{pmatrix}$ und $V_2 = \begin{pmatrix} 2, & 3 \\ 3, & 5 \end{pmatrix}$ substituiert sich $y(\omega)$ linear, da diese Substitutionen die Γ_{24} in sich transformieren. Durch V_1 werden die Spitzen $\omega = i\infty, -3, -\frac{7}{2}$ bzw. in $\omega = \frac{1}{3}, 0, 1$ übergeführt, und also die Werte $y = \infty, -3, 0$ bzw. in $y = 1, +3, -3$. Hieraus schließt man leicht auf die erste der beiden Gleichungen:

$$(13)\qquad y(V_1(\omega)) = \frac{y(\omega) - 3}{y(\omega) + 1}, \quad y(V_2(\omega)) = \frac{y(\omega) + 3}{-y(\omega) + 1},$$

während die zweite entsprechend folgt. Durch Kombination mit der ersten Substitution (12) ergibt sich für y eine aus den sechs Substitutionen:

$$(14)\qquad y' = \pm y, \quad y' = \pm \frac{y - 3}{y + 1}, \quad y' = \mp \frac{y + 3}{y - 1}$$

bestehende Diedergruppe G_6.

Entsprechendes gilt für $x(\omega)$. Hier ist die Wirkung der obigen Substitutionen V_1', V_2', V_3':

$$(15)\qquad x(V_1'(\omega)) = -\frac{x(\omega) - 2}{x(\omega) + 1}, \quad x(V_2'(\omega)) = -\frac{x(\omega) - 2\varepsilon}{\varepsilon^2 x(\omega) + 1},$$
$$x(V_3'(\omega)) = -\frac{x(\omega) - 2\varepsilon^2}{\varepsilon x(\omega) + 1},$$

woraus man durch Kombination mit der zweiten Substitution (12) zwölf, eine Tetraedergruppe bildende Substitutionen erhält:

$$(16)\qquad x' = \varepsilon^\nu x, \quad x' = -\varepsilon^\nu \frac{x - 2}{x + 1}, \quad x' = -\varepsilon^\nu \frac{x - 2\varepsilon^{\pm 1}}{\varepsilon^{\mp 1}x + 1}, \qquad \nu = 0, 1, 2$$

Die Funktionen x und y, die zufolge (9) in der Beziehung:

$$y^2 = x^3 + 1 \tag{17}$$

stehen, bilden zusammengenommen ein einfachstes *System von Funktionen für die Hauptkongruenzgruppe sechster Stufe* Γ_{72}. Alle Funktionen dieser Γ_{72} sind dann rational in x und y darstellbar. Diese Darstellungen sollen insbesondere für die mit y und x gleichberechtigten Funktionen angegeben werden. Zufolge (5) können wir für die vier mit der Γ_{24} gleichberechtigten Gruppen als einwertige Funktionen:

$$(18)\qquad y_0(\omega) = y(\omega),\quad y_1(\omega) = y(V_1'(\omega)),\quad y_2(\omega) = y(V_2'(\omega)),$$
$$y_3(\omega) = y(V_3'(\omega))$$

benutzen. Hieran reihen sich zufolge (6) für die drei mit Γ_{36} gleichberechtigten Gruppen die Funktionen:

$$(19)\qquad x_0(\omega) = x(\omega),\quad x_1(\omega) = x(V_1(\omega)),\quad x_2(\omega) = x(V_2(\omega)).$$

Nun ergibt sich mit Benutzung von (15) und (17):

$$y_1^2 = x(V_1'(\omega))^3 + 1 = 1 + \left(\frac{2 - x(\omega)}{1 + x(\omega)}\right)^3.$$

Der rechts stehende Ausdruck muß sich mit Hilfe von (17) in das Quadrat einer rationalen Funktion von x und y umwandeln lassen. In der Tat findet man:

$$1 + \left(\frac{2-x}{1+x}\right)^3 = 9\,\frac{1 - x + x^2}{(1+x)^3} = 9\,\frac{1 + x^3}{(1+x)^4} = \left(\frac{3y}{(1+x)^2}\right)^2,$$

womit der Ausdruck von y_1 in x und y bis auf das Vorzeichen gegeben ist. Das Vorzeichen aber bestimmt man leicht durch Eintragen des Wertes $\omega = 0$. Entsprechend findet man die Ausdrücke für y_2 und y_3. Es gilt der Satz: *Die drei mit y gleichberechtigten Funktionen y_1, y_2, y_3 stellen sich in x und y wie folgt dar:*

$$(20)\qquad y_1 = -\frac{3y}{(1+x)^2},\quad y_2 = -\frac{3y}{(1+\varepsilon^2 x)^2},\quad y_3 = -\frac{3y}{(1+\varepsilon x)^2}.$$

Eine ähnliche Rechnung wird man für die x_1, x_2 leicht ausführen. *Die mit x gleichberechtigten Funktionen x_1 und x_2 stellen sich in x und y so dar:*

$$(21)\qquad x_1 = -\frac{2x}{1+y},\quad x_2 = -\frac{2x}{1-y}.$$

Ein paar naheliegende Folgerungen aus (17) und (20) sind:

$$(22)\qquad \begin{cases} \dfrac{1}{y} + \dfrac{1}{y_1} + \dfrac{1}{y_2} + \dfrac{1}{y_3} = 0, \\[2mm] \dfrac{1}{y^2} + \dfrac{1}{y_1^2} + \dfrac{1}{y_2^2} + \dfrac{1}{y_3^2} = \dfrac{4}{3}, \\[2mm] y \cdot y_1 \cdot y_2 \cdot y_3 = -27. \end{cases}$$

Ebenso ergibt sich aus (17) und (21):

$$(23)\quad \begin{cases} \dfrac{1}{x}+\dfrac{1}{x_1}+\dfrac{1}{x_2}=0, \\ \dfrac{1}{x^3}+\dfrac{1}{x_1^3}+\dfrac{1}{x_2^3}=-\dfrac{3}{4}, \\ x\cdot x_1\cdot x_2=-4. \end{cases}$$

Um die folgenden Rechnungen nicht unterbrechen zu müssen, stellen wir noch die Wirkung der Substitution $T=\begin{pmatrix}0, & 1\\ -1, & 0\end{pmatrix}$ auf $y(\omega)$ fest. Die Gruppe $T\cdot\Gamma_{24}\cdot T^{-1}$ ist durch $\beta\equiv 0 \pmod 6$, $\gamma\equiv 0 \pmod 2$ charakterisiert. Den gleichen Kongruenzen genügt aber die Gruppe $V_1'\cdot\Gamma_{24}\cdot V_1'^{-1}$, so daß die beiden Funktionen $y\left(\frac{-1}{\omega}\right)$ und $y_1(\omega)$ linear zusammenhängen:

$$y\left(\frac{-1}{\omega}\right)=\frac{a y_1(\omega)+b}{c y_1(\omega)+d}.$$

Man setze nacheinander die drei Werte $\omega = i\infty$, 0 und -1 ein und findet, daß den Werten $y_1(\omega)=0, -1, -3$ bzw. die Werte $y\left(\frac{-1}{\omega}\right)=3$, ∞, -3 entsprechen. Hieraus bestimmen sich die Koeffizienten a, b, c, d:

$$(24)\qquad y\left(\frac{-1}{\omega}\right)=-\frac{y_1(\omega)-3}{y_1(\omega)+1}.$$

§ 11. Die Thetarelationen des dritten Transformationsgrades.

Die drei Nullwerte der geraden Thetafunktionen bezeichnen wir wie üblich kurz durch ϑ_ν für $\nu=0, 2, 3$ an Stelle der ausführlichen Schreibweise $\vartheta_\nu(q)$. Sie gehen durch die erste Haupttransformation dritten Grades über in $\vartheta_\nu(q^3)$, wofür wir kurz θ_ν schreiben. Für die übrigen drei Transformationen dritten Grades werden wir unten die Bezeichnungen $\theta_\nu^{(1)}$, $\theta_\nu^{(2)}$, $\theta_\nu^{(3)}$ näher erklären. Diese Größen stehen nun in nächster Beziehung zu den in § 10 betrachteten Funktionen sechster Stufe, und umgekehrt werden wir die zum dritten Transformationsgrade gehörenden „Thetarelationen" aus den grundlegenden algebraischen Relationen des vorigen Paragraphen ableiten können.

Zunächst sind der Integralmodul $k^2(\omega)$ und die durch die erste Haupttransformation entstehende Funktion $k^2(3\omega)$ gegenüber der Γ_{24} invariant und also rational in y darstellbar. Man stellt sehr leicht die Werteverteilung jener beiden Funktionen im Bereiche der Fig. 39 fest, indem man einmal die ursprüngliche ω-Teilung (für $k^2(\omega)$), sodann die auf ein Drittel reduzierte ω-Teilung (für $k^2(3\omega)$) einträgt. Es ergeben sich daraus die Darstellungen:

$$(1)\quad k^2(\omega)=\left(\frac{\vartheta_2}{\vartheta_3}\right)^4=\frac{16y^3}{(y-1)(y+3)^3},\quad k^2(3\omega)=\left(\frac{\theta_2}{\theta_3}\right)^4=\frac{16y}{(y-1)^3(y+3)}.$$

Mit Benutzung von (23) in I, 419 folgt hieraus weiter:

$$(2)\qquad \left(\frac{\vartheta_0}{\vartheta_3}\right)^4 = \frac{(y+1)(y-3)^3}{(y-1)(y+3)^3}, \quad \left(\frac{\theta_0}{\theta_3}\right)^4 = \frac{(y+1)^3(y-3)}{(y-1)^3(y+3)}.$$

Für den zum zweiten Teilungsgrade gehörenden Teilwert σ_{01} der Sigmafunktion ergibt sich aus einer in I, 452 aufgestellten Gleichung bei wiederholter Benutzung der Produktdarstellung der Diskriminante $\varDelta$:

$$\sigma_{01}(\omega_1, \omega_2)\sqrt[12]{\varDelta} = -2q^{\frac{1}{6}}\prod_{m=1}^{\infty}(1+q^{2m})^2,$$

$$(3)\qquad \sigma_{01}(\omega_1, \omega_2)\sqrt[6]{\varDelta} = -2\sqrt[12]{\varDelta_2}, \quad \sigma_{01}(3\omega_1, \omega_2)\sqrt[6]{\varDelta_3} = -2\sqrt[12]{\varDelta_6},$$

wo $\varDelta_\nu$ im Sinne von S. 438 gebraucht ist. Den Übergang zur ϑ_2-Funktion vermitteln die Gleichungen:

$$\sqrt{\frac{\omega_2}{2\pi}}\sqrt[8]{\varDelta}\,\sigma_{01}(\omega_1, \omega_2) = \vartheta_2, \quad \sqrt{\frac{\omega_2}{2\pi}}\sqrt[8]{\varDelta_3}\,\sigma_{01}(3\omega_1, \omega_2) = \theta_2.$$

Aus (3) ergibt sich daraufhin leicht:

$$(4)\qquad \left(\frac{\vartheta_2}{\theta_2}\right)^2 = \sqrt[4]{\frac{\varDelta}{\varDelta_3}}\left(\frac{\sigma_{01}(\omega_1, \omega_2)}{\sigma_{01}(3\omega_1, \omega_2)}\right)^2 = \sqrt[12]{\frac{\varDelta_3\varDelta_2^2}{\varDelta\varDelta_6^2}}.$$

Nun folgt aus den S. 447ff. entwickelten Gleichungen der Transformation sechsten Grades:

$$\frac{\varDelta_2}{\varDelta} = \frac{\tau(\tau+4)^3}{2^8(2\tau+9)}, \quad \frac{\varDelta_3}{\varDelta} = \frac{\tau^2(2\tau+9)^4}{3^{12}(\tau+4)^2}, \quad \frac{\varDelta_6}{\varDelta} = \frac{\tau^5(2\tau+9)}{2^8\cdot 3^{12}(\tau+4)}.$$

Bei Zusammenfassung dieser Gleichungen ergibt sich unter Einführung der Funktionen z und y von § 10:

$$\frac{\varDelta_3\varDelta_2^2}{\varDelta\varDelta_6^2} = 3^{12}\frac{(\tau+4)^6}{\tau^6} = \left(9\left(1+\frac{4}{\tau}\right)\right)^6 = z^6 = y^{12}.$$

Man wird also zur ersten der drei folgenden Gleichungen geführt:

$$(5)\qquad \left(\frac{\vartheta_2}{\theta_2}\right)^2 = y, \quad \left(\frac{\vartheta_3}{\theta_3}\right)^2 = \frac{y+3}{y-1}, \quad \left(\frac{\vartheta_0}{\theta_0}\right)^2 = \frac{y-3}{y+1},$$

während sich die zweite und dritte durch Vermittlung von (1) und (2) berechnen.[1])

Auf die Gleichungen (5) übe man die Substitution $T = \begin{pmatrix} 0, & 1 \\ -1, & 0 \end{pmatrix}$ aus, deren Wirkung auf y in (24) S. 538 berechnet ist. Die ursprünglichen ϑ-Nullwerte transformieren sich zufolge (4) in I, 482 so:

$$\vartheta_0\left(e^{-\frac{\pi i}{\omega}}\right)^2 = -i\omega\vartheta_2(q)^2, \quad \vartheta_2\left(e^{-\frac{\pi i}{\omega}}\right)^2 = -i\omega\vartheta_0(q)^2,$$

$$\vartheta_3\left(e^{-\frac{\pi i}{\omega}}\right)^2 = -i\omega\vartheta_3(q)^2.$$

Für die transformierten Thetanullwerte ergibt sich entsprechend:

1) Bei Wurzelziehungen wolle man die zutreffenden Einheitswurzeln stets durch Betrachtung der Werte unserer Funktionen auf der imaginären ω-Achse bestimmen.

$$\theta_0\left(e^{-\frac{\pi i}{\omega}}\right)^2 = \vartheta_0\left(e^{-\frac{3\pi i}{\omega}}\right)^2 = -i\frac{\omega}{3}\vartheta_2\left(q^{\frac{1}{3}}\right)^2,$$

$$\theta_2\left(e^{-\frac{\pi i}{\omega}}\right)^2 = \vartheta_2\left(e^{-\frac{3\pi i}{\omega}}\right)^2 = -i\frac{\omega}{3}\vartheta_0\left(q^{\frac{1}{3}}\right)^2.$$

$$\theta_3\left(e^{-\frac{\pi i}{\omega}}\right)^2 = \vartheta_3\left(e^{-\frac{3\pi i}{\omega}}\right)^2 = -i\frac{\omega}{3}\vartheta_3\left(q^{\frac{1}{3}}\right)^2.$$

Hier liegt rechts die zweite Haupttransformation dritten Grades vor, für die wir folgende Abkürzungen einführen:

$$\vartheta_\nu\left(q^{\frac{1}{3}}\right) = i\sqrt{3}\,\theta_\nu^{(1)}.$$

Die Gleichungen (5) rechnen sich damit um auf:

$$(6)\qquad \left(\frac{\vartheta_2}{\theta_2^{(1)}}\right)^2 = y_1,\quad \left(\frac{\vartheta_3}{\theta_3^{(1)}}\right)^2 = \frac{y_1+3}{y_1-1},\quad \left(\frac{\vartheta_0}{\theta_0^{(1)}}\right)^2 = \frac{y_1-3}{y_1+1}.$$

Um die beiden letzten Repräsentanten zu gewinnen, üben wir auf (6) die Substitutionen $\begin{pmatrix}1, & 8\\ 0, & 1\end{pmatrix}$ und $\begin{pmatrix}1, & 16\\ 0, & 1\end{pmatrix}$ aus, wobei y_1 in y_2 bzw. y_3 übergeht, die ϑ_ν unverändert bleiben und die $\theta_\nu^{(1)}$ die transformierten Größen $\theta_\nu^{(2)}$ bzw. $\theta_\nu^{(3)}$ liefern mögen. Unter Hinzunahme der Gleichungen (6) findet man:

$$(7)\qquad \left(\frac{\vartheta_2}{\theta_2^{(i)}}\right)^2 = y_i,\quad \left(\frac{\vartheta_3}{\theta_3^{(i)}}\right)^2 = \frac{y_i+3}{y_i-1},\quad \left(\frac{\vartheta_0}{\theta_0^{(i)}}\right)^2 = \frac{y_i-3}{y_i+1},\qquad i=1,2,3.$$

Aus (20) S. 537 folgt:

$$1 + x = i\sqrt{3}\sqrt{\frac{y}{y_1}}.$$

Mittelst (5) und (6) folgt hieraus die erste der Gleichungen:

$$(8)\qquad 1+x = i\sqrt{3}\,\frac{\theta_2^{(1)}}{\theta_2},\quad 1+x_1 = i\sqrt{3}\,\frac{\theta_0^{(1)}}{\theta_0},\quad 1+x_2 = i\sqrt{3}\,\frac{\theta_3^{(1)}}{\theta_3}.$$

Die zweite und dritte Gleichung kann man aus der ersten etwa durch Ausübung der S. 536 erklärten Substitutionen V_1, V_2 gewinnen, denen gegenüber y und y_1 gleiche lineare Substitutionen erfahren. Durch Multiplikation je zweier Gleichungen (8) lassen sich bei Benutzung der Relationen (23) S. 538 hieraus noch die Formeln:

$$(9)\qquad \begin{cases} 1 - \dfrac{2}{x} = i\sqrt{3}\sqrt{\dfrac{\theta_0^{(1)}\theta_3^{(1)}}{\theta_0\theta_3}}, \\[2ex] 1 - \dfrac{2}{x_1} = i\sqrt{3}\sqrt{\dfrac{\theta_2^{(1)}\theta_3^{(1)}}{\theta_2\theta_3}}, \\[2ex] 1 - \dfrac{2}{x_2} = i\sqrt{3}\sqrt{\dfrac{\theta_0^{(1)}\theta_2^{(1)}}{\theta_0\theta_2}} \end{cases}$$

herstellen.

Schließlich notieren wir noch die aus (1) und (2) leicht gewinnbaren Gleichungen:

$$(10)\quad \begin{cases} \dfrac{2}{y+1} = \sqrt{\dfrac{\vartheta_0\theta_2^3}{\vartheta_2\theta_0^3}}, & \dfrac{2}{y-1} = \sqrt{\dfrac{\vartheta_3\theta_2^3}{\vartheta_2\theta_3^3}}, \\[2ex] \dfrac{2y}{y-3} = \sqrt{\dfrac{\vartheta_2^3\theta_0}{\vartheta_0^3\theta_2}}, & \dfrac{2y}{y+3} = \sqrt{\dfrac{\vartheta_2^3\theta_3}{\vartheta_3^3\theta_2}}. \end{cases}$$

Die Thetarelationen des dritten Transformationsgrades sind nun einfach die Ergebnisse der Elimination der x und y aus den vorstehenden Gleichungen, wobei die in § 10 aufgestellten Beziehungen zwischen den x, y heranzuziehen sind. Setzt man z. B. den aus (5) folgenden Wert von y der Reihe nach in die vier Gleichungen (10) ein, so entstehen die Relationen:

$$\frac{\vartheta_2^2+\theta_2^2}{2\sqrt{\vartheta_2\theta_2}} = \sqrt{\frac{\theta_0^3}{\vartheta_0}}, \quad \frac{\vartheta_2^2-\theta_2^2}{2\sqrt{\vartheta_2\theta_2}} = \sqrt{\frac{\theta_3^3}{\vartheta_3}},$$

$$\vartheta_2^2 - 3\theta_2^2 = 2\sqrt{\vartheta_2\theta_2}\sqrt{\frac{\vartheta_0^3}{\theta_0}}, \quad \vartheta_2^2 + 3\theta_2^2 = 2\sqrt{\vartheta_2\theta_2}\sqrt{\frac{\vartheta_3^3}{\theta_3}}.$$

Aus den beiden ersten Gleichungen (5) folgt:

$$(\vartheta_2^2-\theta_2^2)\vartheta_3^2 = (\vartheta_2^2+3\theta_2^2)\theta_3^2,$$

aus der zweiten und vierten Gleichung (10):

$$\vartheta_2^2\theta_3^2 - \vartheta_3^2\theta_2^2 = 2\vartheta_0\theta_0\sqrt{\vartheta_2\vartheta_3}\sqrt{\theta_2\theta_3},$$

aus den beiden letzten Gleichungen (10):

$$\sqrt{\frac{\vartheta_2^3}{\theta_2}} - \sqrt{\frac{\vartheta_0^3}{\theta_0}} - \sqrt{\frac{\vartheta_3^3}{\theta_3}} = 0,$$

aus dreien unter ihnen:

$$\sqrt{\frac{\theta_3^3}{\vartheta_3}} + \sqrt{\frac{\theta_0^3}{\vartheta_0}} - \sqrt{\frac{\vartheta_2^3}{\theta_2}} = 0.$$

Die erste Gleichung (23) S. 538 schreibt sich mit Hilfe von (8) in:

$$\frac{\theta_0}{\theta_0 - i\sqrt{3}\theta_0^{(1)}} + \frac{\theta_2}{\theta_2 - i\sqrt{3}\theta_2^{(1)}} + \frac{\theta_3}{\theta_3 - i\sqrt{3}\theta_3^{(1)}} = 0$$

um, mittelst der Gleichungen (9) aber in:

$$\sqrt{\frac{\theta_2^{(1)}\theta_3^{(1)}}{\theta_2\theta_3}} + \sqrt{\frac{\theta_3^{(1)}\theta_0^{(1)}}{\theta_3\theta_0}} + \sqrt{\frac{\theta_0^{(1)}\theta_2^{(1)}}{\theta_0\theta_2}} + i\sqrt{3} = 0.^{1)}$$

---

1) Ähnliche Ausführungen für den fünften Transformationsgrad finden sich in der Dissertation des Verfassers „Über Systeme elliptischer Modulfunktionen von niederer Stufenzahl" (Braunschweig 1885).

Sachregister.

Die Stichworte sind gesperrt gedruckt. Wiederholungen von Stichworten sind durch Bindestriche angedeutet. Die Ziffern beziehen sich auf die Seiten.

R. Fricke, *Die elliptischen Funktionen und ihre Anwendungen, Zweiter Teil,*
DOI 10.1007/978-3-642-19561-7, © Springer-Verlag Berlin Heidelberg 2012

Bemerkte Versehen in Band I.

S. 459, Tabelle, letzte Zeile, mittlere Spalte: Im Zähler muß $\sqrt[4]{k(\omega)}$ statt $\sqrt{k(\omega)}$ stehen.

S. 475, erste der drei mit $(\pm T)$ bezeichneten Gleichungen: Im Nenner der rechten Seite muß $\operatorname{cn}(w, k^2)$ statt $\operatorname{dn}(w, k^2)$ stehen.